Maß- und Integrationstheorie

Jürgen Elstrodt

Maß- und Integrationstheorie

Achte, erweiterte und aktualisierte Auflage

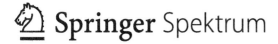 Springer Spektrum

Jürgen Elstrodt
Mathematisches Institut
Universität Münster
Münster, Deutschland

ISBN 978-3-662-57938-1   ISBN 978-3-662-57939-8   (eBook)
https://doi.org/10.1007/978-3-662-57939-8

Die Deutsche Nationalbibliothek verzeichnet diese Publikation in der Deutschen Nationalbibliografie; detaillierte bibliografische Daten sind im Internet über http://dnb.d-nb.de abrufbar.

Springer Spektrum

Verantwortlich im Verlag: Annika Denkert

Springer Spektrum ist ein Imprint der eingetragenen Gesellschaft Springer-Verlag GmbH, DE und ist ein Teil von Springer Nature
Die Anschrift der Gesellschaft ist: Heidelberger Platz 3, 14197 Berlin, Germany

Vorwort zur achten Auflage

Die achte Auflage dieses Buches erscheint mit folgenden inhaltlichen und äußerlichen Neuerungen: In jüngerer Vergangenheit hat man auf dem Gebiet der sog. paradoxen Zerlegungen von Mengen so bemerkenswerte Fortschritte erzielt, dass ich es für geboten halte, wenigstens in den Kommentaren auf diese Entwicklungen hinzuweisen. In den Aufgabenteil habe ich dazu einige Aufgaben über Mengen mit der Baireschen Eigenschaft hinzugefügt. Im Lehrbuchtext bin ich genauer auf die Eigenschaften mehrdimensionaler Verteilungsfunktionen eingegangen. Das Kapitel VIII über Maße auf topologischen Räumen habe ich um den Approximationssatz VIII.2.27 erweitert. Der ganze Text wurde nochmals sorgfältig revidiert und – namentlich bei den Literaturhinweisen – aktualisiert.

Auch das äußere Erscheinungsbild wurde neu gestaltet: Der Text erscheint jetzt in aktueller Rechtschreibung. Einem von Lesern wiederholt geäußerten Wunsch folgend, wurde der Kleindruck im Text weitgehend durch Normalschrift ersetzt; lediglich die Kurzbiografien und die Aufgaben erscheinen noch im Kleindruck. Die Figuren auf dem Buchumschlag veranschaulichen die Bestimmung des Kugelvolumens mithilfe des Cavalierischen Prinzips.

Gratias ago: Herrn Walter Ebinger (Nottuln) danke ich für seinen freundlichen Hinweis auf den Approximationssatz VIII.2.27. Frau Gabriele Dierkes spreche ich meinen herzlichen Dank aus für ihre hervorragende Arbeit bei der Erstellung der Druckvorlage und meiner Tochter Marion Elstrodt für ihre professionelle Hilfe bei der Korrekturarbeit. Den Mitarbeiterinnen des Springer-Verlags danke ich für die entgegenkommende verlegerische Betreuung.

Münster, den 30.04.2018   Jürgen Elstrodt

Vorwort zur siebten Auflage

Die dritte Auflage unterscheidet sich von der vorangegangenen vor allem durch einen zusätzlichen Paragrafen (Kap. VIII, § 4) über Konvergenz von Maßen und Kompaktheit von Mengen von Maßen. Wesentliche Ergebnisse sind hier z.B. das sog. Portmanteau-Theorem, die klassischen Sätze von HELLY und HELLY-BRAY und der bedeutende Satz von PROCHOROV über die relative Folgenkompaktheit von Mengen endlicher Maße auf einem polnischen Raum. Herrn Prof. Dr. L. Mattner danke ich herzlich für die Anregung, diesen Stoff in das Buch aufzunehmen. – Für die siebte Auflage wurde der Text nochmals korrigiert und aktualisiert.

Mein herzlicher Dank gilt wiederum Frau G. Dierkes (geb. Weckermann) für die hervorragende Arbeit bei der Erstellung der Druckvorlage. – Herrn Dr. Heine und den Mitarbeiter(inne)n des Springer-Verlags danke ich für die aufmerksame und entgegenkommende verlegerische Betreuung.

Münster, den 01.11.2010   Jürgen Elstrodt

Vorwort zur zweiten Auflage

Im Text der zweiten Auflage wurden einige kleinere Korrekturen und Ergänzungen vorgenommen und die Literaturhinweise aktualisiert. Ich verweise hier insbesondere auf die verbesserte Fassung von Satz I.6.5, die ich einer freundlichen Mitteilung von Herrn Prof. Dr. D. Plachky (Münster) verdanke, und eine Korrektur im Beweis des Satzes VIII.3.11, die auf einen hilfreichen Hinweis von Herrn Prof. Dr. U. Krengel (Göttingen) zurückgeht. Weitere wertvolle Hinweise verdanke ich den Herren Priv.-Doz. Dr. L. Mattner (Hamburg) und Akad. Dir. Priv.-Doz. Dr. H. Pfister (München). Neben den Genannten gilt mein herzlicher Dank besonders Frau G. Weckermann, die erneut mit größter Sorgfalt und höchstem Geschick die Druckvorlage erstellt hat. – Herrn Dr. Heinze und den Mitarbeiter(inne)n des Springer-Verlags danke ich für ihr aufmerksames Entgegenkommen.

Münster, den 30.11.98   Jürgen Elstrodt

Vorwort zur ersten Auflage

> Wer kann was Dummes, wer was Kluges denken,
> das nicht die Vorwelt schon gedacht?
>
> (J.W. V. GOETHE: Faust II, II. Akt, 1. Szene)

Das vorliegende Buch richtet sich an einen breiten Kreis von möglichen Interessenten. In erster Linie ist es ein Lehrbuch, das im Studium ab Beginn der Vorlesungen für dritte Semester eingesetzt werden kann. Daneben soll es auch für das Selbststudium und als Nachschlagewerk für wohlbekannte und weniger bekannte Dinge dienen. Zusätzlich will es Einblicke in die historische Entwicklung geben und über Leben und Werk einiger Mathematiker unterrichten, die zum Gegenstand des Buchs wesentliche Beiträge geliefert haben.

Bei der Auswahl des Stoffes habe ich zwei Ziele im Auge: Zum einen soll dem „reinen" Mathematiker, der etwa mit konkreten Integralen zu tun hat, der funktionalanalytische Interessen verfolgt, der Fourier-Analysis oder harmonische Analyse auf Gruppen betreiben will, eine sichere Basis für seine Aktivitäten geboten werden. Zum anderen soll auch dem „angewandten" Mathematiker oder mathematischen Physiker, der sich z.B. für Funktionalanalysis oder Wahrscheinlichkeitstheorie interessiert, eine zuverlässige Grundlage vermittelt werden. Diese Ziele lassen sich m.E. am besten verwirklichen mithilfe des bewährten klassischen Aufbaus der Maß- und Integrationstheorie, der den Begriff eines auf einer σ-Algebra über einer Menge X definierten Maßes voranstellt und darauf den Integralbegriff gründet. Die Kapitel I–IV realisieren dieses Konzept bis hin zu den klassischen Konvergenzsätzen von B. LEVI, P. FATOU und H. LEBESGUE. Die Reihenfolge der weiteren Kapitel ist mehr durch den persönlichen Geschmack des Autors bestimmt als durch interne strukturelle Notwendigkeiten. Bei Bedarf kann der weitere Stoff daher auch in anderer Reihenfolge erarbeitet werden. In dem Bestreben, das Buch auch als mögliche Grundlage für eine Vorlesung über Analysis III zu konzipieren, behandle ich als nächstes Thema in Kapitel V die mehrfache Integration und die Transformationsformel. Die folgenden Kapitel VI, VII widmen sich zwei Gegenständen, die für Funktionalanalysis

und Wahrscheinlichkeitstheorie von grundlegender Bedeutung sind: Kapitel VI
behandelt die Vollständigkeit der Räume L^p und zahlreiche Konvergenzsätze,
die das Wechselspiel der verschiedenen Konvergenzbegriffe beschreiben. Zentrales Resultat in Kapitel VII ist der Satz von RADON-NIKODÝM, der in der
Wahrscheinlichkeitstheorie als Basis für die Definitionen der bedingten Wahrscheinlichkeit und des bedingten Erwartungswerts dient. Kapitel VII wird abgerundet durch ein eingehendes Studium der absolut stetigen Funktionen auf
$\mathbb{R}$ – ein Thema, das in der Vorlesungspraxis oft dem zu knappen Zeitplan zum
Opfer fällt. So beweise ich z.B. den berühmten Satz von LEBESGUE über die
Differenzierbarkeit fast überall der monotonen Funktionen und den Hauptsatz
der Differential- und Integralrechnung für das Lebesgue-Integral.

Für die Lektüre der ersten Kapitel dieses Buchs sollte der Leser lediglich
mit dem Begriff des metrischen Raums vertraut sein; es werden keine besonderen Kenntnisse in mengentheoretischer Topologie vorausgesetzt. Da aber viele
Sachverhalte unverändert für beliebige topologische Räume gelten, greife ich gelegentlich zu Formulierungen wie: „Es sei X ein metrischer (oder topologischer)
Raum ...“ Wer nur metrische Räume kennt, betrachte in solchen Fällen X als
metrischen Raum; wer topologische Räume kennt, lese das Folgende unter der
allgemeineren Prämisse. Auf diese Weise hoffe ich, den flexiblen Einsatz des
Buchs für Lehr- und Nachschlagezwecke zu fördern.

Es liegt in der Natur der Sache, dass in Kapitel VIII über Maße auf topologischen Räumen beim Leser Kenntnisse über mengentheoretische Topologie
im Umfang etwa einer einsemestrigen Vorlesung vorausgesetzt werden müssen.
Dementsprechend ist dieses Kapitel für einen späteren Studienabschnitt (etwa ab dem fünften Semester) gedacht. In Kapitel VIII behandle ich zunächst
die Regularitätseigenschaften von Borel-Maßen auf lokal-kompakten Hausdorff-
Räumen und auf polnischen Räumen. Zentral für das Folgende ist der Begriff
des Radon-Maßes. Der neueren Entwicklung folgend, definiere ich Radon-Maße
als von innen reguläre Borel-Maße. Diese Festlegung erweist sich als besonders
vorteilhaft für die Behandlung des Darstellungssatzes von RIESZ, der in zahlreichen Versionen entwickelt wird, und zwar sowohl für lokal-kompakte als auch
für vollständig reguläre Hausdorff-Räume. Als krönenden Abschluss beweise ich
(nach A. WEIL) den Satz von der Existenz und Eindeutigkeit eines Haarschen
Maßes auf jeder lokal-kompakten Hausdorffschen topologischen Gruppe und den
entsprechenden Satz für Restklassenräume.

Das vorliegende Buch behandelt zwar vorrangig die Mathematik, enthält
daneben aber viele Originalzitate und Hinweise auf die historische Entwicklung und einschlägige Quellen. Dabei kann es sich naturgemäß nicht um eine
erschöpfende Darstellung der gesamten Historie handeln, doch hoffe ich beim
Leser ein gewisses Verständnis für die historischen Abläufe zu wecken und ihn
zu weitergehendem Studium der Originalarbeiten anzuregen. Damit auch der
menschliche Aspekt nicht zu kurz kommt, füge ich Kurzbiographien einiger Mathematiker bei, die wesentliche Beiträge zum Thema des Buchs geliefert haben.

Mit dem Kleingedruckten ist es wie bei Versicherungsverträgen: Man kann es zunächst beiseitelassen, doch können Situationen eintreten, in denen es darauf ankommt. Das bezieht sich auch auf die Übungsaufgaben, von denen einige wenige an späterer Stelle im Text benutzt werden.

Dieses Buch ist aus Vorlesungen hervorgegangen, die ich im Laufe der Jahre an den Universitäten München, Hamburg und Münster gehalten habe. Bei der Vorlesungsvorbereitung waren mir die Vorläufer bzw. ersten Auflagen der Lehrbücher von BAUER [1], HEWITT-STROMBERG [1], LOÈVE [1] und RUDIN [1] eine wertvolle Hilfe.

Gern ergreife ich hier die Gelegenheit, allen zu danken, die mir während der langen Entstehungszeit des Manuskripts geholfen haben. An erster Stelle danke ich namentlich meinem verehrten Kollegen Prof. Dr. M. KOECHER (†), auf dessen Anregung hin ich mich auf das Abenteuer eingelassen habe, dieses Buch zu schreiben – ohne genau zu wissen, wie viel Arbeit damit verbunden sein würde. Wertvolle Hinweise verdanke ich besonders den Kollegen Prof. Dr. V. EBERHARDT (München), Prof. Dr. D. PLACHKY (Münster), Prof. Dr. P. RESSEL (Eichstätt) und Prof. Dr. W. ROELCKE (München). Ganz besonderen Dank aussprechen möchte ich Herrn Akad. Dir. Priv.-Doz. Dr. H. PFISTER (München). Er hat das ganze Manuskript kritisch gelesen, zahlreiche Verbesserungsvorschläge und Korrekturen eingebracht und mich immer wieder ermahnt, im Interesse der Studenten nicht zu knapp zu schreiben. Von den Herausgebern der Grundwissen-Bände danke ich namentlich den Herren Prof. Dr. Dr. h.c. R. REMMERT (Münster) und Prof. Dr. W. WALTER (Karlsruhe) für die Unterstützung und die beständige Ermahnung, nur ja möglichst kompakt zu schreiben, damit das Manuskript nicht zu lang wird. Ein herzliches Dankeschön geht an Frau G. WECKERMANN, die mit großer Professionalität die Druckvorlage erstellt und klaglos die vielen Korrekturen und Änderungen durchgeführt hat. Meiner Frau BÄRBEL danke ich für ihre Unterstützung und ihr Verständnis, ohne die dieses Buch nicht zustande gekommen wäre. Last not least gilt mein Dank Herrn Dr. J. HEINZE und den Mitarbeiter(inne)n des Springer-Verlags für ihre Hilfe und für ihre nicht enden wollende Geduld. – Den Benutzer(inne)n des Buchs danke ich im Voraus für etwaige Hinweise auf Corrigenda oder Verbesserungsvorschläge.

Münster, den 01.07.96   Jürgen Elstrodt

Technik der Darstellung

Das vorliegende Buch ist unterteilt in acht Kapitel, die mit römischen Zahlen nummeriert sind. Jedes Kapitel gliedert sich in Paragrafen, jeder Paragraf in Abschnitte. Die Nummerierung der Paragrafen beginnt in jedem Kapitel neu mit eins, ebenso die Nummerierung der Abschnitte in den einzelnen Paragrafen. Definitionen, Folgerungen, Bemerkungen, Hilfssätze, Lemmata, Sätze, Korollare tragen in der Regel eine doppelte Nummer der Form a.b, wobei a die Nummer des jeweiligen Paragrafen ist und b paragrafenweise die Nummern 1, 2, 3, ... durchläuft. Bei Verweisen innerhalb ein und desselben Kapitels wird nur die Nummer a.b angeben (z.B. Satz 3.5); bei Verweisen auf Aussagen in anderen Kapiteln wird die entsprechende römische Kapitelnummer vorangestellt (z.B. Satz V.1.2). Die Nummerierung und Zitierweise von Formel- und Aufgabennummern folgt dem gleichen System. Auf Sätze mit allgemein üblichen Namen wird mit dem betr. Namen verwiesen (z.B. Satz von der majorisierten Konvergenz).

Gelegentlich benutzen wir die Zeichen „$\Rightarrow$", „$\Leftarrow$", "$\Leftrightarrow$" für die Implikation bzw. Äquivalenz von Aussagen. Das Zeichen „$\square$" markiert das Ende eines Beweises.

Inhaltsverzeichnis

Kapitel I

σ-Algebren und Borelsche Mengen

In diesem ersten Kapitel beschäftigen wir uns mit Systemen von Mengen, die als Definitionsbereiche für die in Kapitel II einzuführenden Inhalts- und Maßfunktionen in Betracht kommen. Dass hier der Wahl angemessener Definitionsbereiche eine erhebliche Bedeutung zukommt, ergibt sich aus den Paradoxien[1], die sich im Zusammenhang mit dem sog. Inhaltsproblem ergeben haben. Wir stellen einige dieser Paradoxien im ersten Paragraphen dar. Für das Verständnis der folgenden Abschnitte ist die Kenntnis des Stoffes von § 1 nicht nötig.

§ 1. Das Inhaltsproblem und das Maßproblem

«La notion de mesure des grandeurs est fondamentale, aussi bien dans la vie de tous les jours (longueur, surface, volume, poids) que dans la science expérimentale (charge électrique, masse magnétique, etc.).»[2] (N. BOURBAKI [1], S. 1)

Der Begriff des Flächeninhalts einer ebenen oder gekrümmten Fläche, des Volumens eines Körpers oder der auf einem Körper befindlichen Ladung erscheint zunächst selbstverständlich. Daher ist es nicht verwunderlich, dass erst relativ spät die diesen Begriffen innewohnenden grundsätzlichen mathematischen Probleme klar erkannt und gelöst werden. Für die Mathematiker früherer Jahrhunderte stellt sich nämlich durchaus nicht vordringlich die Frage, was unter dem Flächeninhalt einer „beliebigen" Fläche oder dem Volumen eines „beliebigen" Körpers zu verstehen ist. Sie sehen sich eher vor die Aufgabe gestellt, diese

---

[1]Paradoxa heißen in der stoischen Philosophie solche Sätze, die zunächst widersprüchlich oder absurd erscheinen, bei näherer Untersuchung sich aber als wahr und wohlbegründet erweisen.

[2]Der Begriff des Maßes von Größen ist fundamental, sowohl im täglichen Leben (Länge, Oberfläche, Volumen, Gewicht) als auch in der Naturwissenschaft (elektrische Ladung, magnetische Polstärke usw.).

© Springer-Verlag GmbH Deutschland, ein Teil von Springer Nature 2018
J. Elstrodt, *Maß- und Integrationstheorie*,
https://doi.org/10.1007/978-3-662-57939-8_1

Größen in interessanten Beispielen wirklich auszurechnen. So ist zum Beispiel die Bestimmung der Oberfläche und des Volumens der Kugel durch ARCHIMEDES (287 (?)–212 v.Chr.) eine Glanzleistung hellenischer Mathematik. Zu Recht berühmt sind auch die Abhandlungen des ARCHIMEDES über die Kreismessung sowie seine Berechnungen des Flächeninhalts der Parabel, der Ellipse und der sog. archimedischen Spirale.

Jahrhundertelang wird den schon den Griechen bekannten Resultaten nur wenig Neues hinzugefügt. Erst etwa ab dem 17. Jahrhundert ergeben sich im Zuge der Entwicklung und Vervollkommnung der Infinitesimalrechnung allgemeine Formeln zur Berechnung von Flächeninhalten, Volumina, Bogenlängen, Schwerpunkten, Trägheitsmomenten, Gravitationsfeldern usw. Die neuen Methoden gestatten die Behandlung einer gewaltigen Fülle konkreter Probleme. Die Mathematiker des 18. Jahrhunderts, an ihrer Spitze der geniale und unglaublich produktive L. EULER (1707–1783) und der große Analytiker J.L. LAGRANGE (1736–1813), widmen sich mit außerordentlichem Elan dem weiteren Ausbau und der Anwendung der Analysis. Hierbei spielen namentlich Anwendungen auf Probleme aus der Mechanik eine bedeutende Rolle. Diese Entwicklung reicht über das 19. Jahrhundert hinaus bis in die Gegenwart. Daneben aber stellt sich im 19. Jahrhundert die Frage nach klarer begrifflicher Fassung der Grundlagen der Analysis immer drängender. Wir können im Rahmen dieses Buches nicht auf die Einzelheiten der historischen Entwicklung eingehen und verweisen diesbezüglich auf die Grundwissen-Bände *Analysis I, II* von W. WALTER, insbesondere auf die Einleitung zu § 9 von *Analysis II*.

Ein Beispiel für die damals neuen Bemühungen um begriffliche Strenge bietet der Integralbegriff. Die Mathematiker des 18. Jahrhunderts faßten die Integration primär als die zur Differentiation inverse Operation auf, obgleich die Bedeutung des Integrals als Limes einer Folge von Zerlegungssummen auch bekannt war. Die Aufgabe, eine Funktion zu integrieren, war daher gleichbedeutend mit dem Problem der Bestimmung einer Stammfunktion. Für die allgemeine Frage nach der Existenz einer Stammfunktion einer beliebigen Funktion war die Zeit noch nicht reif. Das änderte sich mit der Einführung des modernen Funktionsbegriffs und des Stetigkeitsbegriffs. In seinem *Résumé des leçons données à l' École Royale Polytechnique sur le calcul infinitésimal* definiert A.L. CAUCHY (1789–1857) 1823 das bestimmte Integral einer stetigen Funktion $f : [a, b] \to \mathbb{R}$ als Limes von speziellen Zerlegungssummen. Das eröffnet ihm die Möglichkeit, vermöge $F(x) := \int_a^x f(t)dt \quad (a \le x \le b)$ die Existenz einer Stammfunktion für jede stetige Funktion f nachzuweisen und damit den sog. Hauptsatz der Differential- und Integralrechnung streng zu beweisen. Den gleichen Weg beschreitet P.G. LEJEUNE DIRICHLET (1805–1859) bei seinen Untersuchungen über Fouriersche Reihen (s. *Werke I*, S. 136), und diese Einführung des Integralbegriffs ist in der etwas allgemeineren Version von B. RIEMANN (1826–1866; s. *Werke*, S. 239) fester Bestandteil der mathematischen Grundausbildung geworden.

Ein eminent wichtiger Baustein für den exakten Aufbau der Analysis im 19. Jahrhundert ist die strenge Begründung der Lehre von den reellen Zahlen durch

R. Dedekind (1831–1916) und G. Cantor (1845–1918). Die von Cantor geschaffene Mengenlehre endlich bildet den passenden Rahmen zur Formulierung der Frage nach dem angemessenen Begriff des Volumens einer Teilmenge des $\mathbb{R}^p$. Diese Frage wird seit den Anfängen der Mengenlehre diskutiert und es werden gegen Ende des 19. Jahrhunderts eine ganze Reihe von z.T. voneinander abweichenden Antworten vorgeschlagen. Hier sind namentlich die Beiträge von A. Harnack (1851–1888), G. Cantor, G. Peano (1858–1932) und C. Jordan (1838–1922) zu nennen. Eine genauere Darstellung der historischen Entwicklung findet man bei Hawkins [1]; einen kurzen informativen Überblick mit vielen Quellenangaben gibt A. Rosenthal [1]. Diesen ersten Versuchen ist allerdings kein wirklich durchschlagender Erfolg beschieden.

Die Frage nach einem angemessenen Begriff des Volumens einer Teilmenge des $\mathbb{R}^p$ hat erst durch É. Borel (1871–1956) und H. Lebesgue (1875–1941) eine befriedigende Antwort erhalten. Die Problemstellung wird erstmals allgemein von H. Lebesgue ([1], S. 208) in seiner Pariser *Thèse* (1902) formuliert. Im Wesentlichen die gleiche Formulierung des Problems wählt Lebesgue in seinen *Leçons sur l'intégration et la recherche des fonctions primitives* (Paris 1904); dort heißt es auf S. 103 ([2], S. 119)[3]:

Nous nous proposons d'attacher à chaque ensemble E borné, formé de points de ox, un nombre positif ou nul, m(E), que nous appelons la mesure de E et qui satisfait aux conditions suivantes:
1'. *Deux ensembles égaux ont même mesure;*
2'. *L'ensemble somme d'un nombre fini ou d'une infinité dénombrable d'ensembles sans point commun deux à deux, a pour mesure la somme des mesures;*
3'. *La mesure de l'ensemble de tous les points de (0, 1) est 1.*

Lebesgue nennt dieses Problem das *Maßproblem*. In seiner *Thèse* weist er ausdrücklich darauf hin, dass er dieses Problem nicht in voller Allgemeinheit löst, sondern nur für eine gewisse Klasse von Mengen, die er *messbare Mengen* nennt. Diese Einschränkung ist zwingend notwendig, denn wir werden sehen, dass eine Lösung des Maßproblems gar nicht existiert.

Auffällig ist an Bedingung 2', dass Lebesgue endliche oder *abzählbar unendliche* Vereinigungen von Mengen zulässt. Der Gedanke, die Additivität des Maßes auch für abzählbare Vereinigungen disjunkter Mengen zu fordern, geht zurück auf É. Borel (1898). Diese Idee spielt für den weiteren Aufbau der Maß- und Integrationstheorie eine Schlüsselrolle. In der älteren Inhaltstheorie von Peano und Jordan wird die Additivität des Inhalts nur für *endliche* Vereinigungen disjunkter Mengen betrachtet. Der Übergang vom Endlichen zum Abzählbaren hat zur Folge, dass die Lebesguesche Maß- und Integrationstheo-

---

[3]Wir wollen jeder beschränkten Teilmenge E der reellen Achse eine nicht-negative reelle Zahl $m(E)$ zuordnen, die wir das Maß von E nennen, so dass folgende Bedingungen erfüllt sind:
1'. Je zwei kongruente Mengen haben gleiches Maß.
2'. Die Vereinigung von endlich oder abzählbar unendlich vielen Mengen, von denen keine zwei einen gemeinsamen Punkt enthalten, hat als Maß die Summe der Maße.
3'. Das Maß des Einheitsintervalls $[0, 1]$ ist 1.

rie der älteren Theorie von PEANO und JORDAN ganz wesentlich überlegen ist.
Schließlich ist die Theorie von PEANO und JORDAN nicht einmal in der Lage,
jeder offenen Teilmenge von $\mathbb{R}$ in befriedigender Weise einen Inhalt zuzuordnen.
Dagegen ist die Definition des Maßes für offene Teilmengen von $\mathbb{R}$ denkbar naheliegend: Jede offene Teilmenge $M \subset \mathbb{R}$ ist auf genau eine Weise darstellbar
als endliche oder *abzählbare* Vereinigung offener disjunkter Intervalle; als Maß
von M definiere man die Summe der Längen dieser Intervalle. Dieser Ansatz
geht zurück auf É. BOREL.

Im Anschluss an LEBESGUE schränkt F. HAUSDORFF (1868–1942) die Forderung der abzählbaren Additivität des Maßes ein zur endlichen Additivität und
formuliert das *Inhaltsproblem*.

Inhaltsproblem. *Gesucht ist eine auf der Potenzmenge $\mathfrak{P}(\mathbb{R}^p)$ des $\mathbb{R}^p$ erklärte
„Inhaltsfunktion" $m : \mathfrak{P}(\mathbb{R}^p) \to [0, \infty]$ mit folgenden Eigenschaften:*
(a) *E n d l i c h e   A d d i t i v i t ä t :   Für alle $A, B \subset \mathbb{R}^p$ mit $A \cap B = \emptyset$
     gilt $m(A \cup B) = m(A) + m(B)$.*
(b) *B e w e g u n g s i n v a r i a n z :   Für jede Bewegung $\beta : \mathbb{R}^p \to \mathbb{R}^p$ und
     für alle $A \subset \mathbb{R}^p$ gilt $m(\beta(A)) = m(A)$.*
(c) *N o r m i e r t h e i t : $m([0, 1]^p) = 1$.*

Die Theorie von PEANO und JORDAN ordnet nur gewissen beschränkten
Teilmengen des $\mathbb{R}^p$, den sog. Jordan-messbaren Mengen, einen Inhalt zu, der
den Bedingungen (a)–(c) genügt. Es sind aber durchaus nicht alle beschränkten
Teilmengen des $\mathbb{R}^p$ Jordan-messbar. Die Frage nach der Lösbarkeit des Inhaltsproblems hat zu höchst merkwürdigen, zunächst paradox anmutenden Ergeb-
nissen geführt. In seinem berühmten Buch *Grundzüge der Mengenlehre* beweist
HAUSDORFF ([1], S. 469–472) folgendes Resultat:

Satz von Hausdorff (1914). *Das Inhaltsproblem ist unlösbar für den $\mathbb{R}^p$, falls
$p \geq 3$.*

Dass hier die Dimensionsbeschränkung $p \geq 3$ wirklich notwendig ist, erkennt
S. BANACH (1892–1945) im Jahre 1923 (s. BANACH [1], S. 66–89):

Satz von Banach (1923). *Das Inhaltsproblem ist lösbar für den $\mathbb{R}^1$ und den
$\mathbb{R}^2$, aber es ist nicht eindeutig lösbar.*

Einen Beweis dieses Satzes findet man z.B. bei ZAANEN [1], S. 114–116,
[2], S. 194–198. Nach J. VON NEUMANN (1903–1957) liegt der Grund für die
Dimensionsabhängigkeit der Antwort auf das Inhaltsproblem in wesentlichen
strukturellen Unterschieden der Bewegungsgruppen des $\mathbb{R}^p$ für $p = 1, 2$ und
für $p \geq 3$: Für $p = 1, 2$ sind die Bewegungsgruppen des $\mathbb{R}^p$ auflösbar, für
$p \geq 3$ aber nicht, denn die spezielle orthogonale Gruppe SO (3) enthält eine freie
Untergruppe vom Rang 2 (s. WAGON [2]). Die Unlösbarkeit des Inhaltsproblems
für $p \geq 3$ wird auf geradezu dramatische Weise deutlich in folgendem Paradoxon
von S. BANACH und A. TARSKI (1902–1983); s. BANACH [1], S. 118–148.

Satz von Banach und Tarski (1924). *Es sei $p \geq 3$, und $A, B \subset \mathbb{R}^p$ seien beschränkte Mengen mit nicht-leerem Inneren. Dann gibt es Mengen $C_1, \ldots, C_n \subset \mathbb{R}^p$ und Bewegungen $\beta_1, \ldots, \beta_n$, so dass A die disjunkte Vereinigung der Mengen $C_1, \ldots, C_n$ ist und B die disjunkte Vereinigung der Mengen $\beta_1(C_1), \ldots, \beta_n(C_n)$.*

Dieses Ergebnis erscheint absurd, „*denn wollten wir die Körper teilen in eine endliche Anzahl von Teilen, so ist es unzweifelhaft, dass wir sie nicht zusammensetzen könnten zu Körpern, die mehr Raum einnehmen als früher ...*", wie es G. GALILEI (1564–1642) in *Unterredungen und mathematische Demonstrationen ..., Erster und zweiter Tag*, Leipzig: Akademische Verlagsgesellschaft 1917 auf S. 25 formuliert. Der Satz von BANACH und TARSKI behauptet jedoch das krasse Gegenteil; z.B. besagt der Satz, dass es möglich sei, eine Vollkugel vom Radius 1 im $\mathbb{R}^3$ derart disjunkt in endlich viele Teilmengen zu zerlegen und die Teilstücke durch geeignete Bewegungen des $\mathbb{R}^3$ derart disjunkt wieder zusammenzusetzen, dass dabei zwei disjunkte Vollkugeln vom Radius 1 (oder gar 1000 Vollkugeln vom Radius 10^6) herauskommen. Der Grund für dieses paradoxe Ergebnis ist, dass die Mengen $C_1, \ldots, C_n$ im Satz von BANACH und TARSKI im Allgemeinen unvorstellbar kompliziert sind. Diese Mengen werden mithilfe des Auswahlaxioms der Mengenlehre konstruiert, und das hat zur Folge, dass diese Mengen ganz unvorstellbar viel komplizierter sind als die Mengen, mit denen man es in der Analysis sonst zu tun hat, so dass etwa der Begriff des Volumens für $C_1, \ldots, C_n$ von vornherein durchaus nicht sinnvoll ist. Einen übersichtlichen und kurzen Beweis des Satzes von BANACH und TARSKI gibt L.E. DUBINS: *Le paradoxe de Hausdorff-Banach-Tarski*, Gazette des Mathématiciens, Soc. Math. France No. 12, Août 1979, S. 71–76; s. auch K. STROMBERG: *The Banach-Tarski paradox*, Amer. Math. Monthly 86, 151–161 (1979) und W. DEUBER: *„Paradoxe" Zerlegung Euklidischer Räume*, Elem. Math. 48, 61–75 (1993). – Wir verschärfen nun mit BOREL und LEBESGUE die Forderung der endlichen Additivität im Inhaltsproblem zur Forderung der abzählbaren Additivität (σ-Additivität).

Maßproblem. *Gesucht ist eine „Maßfunktion" $\mu : \mathfrak{P}(\mathbb{R}^p) \to [0, \infty]$ mit folgenden Eigenschaften:*
(a) σ - A d d i t i v i t ä t : *Für jede Folge $(A_n)_{n \geq 1}$ disjunkter Teilmengen des $\mathbb{R}^p$ gilt $\mu\left(\bigcup_{n=1}^{\infty} A_n\right) = \sum_{n=1}^{\infty} \mu(A_n)$.*
(b) B e w e g u n g s i n v a r i a n z : *Für jede Bewegung $\beta : \mathbb{R}^p \to \mathbb{R}^p$ und alle $A \subset \mathbb{R}^p$ gilt $\mu(\beta(A)) = \mu(A)$.*
(c) N o r m i e r t h e i t : $\mu([0,1]^p) = 1$.

Dass dieses Problem unlösbar ist, hat erstmals G. VITALI (1875–1932) im Falle $p = 1$ erkannt.

Satz von Vitali (1905). *Das Maßproblem ist unlösbar.*

Wir werden dieses Ergebnis als Satz III.3.3 formulieren und beweisen. BANACH und TARSKI verschärfen den Vitalischen Satz ganz erheblich durch folgendes Resultat (BANACH [1], S. 118–148):

Satz von Banach und Tarski über das Maßproblem (1924). *Es sei $p \geq 1$, und $A, B \subset \mathbb{R}^p$ seien beliebige (möglicherweise auch unbeschränkte) Mengen mit nicht-leerem Inneren. Dann gibt es abzählbar viele Mengen $C_k \subset \mathbb{R}^p$ $(k \geq 1)$ und Bewegungen $\beta_k : \mathbb{R}^p \to \mathbb{R}^p$ $(k \geq 1)$, so dass A die disjunkte Vereinigung der C_k $(k \geq 1)$ ist und B die disjunkte Vereinigung der $\beta_k(C_k)$ $(k \geq 1)$.*

Die Paradoxien, die sich im Zusammenhang mit dem Inhalts- und dem Maßproblem ergeben haben, zeigen deutlich, dass es nicht sinnvoll ist, von Inhalts- und Maßfunktionen von vornherein zu verlangen, dass sie auf ganz $\mathfrak{P}(\mathbb{R}^p)$ definiert sind. Als solche Definitionsbereiche kommen nur geeignete Teilmengen von $\mathfrak{P}(\mathbb{R}^p)$ in Betracht. Dabei hat sich herausgestellt, dass man sich beim Aufbau einer axiomatischen Theorie nicht auf den Raum $\mathbb{R}^p$ zu beschränken braucht, sondern mit im Wesentlichen gleichem Aufwand eine beliebige Grundmenge X als Raum zugrunde legen kann. Der Mehraufwand bei diesem abstrakten Aufbau ist gering, der Gewinn an Allgemeinheit dagegen für die Zwecke der Funktionalanalysis und Wahrscheinlichkeitstheorie ganz erheblich.

Es gibt zahlreiche Varianten der in diesem Abschnitt betrachteten Probleme und Paradoxien. Einen informativen kurzen Überblick bieten die Arbeiten von WAGON [1] und LACZKOVICH [1]. Eine umfassende Darstellung, die neueste Ergebnisse berücksichtigt, findet man im Buch von TOMKOWICZ und WAGON [1]. Dieses Buch ist eine aktualisierte Fassung des Klassikers WAGON [2].

§ 2.   Bezeichnungen und mengentheoretische Grundlagen

„D e d e k i n d äußerte, hinsichtlich des Begriffes der Menge: er stelle sich eine Menge vor wie einen geschlossenen Sack, der ganz bestimmte Dinge enthalte, die man aber nicht sähe, und von denen man nichts wisse, außer daß sie vorhanden und bestimmt seien. Einige Zeit später gab C a n t o r seine Vorstellung einer Menge zu erkennen: Er richtete seine kolossale Figur hoch auf, beschrieb mit erhobenem Arm eine großartige Geste und sagte mit einem ins Unbestimmte gerichteten Blick: ‚Eine Menge stelle ich mir vor wie einen Abgrund.‘ " (Mitteilung von F. BERNSTEIN; s. R. DEDEKIND: *Gesammelte mathematische Werke*, Bd. III, S. 449. Braunschweig: Vieweg 1932)

1. Bezeichnungen. Wir verwenden durchweg die üblichen mengentheoretischen Bezeichnungen $\in, \notin, \subset, \not\subset, \cup, \cap$. Die Menge aller Teilmengen der Menge X heißt die Potenzmenge von X und wird mit $\mathfrak{P}(X)$ bezeichnet, also $\mathfrak{P}(X) := \{A : A \subset X\}$. Hier und im Folgenden bedeutet der Doppelpunkt bei einem Gleichheitszeichen, dass die betr. Gleichung eine Definition ist. Der Doppelpunkt steht dabei auf der Seite des zu definierenden Ausdrucks. Insbesondere ist die leere Menge $\emptyset$ Teilmenge jeder Menge X, also $\emptyset \in \mathfrak{P}(X)$. Alle im Folgenden betrachteten Mengen sind Teilmengen einer festen Menge X bzw. von

$\mathfrak{P}(X)$, soweit aus dem Zusammenhang nichts anderes ersichtlich ist.

Speziell bezeichnen wir mit $\mathbb{N} := \{1, 2, 3, \ldots\}, \mathbb{Z}, \mathbb{Q}, \mathbb{R}, \mathbb{C}$ die Mengen der natürlichen bzw. ganzen bzw. rationalen bzw. reellen bzw. komplexen Zahlen und mit i die imaginäre Einheit. Bei der Notation für die verschiedenen Typen reeller Intervalle folgen wir N. BOURBAKI und bezeichnen für $a, b \in \mathbb{R}$, $a \leq b$ mit $[a, b] := \{x \in \mathbb{R} : a \leq x \leq b\}$ das abgeschlossene Intervall, mit $]a, b[:= \{x \in \mathbb{R} : a < x < b\}$ das offene Intervall und mit $[a, b[:= \{x \in \mathbb{R} : a \leq x < b\}$, $]a, b] := \{x \in \mathbb{R} : a < x \leq b\}$ das entsprechende nach rechts bzw. nach links halboffene Intervall von a nach b. Für $a = b$ ist $[a, a] = \{a\}$, während die übrigen Intervalle leer sind. Wir verwenden diese Intervallschreibweise sinngemäß auch für $a, b \in \overline{\mathbb{R}}$, wobei $\overline{\mathbb{R}} := \mathbb{R} \cup \{-\infty, +\infty\}$ die um die Elemente $+\infty, -\infty$ erweiterte Menge der reellen Zahlen ist.

Für $A \subset X$ bedeutet $A^c := \{x \in X : x \notin A\}$ das Komplement von A in X. Die Menge $A \setminus B := \{x \in A : x \notin B\} = A \cap B^c$ heißt die mengentheoretische Differenz und $A \triangle B := (A \setminus B) \cup (B \setminus A) = (A \cup B) \setminus (A \cap B)$ die symmetrische Differenz von A und B; $A \triangle B$ enthält genau diejenigen Elemente von X, die in genau einer der Mengen A und B liegen.

Eine Familie $(A_\iota)_{\iota \in I}$ von Teilmengen von X ist eine Abbildung der Indexmenge I in $\mathfrak{P}(X)$, die jedem $\iota \in I$ eine Menge $A_\iota \in \mathfrak{P}(X)$ als Bild zuordnet. Im Falle $I = \mathbb{N}$ ist $(A_n)_{n \in \mathbb{N}}$ gleich der Folge der Mengen $A_1, A_2, \ldots$, und für $I = \{1, 2, \ldots, n\}$ $(n \in \mathbb{N})$ ist $(A_i)_{i \in I}$ gleich dem geordneten n-Tupel $(A_1, \ldots, A_n)$. Eine (endliche oder unendliche) Familie $(A_\iota)_{\iota \in I}$ von Mengen heiße *disjunkt*, wenn die Mengen A_ι $(\iota \in I)$ *paarweise disjunkt* sind, d.h. wenn für alle $\iota \neq \kappa$ gilt: $A_\iota \cap A_\kappa = \emptyset$.

Für das Rechnen mit Komplementen gilt das *Dualitätsprinzip*: Für jede Familie $(A_\iota)_{\iota \in I}$ von Teilmengen der Menge X gilt

$$(2.1) \qquad \left(\bigcup_{\iota \in I} A_\iota \right)^c = \bigcap_{\iota \in I} A_\iota^c \, , \quad \left(\bigcap_{\iota \in I} A_\iota \right)^c = \bigcup_{\iota \in I} A_\iota^c \, .$$

Im Falle $I = \emptyset$ ist hier $\bigcup_{\iota \in \emptyset} A_\iota = \emptyset$, und man definiert bei fester Grundmenge X

$$(2.2) \qquad \bigcap_{\iota \in \emptyset} A_\iota := X \, .$$

Mit dieser Konvention gilt (2.1) auch für $I = \emptyset$.

Sind X, Y Mengen und ist $f : X \to Y$ eine Abbildung, so bezeichnen wir für $A \subset X$ mit

$$(2.3) \qquad f(A) := \{f(x) : x \in A\}$$

das Bild von A unter der Abbildung f und mit

$$(2.4) \qquad f^{-1}(B) := \{x \in X : f(x) \in B\}$$

das Urbild von $B \subset Y$ bez. f. Dann können wir f^{-1} als Abbildung von $\mathfrak{P}(Y)$ in $\mathfrak{P}(X)$ auffassen. Das Bild einer Teilmenge $\mathfrak{B} \subset \mathfrak{P}(Y)$ unter dieser Abbildung ist

$$(2.5) \qquad f^{-1}(\mathfrak{B}) = \{f^{-1}(B) : B \in \mathfrak{B}\}.$$

Eine Verwirrung mit der für bijektives f vorhandenen Umkehrabbildung f^{-1} : $Y \to X$ ist wohl nicht zu befürchten. Für bijektives f ist $f^{-1}(B) = \{f^{-1}(x) : x \in B\}$ $(B \subset Y)$. – Die Abbildung $f^{-1} : \mathfrak{P}(Y) \to \mathfrak{P}(X)$ hat die wichtige Eigenschaft der *Operationstreue*: Für beliebige $B, B_\iota \subset Y$ $(\iota \in I)$ gilt:

$$(2.6) \qquad f^{-1}\left(\bigcup_{\iota \in I} B_\iota\right) = \bigcup_{\iota \in I} f^{-1}(B_\iota),$$

$$(2.7) \qquad f^{-1}\left(\bigcap_{\iota \in I} B_\iota\right) = \bigcap_{\iota \in I} f^{-1}(B_\iota),$$

$$(2.8) \qquad f^{-1}(B^c) = (f^{-1}(B))^c.$$

(Im Falle $I = \emptyset$ hat man die Konvention (2.2) auf der linken Seite in (2.7) für die Grundmenge Y anzuwenden, auf der rechten Seite dagegen für die Grundmenge X.) Für $A \subset X$ bezeichnet $f|A$ die Einschränkung (Restriktion) der Abbildung $f : X \to Y$ auf A.

Für je zwei Mengen X, Y wird die Menge aller geordneten Paare (x, y) von Elementen $x \in X$, $y \in Y$ das cartesische Produkt von X und Y genannt und mit $X \times Y$ bezeichnet. Entsprechend ist $X_1 \times \ldots \times X_p = \prod_{k=1}^{p} X_k$ das cartesische Produkt der Mengen $X_1, \ldots, X_p$. Sind alle Mengen $X_1, \ldots, X_p$ gleich X, so schreiben wir $X^p := X_1 \times \ldots \times X_p$. Dabei ist im Falle $X = \mathbb{R}$ zu beachten: Vektoren des $\mathbb{R}^p$ fassen wir stets als Spaltenvektoren auf. Für $a \in \mathbb{R}^p$ bezeichnen $a_1, \ldots, a_p$ die Koordinaten von a, also $a = (a_1, \ldots, a_p)^t$, wobei das hochstehende „t" die Transposition von Matrizen bedeutet; entsprechend schreiben wir $x = (x_1, \ldots, x_p)^t$, $y = (y_1, \ldots, y_p)^t$ usw. Für $a, b \in \mathbb{R}^p$ bedeute $a \leq b$, dass $a_j \leq b_j$ ist für alle $j = 1, \ldots, p$; entsprechend bedeute $a < b$, dass $a_j < b_j$ für alle $j = 1, \ldots, p$. Mit dieser Definition der Relationen „$\leq$" und „$<$" für Vektoren verwenden wir die oben eingeführte Intervallschreibweise sinngemäß auch für p-dimensionale Intervalle. Für $x \in \mathbb{R}^p$ bezeichnet $\|x\| := \left(\sum_{j=1}^{p} x_j^2\right)^{1/2}$ die euklidische Norm von x, und $K_r(a) := \{x \in \mathbb{R}^p : \|x - a\| < r\}$ $(a \in \mathbb{R}^p$, $r > 0)$ ist die offene Kugel um a mit dem Radius r. Ist allgemeiner (X, d) ein metrischer Raum, so bedeutet $K_r(a) := \{x \in X : d(x, a) < r\}$ die offene Kugel um $a \in X$ mit dem Radius $r > 0$.

2. Limes superior und Limes inferior. Für die Zwecke der Maßtheorie ist folgende Begriffsbildung nützlich, die schon von É. BOREL ([2], S. 18) eingeführt wurde: Ist $(A_n)_{n \geq 1}$ eine Folge von Teilmengen von X, so heißen

$$(2.9) \qquad \varlimsup_{n \to \infty} A_n := \{x \in X \ : \ x \in A_n \text{ für unendlich viele } n \in \mathbb{N}\}$$

der *Limes superior* und

(2.10)
$$\varliminf_{n\to\infty} A_n := \{x \in X \; : \; \text{Es gibt ein } n_0(x) \in \mathbb{N},$$
$$\text{so dass } x \in A_n \text{ für alle } n \geq n_0(x)\}$$

der *Limes inferior* der Folge $(A_n)_{n\geq 1}$. Diese Benennung ist im Hinblick auf Aufgabe 2.3 naheliegend. Offenbar gilt

(2.11)
$$\varlimsup_{n\to\infty} A_n = \bigcap_{n=1}^{\infty} \bigcup_{k=n}^{\infty} A_k \,,$$

(2.12)
$$\varliminf_{n\to\infty} A_n = \bigcup_{n=1}^{\infty} \bigcap_{k=n}^{\infty} A_k \,,$$

(2.13)
$$\varliminf_{n\to\infty} A_n \subset \varlimsup_{n\to\infty} A_n \,.$$

Die Folge $(A_n)_{n\geq 1}$ heißt *konvergent*, falls

(2.14)
$$\varliminf_{n\to\infty} A_n = \varlimsup_{n\to\infty} A_n$$

ist. In diesem Falle nennt man

(2.15)
$$\lim_{n\to\infty} A_n := \varliminf_{n\to\infty} A_n = \varlimsup_{n\to\infty} A_n$$

den *Limes* der Folge $(A_n)_{n\geq 1}$ und sagt, die Folge $(A_n)_{n\geq 1}$ *konvergiere* gegen $\lim_{n\to\infty} A_n$ (vgl. Aufgabe 2.3).

Wir nennen eine Folge $(A_n)_{n\geq 1}$ von Teilmengen von X monoton wachsend oder kurz *wachsend*, falls $A_n \subset A_{n+1}$ für alle $n \in \mathbb{N}$, und monoton fallend oder kurz *fallend*, falls $A_n \supset A_{n+1}$ für alle $n \in \mathbb{N}$. Eine Folge heißt monoton, wenn sie wachsend oder fallend ist. Entsprechende Bezeichnungen verwenden wir für Folgen reeller Zahlen und für Folgen von Funktionen $f_n : X \to \overline{\mathbb{R}}$.

2.1 Lemma. *Jede monotone Folge $(A_n)_{n\geq 1}$ von Mengen konvergiert, und zwar ist*

(2.16)
$$\lim_{n\to\infty} A_n = \bigcup_{n=1}^{\infty} A_n \,, \text{ falls } (A_n)_{n\geq 1} \text{ wachsend und}$$

(2.17)
$$\lim_{n\to\infty} A_n = \bigcap_{n=1}^{\infty} A_n \,, \text{ falls } (A_n)_{n\geq 1} \text{ fallend ist.}$$

Beweis. Ist $(A_n)_{n\geq 1}$ wachsend, so gilt nach (2.11)–(2.13)

$$\varliminf_{n\to\infty} A_n = \bigcup_{n=1}^{\infty} \bigcap_{k=n}^{\infty} A_k = \bigcup_{n=1}^{\infty} A_n \supset \varlimsup_{n\to\infty} A_n \supset \varliminf_{n\to\infty} A_n \,.$$

Für jede fallende Folge $(A_n)_{n\geq 1}$ gilt entsprechend

$$\underset{n\to\infty}{\underline{\lim}}\, A_n = \bigcup_{n=1}^{\infty}\bigcap_{k=n}^{\infty} A_k = \bigcap_{k=1}^{\infty} A_k = \bigcap_{n=1}^{\infty}\bigcup_{k=n}^{\infty} A_k = \overline{\lim_{n\to\infty}}\, A_n\ .$$

$\square$

Konvergiert $(A_n)_{n\geq 1}$ wachsend bzw. fallend gegen A, so schreiben wir kurz „$A_n \uparrow A$" bzw. „$A_n \downarrow A$". Entsprechend verwenden wir die Schreibweisen „$a_n \uparrow a$", „$f_n \uparrow f$", „$a_n \downarrow a$", „$f_n \downarrow f$" auch für wachsende bzw. fallende Konvergenz einer Folge $(a_n)_{n\geq 1}$ aus $\overline{\mathbb{R}}$ gegen $a \in \overline{\mathbb{R}}$ bzw. einer Folge $(f_n)_{n\geq 1}$ von Funktionen $f_n : X \to \overline{\mathbb{R}}$ gegen $f : X \to \overline{\mathbb{R}}$ (punktweise Konvergenz in $\overline{\mathbb{R}}$).

Für $A \subset X$ heißt die Funktion $\chi_A : X \to \mathbb{R}$,

$$(2.18) \qquad \chi_A(x) := \begin{cases} 1 & \text{für}\ \ x \in A\,, \\ 0 & \text{für}\ \ x \in X \setminus A \end{cases}$$

die *charakteristische Funktion*[4] oder *Indikatorfunktion* von A. Für $A, B \subset X$ gilt $A \subset B$ genau dann, wenn $\chi_A \leq \chi_B$ ist. Daher ist eine Folge $(A_n)_{n\geq 1}$ von Teilmengen von X genau dann wachsend bzw. fallend, wenn die Folge $(\chi_{A_n})_{n\geq 1}$ wachsend bzw. fallend ist. Ferner gilt für alle $A, B \subset X$:

$$\chi_{A\cap B} = \chi_A \cdot \chi_B\,,\ \chi_A + \chi_B = \chi_{A\cup B} + \chi_{A\cap B}\,,\ \chi_{A^c} = 1 - \chi_A\,,$$
$$\chi_{A\setminus B} = \chi_A(1 - \chi_B)\,,\ \chi_{A\triangle B} = |\chi_A - \chi_B|\,.$$

Aufgaben. 2.1. Limes superior und Limes inferior einer Folge von Mengen ändern sich nicht, wenn man in der Folge nur endlich viele Glieder abändert, weglässt oder hinzufügt.

2.2. Eine Folge $(A_n)_{n\geq 1}$ von Teilmengen von X konvergiert genau dann gegen die leere Menge, wenn zu jedem $x \in X$ nur endlich viele $n \in \mathbb{N}$ existieren mit $x \in A_n$. Insbesondere konvergiert jede Folge disjunkter Mengen gegen die leere Menge.

2.3. Es seien A_n, $B_n \subset X$ $(n \in \mathbb{N})$, $A := \underset{n\to\infty}{\underline{\lim}}\, A_n$, $B := \overline{\lim_{n\to\infty}}\, A_n$, $C \subset X$. Dann gilt:

a) $\left(\overline{\lim_{n\to\infty}}\, A_n\right)^c = \underset{n\to\infty}{\underline{\lim}}\, A_n^c$.

b) $\chi_A = \underset{n\to\infty}{\underline{\lim}}\, \chi_{A_n}$, $\chi_B = \overline{\lim_{n\to\infty}}\, \chi_{A_n}$.

c) $(A_n)_{n\geq 1}$ konvergiert genau dann gegen C, wenn $(\chi_{A_n})_{n\geq 1}$ gegen χ_C konvergiert.

d) $\underset{n\to\infty}{\underline{\lim}}\, A_n \cap \overline{\lim_{n\to\infty}}\, B_n \subset \overline{\lim_{n\to\infty}}\, (A_n \cap B_n)$.

e) $(\overline{\lim_{n\to\infty}}\, A_n) \setminus (\underset{n\to\infty}{\underline{\lim}}\, A_n) = \overline{\lim_{n\to\infty}}\, (A_n \triangle A_{n+1})$.

f) Die in der additiven abelschen Gruppe $(\mathfrak{P}(X), \triangle)$ gebildete Reihe $\sum_{n=1}^{\infty} A_n$ konvergiert (im Sinne der Konvergenz der Folge der Teilsummen $A_1 \triangle A_2 \triangle \ldots \triangle A_n$) genau dann, wenn $\lim_{n\to\infty} A_n = \emptyset$ ist.

2.4. Es seien $(A_n)_{n\geq 1}$, $(B_n)_{n\geq 1}$ konvergente Folgen von Teilmengen von X. Zeigen Sie, dass die Folgen $(A_n^c)_{n\geq 1}$, $(A_n \cap B_n)_{n\geq 1}$, $(A_n \cup B_n)_{n\geq 1}$, $(A_n \setminus B_n)_{n\geq 1}$, $(A_n \triangle B_n)_{n\geq 1}$ konvergieren, und bestimmen Sie die jeweiligen Limites.

---

[4]In der Wahrscheinlichkeitstheorie bevorzugt man den Namen *Indikatorfunktion*, da dort der Terminus *charakteristische Funktion* zur Bezeichnung der Fourier-Transformierten einer Wahrscheinlichkeitsverteilung benutzt wird.

2.5. Ist $(A_n)_{n \geq 1}$ eine konvergente Folge von Teilmengen von X mit Limes A und $(B_n)_{n \geq 1}$ eine konvergente Folge von Teilmengen von Y mit Limes B, so konvergiert $(A_n \times B_n)_{n \geq 1}$ gegen $A \times B$.

2.6. Für $A_1, \ldots, A_n \subset X$ gilt $\bigcup_{k=1}^{n} A_k = \bigcap_{j=1}^{n} A_j \cup \bigcup_{k=1}^{n-1} A_k \triangle A_{k+1}$.

2.7. Es seien $A_1, \ldots, A_n \subset X$ und

$$U_k := \bigcup_{1 \leq i_1 < \ldots < i_k \leq n} A_{i_1} \cap \ldots \cap A_{i_k} \, , \quad V_k := \bigcap_{1 \leq i_1 < \ldots < i_k \leq n} A_{i_1} \cup \ldots \cup A_{i_k} \, .$$

Zeigen Sie: Für $k = 1, \ldots, n$ gilt $U_k = V_{n-k+1}$.

§ 3.   Ringe, Algebren, σ-Ringe und σ-Algebren

> „Dieser Name [d.i. der Name Körper] soll, ähnlich wie in den Naturwissenschaf-
> ten, in der Geometrie und im Leben der menschlichen Gesellschaft, auch hier
> ein System bezeichnen, das eine gewisse Vollständigkeit, Vollkommenheit, Abge-
> schlossenheit besitzt, wodurch es als ein organisches Ganzes, als eine natürliche
> Einheit erscheint." (R. DEDEKIND im Supplement XI von Dirichlets *Vorlesungen
> über Zahlentheorie*, 4. Auflage (1894), § 160)

1. Ringstruktur von $\mathfrak{P}(X)$. Für das Rechnen mit Teilmengen von X gilt ganz allgemein folgendes Resultat:

3.1 Satz. *Versieht man $\mathfrak{P}(X)$ mit der symmetrischen Differenz $\triangle$ als Additi-on und der Durchschnittsbildung $\cap$ als Multiplikation, so ist $(\mathfrak{P}(X), \triangle, \cap)$ ein kommutativer Ring mit dem Nullelement $\emptyset$ und dem Einselement X.*

Bevor wir diesen Satz beweisen, zur Erinnerung: Ein *Ring* ist eine Men-ge R, die mit zwei Verknüpfungen $+ : R \times R \to R$ (genannt Addition) und $\cdot : R \times R \to R$ (genannt Multiplikation) ausgestattet ist, so dass $(R, +)$ eine additive abelsche Gruppe ist und so dass für alle $a, b, c \in R$ gilt $a(bc) = (ab)c$ (Assoziativgesetz) und $a(b + c) = ab + ac$, $(a + b)c = ac + bc$ (Distributiv-gesetze). Ein Ring R heißt kommutativ, wenn für alle $a, b \in R$ gilt $ab = ba$ (Kommutativgesetz für die Multiplikation). Wir fordern in unserer Definition nicht, dass jeder Ring ein Einselement hat.

Beweis. Wir betrachten den Körper $K = \{\overline{0}, \overline{1}\}$ mit dem Nullelement $\overline{0}$ und dem Einselement $\overline{1}$. (Zur Erinnerung: $\overline{1} + \overline{1} = \overline{0}$.) Die Menge R aller Abbildungen $f : X \to K$ ist mit der punktweise definierten Addition bzw. Multiplikation ein kommutativer Ring mit den konstanten Funktionen $\overline{0}$ als Nullelement und $\overline{1}$ als Einselement. Ordnet man jedem $A \subset X$ seine charakteristische Funktion mit Werten in K zu, so erhält man eine Bijektion von $\mathfrak{P}(X)$ auf R. Im Sinne dieser Bijektion entspricht der Addition in R die Bildung der symmetrischen Differenz in $\mathfrak{P}(X)$ und die Multiplikation der Durchschnittsbildung. $\qquad \square$

Mithilfe von Satz 3.1 kann man in $\mathfrak{P}(X)$ bequem rechnen; z.B. gelten das

Assoziativgesetz $(A \triangle B) \triangle C = A \triangle (B \triangle C)$ und das Distributivgesetz $A \cap$
$(B \triangle C) = (A \cap B) \triangle (A \cap C) \, (A, B, C \subset X)$.

2. Ringe und Algebren.

3.2 Definition. Eine Menge $\mathfrak{R} \subset \mathfrak{P}(X)$ heißt ein *Ring* (über X), wenn $\mathfrak{R}$
ein Unterring des Ringes $(\mathfrak{P}(X), \triangle, \cap)$ ist. Ein Ring $\mathfrak{A}$ mit $X \in \mathfrak{A}$ heißt eine
Algebra über X oder ein *Körper*.

Das Wort „Algebra" kommt in der Mathematik in mehrfacher Bedeutung
vor: Zum einen bezeichnet man das Teilgebiet der Mathematik, das sich mit der
Untersuchung der sog. algebraischen Strukturen (z.B. Gruppen, Ringe, Körper,
Vektorräume) beschäftigt, als „Algebra"; zum anderen nennt man auch spezielle
algebraische Strukturen „Algebren": Eine *Algebra A* ist ein Ring, der zugleich
Vektorraum über einem Körper K ist, so dass für alle $\alpha \in K$ und $u, v \in A$ gilt
$(\alpha u)v = u(\alpha v) = \alpha(uv)$. Ein Ring oder eine Algebra im Sinne der Definition
3.2 ist nach dem Beweis des Satzes 3.1 wirklich eine Algebra über dem Körper
$K = \{\bar{0}, \bar{1}\}$, aber kein Körper im Sinne der mathematischen Disziplin Algebra.
Deshalb benutzen wir im Folgenden den Namen „Algebra" und nicht den Namen
„Körper".

Die Begriffe „Ring" und „Körper" wurden (mit etwas anderer Bedeutung als
heute üblich) eingeführt von F. HAUSDORFF [1], S. 14 ff. Zur Namengebung
bemerkt HAUSDORFF: *„Die Ausdrücke Ring und Körper sind der Theorie der
algebraischen Zahlen entnommen auf Grund einer ungefähren Analogie, an die
man nicht zu weitgehende Ansprüche stellen möge."* Im algebraischen Sinne
wurde der Begriff „Körper" von R. DEDEKIND geprägt; die Bezeichnung „Ring"
stammt von D. HILBERT (1862–1943).

Ist $\mathfrak{R}$ ein Ring, so gilt zunächst $\emptyset \in \mathfrak{R}$, denn jeder Ring enthält das neutrale
Element bez. der Addition. Ferner ist für alle $A, B \in \mathfrak{R}$ auch $A \cup B \in \mathfrak{R}$,
denn es ist $A \cup B = (A \triangle B) \triangle (A \cap B)$, und es gilt auch $A \setminus B \in \mathfrak{R}$, denn
$A \setminus B = A \triangle (A \cap B)$. *Ein Ring enthält also mit je endlich vielen Mengen sowohl
deren Vereinigung als auch Durchschnitt.* – Ist $\mathfrak{A}$ eine Algebra, so gilt für alle
$A \in \mathfrak{A}$ auch $A^c = X \setminus A \in \mathfrak{A}$.

3.3 Satz. *Eine Menge $\mathfrak{R} \subset \mathfrak{P}(X)$ ist genau dann ein Ring, wenn sie eine der
folgenden äquivalenten Eigenschaften* a)–c) *besitzt:*
a) $\emptyset \in \mathfrak{R}$, *und für alle* $A, B \in \mathfrak{R}$ *gilt* $A \triangle B \in \mathfrak{R}$, $A \cap B \in \mathfrak{R}$.
b) $\emptyset \in \mathfrak{R}$, *und für alle* $A, B \in \mathfrak{R}$ *gilt* $A \triangle B \in \mathfrak{R}$, $A \cup B \in \mathfrak{R}$.
c) $\emptyset \in \mathfrak{R}$, *und für alle* $A, B \in \mathfrak{R}$ *gilt* $A \cup B \in \mathfrak{R}$, $A \setminus B \in \mathfrak{R}$.

Beweis. Wegen $A \triangle A = \emptyset$ ist jedes $A \in \mathfrak{P}(X)$ zu sich selbst invers bez. der
Addition $\triangle$. Daher ist $\mathfrak{R}$ genau dann ein Ring, wenn a) gilt. Nach dem oben
Bewiesenen gelten b) und c) in jedem Ring. Umgekehrt impliziert b) auch a),
denn $A \cap B = (A \cup B) \triangle (A \triangle B)$. Ferner folgt b) aus c), denn $A \triangle B =
(A \setminus B) \cup (B \setminus A)$. $\qquad\square$

3.4 Satz. *Eine Menge* $\mathfrak{A} \subset \mathfrak{P}(X)$ *ist genau dann eine Algebra, wenn sie eine der folgenden äquivalenten Eigenschaften* a), b) *besitzt:*
a) $X \in \mathfrak{A}$, *und für alle* $A, B \in \mathfrak{A}$ *gilt* $A^c \in \mathfrak{A}$ *und* $A \cup B \in \mathfrak{A}$.
b) $X \in \mathfrak{A}$, *und für alle* $A, B \in \mathfrak{A}$ *gilt* $A^c \in \mathfrak{A}$ *und* $A \cap B \in \mathfrak{A}$.

Beweis. In jeder Algebra gelten a) und b). Offenbar folgt b) aus a), denn es ist $A \cap B = (A^c \cup B^c)^c$. – Es sei nun b) erfüllt: Dann ist $\emptyset = X^c \in \mathfrak{A}$, und für alle $A, B \in \mathfrak{A}$ ist

$$A \triangle B = (A \cup B) \setminus (A \cap B) = (A^c \cap B^c)^c \cap (A \cap B)^c \in \mathfrak{A}.$$

Daher ist $\mathfrak{A}$ ein Ring (Satz 3.3, a)) mit $X \in \mathfrak{A}$, also eine Algebra. $\qquad\square$

3.5 Beispiele. a) Für $A \subset X$ ist $\{\emptyset, A\}$ ein Ring, aber für $A \neq X$ keine Algebra; $\{\emptyset, A, A^c, X\}$ ist eine Algebra. Speziell ist $\{\emptyset\}$ ein Ring und $\{\emptyset, X\}$ eine Algebra. $\mathfrak{P}(X)$ ist eine Algebra.
b) Die Menge $\mathfrak{E}$ aller endlichen Teilmengen von X ist ein Ring; $\mathfrak{E}$ ist eine Algebra genau dann, wenn X endlich ist. Die bez. mengentheoretischer Inklusion kleinste Algebra über X, die $\mathfrak{E}$ umfasst, ist $\mathfrak{E} \cup \{A^c \ : \ A \in \mathfrak{E}\}$ (s. Aufgabe 3.1). Auch die Menge $\mathfrak{C}$ aller abzählbaren Teilmengen von X ist ein Ring. (Wir nennen eine Menge M *abzählbar*, wenn eine bijektive Abbildung $f : M \to N$ auf eine Teilmenge $N \subset \mathbb{N}$ existiert; dabei darf N endlich (sogar leer) sein. Existiert eine Bijektion von M auf $\mathbb{N}$, so nennen wir M *abzählbar unendlich*.) $\mathfrak{C}$ ist eine Algebra genau dann, wenn X abzählbar ist. Die kleinste Algebra über X, die $\mathfrak{C}$ umfasst, ist $\mathfrak{C} \cup \{A^c \ : \ A \in \mathfrak{C}\}$ (s. Aufgabe 3.1). Das System aller beschränkten Teilmengen von $\mathbb{R}$ ist ein Ring, aber keine Algebra.
c) Eine Teilmenge A eines metrischen (oder topologischen) Raumes X heißt *nirgends dicht*, wenn die abgeschlossene Hülle $\overline{A}$ von A keine nicht-leere offene Menge enthält. Das System aller nirgends dichten Teilmengen von X ist ein Ring. Zum Beweis dieser Aussage brauchen wir nur zu zeigen, dass die Vereinigung je zweier nirgends dichter Teilmengen A, B von X nirgends dicht ist, und dabei können wir gleich annehmen, dass A und B abgeschlossen sind. Dann ist auch $A \cup B$ abgeschlossen. Da A abgeschlossen und nirgends dicht ist, ist A^c offen und dicht, d.h.: Für jede nicht-leere offene Menge $U \subset X$ gilt $U \cap A^c \neq \emptyset$. Da B^c gleichfalls offen und dicht ist, hat B^c mit der nicht-leeren offenen (!) Menge $U \cap A^c$ einen nicht-leeren Durchschnitt, d.h. $(U \cap A^c) \cap B^c = U \cap (A \cup B)^c \neq \emptyset$. Daher ist $(A \cup B)^c$ dicht, also $A \cup B$ nirgends dicht.
d) Das System aller Jordan-messbaren Teilmengen von $\mathbb{R}$ ist ein Ring. (Eine Menge $A \subset \mathbb{R}$ ist Jordan-messbar genau dann, wenn sie beschränkt ist und wenn ihre charakteristische Funktion χ_A über jedes kompakte Intervall I mit $I \supset A$ Riemann-integrierbar ist; vgl. Aufgabe II.7.6.) Entsprechendes gilt im $\mathbb{R}^p$.
e) Das System $\mathfrak{O}^p$ der offenen Teilmengen des $\mathbb{R}^p$ ist zwar abgeschlossen bez. der Bildung beliebiger Vereinigungen und endlicher Durchschnitte von Mengen, aber $\mathfrak{O}^p$ ist kein Ring, denn die Differenz offener Mengen ist nicht notwendig offen.

3. σ-Ringe und σ-Algebren. Für den Aufbau einer fruchtbaren Maßtheorie erweisen sich Ringe und Algebren als nicht reichhaltig genug, da sie nur bez. der Bildung endlicher Vereinigungen abgeschlossen sind.

3.6 Definition. Eine Menge $\mathfrak{R} \subset \mathfrak{P}(X)$ heißt ein σ-*Ring* (über X), wenn $\mathfrak{R}$ ein Ring ist und wenn für jede Folge $(A_n)_{n\geq 1}$ von Mengen aus $\mathfrak{R}$ gilt $\bigcup_{n=1}^{\infty} A_n \in \mathfrak{R}$. Ein σ-Ring $\mathfrak{A} \subset \mathfrak{P}(X)$ mit $X \in \mathfrak{A}$ heißt eine σ-*Algebra* (über X) oder ein σ-*Körper*.

Bei den Wörtern „σ-Ring", „σ-Algebra" weist der Vorsatz „σ..." darauf hin, dass das betr. Mengensystem abgeschlossen ist bez. der Bildung abzählbarer Vereinigungen. Dabei soll der Buchstabe σ an „Summe" erinnern; früher bezeichnete man die Vereinigung zweier Mengen als ihre Summe (s. z.B. F. HAUS-DORFF [1], S. 5 und S. 23). Eine entsprechende Terminologie ist üblich mit dem Vorsatz „δ..." für abzählbare Durchschnitte (z.B. „δ-Ring"). – Als natürliche Definitionsbereiche von Maßen wurden σ-Ringe über beliebigen Mengen erstmals von M. FRÉCHET (1878–1975, [1], [2]) betrachtet.

3.7 Folgerung. Ist $\mathfrak{R}$ ein σ-Ring und $(A_n)_{n\geq 1}$ eine Folge von Mengen aus $\mathfrak{R}$, so gilt

$$(3.1) \qquad \bigcap_{n=1}^{\infty} A_n \in \mathfrak{R},$$

$$(3.2) \qquad \varlimsup_{n\to\infty} A_n = \bigcap_{n=1}^{\infty} \bigcup_{k=n}^{\infty} A_k \in \mathfrak{R},$$

$$(3.3) \qquad \varliminf_{n\to\infty} A_n = \bigcup_{n=1}^{\infty} \bigcap_{k=n}^{\infty} A_k \in \mathfrak{R}.$$

Beweis. Zur Begründung von (3.1) wenden wir das Dualitätsprinzip (2.1) auf $A := \bigcup_{n=1}^{\infty} A_n \in \mathfrak{R}$ als Grundmenge an: $\bigcap_{n=1}^{\infty} A_n = A \setminus (\bigcup_{n=1}^{\infty}(A \setminus A_n))$ $\in \mathfrak{R}$. Das ergibt (3.1), und (3.2), (3.3) folgen sofort aus (3.1). $\qquad\square$

3.8 Satz. a) *Eine Teilmenge $\mathfrak{R} \subset \mathfrak{P}(X)$ ist ein σ-Ring genau dann, wenn gilt*

$$(3.4) \qquad \begin{cases} \emptyset \in \mathfrak{R}, \\ A, B \in \mathfrak{R} \Longrightarrow A \setminus B \in \mathfrak{R}, \\ A_n \in \mathfrak{R} \ (n \in \mathbb{N}) \Longrightarrow \bigcup_{n=1}^{\infty} A_n \in \mathfrak{R}. \end{cases}$$

b) *Eine Teilmenge $\mathfrak{A} \subset \mathfrak{P}(X)$ ist eine σ-Algebra genau dann, wenn $\mathfrak{A}$ einer der folgenden äquivalenten Bedingungen (3.5), (3.6) genügt:*

$$(3.5) \qquad \begin{cases} X \in \mathfrak{A}, \\ A \in \mathfrak{A} \Longrightarrow A^c \in \mathfrak{A}, \\ A_n \in \mathfrak{A} \ (n \in \mathbb{N}) \Longrightarrow \bigcup_{n=1}^{\infty} A_n \in \mathfrak{A}; \end{cases}$$

(3.6)
$$\begin{cases} X \in \mathfrak{A}, \\ A \in \mathfrak{A} \Longrightarrow A^c \in \mathfrak{A}, \\ A_n \in \mathfrak{A} \ (n \in \mathbb{N}) \Longrightarrow \bigcap_{n=1}^{\infty} A_n \in \mathfrak{A}. \end{cases}$$

Beweis. a) Offenbar erfüllt jeder σ-Ring die Bedingungen (3.4). Erfüllt umgekehrt $\mathfrak{R} \subset \mathfrak{P}(X)$ die Bedingungen unter (3.4), so gilt für alle $A, B \in \mathfrak{R}$ auch $A \cup B \in \mathfrak{R}$, denn $A \cup B = \bigcup_{n=1}^{\infty} A_n$ mit $A_1 := A$, $A_n := B$ für $n \geq 2$. Daher ist $\mathfrak{R}$ ein σ-Ring.
b) Jede σ-Algebra genügt (3.5). Erfüllt umgekehrt $\mathfrak{A}$ die Bedingung (3.5), so ist $\mathfrak{A}$ insbesondere abgeschlossen bez. der Bildung endlicher Vereinigungen. Daher ist $\mathfrak{A}$ eine Algebra, also nach (3.5) eine σ-Algebra. Wegen (2.1) sind (3.5) und (3.6) äquivalent.   □

3.9 Beispiele. a) Jeder endliche Ring ist ein σ-Ring, jede endliche Algebra eine σ-Algebra. $\mathfrak{P}(X)$ ist eine σ-Algebra.
b) Die Menge $\mathfrak{C}$ aller abzählbaren Teilmengen von X ist ein σ-Ring. Die bez. mengentheoretischer Inklusion kleinste σ-Algebra über X, die $\mathfrak{C}$ umfasst, ist $\mathfrak{C} \cup \{A^c : A \in \mathfrak{C}\}$ (s. Aufgabe 3.1).
c) Ist $f : X \to Y$ eine Abbildung und $\mathfrak{B}$ ein σ-Ring (bzw. eine σ-Algebra) über Y, so ist $f^{-1}(\mathfrak{B}) := \{f^{-1}(B) : B \in \mathfrak{B}\}$ ein σ-Ring (bzw. eine σ-Algebra) über X. Das folgt unmittelbar aus der Operationstreue der Abbildung $f^{-1} : \mathfrak{P}(Y) \to \mathfrak{P}(X)$. Ist speziell $X \subset Y$ und $f : X \to Y$, $f(x) := x$ $(x \in X)$ die kanonische Injektion von X in Y, so ist

(3.7) $$f^{-1}(\mathfrak{B}) = \{B \cap X : B \in \mathfrak{B}\} =: \mathfrak{B}|X,$$

die Menge der sog. Spuren der Mengen aus $\mathfrak{B}$ auf X, ein σ-Ring bzw. eine σ-Algebra. Man bezeichnet $\mathfrak{B}|X$ als den Spur-σ-Ring bzw. als die Spur-σ-Algebra auf X.
d) Das System der Jordan-messbaren Teilmengen von $\mathbb{R}$ ist kein σ-Ring, denn die Menge $[0,1] \cap \mathbb{Q}$ der rationalen Punkte des Einheitsintervalls ist abzählbar, also abzählbare Vereinigung einelementiger (d.h. Jordan-messbarer) Mengen, aber nicht Jordan-messbar. Entsprechendes gilt im $\mathbb{R}^p$.

Aufgaben. 3.1. Es seien $\mathfrak{R}$ ein Ring über X und $\mathfrak{A} := \mathfrak{R} \cup \{A^c : A \in \mathfrak{R}\}$. Dann ist $\mathfrak{A}$ die kleinste Algebra über X, die $\mathfrak{R}$ umfasst. Ist $\mathfrak{R}$ ein σ-Ring, so ist $\mathfrak{A}$ die kleinste σ-Algebra, die $\mathfrak{R}$ umfasst.

3.2. Ein Ring $\mathfrak{R}$ ist genau dann ein σ-Ring, wenn für jede konvergente Folge von Mengen aus $\mathfrak{R}$ der Limes zu $\mathfrak{R}$ gehört.

3.3. Eine Teilmenge A eines metrischen (oder topologischen) Raumes X heißt *mager* oder *von erster Kategorie*, wenn A die Vereinigung abzählbar vieler nirgends dichter Teilmengen von X ist (vgl. Beispiel 3.5, c)). Die Menge aller mageren Teilmengen von X ist ein σ-Ring.

3.4. Es seien $f : X \to Y$ eine Abbildung und $\mathfrak{A} \subset \mathfrak{P}(X)$. Ist $\mathfrak{A}$ ein Ring (bzw. eine Algebra, ein σ-Ring, eine σ-Algebra), so gilt das Entsprechende auch für $\mathfrak{B} := \{B \subset Y : f^{-1}(B) \in \mathfrak{A}\}$.

3.5. Jede σ-Algebra enthält entweder endlich viele oder überabzählbar unendlich viele Elemente. (Hinweis: Nehmen Sie an, $\mathfrak{A}$ sei eine abzählbar unendliche σ-Algebra, und betrachten

Sie die Mengen $M_x := \bigcap_{x \in B, B \in \mathfrak{A}} B$ ($x \in X$).) Schärfer gilt: Jeder unendliche σ-Ring enthält eine disjunkte Folge nicht-leerer Mengen und damit mindestens $|\mathbb{R}|$ ($=$ Mächtigkeit von $\mathbb{R}$) Elemente.

3.6. Die Gruppe $(\mathfrak{P}(X), \triangle)$ ist in natürlicher Weise ein Vektorraum über dem Körper $\mathbb{Z}/2\mathbb{Z}$. Es seien X endlich, V ein Untervektorraum dieses Vektorraums und für $A, B \in V$ sei $\langle A, B \rangle := |A \cap B| + 2\mathbb{Z}$, wobei $|A \cap B|$ die Anzahl der Elemente von $A \cap B$ bezeichnet. Zeigen Sie: $\langle \cdot, \cdot \rangle : V \times V \to \mathbb{Z}/2\mathbb{Z}$ ist eine symmetrische Bilinearform. Wann ist diese Bilinearform nicht-ausgeartet?

3.7. Ist $(\mathfrak{A}_n)_{n \geq 1}$ eine wachsende Folge von Algebren über X, so ist $\bigcup_{n=1}^{\infty} \mathfrak{A}_n$ eine Algebra. Ist jedoch $(\mathfrak{A}_n)_{n \geq 1}$ eine streng monoton wachsende Folge von σ-Algebren über X, so ist $\bigcup_{n=1}^{\infty} \mathfrak{A}_n$ *keine* σ-Algebra. (Hinweis: Amer. Math. Monthly 84, 553–554 (1977).)

3.8. Man sagt, eine Teilmenge A des metrischen (oder topologischen) Raums X habe die *Bairesche Eigenschaft*, wenn A darstellbar ist in der Form $A = G \triangle M$ mit einer offenen Menge $G \subset X$ und einer mageren Menge $M \subset X$ (vgl. Aufgabe 3.3).
a) Eine Menge $A \subset X$ hat die Bairesche Eigenschaft genau dann, wenn $A = F \triangle N$ ist mit einer abgeschlossenen Menge $F \subset X$ und einer mageren Menge $N \subset X$. (Hinweis: Ist G offen in X, so ist $P := \overline{G} \triangle G$ abgeschlossen und nirgends dicht und $G = \overline{G} \triangle P$.)
b) Das System $\mathfrak{B}$ aller Teilmengen von X mit der Baireschen Eigenschaft ist eine σ-Algebra. (Hinweis: $(P \triangle Q)^c = P^c \triangle Q$.)

§ 4.   Erzeuger und Borelsche Mengen

1. Erzeuger. Die für die Maßtheorie wichtigsten Mengensysteme sind die σ-Algebren, denn sie werden uns später durchweg als Definitionsbereiche von Maßen begegnen. Nun lassen sich σ-Algebren wie z.B. die σ-Algebra der Borelschen Teilmengen des $\mathbb{R}^p$ i. Allg. nicht durch unmittelbares Hinschreiben der Elemente angeben. Oft werden σ-Algebren durch Angabe eines sog. Erzeugers definiert. Dieses Vorgehen beruht auf folgendem trivialen, aber wichtigen Sachverhalt: *Jeder Durchschnitt (beliebig vieler!) Ringe (bzw. Algebren, σ-Ringe, σ-Algebren) über X ist ein Ring (bzw. eine Algebra, ein σ-Ring, eine σ-Algebra)*. Dabei ist der Durchschnitt über das leere System von Ringen im Sinne von (2.2) gleich $\mathfrak{P}(X)$ zu setzen, denn hier dient $\mathfrak{P}(X)$ als Grundmenge. Es folgt: Zu jeder Menge $\mathfrak{E} \subset \mathfrak{P}(X)$ gibt es einen bez. mengentheoretischer Inklusion kleinsten Ring $\mathfrak{R}$ (bzw. eine kleinste Algebra $\mathfrak{A}$, einen kleinsten σ-Ring $\mathfrak{S}$, eine kleinste σ-Algebra $\mathfrak{B}$), der (bzw. die) $\mathfrak{E}$ umfasst, nämlich den Durchschnitt aller Ringe (bzw. Algebren, σ-Ringe, σ-Algebren) über X, die $\mathfrak{E}$ umfassen. Dieser Durchschnitt heißt der *von $\mathfrak{E}$ erzeugte Ring* (bzw. die von $\mathfrak{E}$ erzeugte Algebra, der von $\mathfrak{E}$ erzeugte σ-Ring, die von $\mathfrak{E}$ erzeugte σ-Algebra) über X, und $\mathfrak{E}$ heißt ein *Erzeuger* von $\mathfrak{R}$ (bzw. $\mathfrak{A}, \mathfrak{S}, \mathfrak{B}$) über X. Es bestehen folgende Inklusionen:

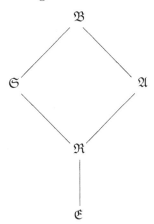

Als Bezeichnung für die von $\mathfrak{E}$ erzeugte σ-Algebra führen wir ein

(4.1) $$\sigma(\mathfrak{E}) := \mathfrak{B}\,.$$

Die obige Definition von $\mathfrak{R}, \mathfrak{A}, \mathfrak{S}, \mathfrak{B}$ ist nicht konstruktiv, denn sie gibt nicht an, wie man die Elemente von $\mathfrak{R}$ (bzw. $\mathfrak{A}, \mathfrak{S}, \mathfrak{B}$) aus den Elementen von $\mathfrak{E}$ herstellen kann. Für viele Belange ist es auch gar nicht nötig, etwa die Elemente von $\mathfrak{R}$ oder $\mathfrak{B}$ mithilfe der Elemente von $\mathfrak{E}$ genau zu konstruieren, da in den meisten Fällen mithilfe des Begriffs „Erzeuger" argumentiert werden kann. Es ist aber durchaus bemerkenswert, dass man die Elemente von $\mathfrak{R}$ in abzählbar vielen Schritten aus den Elementen von $\mathfrak{E}$ gewinnen kann (s. Aufgabe 4.1). Die Elemente von $\mathfrak{A}$ lassen sich sogar in nur drei einfachen Schritten aus den Elementen von $\mathfrak{E}$ gewinnen (s. Aufgabe 5.3). Dagegen lassen sich die Elemente von $\mathfrak{B} := \sigma(\mathfrak{E})$ nicht allgemein in nur abzählbar vielen Schritten aus den Elementen von $\mathfrak{E}$ herstellen (s. BILLINGSLEY [1], 2. Aufl., S. 26 oder 3. Aufl., S. 30). Zur Konstruktion von $\mathfrak{B}$ benötigt man Ordinalzahlen und das Verfahren der Definition durch transfinite Induktion (s. Anhang B). (Der eilige Leser mag die folgende Konstruktion überschlagen.)

Die *Konstruktion von* $\mathfrak{B}$ *mit transfiniter Induktion* geht folgendermaßen vor: Es bezeichne Ω die kleinste überabzählbare Ordinalzahl, und für $\mathfrak{Q} \subset \mathfrak{P}(X)$ sei

$$\mathfrak{Q}^{\bullet} := \left\{ \bigcup_{n=1}^{\infty} A_n : A_n \in \mathfrak{Q} \text{ oder } A_n^c \in \mathfrak{Q} \quad (n \in \mathbb{N}) \right\}.$$

Für einen vorgegebenen Erzeuger $\mathfrak{E}$ setzen wir zunächst $\mathfrak{E}_0 := \mathfrak{E} \cup \{\emptyset\}$. Es sei nun $0 < \alpha < \Omega$, und für alle Ordinalzahlen β mit $0 \leq \beta < \alpha$ sei $\mathfrak{E}_\beta$ bereits definiert. Dann setzen wir $\mathfrak{E}_\alpha := \left(\bigcup_{0 \leq \beta < \alpha} \mathfrak{E}_\beta \right)^{\bullet}$. Vermöge Definition durch transfinite Induktion ist damit für jede Ordinalzahl α mit $0 \leq \alpha < \Omega$ eine Menge $\mathfrak{E}_\alpha \subset \mathfrak{P}(X)$ definiert. *Wir behaupten:*

(4.2) $$\mathfrak{B} = \bigcup_{0 \leq \alpha < \Omega} \mathfrak{E}_\alpha\,.$$

Beweis. Wir setzen $\mathfrak{C} := \bigcup_{0 \le \alpha < \Omega} \mathfrak{E}_\alpha$ und zeigen zunächst mit transfiniter Induktion, dass $\mathfrak{C} \subset \mathfrak{B}$. Offenbar ist $\mathfrak{E}_0 \subset \mathfrak{B}$. Für den Induktionsschluss nehmen wir an, es sei $0 < \alpha < \Omega$, und es sei schon bekannt, dass $\mathfrak{E}_\beta \subset \mathfrak{B}$ für alle Ordinalzahlen β mit $0 \le \beta < \alpha$. Ferner sei $A \in \mathfrak{E}_\alpha$. Dann hat A die Gestalt $A = \bigcup_{n=1}^{\infty} A_n$, wobei für jedes $n \in \mathbb{N}$ gilt $A_n \in \bigcup_{0 \le \beta < \alpha} \mathfrak{E}_\beta$ oder $A_n^c \in \bigcup_{0 \le \beta < \alpha} \mathfrak{E}_\beta$. Da hier nach Induktionsvoraussetzung alle $\mathfrak{E}_\beta (0 \le \beta < \alpha)$ in $\mathfrak{B}$ enthalten sind, ist $A_n \in \mathfrak{B}$ für alle $n \in \mathbb{N}$ und folglich $A \in \mathfrak{B}$, also $\mathfrak{E}_\alpha \subset \mathfrak{B}$, d.h. $\mathfrak{C} \subset \mathfrak{B}$.

Zum Nachweis der Beziehung $\mathfrak{C} \supset \mathfrak{B}$ brauchen wir nur noch zu zeigen, dass $\mathfrak{C}$ eine σ-Algebra ist: Offenbar gilt $X \in \mathfrak{E}_1 \subset \mathfrak{C}$. Ist $A \in \mathfrak{C}$, so gibt es eine Ordinalzahl $\alpha < \Omega$, derart dass $A \in \mathfrak{E}_\alpha$, und dann ist $A^c \in \mathfrak{E}_\alpha^\bullet \subset \mathfrak{E}_{\alpha+1} \subset \mathfrak{C}$. Es sei weiter $(A_n)_{n \ge 1}$ eine Folge von Mengen aus $\mathfrak{C}$. Zu jedem $n \in \mathbb{N}$ gibt es dann eine Ordinalzahl $\alpha_n < \Omega$, derart dass $A_n \in \mathfrak{E}_{\alpha_n}$. Nun machen wir wesentlichen Gebrauch von der Tatsache, dass Ω die *kleinste überabzählbare* Ordinalzahl ist. Die hier ausschlaggebende Eigenschaft von Ω ist, dass man mithilfe von Folgen von Ordinalzahlen, die alle kleiner sind als Ω, die Zahl Ω „nicht erreichen" kann. Das heißt: Es gibt ein $\alpha < \Omega$, so dass $\alpha_n < \alpha$ für alle $n \in \mathbb{N}$. Daher ist $\bigcup_{n=1}^{\infty} A_n \in \mathfrak{E}_\alpha \subset \mathfrak{C}$, und $\mathfrak{C}$ ist als σ-Algebra erkannt. Damit ist (4.2) bewiesen. $\square$

„Der Leser wird an dieser Stelle gern einen kurzen Blick rückwärts tun und der genialen Schöpfung G. CANTORS, dem System der Ordnungszahlen, seine Bewunderung nicht versagen." So schreibt F. HAUSDORFF in seinem Buch *Grundzüge der Mengenlehre* ([1], S. 112), und wir können dieser Wertung nur beipflichten.

2. Borelsche Mengen. Die für die Zwecke der Maßtheorie wichtigste σ-Algebra ist die σ-Algebra der Borelschen Teilmengen des $\mathbb{R}^p$. Diese σ-Algebra ist benannt nach ÉMILE BOREL, der 1898 in seinen *Leçons sur la théorie des fonctions* ([1], Chap. III) implizit die Borelschen Teilmengen des Einheitsintervalls einführt und andeutet, dass man für diese Mengen einen Längenbegriff definieren kann, der die fundamentale Eigenschaft der σ-Additivität hat. Schon H. LEBESGUE benutzt in seinen *Leçons sur l'intégration* (Paris 1904) den Namen *ensembles mesurables B* für die im Sinne von BOREL messbaren Mengen. Der kurze Name *Borelsche Mengen* stammt von F. HAUSDORFF [1], S. 305. W. SIERPIŃSKI (1882–1969) ([1], S. 187 ff.) gibt 1918 eine sehr klare Definition der Borelschen Mengen, die im Wesentlichen mit der heute üblichen übereinstimmt.

4.1 Definition. Es seien X ein metrischer (oder topologischer) Raum und $\mathfrak{O}$ das System der offenen Teilmengen von X. Dann heißt die von $\mathfrak{O}$ erzeugte σ-Algebra $\sigma(\mathfrak{O})$ die σ-Algebra der *Borelschen Teilmengen von X*; Bezeichnung: $\mathfrak{B}(X) := \sigma(\mathfrak{O})$. Speziell bezeichnen wir für $X = \mathbb{R}^p$ mit $\mathfrak{B}^p := \mathfrak{B}(\mathbb{R}^p)$ die σ-Algebra der *Borelschen Teilmengen des $\mathbb{R}^p$* und mit $\mathfrak{B}$ die σ-Algebra der *Borelschen Teilmengen von $\mathbb{R}$*.

4.2 Folgerungen. Es seien X ein metrischer (oder topologischer) Raum, $\mathfrak{O}$ die Menge der offenen, $\mathfrak{C}$ die Menge der abgeschlossenen und $\mathfrak{K}$ die Menge der kompakten Teilmengen von X. Dann gilt:

a) $\mathfrak{B}(X) = \sigma(\mathfrak{C})$.

b) Ist X ein Hausdorff-Raum[5] und gibt es eine Folge $(K_n)_{n\geq 1}$ kompakter Mengen mit $X = \bigcup_{n=1}^{\infty} K_n$, so ist $\mathfrak{B}(X) = \sigma(\mathfrak{K})$.

c) Hat $\mathfrak{S} \subset \mathfrak{O}$ die Eigenschaft, dass jede offene Teilmenge von X darstellbar ist als abzählbare Vereinigung von Mengen aus $\mathfrak{S}$, so ist $\mathfrak{B}(X) = \sigma(\mathfrak{S})$.

Beweis. a) Da die abgeschlossenen Teilmengen von X gerade die Komplemente der offenen Teilmengen von X sind, folgt $\mathfrak{B}(X) = \sigma(\mathfrak{C})$.

b) Nach einem bekannten Satz ist jede kompakte Teilmenge von X abgeschlossen. Daher ist $\sigma(\mathfrak{K}) \subset \sigma(\mathfrak{C}) = \mathfrak{B}(X)$. Andererseits hat jedes $F \in \mathfrak{C}$ die Darstellung $F = \bigcup_{n=1}^{\infty} F \cap K_n$ als abzählbare Vereinigung kompakter Teilmengen von X, d.h. es ist $\mathfrak{C} \subset \sigma(\mathfrak{K})$, also $\sigma(\mathfrak{C}) \subset \sigma(\mathfrak{K})$, und zusammen folgt $\sigma(\mathfrak{K}) = \sigma(\mathfrak{C}) = \mathfrak{B}(X)$.

c) Natürlich ist $\sigma(\mathfrak{S}) \subset \mathfrak{B}(X)$. Andererseits ist jedes $A \in \mathfrak{O}$ abzählbare Vereinigung von Mengen aus $\mathfrak{S}$, also $\mathfrak{O} \subset \sigma(\mathfrak{S})$, d.h. $\mathfrak{B}(X) \subset \sigma(\mathfrak{S})$. □

Wir nennen ein Mengensystem $\mathfrak{M} \subset \mathfrak{P}(X)$ *durchschnittsstabil* (bzw. *vereinigungsstabil*), wenn für je zwei Mengen aus $\mathfrak{M}$ auch ihr Durchschnitt (bzw. ihre Vereinigung) zu $\mathfrak{M}$ gehört.

4.3 Satz. *Jedes der folgenden Mengensysteme ist ein durchschnittsstabiler Erzeuger der σ-Algebra $\mathfrak{B}^p$ der Borelschen Teilmengen des $\mathbb{R}^p$:*

$$
\begin{aligned}
\mathfrak{O}^p &:= \{U \subset \mathbb{R}^p : U \text{ offen}\}, \\
\mathfrak{C}^p &:= \{A \subset \mathbb{R}^p : A \text{ abgeschlossen}\}, \\
\mathfrak{K}^p &:= \{K \subset \mathbb{R}^p : K \text{ kompakt}\}, \\
\mathfrak{I}_o^p &:= \{\,]a,b[\, : a,b \in \mathbb{R}^p,\ a \leq b\}, \\
\mathfrak{I}_{o,\mathbb{Q}}^p &:= \{\,]a,b[\, : a,b \in \mathbb{Q}^p,\ a \leq b\}, \\
\mathfrak{I}_c^p &:= \{[a,b] : a,b \in \mathbb{R}^p,\ a \leq b\} \cup \{\emptyset\}, \\
\mathfrak{I}_{c,\mathbb{Q}}^p &:= \{[a,b] : a,b \in \mathbb{Q}^p,\ a \leq b\} \cup \{\emptyset\}, \\
\mathfrak{I}^p &:= \{\,]a,b] : a,b \in \mathbb{R}^p,\ a \leq b\}, \\
\mathfrak{I}_{\mathbb{Q}}^p &:= \{\,]a,b] : a,b \in \mathbb{Q}^p,\ a \leq b\}, \\
\mathfrak{F}^p &:= \{\textstyle\bigcup_{k=1}^n I_k : I_1,\dots,I_n \in \mathfrak{I}^p \text{ disjunkt}\}, \\
\mathfrak{F}_{\mathbb{Q}}^p &:= \{\textstyle\bigcup_{k=1}^n I_k : I_1,\dots,I_n \in \mathfrak{I}_{\mathbb{Q}}^p \text{ disjunkt}\}.
\end{aligned}
$$

Beweis. Ersichtlich sind alle angegebenen Mengensysteme durchschnittsstabil. Die Gleichheit $\mathfrak{B}^p = \sigma(\mathfrak{O}^p) = \sigma(\mathfrak{C}^p) = \sigma(\mathfrak{K}^p)$ ist ein Spezialfall von Folgerung 4.2. Da jede offene Teilmenge des $\mathbb{R}^p$ als abzählbare Vereinigung offener Intervalle mit rationalen Eckpunkten dargestellt werden kann, ist nach Folgerung 4.2, c) $\mathfrak{B}^p = \sigma(\mathfrak{I}_o^p) = \sigma(\mathfrak{I}_{o,\mathbb{Q}}^p)$. Offenbar ist $\sigma(\mathfrak{I}_{c,\mathbb{Q}}^p) \subset \sigma(\mathfrak{I}_c^p) \subset \mathfrak{B}^p$. Weiter ist $]a,b[= \bigcup_{\substack{r,s \in \mathbb{Q}^p \\ a < r \leq s < b}} [r,s]$ $(a < b)$ (abzählbare Vereinigung!), also $\mathfrak{I}_o^p \subset \sigma(\mathfrak{I}_{c,\mathbb{Q}}^p)$, und zusammen ergibt sich $\sigma(\mathfrak{I}_{c,\mathbb{Q}}^p) = \sigma(\mathfrak{I}_c^p) = \mathfrak{B}^p$. Ganz entsprechend zeigt man die übrigen Aussagen. □

---

[5] Diese Voraussetzung ist für jeden metrischen Raum X erfüllt.

3. Verhalten unter Abbildungen. Der folgende Satz ist aufgrund der Operationstreue der Abbildung $f^{-1} : \mathfrak{P}(Y) \to \mathfrak{P}(X)$ sehr plausibel.

4.4 Satz. *Es seien $f : X \to Y$ eine Abbildung und $\mathfrak{E} \subset \mathfrak{P}(Y)$ ein Erzeuger der σ-Algebra $\mathfrak{B}$ über Y. Dann erzeugt $f^{-1}(\mathfrak{E})$ die σ-Algebra $f^{-1}(\mathfrak{B})$, d.h.: Es gilt für jede Menge $\mathfrak{E} \subset \mathfrak{P}(Y)$:*

$$\sigma(f^{-1}(\mathfrak{E})) = f^{-1}(\sigma(\mathfrak{E})).$$

Beweis. Da $f^{-1}(\mathfrak{B})$ eine σ-Algebra ist, die $f^{-1}(\mathfrak{E})$ umfasst, folgt $\sigma(f^{-1}(\mathfrak{E})) \subset f^{-1}(\mathfrak{B})$. Zum Beweis der umgekehrten Inklusion benutzen wir eine Schlussweise, die wir das *Prinzip der guten Mengen* nennen wollen: Wir betrachten alle „guten" Teilmengen von Y, d.h. alle Teilmengen von Y, deren Urbilder zu $\sigma(f^{-1}(\mathfrak{E}))$ gehören: $\mathfrak{C} := \{ C \subset Y : f^{-1}(C) \in \sigma(f^{-1}(\mathfrak{E})) \}$. Dann ist $\mathfrak{C}$ eine σ-Algebra über Y (Aufgabe 3.4), und offenbar gilt $\mathfrak{E} \subset \mathfrak{C}$. Daher ist auch $\mathfrak{B} \subset \mathfrak{C}$, d.h. $f^{-1}(\mathfrak{B}) \subset \sigma(f^{-1}(\mathfrak{E}))$.   □

4.5 Korollar. *Es seien $\mathfrak{E}$ ein Erzeuger der σ-Algebra $\mathfrak{A}$ über X und $Y \subset X$. Dann wird die Spur-σ-Algebra $\mathfrak{A}|Y$ von $\mathfrak{E}|Y := \{ E \cap Y : E \in \mathfrak{E} \}$ erzeugt.*

Beweis. Man wende Satz 4.4 auf die Inklusionsabbildung $f : Y \to X$, $f(x) := x$ $(x \in Y)$ an.   □

4.6 Korollar. *Es seien X ein metrischer (oder topologischer) Raum, $\mathfrak{O}$ das System der offenen Teilmengen von X und $Y \subset X$ eine Teilmenge von X. Dann erzeugt das System $\mathfrak{O}|Y$ der relativ Y offenen Teilmengen von Y die Spur-σ-Algebra $\mathfrak{B}(X)|Y$, d.h. $\mathfrak{B}(X)|Y = \mathfrak{B}(Y)$, wobei $\mathfrak{B}(Y)$ die von $\mathfrak{O}|Y$ erzeugte σ-Algebra der Borelschen Teilmengen von Y bezeichnet.*

Ist zum Beispiel Y eine offene Teilmenge des $\mathbb{R}^p$, so besagt Korollar 4.6: Die von den offenen Teilmengen von Y erzeugte σ-Algebra ist gleich der Spur-σ-Algebra $\mathfrak{B}^p|Y$. Denken wir uns die reelle Gerade $\mathbb{R}$ kanonisch in den $\mathbb{R}^2$ eingebettet, so besagt Korollar 4.6: $\mathfrak{B}$ ist gleich der Spur-σ-Algebra von $\mathfrak{B}^2$ auf $\mathbb{R}$.

Aufgaben. 4.1. Es seien $\mathfrak{E} \subset \mathfrak{P}(X)$, $\mathfrak{E}_0 := \mathfrak{E} \cup \{\emptyset\}$, $\mathfrak{E}_n := \{ A \setminus B$, $A \cup B : A, B \in \mathfrak{E}_{n-1} \}$ $(n \geq 1)$; ferner sei $\mathfrak{R}$ der von $\mathfrak{E}$ erzeugte Ring. Zeigen Sie: $\mathfrak{R} = \bigcup_{n=0}^{\infty} \mathfrak{E}_n$.

4.2. Für $\mathfrak{E} \subset \mathfrak{P}(X)$ gilt: $\sigma(\mathfrak{E}) = \bigcup_{\mathfrak{F} \subset \mathfrak{E}, \, \mathfrak{F} \text{ abzählbar}} \sigma(\mathfrak{F})$. Formulieren Sie eine entsprechende Aussage für den von $\mathfrak{E}$ erzeugten σ-Ring $\mathfrak{S}$. Folgern Sie: Zu jedem $A \in \mathfrak{S}$ gibt es eine Folge $(A_n)_{n \geq 1}$ in $\mathfrak{E}$ mit $A \subset \bigcup_{n=1}^{\infty} A_n$. Insbesondere ist $\sigma(\mathfrak{E}) = \mathfrak{S}$ genau dann, wenn eine Folge $(E_n)_{n \geq 1}$ in $\mathfrak{E}$ existiert mit $X = \bigcup_{n=1}^{\infty} E_n$.

4.3. Es seien $\mathfrak{F} \subset \mathfrak{E} \subset \mathfrak{P}(X)$, und jedes $E \in \mathfrak{E}$ sei abzählbare Vereinigung von Mengen aus $\mathfrak{F}$. Zeigen Sie: $\sigma(\mathfrak{E}) = \sigma(\mathfrak{F})$.

4.4. Für $X = \mathbb{Q}$ und $\mathfrak{E} := \{]a, b] \cap \mathbb{Q} : a, b \in \mathbb{Q} , a < b \}$ ist $\sigma(\mathfrak{E}) = \mathfrak{P}(\mathbb{Q})$.

4.5. Ist $\mathfrak{R}$ ein Ring über X, so ist $\mathfrak{A} := \{ A \subset X : A \cap B \in \mathfrak{R} \text{ für alle } B \in \mathfrak{R} \}$ eine Algebra. Ist $\mathfrak{R}$ ein σ-Ring, so ist $\mathfrak{A}$ eine σ-Algebra.

4.6. Es seien $\mathfrak{A}$ eine σ-Algebra über X und $Y \subset X$. Zeigen Sie: $\sigma(\mathfrak{A} \cup \{Y\}) = \{(A \cap Y) \cup (B \cap Y^c) : A, B \in \mathfrak{A}\}$.

4.7. Ist X ein metrischer (oder topologischer) Raum, so ist die σ-Algebra, die von den offenen zusammen mit den nirgends dichten Teilmengen von X erzeugt wird, gleich dem System aller Teilmengen von X mit der Baireschen Eigenschaft (s. Aufgabe 3.8). Insbesondere hat jede Borelsche Teilmenge von X die Bairesche Eigenschaft.

§ 5. Halbringe

1. Halbringe. Für Anwendungen – vor allem im Fall $X = \mathbb{R}^p$ – besonders bequem ist eine Klasse von Erzeugern mit einigen einfachen strukturellen Eigenschaften, die sog. Halbringe.

5.1 Definition. Eine Menge $\mathfrak{H} \subset \mathfrak{P}(X)$ heißt ein *Halbring* (über X), wenn $\mathfrak{H}$ folgende Eigenschaften hat:
a) $\emptyset \in \mathfrak{H}$.
b) Für alle $A, B \in \mathfrak{H}$ ist $A \cap B \in \mathfrak{H}$.
c) Für alle $A, B \in \mathfrak{H}$ gibt es *disjunkte* $C_1, \ldots, C_n \in \mathfrak{H}$, so dass $A \setminus B = \bigcup_{k=1}^n C_k$.

Der Begriff „Halbring" wurde von J. VON NEUMANN [1] eingeführt. A.C. ZAANEN [2] benutzt eine etwas allgemeinere Definition der Halbringe, bei der unter c) nur gefordert wird, dass $A \setminus B$ abzählbare Vereinigung disjunkter Mengen aus $\mathfrak{H}$ ist. – Die Forderung der Disjunktheit ist in Definition 5.1, c) wesentlich, denn es gibt Mengensysteme, welche die Bedingungen der Definition 5.1 ohne die Forderung der Disjunktheit erfüllen, aber keine Halbringe sind.

5.2 Beispiele. a) $\mathfrak{H} := \{\emptyset\} \cup \{\{a\} : a \in X\}$ ist ein Halbring über X ; $\mathfrak{H}$ erzeugt den Ring der endlichen Teilmengen von X.
b) $\mathfrak{J} := \{]a, b] : a, b \in \mathbb{R} , a \leq b\}$ ist ein Halbring, der die σ-Algebra der Borelschen Teilmengen von $\mathbb{R}$ erzeugt (Satz 4.3).

5.3 Lemma. *Sind $\mathfrak{H}$ und $\mathfrak{K}$ Halbringe über X bzw. Y, so ist*

$$\mathfrak{H} * \mathfrak{K} := \{A \times B : A \in \mathfrak{H}, B \in \mathfrak{K}\}$$

ein Halbring über $X \times Y$.

Beweis. Zunächst ist $\emptyset = \emptyset \times \emptyset \in \mathfrak{H} * \mathfrak{K}$. Es seien $A, C \in \mathfrak{H}$, $B, D \in \mathfrak{K}$. Dann ist $(A \times B) \cap (C \times D) = (A \cap C) \times (B \cap D) \in \mathfrak{H} * \mathfrak{K}$, denn $\mathfrak{H}$ und $\mathfrak{K}$ sind durchschnittsstabil. Ferner ist

$$(A \times B) \setminus (C \times D) = ((A \setminus C) \times B) \cup ((A \cap C) \times (B \setminus D)).$$

Hier sind die Mengen auf der rechten Seite disjunkt, und $A \setminus C$ ist endliche disjunkte Vereinigung von Mengen aus $\mathfrak{H}$, $B \setminus D$ endliche disjunkte Vereinigung von Mengen aus $\mathfrak{K}$. Insgesamt erweist sich $(A \times B) \setminus (C \times D)$ als endliche disjunkte Vereinigung von Mengen aus $\mathfrak{H} * \mathfrak{K}$, wie zu zeigen war. $\square$

Mit Induktion nach p folgt nun aus Lemma 5.3:

5.4 Korollar. *Für $p \geq 1$ sind*

$$\mathfrak{J}^p := \{]a,b] : a,b \in \mathbb{R}^p \, , \, a \leq b\} \, , \, \mathfrak{J}^p_{\mathbb{Q}} := \{]a,b] : a,b \in \mathbb{Q}^p \, , \, a \leq b\}$$

Halbringe über $\mathbb{R}^p$.

In jedem Halbring gilt folgende Verschärfung von Definition 5.1, c):

5.5 Lemma. *Sind $A, B_1, \ldots, B_n$ Elemente des Halbrings $\mathfrak{H}$, so gibt es disjunkte Mengen $C_1, \ldots, C_m \in \mathfrak{H}$, so dass*

$$A \setminus \bigcup_{i=1}^{n} B_i = \bigcup_{j=1}^{m} C_j \, .$$

Beweis. Induktion bez. n: Der Induktionsanfang $n = 1$ ist klar nach Definition 5.1. Es sei nun $n \geq 1$, und die Behauptung sei richtig, falls von A die Vereinigung von n Mengen aus $\mathfrak{H}$ subtrahiert wird. Dann existieren nach Induktionsvoraussetzung zu $B_1, \ldots, B_{n+1} \in \mathfrak{H}$ disjunkte Mengen $C_1, \ldots, C_m \in \mathfrak{H}$, so dass

$$A \setminus \bigcup_{i=1}^{n+1} B_i = \left(A \setminus \bigcup_{i=1}^{n} B_i \right) \setminus B_{n+1} = \left(\bigcup_{j=1}^{m} C_j \right) \setminus B_{n+1} = \bigcup_{j=1}^{m} (C_j \setminus B_{n+1}) \, .$$

Hier ist nach Definition 5.1 jede der Mengen $C_j \setminus B_{n+1} (j = 1, \ldots, m)$ disjunkte Vereinigung von Mengen aus $\mathfrak{H}$. Da auch die C_j untereinander disjunkt sind, erweist sich insgesamt $A \setminus \bigcup_{i=1}^{n+1} B_i$ als disjunkte Vereinigung endlich vieler Mengen aus $\mathfrak{H}$. $\square$

2. Der von einem Halbring erzeugte Ring. Der von einem Halbring erzeugte Ring lässt sich nach H. HAHN (1879–1934) [2], S. 13–14 wie folgt beschreiben:

5.6 Satz. *Ist $\mathfrak{H}$ ein Halbring über X, so ist*

$$\mathfrak{R} := \left\{ \bigcup_{k=1}^{n} A_k : n \in \mathbb{N} \, , \, A_1, \ldots, A_n \in \mathfrak{H} \text{ disjunkt} \right\}$$

gleich dem von $\mathfrak{H}$ erzeugten Ring.

Beweis. Offenbar ist $\mathfrak{R}$ in dem von $\mathfrak{H}$ erzeugten Ring enthalten. Wir brauchen daher nur noch zu zeigen, dass $\mathfrak{R}$ ein Ring ist: Ersichtlich ist $\emptyset \in \mathfrak{R}$. Sind ferner $A = \bigcup_{k=1}^{m} A_k$, $B = \bigcup_{l=1}^{n} B_l \in \mathfrak{R}$ mit disjunkten $A_1, \ldots, A_m \in \mathfrak{H}$ bzw. disjunkten $B_1, \ldots, B_n \in \mathfrak{H}$, so ist $A \cap B = \bigcup_{\substack{1 \leq k \leq m \\ 1 \leq l \leq n}} A_k \cap B_l$ endliche Vereinigung disjunkter Mengen aus $\mathfrak{H}$, also $A \cap B \in \mathfrak{R}$. Weiter ist $A \setminus B = \bigcup_{k=1}^{m} (A_k \setminus \bigcup_{l=1}^{n} B_l)$. Hier ist für jedes $k \in \{1, \ldots, m\}$ die Menge $A_k \setminus \bigcup_{l=1}^{n} B_l$ disjunkte Vereinigung endlich vieler Mengen aus $\mathfrak{H}$ (Lemma 5.5). Da auch $A_1, \ldots, A_m$ disjunkt sind, erweist sich $A \setminus B$ als endliche disjunkte Vereinigung von Mengen aus $\mathfrak{H}$. Daher ist auch $A \triangle B = (A \setminus B) \cup (B \setminus A)$ endliche disjunkte Vereinigung von Mengen aus $\mathfrak{H}$, also $A \triangle B \in \mathfrak{R}$.   □

5.7 Beispiel. Der Halbring $\mathfrak{J}^p := \{]a, b] : a, b \in \mathbb{R}^p\}$ erzeugt den Ring

$$\mathfrak{F}^p := \left\{ \bigcup_{k=1}^{n} I_k : I_1, \ldots, I_n \in \mathfrak{J}^p \text{ disjunkt} \right\}$$

der p-dimensionalen Intervallsummen. Entsprechend erzeugt der Halbring $\mathfrak{J}^p_{\mathbb{Q}}$ den Ring $\mathfrak{F}^p_{\mathbb{Q}}$.

Aufgaben. 5.1. Ist jeder Durchschnitt von Halbringen über X ein Halbring?

5.2. Ist die nicht-leere Menge $\mathfrak{E} \subset \mathfrak{P}(X)$ durchschnittsstabil und vereinigungsstabil, so ist $\mathfrak{H} := \{A \setminus B : A, B \in \mathfrak{E}\}$ ein Halbring.

5.3. Es seien $\mathfrak{E} \subset \mathfrak{P}(X)$ und

$$\mathfrak{F} := \{A \subset X : A = \emptyset \text{ oder } A = X \text{ oder } A \in \mathfrak{E} \text{ oder } A^c \in \mathfrak{E}\},$$
$$\mathfrak{G} := \left\{ \bigcap_{j=1}^{n} A_j : n \geq 1, \ A_1, \ldots, A_n \in \mathfrak{F} \right\},$$
$$\mathfrak{A} := \left\{ \bigcup_{j=1}^{n} B_j : n \geq 1, \ B_1, \ldots, B_n \in \mathfrak{G} \text{ disjunkt} \right\}.$$

Dann ist $\mathfrak{G}$ ein Halbring, und $\mathfrak{A}$ ist gleich der von $\mathfrak{E}$ erzeugten Algebra über X.

5.4. Es seien $f : X \to Y$ eine Abbildung und $\mathfrak{H}$ ein Halbring über Y. Ist $f^{-1}(\mathfrak{H})$ ein Halbring über X?

5.5. Es seien $\mathfrak{H}$ ein Halbring über X und $A_1, \ldots, A_n \in \mathfrak{H}$. Zeigen Sie: Es gibt disjunkte Mengen $B_1, \ldots, B_p \in \mathfrak{H}$, so dass sich jedes A_k $(k = 1, \ldots, n)$ schreiben lässt als Vereinigung gewisser B_ν.

§ 6.   Monotone Klassen und Dynkin-Systeme

1. Monotone Klassen.

6.1 Definition. Eine Teilmenge $\mathfrak{M} \subset \mathfrak{P}(X)$ heißt eine *monotone Klasse*, wenn für jede *monotone* Folge $(A_n)_{n \geq 1}$ von Mengen aus $\mathfrak{M}$ gilt $\lim_{n \to \infty} A_n \in \mathfrak{M}$.

Eine Menge $\mathfrak{M} \subset \mathfrak{P}(X)$ ist also genau dann eine monotone Klasse, wenn für jede wachsende Folge $(A_n)_{n \geq 1}$ von Mengen aus $\mathfrak{M}$ gilt $\bigcup_{n=1}^{\infty} A_n \in \mathfrak{M}$ und wenn für jede fallende Folge $(A_n)_{n \geq 1}$ von Mengen aus $\mathfrak{M}$ gilt $\bigcap_{n=1}^{\infty} A_n \in \mathfrak{M}$.

Jeder σ-Ring ist eine monotone Klasse. Umgekehrt ist auch jeder monotone Ring ein σ-Ring, d.h. jeder Ring, der zugleich monotone Klasse ist, ist ein σ-Ring. Zum Beweis sei $A_n \in \mathfrak{R}$ $(n \in \mathbb{N})$, $A := \bigcup_{n=1}^{\infty} A_n$. Dann ist $B_n := \bigcup_{k=1}^{n} A_k \in \mathfrak{R}$, und es gilt $B_n \uparrow A$.

Da jeder Durchschnitt von in $\mathfrak{P}(X)$ enthaltenen monotonen Klassen eine monotone Klasse ist, erzeugt jedes Mengensystem $\mathfrak{E} \subset \mathfrak{P}(X)$ eine monotone Klasse $\mathfrak{M}$. Es seien $\mathfrak{R}$ der von $\mathfrak{E}$ erzeugte Ring, $\mathfrak{A}$ die von $\mathfrak{E}$ erzeugte Algebra, $\mathfrak{S}$ der von

$\mathfrak{E}$ erzeugte σ-Ring und $\mathfrak{B}$ die von $\mathfrak{E}$ erzeugte σ-Algebra. Dann veranschaulicht folgendes Schema die Inklusionsbeziehungen dieser Mengensysteme.

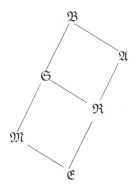

6.2 Satz. a) *Der von einem Ring $\mathfrak{R}$ erzeugte σ-Ring ist gleich der von $\mathfrak{R}$ erzeugten monotonen Klasse.*

b) *Die von einer Algebra $\mathfrak{A}$ erzeugte σ-Algebra ist gleich der von $\mathfrak{A}$ erzeugten monotonen Klasse.*

Beweis. a) Der von $\mathfrak{R}$ erzeugte σ-Ring $\mathfrak{S}$ umfasst die von $\mathfrak{R}$ erzeugte monotone Klasse $\mathfrak{M}$. Da jeder monotone Ring ein σ-Ring ist, brauchen wir zum Nachweis der umgekehrten Inklusion nur zu zeigen: $\mathfrak{M}$ ist ein Ring. Um das nachzuweisen, benutzen wir wieder das *Prinzip der guten Mengen*: Für festes $A \in \mathfrak{M}$ betrachten wir alle $B \subset X$, die für die Ringoperationen „gut" sind, d.h. für die gilt: $A \setminus B$, $B \setminus A$, $A \cup B \in \mathfrak{M}$. Wir setzen dementsprechend für $A \in \mathfrak{M}$

$$\mathfrak{Q}(A) := \{B \subset X : A \setminus B \in \mathfrak{M}, \ B \setminus A \in \mathfrak{M}, \ A \cup B \in \mathfrak{M}\}.$$

$\mathfrak{Q}(A)$ ist eine monotone Klasse. Für alle $A \in \mathfrak{R}$ gilt offenbar $\mathfrak{Q}(A) \supset \mathfrak{R}$ und damit $\mathfrak{Q}(A) \supset \mathfrak{M}$. Die Bedingungen in der Definition von $\mathfrak{Q}(A)$ sind symmetrisch in A und B. Für $A, B \in \mathfrak{M}$ ist daher $B \in \mathfrak{Q}(A)$ genau dann, wenn $A \in \mathfrak{Q}(B)$.

Nun schließen wir wie folgt: Es seien $A \in \mathfrak{R}$, $B \in \mathfrak{M}$. Dann ist $B \in \mathfrak{Q}(A)$, also auch $A \in \mathfrak{Q}(B)$. Da dieses für alle $A \in \mathfrak{R}$ gilt, folgt $\mathfrak{R} \subset \mathfrak{Q}(B)$, also auch $\mathfrak{M} \subset \mathfrak{Q}(B)$, denn $\mathfrak{Q}(B)$ ist eine monotone Klasse. Nach Definition von $\mathfrak{Q}(B)$ liefert das aber: Für alle $A, B \in \mathfrak{M}$ gilt $A \setminus B \in \mathfrak{M}$, $A \cup B \in \mathfrak{M}$; ferner ist auch $\emptyset \in \mathfrak{R} \subset \mathfrak{M}$. Daher ist $\mathfrak{M}$ ein Ring.

b) ist klar nach a). $\qquad\qquad\qquad\qquad\qquad\qquad\qquad\qquad\qquad\qquad\qquad\qquad\square$

Wie in Satz 4.3 bezeichnen wir mit $\mathfrak{O}^p, \mathfrak{C}^p, \mathfrak{K}^p$, etc. die Systeme der offenen bzw. abgeschlossenen bzw. kompakten, etc. Teilmengen des $\mathbb{R}^p$. Dann können wir folgendes Korollar zu Satz 6.2 formulieren (vgl. auch Aufgabe 6.1).

6.3 Korollar. $\mathfrak{B}^p$ *ist gleich der von $\mathfrak{O}^p$ (bzw. $\mathfrak{C}^p$, $\mathfrak{K}^p$, $\mathfrak{F}^p$, $\mathfrak{F}^p_{\mathbb{Q}}$) erzeugten monotonen Klasse.*

Beweis. Der vom Ring $\mathfrak{F}^p_{\mathbb{Q}}$ (s. Beispiel 5.7) erzeugte σ-Ring ist gleich $\mathfrak{B}^p$. Daher ist $\mathfrak{B}^p$ gleich der von $\mathfrak{F}^p_{\mathbb{Q}}$ erzeugten monotonen Klasse. Nun ist aber offenbar jede Menge aus $\mathfrak{F}^p_{\mathbb{Q}}$ Limes einer fallenden Folge offener Mengen und auch Limes einer wachsenden Folge kompakter Mengen. Daher umfassen die von $\mathfrak{O}^p, \mathfrak{C}^p, \mathfrak{K}^p$ erzeugten monotonen Klassen die σ-Algebra $\mathfrak{B}^p$. Die umgekehrten Inklusionen sind trivial.   □

2. Dynkin-Systeme.

6.4 Definition. Eine Teilmenge $\mathfrak{D} \subset \mathfrak{P}(X)$ heißt ein *Dynkin-System* über X, falls gilt:

a) $X \in \mathfrak{D}$.

b) Für alle $A \in \mathfrak{D}$ ist auch $A^c \in \mathfrak{D}$.

c) Für jede Folge $(A_n)_{n \geq 1}$ *disjunkter* Mengen aus $\mathfrak{D}$ gilt $\bigcup_{n=1}^\infty A_n \in \mathfrak{D}$.

Die Bezeichnung „Dynkin-System" wird von H. BAUER (1928–2002) [1] vorgeschlagen zu Ehren von E.B. DYNKIN (1924–2014), der diesen Begriff unter dem Namen „λ-System" in seinem Buch über Markoffsche Prozesse (1959) benutzt. Diese Mengensysteme werden schon 1928 von W. SIERPIŃSKI ([1], S. 710–714) betrachtet.

Offenbar ist jede σ-Algebra ein Dynkin-System. Die Bedeutung der Dynkin-Systeme in der Maßtheorie beruht nun umgekehrt darauf, dass das von einem durchschnittsstabilen Mengensystem erzeugte Dynkin-System automatisch eine σ-Algebra ist (s. Satz 6.7).

6.5 Satz. *Ein Mengensystem $\mathfrak{D} \subset \mathfrak{P}(X)$ ist ein Dynkin-System genau dann, wenn gilt:*

a) $X \in \mathfrak{D}$.

b) *Für alle $A, B \in \mathfrak{D}$ mit $B \subset A$ gilt $A \setminus B \in \mathfrak{D}$.*

c) *$\mathfrak{D}$ ist eine monotone Klasse.*

Beweis. Es sei zunächst $\mathfrak{D}$ ein Dynkin-System. Für alle $A, B \in \mathfrak{D}$ mit $B \subset A$ sind $A^c, B, \emptyset = X^c$ disjunkte Mengen aus $\mathfrak{D}$, also ist $A \setminus B = (A^c \cup B \cup \emptyset \cup \emptyset \cup \ldots)^c \in \mathfrak{D}$. Ist weiter $(A_n)_{n \geq 1}$ eine wachsende Folge von Mengen aus $\mathfrak{D}$, so ist $\bigcup_{n=1}^\infty A_n = A_1 \cup \bigcup_{n=2}^\infty (A_n \setminus A_{n-1}) \in \mathfrak{D}$, denn auf der rechten Seite steht eine *disjunkte* Vereinigung von Mengen aus $\mathfrak{D}$. Da $\mathfrak{D}$ abgeschlossen ist bez. der Komplementbildung, liegt auch der Durchschnitt jeder fallenden Folge von Mengen aus $\mathfrak{D}$ wieder in $\mathfrak{D}$, und es folgt c).

Umgekehrt genüge nun $\mathfrak{D}$ den Bedingungen a)–c) von Satz 6.5. Dann folgt aus $A \in \mathfrak{D}$ zunächst $A^c = X \setminus A \in \mathfrak{D}$. Daher ist für *disjunkte* $A, B \in \mathfrak{D}$ auch $A \cup B = (A^c \setminus B)^c \in \mathfrak{D}$. Ist nun $(A_n)_{n \geq 1}$ eine Folge disjunkter Mengen aus $\mathfrak{D}$, so ist $\bigcup_{k=1}^n A_k \in \mathfrak{D}$ $(n \in \mathbb{N})$, und nach c) folgt: $\bigcup_{k=1}^\infty A_k \in \mathfrak{D}$.   □

6.6 Satz. *Ein Dynkin-System ist genau dann eine σ-Algebra, wenn es durchschnittsstabil ist.*

Beweis. Jedes durchschnittsstabile Dynkin-System ist eine Algebra und eine monotone Klasse (Satz 6.5), also eine σ-Algebra. Die Umkehrung ist trivial. □

Offenbar ist jeder Durchschnitt von Dynkin-Systemen über X ein Dynkin-System über X. Daher können wir das von einem Erzeuger $\mathfrak{E} \subset \mathfrak{P}(X)$ erzeugte

Dynkin-System $\mathfrak{D}$ betrachten und das frühere Schema vervollständigen.

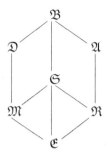

Für Dynkin-Systeme gilt nun folgendes Analogon von Satz 6.2:

6.7 Satz. *Ist $\mathfrak{E} \subset \mathfrak{P}(X)$ durchschnittsstabil, so ist das von $\mathfrak{E}$ erzeugte Dynkin-System gleich der von $\mathfrak{E}$ erzeugten σ-Algebra.*

Beweis. Nach Satz 6.6 brauchen wir nur zu zeigen, dass das von $\mathfrak{E}$ erzeugte Dynkin-System $\mathfrak{D}$ durchschnittsstabil ist. Dieser Nachweis gelingt wieder mithilfe des *Prinzips der guten Mengen*: Für $D \in \mathfrak{D}$ setzen wir $\mathfrak{Q}(D) := \{M \subset X : M \cap D \in \mathfrak{D}\}$. Dann ist $\mathfrak{Q}(D)$ ein Dynkin-System, denn für alle $M \in \mathfrak{Q}(D)$ ist auch $M^c \in \mathfrak{Q}(D)$, da $M^c \cap D = D \setminus (M \cap D) \in \mathfrak{D}$ (s. Satz 6.5). Für jedes $E \in \mathfrak{E}$ ist $\mathfrak{E} \subset \mathfrak{Q}(E)$, denn $\mathfrak{E}$ ist durchschnittsstabil. Daher ist auch $\mathfrak{D} \subset \mathfrak{Q}(E)$ ($E \in \mathfrak{E}$).

Es seien nun $E \in \mathfrak{E}$, $D \in \mathfrak{D}$. Dann ist $D \in \mathfrak{Q}(E)$, also auch $E \in \mathfrak{Q}(D)$ (Definition von $\mathfrak{Q}(D)$!). Es folgt $\mathfrak{E} \subset \mathfrak{Q}(D)$ und damit $\mathfrak{D} \subset \mathfrak{Q}(D)$. Daher ist $\mathfrak{D}$ durchschnittsstabil, und das war zu zeigen. $\square$

Da $\mathfrak{D}^p, \mathfrak{C}^p, \mathfrak{K}^p, \mathfrak{F}^p, \mathfrak{F}_{\mathbb{Q}}^p$ etc. (s. Satz 4.3) durchschnittsstabile Erzeuger von $\mathfrak{B}^p$ sind, erhalten wir:

6.8 Korollar. *$\mathfrak{B}^p$ ist gleich dem von $\mathfrak{D}^p$ (bzw. $\mathfrak{C}^p, \mathfrak{K}^p, \mathfrak{F}^p, \mathfrak{F}_{\mathbb{Q}}^p$ etc.) erzeugten Dynkin-System.*

Ist dagegen H ein separabler unendlich-dimensionaler Hilbert-Raum, so enthält das von den offenen Kugeln in H erzeugte Dynkin-System nicht alle Borel-Mengen von H (s. T. KELETI und D. PREISS [1]). – Es gibt in der Literatur eine ganze Reihe von Varianten der Sätze 6.2 und 6.7. Die älteste dem Verfasser bekannte allgemeine Version wurde 1927 von W. SIERPIŃSKI ([1], S. 640–642) angegeben, der einen sehr klaren Beweis unter Benutzung des Prinzips der guten Mengen führt. Auf diese Weise vermeidet er die in älteren Arbeiten meist benutzte transfinite Induktion. SIERPIŃSKI beweist sogar ein notwendiges und hinreichendes Kriterium, das unserer Aufgabe 6.2 entspricht. Sein Resultat wurde von H. HAHN [2], S. 262, 33.2.61 in die Lehrbuchliteratur aufgenommen. Eine etwas andere Fassung des Satzes findet man bei S. SAKS [2], S. 85, (9.7). Satz 6.7 steht in ähnlicher Form bei J. VON NEUMANN [1], S. 87, Theorem 10.1.3. A. ROSENTHAL ([1], S. 970–971) geht auf die verschiedenen Möglichkeiten der Einführung der Borelschen Mengen ein und bemerkt, dass H. LEBESGUE schon

1905 eine Variante von Korollar 6.3 bewiesen hat. Gleichzeitig teilt ROSEN-
THAL einen Beweis des Korollars 6.8 mit, der auf eine briefliche Mitteilung von
F. HAUSDORFF zurückgeht.

Aufgaben. 6.1. Eine Teilmenge A eines metrischen Raumes (X, d) heißt eine F_σ-Menge
(bzw. G_δ-Menge), wenn A darstellbar ist als Vereinigung abzählbar vieler abgeschlossener
(bzw. als Durchschnitt abzählbar vieler offener) Teilmengen von X. (Diese Terminologie wird
von F. HAUSDORFF [1], S. 305 so erklärt: Der Buchstabe F steht für frz. *fermé* (= abgeschlossen). Der Buchstabe G erinnert an *Gebiet*. Bei HAUSDORFF werden offene Mengen als
Gebiete bezeichnet.) Zeigen Sie:
a) Jede abgeschlossene Teilmenge von X ist eine G_δ-Menge und jede offene Teilmenge von X
eine F_σ-Menge. (Hinweis: Betrachten Sie für abgeschlossenes $A \subset X$, $A \neq \emptyset$ und $n \in \mathbb{N}$ die
Menge $A_n := \{x \in X : d(x, A) < \frac{1}{n}\}$, wobei $d(x, A) := \inf\{d(x, y) : y \in A\}$ den Abstand des
Punktes x von der Menge A bezeichnet.)
b) $\mathfrak{B}(X)$ ist gleich der vom System $\mathfrak{O}$ (bzw. $\mathfrak{C}$) der offenen (bzw. abgeschlossenen) Teilmen-
gen von X erzeugten monotonen Klasse. Entsprechendes gilt für die von $\mathfrak{O}$ bzw. $\mathfrak{C}$ erzeugten
Dynkin-Systeme. (Hinweis: Das System der Teilmengen von X, die sowohl F_σ- als auch G_δ-
Mengen sind, ist eine Algebra.)

6.2. Es seien $\mathfrak{R}$ der von $\mathfrak{C} \subset \mathfrak{P}(X)$ erzeugte Ring, $\mathfrak{S}$ der von $\mathfrak{C}$ erzeugte σ-Ring und $\mathfrak{M}$ die
von $\mathfrak{C}$ erzeugte monotone Klasse. Dann ist $\mathfrak{M} = \mathfrak{S}$ genau dann, wenn $\mathfrak{R} \subset \mathfrak{M}$. Wie lautet die
entsprechende Aussage für σ-Algebren?

6.3. Sind $\mathfrak{D}$ das von $\mathfrak{C} \subset \mathfrak{P}(X)$ erzeugte Dynkin-System, $\mathfrak{F}$ das System der endlichen Durchschnitte von Mengen aus $\mathfrak{C}$, so ist $\sigma(\mathfrak{C}) = \mathfrak{D}$ genau dann, wenn $\mathfrak{F} \subset \mathfrak{D}$.

6.4. Es seien $\mathfrak{C}$ ein durchschnittsstabiler Erzeuger der Algebra $\mathfrak{A}$ über X, $\mathfrak{C} \subset \mathfrak{D} \subset \mathfrak{A}$ und es
gelte:
(i) $X \in \mathfrak{D}$,
(ii) $A \in \mathfrak{D} \Longrightarrow A^c \in \mathfrak{D}$.
(iii) Sind $A_1, \ldots, A_n \in \mathfrak{D}$ disjunkt, so ist $A_1 \cup \ldots \cup A_n \in \mathfrak{D}$.
Dann ist $\mathfrak{D} = \mathfrak{A}$. (Bemerkung: Dies ist eine „endlich-additive" Variante von Satz 6.7.)

6.5. Für jeden Ring $\mathfrak{Q}$ über X sei $\mathfrak{Q}^\bullet \subset \mathfrak{P}(X)$ die Menge aller Limites von konvergenten
Folgen von Mengen aus $\mathfrak{Q}$. (Dann ist $\mathfrak{Q}^\bullet$ wieder ein *Ring*.) – Es seien nun $\mathfrak{R}$ ein Ring über
X, Ω die kleinste überabzählbare Ordinalzahl, $\mathfrak{R}_0 := \mathfrak{R}$, $0 < \alpha < \Omega$, und für alle Ordinalzah-
len β mit $0 \leq \beta < \alpha$ sei $\mathfrak{R}_\beta$ bereits definiert; wir setzen $\mathfrak{R}_\alpha := \left(\bigcup_{0 \leq \beta < \alpha} \mathfrak{R}_\beta\right)^\bullet$. Dann gilt:
$\mathfrak{S} := \bigcup_{0 \leq \alpha < \Omega} \mathfrak{R}_\alpha$ ist gleich dem von $\mathfrak{R}$ erzeugten σ-Ring.

Kapitel II

Inhalte und Maße

§ 1.   Inhalte, Prämaße und Maße

« ... la nouvelle définition va se trouver applicable non plus seulement à un espace à n dimensions mais à un ensemble abstrait quelconque.»[1] (M. Fréchet [1], S. 249)

1. Definitionen und erste Folgerungen. Die wichtigste Eigenschaft des elementargeometrischen Volumenbegriffs ist die Additivität: Das Volumen der disjunkten Vereinigung endlich vieler Mengen ist gleich der Summe der Volumina der Teilmengen. Beim Aufbau einer axiomatischen Theorie von Inhalt und Maß wird diese Eigenschaft als Axiom an die Spitze gestellt.

1.1 Definition. Es sei $\mathfrak{H}$ ein Halbring über der Menge X.
a) Eine Abbildung $\mu : \mathfrak{H} \to \overline{\mathbb{R}}$ heißt ein *Inhalt*, wenn μ folgende Eigenschaften hat:
 (i) $\mu(\emptyset) = 0$,
 (ii) $\mu \geq 0$.
 (iii) Für jede endliche Folge *disjunkter* Mengen $A_1, \ldots, A_n \in \mathfrak{H}$ *mit* $\bigcup_{j=1}^n A_j \in \mathfrak{H}$ gilt die *endliche Additivität*:
$$\mu \left(\bigcup_{j=1}^n A_j \right) = \sum_{j=1}^n \mu(A_j).$$

b) Der Inhalt $\mu : \mathfrak{H} \to \overline{\mathbb{R}}$ heißt *σ-additiv*, wenn anstelle von (iii) die folgende Forderung (iv) der *σ-Additivität* (oder *abzählbaren Additivität*) erfüllt ist:
(iv) Für jede Folge $(A_n)_{n \geq 1}$ *disjunkter* Mengen aus $\mathfrak{H}$ *mit* $\bigcup_{n=1}^\infty A_n \in \mathfrak{H}$ gilt
$$\mu \left(\bigcup_{n=1}^\infty A_n \right) = \sum_{n=1}^\infty \mu(A_n).$$

---

[1]... die neue Definition erweist sich als nicht mehr nur auf einen n-dimensionalen Raum anwendbar, sondern auf eine beliebige abstrakte Menge.

© Springer-Verlag GmbH Deutschland, ein Teil von Springer Nature 2018
J. Elstrodt, *Maß- und Integrationstheorie*,
https://doi.org/10.1007/978-3-662-57939-8_2

Ein σ-additiver Inhalt $\mu : \mathfrak{H} \to \overline{\mathbb{R}}$ heißt ein *Prämaß*.

c) Ein *Maß* ist ein auf einer σ-Algebra $\mathfrak{A}$ über X definiertes Prämaß. Ist μ ein Maß auf der σ-Algebra $\mathfrak{A}$ über X, so heißt $(X, \mathfrak{A}, \mu)$ ein *Maßraum*.

In dieser Definition ist durchaus zugelassen, dass $\mu(A) = \infty$ ist für gewisse $A \in \mathfrak{H}$. Mit dem Symbol ∞ wird dabei auf naheliegende Weise gerechnet. Für alle $a \in \mathbb{R}$ wird definiert: $-\infty < a < \infty$, $a+\infty := \infty+a := \infty-a := \infty$, ferner $\infty + \infty := \infty$. Da die Addition auf $[0, \infty]$ assoziativ ist, ist die Summe unter (iii) sinnvoll. Die Bedingung (iv) ist wie folgt zu verstehen: Ist $\mu(A_n) = \infty$ für ein $n \in \mathbb{N}$, so sei $\sum_{n=1}^{\infty} \mu(A_n) := \infty$. Sind alle $\mu(A_n) \in [0, \infty[$, so sei $\sum_{n=1}^{\infty} \mu(A_n)$ gleich dem Wert dieser unendlichen Reihe, falls diese konvergiert, und gleich ∞, falls diese divergiert. Da unendliche Reihen mit nicht-negativen Summanden bei beliebiger Permutation der Summanden denselben Wert haben, ist die Wahl der Nummerierung der Mengen $A_n (n \geq 1)$ unerheblich. – Wir nennen einen Inhalt μ auf einem Halbring $\mathfrak{H}$ *endlich*, wenn $\mu(A)$ endlich ist für alle $A \in \mathfrak{H}$.

In der Forderung (iii) kommen nur solche disjunkten $A_1, \ldots, A_n \in \mathfrak{H}$ in Betracht, für welche *zusätzlich* $\bigcup_{j=1}^{n} A_j \in \mathfrak{H}$ ist (Beispiel: $\mathfrak{H} = \mathfrak{I}$!). Nur unter dieser Bedingung ist ja $\mu \left(\bigcup_{j=1}^{n} A_j \right)$ überhaupt erklärt. Entsprechendes gilt für (iv). Ist aber μ auf einem Ring $\mathfrak{R}$ erklärt, so ist für $A_1, \ldots, A_n \in \mathfrak{R}$ notwendig $\bigcup_{j=1}^{n} A_j \in \mathfrak{R}$, und es genügt, die Forderung der endlichen Additivität nur für je zwei disjunkte Mengen zu stellen:

1.2 Folgerung. Eine auf einem Ring $\mathfrak{R}$ erklärte Abbildung $\mu : \mathfrak{R} \to \overline{\mathbb{R}}$ ist ein *Inhalt* genau dann, wenn gilt:

a) $\mu(\emptyset) = 0$,

b) $\mu \geq 0$,

c) $\mu(A \cup B) = \mu(A) + \mu(B)$ für alle *disjunkten* $A, B \in \mathfrak{R}$.

1.3 Folgerung. Eine auf einer σ-Algebra $\mathfrak{A}$ erklärte Abbildung $\mu : \mathfrak{A} \to \overline{\mathbb{R}}$ ist genau dann ein *Maß*, wenn gilt:

a) $\mu(\emptyset) = 0$,

b) $\mu \geq 0$.

c) Für jede Folge $(A_n)_{n \geq 1}$ *disjunkter* Mengen aus $\mathfrak{A}$ gilt

$$\mu \left(\bigcup_{n=1}^{\infty} A_n \right) = \sum_{n=1}^{\infty} \mu(A_n) \,.$$

1.4 Folgerung. Ist $\mu : \mathfrak{H} \to \overline{\mathbb{R}}$ ein Inhalt auf dem Halbring $\mathfrak{H}$ und sind $A, B \in \mathfrak{H}$, $A \subset B$, so gilt $\mu(A) \leq \mu(B)$ (*Monotonie*).

Beweis. Es gibt disjunkte $C_1, \ldots, C_n \in \mathfrak{H}$, so dass $B \setminus A = \bigcup_{j=1}^{n} C_j$. Daher ist $B = A \cup \bigcup_{j=1}^{n} C_j \in \mathfrak{H}$ eine disjunkte Vereinigung von Mengen aus $\mathfrak{H}$, und es folgt $\mu(B) = \mu(A) + \sum_{j=1}^{n} \mu(C_j) \geq \mu(A)$. $\qquad\qquad\square$

Nach Folgerung 1.4 ist ein auf einer Algebra $\mathfrak{A}$ definierter Inhalt μ genau dann endlich, wenn $\mu(X) < \infty$ ist.

Mit den für die Analysis besonders interessanten Inhalten und Prämaßen auf dem Halbring $\mathfrak{J}^p$ über $\mathbb{R}^p$ werden wir uns in §§ 2, 3 genauer befassen. Zunächst bieten sich die folgenden einfachen Beispiele an.

1.5 Beispiele. a) Für $A \in \mathfrak{P}(X)$ sei $\mu(A)$ gleich der Anzahl der Elemente von A, falls A endlich ist, und $\mu(A) := \infty$, falls A unendlich viele Elemente enthält. Dann ist $(X, \mathfrak{P}(X), \mu)$ ein Maßraum; μ heißt das *Zählmaß* auf X.

b) Ist $\mathfrak{H}$ ein Halbring über X, und definiert man für festes $a \in X$ und alle $B \in \mathfrak{H}$

$$\mu_a(B) := \chi_B(a) = \left\{ \begin{array}{ll} 1 & , \quad \text{falls } a \in B , \\ 0 & , \quad \text{falls } a \notin B , \end{array} \right.$$

so ist $\mu_a : \mathfrak{H} \to \overline{\mathbb{R}}$ ein Prämaß. Dieses Prämaß kann man sich vorstellen als Massenverteilung. Man denkt sich im Punkte a eine Einheitsmasse befindlich. Dann gibt $\mu_a(B)$ die gesamte in B vorhandene Masse an. Durch Bildung endlicher Summen oder unendlicher Reihen $\mu = \sum_{n \geq 1} \alpha_n \mu_{a_n}$ $(\alpha_n \geq 0, \ a_n \in X)$ erhält man weitere Prämaße, die man sich als kompliziertere Massenverteilungen vorstellen kann (Masse α_n im Punkte $a_n \in X$). Im Falle unendlich vieler a_n stützt sich der Nachweis der σ-Additivität von μ auf den sog. großen Umordnungssatz[2] für Doppelreihen.

c) Ist $\mathfrak{H}$ ein Halbring über X und $\mu(A) := \infty$ für alle $\emptyset \neq A \in \mathfrak{H}$, $\mu(\emptyset) := 0$, so ist μ ein Prämaß auf $\mathfrak{H}$.

d) Es seien X eine abzählbar unendliche Menge und $\mathfrak{A} \subset \mathfrak{P}(X)$ die Algebra aller Teilmengen von X, die entweder endlich sind oder ein endliches Komplement haben (s. Beispiel I.3.5, b)). Für $B \in \mathfrak{A}$ sei $\mu(B) := 0$, falls B endlich ist, und $\mu(B) := \infty$, falls B ein endliches Komplement hat. Dann ist μ ein Inhalt auf $\mathfrak{A}$, aber μ ist kein Prämaß, denn $X \in \mathfrak{A}$ ist abzählbar.

e) Es seien X eine überabzählbare Menge und $\mathfrak{A} \subset \mathfrak{P}(X)$ die σ-Algebra derjenigen Mengen, die entweder abzählbar sind oder ein abzählbares Komplement haben (s. Beispiel I.3.9, b)). Für $B \in \mathfrak{A}$ seien $\mu(B) := 0$, falls B abzählbar und $\mu(B) := 1$, falls B^c abzählbar ist. Dann ist μ ein Maß auf $\mathfrak{A}$. (*Beweis:* Es sei $(A_n)_{n \in \mathbb{N}}$ eine Folge disjunkter Mengen aus $\mathfrak{A}$. Sind alle A_n abzählbar, so ist auch $A := \bigcup_{n=1}^{\infty} A_n$ abzählbar und folglich $\mu(A) = \sum_{n=1}^{\infty} \mu(A_n) = 0$. Gibt es hingegen ein $p \in \mathbb{N}$, so dass A_p^c abzählbar ist, so sind alle $A_n \subset A_p^c$ für $n \neq p$ abzählbar, also $\mu(A) = 1 = \sum_{n=1}^{\infty} \mu(A_n)$.)

f) Es seien $X \neq \emptyset$ ein vollständiger metrischer Raum, $\mathfrak{A} := \{A \subset X : A \text{ oder } A^c \text{ ist mager }\}$ (s. Aufgabe I.3.3 und I.3.1), $\mu : \mathfrak{A} \to \overline{\mathbb{R}}$, $\mu(A) := 0$, falls A mager und $\mu(A) := 1$, falls A^c mager ist. Dann ist μ ein Maß auf $\mathfrak{A}$. (*Beweis:*

---

[2]**Großer Umordnungssatz.** Es seien $a_{jk} \in \mathbb{R}$ $(j, k \geq 1)$, und $((j_\nu, k_\nu))_{\nu \geq 1}$ sei eine Abzählung von $\mathbb{N} \times \mathbb{N}$. Konvergiert eine der folgenden Reihen absolut, so konvergieren auch die beiden anderen Reihen absolut, und es gilt

$$(*) \qquad \sum_{j=1}^{\infty} \sum_{k=1}^{\infty} a_{jk} = \sum_{k=1}^{\infty} \sum_{j=1}^{\infty} a_{jk} = \sum_{\nu=1}^{\infty} a_{j_\nu k_\nu} .$$

Die Bedingung der absoluten Konvergenz einer der Reihen ist genau dann erfüllt, wenn $\sup \left\{ \sum_{j=1}^{p} \sum_{k=1}^{q} |a_{jk}| : p, q \in \mathbb{N} \right\} < \infty$. – Die Gleichung $(*)$ gilt sinngemäß für beliebige $a_{jk} \in [0, \infty]$.

Nach einem berühmten Satz von R. BAIRE ist das Komplement jeder mageren Teilmenge dicht in X (s. z.B. H. SCHUBERT [1], S. 133 f.). Daher ist μ *sinnvoll definiert*. Die σ-Additivität zeigt man ähnlich wie in Beispiel e).)

g) Es seien $X =]0,1]$ und $\mathfrak{H}$ die Menge der halboffenen Intervalle $]a,b]$ mit $0 \leq a \leq b \leq 1$. Für $0 < a \leq b \leq 1$ setzen wir $\mu(]a,b]) := b - a$, und für $0 < b \leq 1$ sei $\mu(]0,b]) := \infty$. Dann ist μ ein Inhalt auf dem Halbring $\mathfrak{H}$, aber μ ist kein Prämaß, denn es ist $]0,1] = \bigcup_{n=1}^{\infty}]\frac{1}{n+1}, \frac{1}{n}]$ und $\mu(]0,1]) = \infty$, aber $\sum_{n=1}^{\infty} \mu\left(]\frac{1}{n+1}, \frac{1}{n}]\right) = 1$.

2. Ein erster Fortsetzungssatz. Im Gegensatz zum etwas künstlichen Beispiel 1.5, g) wird sich in §2 ergeben: Definiert man $\lambda(]a,b]) := b - a$ für $]a,b] \in \mathfrak{I}$ $(a \leq b)$, so ist λ ein Prämaß auf $\mathfrak{I}$. In §4 werden wir dieses Prämaß fortsetzen zu einem Maß, das auf der σ-Algebra aller Borelschen Teilmengen von $\mathbb{R}$ definiert ist. In Vorbereitung dieses Fortsetzungsprozesses zeigen wir in einem ersten einfachen Schritt, dass sich jeder auf einem Halbring $\mathfrak{H}$ definierte Inhalt auf genau eine Weise fortsetzen lässt zu einem Inhalt auf dem von $\mathfrak{H}$ erzeugten Ring.

1.6 Satz. *Es sei μ ein Inhalt auf dem Halbring $\mathfrak{H}$, und $\mathfrak{R}$ sei der von $\mathfrak{H}$ erzeugte Ring. Dann gibt es genau eine Fortsetzung $\nu : \mathfrak{R} \to \overline{\mathbb{R}}$ von μ zu einem Inhalt auf $\mathfrak{R}$, und zwar ist*

$$(1.1) \qquad\qquad \nu(A) = \sum_{j=1}^{m} \mu(A_j),$$

falls $A \in \mathfrak{R}$ die disjunkte Vereinigung der Mengen $A_1, \ldots, A_m \in \mathfrak{H}$ ist. Die Fortsetzung ν ist genau dann ein Prämaß, wenn μ ein Prämaß ist.

Beweis. Nach Satz I.5.6 gibt es zu jedem $A \in \mathfrak{R}$ disjunkte $A_1, \ldots, A_m \in \mathfrak{H}$, so dass $A = \bigcup_{j=1}^{m} A_j$. Wenn es also eine Fortsetzung $\nu : \mathfrak{R} \to \overline{\mathbb{R}}$ von μ zu einem Inhalt auf $\mathfrak{R}$ gibt, so muss (1.1) gelten. Daher ist eine solche Fortsetzung ν eindeutig bestimmt, falls sie überhaupt möglich ist.

Zum Nachweis der Existenz von ν wollen wir ν durch (1.1) definieren. Dazu ist zunächst zu zeigen, dass die Summe auf der rechten Seite von (1.1) unabhängig von der Auswahl von $A_1, \ldots, A_m$ stets denselben Wert hat: Es sei etwa $A = \bigcup_{k=1}^{n} B_k$ eine zweite Darstellung von $A \in \mathfrak{R}$ als disjunkte Vereinigung der Mengen $B_1, \ldots, B_n \in \mathfrak{H}$. Dann ist nach (iii)

$$\sum_{j=1}^{m} \mu(A_j) = \sum_{j=1}^{m} \mu\left(A_j \cap \bigcup_{k=1}^{n} B_k\right) = \sum_{j=1}^{m} \mu\left(\bigcup_{k=1}^{n} A_j \cap B_k\right) = \sum_{j=1}^{m} \sum_{k=1}^{n} \mu(A_j \cap B_k),$$

und da die rechte Seite symmetrisch ist in den A_j und den B_k, resultiert $\sum_{j=1}^{m} \mu(A_j) = \sum_{k=1}^{n} \mu(B_k)$. Somit ist die Definition von ν vermöge (1.1) sinnvoll, und offenbar ist $\nu | \mathfrak{H} = \mu$. Zum Nachweis der Inhaltseigenschaft von ν ist nur zu zeigen: Für alle $A, B \in \mathfrak{R}$ mit $A \cap B = \emptyset$ gilt $\nu(A \cup B) = \nu(A) + \nu(B)$. Diesen einfachen Nachweis überlassen wir dem Leser.

Trivialerweise ist μ σ-additiv, wenn ν σ-additiv ist. Es seien nun umgekehrt μ ein Prämaß und $(A_n)_{n\geq 1}$ eine Folge disjunkter Mengen aus $\mathfrak{R}$, so dass $A := \bigcup_{k=1}^{\infty} A_k \in \mathfrak{R}$ ist. Dann gibt es disjunkte $B_1, \ldots, B_m \in \mathfrak{H}$, so dass $A = \bigcup_{j=1}^{m} B_j$, und zu jedem $k \in \mathbb{N}$ gibt es disjunkte $C_{kl} \in \mathfrak{H}$ $(l = 1, \ldots, n_k)$, so dass $A_k = \bigcup_{l=1}^{n_k} C_{kl}$. Nun ist

$$B_j = \bigcup_{k=1}^{\infty} B_j \cap A_k = \bigcup_{k=1}^{\infty} \bigcup_{l=1}^{n_k} B_j \cap C_{kl} \in \mathfrak{H}$$

eine abzählbare disjunkte Vereinigung von Mengen aus $\mathfrak{H}$. Da μ auf $\mathfrak{H}$ (!) σ-additiv ist, folgt

$$\mu(B_j) = \sum_{k=1}^{\infty} \sum_{l=1}^{n_k} \mu(B_j \cap C_{kl}) = \sum_{k=1}^{\infty} \nu(B_j \cap A_k)$$

$(j = 1, \ldots, m)$, also

$$\nu(A) = \sum_{j=1}^{m} \mu(B_j) = \sum_{k=1}^{\infty} \sum_{j=1}^{m} \nu(B_j \cap A_k) = \sum_{k=1}^{\infty} \nu(A \cap A_k) = \sum_{k=1}^{\infty} \nu(A_k).$$

$\square$

3. Eigenschaften von Inhalten. Nach Satz 1.6 können wir bei der Diskussion der Eigenschaften von Inhalten gleich annehmen, dass die Inhalte auf Ringen definiert sind. Dagegen ist es bei der Konstruktion von Inhalten und Prämaßen durchaus bequem, mit Halbringen zu arbeiten (s. §§ 2, 3).

1.7 Satz. *Ist $\mu : \mathfrak{R} \to \overline{\mathbb{R}}$ ein Inhalt auf dem Ring $\mathfrak{R}$, so gilt für alle $A, B, A_1, A_2,$ $\ldots \in \mathfrak{R}$:*
a) *Ist $B \subset A$ und $\mu(B) < \infty$, so ist $\mu(A \setminus B) = \mu(A) - \mu(B)$ (Subtraktivität).*
b) $\mu(A) + \mu(B) = \mu(A \cup B) + \mu(A \cap B)$.
c) $\mu\left(\bigcup_{k=1}^{n} A_k\right) \leq \sum_{k=1}^{n} \mu(A_k)$ *(Subadditivität).*
d) *Ist $(A_k)_{k\geq 1}$ eine Folge disjunkter Mengen aus $\mathfrak{R}$ mit $\bigcup_{k=1}^{\infty} A_k \subset B$, so gilt*

$$\sum_{k=1}^{\infty} \mu(A_k) \leq \mu(B).$$

e) *Ist $(A_k)_{k\geq 1}$ eine Folge disjunkter Mengen aus $\mathfrak{R}$ mit $\bigcup_{k=1}^{\infty} A_k \in \mathfrak{R}$, so gilt*

$$\sum_{k=1}^{\infty} \mu(A_k) \leq \mu\left(\bigcup_{k=1}^{\infty} A_k\right).$$

f) *Ist μ ein Prämaß und $A \subset \bigcup_{k=1}^{\infty} A_k$, so gilt*

$$\mu(A) \leq \sum_{k=1}^{\infty} \mu(A_k) \quad (\sigma\text{-Subadditivität}).$$

Beweis. a) Es ist $A = B \cup (A \setminus B)$ eine disjunkte Vereinigung von Mengen aus $\mathfrak{R}$, also $\mu(A) = \mu(B) + \mu(A \setminus B)$. Da $\mu(B)$ endlich (!) ist, folgt a).

b) Auf den rechten Seiten der Gleichungen $B = (B \setminus A) \cup (A \cap B)$, $A \cup B = A \cup (B \setminus A)$ stehen disjunkte Vereinigungen von Mengen aus $\mathfrak{R}$, also gilt

$$\mu(A) + \mu(B) = \mu(A) + \mu(B \setminus A) + \mu(A \cap B) = \mu(A \cup B) + \mu(A \cap B).$$

c) Es ist $\bigcup_{k=1}^{n} A_k = \bigcup_{k=1}^{n} \left(A_k \setminus \bigcup_{j=1}^{k-1} A_j \right)$, und daher folgt aus der Additivität und Monotonie von μ:

$$\mu\left(\bigcup_{k=1}^{n} A_k \right) = \sum_{k=1}^{n} \mu\left(A_k \setminus \bigcup_{j=1}^{k-1} A_j \right) \leq \sum_{k=1}^{n} \mu(A_k).$$

d) Für jedes $n \in \mathbb{N}$ ist $\bigcup_{k=1}^{n} A_k \subset B$, also $\sum_{k=1}^{n} \mu(A_k) = \mu\left(\bigcup_{k=1}^{n} A_k \right) \leq \mu(B)$. Da diese Ungleichung für alle $n \in \mathbb{N}$ gilt, folgt d). (Man beachte, dass die Menge $\bigcup_{k=1}^{\infty} A_k$ nicht zu $\mathfrak{R}$ zu gehören braucht.)

e) ist ein Spezialfall von d).

f) Im Falle f) ist $A = \bigcup_{k=1}^{\infty} A \cap \left(A_k \setminus \bigcup_{j=1}^{k-1} A_j \right) \in \mathfrak{R}$ eine disjunkte Vereinigung von Mengen aus $\mathfrak{R}$, also wegen der σ-Additivität von μ

$$\mu(A) = \sum_{k=1}^{\infty} \mu\left(A \cap \left(A_k \setminus \bigcup_{j=1}^{k-1} A_j \right) \right) \leq \sum_{k=1}^{\infty} \mu(A_k).$$

$\square$

1.8 Definition. Ist $\mu : \mathfrak{H} \to \overline{\mathbb{R}}$ ein Inhalt auf dem Halbring $\mathfrak{H}$, so heißt $A \subset X$ eine μ-*Nullmenge*, wenn $A \in \mathfrak{H}$ und $\mu(A) = 0$.

1.9 Folgerung. Es seien $\mu : \mathfrak{H} \to \overline{\mathbb{R}}$ ein Inhalt auf dem Halbring $\mathfrak{H}$ und $A_1, A_2, \ldots \in \mathfrak{H}$ μ-Nullmengen, $A \in \mathfrak{H}$.

a) Ist $A \subset \bigcup_{k=1}^{n} A_k$, so ist A eine μ-Nullmenge.

b) Sind μ ein Prämaß und $A \subset \bigcup_{k=1}^{\infty} A_k$, so ist A eine μ-Nullmenge.

Beweis. Die Behauptungen folgen aus Satz 1.6 und Satz 1.7, c) und f). $\square$

Ist speziell μ ein Maß auf einer σ-Algebra, so ist die Vereinigung abzählbar vieler μ-Nullmengen eine μ-Nullmenge.

4. Charakterisierung der σ-Additivität.

1.10 Satz. *Es sei $\mu : \mathfrak{R} \to \overline{\mathbb{R}}$ ein Inhalt auf dem Ring $\mathfrak{R}$. Dann gelten folgende Implikationen:*

$\quad\quad$ a)$\quad$ *μ ist ein Prämaß.*

$\Longleftrightarrow$ b)$\quad$ *Für jede Folge $(A_n)_{n \geq 1}$ von Mengen aus $\mathfrak{R}$ mit $A_n \uparrow A \in \mathfrak{R}$ gilt $\mu(A_n) \uparrow \mu(A)$ (Stetigkeit von unten).*

$\Longrightarrow$ c)$\quad$ *Für jede Folge $(A_n)_{n \geq 1}$ von Mengen aus $\mathfrak{R}$ mit $A_n \downarrow A \in \mathfrak{R}$ und $\mu(A_1) < \infty$ gilt $\mu(A_n) \downarrow \mu(A)$ (Stetigkeit von oben).*

$\Longleftrightarrow$ d)$\quad$ *Für jede Folge $(A_n)_{n \geq 1}$ von Mengen aus $\mathfrak{R}$ mit $A_n \downarrow \emptyset$ und $\mu(A_1) < \infty$ gilt $\mu(A_n) \downarrow 0$.*

Ist μ endlich, so sind a)–d) *äquivalent.*

Beweis. a) $\Longrightarrow$ b): Aus $A = A_1 \cup \bigcup_{k=2}^{\infty} (A_k \setminus A_{k-1}) \in \mathfrak{R}$ folgt

$$\mu(A) = \mu(A_1) + \sum_{k=2}^{\infty} \mu(A_k \setminus A_{k-1})$$

$$= \lim_{n \to \infty} \left(\mu(A_1) + \sum_{k=2}^{n} \mu(A_k \setminus A_{k-1}) \right) = \lim_{n \to \infty} \mu(A_n) .$$

(Hier und im Folgenden ist der Limes aufzufassen als Limes in $\mathbb{R}$ bzw. als uneigentlicher Limes ∞.)

b) $\Longrightarrow$ a): Ist $(B_n)_{n \geq 1}$ eine Folge disjunkter Mengen aus $\mathfrak{R}$ mit $B := \bigcup_{n=1}^{\infty} B_n \in \mathfrak{R}$ und $A_n := \bigcup_{k=1}^{n} B_k$, so gilt $A_n \uparrow B$. Nach b) folgt daher

$$\mu(B) = \lim_{n \to \infty} \mu(A_n) = \lim_{n \to \infty} \sum_{k=1}^{n} \mu(B_k) = \sum_{k=1}^{\infty} \mu(B_k) .$$

b) $\Longrightarrow$ c): Wegen $A \subset A_n \subset A_1$ ist $\mu(A) < \infty$ und $\mu(A_n) < \infty$ $(n \in \mathbb{N})$. Aus $A_n \downarrow A$ folgt $A_1 \setminus A_n \uparrow A_1 \setminus A$, also gilt nach b) wegen der Subtraktivität

$$\mu(A_1) - \mu(A_n) = \mu(A_1 \setminus A_n) \uparrow \mu(A_1 \setminus A) = \mu(A_1) - \mu(A) .$$

c) $\Longrightarrow$ d): klar.

d) $\Longrightarrow$ c): Es sei $(A_n)_{n \geq 1}$ eine Folge von Mengen aus $\mathfrak{R}$ mit $A_n \downarrow A \in \mathfrak{R}$ und $\mu(A_1) < \infty$. Dann ist $B_n := A_n \setminus A \in \mathfrak{R}$, und es gilt $B_n \downarrow \emptyset$, $\mu(B_1) \leq \mu(A_1) < \infty$. Nach d) folgt $\mu(B_n) \downarrow 0$. Wegen $A \subset A_1$ gilt wieder $\mu(A) < \infty$ und daher $\mu(B_n) = \mu(A_n) - \mu(A) \downarrow 0$, also $\mu(A_n) \downarrow \mu(A)$.

Es sei nun zusätzlich μ endlich; wir zeigen:

d) $\Longrightarrow$ b): Sei $(A_n)_{n \geq 1}$ eine Folge von Mengen aus $\mathfrak{R}$ mit $A_n \uparrow A \in \mathfrak{R}$. Dann gilt $A \setminus A_n \downarrow \emptyset$ und $\mu(A \setminus A_1) < \infty$, also nach d) $\mu(A \setminus A_n) \downarrow 0$. Da alle Mengen aus $\mathfrak{R}$ endlichen Inhalt haben, ergibt die Subtraktivität $\mu(A_n) \uparrow \mu(A)$. $\qquad\square$

Auf die Voraussetzung „$\mu(A_1) < \infty$" kann in den Aussagen c), d) des vorstehenden Satzes nicht verzichtet werden, wie man am Beispiel des Zählmaßes auf $\mathbb{N}$ und $A_n := \{k \in \mathbb{N} : k \geq n\}$ erkennt. Ferner kann für die Implikation „d) $\Longrightarrow$ a)" auf die Endlichkeit von μ nicht verzichtet werden, wie Beispiel 1.5, d) lehrt. – Satz 1.10 gilt nicht entsprechend für Inhalte auf Halbringen; Aufgabe 1.11 liefert ein Gegenbeispiel.

5. Historische Anmerkungen. Die moderne Theorie des Maßes geht zurück auf die Entdeckung der σ-Additivität der elementargeometrischen Länge durch É. BOREL im Jahre 1894 (s. § 2). H. LEBESGUE zeigt anschließend in seiner *Thèse* (1902), dass sich die elementargeometrische Länge fortsetzen lässt zu einem Maß auf einer gewissen σ-Algebra von Teilmengen von $\mathbb{R}$, die LEBESGUE messbare Mengen nennt. Sein besonderes Verdienst ist die Begründung eines Integralbegriffs, der dem älteren Riemannschen Integralbegriff an Flexibilität deutlich überlegen ist. Die Idee zur Einführung allgemeinerer Inhalte auf $\mathbb{R}$ und die Definition eines entsprechenden Integralbegriffs für stetige Funktionen nach dem Vorbild des Riemannschen Integrals stammen von T.J. STIELTJES (1856–1894); s. Ann. Fac. Sci. Toulouse (1) 8, mém. no. 10, S. 1–122, insbes. S. 68–75 (1894). H. LEBESGUE ([2], S. 275–277) deckt 1910 den Zusammenhang zwischen seinem Integral und dem Stieltjesschen Integral auf, indem er das Stieltjessche Integral in ein Lebesguesches transformiert. Seine Untersuchungen werden weitergeführt von W.H. YOUNG (1863–1942; s. Proc. London Math. Soc. (2) 13, 109–150 (1914)), der zeigt, dass die Lebesguesche Integrationstheorie mit im Wesentlichen gleichen Begründungen in der nach STIELTJES verallgemeinerten Version richtig bleibt. Implizit ist in der Arbeit von W.H. YOUNG auch die Fortsetzung Stieltjesscher Inhalte zu Maßen enthalten. Ganz klar ausgesprochen findet man den Gedanken der Fortsetzung Stieltjesscher Inhalte zu Maßen in einer Arbeit von J. RADON (1887–1956, [1]) aus dem Jahre 1913. Dabei behandelt RADON sogleich den Fall Stieltjesscher Inhalte auf dem $\mathbb{R}^p$. Die einzelnen Etappen dieser historischen Entwicklung werden von LEBESGUE selbst beschrieben in einer längeren Fußnote der zweiten Auflage seiner *Leçons sur l'intégration et la recherche des fonctions primitives* ([6]). Dort heißt es u.a. auf S. 263: «Ce travail de M. Young est le premier de ceux qui ont finalement bien fait *comprendre* ce que c'est qu'une intégrale de Stieltjès. On n'a pénétré vraiment au fond de cette notion que grâce à la définition qu'en a donnée M. Radon ... et aux travaux de M. de la Vallée Poussin sur l'extension de la notion de mesure ...»[3]. Die genannte Arbeit von RADON dient M. FRÉCHET im Jahre 1914 als Anregung zur Betrachtung von Prämaßen auf σ-Ringen über beliebigen abstrakten Mengen und zum Aufbau einer entsprechenden Integrationstheorie ([1]). FRÉCHETs Vorlesung [2] enthält bereits viele für die Maßtheorie grundlegende Resultate, die heute selbstverständlicher Bestandteil der Lehrbuchliteratur sind. Die Betrachtung von Inhalten und Maßen auf beliebigen abstrakten Mengen ist vor allem deshalb wichtig, weil sie eine strenge axiomatische Begründung der Wahrscheinlichkeitstheorie ermöglicht, wie A.N. KOLMOGOROFF (1903–1987) [1] zeigt.

Aufgaben. 1.1. Zeigen Sie anhand eines Beispiels, dass man sich in Bedingung (iii) nicht auf disjunkte Vereinigungen von nur zwei Mengen beschränken kann. (Vgl. aber HALMOS [1], S. 31–32.)

1.2. Es sei μ ein Inhalt auf dem Ring $\mathfrak{R}$, und für jede Folge $(A_n)_{n\geq 1}$ von Mengen aus $\mathfrak{R}$ mit $A_n \downarrow \emptyset$ gelte $\mu(A_n) \downarrow 0$. Zeigen Sie: μ ist ein Prämaß.

1.3. Es seien μ ein Inhalt auf dem Ring $\mathfrak{R}$, $\mathfrak{E}$ ein Erzeuger von $\mathfrak{R}$, und es gelte $\mu(E) < \infty$ für alle $E \in \mathfrak{E}$. Zeigen Sie: μ ist endlich.

1.4. Es sei $(\mu_\iota)_{\iota \in I}$ eine nicht-leere Familie von Inhalten auf dem Ring $\mathfrak{R}$. Zu je zwei Indizes

---

[3]Diese Arbeit von Herrn Young ist die erste unter denjenigen, die zum endgültigen Verständnis dessen, was das Stieltjessche Integral ist, geführt haben. Man ist [aber erst] dank der Definition von Herrn Radon ... und der Arbeiten von Herrn de la Vallée Poussin über die Ausdehnung des Maßbegriffes ... wirklich zum Kern dieses Begriffes vorgedrungen.

$\iota, \kappa \in I$ existiere ein $\lambda \in I$ mit $\mu_\lambda \geq \max(\mu_\iota, \mu_\kappa)$. Dann ist $\mu := \sup_{\iota \in I} \mu_\iota$ ein Inhalt auf $\mathfrak{R}$, und sind alle $\mu_\iota (\iota \in I)$ Prämaße, so ist auch μ ein Prämaß.

1.5. Es seien $\mathfrak{R}$ ein Ring über X und $\mathfrak{A}$ wie in Aufgabe I.4.5. Zeigen Sie: Ist μ ein Inhalt auf $\mathfrak{R}$, so ist $\nu : \mathfrak{A} \to \overline{\mathbb{R}}$, $\nu(B) := \sup\{\mu(A) : A \subset B, A \in \mathfrak{R}\}$ $(B \in \mathfrak{A}$; Supremumsbildung in $\overline{\mathbb{R}})$ ein Inhalt auf $\mathfrak{A}$ mit $\nu|\mathfrak{R} = \mu$. Ist μ ein Prämaß, so ist auch ν ein Prämaß.

1.6. Es sei μ ein Inhalt auf dem Ring $\mathfrak{R}$ über X. Zeigen Sie:
a) Durch $A \sim B :\Longleftrightarrow \mu(A \triangle B) = 0$ $(A, B \in \mathfrak{R})$ wird eine Äquivalenzrelation auf $\mathfrak{R}$ definiert.
b) Die Äquivalenzklasse $\mathfrak{N} := \{A \in \mathfrak{R} : A \sim \emptyset\}$ der leeren Menge enthält genau die μ-Nullmengen, und $\mathfrak{N}$ ist ein Ideal in $\mathfrak{R}$ (d.h. $\mathfrak{N}$ ist ein Unterring von $\mathfrak{R}$, und für alle $A \in \mathfrak{R}$, $B \in \mathfrak{N}$ gilt $A \cap B \in \mathfrak{N}$).
c) Für alle $A, B \in \mathfrak{R}$ mit $A \sim B$ gilt $\mu(A) = \mu(B) = \mu(A \cap B) = \mu(A \cup B)$.
d) Es seien zusätzlich μ endlich und $\delta : \mathfrak{R} \times \mathfrak{R} \to \mathbb{R}$, $\delta(A, B) := \mu(A \triangle B)$ für $A, B \in \mathfrak{R}$. Zeigen Sie: δ ist eine Halbmetrik auf $\mathfrak{R}$ (d.h. es gilt für alle $A, B, C \in \mathfrak{R} : \delta(A, A) = 0$, $\delta(A, B) = \delta(B, A)$, $\delta(A, C) \leq \delta(A, B) + \delta(B, C)$). Es ist $|\mu(A) - \mu(B)| \leq \delta(A, B)$ $(A, B \in \mathfrak{R})$ und daher μ gleichmäßig stetig bez. δ. Die Mengenoperationen $\cap, \cup, \setminus, \triangle$ sind bez. δ gleichmäßig stetige Abbildungen von $\mathfrak{R} \times \mathfrak{R}$ in $\mathfrak{R}$.
e) μ sei endlich, $\hat{\mathfrak{R}}$ bezeichne die Menge der Äquivalenzklassen $\hat{A} := \{B \in \mathfrak{R} : B \sim A\}$ $(A \in \mathfrak{R})$, und für $A, B \in \mathfrak{R}$ sei $d(\hat{A}, \hat{B}) := \delta(A, B)$. Zeigen Sie: $(\hat{\mathfrak{R}}, d)$ ist ein metrischer Raum.
f) Es sei μ ein endliches Prämaß auf dem σ-Ring $\mathfrak{S}$. Dann ist der metrische Raum $(\hat{\mathfrak{S}}, d)$ vollständig. (Hinweise: Es seien $A_n \in \mathfrak{S}$ und $(\hat{A}_n)_{n \geq 1}$ eine Cauchy-Folge in $(\hat{\mathfrak{S}}, d)$. Wählen Sie eine Teilfolge $B_k = A_{n_k}$ $(k \geq 1)$, so dass $d(\hat{B}_k, \hat{B}_{k+1}) \leq 2^{-k}$ $(k \geq 1)$. Folgern Sie aus $B_p \triangle \bigcup_{k=p}^q B_k \subset \bigcup_{k=p}^{q-1} B_k \triangle B_{k+1} (q > p \geq 1)$, dass für alle $q \geq p$ gilt $\mu\left(B_p \triangle \bigcup_{k=p}^q B_k\right) < 2^{-(p-1)}$, und folgern Sie aus der Stetigkeit des Prämaßes von unten, dass für $C_p := \bigcup_{k=p}^\infty B_k \in \mathfrak{S}$ gilt $d(\hat{B}_p, \hat{C}_p) \leq 2^{-(p-1)}$. Für $B := \varprojlim_{k \to \infty} B_k$ gilt $C_p \downarrow B$. Schließen Sie nun aus der Stetigkeit des Prämaßes von oben und aus $d(\hat{B}_p, \hat{B}) \leq d(\hat{B}_p, \hat{C}_p) + d(\hat{C}_p, \hat{B})$, dass $(\hat{B}_k)_{k \geq 1}$ gegen $\hat{B}$ konvergiert. Warum folgt hieraus die Konvergenz der Folge $(\hat{A}_n)_{n \geq 1}$ gegen $\hat{B}$?)

1.7. Es seien μ ein Prämaß auf dem σ-Ring $\mathfrak{S}$ und $(A_n)_{n \geq 1}$ eine Folge von Mengen aus $\mathfrak{S}$. Zeigen Sie:
a) $\mu\left(\varliminf_{n \to \infty} A_n\right) \leq \varliminf_{n \to \infty} \mu(A_n)$.
b) Gibt es ein $p \in \mathbb{N}$, so dass $\mu\left(\bigcup_{k=p}^\infty A_k\right) < \infty$, so gilt $\mu\left(\varlimsup_{n \to \infty} A_n\right) \geq \varlimsup_{n \to \infty} \mu(A_n)$.
c) Gibt es ein $p \in \mathbb{N}$, so dass $\mu\left(\bigcup_{k=p}^\infty A_k\right) < \infty$, und konvergiert $(A_n)_{n \geq 1}$, so gilt $\lim_{n \to \infty} \mu(A_n) = \mu\left(\lim_{n \to \infty} A_n\right)$.

1.8. Es seien μ ein Inhalt auf dem Ring $\mathfrak{R}$ und $A_1, \ldots, A_n \in \mathfrak{R}$, $\mu(A_j) < \infty$ für $j = 1, \ldots, n$,

$$m_k := \sum_{1 \leq i_1 < \ldots < i_k \leq n} \mu(A_{i_1} \cap \ldots \cap A_{i_k}) \quad (k = 1, \ldots, n).$$

a) $\mu(A_1 \cup \ldots \cup A_n) = \sum_{k=1}^n (-1)^{k-1} m_k$.
b) Für $p = 1, \ldots, n$ sei B_p die Menge aller $x \in X$, die in genau p der Mengen $A_1, \ldots, A_n$ enthalten sind. Dann ist $B_p \in \mathfrak{R}$, und es gilt:

$$\mu(B_p) = \sum_{k=p}^n (-1)^{k-p} \binom{k}{p} m_k, \quad \sum_{p=1}^n p\mu(B_p) = \sum_{k=1}^n \mu(A_k).$$

c) Für $p = 1, \ldots, n$ sei C_p die Menge aller $x \in X$, die in mindestens p der Mengen $A_1, \ldots, A_n$

enthalten sind. Dann ist $C_p \in \mathfrak{R}$, und es gilt

$$\mu(C_p) = \sum_{k=p}^{n}(-1)^{k-p}\binom{k-1}{p-1}m_k\,,\quad \sum_{p=1}^{n}\mu(C_p) = \sum_{k=1}^{n}\mu(A_k)\,.$$

(Hinweis: Betrachten Sie für $\emptyset \neq I \subset \{1,\ldots,n\}$ die Mengen $E_I := \bigcap_{j\in I}A_j$, $F_I := E_I \cap \bigcap_{k\notin I}A_k^c$, und beachten Sie, dass E_I die disjunkte Vereinigung aller Mengen F_J mit $I \subset J \subset \{1,\ldots,n\}$ ist.)

1.9. Es sei $X \neq \emptyset$.

a) Es sei $\mu : \mathfrak{P}(X) \to \mathbb{R}$ ein Inhalt mit $\mu(X) = 1$ und $\mu(A) \in \{0,1\}$ für alle $A \subset X$; $\mathfrak{U} := \{A \subset X : \mu(A) = 1\}$. Zeigen Sie:

(i) $\emptyset \notin \mathfrak{U}$;

(ii) $A \in \mathfrak{U}$, $A \subset B \subset X \Longrightarrow B \in \mathfrak{U}$;

(iii) $A, B \in \mathfrak{U} \Longrightarrow A \cap B \in \mathfrak{U}$;

(iv) $A \subset X \Longrightarrow A \in \mathfrak{U}$ oder $A^c \in \mathfrak{U}$.

(Eine Teilmenge $\mathfrak{U} \neq \emptyset$ von $\mathfrak{P}(X)$ mit den Eigenschaften (i), (ii), (iii) heisst ein *Filter* auf X; gilt zusätzlich (iv), so heißt $\mathfrak{U}$ ein *Ultrafilter*.)

b) Ist $\mathfrak{U}$ ein Ultrafilter auf X, so ist $\mu : \mathfrak{P}(X) \to \mathbb{R}$, $\mu(A) := 1$ für $A \in \mathfrak{U}$, $\mu(A) := 0$ für $A^c \in \mathfrak{U}$, ein Inhalt. μ ist genau dann ein Maß, wenn für jede Folge $(A_n)_{n\geq 1}$ von Mengen aus $\mathfrak{U}$ gilt $\bigcap_{n=1}^{\infty}A_n \neq \emptyset$.

c) Auf jeder unendlichen Menge gibt es einen nicht-trivialen Inhalt, der auf ganz $\mathfrak{P}(X)$ definiert ist, nur die Werte 0 und 1 annimmt und auf allen endlichen Mengen verschwindet. (Hinweis: Zu jedem Filter $\mathfrak{F}$ auf X gibt es einen Ultrafilter $\mathfrak{U} \supset \mathfrak{F}$, s. z.B. Schubert [1], S. 49.)

Bemerkung. Man kann zeigen, dass es auf jeder unendlichen Menge X genau $2^{2^{|X|}}$ ($=$ Mächtigkeit von $\mathfrak{P}(\mathfrak{P}(X))$) Ultrafilter gibt (s. W.W. Comfort: *Ultrafilters: Some old and some new results,* Bull. Am. Math. Soc. 83, 417–455 (1977)). Daher gibt es auf jeder unendlichen Menge X sogar $2^{2^{|X|}}$ nicht-triviale Inhalte, die nur die Werte 0 und 1 annehmen und auf allen endlichen Teilmengen von X verschwinden. Es ist eine naheliegende Frage, ob unter diesen Inhalten auch Maße vorkommen. Diese Frage lässt sich auf der Grundlage der üblichen Zermelo-Fraenkelschen Mengenlehre (ZF) einschließlich Auswahlaxiom (C) nicht beantworten, und zwar auch dann nicht, wenn man die verallgemeinerte Kontinuumshypothese (GCH) zusätzlich fordert: Die Diskussion dieser Frage führt auf tief liegende Probleme einer angemessenen Axiomatisierung der Mengenlehre; s. z.B. T. Jech: *Set theory.* New York–San Francisco–London: Academic Press 1978, Chapter 5: Measurable cardinals; A. Levy: *Basic set theory.* Berlin–Heidelberg–New York: Springer 1979, S. 342–356 oder H.C. Doets: *Cantor's paradise.* Nieuw Arch. Wisk., IV. Ser. 1, 290–344 (1983). Zusammenhänge mit topologischen Fragen werden diskutiert bei R. Engelking: *General topology.* Warszawa: Państwowe Wydawnictwo Naukowe 1977, S. 275–276, und bei L. Gillman, M. Jerison: *Rings of continuous functions.* Berlin–Heidelberg–New York: Springer 1976, Chapter 12; s. auch W.W. Comfort, S. Negrepontis: *The theory of ultrafilters.* Berlin–Heidelberg–New York: Springer 1974, insbes. S. 196–197 und K. Eda, T. Kiyosawa und H. Ohta: *N-compactness and its applications.* In: *Topics in general topology,* S. 459–521, insbes. section 3. K. Morita, J. Nagata, Eds. Amsterdam: North-Holland Publ. Comp. 1989.

1.10. Es sei X eine Menge, deren Mächtigkeit höchstens gleich der Mächtigkeit von $\mathbb{R}$ ist. Zeigen Sie: Es gibt kein Maß μ auf $\mathfrak{P}(X)$ mit $\mu(X) = 1$, das nur die Werte 0 und 1 annimmt und auf allen endlichen Teilmengen von X verschwindet. (Hinweis: Es kann ohne Einschränkung der Allgemeinheit $X = [0,1]$ angenommen werden. Schließen Sie indirekt und konstruieren Sie durch sukzessive Halbierung von $[0,1]$ eine fallende Folge abgeschlossener Teilintervalle I_n von $[0,1]$ der Länge 2^{-n} mit $\mu(I_n) = 1$.)

1.11. Es seien $X := \mathbb{Q}$ und $\mathfrak{H} := \mathfrak{I}|\mathbb{Q} = \{]a,b] \cap \mathbb{Q} : a \le b,\, a, b \in \mathbb{R}\}$. Ferner sei $\mu(]a,b] \cap \mathbb{Q}) := b - a$ für $a \le b$. Dann ist μ ein endlicher Inhalt auf $\mathfrak{H}$, der die Bedingungen b), c), d) aus Satz 1.10 mit $\mathfrak{H}$ anstelle von $\mathfrak{R}$ erfüllt, aber μ ist kein Prämaß.

1.12. Es seien $\mu : \mathfrak{H} \to \overline{\mathbb{R}}$ und $\nu : \mathfrak{K} \to \overline{\mathbb{R}}$ zwei Inhalte auf den Halbringen $\mathfrak{H}, \mathfrak{K}$ über X bzw. Y, und $\rho : \mathfrak{H} * \mathfrak{K} \to \overline{\mathbb{R}}$ (s. Lemma I.5.3) sei definiert durch $\rho(A \times B) := \mu(A) \cdot \nu(B)$ ($A \in \mathfrak{H}, B \in \mathfrak{K}$); dabei wird das Produkt auf der rechten Seite definiert durch $a \cdot \infty := \infty$ für $0 < a \le \infty$, $0 \cdot \infty := 0$ (!). Zeigen Sie: ρ ist ein Inhalt auf $\mathfrak{H} * \mathfrak{K}$. (Hinweis: Aufgabe I.5.5.)

§ 2. Inhalte und Prämaße auf $\mathbb{R}$

> «Le théorème de Borel-Lebesgue perpétue le souvenir de ces deux mathématiciens, qui, avec René Baire (1874–1932), ont renouvelé l'étude des fonctions de la variable réelle.»[4] (La Grande Encyclopédie, Larousse, Vol. 3 (1972), S. 1842)

1. Endliche Inhalte auf $\mathfrak{I}$. Im folgenden Paragraphen bestimmen wir alle endlichen Inhalte und Prämaße auf dem Halbring $\mathfrak{I} := \{]a,b] : a, b \in \mathbb{R},\, a \le b\}$ über $\mathbb{R}$. Nach Satz 1.6 sind dann auch alle endlichen Inhalte bzw. Prämaße auf dem Ring $\mathfrak{F} := \left\{ \bigcup_{j=1}^{n} I_j : I_1, \dots, I_n \in \mathfrak{I},\, I_j \cap I_k = \emptyset \text{ für } j \ne k \right\}$ bekannt.

2.1 Satz. a) *Ist $F : \mathbb{R} \to \mathbb{R}$ eine wachsende Funktion, so ist $\mu_F : \mathfrak{I} \to \mathbb{R}$, $\mu_F(]a,b]) := F(b) - F(a)$ ($a \le b$) ein endlicher Inhalt. Für zwei wachsende Funktionen $F, G : \mathbb{R} \to \mathbb{R}$ gilt genau dann $\mu_F = \mu_G$, wenn $F - G$ konstant ist.*
b) *Ist $\mu : \mathfrak{I} \to \mathbb{R}$ ein endlicher Inhalt und wird $F : \mathbb{R} \to \mathbb{R}$ definiert durch*

$$F(x) := \begin{cases} \mu(]0,x]) & \text{für } x \ge 0, \\ -\mu(]x,0]) & \text{für } x < 0, \end{cases}$$

so ist F wachsend und $\mu = \mu_F$.

Für wachsendes $F : \mathbb{R} \to \mathbb{R}$ nennen wir μ_F den zu F gehörigen *Stieltjesschen Inhalt*. Diese Namengebung erfolgt zu Ehren von T.J. STIELTJES, der für solche Inhalte nach dem Vorbild der Riemannschen Integrationstheorie im Jahre 1894 den Begriff des (Riemann-) Stieltjesschen Integrals $\int_a^b g(x)\, dF(x)$ einführt (s. § 1, 5.). Für $F(x) = x$ ist das Stieltjessche Integral gleich dem Riemannschen (s. Grundwissen-Band *Analysis II* von W. WALTER).

Beweis von Satz 2.1. a) Zum Nachweis der endlichen Additivität von μ_F auf $\mathfrak{I}$ sei $]a,b] \in \mathfrak{I}$ ($a \le b$) dargestellt als endliche disjunkte Vereinigung $]a,b] =$

---

[4]Der Satz von Lebesgue-Borel lässt die Erinnerung an diese beiden Mathematiker fortbestehen, die zusammen mit René Baire (1874–1932) das Studium der Funktionen einer reellen Variablen neu begründet haben.

$\bigcup_{k=1}^{n}]a_k, b_k]$ nach links halboffener Intervalle. Dabei kann ohne Einschränkung der Allgemeinheit gleich angenommen werden, dass $a = a_1 \leq b_1 = a_2 \leq b_2 = a_3 \leq \ldots \leq b_{n-1} = a_n \leq b_n = b$, und es folgt

$$\mu_F(]a, b]) = F(b) - F(a) = \sum_{k=1}^{n} (F(b_k) - F(a_k)) = \sum_{k=1}^{n} \mu_F(]a_k, b_k]).$$

Für zwei wachsende Funktionen $F, G : \mathbb{R} \to \mathbb{R}$ ist $\mu_F = \mu_G$ genau dann, wenn für alle $a, x \in \mathbb{R}$, $x \geq a$ gilt $\mu_F(]a, x]) = \mu_G(]a, x])$, d.h. $F(x) - G(x) = F(a) - G(a)$. Letzteres ist genau dann der Fall, wenn $F - G$ konstant ist.

b) Da F offenbar wächst, ist nur noch zu zeigen, dass $\mu(]a, b]) = F(b) - F(a)$ $(a \leq b)$. Das erfordert drei Fallunterscheidungen: Für $a \leq b < 0$ ergibt die Subtraktivität von μ

$$F(b) - F(a) = -\mu(]b, 0]) + \mu(]a, 0]) = \mu(]a, b]).$$

Im Falle $a < 0 \leq b$ liefert die endliche Additivität von μ

$$F(b) - F(a) = \mu(]0, b]) + \mu(]a, 0]) = \mu(]a, b]),$$

und für $0 \leq a \leq b$ erhält man wiederum aus der Subtraktivität

$$F(b) - F(a) = \mu(]0, b]) - \mu(]0, a]) = \mu(]a, b]).$$

□

2. Endliche Prämaße auf $\mathfrak{J}$. Für die spätere Fortsetzung von Prämaßen zu Maßen (s. §4) ist es wichtig zu wissen, welche der Stieltjesschen Inhalte μ_F Prämaße sind.

2.2 Satz. *Es seien $F : \mathbb{R} \to \mathbb{R}$ wachsend und $\mu_F : \mathfrak{J} \to \mathbb{R}$ der zugehörige Stieltjessche Inhalt. Dann ist μ_F ein Prämaß genau dann, wenn F rechtsseitig stetig ist.*

Bemerkung. Wählt man anstelle von $\mathfrak{J}$ den Halbring der nach rechts halboffenen Intervalle $[a, b[$ $(a \leq b)$, und definiert man für wachsendes $F : \mathbb{R} \to \mathbb{R}$ entsprechend $\nu_F([a, b[) := F(b) - F(a)$ $(a \leq b)$, so ist ν_F genau dann ein Prämaß, wenn F *linksseitig* stetig ist.

Beweis von Satz 2.2. Es seien μ_F ein Prämaß und $a \in \mathbb{R}$. Dann gilt nach Satz 1.10, d) für jede Folge $b_n \downarrow a$: $F(b_n) - F(a) = \mu_F(]a, b_n]) \to 0$ $(n \to \infty)$. Daher ist F rechtsseitig stetig.

Es sei nun umgekehrt F rechtsseitig stetig. Der Nachweis der σ-Additivität von μ_F auf $\mathfrak{J}$ ist die wesentliche Schwierigkeit im Beweis von Satz 2.2. Dazu seien $]a, b] \in \mathfrak{J}$ $(a < b)$ und $]a, b] = \bigcup_{k=1}^{\infty}]a_k, b_k]$ mit disjunkten $]a_k, b_k] \in \mathfrak{J}$, $a_k \leq b_k$ $(k \geq 1)$. Nach Satz 1.7, e) folgt aus der Inhaltseigenschaft von μ_F bereits die Ungleichung

$$\mu_F(]a, b]) \geq \sum_{k=1}^{\infty} \mu_F(]a_k, b_k]),$$

so dass wir nur noch die umgekehrte Ungleichung „$\leq$" zu zeigen haben. Der wesentliche Kunstgriff ist dabei ein Kompaktheitsargument, das auf É. BOREL zurückgeht: Es sei $\varepsilon > 0$ beliebig vorgegeben. Dann gibt es ein $\alpha \in]a, b]$, so dass $F(\alpha) \leq F(a) + \varepsilon$, denn F ist rechtsseitig stetig, und es existiert zu jedem $k \geq 1$ ein $\beta_k > b_k$, so dass $F(\beta_k) \leq F(b_k) + \varepsilon \cdot 2^{-k}$. Nun ist aber

$$[\alpha, b] \subset \bigcup_{k=1}^{\infty}]a_k, b_k] \subset \bigcup_{k=1}^{\infty}]a_k, \beta_k[\,,$$

und nach dem Überdeckungssatz von HEINE und BOREL reichen bereits endlich viele der offenen (!) Intervalle $]a_k, \beta_k[$ zur Überdeckung der kompakten (!) Menge $[\alpha, b]$ aus. Daher existiert ein $N \in \mathbb{N}$, so dass $[\alpha, b] \subset \bigcup_{k=1}^{N}]a_k, \beta_k[$; folglich ist *a fortiori* $]\alpha, b] \subset \bigcup_{k=1}^{N}]a_k, \beta_k]$, also

$$\mu_F(]\alpha, b]) \leq \sum_{k=1}^{N} \mu_F(]a_k, \beta_k])$$

(Satz 1.7, c)). Nach Wahl der Punkte α, β_k $(k \geq 1)$ folgt nun weiter:

$$\mu_F(]a, b]) \leq \mu_F(]\alpha, b]) + \varepsilon \leq \sum_{k=1}^{N} \mu_F(]a_k, \beta_k]) + \varepsilon$$

$$\leq \sum_{k=1}^{N} (\mu_F(]a_k, b_k]) + \varepsilon \cdot 2^{-k}) + \varepsilon \leq \sum_{k=1}^{\infty} \mu_F(]a_k, b_k]) + 2\varepsilon\,.$$

Daher ist für jedes $\varepsilon > 0$

$$\mu_F(]a, b]) \leq \sum_{k=1}^{\infty} \mu_F(]a_k, b_k]) + 2\varepsilon\,,$$

und folglich $\mu_F(]a, b]) \leq \sum_{k=1}^{\infty} \mu_F(]a_k, b_k])$, wie zu zeigen war. □

Ist $F : \mathbb{R} \to \mathbb{R}$ wachsend und rechtsseitig stetig, so nennen wir $\mu_F : \mathfrak{J} \to \mathbb{R}$ das zu F gehörige *Lebesgue-Stieltjessche Prämaß*. Speziell erhalten wir für $F(x) = x$ $(x \in \mathbb{R})$ das *Lebesguesche Prämaß* $\lambda : \mathfrak{J} \to \mathbb{R}$, $\lambda(]a, b]) = b - a$ $(a \leq b)$.

Korrekterweise sollte dieses Prämaß benannt werden nach É. BOREL, denn er ist es, der in seiner *Thèse* 1894 die σ-Additivität des Lebesgueschen Prämaßes auf $\mathfrak{J}$ erstmals nachweist (s. BOREL [3], S. 280–281). Das besondere Verdienst von BOREL besteht hier darin, dass er die σ-Additivität des Lebesgueschen Prämaßes auf $\mathfrak{J}$ nicht als evident hinnimmt, sondern als ernst zu nehmendes mathematisches Problem erkennt. Er schreibt: «On peut considérer ce lemme comme à peu près évident; néanmoins, à cause de son importance, je vais donner une démonstration reposant sur un théorème intéressant par lui-même ...»[5]

---

[5] Man kann dieses Lemma als beinahe evident ansehen; nichtsdestoweniger werde ich wegen seiner Bedeutung einen Beweis führen, der auf einem Satz beruht, der von eigenem Interesse ist ...

([3], S. 281). Der „Satz von eigenem Interesse" ist hier der in der deutschen Literatur nach E. HEINE (1821–1881) und É. BOREL benannte Überdeckungssatz, den BOREL anschließend formuliert und beweist, allerdings nur für abzählbare Überdeckungen. Auch in unserem Beweis des Satzes 2.2 spielt dieser Satz eine Schlüsselrolle. In einer Notiz über seine wissenschaftlichen Arbeiten berichtet BOREL selbst ([3], S. 129–130) über diese Entdeckung und weist darauf hin, dass H. LEBESGUE den Satz für beliebige Überdeckungen bewiesen hat (s. LEBESGUE [2], S. 105, [5], S. 307–309). Demzufolge wird in der französischen Literatur dieser Satz treffend als Satz von BOREL und LEBESGUE bezeichnet.

Wir nennen zwei wachsende Funktionen $F, G : \mathbb{R} \to \mathbb{R}$ *äquivalent*, wenn $F - G$ konstant ist; $[F]$ bezeichne die Äquivalenzklasse von F bez. dieser Äquivalenzrelation. Dann können wir die Ergebnisse der Sätze 2.1, 2.2 wie folgt zusammenfassen:

2.3 Korollar. *Die Zuordnung $\mu \mapsto [F]$ (F s. Satz 2.1, b)) definiert eine Bijektion zwischen der Menge der endlichen Inhalte $\mu : \mathfrak{I} \to \mathbb{R}$ und der Menge der Äquivalenzklassen monoton wachsender Funktionen $F : \mathbb{R} \to \mathbb{R}$. Diese Zuordnung definiert zugleich eine Bijektion zwischen der Menge der endlichen Prämaße $\mu : \mathfrak{I} \to \mathbb{R}$ und der Menge der Äquivalenzklassen rechtsseitig stetiger wachsender Funktionen $F : \mathbb{R} \to \mathbb{R}$.*

Offenbar definiert jede stetige wachsende Funktion $F : \mathbb{R} \to \mathbb{R}$ ein endliches Prämaß $\mu_F : \mathfrak{I} \to \mathbb{R}$. Ein solches Prämaß kann man sich als eine stetige Massenverteilung auf $\mathbb{R}$ vorstellen. Es gibt jedoch auch ganz andere Prämaße. Um diese zu definieren, setzen wir voraus: Es seien $A \subset \mathbb{R}$ eine abzählbare Menge und $p : A \to \mathbb{R}$ eine streng positive Funktion, so dass für jedes $n \in \mathbb{N}$ die Reihe

$$(2.1) \qquad\qquad \sum_{y \in A \cap [-n,n]} p(y)$$

konvergiert. Wählen wir z.B. $A := \mathbb{Z}$, so ist die Bedingung der Konvergenz von (2.1) sicher erfüllt, denn es handelt sich ja nur um eine endliche Summe positiver Terme. (Leere Summen sind definitionsgemäß gleich null.) Wir können aber auch z.B. $A := \mathbb{Q}$ wählen, die rationalen Zahlen durch eine Bijektion $k \mapsto r_k \in \mathbb{Q}$ abzählen und definieren $p(r_k) := 2^{-k}$ $(k \geq 1)$. Dann ist die Reihe $\sum_{y \in \mathbb{Q}} p(y) = \sum_{k=1}^{\infty} 2^{-k}$ konvergent, also die obige Konvergenzbedingung erfüllt. Setzen wir dagegen $p(r_k) := 1$, falls $r_k \in \mathbb{Z}$, $p(r_k) := 2^{-k}$, falls $r_k \notin \mathbb{Z}$, so divergiert die Reihe $\sum_{k=1}^{\infty} p(r_k)$, aber für jedes $n \in \mathbb{N}$ konvergiert (2.1). Diese speziellen Beispiele verdeutlichen die Vielfalt der in obigem Ansatz enthaltenen Möglichkeiten. – Es sei nun p wie oben und

$$\mu(]a,b]) := \sum_{y \in A \cap]a,b]} p(y) \quad (a \leq b).$$

Dann ist μ ein endliches Prämaß auf $\mathfrak{I}$, also ist die zugehörige Funktion G :

$\mathbb{R} \to \mathbb{R}$,

$$(2.2) \qquad G(x) := \left\{ \begin{array}{ll} \sum_{y \in A \cap]0,x]} p(y) & \text{für} \quad x \geq 0, \\ -\sum_{y \in A \cap]x,0]} p(y) & \text{für} \quad x < 0 \end{array} \right.$$

rechtsseitig stetig. (Das ist auch leicht mithilfe der Definition von G zu überprüfen.) Mithilfe von Satz 1.10 zeigt man leicht: G ist unstetig genau in den Punkten der Menge A.

Wir nennen eine Funktion $G : \mathbb{R} \to \mathbb{R}$ eine *Sprungfunktion*, wenn es eine abzählbare Menge $A \subset \mathbb{R}$, eine Funktion $p : A \to]0, \infty[$ mit $\sum_{y \in A \cap [-n,n]} p(y) < \infty$ $(n \in \mathbb{N})$ und ein $\alpha \in \mathbb{R}$ gibt, so dass

$$G(x) = \left\{ \begin{array}{ll} \alpha + \sum_{y \in A \cap]0,x]} p(y) & \text{für} \quad x \geq 0, \\ \alpha - \sum_{y \in A \cap]x,0]} p(y) & \text{für} \quad x < 0. \end{array} \right.$$

Vorgelegt sei nun irgendeine wachsende rechtsseitig stetige Funktion $F : \mathbb{R} \to \mathbb{R}$. Dann ist die Menge A der Unstetigkeitsstellen von F abzählbar, denn mit

$$A_n := \left\{ x \in [-n,n] : \lim_{h \downarrow 0} \left(F(x+h) - F(x-h) \right) \geq \frac{1}{n} \right\}$$

gilt $A = \bigcup_{n=1}^{\infty} A_n$, und wegen der Monotonie von F ist A_n endlich. Für $y \in A$ sei $p(y) := \lim_{h \downarrow 0} \left(F(y+h) - F(y-h) \right)$. Sind $y_1, \ldots, y_k \in A \cap \,]-n,n[$ verschieden, so ist $\sum_{j=1}^{k} p(y_j) \leq F(n) - F(-n)$. Daher ist die Reihe (2.1) für alle $n \in \mathbb{N}$ konvergent. Es sei G die zugehörige Sprungfunktion (2.2). Dann zeigen unsere obigen Überlegungen, dass die Funktion $H := F - G$ auf ganz $\mathbb{R}$ stetig ist. Ferner ist H wachsend (Beweis?), und wir können folgendes Resultat festhalten:

2.4 Satz. *Zu jeder wachsenden rechtsseitig stetigen Funktion $F : \mathbb{R} \to \mathbb{R}$ existieren eine wachsende rechtsseitig stetige Sprungfunktion $G : \mathbb{R} \to \mathbb{R}$ und eine wachsende stetige Funktion $H : \mathbb{R} \to \mathbb{R}$, so dass $F = G + H$. Die Funktionen G und H sind bis auf additive Konstanten eindeutig bestimmt, und für die zugehörigen Prämaße auf $\mathfrak{J}$ gilt $\mu_F = \mu_G + \mu_H$.*

Die Zerlegung $\mu_F = \mu_G + \mu_H$ wird sehr anschaulich, wenn man die Prämaße als Massenverteilungen deutet. Die Sprungfunktion G beschreibt die *diskrete* Massenverteilung, bei welcher in jedem Punkt $y \in A$ die Masse $p(y)$ platziert ist. Dagegen beschreibt H eine *kontinuierliche* Massenverteilung. Die Gleichung $\mu_F = \mu_G + \mu_H$ besagt nun, dass man jede Massenverteilung auf $\mathbb{R}$, bei welcher in jedem Intervall $[-n,n]$ $(n \in \mathbb{N})$ nur eine endliche Masse vorhanden ist, durch Superposition einer diskreten und einer kontinuierlichen Massenverteilung erhalten kann.

3. Kurzbiographie von É. Borel. Émile Borel wurde am 7. Januar 1871 in Saint-Affrique (Aveyron, Frankreich) geboren. Er war ein Wunderkind. Im Alter von 18 Jahren bestand er 1889 als Bester die Aufnahmeprüfung der renommiertesten Pariser Hochschulen, der École Polytechnique und der École Normale Supérieure, und entschied sich für Letztere.

Bereits im gleichen Jahr erschienen seine beiden ersten mathematischen Arbeiten. Er absolvierte sein Studium mit glänzendem Erfolg, wurde schon 1892 Lehrbeauftragter (Agrégé) für Mathematik und 1893 Dozent an der Universität Lille. Bald darauf (1894) legte er seine *Thèse* (Doktorarbeit) *Sur quelques points de la théorie des fonctions* vor. In den Jahren 1894–1896 erschienen 22 mathematische Arbeiten aus BORELs Feder, bevor er 1897 als Dozent an die École Normale Supérieure zurückkehrte.

Während der Studienzeit geschlossene Freundschaften mit hernach bedeutenden Persönlichkeiten ermöglichten BOREL später eine verantwortliche Teilnahme am öffentlichen Leben und eine ungewöhnlich breite kulturelle und politische Entfaltung. Hierbei war ihm seine Ehefrau MARGUERITE, die älteste Tochter des Mathematikers PAUL APPELL (1855–1930), eine wertvolle Stütze und Ergänzung. MARGUERITE BOREL (1883–1969) wurde unter dem Pseudonym *Camille Marbo* bekannt als Autorin von mehr als 40 Romanen, und sie wirkte mehrere Jahre als Präsidentin des Schriftstellerverbandes. Insgesamt spielte das Ehepaar BOREL in einem weiten Kreis von Intellektuellen seiner Epoche – Wissenschaftlern, Literaten, Diplomaten, Politikern, Wirtschaftsführern, Journalisten – eine bedeutende Rolle (s. C. MARBO [1]).

Im Jahre 1909 übernahm BOREL den für ihn neu geschaffenen Lehrstuhl für Funktionentheorie an der Sorbonne und wurde 1910 Nachfolger seines Lehrers JULES TANNERY (1848–1910) als Vizedirektor für wissenschaftliche Studien an der École Normale Supérieure. Die Tätigkeit in dieser Position bezeichnete BOREL später als die glücklichste Zeit seines Lebens; sie wurde durch den Ersten Weltkrieg jäh unterbrochen. BOREL stellte sich dem Dienst für Erfindungen zur Verfügung und stellte die Schallmesstrupps auf, von denen er einen selbst befehligte, während seine Frau ein Lazarett leitete. Nach dem Krieg übernahm BOREL im Jahre 1919 auf eigenen Wunsch den Lehrstuhl für Wahrscheinlichkeitstheorie und mathematische Physik an der Sorbonne. Sein wissenschaftliches Interesse galt jetzt mehr anwendungsbezogenen Fragen; außerdem war ihm die weitere Tätigkeit an der École Normale Supérieure wegen der vielen Lücken, die der furchtbare Krieg gerissen hatte, verleidet. Es folgte 1921 die Aufnahme in die Akademie der Wissenschaften; schon vorher hatte BOREL mehrere der bedeutendsten Preise der Akademie erhalten.

Hochgeschätzt wegen seines Organisationstalents, wandte sich BOREL in den zwanziger Jahren der Politik zu, aber der Strom seiner mathematischen Arbeiten und seine mathematischen Vorlesungen wurden dadurch nicht unterbrochen. Höhepunkte seiner politischen Karriere waren seine Tätigkeit als Parlamentsabgeordneter (1924–1936) und Marineminister (1925) im Kabinett seines Freundes PAUL PAINLEVÉ (1863–1933). Nach dem Rückzug aus der Politik und von der Sorbonne (1940) veröffentlichte BOREL noch über 50 weitere Bücher und Arbeiten; seine politische Aktivität setzte er im Rahmen der französischen Widerstandsbewegung (Résistance) gegen die deutsche Besatzung während des Zweiten Weltkrieges fort. Ein Sturz auf seiner letzten Reise nach Brasilien zu einem internationalen Kongress für Statistik (1955) beschleunigte seinen Tod. ÉMILE BOREL starb in Paris am 3. Februar 1956 kurz nach seinem 85. Geburtstag.

Das mathematische Werk von É. BOREL umfasst mehr als 300 Titel; darunter sind über 30 Bücher. Besonderes Gewicht haben in seinem Gesamtwerk die Arbeiten zur Funktionentheorie (Polynome und rationale Funktionen, divergente Reihen, ganze Funktionen, analytische Fortsetzung) und die Untersuchungen über Mengenlehre und reelle Funktionen (Approximation reeller Zahlen, messbare Mengen, Auswahlaxiom, Maß und Integral, Differentialgleichungen). Von BORELs erfolgreicher Arbeit auf dem Gebiete der angewandten Mathematik zeugen seine einflussreichen Bücher und Arbeiten über Wahrscheinlichkeitstheorie und Statistik. Er ist der Begründer der Spieltheorie, die später unabhängig von ihm von J. VON NEUMANN entwickelt wurde. Eine Serie von Arbeiten über Mechanik, statistische Mechanik, Kinematik und Relativitätstheorie dokumentiert seine Forschungstätigkeit auf dem Gebiete der mathematischen Physik. Weitere Aufsätze über Geometrie, Algebra, lineare Algebra, Zahlentheorie, Ökonomie, Philosophie und über den mathematischen Unterricht machen deutlich, wie umfassend BOREL an der Mathematik seiner Zeit, ihren Anwendungs- und Nachbargebieten aktiven Anteil nahm. Daneben schrieb BOREL Beiträge für populärwissenschaftliche Magazine und für die Tagespresse.

Auch als Organisator leistete BOREL für die Mathematik Hervorragendes. Zur Förderung der Funktionentheorie und der Theorie der reellen Funktionen begründete er die berühmte Serie «Collection de monographies sur la théorie des fonctions» (Gauthier-Villars, Paris), in der außer mehreren seiner eigenen Werke auch Bücher zahlreicher Mathematiker von hohem Rang (wie R. BAIRE, H. LEBESGUE, N. LUSIN (1883–1950), F. RIESZ (1880–1956), W. SIERPIŃSKI, C. DE LA VALLÉE POUSSIN (1866–1962)) erschienen. BOREL schrieb für diese Serie u.a. seine *Leçons sur la théorie des fonctions*; ferner erschienen in dieser Sammlung die *Leçons sur l'intégration* (1904) von H. LEBESGUE und *Intégrales de Lebesgue, fonctions d'ensemble, classes de Baire* (1916) von C. DE LA VALLÉE POUSSIN. Diese Werke haben wesentlich zur raschen Verbreitung der Lebesgueschen Integrationstheorie beigetragen.

Aufgaben. 2.1. Gibt es eine monotone Funktion $f : \mathbb{R} \to \mathbb{R}$ mit $f(\mathbb{R}) = \mathbb{R} \setminus \mathbb{Q}$?

2.2. Jede offene Teilmenge von $\mathbb{R}$ ist disjunkte Vereinigung abzählbar vieler offener Intervalle.

2.3. Zu jeder nicht-leeren abgeschlossenen Menge $A \subset \mathbb{R}$ gibt es eine monoton wachsende Funktion $f : \mathbb{R} \to \mathbb{R}$ mit $f(\mathbb{R}) = A$.

2.4. Es seien $f : \mathbb{R} \to \mathbb{R}$ monoton wachsend und $F : \mathbb{R} \to \mathbb{R}$, $F(x) := \int_0^x f(t)\, dt$ $(x \in \mathbb{R})$ (Riemannsches Integral). Zeigen Sie: Für alle $x \in \mathbb{R}$ ist

$$\lim_{h \downarrow 0} \frac{1}{h}(F(x+h) - F(x)) = \lim_{y \downarrow x} f(y)\,, \ \lim_{h \downarrow 0} \frac{1}{h}(F(x) - F(x-h)) = \lim_{y \uparrow x} f(y)\,.$$

Folgern Sie: Zu jeder abzählbaren Teilmenge $A \subset \mathbb{R}$ gibt es eine stetige Funktion $g : \mathbb{R} \to \mathbb{R}$, welche genau in den Punkten der Menge A nicht differenzierbar ist.

2.5. Es seien X ein metrischer (oder topologischer) Raum und μ ein endlicher Inhalt auf dem Halbring $\mathfrak{H}$ über X. Dann heisst μ *von innen regulär*, wenn zu jedem $\varepsilon > 0$ und jedem $A \in \mathfrak{H}$ ein $K \in \mathfrak{H}$ existiert, so dass gilt: $\overline{K}$ ist kompakt, $\overline{K} \subset A, \mu(A) \leq \mu(K) + \varepsilon$. Zeigen Sie: Ist μ von innen regulär, so ist μ ein Prämaß. (Hinweis: Ist μ von innen regulär, so auch die Fortsetzung ν von μ auf den von $\mathfrak{H}$ erzeugten Ring. ν genügt der Bedingung d) aus Satz 1.10.)

2.6. Ein Mengensystem $\mathfrak{C} \subset \mathfrak{P}(X)$ heißt eine *kompakte Klasse*, wenn für jede Folge $(C_n)_{n \geq 1}$ von Mengen aus $\mathfrak{C}$ mit $\bigcap_{k=1}^n C_k \neq \emptyset$ für alle $n \in \mathbb{N}$ gilt: $\bigcap_{k=1}^\infty C_k \neq \emptyset$. – Es sei μ ein endlicher Inhalt auf dem Ring $\mathfrak{R}$ über X. Dann heißt $\mathfrak{C} \subset \mathfrak{P}(X)$ *μ-approximierend* für $\mathfrak{R}$, wenn zu jedem $A \in \mathfrak{R}$ und $\varepsilon > 0$ ein $C \in \mathfrak{C}$ und ein $B \in \mathfrak{R}$ existieren mit $B \subset C \subset A$ und $\mu(A \setminus B) < \varepsilon$. Zeigen Sie: Existiert eine kompakte Klasse $\mathfrak{C} \subset \mathfrak{P}(X)$, die μ-approximierend ist für $\mathfrak{R}$, so ist μ ein Prämaß.

§ 3. Inhalte und Prämaße auf $\mathbb{R}^p$

„Zu jeder ... Funktion F, die

$$F(a', b') - F(a', b) - F(a, b') + F(a, b) \geq 0\,, \ a' \geq a\,, \ b' \geq b$$

und $\lim_{h,k \to +0} F(a - h, b - k) = F(a, b)$ erfüllt, gehört eine absolut additive monotone Mengenfunktion ...“[6] (J. RADON [1], S. 10–11)

---

[6]RADON bezeichnet Maße als absolut additive monotone Mengenfunktionen; a.a.O. werden nur Maße auf dem $\mathbb{R}^2$ betrachtet.

Im Folgenden bestimmen wir alle endlichen Inhalte und Prämaße auf dem Halbring $\mathfrak{J}^p = \{]a,b] : a,b \in \mathbb{R}^p , a \leq b\}$. Damit sind nach Satz 1.6 dann auch alle endlichen Inhalte und Prämaße auf dem von $\mathfrak{J}^p$ erzeugten Ring $\mathfrak{F}^p$ bekannt.

1. Das Lebesguesche Prämaß auf $\mathfrak{J}^p$. Der wichtigste Inhalt auf $\mathfrak{J}^p$ ist das elementargeometrische Volumen

$$\lambda^p(]a,b]) := \prod_{j=1}^{p} (b_j - a_j)$$

$(a,b \in \mathbb{R}^p , a \leq b)$. Dieser Inhalt ist sogar ein *Prämaß*.

3.1 Satz. *Das elementargeometrische Volumen $\lambda^p : \mathfrak{J}^p \to \mathbb{R}$ ist ein Prämaß, das sog. Lebesguesche Prämaß auf $\mathfrak{J}^p$.*

Für den *Beweis* von Satz 3.1 bieten sich vier Möglichkeiten an:
1. Die entsprechenden Teile der Beweise von Satz 2.1, 2.2 lassen sich auf λ^p übertragen.
2. Satz 3.1 ist ein Spezialfall von Satz 3.8, b).
3. λ^p kann aufgefasst werden als „Produktmaß" aus p Faktoren λ^1. Die σ-Additivität von $\lambda^p|\mathfrak{J}^p$ folgt daher aus Satz V.1.13 in Verbindung mit Beispiel 4.6.
4. Aufgabe 2.5 liefert die Behauptung.   □

2. Differenzenoperatoren. Ziel der folgenden Ausführungen ist eine genaue Beschreibung aller endlichen Inhalte bzw. Prämaße $\mu : \mathfrak{J}^p \to \mathbb{R}$ mithilfe geeigneter Funktionen $F : \mathbb{R}^p \to \mathbb{R}$. Die entspechenden Betrachtungen sind etwas technisch und können bei der Lektüre dieses Buchs zunächst hintangestellt werden. – Die Zuordnung von Funktionen $F : \mathbb{R}^p \to \mathbb{R}$ zu Inhalten $\mu : \mathfrak{J}^p \to \mathbb{R}$ lässt sich wie folgt am Fall $p = 2$ erläutern: Es sei $\mu : \mathfrak{J}^2 \to \mathbb{R}$ ein endlicher Inhalt. Wir definieren für $x \in \mathbb{R}^2$, $x \geq 0$:

$$(3.1) \qquad\qquad F(x) := \mu(]0,x]) .$$

Dann folgt aus der endlichen Additivität von μ: Für alle $a,b \in \mathbb{R}^2$, $0 \leq a \leq b$, $a = (a_1,a_2)^t$, $b = (b_1,b_2)^t$ ist

$$(3.2) \qquad \begin{aligned} \mu(]a,b]) &= F(b_1,b_2) - F(a_1,b_2) - F(b_1,a_2) + F(a_1,a_2) \\ &= \triangle_{\substack{a_2 \\ (2)}}^{b_2} \triangle_{\substack{a_1 \\ (1)}}^{b_1} F(x_1,x_2) ; \end{aligned}$$

hier bezeichnet

$$\triangle_{\substack{a_1 \\ (1)}}^{b_1} F(x_1,x_2) := F(b_1,x_2) - F(a_1,x_2)$$

die Differenzenbildung im ersten Argument von F mit oberer Grenze b_1, unterer Grenze a_1, und $\triangle_{\substack{a_2 \\ (2)}}^{b_2}$ bezeichnet entsprechend die anschließende Differenzenbildung im zweiten Argument x_2. Damit wird plausibel, dass die einfache Differenzenbildung in Satz 2.1, a) im $\mathbb{R}^p$ durch kompliziertere Differenzenbildungen zu ersetzen ist. Wir diskutieren zunächst die allgemeinen Eigenschaften solcher Differenzenoperatoren.

3.2 Definition. Es sei $F : \mathbb{R}^p \to \mathbb{R}$ eine Funktion.
a) Für $\nu = 1, \ldots, p$ und $\alpha, \beta \in \mathbb{R}$ sei $\underset{(\nu)}{\triangle}{}^{\beta}_{\alpha} F : \mathbb{R}^p \to \mathbb{R}$ definiert durch Differenzenbildung im ν-ten Argument:

$$(3.3) \quad \underset{(\nu)}{\triangle}{}^{\beta}_{\alpha} F(x_1, \ldots, x_p)$$

$$:= F(x_1, \ldots, x_{\nu-1}, \beta, x_{\nu+1}, \ldots, x_p) - F(x_1, \ldots, x_{\nu-1}, \alpha, x_{\nu+1}, \ldots, x_p).$$

b) Für $a^{(1)} = (a_1^{(1)}, \ldots, a_p^{(1)})^t$, $a^{(2)} = (a_1^{(2)}, \ldots, a_p^{(2)})^t \in \mathbb{R}^p$ sei

$$(3.4) \qquad \triangle_{a^{(1)}}^{a^{(2)}} F := \sum_{i_1, \ldots, i_p \in \{1,2\}} (-1)^{i_1 + \ldots + i_p} F(a_1^{(i_1)}, \ldots, a_p^{(i_p)}).$$

Die Funktion (3.3) ist offenbar in Abhängigkeit vom ν-ten Argument konstant. Dennoch wollen wir (3.3) als Funktion $\mathbb{R}^p \to \mathbb{R}$ auffassen, damit bei eventueller weiterer Differenzenbildung klar ist, auf welches Argument sich die weitere Differenzenbildung bezieht. Ist dann nach p-facher Differenzenbildung die letzte Funktion konstant, so identifizieren wir diese konstante Funktion stillschweigend mit ihrem Funktionswert.

Die Bildung (3.4) lässt sich geometrisch deuten: Ist etwa $a^{(1)} < a^{(2)}$, so durchläuft

$$\left(a_1^{(i_1)}, \ldots, a_p^{(i_p)} \right)^t$$

genau alle 2^p Eckpunkte des Intervalls $]a^{(1)}, a^{(2)}]$, wenn $i_1, \ldots, i_p$ unabhängig voneinander die Werte $1, 2$ annehmen. In (3.4) werden die Werte von F auf diesen Eckpunkten mit den Vorzeichenfaktoren $(-1)^{i_1 + \ldots + i_p}$ versehen und addiert. – Ersichtlich kann (3.2) in der Form $\mu(]a, b]) = \triangle_a^b F$ geschrieben werden.

Die Operatoren $\underset{(\nu)}{\triangle}{}^{\beta}_{\alpha}$ und $\triangle_{a^{(1)}}^{a^{(2)}}$ sind linear, und für $\mu \neq \nu$ sind $\underset{(\mu)}{\triangle}{}^{\beta}_{\alpha}$ und $\underset{(\nu)}{\triangle}{}^{\delta}_{\gamma}$ $(\alpha, \beta, \gamma, \delta \in \mathbb{R})$ vertauschbar. Ferner gilt

$$(3.5) \quad \triangle_{a^{(1)}}^{a^{(2)}} F = \sum_{i_1=1}^{2} (-1)^{i_1} \sum_{i_2=1}^{2} (-1)^{i_2} \ldots \sum_{i_p=1}^{2} (-1)^{i_p} F\left(a_1^{(i_1)}, \ldots, a_p^{(i_p)} \right)$$

$$= \underset{(1)}{\triangle}{}^{a_1^{(2)}}_{a_1^{(1)}} \cdot \ldots \cdot \underset{(p)}{\triangle}{}^{a_p^{(2)}}_{a_p^{(1)}} F . -$$

Es sei nun $F : \mathbb{R}^p \to \mathbb{R}$ eine Funktion, und für jede Wahl von $x_1, \ldots, x_{\nu-1}$, $x_{\nu+1}, \ldots, x_p \in \mathbb{R}$ sei die „partielle Abbildung" $\mathbb{R} \to \mathbb{R}$

$$x_\nu \mapsto F(x_1, \ldots, x_{\nu-1}, x_\nu, x_{\nu+1}, \ldots x_p)$$

konstant. (Die „Konstante" darf durchaus von $x_1, \ldots, x_{\nu-1}, x_{\nu+1}, \ldots, x_p$ abhängen.) In dieser Situation wollen wir kurz sagen, die Funktion F „hängt nicht ab von der ν-ten Variablen". Dann gilt nach (3.5) wegen der Vertauschbarkeit der Differenzenoperatoren auf der rechten Seite:

$$(3.6) \qquad \qquad \triangle_a^b F = 0 \quad (a, b \in \mathbb{R}^p).$$

Natürlich gilt (3.6) auch für alle Funktionen F, die darstellbar sind in der Form $F = \sum_{\nu=1}^p H_\nu$ mit Funktionen $H_1, \ldots, H_p : \mathbb{R}^p \to \mathbb{R}$, wobei H_ν nicht abhängt von der ν-ten Variablen. Von dieser Aussage gilt folgende verschärfte Umkehrung:

3.3 Lemma. *Für die Funktionen $F, G : \mathbb{R}^p \to \mathbb{R}$ gelte*

$$(3.7) \qquad \qquad \triangle_a^b F = \triangle_a^b G \quad \textit{für alle } a, b \in \mathbb{R}^p \textit{ mit } a \le b.$$

Dann gibt es Funktionen $H_1, \ldots, H_p : \mathbb{R}^p \to \mathbb{R}$, so dass H_ν nicht abhängt vom ν-ten Argument ($\nu = 1, \ldots, p$) und so dass gilt

$$(3.8) \qquad \qquad F = G + \sum_{\nu=1}^p H_\nu.$$

Beweis. Wir zeigen zunächst, dass (3.7) für *alle* $a, b \in \mathbb{R}^p$ gilt. Dazu seien

$$a^* := (\min(a_1, b_1), \ldots, \min(a_p, b_p))^t, \ b^* := (\max(a_1, b_1), \ldots, \max(a_p, b_p))^t,$$

und $k \ge 0$ sei die Anzahl der Indizes $\nu \in \{1, \ldots, p\}$ mit $a_\nu > b_\nu$. Dann gilt nach (3.5):

$$(3.9) \qquad \qquad \triangle_a^b F = (-1)^k \triangle_{a^*}^{b^*} F.$$

Da (3.7) nach Voraussetzung für alle $a, b \in \mathbb{R}^p$ mit $a \le b$ gilt, folgt aus (3.9) jetzt

$$(3.10) \qquad \qquad \triangle_a^b F = \triangle_a^b G \text{ für } \textit{alle } a, b \in \mathbb{R}^p.$$

Es genügt, die Behauptung (3.8) für den Fall $G = 0$ zu beweisen: Nach (3.4) ist für alle $x \in \mathbb{R}^p$

$$(3.11) \qquad \qquad \triangle_0^x F = F(x) - \sum_{\nu=1}^p H_\nu(x)$$

mit geeigneten Funktionen $H_1, \ldots, H_p : \mathbb{R}^p \to \mathbb{R}$, wobei H_ν nicht abhängt von der ν-ten Variablen. (Hier muss man auf der rechten Seite von (3.4) mit $a^{(1)} = 0$, $a^{(2)} = x$ die $2^p - 1$ Summanden, in denen mindestens eine Koordinate von F gleich null gesetzt wird, geeignet zu einer Summe der Form $-\sum_{\nu=1}^p H_\nu(x)$ zusammenfassen.) Da nun wegen $G = 0$ und (3.10) die linke Seite von (3.11) verschwindet, folgt die Behauptung. $\qquad \square$

3.4 Definition. Zwei Funktionen $F, G : \mathbb{R}^p \to \mathbb{R}$ heißen *äquivalent* (Bezeichnung: $F \sim G$), wenn es Funktionen $H_1, \ldots, H_p : \mathbb{R}^p \to \mathbb{R}$ gibt, so dass H_ν nicht abhängt vom ν-ten Argument ($\nu = 1, \ldots, p$) und so dass (3.8) gilt.

3. Inhalte auf $\mathfrak{I}^p$.

3.5 Definition. Eine Funktion $F : \mathbb{R}^p \to \mathbb{R}$ heißt *(monoton) wachsend*, wenn für alle $a, b \in \mathbb{R}^p$ mit $a \leq b$ gilt $\triangle_a^b F \geq 0$.

Sind zum Beispiel die Funktionen $F_1, \ldots, F_p : \mathbb{R} \to \mathbb{R}$ wachsend, so ist $F : \mathbb{R}^p \to \mathbb{R}$,

$$(3.12) \qquad F(x_1, \ldots, x_p) := F_1(x_1) \cdot \ldots \cdot F_p(x_p)$$

wachsend im Sinne der Definition 3.5, denn es ist nach (3.5)

$$(3.13) \qquad \triangle_a^b F = \prod_{j=1}^{p} (F_j(b_j) - F_j(a_j)) \,.$$

Man beachte aber, dass monotones Wachstum im Sinne der Definition 3.5 nichts zu tun hat mit dem Wachstum der partiellen Abbildungen $\mathbb{R} \to \mathbb{R}$, $x_\nu \mapsto F(x_1, \ldots, x_{\nu-1}, x_\nu, x_{\nu+1}, \ldots, x_p)$ ($x_1, \ldots, x_{\nu-1}, x_{\nu+1}, \ldots, x_p \in \mathbb{R}$ fest); s. Aufgabe 3.1. – Das angestrebte p-dimensionale Analogon des Satzes 2.1 lautet nun wie folgt:

3.6 Satz. a) *Ist $F : \mathbb{R}^p \to \mathbb{R}$ äquivalent zu einer wachsenden Funktion, so ist $\mu_F : \mathfrak{I}^p \to \mathbb{R}$,*

$$(3.14) \qquad \mu_F(]a, b]) := \triangle_a^b F \quad (a, b \in \mathbb{R}^p,\ a \leq b)$$

ein endlicher Inhalt. Für zwei solche Funktionen $F, G : \mathbb{R}^p \to \mathbb{R}$ gilt $\mu_F = \mu_G$ genau dann, wenn $F \sim G$.
b) *Ist $\mu : \mathfrak{I}^p \to \mathbb{R}$ ein endlicher Inhalt und definiert man für $x = (x_1, \ldots, x_p)^t \in \mathbb{R}^p$*

$$(3.15) \qquad F(x) := \left(\prod_{\nu=1}^{p} \operatorname{sign} x_\nu \right) \mu(]x^-, x^+]) \,,$$

wobei $x^- := (\min(x_1, 0), \ldots, \min(x_p, 0))^t$, $x^+ := (\max(x_1, 0), \ldots, \max(x_p, 0))^t$, so ist F wachsend und $\mu = \mu_F$.

Hier bezeichnet

$$(3.16) \qquad \operatorname{sign} \alpha := \begin{cases} 1 & \text{für} \quad \alpha > 0 \,, \\ -1 & \text{für} \quad \alpha < 0 \,, \\ 0 & \text{für} \quad \alpha = 0 \end{cases}$$

das Vorzeichen von $\alpha \in \mathbb{R}$. – Den Inhalt (3.14) nennen wir den *Stieltjesschen Inhalt* zu F.

Beweis. a) Es ist nur noch zu zeigen, dass μ_F ein Inhalt auf $\mathfrak{I}^p$ ist. Wir beweisen die endliche Additivität von μ_F in zwei Schritten. Dazu sei $I =]a,b] \in \mathfrak{I}^p$ ($a \leq b$).

(1) Es seien $\nu \in \{1, \dots, p\}$, $\alpha \in \mathbb{R}$, $a_\nu \leq \alpha \leq b_\nu$ und

$$a' := (a_1, \dots, a_{\nu-1}, \alpha, a_{\nu+1}, \dots, a_p)^t, \ b' := (b_1, \dots, b_{\nu-1}, \alpha, b_{\nu+1}, \dots, b_p)^t.$$

Dann ist die Vereinigung

$$(3.17) \qquad\qquad\qquad]a,b] =]a,b'] \cup]a',b]$$

disjunkt. Geometrisch bedeutet (3.17): Das Intervall $]a,b]$ wird durch die Hyperebene $x_\nu = \alpha$ disjunkt zerlegt in die Intervalle $]a,b']$ und $]a',b]$. Wegen $\underset{(\nu)}{\triangle}{}_{a_\nu}^{b_\nu} F = \underset{(\nu)}{\triangle}{}_{a_\nu}^{\alpha} F + \underset{(\nu)}{\triangle}{}_{\alpha}^{b_\nu} F$ folgt nun aus (3.5): $\mu_F(]a,b]) = \mu_F(]a,b']) + \mu_F(]a',b])$.
Wird also $I \in \mathfrak{I}^p$ durch eine zu einer Koordinatenhyperebene parallele Hyperebene in die Intervalle $I_1, I_2 \in \mathfrak{I}^p$ disjunkt zerlegt, so ist $\mu_F(I) = \mu_F(I_1) + \mu_F(I_2)$. Mit vollständiger Induktion bez. k folgt hieraus: Wird I durch endlich viele Hyperebenen $x_{i_1} = \alpha_1, \dots, x_{i_k} = \alpha_k$ disjunkt zerlegt in $I_1, \dots, I_n \in \mathfrak{I}^p$, so gilt $\mu_F(I) = \sum_{j=1}^n \mu_F(I_j)$.
(2) Es sei nun $I = \bigcup_{j=1}^n I_j$ irgendeine disjunkte Zerlegung von I mit $I_j \in \mathfrak{I}^p$ ($j = 1, \dots, n$). Wir betrachten die Hyperebenen, die durch „Verlängerung" der Randflächen aller Intervalle I_j ($j = 1, \dots, n$) entstehen. Diese Hyperebenen zerlegen I in gewisse disjunkte Intervalle $I_{jk} \in \mathfrak{I}^p$, wobei wir die Nummerierung so vornehmen, dass $I_j = \bigcup_{k=1}^{m_j} I_{jk}$ ($j = 1, \dots, n$). Diese Zerlegungen und die Zerlegung $I = \bigcup_{j=1}^n \bigcup_{k=1}^{m_j} I_{jk}$ sind vom unter (1) betrachteten Typ, so dass wir nach zweimaliger Anwendung von (1) folgern können:

$$\mu_F(I) = \sum_{j=1}^n \sum_{k=1}^{m_j} \mu_F(I_{jk}) = \sum_{j=1}^n \mu_F(I_j).$$

b) Es ist nur zu zeigen, dass für alle $a, b \in \mathbb{R}^p$, $a \leq b$ gilt $\triangle_a^b F = \mu(]a,b])$. Diesen Nachweis führen wir mit vollständiger Induktion bez. p: Der Fall $p = 1$ ist aus Satz 2.1 bekannt. Es seien nun die Behauptung für den $\mathbb{R}^p$ ($p \geq 1$) richtig und $\mu : \mathfrak{I}^{p+1} \to \mathbb{R}$ ein endlicher Inhalt. Zu μ gehöre die Funktion $F : \mathbb{R}^{p+1} \to \mathbb{R}$ gemäß (3.15) mit $p+1$ anstelle von p. Es seien ferner $a = (a_1, \dots, a_{p+1})^t$, $b = (b_1, \dots, b_{p+1})^t \in \mathbb{R}^{p+1}$ „fest" vorgegeben. Wir definieren $\nu : \mathfrak{I}^p \to \mathbb{R}$,

$$\nu(I) := \mu(I \times]a_{p+1}, b_{p+1}]) \quad (I \in \mathfrak{I}^p).$$

Dann ist ν ein endlicher Inhalt auf $\mathfrak{I}^p$. Nach Induktionsvoraussetzung gilt für die ν gemäß (3.15) zugeordnete Funktion $G : \mathbb{R}^p \to \mathbb{R}$:

$$(3.18) \qquad\qquad \triangle_u^v G = \nu(]u,v]) \quad (u,v \in \mathbb{R}^p, \ u \leq v).$$

Nun prüft man mithilfe der Definitionen von F und G nach: Für alle $u \in \mathbb{R}^p$ ist

$$(3.19) \qquad\qquad \left(\underset{(p+1)}{\triangle}{}_{a_{p+1}}^{b_{p+1}} F \right)(u,0) = G(u).$$

Setzen wir nun $a^* := (a_1, \ldots, a_p)^t$, $b^* := (b_1, \ldots, b_p)^t$, so folgt nach (3.5), (3.19), (3.18):

$$\triangle_a^b F = \triangle_{a^*}^{b^*} \left(\left(\underset{(p+1)}{\triangle} \, {}^{b_{p+1}}_{a_{p+1}} F \right) (u, 0) \right) = \triangle_{a^*}^{b^*} G(u) = \nu(]a^*, b^*]) = \mu(]a, b]) \, .$$

$\square$

4. Prämaße auf $\mathfrak{J}^p$. Um die Prämaße unter den Inhalten μ_F charakterisieren zu können, führen wir einen angemessenen Begriff rechtsseitiger Stetigkeit ein.

3.7 Definition. Die Funktion $F : \mathbb{R}^p \to \mathbb{R}$ heißt *rechtsseitig stetig* im Punkte $a \in \mathbb{R}^p$, wenn zu jedem $\varepsilon > 0$ ein $\delta > 0$ existiert, so dass für alle $x \in \mathbb{R}^p$ mit $x \geq a$, $\|x - a\| < \delta$ gilt $|F(x) - F(a)| < \varepsilon$. F heißt *rechtsseitig stetig*, wenn F in jedem Punkt rechtsseitig stetig ist.

Ist $p \geq 2$, F rechtsseitig stetig und $G \sim F$, so braucht G nicht rechtsseitig stetig zu sein.

3.8 Satz. a) *Ist $\mu : \mathfrak{J}^p \to \mathbb{R}$ ein endliches Prämaß, so ist die gemäß (3.15) definierte Funktion $F : \mathbb{R}^p \to \mathbb{R}$ wachsend und rechtsseitig stetig.*
b) *Ist $F : \mathbb{R}^p \to \mathbb{R}$ irgendeine wachsende und rechtsseitig stetige Funktion, so ist $\mu_F : \mathfrak{J}^p \to \mathbb{R}$ ein endliches Prämaß.*

Beweis. a) Es seien $a \in \mathbb{R}^p$ und $x_n = (x_{n1}, \ldots, x_{np})^t$ $(n \geq 1)$ eine Folge in $\mathbb{R}^p$ mit $x_n \geq a$, $\lim_{n \to \infty} x_n = a$. Dann liefert Aufgabe I.2.5: $\lim_{n \to \infty}]x_n^-, x_n^+] =]a^-, a^+]$, und da μ ein Prämaß ist, ergibt sich hieraus

$$(3.20) \qquad \lim_{n \to \infty} \mu(]x_n^-, x_n^+]) = \mu(]a^-, a^+])$$

(vgl. Aufgabe 1.7, c)). Ist nun $\prod_{\nu=1}^p \operatorname{sign} a_\nu \neq 0$, so ergibt (3.20) die gewünschte Gleichung $\lim_{n \to \infty} F(x_n) = F(a)$. Ist aber $\prod_{\nu=1}^p \operatorname{sign} a_\nu = 0$, so ist $]a^-, a^+] = \emptyset$ und nach (3.20) folgt $\lim_{n \to \infty} F(x_n) = 0 = F(a)$.
b) Zum Beweis der Aussage b) benötigen wir folgendes Lemma, dessen einfachen Beweis wir dem Leser überlassen (s. Aufgabe 3.2).

3.9 Lemma. *Die Funktion $F : \mathbb{R}^p \to \mathbb{R}$ sei rechtsseitig stetig, und es seien $a, b \in \mathbb{R}^p$, $a < b$, $\varepsilon > 0$. Dann gibt es $a', b' \in \mathbb{R}^p$ mit $a < a' < b < b'$, so dass*

$$\triangle_a^b F \leq \triangle_{a'}^b F + \varepsilon \, , \quad \triangle_a^{b'} F \leq \triangle_a^b F + \varepsilon \, .$$

Zum *Beweis der σ-Additivität von μ_F* seien $a, b \in \mathbb{R}^p$, $a < b$ und $]a, b] = \bigcup_{k=1}^\infty]a_k, b_k]$ mit disjunkten $]a_k, b_k] \in \mathfrak{J}^p$, $a_k \leq b_k$ $(k \in \mathbb{N})$. Wie im Beweis von Satz 2.2 müssen wir nur die Ungleichung $\mu_F(]a, b]) \leq \sum_{k=1}^\infty \mu_F(]a_k, b_k])$ beweisen. Dazu sei $\varepsilon > 0$. Es kann gleich $a_k < b_k$ $(k \in \mathbb{N})$ angenommen werden. Nach Lemma 3.9 existiert ein $a' \in \mathbb{R}^p$ mit $a < a' < b$, so dass $\triangle_a^b F \leq \triangle_{a'}^b F + \varepsilon$, und zu jedem $k \in \mathbb{N}$ existiert ein $b_k' > b_k$ mit $\triangle_{a_k}^{b_k'} F \leq \triangle_{a_k}^{b_k} F + \varepsilon \cdot 2^{-k}$. Nun

ist $[a', b] \subset \bigcup_{k=1}^{\infty}]a_k, b_k'[$, und nach dem Überdeckungssatz von HEINE und BO-
REL überdecken bereits endlich viele der offenen Intervalle $]a_k, b_k'[$ die kompakte
Menge $[a', b]$. Daher gibt es ein $N \in \mathbb{N}$, so dass $]a', b] \subset \bigcup_{k=1}^{N}]a_k, b_k']$, und es folgt
$\mu_F(]a', b]) \leq \sum_{k=1}^{N} \mu_F(]a_k, b_k'])$, also:

$$
\begin{aligned}
\mu_F(]a, b]) &\leq \quad \mu_F(]a', b]) + \varepsilon \leq \sum_{k=1}^{N} \mu_F(]a_k, b_k']) + \varepsilon \\
&\leq \quad \sum_{k=1}^{N} (\mu_F(]a_k, b_k]) + \varepsilon \cdot 2^{-k}) + \varepsilon \leq \sum_{k=1}^{\infty} \mu_F(]a_k, b_k]) + 2\varepsilon \,.
\end{aligned}
$$

Da hier $\varepsilon > 0$ beliebig ist, folgt die Behauptung.   □

In der Situation des Satzes 3.8, b) nennen wir $\mu_F : \mathfrak{I}^p \to \mathbb{R}$ das *Lebesgue-
Stieltjessche Prämaß* zu F. Historisch korrekter wäre eine Benennung nach J.
RADON, denn im ersten Kapitel seiner Arbeit *Theorie und Anwendungen der absolut additiven Mengenfunktionen* (RADON [1]) wird erstmals die σ-Additivität
von μ_F für wachsendes und rechtsseitig stetiges $F : \mathbb{R}^p \to \mathbb{R}$ nachgewiesen. Ferner zeigt RADON an gleicher Stelle, dass μ_F fortgesetzt werden kann zu einem
Maß auf einer σ-Algebra, die alle Borelschen Mengen enthält.

Für jede Funktion $F : \mathbb{R}^p \to \mathbb{R}$ bezeichne $[F]$ die Äquivalenzklasse von F
für die Äquivalenzrelation aus Definition 3.4. Für $p = 1$ enthält $[F]$ genau alle
Funktionen $G : \mathbb{R} \to \mathbb{R}$, die sich von F höchstens um eine additive Konstante
unterscheiden. Für $p \geq 2$ und $G \sim F$ ist $F - G$ eine beliebige Summe $H_1 +
\ldots + H_p$ von Funktionen $H_\nu : \mathbb{R}^p \to \mathbb{R}$, wobei H_ν nicht abhängt vom ν-ten
Argument ($\nu = 1, \ldots, p$). Ist insbesondere $p \geq 2$ und F rechtsseitig stetig, so
sind die Elemente $G \in [F]$ durchaus nicht alle rechtsseitig stetig. – Wir fassen
die Sätze 3.6, 3.8 zusammen:

3.10 Korollar. *Die Zuordnung $\mu \mapsto [F]$ (F s. Satz 3.6, b)) definiert eine
Bijektion zwischen der Menge der endlichen Inhalte $\mu : \mathfrak{I}^p \to \mathbb{R}$ und der Menge
der Äquivalenzklassen wachsender Funktionen $F : \mathbb{R}^p \to \mathbb{R}$. Diese Zuordnung
definiert zugleich eine Bijektion zwischen der Menge der endlichen Prämaße $\mu :
\mathfrak{I}^p \to \mathbb{R}$ und der Menge der Äquivalenzklassen rechtsseitig stetiger wachsender
Funktionen $F : \mathbb{R}^p \to \mathbb{R}$.*

Sind zum Beispiel die Funktionen $F_1, \ldots, F_p : \mathbb{R} \to \mathbb{R}$ wachsend und $F :
\mathbb{R}^p \to \mathbb{R}$ gemäß (3.12) definiert, so gilt nach (3.13) für alle $a \leq b$:

$$
(3.21) \qquad\qquad \mu_F(]a, b]) = \prod_{j=1}^{p} \mu_{F_j}(]a_j, b_j]) \,.
$$

Sind hier $F_1, \ldots, F_p$ rechtsseitig stetig, so ist auch F rechtsseitig stetig, und μ_F
ist ein Prämaß auf $\mathfrak{I}^p$. Für $F_1(t) = \ldots = F_p(t) = t$ ($t \in \mathbb{R}$) ordnet sich hier
speziell das Lebesguesche Prämaß λ^p ein, und Satz 3.1 ist bewiesen.

5. Kurzbiographie von J. RADON. JOHANN RADON wurde am 16. Dezember 1887 in der
kleinen Stadt Tetschen (Sudetenland, damals Teil der Donaumonarchie Österreich-Ungarn,
heute Děčín, Tschechische Republik) geboren. Auf dem Gymnasium in Leitmeritz (heute Li-
toměřice) zeigte er besondere Begabung für Mathematik, Naturwissenschaften und alte Spra-
chen, und es heißt, er habe zeit seines Lebens gern lateinische und griechische Literatur in der

Originalsprache gelesen. Im Jahre 1905 nahm RADON das Studium der Mathematik und Physik an der Universität Wien auf. Zu seinen akademischen Lehrern zählten unter anderen die bekannten Mathematiker H. HAHN (1879–1934), auf dessen Werk wir namentlich in Kapitel VII zurückkommen werden, und G. VON ESCHERICH (1849–1935), auf dessen Anregung hin RADON seine Dissertation (1910) über ein Thema aus der Variationsrechnung verfasste. Der weitere berufliche Werdegang führte RADON als Professor für Mathematik u.a. an die Universitäten Hamburg (1919–1922), Breslau (1928–1945) und Wien (1947–1956). H. SAMELSON erinnert sich (Notices Am. Math. Soc. 32, 9–10 (1985)) dankbar daran, dass RADON auch während der schwierigen Zeit der nationalsozialistischen Herrschaft seine Integrität bewahrte und dass er ein ausgezeichneter akademischer Lehrer war. RADON starb in Wien am 25. Mai 1956.

RADON veröffentlichte 45 Arbeiten, die in den *Gesammelten Abhandlungen* (s. RADON [1]) bequem zugänglich sind. Die meisten davon beschäftigen sich mit Themen aus der Variationsrechnung, Differentialgeometrie, Maß- und Integrationstheorie und der Funktionalanalysis. In seiner bekanntesten Arbeit auf dem Gebiet der Maßtheorie mit dem Titel *Theorie und Anwendungen der absolut additiven Mengenfunktionen* vereinigte RADON die Integrationstheorien von LEBESGUE und STIELTJES und bahnte so den Weg zum modernen Maßbegriff. Mit seinem Namen verbunden sind auf dem Gebiet der Maßtheorie vor allem der Satz von RADON und NIKODÝM (s. Kap. VII, § 2) und der Begriff des Radon-Maßes (s. Kap. VIII, § 1). Im Jahre 1917 begründete RADON in seiner Arbeit *Über die Bestimmung von Funktionen durch ihre Integralwerte längs gewisser Mannigfaltigkeiten* (Berichte über die Verhandlungen der Königlich Sächsischen Gesellschaft der Wissenschaften in Leipzig 69, 262–277 (1917)) die mathematische Theorie der Rekonstruktion von Objekten mithilfe ihrer Projektionen oder Röntgenbilder. Diese sog. Radon-Transformation bildet heute die mathematische Grundlage der Computer-Tomographie.

Aufgaben. 3.1. a) Ist $F : \mathbb{R}^2 \to \mathbb{R}$ wachsend in jeder Variablen, so braucht F nicht wachsend zu sein im Sinne der Definition 3.5.

b) Ist $F : \mathbb{R}^2 \to \mathbb{R}$ wachsend im Sinne der Definition 3.5, so braucht F nicht wachsend in Abhängigkeit von jeder Variablen zu sein; es kann sogar F fallend in jeder Variablen sein.

3.2. Beweisen Sie Lemma 3.9.

3.3. Die Funktionen $F : \mathbb{R}^p \to \mathbb{R}$, $G : \mathbb{R}^q \to \mathbb{R}$ seien wachsend und $H : \mathbb{R}^{p+q} \to \mathbb{R}$, $H(x,y) := F(x)G(y)$ $(x \in \mathbb{R}^p, y \in \mathbb{R}^q)$. Dann ist H wachsend und $\mu_H(I \times J) = \mu_F(I) \cdot \mu_G(J)$ $(I \in \mathfrak{I}^p, J \in \mathfrak{I}^q)$. Sind F und G zusätzlich rechtsseitig stetig, so ist auch H rechtsseitig stetig, und μ_H ist ein Prämaß.

3.4. Es seien $\mu : \mathfrak{I}^p \to \mathbb{R}$ ein endlicher Inhalt und $p(a) := \inf\{\mu(]x,y]) : x < a \le y\}$ $(a \in \mathbb{R}^p)$.
a) Für alle $I \in \mathfrak{I}^p$ ist $\nu(I) := \sum_{a \in I} p(a) \le \mu(I)$; insbesondere ist $A := \{a \in \mathbb{R}^p : p(a) > 0\}$ abzählbar. (Bemerkung: Für beliebiges $f : M \to [0, \infty[$ definiert man

$$\sum_{x \in M} f(x) := \sup\left\{\sum_{x \in E} f(x) : E \subset M, E \text{ endlich}\right\};$$

das Supremum auf der rechten Seite ist in $[0, \infty]$ zu bilden.)

b) ν ist ein Prämaß auf $\mathfrak{I}^p$, und $\rho := \mu - \nu$ ist ein endlicher Inhalt auf $\mathfrak{I}^p$. Ist μ ein Prämaß, so auch ρ.

c) ρ ist stetig in folgendem Sinne: Zu jedem $I \in \mathfrak{I}^p$ und jedem $\varepsilon > 0$ existiert ein $\delta > 0$, so dass für alle $J \in \mathfrak{I}^p$, $J \ne \emptyset$ mit $J \subset I$ und $\sup\{\|x - y\| : x, y \in J\} < \delta$ gilt: $\rho(J) < \varepsilon$.

3.5. Es seien $F : \mathbb{R}^p \to \mathbb{R}$ eine p-mal stetig differenzierbare Funktion und $f := \frac{\partial}{\partial x_1} \cdot \ldots \cdot \frac{\partial}{\partial x_p} F$.
a) Für $a, b \in \mathbb{R}^p$ ist $\triangle_a^b F = \int_{a_1}^{b_1} \cdot \ldots \cdot \int_{a_p}^{b_p} f(x_1, \ldots, x_p) \, dx_1 \cdot \ldots \cdot dx_p$ (p-fach iteriertes Rie-

mannsches Integral).

b) Ist $f \geq 0$, so ist F wachsend und μ_F ein Prämaß.

3.6. Konstruieren Sie für $p \geq 2$ eine wachsende rechtsseitig stetige Funktion $F : \mathbb{R}^p \to \mathbb{R}$, so dass μ_F *nicht* von der Form (3.21) ist.

§ 4.   Fortsetzung von Prämaßen zu Maßen

> „*Borel* und *Lebesgue* haben ... jeder Punktmenge A ein äußeres Maß m^*A und
> ein inneres Maß m_*A zugeordnet ... Die Punktmenge A wurde meßbar genannt,
> wenn $m_*A = m^*A$ ist ... Nun habe ich im Juli 1914 den Satz bewiesen: *Ist*
> *A nach Borel-Lebesgue meßbar, so ist für jede Punktmenge X, ob meßbar oder*
> *nicht,*
>
> (2) $m^*X = m^*A \cap X + m^*(X \setminus A).$
>
> Nimmt man (2) als Definition für die Meßbarkeit, so geht in der Borel-Lebesgue-
> schen Theorie keine meßbare Menge verloren ... Die neue Definition hat große
> Vorteile: ... Die Beweise der Hauptsätze der Theorie sind unvergleichlich einfa-
> cher und kürzer als vorher." (C. CARATHÉODORY [2], S. 276)

1. Äußere Maße.

Für den späteren Aufbau der Integrationstheorie ist von wesentlicher Bedeutung, dass wir mit Maßen arbeiten, die auf σ-Algebren definiert sind. Nicht-
triviale Beispiele von Maßen kennen wir bisher eigentlich noch nicht, wohl aber
interessante Beispiele von Prämaßen wie das Lebesguesche Prämaß λ^p auf $\mathfrak{I}^p$.
Ein grundlegend wichtiger Satz der Maßtheorie besagt nun: *Jedes auf einem*
Halbring $\mathfrak{H}$ über einer Menge X definierte Prämaß $\mu : \mathfrak{H} \to \overline{\mathbb{R}}$ ist fortsetzbar
zu einem Maß auf einer σ-Algebra $\mathfrak{A} \supset \mathfrak{H}$, und diese Fortsetzung ist unter ge-
wissen Bedingungen eindeutig bestimmt auf $\sigma(\mathfrak{H})$ (s. Fortsetzungssatz 4.5 und
Eindeutigkeitssatz 5.6).

Für das Lebesguesche Prämaß auf $\mathbb{R}$ wird dieser Satz erstmals von H. LEBES-
GUE bewiesen. Dabei stützt sich LEBESGUE auf das Verfahren der Approximation von innen und von außen. Er ordnet jeder beschränkten Teilmenge $A \subset \mathbb{R}$ ein
inneres Maß (*mesure intérieure*) $m_i(A)$ und ein äußeres Maß (*mesure extérieure*)
$m_e(A)$ zu; dabei ist stets $m_e(A) \geq m_i(A)$. Sodann nennt LEBESGUE die Mengen
mit $m_e(A) = m_i(A)$ *messbar* und bezeichnet den gemeinsamen Wert von $m_i(A)$
und $m_e(A)$ als das *Maß* $m(A)$ (s. LEBESGUE [1], S. 209–212; [2], S. 118–126).
Das System der messbaren Teilmengen eines festen beschränkten Intervalls ist
dann eine σ-Algebra und m ein Maß auf dieser σ-Algebra. Zum gleichen Maßbegriff wie H. LEBESGUE gelangen etwas später und offenbar unabhängig von
ihm auch G. VITALI (Rend. Circ. Mat. Palermo 18, 116–126 (1904)) und W.H.
YOUNG (Proc. London Math. Soc., II. Ser., 2, 16–51 (1905)). Während die
Definition von VITALI der LEBESGUEschen sehr ähnlich ist, definiert YOUNG
das äußere Maß der beschränkten Menge $E \subset \mathbb{R}^p$ als Infimum der Maße der

offenen Obermengen von E und das innere Maß als Supremum der Maße der abgeschlossenen Teilmengen von E. Sodann nennt er E messbar, wenn äußeres und inneres Maß übereinstimmen, und bezeichnet den gemeinsamen Wert von innerem und äußerem Maß als das Maß von E (vgl. hierzu § 7).

C. CARATHÉODORY (1873–1950) zeigt im Jahre 1914, dass man die Messbarkeit einer Menge allein mithilfe des äußeren Maßes definieren kann (s. [2], S. 249–275). Ein Vorteil der CARATHÉODORYschen Definition besteht darin, dass sie unverändert auch für Mengen unendlichen äußeren Maßes brauchbar ist. Gleichzeitig wird der Beweis des Fortsetzungssatzes sehr kurz und übersichtlich. Das CARATHÉODORYsche Verfahren lässt sich zudem sinngemäß auch anwenden auf ein beliebiges Prämaß auf einem Halbring über einer abstrakten Menge X. Daher hat sich dieses Verfahren weitgehend in der Lehrbuchliteratur durchgesetzt. Zur Durchführung des Fortsetzungsprozesses gehen wir axiomatisch vor und definieren zunächst den Begriff des äußeren Maßes.

4.1 Definition (C. CARATHÉODORY 1914). Ein *äußeres Maß* ist eine Abbildung $\eta : \mathfrak{P}(X) \to \overline{\mathbb{R}}$ mit folgenden Eigenschaften:
a) $\eta(\emptyset) = 0$.
b) Für alle $A \subset B \subset X$ gilt $\eta(A) \leq \eta(B)$ (*Monotonie*).
c) Für jede Folge $(A_n)_{n \geq 1}$ von Teilmengen von X gilt

$$\eta\left(\bigcup_{n=1}^{\infty} A_n\right) \leq \sum_{n=1}^{\infty} \eta(A_n) \qquad (\sigma\text{-}Subadditivität)\,.$$

Ein äußeres Maß nimmt nur nicht-negative Werte an. Ferner folgt wegen a) aus der σ-Subadditivität die *endliche Subadditivität*:

$$\eta\left(\bigcup_{k=1}^{n} A_k\right) \leq \sum_{k=1}^{n} \eta(A_k) \quad \text{für } A_1, \ldots, A_n \subset X\,.$$

Setzt man zum *Beispiel* $\eta_1(\emptyset) := 0$ und $\eta_1(A) := 1$ für $\emptyset \neq A \subset X$, so ist η_1 ein äußeres Maß. Auch die Definition $\eta_2(A) := 0$, falls A abzählbar und $\eta_2(A) := 1$, falls A überabzählbar ist, liefert ein äußeres Maß $\eta_2 : \mathfrak{P}(X) \to \mathbb{R}$. – Jede endliche oder unendliche Summe $\sum_{k \geq 1} \eta_k$ äußerer Maße auf $\mathfrak{P}(X)$ ist ein äußeres Maß.

Äußere Maße sind vor allem deshalb nützlich, weil man mit ihrer Hilfe leicht Maße konstruieren kann (s. Satz 4.4). Die Definition einer angemessenen σ-Algebra erfolgt mithilfe der Messbarkeitsdefinition von CARATHÉODORY:

4.2 Definition (C. CARATHÉODORY 1914). Es seien $\eta : \mathfrak{P}(X) \to \overline{\mathbb{R}}$ ein äußeres Maß und $A \subset X$. Dann heißt A η-*messbar*, wenn für *alle* $Q \subset X$ gilt:

(4.1) $$\eta(Q) \geq \eta(Q \cap A) + \eta(Q \cap A^c)\,.$$

4.3 Folgerungen. Es seien $\eta : \mathfrak{P}(X) \to \overline{\mathbb{R}}$ ein äußeres Maß und $A \subset X$.
a) Ist $\eta(A) = 0$ oder $\eta(A^c) = 0$, so ist A η-messbar.

b) Die Menge A ist genau dann η-messbar, wenn für alle $Q \subset X$ mit $\eta(Q) < \infty$ gilt:

$$\eta(Q) \geq \eta(Q \cap A) + \eta(Q \cap A^c) \,.$$

c) Die Menge A ist genau dann η-messbar, wenn für alle $Q \subset X$ gilt:

$$(4.2) \qquad \eta(Q) = \eta(Q \cap A) + \eta(Q \cap A^c) \,.$$

Beweis. a) Es sei $\eta(A) = 0$. Wegen der Monotonie und Positivität von η ist dann für jedes $Q \subset X$ notwendig $\eta(Q \cap A) = 0$ und daher $\eta(Q \cap A) + \eta(Q \cap A^c) = \eta(Q \cap A^c) \leq \eta(Q)$. Ebenso schließt man im Falle $\eta(A^c) = 0$.
b) ist klar, denn die Ungleichung (4.1) ist im Falle $\eta(Q) = \infty$ trivial.
c) Es seien A η-messbar und $Q \subset X$. Dann liefert die endliche Subadditivität von η die Ungleichung $\eta(Q) \leq \eta(Q \cap A) + \eta(Q \cap A^c)$. Zusammen mit (4.1) folgt hieraus (4.2). $\qquad\qquad\qquad\qquad\qquad\qquad\qquad\qquad\qquad\qquad\qquad\square$

In der Form (4.2) ist die Messbarkeitsdefinition besonders anschaulich: *Eine Menge $A \subset X$ ist genau dann messbar, wenn sie jede Teilmenge $Q \subset X$ zerlegt in die disjunkten Teilmengen $Q \cap A$, $Q \cap A^c$, auf denen sich η additiv verhält.*

4.4 Satz (C. CARATHÉODORY 1914). *Ist $\eta : \mathfrak{P}(X) \to \overline{\mathbb{R}}$ ein äußeres Maß, so ist*

$$\mathfrak{A}_\eta := \{A \subset X : A \ \eta\text{-messbar}\}$$

eine σ-Algebra und $\eta | \mathfrak{A}_\eta$ ein Maß.

Beweis. (1) $\mathfrak{A}_\eta$ *ist eine Algebra.*
Begründung: Offenbar ist $X \in \mathfrak{A}_\eta$, und da (4.1) symmetrisch ist in A und A^c, ist auch das Komplement jeder messbaren Menge messbar. Sind $A, B \in \mathfrak{A}_\eta$, so gilt für alle $Q \subset X$:

$$
\begin{aligned}
\eta(Q) \ &\geq \ \eta(Q \cap A) + \eta(Q \cap A^c) \\
&\geq \ \eta(Q \cap A) + \eta(Q \cap A^c \cap B) + \eta(Q \cap A^c \cap B^c) \\
&\quad \text{(Messbarkeitsbedingung für B angewandt auf $Q \cap A^c$)} \\
&\geq \ \eta((Q \cap A) \cup (Q \cap A^c \cap B)) + \eta(Q \cap (A \cup B)^c) \\
&\quad \text{(endliche Subadditivität von η)} \\
&= \ \eta(Q \cap (A \cup B)) + \eta(Q \cap (A \cup B)^c) \,,
\end{aligned}
$$

d.h. $A \cup B \in \mathfrak{A}_\eta$. Somit ist $\mathfrak{A}_\eta$ eine Algebra. –
(2) *Ist $(A_n)_{n \geq 1}$ eine Folge disjunkter Mengen aus $\mathfrak{A}_\eta$, so ist $A := \bigcup_{n=1}^{\infty} A_n \in \mathfrak{A}_\eta$ und*

$$(4.3) \qquad \eta(A) = \sum_{n=1}^{\infty} \eta(A_n) \,.$$

Begründung: Für disjunkte $M, N \in \mathfrak{A}_\eta$ folgt aus (4.2) mit $Q \cap (M \cup N)$ anstelle von Q: $\eta(Q \cap (M \cup N)) = \eta(Q \cap M) + \eta(Q \cap N)$, und mit Induktion folgt weiter

$$(4.4) \qquad \eta\left(Q \cap \bigcup_{j=1}^{n} A_j\right) = \sum_{j=1}^{n} \eta(Q \cap A_j) \,.$$

Nach (1) ist $\bigcup_{j=1}^{n} A_j \in \mathfrak{A}_\eta$ und (4.4) liefert für alle $Q \subset X$, $n \in \mathbb{N}$:

$$\eta(Q) \geq \eta\left(Q \cap \bigcup_{j=1}^{n} A_j\right) + \eta\left(Q \cap \left(\bigcup_{j=1}^{n} A_j\right)^c\right) \geq \sum_{j=1}^{n} \eta(Q \cap A_j) + \eta(Q \cap A^c),$$

also:

$$\eta(Q) \geq \sum_{j=1}^{\infty} \eta(Q \cap A_j) + \eta(Q \cap A^c) \geq \eta(Q \cap A) + \eta(Q \cap A^c) \geq \eta(Q);$$

die beiden letzten Ungleichungen folgen aus der σ-Subadditivität von η. Insgesamt liefert die letzte Ungleichungskette für alle $Q \subset X$:

$$(4.5) \qquad \eta(Q) = \sum_{j=1}^{\infty} \eta(Q \cap A_j) + \eta(Q \cap A^c) = \eta(Q \cap A) + \eta(Q \cap A^c).$$

Hieraus folgt die Messbarkeit von A, und (4.3) folgt aus (4.5) mit $Q := A$. –

Aus (1), (2) ergibt sich nun: $\mathfrak{A}_\eta$ ist eine σ-Algebra und $\eta|\mathfrak{A}_\eta$ ein Maß. $\qquad \square$

2. Der Fortsetzungssatz. Mithilfe von Satz 4.4 können wir nun folgenden Fortsetzungssatz beweisen:

4.5 Fortsetzungssatz. *Es seien* $\mu : \mathfrak{H} \to \overline{\mathbb{R}}$ *ein Inhalt auf dem Halbring* $\mathfrak{H}$ *über* X, *und für* $A \subset X$ *sei*

$$(4.6) \qquad \eta(A) := \inf\left\{ \sum_{n=1}^{\infty} \mu(A_n) : A_n \in \mathfrak{H} \ (n \in \mathbb{N}), \ A \subset \bigcup_{n=1}^{\infty} A_n \right\}$$

(Infimumbildung in $[0,\infty]$; *dabei sei* $\inf \emptyset := \infty$*). Dann gilt:*

a) $\eta : \mathfrak{P}(X) \to \overline{\mathbb{R}}$ *ist ein äußeres Maß, und alle Mengen aus* $\mathfrak{H}$ *sind* η-*messbar.*
b) *Ist* μ *ein Prämaß, so gilt* $\eta|\mathfrak{H} = \mu$. *Insbesondere ist dann* $\eta|\mathfrak{A}_\eta$ *eine Fortsetzung von* μ *zu einem Maß auf einer* σ-*Algebra, die* $\mathfrak{H}$ *(und damit auch* $\sigma(\mathfrak{H})$*) umfasst.*
c) *Ist* μ *kein Prämaß, so gibt es ein* $A \in \mathfrak{H}$ *mit* $\eta(A) < \mu(A)$.

Definition (4.6) lässt sich äquivalent umformulieren: Es sei $\mathfrak{R}$ der von $\mathfrak{H}$ erzeugte Ring. Dann ist nach Satz 1.6

$$(4.7) \qquad \eta(A) = \inf\left\{ \sum_{n=1}^{\infty} \nu(B_n) : B_n \in \mathfrak{R} \ (n \in \mathbb{N}), \ A \subset \bigcup_{n=1}^{\infty} B_n \right\},$$

wobei ν die eindeutig bestimmte Fortsetzung von μ zu einem Inhalt auf $\mathfrak{R}$ bezeichnet, und da $\mathfrak{R}$ ein Ring ist, gilt auch

$$(4.8) \qquad \eta(A) = \inf\left\{ \sum_{n=1}^{\infty} \nu(B_n) : B_n \in \mathfrak{R} \text{ disjunkt } (n \in \mathbb{N}), \ A \subset \bigcup_{n=1}^{\infty} B_n \right\}.$$

Da jedes Element aus $\mathfrak{R}$ darstellbar ist als endliche disjunkte Vereinigung von Mengen aus $\mathfrak{H}$, folgt weiter

$$(4.9) \qquad \eta(A) = \inf \left\{ \sum_{n=1}^{\infty} \mu(C_n) : C_n \in \mathfrak{H} \text{ disjunkt } (n \in \mathbb{N}), \, A \subset \bigcup_{n=1}^{\infty} C_n \right\}.$$

Beweis des Fortsetzungssatzes. a) Zum Nachweis der σ-Subadditivität von η sei $A_n \subset X$ $(n \geq 1)$. Ist $\eta(A_p) = \infty$ für ein $p \in \mathbb{N}$, so ist die Ungleichung

$$(4.10) \qquad \eta\left(\bigcup_{n=1}^{\infty} A_n \right) \leq \sum_{n=1}^{\infty} \eta(A_n)$$

trivial. Es sei nun $\eta(A_n) < \infty$ für alle $n \in \mathbb{N}$ und $\varepsilon > 0$. Dann gibt es zu jedem $n \in \mathbb{N}$ eine Folge $(B_{nk})_{k \geq 1}$ in $\mathfrak{H}$, so dass $A_n \subset \bigcup_{k=1}^{\infty} B_{nk}$ und

$$\sum_{k=1}^{\infty} \mu(B_{nk}) \leq \eta(A_n) + \varepsilon \cdot 2^{-n}.$$

Nun ist $(B_{nk})_{(n,k) \in \mathbb{N} \times \mathbb{N}}$ eine abzählbare Familie von Mengen aus $\mathfrak{H}$ mit $\bigcup_{n=1}^{\infty} A_n \subset \bigcup_{n=1}^{\infty} \bigcup_{k=1}^{\infty} B_{nk}$, und es folgt

$$\eta\left(\bigcup_{n=1}^{\infty} A_n \right) \leq \sum_{n=1}^{\infty} \sum_{k=1}^{\infty} \mu(B_{nk}) \leq \sum_{n=1}^{\infty} (\eta(A_n) + \varepsilon \cdot 2^{-n}) = \sum_{n=1}^{\infty} \eta(A_n) + \varepsilon.$$

Es folgt (4.10), und η ist als äußeres Maß erkannt. (Beim Nachweis dieser Aussage wurde nur ausgenutzt, dass $\mathfrak{H} \subset \mathfrak{P}(X)$ irgendeine Teilmenge ist mit $\emptyset \in \mathfrak{H}$ und $\mu: \mathfrak{H} \to \overline{\mathbb{R}}$ eine nicht-negative Funktion mit $\mu(\emptyset) = 0$.)

Die Inhaltseigenschaft von μ wird jetzt herangezogen zum *Nachweis der η-Messbarkeit der Elemente von $\mathfrak{H}$:* Dazu seien $A \in \mathfrak{H}$, $Q \subset X$, $\eta(Q) < \infty$ und $(B_n)_{n \geq 1}$ eine Folge von Mengen aus $\mathfrak{R}$ mit $Q \subset \bigcup_{n=1}^{\infty} B_n$. (Wegen $\eta(Q) < \infty$ gibt es eine solche Folge $(B_n)_{n \geq 1}$.) Dann ist wegen der Inhaltseigenschaft von ν (s. (4.7))

$$\sum_{n=1}^{\infty} \nu(B_n) = \sum_{n=1}^{\infty} \nu(B_n \cap A) + \sum_{n=1}^{\infty} \nu(B_n \setminus A) \geq \eta(Q \cap A) + \eta(Q \cap A^c),$$

und es folgt $\eta(Q) \geq \eta(Q \cap A) + \eta(Q \cap A^c)$, also $\mathfrak{H} \subset \mathfrak{A}_\eta$ (s. Folgerung 4.3, b)). b) Nach Definition ist $\eta|\mathfrak{H} \leq \mu$. Ist nun μ ein Prämaß, so ist auch die Fortsetzung ν von μ ein Prämaß auf $\mathfrak{R}$. Daher gilt nach Satz 1.7, f) für jede Folge $(A_n)_{n \geq 1}$ von Mengen aus $\mathfrak{R}$, welche die Menge $A \in \mathfrak{H}$ überdeckt, die Ungleichung $\nu(A) \leq \sum_{n=1}^{\infty} \nu(A_n)$, und somit ist $\nu(A) \leq \eta(A)$. Insgesamt folgt $\eta|\mathfrak{H} = \mu$. c) Ist μ kein Prämaß, so gibt es eine Folge $(A_n)_{n \in \mathbb{N}}$ disjunkter Mengen aus $\mathfrak{H}$ mit $A := \bigcup_{n=1}^{\infty} A_n \in \mathfrak{H}$ und $\mu(A) \neq \sum_{n=1}^{\infty} \mu(A_n)$. Da nach Satz 1.7, e) (angewandt auf die Fortsetzung ν von μ) gilt $\mu(A) \geq \sum_{n=1}^{\infty} \mu(A_n)$, ergibt sich $\mu(A) > \sum_{n=1}^{\infty} \mu(A_n) \geq \eta(A)$. $\qquad \square$

Die wesentliche Idee im Beweis des Fortsetzungssatzes besteht darin, in der Definition (4.6) des äußeren Maßes mit *abzählbaren* Überdeckungen von A durch

Mengen $A_n \in \mathfrak{H}$ $(n \in \mathbb{N})$ zu arbeiten und nicht etwa nur mit endlichen Überdeckungen. Dieses Verfahren führt zu einer wesentlich „besseren" Approxima-
tion von A durch Mengen aus $\mathfrak{H}$ als die entsprechende Infimumbildung mit
endlichen Überdeckungen. Das wird an folgendem *Beispiel* deutlich: Es seien
$A = \mathbb{Q} \cap [0,1]$, λ das Lebesguesche Prämaß auf $\mathfrak{J}$, λ^* das zugehörige äußere
Maß und $\varepsilon > 0$. Wir nehmen eine Abzählung $(r_n)_{n \in \mathbb{N}}$ von A vor und wählen
zu jedem $n \in \mathbb{N}$ ein $A_n \in \mathfrak{J}$ mit $r_n \in A_n$, $\lambda(A_n) < \varepsilon \cdot 2^{-n}$. Dann folgt:
$0 \leq \lambda^*(A) \leq \sum_{n=1}^{\infty} \varepsilon \cdot 2^{-n} = \varepsilon$, also ist $\lambda^*(A) = 0$. (Das folgt auch aus
der σ-Subadditivität des äußeren Maßes, denn für jedes $a \in \mathbb{R}$ ist offenbar
$\lambda^*(\{a\}) = 0$.) *Die Menge der rationalen Zahlen des Einheitsintervalls ist also λ^*-messbar mit $\lambda^*(A) = 0$.* Hätten wir hingegen in (4.6) nur mit *endlichen*
Überdeckungen gearbeitet, so ergäbe die Infimumbildung für A den Wert 1.

Die Definition des äußeren Maßes mithilfe abzählbarer Überdeckungen wird
erstmals von H. LEBESGUE in seiner *Thèse* (1902) angegeben ([1], S. 209), und
zwar für das Lebesguesche Prämaß. Die Anregung hierzu verdankt LEBESGUE
offenbar É. BOREL, der 1894 die σ-Additivität des Lebesgueschen Prämaßes
auf $\mathfrak{J}$ bewies. LEBESGUE weist in seiner *Thèse* ausdrücklich auf BOREL hin. In
einer späteren Arbeit ([2], S. 291–350), in der er in einem Prioritätsstreit mit
BOREL Stellung nimmt, schreibt er auf S. 291: «Dans sa Thèse ..., M. Borel eut
l'occasion de démontrer qu'on ne peut couvrir tous les points d'un intervalle
(a,b) à l'aide d'intervalles dont la somme des longueurs est inférieure à $b - a$. Il
aperçut nettement que la proposition ainsi établie pouvait servir de base pour
une définition de la mesure des ensembles avec laquelle on pourrait considérer
les divisions de la grandeur à mesurer en une infinité dénombrable de morceaux
et non plus seulement en un nombre fini de morceaux. Dans ses *Leçons sur
la Théorie des fonctions* (1898) il esquissa cette théorie de la mesure.»[7] M.
FRÉCHET [2] und H. HAHN [3] beweisen den Fortsetzungssatz für Prämaße, die
auf einem Ring (über einer abstrakten Menge) definiert sind. Vorläufige Versionen dieses Satzes, die aber schon alles Wesentliche enthalten, findet man bei
CARATHÉODORY [1], [2] und HAHN [1].

3. Die Lebesgue-messbaren Teilmengen des $\mathbb{R}^p$.

4.6 Beispiel. Wir wenden den Fortsetzungssatz 4.5 an auf das Lebesguesche
Prämaß $\lambda^p : \mathfrak{J}^p \to \mathbb{R}$ und das zugehörige *äußere Lebesguesche Maß* $\eta^p : \mathfrak{P}(\mathbb{R}^p) \to \mathbb{R}$,

$$\eta^p(A) := \inf \left\{ \sum_{n=1}^{\infty} \lambda^p(I_n) : I_n \in \mathfrak{J}^p \ (n \geq 1), \ A \subset \bigcup_{n=1}^{\infty} I_n \right\} \quad (A \subset \mathbb{R}^p).$$

Dann folgt: *Das System $\mathfrak{L}^p$ der η^p-messbaren Teilmengen des $\mathbb{R}^p$ ist eine σ-
Algebra und $\eta^p | \mathfrak{L}^p$ eine Fortsetzung von $\lambda^p | \mathfrak{J}^p$ zu einem Maß.* Die Mengen

---

[7]In seiner *Thèse* hatte Herr Borel Gelegenheit zu zeigen, dass man nicht alle Punkte eines
Intervalls $[a,b]$ überdecken kann mithilfe von Intervallen, deren Summe der Längen kleiner
ist als $b - a$. Er stellte kurz dar, dass diese Aussage als Basis für eine Definition des Maßes
von Mengen dienen kann, bei welcher man Zerlegungen der zu messenden Größe in abzählbar
viele Teile betrachten kann und nicht mehr nur in eine endliche Anzahl von Teilen. In seinen
Vorlesungen über Funktionentheorie (1898) skizzierte er diese Theorie des Maßes.

$A \in \mathfrak{L}^p$ heißen *Lebesgue-messbare* Teilmengen des $\mathbb{R}^p$. Im Fall $p = 1$ schreiben wir kurz $\mathfrak{L} := \mathfrak{L}^1$. Aus $\mathfrak{I}^p \subset \mathfrak{L}^p$ folgt $\mathfrak{B}^p \subset \mathfrak{L}^p$, speziell ist $\mathfrak{B} \subset \mathfrak{L}$; d.h.: *Jede Borelsche Teilmenge des $\mathbb{R}^p$ ist Lebesgue-messbar.* Wir werden in Korollar 6.5 sehen, dass $\eta^p | \mathfrak{L}^p$ die einzige Fortsetzung von $\lambda^p | \mathfrak{I}^p$ zu einem Maß auf $\mathfrak{L}^p$ ist. Daher ist es naheliegend, die Restriktion $\eta^p | \mathfrak{L}^p$ wieder mit $\lambda^p : \mathfrak{L}^p \to \overline{\mathbb{R}}$ zu bezeichnen. Das Maß $\lambda^p : \mathfrak{L}^p \to \overline{\mathbb{R}}$ heißt das *Lebesgue-Maß*; die Einschränkung $\beta^p := \lambda^p | \mathfrak{B}^p$ nennen wir das *Lebesgue-Borelsche Maß*. Speziell setzen wir $\lambda := \lambda^1$, $\beta := \beta^1$. Die λ^p-Nullmengen heißen *Lebesguesche Nullmengen*. – Dass die Inklusionen $\mathfrak{B}^p \underset{\neq}{\subset} \mathfrak{L}^p \underset{\neq}{\subset} \mathfrak{P}(\mathbb{R}^p)$ echt sind, werden wir in Korollar 8.6 und Korollar III.3.2 zeigen.

Jede einelementige Teilmenge des $\mathbb{R}^p$ ist eine Borelsche λ^p-Nullmenge. Da $\lambda^p | \mathfrak{B}^p$ ein Maß ist, erhalten wir: *Jede abzählbare Teilmenge $A \subset \mathbb{R}^p$ ist eine Borel-Menge mit $\lambda^p(A) = 0$.* Zum Beispiel ist $\mathbb{Q}^p \in \mathfrak{B}^p$ und $\lambda^p(\mathbb{Q}^p) = 0$. Es gibt auch überabzählbare Lebesguesche Nullmengen: Im Falle $p = 1$ ist das Cantorsche Diskontinuum, das wir in § 8 diskutieren, eine Lebesguesche Nullmenge, die gleichmächtig ist zur Menge aller reellen Zahlen. Für $p \geq 2$ ist jede Hyperebene $H = \{(x_1, \dots, x_p)^t \in \mathbb{R}^p : x_k = \alpha\}$ ($\alpha \in \mathbb{R}$, $k \in \{1, \dots, p\}$ fest) gleichmächtig zu $\mathbb{R}^{p-1}$, also gleichmächtig zu $\mathbb{R}$, und *H ist eine Lebesguesche Nullmenge*, wie wir nun zeigen: Da die Mengen $H_n := \{x \in \mathbb{R}^p : x_j \in]-n, n]$ für alle $j \neq k$, $x_k = \alpha\}$ eine wachsende Folge bilden mit $H_n \uparrow H$, brauchen wir nur zu zeigen: Für alle $n \in \mathbb{N}$ ist $\lambda^p(H_n) = 0$. Dazu setzen wir $b := (n, \dots, n, \alpha, n, \dots, n)^t$, $a_j := (-n, \dots, -n, \alpha - \frac{1}{j}, -n, \dots, -n)^t$ und haben $]a_j, b] \downarrow H_n$ für $j \to \infty$, also $H_n \in \mathfrak{B}^p$. Da $\lambda^p(]a_j, b]) = (2n)^{p-1} \cdot j^{-1}$ für $j \to \infty$ gegen 0 konvergiert, folgt $\lambda^p(H_n) = 0$.

4.7 Beispiel. Es seien $F : \mathbb{R} \to \mathbb{R}$ wachsend und rechtsseitig stetig, $\mu_F : \mathfrak{I} \to \mathbb{R}$ das zugehörige Lebesgue-Stieltjessche Prämaß und $\eta_F : \mathfrak{P}(\mathbb{R}) \to \overline{\mathbb{R}}$,

$$\eta_F(A) := \inf \left\{ \sum_{n=1}^{\infty} \mu_F(I_n) : I_n \in \mathfrak{I} \ (n \in \mathbb{N}) , A \subset \bigcup_{n=1}^{\infty} I_n \right\} \quad (A \subset \mathbb{R})$$

das entsprechende *äußere Lebesgue-Stieltjessche Maß*. Dann folgt: *Das System $\mathfrak{A}_F$ der η_F-messbaren Teilmengen von $\mathbb{R}$ ist eine σ-Algebra und $\lambda_F := \eta_F | \mathfrak{A}_F$ eine Fortsetzung von $\mu_F | \mathfrak{I}$ zu einem Maß.* Wegen $\mathfrak{I} \subset \mathfrak{A}_F$ gilt: *Jede Borelsche Teilmenge von $\mathbb{R}$ ist η_F-messbar.* Wir nennen $\lambda_F : \mathfrak{A}_F \to \overline{\mathbb{R}}$ das *Lebesgue-Stieltjessche Maß* zu F. Zerlegt man nach Satz 2.4 $F = G + H$ mit einer Sprungfunktion G und einer wachsenden stetigen Funktion H, so ist $\mathfrak{A}_G = \mathfrak{P}(\mathbb{R})$, $\mathfrak{A}_F = \mathfrak{A}_H$ (s. Aufgabe 4.4).

Für alle $a \in \mathbb{R}$ gilt $]a - \frac{1}{n}, a] \downarrow \{a\}$ ($n \to \infty$), also folgt

$$\lambda_F(\{a\}) = F(a) - F(a - 0) ,$$

und die Additivität des Maßes λ_F impliziert:

$$\lambda_F(]a, b[) = F(b - 0) - F(a) , \quad \lambda_F([a, b]) = F(b) - F(a - 0) ,$$
$$\lambda_F([a, b[) = F(b - 0) - F(a - 0) \quad (a, b \in \mathbb{R}, \ a < b) .$$

Ganz entsprechend gehört auch zu jeder wachsenden rechtsseitig stetigen Funktion $F : \mathbb{R}^p \to \mathbb{R}$ ein Lebesgue-Stieltjessches Prämaß $\mu_F : \mathfrak{J}^p \to \mathbb{R}$, ein äußeres Maß $\eta_F : \mathfrak{P}(\mathbb{R}^p) \to \overline{\mathbb{R}}$, eine σ-Algebra $\mathfrak{A}_F$ mit $\mathfrak{B}^p \subset \mathfrak{A}_F$ und ein *Lebesgue-Stieltjessches Maß* $\lambda_F := \eta_F | \mathfrak{A}_F$.

4.8 Bemerkungen. a) Ein intuitiv naheliegender Weg zur Fortsetzung von Prämaßen zu Maßen wird von D. MAHARAM (Port. Math. 44, 265–282 (1987)) vorgeschlagen: Sie betrachtet ein auf einer Algebra $\mathfrak{A}$ über X definiertes Prämaß $\mu : \mathfrak{A} \to \overline{\mathbb{R}}$ und definiert mithilfe des äußeren Maßes η eine Topologie auf $\mathfrak{P}(X)$. Sodann zeigt sie, dass der Abschluss $\overline{\mathfrak{A}}$ von $\mathfrak{A}$ bez. dieser Topologie eine σ-Algebra ist und $\eta | \overline{\mathfrak{A}}$ eine Maßfortsetzung von μ. Die σ-Algebra $\overline{\mathfrak{A}}$ ist gleich $\mathfrak{A}_\eta$ (s. loc. cit., Theorem 4).

b) Im Hinblick auf den Fortsetzungssatz stellt sich die Frage nach weiteren Maßfortsetzungen von μ. Zu diesem Problem gibt es eine umfangreiche Literatur; s. W. HACKENBROCH, Ann. Univ. Sarav., Ser. Math. 2, No. 2, 137–158 (1989).

4. Kurzbiographie von C. CARATHÉODORY. CONSTANTIN CARATHÉODORY wurde am 13. September 1873 in Berlin geboren. Er gehörte zu einer angesehenen griechischen Familie aus Adrianopel (heute Edirne, Türkei), der viele namhafte Persönlichkeiten entstammten. Sein Vater STEPHANOS CARATHÉODORY war Sekretär der osmanischen Delegation auf dem Berliner Kongress (1878) und ab 1875 Botschafter der Hohen Pforte in Brüssel. C. CARATHÉODORY besuchte 1886–1891 das Gymnasium in Brüssel und 1891–1895 die belgische Militärschule, wodurch ihm insbesondere eine solide Basis an geometrischen Kenntnissen zuteilwurde, wie sie damals der Unterricht an solchen Schulen im französischen Kulturbereich vermittelte. Von 1898–1900 arbeitete CARATHÉODORY als Ingenieur beim Bau der Staudämme des Nil. Dort las er in den durch die Überschwemmungen verursachten Arbeitspausen klassische mathematische Werke, z.B. den *Cours d'Analyse* von C. JORDAN, gab daraufhin den Ingenieurberuf auf und entschloss sich 1900 nach Berlin zu gehen um Mathematik zu studieren. In Berlin (1900–1902) zählten H.A. SCHWARZ (1843–1921), G. FROBENIUS (1849–1917) und M. PLANCK (1858–1947) zu seinen akademischen Lehrern, und er gewann regen wissenschaftlichen Kontakt mit E. SCHMIDT (1876–1959), L. FEJÉR (1880–1959) und E. ZERMELO (1871–1953). Mit seinem Freund E. SCHMIDT wechselte er 1902 zur Universität Göttingen, wo er noch vor der Promotion (1904) von F. KLEIN (1849–1925) und D. HILBERT zur Habilitation (1905) aufgefordert wurde. Nach Lehrtätigkeiten in Göttingen, Bonn, Hannover und Breslau ging CARATHÉODORY 1913 als Nachfolger von F. KLEIN nach Göttingen und 1918 nach Berlin. Als nach dem Ersten Weltkrieg türkische Territorien in Kleinasien an Griechenland fielen, ernannte die griechische Regierung CARATHÉODORY 1920 zum Gründungsrektor der neuen Universität Smyrna (türk. Izmir). Aber schon 1922 wurde Smyrna von den Türken zurückerobert und CARATHÉODORY musste fliehen, wobei er in der Lage war, die Universitätsbibliothek zu retten und nach Athen zu bringen. Er lehrte anschließend zwei Jahre lang an der Universität Athen, nahm 1924 einen Ruf an die Universität München als Nachfolger von F. LINDEMANN (1852–1939) an und blieb – von Gastaufenthalten in den USA und Griechenland abgesehen – bis zu seinem Tode am 2. Februar 1950 in München. C. CARATHÉODORY war Mitglied zahlreicher in- und ausländischer Akademien, darunter der Päpstlichen Akademie, eine Ehre, die er mit nur ganz wenigen Persönlichkeiten in Deutschland teilte. CARATHÉODORY war nicht nur einer der glänzendsten Mathematiker seiner Zeit, der die Wissenschaft um Wesentliches bereicherte, sondern auch ein Mann von umfassender Bildung, der als Angehöriger der griechischen Nation die kulturelle Tradition des klassischen Hellenentums in idealer Weise fortführte.

CARATHÉODORYS Hauptarbeitsgebiete waren Variationsrechnung, Funktionentheorie und Maß- und Integrationstheorie. In der Variationsrechnung schuf er die Theorie der sog. diskontinuierlichen Lösungen und entwickelte eine enge Verbindung mit der Theorie der partiellen

Differentialgleichungen erster Ordnung. Ganz im Geiste der Klassiker war CARATHÉODORY auch interessiert an Anwendungen der Variationsrechnung (Arbeiten über geometrische Optik). An seinen Arbeiten zur Funktionentheorie besticht, wie er mit wenigen einfachen Hilfsmitteln (Maximumprinzip, Schwarzsches Lemma, Schwarzsches Spiegelungsprinzip, normale Familien, ...) zu tiefen Resultaten vorzudringen vermag. CARATHÉODORYs bedeutendste funktionentheoretische Arbeiten liegen wohl auf dem Gebiete der konformen Abbildung. Insbesondere hat er den Beweis des Riemannschen Abbildungssatzes erheblich vereinfacht und bedeutende Beiträge zum Randverhalten der Abbildungsfunktion bei konformer Abbildung geliefert. Auf dem Gebiete der Maß- und Integrationstheorie stellt sein Buch *Vorlesungen über reelle Funktionen* eine Brücke dar zwischen der durch BOREL und LEBESGUE um 1900 eingeleiteten Entwicklung und der beginnenden Axiomatisierung dieser Theorie. „Auch rein sprachlich sind diese Vorlesungen ein vollendetes Kunstwerk, und sie sind heute noch für jeden, der auf diesem Gebiete arbeiten will, ein unentbehrliches, durch seine vorbildliche Klarheit ausgezeichnetes Nachschlagewerk", schreibt O. PERRON (1880–1975) in seinem Nachruf (Jahresber. Dtsch. Math.-Ver. 55, 39–51 (1952)). Während sich die CARATHÉODORYsche Messbarkeitsdefinition allgemein durchgesetzt hat, war der von CARATHÉODORY in seinen letzten Lebensjahren vorgenommenen weiteren Axiomatisierung und Algebraisierung des Maß- und Integralbegriffs bisher kein so durchschlagender Erfolg beschieden. – Ausführlichere Angaben zu CARATHÉODORYs Leben und Werk findet man bei R. BULIRSCH [1] und M. GEORGIADOU [1].

Aufgaben. 4.1. Es seien $\mu : \mathfrak{H} \to \overline{\mathbb{R}}$ ein Inhalt auf dem Halbring $\mathfrak{H}$ über X und η das zugehörige äußere Maß.

a) Zu jedem $A \subset X$ gibt es ein $C \in \sigma(\mathfrak{H})$ mit $A \subset C$ und $\eta(A) = \eta(C)$.

b) Für alle $A, B \subset X$ ist $\eta(A \cup B) + \eta(A \cap B) \le \eta(A) + \eta(B)$, und hier gilt das Gleichheitszeichen, falls $A \in \mathfrak{A}_\eta$ oder $B \in \mathfrak{A}_\eta$.

c) Es seien $M, N \subset X$, und es gebe $A, B \in \mathfrak{A}_\eta$ mit $M \subset A, N \subset B, \eta(A \cap B) = 0$. Dann ist $\eta(M \cup N) = \eta(M) + \eta(N)$.

4.2. Es seien μ, η wie in Aufgabe 4.1. Zeigen Sie: Für alle $A, A_n \subset X$ $(n \ge 1)$ mit $A_n \uparrow A$ gilt $\eta(A_n) \uparrow \eta(A)$. (Hinweis: Aufgabe 4.1 und Fortsetzungssatz 4.5.)

4.3. Es seien $\mu, \nu : \mathfrak{H} \to \overline{\mathbb{R}}$ Inhalte auf dem Halbring $\mathfrak{H}$ über X, μ^*, ν^* die zugehörigen äußeren Maße und $(\mu + \nu)^*$ das äußere Maß zu $\mu + \nu$. Zeigen Sie:

a) $(\mu + \nu)^* = \mu^* + \nu^*$.

b) $\mathfrak{A}_{(\mu+\nu)^*} \supset \mathfrak{A}_{\mu^*} \cap \mathfrak{A}_{\nu^*}$.

c) Die Inklusion b) kann nicht allgemein zur Gleichheit verschärft werden.

d) Sind μ und ν σ-endlich (s. Definition 5.1), so gilt unter b) das Gleichheitszeichen. (Hinweis: Aufgabe 4.2.)

4.4. Es seien $F : \mathbb{R} \to \mathbb{R}$ eine wachsende und rechtsseitig stetige Funktion und $\mathfrak{A}_F$ die σ-Algebra der η_F-messbaren Mengen.

a) Ist F eine Sprungfunktion, so ist $\mathfrak{A}_F = \mathfrak{P}(\mathbb{R})$.

b) Zerlegt man F gemäß Satz 2.4 in $F = G + H$ mit einer Sprungfunktion G und einer wachsenden stetigen Funktion H, so ist $\mathfrak{A}_F = \mathfrak{A}_H$. (Hinweis: Aufgabe 4.3, d).)

4.5. Es seien $\mu : \mathfrak{H} \to \overline{\mathbb{R}}$ ein Inhalt auf dem Halbring $\mathfrak{H}$ über X, η das äußere Maß zu μ, $\mathfrak{A}_\eta$ die σ-Algebra der η-messbaren Mengen und ζ das äußere Maß zu $\eta|\mathfrak{A}_\eta$. Dann ist $\eta = \zeta$.

4.6. Es seien $\mu : \mathfrak{H} \to \overline{\mathbb{R}}$ ein Prämaß auf dem Halbring $\mathfrak{H}$ über X und η das äußere Maß zu μ. Zeigen Sie:

a) Eine Teilmenge $A \subset X$ ist genau dann η-messbar, wenn für alle $M \in \mathfrak{H}$ (!) mit $\mu(M) < \infty$

gilt: $\mu(M) = \eta(M \cap A) + \eta(M \cap A^c)$. (Bemerkung: Im Falle des Lebesgueschen Prämaßes auf $\mathbb{R}$ ist dieses die ursprüngliche Messbarkeitsdefinition von LEBESGUE [1], S. 209–210.)

b) Eine Menge $M \subset X$ ist genau dann η-messbar, wenn $M \cap A$ η-messbar ist für alle $A \in \mathfrak{H}$ mit $\mu(A) < \infty$.

4.7. Es seien μ, η wie in Aufgabe 4.5, $A \in \mathfrak{A}_\eta, \eta(A) < \infty$ und $M \subset A$, $\eta(A) = \eta(M) + \eta(A \setminus M)$. Dann ist $M \in \mathfrak{A}_\eta$.

4.8. Es seien $F : \mathbb{R}^p \to \mathbb{R}$ wachsend und stetig und η_F das äußere Maß zu μ_F.

a) Jede Hyperebene $H = \{x \in \mathbb{R}^p : x_k = \alpha\}$ ist eine η_F-Nullmenge.

b) Konstruieren Sie eine wachsende stetige Funktion $F : \mathbb{R}^2 \to \mathbb{R}$, zu welcher eine (zu keiner Koordinatenachse parallele) Gerade G existiert mit $\eta_F(G) > 0$.

4.9. Es seien $\eta : \mathfrak{P}(X) \to \overline{\mathbb{R}}$ ein äußeres Maß, $\mu := \eta|\mathfrak{A}_\eta$ das zugehörige Maß und $\zeta : \mathfrak{P}(X) \to \overline{\mathbb{R}}$ das äußere Maß zu μ im Sinne von Satz 4.5. Dann gilt $\mathfrak{A}_\eta \subset \mathfrak{A}_\zeta$. Zeigen Sie an einem Beispiel, dass diese Inklusion echt sein kann (vgl. aber Aufgabe 4.5!).

4.10. Es seien $(X, \mathfrak{A}, \mu)$ ein Maßraum, $\mu(X) < \infty$, $D \subset X$, $D \notin \mathfrak{A}$, μ^* das äußere Maß zu μ und $M \in \mathfrak{A}$ mit $D \subset M$, $\mu^*(D) = \mu(M)$ (s. Aufgabe 4.1). Ferner sei $\mathfrak{A}_D := \sigma(\mathfrak{A} \cup \{D\})$ (s. Aufgabe I.4.6). Zeigen Sie: Die Definition $\mu_D((A \cap D) \cup (B \cap D^c)) := \mu(A \cap M) + \mu(B \cap M^c)$ $(A, B \in \mathfrak{A})$ ist sinnvoll, da unabhängig von der Auswahl von A, B und M (!), und μ_D ist eine Fortsetzung von μ zu einem Maß auf $\mathfrak{A}_D$ mit $\mu_D(D) = \mu^*(D)$.

§ 5. Eindeutigkeit der Fortsetzung

„Es sei ein Wahrscheinlichkeitsfeld[8] $(\mathfrak{F}, P)$ gegeben. Bekanntlich existiert ein kleinster BORELscher Körper $B\mathfrak{F}$ über $\mathfrak{F}$. Sodann gilt der E r w e i t e r u n g s - s a t z . *Man kann immer die auf $\mathfrak{F}$ definierte nicht-negative, vollständig additive Mengenfunktion $P(A)$ auf alle Mengen von $B\mathfrak{F}$ mit Erhaltung dieser beiden Eigenschaften ... erweitern, und zwar auf eine einzige Weise.*" (A. KOLMOGOROFF [1], S. 16–17)

1. σ-endliche Inhalte. Nach dem Fortsetzungssatz lässt sich jedes auf einem Halbring $\mathfrak{H}$ definierte Prämaß μ fortsetzen zu einem Maß auf der σ-Algebra $\sigma(\mathfrak{H})$. Hier stellt sich die Frage, ob eine solche Fortsetzung nur auf eine Weise möglich ist. Das folgende triviale Beispiel zeigt, dass durchaus mehrere Fortsetzungen existieren können: Es seien $X \neq \emptyset$, $\mathfrak{R} := \{\emptyset\}$ und $\mu(\emptyset) := 0$. Dann ist μ ein Prämaß auf dem Ring $\mathfrak{R}$, und für jedes $\alpha \in [0, \infty]$ ist $\mu_\alpha : \sigma(\mathfrak{R}) \to \overline{\mathbb{R}}$, $\mu_\alpha(\emptyset) := 0$, $\mu_\alpha(X) := \alpha$ eine Fortsetzung von μ zu einem Maß auf $\sigma(\mathfrak{R})$. – Die genauere Untersuchung des Eindeutigkeitsproblems wird ergeben, dass Eindeutigkeit vorliegt, wenn man X durch abzählbar viele Mengen endlichen Inhalts überdecken kann.

---

[8]KOLMOGOROFF [1] bezeichnet ein Paar $(\mathfrak{F}, P)$ bestehend aus einer Algebra $\mathfrak{F}$ über einer Menge E und einem Inhalt P auf $\mathfrak{F}$ mit $P(E) = 1$ als ein Wahrscheinlichkeitsfeld und eine σ-Algebra als BORELschen Körper.

5.1 Definition. Ein Inhalt $\mu : \mathfrak{H} \to \overline{\mathbb{R}}$ auf dem Halbring $\mathfrak{H}$ über X heißt *σ-endlich*, wenn eine Folge $(E_n)_{n \geq 1}$ von Mengen aus $\mathfrak{H}$ existiert mit $\mu(E_n) < \infty$ $(n \in \mathbb{N})$ und $\bigcup_{n=1}^{\infty} E_n = X$.

5.2 Beispiele. a) Das Lebesguesche Prämaß ist σ-endlich. Allgemeiner ist jeder Lebesgue-Stieltjessche Inhalt σ-endlich.

b) Das Zählmaß auf X ist genau dann σ-endlich, wenn X abzählbar ist.

5.3 Lemma. *Ein Inhalt $\mu : \mathfrak{H} \to \overline{\mathbb{R}}$ auf dem Halbring $\mathfrak{H}$ über X ist genau dann σ-endlich, wenn es eine Folge $(A_n)_{n \geq 1}$ disjunkter Mengen aus $\mathfrak{H}$ gibt mit $\mu(A_n) < \infty$ $(n \in \mathbb{N})$ und $\bigcup_{n=1}^{\infty} A_n = X$.*

Beweis. Ist μ σ-endlich, so gilt mit den E_n aus Definition 5.1: $X = \bigcup_{n=1}^{\infty} \left(E_n \setminus \bigcup_{k=1}^{n-1} E_k \right)$. Nach Lemma I.5.5 kann man die rechte Seite schreiben als eine abzählbare disjunkte Vereinigung von Mengen aus $\mathfrak{H}$, die alle endlichen Inhalt haben. $\qquad\square$

5.4 Lemma. *Ein Inhalt $\mu : \mathfrak{R} \to \overline{\mathbb{R}}$ auf dem Ring $\mathfrak{R}$ über X ist genau dann σ-endlich, wenn eine Folge $(A_n)_{n \geq 1}$ von Mengen aus $\mathfrak{R}$ existiert mit $A_n \uparrow X$, $\mu(A_n) < \infty$ $(n \in \mathbb{N})$.*

Beweis. Ist μ σ-endlich, so setze man $A_n := \bigcup_{k=1}^{n} E_k$ mit den E_n aus Definition 5.1. $\qquad\square$

5.5 Lemma. *Es seien $\mu : \mathfrak{H} \to \overline{\mathbb{R}}$ ein Inhalt auf dem Halbring $\mathfrak{H}$ über X und $\nu : \mathfrak{R} \to \overline{\mathbb{R}}$ die Fortsetzung von μ zu einem Inhalt auf dem von $\mathfrak{H}$ erzeugten Ring $\mathfrak{R}$. Dann ist μ genau dann σ-endlich, wenn ν σ-endlich ist.*

Beweis. Ist ν σ-endlich, so existiert eine Folge $(E_n)_{n \geq 1}$ von Mengen aus $\mathfrak{R}$ mit $\nu(E_n) < \infty$ $(n \in \mathbb{N})$ und $X = \bigcup_{n=1}^{\infty} E_n$. Jedes E_n ist endliche Vereinigung von Mengen aus $\mathfrak{H}$. $\qquad\square$

2. Der Eindeutigkeitssatz.

5.6 Eindeutigkeitssatz. *Es seien μ, ν Maße auf der σ-Algebra $\mathfrak{A}$ über X, und es gebe einen durchschnittsstabilen Erzeuger $\mathfrak{E}$ von $\mathfrak{A}$ mit folgenden Eigenschaften:*

a) $\mu | \mathfrak{E} = \nu | \mathfrak{E}$.

b) *Es gibt eine Folge $(E_n)_{n \geq 1}$ in $\mathfrak{E}$ mit $\mu(E_n) = \nu(E_n) < \infty$ $(n \in \mathbb{N})$ und* $\bigcup_{n=1}^{\infty} E_n = X$.

Dann ist $\mu = \nu$.

Beweis. Für $E \in \mathfrak{E}$ mit $\mu(E) = \nu(E) < \infty$ sei

$$\mathfrak{D}(E) := \{ A \in \mathfrak{A} : \mu(A \cap E) = \nu(A \cap E) \} .$$

Dann ist offenbar $\mathfrak{D}(E)$ ein *Dynkin-System* (über X), und da $\mathfrak{E}$ durchschnittsstabil ist, gilt $\mathfrak{E} \subset \mathfrak{D}(E)$. Damit ist das von $\mathfrak{E}$ erzeugte Dynkin-System eine Teilmenge von $\mathfrak{D}(E)$. Nun ist aber nach Satz I.6.7 das vom durchschnittsstabilen

(!) Erzeuger $\mathfrak{E}$ erzeugte Dynkin-System gleich der von $\mathfrak{E}$ erzeugten σ-Algebra, und es folgt $\mathfrak{A} \subset \mathfrak{D}(E)$, d.h.:

(∗)   Für alle $A \in \mathfrak{A}$ und für alle $E \in \mathfrak{E}$ mit $\mu(E) = \nu(E) < \infty$ gilt $\mu(A \cap E) = \nu(A \cap E)$.

Mit den Mengen E_n aus Voraussetzung b) setzen wir nun $F_0 := \emptyset$ und $F_n := \bigcup_{k=1}^n E_k$ für $n \geq 1$. Dann gilt $F_n \uparrow X$, und $F_n = \bigcup_{k=1}^n E_k \cap F_{k-1}^c$ ist eine disjunkte Zerlegung von F_n in Mengen aus $\mathfrak{A}$. Nach (∗) folgt für alle $A \in \mathfrak{A}$ und $n \geq 1$:

$$\mu(A \cap F_n) = \sum_{k=1}^n \mu((A \cap F_{k-1}^c) \cap E_k) = \sum_{k=1}^n \nu((A \cap F_{k-1}^c) \cap E_k) = \nu(A \cap F_n).$$

Der Grenzübergang $n \to \infty$ ergibt die Behauptung.   □

Da jeder Halbring durchschnittsstabil ist, liefern der Fortsetzungssatz und der Eindeutigkeitssatz folgendes Resultat:

5.7 Korollar. *Jedes σ-endliche Prämaß $\mu : \mathfrak{H} \to \overline{\mathbb{R}}$ auf einem Halbring $\mathfrak{H}$ über X kann auf genau eine Weise fortgesetzt werden zu einem Maß auf $\sigma(\mathfrak{H})$.*

Dieses Korollar gestattet folgende Verschärfung:

5.8 Vergleichssatz. *Es seien $\mathfrak{H}$ ein Halbring über X und $\mu, \nu : \sigma(\mathfrak{H}) \to \overline{\mathbb{R}}$ zwei Maße mit folgenden Eigenschaften:*
a) $\mu(A) \leq \nu(A)$ für alle $A \in \mathfrak{H}$.
b) $\nu|\mathfrak{H}$ ist σ-endlich.
Dann ist $\mu(B) \leq \nu(B)$ für alle $B \in \sigma(\mathfrak{H})$.

Beweis. Bezeichnen η, ζ die den σ-endlichen Prämaßen $\mu|\mathfrak{H}, \nu|\mathfrak{H}$ gemäß (4.6) entsprechenden äußeren Maße, so liefert der Fortsetzungssatz zusammen mit Korollar 5.7: $\mu = \eta|\sigma(\mathfrak{H}), \nu = \zeta|\sigma(\mathfrak{H})$. Nach Voraussetzung a) und (4.6) ist aber $\eta \leq \zeta$, also $\mu \leq \nu$.   □

In der Version des Korollars 5.7 wird der Fortsetzungs- und Eindeutigkeitssatz oft benannt nach EBERHARD HOPF (1902–1983), in dessen Ergebnisbericht über *Ergodentheorie* (Berlin: Springer 1937) diese Aussage zu finden ist für σ-endliche Prämaße, die auf Ringen definiert sind. Wie eingangs zitiert, kommt der Erweiterungssatz aber schon 1933 bei A. KOLMOGOROFF [1] vor. Dieser bemerkt auf S. 16, dass „der Beweis dieses Erweiterungssatzes ... in verschiedenen anderen Fassungen im wesentlichen bekannt sein dürfte ...", und zur Eindeutigkeit schreibt er lapidar: „Die Eindeutigkeit der Erweiterung folgt unmittelbar aus der Minimaleigenschaft des Körpers $B\mathfrak{F}$." Das ist in der Tat der Fall, wenn man sich die Konstruktion von $B\mathfrak{F} = \sigma(\mathfrak{F})$ mithilfe transfiniter Induktion vergegenwärtigt. M. FRÉCHET und H. HAHN [3] beweisen den Eindeutigkeitssatz für σ-endliche Prämaße, die auf einem Ring über einer abstrakten Menge definiert sind. Den Vergleichssatz 5.8 findet man etwas spezieller bei DOOB (1910–2004) [1], S. 605.

3. Wahrscheinlichkeitsmaße und Verteilungsfunktionen auf $\mathbb{R}$ und $\mathbb{R}^p$.
Ist $(X, \mathfrak{A}, \mu)$ ein Maßraum mit $\mu(X) = 1$, so heißt μ ein *Wahrscheinlichkeitsmaß*.

5.9 Definition. Eine wachsende rechtsseitig stetige Funktion $F : \mathbb{R} \to \mathbb{R}$ heißt
eine *Verteilungsfunktion*, falls

$$(5.1) \qquad\qquad \lim_{x \to -\infty} F(x) = 0, \quad \lim_{x \to +\infty} F(x) = 1.$$

5.10 Korrespondenzsatz. *Für jedes Wahrscheinlichkeitsmaß $\mu : \mathfrak{B} \to \overline{\mathbb{R}}$ ist*

$$F_\mu : \mathbb{R} \to \mathbb{R}, \quad F_\mu(x) := \mu(]-\infty, x]) \quad (x \in \mathbb{R})$$

*eine Verteilungsfunktion mit $\lambda_{F_\mu}|\mathfrak{B} = \mu$. Umgekehrt ist für jede Verteilungs-
funktion $F : \mathbb{R} \to \mathbb{R}$ das Maß $\mu := \lambda_F|\mathfrak{B}$ ein Wahrscheinlichkeitsmaß mit
$F_\mu = F$.*

Beweis. Wegen $\mu(]a, b]) = F_\mu(b) - F_\mu(a)$ $(a \leq b)$ ist F_μ wachsend. Ferner ist F_μ
rechtsseitig stetig, denn μ ist von oben stetig, und aus $]-\infty, -n] \downarrow \emptyset$, $]-\infty, n] \uparrow$
$\mathbb{R}$ $(n \to \infty)$ und der Monotonie von F_μ folgt (5.1). Da $\lambda_{F_\mu}|\mathfrak{B}$ und μ auf $\mathfrak{J}$ über-
einstimmen, ist $\mu = \lambda_{F_\mu}|\mathfrak{B}$ nach dem Eindeutigkeitssatz 5.6.

Ist umgekehrt F eine Verteilungsfunktion, so ist $\mu := \lambda_F|\mathfrak{B}$ ein Wahrschein-
lichkeitsmaß, denn $\mu(\mathbb{R}) = \lim_{n\to\infty} \mu(]-\infty, n]) = \lim_{n\to\infty} F(n) = 1$, und es gilt
$F_\mu(x) = \lim_{n\to\infty} \mu(]-n, x]) = \lim_{n\to\infty}(F(x) - F(-n)) = F(x)$ $(x \in \mathbb{R})$. $\quad\square$

Der Korrespondenzsatz liefert eine Bijektion zwischen der Menge der Wahrscheinlichkeitsmaße auf $\mathfrak{B}$ und der Menge der Verteilungsfunktionen auf $\mathbb{R}$.

Eine entsprechende Bijektion lässt sich für die Menge der Wahrscheinlich-
keitsmaße auf $\mathfrak{B}^p$ herstellen. Dazu seien $\mu : \mathfrak{B}^p \to \overline{\mathbb{R}}$ ein Wahrscheinlichkeitsmaß, $I_x := \{y \in \mathbb{R}^p : y \leq x\}$ und

$$F : \mathbb{R}^p \longrightarrow \mathbb{R}, \quad F(x) := \mu(I_x) \quad (x \in \mathbb{R}^p).$$

Dann ist $0 \leq F \leq 1$, und F hat folgende Eigenschaften:

(i) F ist rechtsseitig stetig.

(ii) Für alle $a_1, \ldots, a_{\nu-1}, a_{\nu+1}, \ldots, a_p \in \mathbb{R}$, $\nu = 1, \ldots, p$ gilt

$$\lim_{t \to -\infty} F(a_1, \ldots, a_{\nu-1}, t, a_{\nu+1}, \ldots, a_p) = 0.$$

(iii) $\lim_{x_1,\ldots,x_p \to \infty} F(x) = 1$.

(iv) F ist monoton wachsend im Sinne der Definition 3.5.

Aussage (iv) folgt unmittelbar aus $\mu(]a, b]) = \triangle_a^b F$ $(a \leq b)$, und diese Beziehung zeigt man ähnlich wie im Beweis von Satz 3.6, b). – Eine Funktion
$F : \mathbb{R}^p \to \mathbb{R}$ mit den Eigenschaften (i)–(iv) heißt eine *Verteilungsfunktion*. Der

Eindeutigkeitssatz 5.6 liefert nun die erste Aussage des folgenden Korrespondenzsatzes:

5.11 Korrespondenzsatz. *Für jedes Wahrscheinlichkeitsmaß* $\mu : \mathfrak{B}^p \to \overline{\mathbb{R}}$ *ist*

$$F_\mu : \mathbb{R}^p \longrightarrow \mathbb{R}, \quad F_\mu(x) := \mu(I_x) \quad (x \in \mathbb{R}^p)$$

eine Verteilungsfunktion mit $\lambda_{F_\mu}|\mathfrak{B}^p = \mu$. *Umgekehrt ist für jede Verteilungsfunktion* $F : \mathbb{R}^p \to \mathbb{R}$ *das Maß* $\mu := \lambda_F|\mathfrak{B}^p$ *ein Wahrscheinlichkeitsmaß mit* $F_\mu = F$.

Zum *Beweis der Umkehrung* seien $x \in \mathbb{R}^p$, $y_n := (-n, \dots, -n)^t$; dann gilt:

$$F_\mu(x) = \lim_{n\to\infty} \mu(]y_n, x]) = \lim_{n\to\infty} \triangle_{y_n}^x F = F(x) \,;$$

die letzte Gleichheit folgt aus Folgerung 5.13, c).   □

Wir diskutieren einige weitere Eigenschaften von Verteilungsfunktionen auf dem $\mathbb{R}^p$. Dazu sei $F : \mathbb{R}^p \to \mathbb{R}$ eine Verteilungsfunktion. In Gl. (3.4) setzen wir $a^{(1)} = a, a^{(2)} = b$ $(a, b \in \mathbb{R}^p, a \le b)$ und fassen k $(1 \le k \le p)$ Koordinaten dieser Vektoren ins Auge. Da es am Ende auf die Nummerierung der Koordinaten nicht ankommen wird, wählen wir der bequemeren Notation halber die Koordinaten $a_1, \dots, a_k, b_1, \dots, b_k$. Sodann lassen wir in der entsprechenden Summe (3.4) die Koordinaten $a_{k+1}, \dots, a_p$ *nacheinander* (bei „festgehaltenen" übrigen Koordinaten) gegen $-\infty$ streben. Dann konvergieren nach Voraussetzung (ii) in der Summe (3.4) alle Terme gegen 0, bei denen eine der Zahlen $a_{k+1}, \dots, a_p$ in F eingesetzt wird, während genau die Terme mit $b_{k+1}, \dots, b_p$ stehen bleiben. Das ist im Fall $p = 2$ an Gl. (3.2) unmittelbar abzulesen; ebenso die folgende Feststellung: Die verbleibenden Terme lassen sich zusammenfassen zu

$$\triangle_{(a_1,\dots,a_k)^t}^{(b_1,\dots,b_k)^t} F(\cdot, b_{k+1}, \dots, b_p) \,,$$

wobei hier der k-dimensionale Differenzenoperator auf die durch einen Punkt symbolisierten ersten k Argumente von F anzuwenden ist (vgl. Gl. (3.5)). Bedingung (iv) liefert nun für alle $a_i \le b_i$ $(i = 1, \dots, k)$ und $b_{k+1}, \dots, b_p \in \mathbb{R}$ die Ungleichung

$$\triangle_{(a_1,\dots,a_k)^t}^{(b_1,\dots,b_k)^t} F(\cdot, b_{k+1}, \dots, b_p) \ge 0 \,.$$

Ganz entsprechende Ungleichungen bestehen, wenn die Differenzenbildung auf irgendwelche Koordinaten $x_{i_1}, \dots, x_{i_k}$ $(1 \le i_1 < \dots < i_k \le p)$ in den Grenzen $a_{i_\nu} \le b_{i_\nu}$ $(\nu = 1, \dots, k)$ ausgeübt wird und die übrigen Koordinaten $b_{i_{k+1}}, \dots, b_{i_p}$ von b beliebig sind. Damit haben wir folgenden Satz bewiesen:

5.12 Satz. *Wählt man in einer Verteilungsfunktion* $F : \mathbb{R}^p \to \mathbb{R}$ *die Argumente* $b_{i_{k+1}}, \dots, b_{i_p} \in \mathbb{R}$ $(1 \le i_{k+1} < \dots < i_p \le p)$ *beliebig „fest", so ist* F *als Funktion der übrigen* k *Koordinaten monoton wachsend im Sinne der Definition 3.5.*

Speziell folgt hieraus:

5.13 Folgerungen. a) Alle partiellen Abbildungen

$$F(a_1, \ldots, a_{\nu-1}, \cdot, a_{\nu+1}, \ldots, a_p) : \mathbb{R} \to \mathbb{R}$$

$(a_1, \ldots, a_{\nu-1}, a_{\nu+1}, \ldots, a_p \in \mathbb{R}$ „fest", $\nu = 1, \ldots, p)$ einer Verteilungsfunktion F sind monoton wachsend. (Die Monotonie dieser Funktionen braucht also unter (ii) nicht extra postuliert zu werden.)

b) Aus den Eigenschaften (i)–(iv) folgt die Ungleichung $0 \leq F \leq 1$.

c) Aus Folgerung a) und (ii) ergibt sich:

$$\lim_{x_1, \ldots, x_p \to -\infty} F(x) = 0 \, .$$

(Diese Aussage folgt *nicht* ohne weiteres allein aus (ii)!)

Im eindimensionalen Fall hat eine Verteilungsfunktion an Unstetigkeitsstellen genau die Sprungstellen der betr. Funktion, und die jeweilige Sprunghöhe ist gleich dem Maß der „Masse", die an der Unstetigkeitsstelle platziert ist (s. Kap. II, § 2, Abschn. 2). Im höherdimensionalen Fall kann eine Verteilungsfunktion durchaus Unstetigkeitsstellen haben, ohne dass es einelementige Mengen („diskrete Massenpunkte") positiven Maßes gibt. Als *Beispiel* betrachten wir das Wahrscheinlichkeitsmaß $\mu : \mathfrak{B}^2 \to \overline{\mathbb{R}}$,

$$\mu(B) := \lambda^1(\{u \in [0, 1] : (u, 0)^t \in B\})$$

$(B \in \mathfrak{B}^2)$. Da $\mathfrak{B}^1$ gleich der Spur-σ-Algebra von $\mathfrak{B}^2$ auf der kanonisch in den $\mathbb{R}^2$ eingebetteten Geraden $\mathbb{R}$ ist, ist μ sinnvoll definiert. Das Maß μ beschreibt die gleichmäßige Verteilung der Einheitsmasse auf dem in den $\mathbb{R}^2$ eingebetteten Einheitsintervall $[0, 1] \times \{0\}$. Zu μ gehört die Verteilungsfunktion $F : \mathbb{R}^2 \to \mathbb{R}$,

$$F(x) = \begin{cases} 0 \, , & \text{falls } x_1 < 0 \text{ oder } x_2 < 0 \, , \\ \min(x_1, 1) \, , & \text{falls } x_1 \geq 0 \text{ und } x_2 \geq 0 \end{cases}$$

$(x \in \mathbb{R}^2)$. Diese Funktion ist unstetig genau in allen Punkten der Halbgeraden $]0, \infty[\times \{0\}$, aber es gibt kein $x \in \mathbb{R}^2$ mit $\mu(\{x\}) > 0$.

Wir untersuchen die Mengen möglicher Unstetigkeitsstellen höherdimensionaler Verteilungsfunktionen etwas genauer: Dazu seien $F : \mathbb{R}^p \to \mathbb{R}$ eine Verteilungsfunktion und μ das zugehörige Wahrscheinlichkeitsmaß:

$$F(x) = \mu(I_x) \quad (x \in \mathbb{R}^p \, , \ I_x = \{y \in \mathbb{R}^p : y \leq x\}) \, .$$

Durchläuft nun t_n $(n \geq 1)$ eine Folge in $\mathbb{R}^p$ mit $t_n \leq t_{n+1} < x$ $(n \geq 1)$ und $t_n \uparrow x$, so gilt $I_{t_n} \uparrow \overset{\circ}{I}_x = \{t \in \mathbb{R}^p : t < x\}$, also $F(t_n) = \mu(I_{t_n}) \uparrow \mu(\overset{\circ}{I}_x)$. Da F nach Voraussetzung (i) rechtsseitig stetig ist und nach Folgerung 5.13, a) in jeder einzelnen Variablen (bei „festgehaltenen" übrigen Argumenten) monoton wächst, erkennen wir: F ist im Punkte x genau dann stetig, wenn

$$\lim_{\substack{t \to x \\ t < x}} F(t) = F(x)$$

ist, d.h. wenn $\mu(\overset{\circ}{I}_x) = \mu(I_x)$ ist. Letzteres ist genau dann der Fall, wenn $\mu(\partial I_x) = 0$ ist, wobei ∂I_x den Rand von I_x bezeichnet. *Daher ist F im Punkte x genau dann unstetig, wenn $\mu(\partial I_x) > 0$ ist.* (Das obige Beispiel zeigt, dass durchaus überabzählbar viele solche Punkte vorhanden sein können.)

Nun ist ∂I_x enthalten in der Vereinigung der p Hyperebenen

$$H_x^{(i)} := \{t \in \mathbb{R}^p : t_i : x_i\}$$

$(i = 1, \ldots, p)$. Es folgt: Ist F unstetig in x, so gibt es ein $i \in \{1, \ldots, p\}$ mit $\mu(H_x^{(i)}) > 0$. Bei festem $i \in \{1, \ldots, p\}$ und beliebigen $x, y \in \mathbb{R}^p$ sind die Hyperebenen $H_x^{(i)}$ und $H_y^{(i)}$ entweder disjunkt (falls $x_i \neq y_i$) oder gleich (falls $x_i = y_i$). Sei nun $i \in \{1, \ldots, p\}$ fest gewählt: Wegen $\mu(\mathbb{R}^p) = 1$ gibt es zu jedem $n \in \mathbb{N}$ höchstens endlich viele verschiedene (also disjunkte) Hyperebenen $H_y^{(i)}$ mit $\mu(H_y^{(i)}) \geq \frac{1}{n}$. Daher gibt es zu jedem i höchstens abzählbar viele verschiedene derartige Hyperebenen streng positiven Maßes. Die Vereinigungsmenge M aller dieser p abzählbaren Mengen von Hyperebenen positiven Maßes enthält alle Unstetigkeitspunkte von F. Ferner ist M eine abzählbare Vereinigung nirgends dichter Teilmengen des $\mathbb{R}^p$, d.h. eine magere Teilmenge des (vollständigen metrischen Raums) $\mathbb{R}^p$. Nach einem bekannten Satz von BAIRE (s. z.B. SCHUBERT [1], S. 133 f.) ist daher M^c dicht in $\mathbb{R}^p$. Für jedes $x \in M^c$ ist nach dem Obigen $\mu(\partial I_x) = 0$, d.h. F ist in allen Punkten von M^c stetig. Wir fassen zusammen:

5.14 Satz. *Die Menge der Unstetigkeitspunkte einer Verteilungsfunktion F : $\mathbb{R}^p \to \mathbb{R}$ mit zugehörigem Wahrscheinlichkeitsmaß μ ist in der Vereinigungsmenge M der höchstens abzählbar vielen Hyperebenen $H_x^{(i)}$ ($x \in \mathbb{R}^p, i \in \{1, \ldots, p\}$) positiven Maßes μ enthalten, wobei*

$$H_x^{(i)} = \{t \in \mathbb{R}^p : t_i = x_i\}.$$

Die Menge M ist eine magere Teilmenge des $\mathbb{R}^p$; ihr Komplement M^c liegt dicht im $\mathbb{R}^p$. F ist in allen Punkten von M^c stetig.

Umgekehrt erkennt man: Zu vorgegebener Vereinigungsmenge M abzählbar vieler Hyperebenen obigen Typs liefert die Superposition passend skalierter Wahrscheinlichkeitsmaße der im obigen Beispiel betrachteten Art eine Verteilungsfunktion $F : \mathbb{R}^p \to \mathbb{R}$, die in allen Punkten von M unstetig ist und in allen Punkten von M^c stetig.

Aufgaben. 5.1. Es seien $\mu : \mathfrak{H} \to \overline{\mathbb{R}}$ ein Prämaß auf dem Halbring $\mathfrak{H}$ über X, η das äußere Maß zu μ, $\mathfrak{A} := \sigma(\mathfrak{H})$ und $\nu : \mathfrak{A} \to \overline{\mathbb{R}}$ eine Fortsetzung von μ zu einem Maß auf $\mathfrak{A}$.
a) Für alle $A \in \mathfrak{A}$ gilt $\nu(A) \leq \eta(A)$.
b) Für alle $A \in \mathfrak{A}$ mit $\eta(A) < \infty$ gilt $\nu(A) = \eta(A)$. (Hinweis: Zu jedem $\varepsilon > 0$ gibt es eine disjunkte Folge $(A_n)_{n \geq 1}$ in $\mathfrak{H}$ mit $\sum_{n=1}^{\infty} \mu(A_n) \leq \eta(A) + \varepsilon$, $A \subset \bigcup_{n=1}^{\infty} A_n$. Daher ist $\eta(\bigcup_{n=1}^{\infty} A_n \setminus A) < \varepsilon$ und $\eta(A) \leq \nu(\bigcup_{n=1}^{\infty} A_n) = \nu(A) + \nu(\bigcup_{n=1}^{\infty} A_n \setminus A) \leq \nu(A) + \varepsilon$.)
c) Gibt es zur Menge $A \in \mathfrak{A}$ eine Folge $(B_n)_{n \geq 1}$ von Teilmengen von X mit $A \subset \bigcup_{n=1}^{\infty} B_n$,

$\eta(B_n) < \infty$ $(n \in \mathbb{N})$, so gilt $\eta(A) = \nu(A)$. (Hinweis: Zeigen Sie zunächst, dass man ohne Einschränkung der Allgemeinheit annehmen kann $B_n \in \mathfrak{A}$, $B_n \uparrow A$.)

d) Folgern Sie Korollar 5.7 aus c).

5.2. Beweisen Sie den Vergleichssatz 5.8 mithilfe von Satz I.6.2 und folgern Sie Korollar 5.7.

5.3. a) Es seien μ, ν endliche Maße auf der σ-Algebra $\mathfrak{A}$ über X, und es gebe einen durchschnittsstabilen Erzeuger $\mathfrak{E}$ von $\mathfrak{A}$ mit $X \in \mathfrak{E}$ und $\mu|\mathfrak{E} = \nu|\mathfrak{E}$. Zeigen Sie mithilfe von Korollar 5.7 (d.h. mithilfe von Aufgabe 5.1 oder 5.2): $\mu = \nu$. (Hinweis: μ und ν stimmen auf $\mathfrak{F} := \mathfrak{E} \cup \{A^c : A \in \mathfrak{E}\}$ überein, und $\mathfrak{H} := \{\bigcap_{k=1}^n A_k : n \in \mathbb{N}, A_1, \ldots, A_n \in \mathfrak{F}\}$ ist ein Halbring mit $\sigma(\mathfrak{H}) = \mathfrak{A}$ und $\mu|\mathfrak{H} = \nu|\mathfrak{H}$.)

b) Folgern Sie aus a) den Eindeutigkeitssatz 5.6.

5.4. a) Die Voraussetzung der Durchschnittsstabilität von $\mathfrak{E}$ ist im Eindeutigkeitssatz 5.6 nicht entbehrlich.

b) Der Vergleichssatz 5.8 wird selbst für endliche Maße μ, ν falsch, wenn man $\mathfrak{H}$ ersetzt durch einen durchschnittsstabilen Erzeuger $\mathfrak{E}$ von $\mathfrak{A}$ mit $X \in \mathfrak{E}$.

5.5. Das Prämaß μ auf dem Halbring $\mathfrak{I}$ über $\mathbb{R}$ sei definiert durch $\mu(\emptyset) := 0$ und $\mu(I) := \infty$ für alle $I \in \mathfrak{I}$, $I \neq \emptyset$. Zeigen Sie: Es gibt überabzählbar viele Maße $\nu : \mathfrak{B} \to \overline{\mathbb{R}}$ mit $\nu|\mathfrak{I} = \mu$.

5.6. Es seien X ein metrischer (oder topologischer) Raum, und $\mu, \nu : \mathfrak{B}(X) \to \overline{\mathbb{R}}$ seien zwei Maße. Zeigen Sie: Stimmen μ und ν auf allen offenen (bzw. abgeschlossenen) Teilmengen überein und gibt es eine Folge $(A_n)_{n \geq 1}$ offener (bzw. abgeschlossener) Teilmengen von X mit $\mu(A_n) < \infty$ $(n \in \mathbb{N})$, $X = \bigcup_{n=1}^\infty A_n$, so ist $\mu = \nu$. Ist X ein Hausdorff-Raum, so gilt diese Aussage sinngemäß auch für kompakte Mengen.

5.7. Die Menge $\mathfrak{A} = \{B \times \mathbb{R} : B \in \mathfrak{B}\}$ ist eine σ-Algebra über $\mathbb{R}^2$ mit $\mathfrak{A} \subset \mathfrak{B}^2$. Das Maß $\lambda^2|\mathfrak{A}$ ist nicht σ-endlich, obschon λ^2 auf $\mathfrak{B}^2$ σ-endlich ist.

5.8. In der Definition des Begriffs einer Verteilungsfunktion $F : \mathbb{R}^p \to \mathbb{R}$ kann die Forderung (i) ersetzt werden durch die Bedingung

(i') Alle partiellen Abbildungen $F(x_1, \ldots, x_{\nu-1}, \cdot, x_{\nu+1}, \ldots, x_p) : \mathbb{R} \to \mathbb{R}$ $(x_1, \ldots, x_{\nu-1},$ $x_{\nu+1}, \ldots, x_p \in \mathbb{R}, \nu = 1, \ldots, p)$ sind monoton wachsend und rechtsseitig stetig.

5.9. Es seien $F : \mathbb{R}^p \to \mathbb{R}$ eine Verteilungsfunktion, und für $\nu = 1, \ldots, p$ sei

$$F_\nu(t) := \lim_{x_1, \ldots, x_{\nu-1}, x_{\nu+1}, \ldots, x_p \to \infty} F(x_1, \ldots, x_{\nu-1}, t, x_{\nu+1}, \ldots, x_p).$$

Dann ist $F_\nu : \mathbb{R} \to \mathbb{R}$ monoton wachsend; insbesondere ist die Menge U_ν der Unstetigkeitsstellen von F_ν abzählbar. Zeigen Sie: In allen Punkten $x \in \mathbb{R}^p$ mit $x_\nu \notin U_\nu$ für alle $\nu = 1, \ldots, p$ ist F stetig.

§ 6. Vollständige Maßräume

Es seien $\mu : \mathfrak{H} \to \overline{\mathbb{R}}$ ein Prämaß auf dem Halbring $\mathfrak{H}$ über X und η das zugehörige äußere Maß, $\mathfrak{A}_\eta$ die σ-Algebra der η-messbaren Mengen. Nach dem Fortsetzungssatz 4.5 ist $\eta|\mathfrak{A}_\eta$ eine Fortsetzung von μ zu einem Maß auf einer σ-Algebra, die $\mathfrak{H}$ umfasst. Daher ist $\sigma(\mathfrak{H}) \subset \mathfrak{A}_\eta$, und es stellt sich die Frage, um wie viel „größer" als $\sigma(\mathfrak{H})$ die σ-Algebra $\mathfrak{A}_\eta$ hier ist. Als Antwort werden wir in Satz 6.4 erhalten: *Ist μ σ-endlich, so ist $\eta|\mathfrak{A}_\eta$ die Vervollständigung von $\eta|\sigma(\mathfrak{H})$.*

6.1 Definition. Ein Maßraum $(X, \mathfrak{A}, \mu)$ heißt *vollständig*, wenn jede Teilmenge einer μ-Nullmenge $A \in \mathfrak{A}$ zu $\mathfrak{A}$ gehört (und damit selbst eine μ-Nullmenge ist). Ist $(X, \mathfrak{A}, \mu)$ vollständig, so nennt man auch μ *vollständig*.

6.2 Beispiel. Es seien $\eta : \mathfrak{P}(X) \to \overline{\mathbb{R}}$ ein äußeres Maß, $\mathfrak{A} := \mathfrak{A}_\eta$ und $\mu := \eta|\mathfrak{A}$. Dann ist $(X, \mathfrak{A}, \mu)$ vollständig, denn aus $A \in \mathfrak{A}$, $\mu(A) = 0$ und $B \subset A$ folgt $\eta(B) = 0$, also $B \in \mathfrak{A}$.

Ist der Maßraum $(X, \mathfrak{A}, \mu)$ unvollständig, so kann man stets das Maß $\mu : \mathfrak{A} \to \overline{\mathbb{R}}$ fortsetzen zu einem vollständigen Maß auf einer σ-Algebra, die $\mathfrak{A}$ umfasst. Dazu braucht man nur das äußere Maß η von μ einzuschränken auf die σ-Algebra der η-messbaren Mengen. Noch einfacher ist folgendes Verfahren, das zu jedem Maß eine vollständige Fortsetzung mit *minimalem* Definitionsbereich liefert, die sog. *Vervollständigung*.

6.3 Satz. *Es seien $(X, \mathfrak{A}, \mu)$ ein Maßraum, $\mathfrak{N}$ das System aller Teilmengen von μ-Nullmengen und*

$$\tilde{\mathfrak{A}} := \{A \cup N : A \in \mathfrak{A},\, N \in \mathfrak{N}\},$$

$$\tilde{\mu} : \tilde{\mathfrak{A}} \to \overline{\mathbb{R}},\; \tilde{\mu}(A \cup N) := \mu(A)\; \text{für } A \in \mathfrak{A},\, N \in \mathfrak{N}.$$

Dann gilt:

a) *$\tilde{\mathfrak{A}}$ ist eine σ-Algebra, $\tilde{\mu}$ ist wohldefiniert, und $(X, \tilde{\mathfrak{A}}, \tilde{\mu})$ ist ein vollständiger Maßraum. $\tilde{\mu}$ ist die einzige Fortsetzung von μ zu einem Inhalt auf $\tilde{\mathfrak{A}}$.*

b) *Jede vollständige Fortsetzung ρ von μ ist eine Fortsetzung von $\tilde{\mu}$.*

Das Maß $\tilde{\mu}$ ist nach b) die vollständige Fortsetzung von μ mit minimalem Definitionsbereich. Daher nennt man $\tilde{\mu}$ die *Vervollständigung* von μ und $(X, \tilde{\mathfrak{A}}, \tilde{\mu})$ die *Vervollständigung* von $(X, \mathfrak{A}, \mu)$.

Beweis von Satz 6.3. a) $\tilde{\mathfrak{A}}$ ist eine σ-Algebra: Sei $M \in \tilde{\mathfrak{A}}$. Dann gibt es ein $A \in \mathfrak{A}$ und ein $N \in \mathfrak{N}$ mit $M = A \cup N$. Zu N gibt es ein $C \in \mathfrak{A}$ mit $N \subset C$ und $\mu(C) = 0$. Daher ist $M^c = A^c \cap N^c = A^c \cap (C^c \cup (C \cap N^c)) = (A^c \cap C^c) \cup (A^c \cap C \cap N^c)$, und hier ist $A^c \cap C^c \in \mathfrak{A}$ und $A^c \cap C \cap N^c$ Teilmenge der μ-Nullmenge C. Daher ist $M^c \in \tilde{\mathfrak{A}}$. Da abzählbare Vereinigungen von μ-Nullmengen wieder μ-Nullmengen sind, ist $\tilde{\mathfrak{A}}$ auch abgeschlossen bez. der Bildung abzählbarer Vereinigungen von Mengen aus $\tilde{\mathfrak{A}}$. – Wir zeigen weiter, dass $\tilde{\mu}$ wohldefiniert ist: Dazu seien $A, B \in \mathfrak{A}$, $N, P \in \mathfrak{N}$, und es gelte $A \cup N = B \cup P$. Dann gibt es eine μ-Nullmenge $C \in \mathfrak{A}$ mit $P \subset C$, und es folgt $A \subset B \cup C$, also $\mu(A) \leq \mu(B) + \mu(C) = \mu(B)$. Aus Symmetriegründen ist daher $\mu(A) = \mu(B)$. – Der Nachweis der Maßeigenschaft von $\tilde{\mu}$ ist trivial, und aus Monotoniegründen ist $\tilde{\mu}$ die einzige Fortsetzung von μ zu einem Inhalt auf $\tilde{\mathfrak{A}}$. (*A fortiori* ist also $\tilde{\mu}$ die einzige Fortsetzung von μ zu einem Maß auf $\tilde{\mathfrak{A}}$.) – b) Ist $\rho : \mathfrak{C} \to \overline{\mathbb{R}}$ eine vollständige Fortsetzung von μ, so gilt $\mathfrak{N} \subset \mathfrak{C}$ und $\rho|\mathfrak{N} = 0$. Daher ist $\tilde{\mathfrak{A}} \subset \mathfrak{C}$ und $\rho|\tilde{\mathfrak{A}} = \tilde{\mu}$. $\qquad\square$

6.4 Satz. *Es seien $\mu : \mathfrak{H} \to \overline{\mathbb{R}}$ ein σ-endliches Prämaß auf dem Halbring $\mathfrak{H}$ über X und η das äußere Maß zu μ. Dann ist $\eta|\mathfrak{A}_\eta$ die Vervollständigung von $\eta|\sigma(\mathfrak{H})$. Insbesondere gibt es genau eine Fortsetzung von $\mu : \mathfrak{H} \to \overline{\mathbb{R}}$ zu einem Maß auf $\mathfrak{A}_\eta$.*

Beweis. Da $\eta|\mathfrak{A}_\eta$ vollständig ist, bleibt zu zeigen: $\mathfrak{A}_\eta \subset \widetilde{\sigma(\mathfrak{H})}$. Dazu seien $B \in \mathfrak{A}_\eta$ und zunächst $\eta(B) < \infty$. Dann gibt es zu jedem $n \in \mathbb{N}$ eine Überdeckung $(A_{nk})_{k\geq 1}$ von B durch Mengen $A_{nk} \in \mathfrak{H}$ mit $\sum_{k=1}^\infty \mu(A_{nk}) \leq \eta(B) + \frac{1}{n}$. Für $A := \bigcap_{n=1}^\infty \bigcup_{k=1}^\infty A_{nk} \in \sigma(\mathfrak{H})$ gilt nun $B \subset A$, und für jedes $n \in \mathbb{N}$ ist $\eta(B) \leq \eta(A) \leq \eta(B) + \frac{1}{n}$, also $\eta(A) = \eta(B)$. Wir wenden das soeben Bewiesene an auf $A \setminus B$ anstelle von B und erhalten: Es gibt eine Menge $C \in \sigma(\mathfrak{H})$ mit $A \setminus B \subset C$ und $\eta(C) = \eta(A \setminus B) = \eta(A) - \eta(B) = 0$. Daher gilt $B = (A \setminus C) \cup (B \cap C) \in \widetilde{\sigma(\mathfrak{H})}$, denn $A \setminus C \in \sigma(\mathfrak{H})$ und $B \cap C$ ist eine Teilmenge der $(\eta|\sigma(\mathfrak{H}))$-Nullmenge C. Es sei nun $B \in \mathfrak{A}_\eta$ beliebig. Da μ σ-endlich ist, gibt es eine Folge $(E_n)_{n\geq 1}$ von Mengen aus $\mathfrak{H}$ mit $\bigcup_{n=1}^\infty E_n = X$ und $\mu(E_n) < \infty$ $(n \in \mathbb{N})$. Nach dem schon Bewiesenen gilt $B \cap E_n \in \widetilde{\sigma(\mathfrak{H})}$ für alle $n \in \mathbb{N}$ und damit $B \in \widetilde{\sigma(\mathfrak{H})}$. – Die Eindeutigkeitsaussage folgt aus dem Eindeutigkeitssatz 5.6 und Satz 6.3 a). $\square$

6.5 Korollar. *Es gibt genau eine Fortsetzung des Lebesgueschen Prämaßes $\lambda^p : \mathfrak{J}^p \to \mathbb{R}$ zu einem Maß auf $\mathfrak{L}^p$, und zwar das Lebesgue-Maß $\lambda^p := \eta^p|\mathfrak{L}^p$. Das Lebesgue-Maß $\lambda^p : \mathfrak{L}^p \to \overline{\mathbb{R}}$ ist die Vervollständigung des Lebesgue-Borelschen Maßes $\beta^p : \mathfrak{B}^p \to \overline{\mathbb{R}}$.*

6.6 Korollar. *Ist $F : \mathbb{R} \to \mathbb{R}$ wachsend und rechtsseitig stetig, so gibt es genau eine Fortsetzung des Lebesgue-Stieltjesschen Prämaßes $\mu_F : \mathfrak{J} \to \mathbb{R}$ zu einem Maß auf der σ-Algebra $\mathfrak{A}_F$ der η_F-messbaren Mengen, und zwar das Lebesgue-Stieltjessche Maß $\lambda_F := \eta_F|\mathfrak{A}_F$. Das Lebesgue-Stieltjessche Maß $\lambda_F : \mathfrak{A}_F \to \overline{\mathbb{R}}$ ist die Vervollständigung des Maßes $\lambda_F|\mathfrak{B}$. Entsprechendes gilt für die Lebesgue-Stieltjesschen Prämaße auf $\mathfrak{J}^p$.*

Korollar 6.5 wird schon von H. LEBESGUE in seiner *Thèse* ([1], S. 213) bewiesen; Korollar 6.6 findet man implizit bei J. RADON [1], S. 19–20. Dass jeder Maßraum eine Vervollständigung besitzt, wird erstmals von M. FRÉCHET (C.R. Acad. Sci., Paris 170, 563–564 (1920)) bemerkt; auch Korollar 6.5 wird a.a.O. ausgesprochen. Auch H. HAHN [1], S. 399 beweist die Existenz einer Vervollständigung; Satz 6.4 findet man bei HAHN [3].

Aufgaben. 6.1. Zeigen Sie: In Satz 6.3 gilt $\widetilde{\mathfrak{A}} = \{A \triangle N \,;\, A \in \mathfrak{A},\, N \in \mathfrak{N}\}$.

6.2. Es seien $(X, \mathfrak{A}, \mu)$ ein Maßraum und $\mathfrak{M} \subset \mathfrak{P}(X)$ ein nicht-leeres System von Teilmengen von X mit folgenden Eigenschaften:

   (i) Ist $A \in \mathfrak{M}$ und $B \subset A$, so gilt $B \in \mathfrak{M}$.

   (ii) Für jede Folge $(A_n)_{n\geq 1}$ von Mengen aus $\mathfrak{M}$ gilt $\bigcup_{n=1}^\infty A_n \in \mathfrak{M}$.

(Dann ist insbesondere $\mathfrak{M}$ eine monotone Klasse über X.) Ferner sei $\mathfrak{C} := \{A \triangle M \,;\, A \in \mathfrak{A},\, M \in \mathfrak{M}\}$. Zeigen Sie:

a) $\mathfrak{C}$ ist die von $\mathfrak{A} \cup \mathfrak{M}$ erzeugte σ-Algebra über X.

b) Das System $\mathfrak{M}$ besitze zusätzlich folgende Eigenschaft:

   (iii) Für alle $M \in \mathfrak{M} \cap \mathfrak{A}$ gilt $\mu(M) = 0$.

Für $B = A \triangle M \in \mathfrak{C}$ $(A \in \mathfrak{A},\, M \in \mathfrak{M})$ sei $\rho(B) := \mu(A)$. Dann ist ρ wohldefiniert, und $(X, \mathfrak{C}, \rho)$ ist ein Maßraum. Das Maß ρ ist eine Fortsetzung von μ, und es gilt $\rho|\mathfrak{M} = 0$.

c) Besitzt $\mathfrak{M}$ die Eigenschaften (i)–(iii) und enthält $\mathfrak{M}$ alle μ-Nullmengen, so ist $(X, \mathfrak{C}, \rho)$ vollständig und $\mathfrak{M}$ das System aller ρ-Nullmengen.

d) Benutzen Sie a)–c) zu einem weiteren Beweis von Satz 6.3.

6.3. Es sei $(X, \mathfrak{A}, \mu)$ ein Maßraum. Eine Menge $A \in \mathfrak{A}$ heißt ein *(μ-)Atom*, wenn $\mu(A) > 0$ ist und wenn für jedes $B \in \mathfrak{A}$ mit $B \subset A$ gilt $\mu(B) = 0$ oder $\mu(A \setminus B) = 0$. Existieren keine μ-Atome, so heißt μ *atomlos*. Ist μ σ-endlich und existiert eine (leere, endliche oder unendliche) Folge $(A_n)_{n \geq 1}$ von Atomen, so dass $\left(\bigcup_{n \geq 1} A_n \right)^c$ eine μ-Nullmenge ist, so heißt μ *rein atomar*.

a) Sind A, B μ-Atome, so ist $\mu(A \cap B) = 0$ oder $\mu(A \triangle B) = 0$.

b) Ist μ σ-endlich, so hat jedes Atom endliches Maß.

c) Ist A ein Atom und $B \in \mathfrak{A}$, $B \subset A$, so gilt $\mu(B) = 0$ oder $\mu(B) = \mu(A)$.

d) Ist $A \in \mathfrak{A}$ und $0 < \mu(A) < \infty$ und gilt für jedes $B \in \mathfrak{A}$, $B \subset A$ entweder $\mu(B) = 0$ oder $\mu(B) = \mu(A)$, so ist A ein Atom.

e) Auch wenn $(X, \mathfrak{A}, \mu)$ vollständig ist, braucht nicht jede Teilmenge eines Atoms messbar zu sein.

f) Ist μ σ-endlich, so gibt es eine (leere, endliche oder unendliche) Folge $(A_n)_{n \geq 1}$ paarweise disjunkter Atome, so dass mit $B := \bigcup_{n \geq 1} A_n$ gilt: Das Maß $\nu : \mathfrak{A} \to \overline{\mathbb{R}}$, $\nu(A) := \mu(A \cap B^c)$ ($A \in \mathfrak{A}$) ist atomlos, das Maß $\rho : \mathfrak{A} \to \overline{\mathbb{R}}$, $\rho(A) := \sum_{n \geq 1} \mu(A \cap A_n)$, ($A \in \mathfrak{A}$) ist rein atomar und $\mu = \nu + \rho$ ist die eindeutig bestimmte Zerlegung von μ in einen atomlosen und einen rein atomaren Anteil. (Hinweis: Es genügt der Beweis im Fall $\mu(X) < \infty$. Konstruieren Sie induktiv eine Folge von Atomen nicht zu kleinen Maßes.)

g) Welche Beziehung besteht für Lebesgue-Stieltjessche Maße zwischen der Zerlegung aus Satz 2.4 und der Zerlegung gemäß f)?

h) Ist μ σ-endlich und atomlos, so gilt für jedes $A \in \mathfrak{A}$: $\{\mu(C) : C \in \mathfrak{A}, C \subset A\} = [0, \mu(A)]$.

i) Ist μ endlich und rein atomar, so ist $\mu(\mathfrak{A})$ eine kompakte Teilmenge von $[0, \infty]$. (Hinweis: Konstruieren Sie eine stetige Surjektion des Cantorschen Diskontinuums (s. § 8) oder von $\{0, 1\}^{\mathbb{N}}$ auf $\mu(\mathfrak{A})$.)

j) Ist μ endlich, so ist $\mu(\mathfrak{A})$ eine kompakte Teilmenge von $[0, \infty]$.

§ 7.   Das Lebesguesche Maß

1. Approximationssätze.

7.1 Satz. *Zu jeder Menge $A \in \mathfrak{L}^p$ und jedem $\varepsilon > 0$ gibt es eine offene Obermenge $U \supset A$ mit $\lambda^p(U \setminus A) < \varepsilon$ und eine abgeschlossene Teilmenge $F \subset A$ mit $\lambda^p(A \setminus F) < \varepsilon$.*

Beweis. Es sei zunächst $\lambda^p(A) < \infty$. Dann gibt es eine Folge $(I_n)_{n \geq 1}$ in $\mathfrak{J}^p$ mit $A \subset \bigcup_{n=1}^{\infty} I_n$ und $\sum_{n=1}^{\infty} \lambda^p(I_n) < \lambda^p(A) + \varepsilon/2$. Zu jedem n wählen wir ein $J_n \in \mathfrak{J}^p$ mit $I_n \subset \overset{\circ}{J}_n$, so dass $\lambda^p(J_n) \leq \lambda^p(I_n) + \varepsilon \cdot 2^{-n-1}$ ($n \geq 1$). Dann ist

$U := \bigcup_{n=1}^{\infty} \overset{\circ}{J_n}$ offen, $A \subset U$ und

$$\lambda^p(U \setminus A) = \lambda^p(U) - \lambda^p(A) \leq \sum_{n=1}^{\infty} \lambda^p(J_n) - \lambda^p(A) < \varepsilon.$$

Ist $A \in \mathfrak{L}^p$ beliebig, so gibt es nach dem Bewiesenen zu $A \cap [-n, n]^p$ eine offene Obermenge U_n mit $\lambda^p(U_n \setminus (A \cap [-n, n]^p)) < \varepsilon \cdot 2^{-n}$ $(n \geq 1)$, und $U := \bigcup_{n=1}^{\infty} U_n$ leistet das Verlangte: $\lambda^p(U \setminus A) \leq \sum_{n=1}^{\infty} \lambda^p(U_n \setminus A) < \varepsilon$. – Zum Nachweis der Existenz einer abgeschlossenen Teilmenge $F \subset A$ mit $\lambda^p(A \setminus F) < \varepsilon$ wenden wir das soeben Bewiesene an auf A^c. Es folgt die Existenz einer offenen Menge $V \supset A^c$ mit $\lambda^p(V \setminus A^c) < \varepsilon$. Daher ist $F := V^c$ eine abgeschlossene Teilmenge von A mit $\lambda^p(A \setminus F) = \lambda^p(A \cap V) = \lambda^p(V \setminus A^c) < \varepsilon$. □

7.2 Korollar. *Für jedes $A \in \mathfrak{L}^p$ gilt*

$$\begin{aligned}
\lambda^p(A) &= \inf\{\lambda^p(U) : U \supset A, \, U \text{ offen}\} \\
&= \sup\{\lambda^p(F) : F \subset A, \, F \text{ abgeschlossen}\} \\
&= \sup\{\lambda^p(K) : K \subset A, \, K \text{ kompakt}\}.
\end{aligned}$$

Beweis. Die beiden ersten Gleichungen folgen aus Satz 7.1. Zum Beweis der dritten Gleichung sei $\alpha \in \mathbb{R}$, $\alpha < \lambda^p(A)$. Dann gibt es ein abgeschlossenes $F \subset A$ mit $\lambda^p(F) > \alpha$. Für die kompakten Mengen $K_n := F \cap [-n, n]^p$ gilt $K_n \uparrow F$, also $\lambda^p(K_n) \uparrow \lambda^p(F) > \alpha$. Daher existiert ein $n \in \mathbb{N}$ mit $\lambda^p(K_n) > \alpha$. □

Eine Menge $M \subset \mathbb{R}^p$ heißt eine G_δ-*Menge*, wenn M darstellbar ist als Durchschnitt abzählbar vieler offener Mengen, und M heißt eine F_σ-*Menge*, wenn M darstellbar ist als Vereinigung abzählbar vieler abgeschlossener Mengen (s. Aufgabe I.6.1). Offenbar ist M genau dann eine G_δ-Menge, wenn M^c eine F_σ-Menge ist.

7.3 Korollar. *Zu jeder Menge $A \in \mathfrak{L}^p$ gibt es eine G_δ-Menge $B \supset A$ und eine F_σ-Menge $C \subset A$ mit $\lambda^p(B \setminus A) = \lambda^p(A \setminus C) = 0$.*

Beweis. Nach Satz 7.1 gibt es eine offene Menge $U_n \supset A$ mit $\lambda^p(U_n \setminus A) < \frac{1}{n}$. Nun ist $B := \bigcap_{n=1}^{\infty} U_n$ eine G_δ-Menge, die A umfasst, und für jedes $n \in \mathbb{N}$ gilt $\lambda^p(B \setminus A) \leq \lambda^p(U_n \setminus A) < \frac{1}{n}$, also $\lambda^p(B \setminus A) = 0$. Die zweite Aussage folgt entsprechend aus der zweiten Aussage des Satzes 7.1. □

2. Charakterisierung der Lebesgue-Messbarkeit.

7.4 Satz. *Eine Menge $A \subset \mathbb{R}^p$ ist genau dann Lebesgue-messbar, wenn zu jedem $\varepsilon > 0$ eine offene Menge U und eine abgeschlossene Menge F mit $F \subset A \subset U$ existieren, so dass $\lambda^p(U \setminus F) < \varepsilon$.*

Beweis. Ist $A \in \mathfrak{L}^p$, so gibt es ein offenes $U \supset A$ mit $\lambda^p(U \setminus A) < \frac{\varepsilon}{2}$ und ein abgeschlossenes $F \subset A$ mit $\lambda^p(A \setminus F) < \frac{\varepsilon}{2}$. Nun ist $U \setminus F$ disjunkte Vereinigung von $U \setminus A$ und $A \setminus F$, also $\lambda^p(U \setminus F) < \varepsilon$. Hat umgekehrt A die angegebene

Approximationseigenschaft, so wählen wir zu jedem $n \in \mathbb{N}$ ein offenes $U_n \supset A$ und ein abgeschlossenes $F_n \subset A$ mit $\lambda^p(U_n \setminus F_n) < \frac{1}{n}$. Dann sind $B := \bigcup_{n=1}^{\infty} F_n \in \mathfrak{B}^p$, $C := \bigcap_{n=1}^{\infty} U_n \in \mathfrak{B}^p$, $B \subset A \subset C$ und $\lambda^p(C \setminus B) = 0$. Daher ist $A = B \cup (A \setminus B)$ Vereinigung der Borelschen Menge B und der Teilmenge $A \setminus B$ der λ^p-Nullmenge $C \setminus B$. Da $\lambda^p | \mathfrak{L}^p$ vollständig ist, folgt $A \in \mathfrak{L}^p$. □

7.5 Korollar. *Eine Menge $A \subset \mathbb{R}^p$ ist genau dann Lebesgue-messbar, wenn eine G_δ-Menge $B \supset A$ und eine F_σ-Menge $C \subset A$ existieren, so dass $\lambda^p(B \setminus C) = 0$.*

Beweis. Ist $A \in \mathfrak{L}^p$, so leisten die Mengen B, C aus Korollar 7.3 das Verlangte. Die Umkehrung entnimmt man den letzten Zeilen des Beweises von Satz 7.4. □

Die Aussagen 7.1–7.5 gelten entsprechend für alle Lebesgue-Stieltjesschen Maße (s. Aufgabe 7.5).

3. Der Satz von H. STEINHAUS. Grob gesprochen besagt Satz 7.1, dass jede Lebesgue-messbare Teilmenge des $\mathbb{R}^p$ näherungsweise gleich einer offenen Menge ist. Der folgende Satz des polnischen Mathematikers H. STEINHAUS (1887–1972) (Fundam. Math. 1, 93–104 (1920)) bekräftigt diese intuitive Vorstellung. Zur Formulierung dieses Satzes definieren wir für $A, B \subset \mathbb{R}^p$ und $t \in \mathbb{R}^p$:

$$A + t := \{x + t : x \in A\} \quad , \quad A - B := \{x - y : x \in A, y \in B\}.$$

7.6 Satz von H. Steinhaus (1920). *Ist $A \in \mathfrak{L}^p$ und $\lambda^p(A) > 0$, so ist $A - A$ eine Umgebung von 0, d.h. es gibt ein $\delta > 0$, so dass $K_\delta(0) \subset A - A$.*

Beweis. Nach Korollar 7.2 genügt der Beweis für kompaktes A mit $\lambda^p(A) > 0$: Es gibt nach Satz 7.1 ein offenes $U \supset A$ mit $\lambda^p(U) < 2\lambda^p(A)$. Das nicht-leere Kompaktum A hat von der nicht-leeren abgeschlossenen Menge U^c mit $A \cap U^c = \emptyset$ einen positiven Abstand: $\delta := \inf\{\|x - y\| : x \in A, y \in U^c\} > 0$. Dieses δ leistet das Verlangte: Sei $t \in \mathbb{R}^p$, $\|t\| < \delta$. Für jedes $x \in A$ ist dann $x + t \in U$, denn wäre $y := x + t \in U^c$, so wären $x \in A$, $y \in U^c$ zwei Punkte mit $\|x - y\| = \|t\| < \delta$ im Widerspruch zur Definition von δ. Daher gilt $A \cup (A + t) \subset U$. Weiter ist $A + t$ kompakt, und aufgrund der Definition des äußeren Maßes η^p (Beispiel 4.6) ist $\lambda^p(A + t) = \lambda^p(A)$. Angenommen, es wäre $A \cap (A + t) = \emptyset$. Dann erhielten wir: $\lambda^p(U) \geq \lambda^p(A) + \lambda^p(A + t) = 2\lambda^p(A)$ im Widerspruch zur Wahl von U. Es folgt: Für jedes $t \in K_\delta(0)$ ist $A \cap (A + t) \neq \emptyset$. Daher gilt $K_\delta(0) \subset A - A$. □

4. Messbarkeit konvexer Mengen. Eine Menge $A \subset \mathbb{R}^p$ heißt *konvex*, wenn für alle $x, y \in A$ und $0 \leq \lambda \leq 1$ gilt $\lambda x + (1 - \lambda)y \in A$, d.h. wenn für alle $x, y \in A$ die Verbindungsstrecke von x und y in A enthalten ist.

7.7 Satz. *Der Rand ∂A jeder konvexen Menge $A \subset \mathbb{R}^p$ ist eine Lebesguesche Nullmenge. Insbesondere ist jede konvexe Menge $A \subset \mathbb{R}^p$ Lebesgue-messbar.*

Beweis (nach R. LANG, Arch. Math. 47, 90–92 (1986)). Es darf gleich angenommen werden, dass A beschränkt ist; sei etwa $\overline{A} \subset W$ mit geeignetem $W \in \mathfrak{J}^p$. Ist $\overset{\circ}{A} = \emptyset$, so ist A Teilmenge einer geeigneten Hyperebene, und es gibt eine konvexe Teilmenge $C \subset \mathbb{R}^p$ mit $\partial A \subset \partial C$ und $\overset{\circ}{C} \neq \emptyset$. Daher kann zusätzlich $\overset{\circ}{A} \neq \emptyset$ angenommen werden. Das Mengensystem

$$\mathfrak{M} := \{B \in \mathfrak{B}^p | W : \lambda^p(B \cap \partial A) \leq (1 - 3^{-p})\, \lambda^p(B)\}$$

ist eine monotone Klasse und abgeschlossen bez. der Bildung endlicher disjunkter Vereinigungen. Sei $]a,b] \subset W$, $a < b$, und für $j = 1, \ldots, p$ werde $]a_j, b_j]$ durch $a_j < u_j < v_j < b_j$ in drei gleich lange Teilintervalle zerlegt. Durch Bildung cartesischer Produkte der Intervalle $]a_j, u_j],]u_j, v_j],]v_j, b_j]$ $(j = 1, \ldots, p)$ zerlegen wir $]a,b]$ in 3^p Teilintervalle gleichen Maßes. Unter diesen gibt es mindestens ein Intervall I mit $\overset{\circ}{I} \cap \partial A = \emptyset$. Wäre nämlich $\overset{\circ}{J} \cap \partial A \neq \emptyset$ für alle 3^p Teilintervalle J, so wäre auch $\overset{\circ}{J} \cap A \neq \emptyset$ für alle J, und wegen der Konvexität von A wäre $]u, v[\subset \overset{\circ}{A}$ im Widerspruch zu der Annahme $]u, v[\cap \partial A \neq \emptyset$. Es folgt $]a,b] \in \mathfrak{M}$, also $\mathfrak{J}^p | W \subset \mathfrak{M}$, $\mathfrak{F}^p | W \subset \mathfrak{M}$. Da $\mathfrak{F}^p | W$ ein *Ring* ist, der $\mathfrak{B}^p | W$ erzeugt, liefert Satz I.6.2: $\mathfrak{M} = \mathfrak{B}^p | W$. Insbesondere ist $\partial A \in \mathfrak{M}$, also $\lambda^p(\partial A) = 0$. □

Der Rand jeder beschränkten Teilmenge des $\mathbb{R}^p$ ist kompakt, und eine kompakte Teilmenge des $\mathbb{R}^p$ ist genau dann eine Lebesguesche Nullmenge, wenn sie eine Jordan-Nullmenge ist (s. Aufgabe 7.6). Damit erhalten wir:

7.8 Korollar. *Jede beschränkte konvexe Teilmenge des $\mathbb{R}^p$ ist Jordan-messbar.*

Einen kurzen Beweis von Korollar 7.8, der keine Lebesguesche Maßtheorie benutzt, gibt L. SZABÓ [1]. – Konvexe Teilmengen des $\mathbb{R}^p$ $(p \geq 2)$ brauchen hingegen nicht Borelsch zu sein: Ist K eine offene Kugel im $\mathbb{R}^p$, $p \geq 2$, so gibt es nach Korollar 8.6 eine nicht Borelsche Teilmenge $M \subset \partial K$, und $A := K \cup M$ ist konvex, aber nicht Borelsch. – Aufgabe III.2.10 eröffnet einen anderen Zugang zu Satz 7.7 und Korollar 7.8.

Aufgaben. 7.1. Es seien η^p das äußere Lebesguesche Maß, $A \subset \mathbb{R}^p$, und es gebe ein $\alpha \in]0,1[$, so dass für alle $I \in \mathfrak{J}^p$ gilt $\eta^p(A \cap I) \leq \alpha \lambda^p(I)$. Dann ist A eine Lebesguesche Nullmenge.

7.2. Es seien $A \in \mathfrak{L}^p$ und $0 < \alpha < \lambda^p(A) < \beta$. Dann gibt es eine kompakte Menge $K \subset A$ mit $\lambda^p(K) = \alpha$ und eine offene Menge $U \supset A$ mit $\lambda^p(U) = \beta$.

7.3. Es seien A eine offene Teilmenge des $\mathbb{R}^p$ und $0 < \alpha < \lambda^p(A)$. Dann gibt es eine in A dichte offene Teilmenge $U \subset A$ mit $\lambda^p(U) = \alpha$.

7.4. Ist $f : \mathbb{R} \to \mathbb{R}$ stetig differenzierbar und $A := \{x \in \mathbb{R} : f'(x) = 0\}$, so ist $f(A)$ eine Lebesguesche Nullmenge. (Hinweise: Jede offene Teilmenge von $\mathbb{R}$ ist disjunkte Vereinigung abzählbar vieler offener Intervalle. Betrachten Sie für $\varepsilon > 0$ und $n \in \mathbb{N}$ die Menge $A_n(\varepsilon) := \{x \in]-n, n[: |f'(x)| < \varepsilon \cdot 2^{-n}\}$ und wenden Sie den Mittelwertsatz der Differentialrechnung an.)

7.5. Es seien $F : \mathbb{R}^p \to \mathbb{R}$ wachsend und rechtsseitig stetig und $\lambda_F : \mathfrak{A}_F \to \overline{\mathbb{R}}$ das zugehörige Lebesgue-Stieltjessche Maß.
a) Zu jedem $A \in \mathfrak{A}_F$ und jedem $\varepsilon > 0$ gibt es eine offene Menge $U \supset A$ mit $\lambda_F(U \setminus A) < \varepsilon$ und eine abgeschlossene Menge $C \subset A$ mit $\lambda_F(A \setminus C) < \varepsilon$.

b) Für jedes $A \in \mathfrak{A}_F$ gilt

$$
\begin{aligned}
\lambda_F(A) &= \inf\{\lambda_F(U) : U \supset A,\, U \text{ offen }\} \\
&= \sup\{\lambda_F(C) : C \subset A,\, C \text{ abgeschlossen }\} \\
&= \sup\{\lambda_F(K) : K \subset A,\, K \text{ kompakt }\}.
\end{aligned}
$$

c) Zu jedem $A \in \mathfrak{A}_F$ gibt es eine G_δ-Menge $B \supset A$ und eine F_σ-Menge $C \subset A$ mit $\lambda_F(B \setminus A) = \lambda_F(A \setminus C) = 0$.

d) Für $A \subset \mathbb{R}^p$ gilt $A \in \mathfrak{A}_F$ genau dann, wenn zu jedem $\varepsilon > 0$ eine offene Menge $U \supset A$ und eine abgeschlossene Menge $C \subset A$ existieren, so dass $\lambda_F(U \setminus C) < \varepsilon$.

e) Für $A \subset \mathbb{R}^p$ gilt $A \in \mathfrak{A}_F$ genau dann, wenn eine G_δ-Menge $B \supset A$ und eine F_σ-Menge $C \subset A$ existieren mit $\lambda_F(B \setminus C) = 0$.

7.6. Eine Menge $A \subset \mathbb{R}^p$ heißt *Jordan-messbar*, wenn A beschränkt und $\sup\{\lambda^p(M) : M \in \mathfrak{F}^p,\, M \subset A\} = \inf\{\lambda^p(N) : N \in \mathfrak{F}^p,\, N \supset A\}$ ist. Für Jordan-messbares A heißt $\iota^p(A) := \sup\{\lambda^p(M) : M \in \mathfrak{F}^p,\, M \subset A\}$ das *Jordan-Maß* von A. (Diese Begriffe sind benannt nach dem französischen Mathematiker C. JORDAN, dessen einflussreicher *Cours d'analyse* lange Zeit ein Maßstab für Strenge auf dem Gebiet der Analysis war. Unabhängig vom italienischen Mathematiker G. PEANO entwickelte JORDAN um 1890 eine Inhaltslehre für Teilmengen des $\mathbb{R}^p$ und einen Integralbegriff, der dem Riemannschen Integralbegriff analog ist. Eine genauere Diskussion des Jordan-Maßes und des entsprechenden Integrals findet man im Grundwissen-Band *Analysis II* von W. WALTER und bei MAYRHOFER [1].) Ist A Jordan-messbar mit $\iota^p(A) = 0$, so heißt A eine *Jordan-Nullmenge*.

a) Ist A Jordan-messbar, so gilt $A \in \mathfrak{L}^p$ und $\lambda^p(A) = \iota^p(A)$.

b) Eine Menge $A \subset \mathbb{R}^p$ ist genau dann Jordan-messbar, wenn A beschränkt und der Rand von A eine Jordan-Nullmenge ist.

c) Das System $\mathfrak{J}^p$ der Jordan-messbaren Teilmengen des $\mathbb{R}^p$ ist ein Ring und $\iota^p : \mathfrak{J}^p \to \mathbb{R}$ ein Inhalt.

d) Für jedes $A \in \mathfrak{J}^p$ gilt $\overset{\circ}{A} \in \mathfrak{J}^p$, $\overline{A} \in \mathfrak{J}^p$ und $\iota^p(\overset{\circ}{A}) = \iota^p(A) = \iota^p(\overline{A})$.

e) Eine kompakte Menge $K \subset \mathbb{R}^p$ ist genau dann eine Lebesguesche Nullmenge, wenn K eine Jordan-Nullmenge ist.

f) Eine beschränkte Menge $A \subset \mathbb{R}^p$ ist genau dann Jordan-messbar, wenn $\lambda^p(\overset{\circ}{A}) = \lambda^p(\overline{A})$ ist, und dann ist $\iota^p(A) = \lambda^p(\overset{\circ}{A}) = \lambda^p(\overline{A})$.

g) Die Menge $\mathbb{Q}^p \cap [0,1]^p$ ist eine beschränkte Lebesguesche Nullmenge, aber keine Jordan-Nullmenge.

h) Es seien $f : [a,b] \to \mathbb{R}$, $f \geq 0$ und $\mathcal{O}(f) := \{(x,y)^t \in \mathbb{R}^2 : x \in [a,b],\, 0 \leq y \leq f(x)\}$ die *Ordinatenmenge* von f. Dann ist f Riemann-integrierbar genau dann, wenn $\mathcal{O}(f)$ Jordan-messbar ist, und in diesem Falle gilt $\int_a^b f(x)\, dx = \iota^2(\mathcal{O}(f))$.

i) Ist $K \subset \mathbb{R}^k$ kompakt und $f : K \to \mathbb{R}^n$ stetig, so ist der Graph $G := \{(x, f(x))^t : x \in K\}$ eine Jordansche Nullmenge des $\mathbb{R}^{k+n}$.

j) Es seien $M \subset \mathbb{R}^{k+n}$ offen und $g : M \to \mathbb{R}^n$ stetig differenzierbar. Ferner sei $F := \{x \in M : g(x) = 0\} \neq \emptyset$, und der Rang der Funktionalmatrix von g sei in allen Punkten von F gleich n. Dann heißt F eine stetig differenzierbare *k-dimensionale Fläche* im $\mathbb{R}^{k+n}$. Zeigen Sie: Jede kompakte Teilmenge von F ist eine Jordan-Nullmenge. (Hinweis: Satz über implizite Funktionen.)

k) Jede (offene oder abgeschlossene) Kugel im $\mathbb{R}^p$ ist Jordan-messbar.

7.7. Es sei $E \subset \mathbb{R}$ die Menge aller reellen Zahlen, die eine Dezimalbruchentwicklung haben, in welcher die Folge der Koeffizienten der ungeraden Potenzen von 10 periodisch ist. Ist E eine Borel-Menge? Bestimmen Sie das Lebesguesche Maß von E.

7.8. Ist $A \subset \mathbb{R}^p$ konvex, $\overset{\circ}{A} \neq \emptyset$ und $\lambda^p(A) < \infty$, so ist A beschränkt (und damit Jordan-messbar).

7.9. Es seien X ein metrischer (oder topologischer) Raum. Eine Menge $A \subset X$ hat die Baire-sche Eigenschaft genau dann, wenn A darstellbar ist als disjunkte Vereinigung einer G_δ-Menge mit einer mageren Teilmenge von X; Letzteres ist genau dann der Fall, wenn A darstellbar ist als Differenz $A = F \setminus N$ einer F_σ-Menge F und einer mageren Menge $N \subset F$. (Hinweis: Aufgaben I.3.8 und I.4.7.)

7.10. Ist $A \subset \mathbb{R}^p$ eine nicht magere Menge mit der Baireschen Eigenschaft, so ist $A - A$ eine Umgebung von 0, d.h. es gibt ein $\delta > 0$, so dass $K_\delta \subset A - A$. (Hinweis: Es ist $A = G \triangle N$ mit einer offenen Teilmenge $G \subset \mathbb{R}^p$ und mit einer mageren Menge N. Da A nicht mager ist, ist $G \neq \emptyset$, enthält also eine Kugel von positivem Radius. – Vgl. Satz 7.6.)

7.11. Jede Jordan-messbare Teilmenge des $\mathbb{R}^p$ hat die Bairesche Eigenschaft.

§ 8.   Das Cantorsche Diskontinuum

1. Konstruktion von C. Zur *Definition der Menge C* beginnen wir mit $I = [0, 1]$ und entfernen beim nullten Schritt unserer induktiven Konstruktion aus I das offene mittlere Drittel $I_{0,1} := \left]\frac{1}{3}, \frac{2}{3}\right[$. Es bleiben die 2^1 abgeschlossenen Intervalle $K_{0,1} = \left[0, \frac{1}{3}\right]$, $K_{0,2} = \left[\frac{2}{3}, 1\right]$. Aus diesen Intervallen entfernen wir beim ersten Schritt wieder jeweils das offene mittlere Drittel $I_{1,1} := \left]\frac{1}{9}, \frac{2}{9}\right[$, $I_{1,2} := \left]\frac{7}{9}, \frac{8}{9}\right[$, und es bleiben die 2^2 abgeschlossenen Intervalle $K_{1,1} = \left[0, \frac{1}{9}\right]$, $K_{1,2} = \left[\frac{2}{9}, \frac{1}{3}\right]$, $K_{1,3} = \left[\frac{2}{3}, \frac{7}{9}\right]$, $K_{1,4} = \left[\frac{8}{9}, 1\right]$. Aus jedem dieser Intervalle entfernen wir wieder das offene mittlere Drittel und so fort. Die Menge der übrig bleibenden Punkte von I heißt das *Cantorsche Diskontinuum* (G. CANTOR [1], S. 207).

Zur präzisen induktiven Definition nehmen wir an, für ein $n \geq 0$ seien die $2^{n+1} - 1$ Intervalle $I_{m,k}$ ($0 \leq m \leq n$, $k = 1, \ldots, 2^m$) schon so definiert, dass gilt

$$I \setminus \bigcup_{\substack{0 \leq m \leq n \\ 1 \leq k \leq 2^m}} I_{m,k} = \bigcup_{j=1}^{2^{n+1}} K_{n,j}$$

mit disjunkten, abgeschlossenen Intervallen $K_{n,j}$ ($j = 1, \ldots, 2^{n+1}$), die alle die Länge 3^{-n-1} haben. Dabei denken wir uns die $K_{n,j}$ nummeriert im Sinne wachsender linker Eckpunkte. Ist $K_{n,j} = [\alpha_{n,j}, \alpha_{n,j} + 3^{-n-1}]$, so definieren wir für $j = 1, \ldots, 2^{n+1}$:

$$I_{n+1,j} := \left]\alpha_{n,j} + 3^{-n-2}, \alpha_{n,j} + 2 \cdot 3^{-n-2}\right[,$$
$$K_{n+1,2j-1} := \left[\alpha_{n,j}, \alpha_{n,j} + 3^{-n-2}\right], \; K_{n+1,2j} := \left[\alpha_{n,j} + 2 \cdot 3^{-n-2}, \alpha_{n,j} + 3^{-n-1}\right].$$

Damit ist die induktive Definition der $I_{n,k}$ $(k = 1, \ldots, 2^n)$ und der $K_{n,j}$ $(j = 1, \ldots, 2^{n+1})$ abgeschlossen. Die Mengen $\bigcup_{j=1}^{2^{n+1}} K_{n,j}$ $(n \geq 0)$ bilden eine fallende Folge abgeschlossener Teilmengen von I. Daher ist das *Cantorsche Diskontinuum*

$$C := \bigcap_{n=0}^{\infty} \bigcup_{j=1}^{2^{n+1}} K_{n,j} = I \setminus \bigcup_{n=0}^{\infty} \bigcup_{j=1}^{2^n} I_{n,j}$$

eine kompakte Teilmenge von I. Für jedes $n \in \mathbb{N}$ ist C Teilmenge der Vereinigung der 2^{n+1} disjunkten abgeschlossenen Intervalle $K_{n,j}$ $(j = 1, \ldots, 2^{n+1})$, die alle die Länge 3^{-n-1} haben. Daher enthält C kein Intervall positiver Länge, d.h. C ist *nirgends dicht*.

Offenbar gehören alle Eckpunkte sämtlicher $K_{n,j}$ $(n \geq 0, j = 1, \ldots, 2^{n+1})$ zu C. Die Menge E dieser Eckpunkte ist abzählbar unendlich. Auch alle Häufungspunkte von E gehören zu C, denn C ist abgeschlossen. Es ist sogar C gleich der Menge der Häufungspunkte von E: Ist nämlich $x \in C$ und $n \geq 0$, so gibt es ein $j \in \{1, \ldots, 2^{n+1}\}$ mit $x \in K_{n,j}$, und dann gilt für jeden Eckpunkt $y \neq x$ von $K_{n,j}$ die Abschätzung $|x - y| \leq 3^{-n-1}$. Daher ist x Häufungspunkt von E, also erst recht Häufungspunkt von C; d.h.: C ist *perfekt*. (Eine Teilmenge A eines metrischen (oder topologischen) Raumes heißt *perfekt*, wenn A abgeschlossen ist und keine isolierten Punkte hat, d.h. wenn A gleich der Menge der Häufungspunkte von A ist.) – Schon G. CANTOR ([1], S. 255 f.) bemerkte, dass C das Maß null hat.

8.1 Satz (G. CANTOR). *Das Cantorsche Diskontinuum C ist eine nirgends dichte, perfekte Teilmenge des Einheitsintervalls mit $\lambda(C) = 0$.*

Beweis. Es ist nur noch zu zeigen, dass $\lambda(C) = 0$ ist:

$$\lambda(C) = 1 - \sum_{n=0}^{\infty} \sum_{j=1}^{2^n} \lambda(I_{n,j}) = 1 - \sum_{n=0}^{\infty} 2^n \cdot 3^{-n-1} = 0 \,.$$

$\square$

2. Triadische Entwicklung. Obgleich die Menge E der Eckpunkte der $K_{n,j}$ $(n \geq 0, j = 1, \ldots, 2^{n+1})$ abzählbar ist, erweist sich C als überabzählbar. Man kann sogar C bijektiv auf $\mathbb{R}$ abbilden! Um das einzusehen, charakterisieren wir die $x \in C$ mithilfe ihrer „triadischen Entwicklung" (Entwicklung zur Basis 3)

(8.1) $$x = \sum_{k=1}^{\infty} x_k \cdot 3^{-k} \,, \ x_k \in \{0, 1, 2\} \text{ für alle } k \in \mathbb{N} \,.$$

Zunächst bestimmen wir die Eckpunkte der $K_{n,j}$ $(j = 1, \ldots, 2^{n+1}; n \geq 0)$.

8.2 Lemma. a) *Die Zahl $\alpha \in [0, 1]$ ist genau dann linker Eckpunkt eines $K_{n,j}$ $(j = 1, \ldots, 2^{n+1}; n \geq 0$ fest), wenn α eine abbrechende triadische Entwicklung folgender Gestalt hat:*

(8.2) $$\alpha = \sum_{k=1}^{n+1} \alpha_k \cdot 3^{-k} \text{ mit geeigneten } \alpha_1, \ldots, \alpha_{n+1} \in \{0, 2\} \,.$$

b) *Die Zahl $\beta \in [0,1]$ ist genau dann rechter Eckpunkt eines $K_{n,j}$ ($j = 1, \ldots,$
2^{n+1}; $n \geq 0$ fest), wenn β eine periodische triadische Entwicklung folgender
Gestalt hat:*

$$(8.3) \qquad \beta = \sum_{k=1}^{n+1} \beta_k \cdot 3^{-k} + \sum_{k=n+2}^{\infty} 2 \cdot 3^{-k} \ \text{mit geeigneten } \beta_1, \ldots, \beta_{n+1} \in \{0,2\}.$$

Beweis. a) Es sei α linker Eckpunkt eines $K_{n,j}$ ($j = 1, \ldots, 2^{n+1}$). Wir zeigen
die Behauptung mit vollständiger Induktion: Für $n = 0$ ist $\alpha = 0$ oder $\alpha =$
$2 \cdot 3^{-1}$, und Aussage a) ist richtig. Es seien nun die Behauptung richtig für alle
$m \leq n$ und α linker Eckpunkt von $K_{n+1,j}$, $j \in \{1, \ldots, 2^{n+2}\}$. Ist $j = 2l - 1$
ungerade ($l \in \{1, \ldots, 2^{n+1}\}$), so ist α linker Eckpunkt von $K_{n,l}$ und Behauptung
a) richtig. Ist dagegen $j = 2l$ eine gerade Zahl ($l \in \{1, \ldots, 2^{n+1}\}$) und α' der
linke Eckpunkt von $K_{n,l}$, so hat α' nach Induktionsvoraussetzung die Gestalt
$\alpha' = \sum_{k=1}^{n+1} \alpha_k \cdot 3^{-k}$ mit geeigneten $\alpha_1, \ldots, \alpha_{n+1} \in \{0,2\}$. Mit $\alpha_{n+2} := 2$ ist dann
$\alpha = \sum_{k=1}^{n+2} \alpha_k \cdot 3^{-k}$. – Umgekehrt sieht man ebenso mit vollständiger Induktion,
dass jede Zahl mit einer Entwicklung der Form (8.2) als linker Eckpunkt eines
$K_{n,j}$ ($j = 1, \ldots, 2^{n+1}$) vorkommt.
b) Ist α mit der Entwicklung (8.2) linker Eckpunkt von $K_{n,j}$ ($j = 1, \ldots, 2^{n+1}$),
so ist $\beta = \alpha + 3^{-n-1}$ der zugehörige rechte Eckpunkt. Die Zahl β hat neben der
abbrechenden triadischen Entwicklung

$$(8.4) \qquad\qquad \beta = \sum_{k=1}^{n+1} \alpha_k \cdot 3^{-k} + 3^{-n-1},$$

die mit der Ziffer 1 endet (Beweis?), die periodische Entwicklung (8.3) mit
$\beta_k = \alpha_k$ für $k = 1, \ldots, n+1$. Umgekehrt ist jedes β der Gestalt (8.3) rechter
Eckpunkt eines $K_{n,j}$ ($j = 1, \ldots, 2^{n+1}$). $\qquad\qquad\qquad\qquad\qquad\qquad$ $\square$

Wir ordnen nun jedem $x \in [0,1]$ eine *normierte triadische Entwicklung* zu:
Hat $x \in [0,1]$ eine eindeutig bestimmte triadische Entwicklung (8.1), so sei
diese die normierte. Bekanntlich hat $x \in [0,1]$ dann und nur dann genau eine
Entwicklung der Form (8.1), wenn x *nicht* die Form $x = a \cdot 3^{-n}$ hat mit ganzem
$n \geq 0$ und $a \in \{1, \ldots, 3^n - 1\}$. Ist dagegen x von dieser Form, so hat x genau
zwei triadische Entwicklungen, und zwar eine abbrechende und eine periodische,
bei welcher alle x_k von einer Stelle ab gleich 2 sind. Wenn in der abbrechenden
Entwicklung das letzte von null verschiedene x_k gleich 2 ist, so sei diese abbrechende Darstellung die normierte. Ist dagegen die letzte von null verschiedene
Ziffer in der abbrechenden triadischen Entwicklung von x eine 1, so sei die nicht
abbrechende Entwicklung von x die normierte; s. z.B. (8.3), (8.4). Damit haben
wir für jedes $x \in [0,1]$ genau eine normierte triadische Entwicklung erklärt.

8.3 Lemma. *Hat $x \in [0,1]$ die normierte triadische Entwicklung $x = \sum_{k=1}^{\infty} x_k \cdot$
3^{-k}, so gilt*

$$(8.5) \qquad\qquad x \in \bigcup_{j=1}^{2^{n+1}} K_{n,j}$$

genau dann, wenn $x_k \in \{0,2\}$ für alle $k = 1, \ldots, n+1$.

Beweis. Die Beziehung (8.5) gilt genau dann, wenn für den linken Eckpunkt α eines der $K_{n,j}$ ($j = 1, \ldots, 2^{n+1}$) gilt $\alpha \leq x \leq \alpha + 3^{-n-1}$. Hier hat α die Gestalt (8.2). Wir zeigen: Es ist $\alpha \leq x \leq \alpha + 3^{-n-1}$ genau dann, wenn $\alpha_k = x_k$ für $k = 1, \ldots, n+1$: Ist $x = \alpha + 3^{-n-1}$, so ist $x = \sum_{k=1}^{n+1} \alpha_k \cdot 3^{-k} + \sum_{k=n+2}^{\infty} 2 \cdot 3^{-k}$ die normierte triadische Entwicklung von x, und die Behauptung ist richtig. Im Falle $\alpha \leq x < \alpha + 3^{-n-1}$ ist notwendig in jeder triadischen Entwicklung (8.1) $x_j = \alpha_j$ für $j = 1, \ldots, n+1$, und die Behauptung ist ebenfalls richtig. $\qquad\square$

8.4 Satz. *Das Cantorsche Diskontinuum enthält genau diejenigen $x \in [0,1]$, in deren normierter triadischer Entwicklung die Ziffer 1 nicht vorkommt.*

Beweis. Lemma 8.3. $\qquad\square$

Eine äquivalente Formulierung von Satz 8.4 lautet: *C enthält genau diejenigen $x \in [0,1]$, die eine triadische Entwicklung haben, in der nur die Ziffern 0 und 2 vorkommen.* – Der folgende Satz ist ein Spezialfall eines wesentlich allgemeineren Resultats von G. CANTOR ([1], S. 244).

8.5 Satz (G. CANTOR). *Es gibt eine Bijektion von C auf $[0,1]$; speziell ist C überabzählbar.*

Beweis. Es seien $E \subset I$ die Menge der Eckpunkte aller $K_{n,j}$ ($n \geq 0$, $j = 1, \ldots, 2^{n+1}$) und $F \subset I$ die Menge aller dyadischen Brüche $b \cdot 2^{-k}$ mit $k \geq 0$, $b = 0, 1, \ldots, 2^k$. Dann sind E und F abzählbar unendlich, also gibt es eine Bijektion $g : E \to F$. Wir definieren weiter eine Bijektion $h : C \setminus E \to I \setminus F$: Jedes $x \in C \setminus E$ hat genau eine triadische Entwicklung der Form $x = \sum_{k=1}^{\infty} (2x_k) \cdot 3^{-k}$ mit $x_k \in \{0,1\}$, und diese Entwicklung bricht weder ab, noch sind die x_k von einer Stelle ab konstant gleich 1. Daher ist $h(x) := \sum_{k=1}^{\infty} x_k \cdot 2^{-k} \in [0,1] \setminus F$, und $h : C \setminus E \to I \setminus F$ ist bijektiv. Definieren wir nun $f : C \to I$, $f(x) := g(x)$ für $x \in E$, $f(x) := h(x)$ für $x \in C \setminus E$, so ist f eine Bijektion von C auf I. $\qquad\square$

Für zwei Mengen M, N schreiben wir $M \sim N$, falls eine Bijektion von M auf N existiert. Es ist also $C \sim [0,1]$. Wir können im Beweis dieser Aussage F ersetzen durch $F \setminus \{0,1\}$ und erhalten $C \sim\,]0,1[$. Nun ist $]0,1[\, \sim\,]-\frac{\pi}{2}, \frac{\pi}{2}[$, und $\tan :\,]-\frac{\pi}{2}, \frac{\pi}{2}[\, \to \mathbb{R}$ ist bijektiv. Es folgt: $C \sim \mathbb{R}$.

3. Mächtigkeiten von $\mathfrak{B}^p$ und $\mathfrak{L}^p$.

8.6 Korollar. *Für alle $p \geq 1$ gilt $\mathfrak{B}^p \sim \mathbb{R}$, $\mathfrak{L}^p \sim \mathfrak{P}(\mathbb{R})$, $\mathfrak{B}^p \underset{\neq}{\subset} \mathfrak{L}^p$.*

Beweis. Wendet man Gl. (I.4.2) an auf den Erzeuger $\mathfrak{J}^p_{o,\mathbb{Q}}$ von $\mathfrak{B}^p$, so folgt: $\mathfrak{B}^p \sim \mathbb{R}$. (Die Einzelheiten hierzu findet man z.B. bei E. HEWITT und K. STROMBERG [1], (10.23), (10.25).)

Wir betten C vermöge $x \mapsto (x, 0, \ldots, 0)^t$ ein in den $\mathbb{R}^p$ und erhalten für jedes $p \geq 1$ eine Lebesguesche Nullmenge C_p mit $C_p \sim \mathbb{R}$. Wegen $\mathbb{R} \sim \mathbb{R}^p$ ist $C_p \sim \mathbb{R}^p$ und damit $\mathfrak{P}(C_p) \sim \mathfrak{P}(\mathbb{R}^p)$. Da $\lambda^p : \mathfrak{L}^p \to \overline{\mathbb{R}}$ vollständig ist, existiert also eine Surjektion von $\mathfrak{L}^p$ auf $\mathfrak{P}(\mathbb{R}^p)$. Der Satz von SCHRÖDER und BERNSTEIN

(s. E. HEWITT und K. STROMBERG [1], (4.7)) liefert nun $\mathfrak{L}^p \sim \mathfrak{P}(\mathbb{R}^p)$, also $\mathfrak{L}^p \sim \mathfrak{P}(\mathbb{R})$.

Nach einem berühmten Satz von CANTOR kann keine Menge M bijektiv auf $\mathfrak{P}(M)$ abgebildet werden. Wegen $\mathfrak{B}^p \sim \mathbb{R}$, $\mathfrak{L}^p \sim \mathfrak{P}(\mathbb{R})$ ist daher $\mathfrak{B}^p \underset{\neq}{\subseteq} \mathfrak{L}^p$.   □

Korollar 8.6 wurde schon von LEBESGUE ([1], S. 212–213) in seiner *Thèse* bewiesen.

4. Die Cantorsche Funktion.

8.7 Beispiel. Es gibt eine wachsende stetige Funktion $F : \mathbb{R} \to \mathbb{R}$ mit folgenden Eigenschaften:
a) $F|] - \infty, 0] = 0$, $F|[1, \infty[= 1$, und für alle $n \geq 0$, $k = 1, \ldots, 2^n$ ist $F|I_{n,k}$ konstant.
b) $F(C) = [0, 1]$.
c) In allen Punkten $x \in \mathbb{R} \setminus C$ ist F differenzierbar mit $F'(x) = 0$.
d) $\lambda_F(C) = 1$, $\lambda_F(\mathbb{R} \setminus C) = 0$.

Beweis. Wir setzen $F|] - \infty, 0] := 0$, $F|[1, \infty[:= 1$. Zunächst beschreiben wir $F|[0, 1] \setminus C$ anschaulich wie folgt: Es sei $F|I_{0,1} := \frac{1}{2}$, d.h. gleich dem arithmetischen Mittel aus den nächstgelegenen links und rechts schon vorhandenen Funktionswerten. Induktiv wird nun F in jedem der beim n-ten Schritt der Konstruktion von C entfernten mittleren Drittel $I_{n,k}$ ($k = 1, \ldots, 2^n$) gleich dem arithmetischen Mittel aus den nächstgelegenen links und rechts schon vorhandenen Funktionswerten gesetzt. Durch stetige Fortsetzung erweitern wir F dann auf ganz $\mathbb{R}$.

Zur präzisen Definition von F auf $[0, 1]$ gehen wir etwas anders vor und definieren F zunächst auf C. (Nachträglich macht man sich dann klar, dass die folgende Definition von F mit der obigen anschaulichen Beschreibung übereinstimmt.) Es sei $x \in C$. Dann hat x genau eine Entwicklung der Form $x = \sum_{k=1}^{\infty}(2x_k) \cdot 3^{-k}$ mit $x_k \in \{0, 1\}$, und wir definieren: $F(x) := \sum_{k=1}^{\infty} x_k \cdot 2^{-k}$. Dieses ist mit den schon erfolgten Festlegungen $F(0) = 0$, $F(1) = 1$ verträglich. Ferner ist $F(C) = [0, 1]$, denn jedes $y \in [0, 1]$ hat eine dyadische Entwicklung.

Wir zeigen, dass $F|C$ wachsend ist: Dazu seien $x, y \in C$, $x < y$, x wie oben, $y = \sum_{k=1}^{\infty}(2y_k) \cdot 3^{-k}$ mit $y_k \in \{0, 1\}$ und $q := \min\{k \in \mathbb{N} : x_k \neq y_k\}$. Dann ist

$$0 < y - x = 2(y_q - x_q) \cdot 3^{-q} + 2 \cdot \sum_{k=q+1}^{\infty} (y_k - x_k) \cdot 3^{-k}$$

$$\leq 2(y_q - x_q) \cdot 3^{-q} + 2 \cdot \sum_{k=q+1}^{\infty} 3^{-k} = 2(y_q - x_q) \cdot 3^{-q} + 3^{-q}.$$

Wegen $y_q - x_q = \pm 1$ folgt $y_q = 1$, $x_q = 0$. Daher ist

$$F(x) = \sum_{k=1}^{q-1} x_k \cdot 2^{-k} + \sum_{k=q+1}^{\infty} x_k \cdot 2^{-k} \leq \sum_{k=1}^{q-1} x_k \cdot 2^{-k} + \sum_{k=q+1}^{\infty} 2^{-k}$$

$$= \sum_{k=1}^{q-1} y_k \cdot 2^{-k} + 2^{-q} \leq \sum_{k=1}^{\infty} y_k \cdot 2^{-k} = F(y),$$

d.h. $F|C$ ist wachsend.

Wir setzen F durch $F(x) := \sup\{F(y) : y \in C, y \leq x\}$ ($x \in [0,1]$) auf ganz $\mathbb{R}$ fort. Da $F|C$ wächst, ist die letztere Definition mit der Festlegung von $F|C$ verträglich. Nun ist $F : \mathbb{R} \to \mathbb{R}$ wachsend, und es gelten a), b), c), also ist F auch *stetig*. Weiter ist $\lambda_F(\mathbb{R} \setminus C) = \lambda_F([0,1] \setminus C) = \sum_{n=0}^{\infty} \sum_{k=1}^{2^n} \lambda_F(I_{n,k}) = 0$ und $\lambda_F(C) = \lambda_F([0,1]) = 1$.   □

Wir nennen F die *Cantorsche Funktion* zu Ehren von G. CANTOR ([1], S. 255), auf den diese Konstruktion zurückgeht. – Deutet man Maße auf $\mathbb{R}$ als Massenverteilungen, so hat das Maß λ_F die merkwürdige Eigenschaft, dass es stetig verteilt ist und seine ganze Masse auf die Lebesguesche Nullmenge C konzentriert hat. Es gibt sogar *streng wachsende stetige* Funktionen $G : \mathbb{R} \to \mathbb{R}$, die Massenverteilungen beschreiben, deren gesamte Masse auf eine Lebesguesche Nullmenge konzentriert ist.

8.8 Beispiel. Es sei $(]a_n, b_n[)_{n \geq 1}$ eine Abzählung der Menge aller offenen Intervalle von $\mathbb{R}$ mit rationalen Eckpunkten, und mit der Cantorschen Funktion F sei $G : \mathbb{R} \to \mathbb{R}$, $G(x) := \sum_{n=1}^{\infty} F_n(x)$, wobei

$$F_n(x) := 2^{-n} F\left(\frac{x - a_n}{b_n - a_n}\right) \quad (x \in \mathbb{R}).$$

G ist stetig, da die Reihe gleichmäßig auf $\mathbb{R}$ konvergiert. Ferner ist G streng wachsend: Seien $x, y \in \mathbb{R}$, $x < y$. Dann gibt es $a, b \in \mathbb{Q}$ mit $x \leq a < b \leq y$; es sei etwa $]a, b[=]a_k, b_k[$. Dann ist $G(y) - G(x) \geq F_k(y) - F_k(x) = 2^{-k} > 0$, also ist G streng wachsend.

Die endlichen Maße λ_G und $\sum_{n=1}^{\infty} \lambda_{F_n}$ stimmen auf $\mathfrak{I}$ überein. Nach dem Eindeutigkeitssatz 5.6 ist $\lambda_G|\mathfrak{B} = (\sum_{n=1}^{\infty} \lambda_{F_n})|\mathfrak{B}$. Es sei weiter $C_n := \{a_n + (b_n - a_n)x : x \in C\}$ das zu $[a_n, b_n]$ (statt $[0,1]$) gehörige Cantorsche Diskontinuum. Dann ist $2^n F_n$ die zugehörige Cantorsche Funktion und $\lambda(C_n) = 0$, $\lambda_{F_n}(\mathbb{R} \setminus C_n) = 0$. Die Menge $N := \bigcup_{n=1}^{\infty} C_n$ ist nun eine in $\mathbb{R}$ dichte F_σ-Menge mit $\lambda(N) = 0$ und $\lambda_G(\mathbb{R} \setminus N) = \sum_{n=1}^{\infty} \lambda_{F_n}(\mathbb{R} \setminus N) = 0$; $\lambda_G(\mathbb{R}) = 1$. Wegen strenger Monotonie von G ist aber $\lambda_G(I) > 0$ für jedes Intervall $I \subset \mathbb{R}$ mit $\overset{\circ}{I} \neq \emptyset$. *Die Funktion G beschreibt also ein Maß, bei welchem sich die Gesamtmasse 1 auf eine Lebesguesche Nullmenge konzentriert, so dass dennoch jedes Intervall positiver Länge ein positives Maß hat.*

Aufgaben. 8.1. Konstruieren Sie zu jedem $\varepsilon > 0$ eine nirgends dichte perfekte Menge $K \subset [0,1]$ mit $\lambda(K) > 1 - \varepsilon$. (Hinweis: Konstruktion des Cantorschen Diskontinuums.)

8.2. Es gibt eine magere Menge $A \subset \mathbb{R}$ und eine Lebesguesche Nullmenge $N \subset \mathbb{R}$ mit $\mathbb{R} = A \cup N$. (Bemerkung: Nach einem berühmten Satz von BAIRE hat in jedem vollständigen metrischen Raum X jede magere Teilmenge $A \subset X$ ein in X dichtes Komplement (s. z.B. HEWITT und STROMBERG [1], (6.54)). Daher ist N dicht in $\mathbb{R}$.)

8.3. Konstruieren Sie eine F_σ-Menge $A \subset [0,1]$, so dass für jede nicht-leere offene Menge $U \subset [0,1]$ gilt $0 < \lambda(A \cap U) < \lambda(U)$. (Anleitung: Es seien $(I_n)_{n \geq 1}$ eine Abzählung der abgeschlossenen Teilintervalle von $[0,1]$ mit rationalen Endpunkten und $A_1 \subset I_1$ eine nirgends dichte perfekte Menge positiven Maßes (s. Aufgabe 8.1). Es gibt eine nirgends dichte perfekte Menge $B_1 \subset I_1 \setminus A_1$ mit $\lambda(B_1) > 0$. Sind $A_1, \ldots, A_{n-1}, B_1, \ldots, B_{n-1}$ $(n \geq 2)$ schon als disjunkte nirgends dichte perfekte Mengen positiven Maßes gewählt, so dass $A_k \subset I_k$ und $B_k \subset I_k \setminus A_k$ für $k = 1, \ldots, n-1$, so enthält $I_n \setminus (A_1 \cup \ldots \cup A_{n-1} \cup B_1 \cup \ldots \cup B_{n-1})$ ein Intervall, und die Konstruktion lässt sich fortsetzen. $A := \bigcup_{k=1}^{\infty} A_k$ leistet das Verlangte.)

8.4. Konstruieren Sie zu jedem $\varepsilon > 0$ eine F_σ-Menge $A \subset \mathbb{R}$ mit $\lambda(A) < \varepsilon$, so dass für jede offene Menge $U \subset \mathbb{R}$ mit $U \neq \emptyset$ gilt $0 < \lambda(A \cap U) < \lambda(U)$. (Hinweis: Aufgabe 8.3.)

8.5. Zu jedem $a \in [0,2]$ gibt es $x, y \in C$ mit $x + y = a$. (J.E. NYMANN: *The sum of the Cantor set with itself*, L'Enseignement Math., II. Ser., 39, 177 f. (1993) bestimmt für jedes $a \in [0,2]$ die Anzahl der $(x,y) \in C \times C$ mit $x + y = a$.)

8.6. Es seien $F : \mathbb{R} \to \mathbb{R}$ die Cantorsche Funktion und $x, y \in C$, $x < y$, $F(x) = F(y)$. Dann gibt es ein $n \geq 0$ und ein $j \in \{1, \ldots, 2^n\}$ mit $]x, y[= I_{n,j}$. (Hinweis: Beweis der Monotonie von $F|C$ in Beispiel 8.7.)

8.7. Es seien $\alpha := \log 2 / \log 3$ und $F : \mathbb{R} \to \mathbb{R}$ die Cantorsche Funktion. Zeigen Sie: Für alle $x, y \in [0,1]$ gilt $|F(x) - F(y)| \leq 2|x - y|^\alpha$. (Hinweis: Stetigkeitsbeweis von $F|C$ in Beispiel 8.7.)

8.8. Es sei $F : \mathbb{R} \to \mathbb{R}$ die Cantorsche Funktion.
a) Berechnen Sie die Riemannschen Integrale $\int_0^1 F(x)\, dx$, $\int_0^{1/3} F(x)\, dx$.
b) Es sei $\gamma : [0,1] \to \mathbb{R}^2$, $\gamma(x) := (x, F(x))^t$ für $x \in [0,1]$. Die Kurve γ ist rektifizierbar. Bestimmen Sie die Bogenlänge von γ.

8.9. Es seien $0 < \varepsilon < 1$ und $I_{0,1}$ das offene Intervall der Länge $\frac{\varepsilon}{2}$ mit dem Mittelpunkt $\frac{1}{2}$. Aus $[0,1] \setminus I_{0,1}$ entferne man 2^1 Intervalle der Länge $2^{-3} \cdot \varepsilon$, so dass 2^2 gleich lange Intervalle übrig bleiben, und so fort. Insgesamt werden auf diese Weise abzählbar viele disjunkte offene Intervalle der Gesamtlänge ε aus $[0,1]$ entfernt; übrig bleibt eine nirgends dichte perfekte Menge $K \subset [0,1]$ vom Maß $1 - \varepsilon$. Zu K konstruiere man die Cantorsche Funktion G.
a) Berechnen Sie das Riemannsche Integral $\int_0^1 G(x)\, dx$.
b) Es sei $\gamma : [0,1] \to \mathbb{R}^2$, $\gamma(x) := (x, G(x))^t$ für $x \in [0,1]$. Zeigen Sie: γ ist rektifizierbar. Bestimmen Sie die Bogenlänge von γ.

8.10. Konstruieren Sie eine Funktion $f : [0,1] \to \mathbb{R}$, so dass die Menge D der Unstetigkeitsstellen von f das Lebesguesche Maß 0 hat und so dass für jedes Teilintervall $J \subset [0,1]$ mit $\overset{\circ}{J} \neq \emptyset$ der Durchschnitt $J \cap D$ überabzählbar ist. (Hinweis: Es sei $C_1 \subset [0,1]$ das Cantorsche Diskontinuum. Für jedes der offenen Intervalle von $[0,1] \setminus C_1$ bilde man das entsprechende Cantorsche Diskontinuum; es sei C_2 die Vereinigungsmenge dieser Diskontinua. Die induktive Fortsetzung dieser Konstruktion liefert eine Folge $(C_n)_{n \geq 1}$ disjunkter Mengen. Es seien $D := \bigcup_{n=1}^{\infty} C_n$ und $f(x) := 2^{-n}$ für $x \in C_n$ $(n \in \mathbb{N})$, $f(x) := 0$ für $x \in [0,1] \setminus D$.)

8.11. Versieht man $D := \{0,1\}$ mit der diskreten Topologie, so ist C homöomorph zum abzählbaren topologischen Produkt $D^{\mathbb{N}}$. Fasst man hier D als zyklische Gruppe auf, so ist $D^{\mathbb{N}}$ eine kompakte abelsche topologische Gruppe, d.h.: C trägt die Struktur einer kompakten abelschen topologischen Gruppe (s. Beispiel VIII.3.2).

§ 9. Metrische äußere Maße und Hausdorff-Maße

„Um die Existenz von messbaren Mengen darzulegen, führen wir jetzt eine vierte Eigenschaft des äußeren Maßes ein:

IV. *Sind A_1 und A_2 zwei Punktmengen, deren Entfernung $\delta \neq 0$ ist, so soll stets*
$$\mu^*(A_1 \cup A_2) = \mu^*(A_1) + \mu^*(A_2)$$
sein." (C. CARATHÉODORY [2], S. 259)

1. Metrische äußere Maße. *In diesem ganzen Abschnitt sei (X,d) ein metrischer Raum. Für $A, B \subset X$, $A \neq \emptyset$, $B \neq \emptyset$ bezeichnen $d(A,B) := \inf\{d(x,y) : x \in A, y \in B\}$ den Abstand von A und B, $d(x,A) := d(\{x\},A)$ den Abstand des Punktes $x \in X$ von A und $d(A) := \sup\{d(x,y) : x,y \in A\}$ den Durchmesser von A; $d(\emptyset) := 0$.* – Der folgende Begriff geht zurück auf C. CARATHÉODORY [2], S. 259.

9.1 Definition. Das äußere Maß $\eta : \mathfrak{P}(X) \to \overline{\mathbb{R}}$ heißt ein *metrisches äußeres Maß*, wenn für alle $A, B \subset X$, $A \neq \emptyset$, $B \neq \emptyset$ mit $d(A,B) > 0$ gilt

$$(9.1) \qquad \eta(A \cup B) = \eta(A) + \eta(B).$$

9.2 Beispiel. Es seien $\mathfrak{C} \subset \mathfrak{P}(X)$ irgendein Mengensystem mit $\emptyset \in \mathfrak{C}$ und $\rho : \mathfrak{C} \to [0,\infty]$ eine Funktion mit $\rho(\emptyset) = 0$. Für $A \subset X$, $\delta > 0$ setzen wir

$$(9.2) \qquad \eta_\delta(A) := \inf \left\{ \sum_{n=1}^{\infty} \rho(A_n) : A_n \in \mathfrak{C}, \, d(A_n) \leq \delta \; (n \in \mathbb{N}), \, A \subset \bigcup_{n=1}^{\infty} A_n \right\},$$

wobei wieder $\inf \emptyset := \infty$. Im Beweis des Fortsetzungssatzes 4.5, a) haben wir schon bemerkt, dass η_δ ein *äußeres Maß* ist. Die Funktion $\delta \mapsto \eta_\delta(A)$ ist fallend; wir setzen

$$(9.3) \qquad \eta(A) := \sup_{\delta > 0} \eta_\delta(A) \quad (A \subset X).$$

Für $A_n \subset X$ und alle $\delta > 0$ ist dann $\eta_\delta \left(\bigcup_{n=1}^{\infty} A_n \right) \leq \sum_{n=1}^{\infty} \eta_\delta(A_n) \leq \sum_{n=1}^{\infty} \eta(A_n)$, also $\eta \left(\bigcup_{n=1}^{\infty} A_n \right) \leq \sum_{n=1}^{\infty} \eta(A_n)$, und η ist als *äußeres Maß* erkannt.

Es seien nun $A, B \subset X$, $A \neq \emptyset$, $B \neq \emptyset$ und $d(A, B) > 0$. Zum Nachweis von (9.1) braucht nur noch $\eta(A \cup B) \geq \eta(A) + \eta(B)$ gezeigt zu werden. Dabei können wir gleich $\eta(A \cup B) < \infty$ annehmen. Es seien $0 < \delta < d(A, B)$ und $C_n \in \mathfrak{C}$, $d(C_n) \leq \delta$ $(n \in \mathbb{N})$, $A \cup B \subset \bigcup_{n=1}^{\infty} C_n$. Dann gibt es kein C_n, das sowohl mit A als auch mit B Punkte gemeinsam hat. Daher „zerfällt" $(C_n)_{n \geq 1}$ in Überdeckungen $(A_n)_{n \geq 1}$ von A, $(B_n)_{n \geq 1}$ von B, und es folgt $\sum_{n=1}^{\infty} \rho(C_n) \geq \eta_\delta(A) + \eta_\delta(B)$, also $\eta_\delta(A \cup B) \geq \eta_\delta(A) + \eta_\delta(B)$, $\eta(A \cup B) \geq \eta(A) + \eta(B)$. Ergebnis: η ist ein metrisches äußeres Maß. (Dagegen braucht η_δ kein metrisches äußeres Maß zu sein; s. Aufgabe 9.2.) Für $X = \mathbb{R}^p$ liefert die vorangehende Konstruktion bei spezieller Wahl von $\mathfrak{C}$ und ρ viele Maße von grundlegender geometrischer Bedeutung (s. H. FEDERER [1]).

9.3 Satz. *Sind X ein metrischer Raum und $\eta : \mathfrak{P}(X) \to \overline{\mathbb{R}}$ ein äußeres Maß, so gilt $\mathfrak{B}(X) \subset \mathfrak{A}_\eta$ genau dann, wenn η ein metrisches äußeres Maß ist.*

Beweis. Ist $\mathfrak{B}(X) \subset \mathfrak{A}_\eta$, so gilt für alle $Q \subset X$ und alle offenen $G \subset X$:

$$(9.4) \qquad \eta(Q) = \eta(Q \cap G) + \eta(Q \cap G^c).$$

Es seien nun $A, B \subset X$, $A \neq \emptyset$, $B \neq \emptyset$ und $0 < \delta < d(A, B)$. Dann ist $G := \{x \in X : d(x, A) < \delta\}$ eine offene Menge mit $A \subset G$, $B \subset G^c$, und (9.4) mit $Q := A \cup B$ liefert (9.1).

Sei nun umgekehrt η ein metrisches äußeres Maß. Es genügt zu zeigen, dass jede *abgeschlossene* Menge $A \subset X$, $A \neq \emptyset$ η-messbar ist. Für $M \subset A^c$ und $n \in \mathbb{N}$ setzen wir $M_n := \{x \in M : d(x, A) \geq \frac{1}{n}\}$. Für alle $Q \subset X$ ist dann nach (9.1)

$$\eta(Q) \geq \eta((Q \cap A) \cup (Q \cap A^c)_n) = \eta(Q \cap A) + \eta((Q \cap A^c)_n).$$

Es bleibt zu zeigen: Für alle $M \subset A^c$ mit $\lim_{n \to \infty} \eta(M_n) < \infty$ gilt $\lim_{n \to \infty} \eta(M_n) \geq \eta(M)$. Zu diesem Zweck setzen wir $P_n := M_{n+1} \setminus M_n$ und beachten: Sind die im Folgenden auftretenden Mengen nicht leer, so ist $d(M_n, M \cap M_{n+1}^c) \geq 1/n(n+1)$, also $d\left(\bigcup_{k=1}^{n} P_{2k}, P_{2n+2}\right) > 0$, und (9.1) liefert induktiv $\eta\left(\bigcup_{k=1}^{n} P_{2k}\right) = \sum_{k=1}^{n} \eta(P_{2k})$. Diese Gleichung ist auch richtig, wenn gewisse P_n leer sind. Analog ist $\eta\left(\bigcup_{k=0}^{n} P_{2k+1}\right) = \sum_{k=0}^{n} \eta(P_{2k+1})$, und wegen $\lim_{n \to \infty} \eta(M_n) < \infty$ folgt: $\sum_{n=1}^{\infty} \eta(P_n) < \infty$.

Nun ist $M = M_n \cup \bigcup_{k=n}^{\infty} P_k$ $(n \in \mathbb{N})$, denn A ist *abgeschlossen*, also

$$\eta(M) \leq \eta(M_n) + \sum_{k=n}^{\infty} \eta(P_k) \quad (n \in \mathbb{N}).$$

Hier konvergiert die Folge der Reihenreste für $n \to \infty$ gegen 0, und es folgt die Behauptung. □

9.4 Beispiel. Wir wenden die Konstruktion aus Beispiel 9.2 an auf $X = \mathbb{R}$, $d(x, y) = |x - y|$ $(x, y \in \mathbb{R})$ und wählen als $\mathfrak{C}$ die Menge der beschränkten Teilmengen von $\mathbb{R}$, $\rho(A) := d(A)$ $(A \in \mathfrak{C})$. Dann können wir uns in (9.2) gleich auf Mengen der Form $A_n =]a_n, b_n]$ beschränken. Jedes $]a, b] \in \mathfrak{I}$ ist endliche disjunkte Vereinigung von Intervallen aus $\mathfrak{I}$, die alle höchstens die Länge

δ haben. Daher hängt η_δ gar nicht von δ ab, und es ist $\eta = \eta_\delta$ gleich dem äußeren Lebesgueschen Maß auf $\mathbb{R}$. Satz 9.3 liefert nun einen weiteren Beweis der Lebesgue-Messbarkeit jeder Borelschen Teilmenge von $\mathbb{R}$.

2. Hausdorff-Maße. Es seien weiter X ein metrischer Raum, $\mathfrak{C}$ die Menge der $A \subset X$ mit $d(A) < \infty$ und $\rho(A) := d(A)^\alpha$ ($A \in \mathfrak{C}$; $\alpha > 0$ fest). Dann liefert die Konstruktion aus Beispiel 9.2 die äußeren Maße

$$(9.5) \qquad h_{\alpha,\delta}(A) := \inf\left\{ \sum_{n=1}^\infty (d(A_n))^\alpha : A \subset \bigcup_{n=1}^\infty A_n, \, d(A_n) \le \delta \quad (n \in \mathbb{N}) \right\},$$

$$(9.6) \qquad\qquad\qquad h_\alpha(A) := \sup_{\delta > 0} h_{\alpha,\delta}(A) \quad (A \subset X).$$

Wir nennen h_α das α-*dimensionale äußere Hausdorff-Maß*; für $\alpha = 0$ ist h_0 gleich dem Zählmaß zu setzen. – Offenbar ändert sich $h_{\alpha,\delta}(A)$ nicht, wenn man zusätzlich die A_n alle als abgeschlossen voraussetzt.

Eine bijektive Abbildung $\varphi : X \to X$ mit $d(\varphi(x), \varphi(y)) = d(x,y)$ ($x,y \in X$) heißt eine *Bewegung*. Da der Durchmesser einer Menge bewegungsinvariant ist, ist auch das α-dimensionale äußere Hausdorff-Maß *bewegungsinvariant*: $h_\alpha(\varphi(A)) = h_\alpha(A)$ für alle $A \subset X$ und jede Bewegung φ von X. Insbesondere ist die σ-Algebra $\mathfrak{A}_\alpha$ der h_α-messbaren Mengen bewegungsinvariant, d.h. es ist $A \in \mathfrak{A}_\alpha$ genau dann, wenn $\varphi(A) \in \mathfrak{A}_\alpha$. Auch $\mathfrak{B}(X)$ ist bewegungsinvariant: $\varphi^{-1}(\mathfrak{B}(X))$ ist eine σ-Algebra, die alle offenen Teilmengen von X enthält, also gilt $\mathfrak{B}(X) \subset \varphi^{-1}(\mathfrak{B}(X))$. Ersetzt man hier φ durch φ^{-1}, so folgt: Es ist $A \in \mathfrak{B}(X)$ genau dann, wenn $\varphi(A) \in \mathfrak{B}(X)$, d.h. $\mathfrak{B}(X)$ *ist bewegungsinvariant.* Im Fall des Beispiels 9.4 liefert dies die Bewegungsinvarianz des Lebesgueschen Maßes $\lambda : \mathfrak{L} \to \overline{\mathbb{R}}$ und des Lebesgue-Borelschen Maßes $\beta := \lambda | \mathfrak{B}$.

Im Falle des $\mathbb{R}^p$ geht die Definition von h_α zurück auf F. HAUSDORFF: *Dimension und äußeres Maß*, Math. Ann. 79, 157–179 (1919). Den Namen „α-dimensionales äußeres Maß" für h_α rechtfertigt HAUSDORFF durch den Nachweis, dass für $\alpha = 1, 2, p$ wenigstens bei den einfachsten Mengen A der Wert $h_\alpha(A)$ bis auf einen (von p abhängigen) konstanten Faktor mit den üblichen Ausdrücken für Länge, Fläche, Volumen übereinstimmt. Für $\alpha = 1$ zeigen wir das in Satz 9.9 und für $\alpha = p$ in Satz III.2.9 und Satz V.1.16. Für eine ausführliche Diskussion des Hausdorff-Maßes und verwandter Maße verweisen wir auf H. FEDERER [1], C. DELLACHERIE [1], P. MATTILA [1] und C.A. ROGERS [1]. – Ein weiteres Ziel der HAUSDORFFschen Arbeit besteht in der Ausdehnung des Dimensionsbegriffs auf nicht ganzzahlige Werte von α; s. dazu Aufgabe 9.3.

3. Rektifizierbare Kurven. Eine *Kurve* ist eine *stetige* Abbildung $\gamma : [a,b] \to \mathbb{R}^p$ eines kompakten Intervalls $[a,b] \subset \mathbb{R}$ in den $\mathbb{R}^p$. Die *Bogenlänge* $L(\gamma)$ von γ ist definiert als das Supremum der Längen aller γ einbeschriebenen Streckenzüge:

$$L(\gamma) := \sup\left\{ \sum_{k=1}^n \|\gamma(t_k) - \gamma(t_{k-1})\| : a = t_0 < t_1 < \ldots < t_n = b \right\},$$

und γ heißt *rektifizierbar*, falls $L(\gamma) < \infty$. In letzterem Fall ist auch $\gamma|[u,v]$ $(a \leq u \leq v \leq b)$ rektifizierbar, und für $a \leq u \leq v \leq w \leq b$ gilt $L(\gamma|[u,v]) + L(\gamma|[v,w]) = L(\gamma|[u,w])$.

9.5 Satz. *Ist* $\gamma : [a,b] \to \mathbb{R}^p$ *rektifizierbar, so ist* $l : [a,b] \to \mathbb{R}$, $l(t) := L(\gamma|[a,t])$ $(t \in [a,b])$ *stetig.*

Beweis. Es seien $a < c \leq b$ und $\varepsilon > 0$. Dann gibt es Zwischenpunkte $a = t_0 < t_1 < \ldots < t_n = c$, so dass

$$l(c) \leq \sum_{k=1}^{n} \|\gamma(t_k) - \gamma(t_{k-1})\| + \frac{\varepsilon}{2}.$$

Wegen der Stetigkeit von γ existiert ein $\delta \in \,]0, c - t_{n-1}[$, so dass $\|\gamma(t) - \gamma(c)\| < \frac{\varepsilon}{2}$ für alle $t \in [c - \delta, c]$. Für alle $t \in [c - \delta, c]$ ist nun

$$l(c) \quad \leq \quad \sum_{k=1}^{n} \|\gamma(t_k) - \gamma(t_{k-1})\| + \frac{\varepsilon}{2}$$

$$\leq \quad \sum_{k=1}^{n-1} \|\gamma(t_k) - \gamma(t_{k-1})\| + \|\gamma(t) - \gamma(t_{n-1})\| + \|\gamma(c) - \gamma(t)\| + \frac{\varepsilon}{2} \leq l(t) + \varepsilon,$$

d.h. l ist in c linksseitig stetig. Entsprechend zeigt man die rechtsseitige Stetigkeit. $\qquad\square$

Ist $\gamma : [a,b] \to \mathbb{R}^p$ eine Kurve, so bezeichne $[\gamma] := \gamma([a,b])$ die *Spur* (Wertemenge) von γ. Eine injektive Kurve heißt *einfach*.

9.6 Korollar. *Ist* $\gamma : [a,b] \to \mathbb{R}^p$ *eine einfache rektifizierbare Kurve, so ist* $l : [a,b] \to [0, L(\gamma)]$ *streng monoton wachsend und bijektiv.*

Beweis. Ist l nicht streng monoton wachsend, so ist $l|[c,d]$ für geeignete c, d mit $a \leq c < d \leq b$ konstant. Dann ist aber auch $\gamma|[c,d]$ konstant. $\qquad\square$

9.7 Lemma. *Ist* $\gamma : [a,b] \to \mathbb{R}^p$ *eine rektifizierbare Kurve,* l *wie in Satz 9.5 und* η *das äußere Lebesgue-Maß auf* $\mathfrak{P}(\mathbb{R})$, *so gilt für alle* $E \subset [a,b]$:

$$h_1(\gamma(E)) \leq \eta(l(E));$$

insbesondere ist $h_1([\gamma]) \leq L(\gamma)$.

Beweis. Es seien $\varepsilon > 0$, $\delta > 0$. Dann existiert eine Folge $(I_n)_{n \geq 1}$ in $\mathfrak{J}$ mit $l(E) \subset \bigcup_{n=1}^{\infty} I_n$, so dass

$$\sum_{n=1}^{\infty} \lambda(I_n) \leq \eta(l(E)) + \varepsilon, \quad \lambda(I_n) < \delta \quad (n \in \mathbb{N}).$$

Die Intervalle $J_n := l^{-1}(I_n)$ überdecken E, also gilt $\gamma(E) \subset \bigcup_{n=1}^{\infty} \gamma(J_n)$, und es ist

$$
\begin{aligned}
d(\gamma(J_n)) &= \sup\{\|\gamma(u) - \gamma(v)\| : u, v \in J_n\} \\
&\leq \sup\{|l(u) - l(v)| : u, v \in J_n\} \leq \lambda(I_n) < \delta.
\end{aligned}
$$

Damit resultiert $h_{1,\delta}(\gamma(E)) \leq \sum_{n=1}^{\infty} d(\gamma(J_n)) \leq \sum_{n=1}^{\infty} \lambda(I_n) \leq \eta(l(E)) + \varepsilon$, und es folgt die Behauptung. $\qquad\square$

9.8 Lemma. *Für jede Kurve $\gamma : [a, b] \to \mathbb{R}^p$ gilt*

$$
\|\gamma(b) - \gamma(a)\| \leq h_1([\gamma]).
$$

Beweis. Es seien $\varepsilon > 0$, $\delta > 0$. Dann existiert eine endliche oder unendliche Folge von *offenen* Mengen A_n mit $[\gamma] \subset \bigcup_{n \geq 1} A_n$, $d(A_n) \leq \delta$ und $\sum_{n \geq 1} d(A_n) \leq h_{1,\delta}([\gamma]) + \varepsilon$. Wegen der Kompaktheit von $[\gamma]$ reichen endlich viele der A_n zur Überdeckung von $[\gamma]$ aus, d.h. wir können gleich annehmen, dass nur endlich viele $A_1, \ldots, A_N$ vorliegen. Wir wählen wie folgt eine Teilmenge von $\{A_1, \ldots, A_N\}$ aus: Es sei U_1 eine dieser Mengen mit $\gamma(a) \in U_1$. Ist $\gamma(b) \notin U_1$, so sei $\tau_1 := \sup\{t \in [a, b] : \gamma(t) \in U_1\}$ und $U_2 \in \{A_1, \ldots, A_N\}$ so gewählt, dass $\gamma(\tau_1) \in U_2$. Ist auch $\gamma(b) \notin U_2$, so sei $\tau_2 := \sup\{t \in [a, b] : \gamma(t) \in U_2\}$ und $U_3 \in \{A_1, \ldots, A_N\}$ so gewählt, dass $\gamma(\tau_2) \in U_3$, und so fort. Das ergibt eine „Kette" $U_1, \ldots, U_m$ mit $\gamma(a) \in U_1$, $\gamma(b) \in U_m$, $U_k \cap U_{k+1} \neq \emptyset$ für $k = 1, \ldots, m - 1$. Wir setzen $t_0 := a$, $t_m := b$ und wählen $t_0 < t_1 < \ldots < t_m$ mit $\gamma(t_j) \in U_j \cap U_{j+1}$ $(j = 1, \ldots, m - 1)$. Damit erhalten wir den Streckenzug $\gamma(a) = \gamma(t_0), \gamma(t_1), \ldots, \gamma(t_m) = \gamma(b)$, dessen Gesamtlänge höchstens gleich $d(U_1) + \ldots + d(U_m)$ ist, und es folgt

$$
\|\gamma(b) - \gamma(a)\| \leq \sum_{n=1}^{N} d(A_n) \leq h_{1,\delta}([\gamma]) + \varepsilon.
$$

$\qquad\square$

9.9 Satz. *Für jede einfache rektifizierbare Kurve $\gamma : [a, b] \to \mathbb{R}^p$ ist $L(\gamma) = h_1([\gamma])$.*

Beweis. Es seien $a = t_0 < t_1 < \ldots < t_n = b$ und $\gamma_j := \gamma|[t_{j-1}, t_j]$ $(j = 1, \ldots, n)$. Dann ist nach Lemma 9.8

$$
\sum_{j=1}^{n} \|\gamma(t_j) - \gamma(t_{j-1})\| \leq \sum_{j=1}^{n} h_1([\gamma_j]) = h_1([\gamma]),
$$

denn γ ist *einfach*. Es folgt $L(\gamma) \leq h_1([\gamma])$, und Lemma 9.7 liefert die umgekehrte Ungleichung. $\qquad\square$

Eine Verallgemeinerung von Satz 9.9 für den Fall nicht einfacher Kurven findet man bei H. FEDERER [1], S. 177, Theorem 2.10.13.

Nach C. JORDAN ist die Spur jeder *rektifizierbaren* Kurve $\gamma : [a,b] \to \mathbb{R}^p$ eine λ^p-Nullmenge (s. *Cours d'analyse*, Bd. 1, 2. Aufl. S. 107, § 112); ferner ist $h_\alpha([\gamma]) = 0$ für alle $\alpha > 1$ (s. Aufgabe 9.6). Dagegen gibt es durchaus *stetige* Kurven $\gamma : [a,b] \to \mathbb{R}^2$ mit $\lambda^2([\gamma]) > 0$, denn nach G. PEANO existiert z.B. eine stetige Abbildung von $[0,1]$ auf $[0,1]^2$, eine sog. *Peano-Kurve* (s. z.B. G. PEANO, Math. Ann. 36, 157–160 (1890); D. HILBERT, Math. Ann. 38, 459–460 (1891); F. HAUSDORFF [1], S. 369 ff.; W. SIERPIŃSKI [1], S. 52–66; s. auch W. SIERPIŃSKI [1], S. 99–119, wo auf S. 116–117 ein Versehen von HILBERT korrigiert wird). Von H. HAHN und S. MAZURKIEWICZ (1888–1945) wurde sogar gezeigt: Eine Menge $M \in \mathbb{R}^p$ ist genau dann stetiges Bild des Einheitsintervalls, wenn M kompakt, zusammenhängend und lokal zusammenhängend ist (s. H. HAHN [2], S. 164 ff.). – Eine Peano-Kurve ist aber niemals *einfach*. Eine einfache Kurve $\gamma : [a,b] \to \mathbb{R}^2$ nennt man einen *Jordan-Bogen*; ist $\gamma(a) = \gamma(b)$ und $\gamma \,|\, [a,c]$ einfach für alle $a < c < b$, so heißt γ eine (geschlossene) *Jordan-Kurve*. Ein *Jordan-Bogen* ist also das homöomorphe (d.h. das bijektive und in beiden Richtungen stetige) Bild eines kompakten Intervalls; eine Jordan-Kurve ist das homöomorphe Bild einer Kreislinie. *Es gibt Jordan-Bögen und Jordan-Kurven* γ *mit* $\lambda^2([\gamma]) > 0$. Auf diese bemerkenswerte Tatsache weist erstmals H. LEBESGUE in seiner *Thèse* ([1], S. 219) hin. Entsprechende Beispiele findet man bei H. LEBESGUE ([4], S. 29–35), W.F. OSGOOD (1864–1943; s. Trans. Am. Math. Soc. 4, 107–112 (1903)), F. HAUSDORFF ([1], S. 374 f.) und bei J.R. KLINE (Amer. Math. Monthly 49, 281–286 (1942)). K. KNOPP (1882–1957) verdankt man ein Beispiel eines Jordan-Bogens $\gamma : [a,b] \to \mathbb{R}^2$, so dass für jeden Teilbogen gilt: $\lambda^2([\gamma \,|\, [c,d]]) > 0$ $(a \le c < d \le b)$; s. Arch. Math. Phys. (3) 26, 109 f. (1917). Bezüglich neuerer Literatur über einfache Jordan-Bögen positiven Flächenmaßes s. H. SAGAN [1], chap. VIII und K. STROMBERG, S. TSENG: *Simple plane arcs of positive area*, Expo. Math. 12, 31–52 (1994). Notwendige und hinreichende Bedingungen dafür, dass eine kompakte Menge $M \subset \mathbb{R}^2$ Teilmenge der Spur eines Jordan-Bogens ist, werden von R.L. MOORE und J.R. KLINE (Ann. Math. (2) 20, 218–223 (1918–1919)) angegeben. – Jordan-Bögen $\gamma : [a,b] \to \mathbb{C}$ mit $\lambda^2([\gamma]) > 0$ dienen in der Theorie der Approximation im Komplexen zur Konstruktion eines Kompaktums $K \subset \mathbb{C}$ von der Gestalt eines „Schweizer Käses mit inneren Punkten", so dass nicht jede auf K stetige und auf $\overset{\circ}{K}$ holomorphe Funktion darstellbar ist als gleichmäßiger Limes einer Folge rationaler Funktionen (s. z.B. D. GAIER: *Vorlesungen über Approximation im Komplexen,* Basel–Boston–Stuttgart: Birkhäuser 1980, S. 104 ff.).

4. Kurzbiographie von F. HAUSDORFF. FELIX HAUSDORFF wurde am 8. November 1868 in Breslau geboren, wuchs in Leipzig auf, studierte Mathematik und Astronomie in Leipzig, Freiburg und Berlin und promovierte 1891 mit einer Arbeit über astronomische Refraktion. Nach seiner Habilitation (1895) lebte HAUSDORFF als Privatdozent in Leipzig. Als Sohn wohlhabender Eltern war er nicht auf eine bezahlte Stellung angewiesen und konnte sich seinen vielseitigen wissenschaftlichen und künstlerischen Interessen widmen. HAUSDORFF verkehrte damals viel unter Künstlern und Literaten und veröffentlichte unter dem Pseudonym *Dr. Paul Mongré* philosophische und literarische Werke; seine 1904 erschienene zeitkritische Farce *Der Arzt seiner Ehre* wurde 1912 mit Erfolg aufgeführt.

Nach seiner Ernennung zum a.o. Professor in Leipzig (1901) erhielt er erst 1910 einen

Ruf auf ein Extraordinariat an der Universität Bonn, 1913 einen Ruf als Ordinarius nach Greifswald; 1921 folgte HAUSDORFF einem Ruf auf ein Ordinariat an der Universität Bonn. Wegen seiner jüdischen Abstammung wurde HAUSDORFF Ende März 1935 aufgrund des von der nationalsozialistischen Regierung erlassenen Gesetzes „über die Entpflichtung und Versetzung von Hochschullehrern aus Anlass des Neuaufbaus des deutschen Hochschulwesens" emeritiert; er stand in seinem 66. Lebensjahr. Als sensibler Mensch registrierte er sehr wohl die Anzeichen der kommenden Katastrophe. Seine letzten Lebensjahre waren überschattet von ständiger Angst und zunehmender Vereinsamung. Um der bevorstehenden Deportation in ein Konzentrationslager zu entgehen, schied HAUSDORFF am 26. Januar 1942 gemeinsam mit seiner Frau und seiner Schwägerin aus dem Leben. Sein umfangreicher mathematischer Nachlass konnte fast vollständig gerettet werden; Teile davon wurden von G. BERGMANN unter dem Titel *Nachgelassene Schriften* (Stuttgart: Teubner 1969) herausgegeben. Die *Vorlesungen zum Gedenken an Felix Hausdorff* herausgegeben von E. EICHHORN und E.-J. THIELE [1] und der von E. BRIESKORN [1] herausgegebene Gedenkband unterrichten über HAUSDORFFs Leben und Werk und die Zeitgeschichte. HAUSDORFFs *Gesammelte Werke* sind auf 9 Bände (darunter Bd. I in zwei Teilen IA und IB) veranschlagt. Die letzten beiden Einzelbände IB und VI werden voraussichtlich bis zum Herbst 2018 erscheinen, so dass die Edition zu HAUSDORFFs 150. Geburtstag vollständig vorliegen wird.

HAUSDORFF war ein ungewöhnlich vielseitiger und scharfsinniger Mathematiker. Er begann als Astronom, wechselte dann zur Wahrscheinlichkeitsrechnung, zur Geometrie und etwa ab 1900 zur Mengenlehre (einschl. Topologie), wobei seine außermathematische Publikationstätigkeit zurückging. Seine intensive Beschäftigung mit der Mengenlehre wurde durch die persönliche Bekanntschaft mit G. CANTOR zutiefst beeinflusst. Im Sommersemester 1901 hielt HAUSDORFF die wohl weltweit zweite Vorlesung über Mengenlehre – vor drei Hörern. Das Manuskript dieser Vorlesung befindet sich in HAUSDORFFs Nachlass; es wurde 2013 im Bd. IA der *Gesammelten Werke* veröffentlicht. (Im Wintersemester 1900/01 hatte bereits E. ZERMELO in Göttingen vor sieben Hörern die weltweit erste Vorlesung gehalten, die ausschließlich die Mengenlehre behandelte.) Weitere Arbeitsgebiete von HAUSDORFF waren Maßtheorie, Summabilitätstheorie, Theorie der Fourier-Reihen und Algebra. Als ein Werk von mathematikhistorischer Bedeutung wird heute sein Buch *Grundzüge der Mengenlehre* (Leipzig: Veit & Comp. 1914; Reprint: New York: Chelsea Publ. Comp. 1949, 1965) angesehen. In meisterlicher Darstellungskunst, eleganter Kürze und wunderbarer Klarheit gab HAUSDORFF in diesem Werk nicht nur eine vorzügliche Darstellung der abstrakten Mengenlehre, sondern auch zum ersten Male eine Einführung in die Theorie der topologischen und der metrischen Räume bis hin zur Lebesgueschen Maß- und Integrationstheorie. In diesem Buch findet man das *Hausdorffsche Maximalitätsprinzip* (ein zum Zornschen Lemma und zum Auswahlaxiom äquivalentes Maximalitätsprinzip), die *Hausdorffschen Umgebungsaxiome*, insbesondere das *Hausdorffsche Trennungsaxiom* aus der Theorie der topologischen Räume, den Hausdorffschen Satz von der *Unlösbarkeit des Inhaltsproblems* im $\mathbb{R}^p$ $(p \geq 3)$ und den ersten vollständig korrekten Beweis von BORELs *starkem Gesetz der großen Zahlen*. In einem Brief vom 13.5.1926 schrieb der bekannte russische Topologe P.S. ALEXANDROFF (1896–1982) an HAUSDORFF: „... Übrigens merke ich bei meiner jetzigen Vorlesung in Göttingen, daß ich Ihre erste Auflage bereits auswendig zitiere (so dirigieren gute Dirigenten z.B. die Beethovenschen Symphonien auch ohne Partitur!)..." Die zweite Auflage von HAUSDORFFs Buch erschien unter dem Titel *Mengenlehre* (Leipzig: W. de Gruyter 1927), eine dritte, erweiterte Auflage 1935 (Reprint: New York: Dover 1944; engl. Ausg. New York: Chelsea Publ. Comp. 1957, 1962); hierbei handelte es sich gegenüber der ersten Auflage praktisch um ein neues Buch, in dem insbesondere die Theorie der analytischen Mengen und die Bairesche Klassifikation der Funktionen eine Darstellung fanden. – Mit dem Namen HAUSDORFF verbunden sind weiter die Hausdorff-Maße, die Hausdorff-Dimension, das Summationsverfahren der Hausdorffschen Mittel, das Hausdorffsche Momentenproblem und die Baker-Campbell-Hausdorffsche Formel aus der Theorie der Lie-Algebren. – Im Eingang des Mathematischen Instituts der Universität Bonn, Wegelerstr. 10 befindet sich eine Gedenktafel mit der Inschrift:

An dieser Universität wirkte 1921–1935 der Mathematiker FELIX HAUSDORFF
8.11.1868–26.1.1942.
Er wurde von den Nationalsozialisten in den Tod getrieben, weil er Jude war.
Mit ihm ehren wir alle Opfer der Tyrannei.
Nie wieder Gewaltherrschaft und Krieg!

Aufgaben. Im Folgenden sei (X, d) ein metrischer Raum.

9.1. Es seien $\eta : \mathfrak{P}(X) \to \overline{\mathbb{R}}$ ein metrisches äußeres Maß und

$$\varphi(A) := \inf\{\eta(B) : B \supset A, B \in \mathfrak{A}_\eta\},$$
$$\psi(A) := \inf\{\eta(B) : B \supset A, B \in \mathfrak{B}(X)\} \quad (A \subset X).$$

Dann sind φ, ψ metrische äußere Maße, und für alle $A \subset X$ gilt

$$\varphi(A) = \inf\{\varphi(B) : B \supset A\}, \ \psi(A) = \inf\{\psi(B) : B \supset A\}.$$

9.2. In der Situation des Beispiels 9.2 brauchen nicht alle offenen Teilmengen von X η_δ-messbar zu sein. Insbesondere ist η_δ nicht notwendig ein metrisches äußeres Maß.

9.3. Ist $A \subset X$ und $h_\alpha(A) < \infty$, $\beta > \alpha$, so gilt $h_\beta(A) = 0$. Es gibt also ein eindeutig bestimmtes $\delta(A) \geq 0$, so dass $h_\alpha(A) = 0$ für $\alpha > \delta(A)$ und $h_\alpha(A) = \infty$ für $\alpha < \delta(A)$; dieses $\delta(A)$ heißt die *Hausdorff-Dimension von* A.

a) Für jedes $A \subset \mathbb{R}^p$ gilt $\delta(A) \leq p$.

b) Für jedes $A \subset \mathbb{R}^p$ mit $\overset{\circ}{A} \neq \emptyset$ gilt $\delta(A) = p$.

c) Für jede einfache rektifizierbare Kurve γ ist $\delta([\gamma]) = 1$. (Es gibt jedoch stetige Funktionen $f : [0, 1] \to \mathbb{R}$, deren Graph die Hausdorff-Dimension 2 hat; s. P. WINGREN: *Concerning a real-valued continuous function on the interval* $[0, 1]$ *with graph of Hausdorff dimension* 2, L'Enseignement Math., II. Ser., 41, 103–110 (1995) und Y.-Y. LIU: *A function whose graph is of dimension* 1 *and has locally an infinite one-dimensional Hausdorff measure*, C.R. Acad. Sci., Paris, Ser. I 332, 19–23 (2001).)

d) Für $A_n \subset X$ $(n \in \mathbb{N})$ ist $\delta(\bigcup_{n=1}^\infty A_n) = \sup\{\delta(A_n) : n \in \mathbb{N}\}$.

e) Für jede abzählbare Menge $A \subset X$ ist $\delta(A) = 0$.

f) Ist $A \subset \mathbb{R}^p$, $\delta(A) = 0$, so gilt $\lambda^p(A) = 0$.

g) Für das Cantorsche Diskontinuum $C \subset [0, 1]$ gilt $\delta(C) = \log 2 / \log 3$.

h) Zu jedem $\alpha \in]0, 1[$ existiert eine Menge $A \subset [0, 1]$ mit $0 < h_\alpha(A) < \infty$, d.h. mit $\delta(A) = \alpha$ (F. HAUSDORFF, Math. Ann. 79, 157–179 (1919)).

i) Das Einheitsquadrat $Q_0 = [0, 1]^2$ werde in 9 Teilquadrate der Kantenlänge $1/3$ unterteilt. Man entferne aus Q_0 die vier Teilquadrate, die an die mittleren Drittel der Kanten von Q_0 angrenzen, so dass als Restmenge 5 abgeschlossene Teilquadrate der Kantenlänge $1/3$ übrig bleiben, die an den Eckpunkten des zentralen Teilquadrats zusammenhängen. Induktiv entstehe Q_{n+1} aus Q_n, indem man auf jedes der 5^n Teilquadrate von Q_n entsprechend denselben Tilgungsprozess anwendet wie auf Q_0; $Q := \bigcap_{n=0}^\infty Q_n$. Zeigen Sie: $\delta(Q) = \log 5 / \log 3$.

9.4. Ist $\gamma : [a, b] \to \mathbb{R}^p$ eine einfache rektifizierbare Kurve, so ist $h_1(\gamma(A)) = \lambda(l(A))$ für alle $A \in \mathfrak{B}|[a, b]$.

9.5. Übertragen Sie die Ergebnisse des Abschnitts 3 auf (stetige) Kurven $\gamma : [a, b] \to X$.

9.6. Für jede rektifizierbare Kurve $\gamma : [a, b] \to \mathbb{R}^p$ ist $h_\alpha([\gamma]) = 0$ für alle $\alpha > 1$, und es gilt $\lambda^p([\gamma]) = 0$, falls $p \geq 2$. (Hinweise: Lemma 9.7 und Satz III.2.9.)

Kapitel III

Messbare Funktionen

«Pour passer de la définition de l'intégrale d'après Cauchy-Riemann à celle que j'ai donnée, il suffit de remplacer les divisions de l'intervalle de variation de la variable par les divisions de l'intervalle de variation de la fonction.»[1] (H. LEBESGUE [7], S. 71)

Messbare Funktionen sind für die Integrationstheorie von entscheidender Bedeutung, da als Integranden nur messbare Funktionen vorkommen. Um den Begriff der Messbarkeit von Funktionen zu motivieren, erinnern wir kurz an den Begriff des Riemann-Integrals und stellen ihm die Ideen gegenüber, die Lebesgue zur Einführung seines Integralbegriffs dienen.

Wir betrachten eine beschränkte nicht-negative Funktion $f : [a,b] \to \mathbb{R}$ $(a,b \in \mathbb{R}, a < b)$. Zentrales Problem der Integralrechnung ist die Frage nach dem Flächeninhalt der Ordinatenmenge $\mathcal{O}(f) := \{(x,y)^t \in \mathbb{R}^2 : a \leq x \leq b , 0 \leq y \leq f(x)\}$. Nach B. RIEMANN hat folgender Ansatz zur Lösung dieses Problems weite Verbreitung gefunden: Wir betrachten Zerlegungen $Z : a = x_0 < x_1 < x_2 < \ldots < x_n = b$ des Intervalls $[a,b]$ und schachteln die Ordinatenmenge $\mathcal{O}(f)$ von außen dadurch ein, dass wir f im Intervall $[x_{j-1}, x_j]$ durch das entsprechende Supremum von f ersetzen. Der Flächeninhalt dieser oberen Approximation des gesuchten Flächeninhalts ist gleich der *Obersumme*

$$O(f,Z) := \sum_{j=1}^{n} (\sup\{f(x) : x_{j-1} \leq x \leq x_j\}) \cdot (x_j - x_{j-1}) .$$

Dual dazu definieren wir eine untere Approximation durch die *Untersumme*

$$U(f,Z) := \sum_{j=1}^{n} (\inf\{f(x) : x_{j-1} \leq x \leq x_j\}) \cdot (x_j - x_{j-1}) .$$

---

[1]Um von der Integraldefinition nach Cauchy-Riemann zu derjenigen überzugehen, die ich gegeben habe, genügt es, die Unterteilungen des Definitionsintervalls der Funktion zu ersetzen durch Unterteilungen des Intervalls, in dem die Werte der Funktion liegen.

© Springer-Verlag GmbH Deutschland, ein Teil von Springer Nature 2018
J. Elstrodt, *Maß- und Integrationstheorie*,
https://doi.org/10.1007/978-3-662-57939-8_3

Nun ziehen wir das *Unterintegral* von f

$$\underline{\int_{a}^{b}} f(x)\, dx := \sup\{U(f, Z) : Z \text{ Zerlegung von } [a, b]\}$$

zur unteren und das *Oberintegral*

$$\overline{\int}_{a}^{b} f(x)\, dx := \inf\{O(f, Z) : Z \text{ Zerlegung von } [a, b]\}$$

zur oberen Approximation des gesuchten Flächeninhalts heran. Die Funktion f heißt *Riemann-integrierbar* über $[a, b]$, wenn das Oberintegral von f mit dem Unterintegral übereinstimmt, und dann heißt

$$\int_{a}^{b} f(x)\, dx := \overline{\int}_{a}^{b} f(x)\, dx = \underline{\int_{a}^{b}} f(x)\, dx$$

das sog. „eigentliche" *Riemann-Integral* von f über $[a, b]$. Geometrisch dient dieses Integral zur *Definition* des Flächeninhalts der Ordinatenmenge von f. – Verzichtet man auf die Forderung der Nichtnegativität von f, so bleibt die obige Definition des Integrals unberührt, nur die geometrische Interpretation lautet dann: Das Riemann-Integral misst den mit Vorzeichen versehenen Flächeninhalt zwischen der „Kurve" $y = f(x)$ und der x-Achse, wobei die Flächen oberhalb der x-Achse positiv und unterhalb der x-Achse negativ zu zählen sind. – Aus Gründen der historischen Korrektheit bemerken wir, dass RIEMANN selbst diesen Integralbegriff in seiner Göttinger Habilitationsschrift 1854 nicht mithilfe von Ober- und Untersummen, sondern mithilfe von *Zwischensummen* $\sum_{j=1}^{n} f(\xi_j)(x_j - x_{j-1})$ $(x_{j-1} \le \xi_j \le x_j$, $j = 1, \ldots, n)$ einführt. Die zur Riemannschen Definition äquivalente Definition mithilfe von Ober- und Untersummen wird 1875 gleichzeitig unabhängig von J.K. THOMAE (1840–1921), G. ASCOLI (1843–1896), P. DU BOIS-REYMOND (1831–1889), H.J.S. SMITH (1826–1883) und G. DARBOUX (1842–1917) angegeben; die Begriffe „Oberintegral" und „Unterintegral" werden erst 1881 von V. VOLTERRA (1860–1940) eingeführt.

Betrachten wir die obige Konstruktion des Riemannschen Integrals, so fällt auf, dass im ganzen Ansatz gar keine Rücksicht genommen wird auf den Graphen von f. Benutzt werden willkürliche Zerlegungen Z, die in keiner Weise an den Graphen von f „angepasst" zu sein brauchen, und diese können durchaus zu schlechten Approximationsergebnissen führen. Diese Beobachtung veranlasst H. LEBESGUE, anstelle der Unterteilung der *Abszissenachse* eine Unterteilung der *Ordinatenachse* vorzunehmen, um auf diese Weise eine bessere Anpassung an den Verlauf des Graphen von f zu erzielen: Es seien etwa $0 \le f < M (M > 0)$ und $Y : 0 = y_0 < y_1 < \ldots < y_n = M$ eine Unterteilung von $[0, M]$. Dann kann man den Flächeninhalt der Ordinatenmenge von f von unten approximieren durch die *Lebesguesche Untersumme*

$$U_L(f, Y) := \sum_{j=0}^{n-1} y_j \lambda(\{x \in [a, b] : y_j \le f(x) < y_{j+1}\})$$

und von oben durch die entsprechende *Lebesguesche Obersumme*

$$O_L(f, Y) := \sum_{j=0}^{n-1} y_{j+1} \lambda(\{x \in [a, b] : y_j \leq f(x) < y_{j+1}\}) \,,$$

v o r a u s g e s e t z t , dass alle Mengen $f^{-1}([y_j, y_{j+1}[) = \{x \in [a, b] : y_j \leq f(x) < y_{j+1}\}$ $(j = 0, \ldots, n-1)$ *Lebesgue-messbar* sind. Funktionen mit dieser Eigenschaft nennt LEBESGUE ([2], S. 127) *messbare Funktionen*. Es zeigt sich nun, dass praktisch alle Funktionen, mit denen man es in der Analysis üblicherweise zu tun hat, wirklich messbar sind. Zum Beispiel sind alle stetigen Funktionen messbar, und Limites von punktweise konvergenten Folgen messbarer Funktionen sind messbar.

Für beschränkte messbare Funktionen ist es nun leicht, die Lebesguesche Integraldefinition anzugeben: Ist nämlich $\varepsilon > 0$ und die Unterteilung Y so fein, dass für den „Feinheitsgrad" von Y gilt $\max_{j=0,\ldots,n-1}(y_{j+1} - y_j) < \varepsilon$, so ist ersichtlich $O_L(f, Y) - U_L(f, Y) < \varepsilon(b - a)$. Lässt man nun Y eine Folge $\left(Y^{(k)}\right)_{k \geq 1}$ von Zerlegungen mit gegen 0 strebendem Feinheitsgrad durchlaufen, so konvergiert die zugehörige Folge der Lebesgueschen Ober- und Untersummen gegen einen gemeinsamen Grenzwert, der nicht abhängt von der Auswahl der Folge $\left(Y^{(k)}\right)_{k \geq 1}$; dieser Grenzwert heißt das *Lebesgue-Integral* von f. Existiert das eigentliche Riemann-Integral von f, so auch das Lebesgue-Integral, und beide haben denselben Wert. Daher ist es legitim, auch das Lebesgue-Integral in der Form $\int_a^b f(x)\, dx$ zu schreiben. – Dieser Zugang zum Integralbegriff wird 1901 von H. LEBESGUE in einer Note in den C.R. Acad. Sci. Paris 132, 1–3 (1901) vorgeschlagen; er hat sich heute in mannigfachen äquivalenten Formulierungen allgemein durchgesetzt.

In einem Vortrag zieht LEBESGUE 1926 folgenden sehr anschaulichen Vergleich zwischen seinem Integralbegriff und dem Riemann-Integral (s. LEBESGUE [2], S. 358, [7], S. 72): «On peut dire encore qu'avec le procédé de Riemann ... on opérait ... comme le ferait un commerçant sans méthode qui compterait pièces et billets au hasard de l'ordre où ils lui tomberaient sous la main; tandis que nous opérons comme le commerçant méthodique qui dit:

j'ai $m(E_1)$ pièces de 1 couronne valant $1 \cdot m(E_1)$,

j'ai $m(E_2)$ pièces de 2 couronnes valant $2 \cdot m(E_2)$,

j'ai $m(E_3)$ billets de 5 couronnes valant $5 \cdot m(E_3)$,

etc., j'ai donc en tout: $S = 1 \cdot m(E_1) + 2 \cdot m(E_2) + 5 \cdot m(E_3)\ldots$

Les deux procédés conduiront, certes, le commerçant au même résultat parce que, si riche qu'il soit, il n'a qu'un nombre fini de billets à compter; mais pour nous, qui avons à additionner une infinité d'indivisibles, la différence entre les deux façons de faire est capitale.»[2]

---

[2]Man kann auch sagen, dass man sich bei dem Vorgehen von Riemann verhält wie ein Kaufmann ohne System, der Geldstücke und Banknoten zählt in der zufälligen Reihenfolge, wie er sie in die Hand bekommt; während wir vorgehen wie ein umsichtiger Kaufmann, der sagt:

Ich habe $m(E_1)$ Münzen zu einer Krone, macht $1 \cdot m(E_1)$,

§ 1. Messbare Abbildungen und Bildmaße

1. Messbare Abbildungen. Wie oben bemerkt, heißt eine Funktion $f :$ $[a, b] \to \mathbb{R}$ *messbar*, wenn für jedes Intervall $[\alpha, \beta[\subset \mathbb{R}$ gilt $f^{-1}([\alpha, \beta[) \in \mathfrak{L}^1$. Es wird sich in Satz 1.3 zeigen, dass diese Bedingung gleichbedeutend ist mit „$f^{-1}(A) \in \mathfrak{L}^1$ für alle $A \in \mathfrak{B}^1$". Nun liegt es auf der Hand, wie man den Messbarkeitsbegriff einzuführen hat für Funktionen $f : X \to Y$, wenn auf den abstrakten Mengen X, Y irgendwelche σ-Algebren vorgegeben sind: Ist $\mathfrak{A}$ eine σ-Algebra über X, so nennen wir das Paar $(X, \mathfrak{A})$ einen *Messraum* oder einen *messbaren Raum*; die Mengen aus $\mathfrak{A}$ heißen *messbare Mengen*. (Dabei wird *nicht* vorausgesetzt, dass auf $\mathfrak{A}$ ein Maß definiert sei. Ist zusätzlich $\mu : \mathfrak{A} \to \overline{\mathbb{R}}$ ein Maß auf $\mathfrak{A}$, so heißt $(X, \mathfrak{A}, \mu)$ ein *Maßraum*.)

1.1 Definition. Es seien $(X, \mathfrak{A}), (Y, \mathfrak{B})$ Messräume.[3] Eine Funktion $f : X \to Y$ heißt $\mathfrak{A}$-$\mathfrak{B}$-*messbar* oder kurz *messbar*, wenn gilt $f^{-1}(\mathfrak{B}) \subset \mathfrak{A}$.

Hier benutzen wir die Schreibweise (I.2.5). – Sollen die zugrunde liegenden σ-Algebren ausdrücklich hervorgehoben werden, so schreiben wir kurz $f :$ $(X, \mathfrak{A}) \to (Y, \mathfrak{B})$.

Der Begriff des Messraumes ist für die Maßtheorie von ähnlicher Bedeutung wie der Begriff des topologischen Raumes in der Topologie: Bekanntlich ist eine Abbildung $f : R \to S$ des topologischen Raumes R in den topologischen Raum S genau dann *stetig*, wenn für jede offene Menge $V \subset S$ das Urbild $f^{-1}(V)$ offen in R ist. Viele grundlegende Eigenschaften topologischer Räume und stetiger Abbildungen haben natürliche maßtheoretische Analoga, wenn man die Begriffe „offene Menge" und „stetige Funktion" ersetzt durch „messbare Menge" bzw. „messbare Funktion".

1.2 Beispiele. a) Jede konstante Abbildung $f : (X, \mathfrak{A}) \to (Y, \mathfrak{B})$ ist messbar.
b) Ist $X \subset Y$ und $j : X \to Y$, $j(x) := x$ $(x \in X)$ die kanonische Inklusionsabbildung, so ist $j : (X, \mathfrak{A}) \to (Y, \mathfrak{B})$ genau dann messbar, wenn $\mathfrak{B}|X \subset \mathfrak{A}$. Insbesondere ist die identische Abbildung $(X, \mathfrak{A}) \to (X, \mathfrak{B})$ genau dann messbar, wenn $\mathfrak{B} \subset \mathfrak{A}$.
c) Es seien X eine Menge, $(Y, \mathfrak{B})$ ein Messraum und $f : X \to Y$ eine Abbildung. Dann ist $\mathfrak{A} := f^{-1}(\mathfrak{B})$ die bez. mengentheoretischer Inklusion kleinste σ-Algebra $\mathfrak{C}$ über X, für welche $f : (X, \mathfrak{C}) \to (Y, \mathfrak{B})$ messbar ist.
d) Ist $f : (X, \mathfrak{A}) \to (Y, \mathfrak{B})$ eine Abbildung, so können wir die Bildmenge

---

ich habe $m(E_2)$ Münzen zu zwei Kronen, macht $2 \cdot m(E_2)$,

ich habe $m(E_3)$ Münzen zu fünf Kronen, macht $5 \cdot m(E_3)$,

usw., ich habe also insgesamt $S = 1 \cdot m(E_1) + 2 \cdot m(E_2) + 5 \cdot m(E_3) + \ldots$
Die beiden Verfahren führen sicher den Kaufmann zum gleichen Resultat, weil er – wie reich er auch sei – nur eine endliche Anzahl von Banknoten zu zählen hat; aber für uns, die wir unendlich viele Indivisiblen zu addieren haben, ist der Unterschied zwischen den beiden Vorgehensweisen wesentlich.

[3]In diesem Paragraphen bezeichnet $\mathfrak{B}$ irgendeine σ-Algebra über Y; die σ-Algebra der Borelschen Teilmengen von $\mathbb{R}$ bezeichnen wir mit $\mathfrak{B}^1$.

$f(X)$ mit der Spur-σ-Algebra $\mathfrak{B}|f(X)$ ausstatten. Die Abbildung $f : (X, \mathfrak{A}) \to (Y, \mathfrak{B})$ ist genau dann messbar, wenn $\hat{f} : (X, \mathfrak{A}) \to (f(X), \mathfrak{B}|f(X))$, $\hat{f}(x) := f(x)$ $(x \in X)$ messbar ist.

1.3 Satz. *Sind* $f : (X, \mathfrak{A}) \to (Y, \mathfrak{B})$ *eine Abbildung und* $\mathfrak{E} \subset \mathfrak{B}$ *ein Erzeuger von* $\mathfrak{B}$, *so ist* f *genau dann* $\mathfrak{A}$-$\mathfrak{B}$-*messbar, wenn* $f^{-1}(\mathfrak{E}) \subset \mathfrak{A}$.

Beweis. Ist $f^{-1}(\mathfrak{E}) \subset \mathfrak{A}$, so ist nach Satz I.4.4 auch $f^{-1}(\mathfrak{B}) = \sigma(f^{-1}(\mathfrak{E})) \subset \mathfrak{A}$.
$\square$

Wir nennen eine Abbildung $f : \mathbb{R}^p \to \mathbb{R}^q$ kurz *Borel-messbar*, wenn sie $\mathfrak{B}^p$-$\mathfrak{B}^q$-messbar ist. Allgemeiner heißt eine Abbildung $f : X \to Y$ des metrischen (oder topologischen) Raumes X in den metrischen (oder topologischen) Raum Y *Borel-messbar*, wenn sie $\mathfrak{B}(X)$-$\mathfrak{B}(Y)$-messbar ist.

1.4 Korollar. *Jede stetige Abbildung* $f : X \to Y$ *eines metrischen (oder topologischen) Raumes* X *in den metrischen (oder topologischen) Raum* Y *ist Borel-messbar. Insbesondere ist jede auf einer Teilmenge* $A \subset \mathbb{R}^p$ *definierte stetige Funktion* $f : A \to \mathbb{R}^q$ *Borel-messbar (d.h.* $(\mathfrak{B}^p|A)$-$\mathfrak{B}^q$-*messbar).*

Beweis. Das System der offenen Teilmengen von Y erzeugt $\mathfrak{B}(Y)$. Für jede offene Menge $V \subset Y$ ist $f^{-1}(V) \in \mathfrak{B}(X)$, und die erste Behauptung folgt aus Satz 1.3. Zum Beweis der zweiten Aussage bezeichne $\mathfrak{O}^p$ das System der offenen Teilmengen von $\mathbb{R}^p$. Dann ist $\mathfrak{O}^p|A$ das System der (relativ) offenen Teilmengen von A, und wir wissen aus Korollar I.4.6, dass $\mathfrak{B}(A) = \mathfrak{B}^p|A$.
$\square$

Ist speziell $A \in \mathfrak{B}^p$ und $f : A \to \mathbb{R}^q$ stetig, so ist für jede Menge $B \in \mathfrak{B}^q$ das *Urbild* $f^{-1}(B) \in \mathfrak{B}^p$. Dagegen braucht für eine Borelsche Teilmenge $C \subset A$ die *Bildmenge* $f(C) \subset \mathbb{R}^q$ keine Borelsche Teilmenge des $\mathbb{R}^q$ zu sein. Diese Tatsache gibt Anlass zur Einführung der sog. *analytischen* oder *Suslinschen* Mengen (s. z.B. BOURBAKI [7], Chap. IX, § 6, COHN [1], S. 261 ff., CHRISTENSEN [1], DELLACHERIE [1], HAHN [2], Kapitel V, HAUSDORFF [2], HOFFMANN-JØRGENSEN [1], LUSIN [1], PARTHASARATHY [1], S. 15–22, ROGERS–JAYNE [1], SAKS [2], S. 47 ff.).

1.5 Satz. *Sind* $(X, \mathfrak{A})$, $(Y, \mathfrak{B})$, $(Z, \mathfrak{C})$ *Messräume und die Abbildungen* $f : (X, \mathfrak{A}) \to (Y, \mathfrak{B})$, $g : (Y, \mathfrak{B}) \to (Z, \mathfrak{C})$ *messbar, so ist auch* $g \circ f : (X, \mathfrak{A}) \to (Z, \mathfrak{C})$ *messbar.*

Beweis. Für jedes $C \in \mathfrak{C}$ ist $g^{-1}(C) \in \mathfrak{B}$, also $(g \circ f)^{-1}(C) = f^{-1}(g^{-1}(C)) \in \mathfrak{A}$.
$\square$

1.6 Beispiele. Die Funktion $f = (f_1, \ldots, f_p)^t : (X, \mathfrak{A}) \to (\mathbb{R}^p, \mathfrak{B}^p)$ sei messbar. Die Norm $\|\cdot\| : \mathbb{R}^p \to \mathbb{R}$, $x \mapsto \|x\|$ ist stetig, also Borel-messbar. Daher ist auch $\|f\| : (X, \mathfrak{A}) \to (\mathbb{R}, \mathfrak{B}^1)$ messbar; insbesondere ist der Absolutbetrag jeder messbaren komplexwertigen Funktion wiederum messbar. – Die Projektionen $\mathrm{pr}_j : \mathbb{R}^p \to \mathbb{R}$, $\mathrm{pr}_j(x) := x_j$ für $x = (x_1, \ldots, x_p)^t \in \mathbb{R}^p$ sind stetig, also Borel-messbar. Daher sind alle Komponenten $f_1, \ldots, f_p : (X, \mathfrak{A}) \to (\mathbb{R}, \mathfrak{B}^1)$ von f

messbar. Auch die Funktionen $\mathbb{R}^p \to \mathbb{R}$, $x = (x_1, \ldots, x_p)^t \mapsto x_1 + \ldots + x_p$ bzw. $x \mapsto x_1 \cdot \ldots \cdot x_p$ sind stetig, also Borel-messbar. Daher sind $f_1 + \ldots + f_p$, $f_1 \cdot \ldots \cdot f_p$: $(X, \mathfrak{A}) \to (\mathbb{R}, \mathfrak{B}^1)$ messbar.

2. Bildmaße. Mithilfe messbarer Abbildungen kann man Maße „verpflanzen" und wie folgt den Begriff des *Bildmaßes* einführen:

1.7 Satz. *Es seien* $(X, \mathfrak{A})$, $(Y, \mathfrak{B})$ *Messräume,* $f : (X, \mathfrak{A}) \to (Y, \mathfrak{B})$ *eine messbare Abbildung und* $\mu : \mathfrak{A} \to \overline{\mathbb{R}}$ *ein Maß auf* $\mathfrak{A}$. *Dann ist* $\nu : \mathfrak{B} \to \overline{\mathbb{R}}$, $\nu(B) := \mu(f^{-1}(B))$ $(B \in \mathfrak{B})$ *ein Maß auf* $\mathfrak{B}$; *Bezeichnung:* $f(\mu) := \nu$. *Man nennt* $f(\mu)$ *das Bildmaß von* μ *bez.* f. – *Ist* $g : (Y, \mathfrak{B}) \to (Z, \mathfrak{C})$ *eine weitere messbare Abbildung, so gilt:* $(g \circ f)(\mu) = g(f(\mu))$ *(Transitivität).*

Beweis. $\nu : \mathfrak{B} \to \overline{\mathbb{R}}$ ist sinnvoll, da f messbar ist. Zum Nachweis der σ-Additivität von ν sei $(B_n)_{n \geq 1}$ eine Folge disjunkter Mengen aus $\mathfrak{B}$. Dann ist $(f^{-1}(B_n))_{n \geq 1}$ eine Folge *disjunkter* Mengen aus $\mathfrak{A}$ und

$$\nu\left(\bigcup_{n=1}^{\infty} B_n\right) = \mu\left(\bigcup_{n=1}^{\infty} f^{-1}(B_n)\right) = \sum_{n=1}^{\infty} \mu(f^{-1}(B_n)) = \sum_{n=1}^{\infty} \nu(B_n) \ .-$$

Zum Nachweis der Transitivität sei $A \in \mathfrak{C}$. Dann gilt:

$$((g \circ f)(\mu))(A) = \mu(f^{-1}(g^{-1}(A))) = (f(\mu))(g^{-1}(A)) = (g(f(\mu)))(A) \ .$$

$\square$

Aufgaben. 1.1. Es seien $(X, \mathfrak{A})$, $(Y, \mathfrak{B})$ Messräume, $X = \bigcup_{n=1}^{\infty} A_n$ mit disjunkten $A_n \in \mathfrak{A}$, $f_n : A_n \to Y$ $(n \in \mathbb{N})$ und $f : X \to Y$, $f(x) := f_n(x)$, falls $x \in A_n$ $(n \in \mathbb{N})$. Zeigen Sie: f ist $\mathfrak{A}$-$\mathfrak{B}$-messbar genau dann, wenn für jedes $n \in \mathbb{N}$ die Abbildung $f_n : (A_n, \mathfrak{A}|A_n) \to (Y, \mathfrak{B})$ messbar ist.

1.2. Es seien $(X, \mathfrak{A}, \mu)$, $(Y, \mathfrak{B}, \nu)$ Maßräume mit den Vervollständigungen $(X, \tilde{\mathfrak{A}}, \tilde{\mu})$ bzw. $(Y, \tilde{\mathfrak{B}}, \tilde{\nu})$, $f : (X, \mathfrak{A}) \to (Y, \mathfrak{B})$ messbar, und für jede ν-Nullmenge $C \in \mathfrak{B}$ sei $\mu(f^{-1}(C)) = 0$. Zeigen Sie: Die Abbildung $f : (X, \tilde{\mathfrak{A}}) \to (Y, \tilde{\mathfrak{B}})$ ist messbar. Ist insbesondere $\nu = f(\mu)$, so ist $f : (X, \tilde{\mathfrak{A}}) \to (Y, \tilde{\mathfrak{B}})$ messbar und $\tilde{\nu} = f(\tilde{\mu})$.

1.3. Es seien $I, J \subset \mathbb{R}$ zwei Intervalle, und die Funktion $g : I \to J$ sei wachsend und surjektiv. Ferner sei $F : J \to \mathbb{R}$ wachsend und rechtsseitig stetig. Zeigen Sie:

$$g(\lambda_{F \circ g})|(\mathfrak{B}^1|J) = \lambda_F|(\mathfrak{B}^1|J) \ .$$

(*Bemerkung:* Die Konstruktion Lebesgue-Stieltjesscher Maße lässt sich für wachsende und auf $\overset{\circ}{I}$ rechtsseitig stetige Funktionen $G : I \to \mathbb{R}$ sinngemäß ebenso durchführen wie in Kap. II. Dabei definiert man $\lambda_G(]\alpha, \beta]) := G(\beta) - G(\alpha + 0)$ für $]\alpha, \beta] \subset I$. Ist ferner $a \in I$ linker Eckpunkt von I, so setzt man $\lambda_G([a, \beta]) := G(\beta) - G(a)$ für $\beta \in I$, $\beta > a$, $\lambda_G(\{a\}) := G(a + 0) - G(a)$; analog bei b. Damit ist ein Prämaß λ_G auf $\mathfrak{I}^1|I$ erklärt, und das Fortsetzungsverfahren aus Kap. II liefert ein vollständiges Maß λ_G auf einer σ-Algebra $\mathfrak{A}_G$ über I, wobei $\mathfrak{A}_G \supset \mathfrak{B}^1|I$. In diesem Sinne sind hier $\lambda_{F \circ g}|(\mathfrak{B}^1|J)$ und $\lambda_F|(\mathfrak{B}^1|J)$ definiert.)

1.4. Für jede wachsende und stetige Funktion $F : I \to \mathbb{R}$ gilt: $F(\lambda_F)|(\mathfrak{B}^1|F(I)) = \lambda^1|(\mathfrak{B}^1|F(I))$.

1.5. Die wachsende Funktion $F : [\alpha, \beta] \to [a, b]$ sei auf $]\alpha, \beta[$ rechtsseitig stetig, $a = F(\alpha)$, $b = F(\beta)$, und es seien $g, G : [a, b] \to [\alpha, \beta]$ definiert vermöge

$$g(y) := \inf\{x \in [\alpha, \beta] : F(x) \geq y\} \quad (a \leq y \leq b) \ ,$$
$$G(y) := g(y + 0) \quad \text{für } a < y < b \ , \ G(a) := g(a) = \alpha \ , \ G(b) := \beta \ .$$

Dann ist $G : [a, b] \to [\alpha, \beta]$ wachsend und auf $]a, b[$ rechtsseitig stetig. Zeigen Sie:

$$F(\lambda^1)|(\mathfrak{B}^1|[a, b]) = \lambda_G|(\mathfrak{B}^1|[a, b]) \,.$$

1.6. Es sei $(X, \mathfrak{A})$ ein Messraum. Zwei Elemente $x, y \in X$ heißen *äquivalent* (bez. $\mathfrak{A}$), wenn für alle $B \in \mathfrak{A}$ gilt $\chi_B(x) = \chi_B(y)$. Die Äquivalenzklassen bez. dieser Äquivalenzrelation heißen $\mathfrak{A}$-*Atome*. – Zeigen Sie: Ist $f : (X, \mathfrak{A}) \to (Y, \mathfrak{B})$ messbar und gilt $\{y\} \in \mathfrak{B}$ $(y \in Y)$, so ist f auf allen $\mathfrak{A}$-Atomen konstant. Insbesondere ist jede messbare Funktion $f : (X, \mathfrak{A}) \to (\mathbb{R}^p, \mathfrak{B}^p)$ auf allen $\mathfrak{A}$-Atomen konstant.

1.7. Sind X, Y metrische Räume, $f : X \to Y$ eine Abbildung und $S \subset X$ die Menge aller Punkte, in denen f stetig ist, so ist S eine G_δ-Menge.

1.8. Es gibt keine Funktion $f : \mathbb{R} \to \mathbb{R}$, die in allen Punkten aus $\mathbb{Q}$ stetig und in allen Punkten aus $\mathbb{R} \setminus \mathbb{Q}$ unstetig ist. (Hinweis: $\mathbb{Q}$ ist keine G_δ-Menge nach dem Satz von BAIRE; s. E. HEWITT, K. STROMBERG [1], (6.56).)

1.9. Das Bildmaß eines σ-endlichen Maßes braucht nicht σ-endlich zu sein.

1.10. Für jedes $x \in I := [0, 1]$ sei eine feste dyadische Entwicklung $x = \sum_{n=1}^\infty x_n 2^{-n}$ $(x_n \in \{0, 1\}$ $(n \in \mathbb{N}))$ ausgewählt. Ferner seien $\pi : \mathbb{N} \to \mathbb{N}$ eine Permutation und $f : I \to I$ wie folgt definiert: Hat $x \in I$ die Entwicklung $x = \sum_{n=1}^\infty x_n 2^{-n}$ $(x_n \in \{0, 1\}$ $(n \in \mathbb{N}))$, so sei $f(x) := \sum_{n=1}^\infty x_{\pi(n)} 2^{-n}$. Zeigen Sie: $f : (I, \mathfrak{B}^1|I) \to (I, \mathfrak{B}^1|I)$ ist messbar, und für $\mu := \lambda^1|(\mathfrak{B}^1|I)$ gilt $f(\mu) = \mu$.

§ 2.   Bewegungsinvarianz des Lebesgue-Maßes

Der Flächeninhalt einer messbaren ebenen Punktmenge ändert sich nicht, wenn man die Menge einer beliebigen Drehung oder Verschiebung unterwirft. Diese als *Bewegungsinvarianz* des Lebesgue-Maßes bezeichnete fundamentale Eigenschaft des Flächeninhalts ist bereits seit ältester Zeit bekannt. Ganz klar ausgesprochen wird die Bewegungsinvarianz des Lebesgue-Maßes von LEBESGUE in seiner *Thèse*, wo bei der Formulierung des Maßproblems gefordert wird ([1], S. 208): «Deux ensembles égaux ont même mesure.»[4] Wir werden im Folgenden die Bewegungsinvarianz des Lebesgue-Maßes beweisen und allgemeiner das Verhalten des Lebesgue-Maßes bei beliebigen invertierbaren affinen Abbildungen untersuchen.

1. Translationsinvarianz des Lebesgue-Maßes. Für $a \in \mathbb{R}^p$ heißt $t_a : \mathbb{R}^p \to \mathbb{R}^p$, $t_a(x) := x + a$ $(x \in \mathbb{R}^p)$ die *Translation* um a. Für $B \subset \mathbb{R}^p$ setzen wir

$$B + a := t_a(B) = \{x + a : x \in B\} \,, \ B - a := t_{-a}(B) = \{x - a : x \in B\} \,.$$

Mit $\beta^p := \lambda^p|\mathfrak{B}^p$ bezeichnen wir stets das Lebesgue-Borelsche Maß und mit $\lambda^p : \mathfrak{L}^p \to \overline{\mathbb{R}}$ das Lebesgue-Maß.

---

[4]Je zwei kongruente Mengen haben gleiches Maß.

2.1 Satz. *Das Lebesgue-Borelsche Maß β^p und das Lebesgue-Maß λ^p sind translationsinvariant; d.h.: Für alle $a \in \mathbb{R}^p$ ist die Translation $t_a : \mathbb{R}^p \to \mathbb{R}^p$ sowohl $\mathfrak{B}^p$-$\mathfrak{B}^p$-messbar als auch $\mathfrak{L}^p$-$\mathfrak{L}^p$-messbar, und es gilt $t_a(\beta^p) = \beta^p$, $t_a(\lambda^p) = \lambda^p$; es ist also*

$$\lambda^p(B + a) = \lambda^p(B) \text{ für alle } B \in \mathfrak{L}^p \text{ , } a \in \mathbb{R}^p \text{ .}$$

Beweis. Die Translation t_a ist stetig, also $\mathfrak{B}^p$-$\mathfrak{B}^p$-messbar. Daher ist $t_a(\beta^p)$ sinnvoll. Für alle $c, d \in \mathbb{R}^p$ mit $c \le d$ ist $t_a^{-1}(]c, d]) =]c - a, d - a]$, also $t_a(\beta^p)(]c, d]) = \beta^p(]c, d])$. Die σ-endlichen Maße $t_a(\beta^p)$ und β^p stimmen daher auf dem Halbring $\mathfrak{J}^p$ überein, und Korollar II.5.7 liefert $t_a(\beta^p) = \beta^p$. Die Aussage über λ^p folgt nun aus Aufgabe 1.2. $\qquad \square$

Das Lebesgue-Maß ist sogar das einzige translationsinvariante Maß μ auf $\mathfrak{L}^p$, das der Normierungsbedingung $\mu(]0, 1]^p) = 1$ genügt:

2.2 Satz. *Ist μ ein translationsinvariantes Maß auf $\mathfrak{B}^p$ (bzw. $\mathfrak{L}^p$) mit $\mu(]0, 1]^p) = 1$, so ist $\mu = \beta^p$ (bzw. $\mu = \lambda^p$).*

Beweis. Für $n_1, \ldots, n_p \in \mathbb{N}$ betrachten wir das Gitter der Punkte $(k_1/n_1, \ldots, k_p/n_p)^t$ $(0 \le k_j < n_j$ für $j = 1, \ldots, p)$ und verschieben das Intervall $\prod_{i=1}^p]0, 1/n_i]$ um jeden dieser Gitterpunkte. Das ergibt die disjunkte Vereinigung

$$]0, 1]^p = \bigcup_{\substack{0 \le k_j < n_j \\ j = 1, \ldots, p}} \left(\left(\prod_{i=1}^p \left]0, \frac{1}{n_i}\right] \right) + \left(\frac{k_1}{n_1}, \ldots, \frac{k_p}{n_p} \right)^t \right) .$$

Alle $n_1 \cdot \ldots \cdot n_p$ Mengen auf der rechten Seite haben wegen der Translationsinvarianz von μ gleiches Maß, und wegen $\mu(]0, 1]^p) = 1$ folgt $\mu \left(\prod_{i=1}^p]0, 1/n_i] \right) = \prod_{i=1}^p 1/n_i$. Wenden wir nochmals die Translationsinvarianz von μ an, so folgt $\mu(I) = \beta^p(I)$ für alle $I \in \mathfrak{J}_{\mathbb{Q}}^p$. Nun liefern Korollar II.5.7 und Korollar II.6.5 die Behauptungen. $\qquad \square$

Im Beweis des Satzes 2.2 wurde sogar nur die Translationsinvarianz von $\mu | \mathfrak{J}_{\mathbb{Q}}^p$ unter allen Translationen t_a mit $a \in \mathbb{Q}^p$ ausgenutzt, so dass sich der Satz entsprechend schärfer formulieren lässt. – Die Benutzung des halboffenen Intervalls $]0, 1]^p$ in der Normierungsbedingung von Satz 2.2 ist unwesentlich, denn die Aussage gilt entsprechend mit $[0, 1]^p$ (oder $[0, 1[^p$ oder $]0, 1[^p)$:

2.3 Korollar. *Ist μ ein translationsinvariantes Maß auf $\mathfrak{B}^p$ (bzw. $\mathfrak{L}^p$) mit $\mu([0, 1]^p) = 1$, so ist $\mu = \beta^p$ (bzw. $\mu = \lambda^p$).*

Beweis. Mit $\alpha := \mu(]0, 1]^p)$ gilt wegen der Translationsinvarianz: $1 = \mu([0, 1]^p) \le \mu(]-1, 1]^p) = 2^p \alpha$, also $\alpha > 0$. Das Maß $\nu := \frac{1}{\alpha} \mu$ erfüllt nun die Voraussetzungen von Satz 2.2, also ist $\nu = \beta^p$ (bzw. $\nu = \lambda^p$). Wegen $\frac{1}{\alpha} = \nu([0, 1]^p) = \beta^p([0, 1]^p) = 1$ ist daher auch $\mu = \beta^p$ (bzw. $\mu = \lambda^p$). $\qquad \square$

2.4 Korollar. *Ist μ ein translationsinvariantes Maß auf $\mathfrak{B}^p$ (bzw. $\mathfrak{L}^p$) mit $\alpha := \mu([0, 1]^p) < \infty$, so ist $\mu = \alpha \beta^p$ (bzw. $\mu = \alpha \lambda^p$).*

Beweis. Für $\alpha > 0$ erfüllt $\alpha^{-1}\mu$ die Voraussetzungen von Korollar 2.3, und die Behauptung ist klar. – Für $\alpha = 0$ ist $\mu(]0,1]^p) = 0$ und

$$\mu(\mathbb{R}^p) = \mu\left(\bigcup_{g \in \mathbb{Z}^p} (]0,1]^p + g)\right) = \sum_{g \in \mathbb{Z}^p} \mu(]0,1]^p) = 0 \, ,$$

d.h. $\mu = 0$, und die Behauptung ist ebenfalls richtig. $\square$

Ohne die Normierungs- bzw. Endlichkeitsbedingungen werden Satz 2.2 und Korollar 2.3, 2.4 falsch, denn das Zählmaß auf $\mathfrak{B}^p$ (bzw. $\mathfrak{L}^p$) ist offenbar translationsinvariant, aber kein konstantes Vielfaches von β^p (bzw. λ^p).

Für jede (multiplikativ geschriebene) Gruppe G wird die Linkstranslation $L_a : G \to G \, (a \in G)$ erklärt vermöge $L_a(x) := ax$. Ein fundamentaler Satz aus der Theorie der topologischen Gruppen besagt nun: *Auf jeder lokal-kompakten Hausdorffschen topologischen Gruppe G gibt es bis auf einen positiven konstanten Faktor genau ein (links-)translationsinvariantes Radon-Maß $\mu \neq 0$, das auf der σ-Algebra der Borelschen Mengen von G erklärt ist.* Dieses Maß heißt zu Ehren seines Entdeckers, des ungarischen Mathematikers A. HAAR (1885–1933), das *Haarsche Maß* von G. Zum Beispiel ist β^p das Haarsche Maß auf der additiven Gruppe $(\mathbb{R}^p, +)$, und das Zählmaß ist das Haarsche Maß auf $(\mathbb{Z}^p, +)$. In Aufgabe 2.7 lernen wir das Haarsche Maß auf der multiplikativen Gruppe S^1 der komplexen Zahlen vom Betrage eins kennen. Allgemein werden wir den Satz von der Existenz und Eindeutigkeit des Haarschen Maßes in Kap. VIII, § 3 beweisen.

2. Das Bildmaß des Lebesgue-Maßes unter bijektiven affinen Abbildungen. Eine Abbildung $f : \mathbb{R}^p \to \mathbb{R}^p$ heißt *affin*, wenn es eine lineare Abbildung $g : \mathbb{R}^p \to \mathbb{R}^p$ und einen Vektor $a \in \mathbb{R}^p$ gibt, so dass $f(x) = g(x) + a \, (x \in \mathbb{R}^p)$. Dabei sind $a = f(0)$ und g eindeutig bestimmt, also ist die Definition $\det f := \det g$ der *Determinante* von f sinnvoll. Eine affine Abbildung $f : \mathbb{R}^p \to \mathbb{R}^p$ ist genau dann bijektiv, wenn $\det f \neq 0$ ist.

2.5 Satz. *Jede bijektive affine Abbildung f ist sowohl $\mathfrak{B}^p$-$\mathfrak{B}^p$-messbar als auch $\mathfrak{L}^p$-$\mathfrak{L}^p$-messbar, und es gilt*

$$f(\beta^p) = |\det f|^{-1}\beta^p \quad , \quad f(\lambda^p) = |\det f|^{-1}\lambda^p \, .$$

Beweis. Die Stetigkeit von f impliziert die Borel-Messbarkeit, und nach Aufgabe 1.2 genügt der Beweis für β^p. Wir schreiben $f = t_a \circ g$ mit einer Translation $t_a (a \in \mathbb{R}^p)$ und $g \in \mathrm{GL}\,(\mathbb{R}^p)$.

Da die Bildung von Bildmaßen transitiv (Satz 1.7) und die Translationsinvarianz von β^p schon bekannt ist (Satz 2.1), brauchen wir nur noch zu zeigen:

(2.1)   Für alle $g \in \mathrm{GL}\,(\mathbb{R}^p)$ ist $g(\beta^p) = |\det g|^{-1}\beta^p$.

Dazu seien $g \in \mathrm{GL}\,(\mathbb{R}^p)$, $B \in \mathfrak{B}^p$, $a \in \mathbb{R}^p$. Dann ist

$$\begin{aligned} t_a(g(\beta^p))(B) &= g(\beta^p)(B - a) = \beta^p(g^{-1}(B - a)) \\ &= \beta^p(g^{-1}(B) - g^{-1}(a)) = \beta^p(g^{-1}(B)) = g(\beta^p)(B) \, , \end{aligned}$$

d.h. $g(\beta^p)$ ist *translationsinvariant*. Ferner ist $g^{-1}([0,1]^p)$ kompakt, also $g(\beta^p)([0,1]^p) < \infty$. Nach Korollar 2.4 gilt also mit $c(g) := g(\beta^p)([0,1]^p)$:

$$(2.2) \qquad\qquad g(\beta^p) = c(g)\beta^p \ .$$

Es bleibt zu zeigen:

$$(2.3) \qquad\qquad c(g) = |\det g|^{-1} \ .$$

Diesen Nachweis führen wir in den folgenden drei Schritten (α)–(γ). (Aufgabe 2.1 eröffnet zwei andere Möglichkeiten, den Beweis zu erbringen.)
(α) Ist g eine *orthogonale* lineare Abbildung, so liefert (2.2)

$$c(g)\beta^p(K_1(0)) = g(\beta^p)(K_1(0)) = \beta^p(g^{-1}(K_1(0))) = \beta^p(K_1(0)) \ .$$

Es folgt $c(g) = 1 = |\det g|^{-1}$, d.h. (2.3) ist für orthogonales g richtig. (Insbesondere ist damit der Satz für jede *Bewegung* f bewiesen.)
(β) Die Abbildung $g \in \mathrm{GL}\,(\mathbb{R}^p)$ werde bez. der kanonischen Basis $\{e_1, \dots, e_p\}$ des $\mathbb{R}^p$ beschrieben durch die Diagonalmatrix mit den Diagonalelementen $d_1, \dots, d_p > 0$. Dann ist nach (2.2)

$$c(g) = \beta^p(g^{-1}(]0,1]^p)) = \beta^p(](0,\dots,0)^t, (d_1^{-1}, \dots, d_p^{-1})^t]) = |\det g|^{-1} \ ,$$

d.h. (2.3) gilt auch für „diagonales" g mit lauter positiven Diagonalelementen.
(γ) Es seien nun $g \in \mathrm{GL}\,(\mathbb{R}^p)$ beliebig und g^* der adjungierte Endomorphismus von g. Zur positiv definiten Abbildung gg^* gibt es eine orthogonale Abbildung v und eine positiv definite „diagonale" Abbildung d, so dass $gg^* = vd^2v^*$ (s. KOECHER [1], S. 195). Die Abbildung $w := d^{-1}v^*g$ ist orthogonal und $g = vdw$. Hier gilt offenbar $|\det g| = \det d$. Daher liefert die Transitivität der Bildung des Bildmaßes nach (α) und (β) die Behauptung (2.3). $\qquad\qquad\square$

Ist f eine bijektive affine Abbildung, so auch die Umkehrabbildung f^{-1}, und wir können Satz 2.5 auf f^{-1} statt f anwenden. Dann folgt:

2.6 Korollar. *Es sei $f : \mathbb{R}^p \to \mathbb{R}^p$ eine bijektive affine Abbildung. Dann ist für jedes $A \in \mathfrak{B}^p$ (bzw. $\mathfrak{L}^p$) auch $f(A) \in \mathfrak{B}^p$ (bzw. $\mathfrak{L}^p$) und*

$$\lambda^p(f(A)) = |\det f| \ \lambda^p(A) \ .$$

2.7 Beispiel. Das von den Vektoren $a_1, \dots, a_p \in \mathbb{R}^p$ aufgespannte Parallelotop

$$P = \{\lambda_1 a_1 + \dots + \lambda_p a_p : 0 \le \lambda_j < 1, j = 1, \dots, p\}$$

hat das Volumen

$$\lambda^p(P) = |\det(a_1, \dots, a_p)| \ .$$

Beweis. Sind $a_1, \dots, a_p$ linear abhängig, so liegt P in einer Hyperebene, und die Behauptung folgt aus Beispiel II.4.6. Sind $a_1, \dots, a_p$ linear unabhängig, so ist die Matrix $M = (a_1, \dots, a_p)$ invertierbar, $P = M([0,1[^p)$, und Korollar 2.6 liefert das Gewünschte. $\qquad\qquad\square$

Bezeichnen wir mit $G = M^t M = (\langle a_j, a_k \rangle)_{j,k=1,\ldots,p}$ die *Gramsche Matrix* von $a_1, \ldots, a_p$, so können wir die obige Formel auch in der Form

$$\lambda^p(P) = (\det G)^{1/2}$$

schreiben (vgl. KOECHER [1], S. 171).

3. Bewegungsinvarianz des Lebesgue-Maßes. Eine affine Abbildung $f : \mathbb{R}^p \to \mathbb{R}^p$ von der Form $f(x) = u(x) + a$ $(x \in \mathbb{R}^p)$ mit $a \in \mathbb{R}^p$ und *orthogonalem* $u : \mathbb{R}^p \to \mathbb{R}^p$ heißt eine *Bewegung*. Bekanntlich ist f genau dann eine Bewegung, wenn für alle $x, y \in \mathbb{R}^p$ gilt $\|f(x) - f(y)\| = \|x - y\|$ (s. z.B. KOECHER , S. 173). Für jede Bewegung f ist $|\det f| = 1$. Daher enthält Satz 2.5 als Spezialfall die sog. *Bewegungsinvarianz des Lebesgue-Maßes*:

2.8 Korollar. *Die Maße β^p und λ^p sind bewegungsinvariant; d.h.: Jede Bewegung $f : \mathbb{R}^p \to \mathbb{R}^p$ ist sowohl $\mathfrak{B}^p$-$\mathfrak{B}^p$-messbar als auch $\mathfrak{L}^p$-$\mathfrak{L}^p$-messbar, und es gilt: $f(\beta^p) = \beta^p$, $f(\lambda^p) = \lambda^p$.*

Da mit f auch f^{-1} eine Bewegung ist, erhalten wir: *Ist f eine Bewegung und $A \in \mathfrak{B}^p$ (bzw. $\mathfrak{L}^p$), so ist auch $f(A) \in \mathfrak{B}^p$ (bzw. $\mathfrak{L}^p$) und $\lambda^p(f(A)) = \lambda^p(A)$.*

Zusammenfassend stellen wir fest, dass $\lambda^p : \mathfrak{L}^p \to \overline{\mathbb{R}}$ „fast" eine Lösung des in Kap. I, § 1 formulierten Maßproblems ist. Einziger „Mangel" dieser Lösung ist nur, dass der Definitionsbereich von λ^p nicht ganz $\mathfrak{P}(\mathbb{R}^p)$ ist. (Das werden wir in § 3 zeigen.) Die Frage, ob es bewegungsinvariante echte (Maß-)Fortsetzungen von λ^p gibt, wurde schon 1935 von E. SZPILRAJN (der später seinen Namen zu E. MARCZEWSKI (1907–1976) änderte) positiv entschieden (Fundam. Math. 25, 551–558 (1935)). Man hat sogar die Existenz bewegungsinvarianter Fortsetzungen von λ^p mit sehr „großen" Definitionsbereichen nachgewiesen. Um das zu präzisieren, führen wir folgende Begriffe ein: Ein Maßraum $(X, \mathfrak{A}, \mu)$ heißt *separabel*, wenn es eine abzählbare Menge $\mathfrak{C} \subset \mathfrak{A}$ gibt mit der Eigenschaft, dass zu jedem $A \in \mathfrak{A}$ und $\varepsilon > 0$ ein $C \in \mathfrak{C}$ existiert mit $\mu(A \triangle C) < \varepsilon$. Ist κ eine Kardinalzahl, so heisst der Maßraum $(X, \mathfrak{A}, \mu)$ vom *Gewicht κ*, wenn κ die kleinste Kardinalzahl ist, zu der eine Menge $\mathfrak{C} \subset \mathfrak{A}$ existiert mit $|\mathfrak{C}| = \kappa$, so dass zu jedem $A \in \mathfrak{A}$ und $\varepsilon > 0$ ein $C \in \mathfrak{C}$ existiert mit $\mu(A \triangle C) < \varepsilon$. Nun hat S. KAKUTANI (1911–2004) (Proc. Imperial Acad. Japan 20, 115–119 (1944)) eine Fortsetzung des Lebesgueschen Maßes λ vom Gewicht $2^{\mathfrak{c}}$ ($\mathfrak{c}$ = Kardinalzahl von $\mathbb{R}$) konstruiert, und K. KODAIRA (1915–1997) und S. KAKUTANI (Ann. Math., II. Ser., 52, 574–579 (1950)) haben die Existenz einer translationsinvarianten Fortsetzung von λ vom Gewicht $\mathfrak{c}$ nachgewiesen. S. KAKUTANI und J.C. OXTOBY (1910–1991) (Ann. Math., II. Ser., 52, 580–590 (1950)) haben sogar eine *bewegungsinvariante* Fortsetzung von λ vom Gewicht $2^{\mathfrak{c}}$ konstruiert. Insbesondere gibt es also bewegungsinvariante nicht separable Fortsetzungen des Lebesgueschen Maßes. Nach E. HEWITT und K.A. ROSS ([1], § 16) gelten entsprechende Resultate für kompakte metrisierbare topologische Gruppen (versehen mit dem Haarschen Maß) und für nicht diskrete lokal-kompakte abelsche topologische Gruppen (Math. Ann. 160, 171–194 (1965)).

Die Existenz bewegungsinvarianter Fortsetzungen von λ^p veranlasste W. SIER-

PIŃSKI 1936 zu der naheliegenden Frage, ob es eine *maximale* bewegungsinvariante Fortsetzung von λ^p zu einem Maß gibt. Eine endgültige Antwort auf diese schwierige Frage wurde erst 1985 von K. CIESIELSKI und A. PELC (Fundam. Math. 125, 1–10 (1985)) gegeben: *Es gibt keine maximale bewegungsinvariante Fortsetzung von λ^p*.

Wir haben oben die Frage diskutiert, inwieweit das Lebesgue-Maß das einzige (durch $\mu([0,1]^p) = 1$) normierte translationsinvariante *Maß* auf $\mathfrak{L}^p$ ist. Man kann auch fragen, ob λ^p der einzige normierte translationsinvariante *Inhalt* auf $\mathfrak{L}^p$ ist. Die Antwort ist negativ: Setzt man $\mu(A) := \lambda^p(A)$ für beschränktes $A \in \mathfrak{L}^p$ und $\mu(A) := \infty$ für alle unbeschränkten Mengen $A \in \mathfrak{L}^p$, so ist μ ein bewegungsinvarianter normierter Inhalt auf $\mathfrak{L}^p$ mit $\mu \neq \lambda^p$. Diese Feststellung veranlasste S. RUZIEWICZ zu folgender raffinierteren Frage (s. S. BANACH [1], S. 67): Gibt es einen normierten bewegungsinvarianten Inhalt μ auf dem Ring $\mathfrak{L}^p_b$ der *beschränkten* Lebesgue-messbaren Teilmengen des $\mathbb{R}^p$ mit $\mu \neq \lambda^p|\mathfrak{L}^p_b$? Entsprechend kann man für die $(p-1)$-Sphäre $S^{p-1} := \{x \in \mathbb{R}^p : \|x\| = 1\}$ $(p \geq 2)$ die Frage nach der Existenz normierter rotationsinvarianter *Inhalte* μ stellen, die vom „natürlichen" Lebesgue-Borelschen Maß (s. Aufgabe 2.7) verschieden sind. Bezüglich der Existenz solcher sog. Ruziewicz-Inhalte μ sind bemerkenswerte Resultate erzielt worden: Schon S. BANACH ([1], S. 66 ff.) bewies, dass auf $\mathbb{R}^1, \mathbb{R}^2, S^1$ Ruziewicz-Inhalte existieren (s. auch S. WAGON [2]). *Für $p \geq 3$ existieren hingegen keine Ruziewicz-Inhalte auf S^{p-1}*. Dieser Satz wurde für $p \geq 5$ bewiesen von G.A. MARGULIS (1946–) (Monatsh. Math. 90, 233–235 (1980)) und von D. SULLIVAN (Bull. Am. Math. Soc., New Ser., 4, 121–123 (1981)). Für $p = 3, 4$ stammt das Resultat von V.G. DRINFEL'D (Funct. Anal. Appl. 18, 245–246 (1984)); der Beweis stützt sich auf die Jacquet-Langlandssche Theorie der automorphen Formen auf GL_2. Für die euklidischen Räume $\mathbb{R}^p$ mit $p \geq 3$ bewies G.A. MARGULIS (Ergodic Theory Dyn. Syst. 2, 383–396 (1982)), dass keine Ruziewicz-Inhalte auf $\mathfrak{L}^p_b$ $(p \geq 3)$ existieren. Eine ausführliche Diskussion der hier angesprochenen Probleme findet man bei G. TOMKOWICZ und S. WAGON [1] und bei P. DE LA HARPE und A. VALETTE (Astérisque 175 (1989)). Eine gut zugängliche Lösung des Problems von RUZIEWICZ gibt P. SARNAK: *Some applications of modular forms*. Cambridge: Cambridge University Press 1990.

Ein weiteres mit Fragen der Bewegungsinvarianz zusammenhängendes klassisches Problem ist das *Tarskische Problem der Quadratur des Kreises* (Fundam. Math. 7, 381 (1925)): *Kann man eine (abgeschlossene) Kreisscheibe und ein Quadrat im $\mathbb{R}^2$ von gleichem Flächeninhalt in endlich viele disjunkte paarweise kongruente Mengen zerlegen?* Von diesem Problem schrieb P. ERDÖS (1913–1996): "If it were my problem I would offer $ 1000 for it – a very, very nice question, possibly very difficult." Das Tarskische Problem wurde erst nach 65 Jahren von M. LACZKOVICH (J. reine angew. Math. 404, 77–117 (1990)) *positiv* entschieden, und zwar konnte LACZKOVICH sogar zeigen, dass man bereits nur mit *Translationen* als Bewegungen auskommt. Wenig später hat LACZKOVICH [2] sogar bewiesen: *Sind $A, B \subset \mathbb{R}^p$ $(p \geq 1)$ zwei beschränkte Lebesgue-messbare Mengen mit $\lambda^p(A) = \lambda^p(B) > 0$ und mit „kleinem" Rand, so lässt sich A der-*

art in endlich viele disjunkte Teilmengen $A_1, \ldots, A_n$ *zerlegen, dass man nach Ausübung geeigneter Translationen auf* $A_1, \ldots, A_n$ *eine disjunkte Zerlegung von* B *erhält.* (Hier ist die Voraussetzung, dass $\lambda^p(A) = \lambda^p(B) > 0$ sei, unabdingbar notwendig, denn man kann zeigen, dass sich das Lebesgue-Maß zu einem *translationsinvarianten Inhalt* auf ganz $\mathfrak{P}(\mathbb{R}^p)$ fortsetzen lässt; s. hierzu G. TOMKOWICZ und S. WAGON [1], Chapter 12 und LACZKOVICH [1], S. 93.) Wir wollen hier nicht ausführen, was genau im obigen Satz unter einem „kleinen" Rand zu verstehen ist, sondern begnügen uns mit der Bemerkung, dass beschränkte konvexe Teilmengen des $\mathbb{R}^p$ stets einen im hier benutzten Sinne „kleinen" Rand haben. *Daher gilt die Konklusion des Satzes von* LACZKOVICH *für alle beschränkten konvexen Mengen* $A, B \subset \mathbb{R}^p$ *mit* $\lambda^p(A) = \lambda^p(B) > 0$ (beachte Satz II.7.7.).

Bei den Untersuchungen von LACZKOVICH bleibt die Frage offen, ob man die Mengen $A_1, \ldots, A_n$ zusätzlich als Lebesgue-messbare oder anderweitig ausgezeichnete Mengen wählen kann. Zu den „anderweitig ausgezeichneten" Mengen zählt man in diesem Zusammenhang die *Mengen mit der Baireschen Eigenschaft*, die wir in den Aufgaben I.3.8, I.4.7, II.7.9, II.7.10 kennengelernt haben. Diese Mengen haben viele Eigenschaften, die denen der Lebesgue-messbaren Mengen analog sind; dabei spielen die mageren Mengen die Rolle der Lebesgueschen Nullmengen. – Als bedeutende Vertiefungen des Satzes von LACZKOVICH wurden in jüngerer und jüngster Zeit (Stand 2018) erstaunliche Ergebnisse erzielt. So beweisen L. GRABOWSKI, A. MATHÉ und O. PIKHURKO [1], dass im obigen *Satz von* LACZKOVICH *die Mengen* $A_1, \ldots, A_n$ *als Lebesgue-messbare Mengen gewählt werden können, die überdies noch die Bairesche Eigenschaft haben.* Eine Borelsche Version dieses Ergebnisses stammt von A.S. MARKS und S.T. UNGER [1]: *Sind* $A, B \subset \mathbb{R}^p$ ($p \geq 1$) *beschränkte Borel-Mengen mit* $\lambda^p(A) = \lambda^p(B) > 0$ *und mit „kleinem" Rand, so lässt sich* A *derart in endlich viele disjunkte Borel-Mengen* $A_1, \ldots, A_n$ *zerlegen, dass man nach Ausübung geeigneter Translationen auf* $A_1, \ldots, A_n$ *eine disjunkte Zerlegung von* B *erhält, und eine solche Zerlegung von* A *lässt sich auf konstruktive Weise herstellen.* Insbesondere lässt sich das Tarskische Problem der Quadratur des Kreises auf konstruktive Weise nur mithilfe geeigneter Borelscher Mengen und geeigneter Translationen lösen.

Auch der Satz von BANACH über die Lösbarkeit des Inhaltsproblems in $\mathbb{R}^1$ und $\mathbb{R}^2$ (s. Kap. I, § 1) hat bemerkenswerte weitere Untersuchungen angeregt: Schon E. SZPILRAJN (= E. MARCZEWSKI) bewies, dass es eine Fortsetzung des Jordan-Maßes im $\mathbb{R}^2$ zu einem bewegungsinvarianten Inhalt auf ganz $\mathfrak{P}(\mathbb{R}^2)$ gibt, der auf allen mageren Teilmengen des $\mathbb{R}^2$ verschwindet, und er stellte um 1930 die Frage: Gibt es im $\mathbb{R}^p$ ($p \geq 3$) einen entsprechenden Inhalt, der auf allen Borelschen Teilmengen des $\mathbb{R}^p$ definiert ist? Ein solcher Inhalt wäre dann (nach Aufgabe I.4.7) auf der σ-Algebra der Teilmengen des $\mathbb{R}^p$ mit der Baireschen Eigenschaft definiert, verschwände auf allen mageren Teilmengen des $\mathbb{R}^p$ und wäre eine bewegungsinvariante Fortsetzung des Jordan-Maßes. Die Frage nach der Existenz eines solchen Inhalts, das sog. *Marczewskische Problem*, ist eng verbunden mit mehreren scheinbar ganz anders gelagerten Problemen und wurde erst 1992 von R. DOUGHERTY und M. FOREMAN [1] beantwortet:

a) *Es gibt kein solches „Marczewski-Maß".*

b) *Sind A, B nicht-leere, beschränkte, offene Teilmengen des $\mathbb{R}^p$ ($p \geq 3$), so gibt es endlich viele disjunkte offene Teilmengen $A_1, \ldots, A_k$ von A, deren Vereinigung in A dicht liegt, und dazu Bewegungen $\beta_1, \ldots, \beta_k$ des $\mathbb{R}^p$, so dass die Mengen $\beta_1(A_1), \ldots, \beta_k(A_k)$ eine disjunkte Familie offener Teilmengen von B bilden, deren Vereinigung in B dicht liegt.*

c) *Sind A, B zwei beschränkte Teilmengen des $\mathbb{R}^p$ ($p \geq 3$) mit der Baireschen Eigenschaft und mit nicht-leerem Inneren, so lässt sich A derart in endlich viele disjunkte Teilmengen $A_1, \ldots, A_n$ mit der Baireschen Eigenschaft zerlegen, dass man nach Ausübung geeigneter Bewegungen auf $A_1, \ldots, A_n$ eine disjunkte Zerlegung von B erhält.*

Für ein vertieftes Studium dieses Themengebiets verweisen wir auf LACZKO-VICH [1] sowie TOMKOWICZ und WAGON [1].

4. Das p-dimensionale äußere Hausdorff-Maß. Es seien h_p das p-dimensionale äußere Hausdorff-Maß im $\mathbb{R}^p$ und η^p das äußere Lebesgue-Maß.

2.9 Satz (F. HAUSDORFF 1919). *Es gibt eine Konstante $\kappa_p \in]0, \infty[$, so dass*

$$\eta^p(A) = \kappa_p h_p(A) \text{ für alle } A \subset \mathbb{R}^p \,.$$

Wegen der Bewegungsinvarianz des äußeren Hausdorff-Maßes bringt dieser Satz die Bewegungsinvarianz des Lebesgue-Maßes besonders deutlich zum Ausdruck. – Die Konstante κ_p werden wir in Satz V.1.16 bestimmen.

Beweis von Satz 2.9. Es seien $\delta > 0$, $W :=]0, 1]^p$. Durch Unterteilung der Kanten von W in n halboffene Teilintervalle der Länge $1/n$ erhalten wir eine Zerlegung von W in n^p Teilwürfel, die alle den Durchmesser $\sqrt{p}/n$ haben. Wählen wir nun $n > \sqrt{p}/\delta$, so liefert Gl. (II.9.5) $h_{p,\delta}(W) \leq p^{p/2}$, also $h_p(W) \leq p^{p/2} < \infty$. Ist andererseits $(A_n)_{n\geq 1}$ eine Überdeckung von W mit $d_n := d(A_n) \leq \delta$ ($n \in \mathbb{N}$), so wählen wir eine abgeschlossene Kugel K_n vom Radius d_n mit $A_n \subset K_n$ und erhalten

$$1 = \lambda^p(W) \leq \sum_{n=1}^{\infty} \lambda^p(K_n) = \lambda^p(K_1(0)) \sum_{n=1}^{\infty} d_n^p \,,$$

also $h_p(W) \geq (\lambda^p(K_1(0)))^{-1} > 0$. Damit ist $\kappa_p := (h_p(W))^{-1} \in]0, \infty[$, und das Maß $\kappa_p h_p | \mathfrak{B}^p$ (s. Satz II.9.3) ist normiert und translationsinvariant. Nach Satz 2.2 ist also $\kappa_p h_p | \mathfrak{B}^p = \beta^p$.

Ist nun $A \subset \mathbb{R}^p$, $\delta > 0$, so gibt es zu jedem $n \in \mathbb{N}$ eine *offene* Überdeckung $(U_{nk})_{k\geq 1}$ von A mit $d(U_{nk}) \leq \delta$ ($k \in \mathbb{N}$) und

$$\sum_{k=1}^{\infty} (d(U_{nk}))^p \leq h_{p,\delta}(A) + \frac{1}{n} \,.$$

Für $M := \bigcap_{n=1}^{\infty} \bigcup_{k=1}^{\infty} U_{nk} \in \mathfrak{B}^p$ gilt nun $A \subset M$ und

$$h_{p,\delta}(A) \leq h_{p,\delta}(M) \leq \sum_{k=1}^{\infty} (d(U_{nk}))^p \leq h_{p,\delta}(A) + \frac{1}{n} \quad (n \in \mathbb{N}) \,,$$

also $h_{p,\delta}(A) = h_{p,\delta}(M)$. Zu $\delta_n = 1/n$ wählen wir nun eine Borel-Menge $M_n \supset A$ mit $h_{p,1/n}(A) = h_{p,1/n}(M_n)$ und setzen $B := \bigcap_{n=1}^{\infty} M_n$. Dann gilt $B \in \mathfrak{B}^p$ und $B \supset A$. Sei nun $\delta > 0$. Wir wählen $n \in \mathbb{N}$ so groß, dass $1/n < \delta$ und erhalten

$$h_{p,\delta}(B) \leq h_{p,1/n}(B) \leq h_{p,1/n}(M_n) = h_{p,1/n}(A) \leq h_p(A) \,,$$

d.h. $h_p(B) = h_p(A)$. Für jedes $A \subset \mathbb{R}^p$ ist also

$$h_p(A) = \inf\{h_p(B) : B \in \mathfrak{B}^p \,, \; B \supset A\} \,,$$

und ebenso ist

$$\eta^p(A) = \inf\{\eta^p(B) : B \in \mathfrak{B}^p \,, \; B \supset A\} \,.$$

Da $\kappa_p h_p$ und η^p auf allen Borel-Mengen übereinstimmen, folgt die Behauptung. $\qquad\square$

Der obige Beweis von Satz 2.9 benutzt nur das Verhalten des Lebesgueschen Maßes unter Translationen und unter Homothetien $x \mapsto \alpha x$ $(x \in \mathbb{R}^p \,;\, \alpha > 0)$. Damit erhalten wir einen weiteren Beweis von Korollar 2.8.

Aufgaben. 2.1. a) Im Anschluss an Gl. (2.2) lässt sich der Beweis von Satz 2.5 alternativ wie folgt zu Ende führen: Die Abbildung $c : \mathrm{GL}\,(\mathbb{R}^p) \to \mathbb{R}^{\times}$ $(\mathbb{R}^{\times} := \mathbb{R} \setminus \{0\})$ ist ein Homomorphismus. Daher gibt es nach einem bekannten Satz aus der linearen Algebra (s. z.B. KOECHER [1], S. 119) einen Homomorphismus $\varphi : \mathbb{R}^{\times} \to \mathbb{R}^{\times}$, so dass $c(g) = \varphi(\det g)$ für alle $g \in \mathrm{GL}\,(\mathbb{R}^p)$. Bestimmen Sie φ, indem Sie $c(g)$ für die linearen Abbildungen der Form $(x_1, \ldots, x_p)^t \mapsto (\alpha x_1, x_2, \ldots, x_p)^t$ $(\alpha > 0)$, $(x_1, \ldots, x_p)^t \mapsto (-x_1, x_2, \ldots, x_p)^t$ berechnen.
b) Führen Sie einen weiteren Beweis von (2.3) mithilfe einer Zerlegung von g in ein Produkt von Elementarmatrizen (s. z.B. KOECHER [1], S. 87).

2.2. Es seien $a_1, \ldots, a_p > 0$ und E das Ellipsoid

$$E := \{x \in \mathbb{R}^p : x_1^2/a_1^2 + \ldots + x_p^2/a_p^2 < 1\} \,.$$

Zeigen Sie: E ist Borel-messbar und $\lambda^p(E) = a_1 \cdot \ldots \cdot a_p \lambda^p(K_1(0))$. (Bemerkung: $\lambda^p(K_1(0))$ wird in Beispiel V.1.8 berechnet.)

2.3. Betrachten Sie alle Parallelogramme, die eine vorgegebene Ellipse in der Ebene umfassen und mit jeder Seite berühren. Welche dieser Parallelogramme haben den kleinsten Flächeninhalt?

2.4. Für alle $A, B \in \mathfrak{L}^p$ mit $\lambda^p(A) < \infty$ oder $\lambda^p(B) < \infty$ gilt $\lim_{x \to 0} \lambda^p(A \cap (B + x)) = \lambda^p(A \cap B)$. Die Endlichkeitsvoraussetzung ist nicht entbehrlich. (Bemerkung: Siehe auch Beispiel IV.3.14.)

2.5. Sind $A, B \in \mathfrak{L}^p$, $\lambda^p(A) > 0$, $\lambda^p(B) > 0$, so enthält $A + B := \{x + y : x \in A, y \in B\}$ ein Intervall. (Bemerkung: Diese Aussage besitzt eine Verallgemeinerung für lokal-kompakte topologische Gruppen; s. A. BECK et al., Proc. Am. Math. Soc. 9, 648–652 (1953).)

2.6. a) Ist $G \subset \mathbb{R}^p$ eine additive Untergruppe des $\mathbb{R}^p$ mit $G \in \mathfrak{L}^p$, $\lambda^p(G) > 0$, so gilt $G = \mathbb{R}^p$.
b) Nach a) ist jede Lebesgue-meßbare additive Untergruppe $G \subsetneqq \mathbb{R}^p$ eine λ^p-Nullmenge. Eine solche Untergruppe kann durchaus gleichmächtig zu $\mathbb{R}$ sein, wie das folgende Beispiel (Fall $p = 1$) lehrt: Es sei G die von den Zahlen $\sum_{n=0}^{\infty} a_n 10^{-n!}$ $(a_n \in \{0, 1, \ldots, 9\}$ für alle $n \geq 0)$ erzeugte additive Untergruppe von $\mathbb{R}$. Dann ist G gleichmächtig zu $\mathbb{R}$, G ist eine λ^1-Nullmenge, und G ist von erster Bairescher Kategorie.

2.7. Für $n \geq 2$ seien $S^{n-1} := \{x \in \mathbb{R}^n : \|x\| = 1\}$ die $(n-1)$-Sphäre und $\mathfrak{A}_n := \mathfrak{B}^n | S^{n-1} = \mathfrak{B}(S^{n-1})$.

a) Es gibt ein endliches Maß $\mu_n \neq 0$ auf $\mathfrak{A}_n$, das in Bezug auf die orthogonale Gruppe $O(n)$ invariant ist (d.h. $f(\mu_n) = \mu_n$ für alle $f \in O(n)$).

b) Jedes endliche $O(2)$-invariante Maß auf $\mathfrak{A}_2$ ist ein nicht-negatives Vielfaches von μ_2. (D.h.: μ_2 ist das Haarsche Maß auf der kompakten multiplikativen Gruppe $S^1 = \{z \in \mathbb{C} : |z| = 1\}$. – Es ist auch jedes endliche $O(n)$-invariante Maß auf $\mathfrak{A}_n$ ein nicht-negatives Vielfaches von μ_n; das folgt z.B. aus Korollar VIII.3.26.)

2.8. Es gibt ein translationsinvariantes Maß $\mu : \mathfrak{B}^1 \to \overline{\mathbb{R}}$, welches *nicht* bewegungsinvariant ist (d.h. welches nicht invariant ist bez. der Spiegelung $\sigma : \mathbb{R} \to \mathbb{R}$, $\sigma(x) = -x$ $(x \in \mathbb{R})$). (Bemerkung: Nach Korollar 2.4, 2.8 ist jedes translationsinvariante Maß ν auf $\mathfrak{B}^1$ mit $\nu([0,1]) < \infty$ bewegungsinvariant. – Hinweise: Konstruieren Sie eine Borel-Menge $C \subset [0,1]$, so dass für jede Folge $(a_n)_{n \in \mathbb{N}}$ reeller Zahlen gilt $\sigma(C) \not\subset \bigcup_{n \in \mathbb{N}} (C + a_n)$, und definieren Sie $\mu(A) := 0$, falls zu $A \in \mathfrak{B}^1$ eine Folge $(a_n)_{n \in \mathbb{N}}$ reeller Zahlen existiert mit $A \subset \bigcup_{n \in \mathbb{N}} (C + a_n)$, und $\mu(A) := \infty$ anderenfalls. Die Menge C aller $x \in [0,1]$, die eine Entwicklung zur Basis 4 haben, in der die Ziffer 2 nicht vorkommt, leistet das Verlangte.)

2.9. Ist $(X, \mathfrak{A}, \mu)$ σ-endlich und hat $\mathfrak{A}$ einen abzählbaren Erzeuger, so sind $(X, \mathfrak{A}, \mu)$ und $(X, \tilde{\mathfrak{A}}, \tilde{\mu})$ separabel. Insbesondere sind $(\mathbb{R}^p, \mathfrak{B}^p, \beta^p)$ und $(\mathbb{R}^p, \mathfrak{L}^p, \lambda^p)$ separabel.

2.10. Für jede konvexe Menge $A \subset \mathbb{R}^p$ mit $0 \in \overset{\circ}{A}$ gilt $\overset{\circ}{A} = \bigcup_{k=2}^{\infty} \left(1 - \frac{1}{k}\right) \overline{A}$, also $\lambda^p(\overset{\circ}{A}) = \lambda^p(\overline{A})$. Das liefert einen weiteren Beweis für Korollar II.7.8 und Satz II.7.7.

2.11. Ist $a_1, \ldots, a_p \in \mathbb{R}^p$ eine Basis des $\mathbb{R}^p$, so heißen $\Gamma := \mathbb{Z}a_1 \oplus \ldots \oplus \mathbb{Z}a_p$ ein Gitter im $\mathbb{R}^p$, $a_1, \ldots, a_p$ eine $\mathbb{Z}$-Basis von Γ und

$$P := \{\lambda_1 a_1 + \ldots \lambda_p a_p : 0 \leq \lambda_j < 1 , \ j = 1, \ldots, p\}$$

ein Fundamentalparallelotop von Γ. P ist ein Vertretersystem der Nebenklassen aus $\mathbb{R}^p / \Gamma$.

a) $\lambda^p(P)$ hat unabhängig von der Wahl der $\mathbb{Z}$-Basis von Γ stets denselben Wert, und dieser ist gleich $|\det(a_1, \ldots, a_p)|$.

b) Für $R \to \infty$ gilt

$$|\{x \in \Gamma : \|x\| \leq R\}| = \frac{\lambda^p(K_1(0))}{\lambda^p(P)} R^p + O(R^{p-1}) .$$

(Zur Erinnerung: Sind $f, g : [a, \infty[\to \mathbb{C}$ zwei Funktionen, so bedeutet „$f(t) = O(g(t))$ für $t \to \infty$" definitionsgemäß, dass $|f(t)| \leq C|g(t)|$ für alle $t \geq t_0$ mit geeignetem $C > 0$, $t_0 \geq a$.)

c) Es seien $M \in \mathfrak{L}^p$ und $\lambda^p(M \cap (M + g)) = 0$ für alle $g \in \Gamma$, $g \neq 0$. Dann ist $\lambda^p(M) \leq \lambda^p(P)$.

d) Ist $K \subset \mathbb{R}^p$ eine kompakte Menge mit $\lambda^p(K) \geq \lambda^p(P)$, so gibt es $x, y \in K$, $x \neq y$ mit $x - y \in \Gamma$ (H.F. BLICHFELD (1914)).

e) Aussage d) wird schon für $p = 1$ falsch, wenn „kompakt" durch „abgeschlossen" ersetzt wird.

f) Es sei $C \subset \mathbb{R}^p$ eine kompakte, konvexe und bez. 0 symmetrische (d.h $x \in C \implies -x \in C$) Menge mit $\lambda^p(C) \geq 2^p \lambda^p(P)$. Dann gibt es ein $x \in C \cap \Gamma$ mit $x \neq 0$ (Gitterpunktsatz von H. MINKOWSKI (1896)). (Hinweis: d).)

§ 3. Existenz nicht messbarer Mengen

1. Nicht Lebesgue-messbare Mengen und Unlösbarkeit des Maßproblems. Zum Nachweis der Existenz nicht Lebesgue-messbarer Teilmengen des $\mathbb{R}^p$ benutzen wir folgenden Ansatz, der auf G. VITALI ([1], S. 231–235) zurückgeht: Wir nennen $x, y \in \mathbb{R}^p$ *äquivalent* genau dann, wenn $x - y \in \mathbb{Q}^p$ ist. Damit ist eine Äquivalenzrelation auf $\mathbb{R}^p$ erklärt. Die zugehörigen Äquivalenzklassen sind genau die Nebenklassen der additiven Gruppe $\mathbb{R}^p$ nach der Untergruppe $\mathbb{Q}^p$. Nach dem sog. *Auswahlaxiom*[5] der Mengenlehre können wir aus jeder Äquivalenzklasse ein Element (einen Vertreter) auswählen und die *Menge M* dieser Vertreter betrachten.

3.1 Satz (VITALI 1905). *Für jedes Vertretersystem M von $\mathbb{R}^p/\mathbb{Q}^p$ gilt $M \notin \mathfrak{L}^p$. Insbesondere ist $\mathfrak{L}^p \underset{\neq}{\subset} \mathfrak{P}(\mathbb{R}^p)$.*

Beweis. Angenommen, es sei $M \in \mathfrak{L}^p$. Wäre $\lambda^p(M) > 0$, so wäre nach Satz II.7.6 die Menge $M - M$ eine Umgebung von 0, enthielte also ein Element $r \in \mathbb{Q}^p$ mit $r \neq 0$ im Widerspruch zur Wahl von M. Daher folgt $\lambda^p(M) = 0$, also auch $\lambda^p(M + r) = 0$ für alle $r \in \mathbb{Q}^p$. Das heißt aber: $\mathbb{R}^p = \bigcup_{r \in \mathbb{Q}^p}(M + r)$ ist als abzählbare Vereinigung Lebesguescher Nullmengen selbst eine Lebesguesche Nullmenge: Widerspruch! □

Satz 3.1 lässt die Möglichkeit offen, dass vielleicht nur deshalb $M \notin \mathfrak{L}^p$ ist, weil der Definitionsbereich von λ^p ungeschickterweise zu eng gewählt wurde. Das ist aber nicht der Fall, wie der folgende Satz 3.2 lehrt.

3.2 Satz. *Es seien G eine abzählbare dichte additive Untergruppe von $\mathbb{R}^p$ und M ein Vertretersystem von $\mathbb{R}^p/G$. Ferner sei $\mu : \mathfrak{A} \to \overline{\mathbb{R}}$ ein bez. G translationsinvariantes Maß auf der σ-Algebra $\mathfrak{A}$ über $\mathbb{R}^p$, wobei $\mathfrak{L}^p \subset \mathfrak{A}$, $\mu|\mathfrak{L}^p = \lambda^p$. Dann ist $M \notin \mathfrak{A}$, und es gibt keine Menge $A \in \mathfrak{A}$, $A \subset M$ mit $\mu(A) > 0$.*

Beweis. Angenommen, es sei $M \in \mathfrak{A}$. Da G dicht ist im $\mathbb{R}^p$, gibt es eine Basis $g_1, \ldots, g_p$ des $\mathbb{R}^p$ mit $g_1, \ldots, g_p \in G$. Wir betrachten das Gitter $\Gamma = \mathbb{Z}g_1 \oplus \ldots \oplus \mathbb{Z}g_p$ und das zugehörige Fundamentalparallelotop

$$P := \{\lambda_1 g_1 + \ldots + \lambda_p g_p : 0 \leq \lambda_j < 1 \text{ für } j = 1, \ldots, p\} .$$

Die Menge $L := \bigcup_{\gamma \in \Gamma}(-\gamma + (M \cap (\gamma + P))) \subset P$ ist ein Vertretersystem von $\mathbb{R}^p/G$, und da $\mathfrak{A}$ bez. G translationsinvariant ist und $\mathfrak{L}^p$ umfasst, folgt $L \in \mathfrak{A}$. Wir führen dies zum Widerspruch: Wegen der Translationsinvarianz von μ und $\mu|\mathfrak{L}^p = \lambda^p$ ist zunächst

$$\infty = \mu(\mathbb{R}^p) = \mu\left(\bigcup_{g \in G}(g + L)\right) = \sum_{g \in G}\mu(g + L) = \sum_{g \in G}\mu(L) ,$$

---

[5]*Auswahlaxiom.* Ist $\mathfrak{M}$ eine nicht-leere Menge von nicht-leeren Mengen, so existiert eine Funktion $f : \mathfrak{M} \to \bigcup_{A \in \mathfrak{M}} A$, so dass $f(A) \in A$ für alle $A \in \mathfrak{M}$. – Intuitiv gesprochen, bewirkt ein solches f die simultane Auswahl eines Elements aus jeder der Mengen von $\mathfrak{M}$.

also sicher $\mu(L) > 0$. Andererseits ist $G \cap P$ abzählbar unendlich, und mit $2P := \{2x : x \in P\}$ gilt

$$\sum_{g \in G \cap P} \mu(L) = \sum_{g \in G \cap P} \mu(g + L) = \mu \left(\bigcup_{g \in G \cap P} (g + L) \right) \leq \mu(2P) = \lambda^p(2P) < \infty \, ,$$

denn $2P$ ist Lebesgue-messbar und beschränkt. Es folgt $\mu(L) = 0$: Widerspruch! – Ebenso sieht man, dass auch kein $A \in \mathfrak{A}$, $A \subset M$ mit $\mu(A) > 0$ existiert. $\quad\square$

3.3 Satz von Vitali (1905). *Das Maßproblem ist unlösbar.*

Beweis. Angenommen, es sei $\mu : \mathfrak{P}(\mathbb{R}^p) \to \overline{\mathbb{R}}$ ein bewegungsinvariantes Maß mit $\mu([0,1]^p) = 1$. Dann liefert Korollar 2.4: $\mu | \mathfrak{L}^p = \lambda^p$. Nun wählen wir in Satz 3.2 $G := \mathbb{Q}^p$ und erhalten $M \notin \mathfrak{P}(\mathbb{R}^p)$, was absurd ist. $\quad\square$

3.4 Satz. *Jede Menge $A \subset \mathbb{R}^p$ mit $\eta^p(A) > 0$ enthält eine nicht Lebesgue-messbare Teilmenge.*

Beweis. Ist M ein Vertretersystem von $\mathbb{R}^p / \mathbb{Q}^p$, so liefert die σ-Subadditivität des äußeren Maßes:

$$\eta^p(A) \leq \sum_{r \in \mathbb{Q}^p} \eta^p(A \cap (M + r)) \, .$$

Nach Satz 3.2 gilt für alle $r \in \mathbb{Q}^p$ mit $A \cap (M + r) \in \mathfrak{L}^p$ notwendig $\lambda^p(A \cap (M + r)) = 0$. Wären also alle Mengen $A \cap (M + r)$ $(r \in \mathbb{Q}^p)$ Lebesgue-messbar, so wäre $\eta^p(A) = 0$ im Widerspruch zur Annahme. Folglich gibt es ein $r \in \mathbb{Q}^p$, so dass $A \cap (M + r) \notin \mathfrak{L}^p$. $\quad\square$

Der Beweis der Existenz nicht Lebesgue-messbarer Teilmengen des $\mathbb{R}^p$ beruht ganz wesentlich auf dem *Auswahlaxiom*, das erstmals 1904 von E. Zermelo (1871–1953) ausgesprochen wurde. Das Auswahlaxiom war in der Entstehungsphase der axiomatischen Mengenlehre heftig umstritten, ähnlich wie z.B. das Parallelenaxiom in der Geometrie lange Gegenstand kontroverser Diskussionen war. Erst 1963 hat P.J. Cohen (1934–2007) bewiesen, dass das Auswahlaxiom von den übrigen Axiomen der Zermelo-Fraenkelschen Mengenlehre (ZF) unabhängig ist.

H. Lebesgue fand die Konstruktion nicht Lebesgue-messbarer Mengen mithilfe des Auswahlaxioms wenig überzeugend. In einem Brief vom 16.2.1907 schrieb er an Vitali: «Ce mode de raisonnement idéaliste n'a pas, à mes yeux, grand valeur ...»[6] Noch 1928 schrieb Lebesgue in der zweiten Ausgabe seiner *Leçons sur l'intégration* [6] auf S. 114: «Je ne sais pas si l'on peut définir, ni même s'il existe d'autres ensembles que les ensembles mesurables ... Quant à la question de l'existence d'ensembles non mesurables, elle n'a guère fait de progrès depuis la première édition de ce livre. Toutefois cette existence est certaine pour ceux qui admettent un certain mode de raisonnement basé sur ce que l'on a

---

[6]Diese idealistische Art der Beweisführung hat in meinen Augen keinen großen Wert ...

appelé l'*axiome de Zermelo*».[7] Eine ähnlich distanzierte Haltung zum Auswahlaxiom nahm É. BOREL ein. Er bezog in vielen Artikeln, die im dritten Band
seiner *Œuvres* gesammelt sind, zu Grundlagenfragen der Mengenlehre Stellung,
und in einer kurzen Note (*Œuvres*, Tome 4, S. 2409) bemerkte er 1923 lako-
nisch: «Le problème de la construction effective d'ensembles non mesurables,
sans l'emploi de l'axiome de M. ZERMELO, reste ouvert.»[8]

Dieses Problem wurde erst wesentlich später gelöst, als es gelang zu zeigen:
Ohne Gebrauch des Auswahlaxioms ist es prinzipiell unmöglich, die Existenz
einer nicht Lebesgue-messbaren Teilmenge von $\mathbb{R}$ nachzuweisen. Genauer hat
R. SOLOVAY (Ann. Math., II. Ser., 92, 1–56 (1970)) bewiesen: Wenn es ein
Modell von ZF gibt, in dem eine unerreichbare Kardinalzahl existiert, so gibt
es auch ein Modell von ZF, in dem eine schwache Form des Auswahlaxioms,
das sog. Prinzip der abhängigen Wahlen, gilt und in dem *jede* Teilmenge von
$\mathbb{R}$ Lebesgue-messbar ist. Dabei heißt eine Kardinalzahl κ *unerreichbar*, wenn
sie (i) überabzählbar ist, (ii) nicht darstellbar ist als Summe von weniger als κ
Kardinalzahlen, die alle kleiner als κ sind, und wenn (iii) für jede Kardinalzahl
$\lambda < \kappa$ gilt $2^\lambda < \kappa$. Die Existenz einer unerreichbaren Kardinalzahl ist in ZF
nicht beweisbar. Viele Logiker glauben, dass die Annahme der Existenz einer
unerreichbaren Kardinalzahl mit ZF konsistent ist; ein Beweis dafür steht allerdings noch aus. Wenn man also bereit ist, das Auswahlaxiom aufzugeben –
wozu wir wie die weitaus meisten Mathematiker natürlich *nicht* bereit sind (!) –
so ist es konsistent anzunehmen, dass jede Teilmenge von $\mathbb{R}$ Lebesgue-messbar
ist. (Dabei wird vorausgesetzt, dass die Annahme der Existenz einer unerreichbaren Kardinalzahl mit ZF konsistent ist.) Das Ziel der Untersuchungen von
SOLOVAY war natürlich *nicht*, den Satz 3.1 von VITALI als falsch zu verwerfen; vielmehr sollte die Notwendigkeit des Auswahlaxioms für den *Beweis* der
Existenz nicht Lebesgue-messbarer Teilmengen von $\mathbb{R}$ erkannt werden. SOLOVAY
schreibt: "Of course, the axiom of choice is true, and so there are non-measurable
sets." Einen gut lesbaren Überblick über die Konsequenzen der üblichen mengentheoretischen Axiome für die Lebesguesche Maßtheorie bieten J.M. BRIGGS
und T. SCHAFFTER: *Measure and cardinality*, Amer. Math. Monthly 86, 852–
855 (1979). Über die Geschichte des Auswahlaxioms kann man sich mithilfe
von G.H. MOORE [1] umfassend informieren. Im Anschluss an SOLOVAY wurden namentlich von S. SHELAH (1945–) weitere tiefliegende Resultate über das
Maßproblem erzielt; s. J. STERN: *Le problème de la mesure*, Astérisque 121–122,
325–346 (1985); J. RAISONNIER: *A mathematical proof of S. Shelah's theorem
on the measure problem and related results*, Isr. J. Math. 48, 48–56 (1984).

---

[7]Ich weiß weder, ob man andere als messbare Mengen definieren kann, noch ob solche
Mengen existieren... Was die Frage nach der Existenz nicht messbarer Mengen betrifft, hat es
seit der ersten Ausgabe dieses Buches keinen Fortschritt gegeben. Jedenfalls ist diese Existenz
gesichert für diejenigen, die eine gewisse Art der Beweisführung anerkennen, die auf dem sog.
Axiom von Zermelo beruht.

[8]Das Problem der effektiven Konstruktion nicht messbarer Mengen ohne Benutzung des
Axioms von Herrn Zermelo bleibt offen.

2. Kurzbiographie von G. VITALI. GUISEPPE VITALI wurde am 26.8.1875 in Ravenna geboren; er starb am 29.2.1932 in Bologna. VITALI besuchte das Gymnasium in Ravenna und studierte 1895–96 in Bologna u.a. bei F. ENRIQUES (1871–1946) und C. ARZELÀ (1847–1917), anschließend 1897–98 in Pisa u.a. bei L. BIANCHI (1856–1928) und U. DINI (1845–1918). In Pisa schloss er eine dauerhafte Freundschaft mit seinem Mitstudenten G. FUBINI (1879–1943). VITALI war von 1899–1901 Assistent bei U. DINI und habilitierte sich 1902 an der Scuola Normale Superiore in Pisa. Aus wirtschaftlichen Gründen arbeitete er von 1904–1922 als Lehrer in Genua, anschließend als Professor 1922–25 in Modena, 1925–1930 in Padua, ab 1930 in Bologna.

VITALI ist einer der Schöpfer der modernen Theorie der reellen Funktionen. Er führte 1904 den Begriff der *absolut stetigen* Funktion ein, der für den Hauptsatz der Differential- und Integralrechnung von zentraler Bedeutung ist. Ferner wies er die Existenz nicht Lebesgue-messbarer Teilmengen von $\mathbb{R}$ nach, und er führte den wichtigen Begriff der *Vitalischen Überdeckung* ein, für den er den *Vitalischen Überdeckungssatz* VII.4.2 bewies. Mit seinem Namen verbunden sind der *Konvergenzsatz von* VITALI VI.5.6 und ein Konvergenzsatz für Folgen holomorpher Funktionen. Da VITALI geraume Zeit in wissenschaftlicher Isolation arbeitete, überschneidet sich sein Werk z.T. mit Resultaten anderer Mathematiker, namentlich mit dem Werk von H. LEBESGUE (s. hierzu den Brief von LEBESGUE in VITALIS *Opere*, S. 457–460).

3. Weitere Beispiele nicht Lebesgue-messbarer Mengen.

3.5 Beispiel. Es sei B eine *Hamel-Basis* von $\mathbb{R}$, d.h. eine Basis des $\mathbb{Q}$-Vektorraums $\mathbb{R}$. Die Existenz einer solchen Basis zeigt man üblicherweise mithilfe des sog. Zornschen Lemmas; s. z.B. W. GREUB: *Linear algebra.* 4th ed. Berlin–Heidelberg–New York: Springer-Verlag 1975. *Jede Lebesgue-messbare Hamel-Basis von* $\mathbb{R}$ *ist eine Lebesguesche Nullmenge* (W. SIERPIŃSKI [1], S. 323). (*Beweis.* Angenommen, es sei $B \in \mathfrak{L}$ eine Hamel-Basis von $\mathbb{R}$ mit $\lambda(B) > 0$. Nach Satz II.7.6 gibt es ein $\varepsilon > 0$ mit $]-\varepsilon, \varepsilon[\subset B - B$. Ist nun $a \in B$ und $r \in \mathbb{Q}, 0 < ra < \varepsilon$, so gibt es $b, c \in B$ mit $b - c = ra$. Wegen $b \neq c$ widerspricht das der linearen Unabhängigkeit von B über $\mathbb{Q}$.   □)

Man kann zeigen, dass Lebesgue-messbare Hamel-Basen von $\mathbb{R}$ vom Maße 0 existieren und dass nicht Lebesgue-messbare Hamel-Basen von $\mathbb{R}$ ebenfalls existieren (s. z.B. H. HAHN und A. ROSENTHAL [1], S. 101–102). Es ist auch bekannt, dass keine Hamel-Basis von $\mathbb{R}$ eine Borel-Menge ist (s. loc. cit., S. 102). Aber unabhängig von diesen Aussagen ergibt sich bereits allein aus der Existenz einer Hamel-Basis von $\mathbb{R}$ die Existenz einer nicht Lebesgue-messbaren Teilmenge von $\mathbb{R}$: *Es seien B eine Hamel-Basis von* $\mathbb{R}$ *,* $a \in B$ *und* $M := \mathrm{Span}\,(B \setminus \{a\})$, *d.h.*

$$
M := \left\{ \sum_{k=1}^{n} r_k b_k : n \in \mathbb{N}\,,\ r_1, \ldots, r_n \in \mathbb{Q}\,,\ b_1, \ldots, b_n \in B \setminus \{a\} \right\}.
$$

Dann ist M nicht Lebesgue-messbar (W. SIERPIŃSKI [1], S. 324). (*Beweis:* Ist M Lebesgue-messbar, so ist $\mathbb{R}$ die disjunkte Vereinigung der abzählbar vielen Mengen $M + ra$ $(r \in \mathbb{Q})$, die alle Lebesgue-messbar sind und das Maß $\lambda(M)$ haben. Daher ist $\lambda(M) > 0$, und nach Satz II.7.6 gibt es ein $\varepsilon > 0$, so dass $ra \in M - M = M$ für alle $r \in \mathbb{Q}\,,\ 0 < |r| < \varepsilon$: Widerspruch zur linearen

Unabhängigkeit von B über $\mathbb{Q}$! $\quad\square$) Ebenso sieht man: *Ist B eine Hamel-Basis von $\mathbb{R}$ und $A \neq \emptyset$ eine abzählbare Teilmenge von B, so ist* Span $(B \setminus A)$ *eine nicht Lebesgue-messbare Teilmenge von $\mathbb{R}$.*

3.6 Beispiel. Wir definieren eine Relation M auf $\mathbb{R}$: Für reelle x, y gelte $(x, y) \in M$ genau dann, wenn $|x - y| = 3^k$ für geeignetes $k \in \mathbb{Z}$. Sind $x, y \in \mathbb{R}$, so nennen wir eine Folge $(x_0, x_1), \dots, (x_{n-1}, x_n) \in M$ mit $x_0 = x$, $x_n = y$ einen *Weg* der *Länge n* von x nach y. Einen Weg mit $x_0 = x_n$ nennen wir einen *Zyklus.* – Ist $(x_0, x_1), \dots, (x_{n-1}, x_n)$ ein Zyklus, so gilt $x_\nu = x_{\nu-1} + \xi_\nu 3^{k_\nu}$ mit $\xi_\nu = \pm 1$ und $k_\nu \in \mathbb{Z}$ $(\nu = 1, \dots, n)$. Wegen $x_0 = x_n$ folgt $\xi_1 3^{k_1} + \dots + \xi_n 3^{k_n} = 0$, also auch für jedes $N \in \mathbb{N}$

$$\xi_1 3^{k_1+N} + \dots + \xi_n 3^{k_n+N} = 0 \ .$$

Für hinreichend großes N sind hier alle Exponenten positiv, d.h. es liegt eine Summe von lauter ungeraden ganzen Zahlen vor. Da die Summe verschwindet, muss die Anzahl der Summanden gerade sein. Ergebnis: *Es gibt in M keinen Zyklus ungerader Länge.*

Wir führen nun eine Äquivalenzrelation R ein: $(x, y) \in R$ genau dann, wenn es einen Weg gibt von x nach y. Es seien V ein Vertretersystem der Äquivalenzklassen von R und

$$U := \bigcup_{a \in V} \{x \in \mathbb{R}: \text{ es gibt einen Weg ungerader Länge von } x \text{ nach } a\} \ ,$$

$$G := \bigcup_{a \in V} \{x \in \mathbb{R}: \text{ es gibt einen Weg gerader Länge von } x \text{ nach } a\} \ .$$

Behauptung: G und U sind nicht Lebesgue-messbar.

Beweis: Es ist $G \cap U = \emptyset$, da es keinen Zyklus ungerader Länge gibt, und $G \cup U = \mathbb{R}$. Für alle $x \in \mathbb{R}$ gilt $(x, x \pm 3^k) \in M$, also $G \pm 3^k \subset U$, $U \pm 3^k \subset G$ $(k \in \mathbb{Z})$. Wäre nun $G \in \mathfrak{L}$, so auch $U \in \mathfrak{L}$ und $\lambda(G) > 0$, $\lambda(U) > 0$. Nach Satz II.7.6 gibt es ein $\delta > 0$ mit $G \cap (G + t) \neq \emptyset$ für alle $t \in \mathbb{R}$ mit $|t| < \delta$: Widerspruch zu $G + 3^k \subset U$ $(k \in \mathbb{Z})$, $G \cap U = \emptyset$! $\quad\square$

4. Existenz nicht messbarer Mengen für Lebesgue-Stieltjessche Maße.
Zerlegt man die wachsende rechtsseitig stetige Funktion $F : \mathbb{R} \to \mathbb{R}$ gemäß Satz II.2.4 in $F = G + H$ mit einer Sprungfunktion G und einer wachsenden stetigen Funktion H, so ist $\mathfrak{A}_F = \mathfrak{A}_H$, $\mathfrak{A}_G = \mathfrak{P}(\mathbb{R})$ (Aufgabe II.4.4), so dass wir uns auf die Diskussion der σ-Algebren $\mathfrak{A}_F$ für wachsendes *stetiges* F beschränken können. Für konstantes F ist $\mathfrak{A}_F = \mathfrak{P}(\mathbb{R})$; für alle nicht konstanten stetigen wachsenden Funktionen $F : \mathbb{R} \to \mathbb{R}$ gilt hingegen $\mathfrak{A}_F \subsetneq \mathfrak{P}(\mathbb{R})$; mehr noch:

3.7 Satz. *Es gibt eine Menge $B \subset \mathbb{R}$, so dass für jede nicht konstante stetige wachsende Funktion $F : \mathbb{R} \to \mathbb{R}$ gilt $B \notin \mathfrak{A}_F$.*

Der Beweis dieses Satzes erfordert einige Vorbereitungen.

3.8 Lemma. *Zu jeder überabzählbaren G_δ-Menge $A \subset \mathbb{R}$ gibt es eine nirgends dichte abgeschlossene Teilmenge $C \subset A$ mit $\lambda(C) = 0$, so dass eine stetige* *surjektive Abbildung* $f : C \to [0,1]$ *existiert.*

Beweis. Es sei $K \subset A$ die Menge aller *Kondensationspunkte* von A, d.h. die Menge aller $a \in A$ mit der Eigenschaft, dass für jede Umgebung U von a die Menge $U \cap A$ überabzählbar ist. Dann ist $K \neq \emptyset$ und K enthält keine isolierten Punkte, d.h. K ist *perfekt*.

Wir schreiben nun $A = \bigcap_{n=1}^{\infty} G_n$ mit offenen $G_n \subset \mathbb{R}$ $(n \in \mathbb{N})$ und führen folgende Konstruktion vom Cantorschen Typ durch: Es seien $K_0, K_1 \subset \mathbb{R}$ zwei disjunkte abgeschlossene Intervalle mit Länge $\leq \frac{1}{3}$, so dass $\mathring{K}_0 \cap K \neq \emptyset$, $\mathring{K}_1 \cap K \neq \emptyset$, $K_0 \cup K_1 \subset G_1$. Sind für $n \in \mathbb{N}$ die 2^n disjunkten abgeschlossenen Intervalle $K_{i_1,\dots,i_n}$ $(i_1,\dots,i_n \in \{0,1\})$ mit Länge $\leq 3^{-n}$ schon erklärt, so dass das Innere jedes dieser Intervalle mit K einen nicht-leeren Durchschnitt hat und so dass alle $K_{i_1,\dots,i_n}$ in G_n enthalten sind, so wählen wir $K_{i_1,\dots,i_n,i_{n+1}}$ $(i_{n+1} \in \{0,1\})$ als disjunkte abgeschlossene Intervalle mit Länge $\leq 3^{-n-1}$, so dass $K \cap \mathring{K}_{i_1,\dots,i_n,i_{n+1}} \neq \emptyset$ und $K_{i_1,\dots,i_n,i_{n+1}} \subset G_{n+1} \cap K_{i_1,\dots,i_n}$. Da $K \subset A$ keine isolierten Punkte enthält, ist die induktive Konstruktion möglich, und wir setzen

$$C := \bigcap_{n=1}^{\infty} \bigcup_{i_1,\dots,i_n \in \{0,1\}} K_{i_1,\dots,i_n} \,.$$

Dann ist C eine nirgends dichte perfekte Teilmenge von A. Für jedes $n \in \mathbb{N}$ gilt $\lambda(C) \leq (2/3)^n$, also ist $\lambda(C) = 0$. Zu jedem $x \in C$ gibt es eine eindeutig bestimmte Folge $(i_n)_{n \geq 1} \in \{0,1\}^{\mathbb{N}}$ mit $x \in K_{i_1,\dots,i_n}$ für alle $n \in \mathbb{N}$, und die Zuordnung $x \mapsto f(x) := \sum_{n=1}^{\infty} i_n 2^{-n} \in [0,1]$ definiert eine Surjektion von C auf $[0,1]$. Für $x, x' \in C \cap K_{i_1,\dots,i_n}$ ist $|f(x) - f(x')| \leq 2^{-n}$, also ist f auch stetig. □

3.9 Lemma. *Die Menge aller überabzählbaren abgeschlossenen Teilmengen von* $\mathbb{R}$ *ist gleichmächtig zu* $\mathbb{R}$.

Beweis. Die Menge aller offenen Teilintervalle von $\mathbb{R}$ mit rationalen Eckpunkten ist abzählbar, und jede offene Teilmenge von $\mathbb{R}$ ist Vereinigung offener Intervalle mit rationalen Eckpunkten. Daher gibt es höchstens $\mathfrak{c}$ (= Kardinalzahl von $\mathbb{R}$) offene Teilmengen von $\mathbb{R}$, also auch höchstens $\mathfrak{c}$ abgeschlossene Teilmengen von $\mathbb{R}$. Andererseits gibt es mindestens $\mathfrak{c}$ überabzählbare abgeschlossene Teilmengen von $\mathbb{R}$. Nach dem Satz von SCHRÖDER und BERNSTEIN (s. E. HEWITT, K. STROMBERG [1], (4.7)) folgt die Behauptung. □

Für den Beweis des folgenden Satzes von F. BERNSTEIN (1878–1956) benötigen wir den *Wohlordnungssatz*: Ist M eine Menge und „$\leq$" eine Relation auf M, so heißt „$\leq$" eine *Ordnung* auf M, falls für alle $a, b, c \in M$ gilt: (i) $a \leq a$ (*Reflexivität*), (ii) $a \leq b$ und $b \leq a \Longrightarrow a = b$ (*Antisymmetrie*) und (iii) $a \leq b$ und $b \leq c \Longrightarrow a \leq c$ (*Transitivität*). Dabei wird *nicht* verlangt, dass je zwei Elemente von M vergleichbar sind, d.h. dass für alle $a, b \in M$ gilt $a \leq b$ oder $b \leq a$. (Daher benutzen manche Autoren statt des Namens *Ordnung* den Namen *Halbordnung*.) Eine Ordnung heißt eine *Wohlordnung*, wenn jede nicht-leere Teilmenge A von M ein kleinstes Element besitzt (d.h. wenn ein $a \in A$ existiert mit $a \leq x$ für alle $x \in A$). Zum Beispiel ist die Menge $\mathbb{N}$ mit der üblichen Relation „$\leq$" eine wohlgeordnete Menge; $\mathbb{R}$ mit der üblichen Relation „$\leq$" ist dagegen nicht wohlgeordnet. In einer wohlgeordneten Menge M sind je zwei Elemente a, b vergleichbar, denn $\{a, b\} \subset M$ hat ein kleinstes Element. Die Bedeutung des Begriffs der Wohlordnung beruht auf dem sog. *Wohlordnungssatz*, der schon von G. CANTOR vermutet und von E. ZERMELO bewiesen wurde.

Wohlordnungssatz (E. ZERMELO 1904). *Auf jeder Menge existiert eine Wohlordnung.*

Es ist bekannt, dass der Wohlordnungssatz auf der Basis der Axiome von ZF äquivalent ist zum Auswahlaxiom. Zum Beispiel folgt aus dem Wohlordnungssatz, dass auf $\mathbb{R}$ eine Wohlordnung existiert; man kann aber keine Wohlordnung von $\mathbb{R}$ „explizit angeben". (Literatur: G.H. MOORE [1].)

3.10 Satz (F. BERNSTEIN 1908).[9] *Es gibt eine Menge $B \subset \mathbb{R}$, so dass sowohl B als auch B^c mit jeder überabzählbaren abgeschlossenen Teilmenge von $\mathbb{R}$ einen nicht-leeren Durchschnitt haben.*

Beweis. Nach dem Wohlordnungssatz und Lemma 3.9 läßt sich die Menge $\mathcal{F}$ aller überabzählbaren abgeschlossenen Teilmengen von $\mathbb{R}$ indizieren mithilfe der Ordinalzahlen $< \eta$, wobei η die kleinste Ordinalzahl mit $\mathfrak{c}$ Vorgängern ist: $\mathcal{F} = \{F_\alpha : \alpha < \eta\}$. Wir denken uns eine feste Wohlordnung auf $\mathbb{R}$ gegeben; diese induziert vermöge Restriktion auf jedem Element von $\mathcal{F}$ eine Wohlordnung.

Jede abgeschlossene Teilmenge von $\mathbb{R}$ ist ein G_δ. Daher hat jedes $F \in \mathcal{F}$ nach Lemma 3.8 die Mächtigkeit $\mathfrak{c}$. Es seien a_1, b_1 die beiden (im Sinne der zugrunde liegenden Wohlordnung) kleinsten Elemente von F_1, a_2, b_2 die beiden kleinsten von a_1, b_1 verschiedenen Elemente von F_2, und so fort: Ist $\alpha < \eta$ und sind a_β, b_β für alle Ordinalzahlen $\beta < \alpha$ bereits definiert, so seien a_α, b_α die beiden kleinsten Elemente von $F_\alpha \setminus \bigcup_{\beta<\alpha}\{a_\beta, b_\beta\}$. Da F_α die Mächtigkeit $\mathfrak{c}$ hat, während α eine Kardinalzahl kleiner als $\mathfrak{c}$ hat, ist die letztere Menge nicht leer – sie hat sogar die Mächtigkeit $\mathfrak{c}$ – , so dass a_α, b_α für alle $\alpha < \eta$ definiert sind. Die Menge $B := \{a_\alpha : \alpha < \eta\}$ leistet nun das Verlangte: Ist $F \subset \mathbb{R}$ eine überabzählbare abgeschlossene Teilmenge von $\mathbb{R}$, so gibt es ein $\alpha < \eta$ mit $F = F_\alpha$, und dann ist $a_\alpha \in B \cap F$ und $b_\alpha \in B^c \cap F$. $\qquad\square$

Beweis von Satz 3.7. Die Menge B aus Satz 3.10 leistet das Verlangte: Es seien $F : \mathbb{R} \to \mathbb{R}$ stetig und wachsend und $B \in \mathfrak{A}_F$. Dann ist nach Aufgabe II.7.5

$$\lambda_F(B) = \sup\{\lambda_F(K) : K \subset B \text{ kompakt}\}.$$

Ist nun $K \subset B$ kompakt, so ist K notwendig *abzählbar*, denn wäre K überabzählbar, so müsste auch B^c mit K einen nicht-leeren Durchschnitt haben, was absurd ist. Wegen der Stetigkeit von F ist aber $\lambda_F(A) = 0$ für jede abzählbare Menge $A \subset \mathbb{R}$, und es folgt $\lambda_F(B) = 0$. Mit gleicher Begründung ist aber auch $\lambda_F(B^c) = 0$, d.h. $\lambda_F(\mathbb{R}) = 0$ und F ist konstant. $\qquad\square$

---

[9]F. BERNSTEIN: *Zur Theorie der trigonometrischen Reihe*, Sitzungsber. der Kgl. Sächsischen Akad. Wiss. Leipzig, Math.-Phys. Kl. 60, 325–338 (1908).

Die Menge B in Satz 3.7 lässt sich als additive Untergruppe von $\mathbb{R}$ wählen; s. K.R. Stromberg: *Universally nonmeasurable subgroups,* Amer. Math. Monthly 99, 253–255 (1992).

Aufgaben. Es bezeichnen η^p das äußere Lebesguesche Maß und λ^p das Lebesguesche Maß; $\eta := \eta^1$, $\lambda := \lambda^1$.

3.1. Es seien D ein Vertretersystem von $\mathbb{R}/\mathbb{Q}$, G die additive Gruppe aller rationalen Zahlen der Form $k \cdot 2^{-n}$ $(k \in \mathbb{Z}, n \in \mathbb{N})$ und $E := \{x + y : x \in D, y \in G\}$. Ferner seien $(r_n)_{n \in \mathbb{N}}$ ein Vertretersystem von $\mathbb{Q}/G$ und $E_n := E + r_n$. Zeigen Sie: Für jedes Intervall I ist $\eta(I \cap E) = \lambda(I)$ und $\eta\left(I \setminus \bigcup_{k=1}^{n} E_k\right) = \lambda(I)$ $(n \in \mathbb{N})$.

3.2 Konstruieren Sie eine Folge $(A_n)_{n \in \mathbb{N}}$ disjunkter Teilmengen von $\mathbb{R}^p$ mit $\eta^p\left(\bigcup_{n=1}^{\infty} A_n\right) < \sum_{n=1}^{\infty} \eta^p(A_n)$. (Man kann die A_n $(n \in \mathbb{N})$ so wählen, dass $\bigcup_{n=1}^{\infty} A_n =]0,1]^p$.)

3.3. Konstruieren Sie eine Folge $(A_n)_{n \in \mathbb{N}}$ von Teilmengen von $\mathbb{R}^p$ mit $\eta^p(A_n) < \infty$, $A_n \downarrow \emptyset$, $\lim_{n \to \infty} \eta^p(A_n) > 0$.

3.4. Es seien $A \subset \mathbb{R}$, $\eta(A) > 0$, und die Menge T aller $t \in \mathbb{R}$ mit $A + t = A$ sei dicht in $\mathbb{R}$.
a) Für jedes Intervall $I \subset \mathbb{R}$ gilt $\eta(A \cap I) = \lambda(I)$.
b) Ist $A \in \mathfrak{L}$, so ist $\lambda(A^c) = 0$.

3.5. Es sei A gleich der Menge M aus Beispiel 3.5 oder gleich einer der Mengen G, U aus Beispiel 3.6. Für jedes Intervall $I \subset \mathbb{R}$ gilt $\eta(A \cap I) = \eta(A^c \cap I) = \lambda(I)$.

3.6. Konstruieren Sie eine nicht messbare Funktion $f : (\mathbb{R}, \mathfrak{L}) \to (\mathbb{R}, \mathfrak{B})$, deren Betrag Borel-messbar ist.

3.7. Die Abbildung $f : \mathbb{R} \to \mathbb{R}^2$, $f(x) := (x, 0)^t$ $(x \in \mathbb{R})$ ist $\mathfrak{B}^1$-$\mathfrak{B}^2$-messbar, aber nicht $\mathfrak{L}^1$-$\mathfrak{L}^2$-messbar.

3.8. Es seien C das Cantorsche Diskontinuum, F die Cantorsche Funktion und $f : \mathbb{R} \to \mathbb{R}$, $f(x) := \frac{1}{2}(x + F(x))$ $(x \in \mathbb{R})$.
a) $f(C)$ ist eine nirgends dichte perfekte Teilmenge von $[0, 1]$ mit $\lambda(f(C)) = \frac{1}{2}$.
b) Es gibt eine Menge $A \in \mathfrak{L}$ mit $f(A) \notin \mathfrak{L}$.
c) Es gibt eine stetige streng wachsende Funktion $g : \mathbb{R} \to \mathbb{R}$ und eine Menge $B \in \mathfrak{L}$ mit $g^{-1}(B) \notin \mathfrak{L}$. (Diese Schlussweise liefert die Existenz von nicht Borelschen Lebesgue-messbaren Teilmengen von $\mathbb{R}$ ohne die früher benutzte Mächtigkeitsbetrachtung.)
d) Sind $g, h : (\mathbb{R}, \mathfrak{L}) \to (\mathbb{R}, \mathfrak{B})$ messbar, so braucht $g \circ h : (\mathbb{R}, \mathfrak{L}) \to (\mathbb{R}, \mathfrak{B})$ nicht messbar zu sein. Es können sogar $\{x \in \mathbb{R} : g(x) \neq 0\}$ eine λ-Nullmenge und h stetig und streng wachsend sein.

3.9. Zeigen Sie: Die Menge C aus dem Beweis von Lemma 3.8 ist dem Cantorschen Diskontinuum homöomorph (d.h. es gibt eine stetige Bijektion von C auf das Cantorsche Diskontinuum, deren Umkehrabbildung ebenfalls stetig ist).

3.10. Jedes $A \in \mathfrak{L}^p$ mit $\lambda^p(A) > 0$ enthält ein $N \in \mathfrak{L}^p$, $\lambda^p(N) = 0$ mit $N \sim \mathbb{R}$.

3.11. Es sei $\mathfrak{R}$ die Menge aller Teilmengen von $\mathbb{R}$, deren Rand eine Lebesguesche Nullmenge ist. Dann ist $\sigma(\mathfrak{R})$ gleich der von den Jordan-messbaren Teilmengen von $\mathbb{R}$ erzeugten

σ-Algebra, und es gilt: $\mathfrak{B} \underset{\neq}{\subset} \sigma(\mathfrak{R}) \underset{\neq}{\subset} \mathfrak{L}$. (Hinweise: $\mathfrak{G} := \{G \bigtriangleup A : G, A \subset \mathbb{R}, G \text{ offen}, A \text{ mager}\}$ ist nach Aufgabe I.3.8 eine σ-Algebra über $\mathbb{R}$ mit $\sigma(\mathfrak{R}) \subset \mathfrak{G} \cap \mathfrak{L}$. Ist nun $M \subset \mathbb{R}$ ein Vertretersystem von $\mathbb{R}/\mathbb{Q}$, so gilt nach Aufgabe II.8.2: $M = A \cup N$, wobei A mager, $\lambda(N) = 0$. Hier ist $A \in \mathfrak{G} \setminus \mathfrak{L}$. Wäre $N \in \mathfrak{G}$, so auch $M \in \mathfrak{G}$, und es wäre $M = G \bigtriangleup B, G$ offen, B mager, wobei $G \neq \emptyset$ nach Wahl von M. Da G ein Intervall enthält, existiert ein $\delta > 0$, so dass $(x + M) \cap M \neq \emptyset$ für alle $x \in \mathbb{R}, |x| < \delta$: Widerspruch zur Wahl von M. Es folgt: $N \in \mathfrak{L} \setminus \mathfrak{G}$, also $\mathfrak{G} \cap \mathfrak{L} \underset{\neq}{\subset} \mathfrak{L}$.)

3.12. Ist B eine Hamel-Basis von $\mathbb{R}$, so ist die von B erzeugte additive Untergruppe $G \subset \mathbb{R}$ nicht Lebesgue-messbar.

§ 4. Messbare numerische Funktionen

> «Lebesgue introduisit l'espèce des fonctions *mesurables*. Le progrès était immense. Car le passage à la limite ... d'une suite de fonctions mesurables donne encore une fonction mesurable. ... Dès lors, toutes les fonctions rencontrées dans les problèmes de l'Analyse sont mesurables.»[10] (A. DENJOY in LEBESGUE [1], S. 69)

1. Rechnen in $\overline{\mathbb{R}}$, Topologie von $\overline{\mathbb{R}}$. Für die Zwecke der Integrationstheorie ist es bequem, nicht nur messbare Funktionen $f : (X, \mathfrak{A}) \to (\mathbb{R}, \mathfrak{B})$ zu betrachten, sondern auch Funktionen mit Werten in $\overline{\mathbb{R}} := \mathbb{R} \cup \{-\infty, +\infty\}$. Zunächst legen wir die Regeln für den Umgang mit den Elementen $\infty = +\infty$ und $-\infty$ fest. Anordnung und Absolutbetrag werden von $\mathbb{R}$ auf $\overline{\mathbb{R}}$ fortgesetzt vermöge $-\infty < a < +\infty$ für alle $a \in \mathbb{R}$, $|\infty| = |-\infty| = \infty$. Damit sind die Begriffe max, min, sup, inf für Teilmengen von $\overline{\mathbb{R}}$ in natürlicher Weise sinnvoll. Jede nicht-leere Teilmenge $M \subset \overline{\mathbb{R}}$ hat ein Supremum in $\overline{\mathbb{R}}$; dieses ist das übliche Supremum, falls M durch eine reelle Zahl nach oben beschränkt ist, und sonst ist sup $M = \infty$.

Addition, Subtraktion und Multiplikation werden – soweit möglich – vermöge Stetigkeit im Sinne der sogleich einzuführenden Topologie erklärt:

$$
\begin{aligned}
&a + (\pm\infty) := (\pm\infty) + a := \pm\infty \text{ für } a \in \mathbb{R}, \\
&a - (\pm\infty) := -(\pm\infty) + a := \mp\infty \text{ für } a \in \mathbb{R}, \\
&\infty + \infty := \infty, \ -\infty + (-\infty) := -\infty, \ -(\pm\infty) := \mp\infty, \\
&a \cdot (\pm\infty) := (\pm\infty) \cdot a := \begin{cases} \pm\infty, \text{ falls } a \in]0, \infty], \\ \mp\infty, \text{ falls } a \in [-\infty, 0[. \end{cases}
\end{aligned}
$$

---

[10]Lebesgue führte die Klasse der *messbaren* Funktionen ein. Der Fortschritt war ungeheuer. Denn der Übergang zum Grenzwert... einer Folge messbarer Funktionen ergibt wieder eine messbare Funktion. ... Seitdem sind alle Funktionen, auf die man bei Problemen aus der Analysis gestoßen ist, messbar.

Diese natürlichen Definitionen werden ergänzt durch die willkürlichen Festlegungen

$$0 \cdot (\pm\infty) := (\pm\infty) \cdot 0 := 0 \, , \ \infty - \infty := -\infty + \infty := 0 \, .$$

Die Definition $0 \cdot \infty := 0$ ist die einzig angemessene Festlegung, wie wir in der Integrationstheorie und bei der Diskussion der Produktmaße sehen werden. Somit sind Summe, Differenz und Produkt je zweier Elemente von $\overline{\mathbb{R}}$ erklärt. Die für reelle Zahlen bekannten Rechenregeln gelten nur mit Einschränkungen für das Rechnen in $\overline{\mathbb{R}}$. Zum Beispiel sind die Addition und die Multiplikation auf $\overline{\mathbb{R}}$ zwar kommutativ, aber nicht assoziativ. Das Distributivgesetz gilt nicht für die Rechenoperationen auf $\overline{\mathbb{R}}$. Dagegen ist die Restriktion der Addition auf $]-\infty, +\infty]$ assoziativ, und auch die Einschränkung der Addition auf $[-\infty, +\infty[$ ist assoziativ, so dass z.B. für $a_k \in\,]-\infty, +\infty]$ die Summenschreibweise $\sum_{k=1}^{n} a_k$ sinnvoll ist.

Definitionsgemäß sei die Menge der Intervalle $]a, \infty]$ $(a \in \mathbb{R})$ eine *Umgebungsbasis* von ∞ in $\overline{\mathbb{R}}$, und die Menge der Intervalle $[-\infty, a[$ $(a \in \mathbb{R})$ sei eine Umgebungsbasis von $-\infty$ in $\overline{\mathbb{R}}$. Für $a \in \mathbb{R}$ sei wie üblich $\{]a - \varepsilon, a + \varepsilon[: \varepsilon > 0\}$ eine Umgebungsbasis. Eine Menge $V \subset \overline{\mathbb{R}}$ heißt eine *Umgebung* von $x \in \overline{\mathbb{R}}$, wenn es eine Menge U aus der betr. Umgebungsbasis von x gibt mit $U \subset V$. Eine Menge $A \subset \overline{\mathbb{R}}$ heißt *offen*, wenn A Umgebung jedes Punktes $x \in A$ ist. Ersichtlich ist eine Menge $A \subset \overline{\mathbb{R}}$ genau dann offen, wenn $A \cap \mathbb{R}$ offen in $\mathbb{R}$ ist und wenn im Falle $+\infty \in A$ (bzw. $-\infty \in A$) ein $a \in \mathbb{R}$ existiert mit $]a, \infty] \subset A$ (bzw. $[-\infty, a[\subset A$). Damit ist $\overline{\mathbb{R}}$ ein *kompakter topologischer Raum*, und $\mathbb{R}$ ist eine offene und dichte Teilmenge von $\overline{\mathbb{R}}$. – Nun sind die Begriffe *Konvergenz* und *Stetigkeit* in $\overline{\mathbb{R}}$ sinnvoll. Bekannte Schreibweisen wie $\lim_{n\to\infty} a_n$, $\lim_{x\to\infty} f(x)$, $\lim_{x\to-\infty} f(x)$ lassen sich nun auch im Sinne der Topologie von $\overline{\mathbb{R}}$ auffassen als Limites bei Annäherung an $+\infty \in \overline{\mathbb{R}}$ bzw. $-\infty \in \overline{\mathbb{R}}$. Viele Sätze aus der Analysis gelten sinngemäß für $\overline{\mathbb{R}}$; z.B.: Jede monotone Folge in $\overline{\mathbb{R}}$ konvergiert. Jede Folge in $\overline{\mathbb{R}}$ hat einen Häufungswert, denn $\overline{\mathbb{R}}$ ist kompakt. Für jede Folge $(a_n)_{n\geq 1}$ in $\overline{\mathbb{R}}$ sind der *Limes superior* und der *Limes inferior* in $\overline{\mathbb{R}}$ erklärt vermöge

$$\varlimsup_{n\to\infty} a_n = \lim_{n\to\infty} (\sup\{a_k : k \geq n\}) \, , \quad \varliminf_{n\to\infty} a_n = \lim_{n\to\infty} (\inf\{a_k : k \geq n\}) \, ,$$

und dieses sind der größte bzw. kleinste Häufungswert von $(a_n)_{n\geq 1}$ in $\overline{\mathbb{R}}$. Die Folge $(a_n)_{n\geq 1}$ konvergiert genau dann in $\overline{\mathbb{R}}$, wenn ihr Limes superior gleich ihrem Limes inferior ist, und in diesem Falle gilt $\lim_{n\to\infty} a_n = \varlimsup_{n\to\infty} a_n = \varliminf_{n\to\infty} a_n$. Diese Ausführungen über Zahlenfolgen gelten sinngemäß auch für die punktweise Konvergenz von Folgen von Funktionen $f_n : X \to \overline{\mathbb{R}}$ $(n \in \mathbb{N})$.

Die σ-Algebra $\overline{\mathfrak{B}} := \mathfrak{B}(\overline{\mathbb{R}})$ der Borelschen Teilmengen von $\overline{\mathbb{R}}$ ist nach Definition die von den offenen Teilmengen von $\overline{\mathbb{R}}$ erzeugte σ-Algebra. Man erkennt:

$$\overline{\mathfrak{B}} = \{B \cup E : B \in \mathfrak{B} \, , \ E \subset \{-\infty, +\infty\}\} \, ;$$

insbesondere ist $\overline{\mathfrak{B}}|\mathbb{R} = \mathfrak{B}$. (Letzteres ist auch klar nach Korollar I.4.6.)

2. Messbare numerische Funktionen. Es sei in § 4 stets $(X, \mathfrak{A})$ ein Messraum. Zur Unterscheidung von den reellwertigen Funktionen auf X nennen wir die Funktionen $f : X \to \overline{\mathbb{R}}$ *numerische Funktionen*. Eine numerische Funktion heiße *messbar*, wenn sie $\mathfrak{A}$-$\overline{\mathfrak{B}}$-messbar ist. Für reellwertiges f ist die $\mathfrak{A}$-$\overline{\mathfrak{B}}$-Messbarkeit gleichbedeutend mit der $\mathfrak{A}$-$\mathfrak{B}$-Messbarkeit.

4.1 Beispiel. Für $A \subset X$ und $\alpha \in \overline{\mathbb{R}}$, $\alpha \neq 0$ ist $\alpha \cdot \chi_A$ genau dann messbar, wenn A messbar ist.

Die folgende abkürzende Schreibweise passt zwar nicht zum üblichen Gebrauch der Mengenklammern, ist aber so suggestiv, dass keine Missverständnisse zu befürchten sind: Für $f, g : X \to \overline{\mathbb{R}}$ und $\alpha, \beta \in \overline{\mathbb{R}}$ setzen wir

$$\{f > \alpha\} := \{\alpha < f\} := \{x \in X : f(x) > \alpha\} = f^{-1}(]\alpha, \infty]) \,;$$

entsprechend sind $\{f < \alpha\}$, $\{f \leq \alpha\}$, $\{f \geq \alpha\}$, $\{f = \alpha\}$, $\{f \neq \alpha\}$, $\{\alpha < f \leq \beta\}$, $\{f < g\}$, $\{f \leq g\}$, $\{f \neq g\}$, $\{f = g\}$, $\{\alpha < f, g > \beta\}$ usw. definiert.

4.2 Satz. *Für jede numerische Funktion $f : (X, \mathfrak{A}) \to (\overline{\mathbb{R}}, \overline{\mathfrak{B}})$ sind folgende Bedingungen a)–e) äquivalent:*
a) *f ist messbar.*
b) *Für alle $\alpha \in \mathbb{R}$ ist $\{f > \alpha\} \in \mathfrak{A}$.*
c) *Für alle $\alpha \in \mathbb{R}$ ist $\{f \geq \alpha\} \in \mathfrak{A}$.*
d) *Für alle $\alpha \in \mathbb{R}$ ist $\{f < \alpha\} \in \mathfrak{A}$.*
e) *Für alle $\alpha \in \mathbb{R}$ ist $\{f \leq \alpha\} \in \mathfrak{A}$.*

Beweis. Jedes der Mengensysteme $\{]\alpha, \infty] : \alpha \in \mathbb{R}\}$, $\{[\alpha, \infty] : \alpha \in \mathbb{R}\}$, $\{[-\infty, \alpha[: \alpha \in \mathbb{R}\}$, $\{[-\infty, \alpha] : \alpha \in \mathbb{R}\}$ ist ein Erzeuger der σ-Algebra $\overline{\mathfrak{B}}$ (Aufgabe 4.3). Daher ist die Behauptung klar nach Satz 1.3. $\square$

4.3 Satz. *Für jede Folge $(f_n)_{n \geq 1}$ messbarer numerischer Funktionen auf X sind $\sup_{n \geq 1} f_n, \inf_{n \geq 1} f_n, \varlimsup_{n \to \infty} f_n, \varliminf_{n \to \infty} f_n$ messbar. Insbesondere ist $\lim_{n \to \infty} f_n$ messbar, falls dieser Limes (in $\overline{\mathbb{R}}$) existiert.*

Beweis. Die Funktionen $\sup_{n \geq 1} f_n$ und $\inf_{n \geq 1} f_n$ sind messbar nach Satz 4.2, da für jedes $\alpha \in \mathbb{R}$ gilt

$$\left\{\sup_{n \geq 1} f_n \leq \alpha\right\} = \bigcap_{n=1}^{\infty} \{f_n \leq \alpha\} \in \mathfrak{A} \,, \quad \left\{\inf_{n \geq 1} f_n \geq \alpha\right\} = \bigcap_{n=1}^{\infty} \{f_n \geq \alpha\} \in \mathfrak{A} \,.$$

Hieraus folgen die Messbarkeit von

$$\varlimsup_{n \to \infty} f_n = \inf_{n \geq 1} \left(\sup_{k \geq n} f_k\right) \,, \quad \varliminf_{n \to \infty} f_n = \sup_{n \geq 1} \left(\inf_{k \geq n} f_n\right)$$

und von $\lim_{n \to \infty} f_n$, falls der letztere Limes in $\overline{\mathbb{R}}$ existiert. $\square$

Wenden wir Satz 4.3 an auf die Folge $f_1, \ldots, f_n, f_n, f_n, \ldots$, so folgt:

4.4 Korollar. *Sind $f_1, \ldots, f_n : (X, \mathfrak{A}) \to (\overline{\mathbb{R}}, \overline{\mathfrak{B}})$ messbare Funktionen, so sind auch $\max(f_1, \ldots, f_n)$ und $\min(f_1, \ldots, f_n)$ messbar.*

Die Messbarkeit vektorwertiger Funktionen lässt sich mithilfe der Messbarkeit der Koordinatenfunktionen charakterisieren:

4.5 Satz. *Eine Funktion* $f = (f_1, \ldots, f_p)^t : (X, \mathfrak{A}) \to (\mathbb{R}^p, \mathfrak{B}^p)$ *ist genau dann messbar, wenn alle Koordinatenfunktionen* $f_1, \ldots, f_p : (X, \mathfrak{A}) \to (\mathbb{R}, \mathfrak{B})$ *messbar sind.*

Beweis. Die Projektionsabbildungen $\mathrm{pr}_j : \mathbb{R}^p \to \mathbb{R}$, $\mathrm{pr}_j(x) := x_j$ für $x = (x_1, \ldots, x_p)^t \in \mathbb{R}^p$, sind stetig, also Borel-messbar. Ist also f messbar, so sind auch alle $f_j = \mathrm{pr}_j \circ f$ $(j = 1, \ldots, p)$ messbar.

Sind umgekehrt $f_1, \ldots, f_p$ messbar und $]a, b] \in \mathfrak{I}^p$, $a = (a_1, \ldots, a_p)^t$, $b = (b_1, \ldots, b_p)^t$, so ist $f^{-1}(]a, b]) = \bigcap_{j=1}^{p} f_j^{-1}(]a_j, b_j]) \in \mathfrak{A}$. Da $\mathfrak{I}^p$ die σ-Algebra $\mathfrak{B}^p$ erzeugt, folgt die Behauptung nach Satz 1.3. $\quad\square$

Wir statten $\mathbb{C} = \mathbb{R}^2$ mit der σ-Algebra $\mathfrak{B}^2$ aus und erhalten aus Satz 4.5:

4.6 Korollar. *Eine komplexwertige Funktion* $f : (X, \mathfrak{A}) \to (\mathbb{C}, \mathfrak{B}^2)$ *ist genau dann messbar, wenn* $\mathrm{Re}\, f$ *und* $\mathrm{Im}\, f$ *messbar sind.*

Die Bildung von Linearkombinationen und Produkten messbarer numerischer Funktionen liefert stets wieder messbare numerische Funktionen:

4.7 Satz. *Sind* $f, g : (X, \mathfrak{A}) \to (\overline{\mathbb{R}}, \overline{\mathfrak{B}})$ *messbar und* $\alpha, \beta \in \mathbb{R}$, *so sind auch* $\alpha f + \beta g$, $f \cdot g$, $|f|$ *messbar.*

Beweis. Es seien zunächst $f, g : X \to \mathbb{R}$ *reellwertig.* Dann ist $h : X \to \mathbb{R}^2$, $h(x) := (f(x), g(x))^t$ $(x \in X)$ nach Satz 4.5 messbar. Die Funktionen $s, p : \mathbb{R}^2 \to \mathbb{R}$, $s(x_1, x_2) := x_1 + x_2$, $p(x_1, x_2) := x_1 \cdot x_2$ $((x_1, x_2)^t \in \mathbb{R}^2)$ sind stetig, also Borel-messbar. Daher sind $f + g = s \circ h$, $f \cdot g = p \circ h$ nach Satz 1.5 messbar.

Sind nun $f, g : X \to \overline{\mathbb{R}}$ messbare *numerische* Funktionen, so sind $f_n, g_n : X \to \mathbb{R}$, $f_n := \max(-n, \min(f, n))$, $g_n := \max(-n, \min(g, n))$ $(n \in \mathbb{N})$ nach Korollar 4.4 messbar. Nach dem soeben Bewiesenen sind $f_n + g_n$ und $f_n \cdot g_n$ $(n \in \mathbb{N})$ messbar, also sind auch $f + g = \lim_{n \to \infty}(f_n + g_n)$, $f \cdot g = \lim_{n \to \infty} f_n \cdot g_n$ messbar.

Da die konstanten Funktionen α bzw. β messbar sind, sind auch αf und βg messbar und folglich auch $\alpha f + \beta g$. Speziell ist $-f$ messbar und damit auch $|f| = \max(f, -f)$. $\quad\square$

4.8 Korollar. *Sind* $f, g : (X, \mathfrak{A}) \to (\mathbb{C}, \mathfrak{B}^2)$ *messbar und* $\alpha, \beta \in \mathbb{C}$, *so sind auch* $\alpha f + \beta g$, $f \cdot g$, $|f|$ *messbar.*

Beweis. Klar nach Korollar 4.6 und Satz 4.7. $\quad\square$

4.9 Korollar. *Sind* $f, g : (X, \mathfrak{A}) \to (\overline{\mathbb{R}}, \overline{\mathfrak{B}})$ *messbar, so sind die Mengen* $\{f < g\}$, $\{f \leq g\}$, $\{f = g\}$, $\{f \neq g\}$ *messbar.*

Beweis. Wegen $\{f < g\} = \{g - f > 0\}$, $\{f \leq g\} = \{g - f \geq 0\}$, $\{f = g\} = \{f - g \leq 0\} \cap \{f - g \geq 0\}$, $\{f \neq g\} = \{f - g < 0\} \cup \{f - g > 0\}$ folgt die

Behauptung sogleich aus der Messbarkeit von $f - g$ und $g - f$. □

Für jede numerische Funktion $f : X \to \overline{\mathbb{R}}$ sind der *Positivteil*

$$f^+ := \max(f, 0)$$

und der *Negativteil*

$$f^- := \max(-f, 0) = (-f)^+ (\geq 0!)$$

erklärt, und es gilt

$$f = f^+ - f^- , \quad |f| = f^+ + f^- .$$

4.10 Korollar. *Eine numerische Funktion $f : (X, \mathfrak{A}) \to (\overline{\mathbb{R}}, \overline{\mathfrak{B}})$ ist genau dann messbar, wenn ihr Positivteil f^+ und ihr Negativteil f^- messbar sind.*

Beweis. Ist f messbar, so auch $-f$, und damit auch f^+, f^- nach Korollar 4.4. – Umgekehrt ist $f = f^+ - f^-$ nach Satz 4.7 messbar, wenn f^+ und f^- messbar sind. □

4.11 Korollar. *Eine komplexwertige Funktion $f : (X, \mathfrak{A}) \to (\mathbb{C}, \mathfrak{B}^2)$ ist genau dann messbar, wenn $(\mathrm{Re} f)^+, (\mathrm{Re} f)^-, (\mathrm{Im} f)^+, (\mathrm{Im} f)^-$ messbar sind.*

Beweis. Klar nach Korollar 4.6, 4.10. □

3. Approximation durch Treppenfunktionen. Für die in Kap. IV zu entwickelnde Integrationstheorie ist die Möglichkeit der Approximation messbarer Funktionen durch Treppenfunktionen von entscheidender Bedeutung.

4.12 Definition. Eine messbare Funktion $f : (X, \mathfrak{A}) \to (\mathbb{R}, \mathfrak{B})$, die nur endlich viele verschiedene (reelle) Werte annimmt, heißt eine *($\mathfrak{A}$-)Treppenfunktion*. Es seien $\mathcal{T}$ die Menge der ($\mathfrak{A}$-)Treppenfunktionen auf X und $\mathcal{T}^+$ die Menge der nicht-negativen Funktionen aus $\mathcal{T}$.

Ersichtlich ist $\mathcal{T}$ ein Vektorraum über $\mathbb{R}$, und für $f, g \in \mathcal{T}$ gilt $f \cdot g \in \mathcal{T}$, $\max(f, g) \in \mathcal{T}$, $\min(f, g) \in \mathcal{T}$, $|f| \in \mathcal{T}$. Für $f, g \in \mathcal{T}^+$ und $\alpha \geq 0$ sind auch $\alpha f \in \mathcal{T}^+$ und $f + g \in \mathcal{T}^+$, $f \cdot g \in \mathcal{T}^+$.

Ist $f \in \mathcal{T}$ und $f(X) = \{\alpha_1, \ldots, \alpha_m\}$ mit verschiedenen $\alpha_1, \ldots, \alpha_m \in \mathbb{R}$, so sind die Mengen $A_j := f^{-1}(\{\alpha_j\}) \in \mathfrak{A}$ $(j = 1, \ldots, m)$ disjunkt und $f = \sum_{j=1}^m \alpha_j \chi_{A_j}$. Sind umgekehrt $\beta_1, \ldots, \beta_n \in \mathbb{R}$ (nicht notwendig verschieden) und $B_1, \ldots, B_n \in \mathfrak{A}$ (nicht notwendig disjunkt), so ist

$$g := \sum_{j=1}^n \beta_j \chi_{B_j} \in \mathcal{T} ,$$

und für $\beta_1, \ldots, \beta_n \geq 0$ ist $g \in \mathcal{T}^+$.

Wir bezeichnen mit $\mathcal{M}$ die Menge der messbaren *numerischen* Funktionen $f : (X, \mathfrak{A}) \to (\overline{\mathbb{R}}, \overline{\mathfrak{B}})$ und mit $\mathcal{M}^+$ die Menge der nicht-negativen Funktionen aus $\mathcal{M}$. Folgender Satz ist für die spätere Integraldefinition von entscheidender Bedeutung:

4.13 Satz. *Für eine nicht-negative numerische Funktion f auf X gilt $f \in \mathcal{M}^+$ genau dann, wenn es eine Folge $(u_n)_{n \geq 1}$ von Funktionen aus $\mathcal{T}^+$ gibt mit $u_n \uparrow f$.*

Beweis. Jeder Limes einer wachsenden Folge von Funktionen aus $\mathcal{T}^+$ liegt in $\mathcal{M}^+$ (Satz 4.3). – Ist umgekehrt $f \in \mathcal{M}^+$ und $n \in \mathbb{N}$, so sei

$$A_{j,n} := \begin{cases} \{\frac{j}{2^n} \leq f < \frac{j+1}{2^n}\} & \text{für } j = 0, \ldots, n \cdot 2^n - 1 , \\ \{f \geq n\} & \text{für } j = n \cdot 2^n . \end{cases}$$

Die Mengen $A_{j,n}(j = 0, \ldots, n \cdot 2^n)$ sind disjunkt, liegen in $\mathfrak{A}$, und es ist $X = \bigcup_{j=0}^{n2^n} A_{j,n}$. Daher gilt

$$u_n := \sum_{j=0}^{n2^n} \frac{j}{2^n} \chi_{A_{j,n}} \in \mathcal{T}^+ ,$$

und $(u_n)_{n \geq 1}$ ist wachsend: Nach Definition ist nämlich $A_{j,n}$ die disjunkte Vereinigung von $A_{2j,n+1}$ und $A_{2j+1,n+1}$ für $j = 0, \ldots, n \cdot 2^n - 1$, und $A_{n2^n,n}$ ist die disjunkte Vereinigung der Mengen $A_{j,n+1}$ $(j = n \cdot 2^{n+1}, \ldots, (n+1)2^{n+1} - 1)$ und $A_{(n+1)2^{n+1},n+1}$. Daher ist $u_{n+1} \geq u_n$. Ist nun $x \in X$ und $f(x) = \infty$, so gilt $u_n(x) = n \uparrow \infty = f(x)$, während für $f(x) < \infty$ und $n > f(x)$ gilt $u_n(x) \leq f(x) < u_n(x) + 2^{-n}$. Insgesamt folgt $u_n \uparrow f$. $\qquad \square$

4.14 Korollar. a) *Zu jeder beschränkten $\mathfrak{A}$-messbaren Funktion $f : X \to \mathbb{R}$ gibt es eine wachsende Folge $(u_n)_{n \geq 1}$ von Treppenfunktionen, die gleichmäßig gegen f konvergiert.*
b) *Zu jeder nach unten beschränkten messbaren Funktion $f : X \to]-\infty, +\infty]$ gibt es eine wachsende Folge von Funktionen $u_n \in \mathcal{T}$ $(n \in \mathbb{N})$ mit $u_n \uparrow f$.*
c) *Zu jedem $f \in \mathcal{M}$ gibt es eine Folge von Funktionen $v_n \in \mathcal{T}$ mit $v_n \to f$.*

Beweis. a) und b) sind klar nach dem Beweis von Satz 4.13, und c) ergibt sich durch Anwendung von Satz 4.13 auf f^+ und f^-. $\qquad \square$

4. Abzählbar erzeugte Messräume. Zwei Messräume $(X, \mathfrak{A})$, $(Y, \mathfrak{B})$ heißen *isomorph*, wenn es eine messbare Bijektion $f : (X, \mathfrak{A}) \to (Y, \mathfrak{B})$ gibt, so dass auch $f^{-1} : (Y, \mathfrak{B}) \to (X, \mathfrak{A})$ messbar ist; eine solche Abbildung f heißt dann ein *messbarer Isomorphismus*. Ziel der folgenden Überlegungen ist Satz 4.17, in dem die Isomorphieklassen der Messräume $(A, \mathfrak{B}^1|A)$ $(A \subset \mathbb{R})$ durch einfache Bedingungen charakterisiert werden. Zunächst einige Vorbereitungen: Man sagt, ein Mengensystem $\mathfrak{E} \subset \mathfrak{P}(X)$ *trennt die Punkte* von X, wenn zu allen $x, y \in X$ mit $x \neq y$ ein $A \in \mathfrak{E}$ existiert mit $\chi_A(x) \neq \chi_A(y)$. Ein Messraum $(X, \mathfrak{A})$ heißt *separiert*, wenn $\mathfrak{A}$ die Punkte von X trennt.

4.15 Lemma. *Ein Mengensystem $\mathfrak{E} \subset \mathfrak{P}(X)$ trennt die Punkte von X genau dann, wenn $(X, \sigma(\mathfrak{E}))$ separiert ist.*

Beweis. Angenommen, $\mathfrak{E}$ trennt die Punkte von X nicht. Dann gibt es $x, y \in$

X, $x \neq y$, so dass für alle $A \in \mathfrak{E}$ entweder gilt $x, y \in A$ oder $x, y \in A^c$. Nun ist $\mathfrak{C} := \{C \subset X : \{x, y\} \subset C$ oder $\{x, y\} \subset C^c\}$ offenbar eine σ-Algebra mit $\mathfrak{E} \subset \mathfrak{C}$, also $\sigma(\mathfrak{E}) \subset \mathfrak{C}$. Daher trennt auch $\sigma(\mathfrak{E})$ die Punkte von X nicht. $\qquad \square$

Ein Messraum $(X, \mathfrak{A})$ heißt *abzählbar erzeugt*, wenn $\mathfrak{A}$ einen abzählbaren Erzeuger hat.

4.16 Satz. *Ein Messraum $(X, \mathfrak{A})$ ist genau dann abzählbar erzeugt, wenn es eine messbare Funktion $f : (X, \mathfrak{A}) \to ([0, 1]\,, \mathfrak{B}^1|[0, 1])$ gibt mit $f^{-1}(\mathfrak{B}^1|[0, 1]) = \mathfrak{A}$.*

Beweis. Gibt es eine Funktion f mit den angegebenen Eigenschaften, so ist $\mathfrak{A}$ abzählbar erzeugt nach Satz I.4.4. – Es seien nun umgekehrt $\{A_n : n \in \mathbb{N}\}$ ein Erzeuger von $\mathfrak{A}$ und $f : X \to [0, 1]$,

$$f := \sum_{n=1}^{\infty} 3^{-n} \chi_{A_n} \, .$$

Dann ist f $\mathfrak{A}$-$\mathfrak{B}^1|[0, 1]$-messbar. Weiter ist $f(x) \geq \frac{1}{3}$ für alle $x \in A_1$ und $f(x) \leq \sum_{n=2}^{\infty} 3^{-n} = 1/2 \cdot 3$ für alle $x \in A_1^c$, d.h. $A_1 = f^{-1}([1/3, 1]) \in f^{-1}(\mathfrak{B}^1|[0, 1])$. Ferner ist $A_2 = (A_2 \cap A_1) \cup (A_2 \setminus A_1) = f^{-1}([3^{-1} + 3^{-2}, 1]) \cup f^{-1}([3^{-2}, 3^{-1}[)$, und analog fortfahrend erkennt man: $A_n \in f^{-1}(\mathfrak{B}^1|[0, 1])$ für alle n, also $\mathfrak{A} \subset f^{-1}(\mathfrak{B}^1|[0, 1])$. $\qquad \square$

4.17 Satz. *Ein Messraum $(X, \mathfrak{A})$ ist genau dann separiert und abzählbar erzeugt, wenn eine Menge $M \subset [0, 1]$ existiert, so dass $(X, \mathfrak{A})$ zu $(M, \mathfrak{B}^1|M)$ isomorph ist.*

Beweis. Ist $(X, \mathfrak{A})$ zu $(M, \mathfrak{B}^1|M)$ $(M \subset [0, 1])$ isomorph, so ist $(X, \mathfrak{A})$ separiert und abzählbar erzeugt. – Ist umgekehrt $(X, \mathfrak{A})$ separiert und $\{A_n : n \in \mathbb{N}\}$ ein Erzeuger von $\mathfrak{A}$, so betrachten wir die Funktion f aus dem Beweis zu Satz 4.16. Angenommen, für $x, y \in X$ gilt $f(x) = f(y)$. Die Werte der Funktion f haben triadische Entwicklungen, in denen nur die Ziffern 0 und 1 vorkommen. Für solche Zahlen existiert aber nur eine einzige triadische Entwicklung, und es folgt: Für alle $n \in \mathbb{N}$ gilt entweder $x, y \in A_n$ oder $x, y \in A_n^c$. Nach Lemma 4.15 folgt $x = y$, d.h. f ist injektiv. Daher leistet $M := f(X)$ nach Satz 4.16 das Verlangte. $\qquad \square$

5. Ein minimaler Erzeuger von $\mathfrak{B}^1$. Ein Erzeuger $\mathfrak{E}$ von $\mathfrak{A}$ heißt *minimal*, wenn für alle $A \in \mathfrak{E}$ gilt $\sigma(\mathfrak{E} \setminus \{A\}) \neq \mathfrak{A}$. Als bemerkenswerte Anwendung von Lemma 4.15 zeigen wir: *Es gibt minimale Erzeuger von $\mathfrak{B}^1$.* Um einen solchen Erzeuger explizit anzugeben, setzen wir

$$\mathfrak{E}_n := \{](k - 1) \cdot 2^{-n}\,, \, k \cdot 2^{-n}[: k \in \mathbb{Z}\} \quad (n \in \mathbb{Z})$$

und behaupten: $\mathfrak{E} := \bigcup_{n \in \mathbb{Z}} \mathfrak{E}_n$ *ist ein minimaler Erzeuger von $\mathfrak{B}^1$.*

Beweis. Es seien $E := \{k \cdot 2^{-n} : k \in \mathbb{Z}, n \in \mathbb{Z}\}$ und $x \in E, x \neq 0, x =$

$(2k - 1) \cdot 2^{-n}$ mit $k \in \mathbb{Z}, n \in \mathbb{Z}$. Dann ist

$$\{x\} =](k - 1) \cdot 2^{-n+1}, k \cdot 2^{-n+1}[$$
$$\setminus (](2k - 2) \cdot 2^{-n}, (2k - 1) \cdot 2^{-n}[\cup](2k - 1) \cdot 2^{-n}, 2k \cdot 2^{-n}[) \in \sigma(\mathfrak{E}),$$

weiter ist $\{0\} \in \sigma(\mathfrak{E})$, also $\mathfrak{P}(E) \subset \sigma(\mathfrak{E})$. Jedes offene Intervall $I \subset \mathbb{R}$ lässt sich schreiben als (abzählbare) Vereinigung aller Mengen $A \in \mathfrak{E}$ mit $A \subset I$ vereinigt mit der Menge $I \cap E \in \mathfrak{P}(E)$. Daher ist $I \in \sigma(\mathfrak{E})$, also $\mathfrak{B}^1 \subset \sigma(\mathfrak{E})$ und folglich $\mathfrak{B}^1 = \sigma(\mathfrak{E})$.

Da $\mathfrak{B}^1$ die Punkte von $\mathbb{R}$ trennt, muss nach Lemma 4.15 auch jeder Erzeuger von $\mathfrak{B}^1$ die Punkte von $\mathbb{R}$ trennen. Sei nun $A \in \mathfrak{E}$. Wir zeigen, dass $\mathfrak{E} \setminus \{A\}$ die Punkte von $\mathbb{R}$ nicht trennt. Dazu schreiben wir $A =](k - 1) \cdot 2^{-n}, k \cdot 2^{-n}[$ mit $k \in \mathbb{Z}, n \in \mathbb{Z}$ und setzen

$$a := \begin{cases} (k - 1) \cdot 2^{-n}, & \text{falls } k \text{ gerade}, \\ k \cdot 2^{-n}, & \text{falls } k \text{ ungerade} \end{cases}$$

und $b := (2k - 1) \cdot 2^{-n-1}$ ($=$ Mittelpunkt von A). Dann ist $a \notin A, b \in A$, und für alle anderen $B \in \mathfrak{E}_n, B \neq A$ gilt $a \notin B, b \notin B$. Für $m > n$ liegt weder a noch b in einer Menge aus $\mathfrak{E}_m$. Ist aber $a \in C$ für ein $C \in \mathfrak{E}_m$ mit $m < n$, so gilt notwendig auch $b \in C$. Daher trennt $\mathfrak{E} \setminus \{A\}$ nicht die Punkte von $\mathbb{R}$.   □

Weitergehende Aussagen über minimale Erzeuger findet man bei SHORTT und BHASKARA RAO [1], S. 37 ff.

Aufgaben. 4.1. Der topologische Raum $\overline{\mathbb{R}}$ ist kompakt, denn:
a) Jede offene Überdeckung von $\overline{\mathbb{R}}$ hat eine endliche Teilüberdeckung.
b) Es gibt eine bijektive stetige Abbildung $f : [0, 1] \to \overline{\mathbb{R}}$.

4.2. Es gibt eine Metrik d auf $\overline{\mathbb{R}}$, so dass die offenen Mengen des metrischen Raumes $(\overline{\mathbb{R}}, d)$ gerade die in § 4 erklärten offenen Teilmengen von $\overline{\mathbb{R}}$ sind. Ist $(\overline{\mathbb{R}}, d)$ vollständig?

4.3. Die folgenden Mengensysteme sind Erzeuger der σ-Algebra $\overline{\mathfrak{B}}$: $\{]\alpha, \infty] : \alpha \in \mathbb{R}\}$, $\{[\alpha, \infty] : \alpha \in \mathbb{R}\}$, $\{[-\infty, \alpha[: \alpha \in \mathbb{R}\}$, $\{[-\infty, \alpha] : \alpha \in \mathbb{R}\}$.

4.4. Jede monotone Funktion $f : \mathbb{R} \to \mathbb{R}$ ist Borel-messbar.

4.5. a) Hat $f : \mathbb{R}^p \to \mathbb{R}$ nur abzählbar viele Unstetigkeitsstellen, so ist f Borel-messbar.
b) Ist die Menge der Unstetigkeitsstellen von $f : \mathbb{R}^p \to \mathbb{R}$ eine λ^p-Nullmenge, so ist f $\mathfrak{L}^p$-$\mathfrak{B}$-messbar.

4.6. Jede rechtsseitig stetige Funktion $f : \mathbb{R} \to \mathbb{R}$ ist Borel-messbar. (Hinweis: Bezeichnet $\mathfrak{T}$ die gewöhnliche Topologie auf $\mathbb{R}$, so ist f genau dann rechtsseitig stetig, wenn $f : (\mathbb{R}, \mathfrak{R}) \to (\mathbb{R}, \mathfrak{T})$ stetig ist, wobei $\mathfrak{R}$ eine geeignete Topologie auf $\mathbb{R}$ bezeichnet.)

4.7. Jede rechtsseitig stetige Funktion $f : \mathbb{R} \to \mathbb{R}$ hat höchstens abzählbar viele Unstetigkeitsstellen. (Bemerkung: Diese Aussage liefert eine weitere Lösung für Aufgabe 4.6.) – Schärfer gilt: Ist $U \subset \mathbb{R}$ offen, Y ein metrischer Raum und $f : U \to Y$ in jedem Punkt von U rechtsseitig *oder* linksseitig stetig, so hat f höchstens abzählbar viele Unstetigkeitsstellen.

4.8. Jede rechtsseitig stetige numerische Funktion $f : (\mathbb{R}^p, \mathfrak{B}^p) \to (\overline{\mathbb{R}}, \overline{\mathfrak{B}})$ ist messbar. (Bemerkung: Das Argument aus dem Hinweis zu Aufgabe 4.6 lässt sich *nicht* unmittelbar übertragen!)

4.9. Ist $f : X \to \mathbb{R}$ eine Funktion und $A \subset X$, so heißt

$$\sigma(f, A) := \sup\{|f(x) - f(y)| : x, y \in A\} \quad \text{für } A \neq \emptyset \,, \ \sigma(f, \emptyset) := 0$$

die *Schwankung* von f auf A. Zeigen Sie: $f : (X, \mathfrak{A}) \to (\mathbb{R}, \mathfrak{B})$ ist messbar genau dann, wenn zu jedem $\varepsilon > 0$ eine Zerlegung von X in abzählbar viele disjunkte messbare Mengen A_n $(n \in \mathbb{N})$ existiert, so dass $\sigma(f, A_n) < \varepsilon$ $(n \in \mathbb{N})$.

4.10. Es seien $(X, \mathfrak{A}, \mu)$ ein Maßraum, $(X, \tilde{\mathfrak{A}}, \tilde{\mu})$ seine Vervollständigung und $f : (X, \tilde{\mathfrak{A}}) \to (\overline{\mathbb{R}}, \overline{\mathfrak{B}})$ messbar. Dann gibt es zwei messbare Funktionen $g, h : (X, \mathfrak{A}) \to (\overline{\mathbb{R}}, \overline{\mathfrak{B}})$ mit $g \leq f \leq h$ und $\mu(\{g < h\}) = 0$. Insbesondere gibt es zu jeder messbaren Funktion $f : (\mathbb{R}^p, \mathcal{L}^p) \to (\overline{\mathbb{R}}, \overline{\mathfrak{B}})$ eine Borel-messbare Funktion $g : \mathbb{R}^p \to \overline{\mathbb{R}}$ mit $\lambda^p(\{f \neq g\}) = 0$.

4.11. Es seien $(X, \mathfrak{A})$ ein Messraum und V ein Vektorraum von Funktionen $f : X \to \mathbb{R}$ mit folgenden Eigenschaften:
(a) Jeder Limes jeder wachsenden Folge von Funktionen aus V gehört zu V.
(b) Es gibt eine Algebra $\mathfrak{C} \subset \mathfrak{A}$ mit $\sigma(\mathfrak{C}) = \mathfrak{A}$, so dass für alle $A \in \mathfrak{C}$ gilt $\chi_A \in V$.
Dann enthält V alle messbaren Funktionen $f : (X, \mathfrak{A}) \to (\mathbb{R}, \mathfrak{B})$. Insbesondere ist der Vektorraum aller messbaren reellwertigen Funktionen auf X der kleinste Vektorraum von Funktionen $f : X \to \mathbb{R}$ mit den Eigenschaften (a), (b). (Hinweis: Satz I.6.2 oder Satz I.6.8.)

4.12. Es seien $(X, \mathfrak{A})$ ein Messraum und V ein Vektorraum von beschränkten $\mathfrak{A}$-messbaren Funktionen $f : X \to \mathbb{R}$ mit folgenden Eigenschaften:
(a) $1 \in V$.
(b) Für alle $f, g \in V$ gilt $\max(f, g) \in V$.
(c) Für jede wachsende, gleichmäßig beschränkte Folge $(f_n)_{n \geq 1}$ von Funktionen aus V gilt $\lim_{n \to \infty} f_n \in V$.
Dann ist $\mathfrak{B} := \{A \subset X : \chi_A \in V\} \subset \mathfrak{A}$ eine σ-Algebra, und V ist der Raum aller beschränkten $\mathfrak{B}$-messbaren reellwertigen Funktionen auf X. (Hinweis: $\chi_{\{f > \alpha\}} = \lim_{n \to \infty} \inf(1, \, n(f - \alpha)^+)$.)

4.13. Es sei V ein Vektorraum von Funktionen $f : \mathbb{R}^p \to \mathbb{R}$ mit folgenden Eigenschaften:
(a) Jeder Limes jeder wachsenden Folge von Funktionen aus V liegt in V.
(b) Jede stetige Funktion $f : \mathbb{R}^p \to \mathbb{R}$ liegt in V.
Dann enthält V alle Borel-messbaren Funktionen $f : \mathbb{R}^p \to \mathbb{R}$. Der Vektorraum der Borel-messbaren Funktionen $f : \mathbb{R}^p \to \mathbb{R}$ ist also der kleinste Vektorraum von Funktionen $f : \mathbb{R}^p \to \mathbb{R}$, der abgeschlossen ist bez. monotoner Konvergenz von Folgen und der alle stetigen Funktionen enthält (G. VITALI (1905)). – Wie lautet die entsprechende Aussage für Vektorräume von Funktionen $f : X \to \mathbb{R}$, wobei X ein metrischer Raum ist? (Hinweise: Korollar I.6.3 oder I.6.8, ferner Aufgabe I.6.1.)

4.14. Es sei $\mathcal{D}$ der Durchschnitt aller Mengen $\mathcal{F}$ von Funktionen $f : \mathbb{R}^p \to \mathbb{R}$ mit folgenden Eigenschaften:
(a) Für jede monotone konvergente Folge $(f_n)_{n \geq 1}$ von Funktionen aus $\mathcal{F}$ gilt $\lim_{n \to \infty} f_n \in \mathcal{F}$.
(b) Jede stetige Funktion $f : \mathbb{R}^p \to \mathbb{R}$ liegt in $\mathcal{F}$.
Dann ist $\mathcal{D}$ gleich der Menge aller Borel-messbaren Funktionen $f : \mathbb{R}^p \to \mathbb{R}$. – Wie lautet die entsprechende Aussage für Funktionen $f : X \to \mathbb{R}$, wobei X ein metrischer Raum ist? (Hinweis: Nach Aufgabe 4.13 ist zu zeigen, dass $\mathcal{D}$ ein Vektorraum über $\mathbb{R}$ ist.)

4.15 Fortsetzungssatz für messbare Funktionen. Es seien $(X, \mathfrak{A})$ ein Messraum, M eine *beliebige* Teilmenge von X und $f : (M, \mathfrak{A}|M) \to (\mathbb{R}, \mathfrak{B}^1)$ messbar. Dann lässt sich f zu einer $\mathfrak{A}$-messbaren reellwertigen Funktion auf ganz X fortsetzen. (Hinweis: Der Vektorraum aller $\mathfrak{A}|M$-messbaren Funktionen $g : M \to \mathbb{R}$, die eine $\mathfrak{A}$-messbare Fortsetzung auf ganz X zulassen, enthält nach Aufgabe 4.11 *alle* messbaren Funktionen $(M, \mathfrak{A}|M) \to (\mathbb{R}, \mathfrak{B}^1)$.)

4.16. Zeigen Sie: Ist $(X, \mathfrak{A})$ abzählbar erzeugt, so sind alle $\mathfrak{A}$-Atome (s. Aufgabe 1.6) messbar.

4.17. Trennt die abzählbare Familie $\mathfrak{E} \subset \mathfrak{P}(X)$ die Punkte von X, so gilt $\{x\} \in \sigma(\mathfrak{E})$ für alle $x \in X$.

4.18. Die Menge $\mathfrak{E} := \{](k-1) \cdot 2^{-n} , k \cdot 2^{-n}[: k = 1, \ldots, 2^n , n \in \mathbb{N}\}$ ist ein minimaler Erzeuger von $\mathfrak{B}^1|]0,1[$.

§ 5. Produkt-σ-Algebren

Der Inhalt dieses Paragrafen wird später (in Kap. V, § 1) nur zu einem kleinen Teil gebraucht und dann z.T. *ad hoc* entwickelt. Daher kann § 5 bei der ersten Lektüre zunächst beiseite gelassen und das Benötigte später bei Bedarf nachgesehen werden.

1. Initial-σ-Algebren und Produkt-σ-Algebren. Ganz analog zum Begriff der Initialtopologie (s. BOURBAKI [6], chap. 1, § 2, no. 3) lassen sich Initial-σ-Algebren definieren, und es bestehen ganz analoge Sachverhalte wie in der Topologie: Es seien X eine Menge, auf der *a priori* keine σ-Algebra ausgezeichnet ist, I eine Indexmenge, $(Y_\iota, \mathfrak{B}_\iota)$ $(\iota \in I)$ Messräume und $f_\iota : X \to Y_\iota$ $(\iota \in I)$ Abbildungen. Dann gibt es eine bez. mengentheoretischer Inklusion „kleinste" σ-Algebra $\mathfrak{A}$ auf X, so dass alle Abbildungen $f_\iota : (X, \mathfrak{A}) \to (Y_\iota, \mathfrak{B}_\iota)$ $(\iota \in I)$ messbar sind, und zwar ist

$$\mathfrak{A} = \mathcal{I}(f_\iota : \iota \in I) := \sigma\left(\bigcup_{\iota \in I} f_\iota^{-1}(\mathfrak{B}_\iota)\right) .$$

Diese σ-Algebra heißt die *Initial-σ-Algebra* auf X bez. der Familie $(f_\iota)_{\iota \in I}$. Liegt nur eine einzige Abbildung $f : X \to (Y, \mathfrak{B})$ vor, so ist $\mathcal{I}(f) = f^{-1}(\mathfrak{B})$.

5.1 Beispiele. a) Für $\mathfrak{E} \subset \mathfrak{P}(X)$ ist $\sigma(\mathfrak{E}) = \mathcal{I}(\chi_A : A \in \mathfrak{E})$; dabei wird $\mathbb{R}$ mit der σ-Algebra der Borelschen Mengen ausgestattet.
b) Ist $(Y, \mathfrak{B})$ ein Messraum, $X \subset Y$ und $j : X \to Y$ die natürliche Inklusion, so ist $\mathcal{I}(j) = \mathfrak{B}|X$.
c) Es seien $(X_\iota, \mathfrak{A}_\iota)$ $(\iota \in I)$ Messräume, $X := \prod_{\iota \in I} X_\iota$ das *cartesische Produkt* der X_ι $(\iota \in I)$, d.h. die Menge aller Abbildungen $x : I \to \bigcup_{\iota \in I} X_\iota$ mit $x_\iota := x(\iota) \in X_\iota$ für alle $\iota \in I$. Wir schreiben die Elemente $x \in X$ in der Form $x = (x_\iota)_{\iota \in I}$ und nennen x_ι die ι-te *Koordinate* von x. Für $\iota \in I$ sei $\mathrm{pr}_\iota : X \to$

X_ι, $\mathrm{pr}_\iota(x) := x_\iota$ die zugehörige *Projektion*. Dann heißt

$$\mathcal{I}(\mathrm{pr}_\iota : \iota \in I) =: \bigotimes_{\iota \in I} \mathfrak{A}_\iota$$

die *Produkt-σ-Algebra* auf $\prod_{\iota \in I} X_\iota$. Definitionsgemäß ist $\bigotimes_{\iota \in I} \mathfrak{A}_\iota$ die bez. mengentheoretischer Inklusion kleinste σ-Algebra auf X, bez. welcher alle Projektionen pr_ι $(\iota \in I)$ messbar sind.

5.2 Satz. *Es seien X eine Menge, $(Y_\iota, \mathfrak{B}_\iota)$ $(\iota \in I)$ eine Familie von Messräumen und $f_\iota : X \to Y_\iota$ $(\iota \in I)$ Abbildungen. Ist $\mathfrak{E}_\iota$ ein Erzeuger von $\mathfrak{B}_\iota$ $(\iota \in I)$, so ist $\mathfrak{E} := \bigcup_{\iota \in I} f_\iota^{-1}(\mathfrak{E}_\iota)$ ein Erzeuger von $\mathcal{I}(f_\iota : \iota \in I)$.*

Beweis. Wegen $\mathfrak{E} \subset \mathcal{I}(f_\iota : \iota \in I)$ ist $\sigma(\mathfrak{E}) \subset \mathcal{I}(f_\iota : \iota \in I)$. Umgekehrt ist $f_\iota^{-1}(\mathfrak{E}_\iota) \subset \sigma(\mathfrak{E})$ $(\iota \in I)$, also nach Satz I.4.4 $f_\iota^{-1}(\mathfrak{B}_\iota) \subset \sigma(\mathfrak{E})$ $(\iota \in I)$, folglich $\sigma\left(\bigcup_{\iota \in I} f_\iota^{-1}(\mathfrak{B}_\iota)\right) \subset \sigma(\mathfrak{E})$. $\square$

5.3 Beispiel. Es seien $(X_\iota, \mathfrak{A}_\iota)$ $(\iota \in I)$ Messräume, $X = \prod_{\iota \in I} X_\iota$, $\mathfrak{A} := \bigotimes_{\iota \in I} \mathfrak{A}_\iota$ und $\mathfrak{E}_\iota$ ein Erzeuger von $\mathfrak{A}_\iota$ $(\iota \in I)$. Dann ist

$$\mathfrak{E} := \left\{ E_\kappa \times \prod_{\substack{\iota \in I \\ \iota \neq \kappa}} X_\iota : \kappa \in I,\ E_\kappa \in \mathfrak{E}_\kappa \right\}$$

ein Erzeuger von $\mathfrak{A}$. Ist insbesondere I *endlich* und gibt es eine Folge $(E_{\iota,n})_{n \geq 1}$ in $\mathfrak{E}_\iota$ mit $\bigcup_{n=1}^\infty E_{\iota,n} = X_\iota$, so ist auch

$$\mathfrak{F} := \left\{ \prod_{\iota \in I} E_\iota : E_\iota \in \mathfrak{E}_\iota \text{ für alle } \iota \in I \right\}$$

ein Erzeuger von $\mathfrak{A}$. (*Begründung:* Für $E_\iota \in \mathfrak{A}_\iota$ $(\iota \in I)$ ist zunächst $\prod_{\iota \in I} E_\iota = \bigcap_{\iota \in I} \mathrm{pr}_\iota^{-1}(E_\iota) \in \mathfrak{A}$, also $\sigma(\mathfrak{F}) \subset \mathfrak{A}$. Ist umgekehrt $E_\kappa \in \mathfrak{E}_\kappa$ $(\kappa \in I)$, so gilt wegen der Endlichkeit von I

$$\mathrm{pr}_\kappa^{-1}(E_\kappa) = \bigcup_{\substack{n_\iota \in \mathbb{N} \\ \text{für } \iota \in I \setminus \{\kappa\}}} \left(E_\kappa \times \prod_{\substack{\iota \in I \\ \iota \neq \kappa}} E_{\iota,n_\iota} \right) \in \sigma(\mathfrak{F}),$$

d.h. $\mathfrak{E} \subset \sigma(\mathfrak{F})$ und damit $\mathfrak{A} \subset \sigma(\mathfrak{F})$. $\square$)

Sind insbesondere nur zwei Messräume $(X, \mathfrak{A})$, $(Y, \mathfrak{B})$ mit Erzeugern $\mathfrak{E}$ von $\mathfrak{A}$ und $\mathfrak{F}$ von $\mathfrak{B}$ vorgelegt, so ist $\mathfrak{G} := \{A \times Y : A \in \mathfrak{E}\} \cup \{X \times B : B \in \mathfrak{F}\}$ ein Erzeuger der Produkt-σ-Algebra $\mathfrak{A} \otimes \mathfrak{B}$; und gibt es Folgen $(A_n)_{n \geq 1}$ in $\mathfrak{E}$ und $(B_n)_{n \geq 1}$ in $\mathfrak{F}$ mit $\bigcup_{n \geq 1} A_n = X$, $\bigcup_{n \geq 1} B_n = Y$, so ist auch $\mathfrak{E} * \mathfrak{F} = \{E \times F : E \in \mathfrak{E},\ F \in \mathfrak{F}\}$ ein Erzeuger von $\mathfrak{A} \otimes \mathfrak{B}$. Speziell ist $\mathfrak{A} * \mathfrak{B}$ ein Erzeuger von $\mathfrak{A} \otimes \mathfrak{B}$.

5.4 Korollar (*Transitivität der Bildung von Initial-σ-Algebren*). *Unter den Voraussetzungen von Satz 5.2 seien für jedes $\iota \in I$ eine Indexmenge K_ι, Messräume $(Z_{\iota,\kappa}, \mathfrak{C}_{\iota,\kappa})$ und Abbildungen $g_{\iota,\kappa} : Y_\iota \to Z_{\iota\kappa}$ $(\kappa \in K_\iota)$ gegeben, und es sei*

$\mathfrak{B}_\iota = \mathcal{I}(g_{\iota,\kappa} : \kappa \in K_\iota)$. *Dann gilt:*

$$\mathcal{I}(g_{\iota\kappa} \circ f_\iota : \iota \in I , \ \kappa \in K_\iota) = \mathcal{I}(f_\iota : \iota \in I) ;$$

Diagramm:

$$X \xrightarrow{f_\iota} (Y_\iota, \mathfrak{B}_\iota) \xrightarrow{g_{\iota\kappa}} (Z_{\iota\kappa}, \mathfrak{C}_{\iota,\kappa}) .$$

Beweis. $\mathfrak{E}_\iota := \bigcup_{\kappa \in K_\iota} g_{\iota\kappa}^{-1}(\mathfrak{C}_{\iota\kappa})$ erzeugt $\mathfrak{B}_\iota$, also ist $\bigcup_{\iota \in I} f_\iota^{-1}(\mathfrak{E}_\iota)$ ein Erzeuger von $\mathcal{I}(f_\iota : \iota \in I)$. Andererseits ist $\bigcup_{\iota \in I} f_\iota^{-1}(\mathfrak{E}_\iota) = \bigcup_{\iota \in I} \bigcup_{\kappa \in K_\iota} (g_{\iota\kappa} \circ f_\iota)^{-1}(\mathfrak{C}_{\iota\kappa})$ auch ein Erzeuger von $\mathcal{I}(g_{\iota\kappa} \circ f_\iota : \iota \in I , \ \kappa \in K_\iota)$. $\qquad\square$

5.5 Beispiele. a) In Beispiel 5.1 c) sei $I = \bigcup_{\kappa \in K} I_\kappa$ mit disjunkten I_κ ($\kappa \in K$). Im Sinne der natürlichen Identifizierung von $\prod_{\kappa \in K} \left(\prod_{\iota \in I_\kappa} X_\iota\right)$ mit $\prod_{\iota \in I} X_\iota$ gilt dann

$$\bigotimes_{\kappa \in K} \left(\bigotimes_{\iota \in I_\kappa} \mathfrak{A}_\iota\right) = \bigotimes_{\iota \in I} \mathfrak{A}_\iota \quad (\text{Assoziativität der Produktbildung}) .$$

b) *Faktorisierung über das Produkt:* In der Situation des Satzes 5.2 versehen wir $Y := \prod_{\iota \in I} Y_\iota$ mit der σ-Algebra $\mathfrak{B} := \bigotimes_{\iota \in I} \mathfrak{B}_\iota$ und betrachten die Abbildung $f : X \to Y$, $f(x) := (f_\iota(x))_{\iota \in I}$ ($x \in X$). Bezeichnen wir mit $\mathrm{pr}_\iota : Y \to Y_\iota$ die ι-te Projektion, so ist $f_\iota = \mathrm{pr}_\iota \circ f$ ($\iota \in I$), und Korollar 5.4 ergibt: $\mathcal{I}(f) = \mathcal{I}(f_\iota : \iota \in I)$. Jede Initial-$\sigma$-Algebra lässt sich also bereits als Initial-σ-Algebra bezüglich einer einzigen Abbildung darstellen.

5.6 Satz. *Sind in der Situation von Satz 5.2 $(Z, \mathfrak{C})$ ein weiterer Messraum und $g : Z \to X$ eine Abbildung, so ist $g : (Z, \mathfrak{C}) \to (X, \mathcal{I}(f_\iota : \iota \in I))$ genau dann messbar, wenn alle Abbildungen $f_\iota \circ g : (Z, \mathfrak{C}) \to (Y_\iota, \mathfrak{B}_\iota)$ ($\iota \in I$) messbar sind.*

Beweis. Nach Korollar 5.4 ist die Inklusion $\mathcal{I}(g) \subset \mathfrak{C}$ mit der Messbarkeit aller $f_\iota \circ g$ ($\iota \in I$) gleichbedeutend. $\qquad\square$

5.7 Beispiel. Sind $(X_\iota, \mathfrak{A}_\iota)$ ($\iota \in I$) Messräume, $X := \prod_{\iota \in I} X_\iota$, $\mathfrak{A} := \bigotimes_{\iota \in I} \mathfrak{A}_\iota$, $(Z, \mathfrak{C})$ ein Messraum und $g : Z \to X$ eine Abbildung, so ist $g : (Z, \mathfrak{C}) \to (X, \mathfrak{A})$ genau dann messbar, wenn alle $\mathrm{pr}_\iota \circ g : (Z, \mathfrak{C}) \to (X_\iota, \mathfrak{A}_\iota)$ ($\iota \in I$) messbar sind. – Wir wählen spezielle g: Dazu seien $X_\iota \neq \emptyset$ für alle $\iota \in I$ und $a_\iota \in X_\iota$ fest gewählt. Für $K \subset I$ definieren wir eine Einbettung $j_K : \prod_{\kappa \in K} X_\kappa \to \prod_{\iota \in I} X_\iota$ vermöge $j_K((x_\kappa)_{\kappa \in K}) := (x_\iota)_{\iota \in I}$, wobei $x_\iota := a_\iota$ für alle $\iota \in I \setminus K$. Dann ist $\mathrm{pr}_\iota \circ j_K$ für $\iota \in I \setminus K$ gleich der konstanten Abbildung a_ι, und für $\iota \in K$ ist $\mathrm{pr}_\iota \circ j_K$ gleich der Projektion von $\prod_{\kappa \in K} X_\kappa$ auf die ι-te Koordinate. Daher ist j_K $\bigotimes_{\kappa \in K} \mathfrak{A}_\kappa$-$\bigotimes_{\iota \in I} \mathfrak{A}_\iota$-messbar. Für $M \subset \prod_{\iota \in I} X_\iota$ nennen wir

$$j_K^{-1}(M) = \left\{ (x_\kappa)_{\kappa \in K} \in \prod_{\kappa \in K} X_\kappa : \text{ mit } x_\iota := a_\iota \text{ für } \iota \in I \setminus K \text{ gilt } (x_\iota)_{\iota \in I} \in M \right\}$$

den *Schnitt* von M durch $(a_\lambda)_{\lambda \in I \setminus K}$. Entsprechend heißt für $f : X \to Y$ die Abbildung

$$f \circ j_K : \prod_{\kappa \in K} X_\kappa \to Y , \ (x_\kappa)_{\kappa \in K} \mapsto f((x_\iota)_{\iota \in I}) \text{ mit } x_\iota := a_\iota \text{ für } \iota \in I \setminus K$$

der *Schnitt* von f durch $(a_\lambda)_{\lambda \in I \setminus K}$ oder die *partielle Abbildung* von f bei „festgehaltenen" Koordinaten $x_\lambda = a_\lambda$ $(\lambda \in I \setminus K)$. Die Messbarkeit von j_K impliziert nun:

5.8 Korollar. *Sind* $(X_\iota, \mathfrak{A}_\iota)$ $(\iota \in I)$ *nicht-leere Messräume, so ist jeder Schnitt einer* $\bigotimes_{\iota \in I} \mathfrak{A}_\iota$*-messbaren Menge* $M \subset \prod_{\iota \in I} X_\iota$ *messbar, und für jeden Messraum* $(Y, \mathfrak{B})$ *ist jeder Schnitt einer* $\bigotimes_{\iota \in I} \mathfrak{A}_\iota$*-$\mathfrak{B}$-messbaren Abbildung* $f : \prod_{\iota \in I} X_\iota \to Y$ *wiederum messbar.*

2. Borel-Mengen topologischer Produkte. Sind $(X_\iota, \mathfrak{T}_\iota)$ $(\iota \in I)$ topologische Räume, so trägt $X := \prod_{\iota \in I} X_\iota$ die *Produkttopologie* $\mathfrak{T}$. Diese ist die gröbste Topologie auf X, bezüglich welcher alle Projektionen $\mathrm{pr}_\iota : X \to X_\iota$ $(\iota \in I)$ *stetig* sind. Eine Menge $A \subset X$ ist also genau dann *offen*, wenn zu jedem $x = (x_\iota)_{\iota \in I} \in A$ eine *endliche* Menge $E \subset I$ und Umgebungen U_κ von x_κ in X_κ $(\kappa \in E)$ existieren, so dass $\prod_{\kappa \in E} U_\kappa \times \prod_{\iota \in I \setminus E} X_\iota \subset A$. Zur Topologie $\mathfrak{T}$ gehört die σ-Algebra $\sigma(\mathfrak{T}) = \mathfrak{B}(X)$ der *Borel-Mengen* von X. Andererseits ist X mit der Produkt-σ-Algebra $\bigotimes_{\iota \in I} \mathfrak{B}(X_\iota)$ der Borel-Mengen der X_ι ausgestattet. Die Projektionen $\mathrm{pr}_\iota : X \to X_\iota$ $(\iota \in I)$ sind stetig, also Borel-messbar, und es folgt: $\mathfrak{B}(X) \supset \bigotimes_{\iota \in I} \mathfrak{B}(X_\iota)$; d.h.:

5.9 Satz. *Ist* $(X, \mathfrak{T})$ *das topologische Produkt der topologischen Räume* $(X_\iota, \mathfrak{T}_\iota)$ $(\iota \in I)$*, so gilt:* $\mathfrak{B}(X) \supset \bigotimes_{\iota \in I} \mathfrak{B}(X_\iota)$.

In der Inklusion des Satzes 5.9 steht nicht notwendig das Gleichheitszeichen, und zwar nicht einmal für das Produkt nur zweier topologischer Räume (s. Aufgabe 5.3 und Bemerkung 5.16). Der folgende Satz 5.10 enthält ein einfaches Kriterium für die Gültigkeit des Gleichheitszeichens.

5.10 Satz. *Es sei* $(X, \mathfrak{T})$ *das topologische Produkt abzählbar vieler topologischer Räume* $(X_k, \mathfrak{T}_k)$ $(k \geq 1)$*, und es sei angenommen, dass alle* $(X_k, \mathfrak{T}_k)$ $(k \geq 1)$ *eine abzählbare Basis der Topologie haben. Dann gilt:*

$$\mathfrak{B}(X) = \bigotimes_{k \geq 1} \mathfrak{B}(X_k) \,.$$

Beweis. Ist $\mathfrak{V}_k$ eine abzählbare Basis von $\mathfrak{T}_k$, so bilden die Mengen $\mathrm{pr}_{k_1}^{-1}(V_{k_1}) \cap \ldots \cap \mathrm{pr}_{k_n}^{-1}(V_{k_n})$ $(n \in \mathbb{N},\ V_{k_\nu} \in \mathfrak{V}_{k_\nu}$ für $\nu = 1, \ldots, n)$ eine abzählbare Basis $\mathfrak{V}$ von $\mathfrak{T}$. Offenbar ist $\mathfrak{V} \subset \bigotimes_{k \geq 1} \mathfrak{B}(X_k)$, und jede Menge aus $\mathfrak{T}$ ist abzählbare Vereinigung von Mengen aus $\mathfrak{V}$. Daher ist $\mathfrak{T} \subset \bigotimes_{k \geq 1} \mathfrak{B}(X_k)$, und es folgt die Behauptung. □

5.11 Bemerkung. Ein topologischer Raum E heißt ein *Lindelöf-Raum*, wenn jede offene Überdeckung von E eine abzählbare Teilüberdeckung hat, und E heißt *erblich Lindelöfsch*, wenn jeder Teilraum von E ein Lindelöf-Raum ist. Jeder topologische Raum mit abzählbarer Basis ist erblich Lindelöfsch. In Verallgemeinerung von Satz 5.10 gilt $\mathfrak{B}(X) = \bigotimes_{\iota \in I} \mathfrak{B}(X_\iota)$, falls $(X, \mathfrak{T})$ erblich Lindelöfsch ist. Zum Beweis wende man Aufgabe 5.4 an auf die Subbasis $\mathfrak{V}$ von $\mathfrak{T}$, die aus allen Mengen der Form $\prod_{\iota \in I} V_\iota$ $(V_\iota \in \mathfrak{T}_\iota$ für alle $\iota \in I$ und $V_\iota = X_\iota$

für alle $\iota \in I$ mit höchstens endlich vielen Ausnahmen) besteht.

Satz 5.10 liefert unmittelbar das folgende Korollar 5.12. Dabei vereinbaren wir als *Bezeichnung:* Für $X \subset \mathbb{R}^p$ sei $\mathfrak{B}^p_X := \mathfrak{B}^p | X$.

5.12 Korollar. *Für $X \subset \mathbb{R}^p$, $Y \subset \mathbb{R}^q$ gilt $\mathfrak{B}^p_X \otimes \mathfrak{B}^q_Y = \mathfrak{B}^{p+q}_{X \times Y}$; speziell ist $\mathfrak{B}^p = \mathfrak{B}^1 \otimes \ldots \otimes \mathfrak{B}^1$.*

3. Messbarkeit der Diagonalen.

5.13 Beispiel. Es seien $(X, \mathfrak{A})$, $(Y, \mathfrak{B})$, $(Z, \mathfrak{C})$ Messräume, und es sei

$$\triangle_Z := \{(x,x) : x \in Z\} \in \mathfrak{C} \otimes \mathfrak{C} \, ;$$

$\triangle_Z$ heißt die *Diagonale* von $Z \times Z$. Ferner seien $f : (X, \mathfrak{A}) \to (Z, \mathfrak{C})$, $g : (Y, \mathfrak{B}) \to (Z, \mathfrak{C})$ messbar. Die Abbildung $F : X \times Y \to Z \times Z$, $F(x,y) := (f(x), g(y))$ $(x \in X, y \in Y)$ ist nach Satz 5.6 messbar. Es folgt:

$$\{(x,y) \in X \times Y : f(x) = g(y)\} = F^{-1}(\triangle_Z) \in \mathfrak{A} \otimes \mathfrak{B} \, .$$

Im Spezialfall $(Z, \mathfrak{C}) = (Y, \mathfrak{B})$, $g = \mathrm{id}_Y$ erhalten wir: *Für den Graphen $\mathcal{G}(f)$ jeder messbaren Abbildung $f : (X, \mathfrak{A}) \to (Y, \mathfrak{B})$ gilt*

$$\mathcal{G}(f) := \{(x, f(x)) : x \in X\} \in \mathfrak{A} \otimes \mathfrak{B} \, ,$$

vorausgesetzt, dass $\triangle_Y \in \mathfrak{B} \otimes \mathfrak{B}$. Da $\triangle_Y$ gleich dem Graphen von id_Y ist, liefert umgekehrt die Messbarkeit von $\mathcal{G}(f)$ für alle messbaren f auch die Relation $\triangle_Y \in \mathfrak{B} \otimes \mathfrak{B}$. – Nützliche Kriterien für die Messbarkeit der Diagonalen enthält der nächste Satz.

5.14 Satz. *Für jeden Messraum $(X, \mathfrak{A})$ sind folgende Aussagen a)–d) äquivalent:*

a) Es gibt eine abzählbare Menge $\mathfrak{E} \subset \mathfrak{A}$, die die Punkte von X trennt.

b) Es gibt eine Menge $M \subset [0,1]$ und eine messbare Bijektion $f : (X, \mathfrak{A}) \to (M, \mathfrak{B}^1 | M)$.

c) $\triangle_X = \{(x,x) : x \in X\} \in \mathfrak{A} \otimes \mathfrak{A}$.

d) Es gibt eine abzählbar erzeugte σ-Algebra $\mathfrak{C} \subset \mathfrak{A}$ mit $\{x\} \in \mathfrak{C}$ für alle $x \in X$.

Beweis. a) $\Longrightarrow$ b): Trennt $\mathfrak{E} = \{A_n : n \in \mathbb{N}\} \subset \mathfrak{A}$ die Punkte von X, so ist $f := \sum_{n=1}^\infty 3^{-n} \chi_{A_n}$ eine messbare Injektion von X in $[0,1]$; das zeigt man wie in den Beweisen der Sätze 4.16, 4.17.

b) $\Longrightarrow$ c): Nach Beispiel 5.13 gilt für jede gemäß b) gewählte messbare Bijektion $f : X \to M$:

$$\{(x,y) \in X \times X : f(x) = f(y)\} \in \mathfrak{A} \otimes \mathfrak{A} \, .$$

Wegen der Injektivität von f ist aber letztere Menge gleich $\triangle_X$.

c) $\Longrightarrow$ d): Wegen $\triangle_X \in \mathfrak{A} \otimes \mathfrak{A}$ gibt es eine abzählbare Menge $\mathfrak{E} \subset \mathfrak{A}$, so dass $\triangle_X \in \sigma(\mathfrak{E} * \mathfrak{E})$ (s. Aufgabe I.4.2). Wegen $\sigma(\mathfrak{E} * \mathfrak{E}) = \sigma(\mathfrak{E}) \otimes \sigma(\mathfrak{E})$ liefert Korollar 5.8: $\{x\} \in \sigma(\mathfrak{E})$ für alle $x \in X$.

d) $\Longrightarrow$ a): Klar nach Lemma 4.15. $\square$

5.15 Korollar. *Ist* $(X, \mathfrak{A})$ *ein Messraum mit* $\triangle_X \in \mathfrak{A} \otimes \mathfrak{A}$, *so gilt* $|X| \leq |\mathbb{R}|$.

Beweis. Nach Satz 5.14, d) ist $|X| \leq |\mathfrak{C}|$, und Aufgabe I.6.5 liefert $|\mathfrak{C}| \leq |\mathbb{R}|$. $\square$

5.16 Bemerkung. Es sei $(X, \mathfrak{T})$ ein Hausdorff-Raum. Dann ist $\triangle_X$ abgeschlossen in $X \times X$, also $\triangle_X \in \mathfrak{B}(X \times X)$. Gilt nun $\mathfrak{B}(X \times X) = \mathfrak{B}(X) \otimes \mathfrak{B}(X)$, so folgt nach Korollar 5.15: $|X| \leq |\mathbb{R}|$. *Für jeden Hausdorff-Raum* X *mit* $|X| > |\mathbb{R}|$ *gilt also* $\mathfrak{B}(X \times X) \underset{\neq}{\supsetneq} \mathfrak{B}(X) \otimes \mathfrak{B}(X)$.

Aufgaben. 5.1. Es seien $(X_\iota, \mathfrak{A}_\iota), (Y_\iota, \mathfrak{B}_\iota)$ $(\iota \in I)$ nicht-leere Messräume, $f_\iota : X_\iota \to Y_\iota$ Abbildungen. Die Funktion $f : \prod_{\iota \in I} X_\iota \to \prod_{\iota \in I} Y_\iota$, $f((x_\iota)_{\iota \in I}) := (f_\iota(x_\iota))_{\iota \in I}$ ist genau dann $\bigotimes_{\iota \in I} \mathfrak{A}_\iota$-$\bigotimes_{\iota \in I} \mathfrak{B}_\iota$-messbar, wenn alle $f_\iota : (X_\iota, \mathfrak{A}_\iota) \to (Y_\iota, \mathfrak{B}_\iota)$ $(\iota \in I)$ messbar sind.

5.2. Es seien $(X_\iota, \mathfrak{A}_\iota)$ Messräume, $A_\iota \subset X_\iota$, $A_\iota \neq \emptyset$ $(\iota \in I)$. Ist $\prod_{\iota \in I} A_\iota \in \bigotimes_{\iota \in I} \mathfrak{A}_\iota$, so gilt $A_\iota \in \mathfrak{A}_\iota$ $(\iota \in I)$. Unter welcher Zusatzvoraussetzung gilt die Umkehrung?

5.3. Es seien $\mathfrak{T}$ die gewöhnliche Topologie von $\mathbb{R}$ und $\mathfrak{T}_r$ die „rechtsseitige Topologie", die von den Intervallen $[a, b[$ $(a, b \in \mathbb{R}, a < b)$ erzeugt wird.
a) Die Räume $(\mathbb{R}, \mathfrak{T})$, $(\mathbb{R}, \mathfrak{T}_r)$ haben die gleichen Borel-Mengen. (Hinweis: KELLEY [1], S. 58, J, (d).)
b) Für die Produkttopologie $\mathfrak{T}_r^2$ von $\mathfrak{T}_r$ mit sich selbst gilt: $\mathfrak{B}(\mathbb{R}^2, \mathfrak{T}_r^2) \underset{\neq}{\supsetneq} \mathfrak{B}(\mathbb{R}, \mathfrak{T}_r) \otimes \mathfrak{B}(\mathbb{R}, \mathfrak{T}_r)$.

5.4. Ist $(X, \mathfrak{T})$ ein erblich Lindelöfscher topologischer Raum und $\mathfrak{V}$ eine Subbasis von $\mathfrak{T}$, so ist $\sigma(\mathfrak{V}) = \mathfrak{B}(X)$.

5.5. a) Ist $C(Y)$ die Menge aller stetigen reellwertigen Funktionen auf dem metrischen Raum Y, so gilt: $\mathfrak{B}(Y) = \mathcal{I}(f : f \in C(Y))$.
b) Es seien $(X, \mathfrak{A})$ ein Messraum, Y ein metrischer Raum und $f_n : X \to Y$ $(n \in \mathbb{N})$ eine Folge messbarer Funktionen, die punktweise gegen $f : X \to Y$ konvergiere. Dann ist f $\mathfrak{A}$-$\mathfrak{B}(Y)$-messbar. (Hinweis: Satz 5.6. – Bemerkung: Von Y wird nur gebraucht, dass jedes abgeschlossene $A \subset Y$ von der Form $A = g^{-1}(\{0\})$ mit geeignetem $g \in C(Y)$ ist. Nach ENGELKING [1], S. 69, 1.5.19 ist letztere Bedingung für einen T_1-Raum Y gleichbedeutend damit, dass Y *vollständig normal* ist, d.h. dass Y normal ist und dass jede abgeschlossene Teilmenge von Y eine G_δ-Menge ist.)

5.6. Es seien X ein topologischer Raum mit abzählbarer Basis $(U_n)_{n \geq 1}$ und (Y, d) ein metrischer Raum. Dann ist $\mathfrak{B}(X \times Y) = \mathfrak{B}(X) \otimes \mathfrak{B}(Y)$. (Hinweis: Für offenes $U \subset X \times Y$ und $n, k \in \mathbb{N}$ seien $V_{n,k}$ die Menge der $y \in Y$ mit $U_n \times K(y, \frac{1}{k}) \subset U$ und $W_{n,k}$ die Vereinigung der $K(y, \frac{1}{k})$ mit $y \in V_{n,k}$. Dann ist $U = \bigcup_{n,k \geq 1} U_n \times W_{n,k} \in \mathfrak{B}(X) \otimes \mathfrak{B}(Y)$.)

5.7 Faktorisierungssatz. Trägt X die Initial-σ-Algebra bez. $t : X \to (Y, \mathfrak{B})$, so ist eine Funktion $f : X \to (\mathbb{R}, \mathfrak{B}^1)$ genau dann $t^{-1}(\mathfrak{B})$-messbar, wenn es eine messbare Funktion $g : (Y, \mathfrak{B}) \to (\mathbb{R}, \mathfrak{B}^1)$ gibt mit $f = g \circ t$. (Hinweis: Für alle $x, y \in X$ mit $t(x) = t(y)$ ist $f(x) = f(y)$. Daher existiert eine Funktion $g : t(X) \to \mathbb{R}$ mit $f = g \circ t$. Aufgabe 4.15 liefert das Gewünschte.)

Analog zum Begriff der Finaltopologie werden in den folgenden Aufgaben Final-σ-Algebren diskutiert. Dabei unterstellen wir folgende *Voraussetzungen und Bezeichnungen*: Es seien $(X_\iota, \mathfrak{A}_\iota)$ $(\iota \in I)$ Messräume, X eine Menge und $f_\iota : X_\iota \to X$ $(\iota \in I)$.

5.8. Es gibt eine bezüglich mengentheoretischer Inklusion größte σ-Algebra $\mathfrak{A}$ auf X, in Bezug auf welche alle f_ι $(\iota \in I)$ messbar sind, und zwar ist

$$\mathfrak{A} = \mathcal{F}(f_\iota : \iota \in I) := \bigcap_{\iota \in I} \{A \subset X : f_\iota^{-1}(A) \in \mathfrak{A}_\iota\}.$$

$\mathcal{F}(f_\iota : \iota \in I)$ heißt die *Final-σ-Algebra* auf X bez. $(f_\iota)_{\iota \in I}$.

5.9. Ist $(Y, \mathfrak{B})$ ein weiterer Messraum, so ist $g : X \to Y$ genau dann $\mathcal{F}(f_\iota : \iota \in I)$-$\mathfrak{B}$-messbar, wenn alle $g \circ f_\iota : (X_\iota, \mathfrak{A}_\iota) \to (Y, \mathfrak{B})$ $(\iota \in I)$ messbar sind.

5.10. Für jedes $\iota \in I$ sei K_ι eine weitere Indexmenge, und es seien Messräume $(Y_{\iota\kappa}, \mathfrak{B}_{\iota\kappa})$ $(\iota \in I, \kappa \in K_\iota)$ gegeben mit Abbildungen $g_{\iota\kappa} : Y_{\iota\kappa} \to X_\iota$, so dass $\mathfrak{A}_\iota = \mathcal{F}(g_{\iota\kappa} : \kappa \in K_\iota)$ $(\iota \in I)$. Dann gilt:

$$\mathcal{F}(f_\iota \circ g_{\iota\kappa} : \iota \in I, \kappa \in K_\iota) = \mathcal{F}(f_\iota : \iota \in I) \,;$$

Diagramm:

$$Y_{\iota\kappa} \xrightarrow{g_{\iota\kappa}} X_\iota \xrightarrow{f_\iota} X$$

(Transitivität der Bildung der Final-σ-Algebra).

5.11. Es sei $S := \{(\iota, x) : \iota \in I, x \in X_\iota\}$ die „disjunkte Vereinigung der X_ι $(\iota \in I)$", und für $\iota \in I$ sei $q_\iota : X_\iota \to S$, $q_\iota(x) := (\iota, x)$ $(\iota \in I, x \in X_\iota)$ die kanonische Einbettung. Wird S mit der Final-σ-Algebra $\mathcal{F}(q_\iota : \iota \in I)$ versehen, und setzt man $f : S \to X$, $f((\iota, x)) := f_\iota(x)$ $(\iota \in I, x \in X_\iota)$, so gilt: $\mathcal{F}(f_\iota : \iota \in I) = \mathcal{F}(f)$. (D.h.: Jede Final-$\sigma$-Algebra lässt sich bereits als Final-σ-Algebra bez. einer einzigen Abbildung darstellen.)

5.12. Es seien $(X, \mathfrak{A})$, $(Y, \mathfrak{B})$ Messräume und $f : (X, \mathfrak{A}) \to (Y, \mathfrak{B})$ messbar. Ferner seien $R := \{(x, y) \in X \times X : f(x) = f(y)\}$ die durch f induzierte Äquivalenzrelation, $q : X \to X/R$ die kanonische Abbildung, welche jedem Element von X seine Äquivalenzklasse mod R zuordnet, $g : X/R \to f(X)$ die durch f induzierte Bijektion, die jedem Element von X/R das eindeutig bestimmte Bild eines seiner Repräsentanten zuordnet, und $j : f(X) \to Y$ die kanonische Inklusionsabbildung. Dann sind in der kanonischen Faktorisierung

$$
\begin{array}{ccc}
(X, \mathfrak{A}) & \xrightarrow{\ f\ } & (Y, \mathfrak{B}) \\
q \downarrow & & \uparrow j \\
(X/R, \mathcal{F}(q)) & \xrightarrow{\ g\ } & (f(X), \mathfrak{B}|f(X))
\end{array}
$$

alle Abbildungen messbar.

Kapitel IV

Das Lebesgue-Integral

«Le progrès essentiel obtenu par MM. Borel et Lebesgue dans la théorie de la mesure, est d'avoir réalisé l'additivité *au sens complet*. Toute la supérieurité de leur théorie vient de là. Il importe toutefois de dire que la première idée de cette théorie revient à M. Borel. L'œuvre propre de M. Lebesgue ne commence qu'avec les intégrales définies.»[1] (CH. DE LA VALLÉE POUSSIN [1], S. 17)

Bei der Einführung des Integralbegriffs folgen wir einem Weg, der im Wesentlichen von W.H. YOUNG vorgeschlagen wurde und der sich auf die Benutzung *monotoner Folgen* stützt. Dieser Zugang zeichnet sich dadurch aus, dass von vornherein auch unbeschränkte Funktionen und Maßräume unendlichen Maßes ohne jeden Mehraufwand einbezogen werden, und die konstruktive Integraldefinition liefert automatisch für viele Aussagen einen effizienten Beweisansatz. Die Brücke zur ursprünglichen Definition von Lebesgue schlagen wir in Aufgabe 3.1.

Wir legen für das ganze Kapitel IV folgende *Voraussetzungen und Bezeichnungen* fest: $(X, \mathfrak{A}, \mu)$ sei ein Maßraum; Messbarkeit von Funktionen $f : X \to \overline{\mathbb{R}}$ bzw. $f : X \to \mathbb{C}$ ist stets in Bezug auf die σ-Algebra $\mathfrak{A}$ zu verstehen. $\mathcal{M}$ sei die Menge der messbaren numerischen Funktionen $f : X \to \overline{\mathbb{R}}$ und $\mathcal{M}^+$ die Menge der nicht-negativen Funktionen aus $\mathcal{M}$. Weiter seien $\mathcal{T}$ die Menge der (reellwertigen) Treppenfunktionen und $\mathcal{T}^+$ die Menge der nicht-negativen Funktionen aus $\mathcal{T}$.

---

[1]Der wesentliche Fortschritt, der in der Maßtheorie von den Herren Borel und Lebesgue erzielt wurde, besteht darin, die Bedeutung der σ-*Additivität* erkannt zu haben. Die ganze Überlegenheit ihrer Theorie kommt daher. Es ist jedoch wichtig festzustellen, dass die erste Idee dieser Theorie von Herrn Borel stammt. Das eigentliche Werk von Herrn Lebesgue beginnt erst bei den bestimmten Integralen.

© Springer-Verlag GmbH Deutschland, ein Teil von Springer Nature 2018
J. Elstrodt, *Maß- und Integrationstheorie*,
https://doi.org/10.1007/978-3-662-57939-8_4

§ 1.   Integration von Treppenfunktionen

"Starting from such simple integrals the whole theory of integration follows by
the Method of Monotone Sequences." (W.H. YOUNG: *On integration* ..., Proc.
London Math. Soc. (2) 13, 109–150 (1914))

Bei der Einführung des Integralbegriffs gehen wir in drei Schritten vor: Zunächst
definieren wir in § 1 das Integral für nicht-negative Treppenfunktionen, dehnen
dann in § 2 mithilfe monotoner Folgen die Definition aus auf beliebige Funktionen aus $\mathcal{M}^+$ und führen anschließend in § 3 den Integralbegriff für integrierbare
Funktionen zurück auf den Integralbegriff für Funktionen aus $\mathcal{M}^+$.

1.1 Lemma. *Die Funktion $f \in \mathcal{T}^+$ habe die Darstellungen*

$$f = \sum_{j=1}^{m} \alpha_j \chi_{A_j} = \sum_{k=1}^{n} \beta_k \chi_{B_k}$$

mit $\alpha_1, \ldots, \alpha_m, \beta_1, \ldots, \beta_n \geq 0$ und $A_1, \ldots, A_m, B_1, \ldots, B_n \in \mathfrak{A}$. Dann gilt:

$$\sum_{j=1}^{m} \alpha_j \mu(A_j) = \sum_{k=1}^{n} \beta_k \mu(B_k)\,.$$

Beweis. Mit $A_{m+1} := B_1, \ldots, A_{m+n} := B_n$ sei $\mathfrak{D}$ die Menge aller Durchschnitte
$\bigcap_{i=1}^{m+n} M_i$, wobei $M_i \in \{A_i, A_i^c\}$ für alle $i = 1, \ldots, m + n$. Je zwei verschiedene
Mengen aus $\mathfrak{D}$ sind *disjunkt*, denn für geeignetes i ist die eine enthalten in A_i,
die andere in A_i^c. Jedes A_i $(i = 1, \ldots, m + n)$ ist gleich der Vereinigung aller
Elemente von $\mathfrak{D}$ mit $M_i = A_i$. Sind nun $C_1, \ldots, C_r$ die verschiedenen Elemente
von $\mathfrak{D}$, so hat f genau eine Darstellung $f = \sum_{l=1}^{r} \gamma_l \chi_{C_l}$ mit $\gamma_1, \ldots, \gamma_r \geq 0$, und
aus Symmetriegründen genügt es zu zeigen, dass

$$\sum_{j=1}^{m} \alpha_j \mu(A_j) = \sum_{l=1}^{r} \gamma_l \mu(C_l)\,.$$

Nach Definition gilt nun für alle $l = 1, \ldots, r$:

$$\gamma_l = \sum_{\substack{j=1,\ldots,m: \\ C_l \subset A_j}} \alpha_j\,,$$

und es folgt:

$$\sum_{l=1}^{r} \gamma_l \mu(C_l) = \sum_{l=1}^{r} \left(\sum_{\substack{j=1,\ldots,m: \\ C_l \subset A_j}} \alpha_j \right) \mu(C_l) = \sum_{j=1}^{m} \alpha_j \sum_{\substack{l=1,\ldots,r: \\ C_l \subset A_j}} \mu(C_l) = \sum_{j=1}^{m} \alpha_j \mu(A_j)\,,$$

denn jedes A_j ist gleich der disjunkten Vereinigung der in A_j enthaltenen C_l.

$\square$

Nun ist folgende Definition sinnvoll, denn sie hängt nicht ab von der Auswahl der Darstellung von f.

1.2 Definition. Für $f \in \mathcal{T}^+$, $f = \sum_{j=1}^m \alpha_j \chi_{A_j}$ mit $\alpha_1, \ldots, \alpha_m \geq 0$, $A_1, \ldots, A_m \in \mathfrak{A}$ heißt

$$\int_X f \, d\mu := \sum_{j=1}^m \alpha_j \mu(A_j) \quad (\in [0, \infty])$$

das *(μ-)Integral von f* (über X).

Das Integralzeichen wurde 1675 von G.W. LEIBNIZ (1646–1716) eingeführt. Es stellt ein stilisiertes „S" dar und soll an „Summe" erinnern. Das Wort *Integral* (von lat. *integer* = ganz, vollständig) wurde von JOHANN BERNOULLI (1667–1748) geprägt und erscheint erstmals 1690 im Druck in einer Arbeit von JAKOB BERNOULLI (1654–1705).

1.3 Folgerungen. a) Für alle $A \in \mathfrak{A}$ ist

$$\int_X \chi_A \, d\mu = \mu(A).$$

b) Für alle $f, g \in \mathcal{T}^+$ und $\alpha, \beta \in \mathbb{R}$, $\alpha, \beta \geq 0$ gilt

$$\int_X (\alpha f + \beta g) d\mu = \alpha \int_X f \, d\mu + \beta \int_X g \, d\mu.$$

c) Für alle $f, g \in \mathcal{T}^+$ mit $f \leq g$ gilt

$$\int_X f \, d\mu \leq \int_X g \, d\mu.$$

Beweis. a) und b) sind klar (wegen Lemma 1.1).
c) Es ist $g = f + (g - f)$, und hier ist $g - f \in \mathcal{T}^+$. Daher folgt nach b)

$$\int_X g \, d\mu = \int_X f \, d\mu + \int_X (g - f) \, d\mu \geq \int_X f \, d\mu.$$

$\square$

Bisher wurde in Kap. IV nur die endliche Additivität von μ benutzt. Die Ergebnisse aus § 1 gelten daher sinngemäß auch für Inhalte auf Algebren anstelle von Maßen. Erst von § 2 an wird die σ-Additivität von μ eine entscheidende Rolle spielen.

Aufgaben. 1.1. Für alle $f \in \mathcal{T}^+$ gilt:

$$\int_X f \, d\mu = \sup \left\{ \sum_{k=1}^n (\inf\{f(x) : x \in B_k\}) \cdot \mu(B_k) : B_1, \ldots, B_n \in \mathfrak{A} \text{ disjunkt}, \bigcup_{k=1}^n B_k = X \right\}$$

$$= \inf \left\{ \sum_{k=1}^n (\sup\{f(x) : x \in C_k\}) \cdot \mu(C_k) : C_1, \ldots, C_n \in \mathfrak{A} \text{ disjunkt}, \bigcup_{k=1}^n C_k = X \right\}.$$

1.2. Für jedes $f \in \mathcal{T}^+$ ist $\mu_f : \mathfrak{A} \to \overline{\mathbb{R}}$, $\mu_f(A) := \int_X f \cdot \chi_A \, d\mu$ ein Maß auf $\mathfrak{A}$.

1.3. Es seien $0 < a_1 < \ldots < a_n$ die (endlich vielen) verschiedenen positiven Werte, die $f \in \mathcal{T}^+$ annimmt; $a_0 := 0$. Dann gilt:

$$\int_X f \, d\mu = \sum_{j=1}^{n}(a_j - a_{j-1})\mu(\{f \geq a_j\}).$$

§ 2. Integration nicht-negativer messbarer Funktionen

"(1) The function whose integral is required is approached as limiting function by discontinuous functions, whose integrals are already known ...

(2) The mode in which the limiting function is approached is by means of monotone sequences of these functions, and it is shown that, whatever monotone sequence of functions of the elementary type in question be employed, the limit of their integrals is necessarily the same." (W.H. YOUNG [1])

1. Definition des Integrals. Nach dem Vorgehen von W.H. YOUNG erweitern wir den Integralbegriff durch Bildung monotoner Limites von Funktionen aus $\mathcal{T}^+$: Zu jedem $f \in \mathcal{M}^+$ gibt es nach Satz III.4.13 eine Folge $(u_n)_{n \geq 1}$ in $\mathcal{T}^+$ mit $u_n \uparrow f$ $(n \to \infty)$, und es bietet sich die Definition

$$\int_X f \, d\mu := \lim_{n \to \infty} \int_X u_n \, d\mu$$

an. Diese Definition erweist sich als sinnvoll, denn sie hängt nicht ab von der speziellen Auswahl der Folge $(u_n)_{n \geq 1}$. Der Nachweis der Unabhängigkeit von der speziellen Auswahl beruht auf folgendem Satz:

2.1 Satz. *Für jede wachsende Folge $(u_n)_{n \geq 1}$ von Funktionen aus $\mathcal{T}^+$ und jedes $v \in \mathcal{T}^+$ mit $v \leq \lim_{n \to \infty} u_n$ gilt*

$$\int_X v \, d\mu \leq \lim_{n \to \infty} \int_X u_n \, d\mu.$$

Beweis. Es sei $v = \sum_{j=1}^{m} \alpha_j \chi_{A_j}$ mit $\alpha_1, \ldots, \alpha_m \geq 0$ und disjunkten $A_1, \ldots, A_m \in \mathfrak{A}$. Für festes $\beta > 1$ und $n \in \mathbb{N}$ setzen wir $B_n := \{\beta u_n \geq v\}$ $(\in \mathfrak{A})$. Ist nun $x \in X$ und $v(x) = 0$, so ist $x \in B_n$ für alle $n \in \mathbb{N}$. Im Falle $v(x) > 0$ ist $\lim_{k \to \infty} \beta u_k(x) > v(x)$, also $x \in B_n$ für alle hinreichend großen $n \in \mathbb{N}$. Es folgt: $B_n \uparrow X$, und nach Definition von B_n ist $\beta u_n \geq v \cdot \chi_{B_n}$. Die Stetigkeit des Maßes von unten impliziert daher

$$\int_X v \, d\mu = \sum_{j=1}^{m} \alpha_j \mu(A_j) = \lim_{n \to \infty} \sum_{j=1}^{m} \alpha_j \mu(A_j \cap B_n)$$

$$= \lim_{n \to \infty} \int_X v \cdot \chi_{B_n} d\mu \leq \lim_{n \to \infty} \beta \int_X u_n d\mu = \beta \lim_{n \to \infty} \int_X u_n d\mu.$$

Der Grenzübergang $\beta \downarrow 1$ liefert die Behauptung. □

Bemerkung. Der Beweis von Satz 2.1 benutzt die σ-Additivität von μ in Form der Stetigkeit des Maßes von unten. Die σ-Additivität von μ ist sogar gleichbedeutend mit der Gültigkeit der Aussage von Satz 2.1, d.h.: *Gilt Satz 2.1 für den Inhalt μ auf $\mathfrak{A}$, so ist μ ein Maß.* (Zum *Beweis* gelte $A, A_n \in \mathfrak{A}$ $(n \in \mathbb{N})$ und $A_n \uparrow A$. Wendet man die Voraussetzung an auf $u_n := \chi_{A_n}$, $v := \chi_A$, so folgt $\mu(A) \leq \lim_{n \to \infty} \mu(A_n)$. Die umgekehrte Ungleichung ist klar. $\square$)

2.2 Korollar. *Sind $(u_n)_{n \geq 1}$, $(v_n)_{n \geq 1}$ zwei wachsende Folgen von Funktionen aus $\mathcal{T}^+$ mit $\lim_{n \to \infty} u_n = \lim_{n \to \infty} v_n$, so gilt*

$$\lim_{n \to \infty} \int_X u_n \, d\mu = \lim_{n \to \infty} \int_X v_n \, d\mu \, .$$

Beweis. Für alle $k \in \mathbb{N}$ ist $v_k \leq \lim_{n \to \infty} u_n$, also nach Satz 2.1

$$\int_X v_k \, d\mu \leq \lim_{n \to \infty} \int_X u_n \, d\mu \, ,$$

und für $k \to \infty$ ergibt sich

$$\lim_{k \to \infty} \int_X v_k \, d\mu \leq \lim_{n \to \infty} \int_X u_n \, d\mu \, .$$

Aus Symmetriegründen folgt die Behauptung. $\square$

2.3 Definition. Es seien $f \in \mathcal{M}^+$ und $(u_n)_{n \geq 1}$ eine Folge von Funktionen aus $\mathcal{T}^+$ mit $u_n \uparrow f$. Dann heißt das von der Auswahl der Folge $(u_n)_{n \geq 1}$ unabhängige Element

$$\int_X f \, d\mu := \lim_{n \to \infty} \int_X u_n \, d\mu \quad (\in [0, \infty])$$

das *(μ-)Integral von f* (über X).

Schreibt man $u \in \mathcal{T}^+$ als Limes der konstanten Folge $u_n := u$ $(n \in \mathbb{N})$, so erhellt, dass Definition 2.3 für Treppenfunktionen denselben Integralwert liefert wie Defintion 1.2. – Die Folgerungen 1.3 gelten entsprechend (beachte: $0 \cdot \infty = 0$):

2.4 Folgerungen. a) Für alle $f, g \in \mathcal{M}^+$ und $\alpha, \beta \in [0, \infty]$ gilt

$$\int_X (\alpha f + \beta g) \, d\mu = \alpha \int_X f \, d\mu + \beta \int_X g \, d\mu \, .$$

b) Für alle $f, g \in \mathcal{M}^+$ mit $f \leq g$ gilt

$$\int_X f \, d\mu \leq \int_X g \, d\mu \, .$$

Beweis. a) Es seien zunächst $0 \leq \alpha < \infty$ und $u_n \in \mathcal{T}^+$, $u_n \uparrow f$. Dann ist $\alpha u_n \in \mathcal{T}^+$, $\alpha u_n \uparrow \alpha f$, und es folgt

$$\int_X \alpha f \, d\mu = \lim_{n \to \infty} \int_X \alpha u_n \, d\mu = \lim_{n \to \infty} \alpha \int_X u_n \, d\mu = \alpha \int_X f \, d\mu \, .$$

Ist $\alpha = \infty$, so setzen wir $A := \{f > 0\}$ und haben $n \cdot \chi_A \uparrow \infty \cdot f$, also

$$\int_X \infty \cdot f \, d\mu = \begin{cases} 0, & \text{falls } \mu(A) = 0, \\ \infty, & \text{falls } \mu(A) > 0. \end{cases}$$

Ist nun $\mu(A) > 0$ und $A_n := \{f > \frac{1}{n}\}$ $(n \in \mathbb{N})$, so gibt es wegen $A_n \uparrow A$ ein $n \in \mathbb{N}$ mit $\mu(A_n) > 0$, und es folgt (nach Satz 2.1) $\int_X f \, d\mu \geq \int_X \frac{1}{n} \chi_{A_n} \, d\mu > 0$, also $\infty \cdot \int_X f \, d\mu = \infty$. Ist dagegen $\mu(A) = 0$, und $u \in \mathcal{T}^+$, $u \leq f$, so ist $\{u > 0\} \subset A$ und daher $\int_X u \, d\mu = 0$, folglich auch $\int_X f \, d\mu = 0$. Ergebnis: $\int_X \alpha f \, d\mu = \alpha \int_X f \, d\mu$ für alle $\alpha \in [0, \infty]$.

Nun ist nur noch $\int_X (f + g) \, d\mu = \int_X f \, d\mu + \int_X g \, d\mu$ zu zeigen. Dazu wählen wir $u_n, v_n \in \mathcal{T}^+$ mit $u_n \uparrow f$, $v_n \uparrow g$. Dann gilt $u_n + v_n \uparrow f + g$, und Folgerung 1.3 b) liefert

$$\begin{aligned} \int_X (f + g) \, d\mu &= \lim_{n \to \infty} \int_X (u_n + v_n) \, d\mu \\ &= \lim_{n \to \infty} \int_X u_n \, d\mu + \lim_{n \to \infty} \int_X v_n \, d\mu = \int_X f \, d\mu + \int_X g \, d\mu. \end{aligned}$$

b) Es ist $g = f + (g - f)$, wobei $g - f \in \mathcal{M}^+$, und a) ergibt

$$\int_X g \, d\mu = \int_X f \, d\mu + \int_X (g - f) \, d\mu \geq \int_X f \, d\mu.$$

$\square$

2.5 Korollar. *Für alle $f \in \mathcal{M}^+$ gilt*

$$\int_X f \, d\mu = \sup \left\{ \int_X u \, d\mu : u \in \mathcal{T}^+, \ u \leq f \right\}.$$

Beweis. Für alle $u \in \mathcal{T}^+$ mit $u \leq f$ gilt $\int_X f \, d\mu \geq \int_X u \, d\mu$, also

$$\int_X f \, d\mu \geq \sup \left\{ \int_X u \, d\mu : u \in \mathcal{T}^+, \ u \leq f \right\}.$$

Die umgekehrte Ungleichung ist aufgrund der Integraldefinition evident. $\square$

2.6 Satz. *Für $f \in \mathcal{M}^+$ gilt*

$$\int_X f \, d\mu = 0$$

genau dann, wenn $\{f > 0\}$ eine μ-Nullmenge ist.

Beweis. Für $A := \{f > 0\}$ und $A_n := \{f > \frac{1}{n}\}$ $(n \in \mathbb{N})$ gilt $A_n \uparrow A$. –
   Es sei zunächst $\int_X f \, d\mu = 0$. Aus $\frac{1}{n} \chi_{A_n} \leq f$ folgt dann

$$0 \leq \frac{1}{n} \mu(A_n) = \int_X \frac{1}{n} \chi_{A_n} \, d\mu \leq \int_X f \, d\mu = 0,$$

d.h. $\mu(A_n) = 0$ $(n \in \mathbb{N})$. Wegen $A_n \uparrow A$ ist daher $\mu(A) = 0$.

Ist umgekehrt $\mu(A) = 0$, so folgt aus $f \leq \infty \chi_A$ nach den Folgerungen 2.4

$$0 \leq \int_X f \, d\mu \leq \infty \cdot \int_X \chi_A \, d\mu = 0 \,,$$

also $\int_X f \, d\mu = 0$. □

2. Der Satz von der monotonen Konvergenz. Der folgende *Satz von der monotonen Konvergenz* von B. Levi (1875–1961) zählt zu den wichtigsten Konvergenzsätzen der Integrationstheorie. Bemerkenswert ist, dass dieser Satz für beliebige wachsende Folgen aus $\mathcal{M}^+$ gilt, wobei unendliche Werte durchaus zugelassen sind. Diese Tatsache ist wesentlicher Grund für die Betrachtung messbarer numerischer Funktionen auf X, die den Wert ∞ annehmen dürfen, und für die Integraldefinition, in welcher auch der Wert ∞ des Integrals zugelassen wird.

2.7 Satz von der monotonen Konvergenz (B. Levi 1906)[2]. *Für jede wachsende Folge* $(f_n)_{n \geq 1}$ *von Funktionen aus* $\mathcal{M}^+$ *gilt*

$$\int_X \left(\lim_{n \to \infty} f_n \right) d\mu = \lim_{n \to \infty} \int_X f_n \, d\mu \,.$$

Beweis. Zunächst ist $f := \lim_{n \to \infty} f_n \in \mathcal{M}^+$. Für alle $k \in \mathbb{N}$ ist $f_k \leq f$, also $\int_X f_k \, d\mu \leq \int_X f \, d\mu$ und daher

$$\lim_{k \to \infty} \int_X f_k \, d\mu \leq \int_X f \, d\mu \,.$$

Zum Beweis der umgekehrten Ungleichung sei $u \in \mathcal{T}^+$, $u \leq f$. Für $\beta > 1$ setzen wir $B_n := \{\beta f_n \geq u\}$ und erhalten: $B_n \in \mathfrak{A}$, $B_n \uparrow X$ und $\beta f_n \geq u \cdot \chi_{B_n}$. Hier gilt $u \cdot \chi_{B_n} \in \mathcal{T}^+$ und $u \cdot \chi_{B_n} \uparrow u$. Nun impliziert Satz 2.1:

$$\int_X u \, d\mu \leq \lim_{n \to \infty} \int_X u \cdot \chi_{B_n} \, d\mu \leq \beta \cdot \lim_{n \to \infty} \int_X f_n \, d\mu \,,$$

und da $\beta > 1$ beliebig ist, folgt weiter

$$\int_X u \, d\mu \leq \lim_{n \to \infty} \int_X f_n \, d\mu \,.$$

Korollar 2.5 liefert nun die Behauptung. □

Ohne die Voraussetzung der Monotonie wird die Aussage des Satzes von der monotonen Konvergenz falsch; *Beispiel:* Es seien $(X, \mathfrak{A}, \mu) := (\mathbb{R}, \mathfrak{B}^1, \beta^1)$ und $f_n := \frac{1}{n} \chi_{[0,n]}$. Dann konvergiert $(f_n)_{n \in \mathbb{N}}$ auf ganz $\mathbb{R}$ gleichmäßig gegen 0, aber die Folge der Integrale $\int_{\mathbb{R}} f_n \, d\beta^1 = 1$ konvergiert nicht gegen 0.

---

[2]B. Levi: *Sopra l'integrazione delle serie*, Rend. Reale Inst. Lombardo di Sci. e Lett., Ser. II, 39, 775–780 (1906); H. Lebesgue: *Brief an M. Fréchet*, 4.1. 1906, Rev. Hist. Sci. 34, 149–169 (1981); H. Lebesgue [2], S. 115.

2.8 Korollar. *Für jede Folge $(f_n)_{n \geq 1}$ von Funktionen aus $\mathcal{M}^+$ gilt*

$$\int_X \left(\sum_{n=1}^{\infty} f_n \right) d\mu = \sum_{n=1}^{\infty} \int_X f_n \, d\mu \, .$$

Beweis. Anwendung des Satzes von der monotonen Konvergenz auf die Folge der Teilsummen der Reihe $\sum_{n=1}^{\infty} f_n$; dabei ist die Additivität des Integrals auf $\mathcal{M}^+$ zu beachten.   □

2.9 Beispiel. Es seien $X := \mathbb{N}$, $\mathfrak{A} := \mathfrak{P}(\mathbb{N})$ und μ das Zählmaß auf $\mathfrak{A}$. Dann ist $\mathcal{M}^+$ gleich der Menge aller Funktionen $f : \mathbb{N} \to [0, \infty]$. Wir zeigen: Für alle $f \in \mathcal{M}^+$ ist

$$\int_X f \, d\mu = \sum_{n=1}^{\infty} f(n) \, .$$

Beweis: Mit $g_n := f(n) \cdot \chi_{\{n\}} \in \mathcal{M}^+$ ist $f = \sum_{n=1}^{\infty} g_n$, also nach Korollar 2.8

$$\int_X f \, d\mu = \sum_{n=1}^{\infty} \int_X g_n \, d\mu \, .$$

Nach Folgerung 2.4, a) ist aber $\int_X g_n \, d\mu = f(n) \int_X \chi_{\{n\}} d\mu = f(n)$.   □

Es seien weiter $f_n : \mathbb{N} \to [0, \infty]$ $(n \in \mathbb{N})$ und $f_n(k) =: a_{nk}$ $(n, k \in \mathbb{N})$. Dann liefert Korollar 2.8: Für alle $a_{nk} \in [0, \infty]$ $(n, k \in \mathbb{N})$ gilt

$$\sum_{k=1}^{\infty} \left(\sum_{n=1}^{\infty} a_{nk} \right) = \sum_{n=1}^{\infty} \left(\sum_{k=1}^{\infty} a_{nk} \right) \, .$$

3. Kurzbiographie von B. LEVI. BEPPO LEVI wurde am 14.5.1875 in Turin geboren, studierte 1892–1896 Mathematik an der Universität seiner Heimatstadt u.a. bei G. PEANO und V. VOLTERRA und promovierte 1896 bei C. SEGRE (1863–1924) mit einer Arbeit über ein Thema aus der algebraischen Geometrie. Er wirkte bis 1899 als Assistent am Lehrstuhl für projektive und deskriptive Geometrie, anschließend wurde er Professor an der Technischen Hochschule Piacenza (1901) und den Universitäten Cagliari (1906), Parma (1910) und Bologna (1928), wo er 1951 emeritiert wurde. Wegen seiner jüdischen Abstammung diskriminiert, emigrierte LEVI 1939 mit seiner Familie nach Argentinien, wo er an der Universität Rosario eine neue Wirkungsstätte (1939–1961) fand. Er starb am 28.8.1961 in Rosario.

Die wissenschaftlichen Veröffentlichungen von B. LEVI sind vielseitig: Er begann mit Arbeiten zur algebraischen Geometrie, beteiligte sich an der Diskussion um das Auswahlaxiom und lieferte Beiträge zur Mengenlehre und zur Lebesgueschen Integrationstheorie. In der Geometrie publizierte er über projektive Geometrie und den absoluten Differentialkalkül, in der Physik über Quantenmechanik, in der Zahlentheorie über die arithmetische Theorie ternärer kubischer Formen, in der reellen Analysis über partielle Differentialgleichungen und das Dirichletsche Prinzip und in der Funktionentheorie über elliptische Funktionen. F. RIESZ (*Zur Theorie des Hilbertschen Raumes*, Acta Sci. Math. Szeged 7, 34–38 (1934–35)) benutzte eine von B. LEVI für das Dirichletsche Prinzip schon 1906 verwendete Schlussweise und bewies den *Projektionssatz: Ist U ein abgeschlossener Unterraum des Hilbertraumes H, so hat jedes $f \in H$ genau eine Zerlegung der Form $f = g + h$ mit $g \in U$, $h \perp U$.* Dieser Satz wird bisweilen auch nach B. LEVI benannt und ist die geometrische Grundlage für den *Darstellungssatz* von F. RIESZ für stetige lineare Funktionale auf einem Hilbert-Raum. Der Beweis des Projektionssatzes beruht auf der *Ungleichung von* B. LEVI: *Ist* U *ein Untervektorraum des euklidischen oder unitären Vektorraums* V *und hat* $x \in V$ *von* U *den Abstand* d, *so gilt für alle* $u, v \in U$:

$$\|u - v\| \leq \sqrt{\|x - u\|^2 - d^2} + \sqrt{\|x - v\|^2 - d^2}.$$

Besondere Verdienste erwarb sich B. LEVI auch als Organisator (Begründung mathematischer Zeitschriften in Argentinien), akademischer Lehrer und Lehrbuchautor.

4. Maße mit Dichten. Als weitere Anwendung des Satzes von der monotonen Konvergenz zeigen wir, wie sich mithilfe nicht-negativer messbarer Funktionen Maße mit Dichten konstruieren lassen.

2.10 Satz. *Für jedes* $f \in \mathcal{M}^+$ *ist* $f \odot \mu : \mathfrak{A} \to \overline{\mathbb{R}}$,

$$(f \odot \mu)(A) := \int_X f \cdot \chi_A \, d\mu \quad (A \in \mathfrak{A})$$

ein Maß auf $\mathfrak{A}$, *das sog. Maß mit der Dichte* f *in Bezug auf* μ.

Beweis. Zum Nachweis der σ-Additivität sei $A = \bigcup_{n=1}^{\infty} A_n$ mit disjunkten $A_n \in \mathfrak{A}$ $(n \in \mathbb{N})$. Dann ist $f \cdot \chi_A = \sum_{n=1}^{\infty} f \cdot \chi_{A_n}$, und Korollar 2.8 ergibt sogleich die Behauptung. $\qquad\square$

2.11 Korollar. *Für jedes* $f \in \mathcal{M}^+$ *ist* $f \odot \mu$ *„stetig" in Bezug auf* μ *in folgendem Sinne: Für alle* $A \in \mathfrak{A}$ *mit* $\mu(A) = 0$ *gilt* $f \odot \mu(A) = 0$.

Beweis. Ist $A \in \mathfrak{A}$ eine μ-Nullmenge, so ist auch $\{f \cdot \chi_A > 0\}$ eine μ-Nullmenge, und die Behauptung folgt aus Satz 2.6. $\qquad\square$

2.12 Satz. *Für alle* $f, g \in \mathcal{M}^+$ *gilt:*

$$\int_X f \, d(g \odot \mu) = \int_X (f \cdot g) \, d\mu.$$

Insbesondere ist $f \odot (g \odot \mu) = (f \cdot g) \odot \mu$.

Beweis. Nach Definition von $g \odot \mu$ gilt die erste Gleichung für alle $f = \chi_A$ $(A \in \mathfrak{A})$, also auch für alle $f \in \mathcal{T}^+$. Ist nun $f \in \mathcal{M}^+$ beliebig, so wählen wir eine Folge von Funktionen $u_n \in \mathcal{T}^+$ $(n \in \mathbb{N})$ mit $u_n \uparrow f$ und erhalten

$$\int_X f \, d(g \odot \mu) = \lim_{n \to \infty} \int_X u_n \, d(g \odot \mu) = \lim_{n \to \infty} \int_X (u_n \cdot g) \, d\mu = \int_X (f \cdot g) \, d\mu;$$

die letzte Gleichung folgt aus dem Satz von der monotonen Konvergenz. – Die zweite Aussage folgt aus der ersten durch Ersetzen von f durch $f \cdot \chi_A$ $(A \in \mathfrak{A})$. $\qquad\square$

Aufgaben. 2.1. Sind $(\mu_n)_{n \in \mathbb{N}}$ eine Folge von Maßen auf $\mathfrak{A}$ mit $\mu_n \uparrow \mu$ und $f, f_n \in \mathcal{M}^+$ $(n \in \mathbb{N})$ mit $f_n \uparrow f$, so gilt:

$$\lim_{n \to \infty} \int_X f_n \, d\mu_n = \int_X f \, d\mu.$$

(Hinweis: Es ist bequem, die Behauptung zunächst im Fall $f = f_n$ $(n \in \mathbb{N})$ zu beweisen.)

2.2. Sind $(\mu_n)_{n \geq 1}$ eine Folge von Maßen auf $\mathfrak{A}$ und $\mu := \sum_{n=1}^{\infty} \mu_n$, so gilt für alle $f \in \mathcal{M}^+$:

$$\int_X f \, d\mu = \sum_{n=1}^{\infty} \int_X f \, d\mu_n \, .$$

2.3. Ist $f \in \mathcal{M}^+$ und $\int_X f \, d\mu < \infty$, so gilt für jedes $\varepsilon > 0$: $\mu(\{f > \varepsilon\}) < \infty$.

2.4. Es seien $A_n \in \mathfrak{A}$ $(n \in \mathbb{N})$ und B_m die Menge der $x \in X$, die in mindestens m der Mengen A_n liegen $(m \in \mathbb{N})$. Dann ist $B_m \in \mathfrak{A}$ und $m\mu(B_m) \leq \sum_{n=1}^{\infty} \mu(A_n)$.

2.5. a) Für alle $f \in \mathcal{M}^+$ gilt:

$$\int_X f \, d\mu \;=\; \sup \left\{ \sum_{k=1}^{n} (\inf\{f(x) : x \in A_k\})\mu(A_k) : n \in \mathbb{N}, \right.$$

$$\left. A_1, \ldots, A_n \in \mathfrak{A} \text{ disjunkt}, \; X = \bigcup_{k=1}^{n} A_k \right\} .$$

b) Bleibt Aussage a) richtig, wenn man anstelle endlicher Zerlegungen von X abzählbare Zerlegungen zugrunde legt?

2.6. Es seien $(X, \mathfrak{A}, \mu) := (\mathbb{R}, \mathfrak{B}, \lambda|\mathfrak{B})$, $(r_n)_{n \geq 1}$ eine Abzählung von $\mathbb{Q}$, $A_n :=]r_n, r_n + n^{-3}[$ und $f := \sum_{n=1}^{\infty} n \cdot \chi_{A_n}$.
a) $\int_{\mathbb{R}} f \, d\lambda < \infty$ und $\lambda(\{f = \infty\}) = 0$.
b) Die Abzählung $(r_n)_{n \geq 1}$ lässt sich so wählen, dass für jedes Intervall $I \subset \mathbb{R}$ mit $\lambda(I) > 0$ gilt:

$$\int_{\mathbb{R}} \chi_I \cdot f^2 \, d\lambda = \infty \, .$$

c) Es gibt ein σ-endliches Maß $\nu : \mathfrak{B} \to \overline{\mathbb{R}}$, so dass $\nu(I) = \infty$ für jedes Intervall $I \subset \mathbb{R}$ von positiver Länge, während $\nu(\{a\}) = 0$ für alle $a \in \mathbb{R}$.

§ 3. Integrierbare Funktionen

"When we come to consider unbounded functions no fresh difficulty arises in the application of our original principle, provided always we consider ... the two positive functions f_1 and f_2 whose difference is f and whose sum is the modulus of f." (W.H. YOUNG: *On the new theory of integration*, Proc. Roy. Soc. London, Ser. A, 88, 170–178 (1913))

1. Integrierbare Funktionen. In einem dritten und letzten Konstruktionsschritt dehnen wir den Integralbegriff aus auf geeignete messbare Funktionen. Dabei wird gleich der Fall komplexwertiger Funktionen mit erfasst. Wir legen folgende *Bezeichnungen* fest: *Es seien* $\mathbb{K} = \mathbb{R}$ *oder* $\mathbb{C}$ *versehen mit der* σ-*Algebra* $\mathfrak{B}(\mathbb{K}) = \mathfrak{B}$ *bzw.* $\mathfrak{B}^2$ *und*

$$\hat{\mathbb{K}} := \overline{\mathbb{R}} \text{ oder } \mathbb{C} \text{ versehen mit der } \sigma\text{-Algebra } \hat{\mathfrak{B}} := \overline{\mathfrak{B}} \text{ bzw. } \mathfrak{B}^2 \, .$$

Für jede Funktion $f : X \to \hat{\mathbb{K}}$ sind der Realteil $\mathrm{Re} f$ und der Imaginärteil $\mathrm{Im} f$ erklärt; für $\hat{\mathbb{K}} = \overline{\mathbb{R}}$ ist $\mathrm{Re} f := f$, $\mathrm{Im} f := 0$ zu setzen. $f : (X, \mathfrak{A}) \to (\hat{\mathbb{K}}, \hat{\mathfrak{B}})$ ist genau dann messbar, wenn alle Positiv- und Negativteile $(\mathrm{Re} f)^{\pm}$, $(\mathrm{Im} f)^{\pm}$ messbar sind.

3.1 Definition. Eine Funktion $f : X \to \hat{\mathbb{K}}$ heißt $(\mu\text{-})integrierbar$ (über X), wenn f *messbar* ist und wenn die vier Integrale

$$(3.1) \qquad \int_X (\mathrm{Re} f)^{\pm} \, d\mu \quad , \qquad \int_X (\mathrm{Im} f)^{\pm} \, d\mu$$

alle *endlich* sind, und dann heißt die reelle bzw. komplexe Zahl

$$(3.2) \qquad \int_X f \, d\mu \; := \; \int_X (\mathrm{Re} f)^{+} \, d\mu - \int_X (\mathrm{Re} f)^{-} \, d\mu$$

$$+ i \int_X (\mathrm{Im} f)^{+} \, d\mu - i \int_X (\mathrm{Im} f)^{-} \, d\mu$$

das *(μ-)Integral von* f (über X) oder das *Lebesgue-Integral von* f (über X bez. μ).

Wenn die Deutlichkeit eine klare Kennzeichnung der Integrationsvariablen erfordert, schreiben wir ausführlicher

$$\int_X f \, d\mu = \int_X f(x) \, d\mu(x) \, .$$

Eine Funktion $f \in \mathcal{M}^{+}$ *ist genau dann integrierbar, wenn ihr μ-Integral über X endlich ist,* und das Integral (3.2) stimmt dann mit der früheren Begriffsbildung überein. *Eine Funktion* $f : X \to \overline{\mathbb{R}}$ *ist genau dann integrierbar, wenn f messbar ist und wenn die μ-Integrale von f^{+} und f^{-} über X endlich sind, und dann ist*

$$(3.3) \qquad \int_X f \, d\mu = \int_X f^{+} \, d\mu - \int_X f^{-} \, d\mu \, .$$

Eine Funktion $f : X \to \mathbb{C}$ *ist genau dann integrierbar, wenn* $\mathrm{Re} f$ *und* $\mathrm{Im} f$ *integrierbar sind, und dann gilt*

$$\int_X f \, d\mu = \int_X (\mathrm{Re} f) \, d\mu + i \int_X (\mathrm{Im} f) \, d\mu \, ,$$

$$(3.4)$$
$$\mathrm{Re} \left(\int_X f \, d\mu \right) = \int_X (\mathrm{Re} f) \, d\mu \quad , \quad \mathrm{Im} \left(\int_X f \, d\mu \right) = \int_X (\mathrm{Im} f) \, d\mu \, .$$

Natürlich kann man mit (3.3) und den Konventionen aus Kap. III, § 4, **1** für jedes messbare $f : X \to \overline{\mathbb{R}}$ ein Integral definieren, bei dem $\pm\infty$ als Werte des Integrals zugelassen sind. Ein so allgemeiner Integralbegriff ist jedoch wenig zweckmäßig, da die üblichen Rechenregeln nicht richtig sind. Gelegentlich wird bei uns aber der Fall eine Rolle spielen, dass auf der rechten Seite von (3.3) *höchstens* ein Term unendlich wird:

3.2 Definition. Eine Funktion $f : X \to \overline{\mathbb{R}}$ heißt *quasiintegrierbar* genau dann, wenn f *messbar* ist und wenn *mindestens* eines der Integrale $\int_X f^+ \, d\mu$, $\int_X f^- \, d\mu$ *endlich* ist, und dann heißt

$$(3.5) \qquad \int_X f \, d\mu = \int_X f^+ \, d\mu - \int_X f^- \, d\mu \quad (\in \overline{\mathbb{R}})$$

das *(μ-)Integral von f* (über X).

Insbesondere ist jedes $f \in \mathcal{M}^+$ quasiintegrierbar, und der Integralwert (3.5) stimmt mit der früheren Definition überein.

3.3 Satz. *Für jede Funktion $f : X \to \hat{\mathbb{K}}$ sind folgende Aussagen* a)–f) *äquivalent:*
a) *f ist integrierbar.*
b) *$\mathrm{Re}\, f$ und $\mathrm{Im}\, f$ sind integrierbar.*
c) *$(\mathrm{Re}\, f)^{\pm}$ und $(\mathrm{Im}\, f)^{\pm}$ sind integrierbar.*
d) *Es gibt integrierbare Funktionen $p, q, r, s \in \mathcal{M}^+$ mit $f = p - q + i(r - s)$.*
e) *f ist messbar, und es gibt ein integrierbares $g \in \mathcal{M}^+$ mit $|f| \leq g$.*
f) *f ist messbar und $|f|$ integrierbar.*

Eine Funktion $g \geq 0$ mit $|f| \leq g$ heißt eine *Majorante* von $|f|$. Die Äquivalenz von a) und e) besagt: *Eine Funktion $f : X \to \hat{\mathbb{K}}$ ist genau dann integrierbar, wenn sie messbar ist und wenn $|f|$ eine integrierbare Majorante hat.*

Beweis von Satz 3.3. Die Äquivalenz von a)–c) ist klar, ebenso „c) $\Longrightarrow$ d)". Zum Nachweis von „d) $\Longrightarrow$ e)" setzen wir $g := p + q + r + s$. Weiter ist „e) $\Longrightarrow$ f)" klar, denn $|f|$ ist messbar und aus $|f| \leq g$ mit integrierbarem $g \in \mathcal{M}^+$ folgt die Integrierbarkeit von $|f|$. Die Implikation „f) $\Longrightarrow$ a)" ist ebenfalls klar, denn f ist messbar, und $(\mathrm{Re}\, f)^{\pm}$, $(\mathrm{Im}\, f)^{\pm} \in \mathcal{M}^+$ haben alle die integrierbare Majorante $|f|$, sind also selbst integrierbar. $\qquad\square$

In Satz 3.3, f) ist die Bedingung der Messbarkeit von f nicht entbehrlich. (*Beispiel:* Es seien $(X, \mathfrak{A}, \mu) = (\mathbb{R}, \mathfrak{L}, \lambda)$, $A \subset [0, 1]$, $A \notin \mathfrak{L}$, $B := [0, 1] \setminus A$, $f := \chi_A - \chi_B$. Dann ist $|f| = \chi_{[0,1]}$ integrierbar, aber f ist nicht messbar, also auch nicht integrierbar.)

3.4 Korollar. *Für jedes integrierbare $f : X \to \overline{\mathbb{R}}$ ist $\{|f| = \infty\}$ eine μ-Nullmenge.*

Beweis. $A := \{|f| = \infty\}$ ist messbar und $\infty \cdot \chi_A \leq |f|$, also gilt nach den Folgerungen 2.4: $\infty \cdot \mu(A) = \int_X \infty \cdot \chi_A \, d\mu \leq \int_X |f| \, d\mu < \infty$, d.h. $\mu(A) = 0$. $\qquad\square$

3.5 Korollar. *Sind $f, g : X \to \overline{\mathbb{R}}$ integrierbar, so sind auch $\max(f, g)$ und $\min(f, g)$ integrierbar.*

Beweis. $\max(f, g)$ und $\min(f, g)$ sind messbar und werden betragsmäßig durch $|f| + |g|$ majorisiert. $\qquad\square$

2. Linearität und Monotonie des Integrals.

3.6 Satz. *Sind $f, g : X \to \hat{\mathbb{K}}$ integrierbar und $\alpha, \beta \in \mathbb{K}$, so ist auch $\alpha f + \beta g$ integrierbar und*

$$\int_X (\alpha f + \beta g) \, d\mu = \alpha \int_X f \, d\mu + \beta \int_X g \, d\mu \,.$$

Beweis. Wir zeigen die Behauptung in drei Schritten. Dabei sind für numerische Funktionen f, g die imaginären Terme gleich 0 zu setzen.
(i) *Ist $f = p - q + i(r - s)$ mit integrierbaren $p, q, r, s \in \mathcal{M}^+$, so ist*

$$\int_X f \, d\mu = \int_X p \, d\mu - \int_X q \, d\mu + i \int_X r \, d\mu - i \int_X s \, d\mu \,.$$

Begründung: Aus $\operatorname{Re} f = (\operatorname{Re} f)^+ - (\operatorname{Re} f)^- = p - q$ folgt $q + (\operatorname{Re} f)^+ = p + (\operatorname{Re} f)^-$, und die Additivität des Integrals auf $\mathcal{M}^+$ liefert

$$\int_X q \, d\mu + \int_X (\operatorname{Re} f)^+ \, d\mu = \int_X p \, d\mu + \int_X (\operatorname{Re} f)^- \, d\mu \,.$$

Hier sind alle Terme endlich, also ist

$$\operatorname{Re} \int_X f \, d\mu = \int_X (\operatorname{Re} f)^+ \, d\mu - \int_X (\operatorname{Re} f)^- \, d\mu = \int_X p \, d\mu - \int_X q \, d\mu \,,$$

und mit der entsprechenden Gleichung für den Imaginärteil folgt (i). –
(ii) *$f + g$ ist integrierbar, und es gilt*

$$\int_X (f + g) \, d\mu = \int_X f \, d\mu + \int_X g \, d\mu \,.$$

Begründung: $p := (\operatorname{Re} f)^+ + (\operatorname{Re} g)^+$, $q := (\operatorname{Re} f)^- + (\operatorname{Re} g)^-$, $r := (\operatorname{Im} f)^+ + (\operatorname{Im} g)^+$, $s := (\operatorname{Im} f)^- + (\operatorname{Im} g)^-$ sind integrierbare Funktionen aus $\mathcal{M}^+$ mit $f + g = p - q + i(r - s)$. Daher ist $f + g$ nach Satz 3.3, d) integrierbar, und (i) liefert:

$$\begin{aligned}
\int_X (f + g) \, d\mu &= \int_X p \, d\mu - \int_X q \, d\mu + i \int_X r \, d\mu - i \int_X s \, d\mu \\
&= \int_X (\operatorname{Re} f)^+ \, d\mu + \int_X (\operatorname{Re} g)^+ \, d\mu - \int_X (\operatorname{Re} f)^- \, d\mu - \int_X (\operatorname{Re} g)^- \, d\mu \\
&\quad + i \int_X (\operatorname{Im} f)^+ \, d\mu + i \int_X (\operatorname{Im} g)^+ \, d\mu - i \int_X (\operatorname{Im} f)^- \, d\mu - i \int_X (\operatorname{Im} g)^- \, d\mu \\
&= \int_X f \, d\mu + \int_X g \, d\mu \,. -
\end{aligned}$$

(iii) *αf ist integrierbar und $\displaystyle \int_X \alpha f \, d\mu = \alpha \int_X f \, d\mu$.*

Begründung: αf ist integrierbar, denn αf ist messbar, und $|\alpha f| = |\alpha||f|$ ist nach Folgerung 2.4 integrierbar. Da für komplexwertiges f die Gleichung

$$\int_X if\ d\mu = i \int_X f\ d\mu$$

klar ist, genügt es nun wegen (ii) (!) zu zeigen: Für alle integrierbaren Funktionen $f : X \to \overline{\mathbb{R}}$ und alle $\alpha \in \mathbb{R}$ gilt

$$\int_X \alpha f\ d\mu = \alpha \int_X f\ d\mu\ .$$

Für $\alpha \geq 0$ ist $(\alpha f)^+ = \alpha f^+$, $(\alpha f)^- = \alpha f^-$, und die Behauptung folgt aus der positiven Homogenität des Integrals auf $\mathcal{M}^+$. Für $\alpha < 0$ ist dagegen $(\alpha f)^+ = |\alpha|f^-$, $(\alpha f)^- = |\alpha|f^+$, also

$$\int_X \alpha f\ d\mu = |\alpha| \left(\int_X f^-\ d\mu - \int_X f^+\ d\mu \right) = \alpha \int_X f\ d\mu\ .$$

$\square$

3.7 Satz. *Sind $f, g : X \to \overline{\mathbb{R}}$ quasiintegrierbar und $f \leq g$, so gilt:*

$$\int_X f\ d\mu \leq \int_X g\ d\mu\ \text{(Monotonie des Integrals).}$$

Beweis. Wegen $f^+ \leq g^+$, $f^- \geq g^-$ ist $\int_X f^+\ d\mu \leq \int_X g^+\ d\mu$, $\int_X f^-\ d\mu \geq \int_X g^-\ d\mu$, also

$$\int_X f\ d\mu = \int_X f^+\ d\mu - \int_X f^-\ d\mu \leq \int_X g^+\ d\mu - \int_X g^-\ d\mu = \int_X g\ d\mu\ .$$

$\square$

3.8 Satz. *Ist $f : X \to \hat{\mathbb{K}}$ integrierbar, so gilt*

$$\left| \int_X f\ d\mu \right| \leq \int_X |f|\ d\mu\ .$$

Beweis. Wir wählen ein $\zeta \in \mathbb{K}$, $|\zeta| = 1$ mit

$$\left| \int_X f\ d\mu \right| = \zeta \int_X f\ d\mu = \int_X \zeta f\ d\mu\ .$$

Hier ist die linke Seite reell, also auch die rechte Seite, und es folgt:

$$\left| \int_X f\ d\mu \right| = \text{Re} \int_X \zeta f\ d\mu = \int_X \text{Re}(\zeta f)\ d\mu \leq \int_X |f|\ d\mu\ .$$

$\square$

3. Der Raum $\mathcal{L}^1$. Die Menge der integrierbaren *numerischen* Funktionen auf X ist bez. der punktweisen Verknüpfung kein Vektorraum, wenn es eine nicht-leere μ-Nullmenge gibt. Daher definieren wir:

3.9 Definition. $\mathcal{L}^1 := \mathcal{L}^1(\mu) := \mathcal{L}^1(X, \mathfrak{A}, \mu)$ bezeichne die Menge der integrierbaren Funktionen *mit Werten in* $\mathbb{K}$.

Bevor wir erste grundlegende Eigenschaften von $\mathcal{L}^1$ aussprechen, erinnern wir an folgende Begriffe: Ist V ein Vektorraum über $\mathbb{K}$, so heißt $\|\cdot\| : V \to \mathbb{R}$ eine *Halbnorm* auf V, falls für alle $x, y \in V$ und $\alpha \in \mathbb{K}$ gilt: (i) $\|x\| \geq 0$, (ii) $\|\alpha x\| = |\alpha| \|x\|$, (iii) $\|x + y\| \leq \|x\| + \|y\|$ (*Dreiecksungleichung*); V heißt dann ein *halbnormierter Vektorraum*. In jedem halbnormierten Vektorraum ist $\|0\| = 0$ (nach (ii)). Gilt $\|x\| = 0$ nur für $x = 0$, so heißen $\|\cdot\|$ eine *Norm* und V ein *normierter Vektorraum*. Jede Halbnorm induziert vermöge $d : V \times V \to \mathbb{R}$, $d(x,y) := \|x - y\|$ $(x, y \in V)$ eine *Halbmetrik* auf V (s. Aufgabe II.1.6); ist $\|\cdot\|$ sogar eine Norm, so ist d eine *Metrik* auf V. Insbesondere ist jeder halbnormierte Vektorraum ein *topologischer Raum*, und der Begriff der stetigen Funktion $\varphi : V \to \mathbb{K}$ ist sinnvoll.

3.10 Satz. $\mathcal{L}^1$ *ist ein halbnormierter* $\mathbb{K}$-*Vektorraum mit der Halbnorm*

$$\|f\|_1 := \int_X |f| \, d\mu \quad (f \in \mathcal{L}^1).$$

Die Abbildung $I : \mathcal{L}^1 \to \mathbb{K}$,

$$I(f) := \int_X f \, d\mu \quad (f \in \mathcal{L}^1)$$

ist eine stetige positive Linearform auf $\mathcal{L}^1$, *d.h.: I ist stetig, und für alle reellwertigen* $f \in \mathcal{L}^1$ *mit* $f \geq 0$ *gilt* $I(f) \geq 0$.

Beweis. $\mathcal{L}^1$ ist nach Satz 3.6 ein $\mathbb{K}$-Vektorraum, und $\|\cdot\|_1$ ist eine Halbnorm auf $\mathcal{L}^1$. (Dagegen ist $\|\cdot\|_1$ *nicht* notwendig eine Norm, denn nach Satz 2.6 gilt genau dann $\|f\|_1 = 0$, wenn $\{|f| > 0\}$ eine Nullmenge ist. Gibt es also eine nicht-leere Nullmenge $A \in \mathfrak{A}$, so ist $f := \chi_A \in \mathcal{L}^1$, $f \neq 0$, aber $\|f\|_1 = 0$.) Weiter ist I eine positive Linearform auf $\mathcal{L}^1$, und die Stetigkeit von I ergibt sich aus

$$|I(f) - I(f_0)| = \left| \int_X (f - f_0) \, d\mu \right| \leq \int_X |f - f_0| \, d\mu = \|f - f_0\|_1 \quad (f, f_0 \in \mathcal{L}^1). \qquad \square$$

Wir werden in Kapitel VI den Raum $\mathcal{L}^1$ in allgemeinerem Rahmen genauer untersuchen und beweisen, dass $\mathcal{L}^1$ *vollständig* ist.

3.11 Satz. *Für jede beschränkte und messbare Funktion* $f : X \to \mathbb{K}$ *mit* $\mu(\{f \neq 0\}) < \infty$ *gilt* $f \in \mathcal{L}^1$.

Beweis. Ist $|f| \leq \alpha$, so ist $\alpha \cdot \chi_{\{f \neq 0\}}$ eine integrierbare Majorante von $|f|$. $\qquad \square$

4. Stetige Funktionen mit kompaktem Träger. Für eine Funktion $f : \mathbb{R}^p \to \mathbb{K}$ heißt $\operatorname{Tr} f := \overline{\{x \in \mathbb{R}^p : f(x) \neq 0\}}$ der *Träger* von f. Nach Definition ist $\operatorname{Tr} f$ stets *abgeschlossen*. Ist $a \notin \operatorname{Tr} f$, so gibt es eine ganze Umgebung U von

a mit $f|U = 0$. Eine Funktion $f : \mathbb{R}^p \to \mathbb{K}$ hat genau dann einen *kompakten Träger*, wenn es eine kompakte Teilmenge $K \subset \mathbb{R}^p$ (z.B. eine abgeschlossene Kugel mit hinreichend großem Radius) gibt mit $f|K^c = 0$. Es bezeichnen $C(\mathbb{R}^p)$ die Menge der stetigen Funktionen $f : \mathbb{R}^p \to \mathbb{K}$, $C_c(\mathbb{R}^p)$ die Menge der $f \in C(\mathbb{R}^p)$ mit kompaktem Träger und $C_c^\infty(\mathbb{R}^p)$ die Menge der beliebig oft differenzierbaren Funktionen aus $C_c(\mathbb{R}^p)$.

3.12 Satz. *Zu jedem $f \in \mathcal{L}^1(\mathbb{R}^p, \mathfrak{L}^p, \lambda^p)$ und jedem $\varepsilon > 0$ gibt es ein $g \in C_c(\mathbb{R}^p)$ mit $\|f - g\|_1 < \varepsilon$; d.h.: $C_c(\mathbb{R}^p)$ liegt dicht in $\mathcal{L}^1(\mathbb{R}^p, \mathfrak{L}^p, \lambda^p)$.*

Beweis. Nach Satz 3.11 ist $C_c(\mathbb{R}^p) \subset \mathcal{L}^1(\mathbb{R}^p, \mathfrak{L}^p, \lambda^p)$. – Gemäß der Definition des Integrals gibt es zu jedem $\varepsilon > 0$ eine integrierbare Treppenfunktion u mit $\|f - u\|_1 < \varepsilon$, $u = \sum_{j=1}^n \alpha_j \chi_{A_j}$ mit $\alpha_1, \ldots, \alpha_n \in \mathbb{K}$ und $A_1, \ldots, A_n \in \mathfrak{L}^p$, $\lambda^p(A_j) < \infty$ für $j = 1, \ldots, n$. Wegen der Dreiecksungleichung genügt es also zu zeigen: Zu jedem $A \in \mathfrak{L}^p$ mit $\lambda^p(A) < \infty$ und jedem $\delta > 0$ gibt es ein $h \in C_c(\mathbb{R}^p)$ mit $\|\chi_A - h\|_1 < \delta$.

Zum Beweis dieser Aussage wählen wir zunächst $n \in \mathbb{N}$ so groß, dass für $B := A \cap [-n, n]^p$ gilt $\lambda^p(A) \leq \lambda^p(B) + \delta/2$, also $\|\chi_A - \chi_B\|_1 \leq \delta/2$. Zu B wählen wir ein Kompaktum K und eine beschränkte offene Menge U mit $K \subset B \subset U$, $\lambda^p(U \setminus K) < \delta/2$ (s. Korollar II.7.2). Es kann gleich $K \neq \emptyset$ angenommen werden, denn sonst leistet schon $h = 0$ das Verlangte. Das Kompaktum K hat von der abgeschlossenen Menge U^c einen Abstand $d(U^c, K) > 0$. Die Funktion $h : \mathbb{R}^p \to \mathbb{R}$, $h(x) := 1 - \min(1, d(x, K)/d(U^c, K))$ ist also sinnvoll, stetig, $h|K = 1$, $h|U^c = 0$, also ist $\mathrm{Tr}\, h$ als abgeschlossene Teilmenge des Kompaktums $\overline{U}$ auch kompakt, d.h. $h \in C_c(\mathbb{R}^p)$. Nach Konstruktion gilt $\|\chi_B - h\|_1 \leq \|\chi_U - \chi_K\|_1 < \delta/2$, also $\|\chi_A - h\|_1 < \delta$. $\qquad\square$

Bekanntlich existiert zu jedem Kompaktum $K \subset \mathbb{R}^p$ und jeder offenen Menge $U \supset K$ eine Funktion $h \in C_c^\infty(\mathbb{R}^p)$ mit $0 \leq h \leq 1$, $h|K = 1$, $h|U^c = 0$ (s. z.B. W. WALTER: *Analysis II*, S. 262). Wählen wir im vorangehenden Beweis eine solche Funktion h, so erhalten wir (vgl. auch Korollar V.3.8):

3.13 Korollar. $C_c^\infty(\mathbb{R}^p)$ *liegt dicht in* $\mathcal{L}^1(\mathbb{R}^p, \mathfrak{L}^p, \lambda^p)$.

Satz 3.12 und Korollar 3.13 gelten entsprechend für alle Lebesgue-Stieltjesschen Maße. – Satz 3.12 ermöglicht eine elegante Lösung der Aufgabe III.2.4:

3.14 Beispiel. *Für alle $A, B \in \mathfrak{L}^p$ mit $\lambda^p(A) < \infty$ oder $\lambda^p(B) < \infty$ gilt*

$$\lim_{t \to 0} \lambda^p(A \cap (B + t)) = \lambda^p(A \cap B).$$

Beweis. Wegen der Translationsinvarianz von λ^p genügt der Beweis für den Fall $\lambda^p(B) < \infty$. Zu $\varepsilon > 0$ gibt es nach Satz 3.12 ein $\varphi \in C_c(\mathbb{R}^p)$ mit $\|\chi_B - \varphi\|_1 < \varepsilon$, und wir erhalten für $t \in \mathbb{R}^p$:

$$\left| \lambda^p(A \cap B) - \lambda^p(A \cap (B+t)) \right| = \left| \int_{\mathbb{R}^p} \chi_A(x)(\chi_B(x) - \chi_B(x-t)) \, d\lambda^p(x) \right|$$

$$\leq \int_{\mathbb{R}^p} |\chi_B(x) - \chi_B(x-t)| \, d\lambda^p(x)$$

$$\leq \int_{\mathbb{R}^p} |\chi_B - \varphi| d\lambda^p + \int_{\mathbb{R}^p} |\varphi(x) - \varphi(x-t)| d\lambda^p(x)$$

$$+ \int_{\mathbb{R}^p} |\varphi(x-t) - \chi_B(x-t)| d\lambda^p(x) \,.$$

Wegen der Translationsinvarianz des Lebesgueschen Maßes sind das erste und das letzte Integral auf der rechten Seite gleich, und es folgt:

$$|\lambda^p(A \cap B) - \lambda^p(A \cap (B+t))| \leq 2\varepsilon + \int_{\mathbb{R}^p} |\varphi(x) - \varphi(x-t)| \, d\lambda^p(x) \,.$$

Da φ einen kompakten Träger hat, ist φ gleichmäßig stetig. Zum vorgegebenen $\varepsilon > 0$ gibt es daher ein $\delta > 0$, so dass $\int_{\mathbb{R}^p} |\varphi(x) - \varphi(x-t)| \, d\lambda^p(x) < \varepsilon$ für alle $t \in \mathbb{R}^p$ mit $\|t\| < \delta$, und es folgt die Behauptung. $\qquad \square$

5. Integration über messbare Teilmengen. Ist $f : X \to \hat{\mathbb{K}}$ integrierbar, so bieten sich zwei Möglichkeiten zur Definition des Integrals von f über messbare Teilmengen $Y \subset X$ an:
(i) Man integriere $f \cdot \chi_Y$ über X.
(ii) Man bilde den Maßraum $(Y, \mathfrak{A}|Y, \mu|(\mathfrak{A}|Y))$ und integriere $f|Y$ bez. $\mu|(\mathfrak{A}|Y)$.
Beide Ansätze führen zum gleichen Resultat:

3.15 Lemma. *Sind* $Y \in \mathfrak{A}$, $\mathfrak{B} := \mathfrak{A}|Y$, $\nu := \mu|\mathfrak{B}$ *und* $f : X \to \hat{\mathbb{K}}$, *so gilt:*
a) $f \cdot \chi_Y$ *ist* $\mathfrak{A}$-*messbar genau dann, wenn* $f|Y$ $\mathfrak{B}$-*messbar ist.*
b) *Es ist* $f \cdot \chi_Y \in \mathcal{M}^+(X, \mathfrak{A})$ *genau dann, wenn* $f|Y \in \mathcal{M}^+(Y, \mathfrak{B})$, *und dann gilt*

$$\int_X f \cdot \chi_Y \, d\mu = \int_Y f|Y \, d\nu \,.$$

c) $f \cdot \chi_Y$ *ist* μ-*integrierbar über* X *genau dann, wenn* $f|Y$ ν-*integrierbar ist über* Y, *und dann gilt*

$$\int_X f \cdot \chi_Y \, d\mu = \int_Y f|Y \, d\nu \,.$$

Entsprechendes gilt für quasiintegrierbare Funktionen.

Beweis. Für alle $A \in \hat{\mathfrak{B}}$ ist $(f|Y)^{-1}(A) = ((f \cdot \chi_Y)^{-1}(A)) \cap Y$, also folgt a), und die unter b) und c) nachzuprüfenden Messbarkeitsbedingungen sind klar. – Zum Beweis von b) seien $f \cdot \chi_Y \in \mathcal{M}^+(X, \mathfrak{A})$ und $(u_n)_{n \geq 1}$ eine Folge aus $\mathcal{T}^+(X, \mathfrak{A})$ mit $u_n \uparrow f \cdot \chi_Y$. Dann gilt: $u_n|Y \in \mathcal{T}^+(Y, \mathfrak{B})$ $(n \in \mathbb{N})$ und $u_n|Y \uparrow f|Y$. Wegen $u_n|Y^c = 0$ folgt:

$$\int_X f \cdot \chi_Y \, d\mu = \lim_{n \to \infty} \int_X u_n \, d\mu = \lim_{n \to \infty} \int_Y u_n|Y \, d\nu = \int_Y f|Y \, d\nu \,.$$

Aussage c) folgt sogleich aus b).   □

3.16 Definition. Ist in der Situation des Lemmas 3.15 die Funktion $f \cdot \chi_Y$ integrierbar oder quasiintegrierbar, so heißt

$$\int_Y f \, d\mu := \int_X f \cdot \chi_Y \, d\mu = \int_Y f|Y \, d\nu$$

das $(\mu\text{-})$Integral von f über Y.

Ist $X = \mathbb{R}$ und z.B. $Y = [a, b]$, so schreibt man

$$\int_{[a,b]} f \, d\mu = \int_a^b f \, d\mu$$

etc. Diese Schreibweise ist gerechtfertigt, wenn $\mu(\{a\}) = \mu(\{b\}) = 0$ ist; anderenfalls ist zwischen den Integralen über $[a, b], \,]a, b], [a, b[, \,]a, b[$ zu unterscheiden. Ist $\mu = \mu_F$ das Lebesgue-Stieltjessche Maß zur wachsenden rechtsseitig stetigen Funktion $F : \mathbb{R} \to \mathbb{R}$, so schreibt man z.B.

$$\int_{[a,b]} f \, d\mu_F = \int_a^b f(x) \, dF(x) \,.$$

Diese Schreibweise ist legitim, falls $\mu_F(\{a\}) = \mu_F(\{b\}) = 0$ ist, d.h. falls F in a und b stetig ist. Speziell für $F(x) = x$, d.h. für $\mu = \lambda$ schreibt man z.B.

$$\int_a^b f \, d\lambda = \int_a^b f(x) \, dx \,.$$

Für $b < a$ ist – wie beim Riemannschen Integral – die Konvention

$$\int_a^b f(x) \, dx := -\int_b^a f(x) \, dx$$

üblich. Diese Schreibweise ist verträglich mit den für das Riemann-Integral üblichen Notationen, denn wir werden in § 6 zeigen, dass jede (eigentlich) Riemann-integrierbare Funktion auch Lebesgue-integrierbar ist mit gleichem Wert des Integrals. – Ist $A \in \mathfrak{L}^p$, so heißt eine $\mathfrak{L}^p|A$-messbare Funktion $f : A \to \hat{\mathbb{K}}$ *Lebesgue-messbar*, und für *Lebesgue-integrierbares* $f : A \to \hat{\mathbb{K}}$ schreiben wir

$$\int_A f \, d\lambda^p = \int_A f(x) \, dx \,.$$

6. Historische Anmerkungen. Der moderne Integralbegriff wird von H. LEBESGUE in seiner *Thèse* (1902) begründet. Seine wesentliche Idee haben wir schon am Anfang von Kap. III skizziert. Etwas später als LEBESGUE gelangt W.H. YOUNG zum Integralbegriff (Philos. Trans. Roy. Soc. London, Ser. A, 204, 221–252 (1905) und Proc. London Math. Soc. (2) 2, 52–66 (1905)). Die Definition von YOUNG beruht auf der Einführung von Ober- und Unterintegralen.

YOUNG betrachtet Funktionen f mit messbarem Definitionsbereich $E \subset \mathbb{R}$, zerlegt E in endlich oder abzählbar viele disjunkte messbare Mengen, multipliziert das Maß jeder dieser Mengen mit dem zugehörigen Supremum bzw. Infimum von f und bildet durch Summation dieser Terme Ober- und Untersummen. Das Infimum der Menge der Obersummen ist dann das (Youngsche) *Oberintegral* von f; entsprechend liefert das Supremum der Menge der Untersummen das *Unterintegral*. Haben Ober- und Unterintegral denselben Wert, so heißt dieser das *Integral* von f, und f heißt *integrierbar*. (Diese Definition ist auch für unbeschränktes f brauchbar, falls eine Zerlegung von E existiert, für welche die Obersumme von $|f|$ endlich ist; man betrachtet dann nur absolut konvergente Ober- und Untersummen.) Der Zusammenhang der Definition von YOUNG mit unserer Integraldefinition wird in Aufgabe 2.5 hergestellt.

F. RIESZ ([1], S. 445) gibt 1910 eine einfache Definition des Lebesgue-Integrals, die vom Integralbegriff für Treppenfunktionen ausgeht: Ist f auf einer messbaren Menge $E \subset \mathbb{R}$ definiert, und nimmt f auf den disjunkten messbaren Mengen $A_1, A_2, \ldots \subset E$ die Werte $a_1, a_2, \ldots$ an, wobei $\bigcup_{j \geq 1} A_j = E$, so setzt RIESZ $\int_E f(x)\, dx = \sum_{j \geq 1} a_j \lambda(A_j)$, vorausgesetzt, dass die Reihe absolut konvergiert. Von dieser speziellen Klasse integrierbarer Funktionen ausgehend erhält er durch Bildung von Limites *gleichmäßig* konvergenter Folgen die Klasse der integrierbaren Funktionen. F. RIESZ ([1], S. 185–187, 200–214) eröffnet 1912 einen elementaren Zugang zum Lebesgue-Integral, der nur den Begriff der Nullmenge zugrunde legt, aber nicht das Lebesgue-Maß auf $\mathbb{R}$ benötigt. Dabei geht RIESZ aus vom Integral für *einfache Funktionen* der Form $\varphi = \sum_{j=1}^{n} \alpha_j \chi_{I_j}$, wobei $I_1, \ldots, I_n \subset [a, b]$ disjunkte *Intervalle* sind. Ist nun $f : [a, b] \to \mathbb{R}$ beschränkt und gibt es eine beschränkte Folge $(\varphi_n)_{n \geq 1}$ einfacher Funktionen, so dass $f(x) = \lim_{n \to \infty} \varphi_n(x)$ für alle $x \in [a, b]$ mit Ausnahme höchstens der Elemente x einer Nullmenge, so zeigt RIESZ: Für jede solche Folge $(\varphi_n)_{n \geq 1}$ konvergiert die Folge der Integrale der φ_n gegen denselben Grenzwert, und dieser ist dann das Integral von φ. Bei diesem Zugang ist sofort klar, dass jede Riemann-integrierbare Funktion auch Lebesgue-integrierbar ist mit gleichem Wert des Integrals. Unabhängig von F. RIESZ entwickelt W.H. YOUNG einen weiteren Zugang zum Integralbegriff auf der Basis der *Methode der monotonen Folgen* (s. Proc. London Math. Soc. (2) 9, 15–50 (1911) und Proc. Roy. Soc. London, Ser. A, 88, 170–178 (1913)). Dabei beginnt er mit einer Klasse einfacher Funktionen, für die das Integral leicht erklärt werden kann, und erweitert den Integralbegriff durch Bildung *monotoner* Folgen. Diese Idee zur Einführung des Integralbegriffs benutzen auch wir hier; sie liefert für viele Aussagen einen effizienten Beweisansatz. Das wird schon deutlich bei den Untersuchungen von YOUNG über das Stieltjes-Integral. LEBESGUE bemüht sich 1909 ohne rechten Erfolg um eine Übertragung seiner Integrationstheorie auf das Riemann-Stieltjes-Integral. Dagegen erreicht YOUNG (Proc. London Math. Soc. (2) 13, 109–150 (1914)) dieses Ziel mühelos mithilfe seiner Methode der monotonen Folgen. Dazu schreibt LEBESGUE ([6], S. 263): «M.W.H. YOUNG montrait que ... l'intégrale de Stieltjès se définit exactement comme l'intégrale ordinaire par le procédé des suites monotones ...»[3] Unabhängig von YOUNG entwickelt J. RADON [1] die Theorie des Stieltjesschen Integrals für Funktionen f, die auf einem kompakten Intervall im $\mathbb{R}^p$ definiert sind. Dabei benutzt er zur Approximation des Integrals Analoga der Lebesgueschen Ober- bzw. Untersummen, bei denen das Lebesguesche Maß der Mengen $\{y_j \leq f < y_{j+1}\}$ ersetzt wird durch das entsprechende Lebesgue-Stieltjessche Maß. Der letzte Schritt zur Definition des Integrals für messbare Funktionen auf einer abstrakten Menge wird 1915 von M. FRÉCHET [1] vollzogen. Er schreibt (C.R. Acad. Sci. Paris, Ser. A, 160, 839–840 (1915)): «... *la définition de Radon fournit immédiatement une définition de l' intégrale ... étendue à un ensemble abstrait E, c'est-à-dire à un ensemble dont les éléments sont de nature quelconque.*»[4]

7. Kurzbiographie von W.H. YOUNG. WILLIAM HENRY YOUNG wurde am 20. Oktober 1863 als Sohn einer Kaufmannsfamilie geboren. Auf der Schule erkannte E.A. ABBOTT (1838–1926), Autor des bekannten „mathematischen Märchens" *Flatland*, YOUNGs ungewöhnliche mathematische Begabung. Neben seinem Studium der Mathematik an der Universität Cambridge (1881–1884) widmete sich YOUNG seinen vielseitigen geistigen und sportlichen Interessen. Der Studienerfolg entsprach daher nicht ganz den hochgesteckten Erwartungen. Von 1886–1892 war YOUNG Fellow des Peterhouse College in Cambridge, hatte aber keine feste Anstellung am College oder an der Universität. Es war damals in Cambridge durchaus üblich, durch Privatunterricht stattliche Einnahmen zu erzielen. Aus eigenem Entschluss wirkte YOUNG 13 Jahre lang als Lehrbeauftragter, Privatlehrer und Prüfer; diese Arbeit vom frühen Morgen bis zum späten Abend ermöglichte ihm in Verbindung mit seinem „banker's instinct" die Ansammlung stattlicher Ersparnisse.

Im Jahre 1896 heiratete YOUNG seine frühere Schülerin GRACE EMELY CHISHOLM (1868–1944). Sie hatte 1893 ihr Abschlussexamen in Cambridge mit hervorragendem Erfolg bestanden, wurde aber als Frau nicht zum Graduiertenstudium zugelassen und begab sich daher zu weiteren Studien nach Göttingen, dem damals neben Paris renommiertesten Zentrum mathematischer Forschung in der Welt. Die Göttinger Universität nahm in der Frage des Promotionsrechts für Frauen eine liberale Haltung ein. Schon 1874 wurde SOPHIE V. KOWALEVSKY (1850–1891) *in absentia* als erste Mathematikerin in Göttingen promoviert; ihr wurde auf Fürsprache ihres Lehrers K. WEIERSTRASS (1815–1897) die mündliche Doktorprüfung erlassen. Im Jahre 1895 promovierte G. CHISHOLM bei F. KLEIN (1849–1925) in Göttingen als erste Frau, der in Deutschland nach regulärem Promotionsverfahren der Doktorgrad (in irgendeinem Fach!) zuerkannt wurde. GRACE CHISHOLM YOUNG erlangte als Mathematikerin internationalen Ruf. Von den drei Söhnen und drei Töchtern der Familie YOUNG wurden ein Sohn und eine Tochter bekannte Mathematiker.

Die große Wende in YOUNGs Leben kam 1897; Frau YOUNG erinnerte sich: "At the end of our first year together he proposed, and I eagerly agreed, to throw up lucre, go abroad, and devote ourselves to research." Von 1897–1908 lebte die Familie YOUNG in Göttingen, ab 1908 in Genf, danach in Lausanne. Bis zu seinem 35. Lebensjahr hatte YOUNG keine Beiträge zur Forschung geliefert – aber in den Jahren 1900–1924 entfaltete er eine gewaltige Forschungsaktivität und schrieb über 200 Arbeiten und drei Lehrbücher, zwei davon gemeinsam mit seiner Frau; daneben nahm er Lehraufgaben an verschiedenen Universitäten wahr. Durch Kriegsereignisse von seiner Familie getrennt, starb YOUNG am 7. Juli 1942 in Lausanne. In seinem Nachruf (J. London Math. Soc. 17, 218–237 (1942)) bezeichnet ihn G.H. HARDY (1877–1947) als "one of the most profound and original of the English mathematicians of the

---

[3]Herr W.H. YOUNG zeigte, dass ... sich das Stieltjes-Integral ebenso wie das gewöhnliche Integral mithilfe der Methode der monotonen Folgen definieren lässt.

[4]... die Definition von Radon liefert unmittelbar eine Definition des Integrals ..., das über eine abstrakte Menge erstreckt wird, d.h. über eine Menge, deren Elemente von irgendwelcher Art sind.

last fifty years". Ein lebendiges Bild des Ehepaares YOUNG und seiner vielfältigen Aktivitäten zeichnet I. GRATTAN-GUINNESS: *A mathematical union: William Henry and Grace Chisholm Young*, Ann. Sci. 29, 105–186 (1972); s. auch BRUCKNER und THOMSON [1].

Die mathematischen Schriften von W.H. YOUNG sind überwiegend der reellen Analysis gewidmet. Unabhängig von H. LEBESGUE entwickelte er etwa zwei Jahre später als LEBESGUE die Lebesguesche Maß- und Integrationstheorie. Es muss für YOUNG eine herbe Enttäuschung gewesen sein festzustellen, dass LEBESGUE ihm zuvorgekommen war – aber das tat seiner Produktivität keinen Abbruch, er selbst nannte den neuen Integralbegriff das *Lebesgue-Integral*. Als von bleibendem Wert in der Integrationstheorie erwies sich die von YOUNG entwickelte *Methode der monotonen Folgen*. Gemeinsam mit seiner Frau veröffentlichte YOUNG 1906 das erste englische Lehrbuch der *Mengenlehre*. Bedeutende Beiträge lieferte YOUNG zur Theorie der *Fourier-Reihen*: Die *Ungleichungen von* HAUSDORFF-YOUNG sind eine tief liegende Verallgemeinerung der berühmten Vollständigkeitssätze von PARSEVAL und RIESZ-FISCHER. Ein schwieriges Problem in der Theorie der Fourier-Reihen ist die Frage, welche Nullfolgen als Folgen von Fourier-Koeffizienten integrierbarer Funktionen auftreten. Einer der schönsten Sätze von YOUNG liefert einen Beitrag zu diesem Problem: *Ist $(a_n)_{n\geq 1}$ eine konvexe Nullfolge positiver Zahlen, so ist $\sum_{n=1}^{\infty} a_n \cos nt$ eine Fourier-Reihe*, d.h. es gibt eine gerade Funktion $f \in \mathcal{L}^1([-\pi, \pi])$, so dass $a_n = \frac{1}{\pi} \int_{-\pi}^{\pi} f(t) \cos nt\, dt$ $(n \geq 1)$. Der stattliche Band der *Selected Papers* von G.C. YOUNG und W.H. YOUNG [1] enthält außer der Dissertation von G.C. YOUNG im Wesentlichen eine Auswahl der Publikationen über Fourier-Reihen. – Die mehr elementaren Arbeiten von YOUNG zur Differentiation von Funktionen mehrerer reeller Variablen haben die Lehre nachhaltig beeinflusst. Die angemessene Definition der (totalen) Differenzierbarkeit hatten schon J.K. THOMAE und O. STOLZ (1842–1905) ausgesprochen; YOUNG zeigte die wahre Nützlichkeit dieses Begriffs. Eine hübsche Frucht seiner Arbeit ist folgender Satz: *Ist f in einer Umgebung des Punktes $(x_0, y_0) \in \mathbb{R}^2$ einmal partiell differenzierbar, und sind $\frac{\partial f}{\partial x}, \frac{\partial f}{\partial y}$ im Punkte (x_0, y_0) total differenzierbar, so gilt $\frac{\partial^2 f}{\partial x \partial y}(x_0, y_0) = \frac{\partial^2 f}{\partial y \partial x}(x_0, y_0)$.* – Die *Youngsche Ungleichung* bildet die Grundlage für die Theorie der *Orlicz-Räume*.

Aufgaben. 3.1. $f : [a, b] \to \mathbb{R}$ $(a, b \in \mathbb{R}, a < b)$ sei Lebesgue-messbar und beschränkt, $A < f < B$. Für jede Zerlegung $Y : A = y_0 < y_1 < \ldots < y_n = B$ seien $U_L(f, Y)$, $O_L(f, Y)$ die Lebesguesche Untersumme bzw. Obersumme von f (s. Einleitung zu Kapitel III) und $\delta(Y) := \max\{y_{j+1} - y_j : j = 0, \ldots, n-1\}$ das Feinheitsmaß von Y.

a) Für jede Folge $(Y^{(k)})_{k \geq 1}$ von Zerlegungen von $[A, B]$ mit $\delta(Y^{(k)}) \to 0$ gilt:

$$\lim_{k \to \infty} U_L(f, Y^{(k)}) = \lim_{k \to \infty} O_L(f, Y^{(k)}) = \int_a^b f\, d\lambda\,.$$

b)
$$\int_a^b f\, d\lambda = \sup\{U_L(f, Y) : Y \text{ Zerlegung von } [A, B]\}$$
$$= \inf\{O_L(f, Y) : Y \text{ Zerlegung von } [A, B]\}.$$

(Bemerkung: Hiermit ist gezeigt, dass für beschränkte Lebesgue-messbare Funktionen $f : [a, b] \to \mathbb{R}$ und $\mu = \lambda$ der Integralbegriff aus Definition 3.1 übereinstimmt mit der ursprünglichen Definition von H. LEBESGUE.)

3.2. Sind $a > 1$ und $f : X \to \mathbb{K}$ messbar, so ist f genau dann integrierbar, wenn

$$\sum_{n \in \mathbb{Z}} a^n \mu\left(\{a^n \leq |f| < a^{n+1}\}\right) < \infty\,.$$

3.3. Sind $f : X \to \hat{\mathbb{K}}$ messbar und $\mu(X) < \infty$, so ist f genau dann integrierbar, wenn

$$\sum_{n=1}^{\infty} \mu(\{|f| > n\}) < \infty\,.$$

3.4. Es seien $(\mu_n)_{n \geq 1}$ eine Folge von Maßen auf $\mathfrak{A}$, $\mu = \sum_{n=1}^{\infty} \mu_n$ und $f : X \to \hat{\mathbb{K}}$ messbar. Zeigen Sie: f ist genau dann μ-integrierbar, wenn $\sum_{n=1}^{\infty} \int_X |f| \, d\mu_n < \infty$, und dann gilt:

$$\int_X f \, d\mu = \sum_{n=1}^{\infty} \int_X f \, d\mu_n \, .$$

3.5. Es seien $(X, \mathfrak{A}, \mu)$ ein σ-endlicher Maßraum und $F : X \to \mathbb{K}$ eine messbare Funktion mit der Eigenschaft, dass für alle $g \in \mathcal{L}^1$ gilt: $Fg \in \mathcal{L}^1$. Dann gibt es ein $\alpha > 0$, so dass $\mu(\{|F| > \alpha\}) = 0$ ist. (Hinweis: Zu jeder Folge $(\alpha_n)_{n \geq 1}$ positiver reeller Zahlen mit $\alpha_n \uparrow \infty$ gibt es eine Folge $(\varepsilon_n)_{n \geq 1}$ positiver reeller Zahlen, so dass $\sum_{n=1}^{\infty} \varepsilon_n$ konvergiert, aber $\sum_{n=1}^{\infty} \alpha_n \varepsilon_n$ divergiert.)

3.6. Ist μ das Zählmaß auf $\mathfrak{P}(\mathbb{N})$, so ist eine Funktion $f : \mathbb{N} \to \mathbb{K}$ genau dann integrierbar, wenn $\sum_{n=1}^{\infty} f(n)$ *absolut* konvergiert, und dann gilt: $\int_{\mathbb{N}} f \, d\mu = \sum_{n=1}^{\infty} f(n)$.

3.7. Die Funktion $f : X \to \hat{\mathbb{K}}$ sei integrierbar.
a) Zu jedem $\varepsilon > 0$ gibt es ein $\delta > 0$, so dass für alle $A \in \mathfrak{A}$ mit $\mu(A) < \delta$ gilt:

$$\left| \int_A f \, d\mu \right| < \varepsilon \, .$$

(Hinweis: Zeigen Sie die Behauptung zunächst für beschränktes f.)
b) Zu jedem $\varepsilon > 0$ gibt es ein $A \in \mathfrak{A}$ mit $\mu(A) < \infty$, so dass

$$\left| \int_X f \, d\mu - \int_B f \, d\mu \right| < \varepsilon \text{ für alle } B \in \mathfrak{A} \text{ mit } B \supset A \, .$$

3.8. Die Funktion $f : [a, b] \to \mathbb{R}$ sei Lebesgue-integrierbar und $F : [a, b] \to \mathbb{R}$,

$$F(x) := \int_a^x f(t) \, dt \quad (x \in [a, b]) \, .$$

a) F ist stetig.
b) Ist f in $x_0 \in [a, b]$ stetig, so ist F in x_0 differenzierbar mit $F'(x_0) = f(x_0)$.
c) Ist f stetig in $[a, b]$, so stimmt das Riemann-Integral von f über $[a, b]$ mit dem entsprechenden Lebesgue-Integral überein.
d) Eine stetige Funktion $f : [0, \infty[\to \mathbb{K}$ ist genau dann Lebesgue-integrierbar, wenn $|f|$ über $[0, \infty[$ uneigentlich Riemann-integrierbar ist.

3.9. Ist $f : \mathbb{R} \to \hat{\mathbb{K}}$ Lebesgue-integrierbar, so ist $F : \mathbb{R} \to \mathbb{K}$, $F(x) := \int_0^x f(t) \, dt \quad (x \in \mathbb{R})$ *gleichmäßig stetig* auf $\mathbb{R}$.

3.10. Für jedes $f \in \mathcal{L}^1(\mathbb{R}^p, \mathfrak{L}^p, \lambda^p)$ gilt:

$$\lim_{t \to 0} \int_{\mathbb{R}^p} |f(x + t) - f(x)| \, dx = 0 \, .$$

(Hinweis: Satz 3.12.)

§ 4.   Fast überall bestehende Eigenschaften

«... je dirai qu'une condition est remplie *presque partout* lorsqu'elle est vérifiée en tout point, sauf aux points d'un ensemble de mesure nulle.» [5] (H. LEBESGUE [2], S. 200)

Das μ-Integral erweist sich im Folgenden als unempfindlich gegenüber Abänderungen des Integranden auf μ-Nullmengen, solange der Integrand messbar bleibt. Um diese Eigenschaft des Integrals bequem formulieren zu können, erweist sich der von H. LEBESGUE 1910 eingeführte Begriff „fast überall" als sehr zweckmäßig.

4.1 Definition. Die Eigenschaft E sei für die Elemente $x \in X$ sinnvoll. Dann sagt man, die Eigenschaft E gilt *(μ-)fast überall* auf X (Abkürzung: *(μ-)f.ü.*) oder *(μ-)fast alle $x \in X$ haben die Eigenschaft E*, wenn es eine (μ-)Nullmenge $N \in \mathfrak{A}$ gibt, so dass alle $x \in N^c$ die Eigenschaft E haben.

Sind zum *Beispiel* $f, g : X \to Y$ zwei Funktionen, so ist $f = g$ μ-f.ü. genau dann, wenn es eine μ-Nullmenge N gibt mit $f|N^c = g|N^c$. Eine numerische Funktion $f : X \to \overline{\mathbb{R}}$ ist *f.ü. endlich* genau dann, wenn es eine μ-Nullmenge N gibt mit $f(N^c) \subset \mathbb{R}$. Eine Folge von Funktionen $f_n : X \to \hat{\mathbb{K}}$ $(n \in \mathbb{N})$ *konvergiert f.ü. gegen* $f : X \to \hat{\mathbb{K}}$ genau dann, wenn eine μ-Nullmenge N existiert mit $f_n|N^c \to f|N^c$. Eine auf einer Teilmenge $A \subset X$ erklärte Funktion $f : X \to Y$ ist *f.ü. auf X definiert* genau dann, wenn es eine μ-Nullmenge N gibt mit $A^c \subset N$. Eine Funktion $f : X \to \hat{\mathbb{K}}$ ist *f.ü. beschränkt* genau dann, wenn es ein $\alpha \geq 0$, $\alpha \in \mathbb{R}$ und eine μ-Nullmenge N gibt mit $|f|N^c| \leq \alpha$. – In der Definition des Begriffs „fast überall" wird *nicht* gefordert, dass die Ausnahmemenge M der $x \in X$, welche nicht die Eigenschaft E haben, zu $\mathfrak{A}$ gehört; es wird nur verlangt, dass M *Teilmenge* einer geeigneten μ-Nullmenge $N \in \mathfrak{A}$ ist. Ist das Maß μ *vollständig* und gilt E f.ü., so ist auch $M \in \mathfrak{A}$ und $\mu(M) = 0$.

Satz 2.6 lässt sich jetzt so formulieren: *Für alle $f \in \mathcal{M}^+$ gilt:*

$$\int_X f \, d\mu = 0 \iff f = 0 \quad \mu\text{-f.ü.}$$

Korollar 3.4 besagt nun:

$$f : X \to \overline{\mathbb{R}} \text{ integrierbar} \implies |f| < \infty \ \mu\text{-f.ü.}$$

4.2 Satz. a) *Sind $f, g : X \to \overline{\mathbb{R}}$ quasiintegrierbar und $f \leq g$ μ-f.ü., so gilt*

$$\int_X f \, d\mu \leq \int_X g \, d\mu \, .$$

---

[5]... ich werde sagen, dass eine Bedingung *fast überall* erfüllt ist, wenn sie für alle Punkte bis auf die Punkte einer Menge vom Maße null gilt.

Ist insbesondere $f = g$ μ-f.ü., so gilt

$$\int_X f \, d\mu = \int_X g \, d\mu \,.$$

b) *Sind $f, g : X \to \overline{\mathbb{R}}$ messbar, f integrierbar und $f \leq g$ μ-f.ü., so ist g quasiintegrierbar und*

$$\int_X f \, d\mu \leq \int_X g \, d\mu \,.$$

c) *Sind $f, g : X \to \hat{\mathbb{K}}$ messbar, f integrierbar und $f = g$ μ-f.ü., so ist g integrierbar und*

$$\int_X f \, d\mu = \int_X g \, d\mu \,.$$

Beweis. a) $N := \{f > g\}$ ist messbar, $\mu(N) = 0$. Daher verschwindet $f^+ \cdot \chi_N \in \mathcal{M}^+$ f.ü. Wegen $f^+ \cdot \chi_{N^c} \leq g^+$ folgt:

$$\int_X f^+ \, d\mu = \int_X (f^+ \cdot \chi_N + f^+ \cdot \chi_{N^c}) \, d\mu = \int_X f^+ \cdot \chi_{N^c} \leq \int_X g^+ \, d\mu \,.$$

Ebenso ist $\int_X f^- d\mu \geq \int_X g^- d\mu$, und es folgt a).

b) Aus $f \leq g$ μ-f.ü. folgt $f^+ \leq g^+$ μ-f.ü. und $f^- \geq g^-$ μ-f.ü. Da f^- integrierbar ist, ist auch g^- integrierbar, d.h. g quasiintegrierbar und

$$\int_X f \, d\mu = \int_X f^+ \, d\mu - \int_X f^- \, d\mu \leq \int_X g^+ \, d\mu - \int_X g^- \, d\mu = \int_X g \, d\mu \,.$$

c) ist klar nach a).   □

4.3 Korollar. *Die Funktion $f : X \to \hat{\mathbb{K}}$ sei messbar, und es gebe eine integrierbare Funktion $g \in \mathcal{M}^+$ mit $|f| \leq g$ μ-f.ü. Dann ist auch f integrierbar.*

Beweis. Nach Satz 4.2 a) sind $(\mathrm{Re}f)^\pm$, $(\mathrm{Im}\,f)^\pm$ integrierbar.   □

Sind $f, g : X \to \overline{\mathbb{R}}$ integrierbar und $f \leq g$ μ-f.ü., so gilt für alle $A \in \mathfrak{A}$ nach Satz 4.2, b): $\int_A f \, d\mu \leq \int_A g \, d\mu$. Umgekehrt:

4.4 Satz. *Sind $f, g : X \to \overline{\mathbb{R}}$ integrierbar und*

$$(4.1) \qquad \int_A f \, d\mu \leq \int_A g \, d\mu \quad \text{für alle } A \in \mathfrak{A} \,,$$

so ist $f \leq g$ μ-f.ü. Gilt insbesondere in (4.1) das Gleichheitszeichen, so ist $f = g$ μ-f.ü.

Beweis. $M := \{f > g\}$ und $M_n := \{f > g + \frac{1}{n}\}$ $(n \in \mathbb{N})$ sind messbar, und (4.1) liefert:

$$\int_{M_n} f \, d\mu \geq \int_{M_n} \left(g + \frac{1}{n}\right) d\mu = \int_{M_n} g \, d\mu + \frac{1}{n}\mu(M_n) \geq \int_{M_n} f \, d\mu + \frac{1}{n}\mu(M_n),$$

also $\mu(M_n) = 0$ $(n \in \mathbb{N})$, denn $\int_{M_n} f \, d\mu \in \mathbb{R}$. Aus $M_n \uparrow M$ folgt nun $\mu(M) = 0$.
□

Einfache Beispiele lehren, dass Satz 4.4 nicht entsprechend für $f, g \in \mathcal{M}^+$ richtig ist; man setze z.B. $\mathfrak{A} = \{\emptyset, X\}$, $\mu(\emptyset) = 0$, $\mu(X) = \infty$, $f = 2 \cdot \chi_X$, $g = \chi_X$. Ist aber μ σ-endlich, so gilt:

4.5 Satz. *Ist μ σ-endlich und gilt für die quasiintegrierbaren Funktionen f, g : $X \to \overline{\mathbb{R}}$*

$$(4.2) \qquad \int_A f \, d\mu \le \int_A g \, d\mu \quad \text{für alle } A \in \mathfrak{A},$$

so ist $f \le g$ μ-f.ü. Gilt speziell in (4.2) das Gleichheitszeichen für alle $A \in \mathfrak{A}$, so ist $f = g$ μ-f.ü.

Beweis. Aus Symmetriegründen kann angenommen werden, dass f^- integrierbar ist. Dann ist $-\infty < \int_X f \, d\mu \le \int_X g \, d\mu$, also ist auch g^- integrierbar. – Wir wählen eine Folge messbarer Mengen B_n mit $B_n \uparrow X$, $\mu(B_n) < \infty$ $(n \in \mathbb{N})$ und setzen $A_n := B_n \cap \{g \le n\}$. Dann gilt $A_n \in \mathfrak{A}$ und $A_n \uparrow \{g < \infty\}$. Ferner sind $\mu(A_n) < \infty$, $g^+|A_n$ beschränkt und g^- integrierbar, also ist $g \cdot \chi_{A_n}$ integrierbar. (4.2) mit $A = B \cap A_n$ $(B \in \mathfrak{A})$ liefert nun:

$$-\infty < \int_B f \cdot \chi_{A_n} \, d\mu \le \int_B g \cdot \chi_{A_n} \, d\mu < \infty \quad \text{für alle } B \in \mathfrak{A}.$$

Insbesondere $(B = X)$ ist auch $f \cdot \chi_{A_n}$ integrierbar, und Satz 4.4 ergibt: $f \cdot \chi_{A_n} \le g \cdot \chi_{A_n}$ μ-f.ü. Mit $E := \{g < \infty\}$ ist daher $f \cdot \chi_E \le g \cdot \chi_E$ μ-f.ü., und wegen $g|E^c = \infty$ folgt $f \le g$ μ-f.ü. □

Aufgaben. 4.1. Es sei $f_n : X \to \mathbb{K}$ $(n \in \mathbb{N})$ eine Folge integrierbarer Funktionen mit $\sum_{n=1}^{\infty} \int_X |f_n| \, d\mu < \infty$. Dann konvergiert die Reihe $\sum_{n=1}^{\infty} f_n$ μ-f.ü. gegen eine integrierbare Funktion $f : X \to \mathbb{K}$, und es gilt:

$$\int_X f \, d\mu = \sum_{n=1}^{\infty} \int_X f_n \, d\mu.$$

4.2. Die Funktion $f : [0, \infty[\to \mathbb{K}$ sei Lebesgue-integrierbar. Dann gilt für λ^1-fast alle $x \in [0, \infty[$: Für *jedes* $\alpha > 0$ ist $\lim_{n \to \infty} n^{-\alpha} f(nx) = 0$. (Hinweis: Aufgabe 4.1 mit $f_n(x) = n^{-\alpha} f(nx)$.)

4.3. Es seien $(a_k)_{k \ge 1}$ irgendeine (!) streng monoton wachsende Folge natürlicher Zahlen und $f_n : [0, 1] \to \mathbb{C}$,

$$f_n(x) := \frac{1}{n} \sum_{k=1}^{n} e^{2\pi i a_k x} \quad (x \in [0, 1]).$$

Dann konvergiert $(f_n)_{n \ge 1}$ λ-f.ü. gegen 0. (Hinweis: Es ist

$$\sum_{m=1}^{\infty} \int_0^1 |f_{m^2}(x)|^2 dx < \infty,$$

und für $m^2 \leq n \leq (m+1)^2$ gilt

$$\left| f_n(x) - \frac{m^2}{n} f_{m^2}(x) \right| \leq \frac{2}{\sqrt{n}}.)$$

4.4. Für $x \in [0,1]$ sei $x = \sum_{n=1}^{\infty} d_n(x) \cdot 2^{-n}$ ($d_n(x) \in \{0,1\}$ für alle $n \in \mathbb{N}$) die *dyadische Entwicklung* von x, wobei wir die nicht abbrechende Entwicklung von x wählen, wenn x eine abbrechende und eine nicht abbrechende Entwicklung hat. Ziel der folgenden Aufgabe ist es zu zeigen, dass für λ-fast alle $x \in [0,1]$ die Folge $(d_n(x))_{n \geq 1}$ „asymptotisch ebenso viele Nullen wie Einsen" enthält. Diese Aussage lässt sich folgendermaßen präzisieren: Wir nennen mit É. BOREL ([4], S. 1055–1079) die Zahl $x \in [0,1]$ *normal*, falls $\lim_{n \to \infty} \frac{1}{n} |\{k : 1 \leq k \leq n, \ d_k(x) = 1\}| = \frac{1}{2}$. Ziel ist es nun zu zeigen: λ-*fast alle* $x \in [0,1]$ *sind normal*. Dieses Resultat hat eine sehr anschauliche wahrscheinlichkeitstheoretische Deutung: Man stelle sich eine Münze vor, die auf einer Seite eine „0" und auf der anderen Seite eine „1" trägt. Die Folge $(d_n(x))_{n \geq 1}$ (d.h. den Punkt x) kann man dann auffassen als Ergebnisfolge unendlich vieler Münzwürfe. Bei einer idealen Münze wird man erwarten, dass bei „praktisch allen" solchen Ergebnisfolgen die Zahlen „0" und „1" asymptotisch mit gleicher Häufigkeit auftreten. Das ist das sog. *starke Gesetz der großen Zahlen* von É. BOREL ([4], S. 1055–1079). Für den Beweis führen wir leicht modifizierte Bezeichnungen ein: Es seien $f_k(x) := 2(d_k(x) - \frac{1}{2})$ und $F_n := \frac{1}{n}(f_1 + \ldots + f_n)$. Wir haben zu zeigen, dass $\lim_{n \to \infty} F_n = 0$ λ-f.ü. auf $[0,1]$. Das kann in folgenden Schritten geschehen:

a) Für alle $j, k \in \mathbb{N}$ ist $\int_0^1 f_j f_k \, d\lambda = \delta_{jk}$.

b) Für alle $n \in \mathbb{N}$ ist $\int_0^1 F_n^2 \, d\lambda = \frac{1}{n}$.

c) $\lim_{n \to \infty} F_{n^2}(x) = 0$ für λ-fast alle $x \in [0,1]$. (Hinweis: Aufgabe 4.1.)

d) Für $k < l \leq m$ gilt $|F_l| \leq \frac{m-k}{k} + |F_k|$. Folgern Sie: $\lim_{n \to \infty} F_n = 0$ λ-f.ü. auf $[0,1]$.

Aufgabe 4.5. Es sei $(X, \tilde{\mathfrak{A}}, \tilde{\mu})$ die Vervollständigung von $(X, \mathfrak{A}, \mu)$. Eine Funktion $f : X \to \hat{\mathbb{K}}$ ist genau dann $\tilde{\mu}$-integrierbar, wenn eine μ-integrierbare Funktion $g : X \to \hat{\mathbb{K}}$ existiert mit $f = g$ μ-f.ü., und dann gilt: $\int_X f \, d\tilde{\mu} = \int_X g \, d\mu$. Gilt das Entsprechende auch für quasiintegrierbare Funktionen?

§ 5. Konvergenzsätze

«Si des fonctions positives, bornées sommables: $f_1(x), f_2(x), \ldots$ tendent vers une fonction bornée ou non $f(x)$ et si $\int_a^b f_n(x) \, dx$ reste, quel que soit n, inférieur à un nombre fixe, la fonction $f(x)$ est intégrable, et l'on a:

$$\int_a^b f(x) \, dx \leq \liminf \int_a^b f_n(x) \, dx.»[6]$$

(P. FATOU: *Séries trigonométriques et séries de Taylor*, Acta Math. 30, 335–400 (1906), insbes. S. 375)

---

[6]Wenn eine Folge positiver, beschränkter, integrierbarer Funktionen $f_1(x), f_2(x), \ldots$ gegen eine beschränkte oder unbeschränkte Funktion $f(x)$ konvergiert und wenn die Integrale $\int_a^b f_n(x) \, dx$ für alle n unterhalb einer festen Schranke bleiben, dann ist die Funktion $f(x)$ integrierbar, und es gilt: $\int_a^b f(x) \, dx \leq \lim_{n \to \infty} \inf \int_a^b f_n(x) \, dx$.

«Si des *fonctions sommables* f_n *forment une suite convergente et sont toutes,*
en valeur absolue, inférieures à une fonction sommable positive F, la limite f
des f_n est sommable et son intégrale est la limite de l'intégrale de f_n.»[7] (H.
LEBESGUE [2], S. 199)

1. Das Lemma von FATOU. Das Lebesguesche Integral zeichnet sich gegenüber dem Riemannschen besonders dadurch aus, dass wesentlich bessere
Konvergenzsätze gelten. Als wichtiges Resultat haben wir schon den *Satz von*
der monotonen Konvergenz kennengelernt, der besagt:

$$f_n \in \mathcal{M}^+ , \ f_n \uparrow f \Longrightarrow \int_X f_n \, d\mu \uparrow \int_X f \, d\mu \, .$$

Das folgende sog. *Lemma von* P. FATOU (1878–1929) enthält eine Verallgemeinerung des Satzes von der monotonen Konvergenz für Folgen von Funktionen
aus $\mathcal{M}^+$, die nicht notwendig konvergieren.

5.1 Lemma von P. Fatou (1906). *Für jede Folge von Funktionen* $f_n \in$
$\mathcal{M}^+$ $(n \in \mathbb{N})$ *gilt:*

$$\int_X \varliminf_{n \to \infty} f_n \, d\mu \le \varliminf_{n \to \infty} \int_X f_n \, d\mu \, .$$

Beweis. Zunächst ist $f := \varliminf_{n \to \infty} f_n \in \mathcal{M}^+$ und für $g_n := \inf_{k \ge n} f_k \in \mathcal{M}^+$ gilt
$g_n \uparrow f$. Der Satz von der monotonen Konvergenz liefert daher:

$$\lim_{n \to \infty} \int_X g_n \, d\mu = \int_X f \, d\mu \, .$$

Für alle $k \ge n$ ist aber $g_n \le f_k$ und daher $\int_X g_n \, d\mu \le \inf_{k \ge n} \int_X f_k \, d\mu$, also

$$\int_X f \, d\mu \le \lim_{n \to \infty} \inf_{k \ge n} \int_X f_k \, d\mu = \varliminf_{n \to \infty} \int_X f_n \, d\mu \, .$$

$\square$

2. Kurzbiographie von P. FATOU. PIERRE FATOU wurde am 28. Februar 1878 in Lorient
(Frankreich) geboren; er starb am 09. August 1929 in Pornichet. FATOU studierte von 1898–
1900 in Paris an der École Normale Supérieure, wo er über É. BOREL und H. LEBESGUE die
neuesten Fortschritte der Theorie der reellen Funktionen kennenlernte. Ermutigt durch das
Interesse seines Freundes H. LEBESGUE, «qui n'a cessé de s'intéresser à mes recherches et dont
les conseils m'ont été fort utiles», verfasste FATOU seine Dissertation *Séries trigonométriques*
et séries de Taylor, Acta Math. 30, 335–400 (1906). Ziel dieser Arbeit war es zu zeigen, welche
Vorteile die Lebesgue-Borelsche Theorie des Maßes und die Theorie des Lebesgue-Integrals für
die Theorie der Fourier-Reihen und für die Funktionentheorie bieten. Ein berühmtes Ergebnis
dieser Arbeit ist der sog. *Satz von* FATOU *VI.2.35: Ist die Potenzreihe* $f(z) = \sum_{n=0}^{\infty} a_n z^n$ *für*

---

[7]Wenn die integrierbaren Funktionen f_n eine konvergente Folge bilden und alle betragsmäßig unterhalb einer positiven integrierbaren Funktion F bleiben, so ist der Limes
f der f_n integrierbar und sein Integral ist der Limes der Integrale der f_n.

$|z| < 1$ *konvergent und beschränkt, so existiert für* λ-*fast alle* $\varphi \in [0, 2\pi]$ *der „radiale" Limes* $\lim_{r \to 1-} f(re^{i\varphi})$. – Rückblickend ist festzustellen, dass die Dissertation von FATOU und die Arbeiten von LEBESGUE über trigonometrische Reihen der harmonischen Analysis neue Horizonte eröffnet haben, deren Erforschung bis in die Gegenwart andauert. Dabei ist das *Lemma von* FATOU ein äußerst nützliches Hilfsmittel. – Ab 1901 wirkte FATOU am Observatorium in Paris. Neben astronomischen Arbeiten lieferte er vielerlei mathematische Arbeiten u.a. über Differentialgleichungssysteme, numerische Verfahren und Funktionalgleichungen.

3. Der Satz von der majorisierten Konvergenz.

Der folgende *Satz von der majorisierten Konvergenz* von H. LEBESGUE [2], S. 199 ist wohl neben dem Satz von der monotonen Konvergenz der am häufigsten benutzte Konvergenzsatz. Bemerkenswert ist die Allgemeinheit des Resultats: Der Fall $\mu(X) = \infty$ ist durchaus zugelassen. Die Folge $(f_n)_{n \geq 1}$ braucht nur *punktweise* gegen f zu konvergieren. Dagegen wird im üblichen Konvergenzsatz für Riemann-Integrale vorausgesetzt, dass die Funktionen f_n auf einem *kompakten* Intervall $[a, b] \subset \mathbb{R}$ definiert sind und *gleichmäßig* auf $[a, b]$ gegen die Grenzfunktion f konvergieren. Wesentliche Voraussetzung im Satz von der majorisierten Konvergenz ist die Forderung der Existenz einer *integrierbaren Majorante* $g \in \mathcal{M}^+$ der Folge $(f_n)_{n \geq 1}$:

5.2 Satz von der majorisierten Konvergenz (H. LEBESGUE 1910). *Die Funktionen* $f, f_n : X \to \hat{\mathbb{K}}$ $(n \in \mathbb{N})$ *seien messbar, und es gelte* $\lim_{n \to \infty} f_n = f$ μ-*f.ü. Ferner gebe es eine integrierbare Funktion* $g \in \mathcal{M}^+$, *so dass für alle* $n \in \mathbb{N}$ *gilt* $|f_n| \leq g$ μ-*f.ü. Dann sind* f *und alle* f_n $(n \in \mathbb{N})$ *integrierbar, und es gilt*

$$\lim_{n \to \infty} \int_X f_n \, d\mu = \int_X f \, d\mu$$

und

$$\lim_{n \to \infty} \int_X |f_n - f| \, d\mu = 0 \, .$$

Beweis. Nach Korollar 4.3 sind f und alle f_n $(n \in \mathbb{N})$ integrierbar. Wir können nach § 4 ohne Beschränkung der Allgemeinheit annehmen, dass f, g und alle f_n $(n \in \mathbb{N})$ überall Werte in $\mathbb{K}$ haben und dass überall gilt $\lim_{n \to \infty} f_n = f$, $|f_n| \leq g$ $(n \in \mathbb{N})$. Dann ist $g_n := |f| + g - |f_n - f| \in \mathcal{M}^+$ $(n \in \mathbb{N})$, und das Lemma von FATOU liefert:

$$\int_X (|f| + g) \, d\mu = \int_X \varliminf_{n \to \infty} g_n \, d\mu$$
$$\leq \varliminf_{n \to \infty} \int_X g_n \, d\mu = \int_X (|f| + g) \, d\mu - \varlimsup_{n \to \infty} \int_X |f_n - f| \, d\mu \, .$$

Hier ist das Integral von $|f| + g$ endlich. Daher folgt: $\lim_{n \to \infty} \int_X |f_n - f| \, d\mu = 0$. Wegen

$$\left| \int_X f_n \, d\mu - \int_X f \, d\mu \right| \leq \int_X |f_n - f| \, d\mu$$

ergibt das die Behauptung.   □

Das folgende Beispiel enthält eine bemerkenswerte Verschärfung eines für *stetig* differenzierbare Funktionen für das Riemann-Integral wohlbekannten Satzes.

5.3 Beispiel (H. LEBESGUE [1], S. 235). $f : [a,b] \to \mathbb{K}$ *sei differenzierbar und* f' *beschränkt. Dann ist* f' *Lebesgue-integrierbar über* $[a,b]$ *und*

$$\int_a^b f' \, d\lambda = f(b) - f(a) \, .$$

(Warnung: f' *braucht* nicht *Riemann-integrierbar zu sein! Auf diese Möglichkeit hat zuerst V. VOLTERRA (Giorn. di mat. (1) 19, 333–337 (1881)) aufmerksam gemacht. Ein Beispiel dafür findet man bei ROOIJ und SCHIKHOF [1], S. 80–83.)*

Beweis. Im Folgenden kann ohne Beschränkung der Allgemeinheit angenommen werden, dass $f : \mathbb{R} \to \mathbb{K}$ differenzierbar ist und $|f'(x)| \leq M$ für alle $x \in \mathbb{R}$ mit geeignetem $M > 0$. Mit $g_n(x) := n\left(f\left(x + \frac{1}{n}\right) - f(x)\right)$ $(x \in \mathbb{R}, n \in \mathbb{N})$ gilt $f' = \lim_{n\to\infty} g_n$. Daher ist f' messbar, denn g_n ist stetig, also ist f' über $[a,b]$ Lebesgue-integrierbar. Nach dem Mittelwertsatz der Differentialrechnung ist $|g_n(x)| = |f'(\xi_n)| \leq M$ mit geeignetem $\xi_n \in\,]x, x + \frac{1}{n}[$, also ist die Konstante M eine über $[a,b]$ integrierbare Majorante der Folge $(g_n)_{n\in\mathbb{N}}$. Der Satz von der majorisierten Konvergenz liefert:

$$\int_a^b f'(x) \, dx = \lim_{n\to\infty} \int_a^b g_n(x) \, dx \, .$$

Wegen der Stetigkeit von f ist $F(x) := \int_a^x f(t) \, dt$ differenzierbar mit $F' = f$ (s. Aufgabe 3.8), und es folgt:

$$\begin{aligned}
\int_a^b g_n(x) \, dx &= n \int_a^b \left(f\left(x + \tfrac{1}{n}\right) - f(x)\right) \, dx \\
&= n\left(F\left(b + \tfrac{1}{n}\right) - F(b)\right) - n\left(F\left(a + \tfrac{1}{n}\right) - F(a)\right) \\
&\xrightarrow[n\to\infty]{} F'(b) - F'(a) = f(b) - f(a) \, .
\end{aligned}$$

$\square$

Durch Anwendung des Satzes von der majorisierten Konvergenz auf die Folge der Teilsummen der Reihe $\sum_{k=1}^\infty f_k$ erhalten wir:

5.4 Korollar. *Die Funktionen* $f, f_n : X \to \mathbb{K}$ *seien messbar, und es gebe eine integrierbare Funktion* $g \in \mathcal{M}^+$, *so dass für alle* $n \in \mathbb{N}$ *gilt* $|\sum_{k=1}^n f_k| \leq g$ *μ-f.ü., und es sei* $f = \sum_{k=1}^\infty f_k$ *μ-f.ü. Dann sind* f *und alle* f_n *integrierbar, und es gilt*

$$\int_X f \, d\mu = \sum_{n=1}^\infty \int_X f_n \, d\mu \, .$$

5.5 Korollar. *Sei* $f : X \to \hat{\mathbb{K}}$ *integrierbar über* $A \in \mathfrak{A}$ *und* $A = \bigcup_{n=1}^\infty A_n$ *mit* $A_n \in \mathfrak{A}$ $(n \in \mathbb{N})$, $\mu(A_j \cap A_k) = 0$ *für alle* $j, k \in \mathbb{N}$, $j \neq k$. *Dann gilt:*

$$\int_A f \, d\mu = \sum_{n=1}^\infty \int_{A_n} f \, d\mu \, .$$

Beweis. Nach §4 kann gleich ohne Beschränkung der Allgemeinheit angenommen werden, dass A die disjunkte Vereinigung der A_n ist und dass $f \cdot \chi_A$ überall endlich ist. Dann ist $f \cdot \chi_A = \sum_{n=1}^{\infty} f \cdot \chi_{A_n}$, und $g := |f| \cdot \chi_A$ ist eine integrierbare Majorante der Folge der Teilsummen. Korollar 5.4 ergibt die Behauptung.   □

4. Von einem Parameter abhängige Integrale.

5.6 Satz (Stetige Abhängigkeit des Integrals von einem Parameter). *Es seien T ein metrischer Raum und $f : T \times X \to \mathbb{K}$ habe folgende Eigenschaften:*
a) *Für alle $t \in T$ ist $f(t, \cdot) \in \mathcal{L}^1$.*
b) *Für μ-fast alle $x \in X$ ist $f(\cdot, x) : T \to \mathbb{K}$ stetig im Punkt $t_0 \in T$.*
c) *Es gibt eine Umgebung U von t_0 und eine integrierbare Funktion $g \in \mathcal{M}^+$, so dass für alle $t \in U$ gilt: $|f(t, \cdot)| \leq g$ μ-f.ü.*[8]
Dann ist die Funktion $F : T \to \mathbb{K}$,

$$F(t) := \int_X f(t, x) \, d\mu(x) \quad (t \in T)$$

stetig im Punkte $t_0 \in T$, und auch die Abbildung $\Phi : T \to \mathcal{L}^1$, $\Phi(t) := f(t, \cdot) \in \mathcal{L}^1$ $(t \in T)$ ist stetig in $t_0 \in T$.

Beweis. Es sei $(t_n)_{n \geq 1}$ eine Folge von Punkten aus U mit $\lim_{n \to \infty} t_n = t_0$. Dann ergibt eine Anwendung des Satzes von der majorisierten Konvergenz auf die Folge der Funktionen $f_n := f(t_n, \cdot)$ $(n \in \mathbb{N})$ sogleich die Behauptung.   □

5.7 Satz (Differentiation unter dem Integralzeichen). *Es seien $I \subset \mathbb{R}$ ein Intervall, $t_0 \in I$, und $f : I \times X \to \mathbb{K}$ habe folgende Eigenschaften:*
a) *Für alle $t \in I$ gilt $f(t, \cdot) \in \mathcal{L}^1$.*
b) *Die partielle Ableitung $\frac{\partial f}{\partial t}(t_0, x)$ existiert für alle $x \in X$.*
c) *Es gibt eine Umgebung U von t_0 und eine integrierbare Funktion $g \in \mathcal{M}^+$, so dass für alle $t \in U \cap I$, $t \neq t_0$ gilt*

$$\left| \frac{f(t, x) - f(t_0, x)}{t - t_0} \right| \leq g(x) \quad \mu\text{-f.ü.}[9]$$

Dann ist die Funktion $F : I \to \mathbb{K}$,

$$F(t) := \int_X f(t, x) \, d\mu(x) \quad (t \in I)$$

im Punkte t_0 (ggf. einseitig) differenzierbar, $\frac{\partial f}{\partial t}(t_0, \cdot)$ ist integrierbar, und es gilt

$$F'(t_0) = \int_X \frac{\partial f}{\partial t}(t_0, x) \, d\mu(x).$$

Zusatz. *Die Aussage dieses Satzes bleibt bestehen, wenn man die Voraussetzungen b), c) ersetzt durch:*

---

[8]Die Vereinigung der Nullmengen $N_t := \{|f(t, \cdot)| > g\}$ $(t \in U)$ braucht keine Nullmenge zu sein.

[9]Die Vereinigung der Ausnahme-Nullmengen braucht keine Nullmenge zu sein.

b*) *Es gibt ein $\delta > 0$, so dass die partielle Ableitung $\frac{\partial f}{\partial t}(t, x)$ $(x \in X)$ für alle $t \in U :=]t_0 - \delta, t_0 + \delta[\cap I$ existiert.*

c*) *Es gibt eine integrierbare Funktion $g \in \mathcal{M}^+$, so dass für alle $t \in U$ und $x \in X$ gilt:*

$$\left|\frac{\partial f}{\partial t}(t, x)\right| \leq g(x).$$

Beweis. Es sei $(t_n)_{n \geq 1}$ eine Folge in U mit $\lim_{n \to \infty} t_n = t_0$, $t_n \neq t_0$ für alle $n \in \mathbb{N}$. Eine Anwendung des Satzes von der majorisierten Konvergenz auf $f_n := (f(t_n, \cdot) - f(t_0, \cdot))/(t_n - t_0)$ $(n \in \mathbb{N})$ liefert unter den Voraussetzungen a)–c) sogleich die Behauptung. – Zum Beweis des Zusatzes wenden wir den Mittelwertsatz der Differentialrechnung an und erhalten zu jedem $n \in \mathbb{N}$ und $x \in X$ ein (i.Allg. von x abhängiges!) $t'_n \in U$, so dass

$$|f_n(x)| = \left|\frac{\partial f}{\partial t}(t'_n, x)\right| \leq g(x) \quad (x \in X).$$

Wieder ergibt der Satz von der majorisierten Konvergenz das Gewünschte. □

5.8 Satz (Holomorphe Abhängigkeit des Integrals von einem komplexen Parameter). *Es sei $G \subset \mathbb{C}$ offen, und $f : G \times X \to \mathbb{C}$ habe folgende Eigenschaften:*

a) *$f(z, \cdot) \in \mathcal{L}^1$ für alle $z \in G$.*

b) *Für alle $x \in X$ ist $f(\cdot, x) : G \to \mathbb{C}$ holomorph.*

c) *Zu jeder kompakten Kreisscheibe $K \subset G$ gibt es eine integrierbare Funktion $g_K \in \mathcal{M}^+$, so dass für alle $z \in K$ gilt: $|f(z, \cdot)| \leq g_K$ μ-f.ü.*

Dann ist die Funktion $F : G \to \mathbb{C}$,

$$F(z) := \int_X f(z, x) \, d\mu(x) \quad (z \in G)$$

holomorph, für alle ganzen $n \geq 0$ ist $\frac{\partial^n f}{\partial z^n}(z, \cdot)$ integrierbar über X, und es gilt:

$$F^{(n)}(z) = \int_X \frac{\partial^n f}{\partial z^n}(z, x) \, d\mu(x) \quad (z \in G).$$

Beweis. Es seien $a \in G$ und $r > 0$ so klein, dass $K := \overline{K_{2r}(a)} \subset G$. Für alle $z \in K_{2r}(a)$ ist dann nach der Cauchyschen Integralformel für Kreisscheiben

$$f(z, x) = \frac{1}{2\pi i} \int_{\partial K_{2r}(a)} \frac{f(\zeta, x)}{\zeta - z} \, d\zeta,$$

wobei das Kurvenintegral im Riemannschen Sinn zu verstehen ist (s. Grundwissen-Band *Funktionentheorie I* von R. REMMERT). Für alle $z, w \in K_r(a)$, $z \neq w$ ist also

$$\frac{F(z) - F(w)}{z - w} = \int_X \frac{1}{2\pi i} \int_{\partial K_{2r}(a)} \frac{f(\zeta, x)}{(\zeta - z)(\zeta - w)} \, d\zeta \, d\mu(x).$$

Es sei nun $(w_k)_{k \geq 1}$ eine Folge in $K_r(a)$ mit $\lim_{k \to \infty} w_k = z$, $w_k \neq z$ für alle k und

$$\varphi_k(z, x) := \frac{1}{2\pi i} \int_{\partial K_{2r}(a)} \frac{f(\zeta, x)}{(\zeta - z)(\zeta - w_k)} \, d\zeta \, .$$

Dann ist $\varphi_k(z, \cdot) = (z - w_k)^{-1}(f(z, \cdot) - f(w_k, \cdot))$ messbar, genügt der Abschätzung

$$|\varphi_k(z, \cdot)| \leq \frac{2}{r} g_K(\cdot) \quad \mu\text{-f.ü.} \, ,$$

und es gilt wegen der gleichmäßigen Konvergenz des Integranden im Kurvenintegral

$$\lim_{k \to \infty} \varphi_k(z, x) = \frac{1}{2\pi i} \int_{\partial K_{2r}(a)} \frac{f(\zeta, x)}{(\zeta - z)^2} d\zeta = \frac{\partial f}{\partial z}(z, x) \, ;$$

die zweite Gleichheit beruht hier auf der Cauchyschen Integralformel für die Ableitung $\frac{\partial f}{\partial z}(\cdot, x)$. Der Satz von der majorisierten Konvergenz liefert nun die Behauptung für $n = 1$. Eine Fortsetzung dieser Schlussweise liefert unter Benutzung der Cauchyschen Integralformel für die höheren Ableitungen die Behauptung in vollem Umfang. $\qquad \square$

Eine vertiefte Diskussion der Differentiation eines Integrals nach einem komplexen Parameter findet man bei MATTNER [2].

5. Der Satz von SCHEFFÉ. Sind f, f_n ($n \in \mathbb{N}$) integrierbar und gilt $\int_X |f_n - f| \, d\mu \to 0$ ($n \to \infty$), so folgt auch $\int_X f_n \, d\mu \to \int_X f \, d\mu$, denn $|\int_X f_n \, d\mu - \int_X f \, d\mu| \leq \int_X |f_n - f| \, d\mu$. Der Satz von H. SCHEFFÉ (1907–1977)[10] gibt eine hinreichende Bedingung für die umgekehrte Implikation.

5.9 Satz von Scheffé (1947). *Die Funktionen* $f, f_n \in \mathcal{M}^+$ ($n \in \mathbb{N}$) *seien integrierbar, und es gelte*

$$\lim_{n \to \infty} f_n = f \; \mu\text{-f.ü.} \, , \quad \lim_{n \to \infty} \int_X f_n \, d\mu = \int_X f \, d\mu \, .$$

Dann gilt:

$$\lim_{n \to \infty} \int_X |f_n - f| \, d\mu = 0 \, .$$

Beweis. Das Lemma von FATOU liefert:

$$
\begin{aligned}
2 \int_X f \, d\mu &= \int_X \lim_{n \to \infty} (f_n + f - |f_n - f|) \, d\mu \\
&\leq \varliminf_{n \to \infty} \int_X (f_n + f - |f_n - f|) \, d\mu \\
&= 2 \int_X f \, d\mu - \varlimsup_{n \to \infty} \int_X |f_n - f| \, d\mu \, ,
\end{aligned}
$$

und es folgt die Behauptung. $\qquad \square$

---

[10]H. SCHEFFÉ: *A useful convergence theorem for probability distributions*, Ann. Math. Stat. 18, 434–438 (1947).

5.10 Korollar. *Die Funktionen* $f, f_n : X \to \hat{\mathbb{K}}$ *seien μ-integrierbar, und es gelte*

$$\lim_{n \to \infty} f_n = f \ \mu\text{-f.ü.} \ , \ \lim_{n \to \infty} \int_X |f_n| \, d\mu = \int_X |f| \, d\mu \, .$$

Dann gilt:

$$\lim_{n \to \infty} \sup_{A \in \mathfrak{A}} \left| \int_A |f_n| \, d\mu - \int_A |f| \, d\mu \right| = 0 \, .$$

Beweis. Für alle $A \in \mathfrak{A}$ ist

$$\left| \int_A |f_n| \, d\mu - \int_A |f| \, d\mu \right| \leq \int_A \left| |f_n| - |f| \right| \, d\mu \leq \int_X \left| |f_n| - |f| \right| \, d\mu \, ,$$

und Satz 5.9 ergibt die Behauptung. $\qquad\qquad\qquad\qquad\qquad\qquad \Box$

Aufgaben. 5.1. Lösen Sie Aufgabe 4.1 mithilfe des Satzes von der majorisierten Konvergenz.

5.2. Ist $f : \mathbb{R} \to \mathbb{K}$ Lebesgue-integrierbar, so gilt $\lim_{n \to \infty} f(x + n) = \lim_{n \to \infty} f(x - n) = 0$ für λ^1-fast alle $x \in \mathbb{R}$.

5.3. Für alle $f \in \mathcal{M}^+$ gilt

$$\lim_{n \to \infty} n \int_X \log \left(1 + \frac{1}{n} f \right) \, d\mu = \int_X f \, d\mu \, .$$

5.4. Erweitertes Lemma von FATOU: Die Funktionen $f, f_n : X \to \overline{\mathbb{R}}$ seien messbar und f quasiintegrierbar.
a) Ist $\int_X f \, d\mu > -\infty$ und $f_n \geq f$ μ-f.ü. ($n \in \mathbb{N}$), so gilt:

$$\int_X \varliminf_{n \to \infty} f_n \, d\mu \leq \varliminf_{n \to \infty} \int_X f_n \, d\mu \, .$$

b) Ist $\int_X f \, d\mu < \infty$ und $f_n \leq f$ μ-f.ü. ($n \in \mathbb{N}$), so gilt:

$$\int_X \varlimsup_{n \to \infty} f_n \, d\mu \geq \varlimsup_{n \to \infty} \int_X f_n \, d\mu \, .$$

c) Zeigen Sie, dass man oben auf die Voraussetzung $\int_X f \, d\mu > -\infty$ bzw. $\int_X f \, d\mu < \infty$ nicht verzichten kann und dass im Satz von der majorisierten Konvergenz die Bedingung der Existenz einer integrierbaren Majorante auch im Falle $\mu(X) < \infty$ *nicht* durch die schwächere Bedingung $\sup_{n \in \mathbb{N}} \int_X |f_n| d\mu < \infty$ ersetzt werden kann.

5.5. Es seien $f, f_n : X \to \mathbb{K}$ messbar, $\alpha \in \mathbb{R}$, $|f_n| \leq \alpha$ μ-f.ü., und es gelte $f_n \to f$ μ-f.ü. auf X, $\mu(X) < \infty$. Zeigen Sie:

$$\lim_{n \to \infty} \int_X |f_n - f| \, d\mu = 0 \, , \ \lim_{n \to \infty} \int_X f_n \, d\mu = \int_X f \, d\mu \, .$$

5.6. Es sei $\mu(X) < \infty$, und die Folge $(f_n)_{n \geq 1}$ μ-integrierbarer Funktionen $f_n : X \to \mathbb{K}$ konvergiere μ-f.ü. gleichmäßig (d.h. im Komplement einer geeigneten μ-Nullmenge gleichmäßig) gegen die messbare Funktion $f : X \to \mathbb{K}$. Dann ist f integrierbar, und es gilt:

$$\lim_{n \to \infty} \int_X |f_n - f| \, d\mu = 0 \, , \ \lim_{n \to \infty} \int_X f_n \, d\mu = \int_X f \, d\mu \, .$$

5.7. Es sei $\mathfrak{H}$ ein Halbring, der $\mathfrak{A}$ erzeuge, und $\mu|\mathfrak{H}$ sei σ-endlich. Ferner sei $f : X \to \hat{\mathbb{K}}$ eine integrierbare Funktion mit der Eigenschaft, dass $\int_A f \, d\mu = 0$ für alle $A \in \mathfrak{H}$ mit $\mu(A) < \infty$. Zeigen Sie: $f = 0$ μ-f.ü. Gilt die Aussage entsprechend für quasiintegrierbare Funktionen?

5.8. Es seien $I \subset \mathbb{R}$ ein Intervall, $a \in I$ und $f : I \to \mathbb{K}$ Lebesgue-integrierbar mit $\int_a^x f(t) \, dt = 0$ für alle $x \in I$. Dann ist $f = 0$ λ-f.ü. (H. LEBESGUE (1904), G. VITALI (1905)).

5.9. Konstruieren Sie eine positive stetige Funktion $f : \mathbb{R} \to \mathbb{R}$ mit $\lim_{|x|\to\infty} f(x) = 0$, so dass $f^\alpha \notin \mathcal{L}^1(\lambda)$ für alle $\alpha > 0$.

§ 6.   Riemann-Integral und Lebesgue-Integral

«Pour qu'une fonction bornée $f(x)$ soit intégrable, il faut et il suffit que l'ensemble de ses points de discontinuité soit de mesure nulle.»[11] (H. LEBESGUE [2], S. 45)

1. Eigentliches Riemann-Integral und Lebesgue-Integral. *Jede eigentlich Riemann-integrierbare Funktion ist Lebesgue-integrierbar, und die Integralwerte stimmen überein.* Im folgenden Satz von H. LEBESGUE (1904), der unabhängig von G. VITALI (1904) bewiesen wurde, werden die Riemann-integrierbaren Funktionen genau charakterisiert. Vorläufer dieses Satzes stammen von B. RIEMANN und von P. DU BOIS-REYMOND; s. dazu H. LEBESGUE [6], S. 26–29.

6.1 Satz. *Eine beschränkte Funktion $f : [a,b] \to \mathbb{K}$ $(a, b \in \mathbb{R}^p$, $a < b)$ ist genau dann Riemann-integrierbar, wenn die Menge ihrer Unstetigkeitsstellen eine λ^p-Nullmenge ist, und dann stimmt das Riemann-Integral von f mit dem Lebesgue-Integral überein.*

Beweis. Ohne Beschränkung der Allgemeinheit kann $\mathbb{K} = \mathbb{R}$ angenommen werden. Für $j = 1, \ldots, p$ zerlegen wir $[a_j, b_j]$ in die 2^n disjunkten Teilintervalle $[a_j, a_j + (b_j - a_j)2^{-n}]$, $]a_j + (b_j - a_j)2^{-n}, a_j + (b_j - a_j)2^{-n+1}], \ldots,]b_j - (b_j - a_j)2^{-n}, b_j]$ und erhalten durch Bildung cartesischer Produkte eine Zerlegung von $[a,b]$ in 2^{np} disjunkte Intervalle I_{nk} $(k = 1, \ldots, 2^{np})$. Mit

$$\alpha_{n,k} := \inf\{f(x) : x \in \overline{I}_{n,k}\}, \; \beta_{n,k} := \sup\{f(x) : x \in \overline{I}_{n,k}\}$$

bilden wir die Treppenfunktionen $g_n, h_n : [a,b] \to \mathbb{R}$, deren Wert auf $I_{n,k}$ gleich $\alpha_{n,k}$ bzw. $\beta_{n,k}$ ist. Dann ist $(g_n)_{n\geq 1}$ wachsend, $(h_n)_{n\geq 1}$ fallend, $g_n \leq f \leq h_n$, und

$$\int_{[a,b]} g_n \, d\lambda^p = \sum_{k=1}^{2^{np}} \alpha_{n,k} \, \lambda^p(I_{n,k}) =: U_n$$

ist die Riemannsche Untersumme zur Zerlegung $(I_{n,k})_{k=1,\ldots,2^{np}}$ und

$$\int_{[a,b]} h_n \, d\lambda^p = \sum_{k=1}^{2^{np}} \beta_{n,k} \, \lambda^p(I_{n,k}) =: O_n$$

---

[11]Dafür, dass eine beschränkte Funktion $f(x)$ [Riemann-]integrierbar ist, ist notwendig und hinreichend, dass die Menge ihrer Unstetigkeitsstellen vom Maß null ist.

die entsprechende Riemannsche Obersumme.

Ist nun f Riemann-integrierbar, so ist $\lim_{n \to \infty} U_n = \lim_{n \to \infty} O_n$. Die Funktionen $g := \lim_{n \to \infty} g_n$ und $h := \lim_{n \to \infty} h_n$ sind Borel-messbar und beschränkt, also Lebesgue-integrierbar über $[a, b]$, und der Satz von der majorisierten Konvergenz liefert:

$$\int_{[a,b]} g \, d\lambda^p = \lim_{n \to \infty} U_n = (R\text{-}) \int_a^b f(x) \, dx = \lim_{n \to \infty} O_n = \int_{[a,b]} h \, d\lambda^p \,,$$

wobei der Zusatz „$(R\text{-})$" andeutet, dass es sich um ein Riemann-Integral handelt. Aus $\int_{[a,b]} (h - g) d\lambda^p = 0$ folgt nun mit Satz 2.6: $h = g$ λ^p-f.ü., also $f = g$ λ^p-f.ü., denn es ist $g \leq f \leq h$. Da λ^p die Vervollständigung von β^p ist, lehrt Aufgabe 4.5: f ist λ^p-integrierbar über $[a, b]$ und

$$\int_{[a,b]} f \, d\lambda^p = \int_{[a,b]} g \, d\lambda^p = (R\text{-}) \int_a^b f(x) \, dx \,.$$

Bezeichnen D die Menge der Unstetigkeitsstellen von f und R die Menge der Randpunkte aller $I_{n,k}$ $(n \in \mathbb{N}, \ k = 1, \dots, 2^{np})$, so ist $D \subset R \cup \{g < h\}$ eine λ^p-Nullmenge.

Ist umgekehrt D eine λ^p-Nullmenge, so ist $g = h$ λ^p-f.ü., denn $\{g < h\} \subset D$. Der Satz von der majorisierten Konvergenz liefert also zusammen mit Satz 4.2:

$$\lim_{n \to \infty} U_n = \int_{[a,b]} g \, d\lambda^p = \int_{[a,b]} h \, d\lambda^p = \lim_{n \to \infty} O_n \,,$$

d.h. f ist Riemann-integrierbar.   □

Satz 6.1 gilt entsprechend für jede beschränkte Funktion $f : M \to \mathbb{K}$, die auf einer Jordan-messbaren Menge $M \subset \mathbb{R}^p$ definiert ist, denn eine beschränkte Menge $M \subset \mathbb{R}^p$ ist genau dann Jordan-messbar, wenn ihr Rand eine Jordan-Nullmenge ist (vgl. W. WALTER: *Analysis II*, S. 234–235).

6.2 Beispiele. a) Für $x \in [0, 1]$ sei $f(x) := 1$, falls x rational und $f(x) := 0$, falls x irrational ist. Die Funktion f ist das bekannte Beispiel von DIRICHLET ([1], S. 132) einer nicht Riemann-integrierbaren Funktion. Da f überall unstetig ist, ist auch nach Satz 6.1 evident, dass f nicht Riemann-integrierbar ist. Andererseits ist f als charakteristische Funktion der Borelschen Nullmenge $\mathbb{Q} \cap [0, 1]$ Lebesgue-integrierbar mit $\int_0^1 f \, d\lambda = 0$.

b) Für $x \in [0, 1]$ sei $f(x) := 0$, falls x irrational ist, und $f(x) := \frac{1}{q}$, falls $x \in [0, 1] \cap \mathbb{Q}$ die Bruchdarstellung $x = \frac{p}{q}$ mit minimalen ganzen $p \geq 0, q \geq 1$ hat. Die Menge $\mathbb{Q} \cap [0, 1]$ der Unstetigkeitsstellen von f ist eine λ-Nullmenge, also ist f Riemann-integrierbar mit $(R\text{-}) \int_0^1 f(x) \, dx = \int_0^1 f \, d\lambda = 0$, da $f = 0$ λ-f.ü.

c) Es seien $C \subset [0, 1]$ das Cantorsche Diskontinuum und $A \subset C, A \notin \mathfrak{B}^1$. Dann ist $f := \chi_A | [0, 1]$ auf $[0, 1] \setminus C$ stetig, d.h. die Unstetigkeitsstellen von f bilden eine Lebesguesche Nullmenge. Daher ist f Riemann-integrierbar mit

$(R\text{-}) \int_0^1 f(x)\, dx = \int_0^1 f\, d\lambda = 0$, da $f = 0$ λ-f.ü. *Eine Riemann-integrierbare Funktion braucht also nicht Borel-messbar zu sein.*

d) Ist $K \subset [0,1]$ eine nirgends dichte perfekte Menge mit $\lambda^1(K) > 0$ (s. Aufgabe II.8.1), so ist $f := \chi_K$ λ^1-integrierbar, und f stimmt nicht λ^1-f.ü. mit einer Riemann-integrierbaren Funktion überein.

In Verallgemeinerung von Satz 6.1 bewies W.H. YOUNG (Proc. London Math. Soc. (2) 13, 109–150 (1914)): *Es sei* $f : [a,b] \to \mathbb{R}$ *beschränkt und* $g : [a,b] \to \mathbb{R}$ *monoton wachsend und auf* $]a,b[$ *rechtsseitig stetig. Dann existiert das Riemann-Stieltjes-Integral* $\int_a^b f(x)\, dg(x)$ *genau dann, wenn die Menge der Unstetigkeitsstellen von* f *eine* λ_g*-Nullmenge ist, und dann gilt:* $\int_a^b f(x)\, dg(x) = \int_{[a,b]} f\, d\lambda_g$. Der Beweis von Satz 6.1 lässt dies leicht erkennen, wenn man zur Zerlegung von $]a,b[$ nur Stetigkeitspunkte von g benutzt.

2. Uneigentliches Riemann-Integral und Lebesgue-Integral.

6.3 Satz. *Ist* $I \subset \mathbb{R}$ *ein Intervall und* $f : I \to \mathbb{K}$ *Riemann-integrierbar über jedes kompakte Teilintervall von* I*, so ist* f *genau dann Lebesgue-integrierbar über* I*, wenn* $|f|$ *uneigentlich Riemann-integrierbar ist über* I*, und dann stimmt das uneigentliche Riemann-Integral von* f *über* I *mit dem Lebesgue-Integral überein.*

Beweis. Es seien $I =]a,b[$ mit $-\infty \leq a < b \leq \infty$ und $a < a_n < b_n < b$, $a_n \downarrow a$, $b_n \uparrow b$. Dann ist $f = \lim_{n\to\infty} f \cdot \chi_{[a_n,b_n]}$ nach Satz 6.1 Lebesgue-messbar. Weiter gilt nach Satz 6.1 und dem Satz von der monotonen Konvergenz:

$$(6.1) \qquad \lim_{n\to\infty} (R\text{-})\int_{a_n}^{b_n} |f(x)|\, dx = \lim_{n\to\infty} \int_I |f| \cdot \chi_{[a_n,b_n]}\, d\lambda = \int_I |f|\, d\lambda.$$

Ist nun $|f|$ uneigentlich Riemann-integrierbar über I, so ist die linke Seite dieser Gleichung endlich, also ist $|f|$ und damit auch f Lebesgue-integrierbar über I. – Ist umgekehrt f Lebesgue-integrierbar über I, so ist die rechte Seite von (6.1) endlich und $|f|$ über I uneigentlich Riemann-integrierbar.

Ist $|f|$ uneigentlich Riemann-integrierbar über I, so liefert Satz 6.1 in Verbindung mit dem Satz von der majorisierten Konvergenz:

$$(R\text{-})\int_a^b f(x)\, dx = \lim_{n\to\infty} (R\text{-})\int_{a_n}^{b_n} f(x)\, dx = \lim_{n\to\infty} \int_I f \cdot \chi_{[a_n,b_n]}\, d\lambda = \int_I f\, d\lambda.$$

Im Falle eines halboffenen Intervalls I schließt man ebenso.   □

6.4 Beispiel. Das uneigentliche Riemann-Integral

$$(6.2) \qquad\qquad\qquad (R\text{-})\int_0^\infty \frac{\sin x}{x}\, dx$$

existiert: Für $0 < a < b$ liefert eine partielle Integration

$$\left| \int_a^b \frac{\sin x}{x}\, dx \right| = \left| \left[\frac{-\cos x}{x} \right]_a^b - \int_a^b \frac{\cos x}{x^2}\, dx \right| \leq \frac{1}{a} + \frac{1}{b} + \int_a^b \frac{dx}{x^2} = \frac{2}{a},$$

und das Cauchy-Kriterium ergibt die Konvergenz von (6.2). Aber $|\sin x / x|$ ist nicht über $]0, \infty[$ uneigentlich Riemann-integrierbar, denn

$$\int_{\pi}^{(n+1)\pi} \left| \frac{\sin x}{x} \right| dx \geq \sum_{k=1}^{n} \frac{1}{(k+1)\pi} \int_{k\pi}^{(k+1)\pi} |\sin x| \, dx = \frac{2}{\pi} \sum_{k=1}^{n} \frac{1}{k+1} \to \infty .$$

Daher ist $x \mapsto \sin x / x$ nicht über $]0, \infty[$ Lebesgue-integrierbar. – Ebenso sieht man: Das Integral $\int_0^\infty \sin x / x^\alpha \, dx$ existiert für $\alpha \leq 0$ weder als uneigentliches Riemann- noch als Lebesgue-Integral, für $0 < \alpha \leq 1$ als uneigentliches Riemann-Integral, aber nicht als Lebesgue-Integral, für $1 < \alpha < 2$ als *absolut* konvergentes uneigentliches Riemann-Integral, also auch als Lebesgue-Integral und für $\alpha \geq 2$ wegen des Verhaltens bei 0 weder als Riemann- noch als Lebesgue-Integral.

6.5 Die Gammafunktion. Für $x > 0$ existiert das *Eulersche Integral*

$$(6.3) \qquad\qquad \Gamma(x) := \int_0^\infty e^{-t} \, t^{x-1} \, dt$$

als absolut konvergentes uneigentliches Riemann-Integral, also auch als Lebesgue-Integral. Zum Beweis seien $0 < \alpha < \beta < \infty$ und $x \in [\alpha, \beta]$. Dann ist

$$0 < t^{x-1} e^{-t} \leq t^{\alpha-1} \text{ für } 0 < t \leq 1 \text{ und}$$

$$0 < t^{x-1} e^{-t} \leq t^{\beta-1} e^{-t} \leq M e^{-t/2} \text{ für alle } t \geq 1$$

mit geeignetem $M > 0$. Da die Funktion $g :]0, \infty[\to \mathbb{R}$,

$$g(t) := \begin{cases} t^{\alpha-1} & \text{für } 0 < t \leq 1, \\ M e^{-t/2} & \text{für } t > 1 \end{cases}$$

uneigentlich Riemann-integrierbar ist, existiert (6.3) als absolut konvergentes uneigentliches Riemann-Integral. Die Funktion $\Gamma :]0, \infty[\to \mathbb{R}$ heisst die *Gammafunktion*. Mit partieller Integration beweist man die *Funktionalgleichung*

$$\Gamma(x+1) = x \, \Gamma(x) \quad (x > 0) .$$

Wegen $\Gamma(1) = 1$ ist also $\Gamma(n+1) = n!$ für alle ganzen $n \geq 0$.

Ist $x_0 > 0$ und wählen wir $0 < \alpha < x_0 < \beta < \infty$, so sind für die Umgebung $U =]\alpha, \beta[$ von x_0 die Voraussetzungen von Satz 5.6 erfüllt, und wir erkennen: *Die Gammafunktion ist stetig.* Differenzieren wir den Integranden in (6.3) k-mal nach x, so erhalten wir:

$$\frac{\partial^k}{\partial x^k} t^{x-1} e^{-t} = (\log t)^k \, t^{x-1} e^{-t} ,$$

und für alle $x \in [\alpha, \beta]$ hat diese Funktion die integrierbare Majorante $|\log t|^k g(t)$. Der Satz von der Differentiation unter dem Integralzeichen liefert nun sukzessive: *Die Gammafunktion ist beliebig oft differenzierbar, und für alle $k \geq 0$ gilt:*

$$(6.4) \qquad\qquad \Gamma^{(k)}(x) = \int_0^\infty (\log t)^k \, t^{x-1} e^{-t} \, dt \quad (x > 0) .$$

Wegen $\log(1+x) \le x$ $(x > -1)$ ist $(1 - t/n)^n \le e^{-t}$ für $0 \le t \le n$, und der Satz von der majorisierten Konvergenz (integrierbare Majorante: g) liefert für $x > 0$:

$$\Gamma(x) = \int_0^\infty t^{x-1} e^{-t}\, dt = \lim_{n \to \infty} \int_0^\infty t^{x-1} \left(1 - \frac{t}{n}\right)^n \chi_{]0,n[}(t)\, dt$$

$$= \lim_{n \to \infty} \int_0^n \left(1 - \frac{t}{n}\right)^n t^{x-1}\, dt\,.$$

Das letzte Integral bestimmen wir durch sukzessive partielle Integrationen und erhalten die *Gaußsche Darstellung der Gammafunktion:*

(6.5) $$\Gamma(x) = \lim_{n \to \infty} \frac{n^x\, n!}{x(x+1) \cdot \ldots \cdot (x+n)}\,.$$

Für $x = \frac{1}{2}$ liefert (6.5) zusammen mit der Wallisschen Formel

(6.6) $$\Gamma\left(\tfrac{1}{2}\right) = \sqrt{\pi}\,,$$

d.h.

(6.7) $$\int_{-\infty}^{+\infty} e^{-x^2}\, dx = \sqrt{\pi}\,,$$

was wir noch auf verschiedenen anderen Wegen herleiten werden.

Da für $x \in \mathbb{C}$ und $t > 0$ gilt $|t^x| = t^{\operatorname{Re} x}$, lassen sich die obigen Aussagen unmittelbar auf komplexe x mit $\operatorname{Re} x > 0$ ausdehnen, d.h. (6.3)–(6.5) gelten für $x \in \mathbb{C}$, $\operatorname{Re} x > 0$. – Die *Holomorphie der Gammafunktion* und Gl. (6.4) lassen sich für $\operatorname{Re} x > 0$ auch mühelos mit Satz 5.8 beweisen.

Bringt man in der Gaußschen Darstellung den Faktor $n!$ in den Nenner und fügt Faktoren $\exp(-z/k)$ ein, so erhält man für $\operatorname{Re} z > 0$

$$\Gamma(z) = \lim_{n \to \infty} \frac{\exp\left(z\left(\log n - \sum_{k=1}^n \frac{1}{k}\right)\right)}{z \prod_{k=1}^n \left(1 + \frac{z}{k}\right) \exp\left(-\frac{z}{k}\right)}\,.$$

Hier stellt $z \prod_{k=1}^\infty (1 + z/k) \exp(-z/k)$ eine *ganze* Funktion von $z \in \mathbb{C}$ dar mit den Nullstellen $0, -1, -2, \ldots$, und der Limes $\lim_{n \to \infty} \left(\log n - \sum_{k=1}^n 1/k\right)$ existiert und ist gleich $-\gamma$, wobei $\gamma = 0{,}5772\ldots$ die Eulersche Konstante ist (s. Grundwissen-Band *Funktionentheorie II* von R. REMMERT). Das liefert die meromorphe Fortsetzbarkeit der Gammafunktion in die ganze komplexe Ebene und die *Weierstraßsche Produktdarstellung:*

(6.8) $$\frac{1}{\Gamma(z)} = z e^{\gamma z} \prod_{n=1}^\infty \left(1 + \frac{z}{n}\right) e^{-\frac{z}{n}} \quad (z \in \mathbb{C})\,.$$

Insbesondere ist Γ^{-1} eine ganze Funktion, und Γ ist nullstellenfrei in $\mathbb{C}$. Wegen der Funktionalgleichung folgt aus (6.8)

$$\frac{1}{\Gamma(z)\Gamma(1-z)} = \frac{1}{(-z)\Gamma(z)\Gamma(-z)} = z \prod_{n=1}^\infty \left(1 + \frac{z}{n}\right) e^{-z/n} \prod_{n=1}^\infty \left(1 - \frac{z}{n}\right) e^{z/n}$$

$$= z \prod_{n=1}^\infty \left(1 - \frac{z^2}{n^2}\right) = \frac{1}{\pi} \sin \pi z\,.$$

(s. z.B. R. REMMERT, *loc. cit.*), also

(6.9)
$$\Gamma(z)\Gamma(1-z) = \frac{\pi}{\sin \pi z}.$$

Hieraus folgt erneut: $\Gamma\left(\frac{1}{2}\right) = \sqrt{\pi}$.

3. Mittelwertsätze der Integralrechnung.

6.6 Erster Mittelwertsatz der Integralrechnung. *Es seien $f : [a, b] \to \mathbb{R}$ Lebesgue-integrierbar, $f \geq 0$ und $g : [a, b] \to \mathbb{R}$ stetig. Dann gibt es ein $\xi \in [a, b]$, so dass*

$$\int_a^b f(x)g(x)\, dx = g(\xi) \int_a^b f(x)\, dx.$$

Beweis. Mit $\alpha = \min\{g(x) : x \in [a, b]\}$ und $\beta := \max\{g(x) : x \in [a, b]\}$ erhält man durch Integration der Ungleichung $\alpha f \leq fg \leq \beta f$:

$$\alpha \int_a^b f(x)\, dx \leq \int_a^b f(x)g(x)\, dx \leq \beta \int_a^b f(x)\, dx.$$

Der Zwischenwertsatz für stetige Funktionen ergibt unmittelbar die Behauptung. $\qquad\square$

6.7 Zweiter Mittelwertsatz der Integralrechnung (O. BONNET 1849). *Es seien $f : [a, b] \to \mathbb{R}$ Lebesgue-integrierbar und $g : [a, b] \to \mathbb{R}$ monoton. Dann gibt es ein $\xi \in [a, b]$, so dass*

$$\int_a^b f(x)g(x)\, dx = g(a) \int_a^\xi f(x)\, dx + g(b) \int_\xi^b f(x)\, dx.$$

Beweis. Ohne Beschränkung der Allgemeinheit sei g fallend. Sei $\varepsilon > 0$. Dann gibt es ein $\delta > 0$, so dass $\int_u^v |f(x)|dx < \varepsilon$ für alle $u, v \in [a, b]$ mit $0 \leq v - u < \delta$ (s. Aufgabe 3.7). Ist nun $Z : a = x_0 < x_1 < \ldots < x_n = b$ eine Zerlegung von $[a, b]$ mit $\mu(Z) := \max\{x_{k+1} - x_k : k = 0, \ldots, n - 1\} < \delta$, so ist wegen der Monotonie von g

$$\left| \int_a^b f(x)g(x)\, dx - \sum_{k=1}^n g(x_k) \int_{x_{k-1}}^{x_k} f(x)\, dx \right| \leq \sum_{k=1}^n \int_{x_{k-1}}^{x_k} |f(x)|(g(x) - g(x_k))\, dx$$

$$\leq \sum_{k=1}^n (g(x_{k-1}) - g(x_k)) \int_{x_{k-1}}^{x_k} |f(x)|\, dx \leq \varepsilon (g(a) - g(b)).$$

Für $S(Z) := \sum_{k=1}^n g(x_k) \int_{x_{k-1}}^{x_k} f(x)\, dx$ gilt also: Durchläuft Z eine Folge $Z^{(n)}$ von Zerlegungen mit $\mu(Z^{(n)}) \to 0$, so gilt:

$$\lim_{n \to \infty} S(Z^{(n)}) = \int_a^b f(x)g(x)\, dx.$$

Die Funktion $F : [a, b] \to \mathbb{R}$, $F(x) = \int_a^x f(t)\, dt$ $(x \in [a, b])$ ist stetig (Aufgabe 3.8). Mit Abelscher partieller Summation folgt:

$$S(Z) = \sum_{k=1}^n g(x_k)(F(x_k) - F(x_{k-1})) = \sum_{k=1}^{n-1} F(x_k)(g(x_k) - g(x_{k+1})) + F(b)g(b).$$

Wir setzen $\alpha := \min\{F(x) : a \leq x \leq b\}$, $\beta := \max\{F(x) : a \leq x \leq b\}$ und erhalten

$$\alpha(g(a) - g(b)) + F(b)g(b) \leq S(Z) \leq \beta(g(a) - g(b)) + F(b)g(b) \,.$$

Hier lassen wir Z eine Folge $(Z^{(n)})_{n \geq 1}$ mit $\mu(Z^{(n)}) \to 0$ durchlaufen; das ergibt für $n \to \infty$:

$$\alpha(g(a) - g(b)) + F(b)g(b) \leq \int_a^b f(x)g(x)\,dx \leq \beta(g(a) - g(b)) + F(b)g(b) \,.$$

Es gibt also ein $\eta \in [\alpha, \beta]$ mit

$$\int_a^b f(x)g(x)\,dx = \eta(g(a) - g(b)) + F(b)g(b) \,,$$

und da $\eta = F(\xi)$ ist mit geeignetem $\xi \in [a, b]$ (Zwischenwertsatz), folgt die Behauptung.   □

6.8 Korollar. *Ist in der Situation des Satzes 6.7 die Funktion $g \geq 0$ fallend, so gibt es ein $\xi \in [a, b]$, so dass*

$$\int_a^b f(x)g(x)\,dx = g(a) \int_a^\xi f(x)\,dx \,.$$

Beweis. Man wende Satz 6.7 auf $\tilde{g} := g \cdot \chi_{[a,b[}$ an.   □

6.9 Beispiel. Für jede monotone Funktion $g : [0, \infty[\to \mathbb{R}$ mit $\lim_{x \to \infty} g(x) = 0$ existiert das trigonometrische Integral

$$\varphi(x) := \int_0^\infty g(t)e^{itx}\,dt \quad (x \neq 0)$$

als uneigentliches Riemann-Integral: Nach Korollar 6.8 ist für $0 < a < b$

$$\left| \int_a^b g(t) \sin tx\,dt \right| = |g(a)| \left| \int_a^\xi \sin tx\,dt \right| \leq \frac{2}{|x|} |g(a)| \,,$$

und zusammen mit der entsprechenden Gleichung für den Kosinus liefert das Cauchy-Kriterium die Existenz des uneigentlichen Riemann-Integrals. Zusätzlich ergibt sich: $\varphi(x) = O\left(\frac{1}{x}\right)$ für $x \to \infty$.

4. Kurzbiographie von H. Lebesgue. Henri Léon Lebesgue wurde am 28. Juni 1875 in Beauvais, etwa 70 km nördlich von Paris, geboren. Sein Vater, ein Druckereiarbeiter mit ausgeprägten geistigen Interessen, starb früh an Tuberkulose und hinterließ seine junge Frau, seine Tochter Claire, den tuberkulösen Henri und einen weiteren Sohn, der bald an tuberkulöser Meningitis starb. Seine Mutter musste in Heimarbeit nähen, um den Lebensunterhalt der Familie zu sichern, denn es gab keine Versorgung aus öffentlichen Kassen. Wie Lebesgue schrieb, musste seine Mutter auf Gedeih und Verderb ihrer Arbeit gewachsen sein, die ihr nicht immer genug einbrachte, um sich satt zu essen. Dennoch stimmte sie ohne Zögern zu, als ihre Kinder berufliche Wege einschlugen, die ihr selbst lange Zeit nur Belastungen brachten.

Auf der Primarschule und der Realschule in Beauvais erkannten die Lehrer die mathematische Begabung von LEBESGUE, und ein Stipendium seiner Heimatstadt ermöglichte ihm den Besuch des Lyzeums in Paris. Während seines Studiums an der École Normale Supérieure in Paris (ab 1894) lernte LEBESGUE die intellektuelle Elite seiner Zeit kennen, blieb aber in seinem angestammten sozialen Milieu und heiratete die Schwester eines Studienfreundes. Zu seinen Studienfreunden zählten der Mathematiker P. MONTEL (1876–1975), bekannt durch den *Satz von* MONTEL über normale Familien holomorpher Funktionen, und der Physiker P. LANGEVIN (1872–1946). Nach dem Staatsexamen (1897) arbeitete LEBESGUE zwei Jahre lang in der Bibliothek der École Normale Supérieure; gleichzeitig schrieb er seine ersten Arbeiten. Von 1899–1902 unterrichtete er am Lyzeum in Nancy. Während dieser Zeit schrieb er seine *Thèse: Intégrale, longueur, aire,* die ein Markstein in der Geschichte der Mathematik wurde. Nach der Promotion (1902) wirkte LEBESGUE von 1902–1906 als Dozent an der Universität Rennes, danach als Lehrbeauftragter an der Universität Poitiers (1906–1910), anschließend als Dozent für mathematische Analysis (1910–1919) und Professor (1919–1921) an der Sorbonne, ab 1921 als Professor am Collège de France; 1922 wurde er Nachfolger von C. JORDAN in der Académie Française. Während des Ersten Weltkriegs beschäftigte LEBESGUE sich im Dienst für Erfindungen mit ballistischen Problemen und beseitigte gefährliche Fehler. Im Verlauf seiner siebzehnjährigen Tätigkeit als Lehrbeauftragter sowohl an der École Normale Supérieure (rue d'Ulm) als auch an der École Normale Supérieure de Jeunes Filles in Sèvres (1920–1937) bildete er viele Generationen französischer Gymnasiallehrer und -lehrerinnen aus. Nach längerer Krankheit starb H. LEBESGUE am 26. Juli 1941 in Paris, hochgeehrt durch Preise und Auszeichnungen von zahlreichen wissenschaftlichen Institutionen.

Die wichtigsten mathematischen Arbeiten von LEBESGUE sind der reellen Analysis gewidmet. Seine erste Arbeit (1898) enthält einen einfachen Beweis des Weierstraßschen Approximationssatzes. Von größter Bedeutung sind seine Arbeiten zur *Integrationstheorie*. Dabei kamen LEBESGUE die Vorarbeiten von É. BOREL über Maßtheorie und R. BAIRE über reelle Funktionen zustatten. R. BAIRE hatte mit den sog. *Baireschen Klassen* eine Art Hierarchie unter den Funktionen aufgestellt und damit ordnende Gesichtspunkte in die vermeintlich völlig ungeordnete Welt der unstetigen Funktionen gebracht. Ausgehend vom *Maßproblem* entwickelt LEBESGUE im ersten Kapitel seiner *Thèse* die Lebesguesche Maßtheorie auf $\mathbb{R}$ und im $\mathbb{R}^2$. Damit vervollständigt und präzisiert er die etwas raschen Andeutungen («indications un peu rapides») von É. BOREL. Im zweiten Kapitel folgt die *Integraldefinition* zunächst auf geometrischem Wege über das Maß der Ordinatenmenge im $\mathbb{R}^2$, anschließend auf analytischem Wege über die Lebesgueschen Summen, und es werden einige wichtige Eigenschaften des Integrals entwickelt: Jede Riemann-integrierbare Funktion ist Lebesgue-integrierbar mit gleichem Wert des Integrals. Hat $f : [a,b] \to \mathbb{R}$ eine beschränkte Ableitung, so gilt: $\int_a^b f'(x)\,dx = f(b) - f(a)$. (Dass für integrierbares $f : [a,b] \to \mathbb{R}$ die Funktion $F(x) := \int_a^x f(t)\,dt$ $(x \in [a,b])$ f.ü. differenzierbar ist mit $F' = f$ f.ü., wird von LEBESGUE ([1], S. 333–335) 1903 bewiesen.) Ein Konvergenzsatz gestattet, die Funktionen der Baireschen Klassen als integrierbar zu erkennen. Auch mehrfache Integrale führt LEBESGUE ein und beweist, dass mehrfache Integrationen auf einfache zurückgeführt werden können ("Satz von Fubini"). In den Kapiteln III–V der *Thèse* folgen geometrische Anwendungen auf Kurven und Flächen, und Kapitel VI ist dem *Problem von* PLATEAU (1801–1883) der Bestimmung einer Fläche minimalen Flächeninhalts mit gegebener Randkurve im $\mathbb{R}^3$ gewidmet. "It cannot be doubted that this dissertation is one of the finest which any mathematician has ever written", schreibt J.C. BURKILL in seinem Nachruf (Obituary Notices of the Fellows of the Royal Soc. 4, 483–490 (1942–44)).

Im akademischen Jahr 1902–1903 hielt LEBESGUE am Collège de France eine Vorlesung über Integrationstheorie, die er unter dem Titel *Leçons sur l'intégration et la recherche des fonctions primitives* (Paris 1904) veröffentlichte ([2], 11–154). Leitmotiv dieses Buches ist die Frage, unter welchen Bedingungen das unbestimmte Integral eine Stammfunktion des Integranden ist. Die historische Entwicklung dieses Problems wird ausführlich dargelegt: Ein Kapitel behandelt die Theorie der Integration von CAUCHY und DIRICHLET, es folgen zwei Kapitel über das Riemann-Integral, eines über Funktionen von beschränkter Variation und zwei über Stammfunktionen. Erst im letzten Kapitel geht LEBESGUE kurz auf seinen Integralbegriff ein. Dabei geht er axiomatisch vor und formuliert analog zum Maßproblem das *Integrationsproblem*. Dieses führt er auf das Maßproblem zurück und gelangt mithilfe des Lebesgue-Maßes und des Begriffs der messbaren Funktion zur analytischen und zur geometrischen Definition des Integrals. Die Untersuchung von Stammfunktionen und die Rektifikation von Kurven dienen als Anwendungsbeispiele. Mit diesem Buch wurde die Lebesguesche Integrationstheorie allgemein zugänglich. Eine zweite, wesentlich erweiterte Auflage dieses Werkes erschien 1928 ([6]).

Um zu zeigen, dass das Lebesgue-Integral für die Lösung wichtiger Probleme ein unersetzliches Hilfsmittel ist, wandte LEBESGUE sich der Theorie der Fourier-Reihen zu und erzielte folgende Resultate: Die Fourier-Koeffizienten jeder 2π-periodischen über $[0, 2\pi]$ integrierbaren Funktion konvergieren gegen null (*Lemma von* RIEMANN-LEBESGUE). Jede Fourier-Reihe darf gliedweise integriert werden. Das *Lebesguesche Konvergenzkriterium* umfasst alle klassischen Konvergenzkriterien für Fourier-Reihen. Die Folge der arithmetischen Mittel der Teilsummen der Fourier-Reihe einer 2π-periodischen über $[0, 2\pi]$ integrierbaren Funktion f konvergiert f.ü. gegen f. – Im akademischen Jahr 1904–1905 hielt LEBESGUE am Collège de France eine Vorlesung über Fourier-Reihen, die als Buch ([8]) veröffentlicht wurde. Bis zu seiner Aufnahme in die Académie Française (1922) schrieb LEBESGUE etwa 90 Bücher und Arbeiten hauptsächlich über Maß- und Integrationstheorie, Fourier-Reihen, Mengenlehre, Variationsrechnung, Theorie des Oberflächenmaßes und Dimensionstheorie. Besondere Erwähnung verdient hier seine große Arbeit *Sur l'intégration des fonctions discontinues* ([2], S. 185–274). Einen ausführlichen Überblick über diese Arbeiten gibt LEBESGUE selbst in der *Notice sur les travaux scientifiques de M. Henri Lebesgue* ([1], S. 97–175). In den Jahren 1918–1920 entbrannte in den *Ann. Sci. Éc. Norm. Supér.* eine mit gallischer Schärfe ausgetragene Polemik zwischen É. BOREL und H. LEBESGUE, die sich jedoch gegenseitig durchaus schätzten (s. B. ARNOLD: *Borel versus Lebesgue – eine Fallstudie über reelle Funktionen und Forschungsprogramme*, Diss., Darmstadt 1986). Dabei ging es auch um Prioritätsfragen. Was diese anbetrifft, ist heute unstrittig, dass die Maßtheorie auf BOREL zurückgeht, während die Integrationstheorie von LEBESGUE stammt. Ein lebendiges Bild der wissenschaftlichen Auffassungen, der lange Zeit freundschaftlichen Beziehungen und der unterschiedlichen Charaktere der Partner vermitteln die Briefe von LEBESGUE ([9]) an BOREL. In seinen letzten 20 Lebensjahren publizierte LEBESGUE zahlreiche Arbeiten pädagogischen, historischen und elementargeometrischen Inhalts.

Die ersten Arbeiten von LEBESGUE zur Integrationstheorie wurden von den zeitgenössischen Mathematikern überwiegend kühl bis feindlich aufgenommen. CHARLES HERMITE (1822 –1901) wollte anfangs die Vorankündigung der Resultate der *Thèse* nicht zur Publikation in den *C.R. Acad. Sci. Paris* annehmen. Er hatte seine Meinung schon früher in einer vielzitierten Zeile in einem Brief an STIELTJES zum Ausdruck gebracht: «Je me détourne avec effroi et horreur de cette plaie lamentable des fonctions qui n'ont point de dérivées.»[12] Auch gegen die Annahme der *Thèse* wurde Kritik geäußert. So reagierte G. DARBOUX ausgesprochen feindlich, obgleich er selbst 1875 eine gewichtige Arbeit über unstetige Funktionen geschrieben hatte. V.J. BOUSSINESQ (1842–1929), Professor für Differential- und Integralrechnung an der Sorbonne, soll gesagt haben: «Mais une fonction a tout intérêt à avoir une dérivée!»[13] É. PICARD (1856–1941), dessen Name mit den Picardschen Sätzen in der Funktionentheorie und dem Existenz- und Eindeutigkeitssatz von PICARD-LINDELÖF in der Theorie der Differentialgleichungen verbunden ist, verteidigte die Untersuchungen von LEBESGUE. Er konnte U. DINI (Pisa) zur Publikation der Lebesgueschen *Thèse* in den *Annali di Mat.* bewegen. DINI

---

[12]Ich wende mich ab mit Entsetzen und Abscheu von dieser beklagenswerten Plage von Funktionen, die überhaupt keine Ableitungen haben.

[13]Aber eine Funktion hat alles Interesse, eine Ableitung zu haben!

war auch nicht recht von der Bedeutung der Arbeit überzeugt, aber um PICARD entgegenzu-
kommen, nahm er die Arbeit zur Veröffentlichung an (s. hierzu VITALI [1], S. 9). Erst etwa
ab 1910 nahm die Anzahl der Mathematiker, die in ihren Arbeiten das Lebesgue-Integral
benutzten, rasch zu, wozu namentlich die Pionierarbeiten von P. FATOU, F. RIESZ und E.
FISCHER (1875–1954) beitrugen. Insbesondere die Arbeiten von F. RIESZ über L^p-Räume si-
cherten dem Lebesgue-Integral einen dauerhaften Platz in der Funktionalanalysis. – In einem
Nachruf schreibt P. MONTEL über H. LEBESGUE ([1], S. 84): «Il a été un grand savant, un
professeur admirable, un homme d'une incomparable noblesse morale.»[14]

Aufgaben. 6.1. a) Ist $f : [a,b] \to \mathbb{R}$ Lebesgue-messbar und beschränkt, so gilt für das
Riemannsche Ober- bzw. Unterintegral:

$$\underline{\int_a^b} f(x) \, dx \leq \int_a^b f \, d\lambda \leq \overline{\int_a^b} f(x) \, dx \,.$$

b) Es sei $U \subset]0,1[$ eine offene Menge mit $\mathbb{Q} \cap]0,1[\subset U$. Bestimmen Sie das Riemannsche Ober-
bzw. Unterintegral von χ_U. Wann ist χ_U Riemann-integrierbar?

6.2. Hat $f : [a,b] \to \mathbb{R}$ in jedem Punkt einen rechtsseitigen und einen linksseitigen Grenzwert,
so ist f Riemann-integrierbar (G. DARBOUX, *Ann. Sci. Éc. Norm. Supér.* (2) 4, 57–112
(1875)). (Bemerkung: Vgl. Aufgabe III.4.7.)

6.3. Welche der folgenden Funktionen f, g, h sind uneigentlich Riemann-integrierbar bzw.
Lebesgue-integrierbar über I?
a) $f(x) = x/\sqrt{1 + x^4}$, $I = \mathbb{R}$.
b) $g(x) = \sin x^\alpha$ $(\alpha \in \mathbb{R})$, $I =]0,\infty[$.
c) $h(x) = 2x \sin \frac{1}{x^2} - \frac{2}{x} \cos \frac{1}{x^2}$, $I =]0,1[$.

6.4. Ist $f : [0,\infty[\to [0,\infty[$ monoton fallend, so ist die Funktion $x \mapsto f(x) - f([x] + 1)$ ($[x] =$
größte ganze Zahl $\leq x$) Lebesgue-integrierbar über $[0,\infty[$.

6.5. Es seien $f : [\alpha,\beta] \to [a,b]$, $g : [a,b] \to \mathbb{R}$.
a) Ist g stetig und f Riemann-integrierbar, so ist $g \circ f$ Riemann-integrierbar (P. DU BOIS-
REYMOND (1880)).
b) Sind f, g Riemann-integrierbar, so braucht $g \circ f$ *nicht* Riemann-integrierbar zu sein.
c) Ist $g \circ f$ für *jede* stetige Funktion $f : [\alpha,\beta] \to [a,b]$ Riemann-integrierbar, so ist g stetig.
(Hinweise: Es seien $K \subset [\alpha,\beta]$ eine nirgends dichte perfekte Menge positiven Maßes, $y \in
]a,b[$, $f(x) := h(x) + y$, wobei $h : [\alpha,\beta] \to \mathbb{R}$ eine stetige Funktion ist, die auf $]\alpha,\beta[\backslash K$
positiv und hinreichend klein ist und sonst verschwindet. Nach Voraussetzung ist $g \circ f$ in
einem Punkt aus K stetig. – Die Aussage gilt entsprechend, wenn man in der Voraussetzung
nur C^∞-Funktionen f zugrunde legt.)

6.6. Es seien $(r_k)_{k \geq 1}$ eine Abzählung von $\mathbb{Q} \cap [0,1]$, und für $n \in \mathbb{N}$, $x \in [0,1]$ sei

$$f_n(x) := \sum_{k=1}^{\infty} 2^{-k}(x - r_k)^2 (1 - (x - r_k)^2)^{n-1} \,.$$

Ist $g := \sum_{n=1}^{\infty} f_n$ Riemann-integrierbar über $[0,1]$?

6.7. Für alle $x, y \in \mathbb{C}$ mit $\operatorname{Re} x > 0$, $\operatorname{Re} y > 0$ gilt:

$$\int_0^1 \frac{t^{x-1}}{1 + t^y} \, dt = \sum_{n=0}^{\infty} \frac{(-1)^n}{x + ny} \,.$$

---

[14]Er war ein großer Gelehrter, ein bewundernswürdiger Lehrer, ein Mensch von unvergleich-
lichem moralischem Adel.

(Warum konvergiert die Reihe auf der rechten Seite?)

6.8. Prüfen Sie, ob das folgende Integral als uneigentliches Riemann-Integral oder als Lebesgue-Integral existiert, und zeigen Sie:

$$\int_0^\infty \frac{1 - \cos t}{t^2 e^t}\, dt = \frac{\pi}{4} - \frac{1}{2} \log 2\,.$$

6.9. Für $s > 0$ gilt

$$\int_0^\infty \frac{dx}{\cosh x^{1/s}} = 2\Gamma(s+1) L(s)\,,$$

wobei Γ die Gammafunktion bezeichnet und $L(s) = \sum_{n=1}^\infty (-1)^n/(2n+1)^s$.

6.10. Für alle $x \in \mathbb{R}$ gilt:

$$\int_0^\infty \frac{\sin tx}{\sinh t/2}\, dt = \pi \tanh \pi x\,.$$

(Anleitung: Das Integral lässt sich in Gestalt einer unendlichen Reihe auswerten. Diese bestimmt man durch Fourier-Entwicklung der 2π-periodischen Funktion $f_\alpha : \mathbb{R} \to \mathbb{C}$, $f_\alpha(x) = \cosh \alpha x$ für $|x| \leq \pi$ und festes $\alpha \in \mathbb{C} \setminus i\mathbb{Z}$.)

6.11. Die Funktion $F : \mathbb{R} \to \mathbb{R}$,

$$F(t) := \int_0^\infty \frac{\log(1 + t^2 x^2)}{1 + x^2}\, dx \quad (t \in \mathbb{R})$$

ist wohldefiniert, stetig und in jedem Punkt $t \neq 0$ differenzierbar. Bestimmen Sie $F'(t)$ $(t \neq 0)$ explizit und zeigen Sie: $F(t) = \pi \log(1 + |t|)$ $(t \in \mathbb{R})$.

6.12. Bestimmen Sie die Ableitung der Funktion $f :\,]0, \infty[\, \to \mathbb{R}$,

$$f(t) := \int_0^\infty e^{-tx} \frac{\sin x}{x}\, dx \quad (t > 0)$$

explizit und zeigen Sie: $f(t) = \pi/2 - \arctan t$ $(t > 0)$. Zeigen Sie weiter durch Grenzübergang $t \to +0$:

$$(R\text{-}) \int_0^\infty \frac{\sin x}{x}\, dx = \frac{\pi}{2}\,.$$

6.13. Die Funktionen $F, G : \mathbb{R} \to \mathbb{R}$,

$$F(x) := \left(\int_0^x e^{-t^2}\, dt \right)^2\,, \quad G(x) := \int_0^1 \frac{e^{-x^2(1+t^2)}}{1 + t^2}\, dt$$

$(x \in \mathbb{R})$ sind differenzierbar mit $F' + G' = 0$, $F + G = \frac{\pi}{4}$. Folgern Sie:

$$\int_{-\infty}^{+\infty} e^{-x^2}\, dx = \sqrt{\pi}\,,$$

$$\int_{-\infty}^{+\infty} e^{-tx^2} x^{2n}\, dx = \sqrt{\pi}\, \frac{(2n)!}{2^{2n} n!}\, t^{-n - \frac{1}{2}} \quad (n \geq 0 \text{ ganz}\,, \; t > 0)\,.$$

Folgern Sie weiter durch Reihenentwicklung des Integranden und Anwendung des Satzes von der majorisierten Konvergenz:

$$\frac{1}{\sqrt{2\pi}} \int_{-\infty}^{+\infty} e^{-x^2/2 + itx}\, dx = e^{-t^2/2}\,.$$

6.14. Die Funktion $f : \mathbb{R} \to \mathbb{R}$,

$$f(t) := \int_0^\infty e^{-x - t^2/x} x^{-1/2}\, dx \quad (t \in \mathbb{R})$$

ist wohldefiniert, stetig, in jedem Punkt $t \neq 0$ differenzierbar und genügt der Differentialgleichung $f'(t) + 2f(t) = 0$ $(t > 0)$. Folgern Sie: $f(t) = \sqrt{\pi}\exp(-2|t|)$ $(t \in \mathbb{R})$.

6.15. Die Funktion $f : \mathbb{R} \to \mathbb{R}$,

$$f(t) := \int_{-\infty}^{+\infty} e^{-x^2/2 + itx}\, dx \quad (t \in \mathbb{R})$$

genügt der Differentialgleichung $f'(t) + tf(t) = 0$, also gilt: $f(t) = \sqrt{2\pi}\exp(-t^2/2)$.

6.16. Beweisen Sie mithilfe einer Differentiation unter dem Integralzeichen in der Gleichung

$$t^{-s}\Gamma(s) = \int_0^\infty x^{s-1}\, e^{-tx}\, dx \quad (s, t > 0)$$

die *Funktionalgleichung der Gammafunktion*: $\Gamma(s+1) = s\,\Gamma(s)$ $(s > 0)$.

6.17. a) Der Raum Span $\{\chi_I : I \in \mathcal{J}^p\}$ liegt dicht in $\mathcal{L}^1(\lambda^p)$.
b) Ist $I \subset \mathbb{R}$ ein Intervall und $f : I \to \mathbb{K}$ Lebesgue-integrierbar, so gilt:

$$\lim_{|t|\to\infty} \int_I f(x)e^{itx}\, dx = 0$$

(*Lemma von* RIEMANN-LEBESGUE).

6.18. Die Funktion

$$u_a(t) := \int_0^\infty \frac{t}{t^2 + x^2}\cos ax\, dx \quad (a, t > 0)$$

genügt der Differentialgleichung $u_a'' = a^2 u_a$ (wiederholte Differentiation unter dem Integralzeichen und partielle Integration). Daher ist $u_a(t) = \alpha e^{at} + \beta e^{-at}$ mit geeigneten $\alpha, \beta \in \mathbb{R}$. Für $a \to \infty$ konvergiert $u_a(t)$ gegen 0 (Lemma von RIEMANN-LEBESGUE), und für $a \to +0$ hat $u_a(t)$ den Limes $\pi/2$. Daher gilt:

$$\int_0^\infty \frac{t}{t^2 + x^2}\cos ax\, dx = \frac{\pi}{2}e^{-at} \quad (a, t > 0)\,.$$

Bestimmen Sie durch eine weitere Differentiation unter dem Integralzeichen das uneigentliche Riemann-Integral

$$(R\text{-})\int_0^\infty \frac{x}{t^2 + x^2}\sin ax\, dx = \frac{\pi}{2}e^{-at} \quad (a, t > 0)\,.$$

(Hinweis: Beim letzten Schritt wähle man $T > 0$ und differenziere zunächst im Integral über $]0, T]$ unter dem Integralzeichen. Den Rest kann man nach partieller Integration abschätzen. – Fortsetzung: Aufgabe V.2.13.)

6.19. Es seien $(a_n)_{n\geq 1}$ eine Folge positiver reeller Zahlen mit $\sum_{n=1}^\infty a_n \log(1 + 1/a_n) < \infty$ und $(b_n)_{n\geq 1}$ eine *beliebige* Folge reeller Zahlen. Dann konvergiert die Reihe $\sum_{n=1}^\infty a_n/|x - b_n|$ λ^1-f.ü. auf $\mathbb{R}$. (Hinweise: Es gilt $\lim_{n\to\infty} a_n = 0$. Man setze $f_n(x) := a_n/|x - b_n|$ für $a_n \leq |x - b_n|$ und $f_n(x) = 0$ sonst. Mit $A_n = \{x : f_n(x) \neq a_n/|x - b_n|\}$ gilt $\sum_{n=1}^\infty \lambda^1(A_n) < \infty$ und $\lambda^1\left(\overline{\lim_{n\to\infty}} A_n\right) = 0$. Für jedes $R > 0$ gilt nun $\int_{-R}^R \sum_{n=1}^\infty f_n\, d\lambda^1 < \infty$, also konvergiert $\sum_{n=1}^\infty f_n$ f.ü. auf $\mathbb{R}$.)

Kapitel V

Produktmaße, Satz von FUBINI und Transformationsformel

«Le procédé dont je fais usage, est fondé sur la propriété connue des intégrales doubles, d'être indépendantes de l'ordre dans lequel les deux intégrations sont effectuées. ... la justice exige aussi d'attribuer à EULER la première idée de faire servir la propriété énoncée des intégrales doubles à l'évaluation des intégrales définies simples.»[1] (DIRICHLET [1], S. 111)

Das folgende Kapitel ist vornehmlich der Diskussion „mehrfacher" Integrale gewidmet. Zentrale Sätze sind der *Satz von* FUBINI und die *Transformationsformel*. Der Satz von FUBINI gestattet die Reduktion mehrfacher Integrale auf einfache. Die Transformationsformel ist das p-dimensionale Analogon der Substitutionsregel für das Riemann-Integral.

Im folgenden Kapitel seien $(X, \mathfrak{A}, \mu)$, $(Y, \mathfrak{B}, \nu)$ zwei Maßräume, $\mathcal{M}(X, \mathfrak{A})$, $\mathcal{M}(Y, \mathfrak{B})$, $\mathcal{M}(X \times Y, \mathfrak{A} \otimes \mathfrak{B})$ die Mengen der messbaren numerischen Funktionen auf X, Y bzw. $X \times Y$ und $\mathcal{M}^+(\ldots)$ die Menge der nicht-negativen Funktionen aus $\mathcal{M}(\ldots)$.

§ 1.   Produktmaße

„Man kann in dem Raume $X \times Y$ ein Maß einführen, so daß Mengen von der Gestalt $M \times N$ meßbar sind, und zwar das Maß $\mu(M)\nu(N)$ haben (dabei bedeuten M und N meßbare Untermengen von X resp. Y),..." (ULAM [1], S. 40)

---

[1]Das Verfahren, welches ich benutze, beruht auf der bekannten Eigenschaft von Doppelintegralen, unabhängig von der Reihenfolge der Integrationen zu sein. ... die Gerechtigkeit gebietet es zudem, EULER die erste Idee zur Benutzung der genannten Eigenschaft der Doppelintegrale zur Auswertung von einfachen bestimmten Integralen zuzuschreiben.

© Springer-Verlag GmbH Deutschland, ein Teil von Springer Nature 2018
J. Elstrodt, *Maß- und Integrationstheorie*,
https://doi.org/10.1007/978-3-662-57939-8_5

1. Produkt-σ-Algebren. Wir wollen ein „Produktmaß" ρ auf $X \times Y$ definieren, so dass für alle $A \in \mathfrak{A}, B \in \mathfrak{B}$ gilt: $\rho(A \times B) = \mu(A)\,\nu(B)$ (elementargeometrische Motivation: Flächeninhalt eines Rechtecks = Länge · Breite). Als Definitionsbereich für ein solches Maß ρ bietet sich die von

$$\mathfrak{A} * \mathfrak{B} = \{A \times B : A \in \mathfrak{A}, B \in \mathfrak{B}\}$$

erzeugte *Produkt-σ-Algebra*

$$\mathfrak{A} \otimes \mathfrak{B} = \sigma(\mathfrak{A} * \mathfrak{B})$$

an. Aus Korollar III.5.8 wissen wir:

1.1 Lemma. *Ist $M \in \mathfrak{A} \otimes \mathfrak{B}$, so ist jeder Schnitt*

$$\begin{aligned}
M_a &:= \{y \in Y : (a,y) \in M\} \quad (a \in X),\\
M^b &:= \{x \in X : (x,b) \in M\} \quad (b \in Y)
\end{aligned}$$

messbar, d.h. $M_a \in \mathfrak{B}, M^b \in \mathfrak{A}$, und für jeden Messraum $(Z, \mathfrak{C})$ und jede messbare Abbildung $f : (X \times Y, \mathfrak{A} \otimes \mathfrak{B}) \to (Z, \mathfrak{C})$ sind alle Schnitte $f(a, \cdot) : (Y, \mathfrak{B}) \to (Z, \mathfrak{C}), f(\cdot, b) : (X, \mathfrak{A}) \to (Z, \mathfrak{C})$ $(a \in X, b \in Y)$ wiederum messbar.

Beweis. Diese Sachverhalte lassen sich unabhängig von den Entwicklungen aus Kap. III, § 5 auch wie folgt *ad hoc* zeigen: Die Menge $\mathfrak{M}$ aller Teilmengen $M \subset X \times Y$, für welche alle Schnitte M_a, M^b $(a \in X, b \in Y)$ messbar sind, ist eine σ-Algebra mit $\mathfrak{A} * \mathfrak{B} \subset \mathfrak{M}$, also gilt $\mathfrak{A} \otimes \mathfrak{B} \subset \mathfrak{M}$, und die erste Aussage ist bewiesen. Ist ferner $C \in \mathfrak{C}, a \in X, b \in Y$, so gilt $(f(a, \cdot))^{-1}(C) = (f^{-1}(C))_a$, $(f(\cdot, b))^{-1}(C) = (f^{-1}(C))^b$, und das liefert die zweite Aussage. $\square$

Weiter ist aus Beispiel III.5.3 bekannt: Sind $\mathfrak{E}, \mathfrak{F}$ Erzeuger von $\mathfrak{A}$ bzw. $\mathfrak{B}$ und gibt es Folgen $(A_n)_{n \geq 1}$ in $\mathfrak{E}$, $(B_n)_{n \geq 1}$ in $\mathfrak{F}$ mit $\bigcup_{n=1}^{\infty} A_n = X$, $\bigcup_{n=1}^{\infty} B_n = Y$, so ist

$$\mathfrak{E} * \mathfrak{F} = \{E \times F : E \in \mathfrak{E}, F \in \mathfrak{F}\}$$

ein Erzeuger von $\mathfrak{A} \otimes \mathfrak{B}$. Insbesondere ist $\mathfrak{J}^p * \mathfrak{J}^q = \mathfrak{J}^{p+q}$ ein Erzeuger von $\mathfrak{B}^p \otimes \mathfrak{B}^q = \mathfrak{B}^{p+q}$.

2. Produktmaße. Die Existenz eines Produktmaßes sichert der folgende Satz.

1.2 Satz. *Es gibt ein Maß $\rho : \mathfrak{A} \otimes \mathfrak{B} \to \overline{\mathbb{R}}$, so dass*

$$(1.1) \qquad \rho(A \times B) = \mu(A)\,\nu(B) \quad (A \in \mathfrak{A}, B \in \mathfrak{B}).$$

Beweis. Wir definieren zunächst ρ auf dem Halbring $\mathfrak{A} * \mathfrak{B}$ durch (1.1); dabei ist die Konvention $0 \cdot \infty := 0$ wesentlich. Dann ist $\rho : \mathfrak{A} * \mathfrak{B} \to \overline{\mathbb{R}}$ ein *Prämaß*: Zum Nachweis der σ-Additivität sei $A \times B$ die disjunkte Vereinigung der Mengen

$A_n \times B_n$ mit $A, A_n \in \mathfrak{A}$, $B, B_n \in \mathfrak{B}$ $(n \in \mathbb{N})$. Dann gilt nach Folgerung IV.2.4:

$$
\begin{aligned}
\rho(A \times B) &= \int_X \nu(B)\, \chi_A(x)\, d\mu(x) = \int_X \nu((A \times B)_x)\, d\mu(x) \\
&= \int_X \nu\left(\bigcup_{n=1}^{\infty}(A_n \times B_n)_x\right) d\mu(x) = \int_X \sum_{n=1}^{\infty} \nu\left((A_n \times B_n)_x\right) d\mu(x) \\
&\overset{(!)}{=} \sum_{n=1}^{\infty} \int_X \nu\left((A_n \times B_n)_x\right) d\mu(x) = \sum_{n=1}^{\infty} \rho(A_n \times B_n)\,;
\end{aligned}
$$

dabei gilt die Gleichheit (!) nach Korollar IV.2.8. Nach dem Fortsetzungssatz II.4.5 lässt sich das Prämaß $\rho : \mathfrak{A} * \mathfrak{B} \to \overline{\mathbb{R}}$ fortsetzen zu einem Maß auf $\sigma(\mathfrak{A} * \mathfrak{B}) = \mathfrak{A} \otimes \mathfrak{B}$. $\qquad\square$

Damit ist die Existenz eines Produktmaßes gesichert, aber nicht die Eindeutigkeit. – Offenbar ist die Konstruktion von ρ mithilfe des Fortsetzungssatzes recht unhandlich. Einen flexiblen Kalkül verspricht folgender Ansatz, der bisweilen nach B. CAVALIERI (1598–1647), einem Schüler von G. GALILEI, benannt wird (s. Abschnitt **3.** des vorliegenden Paragrafen): Ist $M \in \mathfrak{A} \otimes \mathfrak{B}$, so ist jeder Schnitt M_x messbar, und es liegt nahe, die Funktion $x \mapsto \nu(M_x)$ bez. μ zu integrieren:

$$
\rho(M) := \int_X \nu(M_x)\, d\mu(x)\,.
$$

Dieser Ansatz ist nur sinnvoll, wenn die Funktion unter dem Integralzeichen aus $\mathcal{M}^+(X, \mathfrak{A})$ ist. Letzteres ist der Fall, wenn ν σ-endlich ist:

1.3 Satz. *Ist ν σ-endlich, so ist für jedes $M \in \mathfrak{A} \otimes \mathfrak{B}$ die Funktion $x \mapsto \nu(M_x)$ $\mathfrak{A}$-messbar, und $\rho : \mathfrak{A} \otimes \mathfrak{B} \to \overline{\mathbb{R}}$,*

$$
(1.2) \qquad \rho(M) := \int_X \nu(M_x)\, d\mu(x) \quad (M \in \mathfrak{A} \otimes \mathfrak{B})
$$

ist ein Maß auf $\mathfrak{A} \otimes \mathfrak{B}$ mit

$$
(1.3) \qquad \rho(A \times B) = \mu(A)\, \nu(B) \quad (A \in \mathfrak{A}, B \in \mathfrak{B})\,.
$$

Beweis. Zunächst müssen wir zeigen, dass $f_M : X \to \overline{\mathbb{R}}, f_M(x) := \nu(M_x)$ $(x \in X; M \in \mathfrak{A} \otimes \mathfrak{B})$ $\mathfrak{A}$-messbar ist; dieses ist die wesentliche Schwierigkeit im folgenden Beweis. Zu diesem Ziel benutzen wir das *Prinzip der guten Mengen* und setzen

$$
\mathfrak{M} := \{M \in \mathfrak{A} \otimes \mathfrak{B} : f_M \text{ ist } \mathfrak{A}\text{-messbar}\}\,.
$$

Für $A \in \mathfrak{A}, B \in \mathfrak{B}$ ist

$$
f_{A \times B}(x) = \nu(B)\, \chi_A(x) \quad (x \in X)
$$

offenbar $\mathfrak{A}$-messbar, also gilt $\mathfrak{A} * \mathfrak{B} \subset \mathfrak{M}$. Die weitere Argumentation erfolgt in zwei Schritten:

(1) *Ist $\nu(Y) < \infty$, so ist $\mathfrak{M} = \mathfrak{A} \otimes \mathfrak{B}$.*

Begründung: $\mathfrak{M}$ ist ein *Dynkin-System* über $X \times Y$, denn es gilt:

a) $X \times Y \in \mathfrak{M}$, denn $f_{X \times Y}$ ist konstant gleich $\nu(Y)$.

b) Für $M \in \mathfrak{M}, x \in X$ ist wegen der Subtraktivität des Maßes ($\nu(Y) < \infty$!)

$$f_{M^c}(x) = \nu((M_x)^c) = \nu(Y) - f_M(x)$$

eine $\mathfrak{A}$-messbare Funktion.

c) Ist $(M_n)_{n \geq 1}$ eine Folge disjunkter Mengen aus $\mathfrak{M}$, so ist $\bigcup_{n=1}^{\infty} M_n \in \mathfrak{M}$, denn $f_{\bigcup_{n=1}^{\infty} M_n} = \sum_{n=1}^{\infty} f_{M_n}$ ist $\mathfrak{A}$-messbar.

Insgesamt ist $\mathfrak{M}$ ein Dynkin-System, das den durchschnittsstabilen Erzeuger $\mathfrak{A} * \mathfrak{B}$ von $\mathfrak{A} \otimes \mathfrak{B}$ umfasst. Nach Satz I.6.7 ist das von $\mathfrak{A} * \mathfrak{B}$ erzeugte Dynkin-System $\mathfrak{D}$ gleich $\mathfrak{A} \otimes \mathfrak{B}$, und aus $\mathfrak{D} \subset \mathfrak{M} \subset \mathfrak{A} \otimes \mathfrak{B}$ folgt $\mathfrak{M} = \mathfrak{A} \otimes \mathfrak{B}$. (*Bemerkung:* Alternativ kann man auch so schließen: $\mathfrak{M}$ ist eine *monotone Klasse*, die den von $\mathfrak{A} * \mathfrak{B}$ erzeugten Ring umfasst. Satz I.6.2 liefert daher $\mathfrak{M} = \mathfrak{A} \otimes \mathfrak{B}$.) –

(2) *Ist ν σ-endlich, so ist $\mathfrak{M} = \mathfrak{A} \otimes \mathfrak{B}$.*

Begründung: Sei $(B_n)_{n \geq 1}$ eine Folge von Mengen aus $\mathfrak{B}$ mit $B_n \uparrow Y$, $\nu(B_n) < \infty$ ($n \in \mathbb{N}$) und $\nu_n : \mathfrak{B} \to \overline{\mathbb{R}}, \nu_n(B) := \nu(B \cap B_n)$ ($B \in \mathfrak{B}$). Für jedes $M \in \mathfrak{A} \otimes \mathfrak{B}$ ist $x \mapsto \nu_n(M_x)$ nach (1) $\mathfrak{A}$-messbar, also ist auch $f_M(x) = \lim_{n \to \infty} \nu_n(M_x)$ eine $\mathfrak{A}$-messbare Funktion von $x \in X$, d.h. $\mathfrak{M} = \mathfrak{A} \otimes \mathfrak{B}$. –

Damit ist die durch (1.2) definierte Funktion ρ sinnvoll und offenbar gilt (1.3). Zum Nachweis der σ-Additivität von ρ sei $(M_n)_{n \geq 1}$ eine Folge disjunkter Mengen aus $\mathfrak{A} \otimes \mathfrak{B}$. Dann gilt:

$$\rho\left(\bigcup_{n=1}^{\infty} M_n\right) = \int_X \nu\left(\left(\bigcup_{n=1}^{\infty} M_n\right)_x\right) d\mu(x) = \int_X \sum_{n=1}^{\infty} \nu((M_n)_x) \, d\mu(x)$$

$$= \sum_{n=1}^{\infty} \int_X \nu((M_n)_x) \, d\mu(x) = \sum_{n=1}^{\infty} \rho(M_n);$$

hier ist die Vertauschung von Summation und Integration nach Korollar IV.2.8 zulässig. $\qquad\Box$

Ist ν nicht σ-endlich, so ist der Ansatz (1.2) zur Definition eines Produktmaßes nicht sinnvoll, denn $x \mapsto \nu(M_x)$ braucht nicht messbar zu sein; BEHRENDS [1], S. 96 gibt ein Beispiel dafür. – Auch für σ-endliches ν braucht das Maß ρ aus (1.2) nicht das einzige Maß auf $\mathfrak{A} \otimes \mathfrak{B}$ zu sein, das (1.3) erfüllt:

1.4 Beispiel. Es seien $(X, \mathfrak{A}) = (Y, \mathfrak{B}) := (\mathbb{R}, \mathfrak{B}^1)$, μ das Zählmaß auf $\mathfrak{B}^1$ und $\nu := \beta^1$. Wir wissen aus dem Beweis von Satz 1.2, dass ρ gemäß (1.1) ein Prämaß auf $\mathfrak{B}^1 * \mathfrak{B}^1$ ist. Bezeichnet η das äußere Maß zu ρ, so ist $\pi := \eta|\mathfrak{B}^2$ nach Kap. II eine Maßfortsetzung von ρ. Offenbar ist $D := \{(x, x) : x \in [0, 1]\} \in \mathfrak{B}^2$. Wäre $\pi(D) < \infty$, so gäbe es Mengen $A_n, B_n \in \mathfrak{B}^1$ ($n \in \mathbb{N}$) mit $D \subset \bigcup_{n=1}^{\infty} A_n \times B_n$ und $\sum_{n=1}^{\infty} \mu(A_n) \cdot \beta^1(B_n) < \infty$. Für alle $n \in \mathbb{N}$ ist daher A_n endlich oder $\beta^1(B_n) = 0$. Die Vereinigung A aller endlichen A_n ist abzählbar, die Vereinigung B aller B_n mit $\beta^1(B_n) = 0$ ist eine β^1-Nullmenge, und es gilt $D \subset (A \times \mathbb{R}) \cup (\mathbb{R} \times B)$. Bezeichnet nun pr_1 die Projektion auf die erste Koordinate, so ist einerseits

$\mathrm{pr}_1(D \setminus (A \times \mathbb{R})) = [0,1] \setminus A$, während andererseits $\mathrm{pr}_1(D \setminus (A \times \mathbb{R})) \subset B, \beta^1(B) = 0$: Widerspruch! Es folgt $\pi(D) = \infty$. – Nun ist aber $\nu = \beta^1$ σ-endlich, und nach Satz 1.3 ist $\rho : \mathfrak{B}^2 \to \overline{\mathbb{R}}$,

$$\rho(M) := \int_{\mathbb{R}} \beta^1(M_x) \, d\mu(x) \quad (M \in \mathfrak{B}^2)$$

eine Maßfortsetzung des Prämaßes (1.1) mit $\rho(D) = 0$. Das ursprüngliche Prämaß (1.1) hat also zwei verschiedene Maßfortsetzungen. – Im vorliegenden Beispiel ist bemerkenswert, dass die Abbildung $y \mapsto \mu(M^y)$ $(M \in \mathfrak{B}^2)$ immer noch Lebesgue-messbar ist. (Das wird bei BEHRENDS [1], S. 94–96 bewiesen.) Daher ist $\sigma : \mathfrak{B}^2 \to \overline{\mathbb{R}}$,

$$\sigma(M) := \int_{\mathbb{R}} \mu(M^y) \, d\lambda^1(y) \quad (M \in \mathfrak{B}^2)$$

eine dritte Maßfortsetzung von (1.1). Wegen $\sigma(D) = 1$ ist $\sigma \neq \rho$ und $\sigma \neq \pi$.

1.5 Satz und Definition. *Sind μ und ν σ-endlich, so gibt es genau ein Maß $\mu \otimes \nu : \mathfrak{A} \otimes \mathfrak{B} \to \overline{\mathbb{R}}$ mit*

$$(1.4) \qquad \mu \otimes \nu(A \times B) = \mu(A)\nu(B) \quad (A \in \mathfrak{A}, B \in \mathfrak{B}),$$

und zwar ist

$$(1.5) \qquad \mu \otimes \nu(M) = \int_X \nu(M_x) \, d\mu(x) = \int_Y \mu(M^y) \, d\nu(y) \quad (M \in \mathfrak{A} \otimes \mathfrak{B}).$$

Das Maß $\mu \otimes \nu$ ist σ-endlich und heißt das **Produktmaß** *von μ und ν.*

Beweis. Das Prämaß $\rho : \mathfrak{A} * \mathfrak{B} \to \overline{\mathbb{R}}, \rho(A \times B) = \mu(A)\nu(B)$ $(A \in \mathfrak{A}, B \in \mathfrak{B})$ aus dem Beweis von Satz 1.2 ist σ-endlich, denn aus $A_n \in \mathfrak{A}, B_n \in \mathfrak{B}, A_n \uparrow X, B_n \uparrow Y, \mu(A_n) < \infty, \nu(B_n) < \infty$ folgt $A_n \times B_n \uparrow X \times Y, \rho(A_n \times B_n) < \infty$ $(n \in \mathbb{N})$. Nach Korollar II.5.7 gibt es also genau ein Maß $\mu \otimes \nu : \mathfrak{A} \otimes \mathfrak{B} \to \overline{\mathbb{R}}$ mit (1.4), und $\mu \otimes \nu$ ist σ-endlich. Andererseits ist das Maß ρ aus (1.2) ein Maß auf $\mathfrak{A} \otimes \mathfrak{B}$ mit (1.3), also ist $\rho = \mu \otimes \nu$. Aus Symmetriegründen ist auch $\sigma : \mathfrak{A} \otimes \mathfrak{B} \to \overline{\mathbb{R}}$,

$$\sigma(M) := \int_Y \mu(M^y) \, d\nu(y) \quad (M \in \mathfrak{A} \otimes \mathfrak{B})$$

ein Maß mit $\sigma(A \times B) = \mu(A)\nu(B)$ $(A \in \mathfrak{A}, B \in \mathfrak{B})$, also ist auch $\sigma = \mu \otimes \nu$. $\qquad \square$

1.6 Korollar. *Für alle $M \in \mathfrak{A} \otimes \mathfrak{B}$ sind folgende Aussagen a)–c) äquivalent:*
a) $\mu \otimes \nu(M) = 0$.
b) $\nu(M_x) = 0$ *für μ-fast alle $x \in X$.*
c) $\mu(M^y) = 0$ *für ν-fast alle $y \in Y$.*

Beweis: klar nach (1.5) und Satz IV.2.6. $\qquad \square$

1.7 Beispiele. a) Für die σ-Algebren $\mathfrak{B}^p$ und $\mathfrak{B}^q$ gilt $\mathfrak{B}^p \otimes \mathfrak{B}^q = \mathfrak{B}^{p+q}$. Die entsprechenden Lebesgue-Borelschen Maße $\beta^p \otimes \beta^q$ und β^{p+q} stimmen auf dem erzeugenden Halbring $\mathfrak{J}^p * \mathfrak{J}^q = \mathfrak{J}^{p+q}$ überein, also gilt

$$\beta^p \otimes \beta^q = \beta^{p+q}.$$

b) Für $X \in \mathfrak{B}^p$ setzen wir $\mathfrak{B}^p_X := \mathfrak{B}^p|X, \beta^p_X := \beta^p|\mathfrak{B}^p_X$. Sind nun $X \in \mathfrak{B}^p, Y \in \mathfrak{B}^q$, so erzeugt der Halbring $\mathfrak{B}^p_X * \mathfrak{B}^q_Y$ die σ-Algebra $\mathfrak{B}^p_X \otimes \mathfrak{B}^q_Y$, und nach Korollar III.5.12 ist $\mathfrak{B}^p_X \otimes \mathfrak{B}^q_Y = \mathfrak{B}^{p+q}_{X \times Y}$. Da die Maße $\beta^p_X \otimes \beta^q_Y$ und $\beta^{p+q}_{X \times Y}$ nach a) auf dem Erzeuger $\mathfrak{B}^p_X * \mathfrak{B}^q_Y$ dieser σ-Algebra übereinstimmen, erhalten wir:

$$\beta^p_X \otimes \beta^q_Y = \beta^{p+q}_{X \times Y}.$$

c) Die σ-Algebra $\mathfrak{L}^p \otimes \mathfrak{L}^q$ ist in $\mathfrak{L}^{p+q}$ echt enthalten (Aufgabe 1.1). Daher ist λ^{p+q} eine echte Fortsetzung von $\lambda^p \otimes \lambda^q$. Das Maß λ^{p+q} ist vollständig, $\lambda^p \otimes \lambda^q$ unvollständig.

d) Die Funktionen $F : \mathbb{R}^p \to \mathbb{R}, G := \mathbb{R}^q \to \mathbb{R}$ seien wachsend und rechtsseitig stetig und $H : \mathbb{R}^{p+q} \to \mathbb{R}, H(x,y) := F(x)G(y)$ $(x \in \mathbb{R}^p, y \in \mathbb{R}^q)$. Dann stimmen die zugehörigen Lebesgue-Stieltjesschen Maße $\lambda_F \otimes \lambda_G$ und λ_H auf $\mathfrak{J}^p * \mathfrak{J}^q$ überein (Aufgabe II.3.3), also gilt:

$$(\lambda_F|\mathfrak{B}^p) \otimes (\lambda_G|\mathfrak{B}^q) = \lambda_H|\mathfrak{B}^{p+q}.$$

e) Ist auch nur eines der Maße μ, ν nicht σ-endlich, und existieren beide Integrale unter (1.5), so brauchen diese Integrale nicht gleich zu sein, wie Beispiel 1.4 lehrt.

1.8 Beispiel: Kugelvolumen im $\mathbb{R}^p$ (C.G.J. JACOBI : *Werke III*, S. 257). *Für das Volumen $V_p(R) = \beta^p(K_R(0))$ einer Kugel vom Radius $R > 0$ im $\mathbb{R}^p$ gilt:*

$$V_p(R) = \begin{cases} \frac{(2\pi)^{p/2}}{p(p-2)\cdot\ldots\cdot 4\cdot 2}R^p, & \text{falls } p \text{ gerade}, \\ \frac{2(2\pi)^{(p-1)/2}}{p(p-2)\cdot\ldots\cdot 3\cdot 1}R^p, & \text{falls } p \text{ ungerade}, \end{cases}$$

$$(1.6) \qquad = \frac{\pi^{p/2}}{\Gamma\left(\frac{p}{2}+1\right)}R^p \quad (p \geq 1),$$

wobei Γ die Gammafunktion bezeichnet.

Beweis. Nach Korollar III.2.6 ist $V_p(R) = \omega_p R^p$ mit $\omega_p = \beta^p(K_1(0))$. Für $p \geq 2$ ist $\mathbb{R}^p = \mathbb{R} \times \mathbb{R}^{p-1}, \beta^p = \beta^1 \otimes \beta^{p-1}$, und für $-1 < x < 1$ ist der Schnitt $(K_1(0))_x$ eine $(p-1)$-dimensionale Kugel vom Radius $\sqrt{1-x^2}$. Daher liefert (1.5):

$$\omega_p = \omega_{p-1} \int_{-1}^1 (1-x^2)^{(p-1)/2}dx = 2\omega_{p-1} \int_0^{\pi/2} \sin^p t \, dt$$

(Substitution: $x = \cos t$). Das letzte Integral wird (üblicherweise bei der Herleitung des Wallisschen Produkts) mithilfe sukzessiver partieller Integrationen berechnet:

$$\int_0^{\pi/2} \sin^p t \, dt = \begin{cases} \frac{(p-1)(p-3)\cdot\ldots\cdot 3\cdot 1}{p(p-2)\cdot\ldots\cdot 4\cdot 2} \cdot \frac{\pi}{2} & \text{, falls } p \text{ gerade,} \\[2ex] \frac{(p-1)(p-3)\cdot\ldots\cdot 4\cdot 2}{p(p-2)\cdot\ldots\cdot 3\cdot 1} & \text{, falls } p \text{ ungerade.} \end{cases}$$

Damit ist $V_p(R)/V_{p-2}(R) = \frac{2\pi}{p} R^2$ $(p \geq 3)$. Die rechte Seite von (1.6) genügt derselben Rekursion, und da (1.6) für $p = 1$ $\left(\Gamma\left(\frac{1}{2}\right) = \sqrt{\pi}(!)\right)$ und für $p = 2$ gilt, folgt die Behauptung. □

1.9 Beispiel (SIERPIŃSKI [1], S. 328–330). *Es gibt eine Menge* $A \subset [0,1]^2$, $A \notin \mathfrak{L}^2$, *so dass jeder Schnitt* A_x $(x \in \mathbb{R})$ *und jeder Schnitt* A^y $(y \in \mathbb{R})$ *höchstens einen Punkt enthält.* Das bedeutet: In Korollar 1.6 und in Aufgabe 1.4 wird die Implikation „b) $\Longrightarrow$ a)" ohne die Voraussetzung der Messbarkeit von M falsch. Obgleich für die Menge A beide Integrale in (1.5) (mit $\mu = \nu = \beta^1$) sinnvoll sind, ist A nicht Lebesgue-messbar.

Beweis. Wir beginnen mit einer *Vorbemerkung: Jede Menge* $M \in \mathfrak{L}^1$ *mit* $\lambda^1(M) > 0$ *hat die Mächtigkeit* $\mathfrak{c}$. *Begründung:* Es gibt ein Kompaktum $K \subset M$ mit $\lambda^1(K) > 0$ (Korollar II.7.2). Nach dem Satz von CANTOR-BENDIXSON (s. z.B. HEWITT-STROMBERG [1], S. 72) hat K eine Zerlegung $K = Q \cup C$ in eine perfekte Menge Q und eine abzählbare Menge C. Da K überabzählbar ist, ist $Q \neq \emptyset$, und nach einem bekannten Satz von CANTOR (s. *loc. cit.*) ist $|Q| \geq \mathfrak{c}$, also $|M| = \mathfrak{c}$. –

Zur *Konstruktion der Menge* A argumentieren wir ähnlich wie im Beweis des Satzes III.3.10: Die Menge $\mathfrak{K} := \{K \subset [0,1]^2 : K \text{ kompakt}, \beta^2(K) > 0\}$ hat nach Lemma III.3.9 die Mächtigkeit $\mathfrak{c}$. Nach dem Wohlordnungssatz können wir die Elemente von $\mathfrak{K}$ indizieren mithilfe der Ordinalzahlen $< \eta$, wobei η die kleinste Ordinalzahl mit $\mathfrak{c}$ Vorgängern ist: $\mathfrak{K} = \{K_\alpha : \alpha < \eta\}$. Wir konstruieren A mithilfe einer Definition durch transfinite Induktion: Es sei (a_0, b_0) ein beliebiger Punkt von K_0. Weiter sei nun $\alpha < \eta$ und für alle $\beta < \alpha$ sei $(a_\beta, b_\beta) \in K_\beta$ schon so definiert, dass alle Schnitte der Menge $\{(a_\beta, b_\beta) : \beta < \alpha\}$ höchstens einelementig sind. Nach der Vorbemerkung und Korollar 1.6 hat die Menge der $x \in [0,1]$ mit $\beta^1((K_\alpha)_x) > 0$ die Mächtigkeit $\mathfrak{c}$, während $|\{a_\beta : \beta < \alpha\}| < \mathfrak{c}$. Daher existiert ein $a_\alpha \in [0,1] \setminus \{a_\beta : \beta < \alpha\}$, so dass $\lambda^1((K_\alpha)_{a_\alpha}) > 0$, und da auch der Schnitt $(K_\alpha)_{a_\alpha}$ die Mächtigkeit $\mathfrak{c}$ hat, gibt es ein $b_\alpha \in (K_\alpha)_{a_\alpha} \setminus \{b_\beta : \beta < \alpha\}$. Damit ist für alle $\alpha < \eta$ ein Punkt (a_α, b_α) definiert, und wir zeigen:

$$A := \{(a_\alpha, b_\alpha) : \alpha < \eta\}$$

leistet das Verlangte. Offenbar sind alle Schnitte von A höchstens einelementig. Wäre nun $A \in \mathfrak{L}^2$, so wäre $\lambda^2(A) = 0$ nach Aufgabe 1.4, also $\lambda^2([0,1]^2 \setminus A) = 1$. Nach Korollar II.7.2 gäbe es dann ein $K \in \mathfrak{K}$ mit $K \subset [0,1]^2 \setminus A$: Widerspruch, denn nach Konstruktion ist $K \cap A \neq \emptyset$. □

3. Das Cavalierische Prinzip. In seiner schon früh mit dem Vorwurf der Dunkelheit bedachten *Geometria indivisibilibus continuorum nova quadam ratione promota* (Bologna 1635, 2. Ausg. 1653) formuliert der Jesuat (nicht Jesuit(!))[2] B. CAVALIERI folgendes Prinzip: *„Figurae planae habent inter se eamdem rationem, quam earum omnes lineae iuxta quamuis regulam[3] assumtae, et figurae solidae quam earum omnia plana iuxta quamuis regulam assumta."* In freier Übersetzung lässt sich das etwa so aussprechen: *Ebene Figuren bzw. räumliche Körper stehen (dem Maße nach) in demselben Verhältnis wie in gleicher Höhe zwischen beiden geführte gerade bzw. ebene Schnitte.* – Als maßtheoretische Version dieses Prinzips folgt aus Satz 1.5 unmittelbar:

1.10 Cavalierisches Prinzip. *Es seien μ, ν σ-endlich, und für $M, N \in \mathfrak{A} \otimes \mathfrak{B}$ gelte*

$$\nu(M_x) = \nu(N_x) \text{ für } \mu\text{-fast alle } x \in X \,.$$

Dann ist

$$\mu \otimes \nu(M) = \mu \otimes \nu(N) \,.$$

1.11 Volumenbestimmung der Kugel nach ARCHIMEDES. In seiner *Methodenlehre*[4] gibt ARCHIMEDES eine elegante Begründung dafür, „daß die Kugel viermal so groß ist wie ein Kegel, dessen Grundfläche dem größten Kreis der Kugel gleich ist, die Höhe aber dem Radius der Kugel, und daß ein Zylinder, dessen Grundfläche dem größten Kreis der Kugel gleich ist, die Höhe aber dem Durchmesser des Kreises, anderthalbmal so groß ist wie die Kugel ..." Indem wir die von ARCHIMEDES zugrunde gelegte geometrische Situation geringfügig modifizieren, können wir diese Aussage wie folgt beweisen: Wir legen um die Kugel $K_R(0)$ einen Kreiszylinder vom Radius R mit der Höhe $2R$ mit der x-Achse als Rotationsachse. Aus dem Zylinder entfernen wir die beiden Kreiskegel mit der Spitze 0, die die Grundflächen des Zylinders zur Basis haben; das ergibt einen Restkörper M. Für $|x| < R$ ist $(K_R(0))_x$ eine Kreisscheibe mit dem Radius $(R^2 - x^2)^{1/2}$, hat also den Flächeninhalt $\pi(R^2 - x^2)$. Der Schnitt M_x ist ein Kreisring mit äußerem Radius R, innerem Radius $|x|$, hat also ebenfalls den Flächeninhalt $\pi(R^2 - x^2)$. Nach dem Cavalierischen Prinzip ist also $\beta^3(K_R(0)) = \beta^3(M)$. Da nach (1.5) jeder der beiden Kreiskegel das Volumen $\frac{\pi}{3}R^3$ hat, erhalten wir: $\beta^3(K_R(0)) = \frac{4}{3}\pi R^3$, und das impliziert die Behauptung. *Ergebnis: Das Volumen des Zylinders verhält sich zum Kugelvolumen und dieses zum Volumen der beiden Kegel wie $3 : 2 : 1$.*

---

[2]*Jesuaten* (Jesusdiener) nannten sich die Mitglieder eines um 1360 in Siena gegründeten Vereins für strenge Askese und Werke der Nächstenliebe. Papst PAUL V. genehmigte 1606 den Zutritt von Priestern, aber schon 1668 hob CLEMENS IX. die Jesuaten auf. – Bis ins späte 17. Jh. gab es kaum ausreichend besoldete Anstellungen für Mathematiker. CAVALIERI hatte einen Lehrstuhl für Mathematik an der Universität Bologna inne und war gleichzeitig Prior eines Jesuatenklosters (s. E. GIUSTI [1]).

[3]Zum Begriff der *regula* s. M. CANTOR: *Vorlesungen über Geschichte der Mathematik*, Bd. II, S. 834. Leipzig: Teubner 1900.

[4]J.L. HEIBERG, H.G. ZEUTHEN: *Eine neue Schrift des Archimedes*, Bibl.Math., 3. Folge, Bd. 7, 321–363 (1907), Abschnitt II.

4. Produkte endlich vieler Maßräume. Die obigen Resultate lassen sich ohne Weiteres auf endlich viele Maßräume ausdehnen: Vorgelegt seien die σ-endlichen Maßräume $(X_j, \mathfrak{A}_j, \mu_j)$ $(j = 1, \ldots, n)$. Gesucht ist ein auf der von $\mathfrak{A}_1 * \ldots * \mathfrak{A}_n$ erzeugten *Produkt-σ-Algebra* $\bigotimes_{j=1}^{n} \mathfrak{A}_j$ definiertes *Produktmaß* $\rho :$ $\bigotimes_{j=1}^{n} \mathfrak{A}_j \to \overline{\mathbb{R}}$, so dass

$$\rho(A_1 \times \ldots \times A_n) = \mu_1(A_1) \cdot \ldots \cdot \mu_n(A_n) \quad (A_j \in \mathfrak{A}_j \text{ für } j = 1, \ldots, n).$$

Wir wissen nun aus Kap. III, § 5, dass im Sinne der natürlichen Identifikation von $(X_1 \times \ldots \times X_{n-1}) \times X_n$ mit $X_1 \times \ldots \times X_n$ gilt:

$$(\mathfrak{A}_1 \otimes \ldots \otimes \mathfrak{A}_{n-1}) \otimes \mathfrak{A}_n = \mathfrak{A}_1 \otimes \ldots \otimes \mathfrak{A}_n,$$

und diese σ-Algebra hat den Erzeuger $(\mathfrak{A}_1 * \ldots * \mathfrak{A}_{n-1}) * \mathfrak{A}_n = \mathfrak{A}_1 * \ldots * \mathfrak{A}_n$. Daher liefert Satz 1.5 nebst Beweis in Verbindung mit einem Induktionsargument sofort:

1.12 Satz und Definition. *Sind* $(X_j, \mathfrak{A}_j, \mu_j)$ $(j = 1, \ldots, n)$ *σ-endliche Maßräume, so existiert genau ein Maß*

$$\bigotimes_{j=1}^{n} \mu_j = \mu_1 \otimes \ldots \otimes \mu_n : \bigotimes_{j=1}^{n} \mathfrak{A}_j \longrightarrow \overline{\mathbb{R}},$$

so dass

$$\bigotimes_{j=1}^{n} \mu_j(A_1 \times \ldots \times A_n) = \prod_{j=1}^{n} \mu_j(A_j) \quad (A_j \in \mathfrak{A}_j \text{ für } j = 1, \ldots, n).$$

Das Maß $\bigotimes_{j=1}^{n} \mu_j$ *ist σ-endlich und heißt das* **Produktmaß** *von* $\mu_1, \ldots, \mu_n$. *Für alle* $M \in \mathfrak{A}_1 \otimes \ldots \otimes \mathfrak{A}_n$ *ist die Funktion* $x_n \mapsto \mu_1 \otimes \ldots \otimes \mu_{n-1}(M_{x_n})$ *messbar, wobei* $M_{x_n} = \{(x_1, \ldots, x_{n-1}) : (x_1, \ldots, x_{n-1}, x_n) \in M\}$, *und es gilt:*

$$\bigotimes_{j=1}^{n} \mu_j(M) = \int_{X_n} \mu_1 \otimes \ldots \otimes \mu_{n-1}(M_{x_n}) \, d\mu_n(x_n).$$

Im Sinne der natürlichen Identifikation von $(X_1 \times \ldots \times X_{n-1}) \times X_n$ *mit* $X_1 \times \ldots \times X_n$ *gilt:*

$$(\mu_1 \otimes \ldots \otimes \mu_{n-1}) \otimes \mu_n = \mu_1 \otimes \ldots \otimes \mu_n.$$

In Verbindung mit dem Eindeutigkeitssatz liefert Satz 1.12:

1.13 Satz. *In Satz 1.12 seien* $\mathfrak{H}_1, \ldots, \mathfrak{H}_n$ *Halbringe mit* $\sigma(\mathfrak{H}_j) = \mathfrak{A}_j$, *und* $\mu_j|\mathfrak{H}_j$ *sei σ-endlich* $(j = 1, \ldots, n)$. *Dann gibt es genau ein Maß* $\rho : \bigotimes_{j=1}^{n} \mathfrak{A}_j \to \overline{\mathbb{R}}$ *mit*

$$(1.7) \qquad \rho(B_1 \times \ldots \times B_n) = \prod_{j=1}^{n} \mu_j(B_j) \quad (B_j \in \mathfrak{H}_j \text{ für } j = 1, \ldots, n),$$

und zwar $\rho = \bigotimes_{j=1}^{n} \mu_j$.

Beweis. Definiert man ρ gemäß (1.7) auf dem Halbring $\mathfrak{H} := \mathfrak{H}_1 * \ldots * \mathfrak{H}_n$, so ist $\rho = \mu_1 \otimes \ldots \otimes \mu_n | \mathfrak{H}$ ein σ-endliches Prämaß, und nach Beispiel III.5.3 ist $\sigma(\mathfrak{H}) = \mathfrak{A}_1 \otimes \ldots \otimes \mathfrak{A}_n$. Der Eindeutigkeitssatz ergibt also das Gewünschte. $\square$

In Verbindung mit Beispiel II.4.6 für $p = 1$ liefert Satz 1.13 einen Beweis von Satz II.3.1.

Produkte abstrakter Maßräume wurden erstmals eingeführt von H. HAHN: *Über die Multiplikation total-additiver Mengenfunktionen*, Ann. Sc. Norm. Super. Pisa, Ser. 2, 2, 429–452 (1933) und von Z. ŁOMNICKI und S. ULAM (s. ULAM [1], S. 79–120).

5. Das p-dimensionale äußere Hausdorff-Maß. Es seien h_p das p-dimensionale äußere Hausdorff-Maß im $\mathbb{R}^p$ und η^p das äußere Lebesgue-Maß. Nach Satz III.2.9 gibt es ein $\kappa_p \in]0, \infty[$, so dass $\eta^p = \kappa_p h_p$; offenbar ist $\kappa_p = (h_p(]0, 1[^p))^{-1}$. Zur expliziten Bestimmung von κ_p benötigen wir folgende Version des *Überdeckungssatzes von* VITALI.

1.14 Satz. *Es seien $U \subset \mathbb{R}^p$ offen, $\lambda^p(U) < \infty$ und $\delta > 0$. Dann existiert eine Folge disjunkter abgeschlossener Kugeln $K_n \subset U$ mit $d(K_n) < \delta$ $(n \in \mathbb{N})$, so dass $\lambda^p(U \setminus \bigcup_{n=1}^{\infty} K_n) = 0$.*

Beweis. Sei $K_1 \subset U$ irgendeine abgeschlossene Kugel mit $d(K_1) < \delta$. Zur induktiven Definition der K_n nehmen wir an, $K_1, \ldots, K_n$ seien schon konstruiert. Weiter sei R_n das Supremum der Radien aller abgeschlossenen Kugeln vom Radius $\leq \delta/2$, die in $U \setminus (K_1 \cup \ldots \cup K_n)$ Platz haben. Wir wählen als $K_{n+1} \subset U \setminus (K_1 \cup \ldots \cup K_n)$ eine abgeschlossene Kugel vom Radius $r_{n+1} \geq \frac{1}{2} R_n, r_{n+1} < R_n$. Mit $\omega_p := \pi^{p/2}/\Gamma\left(\frac{p}{2} + 1\right)$ ist dann

$$(1.8) \qquad \sum_{n=1}^{\infty} \omega_p r_n^p = \sum_{n=1}^{\infty} \lambda^p(K_n) \leq \lambda^p(U) < \infty,$$

also bilden die $r_n (n \geq 1)$ eine Nullfolge.

Angenommen, es sei $\lambda^p(U \setminus \bigcup_{n=1}^{\infty} K_n) > 0$. Es sei L_n die zu K_n konzentrische Kugel mit dem Radius $4r_n$. Nach (1.8) ist $\sum_{n=1}^{\infty} \lambda^p(L_n) < \infty$, und wir können ein $q \in \mathbb{N}$ wählen, so dass $\sum_{n=q+1}^{\infty} \lambda^p(L_n) < \lambda^p(U \setminus \bigcup_{n=1}^{\infty} K_n)$. Sei $x_0 \in U \setminus \left(\bigcup_{n=1}^{\infty} K_n \cup \bigcup_{n=q+1}^{\infty} L_n\right)$. Da die K_j abgeschlossen sind, gibt es ein $0 < \rho < \delta/2$, so dass $K_\rho(x_0) \cap (K_1 \cup \ldots \cup K_q) = \emptyset$. Ist nun $n \in \mathbb{N}$ und $K_\rho(x_0) \cap (K_1 \cup \ldots \cup K_n) = \emptyset$, so ist $\rho \leq R_n \leq 2r_{n+1}$. Da die r_n $(n \geq 1)$ eine Nullfolge bilden, gibt es also ein *minimales* $m \in \mathbb{N}$ mit $K_\rho(x_0) \cap K_m \neq \emptyset$, und nach Konstruktion ist $m > q$. Nun ist $x_0 \notin L_m$ und $K_\rho(x_0) \cap K_m \neq \emptyset$, also gilt für das Zentrum x_m von K_m:

$$\rho + r_m \geq \|x_0 - x_m\| > 4r_m,$$

also $\rho > 3r_m \geq \frac{3}{2} R_{m-1}$. Wegen der Minimalität von m ist aber $K_\rho(x_0) \subset U \setminus (K_1 \cup \ldots \cup K_{m-1})$ und daher $\rho \leq R_{m-1}$: Widerspruch! $\qquad \square$

Der folgende Satz bringt zum Ausdruck, dass die Kugel vom Durchmesser d unter allen Mengen $A \subset \mathbb{R}^p$ mit $d(A) \leq d$ maximales (äußeres) Maß hat:

1.15 Satz. *Für jedes $A \subset \mathbb{R}^p$ gilt:*

$$\eta^p(A) \leq \alpha_p(d(A))^p,$$

wobei

$$(1.9) \qquad \alpha_p := \frac{\pi^{p/2}}{2^p \Gamma\left(\frac{p}{2}+1\right)}$$

das Volumen einer Kugel vom Durchmesser 1 *im* $\mathbb{R}^p$ *ist.*

Beweis. Es kann gleich angenommen werden, dass A eine beschränkte Borel-Menge des $\mathbb{R}^p$ ist. Wir üben auf A eine nach dem Geometer J. STEINER (1796–1863) benannte Symmetrisierungsoperation aus, die es gestattet, eine Menge vom Maß $\beta^p(A)$ in einer Kugel vom Durchmesser $d(A)$ zu finden.

Für $y \in \mathbb{R}^{p-1}$ sei $A^y := \{x_1 : (x_1, y) \in A\}$. Dann ist $A^y \in \mathfrak{B}^1$ und die Funktion $f : \mathbb{R}^{p-1} \to \mathbb{R}$, $f(y) := \beta^1(A^y)$ $(y \in \mathbb{R}^{p-1})$ ist Borel-messbar. Wir ersetzen nun den (evtl. „unsymmetrischen") Schnitt A^y durch das „gleich lange" symmetrische Intervall $I_y := \left]-\frac{1}{2}f(y), \frac{1}{2}f(y)\right[$ und bilden die *Steiner-Symmetrisierung*

$$\sigma_1(A) := \bigcup_{y \in \mathbb{R}^{p-1}} I_y \times \{y\}.$$

Um zu zeigen, dass $\sigma_1(A)$ eine Borel-Menge ist, wählen wir eine Folge $(u_n)_{n\geq 1}$ in $\mathcal{T}^+(\mathbb{R}^{p-1}, \mathfrak{B}^{p-1})$ mit $u_n \uparrow f$. Dann ist die Funktion $g_n(x_1, y) := u_n(y) - |x_1|$ $((x_1, y) \in \mathbb{R} \times \mathbb{R}^{p-1})$ Borel-messbar, und wegen $\{g_n > 0\} \uparrow \sigma_1(A)$ folgt: $\sigma_1(A) \in \mathfrak{B}^p$. Nach (1.5) ist $\beta^p(A) = \beta^p(\sigma_1(A))$. Wir zeigen weiter, dass $d(\sigma_1(A)) \leq d(A)$ ist: Für $A^y \neq \emptyset$ sei $K_y := [\inf A^y, \sup A^y]$. Sind nun $x \in I_y$, $x' \in I_{y'}$, so ist $|x - x'| \leq \frac{1}{2}f(y) + \frac{1}{2}f(y') \leq |c - c'|$ für geeignete Eckpunkte c von K_y, c' von $K_{y'}$. Zu allen $(x, y), (x', y') \in \sigma_1(A)$ gibt es also $(c, y), (c', y') \in \overline{A}$ mit $\|(x, y) - (x', y')\| \leq \|(c, y) - (c', y')\|$, folglich ist $d(\sigma_1(A)) \leq d(A)$.

Entsprechend definiert man für $i = 1, \ldots, p$ die Steiner-Symmetrisierung $\sigma_i(A)$ von A in Bezug auf die i-te Koordinatenhyperebene $H_i = \{x \in \mathbb{R}^p : x_i = 0\}$. Dabei ist $\beta^p(\sigma_i(A)) = \beta^p(A)$ und $d(\sigma_i(A)) \leq d(A)$. Für $j \neq i$ ist $\sigma_j(\sigma_i(A))$ symmetrisch in Bezug auf H_i und H_j. Die Menge $\sigma(A) := \sigma_p(\ldots \sigma_1(A))$ ist nun in Bezug auf alle Koordinatenhyperebenen symmetrisch, d.h. für alle $x \in \sigma(A)$ gilt $-x \in \sigma(A)$. Wegen $d(\sigma(A)) \leq d(A)$ liegt daher $\sigma(A)$ in der Kugel um 0 vom Durchmesser $d(A)$, und wegen $\beta^p(\sigma(A)) = \beta^p(A)$ folgt die Behauptung. $\square$

1.16 Satz (F. HAUSDORFF (1919)). *Für alle $A \subset \mathbb{R}^p$ ist $\eta^p(A) = \alpha_p h_p(A)$ mit α_p gemäß* (1.9).

Beweis. Es ist nur noch zu zeigen, dass $(h_p(W))^{-1}$, $W :=]0, 1[^p$ den Wert (1.9) hat: Nach Satz 1.14 gibt es zu jedem $\delta > 0$ eine Folge disjunkter abgeschlossener Kugeln $K_n \subset W$ mit $d(K_n) < \delta$ $(n \in \mathbb{N})$, so dass $\lambda^p(W \setminus \bigcup_{n=1}^{\infty} K_n) = 0$. Nach Satz III.2.9 ist dann auch $h_p(W \setminus \bigcup_{n=1}^{\infty} K_n) = 0$. Weiter ist nach Gl. (II.9.5):

$$h_{p,\delta}\left(\bigcup_{n=1}^{\infty} K_n\right) \leq \sum_{n=1}^{\infty}(d(K_n))^p = \alpha_p^{-1}\sum_{n=1}^{\infty} \lambda^p(K_n) \leq \alpha_p^{-1}\lambda^p(W) = \alpha_p^{-1},$$

also $h_{p,\delta}\left(\bigcup_{n=1}^{\infty} K_n\right) \leq \alpha_p^{-1}$ für alle $\delta > 0$ und daher $h_p(W) \leq \alpha_p^{-1}$.

Es sei weiter $\delta > 0$ und $(A_n)_{n\geq 1}$ eine Überdeckung von W durch Mengen vom Durchmesser $d(A_n) \leq \delta$ $(n \in \mathbb{N})$. Dann gilt nach Satz 1.15:

$$1 = \eta^p(W) \leq \sum_{n=1}^{\infty} \eta^p(A_n) \leq \alpha_p \sum_{n=1}^{\infty} (d(A_n))^p \, ,$$

also $h_{p,\delta}(W) \geq \alpha_p^{-1}$.   □

Weitere Ergebnisse vom Typ des Satzes 1.16 findet man bei FEDERER [1], S. 197.

Aufgaben. 1.1. Die σ- Algebra $\mathfrak{L}^p \otimes \mathfrak{L}^q$ ist in $\mathfrak{L}^{p+q}$ echt enthalten. (Hinweis: Jeder Schnitt einer Menge aus $\mathfrak{L}^p \otimes \mathfrak{L}^q$ ist Lebesgue-messbar.)

1.2. Für abzählbare Mengen X, Y gilt: $\mathfrak{P}(X) \otimes \mathfrak{P}(Y) = \mathfrak{P}(X \times Y)$. Ist dagegen $|X| > |\mathbb{R}|$, so ist $\mathfrak{P}(X) \otimes \mathfrak{P}(X)$ eine echte Teilmenge von $\mathfrak{P}(X \times X)$. (Hinweis: Korollar III.5.15. Bemerkung: Unter Annahme der Kontinuumshypothese ist $\mathfrak{P}(X) \otimes \mathfrak{P}(X) = \mathfrak{P}(X \times X)$, falls $|X| \leq |\mathbb{R}|$; s. B.V. RAO: *On discrete Borel spaces and projective sets*, Bull. Amer. Math. Soc. 75, 614–617 (1969) und A.B. KHARAZISHVILI: *A note on the Sierpiński partition*, J. Appl. Anal. 2, 41–48 (1996).)

1.3. Ist X überabzählbar und $\mathfrak{A}$ die von den endlichen Teilmengen von X erzeugte σ-Algebra über X, so gehört die Diagonale $\triangle := \{(x,x) : x \in X\}$ nicht zu $\mathfrak{A} \otimes \mathfrak{A}$, obwohl alle Schnitte von $\triangle$ zu $\mathfrak{A}$ gehören. (Hinweis: Satz III.5.14.)

Für die folgenden Aufgaben 1.4–1.6 gelten die Voraussetzungen und Bezeichnungen von Satz 1.5.

1.4. Für alle $M \in (\mathfrak{A} \otimes \mathfrak{B})^{\sim}$ sind folgende Aussagen a)–c) äquivalent:
a) $(\mu \otimes \nu)^{\sim}(M) = 0$.
b) Für μ-fast alle $x \in X$ ist $M_x \in \tilde{\mathfrak{B}}$ und $\tilde{\nu}(M_x) = 0$.
c) Für ν-fast alle $y \in Y$ ist $M^y \in \tilde{\mathfrak{A}}$ und $\tilde{\mu}(M^y) = 0$.
(Hier bezeichnen $(X, \tilde{\mathfrak{A}}, \tilde{\mu})$ etc. die Vervollständigungen von $(X, \mathfrak{A}, \mu)$ etc.)

1.5. Sind μ, ν σ-endlich, so ist $(\tilde{\mu} \otimes \tilde{\nu})^{\sim} = (\mu \otimes \nu)^{\sim}$.

1.6. Für zwei σ-Ringe $\mathfrak{R}$ über X, $\mathfrak{S}$ über Y sei $\mathfrak{R} \otimes \mathfrak{S}$ der von $\mathfrak{R} * \mathfrak{S}$ erzeugte σ-Ring über $X \times Y$. $\mathfrak{N}_\mu$ sei der σ-Ring aller Teilmengen von μ-Nullmengen.
a) Für alle $P \in \mathfrak{A} \otimes \mathfrak{S}$, $N \in \mathfrak{N}_\mu \otimes \mathfrak{S}$ gilt: $P \cap N \in \mathfrak{N}_\mu \otimes \mathfrak{S}$.
b) $\tilde{\mathfrak{A}} \otimes \mathfrak{S} = \{P \cup N : P \in \mathfrak{A} \otimes \mathfrak{S}, N \in \mathfrak{N}_\mu \otimes \mathfrak{S}\}$.
c) $\tilde{\mathfrak{A}} \otimes \tilde{\mathfrak{B}} = \{P \cup A \cup B \cup C : P \in \mathfrak{A} \otimes \mathfrak{B}, A \in \mathfrak{N}_\mu \otimes \mathfrak{B}, B \in \mathfrak{A} \otimes \mathfrak{N}_\nu, C \in \mathfrak{N}_\mu \otimes \mathfrak{N}_\nu\}$.

1.7. Es sei $V_n(r)$ das Volumen der Kugel $K_r(0) \subset \mathbb{R}^n$.
a) Die Folge $(V_n(1))_{n \geq 1}$ konvergiert gegen null (!). Diskutieren Sie das Monotonieverhalten dieser Folge und bestimmen Sie die Dimension n, für welche $V_n(1)$ maximal ist. Für welches $n \geq 2$ ist das Verhältnis des Volumens von $K_r(0)$ zum Volumen des die Kugel umgebenden Würfels (Kantenlänge $2r$) maximal?
b) Die (Potenz-)Reihe $\sum_{n=1}^{\infty} V_n(r)$ konvergiert für alle $r > 0$; insbesondere ist $(V_n(r))_{n \geq 1}$ für jedes $r > 0$ eine Nullfolge (!).
c) Die Reihe $\sum_{n=1}^{\infty} n^{(n+1)/2} V_n(r)$ konvergiert genau für $0 < r < (2\pi e)^{-1/2}$.

1.8 Volumen von Rotationskörpern. Es sei $f : [a, b] \to [0, \infty[$ Borel-messbar und

$$K := \{(x, y, z)^t \in \mathbb{R}^3 : x \in [a, b], y^2 + z^2 \leq (f(x))^2\}$$

der durch Rotation der Ordinatenmenge von f um die x-Achse entstehende Rotationskörper.

Dann ist K Borel-messbar, und es gilt:

$$\lambda^3(K) = \pi \int_a^b (f(x))^2 \, dx.$$

1.9. Es seien $0 < r \leq R$. Durch Rotation der Kreisscheibe $\overline{K_r((0,R))} \subset \mathbb{R}^2$ um die x-Achse im $\mathbb{R}^3$ erhält man einen Torus T. Zeigen Sie:

$$\lambda^3(T) = 2\pi^2 r^2 R$$

(J. KEPLER (1571–1630): *Nova stereometria doliorum vinariorum,* Linz 1615).

1.10. a) „Wenn in einen Würfel ein Zylinder eingeschrieben wird, der die Grundflächen in den gegenstehenden Quadraten hat und mit der Zylinderfläche die übrigen vier Ebenen berührt, und ferner in denselben Würfel ein zweiter Zylinder eingeschrieben wird, der die Grundflächen in zwei anderen Quadraten hat und mit der Zylinderfläche die vier übrigen Ebenen berührt, so wird der von den Zylinderflächen eingeschlossene Körper, der in beiden Zylindern enthalten ist, [dem Volumen nach] 2/3 des ganzen Würfels sein." (ARCHIMEDES; s. J.L. HEIBERG, H.G. ZEUTHEN: *Eine neue Schrift des Archimedes,* Bibl. Math., 3. Folge, Bd. 7, 321–363 (1907).)
b) „Wenn in ein rechtstehendes Prisma [d.h. in einen Quader] mit quadratischen Grundflächen ein Zylinder eingeschrieben wird, dessen Grundflächen in den gegenstehenden Quadraten liegen und dessen krumme Oberfläche die 4 übrigen Rechtecke berührt, und durch den Mittelpunkt des Kreises, der Grundfläche des Zylinders ist, und eine Seite des gegenstehenden Quadrats eine Ebene gelegt wird, so wird der Körper, der durch diese Ebene [vom Zylinder] abgeschnitten wird, [dem Volumen nach] 1/6 des ganzen Prismas sein." (ARCHIMEDES, *loc. cit.*)

1.11. Bestimmen Sie mithilfe des Cavalierischen Prinzips das Volumen eines *sphärischen Rings,* der als Restkörper übrig bleibt, wenn man in eine Kugel ein zylindrisches Loch bohrt, so dass die Zylinderachse ein Durchmesser der Kugel ist. Alle sphärischen Ringe gleicher Höhe haben gleiches Volumen (unabhängig von den Radien der Kugel und des Zylinders). (Hinweis: Benutzen Sie als Vergleichskörper eine Kugel, deren Durchmesser gleich der Höhe des Rings ist.)

1.12. Für $f : X \to [0, \infty[$ bezeichne $\mathcal{O}(f) := \{(x,y) \in X \times \mathbb{R} : 0 \leq y < f(x)\}$ die *Ordinatenmenge* von f, und für $f : X \to \mathbb{R}$ sei $\mathcal{G}(f) := \{(x, f(x)) \in X \times \mathbb{R} : x \in X\}$ der *Graph* von f. Ferner sei $(Y, \mathfrak{B}, \nu) := (\mathbb{R}, \mathfrak{B}^1, \beta^1)$, und ρ sei definiert wie in Satz 1.3. Dann gilt:
a) $f \in \mathcal{M}^+(X, \mathfrak{A}) \iff \mathcal{O}(f) \in \mathfrak{A} \otimes \mathfrak{B}^1$. (Hinweise: „$\Longrightarrow$": $g(x,y) := f(x) - y : X \times \mathbb{R} \to \overline{\mathbb{R}}$ ist $\mathfrak{A} \otimes \mathfrak{B}^1$-$\overline{\mathfrak{B}}$-messbar. „$\Longleftarrow$": Schnittbildung.)
b) $\int_X f \, d\mu = \rho(\mathcal{O}(f))$ für alle $f \in \mathcal{M}^+(X, \mathfrak{A})$. (Bemerkung: Diese Aussage eröffnet eine alternative Möglichkeit zur Definition des Integrals mithilfe des Produktmaßes der Ordinatenmenge.)
c) Ist $f : X \to \mathbb{R}$ $\mathfrak{A}$-$\mathfrak{B}^1$-messbar, so ist $\mathcal{G}(f) \in \mathfrak{A} \otimes \mathfrak{B}^1$ und $\rho(\mathcal{G}(f)) = 0$. (Bemerkung: Für Funktionen $f : \mathbb{R} \to \mathbb{R}$ ist auch bekannt: Ist $\mathcal{G}(f) \in \mathfrak{B}^2$, so ist f Borel-messbar, und ist $\mathcal{G}(f) \in \mathfrak{L}^1 \otimes \mathfrak{B}^1$, so ist f Lebesgue-messbar; s. Amer. Math. Monthly 81, 1125–1126 (1974).)
d) Ist μ σ-endlich und $f \in \mathcal{M}^+(X, \mathfrak{A})$, so gilt:

$$\begin{aligned}
\int_X f \, d\mu &= \int_0^\infty \mu(\{f > t\}) \, dt, \\
\int_X f^\alpha \, d\mu &= \alpha \int_0^\infty \mu(\{f > t\}) \, t^{\alpha-1} \, dt \quad (\alpha > 0).
\end{aligned}$$

1.13. Ist $K \subset \mathbb{R}^p$ eine kompakte konvexe Menge mit $\lambda^p(K) \geq \lambda^p(K_{1/2}(0))$, so gibt es $x, y \in K$ mit $\|x - y\| = 1$. (Hinweis: Satz 1.15.)

§2. Der Satz von FUBINI

«Se $f(x, y)$ è una funzione di due variabili x, y, limitata o illimitata, integrabile
in un'area Γ del piano (x, y), allora si ha sempre:

$$\int_\Gamma f(x, y)\, d\sigma = \int dy \int f(x, y)\, dx = \int dx \int f(x, y)\, dy \, ,$$

quando con $d\sigma$ si intenda l'elemento d'area di Γ.» (G. FUBINI: *Sugli integrali
multipli,* Rend. R. Accad. dei Lincei, Ser. 5a, 16, 608–614 (1907))[5]

1. Der Satz von FUBINI. Die Integration in Bezug auf das Produktmaß $\mu \otimes \nu$
zweier σ-endlicher Maße μ, ν kann als iterierte Integration in Bezug auf die einzelnen Variablen durchgeführt werden. Dies ist der wesentliche Inhalt des folgenden Satzes von G. FUBINI, der zu den am häufigsten benutzten Sätzen der
Integrationstheorie gehört, denn „eine geschickte Vertauschung der Integrationsreihenfolge ist oft die halbe Mathematik", wie ein Bonmot von K. JÖRGENS
(1926–1974) besagt.

2.1 Satz von G. Fubini (1907). *Es seien μ, ν σ-endlich. Dann gilt:*
a) *Für jedes $f \in \mathcal{M}^+(X \times Y, \mathfrak{A} \otimes \mathfrak{B})$ sind die durch*

$$x \longmapsto \int_Y f(x, y)\, d\nu(y) \quad (bzw.\ y \longmapsto \int_X f(x, y)\, d\mu(x))$$

*auf X (bzw. Y) definierten nicht-negativen numerischen Funktionen $\mathfrak{A}$-messbar
(bzw. $\mathfrak{B}$-messbar), und es gilt:*

$$(2.1) \qquad \int_{X \times Y} f\, d\mu \otimes \nu \;=\; \int_X \left(\int_Y f(x, y)\, d\nu(y) \right)\, d\mu(x)$$

$$= \int_Y \left(\int_X f(x, y)\, d\mu(x) \right)\, d\nu(y) \, .$$

b) *Ist $f : X \times Y \to \hat{\mathbb{K}}$ $\mu \otimes \nu$-integrierbar, so ist $f(x, \cdot)$ ν-integrierbar für μ-fast
alle $x \in X$ und*

$$A := \{x \in X : f(x, \cdot)\ \text{ist nicht ν-integrierbar}\} \in \mathfrak{A} \, ;$$

ebenso ist $f(\cdot, y)$ μ-integrierbar für ν-fast alle $y \in Y$ und

$$B := \{y \in Y : f(\cdot, y)\ \text{ist nicht μ-integrierbar}\} \in \mathfrak{B} \, .$$

---

[5]Ist $f(x, y)$ eine beschränkte oder unbeschränkte Funktion zweier Variablen x, y, die über
eine Fläche Γ der (x, y)-Ebene integrierbar ist, so gilt stets:

$$\int_\Gamma f(x, y)\, d\sigma = \int dy \int f(x, y)\, dx = \int dx \int f(x, y)\, dy \, ,$$

wobei unter $d\sigma$ das Flächenelement von Γ zu verstehen ist.

Die Funktionen

$$x \longmapsto \int_Y f(x,y)\, d\nu(y) \quad bzw. \quad y \longmapsto \int_X f(x,y)\, d\mu(x)$$

sind μ-integrierbar über A^c bzw. ν-integrierbar über B^c, und es gilt:

$$(2.2) \qquad \int_{X \times Y} f\, d\mu \otimes \nu = \int_{A^c} \left(\int_Y f(x,y)\, d\nu(y) \right) d\mu(x)$$
$$= \int_{B^c} \left(\int_X f(x,y)\, d\mu(x) \right) d\nu(y)\,.$$

c) *Ist $f : X \times Y \to \hat{\mathbb{K}}$ $\mathfrak{A} \otimes \mathfrak{B}$-messbar und eines der Integrale*

$$(2.3)$$
$$\int_{X \times Y} |f|\, d\mu \otimes \nu\,, \ \int_X \left(\int_Y |f(x,y)|\, d\nu(y) \right) d\mu(x)\,, \ \int_Y \left(\int_X |f(x,y)|\, d\mu(x) \right) d\nu(y)$$

endlich, so sind alle drei Integrale endlich und gleich, f ist $\mu \otimes \nu$-integrierbar, und es gelten die Aussagen unter b).

2.2 Bemerkung. Es seien $N \in \mathfrak{A}$ eine μ-Nullmenge und $g : N^c \to \hat{\mathbb{K}}$ μ-integrierbar. Dann setzt man

$$\int_X g\, d\mu := \int_X \tilde{g}\, d\mu\,,$$

wobei $\tilde{g} : X \to \hat{\mathbb{K}}$ irgendeine $\mathfrak{A}$-messbare Fortsetzung von g auf X ist. Diese erweiterte Integraldefinition ist sinnvoll, denn sie hängt nicht ab von der Auswahl von $\tilde{g}$, und sie stimmt für auf ganz X definierte Funktionen g mit der bisherigen Definition überein. Im Sinne der erweiterten Integraldefinition schreibt man die Formel (2.2) meist in der Gestalt

$$(2.4) \qquad \int_{X \times Y} f\, d\mu \otimes \nu = \int_X \left(\int_Y f(x,y)\, d\nu(y) \right) d\mu(x)$$

$$= \int_Y \left(\int_X f(x,y)\, d\mu(x) \right) d\nu(y)\,.$$

Entsprechendes gilt für nicht-negative messbare Funktionen, die nur fast überall definiert sind.

Beweis des Satzes von FUBINI. a) Für alle $M \in \mathfrak{A} \otimes \mathfrak{B}$ ist $M_x \in \mathfrak{B}$ $(x \in X)$, die Funktion $x \mapsto \nu(M_x) = \int_Y \chi_M(x,y)\, d\nu(y)$ ist $\mathfrak{A}$-messbar, und nach (1.5) ist

$$\int_{X \times Y} \chi_M\, d\mu \otimes \nu = \int_X \left(\int_Y \chi_M(x,y)\, d\nu(y) \right) d\mu(x)\,.$$

Aus Symmetriegründen gilt dies entsprechend mit vertauschten Rollen für μ und ν. Das liefert a) für alle $f = \chi_M$ $(M \in \mathfrak{A} \otimes \mathfrak{B})$, also gilt a) auch für alle

$f \in \mathcal{T}^+(X \times Y, \mathfrak{A} \otimes \mathfrak{B})$.

Ist nun $f \in \mathcal{M}^+(X \times Y, \mathfrak{A} \otimes \mathfrak{B})$, so gibt es eine Folge von Funktionen $f_n \in \mathcal{T}^+(X \times Y, \mathfrak{A} \otimes \mathfrak{B})$ $(n \geq 1)$ mit $f_n \uparrow f$. Für alle $x \in X$ ist $f(x, \cdot) \in \mathcal{M}^+(Y, \mathfrak{B})$ (Lemma 1.1), $f_n(x, \cdot) \in \mathcal{T}^+(Y, \mathfrak{B})$, und es gilt $f_n(x, \cdot) \uparrow f(x, \cdot)$. Nach der Integraldefinition gilt also für alle $x \in X$:

$$(2.5) \qquad \int_Y f_n(x, y)\, d\nu(y) \uparrow \int_Y f(x, y)\, d\nu(y).$$

Hier steht auf der linken Seite eine Folge $\mathfrak{A}$-messbarer Funktionen von $x \in X$. Daher ist die rechte Seite in Abhängigkeit von $x \in X$ ebenfalls $\mathfrak{A}$-messbar, und wir erhalten:

$$
\begin{aligned}
\int_{X \times Y} f\, d\mu \otimes \nu &= \lim_{n \to \infty} \int_{X \times Y} f_n\, d\mu \otimes \nu && \text{(Integraldefinition)} \\
&= \lim_{n \to \infty} \int_X \left(\int_Y f_n(x, y)\, d\nu(y) \right) d\mu(x) && \text{(Aussage a) gilt für } \mathcal{T}^+) \\
&= \int_X \left(\lim_{n \to \infty} \int_Y f_n(x, y)\, d\nu(y) \right) d\mu(x) && \text{(monotone Konvergenz)} \\
&= \int_X \left(\int_Y f(x, y)\, d\nu(y) \right) d\mu(x) && \text{(nach (2.5)).}
\end{aligned}
$$

Entsprechend argumentiert man bei vertauschten Rollen für μ und ν.

b) Mit f ist auch $|f|$ integrierbar bez. $\mu \otimes \nu$, und a) liefert:

$$\int_X \left(\int_Y |f(x, y)|\, d\nu(y) \right) d\mu(x) = \int_{X \times Y} |f|\, d\mu \otimes \nu < \infty.$$

Hier ist nach a) das innere Integral auf der linken Seite eine $\mathfrak{A}$-messbare numerische Funktion von $x \in X$, und die Endlichkeit des Integrals impliziert:

$$\int_Y |f(x, y)|\, d\nu(y) < \infty \quad \text{für } \mu\text{-fast alle } x \in X.$$

Da für alle $x \in X$ der Schnitt $f(x, \cdot)$ $\mathfrak{B}$-messbar ist, gilt für die „Ausnahmemenge" A aus Aussage b):

$$A = \left\{ x \in X : \int_Y |f(x, y)|\, d\nu(y) = \infty \right\},$$

und diese Menge ist offenbar messbar mit $\mu(A) = 0$. Für alle $x \in A^c$ gilt:

$$
\begin{aligned}
\int_Y f(x, y)\, d\nu(y) &= \int_Y (\operatorname{Re} f)^+(x, y)\, d\nu(y) - \int_Y (\operatorname{Re} f)^-(x, y)\, d\nu(y) \\
(2.6) \qquad &\quad + i \int_Y (\operatorname{Im} f)^+(x, y)\, d\nu(y) - i \int_Y (\operatorname{Im} f)^-(x, y)\, d\nu(y).
\end{aligned}
$$

Hier sind nach a) alle Integrale auf der rechten Seite in Abhängigkeit von $x \in X$ Funktionen aus $\mathcal{M}^+(X, \mathfrak{A})$, und alle diese Funktionen sind μ-integrierbar, denn für $g \in \{(\operatorname{Re} f)^{\pm}, (\operatorname{Im} f)^{\pm}\}$ ist

$$\int_X \left(\int_Y g(x, y)\, d\nu(y) \right) d\mu(x) \leq \int_X \left(\int_Y |f(x, y)|\, d\nu(y) \right) d\mu(x) < \infty.$$

Daher ist (2.6) μ-integrierbar über A^c, und wegen $\mu(A) = 0$ folgt nach a):

$$\int_{A^c} \left(\int_Y f(x,y)\, d\nu(y) \right) d\mu(x)$$

$$= \int_{A^c} \left(\int_Y (\mathrm{Re} f)^+(x,y)\, d\nu(y) \right) d\mu(x) - \int_{A^c} \left(\int_Y (\mathrm{Re} f)^-(x,y)\, d\nu(y) \right) d\mu(x)$$

$$+ i \int_{A^c} \left(\int_Y (\mathrm{Im} f)^+(x,y)\, d\nu(y) \right) d\mu(x) - i \int_{A^c} \left(\int_Y (\mathrm{Im} f)^-(x,y)\, d\nu(y) \right) d\mu(x)$$

$$= \int_X \left(\int_Y (\mathrm{Re} f)^+(x,y)\, d\nu(y) \right) d\mu(x) - \int_X \left(\int_Y (\mathrm{Re} f)^-(x,y)\, d\nu(y) \right) d\mu(x)$$

$$+ i \int_X \left(\int_Y (\mathrm{Im} f)^+(x,y)\, d\nu(y) \right) d\mu(x) - i \int_X \left(\int_Y (\mathrm{Im} f)^-(x,y)\, d\nu(y) \right) d\mu(x)$$

$$= \int_{X \times Y} (\mathrm{Re} f)^+ d\mu \otimes \nu - \int_{X \times Y} (\mathrm{Re} f)^- d\mu \otimes \nu$$

$$+ i \int_{X \times Y} (\mathrm{Im} f)^+ d\mu \otimes \nu - i \int_{X \times Y} (\mathrm{Im} f)^- d\mu \otimes \nu$$

$$= \int_{X \times Y} f\, d\mu \otimes \nu \,.$$

Entsprechend schließt man bei vertauschten Rollen für μ und ν.

c) ist klar nach a) und b).   □

Sind μ und ν σ-endlich, so garantiert der Satz von FUBINI die *Vertausch-barkeit der Reihenfolge der Integrationen*

$$(2.7) \qquad \int_X \left(\int_Y f(x,y)\, d\nu(y) \right) d\mu(x) = \int_Y \left(\int_X f(x,y)\, d\mu(x) \right) d\nu(y) \,,$$

falls gilt:

(i) $f \in \mathcal{M}^+(X \times Y, \mathfrak{A} \otimes \mathfrak{B})$

oder

(ii) f *ist $\mu \otimes \nu$-integrierbar.*

Bedingung (ii) ist erfüllt, falls f messbar und eines der Integrale (2.3) endlich ist. Dagegen ist die Existenz der iterierten Integrale unter (2.7) nicht ohne Weiteres hinreichend für (2.1) bzw. (2.2) bzw. (2.7), wie die folgenden Beispiele lehren.

2.3 Beispiele. a) Für $x, y > 0$ ist

$$(2.8) \qquad \frac{x^2 - y^2}{(x^2 + y^2)^2} = \frac{\partial^2}{\partial x \partial y} \arctan \frac{x}{y} \,,$$

also gilt:

$$\int_0^1 \left(\int_0^1 \frac{x^2 - y^2}{(x^2 + y^2)^2} dy \right) dx = \frac{\pi}{4} \,, \quad \int_0^1 \left(\int_0^1 \frac{x^2 - y^2}{(x^2 + y^2)^2} dx \right) dy = -\frac{\pi}{4} \,.$$

Die iterierten Integrale unter (2.7) existieren beide, sind aber nicht gleich. Insbesondere ist die Funktion (2.8) nicht β^2-integrierbar über $]0, 1[^2$. – Dieses Beispiel wurde schon 1814 von A.L. CAUCHY gefunden, aber erst 1827 veröffentlicht und von zahllosen Autoren übernommen; s. A.L. CAUCHY: *Mémoire sur les intégrales définies*, Œuvres, Sér. 1, Tome 1, 319–506, insbes. S. 394–396 (1882). Zahlreiche weitere Beispiele dieser Art findet man bei G.H. HARDY: *Note on the inversion of a repeated integral*, Collected Papers, Vol. V, 647–649 und bei S.D. CHATTERJI: *Elementary counter-examples in the theory of double integrals*, Atti Sem. Mat. Fis. Modena 34, 363–384 (1985–86).

b) Bezeichnet $A \subset [0,1]^2$ die Menge aus Beispiel 1.9, so sind alle Schnitte A_x, A^y höchstens einelementig, die iterierten Integrale

$$\int_0^1 \left(\int_0^1 \chi_A(x,y)\, dx \right) dy\,, \quad \int_0^1 \left(\int_0^1 \chi_A(x,y)\, dy \right) dx$$

existieren und sind gleich, der Integrand ist nicht-negativ, aber es ist $A \notin \mathfrak{L}^2$, d.h. χ_A ist nicht λ^2-integrierbar über $[0,1]^2$. Für die Gültigkeit von (2.1) ist also die Voraussetzung der $\mathfrak{A} \otimes \mathfrak{B}$-Messbarkeit von f wesentlich (vgl. hierzu MATTNER [1], MILNOR [1]).

c) G. FICHTENHOLZ: *Sur une fonction de deux variables sans intégrale double*, Fund. Math. 6, 30–36 (1924) hat sogar gezeigt: Es gibt eine Lebesgue-messbare Funktion $f : [0,1]^2 \to \mathbb{R}$, so dass f nicht λ^2-integrierbar ist über $[0,1]^2$, während für alle messbaren Teilmengen $A, B \subset [0,1]$ die folgenden iterierten Integrale existieren und übereinstimmen:

$$\int_A \left(\int_B f(x,y)\, dy \right) dx = \int_B \left(\int_A f(x,y)\, dx \right) dy\,.$$

Sind μ, ν nicht σ-endlich, so gibt es zwar nicht notwendig ein eindeutig bestimmtes Produktmaß, aber man kann speziell das Maß ρ aus dem Beweis von Satz 1.2 als eine Fixierung des Produktmaßes wählen. Bei dieser Wahl des Produktmaßes gilt der Satz von FUBINI sinngemäß (s. RAO [1], S. 325).

Mithilfe von § 1, **4.** lässt sich der Satz von FUBINI leicht ausdehnen auf Funktionen $f : X_1 \times \ldots \times X_n \to \hat{\mathbb{K}}$, wobei $(X_j, \mathfrak{A}_j, \mu_j)$ $(j = 1, \ldots, n)$ σ-endliche Maßräume sind.

2.4 Satz (G. FUBINI 1907). *Es seien μ, ν vollständige σ-endliche Maße und $(\mu \otimes \nu)^\sim : (\mathfrak{A} \otimes \mathfrak{B})^\sim \to \overline{\mathbb{R}}$ die Vervollständigung von $\mu \otimes \nu$. Dann gilt:*

a) *Für jedes $f \in \mathcal{M}^+(X \times Y, (\mathfrak{A} \otimes \mathfrak{B})^\sim)$ ist $f(x, \cdot)$ $\mathfrak{B}$-messbar für μ-fast alle $x \in X$, $f(\cdot, y)$ $\mathfrak{A}$-messbar für ν-fast alle $y \in Y$, die Funktionen $x \mapsto \int_Y f(x,y)\, d\nu(y)$ bzw. $y \mapsto \int_X f(x,y)\, d\mu(x)$ sind f.ü. auf X bzw. Y erklärt und $\mathfrak{A}$-messbar bzw. $\mathfrak{B}$-messbar, und es gilt (im Sinne von Bem. 2.2)*

$$(2.9) \qquad \int_{X \times Y} f\, d(\mu \otimes \nu)^\sim = \int_X \left(\int_Y f(x,y)\, d\nu(y) \right) d\mu(x)$$

$$= \int_Y \left(\int_X f(x,y)\, d\mu(x) \right) d\nu(y)\,.$$

b) *Ist $f : X \times Y \to \hat{\mathbb{K}}$ $(\mu \otimes \nu)^\sim$-integrierbar, so ist $f(x, \cdot)$ ν-integrierbar für μ-fast alle $x \in X$, $f(\cdot, y)$ μ-integrierbar für ν-fast alle $y \in Y$, und es gilt (2.9)* *(im Sinne von Bem. 2.2).*

c) *Ist* f $(\mathfrak{A} \otimes \mathfrak{B})^{\sim}$*-messbar und eines der (ggf. im Sinne von Bem. 2.2 zu verstehenden) Integrale*

$$\int_{X \times Y} |f| \, d(\mu \otimes \nu)^{\sim} \, , \quad \int_{X} \left(\int_{Y} |f(x,y)| \, d\nu(y) \right) d\mu(x) \, , \quad \int_{Y} \left(\int_{X} |f(x,y)| d\mu(x) \right) d\nu(y)$$

endlich, so sind alle drei Integrale endlich und gleich, f *ist* $(\mu \otimes \nu)^{\sim}$*-integrierbar, und es gelten die Aussagen unter* b).

Beweis. Ist $M \in (\mathfrak{A} \otimes \mathfrak{B})^{\sim}$, so gibt es $A, C \in \mathfrak{A} \otimes \mathfrak{B}$ mit $(\mu \otimes \nu)(C) = 0$ und ein $N \subset C$, so dass $M = A \cup N$. Für alle $x \in X$ ist $M_x = A_x \cup N_x$, $N_x \subset C_x$, und hier ist $\nu(C_x) = 0$ für μ-fast alle $x \in X$ (Korollar 1.6). Daher ist $\chi_M(x, \cdot) = \chi_{M_x}$ $\mathfrak{B}$-messbar für μ-fast alle $x \in X$, und im Sinne von Bem. 2.2 gilt nach (1.5)

$$\int_{X \times Y} \chi_M \, d(\mu \otimes \nu)^{\sim} = \int_{X} \left(\int_{Y} \chi_M(x,y) \, d\nu(y) \right) d\mu(x) \, .$$

Dies gilt entsprechend mit vertauschten Rollen für μ und ν, also folgt a) für alle $f = \chi_M$ mit $M \in (\mathfrak{A} \otimes \mathfrak{B})^{\sim}$ und damit für alle $f \in \mathcal{T}^{+}(X \times Y, (\mathfrak{A} \otimes \mathfrak{B})^{\sim})$. – Ist nun $f \in \mathcal{M}^{+}(X \times Y, (\mathfrak{A} \otimes \mathfrak{B})^{\sim})$, so gibt es eine Folge von Funktionen $f_n \in \mathcal{T}^{+}(X \times Y, (\mathfrak{A} \otimes \mathfrak{B})^{\sim})$ mit $f_n \uparrow f$. Für μ-fast alle $x \in X$ gilt $f_n(x, \cdot) \in \mathcal{T}^{+}(Y, \mathfrak{B})$, also ist auch $f(x, \cdot) \in \mathcal{M}^{+}(Y, \mathfrak{B})$ für μ-fast alle $x \in X$. Die weitere Argumentation verläuft ähnlich wie im Beweis von Satz 2.1. $\qquad\square$

2. Historische Anmerkungen. L. EULER führt erstmals 1768 Doppelintegrale ein und bemerkt die Gleichheit

$$\int_{a}^{b} \left(\int_{c}^{d} f(x,y) \, dy \right) dx = \int_{c}^{d} \left(\int_{a}^{b} f(x,y) \, dx \right) dy$$

der iterierten Integrale, wobei er stillschweigend voraussetzt, dass f auf $[a, b] \times [c, d]$ stetig ist (s. L. EULER: *De formulis integralibus duplicatis,* Opera omnia, Ser. 1, Vol. 17, 289–315). Dass die Rechtfertigung der Vertauschung der Integrationsreihenfolge für unstetige Funktionen auf eigentümliche Schwierigkeiten stößt, führt gegen Ende des 19. Jh. zu z.T. kontroversen Diskussionen und zu insgesamt unbefriedigenden Vertauschungssätzen (s. z.B. P. DU BOIS-REYMOND: *Über das Doppelintegral,* J. reine angew. Math. 94, 273–290 (1883); A. PRINGS-HEIM: *Zur Theorie des Doppel-Integrals ...,* Sitzungsber. Bayer. Akad. Wiss., Math.-Nat. Kl. 28, 59–74 (1898), ibid. 29, 39–62 (1899); C. JORDAN: *Cours d'analyse,* 2ème éd., tome II, §§ 56–58, Paris 1894).

Dagegen führt die Lebesguesche Integrationstheorie in natürlicher Weise zu einer befriedigenden Theorie der Doppelintegrale. Schon H. LEBESGUE beweist in seiner *Thèse* (1902), dass Gl. (2.4) für $\mu = \nu = \beta^1$ und alle *beschränkten* β^2-integrierbaren Funktionen gilt, und er bemerkt, dass dieses Resultat auch auf unbeschränkte Funktionen ausgedehnt werden kann. Letzteres wird von G. FUBINI: *Sugli integrali multipli,* Rend. R. Accad. dei Lincei, Ser. 5a, 16, 608–614 (1907) genau ausgeführt. Diese Arbeit gibt genaue Beweise für Satz 2.1, b) und

Satz 2.4, b) für den Fall des Lebesgueschen Maßes. In einer Fußnote bemerkt
FUBINI, dass seine Resultate unabhängig auch von B. LEVI gefunden wurden.
In der Tat weist dieser in einer Fußnote auf S. 322 seiner Arbeit *Sul principio
di Dirichlet* (Rend. Circ. Mat. Palermo 22, 293–360 (1906)) auf die Beiträge
von LEBESGUE hin, bemerkt die Integrierbarkeit von $f(\cdot, y)$ für fast alle y und
schreibt dann: «... l'integrale d'area del LEBESGUE può dunque ottenersi sempre con due integrazioni successive.»[6] Die Aussagen a) und c) von Satz 2.1 und
Satz 2.4 gehen zurück auf L. TONELLI: *Sull'integrazione per parti*, Rend. R.
Accad. dei Lincei, Ser. 5a, 18, 246–253 (1909). Dieser schreibt: «... dimostriamo
che *una funzione $f(x, y)$ misurabile superficialmente in R $[= [a, b] \times [c, d]]$, non
negativa, e tale che esista*

$$\int_a^x dx \int_c^y f(x, y)\, dy \;,$$

è integrabile superficialmente in R. Da ciò segue

$$\int_a^x dx \int_c^y f(x, y)\, dy = \int_a^x \int_c^y f(x, y)\, dxdy = \int_c^y dy \int_a^x f(x, y)\, dx \;.\,»\;[7]$$

Im Beweis stützt sich TONELLI (1885–1946) auf die Arbeit von FUBINI. In der
Literatur werden daher die Sätze 2.1, 2.4 oft nach FUBINI und/oder TONELLI
benannt. – Eine sorgfältige Diskussion der Doppelintegrale stammt auch von
C. DE LA VALLÉE POUSSIN: *Réduction des intégrales doubles de Lebesgue ...,*
Acad. Roy. Belgique, Bull. Cl. Sci. 1910, 768–798. Dieser gibt einen weiteren ge-
nauen Beweis des Fubinischen Satzes, auf den er auch verweist, und er beweist
(offenbar unabhängig von TONELLI) die Aussagen a), c) der Sätze 2.1, 2.4. Im
Wesentlichen dasselbe leistet E.W. HOBSON: *On some fundamental properties
of Lebesgue integrals in a two-dimensional domain*, Proc. London Math. Soc.
(2) 8, 22–39 (1909). Auch W.H. YOUNG: *On the change of order of integration
in an improper repeated integral*, Trans. Camb. Philos. Soc. 21, 361–376 (1910)
beweist die Resultate von TONELLI. Er macht in seiner Arbeit *On the new
theory of integration* (Proc. Roy. Soc. London, Ser. A, 88, 170–178 (1913)) darauf aufmerksam, dass die Ergebnisse von TONELLI besonders bequem mithilfe
seiner Methode der monotonen Folgen bewiesen werden können. Zusätzlich beweist G. FUBINI: *Sugli integrali doppi*, Rend. R. Accad. dei Lincei, Ser. 5a, 22,
H.1, 584–589 (1913) die Tonellischen Resultate, bemerkt aber in einer Note kurz
darauf (*ibid.*, 22, H.2, 67 (1913)) die Priorität von TONELLI. – In seiner letzten
Arbeit *Il teorema di riduzione per gli integrali doppi* (Rend. Semin. Mat., Torino
9, 125–133 (1949)) berichtet FUBINI selbst über die historische Entwicklung.

---

[6] ... das zweidimensionale Lebesgue-Integral kann daher immer durch zwei sukzessive Integrationen erhalten werden.

[7] ... wir zeigen, dass eine auf R zweidimensional messbare, nicht-negative Funktion $f(x, y)$,
für welche das Integral $\int_a^x dx \int_c^y f(x, y)\, dy$ existiert, zweidimensional integrierbar ist. Daher
folgt

$$\int_a^x dx \int_c^y f(x, y)\, dy = \int_a^x \int_c^y f(x, y)\, dxdy = \int_c^y dy \int_a^x f(x, y)\, dx \;.$$

3. Beispiele für Anwendungen des Satzes von FUBINI.

2.5 Beispiel. Es seien $(X, \mathfrak{A}, \mu) = (Y, \mathfrak{B}, \nu) = (\mathbb{N}, \mathfrak{P}(\mathbb{N}), \mu)$, wobei μ das Zählmaß auf $\mathbb{N}$ ist. Dann ist $\mathfrak{P}(\mathbb{N}) \otimes \mathfrak{P}(\mathbb{N}) = \mathfrak{P}(\mathbb{N} \times \mathbb{N})$, und der Satz von FUBINI besagt: Die Gleichung

$$\sum_{(m,n) \in \mathbb{N} \times \mathbb{N}} a_{mn} = \sum_{m=1}^{\infty} \sum_{n=1}^{\infty} a_{mn} = \sum_{n=1}^{\infty} \sum_{m=1}^{\infty} a_{mn}$$

gilt für alle $a_{mn} \in [0, \infty]$, und sie gilt auch für $a_{mn} \in \mathbb{C}$, falls eine der auftretenden Reihen bei Ersetzung von a_{mn} durch $|a_{mn}|$ konvergiert. Das ist gleichbedeutend mit dem *großen Umordnungssatz für Doppelreihen* (s. Kap. II, § 1, Fußnote 2).

2.6 Beispiel. Eine Vertauschung der Integrationsreihenfolge eröffnet häufig einen Weg zur Auswertung bestimmter Integrale, bei denen der Integrand keine elementare Stammfunktion hat. Ein typisches Beispiel ist hier das Integral $\int_0^\infty \exp(-x^2)\, dx$. Da der Integrand nicht-negativ ist, können wir bei (!) die Integrationsreihenfolge vertauschen und erhalten:

$$\int_0^\infty \left(\int_0^\infty y\, e^{-(1+x^2)y^2}\, dy \right) dx = \frac{1}{2} \int_0^\infty \frac{dx}{1+x^2} = \frac{\pi}{4}$$

$$\stackrel{(!)}{=} \int_0^\infty \left(\int_0^\infty e^{-x^2 y^2}\, dx \right) y\, e^{-y^2}\, dy = \int_0^\infty \left(\int_0^\infty e^{-t^2}\, dt \right) e^{-y^2}\, dy = \left(\int_0^\infty e^{-y^2}\, dy \right)^2,$$

also (vgl. Gl. (IV.6.7) und Aufgabe IV.6.13):

$$(2.10) \qquad \int_0^\infty e^{-x^2}\, dx = \frac{1}{2}\sqrt{\pi}\,.$$

Dieses Resultat wird in der Wahrscheinlichkeitstheorie oft in der Form

$$\frac{1}{\sqrt{2\pi}\sigma} \int_{-\infty}^{+\infty} e^{-(x-\mu)^2/2\sigma^2}\, dx = 1 \quad (\mu \in \mathbb{R}, \sigma > 0)$$

gebraucht. Die hier auftretende Dichte der *Gaußschen Normalverteilung* ziert neben dem Porträt von C.F. GAUSS (1777–1855) die Vorderseite der 1989 erschienenen Banknote über 10 DM. – Der obige Beweis von (2.10) wurde von P.S. LAPLACE (1749–1827) im Jahre 1778 angegeben; s. *Mémoire sur les probabilités,* Œuvres complètes de LAPLACE, tome 9, S. 447–448, Paris 1893. Das Integral (2.10) wurde erstmals 1730 von L. EULER bestimmt (s. Opera omnia, Ser. 1, Vol. 14, S. 11 oder *Mechanica,* Vol. 1, Opera omnia, Ser. II, Vol. 1, S. 100 und Opera omnia, Ser. IV A, Vol. 2, S. 40–41.)

2.7 Zusammenhang zwischen Betafunktion und Gammafunktion. Für $x, y > 0$ existiert das Integral

$$(2.11) \qquad \mathrm{B}(x,y) := \int_0^1 t^{x-1} (1-t)^{y-1}\, dt$$

als absolut konvergentes uneigentliches Riemann-Integral, also auch als Lebesgue-Integral; B : $]0,\infty[^2 \to \mathbb{R}$ heißt die *Eulersche Betafunktion*. Diese steht in einem einfachen Zusammenhang mit der *Gammafunktion* (s. Gl. (IV.6.3)). Zur Herleitung dieses Zusammenhangs multiplizieren wir die Integrale $\Gamma(x), \Gamma(y)$ $(x,y > 0)$ und substituieren im inneren Integral $u = v - t$:

$$\begin{aligned}
\Gamma(x)\,\Gamma(y) &= \int_0^\infty \left(\int_0^\infty t^{x-1}\, u^{y-1}\, e^{-t-u}\, du \right) dt \\
&= \int_0^\infty \left(\int_t^\infty t^{x-1}\, (v-t)^{y-1}\, e^{-v}\, dv \right) dt \\
&= \int_{]0,\infty[^2} \chi_M(t,v) t^{x-1}\, (v-t)^{y-1}\, e^{-v}\, d\beta^2(t,v) ,
\end{aligned}$$

wobei $M := \{(t,v) \in \mathbb{R}^2 : v > t > 0\}$. Nach Vertauschung der Integrationsreihenfolge (Integrand nicht-negativ!) ergibt sich:

$$\begin{aligned}
\Gamma(x)\Gamma(y) &= \int_0^\infty \left(\int_0^v t^{x-1}\, (v-t)^{y-1}\, dt \right) e^{-v}\, dv \\
&= \int_0^\infty \left(\int_0^1 w^{x-1}\, (1-w)^{y-1}\, dw \right) v^{x+y-1}\, e^{-v}\, dv = \mathrm{B}(x,y)\,\Gamma(x+y),
\end{aligned}$$

also

(2.12)
$$\mathrm{B}(x,y) = \frac{\Gamma(x)\,\Gamma(y)}{\Gamma(x+y)} \quad (x,y > 0) .$$

Wegen $|t^z| = t^{\mathrm{Re}\,z}$ $(t > 0, z \in \mathbb{C})$ ist (2.11) auch für alle *komplexen* x,y mit $\mathrm{Re}\,x, \mathrm{Re}\,y > 0$ sinnvoll. Wir wenden nun Satz 2.1, c) und b) an und erkennen: *Gl. (2.12) gilt einschl. Beweis für alle $x,y \in \mathbb{C}$ mit $\mathrm{Re}\,x, \mathrm{Re}\,y > 0$.*

Für $x = y = \frac{1}{2}$ liefert (2.12) (Substitution: $t = u^2$)

$$\left(\Gamma\left(\frac{1}{2}\right) \right)^2 = \int_0^1 t^{-\frac{1}{2}}(1-t)^{-\frac{1}{2}}\, dt = 2 \int_0^1 \frac{du}{\sqrt{1-u^2}} = \pi ,$$

und wir erhalten erneut (s. Gl. (IV.6.6))

(2.13)
$$\Gamma\left(\frac{1}{2}\right) = \sqrt{\pi} ,$$

was mit (2.10) gleichbedeutend ist. – Wählen wir in (2.12) speziell $y = 1-x, 0 < x < 1$, so liefert die Substitution $u = (1-t)^{-1} - 1$:

$$\begin{aligned}
\Gamma(x)\,\Gamma(1-x) &= \mathrm{B}(x, 1-x) = \int_0^\infty \frac{u^{x-1}}{1+u}\, du \\
&= \int_0^1 \frac{u^{x-1}}{1+u}\, du + \int_0^1 \frac{v^{-x}}{1+v}\, dv ,
\end{aligned}$$

$(v = u^{-1})$. Hier entwickeln wir $(1+u)^{-1}$ bzw. $(1+v)^{-1}$ in die geometrische Reihe und erhalten wegen majorisierter Konvergenz für $0 < x < 1$:

$$(2.14) \qquad \Gamma(x)\,\Gamma(1-x) = \sum_{n=0}^{\infty} \frac{(-1)^n}{x+n} + \sum_{n=0}^{\infty} \frac{(-1)^n}{n+1-x} = \sum_{n=-\infty}^{+\infty} \frac{(-1)^n}{x+n}\,.$$

Für $x = \frac{1}{2}$ kann man hier die rechte Seite mithilfe der Leibnizschen Reihe auswerten und erhält wieder (2.13).

Auf der rechten Seite von (2.14) steht die bekannte Partialbruchentwicklung der Funktion $\pi/\sin\pi x$, und wir erhalten erneut (vgl. Gl. (IV.6.9))

$$\Gamma(x)\,\Gamma(1-x) = \frac{\pi}{\sin \pi x} \quad (0 < x < 1)\,.$$

(Man kann hier auch umgekehrt vorgehen und Gl. (IV.6.9) zum *Beweis* der Partialbruchentwicklung von $\pi/\sin\pi x$ heranziehen.) –

Den obigen Beweis von (2.12) hat C.G.J. JACOBI (1804–1851), „der herkulische Analyst",[8] im Jahre 1833 angegeben (*Gesammelte Werke*, Bd. 6, S. 62–63). Das Resultat selbst stammt von L. EULER (Opera omnia, Ser. 1, Vol. 14 und Vol. 17).

2.8 Beispiel: $\sum_{n=1}^{\infty} 1/n^2 = \pi^2/6$. Das iterierte Integral

$$P := \int_0^1 \left(\int_{-1}^1 (1 + xy)^{-1} dx \right) dy$$

lässt sich nach Entwicklung des Integranden in die geometrische Reihe durch sukzessive gliedweise Integrationen berechnen (Satz von der majorisierten Konvergenz mit $\left| \sum_{k=0}^n (-1)^k (xy)^k \right| \le 2/(1-y)$, dann Korollar IV.2.8):

$$P = 2 \sum_{n=0}^{\infty} \frac{1}{(2n+1)^2}\,.$$

Andererseits ergeben die Substitution $u = u(x) = x + \frac{1}{2}y(x^2 - 1)$ und eine anschließende Vertauschung der Integrationsreihenfolge (Integrand positiv!):

$$\begin{aligned}
P &= \int_{-1}^1 \left(\int_0^1 \frac{1}{1 + 2uy + y^2}\, dy \right) du \\
&= \int_{-1}^1 \frac{1}{\sqrt{1 - u^2}} \left[\arctan \frac{y + u}{\sqrt{1 - u^2}} \right]_{y=0}^{y=1} du \\
&= \int_{-1}^1 \frac{1}{\sqrt{1 - u^2}} \arctan \frac{1 + u}{\sqrt{1 - u^2}}\, du\,,
\end{aligned}$$

denn die untere Grenze liefert den Beitrag null. Im letzten Integral substituieren wir $u = -\cos 2\varphi$, $0 < \varphi < \pi/2$. Dann ist $(1 + u)(1 - u^2)^{-1/2} = \tan\varphi$, also $P = 2 \int_0^{\pi/2} \varphi\, d\varphi = \pi^2/4$, und es folgt:

$$\sum_{n=0}^{\infty} \frac{1}{(2n+1)^2} = \frac{\pi^2}{8}\,.$$

---

[8]Attribut von L. KRONECKER (1823–1891) in seinen *Vorlesungen über die Theorie der einfachen und der vielfachen Integrale*, Leipzig: Teubner 1894, S. 236.

Wegen $\sum_{n=1}^{\infty} 1/n^2 = \sum_{n=1}^{\infty} 1/(2n)^2 + \sum_{n=0}^{\infty} 1/(2n+1)^2$ ist das gleichbedeutend mit dem berühmten Resultat von EULER:

$$(2.15) \qquad \sum_{n=1}^{\infty} \frac{1}{n^2} = \frac{\pi^2}{6} \,.$$

Der obige Beweis von (2.15) ist eine Variante der Argumentation von F. GOLDSCHEIDER (Arch. Math. Phys. (3) 20, 323–324 (1913)).

4. Der Gaußsche Integralsatz für die Ebene. Es seien $\varphi, \psi : [a,b] \to \mathbb{R}$ stetig und *von beschränkter Variation* (d.h. *rektifizierbar* im Sinne von Kap. II, §9, Abschnitt **3.**), $\varphi < \psi$ und

$$(2.16) \qquad B := \{(x,y)^t \in \mathbb{R}^2 : a \leq x \leq b,\, \varphi(x) \leq y \leq \psi(x)\} \,.$$

Ferner sei $v : B \to \mathbb{R}$ stetig, auf $G := \overset{\circ}{B}$ nach y partiell differenzierbar, und v_y sei auf G beschränkt (oder auch nur auf jedem vertikalen Schnitt beschränkt und β^2-integrierbar über G). Dann ist nach dem Satz von FUBINI und Beispiel IV.5.3

$$-\int_G v_y \, d\beta^2 = -\int_a^b \left(\int_{\varphi(x)}^{\psi(x)} v_y \, dy \right) dx = \int_a^b (v(x,\varphi(x)) - v(x,\psi(x))) \, dx \overset{(!)}{=} \int_\gamma v \, dx \,.$$

Hier bezeichnet $\gamma(\cdot) = (x(\cdot), y(\cdot))$ die durch „Aneinanderhängen" der Kurve $(t, \varphi(t))$ $(a \leq t \leq b)$, der vertikalen Verbindungsstrecke von $(b, \varphi(b))$ nach $(b, \psi(b))$, der Kurve $(t, \psi(a+b-t))$ $(a \leq t \leq b)$ und der vertikalen Verbindungsstrecke von $(a, \psi(a))$ nach $(a, \varphi(a))$ entstehende positiv orientierte, stetige, rektifizierbare und einfach geschlossene Kurve, deren Spur gleich dem Rand von G ist. Das letzte Integral ist als Riemann-Stieltjes-Integral aufzufassen (s. Grundwissen-Band *Analysis II* von W. WALTER). Bei (!) ist zu beachten, dass die Integrale über die rechte und die linke vertikale Randstrecke von G verschwinden, da $x(\cdot)$ längs dieser Strecken konstant ist. – Eine Menge von der Form (2.16) nennen wir einen *Normalbereich* in Bezug auf die x-Achse.

Ebenso ist $\int_G u_x \, d\beta^2 = \int_\gamma u \, dy$, wenn B ein Normalbereich ist in Bezug auf die y-Achse und $u : B \to \mathbb{R}$ stetig und auf $G := \overset{\circ}{B}$ nach x partiell differenzierbar und u_x auf G beschränkt ist (oder wenn auch nur u_x auf jedem horizontalen Schnitt von G beschränkt ist und β^2-integrierbar über G). Zusammenfassend erhalten wir folgendes Ergebnis, das von B. RIEMANN in seiner Dissertation (*Mathematische Werke*, S. 12–14) bewiesen wurde. In der deutschen Literatur wird dieser Satz meist als *Gaußscher Integralsatz für die Ebene* bezeichnet, in der englischsprachigen Literatur als *Greenscher Satz* (nach G. GREEN (1793–1841)).

2.9 Gaußscher Integralsatz für die Ebene. *Es seien $B \subset \mathbb{R}^2$ ein Normalbereich (in Bezug auf beide Koordinatenachsen) und γ die positiv orientierte, stetige und rektifizierbare Randkurve von B. Die Funktionen $u, v : B \to \mathbb{R}$ seien* *stetig, und die partiellen Ableitungen u_x, v_y seien auf $G := \overset{\circ}{B}$ vorhanden und beschränkt. (Es genügt, wenn u_x auf jedem horizontalen, v_y auf jedem vertikalen Schnitt von G beschränkt ist und wenn u_x, v_y über G β^2-integrierbar sind.) Dann gilt:*

$$(2.17) \qquad \int_G (u_x - v_y)\, d\beta^2 = \int_\gamma (u\, dy + v\, dx).$$

Die Formel (2.17) gilt also ohne die sonst i.Allg. geforderte Voraussetzung der Stetigkeit der Ableitungen u_x, v_y, wenn man nur die relativ schwachen Beschränktheitsforderungen aus Satz 2.9 postuliert.

2.10 Korollar. *Ist $B \subset \mathbb{R}^2$ ein Normalbereich (in Bezug auf beide Koordinatenachsen) und γ die positiv orientierte, stetige und rektifizierbare Randkurve von B, so gilt:*

$$(2.18) \qquad \beta^2(B) = \frac{1}{2} \int_\gamma (x\, dy - y\, dx).$$

Beweis: (2.17) mit $u(x,y) = x$, $v(x,y) = -y$. $\qquad\qquad\qquad\qquad\square$

Offenbar gelten (2.17), (2.18) sinngemäß auch dann, wenn B eine „Zerschneidung" in endlich viele Normalbereiche zulässt.

2.11 Beispiel: Cauchyscher Integralsatz. Es seien $D \subset \mathbb{C}$ offen und $f : D \to \mathbb{C}$ komplex differenzierbar, d.h. für alle $z_0 \in D$ existiere $f'(z_0) := \lim_{z \to z_0} (f(z) - f(z_0))/(z - z_0)$. Für $u := \mathrm{Re}\, f$, $v := \mathrm{Im}\, f$ gelten dann die *Cauchy-Riemannschen Differentialgleichungen*

$$(2.19) \qquad u_x = v_y, \; u_y = -v_x.$$

Das folgt sofort aus der Definition der komplexen Differenzierbarkeit, wenn man die Annäherung an z_0 einmal parallel zur x-Achse ($z = z_0 + h, h \in \mathbb{R}, h \neq 0, h \to 0$), zum anderen parallel zur y-Achse ($z = z_0 + ih, h \in \mathbb{R}, h \neq 0, h \to 0$) vornimmt. *Wir setzen zusätzlich voraus, dass u_x, u_y lokal beschränkt sind in D,* d.h. dass u_x, u_y auf jedem Kompaktum $K \subset D$ beschränkt sind. Für jede positiv orientierte, stetige und rektifizierbare einfach geschlossene Kurve γ, die einen in D gelegenen Normalbereich B berandet, gilt dann nach (2.17) (mit $G := \overset{\circ}{B}$):

$$
\begin{aligned}
\int_\gamma f(z)\, dz \; &:= \; \int_\gamma (u\, dx - v\, dy) + i \int_\gamma (u\, dy + v\, dx) \\
(2.20) \qquad &= \; \int_G (-v_x - u_y)\, d\beta^2 + i \int_G (u_x - v_y)\, d\beta^2.
\end{aligned}
$$

Da hier nach (2.19) auf der rechten Seite beide Integranden verschwinden, erhalten wir den *Cauchyschen Integralsatz:*

$$\int_\gamma f(z)\, dz = 0.$$

Hieraus folgt in bekannter Weise (s. Grundwissen-Band *Funktionentheorie I* von R. REMMERT) die übliche „lokale" Funktionentheorie einer Variablen (Cauchysche Integralformel, Potenzreihenentwicklung, Maximumprinzip etc.). Alle diese Ergebnisse sind also mithilfe des Gaußschen Integralsatzes rasch und leicht zugänglich, wenn man nur die *lokale Beschränktheit der Ableitung* der betrachteten komplex differenzierbaren Funktionen voraussetzt. Wie in der Funktionentheorie gezeigt wird, ist diese Beschränktheitsvoraussetzung überflüssig, da sie automatisch erfüllt ist (s. R. REMMERT, *loc. cit.*, S. 141). – Man kann übrigens oben die Voraussetzung der lokalen Beschränktheit von f' ersetzen durch die Voraussetzung der lokalen β^2-Integrierbarkeit von f', denn Beispiel IV.5.3 lässt eine entsprechende Verschärfung zu.

2.12 Beispiel: Pompeiusche Formel. Auch die *Cauchysche Integralformel* und die sog. *Pompeiusche Formel (inhomogene Cauchysche Integralformel)* lassen sich leicht aus dem Gaußschen Integralsatz gewinnen: Dazu seien D, γ wie in Beispiel 2.11 und $f : D \to \mathbb{C}$ stetig differenzierbar (oder es seien auch nur f partiell differenzierbar und f_x, f_y lokal beschränkt in D). Es sei ferner $z \in D$ im Inneren von γ gelegen. Wir wenden (2.20) an auf die Funktion $\zeta \mapsto g(\zeta) := \frac{1}{2\pi i} f(\zeta)/(\zeta - z)$ und das Gebiet $G \setminus \overline{K_\varepsilon(z)}$ ($\varepsilon > 0$ hinreichend klein). Wir bezeichnen mit $\partial K_\varepsilon(z)$ den positiv orientierten Rand von $K_\varepsilon(z)$ und setzen $u := \mathrm{Re}\, g, v := \mathrm{Im}\, g, \zeta = \xi + i\eta$. Dann liefert (2.20):

$$(2.21) \qquad \frac{1}{2\pi i} \int_\gamma \frac{f(\zeta)}{\zeta - z}\, d\zeta - \frac{1}{2\pi i} \int_{\partial K_\varepsilon(z)} \frac{f(\zeta)}{\zeta - z}\, d\zeta$$

$$= i \int_{G \setminus K_\varepsilon(z)} (iv_\xi + iu_\eta + u_\xi - v_\eta)\, d\beta^2(\xi, \eta)\,.$$

Hier lässt sich der Integrand auf der rechten Seite ausdrücken durch die *Wirtinger-Ableitung* $\partial g/\partial\bar\zeta := \frac{1}{2}(g_\xi + ig_\eta) = \frac{1}{2}(u_\xi + iv_\xi + iu_\eta - v_\eta)$, und da $\zeta \mapsto (\zeta - z)^{-1}$ holomorph ist in $D \setminus \{z\}$, ist $\partial g/\partial\bar\zeta = \frac{1}{2\pi i}(\zeta - z)^{-1}\partial f/\partial\bar\zeta$. Für $\varepsilon \to +0$ konvergiert

$$\frac{1}{2\pi i} \int_{\partial K_\varepsilon(z)} \frac{f(\zeta)}{\zeta - z}\, d\zeta = \frac{1}{2\pi} \int_0^{2\pi} f(z + \varepsilon e^{it})\, dt$$

gegen $f(z)$. Damit liefert (2.21) für $\varepsilon \to +0$ die *Pompeiusche Formel*

$$(2.22) \qquad f(z) = \frac{1}{2\pi i} \int_\gamma \frac{f(\zeta)}{\zeta - z}\, d\zeta - \frac{1}{\pi} \int_G \frac{\partial f/\partial\bar\zeta}{\zeta - z}\, d\beta^2(\xi, \eta)\,,$$

benannt nach dem rumänischen Analytiker D. POMPEIU (1873–1954). Für komplex differenzierbares f ist $\partial f/\partial\bar\zeta = 0$, und (2.22) impliziert die *Cauchysche Integralformel*

$$(2.23) \qquad f(z) = \frac{1}{2\pi i} \int_\gamma \frac{f(\zeta)}{\zeta - z}\, d\zeta\,;$$

dabei ist nach wie vor z im Inneren von γ gelegen.

5. Kurzbiographien von G. FUBINI **und** L. TONELLI. GUIDO FUBINI wurde am 19. Januar 1879 in Venedig geboren. Er war ein brillanter Schüler und Student. Im Alter von 17 Jahren nahm er 1896 sein Studium an der Scuola Normale Superiore in Pisa auf. Die folgende formende Periode seines Lebens wurde wesentlich durch seine Lehrer L. BIANCHI, U. DINI und E. BERTINI (1846–1933) bestimmt. Seine Dissertation (1900) über den Clifford-schen Parallelismus in elliptischen Räumen gewann rasch an Publizität, da ihre Ergebnisse schon 1902 in BIANCHIs bekanntes Buch über Differentialgeometrie aufgenommen wurden. FUBINI verbrachte nach der Promotion ein weiteres Jahr in Pisa und vollendete seine Habilitationsschrift über harmonische Funktionen auf Räumen konstanter Krümmung. Ende 1901 wurde er Lehrbeauftragter an der Universität Catania (mit nur 22 Jahren), und bereits wenig später war er mit seiner Bewerbung um eine Professorenstelle an derselben Universität erfolgreich. Nach einer Zwischenstation in Genua wurde FUBINI 1908 Professor für mathematische Analysis am Polytechnikum in Turin; gleichzeitig wirkte er als Lehrbeauftragter für höhere Analysis an der Universität Turin, bis er 1938 infolge der von der faschistischen Regierung erlassenen Rassengesetze in den Ruhestand versetzt wurde. FUBINI folgte 1939 einem Ruf an das Institute for Advanced Study in Princeton, NJ und emigrierte mit seiner Familie in die USA. Trotz seiner schon schlechten Gesundheit setzte er seine Lehrtätigkeit an der New York University fort. Er starb am 6. Juni 1943 in New York. – Gegen Ende seines Lebens fügte FUBINI seinem Namen offiziell den Nachnamen seiner Ehefrau ANNA GHIRON hinzu und nannte sich GUIDO FUBINI GHIRON.

FUBINI war ein vielseitiger und scharfsinniger Mathematiker. Seine Arbeitsgebiete stehen weitgehend in der Tradition der italienischen Mathematiker des 18. und 19. Jahrhunderts: Reelle Analysis, insbesondere Differentialgleichungen, partielle Differentialgleichungen, Variationsrechnung, das Dirichletsche Prinzip; Differentialgeometrie, insbesondere Riemannsche Räume, nichteuklidische Räume, Lie-Gruppen, das Riemann-Helmholtzsche Problem, projektive Differentialgeometrie; diskontinuierliche Gruppen und automorphe Funktionen; mathematische Physik und Ingenieurmathematik. – Neben „dem" Satz von FUBINI hat FUBINI folgenden bemerkenswerten Satz aus der Theorie der reellen Funktionen bewiesen (s. Korollar VII.4.7): *Ist* $F = \sum_{n=1}^{\infty} f_n$ *eine konvergente Reihe von monoton wachsenden Funktionen* $f_n : [a, b] \to \mathbb{R}$ *(*$n \in \mathbb{N}$*), so darf man diese Reihe* λ-*f.ü. gliedweise differenzieren, d.h. es ist* $F' = \sum_{n=1}^{\infty} f_n'$ λ-*f.ü.* (Nach einem Satz von LEBESGUE ist jede monotone Funktion λ-f.ü. differenzierbar.) – Die wichtigsten der fast 200 Arbeiten aus FUBINIs Feder sind in den *Opere scelte*, Vol. 1–3 (Roma: Cremonese 1957) gesammelt. Besonderes Gewicht haben auch seine Lehrbücher. Viele Generationen von Studenten studierten FUBINIs *Lezioni di Analisi* (Turin 1913) und die zugehörige Aufgabensammlung. Die gemeinsam mit E. ČECH (1893–1960) verfasste Monographie über projektive Differentialgeometrie gilt als Klassiker auf diesem Gebiet. FUBINIs Monographie (1908) über diskontinuierliche Gruppen und automorphe Funktionen ist ein umfangreiches Werk, das zahlreiche neue Resultate des Autors enthält; noch 1954 bezeichnet B. SEGRE (1903–1977) in seinem Nachruf auf FUBINI dieses Buch als „noch heute maßgebend über diesen Gegenstand".

LEONIDA TONELLI wurde am 19. April 1885 in Gallipoli (unweit Lecce, Süditalien) geboren. Mit 17 Jahren schrieb er sich 1902 in Bologna ein zum Studium der Ingenieurwissenschaften. Unter dem Einfluss seiner Lehrer C. ARZELÀ und S. PINCHERLE (1853–1936), die bald die außergewöhnliche Begabung des jungen Mannes erkannten, wechselte er das Studienfach und wandte sich der reinen Mathematik zu. Im Jahre 1906 legte TONELLI seine Dissertation über die Approximation durch Tschebyschew-Polynome vor, wurde rasch Assistent an der Universität Bologna und erhielt 1910 die sog. „freie Dozentur" für infinitesimale Analysis. Die weitere akademische Laufbahn führte ihn als Lehrbeauftragten bzw. Ordinarius (ab 1917) an die Universitäten Cagliari (1913), Parma (1914) und Bologna (1922). Im Jahre 1930, als sein wissenschaftliches Ansehen seinen Gipfel erreicht hatte, wurde TONELLI an die Scuola Normale Superiore di Pisa berufen, um die große wissenschaftliche Tradition dieser Institution fortzusetzen. An der Universität Pisa hatte Tonelli den Lehrstuhl für infinitesimale Analysis inne und den Lehrauftrag für höhere Analysis; an der Scuola Normale Superiore hielt er zusätzliche Vorlesungen, die seine Lehrveranstaltungen an der Universität ergänzen und den Hörern den Weg zu eigener mathematischer Forschung ebnen sollten. Die inhaltlich und didaktisch meisterlichen Vorlesungen Tonellis übten auf das Auditorium eine große Anziehungskraft aus; es wird berichtet, die Studenten seien den Darlegungen des „Maestro insuperabile" in „religioso silenzio" gefolgt.[9] Gegen die damalige faschistische Regierung Italiens hegte Tonelli eine offene Feindschaft. Im Herbst 1939 wurde er an die Universität Rom berufen, setzte aber zusätzlich seine Arbeit in Pisa fort, um seine Schüler an der Scuola Normale Superiore nicht im Stich zu lassen, und kehrte 3 Jahre später ganz nach Pisa zurück. Besondere Verdienste erwarb er sich während seiner langen Amtszeit als Direktor des mathematischen Instituts der Universität Pisa. In der schwierigen Periode nach dem September 1943, als Pisa und die ehrwürdige Scuola Normale von deutschen Truppen besetzt waren, gelang es Tonelli als Direktor der Scuola in Zusammenarbeit mit Schülern und Kollegen, die Institution vor Schaden zu bewahren und die wertvollen Sammlungen und die unschätzbar wertvolle Bibliothek zu retten. – L. Tonelli starb am 12. März 1946 in Pisa. Er war hochgeehrt als Mitglied zahlreicher Akademien und wissenschaftlicher Vereinigungen und Träger mehrerer bedeutender wissenschaftlicher Preise und Auszeichnungen.

Tonelli schrieb rund 150 Arbeiten vornehmlich über Themen aus der reellen Analysis, insbesondere über Funktionen reeller Variablen, analytische Funktionen, trigonometrische Reihen, gewöhnliche Differentialgleichungen, Funktionalgleichungen, Variationsrechnung, das Dirichletsche Prinzip und das Plateausche Problem. Seine Arbeiten haben wesentlich mit dazu beigetragen, dem Lebesgue-Integral allgemeine Verbreitung zu verschaffen. Zum Beispiel erkannte Tonelli in der absoluten Stetigkeit der Komponenten von γ die notwendige und hinreichende Bedingung dafür, dass die Länge $L(\gamma)$ der stetigen und rektifizierbaren Kurve γ durch das Lebesgue-Integral $\int_a^b \|\gamma'(t)\| \, dt$ gegeben wird (s. Satz VII.4.22). Weiter lieferte er analoge Untersuchungen zum Problem der Quadratur gekrümmter Flächen. Sein Beitrag zum Satz von Fubini (-Tonelli) ist von bleibendem Wert. Bemerkenswert sind die Arbeiten von Tonelli zur Approximation reeller Funktionen einer oder mehrerer Variablen. Von Tonelli stammt ein Zugang zur Lebesgueschen Integrationstheorie, der die vorherige Entwicklung des Lebesgue-Maßes entbehrlich macht. Der Theorie der trigonometrischen Reihen widmete er über 10 Arbeiten und die wichtige Monographie *Serie trigonometriche* (Bologna: Zanichelli 1928), die in systematischer und vollständiger Weise den Stand dieser Theorie von 1928 widerspiegelt. – Die bedeutendsten Arbeiten von Tonelli liegen auf dem Gebiet der Variationsrechnung. Ausgehend von der Feststellung, dass die in der Variationsrechnung betrachteten Funktionale im Allgemeinen unstetig sind, bemerkte er die Halbstetigkeit dieser Funktionale, und unter systematischer Verwendung der Lebesgueschen Integrationstheorie und der Methoden der Funktionalanalysis eröffnete er mit seiner „metodo diretto" einen neuen Zugang zu den Extremalproblemen. Als wichtige Anwendungsbeispiele behandelte er z.B. isoperimetrische Probleme und die klassischen Probleme von Dirichlet und Plateau. Seine große zweibändige Monographie *Fondamenti di Calcolo delle Variazioni* (Bologna: Zanichelli 1921, 1923) hat auf die weitere Entwicklung dieses Gebiets einen nachhaltigen Einfluss ausgeübt. Die wichtigsten Arbeiten von Tonelli sind in den *Opere scelte*, Vol. 1–4 (Roma: Cremonese 1960) gesammelt.

Aufgaben. 2.1. Es sei $f_\alpha(x,y) := x \cdot y/(x^2 + y^2 + 1)^\alpha$ $(x, y \in \mathbb{R})$. Bestimmen Sie alle $\alpha \in \mathbb{R}$, für welche die iterierten Integrale $\int_{-\infty}^{+\infty} \left(\int_{-\infty}^{+\infty} f_\alpha(x,y) \, dx \right) dy$ und $\int_{-\infty}^{+\infty} \left(\int_{-\infty}^{+\infty} f_\alpha(x,y) \, dy \right) dx$ existieren. Für welche α ist f_α β^2-integrierbar über $\mathbb{R}^2$?

2.2. Prüfen Sie, welche der Integrale

$$\int_0^1 \left(\int_0^1 f(x,y) \, dx \right) dy, \ \int_0^1 \left(\int_0^1 f(x,y) \, dy \right) dx, \ \int_I f \, d\beta^2$$

---

[9]Mit Blick auf heute bisweilen anzutreffende Verhältnisse kann der Verf. ein „O tempora, o mores!" nicht unterdrücken.

$(I =]0,1[^2)$ für die folgenden Funktionen existieren und übereinstimmen.

a) $f(x,y) = (x-y)/(x+y)^3$ für $x,y > 0$.

b) $f(x,y) = \frac{\partial}{\partial x} \frac{\partial}{\partial y} \left((x^2 - y^2)^2/(x^2+y^2)^2 \right)$ für $x,y > 0$.

c) $f(x,y) := \begin{cases} 2^{2n} & \text{für } 2^{-n} < x \le 2^{-n+1}, \ 2^{-n} < y \le 2^{-n+1}, \ n \in \mathbb{N}, \\ -2^{2n+1} & \text{für } 2^{-n-1} < x \le 2^{-n}, \ 2^{-n} < y \le 2^{-n+1}, \ n \in \mathbb{N}, \\ 0 & \text{sonst}. \end{cases}$

2.3. Bestimmen Sie alle stetigen Funktionen $g : [0,\infty[\to [0,\infty[$, so dass

$$\int_{[0,1] \times [1,\infty[} g(xy) \, d\beta^2(x,y) < \infty.$$

2.4. Es sei $f : \mathbb{R}^2 \to \mathbb{R}$, $f(x,y) := 1$ für $x \in \mathbb{Q}$, $f(x,y) := 2y$ für $x \notin \mathbb{Q}$. Welches der Integrale

$$\int_0^1 \left(\int_0^1 f(x,y) \, dx \right) dy, \ \int_0^1 \left(\int_0^1 f(x,y) \, dy \right) dx$$

existiert als iteriertes Riemann-Integral bzw. iteriertes β^1-Integral? Ist f über $[0,1]^2$ β^2-integrierbar?

2.5. Es seien $f : [0,\infty[\to [0,\infty[$ β^1-integrierbar und $g(x) := \int_x^\infty f(t) \, dt$ $(x \ge 0)$. Wann ist g β^1-integrierbar über $[0,\infty[$?

2.6. Die Funktion $f : [0,\infty[\to \mathbb{R}$ sei stetig, die uneigentlichen Riemann-Integrale

$$\int_0^\infty f(t) \log t \, dt, \ \int_0^\infty f(t) \, dt$$

seien (nicht notwendig absolut) konvergent, und es gelte: $\int_0^\infty f(t) \, dt = 0$. Dann gilt für alle $a, b > 0$:

$$\int_0^a \left(\int_b^\infty f(xy) \, dy \right) dx - \int_b^\infty \left(\int_0^a f(xy) \, dy \right) dx = \int_0^\infty f(t) \log t \, dt.$$

Im Spezialfall $f(t) = \alpha e^{-\alpha t} - \beta e^{-\beta t}$ $(\alpha, \beta > 0)$ hat die rechte Seite den Wert $\log \beta/\alpha$ (G.H. HARDY).

2.7. Mit $M := \{(x,y)^t \in \mathbb{R}^2 : x < y, y > 0\}$ gilt:

$$\int_M y \, e^{-\frac{1}{2}(x^2+y^2)} \, d\beta^2(x,y) = \frac{1}{2} \left(1 + \sqrt{2} \right) \sqrt{\pi}.$$

2.8 Partielle Integration. $f, g : [a,b] \to \mathbb{K}$ seien λ^1-integrierbar, und für $x \in [a,b]$ sei

$$F(x) := \int_a^x f(t) \, dt, \ G(x) := \int_a^x g(t) \, dt.$$

Dann gilt:

$$\int_a^b F(x) \, g(x) \, dx = F(b) \, G(b) - \int_a^b f(x) \, G(x) \, dx.$$

(Hinweis: Anwendung des Satzes von FUBINI auf $(x,y) \mapsto f(y) \, g(x) \, \chi_E(x,y)$ mit $E = \{(x,y) \in [a,b]^2 : y < x\}$.)

2.9 Cauchy-Schwarzsche Ungleichung. Es seien $f,g : X \to \mathbb{K}$ messbar und $|f|^2, |g|^2 \in \mathcal{L}^1$. Zeigen Sie mithilfe des Satzes von FUBINI durch Betrachtung der Funktion $(x,y) \mapsto |f(x)g(x)f(y)g(y)|$ die *Cauchy-Schwarzsche Ungleichung*:

$$\left(\int_X |fg| \, d\mu \right)^2 \le \left(\int_X |f|^2 \, d\mu \right) \left(\int_X |g|^2 \, d\mu \right).$$

(Hinweis: Ist μ nicht σ-endlich, so verschwinden f und g außerhalb einer messbaren Menge σ-endlichen Maßes.)

2.10. Es seien $M \subset \mathbb{R}^2$ offen und $f : M \to \mathbb{R}$ zweimal stetig partiell differenzierbar. Zeigen Sie mithilfe des Satzes von FUBINI:

$$\frac{\partial}{\partial x}\left(\frac{\partial f}{\partial y}\right) = \frac{\partial}{\partial y}\left(\frac{\partial f}{\partial x}\right).$$

(Hinweis: Schließen Sie indirekt und integrieren Sie die Differenz von rechter und linker Seite über ein geeignetes hinreichend kleines Quadrat.)

2.11. Für jedes $R > 0$ ist die Funktion $(x, y) \mapsto e^{-xy} \sin x$ $\ \beta^2$-integrierbar über $]0, R[\times]0, \infty[$, also gilt

$$\int_0^R \frac{\sin x}{x}\, dx = \int_0^\infty \left(\int_0^R e^{-xy} \sin x\, dx\right) dy.$$

Bestimmen Sie durch Grenzübergang $R \to \infty$ das uneigentliche Riemann-Integral

$$(R\text{-})\int_0^\infty \frac{\sin x}{x}\, dx = \frac{\pi}{2}$$

und folgern Sie:

$$\int_0^\infty \frac{1 - \cos x}{x^2}\, dx = \frac{\pi}{2}, \int_0^\infty \left(\frac{\sin x}{x}\right)^2 dx = \frac{\pi}{2}.$$

(Bemerkung: Das letzte Integral wird im Beweis des Satzes von WIENER-IKEHARA benötigt, der die Basis für den WIENERschen Beweis des Primzahlsatzes ist.)

2.12. a) Für $1 < \operatorname{Re}\alpha < 2$ existiert das Lebesgue-Integral $\int_0^\infty \sin x/x^\alpha\, dx$. Setzen Sie hier $x^{-\alpha} = \Gamma(\alpha)^{-1} \int_0^\infty e^{-tx} t^{\alpha-1}\, dt$ und zeigen Sie mithilfe des Satzes von FUBINI:

$$(*) \qquad\qquad \int_0^\infty \frac{\sin x}{x^\alpha}\, dx = \frac{\pi}{2\Gamma(\alpha)\sin \pi\alpha/2}.$$

Gl. (*) gilt für $0 < \operatorname{Re}\alpha < 2$, wenn man die linke Seite als uneigentliches Riemann-Integral auffasst.

b) Benutzen Sie die Methode aus a) zur Bestimmung der Integrale

$$F(t) := \int_0^\infty e^{-tx} \frac{\cos x}{x^{1/2}}\, dx, \ G(t) := \int_0^\infty e^{-tx} \frac{\sin x}{x^{1/2}}\, dx \quad (t > 0)$$

und folgern Sie durch Grenzübergang $t \to +0$:

$$(R\text{-})\int_0^\infty \frac{\cos x}{x^{1/2}}\, dx = (R\text{-})\int_0^\infty \frac{\sin x}{x^{1/2}}\, dx = \sqrt{\frac{\pi}{2}}.$$

(Fresnelsche Integrale; vgl. Aufgabe 4.3).

2.13. Schreiben Sie $x^{-1}\sin ax = \int_0^a \cos \alpha x\, d\alpha$ und folgern Sie aus Aufgabe IV.6.18 mithilfe des Satzes von FUBINI:

$$\int_0^\infty \frac{\sin ax}{x(t^2 + x^2)}\, dx = \frac{\pi}{2t^2}(1 - e^{-at}) \quad (a, t > 0).$$

2.14. Ist V ein Vektorraum von Funktionen $f : X \to \mathbb{K}$, W ein Vektorraum von Funktionen $g : Y \to \mathbb{K}$, so bezeichne $V \otimes W$ das Tensorprodukt von V und W, d.h. den Vektorraum aller endlichen Summen von Funktionen der Form $(x, y) \mapsto f \otimes g(x, y) := f(x)\, g(y)$ $(f \in V, g \in W; x \in X, y \in Y)$. Zeigen Sie: Sind μ, ν σ-endlich und liegt V dicht in $\mathcal{L}^1(X, \mathfrak{A}, \mu)$, W dicht in $\mathcal{L}^1(Y, \mathfrak{B}, \nu)$, so liegt $V \otimes W$ dicht in $\mathcal{L}^1(X \times Y, \mathfrak{A} \otimes \mathfrak{B}, \mu \otimes \nu)$. Insbesondere liegt $\mathcal{L}^1(\mu) \otimes \mathcal{L}^1(\nu)$ dicht in $\mathcal{L}^1(\mu \otimes \nu)$. (Bemerkung: Dieser Sachverhalt motiviert die Schreibweise des Produktmaßes mit dem Zeichen „⊗" für das Tensorprodukt.)

2.15. Es seien $A, B \in \mathfrak{B}^p, \beta^p(A) < \infty, \beta^p(B) < \infty$ und $f(t) := \beta^p(A \cap (B + t))$ $(t \in \mathbb{R}^p)$.
Dann ist $f : \mathbb{R}^p \to \mathbb{R}$ gleichmäßig stetig, und es gilt:

$$\int_{\mathbb{R}^p} f \, d\beta^p = \beta^p(A) \, \beta^p(B) \,.$$

Ist $\beta^p(A) > 0, \beta^p(B) > 0$, so enthält $A - B$ einen inneren Punkt. (Hinweise: Die gleichmäßige
Stetigkeit zeigt man wie in Beispiel IV.3.14. Ferner stellt man f als Integral einer charakteristischen Funktion dar und wendet den Satz von FUBINI an. Wegen $\{f > 0\} \subset A - B$ enthält
$A - B$ einen inneren Punkt, falls $\beta^p(A)\beta^p(B) > 0$; vgl. Aufgabe III.2.5. – Die Aussagen gelten
sinngemäß mit $\mathfrak{L}^p, \lambda^p$ statt $\mathfrak{B}^p, \beta^p$.)

2.16. Kugelvolumen im $\mathbb{R}^p$. Alternativ zu Beispiel 1.8 lässt sich das Volumen $V_p(R) = \beta^p(K_R(0))$ einer Kugel im $\mathbb{R}^p$ vom Radius $R > 0$ folgendermaßen bestimmen: Für $r > 0$ sei

$$f_p(r) := V_p(\sqrt{r}) = \int_{\|x\|^2 \leq r} dx \,.$$

Dann gilt nach Korollar III.2.6

$(*)$ $\qquad\qquad\qquad\qquad f_p(r) = V_p(1) r^{p/2} \quad (r > 0).$

Beweisen Sie zunächst mithilfe des Satzes von Fubini für die Laplace-Transformierte

$$F_p(t) := \int_0^\infty e^{-tr} f_p(r) \, dr \quad (t > 0)$$

die Identität $F_p(t) = \pi^{p/2} t^{-p/2-1}$ $(t > 0)$. Bestimmen Sie anschließend $F_p(t)$ mithilfe von
$(*)$ zu $F_p(t) = V_p(1)\Gamma\left(\frac{p}{2} + 1\right) t^{-p/2-1}$ $(t > 0)$, und folgern Sie durch Vergleich der Resultate
die Gl. (1.6).

§ 3. Faltung und Fourier-Transformation

1. Integration in Bezug auf Bildmaße. Im Folgenden seien $(X, \mathfrak{A}, \mu)$ ein
Maßraum, $(Y, \mathfrak{B})$ ein Messraum und $t : X \to Y$ eine messbare Abbildung. Nach
Satz III.1.7 ist das Bildmaß $t(\mu) : \mathfrak{B} \to \overline{\mathbb{R}}$ erklärt durch

$$t(\mu)(B) := \mu(t^{-1}(B)) \quad (B \in \mathfrak{B}) \,.$$

Die Integration einer Funktion $f : Y \to \hat{\mathbb{K}}$ über Y bez. $t(\mu)$ lässt sich wie folgt
auf die Integration von $f \circ t$ über X bez. μ zurückführen:

3.1 Allgemeine Transformationsformel. *Für alle $f \in \mathcal{M}^+(Y, \mathfrak{B})$ ist*

(3.1) $\qquad\qquad\qquad\qquad \int_Y f \, dt(\mu) = \int_X f \circ t \, d\mu \,.$

*Eine $\mathfrak{B}$-messbare Funktion $f : Y \to \hat{\mathbb{K}}$ ist genau dann $t(\mu)$-integrierbar über Y,
wenn $f \circ t$ μ-integrierbar ist über X, und dann gilt (3.1).*

Beweis. Für alle $f \in \mathcal{M}^+(Y, \mathfrak{B})$ ist $f \circ t \in \mathcal{M}^+(X, \mathfrak{A})$. – Im Falle $f = \chi_B$ ($B \in \mathfrak{B}$) ist nun zunächst

$$\int_Y \chi_B \, dt(\mu) = \mu(t^{-1}(B)) = \int_X \chi_{t^{-1}(B)} \, d\mu = \int_X \chi_B \circ t \, d\mu \,.$$

Daher gilt (3.1) für alle $f = \chi_B$ ($B \in \mathfrak{B}$) und mithin auch für alle $f \in \mathcal{T}^+(Y, \mathfrak{B})$. – Ist nun $f \in \mathcal{M}^+(Y, \mathfrak{B})$, so wählen wir eine Folge von Funktionen $u_n \in \mathcal{T}^+(Y, \mathfrak{B})$ mit $u_n \uparrow f$ und erhalten nach dem schon Bewiesenen

$$\int_Y f \, dt(\mu) = \lim_{n \to \infty} \int_Y u_n \, dt(\mu) = \lim_{n \to \infty} \int_X u_n \circ t \, d\mu = \int_X f \circ t \, d\mu \,,$$

denn für die Funktionen $u_n \circ t \in \mathcal{T}^+(X, \mathfrak{A})$ gilt $u_n \circ t \uparrow f \circ t$.

Die zweite Aussage folgt unmittelbar durch Anwendung der ersten auf $(\operatorname{Re} f)^\pm, (\operatorname{Im} f)^\pm$. $\square$

3.2 Korollar. *Es seien* $t : \mathbb{R}^p \to \mathbb{R}^p$ *eine bijektive affine Abbildung und* $f \in \mathcal{M}^+(\mathbb{R}^p, \mathfrak{L}^p)$ *oder* $f : \mathbb{R}^p \to \hat{\mathbb{K}}$ λ^p-*integrierbar. Dann gilt*

$$(3.2) \qquad\qquad \int_{\mathbb{R}^p} f \, d\lambda^p = |\det t| \int_{\mathbb{R}^p} f \circ t \, d\lambda^p \,.$$

Beweis. Nach Satz III.2.5 ist t $\mathfrak{L}^p$-$\mathfrak{L}^p$-messbar und $t(\lambda^p) = |\det t|^{-1} \lambda^p$. Satz 3.1 liefert daher sogleich die Behauptung. $\square$

Insbesondere ist das λ^p-*Integral über* $\mathbb{R}^p$ *translations- und spiegelungsinvariant.*

3.3 Beispiel. Es seien $(X, \mathfrak{A}, \mu)$ ein Maßraum und $g : X \to \mathbb{R}$ eine messbare Funktion mit $\mu(g^{-1}(]a, b])) < \infty$ für alle $a, b \in \mathbb{R}$. Dann wird das Bildmaß $g(\mu) : \mathfrak{B}^1 \to \overline{\mathbb{R}}$ durch eine wachsende rechtsseitig stetige Funktion $F : \mathbb{R} \to \mathbb{R}$ beschrieben. Wir wählen in Satz 3.1 $(Y, \mathfrak{B}) := (\mathbb{R}, \mathfrak{B}^1)$, $t := g$, $f = \operatorname{id} : \mathbb{R} \to \mathbb{R}$ und erhalten: Ist zusätzlich $g \geq 0$ oder $g \in \mathcal{L}^1(\mu)$, so gilt:

$$\int_X g \, d\mu = \int_{-\infty}^{+\infty} x \, dF(x) \,.$$

Ist allgemeiner $f : \mathbb{R} \to \mathbb{R}$ eine Borel-messbare Funktion und $f \geq 0$ oder $f \circ g \in \mathcal{L}^1(\mu)$, so gilt

$$\int_X f \circ g \, d\mu = \int_{-\infty}^{+\infty} f(x) \, dF(x) \,.$$

Von dieser Möglichkeit der Transformation des μ-Integrals in ein Lebesgue-Stieltjes-Integral wird in der Wahrscheinlichkeitstheorie Gebrauch gemacht.

2. Transformation von Maßen mit Dichten. Es seien $(X, \mathfrak{A}, \mu)$, $(Y, \mathfrak{B})$ und $t : X \to Y$ wie oben und $g \in \mathcal{M}^+(Y, \mathfrak{B})$. Dann lässt sich das Maß mit der Dichte g bez. $t(\mu)$ wie folgt als Bildmaß bez. t darstellen:

3.4 Satz. *Für alle* $g \in \mathcal{M}^+(Y, \mathfrak{B})$ *gilt:*

$$g \odot t(\mu) = t((g \circ t) \odot \mu) \,.$$

Beweis. Nach (3.1) gilt für alle $B \in \mathfrak{B}$:

$$(g \odot t(\mu))(B) = \int_Y \chi_B \cdot g \, dt(\mu) = \int_X (\chi_B \cdot g) \circ t \, d\mu$$

$$= \int_X \chi_{t^{-1}(B)} \cdot (g \circ t) \, d\mu = ((g \circ t) \odot \mu)(t^{-1}(B)) = (t((g \circ t) \odot \mu))(B) \,.$$

$\square$

3.5 Korollar. *Ist* $t : X \to Y$ *ein messbarer Isomorphismus, so gilt für alle* $h \in \mathcal{M}^+(X, \mathfrak{A})$:
$$t(h \odot \mu) = (h \circ t^{-1}) \odot t(\mu) \,.$$

Beweis: klar nach Satz 3.4 mit $g := h \circ t^{-1}$. $\square$

3. Die Faltung auf $\mathcal{L}^1(\mathbb{R}^p, \mathfrak{B}^p, \beta^p)$**.** Für $f, g \in \mathcal{L}^1(\beta^p)$ ist die Funktion $\varphi : \mathbb{R}^{2p} \to \mathbb{R}, \varphi(x, y) := f(x - y)g(y)$ $(x, y \in \mathbb{R}^p)$ Borel-messbar, und es gilt nach Korollar 3.2:

$$(3.3) \quad \int_{\mathbb{R}^p} \left(\int_{\mathbb{R}^p} |f(x - y)g(y) \,|\, d\beta^p(x) \right) d\beta^p(y) = \|f\|_1 \int_{\mathbb{R}^p} |g(y)| \, d\beta^p(y)$$

$$= \|f\|_1 \|g\|_1 < \infty \,.$$

Nach dem Satz von FUBINI ist die Menge A der $x \in \mathbb{R}^p$, für welche $\varphi(x, \cdot)$ nicht β^p-integrierbar ist, eine β^p-Nullmenge. Daher ist die Funktion $f * g : \mathbb{R}^p \to \mathbb{K}$,

$$f * g(x) := \begin{cases} \displaystyle\int_{\mathbb{R}^p} f(x - y)g(y) \, d\beta^p(y) & \text{für } x \in A^c \,, \\ 0 & \text{für } x \in A \,, \end{cases}$$

Borel-messbar, und nach (3.3) gilt $f * g \in \mathcal{L}^1(\beta^p)$ und

$$\|f * g\|_1 \le \|f\|_1 \|g\|_1 \,.$$

Die Funktion $f * g$ heißt die *Faltung* von f und g.

Die Substitution $y \mapsto x - y$ in der Definition von $f * g$ liefert nach (3.2)

$$f * g = g * f \,;$$

die Faltung ist also *kommutativ*. Ferner ist die Faltung *distributiv* in dem Sinne, dass für alle $f, g, h \in \mathcal{L}^1(\beta^p)$ gilt

$$(f + g) * h = f * h + g * h \quad \beta^p\text{-f.ü.}$$

Wir zeigen weiter: Die Faltung ist *assoziativ* in dem Sinne, dass für alle $f, g, h \in \mathcal{L}^1(\beta^p)$ gilt

$$(f * g) * h = f * (g * h) \quad \beta^p\text{-f.ü.}$$

Wegen der Distributivität der Faltung genügt der Beweis der Assoziativität für den Fall $f, g, h \geq 0$. Dann ist aber nach Korollar 3.2 in Verbindung mit dem Satz von FUBINI

$$\int_{\mathbb{R}^p} f * g(x - y)\, h(y)\, d\beta^p(y) = \int_{\mathbb{R}^p} f * g(y)\, h(x - y)\, d\beta^p(y)$$

$$= \int_{\mathbb{R}^p} \left(\int_{\mathbb{R}^p} f(z) g(y - z)\, d\beta^p(z) \right) h(x - y)\, d\beta^p(y)$$

$$= \int_{\mathbb{R}^p} f(z) \left(\int_{\mathbb{R}^p} g(y - z) h(x - y)\, d\beta^p(y) \right) d\beta^p(z)$$

$$= \int_{\mathbb{R}^p} f(z)\, g * h(x - z)\, d\beta^p(z)\,,$$

und es folgt die Behauptung. – Mithilfe der obigen Eigenschaften der Faltung werden wir in Kap. VI den zu $\mathcal{L}^1(\beta^p)$ gehörigen Banach-Raum $L^1(\beta^p)$ mit der Struktur einer *Banach-Algebra* ausstatten.

3.6 Lemma. *Es sei* $(k_n)_{n \geq 1}$ *eine Folge aus* $\mathcal{L}^1(\beta^p)$ *mit* $k_n \geq 0$, $\|k_n\|_1 = 1$ *und* $d(\{0\} \cup \operatorname{Tr} k_n) \to 0$ $(n \to \infty)$. *Dann gilt für alle* $f \in \mathcal{L}^1(\beta^p)$:

$$\lim_{n \to \infty} \|k_n * f - f\|_1 = 0\,.$$

Beweis. Es seien $f \in \mathcal{L}^1(\beta^p)$ und $\varepsilon > 0$. Für $a \in \mathbb{R}^p$ sei $f_a(t) := f(a + t)$ $(t \in \mathbb{R}^p)$. Dann gibt es nach Aufgabe IV.3.10 ein $\delta > 0$, so dass $\|f_a - f\|_1 < \varepsilon$ für alle $a \in K_\delta(0)$. Wir wählen $n_0 \in \mathbb{N}$ so groß, dass $\operatorname{Tr} k_n \subset K_\delta(0)$ für alle $n \geq n_0$. Dann gilt nach dem Satz von FUBINI für alle $n \geq n_0$:

$$\|k_n * f - f\|_1 = \int_{\mathbb{R}^p} | \int_{\mathbb{R}^p} k_n(y)(f(x - y) - f(x))\, d\beta^p(y)\, |\, d\beta^p(x)$$

$$\leq \int_{\mathbb{R}^p} k_n(y) \left(\int_{\mathbb{R}^p} |f(x - y) - f(x)| d\beta^p(x) \right) d\beta^p(y) \leq \varepsilon \int_{\mathbb{R}^p} k_n(y)\, d\beta^p(y) = \varepsilon\,.$$

$\square$

Eine Folge $(k_n)_{n \geq 1}$ wie in Lemma 3.6 kann man als eine „approximative Einheit" für die Multiplikation „$*$" auf $\mathcal{L}^1(\beta^p)$ ansehen. – Wir werden in Korollar 3.10 zeigen, dass es *keine* „Einheit" $k \in \mathcal{L}^1(\beta^p)$ gibt mit der Eigenschaft, dass $k * f = f$ β^p-f.ü. für alle $f \in \mathcal{L}^1(\beta^p)$.

Ist $U \subset \mathbb{R}^p$ offen und $g : U \to \mathbb{R}^p$ partiell differenzierbar, so bezeichnet $D_k g = \partial g / \partial x_k$ die partielle Ableitung von g nach dem k-ten Argument. Ist $\alpha = (\alpha_1, \ldots, \alpha_p)$ mit ganzen $\alpha_1, \ldots, \alpha_p \geq 0$ ein *Multiindex*, so setzen wir

$$|\alpha| := \alpha_1 + \ldots + \alpha_p\,,$$

und für $g \in C^{|\alpha|}(\mathbb{R}^p)$, $x \in \mathbb{R}^p$ sei

$$D^\alpha g := D_1^{\alpha_1} \circ \ldots \circ D_p^{\alpha_p} g\,, \quad x^\alpha := x_1^{\alpha_1} \cdot \ldots \cdot x_p^{\alpha_p}\,.$$

3.7 Satz. *Für* $f \in \mathcal{L}^1(\beta^p)$ *und* $g \in C_c^\infty(\mathbb{R}^p)$ *ist* $f * g \in C^\infty(\mathbb{R}^p)$ *und*

$$D^\alpha(f * g) = f * (D^\alpha g) \quad \text{für alle } \alpha.$$

Beweis. Wegen der gleichmäßigen Stetigkeit von $D_k g$ gibt es zu jedem $\varepsilon > 0$ ein $\delta > 0$, so dass $|D_k g(u) - D_k g(v)| < \varepsilon$ für alle $u, v \in \mathbb{R}^p$ mit $\|u - v\| < \delta$. Bezeichnet e_k den k-ten Einheitsvektor des $\mathbb{R}^p$, so gilt also für $0 \neq t \in \mathbb{R}$, $|t| < \delta$ und $x \in \mathbb{R}^p$:

$$\left| \frac{1}{t}(f * g(x + te_k) - f * g(x)) - (f * D_k g)(x) \right|$$

$$= \left| \int_{\mathbb{R}^p} f(y) \frac{1}{t} \int_0^t (D_k g(x - y + se_k) - D_k g(x - y)) \, ds \, d\beta^p(y) \right| \le \varepsilon \|f\|_1.$$

Daher ist $f * g$ in x partiell differenzierbar mit $D_k(f * g) = f * (D_k g)$, und diese Funktion ist offenbar stetig (Aufgabe 3.1). Eine Fortsetzung dieser Schlussweise liefert die Behauptung. $\qquad\square$

Nun können wir leicht einen weiteren Beweis für Korollar IV.3.13 angeben:

3.8 Korollar. $C_c^\infty(\mathbb{R}^p)$ *liegt dicht in* $\mathcal{L}^1(\beta^p)$.

Beweis. Für $n \in \mathbb{N}$ sei $k_n : \mathbb{R}^p \to \mathbb{R}$,

$$k_n(x) := \begin{cases} c_n \exp(-(n^{-2} - \|x\|^2)^{-1}), & \text{falls} \quad \|x\| < 1/n, \\ 0, & \text{falls} \quad \|x\| \ge 1/n, \end{cases}$$

wobei $c_n > 0$ so gewählt sei, dass $\|k_n\|_1 = 1$. Dann ist $k_n \in C_c^\infty(\mathbb{R}^p)$, $\mathrm{Tr}\, k_n = \overline{K_{1/n}(0)}$. Ist nun $f \in \mathcal{L}^1(\beta^p)$ und $\varepsilon > 0$, so gibt es ein $R > 0$, so dass für $g := f \cdot \chi_{K_R(0)}$ gilt $\|f - g\|_1 < \varepsilon/2$. Nach Lemma 3.6 ist $\|k_n * g - g\|_1 < \varepsilon/2$ für alle $n \ge n_0(\varepsilon)$, also $\|f - k_n * g\|_1 < \varepsilon$ für alle $n \ge n_0(\varepsilon)$. Hier ist $k_n * g \in C^\infty(\mathbb{R}^p)$ (Satz 3.7), und da g und k_n einen kompakten Träger haben, ist auch der Träger von $k_n * g$ kompakt. $\qquad\square$

4. Die Fourier-Transformation. *Im Folgenden legen wir in den Definitionen des Raumes* $\mathcal{L}^1$ *und der Faltung* $*$ *anstelle von* β^p *das Maß*

$$\mu_p := (2\pi)^{-p/2} \beta^p$$

zugrunde. Diese Umnormierung hat zur Folge, dass am Ende die Formel des Fourierschen Umkehrsatzes besonders einprägsam wird.

Für komplexwertiges $f \in \mathcal{L}^1(\mu_p)$ heißen $\hat{f}, \check{f} : \mathbb{R}^p \to \mathbb{C}$,

$$\hat{f}(t) := \int_{\mathbb{R}^p} e^{-i\langle t, x \rangle} f(x) \, d\mu_p(x) \quad (t \in \mathbb{R}^p)$$

die *Fourier-Transformierte* von f und

$$\check{f}(t) := \int_{\mathbb{R}^p} e^{i\langle t, x \rangle} f(x) \, d\mu_p(x) = \hat{f}(-t) \quad (t \in \mathbb{R}^p)$$

die *inverse Fourier-Transformierte* von f. Hier bezeichnet $\langle t, x \rangle = \sum_{j=1}^{p} t_j x_j$ das Skalarprodukt von $t, x \in \mathbb{R}^p$. (Der Name von $\check{f}$ wird später durch den Fourierschen Umkehrsatz motiviert.) Die $\mathbb{C}$-lineare Abbildung, die jedem $f \in \mathcal{L}^1(\mu_p)$ seine Fourier-Transformierte $\hat{f}$ zuordnet, heißt die *Fourier-Transformation*. Sie ist benannt nach dem französischen Mathematiker, mathematischen Physiker, Administrator und „secrétaire perpétuel" der Académie des Sciences JEAN BAPTISTE JOSEPH FOURIER (1768–1830).

3.9 Satz. *Für $f, g \in \mathcal{L}^1(\mu_p)$ gilt:*
a) $\hat{f} \in C(\mathbb{R}^p)$, $|\hat{f}| \leq \|f\|_1$ *und* $\lim_{\|t\| \to \infty} \hat{f}(t) = 0$.
b) $(f * g)^\wedge = \hat{f} \cdot \hat{g}$.
c) *Für* $f_a(x) := f(a + x)$ $(a \in \mathbb{R}^p)$ *und* $(M_r f)(x) := r^p f(rx)$ $(r > 0)$ *gilt:*

$$
\begin{aligned}
\widehat{f_a}(t) &= e^{i\langle a, t\rangle} \hat{f}(t)\,, \\
(M_r f)^\wedge(t) &= \hat{f}\left(\tfrac{1}{r}t\right)\,, \\
\left(e^{-i\langle a, x\rangle} f\right)^\wedge &= (\hat{f})_a\,.
\end{aligned}
$$

d) *Ist* $\alpha = (\alpha_1, \ldots, \alpha_p)$ *mit ganzen* $\alpha_1, \ldots, \alpha_p \geq 0$ *und* $f \in C^{|\alpha|}(\mathbb{R}^p)$, $x^\beta f \in \mathcal{L}^1(\mu_p)$ *für* $0 \leq \beta \leq \alpha$, *so gilt für* $0 \leq \beta \leq \alpha$:

$$
D^\beta \hat{f} = (-i)^{|\beta|} (x^\beta f)^\wedge\,.
$$

Beweis. a) Nach Satz IV.5.6 ist $\hat{f}$ stetig. Die Ungleichung $|\hat{f}| \leq \|f\|_1$ ist klar. Ferner ist nach Korollar 3.2 für $t \in \mathbb{R}^p, t \neq 0$

$$
\hat{f}(t) = \int_{\mathbb{R}^p} e^{-i\langle t, x\rangle} f(x)\, d\mu_p(x) = -\int_{\mathbb{R}^p} e^{-i\langle t, x\rangle} f\left(x + \frac{\pi}{\|t\|^2} t\right) d\mu_p(x)\,,
$$

und es folgt:

$$
2|\hat{f}(t)| \leq \int_{\mathbb{R}^p} \left| f(x) - f\left(x + \frac{\pi}{\|t\|^2} t\right) \right| d\mu_p(x) \to 0 \text{ für } \|t\| \to \infty\,.
$$

(Dies ist ein alternativer Beweis des *Lemmas von* RIEMANN-LEBESGUE; s. Aufgabe IV.6.17.)
b) Wegen (3.3) ist nach dem Satz von FUBINI

$$
(f * g)^\wedge(t) = \int_{\mathbb{R}^p} e^{-i\langle t, x\rangle} \left(\int_{\mathbb{R}^p} f(y) g(x - y)\, d\mu_p(y) \right) d\mu_p(x)
$$

$$
= \int_{\mathbb{R}^p} \left(\int_{\mathbb{R}^p} e^{-i\langle t, x-y\rangle} g(x - y)\, d\mu_p(x) \right) e^{-i\langle t, y\rangle} f(y)\, d\mu_p(y) = \hat{f}(t)\hat{g}(t)\,.
$$

c) ist klar nach Korollar 3.2.
d) folgt durch sukzessive Anwendung von Satz IV.5.7. □

3.10 Korollar. *Es gibt kein* $k \in \mathcal{L}^1(\mu_p)$, *so dass* $k * f = f$ *f.ü. für alle* $f \in \mathcal{L}^1(\mu_p)$.

Beweis. Gibt es ein solches k, so ist $\hat{k}\hat{f} = \hat{f}$ für alle $f \in \mathcal{L}^1(\mu_p)$. Hier wählen wir $f(x) = \exp(-\|x\|^2/2)$. Dann ist $\hat{f} = f$ nach Aufgabe IV.6.13 oder IV.6.15, und es folgt $\hat{k} = 1$: Widerspruch, denn als Fourier-Transformierte einer Funktion aus $\mathcal{L}^1(\mu_p)$ müsste $\hat{k}$ im Unendlichen verschwinden (Satz 3.9, a)).   □

3.11 Fourierscher Umkehrsatz. *Sind* $f \in \mathcal{L}^1(\mu_p)$ *und* $\hat{f} \in \mathcal{L}^1(\mu_p)$, *so gilt:*

$$f = (\hat{f})^\vee \ f.\ddot{u}.$$

Beweis. Für die Funktion

(3.4) $$k_n(x) := (2\pi)^{p/2} \prod_{j=1}^p \max(0, n - n^2|x_j|) \quad (x \in \mathbb{R}^p)$$

gilt nach Aufgabe 3.2:

(3.5) $$\hat{k}_n(t) = \prod_{j=1}^p \left(\frac{\sin t_j/2n}{t_j/2n} \right)^2 \quad (t \in \mathbb{R}^p)$$

und $(\hat{k}_n)^\vee = k_n$.

Der Grundgedanke des Beweises ist nun: Die Behauptung kann für die „approximative Einheit" $(k_n)_{n \geq 1}$ durch Rechnung verifiziert werden und ergibt sich dann folgendermaßen allgemein: Wegen $\hat{k}_n \hat{f} \in \mathcal{L}^1(\mu_p)$ ist nach dem Satz von FUBINI

(3.6) $$(\hat{k}_n \hat{f})^\vee(x) = \int_{\mathbb{R}^p} e^{i\langle x,t\rangle} \hat{k}_n(t)\, \hat{f}(t)\, d\mu_p(t)$$

$$= \int_{\mathbb{R}^p} f(z) \left(\int_{\mathbb{R}^p} e^{i\langle t, x-z\rangle} \hat{k}_n(t)\, d\mu_p(t) \right) d\mu_p(z) = f * k_n(x).$$

Für $n \to \infty$ gilt hier nach dem Satz von der majorisierten Konvergenz: $\|\hat{k}_n \hat{f} - \hat{f}\|_1 \to 0$. Daher konvergiert die Folge der Funktionen $(\hat{k}_n \hat{f})^\vee$ gleichmäßig gegen $(\hat{f})^\vee$ (Satz 3.9, a)). Andererseits gilt Lemma 3.6 ebenso mit μ_p statt β^p, und da $\|k_n\|_1 = 1$ ist bez. μ_p, erhalten wir: $\|k_n * f - f\|_1 \to 0$. Für alle $R > 0$ ist daher nach (3.6)

$$\int_{K_R(0)} |(\hat{f})^\vee - f|\, d\mu_p = \lim_{n \to \infty} \int_{K_R(0)} |(\hat{k}_n \hat{f})^\vee - f|\, d\mu_p$$

$$= \lim_{n \to \infty} \int_{K_R(0)} |f * k_n - f|\, d\mu_p \leq \lim_{n \to \infty} \|f * k_n - f\|_1 = 0,$$

und es folgt $f = (\hat{f})^\vee$ f.ü.   □

3.12 Korollar. *Sind* $f, g \in \mathcal{L}^1(\mu_p)$ *und gilt* $\hat{f} = \hat{g}$, *so ist* $f = g$ *f.ü.* *(„Injektivität" der Fourier-Transformation).*

Beweis. $(f - g)^\wedge = 0 \in \mathcal{L}^1(\mu_p)$, und der Umkehrsatz liefert die Behauptung.   □

Der Fouriersche Umkehrsatz ist der Schlüssel zu einem eleganten Beweis der folgenden vereinfachten Version des Satzes von PLANCHEREL, benannt nach dem Schweizer Mathematiker MICHEL PLANCHEREL (1885–1967).

3.13 Satz von Plancherel (1910). *Sind* $f \in \mathcal{L}^1(\mu_p)$ *und* $f^2 \in \mathcal{L}^1(\mu_p)$, *so ist* $|\hat{f}|^2 \in \mathcal{L}^1(\mu_p)$ *und*

$$(3.7) \qquad \int_{\mathbb{R}^p} |f|^2 \, d\mu_p = \int_{\mathbb{R}^p} |\hat{f}|^2 \, d\mu_p.$$

Beweis. Für $f^*(x) := \overline{f(-x)}$ gilt $\widehat{f^*} = \overline{\hat{f}}$. Daher hat $g := f * f^* \in \mathcal{L}^1(\mu_p)$ die Fourier-Transformierte $\hat{g} = |\hat{f}|^2$. Wegen $|f(x-y)\overline{f(-y)}| \leq \frac{1}{2}(|f(x-y)|^2 + |f(-y)|^2)$ konvergiert für alle $x \in \mathbb{R}^p$ das Faltungsintegral für g, und es ist

$$g(x) = \int_{\mathbb{R}^p} f(x-y)\,\overline{f(-y)}\, d\mu_p(y) = \int_{\mathbb{R}^p} f(x+y)\,\overline{f(y)}\, d\mu_p(y) \quad (x \in \mathbb{R}^p).$$

Die Cauchy-Schwarzsche Ungleichung (s. Aufgabe 2.9 oder VI.1.6) liefert für alle $x, x' \in \mathbb{R}^p$

$$|g(x) - g(x')|^2 \leq \left(\int_{\mathbb{R}^p} |f(x+y) - f(x'+y)|^2 \, d\mu_p(y) \right) \left(\int_{\mathbb{R}^p} |f|^2 \, d\mu_p \right),$$

und hier konvergiert die rechte Seite nach Satz VI.2.30 für $x' \to x$ gegen 0, d.h. g ist *stetig*. (Für beschränktes f folgt die Stetigkeit von g auch aus Satz IV.3.12 oder Aufgabe 3.1.) Zu vorgegebenem $\varepsilon > 0$ gibt es also ein $\delta > 0$, so dass $|g(x) - g(0)| < \varepsilon$ für alle $x \in K_\delta(0)$. Wir benutzen nun die k_n aus (3.4) und wählen n_0 so groß, dass $\operatorname{Tr} k_n \subset K_\delta(0)$ für alle $n \geq n_0$; dann ist

$$|g * k_n(0) - g(0)| = \left| \int_{\mathbb{R}^p} (g(x) - g(0)) k_n(x) \, d\mu_p(x) \right| < \varepsilon$$

für alle $n \geq n_0$. Daher ist

$$\lim_{n \to \infty} g * k_n(0) = g(0) = \int_{\mathbb{R}^p} |f|^2 \, d\mu_p.$$

Andererseits ist $g * k_n \in \mathcal{L}^1(\mu_p)$ und $(g * k_n)^\wedge = \hat{g}\hat{k}_n \in \mathcal{L}^1(\mu_p)$, denn $\hat{g}$ ist als Fourier-Transformierte beschränkt und $\hat{k}_n \in \mathcal{L}^1(\mu_p)$. Der Umkehrsatz ergibt daher wegen der Stetigkeit von $g * k_n$:

$$(3.8) \qquad (\hat{k}_n\hat{g})^\vee = g * k_n.$$

Nun liefert eine Anwendung des Lemmas von FATOU wegen $\lim_{n\to\infty} \hat{k}_n = 1$:

$$\int_{\mathbb{R}^p} |\hat{f}|^2 \, d\mu_p = \int_{\mathbb{R}^p} \varliminf_{n\to\infty} \hat{k}_n |\hat{f}|^2 \, d\mu_p \leq \varliminf_{n\to\infty} \int_{\mathbb{R}^p} \hat{k}_n \hat{g} \, d\mu_p$$

$$= \varliminf_{n\to\infty} (\hat{k}_n\hat{g})^\vee(0) = \varliminf_{n\to\infty} g * k_n(0) = \int_{\mathbb{R}^p} |f|^2 \, d\mu_p.$$

Da hier die rechte Seite *endlich* ist, gilt $|\hat{f}|^2 \in \mathcal{L}^1(\mu_p)$. Wir können nun wegen $0 \le \hat{k}_n \le 1$ in der letzten Formelzeile den Satz von der majorisierten Konvergenz anwenden, statt „$\underline{\lim}$" überall „$\lim$" schreiben und die Ungleichheit zur Gleichheit verschärfen.   □

Aus (3.7) folgt sogleich eine Formel, deren Analogon für den Fall der Fourier-Reihen zuerst von MARC-ANTOINE PARSEVAL (1755–1836) angegeben wurde.[10]

3.14 Parsevalsche Formel. *Sind* $f, g \in \mathcal{L}^1(\mu_p)$ *und* $f^2, g^2 \in \mathcal{L}^1(\mu_p)$, *so gilt*:

$$(3.9) \qquad \int_{\mathbb{R}^p} f\,\overline{g}\,d\mu_p = \int_{\mathbb{R}^p} \hat{f}\,\overline{\hat{g}}\,d\mu_p\,.$$

Beweis. Wegen

$$\int_{\mathbb{R}^p} f\,\overline{g}\,d\mu_p = \tfrac{1}{4}\left(\int_{\mathbb{R}^p} |f+g|^2\,d\mu_p - \int_{\mathbb{R}^p} |f-g|^2\,d\mu_p\right.$$

$$\left. +i\int_{\mathbb{R}^p} |f+ig|^2\,d\mu_p - i\int_{\mathbb{R}^p} |f-ig|^2\,d\mu_p\right)$$

liefert (3.7) sogleich die Behauptung.   □

3.15 Beispiele. a) Für $f(x) = e^{-a|x|}$ $(x \in \mathbb{R}; a > 0)$ ist $\hat{f}(t) = (2\pi)^{-1/2}2a/(a^2+t^2)$ $(t \in \mathbb{R})$. Daher gilt nach (3.9) für $a, b > 0$:

$$\int_{-\infty}^{+\infty} \frac{dt}{(a^2+t^2)(b^2+t^2)} = \frac{\pi}{2ab}\int_{-\infty}^{+\infty} e^{-(a+b)|x|}\,dx = \frac{\pi}{ab(a+b)}\,.$$

b) Für $f(x) = \chi_{]-a,a[}(x)$ $(a > 0)$ ist $\hat{f}(t) = -(2\pi)^{-1/2}2(\sin at)/t$ $(t \in \mathbb{R})$, und (3.9) liefert für $a, b > 0$:

$$\int_{-\infty}^{+\infty} \frac{\sin at\,\sin bt}{t^2}\,dt = \pi\min(a,b)\,.$$

Im Jahre 1932 publizierte NORBERT WIENER (1894–1964) folgenden bemerkenswerten Satz[11]:

3.16 Satz von Wiener (1932). *Für* $f \in \mathcal{L}^1(\mu_p)$ *liegt* Span $\{f_a : a \in \mathbb{R}^p\}$ *genau dann dicht in* $\mathcal{L}^1(\mu_p)$, *wenn* $\hat{f}$ *nullstellenfrei ist.*

Die *Notwendigkeit* der Bedingung ist wie folgt leicht einzusehen: Angenommen, es gibt ein $t_0 \in \mathbb{R}^p$ mit $\hat{f}(t_0) = 0$, so dass Span $\{f_a : a \in \mathbb{R}^p\}$ dicht liegt in $\mathcal{L}^1(\mu_p)$.

---

[10]PARSEVAL DES CHÊNES, M.-A.: *Mémoire sur les séries et sur l'intégration complète d'une équation aux différences partielles linéaires du second ordre, à coefficiens constans*, Mémoires présentés à l'Institut des Sciences, Lettres et Arts, par divers savans, et lus dans ses assemblées, Sciences math. et phys. (savans étrangers) 1, 638–648 (1806).

[11]N. WIENER: *Tauberian theorems*, Ann. Math. 33, 1–100 (1932); *Collected Works*, Vol. II, 519–618, Cambridge, Mass.: MIT Press 1979.

Dann gibt es zu jedem $g \in \mathcal{L}^1(\mu_p)$ und $\varepsilon > 0$ endlich viele $\lambda_1, \ldots, \lambda_n \in \mathbb{C}$ und $a_1, \ldots, a_n \in \mathbb{R}^p$ mit $\|g - \sum_{j=1}^n \lambda_j f_{a_j}\|_1 < \varepsilon$. Wegen $\widehat{f_a}(t) = e^{i\langle a,t\rangle} \hat{f}(t)$ verschwinden die Fourier-Transformierten von $f_{a_1}, \ldots, f_{a_n}$ an der Stelle t_0, und da für alle $h \in \mathcal{L}^1(\mu_p)$ gilt $|\hat{h}| \leq \|h\|_1$, müsste für alle $g \in \mathcal{L}^1(\mu)$ gelten: $\hat{g}(t_0) = 0$: Widerspruch, denn für $g(x) = \exp(-\|x\|^2/2)$ ist $\hat{g} = g$ nullstellenfrei. – Der Beweis der *Hinlänglichkeit* der angegebenen Bedingung liegt wesentlich tiefer; s. z.B. H. REITER: *Classical harmonic analysis and locally compact groups*, London: Oxford University Press 1968, S. 8–9 oder K. CHANDRASEKHARAN: *Classical Fourier transforms*, Berlin: Springer-Verlag 1989, S. 70–73.

Benutzt man den Satz von FUBINI in der Version des Satzes 2.4, so lassen sich die Ergebnisse dieses Paragraphen über Faltung und Fourier-Transformation sinngemäß auch alle mit $(2\pi)^{-p/2}\lambda^p$ anstelle von $(2\pi)^{-p/2}\beta^p = \mu_p$ aussprechen.

Aufgaben. 3.1. Ist eine der Funktionen $f, g \in \mathcal{L}^1(\mu_p)$ beschränkt, so ist $f * g$ gleichmäßig stetig auf $\mathbb{R}^p$. Sind $f, g \in \mathcal{L}^1(\mu_p)$ beide unbeschränkt, so braucht $f * g$ nicht stetig zu sein.

3.2. a) Für $\varphi : \mathbb{R} \to \mathbb{R}$, $\varphi(x) := (2\pi)^{1/2} \max(0, 1 - |x|)$ ist

$$\hat{\varphi}(t) = \left(\frac{\sin t/2}{t/2}\right)^2 = 2\frac{1 - \cos t}{t^2}.$$

Die Fourier-Transformierte der Funktion k_n aus (3.4) ist daher durch (3.5) gegeben. (Hinweis: Satz 3.9, c).)

b) Für die Funktion φ aus a) gilt $(\hat{\varphi})^{\vee} = \varphi$. (Hinweis: Da $\hat{\varphi}$ gerade ist, hat man das Integral $\int_{-\infty}^{+\infty} t^{-2}(1 - \cos t)\cos tx\, dt$ zu bestimmen. Dazu schreibt man $(1 - \cos t)\cos tx = \cos tx - \frac{1}{2}(\cos t(x+1) + \cos t(x-1))$, integriert partiell und benutzt Aufgabe IV.6.12.) Daher gilt für die Funktion k_n aus (3.4): $(\hat{k}_n)^{\vee} = k_n$.

3.3. Ist $t : \mathbb{R}^p \to \mathbb{R}^p$ eine orthogonale lineare Abbildung und $f \in \mathcal{L}^1(\mu_p)$, so ist $(f \circ t)^{\wedge} = \hat{f} \circ t$.

3.4. In der Situation des Satzes von PLANCHEREL gilt für alle $x \in \mathbb{R}^p$:

$$\int_{\mathbb{R}^p} f(t + x)\,\overline{f(t)}\,d\mu_p(t) = \int_{\mathbb{R}^p} |\hat{f}(t)|^2 e^{i\langle t,x\rangle}\,d\mu_p(t).$$

(Hinweis: Grenzübergang $n \to \infty$ in (3.8) oder Parsevalsche Formel.)

3.5. Es sei $\mathcal{S}(\mathbb{R}^p)$ die Menge aller $g \in C^\infty(\mathbb{R}^p)$, so dass

$$\sup\{(1 + \|x\|^k)|D^\alpha g(x)| : x \in \mathbb{R}^p\} < \infty$$

für alle $k \in \mathbb{N}, \alpha \in \mathbb{Z}^p, \alpha \geq 0$. Die Funktionen aus $\mathcal{S}(\mathbb{R}^p)$ heißen *schnell fallende Funktionen*; z.B. gehört $g(x) = \exp(-\|x\|^2)$ zu $\mathcal{S}(\mathbb{R}^p)$.
a) $\mathcal{S}(\mathbb{R}^p)$ liegt dicht in $\mathcal{L}^1(\mu_p)$, denn $C_c^\infty(\mathbb{R}^p) \subset \mathcal{S}(\mathbb{R}^p)$.
b) Für alle $g \in \mathcal{S}(\mathbb{R}^p)$ gilt $\hat{g} \in \mathcal{S}(\mathbb{R}^p)$ und

$$D^\alpha \hat{g} = (-i)^{|\alpha|}(x^\alpha g)^{\wedge}, \quad t^\alpha \hat{g}(t) = (-i)^{|\alpha|}(D^\alpha g)^{\wedge}(t) \quad (\alpha \in \mathbb{Z}^p, \alpha \geq 0).$$

c) Die Fourier-Transformation definiert eine bijektive Abbildung von $\mathcal{S}(\mathbb{R}^p)$ auf sich; die Umkehrabbildung wird durch $g \mapsto \check{g}$ gegeben.

3.6. Es seien $X = [0, 1[, \mathfrak{A} := \mathfrak{B}^1 \,|\, X, \mu := (1+x)^{-1} \odot (\beta^1 \,|\, \mathfrak{A})$ und $t : X \to X, t(0) := 0, t(x) := x^{-1} - [x^{-1}]$ für $0 < x < 1$, wobei $[a]$ die größte ganze Zahl $\leq a$ bezeichnet. Dann ist $t(\mu) = \mu$, d.h. μ ist *t-invariant*. (Bemerkung: Über interessante Eigenschaften der „Gauß-Abbildung" t berichtet R.M. CORLESS: *Continued fractions and chaos*, Amer. Math. Monthly 99, 203–215 (1992).)

3.7. Für $M \subset \mathbb{R}^p$ sei card $M \in [0, \infty]$ die Anzahl der Elemente von M. Es gilt für alle $M \in \mathfrak{B}^p$: Die Funktion $x \mapsto \text{card}\,((M + x) \cap \mathbb{Z}^p)$ ist Borel-messbar und

$$\beta^p(M) = \int_{[0,1[^p} \text{card}\,((M + x) \cap \mathbb{Z}^p)\, d\beta^p(x)\,.$$

Ist also $\beta^p(M) > 1$ (bzw. < 1), so existiert eine Borel-Menge $A \subset [0, 1[^p$ mit $\beta^p(A) > 0$, so dass card $((M + x) \cap \mathbb{Z}^p) \geq 2$ (bzw. $= 0$) für alle $x \in A$. Entsprechendes gilt für λ^p statt β^p. (Bemerkung: Von H. STEINHAUS stammt folgendes *Problem: Gibt es eine Menge $M \subset \mathbb{R}^2$, so dass* card $(t(M) \cap \mathbb{Z}^2) = 1$ *für jede Bewegung* $t : \mathbb{R}^2 \to \mathbb{R}^2$? – Es ist bekannt, dass *keine* beschränkte Menge $M \in \mathcal{L}^2$ das Gewünschte leistet; s. J. BECK: *On a lattice-point problem of H. Steinhaus*, Stud. Sci. Math. Hung. 24, 263–268 (1989); s. auch P. KOMJÁTH: *A lattice-point problem of Steinhaus*, Quart. J. Math., Oxf. (2) 43, 235–241 (1992).)

3.8. Es sei $(a_n)_{n \geq 1}$ eine Folge reeller Zahlen, und es gebe ein $A \in \mathcal{L}^1$ mit $\lambda^1(A) > 0$, so dass $\lim_{n \to \infty} \exp(i a_n x)$ für alle $x \in A$ existiert. Dann konvergiert die Folge $(a_n)_{n \geq 1}$ in $\mathbb{R}$. (Hinweise: Die Menge M der $x \in \mathbb{R}$, für welche $g(x) := \lim_{n \to \infty} \exp(i a_n x)$ existiert, ist eine additive Gruppe. Nach dem Satz von STEINHAUS ist $M = \mathbb{R}$. Eine Betrachtung von

$$\int_{\mathbb{R}} f(x) g(x)\, dx = \lim_{n \to \infty} \int_{\mathbb{R}} f(x) \exp(i a_n x)\, dx \quad (f \in \mathcal{L}^1(\mathbb{R}))$$

lehrt, dass $(a_n)_{n \geq 1}$ beschränkt ist. Warum hat $(a_n)_{n \geq 1}$ keine zwei verschiedenen Häufungspunkte?)

§ 4.   Die Transformationsformel

„... nanciscimur

$$\int U \partial f \partial f_1 \ldots \partial f_n = \int U \left(\sum \pm \frac{\partial f}{\partial x} \cdot \frac{\partial f_1}{\partial x_1} \ldots \frac{\partial f_n}{\partial x_n} \right) \partial x \partial x_1 \ldots \partial x_n\,,$$

quae est formula generalis pro integrali transformando. Quam formulam pro duabus et tribus variabilibus eodem fere tempore *Eulerus* et *Lagrange* invenerunt, sed ille paullo prius. Et haec formula egregie analogiam differentialis et Determinantis functionalis declarat."[12] (C.G.J. JACOBI: *De Determinantibus functionalibus*, Gesammelte Werke, Bd. III, S. 438)

---

[12]... erhalten wir

$$\int U \partial f \partial f_1 \ldots \partial f_n = \int U \left(\sum \pm \frac{\partial f}{\partial x} \cdot \frac{\partial f_1}{\partial x_1} \ldots \frac{\partial f_n}{\partial x_n} \right) \partial x \partial x_1 \ldots \partial x_n\,,$$

welches die allgemeine Transformationsformel für das Integral ist. Euler und Lagrange haben diese Formel für zwei und drei Variablen fast gleichzeitig gefunden, aber jener ein wenig eher. Diese Formel macht in vorzüglicher Weise die Analogie zwischen der Ableitung und der Funktionaldeterminante deutlich. („In Jacobi's Aufsatze ist nicht beachtet, dass bei der Transformation der Integrale immer nur der absolute Werth der Functionaldeterminante eine Rolle spielt ...", bemerkt L. KRONECKER in seinen *Vorlesungen über die Theorie der einfachen und der vielfachen Integrale*, Leipzig: Teubner 1894 auf S. 235.)

1. Die Transformationsformel. In Kap. III haben wir für jede bijektive affine Abbildung $t : \mathbb{R}^p \to \mathbb{R}^p$ die Bildmaße $t(\beta^p), t(\lambda^p)$ bestimmt:

(4.1) $t(\beta^p) = |\det t|^{-1}\beta^p, \ t(\lambda^p) = |\det t|^{-1}\lambda^p.$

Wesentliches Ziel dieses Paragraphen wird es sein, diese Ergebnisse durch einen Approximationsprozess auf beliebige bijektive stetig differenzierbare Transformationen t mit nullstellenfreier Funktionaldeterminante auszudehnen.

Zunächst erinnern wir an folgende Sachverhalte: Es seien $X \subset \mathbb{R}^p$ offen und $t : X \to \mathbb{R}^p$ stetig differenzierbar, $t = (t_1, \ldots, t_p)^t$ (Spaltenvektor). Mit $D_j := \partial/\partial x_j$ $(j = 1, \ldots, p)$ ist dann

$$Dt := (D_1 t, \ldots, D_p t) = \begin{pmatrix} D_1 t_1, & \ldots & , D_p t_1 \\ \vdots & & \vdots \\ D_1 t_p, & \ldots & , D_p t_p \end{pmatrix}$$

die *Funktionalmatrix* von t. Bekanntlich besteht folgender Zusammenhang zwischen dem Nichtverschwinden der *Funktionaldeterminante* $\det Dt$ und der lokalen Bijektivität von t: *Ist $a \in X$ und $\det((Dt)(a)) \neq 0$, so vermittelt t einen C^1-Diffeomorphismus einer offenen Umgebung $U \subset X$ von a auf eine offene Umgebung V von $f(a)$;* d.h. $t|U : U \to V$ ist bijektiv, stetig differenzierbar, und die Umkehrabbildung $(t|U)^{-1} : V \to U$ ist ebenfalls stetig differenzierbar (s. W. WALTER: *Analysis II*, S. 118 ff.). Die Funktionalmatrix der Umkehrabbildung ist dann nach der Kettenregel gegeben durch

$$(D(t|U)^{-1})(t(x)) = ((Dt)(x))^{-1} \quad (x \in U).$$

Ist also $\det Dt$ nullstellenfrei auf X, so ist $Y := t(X)$ eine *offene* Teilmenge des $\mathbb{R}^p$. Weiter folgt: *Ist $t : X \to Y$ eine bijektive stetig differenzierbare Abbildung der offenen Menge $X \subset \mathbb{R}^p$ auf die offene Menge $Y \subset \mathbb{R}^p$, so ist t genau dann ein C^1-Diffeomorphismus, wenn* $\det Dt$ *nullstellenfrei ist auf X.* – Man beachte, dass für $p \geq 2$ aus der Nullstellenfreiheit der Funktionaldeterminante einer stetig differenzierbaren Abbildung t von X auf Y *nicht* die Bijektivität von t folgt, wie das Beispiel der *Polarkoordinatenabbildung* $t :]0, \infty[\times \mathbb{R} \to \mathbb{R}^2 \setminus \{0\}, t(r, \varphi) := (r \cos \varphi, r \sin \varphi)$ $(r > 0, \varphi \in \mathbb{R})$ lehrt.

Für eine lineare Abbildung $T : \mathbb{R}^p \to \mathbb{R}^p$ wird die (zur euklidischen Norm auf $\mathbb{R}^p$ assoziierte) *Norm* von T erklärt durch

$$\|T\| := \sup\{\|Tx\| : x \in \mathbb{R}^p, \|x\| \leq 1\}.$$

Dann ist

$$\|Tx\| \leq \|T\|\|x\| \quad (x \in \mathbb{R}^p).$$

Es werde T bez. der kanonischen Basis $e_1, \ldots, e_p$ des $\mathbb{R}^p$ beschrieben durch die Matrix (t_{ik}), d.h. $Te_k = \sum_{i=1}^p t_{ik}e_i$ für $k = 1, \ldots, p$. Dann gilt für $x = (x_1, \ldots, x_p)^t \in \mathbb{R}^p$:

$$Tx = \sum_{k=1}^p x_k Te_k = \sum_{i=1}^p \left(\sum_{k=1}^p t_{ik}x_k \right) e_i,$$

und die Cauchy-Schwarzsche Ungleichung liefert

$$\|Tx\|^2 = \sum_{i=1}^{p} \left| \sum_{k=1}^{p} t_{ik} x_k \right|^2 \leq \left(\sum_{i,k=1}^{p} |t_{ik}|^2 \right) \|x\|^2 \,,$$

also:

(4.2) $$\|T\| \leq \left(\sum_{i,k=1}^{p} |t_{ik}|^2 \right)^{1/2} .$$

Für Borel- bzw. Lebesgue-messbares $X \subset \mathbb{R}^p$ setzen wir

$$\begin{aligned} \mathfrak{B}_X^p &:= \mathfrak{B}^p | X \,, & \beta_X^p &:= \beta^p | \mathfrak{B}_X^p \,, \\ \mathfrak{L}_X^p &:= \mathfrak{L}^p | X \,, & \lambda_X^p &:= \lambda^p | \mathfrak{L}_X^p \,. \end{aligned}$$

4.1 Lemma. *Sind $X, Y \subset \mathbb{R}^p$ offen und $t : X \to Y$ ein C^1-Diffeomorphismus, so ist*

$$\mathfrak{B}_Y^p = \{t(A) : A \in \mathfrak{B}_X^p\} \,.$$

Beweis. Die Umkehrabbildung $t^{-1} : Y \to X$ ist stetig, also ist $t(A) = (t^{-1})^{-1}(A) \in \mathfrak{B}_Y^p$, falls $A \in \mathfrak{B}_X^p$. Ist umgekehrt $B \in \mathfrak{B}_Y^p$, so ist $A := t^{-1}(B) \in \mathfrak{B}_X^p$ und $B = t(A)$. $\square$

Es seien nun $X, Y \subset \mathbb{R}^p$ offen und $t : X \to Y$ ein C^1-Diffeomorphismus. In Verallgemeinerung von (4.1) werden wir im Folgenden zeigen:

$$t(\beta_X^p) = |\det Dt^{-1}| \odot \beta_Y^p \,, \quad t(\lambda_X^p) = |\det Dt^{-1}| \odot \lambda_Y^p \,.$$

Diese Gleichungen besagen: t ist sowohl $\mathfrak{B}_X^p$-$\mathfrak{B}_Y^p$-messbar als auch $\mathfrak{L}_X^p$-$\mathfrak{L}_Y^p$-messbar, und es gilt

(4.3) $$\lambda^p(t^{-1}(B)) = \int_B |\det Dt^{-1}| \, d\lambda^p \quad (B \in \mathfrak{L}_Y^p) \,.$$

Ersetzen wir hier t^{-1} durch t, so können wir (4.3) auch in der äquivalenten Weise

$$\lambda^p(t(A)) = \int_A |\det Dt| \, d\lambda^p \quad (A \in \mathfrak{L}_X^p)$$

schreiben. In dieser besonders einprägsamen Form werden wir die Formel für das Bildmaß beweisen, und zwar zunächst nur für Borel-Mengen (s. (4.4)).

Die folgende Transformationsformel ist das p-dimensionale Analogon der Substitutionsregel. Zusammen mit dem Satz von FUBINI ermöglicht sie die Auswertung zahlreicher mehrdimensionaler Integrale.

4.2 Transformationsformel (C.G.J. JACOBI 1841). *Es seien $X, Y \subset \mathbb{R}^p$ offen und $t : X \to Y$ ein C^1-Diffeomorphismus.*
a) *Für alle $A \in \mathfrak{B}_X^p$ ist*

(4.4) $$\beta^p(t(A)) = \int_A |\det Dt| \, d\beta^p \,.$$

b) *Für alle $f \in \mathcal{M}^+(Y, \mathfrak{B}_Y^p)$ gilt:*

(4.5)
$$\int_Y f \, d\beta^p = \int_X f \circ t \, |\det Dt| \, d\beta^p \, .$$

c) *Eine Funktion $f : Y \to \hat{\mathbb{K}}$ ist genau dann β^p-integrierbar über Y, wenn $f \circ t \, |\det Dt|$ über X β^p-integrierbar ist, und dann gilt:*

(4.6)
$$\int_Y f \, d\beta^p = \int_X f \circ t \, |\det Dt| \, d\beta^p \, .$$

Beweis. Der Halbring

$$\mathfrak{H} := \{\emptyset\} \cup \left\{]a, b] : a, b \in \bigcup_{n=1}^{\infty} 2^{-n} \mathbb{Z}^p, a < b, [a, b] \subset X \right\}$$

erzeugt die σ-Algebra $\mathfrak{B}_X^p$, denn jede offene Menge $M \subset X$ ist die (abzählbare!) Vereinigung der in M enthaltenen Mengen aus $\mathfrak{H}$. Wir zeigen in einem ersten Beweisschritt, der den wesentlichen Kern des ganzen Beweises enthält, dass die zur Ungleichung abgeschwächte Aussage a) richtig ist für alle Mengen aus $\mathfrak{H}$.

(1) *Für alle $I \in \mathfrak{H}$ ist*

(4.7)
$$\beta^p(t(I)) \leq \int_I |\det Dt| \, d\beta^p \, .$$

Begründung: Es seien $\varepsilon > 0, I \in \mathfrak{H}$. Nach Lemma 4.1 ist $t(I) \in \mathfrak{B}_Y^p$. Wir schreiben

(4.8)
$$I = \bigcup_{\nu=1}^{n} I_\nu$$

als eine disjunkte Vereinigung von Würfeln $I_\nu \in \mathfrak{H}$ ($\nu = 1, \dots, n$), die alle die gleiche Kantenlänge d haben. Da für hinreichend großes $m \in \mathbb{N}$ die Koordinaten aller Eckpunkte von I in $2^{-m}\mathbb{Z}^p$ liegen, ist eine solche Zerlegung (4.8) stets möglich. Zusätzlich können wir durch fortgesetzte Halbierung aller Kanten der I_ν die Zerlegung (4.8) beliebig verfeinern. Wir wählen die Kantenlänge d wie folgt:

Wegen $\overline{I} \subset X$ gibt es ein $r > 0$, so dass $K_r(a) \subset X$ für alle $a \in I$. Da Dt und $(Dt)^{-1}$ auf kompakten Teilmengen von X gleichmäßig stetig sind, können wir nach (4.2) zusätzlich $r > 0$ so klein wählen, dass

(4.9)
$$\sup_{x \in K_r(a)} \|(Dt)(x) - (Dt)(a)\| \leq \frac{\varepsilon}{M\sqrt{p}} \text{ für alle } a \in \overline{I},$$

wobei

(4.10)
$$M := \sup_{y \in \overline{I}} \|((Dt)(y))^{-1}\| \, .$$

Nach Wahl eines solchen r wählen wir nun die Zerlegung (4.8) so fein, dass $d < r/\sqrt{p}$. Für jedes $b \in \overline{I}_\nu$ ist dann

$$(4.11) \qquad\qquad \overline{I}_\nu \subset K_r(b) \subset X \,.$$

Wir wählen für $\nu = 1, \ldots, n$ ein $a_\nu \in \overline{I}_\nu$, so dass

$$(4.12) \qquad\qquad |\det(Dt)(a_\nu)| = \min_{y \in \overline{I}_\nu} |\det(Dt)(y)| \,,$$

und setzen

$$(4.13) \qquad\qquad T_\nu := (Dt)(a_\nu) \quad (\nu = 1, \ldots, n) \,.$$

Ist nun $a \in \overline{I}$ und $h : K_r(a) \to \mathbb{R}^p$ eine differenzierbare Funktion, so gilt nach dem Mittelwertsatz für alle $x, y \in K_r(a)$:[13]

$$\|h(x) - h(y)\| \leq \|x - y\| \sup_{0 \leq \lambda \leq 1} \|Dh(x + \lambda(y - x))\| \,.$$

Diese Ungleichung wenden wir an auf $h(x) := t(x) - T_\nu x, y = a_\nu$ und erhalten für alle $x \in I_\nu$:

$$(4.14) \qquad \|t(x) - t(a_\nu) - T_\nu(x - a_\nu)\| \leq \frac{\varepsilon}{M\sqrt{p}} \|x - a_\nu\| \quad (\nu = 1, \ldots, n) \,;$$

dabei wurde (4.9) benutzt. Für $x \in I_\nu$ ist nun $\|x - a_\nu\| < d\sqrt{p}$, und (4.14) liefert:

$$t(I_\nu) \subset t(a_\nu) + T_\nu(I_\nu - a_\nu) + K_{\varepsilon d/M}(0) \,.$$

Nach (4.10) ist aber $K_{\varepsilon d/M}(0) = T_\nu(T_\nu^{-1} K_{\varepsilon d/M}(0)) \subset T_\nu K_{\varepsilon d}(0)$, also:

$$t(I_\nu) \subset t(a_\nu) + T_\nu(I_\nu + K_{\varepsilon d}(0) - a_\nu) \,.$$

---

[13] *Beweis.* Für hinreichend kleines $\delta > 0$ ist

$$g(t) := \langle h(x + t(y - x)), \, h(y) - h(x) \rangle \quad (-\delta < t < 1 + \delta)$$

differenzierbar (Kettenregel), und für $t \in [0, 1]$ gilt:

$$\begin{aligned}
g'(t) &= \left\langle \frac{d}{dt} h(x + t(y - x)), \, h(y) - h(x) \right\rangle \\
&= \langle (Dh(x + t(y - x)))(y - x), \, h(y) - h(x) \rangle \\
&\leq \sup_{0 \leq \lambda \leq 1} \|Dh(x + \lambda(y - x))\| \, \|y - x\| \, \|h(y) - h(x)\| \,.
\end{aligned}$$

Nach dem Mittelwertsatz für Funktionen einer reellen Variablen existiert ein $\xi \in [0, 1]$, so dass

$$\begin{aligned}
\|h(y) - h(x)\|^2 &= g(1) - g(0) = g'(\xi) \\
&\leq \sup_{0 \leq \lambda \leq 1} \|Dh(x + \lambda(y - x))\| \, \|y - x\| \, \|h(y) - h(x)\| \,.
\end{aligned}$$

$\square$

Hier ist $I_\nu + K_{\varepsilon d}(0) - a_\nu$ enthalten in einem Würfel der Kantenlänge $d(1 + 2\varepsilon)$, und wir erhalten nach (4.1)

$$\beta^p(t(I_\nu)) \leq (1 + 2\varepsilon)^p |\det T_\nu| \beta^p(I_\nu) \text{ für } \nu = 1, \ldots, n.$$

(Diese Approximation von $t|I_\nu$ durch die affine Abbildung $t(a_\nu) + T_\nu$ ist der Kern des ganzen Beweises.) Die Summation über $\nu = 1, \ldots, n$ ergibt:

$$
\begin{aligned}
\beta^p(t(I)) &\leq (1 + 2\varepsilon)^p \sum_{\nu=1}^{n} |\det T_\nu| \beta^p(I_\nu) \\
&\leq (1 + 2\varepsilon)^p \int_I |\det Dt| \, d\beta^p ;
\end{aligned}
$$

die letzte Ungleichung folgt aus (4.12), (4.13). Der Grenzübergang $\varepsilon \to +0$ liefert nun (4.7). –

(2) *Für alle $A \in \mathfrak{B}_X^p$ ist*

(4.15) $\beta^p(t(A)) \leq \int_A |\det Dt| \, d\beta^p .$

Begründung. Die Maße $t^{-1}(\beta_Y^p)$ und $|\det Dt| \odot \beta_X^p$ erfüllen (4.15) für alle $A \in \mathfrak{H}$, und ihre Einschränkungen auf $\mathfrak{H}$ sind σ-endlich. Wegen $\sigma(\mathfrak{H}) = \mathfrak{B}_X^p$ folgt (4.15) aus dem Vergleichssatz II.5.8. –

(3) *Für alle $f \in \mathcal{M}^+(Y, \mathfrak{B}_Y^p)$ ist*

(4.16) $\int_Y f \, d\beta^p \leq \int_X f \circ t \, |\det Dt| \, d\beta^p .$

Begründung. Für $f = \chi_B$ mit $B \in \mathfrak{B}_Y^p$ ist $A := t^{-1}(B) \in \mathfrak{B}_X^p$, und (4.15) liefert

$$\int_Y \chi_B d\beta^p = \beta^p(t(A)) \leq \int_A |\det Dt| \, d\beta^p = \int_X \chi_B \circ t \, |\det Dt| \, d\beta^p .$$

Ungleichung (4.16) gilt daher für alle $f \in \mathcal{T}^+(Y, \mathfrak{B}_Y^p)$. Ist nun $f \in \mathcal{M}^+(Y, \mathfrak{B}_Y^p)$, so wählen wir eine Folge von Funktionen $f_n \in \mathcal{T}^+(Y, \mathfrak{B}_Y^p)$ mit $f_n \uparrow f$ und erhalten

$$
\begin{aligned}
\int_Y f \, d\beta^p &= \lim_{n\to\infty} \int_Y f_n \, d\beta^p \leq \lim_{n\to\infty} \int_X f_n \circ t \, |\det Dt| \, d\beta^p \\
&= \int_X f \circ t \, |\det Dt| \, d\beta^p ;
\end{aligned}
$$

die letzte Gleichung folgt aus dem Satz von der monotonen Konvergenz. –

(4) *Für alle $f \in \mathcal{M}^+(Y, \mathfrak{B}_Y^p)$ gilt:*

(4.17) $\int_Y f \, d\beta^p = \int_X f \circ t \, |\det Dt| \, d\beta^p .$

Begründung. Zunächst gilt (4.16). Anwendung von (4.16) auf den C^1-Diffeomorphismus $t^{-1} : Y \to X$ anstelle von t und die Funktion $f \circ t |\det Dt| \in \mathcal{M}^+(X, \mathfrak{B}_X^p)$ anstelle von f liefert die umgekehrte Ungleichung

$$\int_X f \circ t |\det Dt|\, d\beta^p \le \int_Y f \, d\beta^p \,,$$

denn nach der Kettenregel ist $((Dt) \circ t^{-1})(Dt^{-1}) = E$. –

Nun führen wir den Beweis wie folgt zu Ende: Aussage b) wurde unter (4) bewiesen, Aussage a) ist der Spezialfall $f = \chi_{t(A)}$ von b), und Aussage c) folgt durch Anwendung von b) auf $(\mathrm{Re} f)^\pm, (\mathrm{Im} f)^\pm$. □

Der obige Beweis der Transformationsformel ist eine Variante der Argumentation von J. SCHWARTZ: *The formula for change in variables in a multiple integral*, Amer. Math. Monthly 61, 81–85 (1954).

4.3 Korollar. *Sind* $X, Y \subset \mathbb{R}^p$ *offen und* $t : X \to Y$ *ein* C^1-*Diffeomorphismus, so gilt für* $A \in \mathfrak{B}_X^p$

$$(4.18) \qquad \int_{t(A)} f \, d\beta^p = \int_A f \circ t \, |\det Dt|\, d\beta^p \,,$$

falls $f \in \mathcal{M}^+(t(A), \mathfrak{B}_{t(A)}^p)$ *oder falls* $f : t(A) \to \hat{\mathbb{K}}$ β^p-*integrierbar ist.*

Beweis. Man wende die Transformationsformel an auf $g : Y \to \hat{\mathbb{K}}, g|t(A) := f, g|(Y \setminus t(A)) := 0$. □

4.4 Korollar. *Die Transformationsformel gilt entsprechend für Lebesgue-messbare Mengen bzw. Funktionen anstelle Borel-messbarer.*

Beweis. Nach (4.4) ist $A \in \mathfrak{B}_X^p$ genau dann eine β^p-Nullmenge, wenn $t(A) \in \mathfrak{B}_Y^p$ eine β^p-Nullmenge ist. Daher definiert t eine Bijektion von $\mathfrak{L}_X^p$ auf $\mathfrak{L}_Y^p$, die Lebesguesche Nullmengen auf Lebesguesche Nullmengen abbildet. Da λ_X^p, λ_Y^p gerade die Vervollständigungen von β_X^p, β_Y^p sind, folgt die Behauptung. □

4.5 Polarkoordinaten in der Ebene. Die Abbildung $t : X \to Y, X :=]0, \infty[\times]0, 2\pi[, Y := \mathbb{R}^2 \setminus \{(x, 0)^t : x \ge 0\}, t(r, \varphi) := (r \cos \varphi, r \sin \varphi)^t$ ist ein C^1-Diffeomorphismus mit $\det(Dt)(r, \varphi) = r$. Da $\{(x, 0)^t : x \ge 0\}$ eine λ^2-Nullmenge ist, stellen wir fest: *Ist* $f \in \mathcal{M}^+(\mathbb{R}^2, \mathfrak{L}^2)$, *so gilt:*

$$(4.19) \qquad \int_{\mathbb{R}^2} f \, d\lambda^2 = \int_X f(r \cos \varphi, r \sin \varphi)\, r \, d\lambda^2(r, \varphi) \,.$$

Eine Funktion $f : \mathbb{R}^2 \to \hat{\mathbb{K}}$ *ist genau dann* λ^2-*integrierbar, wenn* $(r, \varphi) \mapsto r f(r \cos \varphi, r \sin \varphi)$ λ^2-*integrierbar ist über* X, *und dann gilt* (4.19). – Auf der rechten Seite von (4.19) kann auch über $[0, \infty[\times [0, 2\pi]$ integriert werden.

4.6 Beispiel. Der Satz von FUBINI in Verbindung mit (4.19) liefert:

$$\left(\int_{-\infty}^{+\infty} e^{-x^2}\, dx \right)^2 = \int_{\mathbb{R}^2} e^{-x^2 - y^2}\, d\lambda^2(x, y)$$

$$= \int_{]0, \infty[\times]0, 2\pi[} r \, e^{-r^2}\, d\lambda^2(r, \varphi) = 2\pi \int_0^\infty r \, e^{-r^2}\, dr = \pi \,.$$

Da das Integral positiv ist, folgt erneut:

$$(4.20) \qquad \int_{-\infty}^{+\infty} e^{-x^2}\,dx = \sqrt{\pi}\,.$$

Zu diesem wohl populärsten Beweis von (4.20) findet man im 7. Band (1871) der *Werke* von C.F. GAUSS auf S. 290 folgende Bemerkung des Herausgebers E. SCHERING: „In seinen Vorlesungen ‚*Methodus quadratorum minimorum ejusque usus in Astronomia, Geodesia Sublimiori et Scientia naturali*' pflegte GAUSS diesen Satz in der Weise abzuleiten, daß er die Gleichung

$$\left(\int_{-\infty}^{+\infty} e^{-tt}dt \right)^2 = \iint_{-\infty}^{+\infty} e^{-xx-yy}dxdy = \int_0^{+\infty} e^{-\rho\rho}\rho d\rho \int_0^{2\pi} d\varphi = \pi$$

mit Hülfe geometrischer Betrachtungen aufstellte, und dabei x, y als rechtwinke-lige Coordinaten, ρ, φ als Polar-Coordinaten der Punkte in einer Ebene voraus-setzte." – Der Physiker Sir W. THOMSON, Lord KELVIN OF LARGS (1824–1907) soll mit Bezug auf (4.20) gesagt haben: "A mathematician is one to whom *that* is as obvious as that twice two makes four is to you."

4.7 Polarkoordinaten im $\mathbb{R}^p$. Es seien $p \geq 2, X :=\,]0,\infty[\times]0,\pi[^{p-2}\times]0,2\pi[$, und für $(r, \varphi_1, \dots, \varphi_{p-1})^t \in X$ sei

$$t(r,\varphi_1,\dots,\varphi_{p-1}) := \begin{pmatrix} r & \cos\varphi_1 & & & & \\ r & \sin\varphi_1 & \cos\varphi_2 & & & \\ & \vdots & & & & \\ r & \sin\varphi_1 & \sin\varphi_2 & \cdot\,\cdot\,\cdot\,\cdot & \sin\varphi_{k-1} & \cos\varphi_k \\ & \vdots & & & & \\ r & \sin\varphi_1 & \sin\varphi_2 & \cdot\,\cdot\,\cdot\,\cdot & \sin\varphi_{p-2} & \cos\varphi_{p-1} \\ r & \sin\varphi_1 & \sin\varphi_2 & \cdot\,\cdot\,\cdot\,\cdot & \sin\varphi_{p-2} & \sin\varphi_{p-1} \end{pmatrix} =: y\,.$$

Für $1 \leq k \leq p-1$ ist dann $y_k = \left(\sum_{\nu=k}^p y_\nu^2\right)^{1/2} \cos\varphi_k$, während $y_p = (y_{p-1}^2 + y_p^2)^{1/2}\sin\varphi_{p-1}; \|y\| = r$. Mithilfe dieser Gleichungen zeigt man: t ist ein C^1-Diffeomorphismus von X auf $Y := \mathbb{R}^p \setminus H_p$, wobei $H_p = \{y \in \mathbb{R}^p : y_{p-1} \geq 0, y_p = 0\}$ diejenige „Hälfte" der Hyperebene $\{y : y_p = 0\}$ bezeichnet, in welcher $y_{p-1} \geq 0$ ist. Die rekursive Berechnung der Funktionaldeterminante liefert

$$\det(Dt)(r, \varphi_1, \dots, \varphi_{p-1}) = r^{p-1}\sin^{p-2}\varphi_1 \cdot \sin^{p-3}\varphi_2 \cdot \dots \cdot \sin^2\varphi_{p-3}\cdot\sin\varphi_{p-2}\,.$$

Für alle $f \in \mathcal{M}^+(\mathbb{R}^p, \mathfrak{L}^p)$ ist also

$$(4.21) \qquad \int_{\mathbb{R}^p} f\,d\lambda^p \;=\; \int_X f(t(r,\varphi_1,\dots,\varphi_{p-1}))$$

$$\cdot\, r^{p-1}\sin^{p-2}\varphi_1 \cdot \dots \cdot \sin\varphi_{p-2}\,d\lambda^p(r,\varphi_1,\dots,\varphi_{p-1})\,.$$

Eine Funktion $f : \mathbb{R}^p \to \mathbb{\bar{K}}$ ist genau dann λ^p-integrierbar über $\mathbb{R}^p$, wenn $f(t(r,\varphi_1,\dots,\varphi_{p-1})) \cdot r^{p-1}\sin^{p-2}\varphi_1 \cdot \dots \cdot \sin\varphi_{p-2}$ über X λ^p-integrierbar ist, *und dann gilt* (4.21). – Wendet man (4.21) an auf die charakteristische Funkti-on von $K_R(0)$, so folgt erneut (1.6).

2. Der Satz von SARD. Sind $X \subset \mathbb{R}^p$ offen, $t : X \to \mathbb{R}^p$ stetig differenzierbar und die (relativ X abgeschlossene) Menge

$$C := \{x \in X : \operatorname{Rang} Dt(x) < p\}$$

der *kritischen Punkte* von t nicht leer, so ist $t : X \to t(X)$ kein C^1-Diffeomor-phismus. Wir fragen, unter welchen Bedingungen die Transformationsformel

$$(4.22) \qquad \int_{t(X)} f \, d\lambda^p = \int_X f \circ t \, |\det Dt| \, d\lambda^p$$

noch gilt. Offenbar ändert sich die rechte Seite nicht, wenn man über $X \setminus C$ statt X integriert. Der folgende Satz von SARD lehrt, dass die Menge $t(C)$ der *kritischen Werte* von t eine Nullmenge ist. Daher kann auf der linken Seite von (4.22) über $t(X \setminus C)$ statt $t(X)$ integriert werden. Das führt zu einer Verallge-meinerung der Transformationsformel (Korollar 4.9).

4.8 Satz von Sard (1942). *Sind $X \subset \mathbb{R}^p$ offen, $t : X \to \mathbb{R}^p$ stetig differenzier-bar und C die Menge der kritischen Punkte von t, so ist $t(C)$ eine β^p-Nullmenge.*

Bemerkung. Der Satz gilt allgemeiner für C^k-Abbildungen $t : X \to \mathbb{R}^q$, falls $k = \max(p - q + 1, 1)$ und $C := \{x \in X : \operatorname{Rang} Dt(x) < q\}$; s. A. SARD: *The measure of critical values of differential maps*, Bull. Am. Math. Soc. 45, 883–890 (1942) oder S. STERNBERG: *Lectures on differential geometry*, Englewood Cliffs, NJ: Prentice-Hall 1964, S. 47–54. Einen Beweis für C^∞-Funktionen findet man bei M.W. HIRSCH: *Differential topology*, Berlin–Heidelberg–New York: Springer-Verlag 1976, S. 69–72, bei J. MILNOR: *Topology from the differentiable point of view*, Charlottesville: The University Press of Virginia 1965. Siehe auch R. NARASIMHAN: *Analysis on real and complex manifolds*, Paris: Masson & Cie, Amsterdam: North-Holland Publ. Comp. 1973, S. 20 ff., G. DE RHAM [1], S. 10 f. und R. ABRAHAM et al. [1], S. 221 ff.

Beweis des Satzes von SARD. C ist abzählbare Vereinigung kompakter Teilmen-gen von X, also ist $t(C) \in \mathfrak{B}^p$. – Es sei nun $W \in \mathfrak{I}^p$ ein Würfel mit $\overline{W} \subset X$. Wir brauchen nur zu zeigen, dass $t(W \cap C)$ $(\in \mathfrak{B}^p!)$ eine β^p-Nullmenge ist.

Zu allen $x, a \in W$ und $j \in \{1, \dots, p\}$ gibt es ein $\xi_j \in]0, 1[$, so dass

$$(4.23) \qquad t_j(x) = t_j(a) + ((Dt_j)(a + \xi_j(x - a)))(x - a)$$

(Anwendung des Mittelwertsatzes auf die Funktion $s \mapsto t_j(a + s(x - a))$ $(s \in]-\eta, 1 + \eta[, \eta > 0$ hinreichend klein).

Es sei nun $\varepsilon > 0$. Dann existiert ein $\delta > 0$, so dass

$$(4.24) \qquad \|(Dt)(x) - (Dt)(a)\| < \varepsilon \quad \text{für alle } x, a \in W \text{ mit } \|x - a\| < \delta \, .$$

Es sei ferner

$$(4.25) \qquad M := \sup_{x \in W} \|(Dt)(x)\| \, .$$

Wir zerlegen nun $W = \bigcup_{\nu=1}^{n} W_\nu$ in disjunkte Teilwürfel $W_\nu \in \mathfrak{J}^p$, die alle die gleiche Kantenlänge $\leq \delta p^{-1/2}$ haben, wobei δ gemäß (4.24) gewählt sei. Für festes ν mit $W_\nu \cap C \neq \emptyset$ schätzen wir $\beta^p(t(W_\nu \cap C))$ folgendermaßen ab: Es sei $a \in W_\nu \cap C$. Dann ist Rang $(Dt)(a) < p$. Da β^p bewegungsinvariant ist, kann angenommen werden, dass $t(a) = 0$ und $((Dt)(a))(\mathbb{R}^p) \subset \operatorname{Span}(e_1, \ldots, e_{p-1})$ (d.h. $(Dt_p)(a) = 0$). Dann gilt für alle $j = 1, \ldots, p-1$ und $x \in W_\nu$ nach (4.23), (4.25):

$$|t_j(x)| \leq \|((Dt)(a + \xi_j(x - a)))(x - a)\| \leq M\delta\,.$$

Wegen $(Dt_p)(a) = 0$ ist nach (4.23), (4.24) für alle $x \in W_\nu$

$$|t_p(x)| = |((Dt_p)(a + \xi_p(x - a)) - (Dt_p)(a))(x - a)|$$

$$\leq \|((Dt)(a + \xi_p(x - a)) - (Dt)(a))(x - a)\| \leq \varepsilon\delta\,,$$

so dass insgesamt folgt

$$t(W_\nu) \subset [-M\delta, M\delta]^{p-1} \times [-\varepsilon\delta, \varepsilon\delta]\,.$$

Damit ist für *alle* ν

$$\beta^p(t(W_\nu \cap C)) \leq 2^p M^{p-1} p^{p/2} \beta^p(W_\nu)\varepsilon\,,$$

und die Summation über $\nu = 1, \ldots, n$ liefert

$$\beta^p(t(W \cap C)) \leq 2^p M^{p-1} p^{p/2} \beta^p(W)\varepsilon\,.$$

Da $\varepsilon > 0$ beliebig ist, folgt die Behauptung. $\qquad\square$

4.9 Korollar. *Es seien $X \subset \mathbb{R}^p$ offen, $t : X \to \mathbb{R}^p$ stetig differenzierbar, C die Menge der kritischen Punkte von t, und $t|(X \setminus C)$ sei injektiv. Eine Funktion $f : t(X) \to \hat{\mathbb{K}}$ ist genau dann $\lambda_{t(X)}^p$-integrierbar über $t(X)$, wenn $f \circ t\,|\det Dt|\ \lambda_X^p$-integrierbar ist über X, und dann gilt:*

$$\int_{t(X)} f\,d\lambda^p = \int_X f \circ t\,|\det Dt|\,d\lambda^p\,.$$

Beweis. $t(C)$ ist als abzählbare Vereinigung kompakter Mengen Borelsch, $t(X \setminus C)$ ist offen, also ist $t(X) \in \mathfrak{B}^p$. – Nach Korollar 4.4 gilt die Behauptung mit $X \setminus C$ und $t(X \setminus C)$ anstelle von $X, t(X)$, und der Satz von Sard liefert das Gewünschte. $\qquad\square$

Bemerkungen. a) Auch für *injektive* stetig differenzierbare Abbildungen $t : X \to \mathbb{R}^p$ braucht die Menge der kritischen Punkte von t keine Nullmenge zu sein. Ein Beispiel für $p = 1$ findet man bei K. Floret (1941–2002) [1], S. 330, 17.15. b) Ist $X \subset \mathbb{R}^p$ offen und $t : X \to \mathbb{R}^p$ stetig und injektiv, so ist nach einem tiefliegenden Satz von L.E.J. Brouwer (1881–1966)[14] das Bild $t(X)$ offen und $t : X \to t(X)$ ein Homöomorphismus.

---

[14]L.E.J. Brouwer: *Beweis der Invarianz der Dimensionenzahl*, Math. Ann. 70, 161–165 (1911); s. auch J.T. Schwartz: *Nonlinear functional analysis*, New York–London–Paris: Gordon & Breach 1969, S. 77 f.

3. Verallgemeinerte Transformationsformel. Ist $t : X \to Y$ nicht global, sondern nur lokal bijektiv, so zerlegen wir X in abzählbar viele disjunkte Mengen, auf denen jeweils t injektiv ist, wenden auf jeden dieser Teile die Transformationsformel an und fassen alles wieder unter einem Integralzeichen zusammen. Zusätzlich eliminieren wir mithilfe des Satzes von SARD die Voraussetzung der Nullstellenfreiheit von det Dt.

4.10 Verallgemeinerte Transformationsformel. *Es seien $X \subset \mathbb{R}^p$ offen, $t : X \to \mathbb{R}^p$ stetig differenzierbar, $Y := t(X)$ und C die Menge der kritischen Punkte von t. Für $y \in Y$ sei $N(y) \in [0, \infty]$ die Anzahl der $x \in X \setminus C$ mit $t(x) = y$. Dann ist $N \in \mathcal{M}^+(Y, \mathfrak{B}_Y^p)$, und für alle $f \in \mathcal{M}^+(Y, \mathfrak{B}_Y^p)$ gilt:*

$$(4.26) \qquad \int_Y N f \, d\beta^p = \int_X f \circ t \, |\det Dt| \, d\beta^p .$$

Für Borel-messbares $f : Y \to \hat{\mathbb{K}}$ ist Nf genau dann β^p-integrierbar über Y, wenn $f \circ t \, |\det Dt|$ über X β^p-integrierbar ist, und dann gilt (4.26). Entsprechendes gilt für Lebesgue-messbare Funktionen anstelle Borel-messbarer.

Beweis. Es seien zunächst det Dt nullstellenfrei und $K \subset X$ kompakt. Zu jedem $x \in K$ wählen wir offene Umgebungen U_x von x und V_x von $t(x)$, so dass $t|U_x : U_x \to V_x$ ein C^1-Diffeomorphismus ist. Es existieren endlich viele $x_1, \ldots, x_m \in K$, so dass $K \subset \bigcup_{j=1}^m U_{x_j}$. Die Mengen $A_1 := U_{x_1} \cap K, A_2 := (U_{x_2} \cap K) \setminus A_1, \ldots, A_m := (U_{x_m} \cap K) \setminus \bigcup_{j=1}^{m-1} A_j$ sind disjunkte Borel-Mengen mit $\bigcup_{j=1}^m A_j = K$. Ist nun $f \in \mathcal{M}^+(Y, \mathfrak{B}_Y^p)$, so addieren wir die Gl. (4.18) mit $A = A_j$ ($j = 1, \ldots, m$) und erhalten

$$(4.27) \qquad \int_{t(K)} N_K f \, d\beta^p = \int_K f \circ t \, |\det Dt| \, d\beta^p ,$$

wobei $N_K(y) = \sum_{j=1}^m \chi_{t(A_j)}(y)$ die (endliche) Anzahl der $x \in K$ mit $t(x) = y$ bezeichnet. Ersichtlich ist $N_K \in \mathcal{M}^+(Y, \mathfrak{B}_Y^p)$. – Wir wählen nun eine Folge kompakter Mengen $K_n \subset X$ mit $K_n \uparrow X$. Dann gilt: $t(K_n) \uparrow Y$ und $N_{K_n} \uparrow N$. Daher ist $N \in \mathcal{M}^+(Y, \mathfrak{B}_Y^p)$, und Gl. (4.27) mit K_n statt K liefert für $n \to \infty$ die Gl. (4.26) für alle $f \in \mathcal{M}^+(Y, \mathfrak{B}_Y^p)$. Dies ergibt die Behauptung für Borel-messbare Funktionen, falls det Dt nullstellenfrei ist. Nach Korollar 4.4 gilt Entsprechendes für Lebesgue-messbares f.

Ist nun det Dt nicht notwendig nullstellenfrei, so gilt Gl. (4.26) nach dem oben Bewiesenen mit $X \setminus C$ statt X und $t(X \setminus C)$ statt Y. Da $Y \setminus t(X \setminus C) \subset t(C)$ nach dem Satz von SARD eine Nullmenge ist, folgt die Behauptung in vollem Umfang. $\qquad \square$

Noch allgemeinere Versionen der Transformationsformel findet man bei H. FEDERER [1], S. 243 ff., W. RUDIN [1], S. 153 f. und P. HAJŁASZ: *Change of variables formula under minimal assumptions*, Colloq. Math. 64, 93–101 (1993).

4. Transformation von Maßen mit Dichten bez. λ^p. Eine Modifikation des Beweises der verallgemeinerten Transformationsformel 4.10 ergibt einen Transformationssatz für Dichten.

4.11 Transformationssatz für Dichten. *Es seien $X \subset \mathbb{R}^p$ offen, $t : X \to \mathbb{R}^p$ stetig differenzierbar mit nullstellenfreier Funktionaldeterminante, $Y := t(X)$ und $g \in \mathcal{M}^+(X, \mathfrak{B}_X^p)$. Dann ist $h : Y \to [0, \infty]$,*

$$h(y) := \sum_{x \in t^{-1}(\{y\})} \frac{g(x)}{|\det Dt(x)|} \quad (y \in Y)$$

Borel-messbar, und es gilt:

(4.28) $$t(g \odot \beta_X^p) = h \odot \beta_Y^p \,.$$

Entsprechendes gilt für Lebesgue-messbare Dichten g mit λ_X^p, λ_Y^p anstelle von β_X^p, β_Y^p.

Beweis. Es seien $K, U_j := U_{x_j}, A_j$ $(j = 1, \dots, m)$ wie im Beweis des Satzes 4.10. Für $B \in \mathfrak{B}_Y^p$ und $j = 1, \dots, m$ gilt dann:

$$\int_{A_j} \chi_B \circ t \, d(g \odot \beta_X^p) = \int_{A_j} (\chi_B \circ t) \cdot g \, d\beta_X^p$$
$$= \int_{t(A_j)} \chi_B \cdot g \circ (t|U_j)^{-1} \cdot |\det D(t|U_j)^{-1}| \, d\beta_Y^p \,.$$

Die Summation über $j = 1, \dots, m$ ergibt:

(4.29) $$\int_K \chi_B \circ t \, d(g \odot \beta_X^p) = \int_{t(K)} \chi_B \cdot h_K \, d\beta_Y^p$$

mit der Borel-messbaren Funktion $h_K : Y \to [0, \infty]$,

$$h_K(y) = \sum_{j=1}^m \chi_{t(A_j)}(y) \cdot (g \circ (t|U_j)^{-1} \cdot |\det D(t|U_j)^{-1}|)(y)$$

$$= \sum_{x \in t^{-1}(\{y\}) \cap K} \frac{g(x)}{|\det Dt(x)|} \,.$$

Wir wählen nun eine Folge kompakter Mengen $K_n \subset X$ mit $K_n \uparrow X$ und erhalten aus (4.29) mit $K = K_n$ durch Grenzübergang

$$\int_X \chi_B \circ t \, d(g \odot \beta_X^p) = \int_Y \chi_B \cdot h \, d\beta_Y^p \,,$$

und das ist nach Satz 3.1 gleichbedeutend mit (4.28). $\qquad\square$

In der Situation des Transformationssatzes 4.11 gilt für alle $f \in \mathcal{M}^+(Y, \mathfrak{B}_Y^p)$:

(4.30) $$\int_Y f \cdot h \, d\beta_Y^p = \int_X f \circ t \cdot g \, d\beta_X^p \,.$$

Für Borel-messbares $f : Y \to \hat{\mathbb{K}}$ ist $f \cdot h$ genau dann β^p-integrierbar über Y, wenn $f \circ t \cdot g$ über X β^p-integrierbar ist, und dann gilt (4.30).

5. Der Brouwersche Fixpunktsatz. Mithilfe des in der Transformationsformel auftretenden Integrals können wir einen Beweis des Brouwerschen Fixpunktsatzes führen.

4.12 Brouwerscher Fixpunktsatz.[15] *Jede stetige Abbildung der abgeschlossenen Einheitskugel* $\mathbb{B}^p \subset \mathbb{R}^p$ *in sich hat einen Fixpunkt.*

Beweis. Wir zeigen zunächst: *Gilt der Satz für alle C^∞-Funktionen $g : \mathbb{R}^p \to \mathbb{B}^p$,
so gilt er allgemein.* Begründung: Es sei $f : \mathbb{B}^p \to \mathbb{B}^p$ stetig. Wir setzen f
vermöge $f(x) := f(\|x\|^{-1}x)$ $(\|x\| > 1)$ zu einer stetigen Funktion $f : \mathbb{R}^p \to \mathbb{B}^p$
fort und wählen eine Folge von C^∞-Funktionen $k_n : \mathbb{R}^p \to \mathbb{R}$, so dass $k_n \geq
0, \int_{\mathbb{R}^p} k_n(x)\,dx = 1, \operatorname{Tr} k_n \subset K_{1/n}(0)$. Die Funktionen $f_n := f * k_n$ (komponen-
tenweise Faltung bez. β^p) sind nach Satz 3.7 beliebig oft differenzierbar, und es
gilt für alle $x \in \mathbb{R}^p$

$$\|f_n(x)\| = \max_{v \in \mathbb{B}^p} \langle f_n(x), v \rangle = \max_{v \in \mathbb{B}^p} (\langle f, v \rangle * k_n(x)) \leq 1 \,.$$

Für alle $n \in \mathbb{N}, x \in \mathbb{R}^p$ gilt weiter

$$\|f_n(x) - f(x)\| = \max_{v \in \mathbb{B}^p} \langle f_n(x) - f(x), v \rangle$$

$$= \max_{v \in \mathbb{B}^p} \int_{\mathbb{R}^p} \langle f(y) - f(x), v \rangle \, k_n(x - y)\,dy \leq \sup_{y \in K_{1/n}(x)} \|f(y) - f(x)\| \,.$$

Daher konvergiert $(f_n)_{n \geq 1}$ auf $\mathbb{B}^p$ gleichmäßig gegen f.

Nach Voraussetzung hat nun jedes f_n einen Fixpunkt $x_n \in \mathbb{B}^p$. Da $\mathbb{B}^p$ kompakt ist, kann (ggf. nach Übergang zu einer geeigneten Teilfolge) gleich angenommen werden, dass $x_n \to x_0 \in \mathbb{B}^p$. Die gleichmäßige Konvergenz von $(f_n)_{n \geq 1}$
auf $\mathbb{B}^p$ gegen f liefert dann $f(x_0) = x_0$, d.h. f hat den Fixpunkt x_0. –

Es bleibt zu zeigen, dass jede C^∞-Funktion $g : \mathbb{R}^p \to \mathbb{B}^p$ einen Fixpunkt hat.
Wir schließen indirekt und nehmen an, g habe keinen Fixpunkt. Die Funktion
$g_\lambda(x) := x - \lambda g(x)$ $(x \in \mathbb{R}^p, \lambda \in [0,1])$ hat nun folgende Eigenschaften: Für
$0 \leq \lambda < 1, x \in S^{p-1}$ ist

$$\|g_\lambda(x)\| \geq 1 - \lambda\|g(x)\| \geq 1 - \lambda > 0 \,,$$

und für $\lambda = 1$ ist

$$\|g_\lambda(x)\| = \|x - g(x)\| > 0 \quad (x \in \mathbb{B}^p) \,.$$

Die stetige Funktion $(x, \lambda) \mapsto \|g_\lambda(x)\|$ hat daher auf dem Kompaktum $K :=
(S^{p-1} \times [0,1]) \cup (\mathbb{B}^p \times \{1\})$ ein positives Minimum. Es gibt also ein $\delta \in]0,1[$, so
dass $\|g_\lambda(x)\| > \delta$ für alle $(x, \lambda) \in K$.

Es sei nun $\varphi \in C_c^\infty(\mathbb{R}^p), \varphi \geq 0, \operatorname{Tr}\varphi \subset K_\delta(0), \int_{K_\delta(0)} \varphi\,d\beta^p = 1, B := K_1(0)$.
Wir betrachten die Funktion $h : [0,1] \to \mathbb{R}$,

$$h(\lambda) := \int_B \varphi \circ g_\lambda \, \det Dg_\lambda \, d\beta^p \quad (0 \leq \lambda \leq 1) \,.$$

---

[15]L.E. BROUWER: *Über Abbildung von Mannigfaltigkeiten*, Math. Ann. 71, 97–115 und S.
598 (1912); *Berichtigung*, Math. Ann. 82, 286 (1921).

Dann ist h stetig und

$$h(0) = \int_B \varphi \, d\beta^p = 1, \; h(1) = 0,$$

denn $g_1(x) \notin K_\delta(0)$ für alle $x \in \mathbb{B}^p$. Andererseits ist h in $]0,1[$ differenzierbar, und wir werden im restlichen Teil des Beweises zeigen, dass $h'(\lambda) = 0$ ist für $0 < \lambda < 1$, was einen Widerspruch ergibt.

Im Folgenden sei $0 < \lambda < 1$. (Die Anwendung der Kettenregel für Funktionen mehrerer Variablen setzt einen offenen Definitionsbereich voraus.) Dann ist

$$(4.31) \qquad h'(\lambda) = \int_B ((D\varphi) \circ g_\lambda) g'_\lambda \det Dg_\lambda \, d\beta^p + \int_B \varphi \circ g_\lambda \frac{d}{d\lambda} (\det Dg_\lambda) \, d\beta^p,$$

wobei der Strich stets die Ableitung nach λ bezeichnet. Ist nun $A(\lambda) = (a_{jk}(\lambda))$ eine $(p \times p)$-Matrix von differenzierbaren Funktionen $a_{jk} :]0,1[\to \mathbb{R}$, $a_k = (a_{1k}, \ldots, a_{pk})^t$ die k-te Spalte von $A(\lambda)$, so gilt

$$(4.32) \quad \frac{d}{d\lambda} \det A(\lambda) = \det(a'_1, a_2, \ldots, a_p) + \det(a_1, a'_2, a_3, \ldots, a_p) + \ldots$$

$$+ \det(a_1, \ldots, a_{p-1}, a'_p) = \sum_{j,k=1}^p a'_{jk}(\lambda) \tilde{a}_{kj}(\lambda) = \operatorname{Spur} A'(\lambda) \widetilde{A}(\lambda),$$

wobei $\widetilde{A}(\lambda) = (\tilde{a}_{jk}(\lambda))^t$ die Komplementärmatrix von $A(\lambda)$ bezeichnet und $\tilde{a}_{jk}(\lambda) = (-1)^{j+k} \det A_{jk}(\lambda)$, wobei $A_{jk}(\lambda)$ durch Streichen der j-ten Zeile und k-ten Spalte aus $A(\lambda)$ entsteht. Das zweite Integral auf der rechten Seite von (4.31) ist also gleich

$$\int_B \varphi \circ g_\lambda \frac{d}{d\lambda} \det Dg_\lambda \, d\beta^p = \int_B \varphi \circ g_\lambda \operatorname{Spur} (Dg'_\lambda)(Dg_\lambda)^\sim \, d\beta^p$$

$$= \sum_{j,k=1}^p \int_B \varphi \circ g_\lambda (D_k(g'_\lambda)_j)(Dg_\lambda)^\sim_{jk} d\beta^p.$$

Hier bezeichnen $(g'_\lambda)_j$ die j-te Koordinate von g'_λ und $(Dg_\lambda)^\sim_{jk}$ das Element in der j-ten Zeile und k-ten Spalte von $(Dg_\lambda)^\sim$. Im letzten Integral integrieren wir partiell in Bezug auf die Variable x_k und wälzen die Differentiation von $D_k(g'_\lambda)_j$ auf die übrigen Faktoren ab. Da der Integrand nach Wahl von K, δ

einen kompakten Träger in B hat, treten keine Randbeiträge auf, und wir haben

(4.33)

$$
\int_B \varphi \circ g_\lambda \, \frac{d}{d\lambda} \det Dg_\lambda \, d\beta^p
$$

$$
= \; - \sum_{j,k=1}^p \left(\int_B (D_k(\varphi \circ g_\lambda))(g'_\lambda)_j (Dg_\lambda)^{\sim}_{jk} \, d\beta^p + \int_B \varphi \circ g_\lambda \, (g'_\lambda)_j \, D_k(Dg_\lambda)^{\sim}_{jk} \, d\beta^p \right)
$$

$$
= \; - \sum_{j,k=1}^p \left(\int_B \sum_{i=1}^p (D_i\varphi) \circ g_\lambda \, (D_k(g_\lambda)_i) \, (g'_\lambda)_j \, (Dg_\lambda)^{\sim}_{jk} \, d\beta^p \right.
$$

$$
\left. + \int_B \varphi \circ g_\lambda \, (g'_\lambda)_j \, D_k(Dg_\lambda)^{\sim}_{jk} \, d\beta^p \right) .
$$

Nach dem Entwicklungssatz ist $\sum_{k=1}^p D_k(g_\lambda)_i \, (Dg_\lambda)^{\sim}_{jk} = \delta_{ij} \det Dg_\lambda$, also ist die erste Summe auf der rechten Seite von (4.33) gleich dem ersten Integral auf der rechten Seite von (4.31). Das ergibt:

$$
h'(\lambda) \; = \; - \sum_{j,k=1}^p \int_B \varphi \circ g_\lambda (g'_\lambda)_j \, D_k(Dg_\lambda)^{\sim}_{jk} \, d\beta^p
$$

$$
= \; - \int_B \varphi \circ g_\lambda \operatorname{div} (Dg_\lambda)^{\sim} \, g'_\lambda \, d\beta^p ,
$$

wobei die spaltenweise zu bildende Divergenz von $(Dg_\lambda)^{\sim}$ ein Zeilenvektor ist, der mit dem Spaltenvektor g'_λ zu multiplizieren ist. Nach dem folgenden Lemma ist nun $\operatorname{div} (Dg_\lambda)^{\sim} = 0$, also ist $h'(\lambda) = 0$, und die Behauptung ist bewiesen. $\square$

4.13 Lemma von JACOBI. *Ist $U \subset \mathbb{R}^p$ offen und $g : U \to \mathbb{R}^p$ zweimal stetig differenzierbar, so gilt*
$$
\operatorname{div} (Dg)^{\sim} = 0 \,,
$$
wobei die k-te Koordinate des Zeilenvektors auf der linken Seite gleich der Divergenz des k-ten Spaltenvektors der Komplementärmatrix $(Dg)^{\sim}$ von Dg ist.

Beweis. Bezeichnet $\triangle_{ij}$ die Determinante der $(p-1)$-reihigen Matrix, die aus Dg durch Streichen der i-ten Zeile und der j-ten Spalte entsteht, so ist $(Dg)^{\sim} = ((-1)^{i+j}\triangle_{ij})^t$. Aus Symmetriegründen genügt es daher zu zeigen, dass die erste Koordinate von $\operatorname{div} (Dg)^{\sim}$ verschwindet, d.h. wir haben zu zeigen:

$$
\sum_{j=1}^p (-1)^{1+j} \frac{\partial}{\partial x_j} \triangle_{1j} = 0 \,.
$$

Mit $h := (g_2, \ldots, g_p)^t : U \to \mathbb{R}^{p-1}$ ist $\triangle_{1j} = \det(D_1h, \ldots, D_{j-1}h, D_{j+1}h, \ldots, D_ph)$. Wir bezeichnen für $i \neq j$ mit C_{ij} die Determinante der $(p-1)$-reihigen Matrix, deren erste Spalte gleich D_iD_jh ist, während die übrigen Spalten gleich

$D_1h, \ldots, D_ph$ (im Sinne wachsender Indizes) sind, wobei die Spalten D_ih und D_jh auszulassen sind; $C_{ii} := 0$. Dann ist nach (4.32)

$$D_j \triangle_{1j} = \sum_{i=1}^{p} (-1)^{i+1} \varepsilon_{ij} C_{ij}$$

mit $\varepsilon_{ij} = 1$ für $i < j, \varepsilon_{ii} = 0$ und $\varepsilon_{ij} = -1$ für $i > j$. Das ergibt:

$$\sum_{j=1}^{p} (-1)^{1+j} D_j \triangle_{1j} = \sum_{i,j=1}^{p} (-1)^{i+j} \varepsilon_{ij} C_{ij}.$$

Die rechte Summe ist invariant bei Vertauschung der Summationsindizes i, j. Andererseits ist $\varepsilon_{ij} = -\varepsilon_{ji}, C_{ij} = C_{ji}$, so dass die rechte Seite bei Vertauschung von i und j das Vorzeichen wechselt. Daher verschwindet die rechte Seite, und das war zu zeigen. □

Der tiefere Grund für die Konstanz der Funktion h aus dem Beweis des Brouwerschen Fixpunktsatzes ist die Homotopieinvarianz des *Abbildungsgrads*; s. H. LEINFELDER und C. SIMADER: *The Brouwer fixed point theorem and the transformation rule for multiple integrals via homotopy arguments*, Expo. Math. 4, 349–355 (1983). In dieser Arbeit wird auch gezeigt, wie die Argumente aus dem obigen Beweis des Brouwerschen Fixpunktsatzes zu einem Beweis der Transformationsformel ausgestaltet werden können.

Eine Teilmenge A des topologischen Raums X heißt ein *Retrakt* von X, wenn es eine stetige Abbildung $f : X \to A$ mit $f|A = \mathrm{id}_A$ gibt; eine solche Abbildung f heißt dann eine *Retraktion* von X auf A.

4.14 Korollar. S^{p-1} *ist kein Retrakt von* $\mathbb{B}^p$.

Beweis. Gäbe es eine Retraktion f von $\mathbb{B}^p$ auf S^{p-1}, so wäre $-f$ eine fixpunktfreie stetige Abbildung von $\mathbb{B}^p$ in sich: Widerspruch zum Brouwerschen Fixpunktsatz! □

Eine stetige Abbildung $f : X \to X$ eines topologischen Raums X in sich heißt *nullhomotop* („stetig in eine konstante Abbildung deformierbar"), wenn es eine stetige Abbildung $F : X \times [0,1] \to X$ und ein $a \in X$ gibt mit $F(x,0) = f(x)$ $(x \in X)$ und $F(x,1) = a$ $(x \in X)$. Eine solche Abbildung F heißt dann eine *Nullhomotopie*.

4.15 Korollar. *Die Identität auf* S^{p-1} *ist nicht nullhomotop.*

Beweis. Gäbe es eine Nullhomotopie $F : S^{p-1} \times [0,1] \to S^{p-1}$ von $\mathrm{id}_{S^{p-1}}$, so wäre $f : \mathbb{B}^p \to S^{p-1}, f(\lambda x) := F(x, 1-\lambda)$ $(x \in S^{p-1}, 0 \leq \lambda \leq 1)$ wohldefiniert (!) und eine Retraktion von $\mathbb{B}^p$ auf S^{p-1}: Widerspruch zu Korollar 4.14! □

Aufgaben. 4.1. Es seien $X \subset \mathbb{R}^p$ offen und konvex und $t : X \to \mathbb{R}^p$ stetig differenzierbar und $(Dt)(c) : \mathbb{R}^p \to \mathbb{R}^p$ $(c \in X)$ positiv definit. Dann ist t injektiv. (Hinweis: Sind $a, b \in X, t(a) = t(b)$, so wende man für festes $y \in \mathbb{R}^p$ auf die Funktion $\lambda \mapsto \langle t(a + \lambda(b - a)), y \rangle$ $(-\delta < \lambda < 1 + \delta)$ den Mittelwertsatz an.)

4.2. a) Für $A \in \mathrm{GL}\,(p, \mathbb{R})$ ist

$$\int_{\mathbb{R}^p} e^{-\|Ax\|^2}\, d\beta^p(x) = \pi^{p/2} \, |\det A|^{-1} \,.$$

b) Ist $A \in \mathrm{GL}\,(p, \mathbb{R})$ positiv definit, so gilt:

$$\int_{\mathbb{R}^p} e^{-\langle Ax, x \rangle}\, d\beta^p(x) = \pi^{p/2} \, (\det A)^{-1/2} \,.$$

4.3. Multiplizieren Sie die Integrale

$$F(t) := \int_0^\infty e^{-tx^2} \cos x^2 \, dx \,, \ G(t) := \int_0^\infty e^{-tx^2} \sin x^2 \, dx \ \ (t > 0)$$

mit sich selbst und zeigen Sie mit der Methode aus Beispiel 4.6

$$F(t)^2 - G(t)^2 = \frac{\pi}{4} \frac{t}{1 + t^2} \ \ (t > 0) \,.$$

Schreiben Sie weiter $2FG = FG + GF$ und zeigen Sie entsprechend

$$2F(t)G(t) = \frac{\pi}{4} \frac{1}{1 + t^2} \ \ (t > 0) \,.$$

Da $G(t) > 0$ ist, lassen sich $F(t)$ und $G(t)$ explizit bestimmen. Folgern Sie durch Grenzübergang $t \to +0$:

$$(R\text{-}) \int_0^\infty \cos x^2 \, dx = (R\text{-}) \int_0^\infty \sin x^2 \, dx = \sqrt{\frac{\pi}{8}}$$

(Fresnelsche Integrale).

4.4. a) Es seien $\alpha_1, \ldots, \alpha_p > 0, Y := \{y \in \mathbb{R}^p : y > 0, y_1 + \ldots + y_p < 1\}$ und $f :]0, 1[\to [0, \infty]$ Borel-messbar. Dann gilt:

$$\int_Y f(y_1 + \ldots + y_p) y_1^{\alpha_1 - 1} \cdot \ldots \cdot y_p^{\alpha_p - 1} \, d\beta^p(y) = \frac{\Gamma(\alpha_1) \cdot \ldots \cdot \Gamma(\alpha_p)}{\Gamma(\alpha_1 + \ldots + \alpha_p)} \int_0^1 f(u) u^{\alpha_1 + \ldots + \alpha_p - 1} \, du \,,$$

und diese Gleichung gilt auch, falls $f :]0, 1[\to \mathbb{K}$ Borel-messbar ist und eines der beiden Integrale existiert. (Hinweis: Benutzen Sie zur iterativen Berechnung des Integrals die Transformation $t : X \to Y, t(x) := (x_1, \ldots, x_{p-2}, x_{p-1} x_p, x_{p-1}(1 - x_p))^t$, wobei $X = \{x \in \mathbb{R}^p : x > 0, x_1 + \ldots + x_{p-1} < 1, x_p < 1\}$.) Ist zusätzlich $\alpha_{p+1} > 0$, so gilt:

$$\int_Y (1 - (y_1 + \ldots + y_p))^{\alpha_{p+1} - 1} y_1^{\alpha_1 - 1} \cdot \ldots \cdot y_p^{\alpha_p - 1} \, d\beta^p(y) = \frac{\Gamma(\alpha_1) \cdot \ldots \cdot \Gamma(\alpha_{p+1})}{\Gamma(\alpha_1 + \ldots + \alpha_{p+1})}$$

(DIRICHLET [1], S. 383 ff., [2], S. 375 ff.).
b) Sind $a_1, \ldots, a_p, \alpha_1, \ldots, \alpha_p, \beta_1, \ldots, \beta_p > 0$ und $Z := \{z \in \mathbb{R}^p : z > 0, (z_1/a_1)^{\alpha_1} + \ldots + (z_p/a_p)^{\alpha_p} < 1\}, \rho_j := \beta_j/\alpha_j$ $(j = 1, \ldots, p)$, so gilt unter entsprechenden Voraussetzungen an f:

$$\int_Z f((z_1/a_1)^{\alpha_1} + \ldots + (z_p/a_p)^{\alpha_p}) z_1^{\beta_1 - 1} \cdot \ldots \cdot z_p^{\beta_p - 1} \, d\beta^p(z)$$

$$= \frac{a_1^{\beta_1} \cdot \ldots \cdot a_p^{\beta_p}}{\alpha_1 \cdot \ldots \cdot \alpha_p} \frac{\Gamma(\rho_1) \cdot \ldots \cdot \Gamma(\rho_p)}{\Gamma(\rho_1 + \ldots + \rho_p)} \int_0^1 f(u) u^{\rho_1 + \ldots + \rho_p - 1} \, du \,.$$

c) Das Volumen des p-dimensionalen Ellipsoids $E(a_1, \ldots, a_p) := \{x \in \mathbb{R}^p : (x_1/a_1)^2 + \ldots + (x_p/a_p)^2 < 1\}$ beträgt

$$\beta^p(E(a_1, \ldots, a_p)) = \frac{\pi^{p/2}}{\Gamma\left(\frac{p}{2} + 1\right)} a_1 \cdot \ldots \cdot a_p \, ;$$

speziell ist

$$\beta^p(K_r(0)) = \frac{\pi^{p/2}}{\Gamma\left(\frac{p}{2} + 1\right)} r^p \, .$$

4.5. Unter entsprechenden Voraussetzungen an f gilt für $\alpha_1, \ldots, \alpha_p > 0, X =]0, \infty[^p$:

$$\int_X f(x_1^{1/\alpha_1} + \ldots + x_p^{1/\alpha_p}) \, d\beta^p(x) = \frac{\Gamma(\alpha_1 + 1) \cdot \ldots \cdot \Gamma(\alpha_p + 1)}{\Gamma(\alpha_1 + \ldots + \alpha_p)} \int_0^\infty f(r) r^{\alpha_1 + \ldots + \alpha_p - 1} \, dr$$

(J.L. RAABE, J. reine angew. Math. 28, 19–27 (1844)).

4.6. Für $\operatorname{Re} s > p/2$ existiert das Integral

$$I_p(s) := \int_{\mathbb{R}^p} (1 + \|x\|^2)^{-s} \, d\beta^p(x) \, ,$$

und es ist

$$I_p(s) = I_1\left(s - \frac{p-1}{2}\right) I_{p-1}(s) \, .$$

Mit $I_1(s) = \sqrt{\pi}\Gamma\left(s - \frac{1}{2}\right)/\Gamma(s)$ ergibt sich daher

$$I_p(s) = \pi^{p/2}\Gamma\left(s - \frac{p}{2}\right)/\Gamma(s) \, .$$

(Alternativen: Polarkoordinaten oder Aufgabe 4.5.)

4.7. Es seien $B \in \mathfrak{B}^p, \beta^p(B) < \infty$, und für festes $a \in \mathbb{R}^{p+1}$ mit $a_{p+1} > 0$ sei K der Kegel mit der Basis B und der Spitze a, d.h. $K = \{\lambda(b, 0) + (1 - \lambda)a : 0 \leq \lambda \leq 1, b \in B\}$. Dann ist $K \in \mathfrak{B}^{p+1}$ und

$$\beta^{p+1}(K) = \frac{a_{p+1}}{p+1} \beta^p(B) \, .$$

4.8. Für $n \geq 1$ sei $E_n := \{x \in \mathbb{R}^n : \|x\| < 1\}$. – Es seien nun $p \geq 2$ und $X :=]0, \infty[\times E_{p-1}, Y :=]0, \infty[\times \mathbb{R}^{p-1}, t : X \to Y$,

$$t(r, x) := r((1 - \|x\|^2)^{1/2}, x) \quad (r > 0, x \in E_{p-1}) \, .$$

Dann ist t ein C^1-Diffeomorphismus mit $\det Dt(r, x) = r^{p-1}(1 - \|x\|^2)^{-1/2}$. Ist $F :]0, \infty[\to \hat{\mathbb{K}}$ Borel-messbar und $F(r)r^{p-1}$ über $]0, \infty[$ β^1-integrierbar, so gilt:

$$\int_{\mathbb{R}^p} F(\|y\|) \, d\beta^p(y) = 2\left(\int_0^\infty F(r)r^{p-1} \, dr\right) \cdot \int_{E_{p-1}} (1 - \|x\|^2)^{-1/2} \, d\beta^{p-1}(x) \, .$$

Insbesondere resultiert für $F = \chi_{]0,1[}$

$$\int_{E_{p-1}} (1 - \|x\|^2)^{-1/2} \, d\beta^{p-1}(x) = \frac{p}{2} \beta^p(E_p)$$

und für $F(r) = \exp(-r^2)$:

$$\beta^p(E_p) = \frac{\pi^{p/2}}{\Gamma\left(\frac{p}{2} + 1\right)} \, .$$

4.9. Sind $\alpha > 0, \beta > 0, \alpha + \beta < p$ und $x, y \in \mathbb{R}^p, x \neq y$, so ist die Funktion $z \mapsto \|x - z\|^{\alpha - p}\|z - y\|^{\beta - p}$ β^p-integrierbar über $\mathbb{R}^p$, und es gibt eine nur von α, β, p abhängige Konstante $C_{\alpha, \beta}$, so dass

$$\int_{\mathbb{R}^p} \|x - z\|^{\alpha - p}\|z - y\|^{\beta - p} \, d\beta^p(z) = C_{\alpha, \beta}\|x - y\|^{\alpha + \beta - p} \, .$$

(Bemerkung: $C_{\alpha,\beta} = \pi^{p/2}\Gamma(\alpha/2)\Gamma(\beta/2)\Gamma((p - \alpha - \beta)/2)/(\Gamma((p - \alpha)/2)\Gamma((p - \beta)/2)\Gamma((\alpha + \beta)/2))$; s. N. DU PLESSIS: *An introduction to potential theory*, Edinburgh: Oliver & Boyd 1970, S. 71 ff. oder N.S. LANDKOF: *Foundations of modern potential theory*, Berlin–Heidelberg–New York: Springer-Verlag 1972, S. 44.)

4.10. Es sei $t : \mathbb{R}^p \setminus \{0\} \to]0, \infty[\times S^{p-1}, t(x) := (\|x\|, \|x\|^{-1}x)$ $(x \in \mathbb{R}^p, x \neq 0)$. Dann ist $t(\beta^p) = \rho_p \otimes \omega_p$, wobei

$$\rho_p(A) = \int_A r^{p-1} d\beta^1(r) \text{ für } A \in \mathfrak{B}^p_{]0,\infty[},$$

$$\omega_p(B) = p\,\beta^p(\{\alpha x : 0 < \alpha \leq 1, x \in B\}) \text{ für } B \in \mathfrak{B}^p, B \subset S^{p-1}.$$

4.11. Für $r \geq 0$ sei $K_r := \{z \in \mathbb{C} : |z| < r\}$. Es seien $R > 0$ und $f, g : K_R \to \mathbb{C}$ holomorphe Funktionen mit den Taylorreihen $f(z) = \sum_{n=0}^{\infty} a_n z^n, g(z) = \sum_{n=0}^{\infty} b_n z^n$ $(a_n, b_n \in \mathbb{C}$ für $n \geq 0, |z| < R)$.
a) Für $0 \leq r < R$ gilt:

$$\int_{K_r} f\overline{g}\, d\beta^2 = \pi \sum_{n=0}^{\infty} \frac{a_n \overline{b_n}}{n+1} r^{2n+2}.$$

b) Für $0 \leq r \leq R$ ist

$$\int_{K_r} |f|^2\, d\beta^2 = \pi \sum_{n=0}^{\infty} \frac{|a_n|^2}{n+1} r^{2n+2},$$

und sind $|f|^2, |g|^2$ β^2-integrierbar über K_R, so gilt die Formel unter a) für $0 \leq r \leq R$.
c) Ist f injektiv, so gilt:

$$\beta^2(f(K_r)) = \pi \sum_{n=1}^{\infty} n|a_n|^2 r^{2n} \quad (0 \leq r \leq R).$$

Bezeichnet S_R die Menge aller holomorphen und injektiven Abbildungen $f : K_R \to \mathbb{C}$ mit $f(0) = 0, f'(0) = 1$, so gilt

$$\inf\{\beta^2(f(K_R)) : f \in S_R\} = \pi R^2,$$

und das Infimum wird genau dann angenommen, wenn $f(z) = z$.
d) Ist $f(z) = 1 + \sum_{n=1}^{\infty} a_n z^n$ für $|z| < R$ holomorph und $0 < r < R$,

$$\frac{1}{\pi r^2} \int_{K_r} |f|\, d\beta^2 < 1 + \frac{1}{8}|a_1|^2 r^2,$$

so hat f in K_r eine Nullstelle. (Hinweis: Ist f in K_r nullstellenfrei, so hat f auf K_r eine „holomorphe Quadratwurzel" g mit $g(0) = 1, f = g^2$. Wie beginnt die Potenzreihe von g um 0?)
e) Wie lautet das Analogon von a) für Funktionen f, g, die in einem Kreisring $D(r, R) := \{z \in \mathbb{C} : r < |z| < R\}$ $(0 \leq r < R)$ holomorph sind?
f) Ist f in $D(0, R)$ holomorph, $0 < r < R$ und $\int_{D(0,r)} |f|^2 d\beta^2 < \infty$, so hat f in 0 eine hebbare Singularität.

4.12. Es seien $\mathbb{E} := \{z \in \mathbb{C} : |z| < 1\}, G$ die Gruppe der Abbildungen $z \mapsto (\alpha z + \beta)/(\overline{\beta}z + \overline{\alpha})$ $(\alpha, \beta \in \mathbb{C}, |\alpha|^2 - |\beta|^2 = 1)$. (In der Funktionentheorie wird gezeigt, dass G gleich der Gruppe aller biholomorphen Abbildungen von $\mathbb{E}$ auf sich ist; s. z.B. R. REMMERT: *Funktionentheorie I*, 4. Aufl. Berlin–Heidelberg–New York: Springer-Verlag 1995.)
a) Das Maß μ mit der Dichte $4(1 - |z|^2)^{-2}$ bez. $\beta^2_{\mathbb{E}}$ ist G-invariant, d.h. es ist $g(\mu) = \mu$ für alle $g \in G$.
b) Bezeichnet S^1 die Einheitskreislinie, so operiert G auf $X := \mathbb{E} \times S^1$ vermöge

$$g(z, \zeta) := (g(z), \zeta g'(z)/|g'(z)|) \quad ((z, \zeta) \in X, g \in G).$$

Es bezeichne ω das durch $\omega(\{e^{i\varphi} : \alpha < \varphi \leq \beta\}) := \beta - \alpha$ $(\alpha, \beta \in \mathbb{R}, 0 < \beta - \alpha \leq 2\pi)$ definierte eindeutig bestimmte „Winkelmaß" auf $\mathfrak{B}^2|S^1$. Dann ist $\mu \otimes \omega$ ein G-invariantes Maß.

Kapitel VI

Konvergenzbegriffe der Maß- und Integrationstheorie

Im ganzen folgenden Kapitel sei $(X, \mathfrak{A}, \mu)$ ein Maßraum. Wir betrachten für $0 < p < \infty$ die Menge $\mathcal{L}^p$ der messbaren Funktionen $f : X \to \mathbb{K}$, für welche $|f|^p \in \mathcal{L}^1$ ist, und setzen

$$\|f\|_p := \left(\int_X |f|^p \, d\mu \right)^{1/p} \quad (f \in \mathcal{L}^p) .$$

Für $p \geq 1$ ist dann $\| \cdot \|_p$ eine *Halbnorm* auf dem *Vektorraum* $\mathcal{L}^p$, und der fundamentale *Satz von* RIESZ-FISCHER besagt, dass der halbnormierte Raum $(\mathcal{L}^p, \| \cdot \|_p)$ *vollständig* ist. Aus diesem Grunde ist $\mathcal{L}^p$ von grundlegender Bedeutung für die Funktionalanalysis. Eine weitere wichtige Aufgabe für das folgende Kapitel wird es sein, den durch $\| \cdot \|_p$ induzierten Konvergenzbegriff, die sog. *Konvergenz im p-ten Mittel*, mit anderen Konvergenzbegriffen zu vergleichen.

© Springer-Verlag GmbH Deutschland, ein Teil von Springer Nature 2018
J. Elstrodt, *Maß- und Integrationstheorie*,
https://doi.org/10.1007/978-3-662-57939-8_6

§ 1.   Die Ungleichungen von Jensen, Hölder und Minkowski

«Supposons que $a(x)$ et $f(x)$ sont des fonctions intégrables dans l'intervalle $(0,1)$, et que $a(x)$ est constamment positive ... $\varphi(x)$ *est supposée continue et convexe* ... On trouve alors, ...

$$\varphi\left(\frac{\int_0^1 a(x)f(x)\,dx}{\int_0^1 a(x)\,dx}\right) \le \frac{\int_0^1 a(x)\varphi(f(x))\,dx}{\int_0^1 a(x)\,dx}\,. \;\gg [1]$$

(J.L.W.V. Jensen: *Sur les fonctions convexes ...*, Acta Math. 30, 175–193 (1906))

1. Die Jensensche Ungleichung. Es sei $I \subset \mathbb{R}$ ein Intervall. Eine Funktion $\varphi : I \to \mathbb{R}$ heißt *konvex*, wenn für alle $x, y \in I$ und $\lambda \in [0,1]$ gilt:

(1.1) $$\varphi(\lambda x + (1-\lambda)y) \le \lambda\varphi(x) + (1-\lambda)\varphi(y)\,.$$

1.1 Lemma. *Für jede Funktion $\varphi : I \to \mathbb{R}$ sind folgende Eigenschaften a)–e) äquivalent:*
a) *φ ist konvex.*
b) *Für alle $x, y, t \in I$ mit $x < t < y$ gilt:*

$$\varphi(t) \le \varphi(x) + \frac{\varphi(y) - \varphi(x)}{y - x}(t - x)\,.$$

c) *Für alle $x, y, t \in I$ mit $x < t < y$ gilt:*

$$\frac{\varphi(t) - \varphi(x)}{t - x} \le \frac{\varphi(y) - \varphi(x)}{y - x}\,.$$

d) *Für alle $x, y, t \in I$ mit $x < t < y$ gilt:*

$$\frac{\varphi(y) - \varphi(x)}{y - x} \le \frac{\varphi(y) - \varphi(t)}{y - t}\,.$$

e) *Für alle $x, y, t \in I$ mit $x < t < y$ gilt:*

$$\frac{\varphi(t) - \varphi(x)}{t - x} \le \frac{\varphi(y) - \varphi(t)}{y - t}\,.$$

---

[1]Es seien $a(x)$ und $f(x)$ integrierbare Funktionen im Intervall $(0,1)$ und $a(x)$ sei stets positiv ... $\varphi(x)$ *wird als stetig und konvex vorausgesetzt* ... Dann gilt ...

$$\varphi\left(\frac{\int_0^1 a(x)f(x)\,dx}{\int_0^1 a(x)\,dx}\right) \le \frac{\int_0^1 a(x)\varphi(f(x))\,dx}{\int_0^1 a(x)\,dx}\,.$$

Alle Bedingungen b)–e) aus Lemma 1.1 haben einleuchtende *geometrische Bedeutungen:* b) bringt zum Ausdruck, dass der Graph von φ in $[x, y]$ unterhalb der Strecke von $(x, \varphi(x))$ nach $(y, \varphi(y))$ verläuft, c) besagt, dass die Steigung $t \mapsto (\varphi(t) - \varphi(x))/(t - x)$ für $t > x$ monoton wächst, etc. – Zum *Beweis* von Lemma 1.1 zeigt man, dass alle angegebenen Bedingungen zu b) äquivalent sind. Wir überlassen diesen elementaren Nachweis dem Leser.

1.2 Satz (JENSEN 1906). *Ist $\varphi : I \to \mathbb{R}$ konvex, so ist φ auf $\overset{\circ}{I}$ stetig.*

Beweis. Es seien $x_0 \in \overset{\circ}{I}$ und $s, t \in \overset{\circ}{I}, s < x_0 < t$. Ist nun $x_0 < x < t$, so gilt nach Lemma 1.1:

$$\frac{\varphi(s) - \varphi(x_0)}{s - x_0} \leq \frac{\varphi(x) - \varphi(x_0)}{x - x_0} \leq \frac{\varphi(t) - \varphi(x_0)}{t - x_0} \, .$$

Daher ist φ in x_0 rechtsseitig stetig. Entsprechend zeigt man die linksseitige Stetigkeit. (Alternative: Aufgabe 1.3, a).) □

Eine konvexe Funktion $\varphi : I \to \mathbb{R}$ ist also höchstens in den zu I gehörigen Endpunkten von I unstetig. Insbesondere ist *jede konvexe Funktion $\varphi : I \to \mathbb{R}$ Borel-messbar.*

Die Definition der Konvexität lässt sich maßtheoretisch wie folgt fassen: Für $x, y \in I, \lambda \in [0, 1]$ sei $\mu = \mu_{x,y,\lambda}$ das Maß auf $\mathfrak{B}^1_I$ mit $\mu(\{x\}) = \lambda, \mu(\{y\}) = 1 - \lambda, \mu(A) = 0$ für $A \in \mathfrak{B}^1_I, x, y \notin A$. Dann ist μ ein Wahrscheinlichkeitsmaß auf $\mathfrak{B}^1_I$ und (1.1) ist gleichbedeutend mit

$$\varphi \left(\int_I t \, d\mu(t) \right) \leq \int_I \varphi(t) \, d\mu(t) \, .$$

Die *Jensensche Ungleichung* liefert eine bedeutende Verallgemeinerung dieses Sachverhalts.

1.3 Jensensche Ungleichung (1906). *Es seien $(X, \mathfrak{A}, \mu)$ ein Maßraum mit $\mu(X) = 1, I \subset \mathbb{R}$ ein Intervall, $f : X \to I$ μ-integrierbar und $\varphi : I \to \mathbb{R}$ konvex. Dann ist $\int_X f \, d\mu \in I$, $\varphi \circ f$ ist quasiintegrierbar, und es gilt:*

$$(1.2) \qquad \varphi \left(\int_X f \, d\mu \right) \leq \int_X \varphi \circ f \, d\mu \, .$$

Beweis. Wir zeigen zunächst, dass $m := \int_X f \, d\mu \in I$ ist, dass also die linke Seite von (1.2) sinnvoll ist. Dazu seien $a, b \in \overline{\mathbb{R}}$ der linke bzw. rechte Eckpunkt von I. Aus $a \leq f \leq b$ folgt wegen $\mu(X) = 1$ durch Integration zunächst $a \leq m \leq b$ (Satz IV.3.7). Ist nun $a \in \mathbb{R}$ und $a \notin I$, so ist $0 < f(x) - a$ für alle $x \in X$, und Satz IV.2.6 liefert: $a < m$. Entsprechendes gilt für b. Daher ist $m \in I$.

Ist m kein innerer Punkt von I, so ist $m \in \mathbb{R}$ rechter oder linker Eckpunkt von I. Die vorangehende Überlegung lässt erkennen: $f(x) = m$ für μ-fast alle $x \in X$, also $\varphi(f(x)) = \varphi(m)$ für μ-fast alle $x \in X$, und es folgt: $\int_X \varphi \circ f \, d\mu = \varphi(m)$, d.h. (1.2) ist richtig.

Es sei nun $m \in \overset{\circ}{I}$. Wir konstruieren eine *Stützgerade* an den Graphen von φ

im Punkte $(m, \varphi(m))$: Für alle $s, t \in I, s < m < t$ ist

$$\frac{\varphi(m) - \varphi(s)}{m - s} \leq \frac{\varphi(t) - \varphi(m)}{t - m},$$

also ist

$$\alpha := \sup \left\{ \frac{\varphi(m) - \varphi(s)}{m - s} : s < m, s \in I \right\} < \infty,$$

und für alle $t \in I, t > m$ gilt:

$$(1.3) \qquad\qquad \varphi(t) \geq \varphi(m) + \alpha(t - m).$$

Ungleichung (1.3) ist für $t = m$ offenbar richtig, und sie gilt nach Definition von α auch für alle $t \in I, t < m$. Daher gilt (1.3) für *alle* $t \in I$. Geometrisch bedeutet (1.3), dass der Graph von φ auf I stets oberhalb der durch $t \mapsto \varphi(m) + \alpha(t - m)$ definierten *Stützgeraden* verläuft. (Ist φ in m differenzierbar, so ist $\alpha = \varphi'(m)$, und die Stützgerade ist die Tangente an den Graphen von φ im Punkte $(m, \varphi(m))$.)

Nach (1.3) ist nun für alle $x \in X$

$$(1.4) \qquad\qquad \varphi(f(x)) \geq \varphi(m) + \alpha(f(x) - m).$$

Wegen $\mu(X) = 1$ ist hier die rechte Seite μ-integrierbar über X. Daher ist $\varphi \circ f$ quasiintegrierbar, und die Integration von (1.4) liefert (1.2). $\qquad \square$

1.4 Ungleichung zwischen geometrischem und arithmetischem Mittel. Es sei wieder $\mu(X) = 1$. Eine Anwendung von (1.2) auf die konvexe Funktion $\varphi = \exp$ ergibt: Für alle integrierbaren $f : X \to \mathbb{R}$ ist

$$\exp\left(\int_X f \, d\mu \right) \leq \int_X e^f \, d\mu,$$

d.h. für alle $g : X \to {]0, \infty[}$ mit $\log g \in \mathcal{L}^1(\mu)$ ist

$$(1.5) \qquad\qquad \exp\left(\int_X \log g \, d\mu \right) \leq \int_X g \, d\mu.$$

Wählen wir z.B. $X = \{1, \ldots, n\}, \mathfrak{A} = \mathfrak{P}(X), \mu(\{k\}) = \alpha_k \in [0, 1]$ für $k = 1, \ldots, n$, wobei $\alpha_1 + \ldots + \alpha_n = 1$, so liefert (1.5) mit $g(k) =: x_k > 0$:

$$(1.6) \qquad\qquad \prod_{k=1}^{n} x_k^{\alpha_k} \leq \sum_{k=1}^{n} \alpha_k x_k,$$

und diese Ungleichung gilt sogar für alle $x_1, \ldots, x_n \geq 0$. Im Spezialfall $\alpha_1 = \ldots = \alpha_n = 1/n$ ist (1.6) die klassische *Ungleichung*

$$(1.7) \qquad\qquad \left(\prod_{k=1}^{n} x_k \right)^{1/n} \leq \frac{1}{n} \sum_{k=1}^{n} x_k \qquad (x_1, \ldots, x_n \geq 0)$$

zwischen dem geometrischen und dem arithmetischen Mittel.

2. Die Höldersche Ungleichung. Für reelles $p > 0$ setzen wir $\infty^p := \infty, \infty^{-p}$
$:= 0$. Ist dann $f : X \to \hat{\mathbb{K}}$ messbar, so ist $|f|^p \in \mathcal{M}^+(X, \mathfrak{A})$, und

$$(1.8) \qquad N_p(f) := \left(\int_X |f|^p \, d\mu \right)^{1/p} \qquad (p \in \mathbb{R}, p \neq 0)$$

ist sinnvoll, $0 \leq N_p(f) \leq \infty$. Offenbar ist

$$N_p(\alpha f) = |\alpha| N_p(f) \qquad (\alpha \in \mathbb{K}).$$

Wesentliches Ziel dieses Paragraphen wird es sein, zu zeigen, dass N_p für $p \geq 1$
der Dreiecksungleichung genügt *(Minkowskische Ungleichung)*. Dabei wird der
Fall $p = \infty$ einbezogen: Für $p = \infty$ sei

$$(1.9) \qquad N_\infty(f) := \inf\{\alpha \in [0, \infty] : |f| \leq \alpha \ \mu\text{-f.ü.}\}.$$

Dann ist $|f| \leq N_\infty(f) \ \mu$-f.ü., denn für $N_\infty(f) < \infty$ ist $\{|f| > N_\infty(f)\} =$
$\bigcup_{n=1}^\infty \{|f| > N_\infty(f) + 1/n\}$ eine μ-Nullmenge. Man nennt N_∞ das *essentielle*
oder *wesentliche Supremum* von $|f|$ und schreibt

$$N_\infty(f) = \operatorname*{ess\,sup}_{x \in X} |f(x)|.$$

Ersichtlich ist $N_\infty(\alpha f) = |\alpha| N_\infty(f) \ (\alpha \in \mathbb{K})$ und $N_\infty(f+g) \leq N_\infty(f) + N_\infty(g)$,
falls $f, g : X \to \hat{\mathbb{K}}$ messbar. – Die Bezeichnung $N_\infty(f)$ wird durch Aufgabe 1.8
motiviert.

1.5 Höldersche Ungleichung.[2] *Es seien $1 \leq p, q \leq \infty, \frac{1}{p} + \frac{1}{q} = 1$, wobei*
$1/\infty := 0$, *und $f, g : X \to \hat{\mathbb{K}}$ messbar. Dann gilt:*

$$(1.10) \qquad N_1(fg) \leq N_p(f) N_q(g).$$

Beweis. Für $p = \infty$ oder $q = \infty$ ist die Behauptung klar. Seien nun $1 <$
$p, q < \infty$: Ist dann $N_p(f) = 0$ oder $N_q(g) = 0$, so ist $f \cdot g = 0 \ \mu$-f.ü. und die
Behauptung richtig. Ist nun $N_p(f) \cdot N_q(g) > 0$ und $N_p(f) = \infty$ oder $N_q(g) = \infty$,
so ist (1.10) wiederum klar. Es seien daher im Folgenden $1 < p, q < \infty$ und
$0 < N_p(f), N_q(g) < \infty$. Nach (1.6) ist

$$(1.11) \qquad \xi\eta \leq \frac{1}{p}\xi^p + \frac{1}{q}\eta^q \text{ für alle } \xi, \eta \in [0, \infty].$$

Setzen wir hier $\xi := |f|/N_p(f), \eta := |g|/N_q(g)$, so liefert eine Integration über
X die Behauptung. $\square$

---

[2]O. HÖLDER: *Über einen Mittelwerthssatz*, Nachr. k. Gesellsch. Wiss. Göttingen (1889),
38–47.

1.6 Cauchy-Schwarzsche Ungleichung. *Sind* $f, g : X \to \hat{\mathbb{K}}$ *messbar, so gilt:*

$$(1.12) \qquad \left(\int_X |fg|\, d\mu \right)^2 \leq \left(\int_X |f|^2\, d\mu \right) \left(\int_X |g|^2\, d\mu \right).$$

Beweis. $p = q = 2$ in (1.10).   □

1.7 Beispiel. Wählt man μ gleich dem Zählmaß auf $\mathbb{N}$ und $1 < p < \infty, q :=$ $(1 - 1/p)^{-1}$, so ergibt (1.10) die klassische *Höldersche Ungleichung für Reihen:*

$$(1.13) \qquad \sum_{n=1}^{\infty} |x_n y_n| \leq \left(\sum_{n=1}^{\infty} |x_n|^p \right)^{1/p} \left(\sum_{n=1}^{\infty} |y_n|^q \right)^{1/q} \qquad (x_n, y_n \in \mathbb{K});$$

für $p = q = 2$ ist das die klassische Cauchy-Schwarzsche Ungleichung.

Bemerkung. Ist $0 < p < 1$, und bestimmt man q gemäß $1/p + 1/q = 1$, so ist $q < 0$, und die Höldersche Ungleichung gilt im Wesentlichen mit umgekehrtem Ungleichheitszeichen (s. Aufgabe 1.11).

3. Die Minkowskische Ungleichung. Die Ungleichung von H. MINKOWSKI (1864–1909) bringt zum Ausdruck, dass $N_p(\cdot)$ für $1 \leq p \leq \infty$ der Dreiecksungleichung genügt.

1.8 Minkowskische Ungleichung.[3] *Sind* $f, g : X \to \hat{\mathbb{K}}$ *messbar und* $1 \leq p \leq$ ∞, *so gilt:*

$$(1.14) \qquad N_p(f + g) \leq N_p(f) + N_p(g).$$

Beweis. Ist $p = 1$ oder $p = \infty$ oder $N_p(f) = \infty$ oder $N_p(g) = \infty$ oder $N_p(f+g) = 0$, so ist die Behauptung klar. Es seien also $1 < p < \infty, N_p(f) < \infty, N_p(g) < \infty, N_p(f + g) > 0$ und $q := (1 - 1/p)^{-1}(\in]1, \infty[)$. Eine zweimalige Anwendung der Hölderschen Ungleichung ergibt:

$$
\begin{aligned}
(1.15) \qquad \int_X |f + g|^p\, d\mu \; &\leq \; \int_X |f||f + g|^{p-1}\, d\mu + \int_X |g||f + g|^{p-1}\, d\mu \\
&\leq \; (N_p(f) + N_p(g)) N_q(|f + g|^{p-1}) \\
&= \; (N_p(f) + N_p(g))(N_p(f + g))^{p/q},
\end{aligned}
$$

denn $q(p - 1) = p$. Wegen

$$(1.16) \qquad |f + g|^p \leq (2\max(|f|, |g|))^p \leq 2^p(|f|^p + |g|^p)$$

ist hier $N_p(f + g) < \infty$. Da $N_p(f + g) > 0$ ist, liefert eine Division von (1.15) durch $(N_p(f + g))^{p/q}$ die Behauptung.   □

---

[3]H. MINKOWSKI: *Geometrie der Zahlen*, Leipzig: B.G. Teubner 1910, S. 116, (4).

1.9 Beispiel. Wählt man μ gleich dem Zählmaß auf $\mathbb{N}$, so liefert (1.14) die *Minkowskische Ungleichung für Reihen:* Für $x_n, y_n \in \mathbb{K}$ $(n \in \mathbb{N}), 1 \le p < \infty$ gilt:

$$(1.17) \qquad \left(\sum_{n=1}^{\infty} |x_n + y_n|^p \right)^{1/p} \le \left(\sum_{n=1}^{\infty} |x_n|^p \right)^{1/p} + \left(\sum_{n=1}^{\infty} |y_n|^p \right)^{1/p} .$$

1.10 Satz. *Sind* $f, g : X \to \hat{\mathbb{K}}$ *messbar und* $0 < p \le 1$, *so gilt:*

$$(1.18) \qquad\qquad N_p^p(f + g) \;\le\; N_p^p(f) + N_p^p(g) \, ,$$

$$(1.19) \qquad\qquad N_p(f + g) \;\le\; 2^{1/p-1}(N_p(f) + N_p(g)) \, .$$

Beweis. Die Funktion $\varphi(t) := a^p + t^p - (a+t)^p$ $(t \ge 0; a > 0$ fest) ist wachsend, wie man durch Differenzieren bestätigt. Daher gilt für alle $a, b \ge 0$:

$$(a + b)^p \le a^p + b^p \, .$$

Setzt man hier $a = |f|, b = |g|$ und integriert über X, so folgt (1.18).

Die Funktion $\psi(t) := (a^{1/p} + t^{1/p})(a + t)^{-1/p}$ $(t \ge 0; a > 0$ fest) hat die Ableitung $\psi'(t) = (a/p)(a + t)^{-1/p-1}(t^{1/p-1} - a^{1/p-1})$, ist also für $0 \le t \le a$ fallend, für $t \ge a$ wachsend, und hat in a ein absolutes Minimum. Daher ist

$$(a + b)^{1/p} \le 2^{1/p-1}(a^{1/p} + b^{1/p}) \quad \text{für alle } a, b \in [0, \infty] \, ,$$

also

$$\left(\int_X |f|^p \, d\mu + \int_X |g|^p \, d\mu \right)^{1/p} \le 2^{1/p-1}(N_p(f) + N_p(g)) \, ,$$

und (1.18) ergibt (1.19). $\qquad\qquad\qquad\qquad\qquad\qquad\qquad\qquad\qquad\qquad\square$

4. Historische Anmerkungen. Für endliche Summen geht die Cauchy-Schwarzsche Ungleichung (1.13) mit $p = q = 2$ zurück auf A.L. CAUCHY: *Cours d'analyse de l'École Royale Polytechnique,* 1re partie. Analyse algébrique. Paris: Imprimerie Royale 1821, S. 455 (Nachdruck: Darmstadt: Wiss. Buchges. 1968; deutsche Ausg.: *Algebraische Analysis,* Berlin: Verlag von Julius Springer 1885). Im gleichen Werk führt CAUCHY auf S. 457 ff. einen kunstvollen elementaren Beweis der Ungleichung (1.7) zwischen dem geometrischen und dem arithmetischen Mittel. Die Ungleichung (1.12) für Integrale stammt von V.J. BUNJAKOWSKI[4]: *Sur quelques inégalités concernant les intégrales ordinaires et les intégrales aux différences finies,* Mémoires de l'Acad. de St.-Petersbourg (VII) 1 (1859), No. 9 und von H.A. SCHWARZ[5]: *Über ein die Flächen kleinsten*

---

[4]Geb. 1804, Doktorand von CAUCHY (1825), Professor an der St. Petersburger Universität (1846–1880), gemeinsam mit M.W. OSTROGADSKI (1801–1862) Wegbereiter der russischen mathematischen Schule unter P.L. TSCHEBYSCHEW (1821–1894), gest. 1889 in St. Petersburg.

[5]Geb. 1843, Studium in Berlin bei K. WEIERSTRASS, L. KRONECKER und E.E. KUMMER, Professor in Zürich, Göttingen und Berlin (1892–1917), Arbeiten zur Theorie der Minimalflächen und konformen Abbildung, gest. 1921 in Berlin.

Flächeninhalts betreffendes Problem der Variationsrechnung, Acta Soc. scient. Fenn. 15, 315–362 (1885) (= *Mathematische Abhandlungen I*, 223–269, insbes. S. 251).

O. Hölder (1859–1937)[6] wendet erstmals systematisch die Eigenschaft der *Konvexität* zum Beweis von Ungleichungen an: Er[2] benutzt die Konkavität des Logarithmus zum Beweis der Ungleichung (1.7) zwischen dem geometrischen und dem arithmetischen Mittel, und er benutzt die Konvexität von $t^p (p > 1)$ zum Beweis der Ungleichung (1.13), die seither seinen Namen trägt, aber schon ein Jahr früher von L.J. Rogers (*An extension of a certain theorem in inequalities,* Messenger of Math. 17, 145–150 (1888)) gefunden wurde. H. Minkowski[7] beweist die Ungleichung (1.17) im Jahre 1896 im Rahmen seiner berühmten Untersuchungen zur Geometrie der Zahlen. Die außerordentliche Bedeutung der Minkowskischen Ungleichung als Dreiecksungleichung in einem Funktionenraum wird wohl erstmals von F. Riesz klar herausgestellt; er gibt auch einen eleganten elementaren Beweis der Ungleichungen von Hölder und Minkowski (s. F. Riesz [1], S. 519–521). J.L.W.V. Jensen[8] (*Sur les fonctions convexes ...,* Acta Math. 30, 175–193 (1906)) benutzt in systematischer Weise den Begriff der Konvexität zur Herleitung wichtiger klassischer Ungleichungen. Insbesondere beweist er die Ungleichung (1.2) in Integralform. In einem Nachtrag zu seiner Arbeit räumt Jensen ein, dass ein Teil seiner Resultate von Hölder vorweggenommen wurde.

Aufgaben. 1.1. Sind $I, J \subset \mathbb{R}$ Intervalle und $\varphi : I \to J$ konvex, $\psi : J \to \mathbb{R}$ monoton wachsend und konvex, so ist $\psi \circ \varphi$ konvex (Jensen).

1.2. a) Ist $\varphi : I \to \mathbb{R}$ konvex, so gilt für alle $x_1, \ldots, x_n \in I$ und $\lambda_1, \ldots, \lambda_n \geq 0$ mit $\sum_{j=1}^n \lambda_j =$

---

[6]Geb. 1859 in Stuttgart, Studium in Stuttgart, Berlin und Tübingen, Promotion und Habilitation 1884 in Göttingen, Professor in Göttingen, Tübingen, Königsberg, ab 1899 in Leipzig, Arbeiten zur Algebra (Satz von Jordan-Hölder über die Faktorgruppen aufeinanderfolgender Normalteiler in der Kompositionsreihe einer endlichen Gruppe), Höldersches Summationsverfahren, Höldersche Ungleichung, Hölder-Stetigkeit (Hölder-Bedingung), Nichtexistenz einer algebraischen Differentialgleichung für die Gammafunktion, gest. 1937 in Leipzig.

[7]Geb. 1864 in Alexoten (nahe Kaunas, Litauen), Abitur mit 15 Jahren, Studium 1880–1884 in Königsberg und Berlin, Freundschaft mit D. Hilbert, mit 18 Jahren als Student erste große Arbeit über Arithmetik quadratischer Formen, die ihm 1883 den Grand Prix des Sciences Mathématiques der Pariser Akademie eintrug, 1885 Promotion in Königsberg, 1887 Habilitation in Bonn, Professor in Bonn, Königsberg, Zürich und ab 1902 in Göttingen, Arbeiten über quadratische Formen (Prinzip von Hasse-Minkowski), Geometrie der Zahlen, konvexe Mengen, algebraische Zahlentheorie, mathematischer Vollender der speziellen Relativitätstheorie (Minkowski-Raum), gest. 1909 in Göttingen.

[8]Geb. 1859, Autodidakt, ab 1876 Studium der Naturwissenschaften an der TH Kopenhagen, ab 1890 als Telefoningenieur Chef der Technikabteilung der Kopenhagener Filiale der Bell Telephone Comp., „nebenher" mathematische Arbeiten über Funktionentheorie (Satz von Jensen über den Mittelwert von $\log |f(z)|$), konvexe Funktionen und die Gammafunktion, gest. 1925 in Kopenhagen.

1:

$$\varphi\left(\sum_{j=1}^{n}\lambda_j x_j\right) \leq \sum_{j=1}^{n}\lambda_j\varphi(x_j)$$

(JENSEN).

b) Es sei $n \geq 3$. Unter allen dem Einheitskreis umbeschriebenen (bzw. einbeschriebenen) n-Ecken hat das reguläre n-Eck den kleinsten (bzw. größten) Umfang und den kleinsten (bzw. größten) Flächeninhalt.

c) Ist die Matrix $A \in \mathrm{Mat}\,(n,\mathbb{R})$ positiv semidefinit, so gilt:

$$(\det A)^{1/n} \leq \frac{1}{n}\mathrm{Spur}\,A\,.$$

1.3. Es sei $I \subset \mathbb{R}$ ein offenes Intervall.

a) Ist $\varphi : I \to \mathbb{R}$ konvex, so ist φ in allen Punkten $x \in I$ rechtsseitig und linksseitig differenzierbar, d.h. es existieren

$$D_r\varphi(x) := \lim_{y\downarrow x}\frac{\varphi(y) - \varphi(x)}{y - x}\,, \quad D_l\varphi(x) := \lim_{y\uparrow x}\frac{\varphi(y) - \varphi(x)}{y - x}\,.$$

(Hieraus folgt erneut die Stetigkeit von φ in I.) Die Funktionen $D_r\varphi, D_l\varphi$ sind wachsend, $D_l\varphi \leq D_r\varphi$ und für $x,y \in I, x < y$ ist

$$D_r\varphi(x) \leq \frac{\varphi(y) - \varphi(x)}{y - x} \leq D_l\varphi(y)\,.$$

Daher ist $\lim_{x\downarrow t} D_r\varphi(x) = \lim_{x\downarrow t} D_l\varphi(x)$ für alle $t \in I$. Analog zeigt man: $\lim_{x\uparrow t} D_r\varphi(x) = \lim_{x\uparrow t} D_l\varphi(x)$. $D_r\varphi$ und $D_l\varphi$ haben dieselbe (abzählbare) Menge U von Unstetigkeitsstellen, und φ *ist in allen Punkten von $I \setminus U$ differenzierbar.*

b) Seien $x,y \in I, x < y$. Die Funktionen $D_r\varphi, D_l\varphi$ sind wachsend, also Riemann-integrierbar über $[x,y]$, und es gilt:

$$\varphi(y) - \varphi(x) = \int_x^y D_r\varphi(t)\,dt = \int_x^y D_l\varphi(t)\,dt\,.$$

c) Eine Funktion $\varphi : I \to \mathbb{R}$ ist genau dann konvex, wenn es eine wachsende Funktion $\psi : I \to \mathbb{R}, a \in I$ und $c \in \mathbb{R}$ gibt, so dass

$$\varphi(x) = \int_a^x \psi(t)\,dt + c \quad (x \in I)\,.$$

(Nach Aufgabe II.2.4 ist φ genau in den Stetigkeitspunkten von ψ differenzierbar.)

1.4. Sind $\alpha_n > 0$ und $x_n \in \mathbb{R}$ $(n \in \mathbb{N})$, so dass $\sum_{n=1}^{\infty}\alpha_n(1 + |x_n|) < \infty$, so ist die konvexe Funktion $f : \mathbb{R} \to \mathbb{R}$,

$$f(x) := \sum_{n=1}^{\infty}\alpha_n|x - x_n| \quad (x \in \mathbb{R})$$

in jedem Punkt $x \notin \{x_n : n \in \mathbb{N}\}$ differenzierbar. Im Punkte x_n ist die Differenz der rechtsseitigen und der linksseitigen Ableitung von f gleich $2\alpha_n$, falls $x_m \neq x_n$ für alle $m \neq n$.

1.5. Es seien $I \subset \mathbb{R}$ ein offenes Intervall und $\varphi : I \to \mathbb{R}$ konvex. Dann ist φ monoton oder es gibt ein $c \in I$, so dass $\varphi\,|\,\{x \in I : x \geq c\}$ wachsend und $\varphi\,|\,\{x \in I : x \leq c\}$ fallend ist.

1.6. Die Funktion $\varphi : I \to \mathbb{R}$ heißt *streng konvex*, wenn für alle $x,y \in I, x \neq y$ und $\lambda \in\,]0,1[$ gilt $\varphi(\lambda x + (1 - \lambda)y) < \lambda\varphi(x) + (1 - \lambda)\varphi(y)$. Ist φ streng konvex, so steht in der Jensenschen Ungleichung genau dann das Gleichheitszeichen, wenn f f.ü. konstant ist.

1.7. Sind $\mu(X) = 1, f,g \in \mathcal{M}^+(X), f \cdot g \geq 1$, so gilt:

$$\int_X f\,d\mu \cdot \int_X g\,d\mu \geq 1\,.$$

(Hinweis: (1.5).)

1.8. Sind $\mu(X) < \infty, f : X \to \hat{\mathbb{K}}$ messbar und $N_\infty(f) < \infty$, so gilt:

$$N_\infty(f) = \lim_{p \to \infty} N_p(f) \, .$$

1.9. Es seien $1 < p, q < \infty, 1/p + 1/q = 1$ und $f, g : X \to \hat{\mathbb{K}}$ messbar mit $\int_X |f|^p \, d\mu < \infty, \int_X |g|^q \, d\mu < \infty$. In der Hölderschen Ungleichung (1.10) gilt genau dann das Gleichheitszeichen, wenn $\alpha, \beta \in \mathbb{R}, (\alpha, \beta) \neq (0,0)$ existieren, so dass $\alpha |f|^p = \beta |g|^q$ μ-f.ü. (Hinweis: In (1.11) steht genau dann das Gleichheitszeichen, wenn $\xi^p = \eta^q$.)

1.10 Verallgemeinerte Höldersche Ungleichung. Sind $0 < r, p_1, \ldots, p_n \le \infty, 1/p_1 + \ldots + 1/p_n = 1/r$ und $f_1, \ldots, f_n : X \to \hat{\mathbb{K}}$ messbar, so gilt:

$$N_r(f_1 \cdot \ldots \cdot f_n) \le N_{p_1}(f_1) \cdot \ldots \cdot N_{p_n}(f_n) \, .$$

(Hinweis: (1.6).)

1.11 Höldersche Ungleichung für $0 < p < 1$. Es seien $0 < p < 1$ und $1/p + 1/q = 1$, also $q < 0$. Ferner seien $f, g : X \to \hat{\mathbb{K}}$ messbar und $\{g = 0\} \setminus \{f = 0\}$ eine μ-Nullmenge. Dann gilt:

$$\int_X |fg| \, d\mu \ge \left(\int_X |f|^p \, d\mu \right)^{1/p} \left(\int_X |g|^q \, d\mu \right)^{1/q} \, ,$$

falls $\int_X |g|^q \, d\mu < \infty$. (Hinweis: Wenden Sie die Höldersche Ungleichung mit dem Exponenten $p' := 1/p$ an auf $u := |fg|^p, v := |g|^{-p}$.)

1.12. Ist $f : X \to \hat{\mathbb{K}}$ messbar, so ist

$$I(f) := \{ p > 0 : N_p(f) < \infty \}$$

leer, einelementig oder ein Intervall, und $\varphi : I(f) \to \mathbb{R}, \varphi(p) := N_p(f)$ ist stetig. Ist $\mu(\{f \neq 0\}) > 0$, so ist $\log \varphi$ auf $I(f)$ eine konvexe Funktion von $1/p$, d.h.: Sind $p \le r \le q, p, q \in I(f), 1/r = \lambda/p + (1 - \lambda)/q$ mit $0 \le \lambda \le 1$, so ist

$$N_r(f) \le (N_p(f))^\lambda (N_q(f))^{1-\lambda} \, .$$

Ferner ist auch die Funktion $p \mapsto \log N_p^p(f)$ auf $I(f)$ konvex. (Hinweis: Aufgabe 1.10.)

1.13. Sind $D \subset \mathbb{C}$ offen und $u : D \to \mathbb{R}$ stetig, so heißt u *subharmonisch*, wenn für alle $a \in D$ und $r > 0$ mit $\overline{K_r(a)} \subset D$ gilt:

$$u(a) \le \frac{1}{2\pi} \int_0^{2\pi} u(a + re^{it}) \, dt \, .$$

Es seien $I \subset \mathbb{R}$ ein offenes Intervall, $u : D \to I$ subharmonisch und $\varphi : I \to \mathbb{R}$ wachsend und konvex. Dann ist $\varphi \circ u$ subharmonisch in D. Ist insbesondere $f : D \to \mathbb{C}$ holomorph und $p \ge 1$, so ist $|f|^p$ subharmonisch. (Die letzte Aussage gilt sogar für $p > 0$.)

1.14. Sind $A, B \in \mathrm{GL}(m, \mathbb{R})$ positiv definit und $\lambda \in [0, 1]$, so gilt:

$$\det(\lambda A + (1 - \lambda)B) \ge (\det A)^\lambda (\det B)^{1-\lambda} \, .$$

(Hinweis: Aufgabe V.4.2, b).)

1.15. Sind die Funktionen $\varphi_n : [a, b] \to \mathbb{R}$ konvex, und gibt es ein $c \in \,]a, b[$ und ein $\alpha \in \mathbb{R}$, so dass $\lim_{n \to \infty} \varphi_n(a) = \lim_{n \to \infty} \varphi_n(b) = \lim_{n \to \infty} \varphi_n(c) = \alpha$, so ist $\lim_{n \to \infty} \varphi_n(x) = \alpha$ für alle $x \in [a, b]$.

§ 2. Die Räume L^p und der Satz von RIESZ-FISCHER

«Soit $\varphi_1(x), \varphi_2(x), \ldots$ un système normé de fonctions, définies sur l'intervalle ab, orthogonales deux à deux, bornées ou non, sommables et de carré sommable … Attribuons à chaque fonction $\varphi_i(x)$ du système un nombre a_i. Alors la convergence de $\sum_i a_i^2$ est la condition nécessaire et suffisante pour qu'il ait une fonction $f(x)$ telle qu'on ait

$$\int_a^b f(x)\varphi_i(x)\,dx = a_i$$

pour chaque fonction $\varphi_i(x)$ et chaque a_i.»[9] (F. RIESZ [1], S. 379)

«Soit Ω l'ensemble des fonctions réelles f d'une variable réelle x telles que f et f^2 soient sommables …

Théorème. – *Si une suite de fonctions appartenant à Ω converge en moyenne, il existe dans Ω une fonction f vers laquelle elle converge en moyenne.*»[10] (E. FISCHER: *Sur la convergence en moyenne*, C.R. Acad. Sci., Paris 144, 1022–1024 (1907))

1. Die Räume $\mathcal{L}^p$ und L^p. Zu Ehren von H. LEBESGUE benannte F. RIESZ ([1], S. 403 und S. 451) die folgenden Funktionenräume mit „$\mathcal{L}^p$".

2.1 Definition. Für $0 < p \leq \infty$ sei $\mathcal{L}^p =: \mathcal{L}^p(\mu) =: \mathcal{L}^p(X, \mathfrak{A}, \mu)$ die Menge aller messbaren Funktionen $f : X \to \mathbb{K}$ mit $N_p(f) < \infty$, und es sei

$$\|f\|_p := N_p(f) \quad \text{für } f \in \mathcal{L}^p.$$

Für reelles $p > 0$ ist also $\mathcal{L}^p$ genau die Menge aller *messbaren* Funktionen $f : X \to \mathbb{K}$, so dass $|f|^p$ μ-integrierbar ist, und es ist

$$\|f\|_p = \left(\int_X |f|^p \, d\mu \right)^{1/p} \quad (f \in \mathcal{L}^p).$$

---

[9]Es sei $\varphi_1(x), \varphi_2(x), \ldots$ ein normiertes Orthogonalsystem von beschränkten oder unbeschränkten Funktionen, die im Intervall ab definiert, integrierbar und quadratisch integrierbar sind … Wir ordnen jeder Funktion $\varphi_i(x)$ des Systems eine Zahl a_i zu. Dann ist die Konvergenz von $\sum_i a_i^2$ die notwendige und hinreichende Bedingung dafür, dass es eine Funktion $f(x)$ gibt, so dass gilt

$$\int_a^b f(x)\varphi_i(x)\,dx = a_i$$

für jede Funktion $\varphi_i(x)$ und jede Zahl a_i.

[10]Es sei Ω die Menge der reellwertigen Funktionen f einer reellen Variablen x, so dass f und f^2 integrierbar sind … **Satz.** *Ist eine Folge von Funktionen aus Ω eine Cauchy-Folge für die Konvergenz im quadratischen Mittel, so existiert in Ω eine Funktion f, gegen welche sie im quadratischen Mittel konvergiert.* (Anmerkung: FISCHER bezeichnet Cauchy-Folgen für die Konvergenz im quadratischen Mittel als *convergent en moyenne*.)

Im Falle $p = \infty$ ist $\mathcal{L}^\infty$ die Menge aller *messbaren* Funktionen $f : X \to \mathbb{K}$, so dass

$$\|f\|_\infty := \operatorname*{ess\,sup}_{x \in X} |f(x)| < \infty \,.$$

Für $0 < p < \infty$ gilt (1.16). Da $\mathcal{L}^p$ nur Funktionen *mit Werten in* $\mathbb{K}$ enthält, ist also $\mathcal{L}^p$ für $0 < p \le \infty$ ein $\mathbb{K}$-*Vektorraum*. Soll der Skalarenkörper besonders hervorgehoben werden, so schreiben wir $\mathcal{L}^p_{\mathbb{R}}$ bzw. $\mathcal{L}^p_{\mathbb{C}}$. Für alle $f \in \mathcal{L}^p$ gilt:

$$\|f\|_p = 0 \iff f = 0 \ \mu\text{-f.ü.}$$

2.2 Satz. *Für $1 \le p \le \infty$ ist $\mathcal{L}^p$ ein halbnormierter Vektorraum bez. $\|\cdot\|_p$, und für $0 < p < 1$ ist*

$$d_p(f, g) := \|f - g\|_p^p \quad (f, g \in \mathcal{L}^p)$$

eine Halbmetrik auf $\mathcal{L}^p$.

Beweis. Alle nachzuprüfenden Bedingungen sind klar mit Ausnahme der Dreiecksungleichung. Diese folgt für $1 \le p \le \infty$ aus der Minkowskischen Ungleichung (1.14) und für $0 < p < 1$ aus (1.18). □

Insbesondere ist $\mathcal{L}^p$ auch für $0 < p < 1$ ein *topologischer Vektorraum*, d.h. bez. der durch d_p definierten Topologie sind die Addition $\mathcal{L}^p \times \mathcal{L}^p \to \mathcal{L}^p$ und die skalare Multiplikation $\mathbb{K} \times \mathcal{L}^p \to \mathcal{L}^p$ stetig.

Der topologische Raum $\mathcal{L}^p$ erfüllt nicht das Hausdorffsche Trennungsaxiom, wenn es eine nicht-leere μ-Nullmenge gibt. Dieser Übelstand lässt sich wie folgt beheben: Die Menge $\mathcal{N}$ aller messbaren Funktionen $f : X \to \mathbb{K}$ mit $f = 0$ μ-f.ü. ist ein Untervektorraum von $\mathcal{L}^p$, also ist der Quotientenraum

$$L^p := L^p(\mu) := \mathcal{L}^p / \mathcal{N} \quad (0 < p \le \infty)$$

sinnvoll. Elemente von L^p sind die Nebenklassen $F = f + \mathcal{N}$ $(f \in \mathcal{L}^p)$; zwei Funktionen $f, g \in \mathcal{L}^p$ liegen genau dann in derselben Nebenklasse, wenn sie f.ü. gleich sind. Addition und skalare Multiplikation von Elementen von L^p werden in bekannter Weise mithilfe von Vertretern der Nebenklassen erklärt; L^p ist dann ein $\mathbb{K}$-Vektorraum. Ist $F \in L^p$, so hat $\|f\|_p$ für alle Vertreter $f \in F$ denselben Wert, so dass die Definition

$$\|F\|_p := \|f\|_p \quad (f \in F)$$

sinnvoll ist, und nun gilt für $F \in L^p$:

$$\|F\|_p = 0 \iff F = 0 \,,$$

wobei wir für das Nullelement $\mathcal{N}$ von L^p einfach 0 schreiben. Daher erfüllt L^p das Hausdorffsche Trennungsaxiom.

Obgleich die Räume L^p keine Funktionen als Elemente haben, sondern Äquivalenzklassen f.ü. gleicher Funktionen, bedient man sich oft einer etwas laxen

Sprechweise und behandelt die Elemente von L^p wie Funktionen, wobei f.ü. gleiche Funktionen zu identifizieren sind. Diese Vorgehensweise läuft auf eine Auswahl eines Vertreters des betr. Elements von L^p hinaus und wird zu keinen Missverständnissen führen, da alle strukturellen Daten von L^p (Vektorraumstruktur, $\|\cdot\|_p$, Ordnungsstruktur von $L^p_{\mathbb{R}}$ etc.) mithilfe von Repräsentanten definiert werden. – Aus Satz 2.2 folgt nun unmittelbar:

2.3 Satz. *Für $1 \le p \le \infty$ ist L^p bez. $\|\cdot\|_p$ ein normierter Vektorraum, und für $0 < p < 1$ ist*

$$d_p(f,g) := \|f-g\|_p^p \quad (f,g \in L^p)$$

eine Metrik auf L^p.

2. Der Satz von Riesz-Fischer. Wesentliches Ziel dieses Abschnitts wird es sein zu zeigen, dass die Räume $\mathcal{L}^p$ und L^p *vollständig* sind.

2.4 Definition. Es seien $0 < p \le \infty$ und $f_n \in \mathcal{L}^p$ $(n \in \mathbb{N})$. Die Folge $(f_n)_{n \ge 1}$ heißt *im p-ten Mittel konvergent* gegen $f \in \mathcal{L}^p$, falls $\lim_{n \to \infty} \|f_n - f\|_p = 0$, d.h. falls $(f_n)_{n \ge 1}$ in (der Halbmetrik von) $\mathcal{L}^p$ gegen $f \in \mathcal{L}^p$ konvergiert. Die Folge $(f_n)_{n \ge 1}$ heißt eine *Cauchy-Folge in $\mathcal{L}^p$* oder eine *Cauchy-Folge für die Konvergenz im p-ten Mittel*, falls zu jedem $\varepsilon > 0$ ein $n_0(\varepsilon) \in \mathbb{N}$ existiert, so dass $\|f_m - f_n\|_p < \varepsilon$ für alle $m, n \ge n_0(\varepsilon)$. – Entsprechende Begriffe prägt man für L^p statt $\mathcal{L}^p$.

Ist $p = 2$, so spricht man auch von *Konvergenz im quadratischen Mittel* bzw. von *Cauchy-Folgen für die Konvergenz im quadratischen Mittel*. Für $p = 1$ spricht man von *Konvergenz im Mittel* bzw. von *Cauchy-Folgen für die Konvergenz im Mittel*.

Konvergiert $(f_n)_{n \ge 1}$ in $\mathcal{L}^p$ (bzw. L^p) gegen f, so ist f f.ü. eindeutig bestimmt (bzw. eindeutig bestimmt).

Offenbar ist jede im p-ten Mittel konvergente Folge eine Cauchy-Folge in $\mathcal{L}^p$ (bzw. L^p). Die Frage nach der Umkehrung dieser Implikation ist gleichbedeutend mit der Frage nach der *Vollständigkeit* von $\mathcal{L}^p$ (bzw. L^p). Eine positive Antwort gibt der Satz von Riesz-Fischer.

2.5 Satz von Riesz-Fischer (1907).[11] *Die Räume $\mathcal{L}^p$ $(0 < p \le \infty)$ sind vollständig, d.h.: Zu jeder Cauchy-Folge $(f_n)_{n \ge 1}$ in $\mathcal{L}^p$ gibt es ein $f \in \mathcal{L}^p$, so dass $\|f_n - f\|_p \to 0$ $(n \to \infty)$.*

Beweis. Es sei zunächst $1 \le p < \infty$. Es gibt eine Teilfolge $(f_{n_k})_{k \ge 1}$ von $(f_n)_{n \ge 1}$, so dass $\|f_{n_k} - f_m\|_p \le 2^{-k}$ für alle $m \ge n_k, k \ge 1$. Mit $g_k := f_{n_k} - f_{n_{k+1}}$ gilt dann für alle $n \ge 1$:

$$\|\sum_{k=1}^n |g_k|\|_p \le \sum_{k=1}^n \|g_k\|_p \le \sum_{k=1}^n 2^{-k} < 1\,.$$

---

[11] F. Riesz: *Sur les systèmes orthogonaux de fonctions*, C.R. Acad. Sci., Paris 144, 615–619 (1907); E. Fischer: *Sur la convergence en moyenne*, ibid. 144, 1022–1024 (1907).

Der Satz von der monotonen Konvergenz impliziert nun $N_p\left(\sum_{k=1}^{\infty}|g_k|\right) \leq 1$, also konvergiert die Reihe $\sum_{k=1}^{\infty} g_k$ μ-f.ü. absolut. Daher konvergiert die Folge $(f_{n_1} - f_{n_k})_{k\geq 1}$ μ-f.ü. gegen eine messbare Funktion $X \to \mathbb{K}$, d.h. es gibt eine messbare Funktion $f : X \to \mathbb{K}$, so dass $f_{n_k} \to f$ $(k \to \infty)$ μ-f.ü. Wir zeigen, dass $f \in \mathcal{L}^p$ und $\|f_n - f\|_p \to 0$ $(n \to \infty)$. Dazu sei $\varepsilon > 0$. Dann gibt es ein $n_0(\varepsilon)$, so dass $\|f_l - f_m\|_p < \varepsilon$ für alle $l, m \geq n_0(\varepsilon)$. Eine Anwendung des Lemmas von FATOU auf die Folge $(|f_{n_k} - f_m|^p)_{k\geq 1}$ ergibt: Für alle $m \geq n_0(\varepsilon)$ ist

$$\int_X |f - f_m|^p \, d\mu = \int_X \varliminf_{k\to\infty} |f_{n_k} - f_m|^p \, d\mu \leq \varliminf_{k\to\infty} \int_X |f_{n_k} - f_m|^p \, d\mu \leq \varepsilon^p \,,$$

und es folgt die Behauptung für $1 \leq p < \infty$.

Im Fall $0 < p < 1$ genügt $\| \cdot \|_p^p$ der Dreiecksungleichung, und die obigen Schlüsse liefern bei Ersetzung von $\| \cdot \|_p$ durch $\| \cdot \|_p^p$ die Behauptung.

Es seien nun $p = \infty$ und $(f_n)_{n\geq 1}$ eine Cauchy-Folge in $\mathcal{L}^\infty$. Dann ist

$$N := \bigcup_{n=1}^{\infty} \{|f_n| > \|f_n\|_\infty\} \cup \bigcup_{m,n=1}^{\infty} \{|f_m - f_n| > \|f_m - f_n\|_\infty\}$$

eine Nullmenge, und für alle $x \in N^c$ gilt

$$|f_m(x) - f_n(x)| \leq \|f_m - f_n\|_\infty \quad (m, n \in \mathbb{N}) \,.$$

Daher konvergiert $(f_n)_{n\geq 1}$ auf N^c *gleichmäßig* gegen $f := \lim_{n\to\infty} \chi_{N^c} \cdot f_n \in \mathcal{L}^\infty$. Insbesondere ist $f \in \mathcal{L}^\infty$ und $\lim_{n\to\infty} \|f_n - f\|_\infty = 0$. $\qquad\square$

Ein vollständiger normierter Vektorraum heißt ein *Banach-Raum*. Aus Satz 2.5 resultiert unmittelbar folgende Version des Satzes von RIESZ-FISCHER:

2.6 Korollar. *Für $1 \leq p \leq \infty$ ist L^p ein Banach-Raum, und für $0 < p < 1$ ist L^p ein vollständiger metrischer Raum.*

Dem obigen Beweis des Satzes von RIESZ-FISCHER entnehmen wir mit HERMANN WEYL (1885–1955) folgendes Resultat.

2.7 Korollar (H. WEYL 1909).[12] *Es sei $0 < p \leq \infty$.*
a) *Zu jeder Cauchy-Folge $(f_n)_{n\geq 1}$ in $\mathcal{L}^p$ gibt es eine Teilfolge $(f_{n_k})_{k\geq 1}$ und ein $f \in \mathcal{L}^p$, so dass $f_{n_k} \to f$ μ-f.ü.*
b) *Konvergiert die Folge $(f_n)_{n\geq 1}$ in $\mathcal{L}^p$ gegen $f \in \mathcal{L}^p$, so existiert eine Teilfolge $(f_{n_k})_{k\geq 1}$, die μ-f.ü. gegen f konvergiert.*

Beweis. a) ist im Beweis des Satzes von RIESZ-FISCHER enthalten.
b) $(f_n)_{n\geq 1}$ ist eine Cauchy-Folge in $\mathcal{L}^p$. Nach dem Beweis des Satzes von RIESZ-FISCHER gibt es ein $g \in \mathcal{L}^p$ mit $\|f_n - g\|_p \to 0$ und eine Teilfolge $(f_{n_k})_{k\geq 1}$, die μ-f.ü. gegen g konvergiert. Wegen $\|f_n - f\|_p \to 0$ ist aber $f = g$ μ-f.ü. $\qquad\square$

---

[12]H. WEYL: *Über die Konvergenz von Reihen, die nach Orthogonalfunktionen fortschreiten*, Math. Ann. 67, 225–245 (1909) (= *Gesammelte Abhandlungen I*, S. 154–174).

2.8 Beispiel. Für $p = \infty$ ist Korollar 2.7 trivial, denn Konvergenz in $\mathcal{L}^\infty$ ist äquivalent mit gleichmäßiger Konvergenz auf dem Komplement einer geeigneten Nullmenge. Ist aber $0 < p < \infty$, so braucht die Folge $(f_n)_{n \geq 1}$ in der Situation des Korollars 2.7 *nicht* punktweise f.ü. zu konvergieren, wie das folgende Beispiel lehrt: Es seien $X = [0,1], \mathfrak{A} := \mathfrak{B}_X^1, \mu = \beta_X^1$. Wir zählen die Intervalle $[0,1], [0, \frac{1}{2}], [\frac{1}{2}, 1], [0, \frac{1}{3}], [\frac{1}{3}, \frac{2}{3}], [\frac{2}{3}, 1], [0, \frac{1}{4}], \ldots$ ab zu einer Folge von Intervallen I_n $(n \geq 1)$. Dann gibt es zu jedem $x \in X$ unendlich viele $n \in \mathbb{N}$ mit $x \in I_n$ und unendlich viele $n \in \mathbb{N}$ mit $x \notin I_n$. Die Folge der Funktionen $f_n := \chi_{I_n}$ $(n \in \mathbb{N})$ divergiert daher in jedem Punkt $x \in X$. Andererseits gilt für $0 < p < \infty$

$$\|f_n\|_p^p = \int_X |f_n|^p \, d\beta^1 = \beta^1(I_n) \to 0 \quad (n \to \infty),$$

d.h. $(f_n)_{n \geq 1}$ konvergiert in jedem $\mathcal{L}^p(\mu)$ $(0 < p < \infty)$ gegen null. – Im Einklang mit Korollar 2.7 macht man sich leicht klar, dass man auf vielerlei Weisen Teilfolgen $(f_{n_k})_{k \geq 1}$ von $(f_n)_{n \geq 1}$ auswählen kann mit $f_{n_k} \to 0$ μ-f.ü.

2.9 Beispiel. Jede Cauchy-Folge $(f_n)_{n \geq 1}$ in $\mathcal{L}^p$ $(0 < p \leq \infty)$ ist *beschränkt* in dem Sinne, dass die Folge $(\|f_n\|_p)_{n \geq 1}$ in $\mathbb{R}$ beschränkt ist (s. Aufgabe 2.1). Mit Blick auf Korollar 2.7 liegt es nahe zu fragen, ob jede beschränkte Folge von Funktionen aus $\mathcal{L}^p$ eine fast überall konvergente Teilfolge hat. Die Antwort ist negativ: Es seien $(X, \mathfrak{A}, \mu)$ wie in Beispiel 2.8 und $f_n(x) := \exp(2\pi i n x)$. Dann ist $\|f_n\|_p = 1$ für alle $n \in \mathbb{N}$ und $0 < p \leq \infty$. Angenommen, es gebe eine streng monoton wachsende Folge $(n_k)_{k \geq 1}$ natürlicher Zahlen und eine (ohne Beschränkung der Allgemeinheit gleich Borel-messbare) Funktion $f : X \to \mathbb{K}$ mit $f_{n_k} \to f$ f.ü. Offenbar gilt

$$\int_X f_{n_{k+1}} \overline{f_{n_k}} \, d\beta^1 = 0 \quad \text{für alle } k \geq 1,$$

und der Satz von der majorisierten Konvergenz liefert

$$\int_X f_{n_{k+1}} \overline{f_{n_k}} \, d\beta^1 \to \int_X |f|^2 \, d\beta^1 \quad (k \to \infty).$$

Daher ist $f = 0$ f.ü. im Widerspruch zu $|f_{n_k}| = 1$.

Für $p \neq p'$ bestehen im Allgemeinen keine Inklusionsbeziehungen zwischen $\mathcal{L}^p$ und $\mathcal{L}^{p'}$, und die entsprechenden Konvergenzbegriffe sind nicht generell vergleichbar. Für $\mu(X) < \infty$ besteht aber eine Vergleichsmöglichkeit:

2.10 Satz. *Ist $0 < p < p' \leq \infty$ und $\mu(X) < \infty$, so ist $\mathcal{L}^{p'} \subset \mathcal{L}^p$ und*

$$\|f\|_p \leq \mu(X)^{1/p - 1/p'} \|f\|_{p'} \text{ für alle } f \in \mathcal{L}^{p'},$$

d.h. Konvergenz in $\mathcal{L}^{p'}$ impliziert Konvergenz in $\mathcal{L}^p$ (mit gleichem Limes).

Beweis. Der Fall $p' = \infty$ ist klar. Für $0 < p < p' < \infty$ setzen wir $r := p'/p, s := (1 - 1/r)^{-1}$ und wenden die Höldersche Ungleichung mit den Exponenten r, s

an auf die Funktionen $|f|^p, 1$, wobei $f \in \mathcal{L}^{p'}$:

$$\int_X |f|^p \, d\mu \leq \left(\int_X |f|^{pr} \, d\mu \right)^{1/r} (\mu(X))^{1/s} .$$

Es folgt: $f \in \mathcal{L}^p$ und

$$\|f\|_p \leq (\mu(X))^{1/p - 1/p'} \|f\|_{p'} .$$

$\square$

3. Die Banach-Algebra $L^1(\mathbb{R}^n, \mathfrak{B}^n, \beta^n)$. Der Banach-Raum $L^1(\mathbb{R}^n, \mathfrak{B}^n, \beta^n)$ besitzt auf natürliche Weise eine interne Multiplikation, die ihn zu einer *Banach-Algebra* macht.

2.11 Definition. Ein Banach-Raum $(V, \|\cdot\|)$ über $\mathbb{K}$ heißt eine *Banach-Algebra*, wenn eine Multiplikation $\cdot : V \times V \to V$ erklärt ist, die V zu einer $\mathbb{K}$-Algebra macht, so dass

$$\|x \cdot y\| \leq \|x\| \, \|y\| \quad (x, y \in V) .$$

Eine Banach-Algebra mit kommutativer Multiplikation heißt *kommutativ*.

2.12 Beispiel. a) Für jedes Kompaktum $X \subset \mathbb{R}^n$ ist die Menge $C(X)$ der stetigen Funktionen $f : X \to \mathbb{K}$ mit der Supremumsnorm

$$\|f\| := \sup\{|f(x)| : x \in X\}$$

und den üblichen punktweisen Verknüpfungen eine kommutative Banach-Algebra mit Einselement.
b) Die Algebra $\mathrm{Mat}\,(n, \mathbb{R})$ ist bez. der in Kap. V, §4, **1.** erklärten Norm eine Banach-Algebra mit Einselement.

Nach Kap. V, §3, **3.** liefert die Faltung für alle $f, g \in L^1(\beta^m)$ ein wohldefiniertes Element $f * g \in L^1(\beta^m)$, und die bekannten Rechenregeln besagen: $L^1(\beta^m)$ ist bez. der Faltung als Multiplikation eine kommutative $\mathbb{K}$-Algebra ohne Einselement (Korollar V.3.10). Da $L^1(\beta^m)$ nach RIESZ-FISCHER ein Banach-Raum ist, stellen wir fest:

2.13 Satz. $L^1(\mathbb{R}^m, \mathfrak{B}^m, \beta^m)$ *ist bez. der Faltung als Multiplikation eine kommutative Banach-Algebra ohne Einselement.*

Setzen wir wieder

$$\mu_m := (2\pi)^{-m/2} \beta^m ,$$

so ist für alle $f \in L^1(\mu_m)$ in natürlicher Weise die Fourier-Transformierte $\hat{f}$ und die inverse Fourier-Transformierte $\check{f}$ erklärt. Die Gleichung $(f * g)^\wedge = \hat{f}\hat{g}$ impliziert: Die Fourier-Transformation ist ein stetiger *Homomorphismus* der Banach-Algebra $L^1(\mu_m)$ in die Banach-Algebra der stetigen Funktionen $\mathbb{R}^m \to \mathbb{C}$, die im Unendlichen verschwinden (versehen mit der Supremumsnorm). Der Fouriersche Umkehrsatz nimmt für $L^1(\mu_m)$ folgende Gestalt an:

2.14 Fourierscher Umkehrsatz. *Sind $f \in L^1(\mu_m)$ und $\hat{f} \in L^1(\mu_m)$,*[13] *so gilt:*

$$f = (\hat{f})^{\vee}.$$

Insbesondere ist die Fourier-Transformation auf $L^1(\mu_m)$ injektiv. – Der Satz von PLANCHEREL lässt sich besonders durchsichtig in $L^2(\mu_m)$ aussprechen (s. Satz 2.33).

4. Der Hilbert-Raum $L^2(\mu)$. Für $f, g \in \mathcal{L}^2(\mu)$ ist $f\overline{g} \in \mathcal{L}^1(\mu)$, denn $f\overline{g}$ ist messbar und $|f\overline{g}| \le \frac{1}{2}(|f|^2 + |g|^2)$. Offenbar ist $\langle \cdot, \cdot \rangle : \mathcal{L}^2 \times \mathcal{L}^2 \to \mathbb{K}$,

$$\langle f, g \rangle := \int_X f\overline{g}\, d\mu \quad (f, g \in \mathcal{L}^2)$$

eine *positiv semidefinite hermitesche Form* auf $\mathcal{L}^2$ (d.h. es ist $\langle f, f \rangle \ge 0$, $\langle \alpha f + \beta g, h \rangle = \alpha \langle f, h \rangle + \beta \langle g, h \rangle$ und $\overline{\langle f, g \rangle} = \langle g, f \rangle$ für alle $f, g, h \in \mathcal{L}^2, \alpha, \beta \in \mathbb{K}$), und es gilt

$$\|f\|_2 = \langle f, f \rangle^{1/2} \quad (f \in \mathcal{L}^2).$$

Die Form $\langle \cdot, \cdot \rangle$ hat alle Eigenschaften eines Skalarprodukts mit Ausnahme der Definitheit, denn es ist $\langle f, f \rangle = 0$ genau dann, wenn $f = 0$ f.ü. Die Definitheit wird nun durch Übergang zu $L^2(\mu)$ hergestellt: Sind $F, G \in L^2$, so hat $\langle f, g \rangle$ für alle Vertreter f, g von F bzw. G denselben Wert, und

$$\langle F, G \rangle := \langle f, g \rangle$$

definiert ein *Skalarprodukt* auf L^2, welches vermöge

$$\|F\|_2 = \langle F, F \rangle^{1/2}$$

die *Norm* von L^2 induziert. – Ein Banach-Raum $(H, \|\cdot\|)$, auf dem ein Skalarprodukt $\langle \cdot, \cdot \rangle$ existiert, das vermöge $\|x\| = \langle x, x \rangle^{1/2}$ $(x \in H)$ die Norm von H induziert, heißt ein *Hilbert-Raum*. Zusammenfassend stellen wir fest:

2.15 Satz. *$L^2(\mu)$ ist ein Hilbert-Raum mit dem Skalarprodukt*

$$\langle f, g \rangle = \int_X f\overline{g}\, d\mu \quad (f, g \in L^2(\mu)).$$

Wählt man insbesondere μ gleich dem Zählmaß auf $I = \mathbb{N}$ oder $\mathbb{Z}$, so folgt: Der *Hilbertsche Folgenraum*

$$l^2(I) := \left\{ x \in \mathbb{K}^I : \sum_{j \in I} |x_j|^2 < \infty \right\}$$

---

[13]Genauer müsste man schreiben: $\hat{f} + \mathcal{N} \in L^1(\mu_m)$.

ist ein Hilbert-Raum mit dem Skalarprodukt

$$\langle x, y \rangle = \sum_{j \in I} x_j \overline{y}_j \quad (x, y \in l^2(I))^{14}.$$

Wir erinnern kurz an einige grundlegende Tatsachen über Hilbert-Räume: Es sei H ein Hilbert-Raum mit dem Skalarprodukt $\langle \cdot, \cdot \rangle$. Eine Familie $(e_j)_{j \in I}$ $(I \subset \mathbb{Z})^{14}$ von Elementen von H heißt ein *Orthonormalsystem*, falls $\langle e_j, e_k \rangle = \delta_{jk}$ für alle $j, k \in I$.

2.16 Satz von der besten Approximation. *Ist* $(e_j)_{1 \leq j \leq n}$ *ein Orthonormalsystem in* H, *so gibt es zu jedem* $f \in H$ *genau ein* $g \in \mathrm{Span}\,(e_1, \ldots, e_n)$ *mit*

$$\|f - g\| = \inf\{\|f - h\| : h \in \mathrm{Span}\,(e_1, \ldots, e_n)\},$$

und zwar

$$g = \sum_{j=1}^{n} \langle f, e_j \rangle \, e_j.$$

Für dieses g *gilt:*

(2.1)
$$\|f - g\|^2 = \|f\|^2 - \sum_{j=1}^{n} |\langle f, e_j \rangle|^2.$$

Beweis. Für $\lambda_1, \ldots, \lambda_n \in \mathbb{K}$ ist

$$\|f - \sum_{j=1}^{n} \lambda_j e_j\|^2 = \|f\|^2 - 2\mathrm{Re} \sum_{j=1}^{n} \overline{\lambda}_j \langle f, e_j \rangle + \sum_{j=1}^{n} |\lambda_j|^2$$

$$= \|f\|^2 - \sum_{j=1}^{n} |\langle f, e_j \rangle|^2 + \sum_{j=1}^{n} |\langle f, e_j \rangle - \lambda_j|^2.$$

$\square$

2.17 Besselsche Ungleichung. *Sind* $(e_j)_{j \in I}$ *ein Orthonormalsystem in* H *und* $f \in H$, *so konvergiert* $\sum_{j \in I} |\langle f, e_j \rangle|^2$, *und es gilt*

(2.2)
$$\sum_{j \in I} |\langle f, e_j \rangle|^2 \leq \|f\|^2.$$

Beweis: klar nach (2.1). $\square$

2.18 Korollar. *Sind* $(e_j)_{j \in I}$ *ein Orthonormalsystem in* H *und* $\lambda_j \in \mathbb{K}$ $(j \in I)$, *so gilt: Es gibt ein* $f \in H$ *mit* $\langle f, e_j \rangle = \lambda_j$ $(j \in I)$ *genau dann, wenn* $\sum_{j \in I} |\lambda_j|^2 < \infty$.

---

[14]Entsprechendes gilt für beliebige Indexmengen I.

Beweis. Die Notwendigkeit der Bedingung folgt aus (2.2). Ist umgekehrt $\sum_{j \in I} |\lambda_j|^2 < \infty$ und E eine endliche Teilmenge von I, so ist

$$\| \sum_{j \in E} \lambda_j e_j \|^2 = \sum_{j \in E} |\lambda_j|^2 \,,$$

d.h. das Cauchy-Kriterium für die Konvergenz der Reihe $\sum_{j \in I} \lambda_j e_j$ ist erfüllt. Wegen der *Vollständigkeit* von H definiert die Reihe also ein Element $f \in H$, und die Stetigkeit des Skalarprodukts impliziert $\langle f, e_j \rangle = \lambda_j \ (j \in I)$. $\qquad \square$

Ein Orthonormalsystem $(e_j)_{j \in I}$ in H heißt *vollständig*, falls Span $(e_j : j \in I)$ dicht liegt in H.

2.19 Satz. *Ist $(e_j)_{j \in I}$ ein Orthonormalsystem in H, so sind folgende Aussagen* a)–f) *äquivalent:*

a) $(e_j)_{j \in I}$ *ist vollständig.*

b) *Für jedes $f \in H$ gilt der Entwicklungssatz*

$$f = \sum_{j \in I} \langle f, e_j \rangle \, e_j \,.$$

c) *Für alle $f, g \in H$ gilt die Parsevalsche Gleichung*

$$\langle f, g \rangle = \sum_{j \in I} \langle f, e_j \rangle \, \langle e_j, g \rangle \,.$$

d) *Für alle $f \in H$ gilt die Vollständigkeitsrelation*

$$\|f\|^2 = \sum_{j \in I} |\langle f, e_j \rangle|^2 \,.$$

e) $(e_j)_{j \in I}$ *ist ein maximales Orthonormalsystem.*

f) *Ist $f \in H$ und $\langle f, e_j \rangle = 0$ für alle $j \in I$, so gilt $f = 0$.*

Beweis. a) $\Rightarrow$ b): Zu jedem $\varepsilon > 0$ gibt es eine endliche Menge $E \subset I$ und Elemente $\lambda_j \in \mathbb{K} \ (j \in E)$, so dass $\|f - \sum_{j \in E} \lambda_j e_j\| < \varepsilon$. Nach dem Satz von der besten Approximation gilt daher für jede endliche Menge J mit $E \subset J \subset I$:

$$\|f - \sum_{j \in J} \langle f, e_j \rangle \, e_j\| \le \|f - \sum_{j \in E} \lambda_j e_j\| < \varepsilon \,.$$

b) $\Rightarrow$ c): Für jede endliche Menge $E \subset I$ ist nach der Cauchy-Schwarzschen Ungleichung für das Skalarprodukt

$$| \langle f, g \rangle - \sum_{j \in E} \langle f, e_j \rangle \, \langle e_j, g \rangle | = | \langle f - \sum_{j \in E} \langle f, e_j \rangle \, e_j, g \rangle | \le \|f - \sum_{j \in E} \langle f, e_j \rangle \, e_j\| \, \|g\| \,.$$

c) $\Rightarrow$ d): klar.

d) $\Rightarrow$ a): Für jede endliche Menge $E \subset I$ ist nach (2.1)

$$\|f - \sum_{j \in E} \langle f, e_j \rangle \, e_j\|^2 = \|f\|^2 - \sum_{j \in E} |\langle f, e_j \rangle|^2 \,.$$

b) $\Rightarrow$ f): klar.

f) $\Rightarrow$ e): Ist $(e_j)_{j \in I}$ nicht maximal, so existiert ein $f \in H, \|f\| = 1$ mit $\langle f, e_j \rangle = 0$ für alle $j \in I$ im Widerspruch zu f).

e) $\Rightarrow$ b): Für jedes $f \in H$ ist $g := \sum_{j \in I} \langle f, e_j \rangle e_j \in H$, und es gilt $\langle f, e_j \rangle = \langle g, e_j \rangle$ für alle $j \in I$ (Besselsche Ungleichung 2.17 und Korollar 2.18). Gilt b) nicht, so gibt es ein $f \in H$ mit $f \neq g$. Das widerspricht e), da sich $(e_j)_{j \in I}$ um $\|f - g\|^{-1}(f - g)$ erweitern lässt. □

Ist nun $(e_j)_{j \in I}$ $(I \subset \mathbb{Z})^{14}$ ein Orthonormalsystem in $L^2(\mu)$, so liefert Korollar 2.18 die Rieszsche Version[9] des Satzes von RIESZ-FISCHER:

2.20 Satz (F. RIESZ 1907). *Ist $(e_j)_{j \in I}$ ein Orthonormalsystem in $L^2(\mu)$ und $\alpha_j \in \mathbb{K}$ $(j \in I)$, so ist $\sum_{j \in I} |\alpha_j|^2 < \infty$ die notwendige und hinreichende Bedingung dafür, dass es ein $f \in L^2(\mu)$ gibt mit $\langle f, e_j \rangle = \alpha_j$ für alle $j \in I$.*

Sind $(H_1, \langle \cdot, \cdot \rangle_1)$ und $(H_2, \langle \cdot, \cdot \rangle_2)$ zwei Hilbert-Räume, so heißt eine bijektive lineare Abbildung $\varphi : H_1 \to H_2$ mit $\langle \varphi(u), \varphi(v) \rangle_2 = \langle u, v \rangle_1$ $(u, v \in H_1)$ ein (isometrischer) *Isomorphismus*. Aus Satz 2.20 in Verbindung mit Satz 2.19 ergibt sich der folgende *Isomorphiesatz*.

2.21 Isomorphiesatz. *Ist $(e_j)_{j \in I}$ ein vollständiges Orthonormalsystem in $L^2(\mu)$, so ist die Abbildung $\varphi : l^2(I) \to L^2(\mu)$,*

$$\varphi((\alpha_j)_{j \in I}) := \sum_{j \in I} \alpha_j e_j \quad ((\alpha_j)_{j \in I} \in l^2(I))$$

ein Isomorphismus.

2.22 Vollständigkeit des trigonometrischen Systems. Wir betrachten den Maßraum $([0,1], \mathfrak{B}^1_{[0,1]}, \beta^1_{[0,1]})$ und die zugehörigen Räume $L^p([0,1])$ $(1 \le p \le \infty), \mathbb{K} := \mathbb{C}$. Es sei $e_n(t) := \exp(2\pi i n t)$ $(n \in \mathbb{Z}, t \in [0,1])$. Dann ist $e_n \in L^\infty([0,1])$, und $(e_n)_{n \in \mathbb{Z}}$ ist ein *Orthonormalsystem* in $L^2([0,1])$. Wir behaupten: *Das Orthonormalsystem $(e_n)_{n \in \mathbb{Z}}$ in $L^2([0,1])$ ist vollständig.* Zum Beweis zeigen wir eine schärfere Aussage: Für jedes $f \in L^1([0,1])$ und $n \in \mathbb{Z}$ ist der n-te *Fourier-Koeffizient*

$$\hat{f}(n) := \int_0^1 f(t) e^{-2\pi i n t}\, dt$$

und damit die *Fourier-Transformation* $^\wedge : L^1([0,1]) \to \mathbb{C}^{\mathbb{Z}}, f \mapsto (\hat{f}(n))_{n \in \mathbb{Z}}$ erklärt. Die Vollständigkeit von $(e_n)_{n \in \mathbb{Z}}$ in $L^2([0,1])$ wird bewiesen sein, wenn wir zeigen: *Die Fourier-Transformation $L^1([0,1]) \to \mathbb{C}^{\mathbb{Z}}$ ist injektiv.*

Beweis. Wir zeigen: Ist $f \in \mathcal{L}^1_{\mathbb{C}}([0,1])$ und $\hat{f} = 0$, so ist $f = 0$ f.ü. Das geschieht in zwei Schritten.

(1) Es sei zunächst $f : [0,1] \to \mathbb{C}$ stetig mit $\hat{f} = 0$. Für jedes trigonometrische Polynom, d.h. für jede (endliche) Linearkombination T der e_n $(n \in \mathbb{Z})$ gilt dann:

(2.3) $$\int_0^1 f(x) T(x)\, dx = 0 \,.$$

Wegen $\overline{e_n} = e_{-n}$ $(n \in \mathbb{Z})$ sind mit T auch $\overline{T}$ und daher auch $\operatorname{Re} T, \operatorname{Im} T$ trigonometrische Polynome. Folglich liefert (2.3) für *alle* T:

$$\int_0^1 (\operatorname{Re} f(x)) T(x)\, dx = 0, \quad \int_0^1 (\operatorname{Im} f(x)) T(x)\, dx = 0.$$

Daher können wir uns beim Beweis der Behauptung auf *reellwertige* f beschränken.

Angenommen, es sei $f \neq 0$. Dann gibt es ein $x_0 \in]0,1[$ mit $f(x_0) \neq 0$; es sei ohne Beschränkung der Allgemeinheit gleich $f(x_0) > 0$. Dann gibt es ein $\varepsilon > 0$ und ein $\delta > 0$, so dass $f(x) \geq \varepsilon$ für $0 < x_0 - \delta \leq x \leq x_0 + \delta < 1$. Wir setzen nun für $n \in \mathbb{N}$:

$$T_n(x) := (1 + \cos 2\pi(x - x_0) - \cos 2\pi\delta)^n.$$

Dann ist T_n ein trigonometrisches Polynom mit folgenden Eigenschaften:
(i) $T_n(x) \geq 0$ für $x_0 - \delta \leq x \leq x_0 + \delta$;
(ii) $T_n(x) \geq (1 + \cos \pi\delta - \cos 2\pi\delta)^n \xrightarrow[n\to\infty]{} \infty$ für $|x - x_0| \leq \delta/2$;
(iii) $|T_n(x)| \leq 1$ für $x \in [0, x_0 - \delta] \cup [x_0 + \delta, 1]$.
Daher gilt:

$$\left| \int_0^1 f(x) T_n(x)\, dx \right|$$

$$\geq \int_{x_0-\delta}^{x_0+\delta} f(x) T_n(x)\, dx - \left| \int_0^{x_0-\delta} f(x) T_n(x)\, dx + \int_{x_0+\delta}^1 f(x) T_n(x)\, dx \right|$$

$$\geq \varepsilon\delta(1 + \cos \pi\delta - \cos 2\pi\delta)^n - \int_0^1 |f(x)|\, dx \xrightarrow[n\to\infty]{} \infty$$

im Widerspruch zu (2.3). Daher ist $f = 0$.[15]

(2) Es sei nun $f \in \mathcal{L}^1_{\mathbb{C}}([0,1])$ mit $\hat{f} = 0$ und $F(x) := \int_0^x f(t)\, dt$ $(x \in [0,1])$. Dann ist $F : [0,1] \to \mathbb{K}$ stetig mit $F(1) = \hat{f}(0) = 0 = F(0)$. Mit partieller Integration (Aufgabe V.2.8 mit $g(x) = \exp(-2\pi i n x)$) folgt für alle $n \neq 0$:

$$\hat{F}(n) = \int_0^1 F(x) e^{-2\pi i n x}\, dx$$

$$= -\int_0^1 f(x) \left(-\frac{1}{2\pi i n} \right) (e^{-2\pi i n x} - 1)\, dx = \frac{1}{2\pi i n}(\hat{f}(n) - \hat{f}(0)) = 0.$$

Daher ist $h := F - \hat{F}(0)$ eine stetige Funktion mit $\hat{h} = 0$, und nach dem ersten Schritt ist $h = 0$, d.h. $F = \hat{F}(0)$. Wegen $F(0) = 0$ ist also $F = 0$, folglich $f = 0$ f.ü. (Aufgabe IV.5.8). □

2.23 Korollar. *Die Fourier-Transformation* $\wedge : L^2([0,1]) \to l^2(\mathbb{Z})$ *ist ein Isomorphismus.*

Beweis: klar nach den Sätzen 2.21, 2.22. □

2.24 Korollar. *Für jedes $f \in L^2([0,1])$ konvergiert die Reihe $\sum_{n\in\mathbb{Z}} \hat{f}(n) e_n$ im quadratischen Mittel gegen f, und es gelten die Vollständigkeitsrelation*

$$\|f\|_2^2 = \sum_{n\in\mathbb{Z}} |\hat{f}(n)|^2$$

---

[15]Dieser bemerkenswert elementare Beweis stammt von H. LEBESGUE [8], S. 37–38.

und die Parsevalsche Gleichung

$$\langle f, g \rangle = \sum_{n \in \mathbb{Z}} \hat{f}(n)\overline{\hat{g}(n)} \quad (f, g \in L^2([0,1])).$$

Beweis: klar nach Satz 2.19 und 2.22. □

Ist nun $f \in \mathcal{L}^2([0,1])$, so existiert nach Korollar 2.7 eine *Teilfolge* der Folge der Partialsummen $\sum_{|k| \le n} \hat{f}(k)e_k$ ($n \in \mathbb{N}$) der Fourier-Reihe von f, die *punktweise* f.ü. gegen f konvergiert. Nach einem tiefliegenden Satz von L. CARLESON (1928–)[16] konvergiert sogar die Folge der Teilsummen selbst punktweise f.ü. gegen f, und nach R.A. HUNT (1937–2009)[17] gilt das Entsprechende für alle Räume $L^p([0,1])$ mit $p > 1$. Dagegen hat A.N. KOLMOGOROFF schon 1926 eine Funktion aus $\mathcal{L}^1([0,1])$ konstruiert, deren Fourier-Reihe überall divergiert.[18]

5. Der Banach-Verband $L_{\mathbb{R}}^p$. Die Räume $L_{\mathbb{R}}^p$ ($0 < p \le \infty$) zum Maßraum $(X, \mathfrak{A}, \mu)$ tragen eine natürliche *Ordnungsstruktur:* Es seien $F, G \in L_{\mathbb{R}}^p$ und f, g Vertreter von F bzw. G. Dann ist die Definition

$$F \le G :\Longleftrightarrow f \le g \ \mu\text{-f.ü.}$$

sinnvoll, da unabhängig von der Auswahl der Vertreter f, g, und „$\le$" ist eine *Ordnung* auf $L_{\mathbb{R}}^p$ (d.h. reflexiv, antisymmetrisch und transitiv). – Ist allgemein V ein $\mathbb{R}$-Vektorraum und „$\le$" eine Ordnung auf V, so heißt $(V, \le)$ ein *geordneter Vektorraum*, falls gilt:
(i) Sind $x, y \in V$ und $x \le y$, so gilt $x + z \le y + z$ für alle $z \in V$.
(ii) Für alle $x \in V$ mit $x \ge 0$ und alle $\lambda \in \mathbb{R}$ mit $\lambda > 0$ gilt $\lambda x \ge 0$.
Offenbar ist $(L_{\mathbb{R}}^p, \le)$ ein *geordneter Vektorraum*.

Ein geordneter Vektorraum $(V, \le)$ heißt ein *Rieszscher Raum*, wenn zu je zwei Elementen $x, y \in V$ ein (notwendig eindeutig bestimmtes) *Supremum* $\sup(x, y) =: x \vee y \in V$ existiert. Das Element $x \vee y$ ist charakterisiert durch folgende Bedingungen:
(i) $x \le x \vee y, y \le x \vee y$.
(ii) Für alle $z \in V$ mit $x \le z$ und $y \le z$ gilt $x \vee y \le z$.
In jedem Rieszschen Raum sind

$$x^+ := x \vee 0\,, \ x^- := (-x) \vee 0\,, \ |x| := x \vee (-x)$$

erklärt, und es gelten z.B. die Rechenregeln

$$x = x^+ - x^-\,, \ |x| = x^+ + x^-\,, \ |\lambda x| = |\lambda||x|\,, \ |x + y| \le |x| + |y|$$

[16]L. CARLESON: *On convergence and growth of partial sums of Fourier series*, Acta Math. 116, 135–157 (1966).

[17]R.A. HUNT: *On the convergence of Fourier series;* in: Orthogonal expansions and their continuous analogues, Proc. Conf. Edwardsville, IL, S. 235–255, Southern Illinois Univ. Press 1968.

[18]A.N. KOLMOGOROFF: *Une série de Fourier-Lebesgue divergente partout,* C.R. Acad. Sci., Paris 183, 1327–1328 (1926).

und viele weitere. In jedem Rieszschen Raum existiert für alle $x, y \in V$ ein eindeutig bestimmtes *Infimum* $\inf(x, y) =: x \wedge y \in V$, und es gilt z.B.

$$x \wedge y = -((-x) \vee (-y)) = x - (x - y)^+ .$$

Offenbar ist $\mathcal{L}_{\mathbb{R}}^p$ mit der punktweise definierten Ordnung ein Rieszscher Raum. Auch $L_{\mathbb{R}}^p$ ist ein Rieszscher Raum: Sind $F, G \in L_{\mathbb{R}}^p$ und f, g Vertreter von F und G, so ist

$$F \vee G = \sup(f, g) + \mathcal{N} , \ F \wedge G = \inf(f, g) + \mathcal{N} , \ |F| = |f| + \mathcal{N} .$$

Ist der Banach-Raum $(V, \| \cdot \|)$ bez. der Ordnung „$\leq$" ein Rieszscher Raum und gilt für alle $x, y \in V$ mit $|x| \leq |y|$ notwendig $\|x\| \leq \|y\|$, so heißt $(V, \| \cdot \|, \leq)$ ein *Banach-Verband*. Zusammenfassend können wir folgenden Satz aussprechen:

2.25 Satz. *Für $1 \leq p \leq \infty$ ist $L_{\mathbb{R}}^p$ ein Banach-Verband.*

Ist $(V, \leq)$ ein geordneter Vektorraum und $M \subset V$, so heißt M *nach oben* (bzw. *unten) beschränkt*, wenn ein $a \in V$ existiert, so dass $v \leq a$ (bzw. $v \geq a$) für alle $v \in M$, und $(V, \leq)$ heißt *ordnungsvollständig*, wenn *jede* nicht-leere nach oben beschränkte Teilmenge von V ein *Supremum* (d.h. eine kleinste obere Schranke in V) besitzt. In einem ordnungsvollständigen geordneten Vektorraum hat jede nach unten beschränkte nicht-leere Menge $M \subset V$ ein *Infimum*.

2.26 Beispiel. Für den Maßraum $([0, 1], \mathfrak{B}_{[0,1]}^1, \beta_{[0,1]}^1)$ sind die Räume $\mathcal{L}_{\mathbb{R}}^p$ ($0 < p \leq \infty$) *nicht ordnungsvollständig* bez. ihrer natürlichen punktweise definierten Ordnung. Zum *Beweis* seien $M \subset [0, 1], M \notin \mathfrak{B}_{[0,1]}^1$ und

$$\mathcal{F} := \{ \chi_E : E \subset M , \ E \text{ endlich} \} .$$

Dann ist $\mathcal{F} \subset \mathcal{L}_{\mathbb{R}}^p$ durch $1 \in \mathcal{L}_{\mathbb{R}}^p$ nach oben beschränkt. Angenommen, es gibt ein Element $g := \sup \mathcal{F} \in \mathcal{L}_{\mathbb{R}}^p$: Dann ist $g \geq \chi_E$ für jede endliche Teilmenge $E \subset M$, also $g \geq \chi_M$. Für jedes $x \in M^c$ ist $1 - \chi_{\{x\}}$ eine obere Schranke von $\mathcal{F}$ in $\mathcal{L}_{\mathbb{R}}^p$, also ist $g \leq 1 - \chi_{\{x\}}$ für alle $x \in M^c$. Es folgt: $g \leq \chi_M$, also: $g = \chi_M$. Es ist aber $\chi_M \notin \mathcal{L}_{\mathbb{R}}^p$, denn M ist nicht messbar: Widerspruch! $\square$

2.27 Satz. a) *Für $0 < p < \infty$ ist $L_{\mathbb{R}}^p$ ordnungsvollständig. Insbesondere ist $L_{\mathbb{R}}^p$ für $1 \leq p < \infty$ ein ordnungsvollständiger Banach-Verband.*
b) *Ist μ σ-endlich, so ist $L_{\mathbb{R}}^\infty$ ein ordnungsvollständiger Banach-Verband.*

Beweis. a) Es seien $\mathcal{M} \subset L_{\mathbb{R}}^p, \mathcal{M} \neq \emptyset$ und $G \in L_{\mathbb{R}}^p$ eine obere Schranke von $\mathcal{M}$. Ist $g \in \mathcal{L}_{\mathbb{R}}^p$ ein Vertreter von G, so hat jedes $F \in \mathcal{M}$ einen Vertreter f mit $f \leq g$. Bildet man punktweise das Supremum s dieser f, so ist $s \leq g$. Ist nun $\mathcal{M}$ *abzählbar*, so ist s messbar, $s \in \mathcal{L}_{\mathbb{R}}^p$ und $s + \mathcal{N} = \sup \mathcal{M}$.

Für *überabzählbares* $\mathcal{M}$ braucht das obige s nicht messbar zu sein, und das Argument ist wie folgt zu modifizieren: Es kann ohne Beschränkung der Allgemeinheit angenommen werden, dass für alle $F \in \mathcal{M}$ gilt: $F \geq 0$. Für jede nicht-leere endliche Menge $\mathcal{E} \subset \mathcal{M}$ existiert das Supremum $\sup \mathcal{E} \in L_{\mathbb{R}}^p$. Die Menge $\{ \| \sup \mathcal{E} \|_p : \mathcal{E} \subset \mathcal{M} \text{ endlich}, \mathcal{E} \neq \emptyset \} \subset \mathbb{R}$ ist durch $\|G\|_p$ nach oben beschränkt, hat also ein Supremum $\sigma \in \mathbb{R}$. Zu jedem $n \in \mathbb{N}$ wählen wir eine nicht-leere endliche Menge $\mathcal{E}_n \subset \mathcal{M}, \mathcal{E}_n \subset \mathcal{E}_{n+1}$ $(n \in \mathbb{N})$, so dass $\|\sup \mathcal{E}_n\|_p \geq \sigma - 1/n$. Dann ist $\mathcal{A} = \bigcup_{n=1}^{\infty} \mathcal{E}_n$ eine *abzählbare* nach oben beschränkte Teilmenge von $L_{\mathbb{R}}^p$, hat also nach dem schon Bewiesenen ein Supremum $S := \sup \mathcal{A} \in L_{\mathbb{R}}^p$. Wegen $\mathcal{E}_n \uparrow \mathcal{A}$ gilt nach dem Satz von der monotonen Konvergenz: $\sigma = \|S\|_p$.

Wir zeigen: $S = \sup \mathcal{M}$. Zunächst ist klar: Ist $H \in L_{\mathbb{R}}^p$ eine obere Schranke von $\mathcal{M}$, so ist H auch eine obere Schranke von $\mathcal{A}$, also $S \leq H$. S ist auch eine obere Schranke von $\mathcal{M}$: Für alle $F \in \mathcal{M}$ gilt nach dem Satz von der monotonen Konvergenz

$$\|S\|_p \leq \|F \vee S\|_p = \sup_{n \in \mathbb{N}} \|\sup\{F\} \cup \mathcal{E}_n\|_p \leq \sigma = \|S\|_p.$$

Aus $0 \leq S \leq F \vee S$ folgt nun insgesamt $S = F \vee S$, d.h. $F \leq S$.

b) Es sei nun μ σ-endlich. Dann gibt es eine integrierbare Funktion $g : X \to]0, \infty[$. Da die Maße μ und $\nu := g \odot \mu$ dieselben Nullmengen haben, ist $L_{\mathbb{R}}^{\infty}(\mu) = L_{\mathbb{R}}^{\infty}(\nu)$, und wegen $\nu(X) < \infty$ ist $L_{\mathbb{R}}^{\infty}(\nu) \subset L_{\mathbb{R}}^1(\nu)$. Ist nun $\mathcal{M}$ eine nicht-leere nach oben beschränkte Teilmenge von $L_{\mathbb{R}}^{\infty}(\mu)$, so hat $\mathcal{M}$ nach dem schon Bewiesenen ein Supremum $\sup \mathcal{M} \in L_{\mathbb{R}}^1(\nu)$, und offenbar ist dieses Element $\sup \mathcal{M}$ das Supremum von $\mathcal{M}$ in $L_{\mathbb{R}}^{\infty}(\mu)$. □

6. Dichte Unterräume von L^p. Die im Folgenden angegebenen dichten Unterräume von $\mathcal{L}^p$ liefern vermöge der Quotientenabbildung $\mathcal{L}^p \to L^p$ dichte Unterräume von L^p.

2.28 Satz. a) *Für $0 < p < \infty$ liegt der Raum*

$$\mathcal{T}_e := \mathrm{Span}\{\chi_E : E \in \mathfrak{A}, \mu(E) < \infty\}$$

dicht in $\mathcal{L}^p$. Zu jedem $f \in \mathcal{L}^p$ und $\varepsilon > 0$ existiert ein $g \in \mathcal{T}_e$ mit $|g| \leq |f|$, so dass $\|f - g\|_p < \varepsilon$.
b) *Ist $\mathfrak{H} \subset \mathfrak{A}$ ein Halbring mit $\sigma(\mathfrak{H}) = \mathfrak{A}$ und $\mu \,|\, \mathfrak{H}$ σ-endlich, so liegt für $0 < p < \infty$ der Raum*

$$\mathrm{Span}\{\chi_A : A \in \mathfrak{H}, \mu(A) < \infty\}$$

dicht in $\mathcal{L}^p$.

Beweis. a) Offenbar ist $\mathcal{T}_e \subset \mathcal{L}^p$. – Es seien $\varepsilon > 0$ und $f \in \mathcal{L}^p, f \geq 0$. Dann existiert eine Folge von Funktionen $t_n \in \mathcal{T}^+$ mit $t_n \uparrow f$. Wegen $f \in \mathcal{L}^p$ sind alle $t_n \in \mathcal{T}_e$, und der Satz von der majorisierten Konvergenz (Majorante $|f|^p$) liefert: $\|f - t_n\|_p \to 0$. Es gibt also ein $t \in \mathcal{T}_e$ mit $0 \leq t \leq f$, so dass $\|f - t\|_p < \varepsilon$. – Ist $f \in \mathcal{L}^p$ beliebig, so wendet man die soeben bewiesene Aussage an auf $(\mathrm{Re} f)^{\pm}, (\mathrm{Im} f)^{\pm} \in \mathcal{L}^p$ anstelle von f. Bildet man mit den entsprechenden $t, u, v, w \in \mathcal{T}_e$ die Linearkombination $g := t - u + i(v - w) \in \mathcal{T}_e$, so ist $|g| \leq |f|$, und für $1 \leq p < \infty$ ist $\|f - g\|_p < 4\varepsilon$, während für $0 < p < 1$ nach (1.18) gilt $\|f - g\|_p^p < 4\varepsilon^p$.
b) Wir brauchen nur zu zeigen: Zu jedem $E \in \mathfrak{A}$ mit $\mu(E) < \infty$ und jedem $\varepsilon > 0$ gibt es disjunkte $A_1, \dots, A_n \in \mathfrak{H}$ von endlichem Maß, so dass $\|\chi_E - \chi_{\bigcup_{k=1}^n A_k}\|_p^p =$

$\mu(E \triangle \bigcup_{k=1}^n A_k) < \varepsilon$. Zur Begründung benutzen wir Fortsetzungssatz II.4.5, Gl. (II.4.9) und Korollar II.5.7 und folgern: Es gibt eine Folge disjunkter Mengen $A_k \in \mathfrak{H}$ $(k \geq 1)$ mit $E \subset \bigcup_{k=1}^\infty A_k$, so dass $\sum_{k=1}^\infty \mu(A_k) < \mu(E) + \varepsilon/2$. Für hinreichend großes n ist daher $\mu(E \triangle \bigcup_{k=1}^n A_k) < \varepsilon$. $\qquad\square$

Ein topologischer Raum heißt *separabel*, wenn er eine abzählbare dichte Teilmenge hat. – Wählt man in Satz 2.28, b) die Koeffizienten der Linearkombinationen aus $\mathbb{Q}$ (bzw. $\mathbb{Q}(i)$), so folgt:

2.29 Korollar. *Existiert ein abzählbarer Halbring $\mathfrak{H} \subset \mathfrak{A}$ mit $\sigma(\mathfrak{H}) = \mathfrak{A}$, so dass $\mu \mid \mathfrak{H}$ σ-endlich ist, so ist der Raum $\mathcal{L}^p(\mu)$ für $0 < p < \infty$ separabel.*

2.30 Korollar (F. RIESZ 1910)[19]. *Ist $0 < p < \infty$ und $I \subset \mathbb{R}^m$ ein Intervall, so ist*

$$\text{Span}\,\{\chi_J : J \in \mathfrak{I}_{\mathbb{Q}}^m, \overline{J} \subset \overset{\circ}{I}\}$$

dicht in $\mathcal{L}^p(\beta_I^m)$. Insbesondere ist $\mathcal{L}^p(\beta_I^m)$ separabel. Entsprechendes gilt für jede offene Menge $U \subset \mathbb{R}^m$ anstelle von I.

2.31 Satz. *Ist $0 < p < \infty$ und $I \subset \mathbb{R}^m$ ein Intervall, so liegen $C_c(\overset{\circ}{I})$ und $C_c^\infty(\overset{\circ}{I})$ dicht in $\mathcal{L}^p(I, \mathfrak{B}_I^m, \beta_I^m)$.*

Beweis. Die Argumentation aus dem Beweis von Satz IV.3.12 liefert zu jedem $f \in \mathcal{L}^p(\beta_I^m)$ und $\varepsilon > 0$ ein $g \in C_c(\overset{\circ}{I})$ mit $\|f - g\|_p < \varepsilon$.

Es bleibt zu zeigen, dass zu jedem $g \in C_c(\overset{\circ}{I})$ und $\varepsilon > 0$ ein $h \in C_c^\infty(\overset{\circ}{I})$ existiert mit $\|g - h\|_p < \varepsilon$: Dazu fassen wir g als Element von $C_c(\mathbb{R}^m)$ auf, wählen $k_n \in C_c^\infty(\mathbb{R}^m)$ wie im Beweis von Korollar V.3.8 und bilden $g * k_n \in C_c^\infty(\mathbb{R}^m)$. Zu $\varepsilon > 0$ wählen wir ein δ der gleichmäßigen Stetigkeit von g so klein, dass zusätzlich

$$K := \{x \in \mathbb{R}^m : d(x, \text{Tr}\, g) \leq \delta\} \subset \overset{\circ}{I}$$

und $\beta^m(K) \leq \beta^m(\text{Tr}\, g) + 1$. Für alle $n > 1/\delta$ und $x \in \mathbb{R}^m$ ist dann $\text{Tr}\, k_n \subset K_\delta(0)$ und daher

$$|g * k_n(x) - g(x)| \leq \int_{\mathbb{R}^m} |g(x - y) - g(x)| k_n(y)\, dy \leq \varepsilon\,.$$

Ferner ist K kompakt, für $n > 1/\delta$ ist $\text{Tr}\, g * k_n \subset K$ und $\|g - g * k_n\|_p \leq \varepsilon(\beta^m(K))^{1/p} \leq \varepsilon(\beta^m(\text{Tr}\, g) + 1)^{1/p}$. $\qquad\square$

Für $f : \mathbb{R}^m \to \mathbb{K}$ und $x \in \mathbb{R}^m$ sei $f_x : \mathbb{R}^m \to \mathbb{K}$, $f_x(y) := f(y - x)$.

2.32 Korollar. *Für $0 < p < \infty$ und $f \in \mathcal{L}^p(\beta^m)$ ist die Abbildung $\mathbb{R}^m \to \mathcal{L}^p(\beta^m), x \mapsto f_x$ gleichmäßig stetig.*

Beweis. Zu $\varepsilon > 0$ gibt es ein $g \in C_c(\mathbb{R}^m)$ mit $\|f - g\|_p < \varepsilon$. Sind weiter

---

[19]F. RIESZ [1], S. 451 ff.

$x, x_0 \in \mathbb{R}^m$, so folgt für $1 \leq p < \infty$:

$$\|f_x - f_{x_0}\|_p = \|f_{x-x_0} - f\|_p$$
$$\leq \|f_{x-x_0} - g_{x-x_0}\|_p + \|g_{x-x_0} - g\|_p + \|g - f\|_p$$
$$= 2\|f - g\|_p + \|g_{x-x_0} - g\|_p < 3\varepsilon,$$

falls $\|x - x_0\|$ hinreichend klein ist, denn g ist gleichmäßig stetig und hat einen kompakten Träger. – Für $0 < p < 1$ schließt man entsprechend mit $\|\cdot\|_p^p$.   □

7. Der Satz von PLANCHEREL. Wir betrachten im Folgenden die Räume L^1, L^2 in Bezug auf den Maßraum $(\mathbb{R}^m, \mathfrak{B}^m, \mu_m)$ mit $\mu_m = (2\pi)^{-m/2}\beta^m$.

2.33 Satz von PLANCHEREL. *Die Fourier-Transformation* $^\wedge : L^1 \cap L^2 \to L^2$ *lässt sich auf genau eine Weise fortsetzen zu einem isometrischen Isomorphismus* $^\wedge : L^2 \to L^2$. *Für alle* $f, g \in L^2$ *gilt dann die Parsevalsche Gleichung*

$$\int_{\mathbb{R}^m} f\overline{g} \, d\mu_m = \int_{\mathbb{R}^m} \hat{f}\overline{\hat{g}} \, d\mu_m \,.$$

Beweis. Nach Satz V.3.13 ist $^\wedge : L^1 \cap L^2 \to L^2$ eine *Isometrie*, d.h. für alle $f \in L^1 \cap L^2$ ist $\hat{f} \in L^2$ und $\|f\|_2 = \|\hat{f}\|_2$. Da $L^1 \cap L^2$ dicht liegt in L^2, brauchen wir nur noch zu zeigen, dass $M := \{\hat{f} : f \in L^1 \cap L^2\}$ dicht liegt in L^2. Wäre M nicht dicht in L^2, so gäbe es ein $h \in L^2$ und ein $\delta > 0$, so dass $\|h - \hat{f}\|_2 \geq \delta$ für alle $f \in L^1 \cap L^2$. Zu h gibt es ein $g \in C_c^\infty(\mathbb{R}^m)$ mit $\|h - g\|_2 < \delta/2$. Offenbar ist aber $\hat{g} \in L^1 \cap L^2$ (vgl. Aufgabe V.3.5, b)). Nach dem Fourierschen Umkehrsatz ist daher $g = (\hat{g})^\vee = (\check{g})^\wedge \in M$: Widerspruch!   □

2.34 Korollar. *Für jedes* $f \in L^2$ *und* $\alpha > 0$, $t \in \mathbb{R}^m$ *sind*

$$u_\alpha(t) := \int_{[-\alpha,\alpha]^m} e^{-i\langle t,x\rangle} f(x) \, d\mu_m(x), \quad v_\alpha(t) := \int_{[-\alpha,\alpha]^m} e^{i\langle t,x\rangle} \hat{f}(x) \, d\mu_m(x)$$

sinnvoll, und es gilt:

$$\lim_{\alpha \to \infty} \|u_\alpha - \hat{f}\|_2 = 0, \quad \lim_{\alpha \to \infty} \|v_\alpha - f\|_2 = 0 \,.$$

Beweis. Wegen $f \cdot \chi_{[-\alpha,\alpha]^m} \in L^1 \cap L^2$ ist $u_\alpha = (f \cdot \chi_{[-\alpha,\alpha]^m})^\wedge$ sinnvoll, und es gilt wegen der Isometrie der Fourier-Transformation:

$$\|u_\alpha - \hat{f}\|_2 = \|((\chi_{[-\alpha,\alpha]^m} - 1)f)^\wedge\|_2 = \|(\chi_{[-\alpha,\alpha]^m} - 1)f\|_2 \xrightarrow[\alpha \to \infty]{} 0 \,.$$

Die zweite Aussage folgt ebenso.   □

8. Der Satz von FATOU **über Potenzreihen.** Der Satz von RIESZ-FISCHER ist die Grundlage für den folgenden Beweis eines berühmten Satzes von FATOU über Potenzreihen.

2.35 Satz von FATOU. *Ist die Potenzreihe* $f(z) := \sum_{n=0}^{\infty} a_n z^n$ *für* $|z| < 1$ *konvergent und beschränkt, so existiert der „radiale" Limes* $\lim_{r \to 1-0} f(re^{it})$ *für* λ^1*-fast alle* $t \in [0, 2\pi]$.

Beweis. Für $0 < r < 1$ konvergiert die Potenzreihe auf dem Kreis vom Radius r gleichmäßig, also gilt:

$$\frac{1}{2\pi} \int_0^{2\pi} |f(re^{it})|^2 \, dt = \frac{1}{2\pi} \sum_{n=0}^{\infty} \bar{a}_n r^n \int_0^{2\pi} f(re^{it}) e^{-int} \, dt = \sum_{n=0}^{\infty} |a_n|^2 r^{2n}.$$

Da dieser Ausdruck in Abhängigkeit von r beschränkt ist, konvergiert $\sum_{n=0}^{\infty} |a_n|^2$. Nach dem Satz von RIESZ-FISCHER konvergiert daher die Reihe $\sum_{n=0}^{\infty} a_n e^{int}$ im quadratischen Mittel gegen eine Funktion $g \in L^2([0, 2\pi])$, also konvergiert die Reihe auch im (ersten) Mittel gegen g (Satz 2.10). Nach einem berühmten Satz von LEBESGUE[20] über Fourier-Reihen ist daher die obige Reihe λ^1-fast überall $(C, 1)$-summierbar gegen g, d.h. die Folge der arithmetischen Mittel $\sigma_n := (s_0 + \ldots + s_n)/(n+1)$ der Teilsummen $s_n(t) := \sum_{k=0}^{n} a_k e^{ikt}$ konvergiert λ^1-fast überall gegen g. Aber jede $(C, 1)$-summierbare Reihe ist Abel-summierbar mit gleichem Grenzwert,[21] d.h. es gilt

$$\lim_{r \to 1-0} \sum_{n=0}^{\infty} a_n r^n e^{int} = g(t) \text{ für } \lambda^1\text{-fast alle } t \in [0, 2\pi].$$

$\square$

9. Historische Anmerkungen. Schon 1880 stößt A. HARNACK bei seinen Untersuchungen zur Theorie der Fourier-Reihen (Math. Ann. 17, 123–132 (1880)) auf den Begriff der Konvergenz im quadratischen Mittel. Er stellt fest, dass die Folge der Fourier-Koeffizienten einer (im Riemannschen Sinn uneigentlich) quadratisch integrierbaren Funktion im Raum $l^2(\mathbb{Z})$ liegt, und er interpretiert diese Beobachtung dahin gehend, dass die Folge der Teilsummen der betr. Fourier-Reihe eine *Cauchy-Folge* für die Konvergenz im quadratischen Mittel ist. Das führt ihn zu dem wichtigen Satz: *Die Fourier-Reihe jeder quadratisch integrierbaren Funktion f konvergiert im quadratischen Mittel gegen f* (vgl. Korollar 2.24). Damit gibt er dem Begriff der „Darstellung" einer Funktion durch ihre Fourier-Reihe eine völlig neue Bedeutung. Da der Raum der im Riemannschen Sinn uneigentlich quadratisch integrierbaren Funktionen aber *unvollständig* ist bez. der Konvergenz im quadratischen Mittel, können die Harnackschen Untersuchungen nicht zu solch einem abschließenden Resultat wie Korollar 2.23 führen. Erst der Lebesguesche Integralbegriff ermöglicht hier eine befriedigende L^2-Theorie der Fourier-Reihen.

Es ist in der Geschichte der Mathematik öfter zu beobachten, dass wichtige Sachverhalte geradezu zwangsläufig von mehreren Autoren unabhängig entdeckt werden, wenn die Zeit dazu reif ist. Ein Beispiel dafür ist die fast gleichzeitige

---

[20]LEBESGUE [8], S. 94 oder A. ZYGMUND: *Trigonometric series,* 2nd ed., Vol. I, S. 90. Cambridge University Press 1959.
[21]ZYGMUND, *loc. cit.,* S. 80.

Entdeckung des Lebesgueschen Integralbegriffs durch LEBESGUE, VITALI und YOUNG zu Beginn des 20. Jh. Besonders frappant ist die Gleichzeitigkeit der Entdeckung des Satzes von RIESZ-FISCHER, denn beide Autoren veröffentlichen den Satz im gleichen Jahr im gleichen Band der gleichen Zeitschrift *C.R. Acad. Sci., Paris* 144 (1907), und zwar F. RIESZ auf S. 615–619, E. FISCHER auf S. 1022–1024. Ausgehend von der Integralgleichungstheorie gibt F. RIESZ dem Resultat die Form des Satzes 2.20 (für das Lebesgue-Maß), während E. FISCHER das Ergebnis in der eleganten Version des Satzes 2.5 (für das Lebesgue-Maß und $p = 2$) ausspricht. FISCHER zeigt auch, dass die Rieszsche Fassung des Satzes leicht aus seiner „Vollständigkeitsversion" folgt. Wenig später beweist F. RIESZ auch die Vollständigkeit der Räume $L^p(\mu)$ (s. [1], S. 405 und S. 460). Dagegen lässt Korollar 2.24 nur eine teilweise Ausdehnung auf die Räume $L^p([0, 1])$ zu (s. F. HAUSDORFF: *Eine Ausdehnung des Parsevalschen Satzes über Fourierreihen*, Math. Z. 16, 163–169 (1923)). Implizit wird mit dem Satz von RIESZ-FISCHER auch die Frage nach dem „richtigen" Integralbegriff beantwortet, denn der Lebesguesche Integralbegriff führt in natürlicher Weise zu den *vollständigen* Funktionenräumen $\mathcal{L}^p(\mu)$, während die entsprechend mit dem Riemann-Integral definierten Räume unvollständig sind. Aus diesem Grunde haben die Arbeiten von RIESZ und FISCHER wesentlich den Weg zur allgemeinen Annahme des Lebesgueschen Integralbegriffs geebnet. – Einen kurzen Bericht aus berufener Feder über die Geschichte und die Bedeutung des Satzes von RIESZ-FISCHER findet man bei F. RIESZ [1], S. 327 f.

Der oben angegebene klassische Beweis von Satz 2.5 geht zurück auf H. WEYL.[12] Insbesondere bemerkt WEYL, dass jede Cauchy-Folge in $\mathcal{L}^2(\mu)$ eine f.ü. konvergente Teilfolge hat. Dieses Resultat spricht er in einer verschärften Form aus, auf die wir noch in Korollar 4.8 zurückkommen. – Eine vertiefte Untersuchung der historischen Entwicklung findet man bei MEDVEDEV [1] und bei KAHANE und LEMARIÉ-RIEUSSET [1].

10. Kurzbiographien von F. RIESZ **und** E. FISCHER. FRIEDRICH RIESZ (RIESZ FRIGYES) wurde am 22. Januar 1880 in Raab (damals Donaumonarchie Österreich-Ungarn, heute Györ, Ungarn) geboren. Nach dem Abitur nahm er 1897 ein Ingenieurstudium am Eidgenössischen Polytechnikum (der heutigen ETH) Zürich auf, wechselte aber bald über zum Studium der Mathematik, das er an den Universitäten Budapest und Göttingen fortsetzte und 1902 mit der Promotion in Budapest abschloss. Die auf Ungarisch verfasste Dissertation über ein Thema aus der projektiven Geometrie fand kaum Beachtung. Nach der Promotion setzte RIESZ sein Studium in Paris und in Göttingen (WS 1903/04) fort, wo er Lehrveranstaltungen von HILBERT und MINKOWSKI besuchte und später enge Freundschaft mit E. SCHMIDT und H. WEYL schloss. Der lebendige Kontakt mit Göttingen und Paris, den damaligen Zentren der aufkommenden Funktionalanalysis, mit HILBERT und seinen Schülern und LEBESGUE, FRÉCHET und HADAMARD (1865–1963) war für die späteren wissenschaftlichen Erfolge von RIESZ von größter Bedeutung. – Nach Erlangung des Lehrerdiploms war RIESZ ab 1904 in Leutschau (ungar. Löcse, heute Levoča, Slowakei) und ab 1908 in Budapest als Oberschullehrer tätig. Während dieser Zeit gelangen ihm fundamentale Entdeckungen. In Anerkennung seiner wissenschaftlichen Leistungen wurde im Jahre 1912 zum außerordentlichen, ab 1914 zum ordentlichen Professor an der Universität Klausenburg (jetzt Cluj-Napoca, Rumänien) ernannt. Nach 1918 setzte er seine Tätigkeit provisorisch in Budapest fort, bis 1920 die Universität Klausenburg nach Szeged (Ungarn) verlagert wurde. Unter schwierigen äußeren Bedingungen gelang es F. RIESZ gemeinsam mit A. HAAR (1885–1933) in Szeged ein mathematisches

Zentrum von internationalem Rang zu schaffen mit einer angesehenen wissenschaftlichen Zeitschrift, den *Acta Scientiarum Mathematicarum*. Nach einer langen Spanne fruchtbarer Arbeit in Szeged (1920–1946) folgte RIESZ einem Ruf an die Universität Budapest, wo er die letzten 10 Jahre seines Lebens verbrachte und am 28. Februar 1956 starb. Zu den zahlreichen akademischen Ehrungen, die F. RIESZ zuteilwurden, zählt die Ehrendoktorwürde der Pariser Sorbonne.

Die mathematischen Abhandlungen von F. RIESZ sind in den zwei umfangreichen Bänden seiner *Gesammelten Arbeiten* (Budapest 1960) bequem zugänglich. Seine Darstellung ist durchweg von mustergültiger Klarheit und von sicherem Blick für das Wesentliche geprägt. Seine Arbeitsgebiete umfassen Topologie, Theorie der reellen Funktionen, harmonische und subharmonische Funktionen, Funktionalanalysis, Ergodentheorie und Geometrie. Außer dem Satz von RIESZ-FISCHER sind mit seinem Namen zahlreiche Darstellungssätze von grundlegender Bedeutung verbunden. So bewies er 1909 den *Darstellungssatz von* RIESZ für stetige Linearformen auf $C([a, b])$ durch Stieltjessche Integrale. Von ihm stammt der *Darstellungssatz für stetige Linearformen* auf $L^2([a, b])$ oder einem Hilbert-Raum und der Satz von der Darstellung stetiger Linearformen auf L^p durch Elemente von L^q $(1 \leq p < \infty, 1/p + 1/q = 1)$. F. RIESZ führt 1922 den Begriff der subharmonischen Funktion ein, mit dessen Hilfe O. PERRON (1880–1975) im Jahre 1923 eine überraschend einfache Behandlung des Dirichletschen Problems gelingt, welche die Grundlage bildet für die Klassifikation der Riemannschen Flächen und den wohl einfachsten Beweis des Uniformisierungssatzes. Für subharmonische Funktionen beweist F. RIESZ einen Darstellungssatz, der besagt, dass sich jede solche Funktion lokal als logarithmisches Potential plus einer harmonischen Funktion schreiben lässt. Die Analysis verdankt F. RIESZ die Begriffe der starken und schwachen Konvergenz, der Konvergenz nach Maß und viele wichtige Konvergenzsätze (s. §§ 4, 5). In der Funktionalanalysis liefert er wichtige Beiträge zur Theorie der Integralgleichungen und zur Spektraltheorie sowohl der kompakten als auch der beschränkten oder unbeschränkten linearen Operatoren (Spektralsatz für unbeschränkte selbstadjungierte Operatoren). Die *Leçons d'analyse fonctionnelle* (Budapest 1952) von F. RIESZ und B. SZÖKEFALVI-NAGY (1913–1998) sind eine klassische Darstellung des Gebiets von bleibendem Wert. – Von bleibendem Wert ist auch der unübertroffen kurze und elegante Beweis des Riemannschen Abbildungssatzes von L. FEJÉR (1880–1959) und F. RIESZ (Acta Sci. Math. 1, 241–242 (1922/23)), der in fast allen Lehrbüchern der Funktionentheorie zu finden ist. Gemeinsam mit seinem 6 Jahre jüngeren Bruder MARCEL (1886–1969, Professor an der Universität Lund) beweist F. RIESZ 1916 den merkwürdigen tiefliegenden *Satz von* F. *und* M. RIESZ: *Ist μ ein komplexes Maß auf $[0, 2\pi]$ mit*

$$\int_0^{2\pi} e^{-int} d\mu(t) = 0 \text{ für alle ganzen } n < 0,$$

so existiert ein $f \in \mathcal{L}^1([0, 2\pi])$ mit $\mu = f \odot \lambda^1$.

ERNST FISCHER wurde am 12. Juli 1875 in Wien geboren, studierte 1894–99 Mathematik an den Universitäten Wien und Berlin, insbesondere bei F. MERTENS (1840–1927) in Wien und promovierte 1899 bei L. GEGENBAUER (1849–1903) in Wien. Nach weiteren Studien bei H. MINKOWSKI in Zürich und Göttingen wurde FISCHER 1904 Privatdozent, 1910 außerordentlicher Professor an der technischen Hochschule Brünn (tschechisch Brno) und 1911 ordentlicher Professor an der Universität Erlangen. Nach dem Kriegsdienst (1915–1918) folgte er 1920 einem Ruf an die 1919 wiedergegründete Universität zu Köln. Während der Herrschaft der Nationalsozialisten wurde ab 1937 die Entlassung des „Halbjuden" FISCHER betrieben. Der Dekan der Philosophischen Fakultät der Universität zu Köln konnte bewirken, dass FISCHER im Unterschied zu vielen seiner Kollegen nicht sofort entlassen, sondern „nur" vorzeitig in den Ruhestand versetzt wurde. FISCHER erhielt 1938 eine von HITLER ausgefertigte Urkunde, in der er von seinen amtlichen Pflichten entbunden und in der ihm „für seine akademische Wirksamkeit und die dem deutschen Volk geleisteten treuen Dienste" der Dank ausgesprochen wurde.[22] Noch 1941 erhielt er das Treuedienstabzeichen in Silber für seine Dienstzeit. Dennoch gelangte 1944 sein Name auf die Liste derer, gegen die noch in letzter Stunde die Verfolgung aufgenommen werden sollte. FISCHER konnte sich aber mit seiner Familie außerhalb Kölns für den Rest der Kriegszeit verstecken. Trotz seines vorgerückten Alters stellte er sich sofort nach Kriegsende der Universität zur Verfügung und nahm schon im WS 1945/46 seine Lehrtätigkeit an der zerstörten Alma mater wieder auf. Er hielt seine letzte Vorlesung ein Semester vor seinem Tode am 14. November 1954 in Köln. – Zu den bedeutendsten wissenschaftlichen Leistungen FISCHERs zählen seine Einführung des Begriffs der Konvergenz im quadratischen Mittel, sein Beweis der Vollständigkeit von L^2, die Minimax-Charakterisierung der Eigenwerte selbstadjungierter linearer Abbildungen (s. E. FISCHER: *Über quadratische Formen mit reellen Koeffizienten,* Monatsh. Math. Phys. 16, 234–249 (1905)) und seine Beiträge zur Algebra und Gruppentheorie. Schon früh erkannte er die Entwicklungsmöglichkeiten der modernen Algebra und übte als Hochschullehrer in seiner Erlanger Zeit auf EMMY NOETHER (1882–1935) prägenden Einfluss aus (s. A. DICK: *Emmy Noether,* 1882–1935. Boston–Basel–Stuttgart: Birkhäuser 1981).

Aufgaben. 2.1. Für jede Cauchy-Folge $(f_n)_{n\geq 1}$ in $\mathcal{L}^p$ $(0 < p \leq \infty)$ ist die Folge $(\|f_n\|_p)_{n\geq 1}$ in $\mathbb{R}$ beschränkt.

2.2. $L^\infty(\mu)$ ist eine Banach-Algebra.

2.3. Bezeichnet $\tilde{\mu}$ die Vervollständigung von μ, so sind für $0 < p \leq \infty$ die Räume $L^p(\mu)$ und $L^p(\tilde{\mu})$ (norm-)isomorph.

2.4. Es seien $0 < p, p' \leq \infty$ und $f_n \in \mathcal{L}^p(\mu) \cap \mathcal{L}^{p'}(\mu)$ $(n \geq 1)$.
a) Konvergiert $(f_n)_{n\geq 1}$ in $\mathcal{L}^p(\mu)$ gegen $f \in \mathcal{L}^p(\mu)$ und in $\mathcal{L}^{p'}(\mu)$ gegen $g \in \mathcal{L}^{p'}(\mu)$, so ist $f = g$ μ-f.ü.
b) Konvergiert $(f_n)_{n\geq 1}$ in $\mathcal{L}^p(\mu)$, so braucht $(f_n)_{n\geq 1}$ in $\mathcal{L}^{p'}(\mu)$ nicht zu konvergieren.

2.5. Folgende Bedingungen a)–c) sind äquivalent:
a) Es gibt $0 < p < p' < \infty$, so dass $L^p(\mu) \subset L^{p'}(\mu)$.
b) $\inf\{\mu(A) : A \in \mathfrak{A}, \mu(A) > 0\} > 0$.
c) Für alle $0 < p < p' < \infty$ gilt $L^p(\mu) \subset L^{p'}(\mu)$.
(Hinweise: a) $\Rightarrow$ b): Nach dem Satz vom abgeschlossenen Graphen ist die Inklusionsabbildung $L^p(\mu) \to L^{p'}(\mu)$ stetig. b) $\Rightarrow$ c): Für $f \in L^p(\mu)$ gilt $\mu(\{|f| > n\}) \to 0$, also ist f f.ü. beschränkt.)

2.6. Folgende Bedingungen sind äquivalent:
a) Es gibt $0 < p < p' < \infty$, so dass $L^p(\mu) \supset L^{p'}(\mu)$.
b) $\sup\{\mu(A) : A \in \mathfrak{A}, \mu(A) < \infty\} < \infty$.
c) Für alle $0 < p < p' < \infty$ gilt $L^p(\mu) \supset L^{p'}(\mu)$.

2.7. Es seien $1 \leq p, q \leq \infty, 1/p + 1/q = 1$, und die Folge der Funktionen $f_n \in \mathcal{L}^p$ konvergiere im p-ten Mittel gegen $f \in \mathcal{L}^p, g_n \in \mathcal{L}^q$ konvergiere im q-ten Mittel gegen $g \in \mathcal{L}^q$. Dann konvergiert $(f_n g_n)_{n\geq 1}$ im Mittel gegen $fg \in \mathcal{L}^1$.

2.8. a) Ein halbmetrischer Raum (R, d) ist *nicht separabel* genau dann, wenn eine überabzählbare Menge $A \subset R$ und ein $\varepsilon > 0$ existieren, so dass $d(x, y) \geq \varepsilon$ für alle $x, y \in A, x \neq y$. (Hinweis: Nach dem Zornschen Lemma hat das System $\mathfrak{A}_n$ aller Teilmengen $B \subset R$ mit $d(x, y) \geq 1/n$ für alle $x, y \in B, x \neq y$ ein maximales Element A_n. Betrachten Sie $\bigcup_{n=1}^\infty A_n$.)
b) Für $a, b \in \mathbb{R}^m, a < b$ ist der Raum $L^\infty(\beta_{[a,b]}^m)$ nicht separabel.

2.9. Ist f Lebesgue-integrierbar über $[a, b] \subset \mathbb{R}$, so existiert zu jedem $\varepsilon > 0$ ein $\delta > 0$, so dass

---

[22]Zitat nach F. GOLCZEWSKI: *Kölner Universitätslehrer und der Nationalsozialismus,* Köln–Wien: Böhlau Verlag 1988, S. 130–131.

für jede Zerlegung $a = x_0 < x_1 < \ldots < x_n = b$ von $[a,b]$ mit $\max\{x_k - x_{k-1} : k = 1, \ldots, n\} < \delta$ gilt:

$$\left| \int_a^b |f(t)|\, dt - \sum_{k=1}^n \left| \int_{x_{k-1}}^{x_k} f(t)\, dt \right| \right| < \varepsilon \,.$$

2.10. Ist μ nicht σ-endlich, so braucht $L^\infty_{\mathbb{R}}(\mu)$ nicht ordnungsvollständig zu sein.

2.11. Eine Menge $\mathcal{M} \subset L^p_{\mathbb{R}}$ heißt nach oben gerichtet, wenn zu allen $u, v \in \mathcal{M}$ ein $w \in \mathcal{M}$ existiert mit $w \geq u, w \geq v$. – Es seien $0 < p < \infty$ und $\mathcal{M} \subset L^p_{\mathbb{R}}$ eine nicht-leere nach oben gerichtete Menge nicht-negativer Elemente. Zeigen Sie: $\mathcal{M}$ ist nach oben beschränkt genau dann, wenn $\sup\{\|u\|_p : u \in \mathcal{M}\} < \infty$, und dann gilt $\|\sup \mathcal{M}\|_p = \sup\{\|u\|_p : u \in \mathcal{M}\}$.

2.12. Es seien $(X, \mathfrak{A}, \mu)$ und $(Y, \mathfrak{B}, \nu)$ σ-endliche Maßräume. Für $f \in L^2(\mu)$ und $g \in L^2(\nu)$ definiert $f \otimes g(x,y) := f(x)g(y)$ $(x \in X, y \in Y)$ ein Element $f \otimes g \in L^2(\mu \otimes \nu)$. Sind $(e_j)_{j \in J}$ und $(f_k)_{k \in K}$ Orthonormalsysteme in $L^2(\mu)$ bzw. $L^2(\nu)$, so ist $(e_j \otimes f_k)_{(j,k) \in J \times K}$ ein Orthonormalsystem, und sind $(e_j)_{j \in J}$ und $(f_k)_{k \in K}$ vollständig, so auch $(e_j \otimes f_k)_{(j,k) \in J \times K}$.

2.13. Die Funktion $f \in \mathcal{L}^2([0,1])$ sei stetig im Intervall $I \subset [0,1]$, und die Folge der Teilsummen $s_n := \sum_{|k| \leq n} \hat{f}(k) e_k$ $(n \in \mathbb{N})$ der Fourier-Reihe von f konvergiere auf I gleichmäßig. Dann ist $f(t) = \lim_{n \to \infty} s_n(t)$ für alle $t \in I$.

2.14. Ist $F : \mathbb{R}^m \to \mathbb{C}$ in allen Koordinaten periodisch mod 1 und über $[0,1]^m$ Lebesgue-integrierbar, so heißt

$$\hat{F}(l) := \int_{[0,1]^m} F(x) e^{-2\pi i \langle l, x \rangle}\, dx \quad (l \in \mathbb{Z}^m)$$

der l-te Fourier-Koeffizient von f. Zeigen Sie: Ist $F \in C^{2m}(\mathbb{R}^m)$ in allen Koordinaten periodisch mod 1, so gilt:

$$F(x) = \sum_{l \in \mathbb{Z}^m} \hat{F}(l) e^{2\pi i \langle l, x \rangle} \quad (x \in \mathbb{R}^m) \,,$$

wobei die Reihe absolut konvergiert.

2.15. Für $f \in \mathcal{S}(\mathbb{R}^m)$ (s. Aufgabe V.3.5) sei

$$F(x) = \sum_{k \in \mathbb{Z}^m} f(x + k) \quad (x \in \mathbb{Z}^m) \,.$$

Dann ist $F \in C^\infty(\mathbb{R}^m)$ in allen Koordinaten periodisch mod 1, und es ist $\hat{F}(l) = \hat{f}(l)$ $(l \in \mathbb{Z}^m)$, wobei (abweichend von der früheren Normierung)

$$\hat{f}(x) := \int_{\mathbb{R}^m} f(y) e^{-2\pi i \langle x, y \rangle}\, dy$$

die Fourier-Transformierte von f bezeichnet. Aufgabe 2.14 liefert:

$$\sum_{k \in \mathbb{Z}^m} f(x + k) = \sum_{l \in \mathbb{Z}^m} \hat{f}(l) e^{2\pi i \langle l, x \rangle} \quad (x \in \mathbb{R}^m) \,;$$

insbesondere gilt die *Poissonsche Summenformel*

$$\sum_{k \in \mathbb{Z}^m} f(k) = \sum_{l \in \mathbb{Z}^m} \hat{f}(l) \,.$$

Wendet man die Poissonsche Summenformel an auf $f_N(x) := f(Nx)$ $(N \in \mathbb{N})$ anstelle von f, so konvergiert die linke Seite für $N \to \infty$ gegen $f(0)$, während die rechte gegen $(\hat{f})^\vee(0)$ konvergiert, wobei $\check{f}(x) = \hat{f}(-x)$. Hieraus folgt der *Fouriersche Umkehrsatz* $f = (\hat{f})^\vee$. (Dieser kurze Beweis des Fourierschen Umkehrsatzes für schnell fallende Funktionen stammt von A. ROBERT: *A short proof of the Fourier inversion formula*, Proc. Am. Math. Soc. 59, 287–288

(1976).)

2.16. Es seien $G \subset \mathbb{C}$ offen und $0 < p < \infty$.
a) Ist $f : G \to \mathbb{C}$ holomorph und $a \in G, r > 0, \overline{K_r(a)} \subset G$, so gilt:

$$|f(a)|^p \le \frac{1}{\pi r^2} \int_{K_r(a)} |f|^p \, d\beta^2 \, .$$

(Hinweis: Die Behauptung folgt aus der Ungleichung

$$(*) \qquad\qquad |f(a)|^p \le \frac{1}{2\pi} \int_0^{2\pi} |f(a + \rho e^{it})|^p \, dt \quad \text{für } 0 \le \rho \le r \, .$$

Für $p \ge 1$ folgt $(*)$ aus der Cauchyschen Integralformel zusammen mit Satz 2.10. Schwieriger ist der Fall $0 < p < \infty$: Offenbar genügt der Beweis von $(*)$ für $a = 0, \rho = 1$. Ist f nullstellenfrei in $\overline{K_1(0)}$, so gibt es eine in $\overline{K_1(0)}$ holomorphe Fixierung von f^p, und die Cauchysche Integralformel liefert $(*)$. Eventuell vorhandene Nullstellen von f lassen sich mithilfe geeigneter Automorphismen $z \mapsto (z-a)/(1-\bar{a}z)$ $(|a| < 1, a$ fest$)$ der Einheitskreisscheibe abspalten.)
b) Die Menge H^p der holomorphen Funktionen $f : G \to \mathbb{C}$ mit

$$\|f\|_p := \left(\int_G |f|^p \, d\beta^2 \right)^{1/p} < \infty$$

ist für $p \ge 1$ ein Banach-Raum mit der Norm $\| \cdot \|_p$ und für $0 < p < 1$ ein vollständiger metrischer Raum mit der Metrik $d_p(f, g) = \|f - g\|_p^p$. (Hinweis: Nach a) konvergiert jede Cauchy-Folge in H^p auch punktweise, und zwar *gleichmäßig* auf allen kompakten Teilmengen von G.)

§3. Der Satz von JEGOROW

«*Si l'on a une suite de fonctions mesurables convergente pour tous les points d'un intervalle AB sauf, peut-être, les points d'un ensemble de mesure nulle, on pourra toujours enlever de l'intervalle AB un ensemble de mesure η aussi petite qu'on voudra et tel que pour l'ensemble complémentaire ... la suite est uniformément convergente.*»[23] (D.-TH. EGOROFF: *Sur les suites de fonctions mesurables*, C.R. Acad. Sci., Paris 152, 244–246 (1911))

1. Konvergenz μ-fast überall. Für messbare Funktionen $f_n : X \to \mathbb{K}$ sind bisher folgende „punktweisen" Konvergenzbegriffe aufgetreten: *(punktweise) Konvergenz* („überall"), *Konvergenz μ-fast überall, gleichmäßige Konvergenz, μ-fast überall gleichmäßige Konvergenz* (= gleichmäßige Konvergenz auf dem Komplement einer geeigneten Nullmenge = *Konvergenz in $\mathcal{L}^\infty(\mu)$*).

3.1 Satz. *Sind $f_n, f : X \to \mathbb{K}$ messbar, so gilt:*

---

[23]Hat man eine Folge messbarer Funktionen, die in allen Punkten eines Intervalls AB konvergiert mit Ausnahme eventuell der Punkte einer Nullmenge, so kann man stets aus dem Intervall AB eine Menge beliebig kleinen [positiven] Maßes η entfernen, so dass die Folge im Komplement dieser Menge gleichmäßig konvergiert.

a) $(f_n)_{n\geq 1}$ *konvergiert μ-f.ü. gegen f genau dann, wenn*

$$\mu\left(\bigcap_{n=1}^{\infty}\bigcup_{k=1}^{\infty}\{|f_{n+k}-f|\geq\varepsilon\}\right)=0 \quad \textit{für alle } \varepsilon>0\,.$$

b) *Ist* $\lim_{n\to\infty}\mu\left(\bigcup_{k=1}^{\infty}\{|f_{n+k}-f|\geq\varepsilon\}\right)=0$ *für alle $\varepsilon>0$, so konvergiert* $(f_n)_{n\geq 1}$ *μ-f.ü. gegen f.*

c) *Gilt $f_n\to f$ μ-f.ü. und ist $A\in\mathfrak{A},\mu(A)<\infty$, so gilt für alle $\varepsilon>0$:*

$$\lim_{n\to\infty}\mu\left(A\cap\bigcup_{k=1}^{\infty}\{|f_{n+k}-f|\geq\varepsilon\}\right)=0\,.$$

Speziell gilt für $\mu(X)<\infty$:

$$f_n\to f \ \mu\text{-f.ü.} \iff \lim_{n\to\infty}\mu\left(\bigcup_{k=1}^{\infty}\{|f_{n+k}-f|\geq\varepsilon\}\right)=0 \quad \textit{für alle } \varepsilon>0\,.$$

Beweis. a) Es gilt $f_n\to f$ μ-f.ü. genau dann, wenn $\{x\in X:\forall_{n\geq 1}\exists_{k\geq 1}\,|f_{n+k}(x)-f(x)|\geq\varepsilon\}$ für jedes $\varepsilon>0$ eine μ-Nullmenge ist.
b) ist klar nach a).
c) folgt aus a) und b) wegen der Stetigkeit des Maßes von oben. □

3.2 Beispiel. Für $\mu(X)=\infty$ ist die umgekehrte Implikation unter b) falsch: Wählt man $(X,\mathfrak{A},\mu)=(\mathbb{R},\mathfrak{B}^1,\beta^1)$, $f_n:=\chi_{[n,\infty[}$, so konvergiert $(f_n)_{n\geq 1}$ überall gegen 0, aber es ist $\mu(\{|f_n-0|\geq\varepsilon\})=\infty$ für alle $\varepsilon\in]0,1[$.

Für jeden der oben genannten Konvergenzbegriffe ist der Begriff der *Cauchy-Folge* sinnvoll. (Z.B. ist eine Folge von Funktionen $f_n:X\to\mathbb{K}$ eine *Cauchy-Folge für die Konvergenz μ-f.ü.*, wenn eine μ-Nullmenge $N\in\mathfrak{A}$ existiert, so dass $(f_n(x))_{n\geq 1}$ für alle $x\in N^c$ eine Cauchy-Folge in $\mathbb{K}$ ist.) In allen Fällen ist es richtig, dass jede Cauchy-Folge messbarer Funktionen $f_n:X\to\mathbb{K}$ gegen eine messbare Funktion $f:X\to\mathbb{K}$ konvergiert (i.S. des jeweiligen Konvergenzbegriffs). – Analog zu Satz 3.1 lassen sich Cauchy-Folgen für die Konvergenz μ-f.ü. charakterisieren.

3.3 Satz. *Die Funktionen $f_n:X\to\mathbb{K}$ seien messbar.*
a) $(f_n)_{n\geq 1}$ *ist eine Cauchy-Folge für die Konvergenz μ-f.ü. genau dann, wenn für alle $\varepsilon>0$ gilt:*

$$\mu\left(\bigcap_{n=1}^{\infty}\bigcup_{k=1}^{\infty}\{|f_{n+k}-f_n|\geq\varepsilon\}\right)=0\,.$$

b) *Ist* $\lim_{n\to\infty}\mu\left(\bigcup_{k=1}^{\infty}\{|f_{n+k}-f_n|\geq\varepsilon\}\right)=0$ *für alle $\varepsilon>0$, so ist $(f_n)_{n\geq 1}$ eine Cauchy-Folge für die Konvergenz μ-f.ü.*

c) *Sind $(f_n)_{n\geq 1}$ eine Cauchy-Folge für die Konvergenz μ-f.ü. und $A\in\mathfrak{A}$, $\mu(A)<\infty$, so gilt für alle $\varepsilon>0$:*

$$\lim_{n\to\infty}\mu\left(A\cap\bigcup_{k=1}^{\infty}\{|f_{n+k}-f_n|\geq\varepsilon\}\right)=0\,.$$

Speziell gilt für $\mu(X) < \infty$: $(f_n)_{n \geq 1}$ ist Cauchy-Folge für die Konvergenz μ-f.ü. genau dann, wenn

$$\lim_{n \to \infty} \mu \left(\bigcup_{k=1}^{\infty} \{ |f_{n+k} - f_n| \geq \varepsilon \} \right) = 0 \quad \text{für alle } \varepsilon > 0 \,.$$

2. Fast gleichmäßige Konvergenz. Eine Folge von Funktionen $f_n : X \to \mathbb{K}$ heißt *fast gleichmäßig konvergent*, wenn zu jedem $\delta > 0$ ein $A \in \mathfrak{A}$ mit $\mu(A) < \delta$ existiert, so dass die Folge $(f_n \mid A^c)_{n \geq 1}$ gleichmäßig konvergiert. Fast gleichmäßige Konvergenz bedeutet also gleichmäßige Konvergenz im Komplement geeigneter Mengen beliebig kleinen (i.Allg. positiven) Maßes. Um Verwechselungen mit der *μ-f.ü. gleichmäßigen Konvergenz* zu vermeiden, werden wir anstelle von μ-f.ü. gleichmäßiger Konvergenz im Folgenden bevorzugt von *Konvergenz in $\mathcal{L}^{\infty}(\mu)$* sprechen.

3.4 Lemma. *Konvergiert die Folge der messbaren Funktionen $f_n : X \to \mathbb{K}$ fast gleichmäßig, so gibt es eine messbare Funktion $f : X \to \mathbb{K}$, so dass $f_n \to f$ μ-f.ü.*

Beweis. Zu $\delta = 1/k$ $(k \in \mathbb{N})$ existiert eine Menge $A_k \in \mathfrak{A}$ mit $\mu(A_k) < 1/k$, so dass $(f_n \mid A_k^c)_{n \geq 1}$ gleichmäßig konvergiert. Die Menge $A := \bigcap_{k=1}^{\infty} A_k \in \mathfrak{A}$ ist eine μ-Nullmenge, und für alle $x \in A^c$ konvergiert $(f_n(x))_{n \geq 1}$ gegen die messbare Funktion $f(x) := \lim_{n \to \infty} f_n(x) \chi_{A^c}(x)$ $(x \in X)$. □

Fast gleichmäßige Konvergenz einer Folge messbarer Funktionen impliziert also die Konvergenz μ-f.ü. Der folgende Satz von DMITRI FJODOROWITSCH JEGOROW (1869–1931)[24] liefert für $\mu(X) < \infty$ die umgekehrte Implikation.

3.5 Satz von Jegorow (1911). *Ist $\mu(X) < \infty$ und konvergiert die Folge der messbaren Funktionen $f_n : X \to \mathbb{K}$ μ-fast überall gegen die messbare Funktion $f : X \to \mathbb{K}$, so konvergiert $(f_n)_{n \geq 1}$ fast gleichmäßig gegen f.*

Beweis. Nach Satz 3.1, c) gilt für alle $\varepsilon > 0$:

$$\lim_{n \to \infty} \mu \left(\bigcup_{j=n}^{\infty} \{ |f_j - f| \geq \varepsilon \} \right) = 0 \,.$$

Ist nun $\delta > 0$ fest gewählt, so existiert zu jedem $k \in \mathbb{N}$ ein $n_k \in \mathbb{N}$, so dass für

$$B_k := \bigcup_{j=n_k}^{\infty} \left\{ |f_j - f| \geq \frac{1}{k} \right\}$$

gilt: $\mu(B_k) < \delta \cdot 2^{-k}$. Die Menge $A := \bigcup_{k=1}^{\infty} B_k$ ist messbar mit $\mu(A) < \delta$, und für alle $x \in A^c, k \geq 1$ gilt $x \notin B_k$, also

$$|f_j(x) - f(x)| \leq \frac{1}{k} \quad \text{für alle } j \geq n_k \,.$$

---

[24]Betonung der Vornamen auf der ersten Silbe, beim Nachnamen auf der zweiten (mit offenem „o"). Der Name JEGOROW wird oft in der engl. Transkription „EGOROV" oder in der frz. „EGOROFF" angegeben.

Daher konvergiert $(f_n \mid A^c)_{n \geq 1}$ gleichmäßig gegen $f \mid A^c$. □

Bemerkung. Der Satz von JEGOROW gilt entsprechend, falls f und die f_n Werte in einem metrischen Raum haben (vgl. Aufgabe 4.5).

3.6 Beispiel. Für den Maßraum $([0,1[, \mathfrak{B}^1_{[0,1[}, \beta^1_{[0,1[})$ konvergiert die Folge der Funktionen $f_n(x) := x^n$ $(x \in [0,1[)$ zwar punktweise gegen 0, aber nicht gleichmäßig. Für jedes $0 < \delta < 1$ ist aber die Konvergenz auf $[0, 1-\delta]$ gleichmäßig, d.h. $(f_n)_{n \geq 1}$ konvergiert fast gleichmäßig gegen 0 (in Übereinstimmung mit dem Satz von JEGOROW).

3. Kurzbiographie von D.F. JEGOROW. DMITRI FJODOROWITSCH JEGOROW wurde am 22. Dezember 1869 in Moskau geboren. Nach dem Schulabschluss (1887) studierte er an der Universität Moskau mit glänzendem Erfolg Mathematik und erhielt aufgrund seines hervorragenden Abschlusszeugnisses (1891) ein staatliches Stipendium zur Vorbereitung auf eine Laufbahn als Hochschullehrer. Der Ernennung zum Privatdozenten (1894) und der Verteidigung der Dissertation (1901) folgte auf Vorschlag der Universität Moskau ein dreisemestriger Studienaufenthalt in Berlin, Paris und Göttingen (1902–1903); anschließend wurde JEGOROW zum Professor am Institut für reine Mathematik der Universität Moskau ernannt. Als Prorektor der Universität, Direktor des Forschungsinstituts für Mathematik und Mechanik (1921–1930), Präsident der Moskauer Mathematischen Gesellschaft (1923–1930) und korrespondierendes Mitglied der Akademie der Wissenschaften der UdSSR war JEGOROW eine der führenden Persönlichkeiten im mathematischen Leben Moskaus. Gemeinsam mit seinem Schüler N.N. LUSIN (1883–1950), der als begeisternder akademischer Lehrer eine große Anziehungskraft auf hochbegabte Studenten ausübte, war er der Begründer der berühmten Moskauer Schule der Theorie der reellen Funktionen, aus der zahlreiche der angesehensten Mathematiker der Sowjetunion hervorgingen. JEGOROW war in den klassischen akademischen Traditionen fest verankert. Nach der Revolution gelang es ihm aufgrund seines hohen Ansehens einige Zeit, „seine" Schule vor unqualifizierter politischer Einflussnahme zu schützen. Zur Zeit der stalinistischen Säuberungen nahm der politische Druck auf JEGOROW in der zweiten Hälfte der zwanziger Jahre deutlich zu. Die widerliche Kampagne kulminierte in dem öffentlichen Vorwurf der „Sabotage" in der Zeitschrift *Bolschewik* (No. 2 (1931)). Wenig später wurde JEGOROW unter dem Vorwurf der „Mitgliedschaft in einer konterrevolutionären Organisation" verhaftet; er starb am 10. September 1931 nach einem Hungerstreik in der Verbannung in Kasan.

Während seines Studienaufenthalts in Paris hörte JEGOROW die berühmte Vorlesung von LEBESGUE über Integrationstheorie, und er war einer der ersten, die die Bedeutung des Lebesgue-Integrals für die Analysis erkannten. Beeinflusst durch H. WEYL[12], der den Begriff der fast gleichmäßigen Konvergenz unter dem Namen *wesentlich-gleichmäßige Konvergenz* eingeführt hatte, bewies JEGOROW dann 1911 den mit seinem Namen verbundenen Satz. Das war der Beginn der „Moskauer Schule". Zur Historie des Satzes von JEGOROW bemerkt L. TONELLI (*Opere I*, S. 421), dass das Resultat im Wesentlichen bereits 1910 von C. SEVERINI bewiesen wurde. – Die wichtigsten weiteren mathematischen Arbeitsgebiete von JEGOROW waren Differentialgeometrie, Variationsrechnung, Theorie der Integralgleichungen und Zahlentheorie.

Aufgaben. 3.1. a) Es seien μ σ-endlich, $f, f_n : X \to \mathbb{K}$ messbar, und es gelte $f_n \to f$ μ-f.ü. Dann gibt es Mengen $A_k \in \mathfrak{A}$ $(k \in \mathbb{N})$ mit $\mu(X \setminus \bigcup_{k=1}^{\infty} A_k) = 0$, so dass für jedes $k \in \mathbb{N}$ die Folge $(f_n|A_k)_{n \geq 1}$ gleichmäßig konvergiert (N. LUSIN).
b) Aussage a) wird ohne die Voraussetzung der σ-Endlichkeit von μ falsch.

3.2. Definieren Sie den Begriff einer Cauchy-Folge für die fast gleichmäßige Konvergenz und zeigen Sie, dass jede solche Folge fast gleichmäßig konvergiert.

3.3. Sind $f, g, f_n \in \mathcal{L}^1$ und gilt $f_n \to f$ μ-f.ü., $|f_n| \leq g$ μ-f.ü., so konvergiert $(f_n)_{n\geq 1}$ fast gleichmäßig gegen f.

3.4. Es seien $\mu(X) < \infty$ und $f, f_n : X \to \mathbb{K}$ messbar. Die Folge $(f_n)_{n\geq 1}$ konvergiert fast gleichmäßig gegen f genau dann, wenn für jedes $\varepsilon > 0$ gilt:

$$\lim_{n\to\infty} \mu \left(\bigcup_{k=n}^{\infty} \{|f_k - f| \geq \varepsilon\} \right) = 0 \,.$$

3.5. Es seien $\mu(X) < \infty$ und $f_n : X \to \mathbb{K}$ messbar. Dann sind folgende Aussagen äquivalent:
a) Es gibt eine f.ü. gegen null konvergente Teilfolge $(f_{n_k})_{k\geq 1}$ von $(f_n)_{n\geq 1}$.
b) Es gibt reelle $\alpha_n \geq 0$ $(n \geq 1)$ mit $\varlimsup_{n\to\infty} \alpha_n > 0$, so dass die Reihe $\sum_{n=1}^{\infty} \alpha_n f_n$ f.ü. absolut konvergiert.

§ 4.   Konvergenz nach Maß

«Soient $f_1(x), f_2(x), \ldots, f(x)$ des fonctions mesurables, définies sur l'ensemble E; ε étant une quantité positive quelconque, nous désignons par $m(n, \varepsilon)$ la mesure d'ensemble $[|f(x) - f_n(x)| > \varepsilon]$; alors nous dirons que la suite $[f_n(x)]$ tend en mesure vers la fonction $f(x)$, si, quelque petite que soit la quantité ε, on a $\lim_{n\to\infty} m(n, \varepsilon) = 0.$»[25] (F. RIESZ [1], S. 396)

1. Konvergenz nach Maß und lokal nach Maß. Mit F. RIESZ ([1], S. 396) führen wir den Begriff der Konvergenz nach Maß wie folgt ein.

4.1 Definition. Die Funktionen $f, f_n : X \to \mathbb{K}$ $(n \in \mathbb{N})$ seien messbar. Man sagt, die Folge $(f_n)_{n\geq 1}$ *konvergiert nach Maß gegen* f, falls für jedes $\varepsilon > 0$ gilt:

$$\lim_{n\to\infty} \mu(\{|f_n - f| \geq \varepsilon\}) = 0 \,;$$

Schreibweise: $f_n \to f$ n.M. Ferner sagt man, die Folge $(f_n)_{n\geq 1}$ *konvergiert lokal nach Maß gegen* f, falls für jedes $\varepsilon > 0$ und alle $A \in \mathfrak{A}$ mit $\mu(A) < \infty$ gilt:

$$\lim_{n\to\infty} \mu(\{|f_n - f| \geq \varepsilon\} \cap A) = 0 \,;$$

Schreibweise: $f_n \to f$ lokal n.M.

Ist z.B. $(X, \mathfrak{A}, \mu) = (\mathbb{R}, \mathfrak{B}^1, \beta^1)$, so konvergiert die Folge der Funktionen $f_n := \chi_{]n,n+1[}$ lokal n.M. gegen 0, aber nicht n.M. gegen 0.

4.2 Folgerungen. Die Funktionen $f, f_n, g, g_n : X \to \mathbb{K}$ $(n \in \mathbb{N})$ seien messbar.
a) Konvergiert $(f_n)_{n\geq 1}$ nach Maß gegen f und nach Maß gegen g, so ist $f = g$ μ-f.ü. Konvergiert $(f_n)_{n\geq 1}$ lokal nach Maß gegen f und lokal nach Maß gegen g, so

---

[25]Es seien $f_1(x), f_2(x), \ldots, f(x)$ auf der Menge E definierte messbare Funktionen. Ist ε irgendeine positive Zahl, so bezeichnen wir mit $m(n, \varepsilon)$ das Maß der Menge $\{|f - f_n| > \varepsilon\}$. Dann sagen wir, dass die Folge $(f_n)_{n\geq 1}$ nach Maß gegen die Funktion f konvergiert, wenn für jedes $\varepsilon > 0$ gilt $\lim_{n\to\infty} m(n, \varepsilon) = 0$.

ist $f = g$ *lokal* μ-f.ü., d.h. für alle $A \in \mathfrak{A}$ mit $\mu(A) < \infty$ gilt $f \cdot \chi_A = g \cdot \chi_A$ μ-f.ü.
b) Aus $f_n \to f$ n.M. und $g_n \to g$ n.M. folgt $f_n + g_n \to f + g$ n.M. und $\alpha f_n \to \alpha f$
n.M. ($\alpha \in \mathbb{K}$). Entsprechendes gilt für die Konvergenz lokal n.M.

Beweis. a) Für alle $k \in \mathbb{N}$ gilt

$$\mu\left(\left\{|f - g| \geq \frac{1}{k}\right\}\right) \leq \mu\left(\left\{|f - f_n| \geq \frac{1}{2k}\right\}\right) + \mu\left(\left\{|f_n - g| \geq \frac{1}{2k}\right\}\right).$$

Da hier die rechte Seite für $n \to \infty$ gegen 0 konvergiert, ist $\{|f - g| \geq 1/k\}$ eine
Nullmenge, also ist auch $\{f \neq g\} = \bigcup_{k=1}^{\infty}\{|f - g| \geq 1/k\}$ eine Nullmenge.
b) klar wegen $\{|(f_n + g_n) - (f + g)| \geq \varepsilon\} \subset \{|f_n - f| \geq \varepsilon/2\} \cup \{|g_n - g| \geq \varepsilon/2\}$.

$\square$

4.3 Satz (F. RIESZ 1910).[26] *Es gelte* $0 < p \leq \infty$, $f, f_n \in \mathcal{L}^p$ *und* $\|f_n - f\|_p \to$
0 $(n \to \infty)$. *Dann konvergiert* $f_n \to f$ *n.M.*

Beweis. Der Fall $p = \infty$ ist klar, denn Konvergenz in $\mathcal{L}^\infty$ bedeutet gleichmäßige Konvergenz im Komplement einer Nullmenge. Für $0 < p < \infty$ folgt die
Behauptung aus

$$\mu(\{|f_n - f| \geq \varepsilon\}) \leq \int_X |(f_n - f)/\varepsilon|^p \, d\mu = \varepsilon^{-p} \|f_n - f\|_p^p \to 0.$$

$\square$

4.4 Satz. *Sind* $f, f_n : X \to \mathbb{K}$ *messbar und konvergiert* $(f_n)_{n \geq 1}$ *fast gleichmäßig
gegen* f, *so gilt* $f_n \to f$ *n.M.*

Beweis. Zu jedem $\delta > 0$ existiert ein $A \in \mathfrak{A}$ mit $\mu(A) < \delta$, so dass $(f_n \mid A^c)_{n \geq 1}$
gleichmäßig gegen $f \mid A^c$ konvergiert. Daher existiert zu jedem $\varepsilon > 0$ ein $n_0(\varepsilon) \in$
$\mathbb{N}$, so dass $\{|f_n - f| \geq \varepsilon\} \subset A$ für alle $n \geq n_0(\varepsilon)$. $\square$

4.5 Satz (H. LEBESGUE).[27] *Sind* $f, f_n : X \to \mathbb{K}$ *messbare Funktionen mit*
$f_n \to f$ μ-*f.ü., so gilt* $f_n \to f$ *lokal n.M. Ist insbesondere* $\mu(X) < \infty$, *so gilt*
$f_n \to f$ *n.M.*

Beweis: klar nach Satz 4.4 und dem Satz von JEGOROW. (Man kann auch
bequem mit Satz 3.1, c) schließen.) $\square$

Umgekehrt braucht eine n.M. konvergente Folge nicht punktweise f.ü. oder
gar fast gleichmäßig zu konvergieren: Die Folge in Beispiel 2.8 konvergiert in
$\mathcal{L}^p$, also nach Satz 4.3 auch n.M., aber sie konvergiert nicht punktweise. Wir
werden aber zeigen, dass jede n.M. konvergente Folge eine f.ü. konvergente (sogar eine fast gleichmäßig konvergente) *Teilfolge* besitzt. Der Beweis lässt sich
bequem im Rahmen einer Diskussion von Cauchy-Folgen für die Konvergenz
n.M. erbringen.

---

[26]F. RIESZ [1], S. 396.
[27]Nach F. RIESZ [1], S. 396 stammt dieser Satz von H. LEBESGUE.

2. Cauchy-Folgen für die Konvergenz nach Maß. Eine Folge messbarer Funktionen $f_n : X \to \mathbb{K}$ heißt eine *Cauchy-Folge für die Konvergenz n.M.*, falls zu jedem $\varepsilon > 0$ ein $n_0(\varepsilon) \in \mathbb{N}$ existiert, so dass für alle $m, n \geq n_0(\varepsilon)$ gilt

$$\mu(\{|f_m - f_n| \geq \varepsilon\}) < \varepsilon .$$

Offenbar ist jede Cauchy-Folge in $\mathcal{L}^p$ eine Cauchy-Folge für die Konvergenz n.M. (s. Beweis von Satz 4.3). Wegen

$$\{|f_m - f_n| \geq \varepsilon\} \subset \{|f_m - f| \geq \varepsilon/2\} \cup \{|f - f_n| \geq \varepsilon/2\}$$

ist jede nach Maß konvergente Folge eine Cauchy-Folge für die Konvergenz n.M. Die Umkehrung dieser Aussage liefert Korollar 4.10.

4.6 Satz. *Bilden die messbaren Funktionen $f_n : X \to \mathbb{K}$ eine Cauchy-Folge für die Konvergenz n.M., so gibt es eine Teilfolge $(f_{n_k})_{k\geq1}$, die fast gleichmäßig gegen eine messbare Funktion $f : X \to \mathbb{K}$ konvergiert.*

Beweis. Zu jedem $k \in \mathbb{N}$ gibt es ein $n_k \in \mathbb{N}$, so dass $n_k < n_{k+1}$ $(k \geq 1)$ und

$$\mu(\{|f_m - f_n| \geq 2^{-k}\}) \leq 2^{-k} \text{ für alle } m, n \geq n_k .$$

Es seien $A_k := \{|f_{n_{k+1}} - f_{n_k}| \geq 2^{-k}\}$, $B_l := \bigcup_{k=l}^{\infty} A_k$ und $\delta > 0$. Dann gibt es ein $m \in \mathbb{N}$ mit $\mu(B_m) < \delta$, und für alle $x \in B_m^c$ und $l > k > m$ gilt

$$|f_{n_l}(x) - f_{n_k}(x)| \leq \sum_{j=k}^{l-1} |f_{n_{j+1}}(x) - f_{n_j}(x)| \leq 2^{1-k} \leq 2^{-m} .$$

Daher konvergiert $(f_{n_k} \mid B_m^c)_{k\geq1}$ gleichmäßig, und es folgt die Behauptung. $\square$

4.7 Satz. *Konvergieren die messbaren Funktionen $f_n : X \to \mathbb{K}$ n.M. gegen die messbare Funktion $f : X \to \mathbb{K}$, so gibt es eine Teilfolge $(f_{n_k})_{k\geq1}$, die fast gleichmäßig gegen f konvergiert.*

Beweis. Nach Satz 4.6 konvergiert eine geeignete Teilfolge $(f_{n_k})_{k\geq1}$ fast gleichmäßig gegen eine messbare Funktion $g : X \to \mathbb{K}$. Da $(f_{n_k})_{k\geq1}$ auch n.M. gegen g konvergiert (Satz 4.4), ist $g = f$ f.ü. $\square$

4.8 Korollar (H. Weyl 1909).[12] *Es sei $0 < p < \infty$.*
a) *Zu jeder Cauchy-Folge $(f_n)_{n\geq1}$ in $\mathcal{L}^p$ gibt es eine Teilfolge $(f_{n_k})_{k\geq1}$ und ein $f \in \mathcal{L}^p$, so dass $(f_{n_k})_{k\geq1}$ fast gleichmäßig gegen f konvergiert.*
b) *Konvergiert $(f_n)_{n\geq1}$ in $\mathcal{L}^p$ gegen $f \in \mathcal{L}^p$, so gibt es eine Teilfolge $(f_{n_k})_{k\geq1}$, die fast gleichmäßig gegen f konvergiert.*

Beweis. a) $(f_n)_{n\geq1}$ konvergiert nach dem Satz von Riesz-Fischer gegen ein $f \in \mathcal{L}^p$, und die Sätze 4.3, 4.7 liefern a). Zugleich wird Aussage b) klar. $\square$

4.9 Korollar (F. Riesz 1910).[25] a) *Bilden die messbaren Funktionen $f_n : X \to \mathbb{K}$ eine Cauchy-Folge für die Konvergenz n.M., so gibt es eine Teilfolge*

$(f_{n_k})_{k\geq 1}$, *die μ-f.ü. gegen eine messbare Funktion $f : X \to \mathbb{K}$ konvergiert.*
b) *Konvergieren die messbaren Funktionen $f_n : X \to \mathbb{K}$ n.M. gegen die messbare Funktion $f : X \to \mathbb{K}$, so gibt es eine Teilfolge $(f_{n_k})_{k\geq 1}$, die μ-f.ü. gegen f konvergiert.*

Beweis: klar nach Satz 4.6, 4.7. □

4.10 Korollar (F. Riesz 1910).[28] *Die messbaren Funktionen $f_n : X \to \mathbb{K}$ bilden eine Cauchy-Folge für die Konvergenz nach Maß genau dann, wenn es eine messbare Funktion $f : X \to \mathbb{K}$ gibt mit $f_n \to f$ n.M.*

Beweis. Wir haben bereits bemerkt, dass jede n.M. konvergente Folge eine Cauchy-Folge für die Konvergenz nach Maß ist. – Ist umgekehrt $(f_n)_{n\geq 1}$ eine Cauchy-Folge für die Konvergenz n.M., so existiert eine Teilfolge $(f_{n_k})_{k\geq 1}$, die fast gleichmäßig gegen eine messbare Funktion $f : X \to \mathbb{K}$ konvergiert (Satz 4.6). Nach Satz 4.4 konvergiert $(f_{n_k})_{k\geq 1}$ auch n.M. gegen f. Wegen

$$\mu(\{|f_n - f| \geq \varepsilon\}) \leq \mu(\{|f_n - f_{n_k}| \geq \varepsilon/2\}) + \mu(\{|f_{n_k} - f| \geq \varepsilon/2\})$$

konvergiert daher auch $(f_n)_{n\geq 1}$ n.M. gegen f. □

3. Vergleich der Konvergenzbegriffe. Wir sammeln die wesentlichen Beziehungen zwischen den Konvergenzbegriffen in einem *Schema. Dabei gelten die Implikationen „$\Longrightarrow$" unter der Zusatzvoraussetzung $\mu(X) < \infty$.*

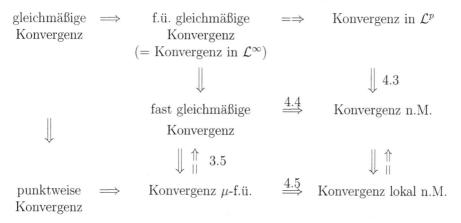

Besonders interessant sind hier noch Zusatzbedingungen, die zusammen mit der Konvergenz μ-f.ü. oder der Konvergenz (lokal) n.M. die Konvergenz in $\mathcal{L}^p$ implizieren. Zum Beispiel liefert der Satz von der majorisierten Konvergenz sofort: *Ist $0 < p < \infty$, konvergieren die Funktionen $f_n \in \mathcal{L}^p$ μ-f.ü. gegen die messbare Funktion $f : X \to \mathbb{K}$, und gibt es ein $g \in \mathcal{L}^p$ mit $|f_n| \leq g$ μ-f.ü., so gilt $f \in \mathcal{L}^p$ und $\|f_n - f\|_p \to 0$.* Weitere Aussagen dieses Typs werden wir in § 5 kennenlernen.

Die folgenden Beispiele ergänzen die Aussagen des Schemas.

---

[28]F. Riesz [1], S. 397.

4.11 Beispiele. a) *Ist* $0 < p < \infty$, $\mu(X) < \infty$, $f_n \in \mathcal{L}^p$ *und gilt* $f_n \to 0$ μ-*f.ü., so braucht* $(f_n)_{n \geq 1}$ *nicht in* $\mathcal{L}^p$ *zu konvergieren:* Wählt man $(X, \mathfrak{A}, \mu) = ([0, 1], \mathfrak{B}^1_{[0,1]}, \beta^1_{[0,1]})$, $f_n := n^{2/p} \chi_{]0, 1/n]}$, so gilt: $f_n \to 0, f_n \in \mathcal{L}^p$, aber $\|f_n\|_p^p = n$, d.h. $(f_n)_{n \geq 1}$ ist nicht einmal beschränkt in $\mathcal{L}^p$.

b) *Ist* $0 < p < \infty, f_n \in \mathcal{L}^p$ *und konvergiert* $(f_n)_{n \geq 1}$ *gleichmäßig gegen* 0, *so braucht* $(f_n)_{n \geq 1}$ *nicht in* $\mathcal{L}^p$ *zu konvergieren, falls* $\mu(X) = \infty$. Als Beispiel wählen wir $(X, \mathfrak{A}, \mu) = (\mathbb{R}, \mathfrak{B}^1, \beta^1)$ und $f_n := n^{-1} \chi_{[0, 2^n]}$. Dann konvergiert $(f_n)_{n \geq 1}$ gleichmäßig gegen 0, aber wegen $\|f_n\|_p^p = n^{-p} 2^n$ ist $(f_n)_{n \geq 1}$ nicht einmal beschränkt in $\mathcal{L}^p$.

c) *Eine n.M. konvergente Folge braucht nicht f.ü. zu konvergieren:* s. Beispiel 2.8.

d) Ist $\mu(X) = \infty$ und konvergiert $(f_n)_{n \geq 1}$ punktweise überall und nach Maß und in jedem $\mathcal{L}^p$ $(0 < p < \infty)$ gegen 0, so braucht $(f_n)_{n \geq 1}$ nicht fast gleichmäßig gegen 0 zu konvergieren: Wählt man $(X, \mathfrak{A}, \mu) = (\mathbb{R}, \mathfrak{B}^1, \beta^1)$ und $f_n := \chi_{[n, n+1/n]}$, so gilt $f_n \to 0, f_n \to 0$ n.M., $\|f_n\|_p \to 0$, aber für jedes $n \in \mathbb{N}$ und $0 < \varepsilon < 1$ ist

$$\beta^1 \left(\bigcup_{k=n}^{\infty} \{|f_k| \geq \varepsilon\} \right) = \beta^1 \left(\bigcup_{k=n}^{\infty} [k, k + 1/k] \right) = \sum_{k=n}^{\infty} 1/k = \infty.$$

4. Charakterisierung der Konvergenz n.M. und der Konvergenz lokal n.M. Die Aussage des Satzes 4.7 lässt sich zu einer Charakterisierung der Konvergenz n.M. erweitern:

4.12 Satz. *Sind* $f, f_n : X \to \mathbb{K}$ *messbar, so gilt:* $(f_n)_{n \geq 1}$ *konvergiert n.M. gegen* f *genau dann, wenn jede Teilfolge von* $(f_n)_{n \geq 1}$ *eine Teilfolge hat, die fast gleichmäßig gegen* f *konvergiert.*

Beweis. Konvergiert $(f_n)_{n \geq 1}$ n.M. gegen f, so konvergiert auch jede Teilfolge $(f_{n_k})_{k \geq 1}$ von $(f_n)_{n \geq 1}$ n.M. gegen f, hat also nach Satz 4.7 eine fast gleichmäßig gegen f konvergente Teilfolge. – Es seien umgekehrt die „Teilfolgenbedingung" erfüllt und $\varepsilon > 0$. Es gibt eine Teilfolge $g_k := f_{n_k}$ $(k \geq 1)$, so dass

$$\mu(\{|g_k - f| \geq \varepsilon\}) \xrightarrow[k \to \infty]{} \overline{\lim_{n \to \infty}} \mu(\{|f_n - f| \geq \varepsilon\}).$$

Nach Voraussetzung hat $(g_k)_{k \geq 1}$ eine Teilfolge $(g_{k_l})_{l \geq 1}$, die fast gleichmäßig gegen f konvergiert. Nach Satz 4.4 konvergiert $\mu(\{|g_{k_l} - f| \geq \varepsilon\})$ für $l \to \infty$ gegen 0, also ist $\overline{\lim_{n \to \infty}} \mu(\{|f_n - f| \geq \varepsilon\}) = 0$. $\square$

4.13 Korollar. *Sind* $f, f_n : X \to \mathbb{K}$ *messbar, so gilt: Konvergiert* $(f_n)_{n \geq 1}$ *n.M. gegen* f, *so hat jede Teilfolge von* $(f_n)_{n \geq 1}$ *eine* μ-*f.ü. gegen* f *konvergente Teilfolge. Für* $\mu(X) < \infty$ *gilt auch die umgekehrte Implikation.*

Beweis: klar nach Satz 4.12 und dem Satz von JEGOROW. $\square$

4.14 Satz. *Sind* μ σ-*endlich und* $f, f_n : X \to \mathbb{K}$ *messbar, so gilt: Konvergiert* $f_n \to f$ *lokal n.M., so hat* $(f_n)_{n \geq 1}$ *eine f.ü. gegen* f *konvergente Teilfolge.*

Beweis. Es gelte $f_n \to f$ lokal n.M. Wir wählen $A_k \in \mathfrak{A}$ mit $A_k \uparrow X, \mu(A_k) <$
∞ $(k \in \mathbb{N})$. Nach Korollar 4.13 existiert eine Teilfolge $(f_{1n})_{n\geq 1}$, so dass
$(f_{1n} \mid A_1)_{n\geq 1}$ f.ü. gegen $f \mid A_1$ konvergiert. Ebenso hat $(f_{1n})_{n\geq 1}$ eine Teilfolge
$(f_{2n})_{n\geq 1}$, so dass $(f_{2n} \mid A_2)_{n\geq 1}$ f.ü. gegen $f \mid A_2$ konvergiert usw. Die Diagonalfolge $(f_{nn})_{n\geq 1}$ aller dieser Folgen $(f_{kn})_{n\geq 1}$ $(k \in \mathbb{N})$ konvergiert f.ü. gegen f.
$\square$

4.15 Korollar. *Sind μ σ-endlich und $f, f_n : X \to \mathbb{K}$ messbar, so gilt:* $(f_n)_{n\geq 1}$
*konvergiert lokal n.M. gegen f genau dann, wenn jede Teilfolge von $(f_n)_{n\geq 1}$ eine
f.ü. gegen f konvergente Teilfolge hat.*

Beweis. Die Notwendigkeit der Teilfolgenbedingung ist klar nach Satz 4.14. Die
Umkehrung folgt aus Satz 4.12 und dem Satz von JEGOROW. $\square$

Aufgaben. 4.1. Sind $f_n, f : X \to \mathbb{K}$ messbar, konvergiert $(f_n)_{n\geq 1}$ nach Maß gegen f und
ist $(f_n)_{n\geq 1}$ eine Cauchy-Folge für die fast gleichmäßige Konvergenz, so gilt $f_n \to f$ fast
gleichmäßig.

4.2. Sind μ σ-endlich, $f_n, f, g : X \to \mathbb{K}$ messbar und gilt $f_n \to f$ lokal n.M., $f_n \to g$ lokal
n.M., so ist $f = g$ μ-f.ü.

4.3. Konvergiert die Folge der messbaren Funktionen $f_n : X \to \mathbb{K}$ lokal n.M. gegen die
messbare Funktion $f : X \to \mathbb{K}$ und ist $\varphi : \mathbb{K} \to \mathbb{K}$ stetig, so konvergiert $(\varphi \circ f_n)_{n\geq 1}$ lokal n.M.
gegen $\varphi \circ f$. Die entsprechende Aussage für die Konvergenz n.M. ist falsch.

4.4. Es sei $\mathcal{M}$ der Vektorraum der messbaren Funktionen $f : X \to \mathbb{K}$.
a) Ist $\mu(X) < \infty$, so definiert

$$d(f, g) := \int_X \frac{|f - g|}{1 + |f - g|} \, d\mu \quad (f, g \in \mathcal{M})$$

eine Halbmetrik auf $\mathcal{M}$. Eine Folge von Funktionen $f_n \in \mathcal{M}$ konvergiert genau dann nach
Maß gegen $f \in \mathcal{M}$, wenn $d(f_n, f) \to 0$. Der halbmetrische Raum $(\mathcal{M}, d)$ ist vollständig.
b) Es seien μ σ-endlich, $A_k \in \mathfrak{A}, \bigcup_{k=1}^\infty A_k = X, \mu(A_k) < \infty$ $(k \in \mathbb{N})$ und

$$d(f, g) := \sum_{k=1}^\infty \frac{2^{-k}}{\mu(A_k) + 1} \int_{A_k} \frac{|f - g|}{1 + |f - g|} \, d\mu \quad (f, g \in \mathcal{M}).$$

Dann ist d eine Halbmetrik. Eine Folge $(f_n)_{n\geq 1}$ in $\mathcal{M}$ konvergiert genau dann lokal n.M.
gegen $f \in \mathcal{M}$, wenn $d(f_n, f) \to 0$. Der halbmetrische Raum $(\mathcal{M}, d)$ ist vollständig.

4.5. Ist (R, d) ein separabler metrischer Raum, so hat die Topologie von R eine abzählbare
Basis, also gilt $\mathfrak{B}(R \times R) = \mathfrak{B}(R) \otimes \mathfrak{B}(R)$ (Satz III.5.10). Sind ferner $f, g : X \to R$ messbar, so
ist $(f, g) : (X, \mathfrak{A}) \to (R \times R, \mathfrak{B}(R) \otimes \mathfrak{B}(R))$ messbar, und die stetige Funktion $d : R \times R \to \mathbb{R}$
ist messbar bez. $\mathfrak{B}(R \times R)$. Daher ist $d \circ (f, g) : X \to \mathbb{R}$ messbar, und wir können definieren:
Eine Folge messbarer Funktionen $f_n : X \to R$ konvergiert *nach Maß* gegen die messbare
Funktion $f : X \to R$, falls für alle $\varepsilon > 0$ gilt:

$$\mu(\{d(f_n, f) \geq \varepsilon\}) \longrightarrow 0 \quad (n \to \infty).$$

Entsprechend ist der Begriff der *Konvergenz lokal n.M.* sinnvoll.
a) Konvergieren die messbaren Funktionen $f_n : X \to R$ f.ü. gegen die messbare Funktion
$f : X \to R$, so gilt $f_n \to f$ lokal n.M.

b) Konvergieren die messbaren Funktionen $f_n : X \to R$ n.M. gegen die messbare Funktion $f :$ $X \to R$, so gibt es eine fast gleichmäßig gegen f konvergente Teilfolge $(f_{n_k})_{k \geq 1}$; insbesondere existiert eine f.ü. gegen f konvergente Teilfolge.

c) Sind $f_n, f : X \to R$ messbar, so gilt: $f_n \to f$ n.M. genau dann, wenn jede Teilfolge von $(f_n)_{n \geq 1}$ eine fast gleichmäßig gegen f konvergente Teilfolge hat.

d) Sind μ σ-endlich und $f_n, f : X \to R$ messbar, so gilt: $f_n \to f$ lokal n.M. genau dann, wenn jede Teilfolge von $(f_n)_{n \geq 1}$ eine f.ü. gegen f konvergente Teilfolge hat. Wie lässt sich Aufgabe 4.3 verallgemeinern?

e) Sind μ, ν σ-endliche Maße auf $\mathfrak{A}$ mit den gleichen Nullmengen und $f_n, f : X \to R$ messbar, so konvergiert $f_n \to f$ lokal n.M. bez. μ genau dann, wenn $f_n \to f$ lokal n.M. bez. ν.

f) Es sei $\mu(X) < \infty$. Sind $f, g : X \to R$ messbar, so sei

$$\delta(f, g) := \inf\{\varepsilon \geq 0 : \mu(\{d(f, g) > \varepsilon\}) \leq \varepsilon\}.$$

Dann wird das Infimum angenommen, d.h. $\alpha := \delta(f, g)$ ist die kleinste reelle Zahl mit $\mu(\{d(f, g) > \alpha\}) \leq \alpha$. δ ist eine Halbmetrik auf der Menge $\mathcal{M}(X, R)$ der messbaren Funktionen $f : X \to R$. (Diese Halbmetrik wurde eingeführt von KY FAN (1914–2010): *Entfernung zweier zufälligen Größen und die Konvergenz nach Wahrscheinlichkeit*, Math. Z. 49, 681–683 (1944).) Eine Folge $(f_n)_{n \geq 1}$ in $\mathcal{M}(X, R)$ konvergiert genau dann nach Maß gegen $f \in \mathcal{M}(X, R)$, wenn $\delta(f_n, f) \to 0$. Ist R vollständig, so ist $(\mathcal{M}(X, R), \delta)$ ein vollständiger halbmetrischer Raum.

§ 5. Konvergenz in $\mathcal{L}^p$

"... a convergent sequence permits exchange of lim and $\int$ if it is bracketed by two sequences which permit this exchange." (J.W. PRATT: *On interchanging limits and integrals*, Ann. Math. Stat. 31, 74–77 (1960))

1. Der Satz von PRATT. Die folgende nützliche Variante des Satzes von der majorisierten Konvergenz geht für punktweise f.ü. konvergente Folgen f_n, g_n, h_n zurück auf J.W. PRATT (1931–), *loc. cit.*

5.1 Satz von Pratt (1960). *Es sei $(f_n)_{n \geq 1}$ eine Folge in $\mathcal{L}^1_{\mathbb{R}}(\mu)$, die lokal n.M. gegen die messbare Funktion $f : X \to \mathbb{R}$ konvergiert, und $\{f \neq 0\}$ sei von σ-endlichem Maß. Gibt es Funktionen $g_n, g, h_n, h \in \mathcal{L}^1_{\mathbb{R}}(\mu)$, so dass*
(i) $g_n \to g$ *lokal n.M.*, $h_n \to h$ *lokal n.M.*,
(ii) $\lim_{n \to \infty} \int_X g_n d\mu = \int_X g d\mu$, $\lim_{n \to \infty} \int_X h_n d\mu = \int_X h d\mu$,
(iii) $g_n \leq f_n \leq h_n$ μ-*f.ü.*,
so ist $f \in \mathcal{L}^1_{\mathbb{R}}(\mu)$, und es gilt:

$$\lim_{n \to \infty} \int_X f_n \, d\mu = \int_X f \, d\mu.$$

Beweis. Es gelte zunächst $f_n \to f, g_n \to g, h_n \to h$ μ-f.ü. Aus $g \leq f \leq h$ μ-f.ü.

folgt dann $f \in \mathcal{L}^1$, und das Lemma von FATOU liefert

$$\int_X f \, d\mu - \int_X g \, d\mu = \int_X \varliminf_{n \to \infty} (f_n - g_n) \, d\mu$$

$$\leq \varliminf_{n \to \infty} \left(\int_X f_n \, d\mu - \int_X g_n \, d\mu \right) = \varliminf_{n \to \infty} \int_X f_n \, d\mu - \int_X g \, d\mu \,,$$

also $\int_X f \, d\mu \leq \varliminf\limits_{n \to \infty} \int_X f_n \, d\mu$. Eine nochmalige Anwendung des Lemmas von FATOU ergibt

$$\int_X h \, d\mu - \int_X f \, d\mu = \int_X \varliminf_{n \to \infty} (h_n - f_n) \, d\mu$$

$$\leq \varliminf_{n \to \infty} \left(\int_X h_n \, d\mu - \int_X f_n \, d\mu \right) = \int_X h \, d\mu - \varlimsup_{n \to \infty} \int_X f_n \, d\mu \,,$$

d.h. $\varlimsup\limits_{n \to \infty} \int_X f_n \, d\mu \leq \int_X f \, d\mu$. Insgesamt erhalten wir: $\lim_{n\to\infty} \int_X f_n \, d\mu = \int_X f \, d\mu$.

Es gelte nun lediglich $f_n \to f, g_n \to g, h_n \to h$ *lokal n.M.* Da die integrierbaren Funktionen f_n, g_n, h_n außerhalb einer geeigneten Menge σ-endlichen Maßes (d.h. außerhalb einer abzählbaren Vereinigung von messbaren Mengen endlichen Maßes) verschwinden und da auch $\{f \neq 0\}$ von σ-endlichem Maß ist, liefert Korollar 4.15: $g \leq f \leq h$ μ-f.ü., also $f \in \mathcal{L}^1$. – Angenommen, die Behauptung ist falsch. Dann gibt es ein $\delta > 0$ und eine Teilfolge $(f_{n_k})_{k \geq 1}$, so dass

(5.1) $$\left| \int_X f_{n_k} \, d\mu - \int_X f \, d\mu \right| \geq \delta \quad \text{für alle } k \in \mathbb{N} \,.$$

Da die integrierbaren Funktionen f, f_n, g, g_n, h, h_n außerhalb einer geeigneten Menge σ-endlichen Maßes alle verschwinden, kann nach Korollar 4.15 zusätzlich angenommen werden, dass die Funktionen $f_{n_k}, g_{n_k}, h_{n_k}$ punktweise f.ü. gegen f bzw. g bzw. h konvergieren. Dann ist aber $\lim_{k \to \infty} \int_X f_{n_k} \, d\mu = \int_X f \, d\mu$ nach dem bereits Bewiesenen im Widerspruch zu (5.1). $\qquad\square$

Bemerkung. Die obige Schlussweise zur Abschwächung der Voraussetzung der Konvergenz μ-f.ü. zur Konvergenz lokal n.M. geht zurück auf F. RIESZ [1], S. 517.

5.2 Korollar (PRATT 1960). *Gilt in Satz 5.1 zusätzlich $g_n \leq 0 \leq h_n$, so gilt*

$$\lim_{n \to \infty} \int_X |f_n - f| \, d\mu = 0 \,.$$

Beweis. Offenbar gilt nach der obigen Schlussweise μ-f.ü.

$$0 \leq |f_n - f| \leq |f_n| + |f| \leq h_n - g_n + h - g \,,$$

und hier konvergiert $h_n - g_n + h - g$ lokal n.M. gegen $2h - 2g \in \mathcal{L}^1$ und

$$\int_X (h_n - g_n + h - g) \, d\mu \to \int_X (2h - 2g) \, d\mu \,.$$

Da $|f_n - f|$ lokal n.M. gegen 0 konvergiert, liefert Satz 5.1 die Behauptung. $\square$

Offenbar umfasst Korollar 5.2 die Aussage des Satzes IV.5.9 von SCHEFFÉ.

2. Konvergenz in $\mathcal{L}^p$. Der Satz von PRATT ist das wesentliche Hilfsmittel zum Beweis der folgenden Kriterien für die Konvergenz in $\mathcal{L}^p$.

5.3 Satz. *Es seien $0 < p < \infty$, $f_n \in \mathcal{L}^p_{\mathbb{K}}$, $f : X \to \mathbb{K}$ messbar; $\{f \neq 0\}$ sei von σ-endlichem Maß, und es gelte $f_n \to f$ lokal n.M. Ferner gebe es $h_n, h \in \mathcal{L}^p \cap \mathcal{M}^+$, so dass $h_n \to h$ lokal n.M., $|f_n| \leq h_n$ μ-f.ü. und $\int_X h_n^p \, d\mu \to \int_X h^p \, d\mu$. Dann gilt: $f \in \mathcal{L}^p$ und $\|f_n - f\|_p \to 0$.*

Beweis. Die Funktionen f_n, f, h_n, h verschwinden außerhalb einer geeigneten Menge σ-endlichen Maßes. Nach Satz 4.14 ist daher $|f| \leq h$ μ-f.ü., also $f \in \mathcal{L}^p$. Ferner gilt nach Korollar 4.15: $h_n^p \to h^p$ lokal n.M., und nach (1.16) gilt $|f_n - f|^p \leq 2^p(h_n^p + |f|^p)$ μ-f.ü. Daher liefert der Satz von PRATT die Behauptung. $\square$

5.4 Satz. *Es seien $0 < p < \infty$ und $f_n, f \in \mathcal{L}^p$ $(n \in \mathbb{N})$. Dann sind folgende Aussagen äquivalent:*
a) $\|f_n - f\|_p \to 0$.
b) $f_n \to f$ *lokal n.M. und* $\|f_n\|_p \to \|f\|_p$.

Beweis. a) $\Rightarrow$ b): Aus $\|f_n - f\|_p \to 0$ folgt zunächst $f_n \to f$ lokal n.M. (Satz 4.3). Ist $p \geq 1$, so folgt die zweite Aussage unter b) aus $|\, \|f_n\|_p - \|f\|_p\,| \leq \|f_n - f\|_p \to 0$. Für $0 < p < 1$ schließt man entsprechend mit $\|\cdot\|_p^p$ anstelle von $\|\cdot\|_p$ (s. (1.18)).
b) $\Rightarrow$ a): klar nach Satz 5.3 mit $h_n := |f_n|$. $\square$

5.5 Korollar (F. RIESZ 1928).[29] *Es seien $0 < p < \infty$, $f_n, f \in \mathcal{L}^p$, und es gelte $f_n \to f$ μ-f.ü. und $\|f_n\|_p \to \|f\|_p$. Dann gilt: $\|f_n - f\|_p \to 0$.*

Beweis: klar nach Satz 5.4 und Satz 4.5. $\square$

3. Der Konvergenzsatz von VITALI. Für die Funktionen $f_n \in \mathcal{L}^p$ gelte $f_n \to 0$ μ-f.ü. Wir fragen, welches Verhalten der f_n die Konvergenz $\|f_n\|_p \to 0$ verhindern kann. Nehmen die f_n auf Mengen sehr kleinen Maßes sehr große Werte an, so kann man leicht erreichen, dass $f_n \to 0$ μ-f.ü., während zugleich $\|f_n\|_p \geq 1$ für alle $n \in \mathbb{N}$ (s. Beispiel 4.11, a)). Man kann auch mühelos Funktionen konstruieren, die auf Mengen sehr großen Maßes sehr kleine Werte annehmen, so dass $f_n \to 0$ μ-f.ü. und $\|f_n\|_p \geq 1$ für alle $n \in \mathbb{N}$ (s. Beispiel 4.11, b)). Grob gesprochen besagt der Konvergenzsatz von VITALI, dass dieses die einzigen möglichen Obstruktionen sind, welche die Konvergenz $\|f_n\|_p \to 0$ verhindern können.

5.6 Konvergenzsatz von Vitali (1907).[30] *Es seien $0 < p < \infty$ und $f, f_n \in$*

---

[29]F. RIESZ [1], S. 513.
[30]G. VITALI: *Sull'integrazione per serie*, Rend. Circ. Mat. Palermo 23, 1–19 (1907) (= *Opere*, S. 237–255).

$\mathcal{L}^p$ $(n \in \mathbb{N})$. *Dann sind folgende Aussagen* a), b) *äquivalent:*

a) $(f_n)_{n \geq 1}$ *konvergiert im p-ten Mittel gegen* f.

b) (i) $f_n \to f$ *lokal n.M.*

(ii) *Zu jedem* $\varepsilon > 0$ *gibt es ein* $E \in \mathfrak{A}$ *mit* $\mu(E) < \infty$, *so dass*

$$\int_{E^c} |f_n|^p \, d\mu < \varepsilon \quad \text{für alle } n \in \mathbb{N}.$$

(iii) *Zu jedem* $\varepsilon > 0$ *gibt es ein* $\delta > 0$, *so dass für alle* $A \in \mathfrak{A}$ *mit* $\mu(A) < \delta$ *und alle* $n \in \mathbb{N}$ *gilt*

$$\int_A |f_n|^p \, d\mu < \varepsilon.$$

Eine Folge von Funktionen $f_n \in \mathcal{L}^p$ mit den Eigenschaften (ii), (iii) heißt (im p-ten Mittel) *gleichgradig integrierbar*.

Beweis. a) $\Rightarrow$ b): Bedingung (i) ist klar nach Satz 4.3. Ist $1 \leq p < \infty$ und $B \in \mathfrak{A}$, so liefert die Minkowskische Ungleichung

$$\left| \left(\int_B |f_n|^p \, d\mu \right)^{1/p} - \left(\int_B |f|^p \, d\mu \right)^{1/p} \right| = \left| \|f_n \chi_B\|_p - \|f \chi_B\|_p \right|$$
$$\leq \|(f_n - f)\chi_B\|_p \leq \|f_n - f\|_p.$$

Nach Aufgabe IV.3.7 sind damit die Bedingungen (ii), (iii) klar. – Für $0 < p < 1$ schließt man ebenso mit $\| \cdot \|_p^p$ anstelle von $\| \cdot \|_p$.

b) $\Rightarrow$ a): Es gelte zunächst $f_n \to f$ μ-f.ü. Zu vorgegebenem $\varepsilon > 0$ wählen wir $E \in \mathfrak{A}$ gemäß (ii) und $\delta > 0$ gemäß (iii). Dann gibt es nach dem Satz von JEGOROW eine messbare Menge $B \subset E$ mit $\mu(E \setminus B) < \delta$, so dass $(f_n \mid B)_{n \geq 1}$ gleichmäßig gegen $f \mid B$ konvergiert. Nun schätzen wir mit (1.16) ab:

$$(5.2) \int_X |f_n - f|^p \, d\mu$$
$$\leq 2^p \int_{E^c} (|f_n|^p + |f|^p) \, d\mu + 2^p \int_{E \setminus B} (|f_n|^p + |f|^p) \, d\mu + \int_B |f_n - f|^p \, d\mu.$$

Nach dem Lemma von FATOU ist hier

$$\int_{E^c} |f|^p \, d\mu \leq \varliminf_{n \to \infty} \int_{E^c} |f_n|^p \, d\mu \leq \varepsilon,$$
$$\int_{E \setminus B} |f|^p \, d\mu \leq \varliminf_{n \to \infty} \int_{E \setminus B} |f_n|^p \, d\mu \leq \varepsilon.$$

Die ersten beiden Terme auf der rechten Seite von (5.2) sind daher zusammen $< 2^{p+2}\varepsilon$. Da $(f_n \mid B)_{n \geq 1}$ *gleichmäßig* gegen $f \mid B$ konvergiert, ist auch der dritte Term $< \varepsilon$ für alle $n \geq n_0(\varepsilon)$, und es folgt a).

Es gelte nun lediglich $f_n \to f$ *lokal n.M.* Angenommen, es gibt ein $\delta > 0$ und eine Teilfolge $(f_{n_k})_{k \geq 1}$ mit

$$(5.3) \qquad \|f_{n_k} - f\|_p \geq \delta \quad \text{für alle } k \in \mathbb{N}.$$

Nach Satz 4.14 kann zusätzlich angenommen werden, dass $(f_{n_k})_{k \geq 1}$ f.ü. gegen f konvergiert, denn die Funktionen f, f_n verschwinden außerhalb einer Menge σ-endlichen Maßes. Nach dem oben Bewiesenen gilt dann $\|f_{n_k} - f\|_p \to 0$ $(k \to \infty)$ im Widerspruch zu (5.3). □

Bemerkung. Der Konvergenzsatz von VITALI gilt entsprechend, wenn nur vorausgesetzt wird, dass $f : X \to \mathbb{K}$ messbar ist und außerhalb einer Menge σ-endlichen Maßes verschwindet; unter a) ist dann zusätzlich $f \in \mathcal{L}^p$ zu fordern. Dagegen reicht es für die Richtung „b) ⇒ a)" nicht, f lediglich als messbar vorauszusetzen: Es gibt Maßräume, in denen Mengen $B \in \mathfrak{A}$ mit $\mu(B) = \infty$ existieren, so dass $\mu(A \cap B) = 0$ für alle $A \in \mathfrak{A}$ mit $\mu(A) < \infty$. Für $f = \chi_B, f_n = 0$ sind dann die Bedingungen b) erfüllt, nicht aber a). – Konvergiert z.B. $f_n \to f$ μ-f.ü. oder $f_n \to f$ n.M., so verschwindet f außerhalb einer Menge σ-endlichen Maßes.

4. Schwache Konvergenz in $\mathcal{L}^p$. Ist V ein Banach-Raum über $\mathbb{K}$ und V' der (Banach-)Raum der stetigen Linearformen $V \to \mathbb{K}$, so heißt eine Folge $(x_n)_{n \geq 1}$ von Vektoren aus V *schwach konvergent* gegen $x \in V$, falls $\varphi(x_n) \to \varphi(x)$ $(n \to \infty)$ für alle $\varphi \in V'$. Wir werden in Kap. VII zeigen, dass die stetigen Linearformen auf L^p $(1 < p < \infty)$ genau die Abbildungen $f \mapsto \int_X fg \, d\mu$ sind mit $g \in L^q$, wobei $1/p + 1/q = 1$; das gilt auch für $p = 1$ mit $q = \infty$, falls μ σ-endlich ist. (Für $0 < p < 1$ kommt es dagegen vor, dass 0 die einzige stetige Linearform auf $\mathcal{L}^p$ ist; s. Aufgabe 5.7.) Daher definieren wir mit F. RIESZ (s. [1], S. 457 und S. 512):

5.7 Definition. Es seien $1 \leq p < \infty, q := (1 - 1/p)^{-1}$ und $f_n, f \in \mathcal{L}^p$ (bzw. L^p). Die Folge $(f_n)_{n \geq 1}$ heißt *schwach konvergent gegen* f, wenn für alle $g \in \mathcal{L}^q$ (bzw. L^q) gilt:

$$\lim_{n \to \infty} \int_X f_n g \, d\mu = \int_X fg \, d\mu;$$

Schreibweise: $f_n \rightharpoonup f$.

Im Unterschied zur schwachen Konvergenz bezeichnet man die (Norm-)Konvergenz in $\mathcal{L}^p$ als *starke Konvergenz.*

5.8 Folgerungen. a) Konvergiert die Folge $(f_n)_{n \geq 1}$ aus $\mathcal{L}^p$ $(1 \leq p < \infty)$ schwach gegen $f \in \mathcal{L}^p$ und schwach gegen $g \in \mathcal{L}^p$, so ist $f = g$ f.ü.
b) Jede stark konvergente Folge in $\mathcal{L}^p$ $(1 \leq p < \infty)$ ist schwach konvergent mit gleichem Limes.
c) Jede schwach konvergente Folge in $\mathcal{L}^p$ $(1 \leq p < \infty)$ ist beschränkt.

Beweis. a) Die Voraussetzung liefert: $\int_X (f - g)h \, d\mu = 0$ für alle $h \in \mathcal{L}^q$. Wählt man speziell:

$$h(x) := \begin{cases} (\overline{f(x)} - \overline{g(x)})|f(x) - g(x)|^{\frac{p}{q}-1}, & \text{falls } f(x) \neq g(x), \\ 0, & \text{falls } f(x) = g(x), \end{cases}$$

so ist $h \in \mathcal{L}^q$ und $\int_X (f - g)h \, d\mu = \int_X |f - g|^p \, d\mu = 0$, also ist $f = g$ f.ü.

b) Konvergiert $(f_n)_{n \geq 1}$ in $\mathcal{L}^p$ gegen $f \in \mathcal{L}^p$, so gilt nach der Hölderschen Ungleichung für alle $g \in \mathcal{L}^q$:

$$\left| \int_X f_n g \, d\mu - \int_X f g \, d\mu \right| \leq \|f_n - f\|_p \|g\|_q \to 0 \, .$$

c) klar nach dem Satz von BANACH-STEINHAUS (Prinzip der gleichmäßigen Beschränktheit; s. HEWITT-STROMBERG [1], S. 217–218). $\qquad \square$

5.9 Satz. *Es seien* $1 < p < \infty, f, f_n \in \mathcal{L}^p$, *und die Folge* $(\|f_n\|_p)_{n \geq 1}$ *sei in* $\mathbb{R}$ *beschränkt. Konvergiert* $f_n \to f$ *lokal n.M., so konvergiert* $(f_n)_{n \geq 1}$ *schwach gegen* f.

Beweis. Wir setzen zunächst voraus, dass sogar $f_n \to f$ μ-f.ü. Es sei $M > 0$ so gewählt, dass $\|f_n\|_p \leq M$ für alle $n \in \mathbb{N}$. Dann ist nach dem Lemma von FATOU auch

$$\|f\|_p = \left(\int_X \varliminf_{n \to \infty} |f_n|^p \, d\mu \right)^{1/p} \leq \left(\varliminf_{n \to \infty} \int_X |f_n|^p \, d\mu \right)^{1/p} \leq M \, .$$

Es seien nun $q = (1 - 1/p)^{-1}, g \in \mathcal{L}^q$ und $\varepsilon > 0$. Dann existieren nach Aufgabe IV.3.7 ein $\delta > 0$, so dass

$$\left(\int_A |g|^q \, d\mu \right)^{1/q} \leq \frac{\varepsilon}{M} \quad \text{für alle } A \in \mathfrak{A} \text{ mit } \mu(A) < \delta$$

und ein $E \in \mathfrak{A}$ mit $\mu(E) < \infty$, so dass

$$\left(\int_{E^c} |g|^q \, d\mu \right)^{1/q} \leq \frac{\varepsilon}{M} \, .$$

Nach dem Satz von JEGOROW gibt es eine messbare Menge $B \subset E$ mit $\mu(E \setminus B) < \delta$, so dass $(f_n \,|\, B)_{n \geq 1}$ gleichmäßig gegen $f \,|\, B$ konvergiert. Mithilfe der Hölderschen und der Minkowskischen Ungleichung können wir nun abschätzen:

$$\left| \int_X f_n g \, d\mu - \int_X f g \, d\mu \right|$$
$$\leq \int_{E^c} |f_n - f| \, |g| \, d\mu + \int_{E \setminus B} |f_n - f| \, |g| \, d\mu + \int_B |f_n - f| \, |g| \, d\mu$$
$$\leq (\|f_n\|_p + \|f\|_p) \left(\left(\int_{E^c} |g|^q \, d\mu \right)^{1/q} + \left(\int_{E \setminus B} |g|^q \, d\mu \right)^{1/q} \right)$$
$$+ \left(\int_B |f_n - f|^p \, d\mu \right)^{1/p} \|g\|_q$$
$$\leq 2M \left(\frac{\varepsilon}{M} + \frac{\varepsilon}{M} \right) + \left(\int_B |f_n - f|^p \, d\mu \right)^{1/p} \|g\|_q \, .$$

Wegen der gleichmäßigen Konvergenz der $f_n \,|\, B$ gegen $f \,|\, B$ und $\mu(B) < \infty$ konvergiert der letzte Term für $n \to \infty$ gegen 0, und es folgt die Behauptung im Falle $f_n \to f$ μ-f.ü.

Es gelte nun lediglich $f_n \to f$ *lokal n.M.* Angenommen, die Behauptung ist falsch. Dann gibt es ein $g \in \mathcal{L}^q$, ein $\delta > 0$ und eine Teilfolge $(f_{n_k})_{k\geq 1}$, so dass

$$(5.4) \qquad \left| \int_X f_{n_k} g \, d\mu - \int_X f g \, d\mu \right| \geq \delta \quad \text{für alle } k \in \mathbb{N}.$$

Wieder kann nach Satz 4.14 gleich angenommen werden, dass $f_{n_k} \to f$ μ-f.ü., und dann gilt nach dem bereits Bewiesenen $f_{n_k} \rightharpoonup f$ im Widerspruch zu (5.4).
□

Bemerkungen. a) Satz 5.9 gilt entsprechend, wenn anstelle von „$f \in \mathcal{L}^p$" vorausgesetzt wird: $f : X \to \mathbb{K}$ ist messbar und verschwindet außerhalb einer Menge σ-endlichen Maßes.

b) Satz 5.9 gilt nicht für $p = 1$: Die Folge der Funktionen $f_n := n\chi_{]0,1/n[}$ konvergiert zwar punktweise gegen 0, $\|f_n\|_1 = 1$ für alle n, aber $(f_n)_{n\geq 1}$ konvergiert nicht schwach gegen 0 in $\mathcal{L}^1([0,1], \mathfrak{B}^1_{[0,1]}, \beta^1_{[0,1]})$, denn für $g = 1 \in \mathcal{L}^\infty$ gilt $\int_0^1 f_n g \, d\beta^1 = 1$ für alle n.

Der folgende Satz von J. RADON und F. RIESZ ist besonders im Vergleich mit Satz 5.4 von Interesse.

5.10 Satz von RADON-RIESZ.[31] *Es seien $1 < p < \infty$ und $f, f_n \in \mathcal{L}^p$ $(n \in \mathbb{N})$. Dann sind folgende Aussagen äquivalent:*
a) $\|f_n - f\|_p \to 0$ $(n \to \infty)$.
b) $(f_n)_{n\geq 1}$ *konvergiert schwach gegen f und $\|f_n\|_p \to \|f\|_p$.*

Beweis. a) $\Rightarrow$ b): klar nach Folgerung 5.8, b).
b) $\Rightarrow$ a): Für den Beweis darf gleich $\|f\|_p > 0$ angenommen werden. Es seien $q := (1 - 1/p)^{-1}$ und

$$g(x) := \begin{cases} |f(x)|^p / f(x), & \text{falls } f(x) \neq 0, \\ 0, & \text{falls } f(x) = 0. \end{cases}$$

Dann ist $|g|^q = |f|^p$, also $g \in \mathcal{L}^q$ und $\|g\|_q^q = \|f\|_p^p$. Nach b) gilt für $n \to \infty$

$$(5.5) \qquad \int_X f_n g \, d\mu \to \int_X f g \, d\mu = \|f\|_p^p.$$

Ferner liefert die Höldersche Ungleichung nach b)

$$\left| \int_X f_n g \, d\mu \right| \leq \int_X |f_n| |g| \, d\mu \leq \|f_n\|_p \|g\|_q \to \|f\|_p^p,$$

und zusammen folgt:

$$(5.6) \qquad \int_X |f_n| \, |f|^{p-1} d\mu = \int_X |f_n| |g| \, d\mu \to \|f\|_p^p.$$

---

[31]J. RADON [1], S. 1363; F. RIESZ [1], S. 514 ff. und S. 522 ff.

Wir setzen nun für $0 \leq \lambda \leq 1$

$$I_n(\lambda) := \int_X |f|^{\lambda p} |f_n|^{(1-\lambda)p} \, d\mu \, .$$

Dann sind $I_n(0)$ und $I_n(1)$ endlich, und für $0 < \lambda < 1$ liefert die Höldersche Ungleichung (mit den Exponenten $p' = 1/\lambda, q' = 1/(1-\lambda)$), dass $I_n(\lambda)$ endlich ist. Da die rechte Seite von (5.6) positiv ist, kann gleich angenommen werden, dass $I_n(\lambda) > 0$ für alle n. Mithilfe der Hölderschen Ungleichung prüft man nach, dass die Funktion $\lambda \mapsto \log I_n(\lambda)$ *konvex* ist. Nun gilt nach b) und (5.6)

$$I_n(1) = \|f\|_p^p \, , \quad I_n(0) \to \|f\|_p^p \, , \quad I_n(1 - 1/p) \to \|f\|_p^p \, ,$$

und die Konvexität von $\log I_n$ impliziert nach Aufgabe 1.15: $\lim_{n \to \infty} I_n(\lambda) = \|f\|_p^p$ für $0 \leq \lambda \leq 1$. Insbesondere gilt das für $\lambda = \frac{1}{2}$, d.h.

$$\lim_{n \to \infty} \int_X |f|^{p/2} |f_n|^{p/2} \, d\mu = \|f\|_p^p \, .$$

Daher folgt:

$$\int_X (|f|^{p/2} - |f_n|^{p/2})^2 \, d\mu = \int_X |f|^p \, d\mu - 2 \int_X |f|^{p/2} |f_n|^{p/2} \, d\mu + \int_X |f_n|^p \, d\mu \to 0 \, ,$$

d.h. $(|f_n|^{p/2})_{n \geq 1}$ konvergiert im quadratischen Mittel gegen $|f|^{p/2}$.

Nun schließen wir indirekt: Angenommen, es gibt ein $\delta > 0$ und eine Teilfolge $(f_{n_k})_{k \geq 1}$ mit

(5.7) $\|f_{n_k} - f\|_p \geq \delta \quad$ für alle $k \geq 1 \, .$

Da die $|f_{n_k}|^{p/2}$ im quadratischen Mittel gegen $|f|^{p/2}$ konvergieren, kann nach Satz 2.7 gleich zusätzlich angenommen werden, dass

(5.8) $|f_{n_k}| \longrightarrow |f| \quad \mu\text{-f.ü.} \, ,$

also auch

(5.9) $|f_{n_k} g| \longrightarrow |f|^p \quad \mu\text{-f.ü.}$

Nach (5.5), (5.6) gilt weiter

$$\int_X (|f_{n_k} g| - \mathrm{Re}(f_{n_k} g)) \, d\mu \longrightarrow 0 \, ,$$

so dass wegen der Nichtnegativität des Integranden (wiederum nach Satz 2.7) gleich zusätzlich angenommen werden kann, dass $|f_{n_k} g| - \mathrm{Re}(f_{n_k} g) \to 0$ μ-f.ü. Insbesondere folgt hieraus $\mathrm{Im}\,(f_{n_k} g) \to 0$ μ-f.ü., und (5.9) ergibt: $f_{n_k} g \to |f|^p$ μ-f.ü. Nach Definition von g bedeutet dies: $f_{n_k} \chi_{\{f \neq 0\}} \to f$ μ-f.ü., und aus (5.8) folgt: $f_{n_k} \to f$ μ-f.ü. Wegen unserer Voraussetzung $\|f_{n_k}\|_p \to \|f\|_p$ impliziert nun Korollar 5.5: $\|f_{n_k} - f\|_p \to 0$: Widerspruch zu (5.7)! $\square$

Ein anderer relativ einfacher Beweis des Satzes von RADON-RIESZ wird von HEWITT-STROMBERG [1] als Übungsaufgabe (15.17) vorgeschlagen. – Folgende Charakterisierung der starken Konvergenz in $\mathcal{L}^1$ findet man bei DUNFORD-SCHWARTZ [1], S. 295, Theorem 12: *Für* $f_n, f \in \mathcal{L}^1$ $(n \in \mathbb{N})$ *sind folgende Aussagen äquivalent:*

a) $\|f_n - f\|_1 \to 0$ $(n \to \infty)$.

b) $f_n \rightharpoonup f$ *und* $f_n \to f$ *lokal n.M.*

Die Implikation „a) $\Rightarrow$ b)" ist hier klar nach Folgerung 5.8, b) und Satz 4.3. Der Beweis der Umkehrung stützt sich auf den Konvergenzsatz von VITALI und eine Charakterisierung der schwach folgenkompakten Teilmengen von $\mathcal{L}^1$ (s. DUNFORD-SCHWARTZ, a.a.O.).

Aufgaben. 5.1. Es seien $\mu(X) < \infty, 0 < r < p \leq \infty$ (also $\mathcal{L}^p \subset \mathcal{L}^r$), $f : X \to \mathbb{K}$ eine messbare Funktion und $(f_n)_{n \geq 1}$ eine beschränkte Folge in $\mathcal{L}^p$. Dann sind folgende Aussagen äquivalent:

(i) $f_n \to f$ n.M.

(ii) $\|f_n - f\|_r \to 0$ und $f \in \mathcal{L}^p$.

(Hinweise: Sei $\|f_n\|_p \leq M$ für alle $n \in \mathbb{N}$. Nach Satz 2.10 ist $\int_A |f_n|^r \, d\mu \leq (\mu(A))^{1-r/p} M^r$ für alle $A \in \mathfrak{A}, n \in \mathbb{N}$. Gilt nun (i), so ergibt ein Teilfolgenargument mit dem Lemma von FATOU zunächst, dass $f \in \mathcal{L}^p$, und der Konvergenzsatz von VITALI liefert (ii). – Die Umkehrung ist klar nach Satz 4.3.)

5.2. Es seien $0 < p < \infty, f_n \in \mathcal{L}^p, \|f_n\|_p = 1$, und es gebe ein $M > 0$, so dass $|f_n| \leq M$ $(n \in \mathbb{N})$.

a) Es gibt ein $A \in \mathfrak{A}$ mit $\mu(A) > 0$, so dass $\sum_{n=1}^{\infty} |f_n(x)|^\alpha = \infty$ für alle $x \in A$ und $\alpha > 0$. (Hinweis: Die Folge $(f_n)_{n \geq 1}$ kann nicht f.ü. gegen 0 konvergieren.)

b) Konvergiert die Reihe $\sum_{n=1}^{\infty} \alpha_n f_n$ n.M. gegen eine messbare Funktion $f : X \to \mathbb{K}$, so ist $(\alpha_n)_{n \geq 1}$ eine Nullfolge. (Hinweis: Gibt es ein $\delta > 0$ und eine Teilfolge, so dass $|\alpha_{n_k}| \geq \delta$ $(k \in \mathbb{N})$, so konvergiert $(f_{n_k})_{k \geq 1}$ n.M. gegen 0.)

c) Aussage b) wird ohne die Voraussetzung der Beschränktheit der f_n falsch.

5.3. Für $0 < p, p' \leq \infty$ ist $\{fg : f \in \mathcal{L}^p, g \in \mathcal{L}^{p'}\} = \mathcal{L}^{pp'/(p+p')}$; dabei sei $pp'/(p + p') := p$, falls $p' = \infty$.

5.4. Es sei $(f_n)_{n \geq 1}$ eine Folge in $\mathcal{L}^p$ $(1 \leq p < \infty)$ mit $\sum_{n=1}^{\infty} \|f_n - f_{n+1}\|_p < \infty$. Dann konvergiert die Folge der Funktionen $F_n := \sum_{k=1}^{n} |f_k - f_{k+1}|$ f.ü. gegen eine Funktion $F \in \mathcal{L}^p$, und es gilt auch $\|F_n - F\|_p \to 0$. Die Folge $(f_n)_{n \geq 1}$ konvergiert f.ü. gegen eine Funktion $f \in \mathcal{L}^p$, und es gilt $\|f_n - f\|_p \to 0$. – Wie lautet der entsprechende Sachverhalt für $0 < p < 1$?

5.5. Sind $f_n, g \in \mathcal{L}^p$ $(n \in \mathbb{N})$ und gilt $|f_n| \leq g$ μ-f.ü. $(n \in \mathbb{N})$, so erfüllt $(f_n)_{n \geq 1}$ die Bedingungen (ii), (iii) des Konvergenzsatzes von VITALI.

5.6. Zeigen Sie mithilfe von Beispielen: Die schwache Konvergenz einer Folge in $\mathcal{L}^p$ $(1 \leq p < \infty)$ impliziert weder die Konvergenz f.ü. noch die Konvergenz (lokal) n.M. noch die Konvergenz in $\mathcal{L}^p$. Weder die gleichmäßige Konvergenz einer Folge (von Funktionen aus $\mathcal{L}^p$ gegen eine Funktion aus $\mathcal{L}^p$) noch die Konvergenz n.M. impliziert die schwache Konvergenz.

Aus $f_n, f \in \mathcal{L}^p$ $(1 \le p < \infty;\ n \in \mathbb{N})$ und $f_n \rightharpoonup f$ folgt *nicht* $|f_n| \rightharpoonup |f|$. (Hinweis: Lemma von RIEMANN-LEBESGUE.)

5.7. Es seien $(X, \mathfrak{A}, \mu) = ([0,1], \mathfrak{B}^1_{[0,1]}, \beta^1_{[0,1]})$ und $0 < p < 1$. Dann ist 0 die einzige stetige Linearform auf $\mathcal{L}^p$. (Hinweise: Ist $\varphi \ne 0$ eine Linearform auf $\mathcal{L}^p$, so gibt es ein $f \in \mathcal{L}^p$ mit $\|f\|_p = 1$ und $\varphi(f) = \alpha > 0$. Die Funktion $F(x) := \int_0^x |f(t)|^p\,dt$ $(0 \le x \le 1)$ ist stetig, also gibt es eine Zerlegung $0 = x_0 < x_1 < \ldots < x_n = 1$ mit $F(x_k) - F(x_{k-1}) = 1/n$ für $k = 1, \ldots, n$. Für $f_k := f\chi_{]x_{k-1}, x_k]}$ gilt dann $f = f_1 + \ldots + f_n$ f.ü., also existiert ein $g_n \in \{nf_1, \ldots, nf_n\}$, so dass $|\varphi(g_n)| \ge \alpha, \|g_n\|_p^p = n^{p-1} \to 0$.)

5.8. Es seien $(X, \mathfrak{A}, \mu) = ([0,1], \mathfrak{B}^1_{[0,1]}, \beta^1_{[0,1]})$ und $f_n(x) := n \sin 2^n \pi x$ für $x \in [0,1]$. Dann gilt $\int_a^b f_n(x)\,dx \to 0$ für alle $a, b \in [0,1]$, und für jedes $g \in C^1([0,1])$ gilt $\int_0^1 f_n(x)g(x)\,dx \to 0$, aber die Folge $(f_n)_{n \ge 1}$ konvergiert in keinem $\mathcal{L}^p$ $(1 \le p < \infty)$ schwach gegen 0.

5.9. Ist $1 < p < \infty$, so konvergiert eine Folge $(f_n)_{n \ge 1}$ in $\mathcal{L}^p(\mathbb{R}^m, \mathfrak{B}^m, \beta^m)$ genau dann schwach gegen f, wenn $(\|f_n\|_p)_{n \ge 1}$ beschränkt ist und wenn für alle $a, b \in \mathbb{Q}^m$ mit $a \le b$ gilt $\int_{[a,b]} f_n\,d\beta^1 \to \int_{[a,b]} f\,d\beta^1$.

Kapitel VII

Absolute Stetigkeit

Im ganzen folgenden Kapitel sei $\mathfrak{A}$ eine σ-Algebra. Ein wesentliches Ziel der folgenden Überlegungen ist die genaue Charakterisierung aller Maße ν auf $\mathfrak{A}$, die bez. eines fest vorgegebenen σ-endlichen Maßes μ auf $\mathfrak{A}$ eine *Dichte* haben. Zentrale Ergebnisse sind hier der *Satz von* RADON-NIKODÝM und der *Lebesguesche Zerlegungssatz.* Diese Sätze gelten sogar für sog. *signierte Maße* ν, die sich von Maßen lediglich dadurch unterscheiden, dass die Forderung der Nichtnegativität fallen gelassen wird. Jedes signierte Maß ist darstellbar als Differenz von Maßen *(Jordanscher Zerlegungssatz).* – Als Anwendung des Satzes von RADON-NIKODÝM bestimmen wir die Dualräume der Räume L^p $(1 \leq p < \infty)$. In § 4 stellen wir den Zusammenhang des Begriffs „absolut stetig" mit der Differentiation von Funktionen auf $\mathbb{R}$ her. Das führt uns zum sog. *Hauptsatz der Differential- und Integralrechnung* für das Lebesgue-Integral und zum *Lebesgueschen Zerlegungssatz* für Lebesgue-Stieltjessche Maße auf $\mathbb{R}$.

§ 1. Signierte Maße; Hahnscher und Jordanscher Zerlegungssatz

> „Ist φ absolut-additiv im σ-Körper $\mathfrak{M}$, so kann jede Menge A aus $\mathfrak{M}$ zerlegt werden in zwei fremde (in $\mathfrak{M}$ vorkommende) Teile $A = A' + A''$, so dass ... für jeden zu $\mathfrak{M}$ gehörigen Teil B' von A' und für jeden zu $\mathfrak{M}$ gehörigen Teil B'' von A'' [gilt]:
>
> $$\varphi(B') \geq 0 \,, \; \varphi(B'') \leq 0 \,.$$ "
>
> (H. HAHN [1], S. 404–405, Satz IX, X)

1. Signierte Maße. Signierte Maße unterscheiden sich von Maßen lediglich dadurch, dass die Forderung der Nichtnegativität fallen gelassen wird.

1.1 Definition. Eine Abbildung $\nu : \mathfrak{A} \to \overline{\mathbb{R}}$ heißt ein *signiertes Maß*, wenn gilt:
(i) $\nu(\emptyset) = 0$.

© Springer-Verlag GmbH Deutschland, ein Teil von Springer Nature 2018
J. Elstrodt, *Maß- und Integrationstheorie,*
https://doi.org/10.1007/978-3-662-57939-8_7

(ii) $\nu(\mathfrak{A}) \subset]-\infty, +\infty]$ oder $\nu(\mathfrak{A}) \subset [-\infty, +\infty[$.
(iii) Ist $A = \bigcup_{n=1}^{\infty} A_n$ mit disjunkten $A_n \in \mathfrak{A}$, so gilt:

$$(1.1) \qquad\qquad \nu(A) = \sum_{n=1}^{\infty} \nu(A_n) \quad (\sigma\text{-}Additivität).$$

Da die Addition auf $]-\infty, +\infty]$ und auf $[-\infty, +\infty[$ assoziativ ist, hat Bedingung (ii) zur Folge, dass die Teilsummen der Reihe unter (iii) sinnvoll sind. Von der Reihe (1.1) wird gefordert, dass sie in $\overline{\mathbb{R}}$ gegen $\nu(A)$ konvergiert. – Anschaulich kann man sich ein signiertes Maß vorstellen als eine Ladungsverteilung, bei der sowohl positive als auch negative Ladungen verteilt sind; $\nu(A)$ ist dann die gesamte auf A befindliche Ladung.

1.2 Folgerungen. Es sei $\nu : \mathfrak{A} \to \overline{\mathbb{R}}$ ein signiertes Maß.
a) Ist $A \in \mathfrak{A}$, $|\nu(A)| < \infty$, so ist $|\nu(B)| < \infty$ für alle $B \in \mathfrak{A}, B \subset A$.
b) Ist $A = \bigcup_{n=1}^{\infty} A_n$ mit disjunkten $A_n \in \mathfrak{A}$ $(n \geq 1)$ und $|\nu(A)| < \infty$, so konvergiert die Reihe $\sum_{n=1}^{\infty} \nu(A_n)$ *absolut.*

Beweis. a) Es ist $\nu(A) = \nu(B) + \nu(A \setminus B)$, und nach (ii) sind beide Summanden auf der rechten Seite endlich.
b) Nach a) sind alle $\nu(A_n) \in \mathbb{R}$, und wegen (iii) konvergiert die Reihe $\sum_{n=1}^{\infty} \nu(A_n)$ unbedingt, also auch absolut. $\square$

1.3 Beispiele. a) Sind $\rho, \sigma : \mathfrak{A} \to \overline{\mathbb{R}}$ *Maße,* und ist ρ oder σ *endlich,* so ist $\nu := \rho - \sigma$ ein signiertes Maß. Ein wesentliches Ziel dieses Paragraphen wird es sein zu zeigen, dass *jedes* signierte Maß ν auf $\mathfrak{A}$ von dieser Form ist und dass ρ und σ bei geeigneter „minimaler" Wahl durch ν eindeutig bestimmt sind (Jordanscher Zerlegungssatz).
b) Sind $\mu : \mathfrak{A} \to \overline{\mathbb{R}}$ ein Maß und $f : X \to \overline{\mathbb{R}}$ quasiintegrierbar, so ist $\nu : \mathfrak{A} \to \overline{\mathbb{R}}$,

$$\nu(A) := \int_A f \, d\mu \quad (A \in \mathfrak{A})$$

nach a) ein signiertes Maß, denn es ist $\nu = f^+ \odot \mu - f^- \odot \mu$, und eines der Maße $f^+ \odot \mu, f^- \odot \mu$ ist *endlich.* Wir nennen ν das *signierte Maß mit der Dichte f bez. μ* und schreiben

$$\nu = f \odot \mu.$$

1.4 Lemma. *Es sei $\nu : \mathfrak{A} \to \overline{\mathbb{R}}$ ein signiertes Maß.*
a) *Aus $A_n \in \mathfrak{A}$, $A_n \uparrow A$ folgt: $\nu(A_n) \to \nu(A)$ (Konvergenz in $\overline{\mathbb{R}}$).*
b) *Aus $A_n \in \mathfrak{A}$, $A_n \downarrow B$ und $|\nu(A_1)| < \infty$ folgt: $\nu(A_n) \to \nu(B)$.*

Beweis. a) Aus $A = A_1 \cup \bigcup_{n=1}^{\infty} (A_{n+1} \setminus A_n)$ (disjunkte Vereinigung) folgt

$$\nu(A) = \nu(A_1) + \sum_{n=1}^{\infty} \nu(A_{n+1} \setminus A_n)$$

$$= \lim_{N \to \infty} \left(\nu(A_1) + \sum_{n=1}^{N-1} \nu(A_{n+1} \setminus A_n) \right) = \lim_{N \to \infty} \nu(A_N).$$

b) Wegen $A_1 \setminus A_n \uparrow A_1 \setminus B$ gilt nach a) $\nu(A_1 \setminus A_n) \to \nu(A_1 \setminus B)$. Nach Folgerung 1.2, a) sind aber in den Gleichungen $\nu(A_1) = \nu(A_1 \setminus A_n) + \nu(A_n) = \nu(A_1 \setminus B) + \nu(B)$ alle Terme *endlich*, und es folgt die Behauptung. $\qquad\square$

1.5 Definition. Ein signiertes Maß $\nu : \mathfrak{A} \to \overline{\mathbb{R}}$ heißt *endlich*, falls $\nu(\mathfrak{A}) \subset \mathbb{R}$. Ferner heißt ν σ-*endlich*, wenn es eine Folge von Mengen $E_n \in \mathfrak{A}$ $(n \geq 1)$ gibt mit $X = \bigcup_{n=1}^{\infty} E_n$ und $|\nu(E_n)| < \infty$ $(n \in \mathbb{N})$.

Nach Folgerung 1.2, a) ist ν genau dann endlich, wenn $|\nu(X)| < \infty$, und ν ist genau dann σ-endlich, wenn es eine Folge disjunkter Mengen $A_n \in \mathfrak{A}$ gibt mit $X = \bigcup_{n=1}^{\infty} A_n$ und $|\nu(A_n)| < \infty$ $(n \in \mathbb{N})$.

2. Der Hahnsche Zerlegungssatz. Stellt man sich ein signiertes Maß $\nu : \mathfrak{A} \to \overline{\mathbb{R}}$ als eine Ladungsverteilung vor, so wird man erwarten, dass X sich disjunkt zerlegen lässt in zwei Mengen $P, N \in \mathfrak{A}$, wobei P nur mit Ladungen ≥ 0 besetzt ist und N nur mit Ladungen ≤ 0. Der *Hahnsche Zerlegungssatz* wird diese anschauliche Vorstellung in vollem Umfang rechtfertigen.

1.6 Definition. Ist $\nu : \mathfrak{A} \to \overline{\mathbb{R}}$ ein signiertes Maß, so heißt die Menge $P \in \mathfrak{A}$ *(ν-)positiv*, falls $\nu(A) \geq 0$ für alle $A \in \mathfrak{A}$ mit $A \subset P$. Entsprechend heißt $N \in \mathfrak{A}$ *(ν-)negativ*, falls $\nu(A) \leq 0$ für alle $A \in \mathfrak{A}$ mit $A \subset N$. Weiter heißt $Q \in \mathfrak{A}$ eine *(ν-)Nullmenge*, falls $\nu(A) = 0$ für alle $A \in \mathfrak{A}$ mit $A \subset Q$.

Für Maße stimmt die neue Definition des Begriffs „Nullmenge" offenbar mit der früheren überein.

1.7 Lemma. *Ist $\nu : \mathfrak{A} \to [-\infty, +\infty[$ ein signiertes Maß, so enthält jedes $A \in \mathfrak{A}$ mit $\nu(A) \neq -\infty$ eine positive Menge P mit $\nu(P) \geq \nu(A)$.*

Beweis. Wir zeigen zunächst: Zu jedem $\varepsilon > 0$ gibt es eine messbare Menge $A_\varepsilon \subset A$ mit $\nu(A_\varepsilon) \geq \nu(A)$, so dass $\nu(B) \geq -\varepsilon$ für alle messbaren $B \subset A_\varepsilon$. Zum Beweis schließen wir indirekt und nehmen an, für ein $\varepsilon > 0$ sei diese Behauptung falsch. Dann enthält jede messbare Menge $C \subset A$ mit $\nu(C) \geq \nu(A)$ eine messbare Menge B, so dass $\nu(B) \leq -\varepsilon$. Induktiv erhalten wir eine Folge messbarer Mengen $B_1 \subset A$, $B_k \subset A \setminus (B_1 \cup \ldots \cup B_{k-1})$ $(k \geq 2)$, so dass $\nu(B_k) \leq -\varepsilon$ $(k \geq 1)$. Da die B_k disjunkt sind, ist $\nu\left(\bigcup_{k=1}^{\infty} B_k\right) = -\infty$ im Widerspruch zu $\nu(A) \neq -\infty$ und Folgerung 1.2, a).

Nun wenden wir obige Zwischenbehauptung *induktiv* an mit $\varepsilon = 1/n$ und erhalten eine *fallende* Folge $A_{1/n} \in \mathfrak{A}$ mit $\nu(A_{1/n}) \geq \nu(A)$, so dass $P := \bigcap_{n=1}^{\infty} A_{1/n}$ *positiv* ist. Nach Lemma 1.4, b) ist $\nu(P) \geq \nu(A)$. $\qquad\square$

1.8 Hahnscher Zerlegungssatz (1921). *Zu jedem signierten Maß $\nu : \mathfrak{A} \to \overline{\mathbb{R}}$ existiert eine disjunkte Zerlegung („Hahn-Zerlegung") $X = P \cup N$ $(P, N \in \mathfrak{A})$ von X in eine positive Menge P und eine negative Menge N. P und N sind bis auf eine ν-Nullmenge eindeutig bestimmt, d.h.: Ist $X = P' \cup N'$ eine zweite Hahn-Zerlegung von X in eine positive Menge P' und eine negative Menge N', so ist $P \triangle P' = N \triangle N'$ eine ν-Nullmenge.*

Beweis.[1] Es kann ohne Beschränkung der Allgemeinheit $\nu(\mathfrak{A}) \subset [-\infty, +\infty[$ angenommen werden. – Wir setzen $\alpha := \sup\{\nu(A) : A \in \mathfrak{A}\}$. Nach Lemma 1.7 gibt es eine Folge $(P_n)_{n\geq 1}$ *positiver* Mengen mit $\nu(P_n) \to \alpha$. Die Menge $P := \bigcup_{n=1}^{\infty} P_n$ ist offenbar positiv, und es ist $\nu(P) \geq \nu(P_n)$ für alle $n \in \mathbb{N}$, also $\nu(P) = \alpha$. Damit ist insbesondere erkannt, dass $\alpha \in \mathbb{R}$. Die Menge $N := P^c$ ist nun *negativ*, denn gäbe es eine messbare Menge $B \subset N$ mit $\nu(B) > 0$, so wäre $\nu(P \cup B) > \alpha$, was unmöglich ist.

Ist $X = P' \cup N'$ eine zweite Hahn-Zerlegung von X und $B \in \mathfrak{A}, B \subset P \setminus P'$, so ist $\nu(B) \geq 0$, da $B \subset P$, und $\nu(B) \leq 0$, da $B \subset N'$, also ist $\nu(B) = 0$. Daher ist $P \setminus P'$ eine ν-Nullmenge. Aus Symmetriegründen ist auch $P' \setminus P$ eine ν-Nullmenge, d.h. $P \triangle P' = N \triangle N'$ ist eine ν-Nullmenge.   □

Historische Anmerkung. Der Hahnsche Zerlegungssatz geht zurück auf H. HAHN [1], S. 404. Weitere Beweise des Satzes stammen von R. FRANCK: *Sur une propriété des fonctions additives d'ensemble,* Fundam. Math. 5, 252–261 (1924) und W. SIERPIŃSKI: *Démonstration d'un théorème sur les fonctions additives d'ensemble,* Fundam. Math. 5, 262–264 (1924) (= SIERPIŃSKI [2], S. 537–540).

3. Positive Variation, negative Variation und Variation. Es sei $\nu : \mathfrak{A} \to \overline{\mathbb{R}}$ ein signiertes Maß mit der Hahn-Zerlegung $X = P \cup N$. Dann heißen die Maße $\nu^+ : \mathfrak{A} \to \overline{\mathbb{R}}$,

$$\nu^+(A) := \nu(A \cap P) \quad (A \in \mathfrak{A})$$

die *positive Variation*, $\nu^- : \mathfrak{A} \to \overline{\mathbb{R}}$,

$$\nu^-(A) := -\nu(A \cap N) \quad (A \in \mathfrak{A})$$

die *negative Variation* und $\|\nu\| : \mathfrak{A} \to \overline{\mathbb{R}}$,

$$\|\nu\|(A) := \nu^+(A) + \nu^-(A) \quad (A \in \mathfrak{A})$$

die *Variation* von ν. Da P und N bis auf eine ν-Nullmenge eindeutig bestimmt sind, hängen $\nu^+, \nu^-, \|\nu\|$ nur von ν ab, nicht aber von der Auswahl der Hahn-Zerlegung für ν. Mindestens eines der Maße ν^+, ν^- ist endlich, und es gilt:

$$\nu = \nu^+ - \nu^-, \ \|\nu\| = \nu^+ + \nu^-.$$

Daher ist ν genau dann endlich (bzw. σ-endlich), wenn ν^+ und ν^- endlich (bzw. σ-endlich) sind, und das ist genau dann der Fall, wenn $\|\nu\|$ endlich (bzw. σ-endlich) ist.

---

[1] Der folgende kurze Beweis des Hahnschen Zerlegungssatzes stammt von R. DOSS: *The Hahn decomposition theorem,* Proc. Am. Math. Soc. 80, 377 (1980).

1.9 Satz. *Für jedes signierte Maß* $\nu : \mathfrak{A} \to \overline{\mathbb{R}}$ *und* $A \in \mathfrak{A}$ *gilt:*

$$(1.2) \quad \nu^+(A) = \sup\{\nu(B) : B \in \mathfrak{A}, B \subset A\},$$

$$(1.3) \quad \nu^-(A) = -\inf\{\nu(B) : B \in \mathfrak{A}, B \subset A\},$$

$$(1.4) \quad |\nu|(A) = \sup\Big\{ \sum_{j=1}^{n} |\nu(A_j)| : A_1, \ldots, A_n \in \mathfrak{A} \text{ disjunkt}, \ A = \bigcup_{j=1}^{n} A_n \Big\}$$

$$= \sup\Big\{ \sum_{j=1}^{\infty} |\nu(A_j)| : A_j \in \mathfrak{A} \ (j \geq 1) \text{ disjunkt}, \ A = \bigcup_{j=1}^{\infty} A_j \Big\}.$$

Beweis. Es sei $X = P \cup N$ eine Hahn-Zerlegung für ν. Für jede messbare Menge $B \subset A$ gilt zunächst

$$\nu(B) = \nu(B \cap P) + \nu(B \cap N) \leq \nu(B \cap P) = \nu^+(B) \leq \nu^+(A),$$

also $\sup\{\nu(B) : B \in \mathfrak{A}, B \subset A\} \leq \nu^+(A)$. Andererseits ist

$$\nu^+(A) = \nu(A \cap P) \leq \sup\{\nu(B) : B \in \mathfrak{A}, B \subset A\},$$

und es folgt (1.2). Eine Anwendung des soeben Bewiesenen auf $-\nu$ anstelle von ν liefert (1.3).

Bezeichnen σ_e (bzw. σ_a) das erste (bzw. zweite) Supremum auf der rechten Seite von (1.4), so ist zunächst

$$|\nu|(A) = |\nu(A \cap P)| + |\nu(A \cap N)| \leq \sigma_e \leq \sigma_a.$$

Sind andererseits $A_1, \ldots, A_n \in \mathfrak{A}$ disjunkt mit $\bigcup_{j=1}^{n} A_j \subset A$, so ist

$$\sum_{j=1}^{n} |\nu(A_j)| \leq \sum_{j=1}^{n} (\nu^+(A_j) + \nu^-(A_j)) \leq \nu^+(A) + \nu^-(A) = |\nu|(A),$$

also auch $\sigma_a \leq |\nu|(A)$. $\qquad \square$

4. Jordanscher Zerlegungssatz. Die Zerlegung $\nu = \nu^+ - \nu^-$ des signierten Maßes ν heißt die *Jordan-Zerlegung* von ν. Um eine wesentliche Eigenschaft dieser Zerlegung kurz aussprechen zu können, führen wir einen wichtigen neuen Begriff ein.

1.10 Definition. Zwei signierte Maße $\nu, \rho : \mathfrak{A} \to \overline{\mathbb{R}}$ heißen zueinander *singulär*, wenn es eine Zerlegung $X = A \cup B, A \cap B = \emptyset, A, B \in \mathfrak{A}$ gibt, so dass A eine ν-Nullmenge und B eine ρ-Nullmenge ist; Schreibweise: $\nu \perp \rho$.

1.11 Beispiele. a) Ist $F : \mathbb{R} \to \mathbb{R}$ eine Sprungfunktion, so gilt $\lambda_F \,|\, \mathfrak{B}^1 \perp \beta^1$.
b) Ist $F : \mathbb{R} \to \mathbb{R}$ die Cantorsche Funktion (Beispiel II.8.7) oder gleich der Funktion G aus Beispiel II.8.8, so sind $\lambda_F \,|\, \mathfrak{B}^1$ und β^1 zueinander singulär.
c) Für jedes signierte Maß ν gilt: $\nu^+ \perp \nu^-$.

1.12 Jordanscher Zerlegungssatz. *Jedes signierte Maß ν hat die Jordan-Zerlegung*

$$\nu = \nu^+ - \nu^- \, ;$$

dabei gilt: $\nu^+ \perp \nu^-$. Die Jordan-Zerlegung ist minimal in folgendem Sinne: Ist $\nu = \rho - \sigma$ mit zwei Maßen $\rho, \sigma : \mathfrak{A} \to \overline{\mathbb{R}}$, von denen mindestens eines endlich ist, so gilt: $\nu^+ \leq \rho, \nu^- \leq \sigma$.

Beweis. Es ist nur noch die Minimalität der Jordan-Zerlegung zu zeigen. Dazu sei $\nu = \rho - \sigma$ mit zwei Maßen $\rho, \sigma : \mathfrak{A} \to \overline{\mathbb{R}}$, von denen mindestens eines endlich ist. Dann gilt für alle $A \in \mathfrak{A}$:

$$\nu^+(A) = \nu(A \cap P) = \rho(A \cap P) - \sigma(A \cap P) \leq \rho(A \cap P) \leq \rho(A) \, ,$$

also $\nu^+ \leq \rho$. Entsprechend ist auch $\nu^- \leq \sigma$. $\square$

Historische Anmerkungen. Die Jordan-Zerlegung ist benannt nach C. JORDAN, der eine analoge Zerlegung für Funktionen von beschränkter Variation entdeckte (s. C. JORDAN: *Sur la série de Fourier*, C.R. Acad. Sci., Paris 92, 228–230 (1881); s. auch CARATHÉODORY [1], S. 180 ff., HAHN [1], S. 483 ff. und Aufgabe 1.10). Für Lebesgue-Stieltjessche Maße im $\mathbb{R}^p$ zeigt RADON [1], S. 1303 die Existenz einer Jordan-Zerlegung. Den allgemeinen Fall behandelt HAHN [1], S. 406–407, Satz XV, XVI.

1.13 Beispiel (H. LEBESGUE [2], S. 380 ff.). Es seien $(X, \mathfrak{A}, \mu)$ ein Maßraum und $f : X \to \overline{\mathbb{R}}$ quasiintegrierbar. Das signierte Maß $\nu := f \odot \mu$ mit der Dichte f bez. μ (s. Beispiel 1.3, b)) hat die Hahn-Zerlegung $X = P \cup N$ mit $P := f^{-1}([0, \infty]), N := f^{-1}([-\infty, 0[)$. Daher ist

$$\nu^+ = f^+ \odot \mu \, , \quad \nu^- = f^- \odot \mu \, , \quad |\nu| = |f| \odot \mu \, .$$

5. Der Banach-Verband der endlichen signierten Maße. Die Menge $\mathbf{M}(\mathfrak{A})$ der *endlichen* signierten Maße auf $\mathfrak{A}$ ist (bez. der üblichen punktweisen Verknüpfungen) ein *Vektorraum* über $\mathbb{R}$. Setzt man

$$\nu \leq \rho : \Longleftrightarrow \nu(A) \leq \rho(A) \quad \text{für alle } A \in \mathfrak{A}$$

$(\nu, \rho \in \mathbf{M}(\mathfrak{A}))$, so erweist sich $(\mathbf{M}(\mathfrak{A}), \leq)$ als *geordneter Vektorraum*, und zwar sogar als ein *Rieszscher Raum* (s. Kap. VI, § 2, 5.): Zur Begründung haben wir die Existenz eines Supremums zu $\nu, \rho \in \mathbf{M}(\mathfrak{A})$ zu zeigen und setzen $\sigma := \nu + (\rho - \nu)^+$. Dann ist zunächst $\nu \leq \sigma$, und nach (1.2) ist auch $\rho \leq \sigma$. Sind nun $\tau \in \mathbf{M}(\mathfrak{A}), \nu \leq \tau, \rho \leq \tau$ und $A \in \mathfrak{A}$, so gilt nach (1.2):

$$
\begin{aligned}
(\rho - \nu)^+(A) &= \sup\{(\rho - \nu)(B) : B \in \mathfrak{A}, B \subset A\} \\
&\leq \sup\{(\tau - \nu)(B) : B \in \mathfrak{A}, B \subset A\} = (\tau - \nu)(A) \, ,
\end{aligned}
$$

also $\sigma \leq \tau$. Ergebnis: $\sigma = \sup(\nu, \rho)$. – Wenden wir dieses Ergebnis speziell an für $\nu = 0$, so erhalten wir: $\rho^+ = \sup(\rho, 0)$, d.h.: *Die positive Variation ρ^+ stimmt* *mit dem gemäß Kap. VI, § 2, **5.** definierten Element* $\rho^+ = \rho \vee 0$ *überein. Daher* sind auch die Bezeichnungen ρ^- und $|\rho|$ mit den üblichen Bezeichnungen in einem Rieszschen Raum konform: $\rho^- = (-\rho) \vee 0$, $|\rho| = \rho \vee (-\rho)$.

Für $\nu \in \mathbf{M}(\mathfrak{A})$ definieren wir nun die *Totalvariation* von ν vermöge

$$\|\nu\| := |\nu|(X).$$

Man prüft leicht nach: $\|\cdot\|$ ist eine *Norm* auf $\mathbf{M}(\mathfrak{A})$.

1.14 Satz. $(\mathbf{M}(\mathfrak{A}), \|\cdot\|)$ *ist ein Banach-Verband.*

Beweis. Da für alle $\nu, \rho \in \mathbf{M}(\mathfrak{A})$ mit $|\nu| \le |\rho|$ offenbar gilt $\|\nu\| \le \|\rho\|$, bleibt nur die *Vollständigkeit* von $\mathbf{M}(\mathfrak{A})$ zu beweisen. Dazu sei $(\nu_n)_{n \ge 1}$ eine Cauchy-Folge in $\mathbf{M}(\mathfrak{A})$. Dann gibt es zu jedem $\varepsilon > 0$ ein $N_0(\varepsilon) \in \mathbb{N}$, so dass für alle $m, n \ge N_0(\varepsilon)$ gilt $\|\nu_m - \nu_n\| < \varepsilon$. Nach (1.4) gilt dann für alle $m, n \ge N_0(\varepsilon)$ und $B \in \mathfrak{A}$

$$|\nu_m(B) - \nu_n(B)| \le \|\nu_m - \nu_n\| < \varepsilon,$$

d.h. $(\nu_n)_{n \ge 1}$ konvergiert *gleichmäßig* auf $\mathfrak{A}$ gegen eine Funktion $\nu : \mathfrak{A} \to \mathbb{R}$. Offenbar ist ν *endlich-additiv.* Wir zeigen: ν ist σ-*additiv.* Dazu seien $(B_k)_{k \ge 1}$ eine Folge disjunkter Mengen aus $\mathfrak{A}$, $B := \bigcup_{k=1}^{\infty} B_k$ und $\varepsilon > 0$; $N := N_0(\varepsilon/3)$. Da ν_N ein signiertes Maß ist, gibt es ein $n_0(\varepsilon) \in \mathbb{N}$, so dass

$$\left| \nu_N(B) - \sum_{k=1}^{n} \nu_N(B_k) \right| < \varepsilon/3 \quad \text{für alle } n \ge n_0(\varepsilon).$$

Damit wird für alle $n \ge n_0(\varepsilon)$

$$\left| \nu(B) - \sum_{k=1}^{n} \nu(B_k) \right|$$
$$\le |\nu(B) - \nu_N(B)| + \left| \nu_N(B) - \sum_{k=1}^{n} \nu_N(B_k) \right| + \left| \nu_N \left(\bigcup_{k=1}^{n} B_k \right) - \nu \left(\bigcup_{k=1}^{n} B_k \right) \right| < \varepsilon.$$

□

1.15 Satz. $\mathbf{M}(\mathfrak{A})$ *ist ordnungsvollständig.*

Beweis. Ist $\emptyset \ne M \subset \mathbf{M}(\mathfrak{A})$ nach oben beschränkt, so ist auch $\hat{M} := \{\sup E : E \subset M$ endlich, $E \ne \emptyset\}$ nach oben beschränkt, und $\nu \in \mathbf{M}(\mathfrak{A})$ ist genau dann Supremum von M, wenn ν Supremum von $\hat{M}$ ist. Die Existenz eines Supremums von $\hat{M}$ zeigt man wie in Aufgabe II.1.4 (Alternative: Aufgabe 1.4). (Warnung: Es ist zwar $(\sup \hat{M})(A) = \sup\{\nu(A) : \nu \in \hat{M}\}$, aber die entsprechende Gl. mit M anstelle von $\hat{M}$ ist nicht notwendig richtig.) □

6. Kurzbiographie von H. HAHN. HANS HAHN wurde am 27. September 1879 in Wien geboren. Er studierte Mathematik an den Universitäten Straßburg, München und Wien, wo er im Juli 1902, am Ende seines achten Semesters, zum Doktor der Philosophie promoviert wurde. In den folgenden Jahren setzte HAHN seine Ausbildung bei G. VON ESCHERICH (1849–1935), F. MERTENS (1840–1927) und W. WIRTINGER (1865–1945) in Wien und D. HILBERT, F. KLEIN und H. MINKOWSKI in Göttingen fort und verfasste seine ersten Arbeiten. Nach der Habilitation in Wien (1905) und einigen Jahren als Dozent in Wien erhielt er 1909 ein Extraordinariat an der Universität Czernowitz (am Oberlauf des Pruth, damals Hauptstadt des österreichischen Herzogtums Bukowina, heute Tschernowzy, Ukraine). Im Ersten Weltkrieg erlitt HAHN 1915 eine schwere Verwundung. Nach einer Tätigkeit als Extraordinarius (1916) und Ordinarius (1917) an der Universität Bonn kehrte er 1921 an die Universität Wien zurück, wo er bis zu seinem Tode am 24. Juli 1934 eine fruchtbare Tätigkeit entfaltete. – HAHN verband starkes mathematisches Talent mit unermüdlicher Arbeitskraft. Seine Vorlesungen waren auf das Genaueste vorbereitet und wurden in vollendetem Stil vorgetragen.

Neben seinen vielseitigen mathematischen Arbeiten hegte HAHN größtes Interesse für Philosophie, insbesondere für Logik und mathematische Grundlagenforschung. In Aufsätzen und öffentlichen Vorträgen trat er für die Philosophie des logischen Positivismus ein und war führendes Mitglied des berühmten *Wiener Kreises*, einer Gruppe positivistischer Philosophen und Wissenschaftler, der u.a. die Mathematiker K. MENGER (1902–1985) und K. REIDEMEISTER (1893–1971), der Logiker K. GÖDEL (1906–1978), der Logiker und Philosoph R. CARNAP (1891–1970) und der Philosoph und Wissenschaftstheoretiker Sir KARL POPPER (1902–1994) angehörten. Ein lebendiges Bild von H. HAHN und dem Wiener Kreis zeichnet K. SIGMUND: *Sie nannten sich Der Wiener Kreis. Exaktes Denken am Rand des Untergangs.* 2. Aufl. Heidelberg: Springer-Verlag 2018.

In seinen mathematischen Arbeiten wendet sich HAHN zunächst im Anschluss an Untersuchungen von G. VON ESCHERICH der Variationsrechnung zu. Bedeutende Beiträge liefert er zur Mengenlehre und Topologie (Charakterisierung der stetigen Bilder einer Strecke; s. Bemerkungen nach Satz II.9.9). Eine besondere Meisterschaft entwickelt HAHN auf dem Gebiet der reellen Funktionen (Hellinger-Integral, Riemann-Integral und Lebesgue-Integral, Darstellung von Funktionen durch singuläre Integrale, Satz von PARSEVAL für vollständige Orthonormalsysteme, Fourier-Reihen, Fouriersche Umkehrformel, Produkte abstrakter Maßräume). *Habent sua fata libelli:* Die Entstehungsgeschichte der Lehrbücher von HAHN [1], [2] und HAHN-ROSENTHAL [1] spiegelt in beklemmender Weise die leidvolle Geschichte Mitteleuropas in der ersten Hälfte des 20. Jh. Hiervon legen die Vorworte zu diesen Werken ein beredtes Zeugnis ab. Dank des umfassenden Wissens von H. HAHN und A. ROSENTHAL (1887–1959) ist in diesen Lehrbüchern viel Wertvolles enthalten, das diese Werke bis auf den heutigen Tag zu Fundgruben macht. – HAHN ist einer der Begründer der Funktionalanalysis. In seiner Arbeit *Über Folgen linearer Operationen* (Monatsh. Math. Phys. 32, 3–88 (1922)) führt er unabhängig von S. BANACH den Begriff eines vollständigen normierten linearen Raums ein. Als zentrales Resultat beweist er einen Satz über gleichmäßige Beschränktheit von Folgen linearer Funktionale, der unter dem Namen *Satz von* BANACH-STEINHAUS oder *Prinzip der gleichmäßigen Beschränktheit* zum ehernen Bestand der Funktionalanalysis gehört. Zwei Jahre früher als BANACH beweist HAHN (*Über lineare Gleichungssysteme in linearen Räumen*, J. reine angew. Math. 157, 214–229 (1927)) den sog. *Satz von* HAHN-BANACH über die Fortsetzbarkeit linearer Funktionale, der ebenfalls zu den Säulen der Funktionalanalysis zählt. – Die gesammelten Abhandlungen (3 Bde.) von HANS HAHN sind 1997 im Springer-Verlag, Wien erschienen.

Aufgaben. 1.1. Es seien ν, ρ signierte Maße auf $\mathfrak{A}$.
a) Für $A \in \mathfrak{A}$ sind folgende Aussagen äquivalent:
  (i) A ist eine ν-Nullmenge.
  (ii) A ist eine ν^+- und eine ν^--Nullmenge.
  (iii) A ist eine $|\!|\nu|\!|$-Nullmenge.
b) Folgende Aussagen sind äquivalent:
  (i) $\nu \perp \rho$;
  (ii) $\nu^+ \perp \rho$ und $\nu^- \perp \rho$;
  (iii) $|\!|\nu|\!| \perp \rho$;
  (iv) $|\!|\nu|\!| \perp |\!|\rho|\!|$.
Sind zusätzlich ρ, ν endlich, so sind (i)–(iv) auch äquivalent zu
  (v) $|\!|\nu|\!| \wedge |\!|\rho|\!| = 0$.

1.2. Es seien $\nu : \mathfrak{A} \to \overline{\mathbb{R}}$ ein signiertes Maß, ρ, σ Maße auf $\mathfrak{A}$, von denen mindestens eines endlich ist, und es gelte $\nu = \rho - \sigma, \rho \perp \sigma$. Dann ist $\rho = \nu^+$, $\sigma = \nu^-$.

1.3. Sind $(X, \mathfrak{A}, \mu)$ ein Maßraum und $f, g : X \to \overline{\mathbb{R}}$ integrierbar, so gilt:
$$\sup(f \odot \mu, g \odot \mu) = (\sup(f, g)) \odot \mu.$$

1.4. Ist $M \neq \emptyset$ eine nach oben beschränkte Teilmenge von $\mathbf{M}(\mathfrak{A})$, so gilt für alle $A \in \mathfrak{A}$:
$$(\sup M)(A) = \sup\Big\{ \sum_{j=1}^{n} \lambda_j(A_j) : A_1, \ldots, A_n \in \mathfrak{A} \text{ disjunkt },$$
$$A = \bigcup_{j=1}^{n} A_j, \lambda_1, \ldots, \lambda_n \in M, n \in \mathbb{N} \Big\}.$$

1.5. a) Ist $\nu : \mathfrak{A} \to [-\infty, +\infty[$ ein signiertes Maß, so gibt es ein $P \in \mathfrak{A}$ mit $\nu(P) = \max\{\nu(A) : A \in \mathfrak{A}\} < \infty$. Insbesondere ist jedes endliche signierte Maß $\nu : \mathfrak{A} \to \mathbb{R}$ *beschränkt*, d.h. es gibt ein reelles $\alpha > 0$, so dass $|\nu(A)| \leq \alpha$ für alle $A \in \mathfrak{A}$.
b) Erfüllt $\varphi : \mathfrak{A} \to \overline{\mathbb{R}}$ die Bedingungen aus Definition 1.1, wobei (iii) abgeschwächt wird zur *endlichen Additivität* ($\varphi(A \cup B) = \varphi(A) + \varphi(B)$ für alle disjunkten $A, B \in \mathfrak{A}$), so heißt φ ein *signierter Inhalt* auf $\mathfrak{A}$; dabei braucht $\mathfrak{A}$ nur ein Ring über X zu sein. Ist $\varphi(\mathfrak{A}) \subset \mathbb{R}$, so heißt φ *endlich*. Zeigen Sie: Ein endlicher signierter Inhalt braucht nicht beschränkt zu sein. Ein endlicher σ-additiver signierter Inhalt braucht keine Fortsetzung zu einem signierten Maß zu haben. (Hinweis: Es seien $\mathfrak{A}$ die von den einelementigen Teilmengen einer überabzählbaren Menge X erzeugte *Algebra* und $\varphi(A) := |A|$, falls A endlich ist, und $\varphi(A) := -|A^c|$, falls A^c endlich ist.)

1.6. Es sei $\varphi : \mathfrak{A} \to \overline{\mathbb{R}}$ ein signierter Inhalt auf der Algebra $\mathfrak{A}$ über X.
a) Ist φ nach oben oder unten beschränkt, so sind $\varphi^+, \varphi^- : \mathfrak{A} \to \mathbb{R}$,
$$\varphi^+(A) := \sup\{\varphi(B) : B \subset A, B \in \mathfrak{A}\},$$
$$\varphi^-(A) := -\inf\{\varphi(B) : B \subset A, B \in \mathfrak{A}\}$$
zwei Inhalte, von denen mindestens einer endlich (und damit beschränkt) ist, und es gilt $\varphi = \varphi^+ - \varphi^-$. Diese Zerlegung ist *minimal* in folgendem Sinne: Sind $\rho, \sigma : \mathfrak{A} \to \overline{\mathbb{R}}$ zwei Inhalte, von denen einer endlich ist, und gilt $\varphi = \rho - \sigma$, so ist $\varphi^+ \leq \rho, \varphi^- \leq \sigma$.
b) Ist φ σ-additiv und nach oben oder unten beschränkt, so sind φ^+ und φ^- Prämaße.
c) φ gestattet genau dann eine Fortsetzung zu einem signierten Maß auf $\sigma(\mathfrak{A})$, wenn φ σ-additiv und nach oben oder unten beschränkt ist.

1.7. Eine Abbildung $\nu : \mathfrak{A} \to \mathbb{C}$ heißt ein *komplexes Maß*, wenn für jede Folge disjunkter Mengen $A_n \in \mathfrak{A}$ ($n \geq 1$) gilt: $\nu\left(\bigcup_{n=1}^{\infty} A_n\right) = \sum_{n=1}^{\infty} \nu(A_n)$. – Es sei ν ein komplexes Maß. Die *Variation* $|\!|\nu|\!|$ von ν wird definiert durch
$$|\!|\nu|\!|(A) := \sup\left\{ \sum_{j=1}^{\infty} |\nu(A_j)| : A_j \in \mathfrak{A} \text{ disjunkt } (j \geq 1), A = \bigcup_{j=1}^{\infty} A_j \right\}.$$

Eine Menge $A \in \mathfrak{A}$ heißt eine ν-*Nullmenge*, falls $\nu(B) = 0$ für alle $B \in \mathfrak{A}, B \subset A$.

a) ν ist genau dann ein komplexes Maß, wenn $\operatorname{Re}\nu, \operatorname{Im}\nu$ endliche signierte Maße sind.

b) Aufgabe 1.1 gilt sinngemäß für komplexe Maße.

c) $|\!|\nu|\!|$ ist das kleinste positive Maß μ auf $\mathfrak{A}$, so dass $|\nu(A)| \leq \mu(A)$ für alle $A \in \mathfrak{A}$.

d) Der Vektorraum $\mathbf{M}_{\mathbb{C}}(\mathfrak{A})$ der komplexen Maße auf $\mathfrak{A}$ ist bez. der Norm $\|\nu\| := |\!|\nu|\!|(X)$ $(\nu \in \mathbf{M}_{\mathbb{C}}(\mathfrak{A}))$ ein komplexer Banach-Raum.

1.8. Ist $(X, \mathfrak{A}, \mu)$ ein Maßraum und $f : X \to \mathbb{C}$ integrierbar, so ist $\nu : \mathfrak{A} \to \mathbb{C}$,

$$\nu(A) := \int_A f \, d\mu \quad (A \in \mathfrak{A})$$

ein komplexes Maß; ν heißt das komplexe Maß mit der Dichte f bez. ν; Schreibweise: $\nu = f \odot \mu$. Zeigen Sie: $|\!|\nu|\!| = |f| \odot \mu$.

1.9. Zwei komplexe Maße ν, ρ auf $\mathfrak{A}$ heißen zueinander *singulär*, falls $|\!|\nu|\!| \perp |\!|\rho|\!|$; Schreibweise: $\nu \perp \rho$. – Sind ν, ρ komplexe Maße auf $\mathfrak{A}$, so sind folgende Aussagen äquivalent:

a) $\nu \perp \rho$;

b) $\|\nu + \rho\| = \|\nu\| + \|\rho\|$ und $\|\nu - \rho\| = \|\nu\| + \|\rho\|$;

c) $\|\nu + \rho\| + \|\nu - \rho\| = 2(\|\nu\| + \|\rho\|)$.

1.10. Ist $f : [a, b] \to \mathbb{R}$ eine Funktion, so heißt

$$\operatorname{Var}(f; [a, b]) := \sup\left\{\sum_{k=1}^{n} |f(x_k) - f(x_{k-1})| : a = x_0 < x_1 < \ldots < x_n = b, n \in \mathbb{N}\right\}$$

die *Totalvariation von f* über $[a, b]$, und f heißt *von beschränkter Variation* über $[a, b]$, falls $\operatorname{Var}(f; [a, b]) < \infty$. Entsprechend nennt man das Supremum der Menge aller Summen

$$\sum_{k=1}^{n} \max(f(x_k) - f(x_{k-1}), 0), \; a = x_0 < x_1 < \ldots < x_n = b$$

die *positive Variation* $\operatorname{Var}^+(f; [a, b])$ und das Supremum der Menge aller Summen

$$-\sum_{k=1}^{n} \min(f(x_k) - f(x_{k-1}), 0), \; a = x_0 < x_1 < \ldots < x_n = b$$

die *negative Variation* $\operatorname{Var}^-(f; [a, b])$ von f über $[a, b]$.

a) Für $a < c < b$ ist $\operatorname{Var}(f; [a, b]) = \operatorname{Var}(f; [a, c]) + \operatorname{Var}(f; [c, b])$. Entsprechendes gilt für Var^+ und Var^-.

b) Die Menge $BV(a, b)$ der Funktionen $f : [a, b] \to \mathbb{R}$ von beschränkter Variation ist ein Vektorraum über $\mathbb{R}$.

c) Jede monotone und jede Lipschitz-stetige Funktion $f : [a, b] \to \mathbb{R}$ sind von beschränkter Variation. – Ist $\varphi : [a, b] \to \mathbb{R}$ Lebesgue-integrierbar, so ist $f(x) := \int_a^x \varphi(t) \, dt$ $(a \leq x \leq b)$ von beschränkter Variation.

d) Für alle $f \in BV(a, b)$ gilt:

$$\begin{aligned} f(b) - f(a) &= \operatorname{Var}^+(f; [a, b]) - \operatorname{Var}^-(f; [a, b]), \\ \operatorname{Var}(f; [a, b]) &= \operatorname{Var}^+(f; [a, b]) + \operatorname{Var}^-(f; [a, b]). \end{aligned}$$

e) Jedes $f \in BV(a, b)$ ist Differenz monotoner Funktionen; genauer gilt: Die Funktionen $t^+(x) := \operatorname{Var}^+(f; [a, x]), t^-(x) := \operatorname{Var}^-(f; [a, x])$ sind monoton wachsend mit $f = f(a) + t^+ - t^-$. Diese Darstellung von f als Differenz zweier wachsender Funktionen heißt *Minimalzerlegung* von f, denn sie ist minimal in folgendem Sinne: Ist $f = g - h$ mit wachsenden Funktionen $g, h : [a, b] \to \mathbb{R}$, so sind $g - t^+$ und $h - t^-$ *wachsend*. (*Bemerkung:* Wegen der Analogie dieser von C. JORDAN entdeckten Zerlegung zur Darstellung (∗) $\nu = \nu^+ - \nu^-$ nennt man (∗) die *Jordan-Zerlegung* von ν; s. auch h).)

f) Ist $f \in BV(a, b)$, so hat f höchstens abzählbar viele Unstetigkeitsstellen und in jedem $x \in [a, b]$ einen rechtsseitigen und einen linksseitigen Grenzwert.

g) Sind f, t^+, t^- wie in e), so gilt für kein $x \in [a, b[$ zugleich $t^+(x + 0) - t^+(x) > 0$ und $t^-(x + 0) - t^-(x) > 0$. Entsprechendes gilt für die linksseitigen Grenzwerte. Daher ist f in $x \in [a, b]$ genau dann (rechts- bzw. linksseitig) stetig, wenn t^+ und t^- in x (rechts- bzw. linksseitig) stetig sind, und das ist genau dann der Fall, wenn $t = t^+ + t^-$ in x (rechts- bzw. linksseitig) stetig ist. Insbesondere ist $f \in BV(a, b)$ genau dann stetig, wenn die Komponenten der Minimalzerlegung von f stetig sind.

h) Ist $f \in BV(a, b)$ auf $]a, b[$ rechtsseitig stetig, so definieren t^+, t^- gemäß Kap. II zwei endliche Maße ρ, σ auf $\mathfrak{A} := \mathfrak{B}^1 \,|\, [a, b]$. Zeigen Sie: Für das endliche signierte Maß $\nu := \rho - \sigma$ auf $\mathfrak{A}$ gilt $\nu^+ = \rho, \nu^- = \sigma$, d.h. der Minimalzerlegung von f entspricht die Jordan-Zerlegung von ν.

i) Jedes $f \in BV(a, b)$ lässt sich schreiben als $f = s + g$ mit der *Sprungfunktion* $s \in BV(a, b)$, $s(a) := 0$,

$$s(x) := f(a + 0) - f(a) + \sum_{a < u < x} (f(u + 0) - f(u - 0)) + (f(x) - f(x - 0)) \quad (a < x \leq b),$$

wobei die Summation über alle Unstetigkeitsstellen $u \in]a, x[$ von f zu erstrecken ist, und der *stetigen* Funktion $g := f - s \in BV(a, b)$.

§ 2. Der Satz von RADON-NIKODÝM und der Lebesguesche Zerlegungssatz

«La condition nécessaire et suffisante pour qu'une fonction $\mathcal{F}(E)$ soit parfaitement additive et μ-continue est qu'il existe une fonction μ-sommable $f(x)$ telle que

$$\mathcal{F}(E) = \int_E f \, d\mu$$

pour tout $E \in \mathfrak{K}.$»[2] (O. NIKODÝM [1], S. 135)

1. Absolute Stetigkeit. Ist μ ein Maß auf $\mathfrak{A}$ und $\nu = f \odot \mu$ mit der quasiintegrierbaren Dichte $f : X \to \overline{\mathbb{R}}$, so ist nach Korollar IV.2.11 jede μ-Nullmenge eine ν-Nullmenge. – Allgemein definieren wir nun:

2.1 Definition. Sind μ, ν signierte (oder komplexe) Maße auf $\mathfrak{A}$, so heißt ν μ-*stetig* oder *absolut stetig* bez. μ, falls jede μ-Nullmenge eine ν-Nullmenge ist; Schreibweise: $\nu \ll \mu$.

Hinreichend für die absolute Stetigkeit des signierten Maßes ν bez. des Maßes μ ist also die Existenz einer (quasiintegrierbaren) *Dichte* f von ν bez. μ. Wesentliches Ziel dieses Paragraphen wird es sein zu zeigen, dass umgekehrt aus $\nu \ll \mu$ *notwendig* die Existenz einer Dichte von ν bez. μ folgt, falls μ σ-endlich ist (Satz von RADON-NIKODÝM).

---

[2]Die notwendige und hinreichende Bedingung dafür, dass eine [reellwertige] Funktion $\mathcal{F}(E)$ σ-additiv und μ-stetig [bez. des endlichen Maßes μ] ist, ist die Existenz einer μ-integrierbaren Funktion $f(x)$, so dass $\mathcal{F}(E) = \int_E f \, d\mu$ für alle $E \in \mathfrak{K}$.

2. Der Satz von RADON-NIKODÝM. Der Schlüssel zum Beweis des Satzes von RADON-NIKODÝM ist der folgende Spezialfall dieses Satzes.

2.2 Lemma. *Sind ν, ρ endliche Maße auf $\mathfrak{A}$ mit $\nu \leq \rho$, so gibt es eine messbare Funktion $h : X \to [0,1]$ mit $\nu = h \odot \rho$.*

Beweis (nach R.C. BRADLEY, Amer. Math. Monthly 96, 437–440 (1989)). Eine Familie $\mathcal{P} = \{A_1, \ldots, A_m\}$ disjunkter Mengen $A_1, \ldots, A_m \in \mathfrak{A}$ mit $\bigcup_{j=1}^{m} A_j = X$ heißt eine *messbare Partition* von X. Die messbare Partition $\mathcal{Q} = \{B_1, \ldots, B_n\}$ von X heißt eine *Verfeinerung* von $\mathcal{P}$, falls jedes B_k in einem A_j enthalten ist, und dann bilden die in A_j enthaltenen B_l eine messbare Partition von A_j. Zu je zwei messbaren Partitionen $\mathcal{P} := \{A_1, \ldots, A_m\}, \mathcal{Q} = \{B_1, \ldots, B_n\}$ existiert eine gröbste gemeinsame Verfeinerung, nämlich $\{A_j \cap B_k : j = 1, \ldots, m; k = 1, \ldots, n\}$.

Jeder messbaren Partition $\mathcal{P} = \{A_1, \ldots, A_m\}$ ordnen wir eine *Treppenfunktion* $p : X \to [0,1]$ zu, indem wir für $x \in A_k, k = 1, \ldots, m$ setzen

$$p(x) := \begin{cases} \nu(A_k)/\rho(A_k) & , \text{ falls } \rho(A_k) > 0, \\ 0 & , \text{ falls } \rho(A_k) = 0. \end{cases}$$

Die Treppenfunktion p misst die „Dichte" von ν bez. ρ in Bezug auf die Partition $\mathcal{P}$. – Für jede endliche Vereinigung A von Mengen aus $\mathcal{P}$ ist $\nu(A) = \int_A p\, d\rho$. Ist also $\mathcal{Q}$ eine Verfeinerung von $\mathcal{P}$, so gilt für das zugehörige q und alle $A \in \mathcal{P}$

$$\int_A q\, d\rho = \nu(A) = \int_A p\, d\rho.$$

Da p auf den $A \in \mathcal{P}$ konstant ist, folgt $\int_A pq\, d\rho = \int_A p^2\, d\rho$ $(A \in \mathcal{P})$, also $\int_X pq\, d\rho = \int_X p^2\, d\rho$. Daher ist für jede Verfeinerung $\mathcal{Q}$ von $\mathcal{P}$

$$(2.1) \qquad \int_X q^2\, d\rho - \int_X p^2\, d\rho = \int_X (q-p)^2\, d\rho \geq 0.$$

Es sei nun

$$\alpha := \sup \left\{ \int_X p^2\, d\rho : \mathcal{P} \text{ messbare Partition von } X \right\}.$$

Dann ist $0 \leq \alpha \leq \rho(X) < \infty$. Zu jedem $n \in \mathbb{N}$ existiert eine messbare Partition $\mathcal{P}_n$ von X, so dass für das zugehörige p_n gilt:

$$(2.2) \qquad \alpha \geq \int_X p_n^2\, d\rho \geq \alpha - \frac{1}{n}.$$

Wegen (2.1) kann ohne Beschränkung der Allgemeinheit angenommen werden, dass $\mathcal{P}_{n+1}$ eine Verfeinerung von $\mathcal{P}_n$ ist. Dann gilt aber nach (2.1), (2.2) für alle $n > m$

$$\int_X (p_n - p_m)^2\, d\rho = \int_X p_n^2\, d\rho - \int_X p_m^2\, d\rho < \frac{1}{m},$$

d.h. $(p_n)_{n \geq 1}$ ist eine Cauchy-Folge in $\mathcal{L}^2(\rho)$. Es gibt also ein $h \in \mathcal{L}^2(\rho)$ mit $\|p_n - h\|_2 \to 0$, und wegen $0 \leq p_n \leq 1$ kann gleich $0 \leq h \leq 1$ angenommen werden (Korollar VI.2.7).

Ist nun $A \in \mathfrak{A}$, so seien $\mathcal{Q}_n$ die gröbste gemeinsame Verfeinerung von $\mathcal{P}_n$ und $\{A, A^c\}$ und q_n die entsprechende Treppenfunktion. Nach (2.1), (2.2) gilt dann $\|p_n - q_n\|_2 \to 0$, also

$$\nu(A) = \int_A q_n \, d\rho = \langle q_n, \chi_A \rangle = \langle p_n, \chi_A \rangle + \langle q_n - p_n, \chi_A \rangle \to \langle h, \chi_A \rangle = \int_A h \, d\rho \,.$$

$\square$

Zweiter Beweis von Lemma 2.2 (nach J. VON NEUMANN, Ann. Math., II. Ser. 41, 94–161 (1940), insbes. S. 127 ff. (= [4], S. 194 ff.; s. auch [5], S. 99, Fußnote 24)). Wegen $\nu \leq \rho$ und $\rho(X) < \infty$ ist $\mathcal{L}^2_{\mathbb{R}}(\rho) \subset \mathcal{L}^2_{\mathbb{R}}(\nu) \subset \mathcal{L}^1_{\mathbb{R}}(\nu)$. Daher ist die Linearform $f \mapsto \int_X f \, d\nu$ $(f \in L^2_{\mathbb{R}}(\rho))$ wohldefiniert und stetig (Satz VI.2.10). Nach dem bekannten *Darstellungssatz von* F. RIESZ[3] für stetige Linearformen auf einem Hilbert-Raum existiert ein $h \in L^2_{\mathbb{R}}(\rho)$, so dass

$$\int_X f \, d\nu = \langle f, h \rangle = \int_X f h \, d\rho \quad \text{für alle } f \in L^2_{\mathbb{R}}(\rho) \,.$$

Wählt man $f = \chi_A$ $(A \in \mathfrak{A})$, so folgt $\nu = h \odot \rho$. – Angenommen, es sei $\rho(E) > 0$ mit $E := \{h > 1\}$. Dann ist $\nu(E) = \int_E h \, d\rho > \rho(E)$: Widerspruch! Daher ist $h \leq 1$ ρ-f.ü. Entsprechend ist auch $h \geq 0$ ρ-f.ü., d.h. es kann $h : X \to [0,1]$ gewählt werden. $\square$

2.3 Satz von RADON-NIKODÝM. *Es seien μ ein σ-endliches Maß und $\nu \ll \mu$ ein signiertes Maß auf $\mathfrak{A}$. Dann hat ν eine Dichte bez. μ, d.h. es gibt eine quasiintegrierbare Funktion $f : X \to \overline{\mathbb{R}}$, so dass $\nu = f \odot \mu$, und f ist μ-f.ü. eindeutig bestimmt. Ist ν ein Maß, so kann $f \geq 0$ gewählt werden.*

Beweis. Die *Eindeutigkeitsaussage* ist bekannt aus Satz IV.4.5. – Nach dem Jordanschen Zerlegungssatz braucht die *Existenz* nur für *Maße* ν bewiesen zu werden, denn für signierte Maße ν ist $\nu \ll \mu$ gleichbedeutend mit $\nu^+ \ll \mu$ und $\nu^- \ll \mu$. Es sei also im Folgenden ν ein *Maß*. Wir führen den Existenzbeweis in drei Schritten:

(1) *Die Behauptung gilt für endliche Maße μ, ν mit $\nu \ll \mu$.*

Begründung: Zum endlichen Maß $\tau := \mu + \nu$ existieren nach Lemma 2.2 zwei messbare Funktionen $g, h : X \to [0,1]$ mit $\mu = g \odot \tau$, $\nu = h \odot \tau$. Für $N := \{g = 0\}$ gilt $\mu(N) = \int_N g \, d\tau = 0$, also auch $\nu(N) = 0$, denn $\nu \ll \mu$. Die Funktion

$$f(x) := \begin{cases} h(x)/g(x) & \text{für } x \in N^c, \\ 0 & \text{für } x \in N \end{cases}$$

---

[3] **Darstellungssatz von** F. RIESZ. *Ist $\varphi : H \to \mathbb{K}$ eine stetige Linearform auf dem Hilbert-Raum H, so gibt es ein $h \in H$, so dass $\varphi(f) = \langle f, h \rangle$ für alle $f \in H$.*

Beweis. Für $\varphi = 0$ leistet $h = 0$ das Gewünschte. Im Falle $\varphi \neq 0$ ist $U := \mathrm{Kern}\varphi$ ein *abgeschlossener* linearer Teilraum von $H, U \neq H$. Daher gibt es nach dem *Projektionssatz* von F. RIESZ (s. IV.2.**3**) ein $v \in H, v \neq 0, v \perp U$. Wegen $\varphi(v) \neq 0$ kann gleich $\varphi(v) = 1$ angenommen werden. Für jedes $f \in H$ ist dann $f - \varphi(f)v \in U$, also $\langle f, v \rangle = \varphi(f)\|v\|^2$, und $h := \|v\|^{-2}v$ leistet das Verlangte. $\square$

ist nicht-negativ, $\mathfrak{A}$-messbar, und für alle $A \in \mathfrak{A}$ gilt:

$$\nu(A) = \nu(A \cap N^c) = \int_{A \cap N^c} h \, d\tau = \int_{A \cap N^c} f g \, d\tau$$

$$= \int_{A \cap N^c} f \, d\mu = \int_A f \, d\mu = f \odot \mu(A) . -$$

(2) *Die Behauptung gilt für endliche Maße μ und beliebige Maße ν mit $\nu \ll \mu$.*
Begründung: Es sei

$$\alpha := \sup\{\mu(B) : B \in \mathfrak{A} , \, \nu(B) < \infty\} \quad (\leq \mu(X) < \infty) .$$

Dann gibt es eine wachsende Folge von Mengen $B_n \in \mathfrak{A}$ mit $\nu(B_n) < \infty, \mu(B_n) \uparrow \alpha$, und es ist $E := \bigcup_{n=1}^{\infty} B_n \in \mathfrak{A}, \mu(E) = \alpha$.

Es seien nun $A \in \mathfrak{A}, A \subset F := E^c$ und $\nu(A) < \infty$. Dann ist

$$\alpha + \mu(A) = \lim_{n \to \infty} \mu(B_n \cup A) \leq \alpha ,$$

denn $\nu(B_n \cup A) < \infty$. Es folgt: $\mu(A) = 0$, also auch $\nu(A) = 0$. *Ergebnis:* Für jedes $A \in \mathfrak{A}$ mit $A \subset F$ gilt entweder $\mu(A) = \nu(A) = 0$ oder $\mu(A) > 0, \nu(A) = \infty$.

Nun ist $E_n := B_n \setminus B_{n-1}$ $(n \geq 1; B_0 := \emptyset)$ eine Folge disjunkter Mengen aus $\mathfrak{A}$ mit $\bigcup_{n=1}^{\infty} E_n = E$ und $\nu(E_n) < \infty$. Wir setzen $\nu_n := \chi_{E_n} \odot \nu$ $(n \geq 1), \nu_F := \chi_F \odot \nu$. Dann sind die ν_n endliche Maße auf $\mathfrak{A}$ mit $\nu_n \ll \mu$. Nach dem ersten Schritt gibt es Funktionen $f_n \in \mathcal{M}^+$ mit $\nu_n = f_n \odot \mu$. Weiter ist nach dem oben Bewiesenen $\nu_F = (\infty \cdot \chi_F) \odot \mu$, und es folgt:

$$\nu = \sum_{n=1}^{\infty} \nu_n + \nu_F = \sum_{n=1}^{\infty} f_n \odot \mu + (\infty \cdot \chi_F) \odot \mu$$

$$= \left(\sum_{n=1}^{\infty} f_n + \infty \cdot \chi_F\right) \odot \mu . -$$

(3) *Die Behauptung gilt für σ-endliche Maße μ und beliebige Maße ν mit $\nu \ll \mu$.*
Begründung: Es gibt eine Folge disjunkter Mengen $A_n \in \mathfrak{A}$ mit $\mu(A_n) < \infty$ und $\bigcup_{n=1}^{\infty} A_n = X$. Die Maße $\mu_n := \chi_{A_n} \odot \mu, \nu_n := \chi_{A_n} \odot \nu$ erfüllen die Voraussetzungen von (2), denn $\mu_n(X) < \infty, \nu_n \ll \mu_n$. Daher gibt es ein $f_n \in \mathcal{M}^+$ mit $\nu_n = f_n \odot \mu_n$, und wählt man gleich $f_n \mid A_n^c = 0$, so ist $\nu_n = f_n \odot \mu$, also

$$\nu = \sum_{n=1}^{\infty} \nu_n = \sum_{n=1}^{\infty} f_n \odot \mu = \left(\sum_{n=1}^{\infty} f_n\right) \odot \mu .$$

$\square$

In der Situation des Satzes von RADON-NIKODÝM bezeichnet man die Dichte f auch als die RADON-NIKODÝM-*Ableitung* und schreibt $f = d\nu/d\mu$. Diese Schreibweise als formale Ableitung wird motiviert durch Aufgabe 2.4.

2.4 Korollar. *In der Situation des Satzes von* RADON-NIKODÝM *gilt:*
a) *Ist ν ein Maß, so gibt es eine messbare Funktion $f : X \to [0, \infty[$ und eine Menge $F \in \mathfrak{A}$, so dass*

$$\nu = f \odot \mu + (\infty \cdot \chi_F) \odot \mu .$$

b) ν *ist genau dann endlich, wenn eine integrierbare Dichte* $f : X \to \mathbb{R}$ *von* ν *bez.* μ *existiert.*

c) ν *ist genau dann* σ-*endlich, wenn eine reellwertige Dichte* $f : X \to \mathbb{R}$ *von* ν *bez.* μ *existiert.*

Beweis. a) wurde oben bewiesen und b) ist klar. – c) Existiert eine reellwertige Dichte f von ν bez. μ, so seien $(A_n)_{n \geq 1}$ eine Folge von Mengen aus $\mathfrak{A}$ mit $A_n \uparrow X, \mu(A_n) < \infty$ und $B_n := A_n \cap \{|f| \leq n\}$ $(n \in \mathbb{N})$. Dann gilt $B_n \in \mathfrak{A}, B_n \uparrow X$ und $|\nu(B_n)| < \infty$, also ist ν σ-endlich. – Ist umgekehrt ν σ-endlich, so seien $(E_n)_{n \geq 1}$ eine Folge disjunkter Mengen aus $\mathfrak{A}$ mit $\bigcup_{n=1}^{\infty} E_n = X, |\nu(E_n)| < \infty$ $(n \in \mathbb{N})$ und $\nu_n := \chi_{E_n} \odot \nu$ $(n \in \mathbb{N})$. Dann ist ν_n ein endliches signiertes Maß auf $\mathfrak{A}, \nu_n \ll \mu$. Daher hat ν_n eine (μ-integrierbare) *reellwertige* Dichte f_n, und wählen wir gleich $f_n \mid E_n^c = 0$, so ist $f = \sum_{n=1}^{\infty} f_n$ eine *reellwertige* (quasiintegrierbare) Dichte von $\nu = \sum_{n=1}^{\infty} \nu_n$ bez. μ. $\qquad\square$

Der Satz von RADON-NIKODÝM gilt allgemeiner für sog. *zerlegbare* Maßräume $(X, \mathfrak{A}, \mu)$ anstelle σ-endlicher (s. HEWITT–STROMBERG [1], S. 317–320, KÖLZOW [1], RAO [1]). Die Voraussetzung der σ-Endlichkeit kann aber nicht ersatzlos gestrichen werden, wie die folgenden Beispiele lehren.[4]

2.5 Beispiele. a) Ist $X \neq \emptyset, \mathfrak{A} = \{\emptyset, X\}$ und $\mu(\emptyset) = 0, \mu(X) = \infty, \nu(\emptyset) = 0, \nu(X) = 1$, so gilt $\nu \ll \mu$, aber ν hat keine Dichte bez. μ.

b) Es seien μ das Zählmaß auf $\mathfrak{A} := \mathfrak{B}^1 \mid [0,1]$ und $\nu := \beta^1 \mid \mathfrak{A}$. Dann gilt $\nu \ll \mu$, aber ν hat keine Dichte bez. μ: Wäre nämlich $\nu = f \odot \mu$ mit $f \in \mathcal{M}^+$, so wäre f reellwertig und μ-integrierbar, da $\nu([0,1]) < \infty$. Dann gäbe es aber eine *abzählbare* Menge $A \subset [0,1]$ mit $f \mid A^c = 0$ ($\mu =$ Zählmaß!), und es wäre $1 = \nu(A^c) = \int_{A^c} f \, d\mu = 0$: Widerspruch! – Setzt man $\rho(A) := 0$ für abzählbares $A \in \mathfrak{A}$ und $\rho(A) := \infty$ für überabzählbares $A \in \mathfrak{A}$, so gilt ebenfalls $\nu \ll \rho$, aber ν hat keine Dichte bez. ρ.

Historische Anmerkungen. G. VITALI ([1], S. 207) nennt 1905 eine Funktion $F : [a,b] \to \mathbb{R}$ *absolut stetig*, wenn zu jedem $\varepsilon > 0$ ein $\delta > 0$ existiert, so dass $\sum_{k=1}^{n} |F(\beta_k) - F(\alpha_k)| < \varepsilon$ für alle $a \leq \alpha_1 < \beta_1 \leq \ldots \leq \alpha_n < \beta_n \leq b, n \in \mathbb{N}$ mit $\sum_{k=1}^{n} (\beta_k - \alpha_k) < \delta$. Ferner nennt er F ein *unbestimmtes Integral (funzione integrale)*, falls eine integrierbare Funktion f existiert, so dass $F(x) - F(a) = \int_a^x f(t) \, dt$ für $a \leq x \leq b$, und er zeigt: «Condizione necessaria e sufficiente perché una funzione $F(x)$ sia in (a,b) una funzione integrale è che essa sia assolutamente continua in (a,b)» (s. hierzu Hauptsatz 4.14 und Korollar 4.15).[5] H. LEBESGUE reklamiert 1907 in einem Brief an VITALI seine Priorität (s. VITALI [1], S. 457–460), räumt aber ein: «... je n'avais pas

---

[4]Eine Charakterisierung derjenigen σ-Algebren, auf denen die σ-Endlichkeit von μ eine notwendige Voraussetzung für die Gültigkeit des Satzes von RADON-NIKODÝM ist, findet man bei W.C. BELL und J.W. HAGOOD: *The necessity of sigma-finiteness in the* RADON-NIKODÝM *theorem*, Mathematika 28, 99–101 (1981).

[5]Notwendig und hinreichend dafür, dass eine Funktion F in (a,b) unbestimmtes Integral ist, ist ihre absolute Stetigkeit in (a,b).

mis mon résultat en lumière ...».[6] LEBESGUE ([2], S. 223) beweist 1910 den Satz von RADON-NIKODÝM im Spezialfall $\mu = \lambda^p$; daher wird der Satz oft auch nach LEBESGUE-RADON-NIKODÝM benannt. Der Lebesgueschen Arbeit entnimmt RADON ([1], insbes. S. 1351) wesentliche Anregungen für seinen Beweis im Fall eines Lebesgue-Stieltjesschen Maßes im $\mathbb{R}^p$. Auch P.J. DANIELL (1889–1946) beweist den Satz für Lebesgue-Stieltjessche Maße im $\mathbb{R}^p$ (Bull. Am. Math. Soc. 26, 444–448 (1920)). Die allgemeine Fassung des Satzes stammt von O. NIKODÝM [1]. In dieser Arbeit zeigt NIKODÝM auch, wie sich für Maße auf σ-Algebren über abstrakten Mengen bequem eine Integrationstheorie nach dem Vorbild von LEBESGUE, RADON und FRÉCHET entwickeln lässt. – Eine verbandstheoretische Version des Satzes von RADON-NIKODÝM findet man bei G. BIRKHOFF: *Lattice theory,* third ed., Providence, RI: Amer. Math. Soc. 1973, S. 375.

3. Kurzbiographie von O. NIKODÝM. OTTON MARTIN NIKODÝM wurde am 13. August 1887 im Marktflecken Zablotow am Oberlauf des Pruth unweit Kolomea (Kolomya) geboren. Damals gehörte Zablotow zum österreichischen Kronland Galizien, nach der Wiederbegründung des polnischen Staates (1918) zu Polen, nach dem II. Weltkrieg zur UdSSR und heute unter dem Namen Sabolotow zur Ukraine; dasselbe gilt für die damalige galizische Hauptstadt Lemberg (polnisch Lwów, ukrainisch Lwiw). Nach dem Umzug seiner Familie nach Lemberg (1897) besuchte NIKODÝM dort die Schule und studierte anschließend Mathematik und Physik an der Universität Lemberg. Seine akademischen Lehrer im Fach Mathematik waren der *explorateur de l'infini*[7] W. SIERPIŃSKI (1882–1969), der sich 1908 in Lemberg habilitiert hatte und dort 1909 eine der weltweit ersten systematischen Vorlesungen über Mengenlehre hielt, und J. PUZYNA (1856–1919), zu dessen Arbeitsgebieten die damals sehr neue Theorie der Integralgleichungen und die Funktionentheorie zählten. Nach dem Abschlussexamen (1911) arbeitete NIKODÝM – wie sein Freund S. BANACH – als Lehrer an einer der höheren Schulen Krakaus. Zeit seines Lebens blieb er ein engagierter Lehrer. O. NIKODÝM ist mit der „Entdeckung" von S. BANACH eng verbunden. H. STEINHAUS erinnerte sich (Scripta Math. 26, 93–100 (1961)): "On a walk along the Cracow Green Belt one summer evening in 1916, I overheard a conversation, or rather only a few words; but these 'the Lebesgue integral', were so unexpected that I went up to the bench and introduced myself to the speakers – Stefan Banach and Otto Nikodym discussing mathematics. They told me they had a third member of their little group, [Witold] Wilkosz [(1891–1941)]. The three companions were linked not only by mathematics, but also by the hopeless plight of young people in what was then the fortress of Cracow – an insecure future, no opportunities for work and no contacts with scientists, foreign or even Polish. This indeed was the atmosphere in the Cracow of 1916." Die Wiederbegründung des polnischen Staates nach dem I. Weltkrieg führte zu einem Aufblühen des wissenschaftlichen Lebens und zur Begründung der sog. *Polnischen Schule der Mathematik,* in der mathematische Grundlagenforschung, Mengenlehre, Topologie, reelle Funktionen, Maß- und Integrationstheorie und Funktionalanalysis besonders gepflegt wurden. Bei der Gründung der Polnischen Mathematischen Gesellschaft in Krakau (1919) gehörten S. BANACH und O. NIKODÝM zu den 16 Gründungsmitgliedern.

---

[6]... ich habe mein Resultat nicht ins [rechte] Licht gesetzt ...
[7]Inschrift auf SIERPIŃSKIS Grabstein.

Auf dringendes Anraten von Sierpiński promovierte Nikodým 1924 (im Alter von 37 Jahren!), habilitierte sich 1927 in Warschau und arbeitete anschließend als Dozent in Krakau und Warschau. Von 1930 bis 1945 lebte er mit seiner Frau, der Mathematikerin Stanisława Nikodým, in Warschau. Während der deutschen Besetzung Polens im II. Weltkrieg wurden alle höheren Lehranstalten geschlossen, die meisten Lehrer und Professoren in Gefängnisse oder Konzentrationslager geworfen, viele von ihnen umgebracht, wie z.B. die bekannten Mathematiker S. Ruziewicz (1889–1941), S. Saks (1897–1942), J. Schauder (1899–1943). Viele der nicht inhaftierten Lehrer und Hochschullehrer hielten geheime Lehrveranstaltungen in Privatwohnungen ab – wohl wissend um die drakonischen Strafen, die ihnen und ihren Schülern drohten. Es gelang dem Ehepaar Nikodým diese schwere Zeit in Warschau zu überleben und an diesen Lehrveranstaltungen mitzuwirken. – Nach dem Kriege emigrierte O. Nikodým in die USA und fand am Kenyon College in Gambier (Ohio) eine neue Wirkungsstätte. Er arbeitete intensiv bis ins hohe Alter und starb am 4. Mai 1974 in Utica (NY).

Erst nach dem Doktorexamen beginnt Nikodým mit der Veröffentlichung von Forschungsergebnissen. Bis 1945 veröffentlicht er über 30 Arbeiten und vier Lehrbücher, davon eines gemeinsam mit seiner Frau; nach 1947 folgen über 50 weitere Arbeiten und das monumentale Werk *The Mathematical Apparatus for Quantum-Theories,* Berlin–Heidelberg–New York: Springer-Verlag 1966. Er liefert zahlreiche Beiträge zur Theorie der reellen Funktionen, mengentheoretischen Topologie, Maßtheorie auf Verbänden, Funktionalanalysis, insbesondere Spektraltheorie, und zur Theorie der Differentialgleichungen. Am bekanntesten ist wohl seine Arbeit [1] über den *Satz von* Radon-Nikodým, wobei die Namengebung offenbar auf S. Saks [1], [2] zurückgeht. Weniger bekannt ist, dass Nikodým schon 1931 eine Arbeit vorlegt, in der er zeigt, dass jede abgeschlossene konvexe Teilmenge eines Hilbert-Raums ein eindeutig bestimmtes Element minimaler Norm besitzt (s. Ann. Soc. Polon. Math. 10, 120–121 (1931), ausführlich veröffentlicht in Mathematica, Cluj 9, 110–128 (1935)). Dieser Satz wird oft F. Riesz zugeschrieben, der ihn 1934 veröffentlicht und zum Beweis des Darstellungssatzes von Riesz[3] benutzt.

4. Der Lebesguesche Zerlegungssatz. Sind μ, ν zwei endliche Maße auf $\mathfrak{A}$, so wird ν nicht notwendig μ-stetig sein, d.h. ν wird nicht notwendig eine Dichte f bez. μ haben. Wir stellen die *Frage:* Kann man von ν ein endliches Maß der Form $f \odot \mu$ $(f \in \mathcal{M}^+)$ abspalten, so dass möglichst „wenig" übrig bleibt? Anschaulich gesprochen wird $\nu - f \odot \mu$ „klein" sein, wenn dieses Maß auf einer Menge möglichst kleinen Maßes konzentriert ist. Am günstigsten ist hier eine μ-Nullmenge, und dann ist $\nu - f \odot \mu \perp \mu$. Eine solche Zerlegung ist in der Tat möglich, und sie ist eindeutig bestimmt.

2.6 Lebesguescher Zerlegungssatz. *Sind μ ein σ-endliches Maß und ν ein σ-endliches signiertes Maß auf $\mathfrak{A}$, so gibt es genau eine Zerlegung*[8]

$$\nu = \rho + \sigma$$

von ν in zwei signierte Maße ρ, σ auf $\mathfrak{A}$, so dass $\rho \ll \mu, \sigma \perp \mu$ (Lebesguesche Zerlegung), und ρ hat eine (quasiintegrierbare) Dichte $f : X \to \overline{\mathbb{R}}$ bez. μ. Dabei sind ρ, σ σ-endlich, und ρ, σ sind genau dann endlich, wenn ν endlich ist.

---

[8]Die signierten Maße ρ, σ nehmen beide den Wert $-\infty$ oder beide den Wert $+\infty$ nicht an.

Beweis. Den *Eindeutigkeitsbeweis* führen wir in Lemma 2.7 (sogar ohne die Voraussetzungen der σ-Endlichkeit von μ und ν). – Nach dem Jordanschen Zerlegungssatz genügt der Nachweis der *Existenz* einer Lebesgueschen Zerlegung für *Maße ν*. Es seien also μ, ν σ-endliche Maße. Wir argumentieren ähnlich wie unter (1) im Beweis des Satzes von RADON-NIKODÝM und setzen $\tau := \mu + \nu$. Dann ist τ ein σ-endliches Maß mit $\mu \ll \tau$, und nach dem Satz von RADON-NIKODÝM gibt es ein $g \in \mathcal{M}^+$, so dass $\mu = g \odot \tau$. Wir setzen $N := \{g = 0\}$, definieren $\rho, \sigma = \mathfrak{A} \to [0, \infty]$ vermöge

$$\rho(A) := \nu(A \cap N^c), \ \sigma(A) := \nu(A \cap N) \quad (A \in \mathfrak{A})$$

und stellen fest: ρ, σ sind σ-endliche Maße mit $\nu = \rho + \sigma$. Offenbar gilt $\sigma \perp \mu$, denn $\mu(N) = \int_N g \, d\tau = 0$ und $\sigma(N^c) = 0$. Wir zeigen weiter: $\rho \ll \mu$. Dazu sei $A \in \mathfrak{A}$ eine μ-Nullmenge. Dann ist $0 = \mu(A) = \int_X g\chi_A \, d\tau$, also $g\chi_A = 0$ τ-f.ü., d.h. $\tau(A \cap N^c) = 0$. Wegen $\rho(A) = \nu(A \cap N^c) \leq \tau(A \cap N^c) = 0$ ist also auch $\rho(A) = 0$. – Dass ρ eine Dichte $f : X \to [0, \infty[$ bez. μ hat, folgt aus Korollar 2.4, c).   □

2.7 Lemma. *Sind μ, ν signierte Maße auf $\mathfrak{A}$, und gibt es eine Lebesguesche Zerlegung[8] $\nu = \rho + \sigma, \rho \ll \mu, \sigma \perp \mu$, so sind ρ, σ die einzigen signierten Maße mit diesen Eigenschaften.*

Beweis. Es sei $\nu = \rho' + \sigma'$ eine zweite Lebesguesche Zerlegung von ν, so dass $\rho' \ll \mu, \sigma' \perp \mu$. Dann gibt es μ-Nullmengen $N, N' \in \mathfrak{A}$, so dass $|\sigma|(N^c) = |\sigma'|(N'^c) = 0$. Für alle $A \in \mathfrak{A}$ gilt daher

$$\rho(A) = \rho(A \cap N^c \cap N'^c) = \nu(A \cap N^c \cap N'^c) = \rho'(A \cap N^c \cap N'^c) = \rho'(A).$$

Weiter ist

$$\sigma(A) = \sigma(A \cap N) = \nu(A \cap N) = \nu(A \cap N \cap N'),$$

denn $\nu(A \cap N \cap N'^c) = \rho'(A \cap N \cap N'^c) + \sigma'(A \cap N \cap N'^c) = 0$, da $\rho = \rho'$. Aus Symmetriegründen liefert die Gleichung $\sigma(A) = \nu(A \cap N \cap N')$ nun $\sigma = \sigma'$.   □

Historische Anmerkung. LEBESGUE ([2], S. 237) spricht 1910 im Fall $\mu = \lambda^p$ den Zerlegungssatz folgendermaßen aus: «*Si $s(I)$ est la fonction des singularités d'une fonction $f(I)$ additive et à variation bornée, la différence $f(I) - s(I)$ est absolument continue et $s(I)$ a une variation totale plus petite que celle de toute autre fonction $\sigma(I)$ telle que $f(I) - \sigma(I)$ soit absolument continue.*»[9] Für Lebesgue-Stieltjessche Maße μ im $\mathbb{R}^p$ beweist RADON ([1], S. 1322) den Lebesgueschen Zerlegungssatz. Der Fall abstrakter Maßräume wird von HAHN [1], S. 422–424, Satz XI–XIII detailliert behandelt. Allerdings zeigt HAHN nicht die Existenz einer Dichte des absolut stetigen Anteils von ν. Der Name „Lebesguescher Zerlegungssatz" geht wohl zurück auf SAKS [1], S. 16, [2], S. 32–35. Bez. einer verbandstheoretischen Version des Lebesgueschen Zerlegungssatzes

---

[9]Ist $s(I)$ der singuläre Anteil des signierten Maßes $f(I)$, so ist $f(I) - s(I)$ absolut stetig und $s(I)$ hat eine Totalvariation kleiner [oder gleich] derjenigen jedes anderen signierten Maßes $\sigma(I)$, so dass $f(I) - \sigma(I)$ absolut stetig ist.

verweisen wir auf K. YOSIDA: *Vector lattices and additive set functions*, Proc. Imp. Acad. Tokyo 14, 228–232 (1940) und YOSIDA [1], S. 375–378. – Übrigens lassen sich der Hahnsche, der Jordansche, der Lebesguesche Zerlegungssatz und der Satz von RADON-NIKODÝM bequem mithilfe des Zornschen Lemmas beweisen; s. M.K. FORT: *A specialization of Zorn's lemma*, Duke Math. J. 15, 763–765 (1948). – Einen einfachen Beweis des Lebesgueschen Zerlegungssatzes gibt T. TITKOS: *A simple proof ot the Lebesgue Decomposition Theorem*, Amer. Math. Monthly 122, 793 f. (2015).

Aufgaben. 2.1. Es seien μ, ν signierte (oder komplexe) Maße auf $\mathfrak{A}$, und ν sei endlich. Dann ist ν absolut stetig bez. μ genau dann, wenn zu jedem $\varepsilon > 0$ ein $\delta > 0$ existiert, so dass $|\nu(A)| < \varepsilon$ für alle $A \in \mathfrak{A}$ mit $\|\mu\|(A) < \delta$. (RADON [1], S. 1319.)

2.2. Es seien μ ein endliches signiertes Maß, ν ein signierter Inhalt auf $\mathfrak{A}$, und für jede Folge $(A_n)_{n \geq 1}$ von Mengen aus $\mathfrak{A}$ mit $\|\mu\|(A_n) \to 0$ gelte $\nu(A_n) \to 0$. Dann ist ν ein signiertes Maß auf $\mathfrak{A}$.

2.3. Es seien $(X, \mathfrak{A}, \mu), (Y, \mathfrak{B}, \nu)$ Maßräume, $f : X \to Y$ messbar und $\tilde{\mu}, \tilde{\nu}$ die Vervollständigungen von μ bzw. ν. Zeigen Sie: Aus $f(\mu) \ll \nu$ folgt $f(\tilde{\mu}) \ll \tilde{\nu}$. (Vgl. Aufgabe III.1.2.)

2.4. Es seien μ ein σ-endliches Maß und ν, ρ signierte Maße auf $\mathfrak{A}$.
a) Aus $\nu \ll \mu$ folgt $\alpha\nu \ll \mu$ $(\alpha \in \mathbb{R})$ und $d(\alpha\nu)/d\mu = \alpha(d\nu/d\mu)$ μ-f.ü.
b) Nehmen ν und ρ beide den Wert $+\infty$ oder beide den Wert $-\infty$ nicht an, so ist $\nu + \rho \ll \mu$, falls $\nu \ll \mu$ und $\rho \ll \mu$, und dann gilt: $d(\nu + \rho)/d\mu = d\nu/d\mu + d\rho/d\mu$ μ-f.ü.
c) Ist ν ein σ-endliches Maß mit $\rho \ll \nu, \nu \ll \mu$, so gilt die „Kettenregel"

$$\frac{d\rho}{d\mu} = \frac{d\rho}{d\nu}\frac{d\nu}{d\mu} \quad \mu\text{-f.ü.}$$

d) Ist ν ein σ-endliches Maß mit $\nu \ll \mu$ und $\mu \ll \nu$, so ist $d\nu/d\mu \neq 0$ μ-f.ü. und

$$\frac{d\nu}{d\mu} = \left(\frac{d\mu}{d\nu}\right)^{-1} \quad \mu\text{-f.ü.}$$

2.5. In welchen der folgenden Beispiele existiert eine Lebesguesche Zerlegung von ν bez. μ?
a) $\mathfrak{A} = \mathfrak{B}^1 | [0,1]$, $\mu = $ Zählmaß, $\nu = \beta^1 | \mathfrak{A}$.
b) $\mathfrak{A} = \mathfrak{B}^1 | [0,1]$, $\mu = \beta^1 | \mathfrak{A}$, $\nu = $ Zählmaß.
c) $\mathfrak{A} = \mathfrak{B}^1 | [0,1]$, $M \subset [0,1]$, $\mu(A) := $ Anzahl der Elemente von $A \cap M$, $\nu(A) := $ Anzahl der Elemente von $A \cap M^c$ $(A \in \mathfrak{A})$. (Hinweis: Unterscheiden Sie die Fälle $M \in \mathfrak{A}$ und $M \notin \mathfrak{A}$.)
d) $\mathfrak{A} = \mathfrak{B}^2 | [0,1]^2$, $\mu(A) := \sum_{x \in [0,1]} \beta^1(A_x)$, $\nu(A) := \sum_{y \in [0,1]} \beta^1(A^y)$ $(A \in \mathfrak{A})$.

2.6. Sind μ ein σ-endliches Maß, ν ein σ-endliches signiertes Maß auf $\mathfrak{A}$, so gilt $\nu \perp \mu$ genau dann, wenn kein signiertes Maß $\rho \neq 0$ existiert mit $\|\rho\| \leq \|\nu\|, \rho \ll \mu$.

2.7. Sind ν, ρ signierte oder komplexe Maße auf $\mathfrak{A}$, so sind folgende Aussagen äquivalent:
a) $\nu \ll \rho$;
b) $(\mathrm{Re}\,\nu)^{\pm} \ll \rho$, $(\mathrm{Im}\,\rho)^{\pm} \ll \rho$;
c) $\|\nu\| \ll \rho$;
d) $\|\nu\| \ll \|\rho\|$.

2.8. Sind μ, ν signierte oder komplexe Maße auf $\mathfrak{A}$, und hat ν eine Lebesguesche Zerlegung $\nu = \rho + \sigma, \rho \ll \mu, \sigma \perp \mu$, so hat $\|\nu\|$ die Lebesguesche Zerlegung $\|\nu\| = \|\rho\| + \|\sigma\|$.

2.9. Ist $\nu : \mathfrak{A} \to \overline{\mathbb{R}}$ ein endliches signiertes Maß, so gibt es eine $\|\nu\|$-integrierbare Funktion $g : X \to \mathbb{R}, |g| = 1$, so dass $\nu = g \odot \|\nu\|$.

2.10. Ist ν ein komplexes Maß auf $\mathfrak{A}$, so seien $\rho := \mathrm{Re}\,\nu, \sigma := \mathrm{Im}\,\nu$ und

$$\mathcal{L}^1_{\mathbb{C}}(\nu) := \mathcal{L}^1_{\mathbb{C}}(\rho^+) \cap \mathcal{L}^1_{\mathbb{C}}(\rho^-) \cap \mathcal{L}^1_{\mathbb{C}}(\sigma^+) \cap \mathcal{L}^1_{\mathbb{C}}(\sigma^-).$$

Für $f \in \mathcal{L}^1_{\mathbb{C}}(\nu)$ sei

$$\int_X f \, d\nu := \int_X f \, d\rho^+ - \int_X f \, d\rho^- + i \int_X f \, d\sigma^+ - i \int_X f \, d\sigma^- \, .$$

Dann ist $\mathcal{L}^1_{\mathbb{C}}(\nu) = \mathcal{L}^1_{\mathbb{C}}(|\nu|)$.

2.11. Es seien μ ein σ-endliches Maß und ν ein komplexes Maß auf $\mathfrak{A}$ mit $\nu \ll \mu$. Dann existiert eine μ-f.ü. eindeutig bestimmte Dichte $g \in \mathcal{L}^1_{\mathbb{C}}(\mu)$ mit $\nu = g \odot \mu$. Für messbares $f : X \to \mathbb{C}$ gilt $f \in \mathcal{L}^1_{\mathbb{C}}(\nu)$ genau dann, wenn $fg \in \mathcal{L}^1_{\mathbb{C}}(\mu)$, und dann gilt

$$\int_X f \, d\nu = \int_X f g \, d\mu \, .$$

2.12. a) Ist $\nu : \mathfrak{A} \to \mathbb{C}$ ein komplexes Maß, so gibt es eine messbare Funktion $g : X \to \mathbb{C}$ mit $|g| = 1$, so dass $\nu = g \odot |\nu|$. (*Bemerkung:* In Analogie zur Polarkoordinatendarstellung komplexer Zahlen nennt man diese Darstellung die *polare Zerlegung* von ν.)
b) Für alle $f \in \mathcal{L}^1_{\mathbb{C}}(\nu)$ gilt

$$\left| \int_X f \, d\nu \right| \leq \int_X |f| \, d|\nu| \, .$$

2.13. Es seien $(X_j, \mathfrak{A}_j, \mu_j)$ ein σ-endlicher Maßraum und ν_j ein σ-endliches Maß auf $\mathfrak{A}_j$ mit der Lebesgueschen Zerlegung $\nu_j = \rho_j + \sigma_j, \rho_j \ll \mu_j, \sigma_j \perp \mu_j$ $(j = 1, 2)$. Dann hat $\nu_1 \otimes \nu_2$ bez. $\mu_1 \otimes \mu_2$ die Lebesguesche Zerlegung $\nu_1 \otimes \nu_2 = \rho + \sigma$ mit $\rho := \rho_1 \otimes \rho_2 \ll \mu_1 \otimes \mu_2$ und $\sigma := \rho_1 \otimes \sigma_2 + \rho_2 \otimes \sigma_1 + \sigma_1 \otimes \sigma_2 \perp \mu_1 \otimes \mu_2$. Hat ρ_j die Dichte $f_j : X_j \to \mathbb{R}$ bez. μ_j $(j = 1, 2)$, so hat $\rho_1 \otimes \rho_2$ bez. $\mu_1 \otimes \mu_2$ die Dichte $f_1 \otimes f_2(x_1, x_2) := f_1(x_1) \cdot f_2(x_2)$ $(x_j \in X_j, j = 1, 2)$.

2.14. Ist $(\mu_n)_{n \geq 1}$ eine Folge σ-endlicher Maße auf $\mathfrak{A}$, so existiert ein σ-endliches Maß μ auf $\mathfrak{A}$, so dass $\mu_n \ll \mu$ für alle $n \in \mathbb{N}$.

2.15. Ist ρ ein Maß auf $\mathfrak{A}$ und $M \in \mathfrak{A}$, so sei $\rho_M(A) := \rho(A \cap M)$ $(A \in \mathfrak{A})$. – Es seien nun μ, ν zwei σ-endliche Maße auf $\mathfrak{A}$. Dann existiert eine Zerlegung $X = S \cup E$ $(S, E \in \mathfrak{A}, S \cap E = \emptyset)$, so dass gilt: $\mu = \mu_S + \mu_E, \nu = \nu_S + \nu_E, \nu_S \perp \mu_S, \nu_E \ll \mu_E$ und $\mu_E \ll \nu_E$. Entsprechendes gilt für σ-endliche signierte Maße μ, ν. (Hinweis: Nach dem Satz von RADON-NIKODÝM gibt es $f, g \in \mathcal{M}^+$, so dass $\mu = f \odot \tau, \nu = g \odot \tau$, wobei $\tau := \mu + \nu$. Die Mengen $S := \{f = 0\} \cup \{g = 0\}$ und $E := S^c$ leisten das Verlangte.)

§ 3. Der Dualraum von L^p $(1 \leq p < \infty)$

1. Der Dualraum von $L^p(\mu)$ $(1 \leq p < \infty)$. Ist $(V, \| \cdot \|)$ ein Banach-Raum über $\mathbb{K}$, so heißt

$$V' := \{\varphi : \varphi : V \to \mathbb{K} \text{ linear und stetig}\}$$

der (stetige) *Dualraum* von V. Bez. der Norm

$$\|\varphi\| := \sup\{|\varphi(x)| : x \in V, \|x\| \leq 1\}$$

ist auch V' ein Banach-Raum. Für viele funktionalanalytische Untersuchungen ist die genaue Kenntnis von V' eine wesentliche Voraussetzung.

Im Folgenden sei stets $(X, \mathfrak{A}, \mu)$ ein Maßraum. Es ist unser Ziel, mithilfe des Satzes von RADON-NIKODÝM zu zeigen, dass der Dualraum des Banach-Raums $L^p(\mu)$ $(1 \leq p < \infty)$ (zumindest für σ-endliches μ) zu $L^q(\mu)$ normisomorph ist. Dabei ist $q \in]1, \infty]$ gemäß

$$\frac{1}{p} + \frac{1}{q} = 1$$

festgelegt. Diese Bezeichnung wird im Folgenden stillschweigend beibehalten.

3.1 Lemma. *Für jedes $g \in L^q$ ist $\varphi_g : L^p \to \mathbb{K}$,*

$$\varphi_g(f) := \int_X fg\, d\mu \quad (f \in L^p)$$

eine stetige Linearform auf L^p. Die Gleichung $\|\varphi_g\| = \|g\|_q$ gilt für $1 < p < \infty$ uneingeschränkt und für $p = 1$ sicher dann, wenn μ σ-endlich ist.

Beweis. Für alle $f \in L^p$ gilt nach der Hölderschen Ungleichung $fg \in L^1$ und

$$|\varphi_g(f)| = \left| \int_X fg\, d\mu \right| \leq \|f\|_p \|g\|_q .$$

Daher ist $\varphi_g \in (L^p)'$ und $\|\varphi_g\| \leq \|g\|_q$. In der letzten Ungleichung steht für $1 < p < \infty$ stets das Gleichheitszeichen: Die Funktion

$$h(x) := \begin{cases} |g(x)|^{q-1}\overline{g(x)}/|g(x)| & \text{für} \quad g(x) \neq 0, \\ 0 & \text{für} \quad g(x) = 0 \end{cases}$$

ist messbar mit

$$\int_X |h|^p\, d\mu = \int_X |g(x)|^{p(q-1)}\, d\mu = \int_X |g|^q\, d\mu < \infty .$$

Daher ist $h \in L^p$ und

$$\varphi_g(h) = \int_X |g|^q\, d\mu = \left(\int_X |g|^q\, d\mu \right)^{1/q} \left(\int_X |g|^q\, d\mu \right)^{1-1/q} = \|g\|_q \|h\|_p .$$

Folglich ist $\|\varphi_g\| \geq \|g\|_q$, also $\|\varphi_g\| = \|g\|_q$.

Es seien nun μ σ-endlich, $(p, q) = (1, \infty)$ und $g \in L^\infty, g \neq 0, 0 < \alpha < \|g\|_\infty$. Dann gibt es ein $E \in \mathfrak{A}, E \subset \{|g| \geq \alpha\}$ mit $0 < \mu(E) < \infty$. Die Funktion

$$f(x) := \begin{cases} \chi_E(x)\overline{g(x)}/|g(x)| & \text{für} \quad g(x) \neq 0, \\ 0 & \text{für} \quad g(x) = 0 \end{cases}$$

liegt in L^1, und es ist

$$\varphi_g(f) = \int_E |g|\, d\mu \geq \alpha\mu(E) = \alpha\|f\|_1 ,$$

also $\|\varphi_g\| \geq \alpha$. Daher ist $\|\varphi_g\| \geq \|g\|_\infty$, und insgesamt folgt $\|\varphi_g\| = \|g\|_\infty$. $\quad\square$

Damit erhalten wir eine natürliche Abbildung $\varphi : L^q \to (L^p)', \varphi(g) :=$ φ_g $(g \in L^q), \varphi_g(f) := \int_X fg\,d\mu$ $(f \in L^p)$, und φ ist offenbar linear. Für $1 < p < \infty$ ist φ normerhaltend ($\|\varphi_g\| = \|g\|_q$), also *injektiv*. Im Falle $p = 1$ gilt dasselbe, falls μ σ-endlich ist. Die nun naheliegende Frage nach der *Surjektivität* von φ beantworten wir in Satz 3.2.

3.2 Satz. *Ist $p = 1$ und μ σ-endlich oder $1 < p < \infty$ und μ beliebig, so ist $\varphi : L^q \to (L^p)', \varphi(g) := \varphi_g$ $(g \in L^q)$,*

$$\varphi_g(f) := \int_X fg\,d\mu \quad (f \in L^p)$$

ein Normisomorphismus; kurz: $(L^p)' = L^q$.

Beweis. Es sei $\psi \in (L^p)'$. Wir müssen zeigen: Es gibt ein $g \in L^q$ mit $\psi = \varphi_g$. Diesen Nachweis erbringen wir in drei Schritten. Die wesentliche Schwierigkeit steckt im ersten Schritt.

(1) *Die Behauptung gilt im Fall $\mu(X) < \infty$.*

Begründung: Aus $\mu(X) < \infty$ folgt $\chi_E \in L^p$ $(E \in \mathfrak{A})$ und $\nu : \mathfrak{A} \to \mathbb{K}, \nu(E) := \psi(\chi_E)$ $(E \in \mathfrak{A})$ ist sinnvoll. Die *Beweisidee* ist nun folgende: ν ist ein *signiertes (oder komplexes) Maß*, und es gilt $\nu \ll \mu$. Nach dem Satz von RADON-NIKODÝM hat ν eine *Dichte* $g : X \to \mathbb{K}$ bez. μ, und diese Funktion g leistet das Verlangte.

Zunächst ist ν *endlich-additiv*, denn ψ ist linear. Nun ist aber ψ zusätzlich *stetig*, und das impliziert die *σ-Additivität* von ν: Zum Beweis sei $E = \bigcup_{k=1}^\infty E_k$ mit disjunkten $E_k \in \mathfrak{A}$ $(k \geq 1)$. Dann gilt

$$\|\chi_{\bigcup_{k=1}^n E_k} - \chi_E\|_p^p = \mu\left(\bigcup_{k=n+1}^\infty E_k\right) \longrightarrow 0\,,$$

und die Stetigkeit von ψ liefert:

$$\sum_{k=1}^n \nu(E_k) = \psi\left(\chi_{\bigcup_{k=1}^n E_k}\right) \longrightarrow \psi(\chi_E) = \nu(E)\,.$$

ν ist also ein (endliches) *signiertes oder komplexes Maß*, und $\nu \ll \mu$, denn ist $E \in \mathfrak{A}$ eine μ-Nullmenge, so repräsentiert χ_E das Nullelement von L^p, d.h. es ist $\nu(E) = \psi(\chi_E) = 0$. Nach dem Satz von RADON-NIKODÝM existiert ein $g \in L^1(\mu)$, so dass $\nu = g \odot \mu$. (Im Falle $\mathbb{K} = \mathbb{C}$ wende man den Satz von RADON-NIKODÝM auf die endlichen signierten Maße $\operatorname{Re}\nu, \operatorname{Im}\nu$ an. Das liefert $g_1, g_2 \in L^1(\mu)$ mit $\operatorname{Re}\nu = g_1 \odot \mu, \operatorname{Im}\nu = g_2 \odot \mu$, und $g := g_1 + ig_2$ leistet das Gewünschte.)

Nach Definition ist nun

$$\psi(\chi_E) = \nu(E) = \int_X \chi_E g\,d\mu \quad (E \in \mathfrak{A})\,,$$

d.h. für alle $f \in \mathcal{T} := \mathrm{Span}\,\{\chi_E : E \in \mathfrak{A}\}$ gilt

$$(3.1) \qquad\qquad \psi(f) = \int_X fg\,d\mu\,.$$

Ist nun $f \in L^\infty$ $(\subset L^p$ (!)$)$, so existiert eine Folge von Funktionen $t_n \in \mathcal{T}$ mit $\|t_n - f\|_\infty \to 0$, $\|t_n\|_\infty \leq \|f\|_\infty$. Daher gilt $\|t_n - f\|_p \to 0$ (Satz VI. 2.10), folglich $\psi(t_n) \to \psi(f)$. Andererseits konvergiert $(t_n g)_{n \geq 1}$ punktweise μ-f.ü. gegen fg, wobei $|t_n g| \leq \|f\|_\infty |g|$ μ-f.ü. Der Satz von der majorisierten Konvergenz liefert mithin $\int_X t_n g\,d\mu \to \int_X fg\,d\mu$. Ergebnis: Gl. (3.1) *gilt für alle* $f \in L^\infty$.

Wenn wir nun zeigen, dass gilt

$$(3.2) \qquad\qquad g \in L^q\,,$$

so sind wir fertig, denn dann stimmen $\psi, \varphi_g \in (L^p)'$ auf dem dichten linearen Teilraum $\mathcal{T}$ von L^p überein, sind also gleich. Zum Nachweis von (3.2) unterscheiden wir zwei Fälle:
(i) $q = \infty$: Die Funktion

$$f_E(x) := \chi_E(x) \cdot \begin{cases} \overline{g}(x)/|g(x)| & \text{für} \quad g(x) \neq 0\,, \\ 1 & \text{für} \quad g(x) = 0\,, \end{cases} \qquad (E \in \mathfrak{A})$$

liegt in L^∞. Daher gilt nach (3.1) für alle $E \in \mathfrak{A}$:

$$\int_E |g|\,d\mu = \int_X f_E g\,d\mu = \psi(f_E) \leq \|\psi\|\,\|f_E\|_1 = \int_E \|\psi\|\,d\mu\,,$$

und Satz IV.4.4 liefert: $|g| \leq \|\psi\|$ μ-f.ü., also $g \in L^\infty$, $\|g\|_\infty \leq \|\psi\|$.
(ii) $1 < q < \infty$: Für $\alpha > 0$ seien $E_\alpha := \{|g| \leq \alpha\}$ und

$$f_\alpha(x) := \chi_{E_\alpha}(x)|g(x)|^{q-1} \cdot \begin{cases} \overline{g}(x)/|g(x)| & \text{für} \quad g(x) \neq 0\,, \\ 1 & \text{für} \quad g(x) = 0\,. \end{cases}$$

Dann ist $f_\alpha \in L^\infty$, und (3.1) ergibt

$$\int_{E_\alpha} |g|^q\,d\mu = \int_X f_\alpha g\,d\mu = \psi(f_\alpha) \leq \|\psi\|\,\|f_\alpha\|_p = \|\psi\| \left(\int_{E_\alpha} |g|^q\,d\mu \right)^{1/p}\,,$$

also:

$$\left(\int_{E_\alpha} |g|^q\,d\mu \right)^{1/q} \leq \|\psi\| \quad \text{für alle } \alpha > 0\,.$$

Für $\alpha \to \infty$ liefert nun der Satz von der monotonen Konvergenz die Beziehung (3.2) und zusätzlich $\|g\|_q \leq \|\psi\|$. Damit ist die Behauptung für $\mu(X) < \infty$ bewiesen. –
(2) *Die Behauptung gilt für* σ-*endliche Maße* μ.
Begründung: Wir wählen eine Folge von Mengen $X_n \in \mathfrak{A}$ mit $X_n \uparrow X, \mu(X_n) < \infty$ und setzen $\mathfrak{A}_n := \mathfrak{A}\,|\,X_n, \mu_n := \mu\,|\,\mathfrak{A}_n$. Der Raum $L^p(\mu_n)$ lässt sich vermöge

$$L^p(\mu_n) \cong \{f \in L^p : f\,|\,X_n^c = 0\}$$

als Unterraum von L^p auffassen. Dann ist $\psi_n := \psi \,|\, L^p(\mu_n)$ eine stetige Linearform auf $L^p(\mu_n)$, und nach (1) existiert ein $g_n \in L^q(X_n)$, so dass

$$\psi_n(f) = \int_{X_n} f g_n \, d\mu_n \quad \text{für alle } f \in L^p(\mu_n)\,.$$

Da g_n μ_n-f.ü. eindeutig bestimmt ist, kann g_n ohne Beschränkung der Allgemeinheit gleich so gewählt werden, dass $g_{n+1} \,|\, X_n = g_n$. Dann ist die Definition $g(x) := g_n(x)$ für $x \in X_n, n \in \mathbb{N}$ sinnvoll, und g ist messbar. Nach (1) ist $\|g_n\|_q \le \|\psi_n\| \le \|\psi\|$, und der Grenzübergang $n \to \infty$ liefert wegen monotoner Konvergenz: $g \in L^q, \|g\|_q \le \|\psi\|$. Für alle $f \in L^p(\mu_n)$ ist

$$\psi(f) = \psi_n(f) = \int_{X_n} f g_n \, d\mu_n = \int_X f g \, d\mu\,,$$

und da $\bigcup_{n=1}^{\infty} L^p(\mu_n)$ dicht liegt in $L^p(\mu)$, folgt (2). –

(3) *Die Behauptung gilt für beliebige Maße μ, falls $1 < p < \infty$.*
Begründung: Für $A \in \mathfrak{A}$ fassen wir $L_A^p := L^p(A, \mathfrak{A} \,|\, A, \mu \,|\, (\mathfrak{A} \,|\, A))$ als Unterraum von L^p auf und setzen $\psi_A := \psi \,|\, L_A^p$, $\mu_A := \mu \,|\, (\mathfrak{A}|A)$. Bezeichnet nun $\mathfrak{S}$ die Menge aller Elemente von $\mathfrak{A}$, die bez. μ σ-endliches Maß haben, so existiert nach (2) zu jedem $A \in \mathfrak{S}$ genau ein $g_A \in L_A^q$, so dass $\psi_A(f) = \int_A f g_A \, d\mu_A$ für alle $f \in L_A^p$ und $\|\psi_A\| = \|g_A\|_q$. Für disjunkte $A, B \in \mathfrak{S}$ ist

$$(3.3) \qquad\qquad \|\psi_{A \cup B}\|^q = \|\psi_A\|^q + \|\psi_B\|^q\,,$$

denn wegen der Eindeutigkeit von $g_A, g_B, g_{A \cup B}$ ist $g_{A \cup B} \,|\, A = g_A, g_{A \cup B} \,|\, B = g_B$, und aus $1 < q < \infty$ folgt:

$$\|\psi_{A \cup B}\|^q = \|g_{A \cup B}\|_q^q = \|g_A\|_q^q + \|g_B\|_q^q = \|\psi_A\|^q + \|\psi_B\|^q\,.$$

Nach (3.3) ist $\|\psi_A\| \le \|\psi_B\|$ für alle $A, B \in \mathfrak{S}$ mit $A \subset B$.
    Offenbar ist

$$\alpha := \sup\{\|\psi_A\| : A \in \mathfrak{S}\} \le \|\psi\| < \infty\,,$$

und es gibt eine Folge $(S_n)_{n \ge 1}$ in $\mathfrak{S}$ mit $\|\psi_{S_n}\| \to \alpha$. Ersichtlich ist $S := \bigcup_{n=1}^{\infty} S_n \in \mathfrak{S}$ und $\|\psi_S\| = \alpha$. Nach (2) existiert ein $g \in L_S^q$, so dass

$$(3.4) \qquad\qquad \psi_S(f) = \int_S f g \, d\mu \quad \text{für alle } f \in L_S^p\,.$$

Wegen (3.3) folgt aus $\|\psi_S\| = \alpha$, dass $\psi_{B \setminus S} = 0$ für alle $B \in \mathfrak{S}$. Für jedes $f \in L^p$ ist nun $B := \{f \ne 0\} \in \mathfrak{S}$, denn $B_n := \{|f| > 1/n\} \uparrow B$ und $\mu(B_n) \le \|nf\|_p^p < \infty$. Daher ist $\psi(\chi_{S^c} f) = \psi_{B \setminus S}(f \,|\, (B \setminus S)) = 0$, und (3.4) liefert

$$\psi(f) = \psi(\chi_S f) + \psi(\chi_{S^c} f) = \psi_S(f \,|\, S) = \int_S f g \, d\mu = \int_X f g \, d\mu = \varphi_g(f)\,.$$

$\square$

Für $p = 1$ und nicht σ-endliches μ ist φ nicht notwendig ein Normisomorphismus, doch kann man zeigen, dass bei geeigneter Modifikation der Definition des Raums L^∞ die Abbildung φ genau dann ein Normisomorphismus ist, wenn der Maßraum $(X, \mathfrak{A}, \mu)$ *lokalisierbar* ist (Satz von SEGAL-KELLEY; s. z.B. BEHRENDS [1], S. 189–191 und die dort angegebene Literatur). Zum Beispiel ist jeder σ-endliche Maßraum lokalisierbar, und jeder im Sinne von HEWITT-STROMBERG [1], S. 317 *zerlegbare* Maßraum ist lokalisierbar. – Der Dualraum des (modifizierten) Raums L^∞ ist normisomorph zu einem Raum beschränkter signierter Inhalte auf $\mathfrak{A}$ (s. HEWITT-STROMBERG [1], S. 354 ff.).

Historische Anmerkung. Für $p > 1$ wird Satz 3.2 im Jahre 1910 von F. RIESZ ([1], S. 467) in seiner großen Arbeit *Untersuchungen über Systeme integrierbarer Funktionen* bewiesen. Den wichtigen Spezialfall $p = 2$ erledigt RIESZ ([1], S. 386–388) schon 1907 in einer Note in den C.R. Acad. Sci., Paris 144, 1409–1411 (1907). Gleichzeitig findet FRÉCHET dasselbe Resultat und veröffentlicht es im gleichen Band derselben Zeitschrift auf S. 1414–1416. – Der Raum L^∞ (für das Lebesgue-Maß auf einem Intervall) wird erst 1919 eingeführt von H. STEINHAUS (Math. Z. 5, 186–221 (1919)). In dieser Arbeit zeigt STEINHAUS, dass L^∞ zu $(L^1)'$ isomorph ist.

2. Die multiplikativen Linearformen auf der Banach-Algebra $L^1(\mu_m)$.

Ist A eine Banach-Algebra über $\mathbb{K}$, so heißt eine $\mathbb{K}$-lineare Abbildung $\varphi : A \to \mathbb{K}$ mit $\varphi(xy) = \varphi(x)\varphi(y)$ $(x, y \in A)$ eine *multiplikative Linearform*. Bemerkenswerterweise sind multiplikative Linearformen auf Banach-Algebren automatisch *stetig* (während auf unendlich-dimensionalen Banach-Räumen stets unstetige Linearformen existieren (!)).

3.3 Lemma. *Ist φ eine multiplikative Linearform auf der Banach-Algebra A, so ist φ stetig mit $\|\varphi\| \le 1$.*

Beweis. Angenommen, es gibt ein $a \in A$ mit $|\varphi(a)| > \|a\|$. Für $b := (\varphi(a))^{-1}a$ gilt dann $\|b\| < 1$ und $\varphi(b) = 1$. Wegen $\|b^n\| \le \|b\|^n$ und $\|b\| < 1$ ist $y_n := b + b^2 + \ldots + b^n$ $(n \in \mathbb{N})$ eine Cauchy-Folge in A, konvergiert also gegen ein $y \in A$, und aus $by_n = y_{n+1} - b$ folgt $by = y - b$. Da aber $\varphi(b) = 1$ ist, folgt hieraus $\varphi(y) = \varphi(y) - 1$: Widerspruch! □

Es sei wieder $\mu_m := (2\pi)^{-m/2}\beta^m$ (s. Kap. V, § 3, **4.**). Für jedes $t \in \mathbb{R}^m$ ist $f \mapsto \hat{f}(t)$ eine multiplikative Linearform auf $L^1_\mathbb{C}(\mu_m)$, denn $(f * g)^\wedge = \hat{f} \cdot \hat{g}$ $(f, g \in L^1_\mathbb{C}(\mu_m))$. Wir zeigen, dass dieses *alle* nicht-trivialen multiplikativen Linearformen auf $L^1_\mathbb{C}(\mu_m)$ sind:

3.4 Satz. *Ist $\varphi \ne 0$ eine multiplikative Linearform auf $L^1_\mathbb{C}(\mu_m)$, so existiert genau ein $t \in \mathbb{R}^m$, so dass $\varphi(f) = \hat{f}(t)$ für alle $f \in L^1_\mathbb{C}(\mu_m)$.*

Beweis. Wegen $\varphi \in (L^1)'$ (Lemma 3.3) existiert nach Satz 3.2 genau ein $h \in L^\infty$, so dass

$$\varphi(f) = \int_{\mathbb{R}^m} fh \, d\mu_m \quad \text{für alle } f \in L^1.$$

Wir werten die Bedingung $\varphi(f * g) = \varphi(f)\varphi(g)$ $(f, g \in L^1)$ aus zur genaueren Bestimmung von h: Zunächst gilt nach dem Satz von FUBINI für alle $f, g \in L^1$ mit $f_y(x) := f(x - y)$:

$$
\begin{aligned}
\varphi(f * g) &= \int_{\mathbb{R}^m} (f * g)(x) h(x) \, d\mu_m(x) \\
&= \int_{\mathbb{R}^m} \left(\int_{\mathbb{R}^m} f(x - y) g(y) \, d\mu_m(y) \right) h(x) \, d\mu_m(x) \\
&= \int_{\mathbb{R}^m} \left(\int_{\mathbb{R}^m} f_y(x) h(x) \, d\mu_m(x) \right) g(y) \, d\mu_m(y) \\
&= \int_{\mathbb{R}^m} \varphi(f_y) g(y) \, d\mu_m(y) \, .
\end{aligned}
$$

(Wegen $|\varphi(f_y)| \le \|\varphi\| \, \|f_y\|_1 \le \|f\|_1$ existiert das letzte Integral in Übereinstimmung mit dem Satz von FUBINI.) Andererseits ist

$$
\varphi(f)\varphi(g) = \int_{\mathbb{R}^m} (\varphi(f) h(y)) g(y) \, d\mu_m(y) \, ,
$$

und es folgt für alle $f \in L^1$:

(3.5) $\qquad\qquad \varphi(f_y) = \varphi(f) h(y) \quad$ für μ_m-fast alle $y \in \mathbb{R}^m$.

Da $\varphi \ne 0$ ist, können wir hier $F \in L^1$ so wählen, dass $\varphi(F) = 1$ ist, und dann folgt:

(3.6) $\qquad\qquad\qquad h(y) = \varphi(F_y) \quad \mu_m$-f.ü.

Die Abbildung $\mathbb{R}^m \to L^1, y \mapsto F_y$ ist stetig, und φ ist stetig. Daher ist die rechte Seite von (3.6) stetig, d.h. h kann als *stetige* Funktion auf dem $\mathbb{R}^m$ gewählt werden. Dann gilt (3.5) für alle $f \in L^1$ und alle $y \in \mathbb{R}^m$, und es folgt:

$$
h(x + y) = \varphi((F_x)_y) = \varphi(F_x) h(y) = h(x) h(y) \, .
$$

Es gilt also die *Funktionalgleichung*

(3.7) $\qquad\qquad h(x + y) = h(x) h(y) \quad (x, y \in \mathbb{R}^m) \, ,$

und es ist $h(0) = \varphi(F) = 1$. Daher existiert ein $a \in \mathbb{R}^m, a > 0$, so dass

$$
\alpha := \int_{[0,a]} h(y) \, d\mu_m(y) \ne 0 \, .
$$

Die Integration von (3.7) bez. y über $[0, a]$ liefert:

$$
\alpha h(x) = \int_{[0,a]} h(x + y) \, d\mu_m(y) = \int_{[x, x+a]} h(z) \, d\mu_m(z) \, .
$$

Hier ist die rechte Seite nach x stetig differenzierbar, d.h. h ist *stetig differenzierbar*. Setzen wir $w := (Dh)(0) \in \mathbb{C}^m$, so ist nach (3.7) $(Dh)(x) =$

$wh(x)$ $(x \in \mathbb{R}^m)$, also $D(h(x)\exp(-\langle w, x\rangle)) = 0$ für alle $x \in \mathbb{R}^m$. Daher ist $h(x)\exp(-\langle w, x\rangle)$ konstant, und wegen $h(0) = 1$ ergibt sich $h(x) = \exp(\langle w, x\rangle)$. Weil h $(\in L^\infty!)$ beschränkt ist, hat w die Form $w = -it$ mit $t \in \mathbb{R}^m$, d.h. es ist $\varphi(f) = \hat{f}(t)$ für alle $f \in L^1$. Zugleich ergibt sich die Eindeutigkeit von t, denn ist auch $u \in \mathbb{R}^m$ und $\varphi(f) = \hat{f}(u)$ für alle $f \in L^1$, so lässt sich obige Argumentation auf $h(y) = \exp(-i\langle u, y\rangle)$ anwenden. $\qquad\square$

Bezeichnen wir mit $C_0(\mathbb{R}^m)$ den Banach-Raum der stetigen Funktionen auf dem $\mathbb{R}^m$, die im Unendlichen verschwinden (versehen mit der Supremumsnorm), so hat die Eindeutigkeitsaussage von Satz 3.4 zur Folge: Das Bild $(L^1_{\mathbb{C}}(\mu_m))^\wedge \subset C_0(\mathbb{R}^m)$ von $L^1_{\mathbb{C}}(\mu_m)$ unter der Fourier-Transformation trennt die Punkte von $\mathbb{R}^m$. Zusammen mit den übrigen Eigenschaften der Fourier-Transformation liefert daher der Satz von STONE-WEIERSTRASS (s. z.B. SEMADENI [1], **7.3.9.**): *Der Raum* $(L^1_{\mathbb{C}}(\mu_m))^\wedge$ *liegt dicht in* $C_0(\mathbb{R}^m)$.

Aufgaben. 3.1. Eine Menge $M \in \mathfrak{A}$ heißt eine *lokale* (μ-)*Nullmenge*, wenn für alle $E \in \mathfrak{A}$ mit $\mu(E) < \infty$ gilt $\mu(M \cap E) = 0$.
a) Jede Nullmenge ist eine lokale Nullmenge, und jede lokale Nullmenge von σ-endlichem Maß ist eine Nullmenge, aber eine lokale Nullmenge braucht keine Nullmenge zu sein.
b) Die Abbildung $\varphi : L^\infty \to (L^1)'$ aus Satz 3.2 ist injektiv genau dann, wenn jede lokale Nullmenge eine Nullmenge ist.

3.2. Es seien $p = 1$ und μ σ-endlich oder $1 < p < \infty$ und μ beliebig. Ferner sei jede lokale Nullmenge eine Nullmenge und $g : X \to \mathbb{K}$ messbar.
a) Gibt es ein $\alpha \in [0, \infty[$, so dass $\int_X |fg|\,d\mu \leq \alpha\|f\|_p$ für alle $f \in L^p$, so ist $g \in L^q$ und $\|g\|_q \leq \alpha$.
b) Ist $\{g \neq 0\}$ von σ-endlichem Maß und $fg \in L^1$ für alle $f \in L^p$, so ist $g \in L^q$. (Hinweis: Konstruieren Sie eine geeignete Folge von Funktionen $g_n \in L^q$ mit $g_n \to g$ und benutzen Sie den Satz von BANACH-STEINHAUS.)

3.3. Lemma 3.1 gilt sinngemäß für $(p, q) = (\infty, 1)$ und liefert für jedes Maß μ eine normerhaltende Injektion $\varphi : L^1 \to (L^\infty)'$. Die Abbildung φ ist *nicht* surjektiv, falls $\mu = \beta^1 \mid \mathfrak{B}^1_{[0,1]}$. (Hinweise: Der Raum $C([0, 1])$ der auf $[0, 1]$ stetigen Funktionen mit der Supremumsnorm kann als abgeschlossener Unterraum von $L^\infty(\mu)$ aufgefasst werden. Die Abbildung $\psi : C([0, 1]) \to \mathbb{K}, \psi(f) := f(0)$ $(f \in C[0, 1])$ ist eine stetige Linearform mit $\|\psi\| = 1$. Nach dem Satz von HAHN-BANACH gestattet ψ eine stetige Fortsetzung $\Psi : L^\infty(\mu) \to \mathbb{K}$ mit $\|\psi\| = \|\Psi\|$. Warum wird Ψ nicht durch ein Element von $L^1(\mu)$ dargestellt?)

3.4. Eine Abbildung $\chi : \mathbb{R}^m \to \mathbb{C}$ mit $\chi(x + y) = \chi(x)\chi(y)$ $(x, y \in \mathbb{R}^m)$ und $|\chi| = 1$ heißt ein *Charakter*. (Ein Charakter ist also ein Homomorphismus der additiven Gruppe $(\mathbb{R}^m, +)$ in die multiplikative Gruppe S^1 der komplexen Zahlen vom Betrage 1.) Zeigen Sie: Zu jedem Borel- (oder Lebesgue-) messbaren Charakter $\chi : \mathbb{R}^m \to \mathbb{C}$ existiert ein $t \in \mathbb{R}^m$, so dass $\chi(x) = \exp(i\langle t, x\rangle)$ für alle $x \in \mathbb{R}^m$. (Hinweise: $f \mapsto \int_{\mathbb{R}^m} \chi(x)f(x)\,d\mu_m(x)$ ist eine multiplikative Linearform auf $L^1(\mu_m)$. Daher existiert ein $t \in \mathbb{R}^m$, so dass $\chi(x) = \exp(i\langle t, x\rangle)$ für μ_m-fast alle $x \in \mathbb{R}^m$. Insbesondere ist die Menge der $x \in \mathbb{R}^m$, für welche $\chi(x)$ und $\exp(i\langle t, x\rangle)$ übereinstimmen, eine additive Untergruppe positiven Maßes.)

3.5. Jede Lebesgue-messbare Lösung $f : \mathbb{R}^m \to \mathbb{R}$ der Funktionalgleichung

(3.8) $$f(x + y) = f(x) + f(y) \quad (x, y \in \mathbb{R}^m)$$

ist stetig und hat daher die Gestalt $f(x) = \langle a, x \rangle$ mit geeignetem $a \in \mathbb{R}^m$. (Hinweis: $\chi = \exp(if)$ ist ein Lebesgue-messbarer Charakter auf $\mathbb{R}^m$.)

3.6. Es gibt nicht Lebesgue-messbare Lösungen der Funktionalgleichung (3.8). (Hinweise: Jede Lösung von (3.8) ist eine $\mathbb{Q}$-lineare Abbildung von $\mathbb{R}^m$ in $\mathbb{R}$. Schreibt man also die Werte von f auf einer Basis des $\mathbb{Q}$-Vektorraums $\mathbb{R}^m$ ganz beliebig vor, so lässt sich f auf genau eine Weise zu einer Lösung von (3.8) fortsetzen. Eine Mächtigkeitsbetrachtung liefert das Gewünschte.)

3.7. Fasst man Funktionen auf $[0, 2\pi[$ als (2π)-periodische Funktionen auf $\mathbb{R}$ auf, so wird $L^1 := L^1_{\mathbb{C}}([0, 2\pi], \mathfrak{B}^1 \,|\, [0, 2\pi], \frac{1}{2\pi}\beta^1 \,|\, (\mathfrak{B}^1 \,|\, [0, 2\pi]))$ vermöge der *Faltung*

$$f * g(x) := \frac{1}{2\pi} \int_0^{2\pi} f(x - y)g(y)\, dy \quad (f, g \in L^1)$$

zu einer Banach-Algebra. Für $f \in L^1$ wird die Fourier-Transformierte $\hat{f} : \mathbb{Z} \to \mathbb{C}$ definiert durch

$$\hat{f}(n) := \frac{1}{2\pi} \int_0^{2\pi} f(t)e^{-int}\, dt \quad (n \in \mathbb{Z}),$$

und es gilt:

$$(f * g)^{\wedge} = \hat{f} \cdot \hat{g}.$$

Für jedes $n \in \mathbb{Z}$ ist also $\varphi_n : L^1 \to \mathbb{C}, \varphi_n(f) := \hat{f}(n)$ $(f \in L^1)$ eine multiplikative Linearform auf L^1. Zeigen Sie: Zu jeder multiplikativen Linearform $\varphi : L^1 \to \mathbb{C}, \varphi \neq 0$ existiert ein $n \in \mathbb{Z}$ mit $\varphi = \varphi_n$. – Wie lauten die Analoga der Aufgaben 3.4–3.6?

3.8. Versieht man $(\mathbb{Z}, +)$ mit dem Zählmaß und den Banach-Raum $l^1_{\mathbb{C}}(\mathbb{Z})$ mit der *Faltung*

$$(x * y)_n := \sum_{k=-\infty}^{+\infty} x_{n-k} y_k \quad (n \in \mathbb{Z})$$

$(x = (x_k)_{k \in \mathbb{Z}}, y = (y_k)_{k \in \mathbb{Z}} \in l^1_{\mathbb{C}}(\mathbb{Z}))$ als Multiplikation, so ist $l^1_{\mathbb{C}}(\mathbb{Z})$ eine Banach-Algebra. Zeigen Sie: Zu jeder multiplikativen Linearform $\varphi \neq 0$ von $l^1_{\mathbb{C}}(\mathbb{Z})$ existiert ein mod 2π eindeutig bestimmtes $t \in \mathbb{R}$, so dass

$$(3.9) \qquad\qquad \varphi(x) = \sum_{k=-\infty}^{+\infty} x_k e^{ikt}$$

für alle $x = (x_k)_{k \in \mathbb{Z}} \in l^1_{\mathbb{C}}(\mathbb{Z})$. Umgekehrt ist jede Abbildung φ der Gestalt (3.9) eine multiplikative Linearform auf $l^1_{\mathbb{C}}(\mathbb{Z})$.

3.9. Es sei A die komplexe Banach-Algebra der absolut konvergenten Fourier-Reihen

$$x(t) = \sum_{k=-\infty}^{+\infty} x_k e^{ikt} \quad (t \in \mathbb{R}), \quad \sum_{k=-\infty}^{+\infty} |x_k| < \infty$$

mit der Norm $\|x\| := \sum_{k=-\infty}^{+\infty} |x_k|$ und der punktweise definierten Multiplikation. Zeigen Sie: Jede multiplikative Linearform $\varphi \neq 0$ von A ist ein *Auswertungshomomorphismus* $\varphi(x) = x(t)$ mit geeignetem mod 2π eindeutig bestimmtem $t \in \mathbb{R}$.

§ 4. Absolut stetige Funktionen auf ℝ

1. Der Überdeckungssatz von VITALI. Ziele dieses Paragraphen sind der Hauptsatz der Differential- und Integralrechnung für das Lebesgue-Integral und eine Verfeinerung des Lebesgueschen Zerlegungssatzes für Lebesgue-Stieltjessche Maße auf ℝ. Insbesondere wird sich für bez. β absolut stetige Lebesgue-Stieltjessche Maße μ_F auf ℝ zeigen, dass die Radon-Nikodým-Ableitung $d\mu_F/d\beta$ mit der gewöhnlichen Ableitung von F β-f.ü. übereinstimmt. Der Schlüssel zu diesen Resultaten ist der Überdeckungssatz von VITALI.

Im Folgenden bezeichnen η das äußere Lebesgue-Maß, λ das Lebesgue-Maß und β das Lebesgue-Borelsche Maß auf ℝ.

4.1 Definition. Es seien $A \subset \mathbb{R}$ und $\mathcal{F}$ eine Familie von (offenen oder abgeschlossenen oder halboffenen) Intervallen $I \subset \mathbb{R}$ mit $\lambda(I) > 0$. Dann heißt $\mathcal{F}$ eine *Vitali-Überdeckung* von A, wenn zu jedem $x \in A$ und $\varepsilon > 0$ ein $I \in \mathcal{F}$ existiert, so dass $x \in I$ und $\lambda(I) < \varepsilon$.

4.2 Überdeckungssatz von Vitali (1908)[10]. *Sind $A \subset \mathbb{R}$ eine (nicht notwendig messbare) Menge endlichen äußeren Lebesgue-Maßes und $\mathcal{F}$ eine Vitali-Überdeckung von A, so gibt es zu jedem $\varepsilon > 0$ endlich viele disjunkte Intervalle $I_1, \ldots, I_n \in \mathcal{F}$ $(n \geq 0)$, so dass*

$$(4.1) \qquad \eta\left(A \setminus \bigcup_{k=1}^{n} I_k \right) < \varepsilon \,.$$

Beweis (nach BANACH [1], S. 90 ff.). Für $A = \emptyset$ wähle man $n = 0$ und das leere System von Intervallen. – Es sei nun $A \neq \emptyset$. Wir wählen eine offene Menge $U \supset A$ mit $\lambda(U) < \infty$. Ohne Einschränkung der Allgemeinheit können wir gleich voraussetzen, dass $\mathcal{F}$ nur abgeschlossene Intervalle enthält, die alle in U enthalten sind, denn $\{\overline{I} : I \in \mathcal{F}, \overline{I} \subset U\}$ ist eine Vitali-Überdeckung von A. Wir beginnen die induktive Konstruktion mit irgendeinem $I_1 \in \mathcal{F}$ und nehmen an, die paarweise disjunkten Intervalle $I_1, \ldots, I_k \in \mathcal{F}$ $(k \geq 1)$ seien schon konstruiert. Ist $A \subset \bigcup_{j=1}^{k} I_j$, so beenden wir die Konstruktion, und die Behauptung ist mit $n := k$ richtig. Im Falle $A \setminus \bigcup_{j=1}^{k} I_j \neq \emptyset$ sei

$$r_k := \sup\left\{ \lambda(I) : I \in \mathcal{F}, \ I \cap \bigcup_{j=1}^{k} I_j = \emptyset \right\} .$$

Dann ist $0 < r_k \leq \lambda(U) < \infty$, und wir können ein $I_{k+1} \in \mathcal{F}$ auswählen mit $\lambda(I_{k+1}) > r_k/2$ und $I_{k+1} \cap \bigcup_{j=1}^{k} I_j = \emptyset$.

Es sei nun $A \setminus \bigcup_{j=1}^{k} I_j \neq \emptyset$ für alle $k \geq 1$. Dann ist

$$(4.2) \qquad \sum_{k=1}^{\infty} \lambda(I_k) = \lambda\left(\bigcup_{k=1}^{\infty} I_k \right) \leq \lambda(U) < \infty \,.$$

---

[10]VITALI [1], S. 257 ff.

Insbesondere gilt $r_k \to 0$, und es gibt ein $n \in \mathbb{N}$ mit $\sum_{k=n+1}^{\infty} \lambda(I_k) < \varepsilon/5$. Zum Nachweis von (4.1) sei $x \in A \setminus \bigcup_{k=1}^{n} I_k$. Da $\bigcup_{k=1}^{n} I_k$ abgeschlossen ist, existiert ein zu $I_1, \ldots, I_n \in \mathcal{F}$ disjunktes $I \in \mathcal{F}$ mit $x \in I$. Das Intervall I hat mit einem der Intervalle I_k mit $k \geq n+1$ einen nicht-leeren Durchschnitt, denn wäre $I \cap I_k = \emptyset$ für alle $k \geq 1$, so wäre $r_k \geq \lambda(I)$ für alle k im Widerspruch zur Konvergenz $r_k \to 0$. Es sei nun $l > n$ die kleinste natürliche Zahl mit $I \cap I_l \neq \emptyset$. Dann ist also $\lambda(I) \leq r_{l-1} < 2\lambda(I_l)$, folglich beträgt der Abstand des Punktes x vom Mittelpunkt von I_l höchstens $\lambda(I) + \frac{1}{2}\lambda(I_l) < 5\lambda(I_l)/2$. Bezeichnet nun J_k das abgeschlossene Intervall mit $\lambda(J_k) = 5\lambda(I_k)$, das denselben Mittelpunkt hat wie I_k, so ist $x \in J_l$ und daher

$$\eta\left(A \setminus \bigcup_{k=1}^{n} I_k\right) \leq \sum_{k=n+1}^{\infty} \lambda(J_k) = 5 \sum_{k=n+1}^{\infty} \lambda(I_k) < \varepsilon \,.$$

Damit ist (4.1) bewiesen. Zusätzlich wird klar: $\eta\left(A \setminus \bigcup_{k\geq 1} I_k\right) = 0$. Damit haben wir das folgende Korollar im Fall $\eta(A) < \infty$ bewiesen.   □

4.3 Korollar. *Ist $\mathcal{F}$ eine Vitali-Überdeckung von $A \subset \mathbb{R}$, so existiert eine abzählbare Familie $(I_k)_{k\geq 1}$ disjunkter Intervalle aus $\mathcal{F}$, so dass*

$$\eta\left(A \setminus \bigcup_{k\geq 1} I_k\right) = 0 \,.$$

Beweis. Für $n \in \mathbb{Z}$ ist $\mathcal{F}_n := \{I \in \mathcal{F} : I \subset]n, n+1[\}$ eine Vitali-Überdeckung von $A_n := A \cap]n, n+1[$. Wegen $\eta(A_n) < \infty$ existiert nach dem vorangehenden Beweis eine abzählbare Familie $(J_{nk})_{k\geq 1}$ disjunkter Intervalle aus $\mathcal{F}_n$ mit $\eta\left(A_n \setminus \bigcup_{k\geq 1} J_{nk}\right) = 0$, und $(J_{nk})_{n\in\mathbb{Z}, k\geq 1}$ ist eine abzählbare Familie disjunkter Mengen aus $\mathcal{F}$ mit

$$\eta\left(A \setminus \bigcup_{\substack{n\in\mathbb{Z} \\ k\geq 1}} J_{nk}\right) \leq \eta(\mathbb{Z}) + \sum_{n\in\mathbb{Z}} \eta\left(A_n \setminus \bigcup_{k\geq 1} J_{nk}\right) = 0 \,.$$

□

4.4 Bemerkung. Der Überdeckungssatz von Vitali und Korollar 4.3 gelten offenbar sinngemäß im $\mathbb{R}^p$, falls $\mathcal{F}$ nur *Würfel* (Quader mit lauter gleich langen Kanten) enthält. Dagegen sind diese Aussagen nicht unverändert richtig, wenn man als Elemente von $\mathcal{F}$ beliebige Quader zulässt (s. BANACH [1], S. 90 ff.). Allgemeinere Versionen des Vitalischen Satzes für das Lebesgue-Maß im $\mathbb{R}^p$ findet man bei BANACH [1], S. 90 ff., KAMKE [1], S. 82 ff., SAKS [2], S. 109 ff., L. MEJLBRO, F. TOPSØE: *A precise Vitali theorem for Lebesgue measure*, Math. Ann. 230, 183–193 (1977), O. JØRSBOE, L. MEJLBRO, F. TOPSØE: *Some Vitali theorems for Lebesgue measure*, Math. Scand. 48, 259–285 (1981).

2. Differenzierbarkeit monotoner Funktionen λ-f.ü. Ist $I \subset \mathbb{R}$ ein Intervall und $f : I \to \mathbb{R}$, so werden die rechten (bzw. linken) oberen und unteren

Ableitungszahlen von f in $x \in I$ definiert durch

$$D^+ f(x) := \overline{\lim_{h \to +0}} \frac{f(x+h) - f(x)}{h} \,, \quad D_+ f(x) := \underline{\lim_{h \to +0}} \frac{f(x+h) - f(x)}{h} \,,$$

$$D^- f(x) := \overline{\lim_{h \to +0}} \frac{f(x) - f(x-h)}{h} \,, \quad D_- f(x) := \underline{\lim_{h \to +0}} \frac{f(x) - f(x-h)}{h} \,.$$

Hier sind $\overline{\lim}$ und $\underline{\lim}$ in $\overline{\mathbb{R}}$ zu bilden. Gehört der linke (bzw. rechte) Eckpunkt von I zu I, so sind dort nur die rechten (bzw. linken) oberen und unteren Ableitungszahlen erklärt. Offenbar ist stets $D^+ f \geq D_+ f$ und $D^- f \geq D_- f$, und f ist in $x \in I$ differenzierbar genau dann, wenn im Punkte x alle Ableitungszahlen endlich und gleich sind. – Ist f Borel- (bzw. Lebesgue-)messbar, so sind alle Ableitungszahlen von f Borel- (bzw. Lebesgue-)messbar (Aufgabe 4.2).

4.5 Satz (H. LEBESGUE 1904)[11]. *Ist $f : [a,b] \to \mathbb{R}$ monoton wachsend, so ist f λ-f.ü. auf $[a,b]$ differenzierbar. Setzt man $f'(x) := 0$ für alle $x \in [a,b]$, in denen f nicht differenzierbar ist, so ist $f' \in \mathcal{L}^1([a,b])$ und*

$$(4.3) \qquad \int_a^b f'(x)\, dx \leq f(b) - f(a)\,.$$

Beweis. Wir zeigen zunächst, dass die Menge aller $x \in]a, b[$ mit $D^+ f(x) > D_- f(x)$ eine λ-Nullmenge ist. Zu diesem Zweck genügt es zu beweisen: Für alle $r, s \in \mathbb{Q}, r < s$ ist

$$A_{r,s} := \{x \in]a,b[: D^+ f(x) > s > r > D_- f(x)\}$$

eine λ-Nullmenge. Dazu setzen wir[12] $\alpha := \eta(A_{r,s}) \geq 0$. Wir wählen ein $\varepsilon > 0$ und eine offene Menge mit $]a, b[\supset U \supset A_{r,s}$ und $\lambda(U) < \alpha + \varepsilon$. Zu jedem $x \in A_{r,s}$ existiert ein $h > 0$, so dass $[x - h, x] \subset U$ und $f(x) - f(x - h) < rh$. Das System aller dieser Intervalle ist eine Vitali-Überdeckung von $A_{r,s}$. Nach dem Überdeckungssatz von VITALI existieren daher endlich viele disjunkte $I_m = [x_m - h_m, x_m] \subset U$ $(m = 1, \ldots, p)$, so dass $\eta\left(A_{r,s} \setminus \bigcup_{m=1}^p I_m\right) < \varepsilon$ und

$$(4.4) \qquad \sum_{m=1}^p (f(x_m) - f(x_m - h_m)) < r \sum_{m=1}^p h_m = r\lambda\left(\bigcup_{m=1}^p I_m\right) < r(\alpha + \varepsilon)\,.$$

Weiter ist jedes $y \in \overset{\circ}{I}_m \cap A_{r,s}$ $(m = 1, \ldots, p)$ linker Eckpunkt eines Intervalls $[y, y+k] \subset \overset{\circ}{I}_m$, so dass $f(y+k) - f(y) > sk$. Das System aller dieser Intervalle ist eine Vitali-Überdeckung von $A_{r,s} \cap \bigcup_{m=1}^p \overset{\circ}{I}_m$. Nach dem Überdeckungssatz

---

[11] LEBESGUE [2], S. 144 beweist den Satz für stetige f. Der Fall unstetiger monotoner Funktionen wird behandelt von W.H. YOUNG, G.C. YOUNG: *On the existence of a differential coefficient*, Proc. London Math. Soc. (2) 9, 325–335 (1911), W.H. YOUNG: *On functions of bounded variation*, Quarterly J. Math. 42, 54–85 (1911) und von H. LEBESGUE [6], S. 186–188.

[12] Nach Aufgabe 4.2 ist $A_{r,s}$ eine Borel-Menge, so dass wir $\beta(A_{r,s})$ statt $\eta(A_{r,s})$ schreiben dürften.

von VITALI gibt es endlich viele disjunkte $J_n = [y_n, y_n + k_n]$ $(n = 1, \ldots, q)$ unter diesen Intervallen, so dass

$$\eta\left(A_{r,s} \setminus \bigcup_{n=1}^{q} J_n\right) \leq \eta\left(A_{r,s} \setminus \bigcup_{m=1}^{p} I_m\right) + \eta\left(\left(A_{r,s} \cap \bigcup_{m=1}^{p} \overset{\circ}{I}_m\right) \setminus \bigcup_{n=1}^{q} J_n\right) < 2\varepsilon,$$

und es folgt:

$$(4.5) \qquad \sum_{n=1}^{q}(f(y_n + k_n) - f(y_n)) > s\sum_{n=1}^{q} k_n = s\lambda\left(\bigcup_{n=1}^{q} J_n\right) \geq s(\alpha - 2\varepsilon).$$

Nun ist jedes der Intervalle J_n in einem I_m enthalten, und summieren wir bei festem m über alle n mit $J_n \subset I_m$, so ergibt sich

$$\sum_{n:J_n \subset I_m}(f(y_n + k_n) - f(y_n)) \leq f(x_m) - f(x_m - h_m),$$

denn f ist wachsend. Summieren wir nun über alle $m = 1, \ldots, p$, so folgt

$$\sum_{n=1}^{q}(f(y_n + k_n) - f(y_n)) \leq \sum_{m=1}^{p}(f(x_m) - f(x_m - h_m)),$$

und (4.4), (4.5) liefern $s(\alpha - 2\varepsilon) < r(\alpha + \varepsilon)$. Dies gilt für alle $\varepsilon > 0$, und aus $r < s, \alpha \geq 0$ folgt $\alpha = 0$, d.h. $A_{r,s}$ ist eine λ-Nullmenge.

Eine Anwendung des soeben Bewiesenen auf $-f(a + b - x)$ $(x \in [a, b])$ anstelle von f liefert: $D^- f \leq D_+ f$ λ-f.ü., und insgesamt erhalten wir:

$$D_+ f \leq D^+ f \leq D_- f \leq D^- f \leq D_+ f \quad \lambda\text{-f.ü.}$$

Die vier Ableitungszahlen sind also λ-f.ü. gleich, d.h. $g(x) := \lim_{h \to 0}(f(x + h) - f(x))/h$ existiert λ-f.ü. als Limes in $\overline{\mathbb{R}}$. (Dass g λ-f.ü. endlich und damit f λ-f.ü. differenzierbar ist, wird sich gleich zeigen.) Wir definieren $g(x) := 0$ für alle x, für welche der obige Limes nicht in $\overline{\mathbb{R}}$ existiert. Für $x \geq b$ setzen wir $f(x) := f(b)$ und bilden

$$g_n(x) := n\left(f\left(x + \frac{1}{n}\right) - f(x)\right) \quad (x \in [a, b]).$$

Dann gilt $g_n \to g$ λ-f.ü., d.h. g ist Lebesgue-messbar. Da f monoton wächst, ist $g_n \geq 0$, und eine Anwendung des Lemmas von Fatou ergibt

$$\int_a^b g(x)\, dx \leq \varliminf_{n \to \infty} \int_a^b g_n(x)\, dx = \varliminf_{n \to \infty} n \int_a^b \left(f\left(x + \frac{1}{n}\right) - f(x)\right) dx$$

$$= \varliminf_{n \to \infty} \left(n \int_b^{b+\frac{1}{n}} f(x)\, dx - n \int_a^{a+\frac{1}{n}} f(x)\, dx\right)$$

$$= \varliminf_{n \to \infty} \left(f(b) - n \int_a^{a+\frac{1}{n}} f(x)\, dx\right) \leq f(b) - f(a).$$

Damit ist g λ-integrierbar und insbesondere λ-f.ü. endlich. Daher ist f λ-f.ü. differenzierbar, und es gilt (4.3). $\square$

4.6 Korollar (H. LEBESGUE 1904)[11]. *Jede Funktion von beschränkter Variation ist λ-f.ü. differenzierbar.*

Beweis. Nach Aufgabe 1.10 ist jedes $f \in BV(a,b)$ darstellbar als Differenz monotoner Funktionen. $\square$

Ein elementarer Beweis der Differenzierbarkeit monotoner Funktionen λ-f.ü., der nicht den Überdeckungssatz von VITALI benutzt, stammt von F. RIESZ ([1], S. 250–263; s. auch RIESZ-SZ.-NAGY [1], S. 3–7). RIESZ beweist den Satz nur für stetige monotone Funktionen und bemerkt, dass die Argumentation auf unstetige monotone Funktionen ausgedehnt werden kann. Eine Ausarbeitung dieser Bemerkung findet man bei M. HEINS: *Selected topics in the classical theory of functions of a complex variable.* New York: Holt, Rinehart and Winston 1962, S. 141–145. – Ein weiterer elementarer Beweis des Lebesgueschen Satzes stammt von G. LETTA: *Une démonstration élémentaire du théorème de Lebesgue ...,* L'Enseignement Math. (2) 16, 177–184 (1970).

4.7 Korollar (G. FUBINI 1915)[13]. *Ist $(f_n)_{n\geq 1}$ eine Folge monoton wachsender (bez. fallender) Funktionen auf $[a,b]$, so dass die Reihe $F(x) := \sum_{n=1}^{\infty} f_n(x)$ für alle $x \in [a,b]$ konvergiert, so gilt*

$$(4.6) \qquad F' = \sum_{n=1}^{\infty} f'_n \quad \lambda\text{-f.ü.}$$

Beweis (nach F. RIESZ [1], S. 269). Ohne Beschränkung der Allgemeinheit seien gleich alle f_n wachsend und $f_n(a) = 0$ (sonst ersetzen wir f_n durch $f_n - f_n(a)$). Für $F_n := \sum_{k=1}^{n} f_k$ gilt nun $F_n \uparrow F$, und da alle auftretenden Funktionen monoton wachsend sind, gilt nach Satz 4.5 für alle $n \geq 1$

$$(4.7) \qquad F'_n \leq F'_{n+1} \leq F' \quad \lambda\text{-f.ü.}$$

Insbesondere konvergiert $\sum_{n=1}^{\infty} f'_n$ λ-f.ü. Zum Nachweis von (4.6) brauchen wir wegen (4.7) nur zu zeigen, dass für eine geeignete Teilfolge $(F_{n_k})_{k\geq 1}$ gilt: $F' - F'_{n_k} \to 0$ λ-f.ü. Dazu wählen wir die n_k so groß, dass $F(b) - F_{n_k}(b) < 2^{-k}$, und setzen $g_k(x) := F(x) - F_{n_k}(x)$ $(x \in [a,b])$. Dann ist g_k monoton wachsend, $0 \leq g_k \leq 2^{-k}$, und wir können die obigen Betrachtungen auf die g_k anstelle der f_n anwenden. Dann folgt: $\sum_{k=1}^{\infty} g'_k$ konvergiert λ-f.ü., insbesondere gilt $g'_k = F' - F'_{n_k} \to 0$ λ-f.ü., und das war zu zeigen. $\square$

4.8 Beispiele. a) Für die Cantorsche Funktion F (Beispiel II.8.7) ist $F' = 0$ λ-f.ü. Daher steht in Ungleichung (4.3) *nicht* notwendig das Gleichheitszeichen (!). Nach Korollar 4.7 gilt für die Funktion G aus Beispiel II.8.8: $G' = 0$ λ-f.ü. *Es gibt also streng monoton wachsende, stetige Funktionen auf $\mathbb{R}$, deren Ableitung*

---

[13]G. FUBINI: *Sulla derivazione per serie*, Rend. Acad. Lincei Roma 24, 204–206 (1915) (= Opere scelte, Vol. III, S. 90–92. Roma: Edizioni Cremonese 1962).

λ-*f.ü. verschwindet.* (Aber: Ist $f : \mathbb{R} \to \mathbb{R}$ *überall* differenzierbar mit $f' = 0$, so ist f konstant; s. auch Satz 4.13.)

b) Für jede Sprungfunktion $H : \mathbb{R} \to \mathbb{R}$ (s. Kap. II, § 2, **2.**) ist nach Korollar 4.7 $H' = 0$ λ-f.ü.

3. Der Dichtesatz. Ein Punkt $x \in \mathbb{R}$ heißt ein *Dichtepunkt* der (nicht notwendig messbaren) Menge $A \subset \mathbb{R}$, falls gilt

$$\lim_{h \to +0} \frac{\eta(A \cap [x - h, x + h])}{2h} = 1 \,.$$

Es bezeichne $D(A)$ die Menge der Dichtepunkte von A.

4.9 Dichtesatz (H. LEBESGUE 1904). *Ist $A \subset \mathbb{R}$ eine beliebige Menge, so sind λ-fast alle Punkte von A Dichtepunkte, d.h. es gilt $\eta(A \setminus D(A)) = 0$.*

Beweis (nach F. RIESZ [1], S. 270). Ohne Beschränkung der Allgemeinheit kann angenommen werden, dass A beschränkt ist. Wir wählen eine Folge $(U_n)_{n \geq 1}$ beschränkter offener Mengen $U_n \supset A$ mit $\eta(U_n) \leq \eta(A) + 2^{-n}$ $(n \geq 1)$ und setzen

$$f(x) := \eta(A \cap \,] - \infty, x]) \,, \quad f_n(x) := \lambda(U_n \cap \,] - \infty, x]) \quad (x \in \mathbb{R}) \,.$$

Dann ist $g_n := f_n - f$ *monoton wachsend*, denn sind $I, J \subset \mathbb{R}$ disjunkte Intervalle, so ist $\eta(P \cup Q) = \eta(P) + \eta(Q)$ für alle $P \subset I, Q \subset J$. Daher gilt $0 \leq g_n \leq 2^{-n}$, und nach Korollar 4.7 konvergiert $\sum_{n=1}^{\infty} g'_n$ λ-f.ü., insbesondere gilt $g'_n \to 0$ λ-f.ü. Ist aber $x \in A$, so ist $x \in U_n$ für alle n und $f'_n(x) = 1$, denn U_n ist offen. Daher ist $f'(x) = 1$ für λ-fast alle $x \in A$, d.h. λ-fast alle $x \in A$ sind Dichtepunkte, $\eta(A \setminus D(A)) = 0$. $\qquad\qquad\qquad\square$

4.10 Korollar (H. LEBESGUE 1904). *Für alle $A \in \mathfrak{L}^1$ ist $D(A) \in \mathfrak{L}^1$ und $\lambda(A \triangle D(A)) = 0$.*

Beweis. Nach dem Dichtesatz ist $\eta(A \setminus D(A)) = 0$. Für alle $A \in \mathfrak{L}^1$ ist aber $D(A) \subset D(A^c)^c$, also $D(A) \setminus A \subset A^c \setminus D(A^c)$. Der Dichtesatz mit A^c statt A liefert $\eta(D(A) \setminus A) = 0$, insgesamt also $\eta(A \triangle D(A)) = 0$. Daher ist $D(A) \in \mathfrak{L}^1$ und $\lambda(A \triangle D(A)) = 0$. $\qquad\qquad\qquad\square$

H. LEBESGUE ([2], S. 139–140, S. 164 und S. 231) beweist den Dichtesatz für messbare Mengen. Einen elementaren Beweis des Satzes für beliebige Mengen und ausführliche Literaturangaben findet man bei W. SIERPIŃSKI ([1], S. 489–493).

4. Absolut stetige Funktionen auf $\mathbb{R}$. Der bekannte *Hauptsatz der Differential- und Integralrechnung* (für das Riemann-Integral) besagt: Ist $f : [a, b] \to \mathbb{R}$ stetig, so hat f eine *Stammfunktion*, und zwar ist

$$F(x) := \int_a^x f(t) \, dt \quad (a \leq x \leq b)$$

eine Stammfunktion von f (d.h. F ist differenzierbar mit $F' = f$). Je zwei Stammfunktionen von f unterscheiden sich höchstens um eine additive Konstante. Ist G irgendeine Stammfunktion von f, so gilt:

$$G(b) - G(a) = \int_a^b f(t)\, dt\,.$$

Ziel dieses Abschnitts ist eine Version dieses Satzes für das Lebesgue-Integral. Als *Warnung* bemerken wir gleich, dass die angestrebte Gleichung

$$F(b) - F(a) = \int_a^b F'(x)\, dx$$

nach Beispiel 4.8 schon für stetige monotone F *nicht* uneingeschränkt richtig ist. Der Schlüssel zur Lösung des Problems ist der folgende Begriff.

4.11 Definition (G. VITALI 1905)[14]. Eine Funktion $F : [a, b] \to \mathbb{K}$ heißt *absolut stetig*, wenn zu jedem $\varepsilon > 0$ ein $\delta > 0$ existiert, so dass

$$\sum_{k=1}^n |F(\beta_k) - F(\alpha_k)| < \varepsilon$$

für alle $a \le \alpha_1 < \beta_1 \le \alpha_2 < \beta_2 \le \ldots \le \alpha_n < \beta_n \le b$ mit $\sum_{k=1}^n (\beta_k - \alpha_k) < \delta$.

4.12 Folgerungen. a) Jede absolut stetige Funktion ist stetig. Die Cantorsche Funktion $F : [0, 1] \to \mathbb{R}$ (Beispiel II.8.7) ist stetig, aber nicht absolut stetig.
b) Jede absolut stetige Funktion $F : [a, b] \to \mathbb{K}$ ist von beschränkter Variation (s. Aufgabe 1.10). *Insbesondere ist jede absolut stetige Funktion λ-f.ü. differenzierbar.*

Beweis. a) Zum Beweis der zweiten Aussage sei $\delta > 0$. Wir wählen die α_j, β_j als die Eckpunkte der Intervalle $K_{n,j}$ $(j = 1, \ldots, 2^{n+1})$ mit hinreichend großem n, so dass $\sum_{j=1}^{2^{n+1}} (\beta_j - \alpha_j) < \delta$ (s. Kap. II, § 8, **1.**). Dann ist F im Intervall $[\beta_j, \alpha_{j+1}]$ $(j = 1, \ldots, 2^{n+1} - 1)$ konstant, also

$$\sum_{k=1}^{2^{n+1}} |F(\beta_k) - F(\alpha_k)| = F(1) - F(0) = 1\,.$$

b) Wir wählen das zu $\varepsilon := 1$ gehörige $\delta > 0$, setzen $n := [(b-a)/\delta] + 1$ und zerlegen $[a, b]$ gemäß $a = x_0 < x_1 < \ldots < x_n = b$ in n Intervalle gleicher Länge $< \delta$. Dann ist $\mathrm{Var}(F; [x_{k-1}, x_k]) < 1$ für $k = 1, \ldots, n$, also

$$\mathrm{Var}(F; [a, b]) = \sum_{k=1}^n \mathrm{Var}(F; [x_{k-1}, x_k]) < n\,.$$

Nach Korollar 4.6 ist F λ-f.ü. differenzierbar. $\qquad\square$

---

[14]VITALI [1], S. 207.

4.13 Satz (G. Vitali 1905)[15]. *Jede absolut stetige Funktion $F : [a,b] \to \mathbb{K}$ mit $F' = 0$ λ-f.ü. ist konstant.*

Beweis. Es seien $a < c < b, \varepsilon > 0$ und $A := \{x \in [a,c[: F'(x) = 0\}$. Zu jedem $x \in A$ existieren beliebig kleine $h > 0$ mit $x + h < c$, so dass $|F(x + h) - F(x)| < \varepsilon h$. Das System aller dieser Intervalle $[x, x+h]$ $(x \in A)$ ist eine Vitali-Überdeckung von A. Wählen wir nun zum vorgegebenen $\varepsilon > 0$ ein $\delta > 0$ gemäß Definition 4.11, so existieren nach dem Überdeckungssatz von Vitali endlich viele disjunkte Intervalle $I_k := [x_k, x_k + h_k]$ $(x_k \in A, h_k > 0, y_k := x_k + h_k < c, k = 1, \ldots, n)$, so dass

$$(4.8) \qquad |F(x_k + h_k) - F(x_k)| < \varepsilon h_k \quad \text{für } k = 1, \ldots, n$$

und $\eta\left(A \setminus \bigcup_{k=1}^n I_k\right) < \delta$. Wir denken uns die x_k, y_k der Größe nach geordnet:

$$y_0 := a \leq x_1 < y_1 \leq x_2 < y_2 \leq \ldots \leq x_n < y_n \leq c =: x_{n+1}.$$

Dann ist also $\sum_{k=0}^n (x_{k+1} - y_k) < \delta$ und mithin $\sum_{k=0}^n |F(x_{k+1}) - F(y_k)| < \varepsilon$. Wegen (4.8) ergibt das

$$|F(c) - F(a)| = \left| \sum_{k=0}^n (F(x_{k+1}) - F(y_k)) + \sum_{k=1}^n (F(y_k) - F(x_k)) \right| < \varepsilon(c - a + 1).$$

Da $\varepsilon > 0$ beliebig ist, folgt $F(c) = F(a)$ für $a < c < b$, also ist F konstant. □

4.14 Hauptsatz der Differential- und Integralrechnung für das Lebesgue-Integral (H. Lebesgue (1904), G. Vitali (1905))[16].
a) *Ist $f : [a,b] \to \hat{\mathbb{K}}$ Lebesgue-integrierbar, so ist*

$$F(x) := \int_a^x f(t)\,dt \quad (a \leq x \leq b)$$

absolut stetig, und es gilt $F' = f$ λ-f.ü.
b) *Ist $F : [a,b] \to \mathbb{K}$ absolut stetig und setzt man $F'(x) := 0$ für alle $x \in [a,b]$, in denen F nicht differenzierbar ist, so ist F' Lebesgue-integrierbar über $[a,b]$, und es gilt*

$$F(x) - F(a) = \int_a^x F'(t)\,dt \quad (a \leq x \leq b).$$

Beweis. a) Nach Aufgabe IV.3.7 gibt es zu jedem $\varepsilon > 0$ ein $\delta > 0$, so dass für alle $A \in \mathfrak{L}^1$ mit $\lambda(A) < \delta$ gilt $\int_A |f|\,d\lambda < \varepsilon$. Daher ist F absolut stetig, insbesondere ist F λ-f.ü. differenzierbar (Folgerung 4.12, b)).

Wir beweisen die Gl. $F' = f$ λ-f.ü. zunächst für den Fall, dass f beschränkt ist: Sei etwa $|f(x)| \leq M$ $(x \in [a,b])$. Wir setzen $f(x) := f(b)$ für alle $x \geq b$ und

$$f_n(x) := n\left(F\left(x + \frac{1}{n}\right) - F(x)\right) = n \int_x^{x+1/n} f(t)\,dt \quad (a \leq x \leq b).$$

[15]Vitali [1], S. 215 f.
[16]Lebesgue [2], S. 145 und S. 175–182, [6], S. 183 und S. 188; Vitali [1], S. 205 ff. und S. 458–459.

Dann ist $|f_n| \leq M$ für alle $n \in \mathbb{N}$ und $f_n \to F'$ λ-f.ü. Der Satz von der majorisierten Konvergenz liefert nun für $a \leq c \leq b$:

$$
\begin{aligned}
\int_a^c F'(x)\,dx &= \lim_{n \to \infty} \int_a^c f_n(x)\,dx = \lim_{n \to \infty} n \int_a^c \left(F\left(x + \frac{1}{n}\right) - F(x) \right) dx \\
&= \lim_{n \to \infty} \left(n \int_c^{c+1/n} F(x)\,dx - n \int_a^{a+1/n} F(x)\,dx \right) \\
&= F(c) - F(a) = \int_a^c f(x)\,dx \,,
\end{aligned}
$$

denn F ist stetig. (Hier wird die klassische Version des Hauptsatzes der Differential- und Integralrechnung für stetige Integranden benutzt.) Damit erhalten wir

$$
\int_a^c \left(F'(x) - f(x) \right) dx = 0 \quad \text{für } a \leq c \leq b \,,
$$

und nach Aufgabe IV.5.8 ist $F' = f$ λ-f.ü.

Nun sei $f : [a,b] \to \hat{\mathbb{K}}$ λ-integrierbar, aber nicht notwendig beschränkt. Wir können gleich annehmen, dass $f \geq 0$ ist, und setzen $g_n := \min(n, f)$,

$$
F_n(x) := \int_a^x g_n(t)\,dt \,, \; G_n(x) := \int_a^x (f(t) - g_n(t))\,dt \quad (a \leq x \leq b) \,.
$$

Nach dem schon Bewiesenen ist F_n λ-f.ü. differenzierbar mit $F_n' = g_n$ λ-f.ü. Die Funktion G_n ist wachsend, also λ-f.ü. differenzierbar mit $G_n' \geq 0$ λ-f.ü. Insgesamt erhalten wir $F' = F_n' + G_n' \geq g_n$ λ-f.ü. Daher ist

(4.9) $$ F' \geq f \;\; \lambda\text{-f.ü.} $$

und folglich

$$
\int_a^b F'(x)\,dx \geq \int_a^b f(x)\,dx = F(b) - F(a) \,.
$$

Da F wachsend ist, gilt hier nach Satz 4.5 das Gleichheitszeichen, also $\int_a^b (F'(x) - f(x))\,dx = 0$, und (4.9) impliziert $F' = f$ λ-f.ü.

b) F ist als absolut stetige Funktion von beschränkter Variation und daher Linearkombination monotoner Funktionen (Aufgabe 1.10). Die Ableitungen dieser monotonen Komponenten sind nach Satz 4.5 λ-integrierbar, also ist $F' \in \mathcal{L}^1([a,b])$. Setzen wir $G(x) := \int_a^x F'(t)\,dt$ $(a \leq x \leq b)$, so ist G nach a) absolut stetig mit $G' = F'$ λ-f.ü. Die Funktion $G - F$ ist daher absolut stetig mit $(G - F)' = 0$ λ-f.ü., also ist $G - F$ konstant (Satz 4.13). Daher ist

$$
F(x) - F(a) = G(x) - G(a) = \int_a^x F'(t)\,dt \quad (a \leq x \leq b) \,.
$$

$\square$

Aus Hauptsatz 4.14, b) folgt unmittelbar: *Ist $f : [a,b] \to \mathbb{R}$ absolut stetig und $f' \geq 0$ λ-f.ü., so ist f wachsend.*

Eine Funktion $F : [a, b] \to \mathbb{K}$ heißt ein *unbestimmtes Integral*, wenn eine Lebesgue-integrierbare Funktion $f : [a, b] \to \hat{\mathbb{K}}$ existiert, so dass

$$F(x) = F(a) + \int_a^x f(t)\, dt \quad (a \leq x \leq b).$$

Nun folgt aus dem Hauptsatz 4.14 unmittelbar:

4.15 Korollar (G. VITALI 1905)[17]. *Eine Funktion $F : [a, b] \to \mathbb{K}$ ist genau dann ein unbestimmtes Integral, wenn F absolut stetig ist.*

Die Regel von der partiellen Integration (s. Aufgabe V.2.8) lässt sich jetzt so aussprechen:

4.16 Partielle Integration. *Sind $f, g : [a, b] \to \mathbb{K}$ absolut stetig, so gilt:*

$$\int_a^b f'(x)g(x)\, dx = [fg]_a^b - \int_a^b f(x)g'(x)\, dx.$$

4.17 Korollar (H. LEBESGUE 1906)[18]. *Ist $f : [a, b] \to \mathbb{K}$ Lebesgue-integrierbar, so gilt für λ-fast alle $x \in\,]a, b[$:*

$$(4.10) \qquad\qquad \lim_{h \to +0} \frac{1}{h} \int_0^h |f(x \pm t) - f(x)|\, dt \;=\; 0,$$

$$(4.11) \qquad \lim_{h \to +0} \frac{1}{h} \int_0^h \left| \tfrac{1}{2}(f(x + t) + f(x - t)) - f(x) \right| dt \;=\; 0.$$

Beweis. Es sei $A \subset \mathbb{K}$ eine abzählbare dichte Menge. Nach dem Hauptsatz 4.14 gilt für alle $\alpha \in A$ und λ-fast alle $x \in\,]a, b[$

$$(4.12) \qquad\qquad \lim_{h \to +0} \tfrac{1}{h} \int_0^h |f(x \pm t) - \alpha|\, dt = |f(x) - \alpha|.$$

Bezeichnen wir mit E_α die Nullmenge der $x \in\,]a, b[$, für welche (4.12) nicht gilt, so ist $E := \bigcup_{\alpha \in A} E_\alpha$ eine Nullmenge. Es seien $x \in\,]a, b[\backslash E$ und $\varepsilon > 0$. Dann existiert ein $\alpha \in A$ mit $|f(x) - \alpha| < \varepsilon/2$. Nun ist

$$\frac{1}{h} \int_0^h |f(x \pm t) - f(x)|\, dt \leq \frac{1}{h} \int_0^h |f(x \pm t) - \alpha|\, dt + \frac{1}{h} \int_0^h |f(x) - \alpha|\, dt,$$

und hier ist das zweite Integral auf der rechten Seite $< \varepsilon/2$, das erste konvergiert wegen (4.12) für $h \to +0$ gegen $|f(x) - \alpha| < \varepsilon/2$. Damit folgt (4.10), und (4.11) ist klar nach (4.10). □

Man nennt $x \in\,]a, b[$ einen *Lebesgue-Punkt*, falls (4.11) gilt. Daher können wir sagen: *Ist $f : [a, b] \to \mathbb{K}$ Lebesgue-integrierbar, so sind λ-fast alle $x \in [a, b]$*

---

[17] VITALI [1], S. 207 ff.
[18] LEBESGUE [8], S. 13.

Lebesgue-Punkte. Auf diese Aussage stützt sich der Beweis eines sehr allgemeinen Konvergenzsatzes von LEBESGUE ([8], S. 59) über Fourier-Reihen.

5. Lebesguesche Zerlegung Lebesgue-Stieltjesscher Maße. Ist $F : \mathbb{R} \to \mathbb{R}$ wachsend und rechtsseitig stetig, so sei $\mu_F : \mathfrak{B}^1 \to \overline{\mathbb{R}}$ das zugehörige Lebesgue-Stieltjessche Maß auf $\mathfrak{B}^1$ (s. Beispiel II.4.7). Im folgenden Abschnitt seien alle Lebesgue-Stieltjesschen Maße auf $\mathfrak{B}^1$ definiert.

Der Zerlegung $F = F_c + F_d$ der wachsenden, rechtsseitig stetigen Funktion $F : \mathbb{R} \to \mathbb{R}$ in eine wachsende, stetige Funktion F_c und eine wachsende, rechtsseitig stetige *Sprungfunktion* F_d gemäß Satz II.2.4 entspricht die (eindeutig bestimmte) Zerlegung $\mu_F = \mu_c + \mu_d$ von μ_F in den atomlosen („stetig verteilten") Anteil μ_c und den rein atomaren Anteil μ_d (s. Aufgabe II.6.3). Bezeichnet U die (abzählbare) Menge der Unstetigkeitsstellen von F, so ist

$$(4.13) \qquad \mu_d(E) = \sum_{x \in U \cap E} (F(x) - F(x - 0)) \quad (E \in \mathfrak{B}^1).$$

Nach Korollar 4.7 ist $F_d' = 0$ f.ü., und offenbar ist $\mu_d \perp \beta$. Ziel der folgenden Überlegungen ist die Zerlegung von μ_c in einen bez. β absolut stetigen und einen singulären Anteil. Dazu definieren wir:

4.18 Definition. Eine Funktion $F : J \to \mathbb{R}$ heißt *absolut stetig* im Intervall $J \subset \mathbb{R}$, wenn $F \,|\, [a, b]$ absolut stetig ist für alle $[a, b] \subset J$, und F heißt *singulär*, falls F stetig und wachsend ist und $F' = 0$ β-f.ü.

4.19 Satz. *Ist $F : \mathbb{R} \to \mathbb{R}$ wachsend und rechtsseitig stetig, so ist $\mu_F \ll \beta$ genau dann, wenn F absolut stetig ist, und dann gilt $\mu_F = F' \odot \beta$.*

Beweis. Ist F absolut stetig, so setzen wir $F'(x) := 0$ für alle $x \in \mathbb{R}$, in denen F nicht differenzierbar ist. Dann gilt nach Hauptsatz 4.14 für alle $a < b$

$$\mu_F(]a, b]) = F(b) - F(a) = \int_a^b F'(t) \, dt.$$

Die Maße μ_F und $F' \odot \beta$ stimmen auf $\mathfrak{J}$ überein, sind also nach dem Eindeutigkeitssatz gleich.

Ist umgekehrt $\mu_F \ll \beta$, so gibt es eine Borel-messbare Funktion $g : \mathbb{R} \to [0, \infty[$, so dass $\mu_F = g \odot \beta$, und es gilt

$$F(x) - F(a) = \mu_F(]a, x]) = \int_a^x g(t) \, dt$$

für alle $a, x \in \mathbb{R}, x \geq a$. Daher ist F nach Hauptsatz 4.14 absolut stetig (und $F' = g$ β-f.ü.). $\qquad \square$

4.20 Satz. *Eine wachsende, stetige Funktion $F : \mathbb{R} \to \mathbb{R}$ ist singulär genau dann, wenn μ_F atomlos ist und $\mu_F \perp \beta$.*

Beweis. Es sei zunächst F singulär. Damit ist F stetig, also μ_F atomlos (Beispiel II.4.7). Weiter sei $\mu_F = \rho + \sigma$ die Lebesguesche Zerlegung von μ_F bez. β, wobei $\rho \ll \beta$ und $\sigma \perp \beta$. Zu ρ, σ existieren wachsende, stetige Funktionen $G, H : \mathbb{R} \to \mathbb{R}$ mit $\rho = \mu_G, \sigma = \mu_H$, so dass $F = G + H$, und aus $F' = 0$ β-f.ü. folgt $G' = H' = 0$ β-f.ü. Das Maß ρ hat eine Dichte g bez. β, und es ist

$$G(x) - G(a) = \rho(]a, x]) = \int_a^x g(t)\, dt$$

für alle $a, x \in \mathbb{R}, a \le x$. Daher ist nach Hauptsatz 4.14 $g = G' = 0$ β-f.ü., also $\rho = 0, \mu_F = \sigma, \mu_F \perp \beta$.

Nun sei umgekehrt $\mu_F \perp \beta$. Das Maß $\rho := F' \odot \beta$ ist absolut stetig bez. β, und für alle $a < b$ ist nach Satz 4.5

$$\mu_F(]a, b]) = F(b) - F(a) \ge \int_a^b F'(x)\, dx = \rho(]a, b]).$$

Nach dem Vergleichssatz II.5.8 ist daher $\rho \le \mu_F$, und Aufgabe 2.6 liefert $\rho = 0$, also $F' = 0$ β-f.ü. $\square$

4.21 Lebesgue-Zerlegung von μ_F (H. LEBESGUE 1904)[19]. *Zu jeder wachsenden rechtsseitig stetigen Funktion $F : \mathbb{R} \to \mathbb{R}$ existieren eine Zerlegung*

$$(4.14) \qquad\qquad\qquad F = F_{\text{abs}} + F_{\text{sing}} + F_d$$

in wachsende rechtsseitig stetige Funktionen und dazu eine Zerlegung

$$(4.15) \qquad\qquad\qquad \mu_F = \mu_{\text{abs}} + \mu_{\text{sing}} + \mu_d$$

von μ_F in Maße auf $\mathfrak{B}^1$, so dass gilt:
a) *F_{abs} ist absolut stetig, $\mu_{\text{abs}} \ll \beta, \mu_{\text{abs}} = F' \odot \beta$.*
b) *F_{sing} ist singulär, $\mu_{\text{sing}} \perp \beta, F'_{\text{sing}} = 0$ β-f.ü.*
c) *F_d ist eine Sprungfunktion, $F'_d = 0$ β-f.ü., und für alle $E \in \mathfrak{B}^1$ gilt (4.13).*
d) *$\mu_F = \mu_c + \mu_d$ ist die eindeutig bestimmte Zerlegung von μ_F in den atomlosen Anteil $\mu_c = \mu_{\text{abs}} + \mu_{\text{sing}}$ und den rein atomaren Anteil μ_d.*
e) *Legt man die Normierungen $F_{\text{abs}}(0) = F_{\text{sing}}(0) = 0$ zugrunde, so sind die Zerlegungen (4.14), (4.15) eindeutig bestimmt.*

Beweis. Wir zerlegen wie oben $F = F_c + F_d, \mu_F = \mu_c + \mu_d$ und weiter $\mu_c = \mu_{\text{abs}} + \mu_{\text{sing}}, \mu_{\text{abs}} \ll \beta, \mu_{\text{sing}} \perp \beta$ (Lebesguesche Zerlegung). Die Maße $\mu_{\text{abs}}, \mu_{\text{sing}}$ werden beschrieben durch wachsende stetige Funktionen F_{abs} bzw. F_{sing}, die wir so wählen können, dass (4.14) gilt. Wegen $F'_{\text{sing}} = F'_d = 0$ β-f.ü. ist $F'_{\text{abs}} = F'$ β-f.ü., und a)–d) sind nach dem Obigen klar. Aussage e) ist nun leicht zu sehen. $\square$

Eine vertiefte Darstellung der Differentiation von Maßen auf dem $\mathbb{R}^p$ und auf allgemeineren Räumen findet man bei COHN [1], EVANS und GARIEPY [1], FEDERER [1], HAHN und ROSENTHAL [1], KÖLZOW [1], RUDIN [1], SAKS [2], SHILOV und GUREVICH [1], WHEEDEN und ZYGMUND [1], ZAANEN [2].

---

[19]LEBESGUE [2], S. 144 f. und S. 232 ff.

6. Rektifizierbare Kurven. Eine (stetige) Kurve $\gamma : [a, b] \to \mathbb{R}^p$ ist genau dann rektifizierbar, wenn alle Koordinatenfunktionen $\gamma_1, \ldots, \gamma_p$ von beschränkter Variation sind. Insbesondere existiert für jede rektifizierbare Kurve f.ü. die Ableitung $\gamma'(t)$ $(t \in [a, b])$. Es seien γ rektifizierbar, $L(\gamma)$ die Bogenlänge von γ und $l(t) := L(\gamma \,|\, [a, t])$ $(a \leq t \leq b)$. Ist γ sogar stückweise stetig differenzierbar, so ist bekanntlich $L(\gamma) = \int_a^b \|\gamma'(t)\| \, dt$. Der folgende Satz von L. TONELLI enthält eine einfache notwendige und hinreichende Bedingung für die Gültigkeit dieser Gleichung.

4.22 Satz (L. TONELLI 1908)[20]. *Ist $\gamma : [a, b] \to \mathbb{R}^p$ eine rektifizierbare stetige Kurve, so gilt:*
a) $\|\gamma'\|$ *ist Lebesgue-integrierbar und*

$$(4.16) \qquad\qquad L(\gamma) \geq \int_a^b \|\gamma'(t)\| \, dt \,.$$

b) *Das Gleichheitszeichen gilt in (4.16) genau dann, wenn alle Koordinatenfunktionen von γ absolut stetig sind.*

Beweis. a) Die Funktion $l(t) := L(\gamma \,|\, [a, t])$ $(a \leq t \leq b)$ ist monoton wachsend, also f.ü. differenzierbar. Bezeichnet nun E die Menge der $t \in [a, b]$, in denen l und alle $\gamma_1, \ldots, \gamma_p$ differenzierbar sind, so gilt für alle $t_0 \in E$:

$$l'(t_0) = \lim_{t \to t_0} \frac{l(t) - l(t_0)}{t - t_0} \geq \lim_{t \to t_0} \frac{\|\gamma(t) - \gamma(t_0)\|}{|t - t_0|} = \|\gamma'(t_0)\| \,.$$

Nach Satz 4.5 ist also $\|\gamma'\|$ integrierbar, und es gilt (4.16).
b) Nach Aufgabe 4.11 sind $\gamma_1, \ldots, \gamma_p$ absolut stetig genau dann, wenn l absolut stetig ist. Gilt nun in (4.16) das Gleichheitszeichen, so ist

$$l(t) = \int_a^t \|\gamma'(s)\| \, ds \quad (a \leq t \leq b) \,,$$

also ist l absolut stetig. – Seien nun umgekehrt l absolut stetig und $a = t_0 < t_1 < \ldots < t_n = b$, $\varphi_j(t) := \|\gamma(t) - \gamma(t_{j-1})\|$ $(t \in [a, b], j = 1, \ldots, n)$. Dann ist

$$|\varphi_j(s) - \varphi_j(t)| \leq \|\gamma(s) - \gamma(t)\| \leq |l(s) - l(t)| \quad (s, t \in [a, b]) \,,$$

also sind alle $\varphi_1, \ldots, \varphi_n$ absolut stetig. Es seien nun φ_j und alle $\gamma_1, \ldots, \gamma_p$ in $s \in [a, b]$ differenzierbar. Ist $\gamma(s) \neq \gamma(t_{j-1})$, so gilt

$$\varphi_j'(s) = \frac{\langle \gamma(s) - \gamma(t_{j-1}), \gamma'(s) \rangle}{\|\gamma(s) - \gamma(t_{j-1})\|} \leq \|\gamma'(s)\| \,.$$

Ist dagegen $\gamma(s) = \gamma(t_{j-1})$, so ist

$$\varphi_j'(s) = \lim_{t \to s} \frac{\|\gamma(t) - \gamma(s)\|}{t - s} \leq \|\gamma'(s)\| \,,$$

---

[20]L. TONELLI: *Sulla rettificazione delle curve*, Atti R. Accad. Sci. Torino 43, 783–800 (1908); *Sulla lunghezza di una curva*, ibid. 47, 1067–1075 (1912) (= Opere scelte, Vol I, S. 52–68 und S. 227–235. Roma: Edizioni Cremonese 1960).

so dass insgesamt gilt: $\varphi_j' \le \|\gamma'\|$ f.ü. Daher ist

$$\sum_{j=1}^{n} \|\gamma(t_j) - \gamma(t_{j-1})\| = \sum_{j=1}^{n} \varphi_j(t_j) = \sum_{j=1}^{n} \int_{t_{j-1}}^{t_j} \varphi_j'(s)\, ds \le \int_a^b \|\gamma'(s)\|\, ds\,,$$

also $L(\gamma) \le \int_a^b \|\gamma'(s)\|\, ds$, und in (4.16) gilt das Gleichheitszeichen. $\square$

Aufgaben. 4.1. Ist $A \subset \mathbb{R}$ Vereinigung einer (nicht notwendig abzählbaren!) Familie $\mathcal{G}$ von Intervallen (beliebigen Typs), so ist $A \in \mathfrak{L}^1$. (Hinweis: Korollar 4.3.)

4.2. Es sei $I \subset \mathbb{R}$ ein Intervall.
a) Für jede stetige Funktion $f : I \to \mathbb{R}$ sind alle Ableitungszahlen Borel-messbar.
b) Für jede monotone Funktion $f : I \to \mathbb{R}$ sind alle Ableitungszahlen Borel-messbar.
c) Für jede Borel- (bzw. Lebesgue-)messbare Funktion $f : I \to \mathbb{R}$ sind alle Ableitungszahlen Borel- (bzw. Lebesgue-)messbar (SIERPIŃSKI [1], S. 452 ff., BANACH [1], S. 58 ff., AUERBACH, Fund. Math. 7, 263 (1925), SAKS [2], S. 113 f.).
d) Für nicht Lebesgue-messbares $f : I \to \mathbb{R}$ brauchen die Ableitungszahlen nicht Lebesgue-messbar zu sein, können aber durchaus Borel-messbar sein.

4.3. Ist $N \subset \mathbb{R}$ eine λ-Nullmenge, so existiert eine wachsende absolut stetige Funktion $f : \mathbb{R} \to \mathbb{R}$, die in keinem $x \in N$ differenzierbar ist. (Hinweise: Es seien $U_n \supset N$, U_n offen, $\lambda(U_n) < 2^{-n}$ $(n \ge 1)$ und $f(x) := \int_0^x \sum_{n=1}^{\infty} \chi_{U_n}(t)\, dt$ $(x \in \mathbb{R})$.)

4.4. Ist $f : [a,b] \to \mathbb{R}$ von beschränkter Variation, $t(x) := \mathrm{Var}(f;[a,x])$ $(a \le x \le b)$, so ist t λ-f.ü. differenzierbar mit $t' = |f'|$ λ-f.ü. (Hinweis: Korollar 4.7.)

4.5. Es seien $f : [a,b] \to \mathbb{R}$ von beschränkter Variation, $t(x) := \mathrm{Var}(f;[a,x]), t^{\pm}(x) := \mathrm{Var}^{\pm}(f;[a,x])$ $(a \le x \le b;$ s. Aufgabe 1.10). Dann sind folgende Aussagen äquivalent:
(i) f ist absolut stetig.
(ii) t^+ und t^- sind absolut stetig.
(iii) t ist absolut stetig.
Insbesondere ist jede absolut stetige Funktion darstellbar als Differenz zweier wachsender absolut stetiger Funktionen (G. VITALI 1905).

4.6. Sind $f : [a,b] \to \mathbb{R}$ absolut stetig und $t, t^{\pm}$ wie in Aufgabe 4.5, so gilt

$$\begin{aligned} t(x) &= \int_a^x |f'(u)|\, du\,, \ t^+(x) = \int_a^x (f')^+(u)\, du\,, \\ t^-(x) &= \int_a^x (f')^-(u)\, du \quad (a \le x \le b)\,. \end{aligned}$$

4.7. Ist $f : [a,b] \to \mathbb{R}$ von beschränkter Variation, so gilt

$$\int_a^b |f'(x)|\, dx \le \mathrm{Var}(f;[a,b])\,,$$

und das Gleichheitszeichen gilt genau dann, wenn f absolut stetig ist.

4.8. Eine Funktion $f : [a,b] \to \mathbb{K}$ heißt Lipschitz-stetig, wenn ein $M > 0$ existiert, so dass $|f(x) - f(y)| \le M|x - y|$ für alle $x, y \in [a,b]$. Jede Lipschitz-stetige Funktion ist absolut stetig.

4.9. Ist $f : [a,b] \to \mathbb{R}$ absolut stetig und $N \subset \mathbb{R}$ eine λ-Nullmenge, so ist $f(N)$ eine λ-Nullmenge.

4.10 Substitutionsregel. Ist $\varphi : [\alpha, \beta] \to \mathbb{R}$ monoton wachsend und absolut stetig, $\varphi(\alpha) =: a, \varphi(\beta) =: b$ und $f \in \mathcal{L}^1([a, b])$, so ist $(f \circ \varphi) \cdot \varphi' \in \mathcal{L}^1([\alpha, \beta])$ und

$$(4.17) \qquad \int_a^b f(x)\, dx = \int_\alpha^\beta f(\varphi(t)) \varphi'(t)\, dt\,.$$

(Hinweis: Man beweise die Behauptung zunächst für charakteristische Funktionen von Intervallen. – Eine genauere Diskussion von (4.17) findet man bei STROMBERG [1], S. 323 ff.)

4.11. Sind $\gamma : [a, b] \to \mathbb{R}^p$ eine rektifizierbare (stetige) Kurve und $l(t) := L(\gamma \,|\, [a, t])$ $(a \leq t \leq b)$, so ist l genau dann absolut stetig, wenn alle Koordinatenfunktionen $\gamma_1, \ldots, \gamma_p$ absolut stetig sind (L. TONELLI 1908).

4.12. Es seien $a, b \in \mathbb{R}$ und $f : [0, \infty[\to \mathbb{R}, f(0) := 0$ und $f(x) := x^a \sin(x^{-b})$ für $x > 0$. Unter welchen Bedingungen an a, b ist (i) f beschränkt, (ii) f stetig, (iii) $\mathrm{Var}(f; [0, 1]) < \infty$, (iv) f absolut stetig, (v) f in 0 differenzierbar, (vi) $f' \,|\, [0, 1]$ beschränkt?

4.13. Es sei $F : [a, b] \to \mathbb{R}$ monoton wachsend, $F \,|\,]a, b[$ rechtsseitig stetig und $\mu_F : \mathfrak{B}^1_{[a,b]} \to \overline{\mathbb{R}}$ das zugehörige Lebesgue-Stieltjessche Maß, das durch $\mu_F(]\alpha, \beta]) = F(\beta) - F(\alpha), \mu_F([a, \beta]) = F(\beta) - F(a)$ $(a < \alpha < \beta \leq b)$ definiert ist. Zeigen Sie: μ_F ist singulär bez. $\beta \,|\, \mathfrak{B}^1_{[a,b]}$ genau dann, wenn es zu jedem $\varepsilon > 0$ Zwischenpunkte $a \leq \alpha_1 < \beta_1 < \ldots < \alpha_n < \beta_n \leq b$ gibt, so dass $\sum_{k=1}^n (\beta_k - \alpha_k) < \varepsilon$ und $\sum_{k=1}^n |F(\beta_k) - F(\alpha_k)| \geq \mathrm{Var}(F; [a, b]) - \varepsilon$. Entsprechendes gilt für das signierte Maß ν_F, das zu einer auf $]a, b[$ rechtsseitig stetigen Funktion $F : [a, b] \to \mathbb{R}$ von beschränkter Variation gehört (s. Aufgabe 1.10).

4.14. Es seien $\rho > 0$ und $F : [0, 1] \to \mathbb{R}$ wie folgt definiert: $F(0) := 0$, und ist $x = \sum_{n=0}^\infty 2^{-k_n}$ mit natürlichen Zahlen $0 < k_0 < k_1 < \ldots$, so sei

$$F(x) := \sum_{n=0}^\infty \rho^n (1 + \rho)^{-k_n}\,.$$

Dann ist F streng monoton wachsend und stetig, und für $\rho = 1$ ist $F(x) = x$ $(0 \leq x \leq 1)$. Für $\rho \neq 1$ ist F singulär. (Hinweis: Ist F in einem $x \in]0, 1]$ differenzierbar mit $F'(x) \neq 0$, so ist $\rho = 1$; s. L. TAKÁCS: *An increasing continuous singular function*, Amer. Math. Monthly 85, 35–37 (1978).)

Kapitel VIII

Maße auf topologischen Räumen

Im vorliegenden Kapitel studieren wir Maße auf topologischen Räumen. Musterbeispiele sind das Lebesgue-Maß und die Lebesgue-Stieltjesschen Maße. Wir interessieren uns daher besonders für diejenigen Maße auf der σ-Algebra $\mathfrak{B}(X)$ der Borel-Mengen des topologischen Raums X, die möglichst viele Eigenschaften mit dem Lebesgue-Maß gemeinsam haben. Diese etwas vage Zielvorstellung legt verschiedene Ansätze nahe. Das betrifft zunächst die topologischen Voraussetzungen an den Raum X: Der $\mathbb{R}^p$ ist sowohl ein lokal-kompakter Hausdorff-Raum als auch ein vollständig metrisierbarer Raum. Demzufolge entwickeln wir die Regularitätseigenschaften von Borel-Maßen in §1 bevorzugt für lokal-kompakte Hausdorff-Räume und für vollständig metrisierbare Räume. In §2 zeigen wir: Ist X ein lokal-kompakter Hausdorff-Raum, so lässt sich jede positive Linearform $I : C_c(X) \to \mathbb{K}$ auf dem Raum $C_c(X)$ der stetigen Funktionen $f : X \to \mathbb{K}$ mit kompaktem Träger in der Form

$$I(f) = \int_X f \, d\mu \quad (f \in C_c(X))$$

„darstellen" durch ein geeignetes Maß μ auf $\mathfrak{B}(X)$ *(Darstellungssatz von* F. RIESZ*)*. Von diesem Satz beweisen wir mehrere Varianten. Das führt zu einer Beschreibung des Dualraums von $C_0(X)$ durch signierte bzw. komplexe Maße auf $\mathfrak{B}(X)$. – In Kap. III, §2 haben wir festgestellt, dass das Lebesgue-Borelsche Maß β^p das einzige normierte translationsinvariante Maß auf $\mathfrak{B}^p$ ist. Dieser Sachverhalt ist nur ein Spezialfall des fundamentalen *Satzes von* HAAR, den wir in §3 beweisen: *Auf jeder lokal-kompakten Hausdorffschen topologischen Gruppe existiert ein translationsinvariantes Radon-Maß, und dieses ist bis auf einen positiven Faktor eindeutig bestimmt.* Der Beweis dieses Satzes ist eines der wichtigsten Ziele von Kap. VIII. Da der Satz von HAAR im Wesentlichen *nur* für *lokal-kompakte* Gruppen gilt, werden wir uns in §§2–3 bevorzugt mit Borel-Maßen auf lokal-kompakten Räumen beschäftigen.

Es liegt in der Natur der Sache, dass wir in Kap. VIII beim Leser mehr Kenntnisse aus der mengentheoretischen Topologie voraussetzen müssen als in den vorangehenden Kapiteln. Die Bücher von v. QUERENBURG [1] und SCHU-

© Springer-Verlag GmbH Deutschland, ein Teil von Springer Nature 2018
J. Elstrodt, *Maß- und Integrationstheorie*,
https://doi.org/10.1007/978-3-662-57939-8_8

BERT [1] sind bei Bedarf zuverlässige Ratgeber. Wir rekapitulieren die zugrunde gelegte Terminologie und einige grundlegende Sachverhalte in Anhang A.

§ 1. Borel-Maße, Radon-Maße, Regularität

1. Grundbegriffe. Im vorliegenden Paragraphen studieren wir die sog. *Regularität* von Borel-Maßen auf topologischen Räumen. Letztendlich wollen wir zeigen, dass Borel-Maße auf lokal-kompakten Hausdorff-Räumen mit abzählbarer Basis oder auf vollständig metrisierbaren separablen metrischen Räumen viele Approximationseigenschaften mit dem Lebesgue-Maß und den Lebesgue-Stieltjesschen Maßen gemeinsam haben. Da bei unserem Vorgehen die kompakten Mengen eine ausgezeichnete Rolle spielen, müssen wir sicherstellen, dass alle kompakten Mengen Borelsch sind. Das ist in allen Hausdorff-Räumen der Fall, denn jede kompakte Teilmenge eines Hausdorff-Raums ist abgeschlossen. Daher verabreden wir für den ganzen § 1 folgende

Voraussetzungen und Bezeichnungen: *Es seien X ein Hausdorff-Raum und $\mathfrak{O}, \mathfrak{C}, \mathfrak{K}$ die Systeme der offenen bzw. abgeschlossenen bzw. kompakten Teilmengen von X. Ferner sei $\mathfrak{B} = \mathfrak{B}(X) = \sigma(\mathfrak{O})$ die σ-Algebra der Borel-Mengen von X.*

Bei den folgenden Definitionen schließen wir uns weitgehend den Namengebungen von L. SCHWARTZ (1915–2002) [1] und R.J. GARDNER, W.F. PFEFFER [1] an. In diesem Zusammenhang ist eine eindringliche *Warnung* nötig: In der Literatur werden dieselben Namen oft in unterschiedlicher Bedeutung benutzt. Daher ist es bei Konsultation verschiedener Quellen unerlässlich, zunächst die Definitionen zu rekapitulieren, bevor man die mathematischen Aussagen vergleichen kann.

1.1 Definition. Es seien $\mathfrak{A} \supset \mathfrak{B}$ eine σ-Algebra und $\mu : \mathfrak{A} \to [0, \infty]$ ein Maß.
a) μ heißt *lokal-endlich*, wenn zu jedem $x \in X$ eine offene Umgebung U von x existiert mit $\mu(U) < \infty$. Ein *lokal-endliches* Maß $\mu : \mathfrak{B} \to [0, \infty]$ heißt ein *Borel-Maß*.
b) Eine Menge $A \in \mathfrak{A}$ heißt *von innen regulär*, falls

$$(1.1) \qquad \mu(A) = \sup\{\mu(K) : K \subset A, K \in \mathfrak{K}\},$$

und μ heißt *von innen regulär*, wenn alle $A \in \mathfrak{A}$ von innen regulär sind.
c) Eine Menge $A \in \mathfrak{A}$ heißt *von außen regulär*, falls

$$(1.2) \qquad \mu(A) = \inf\{\mu(U) : U \supset A, U \in \mathfrak{O}\},$$

und μ heißt *von außen regulär*, wenn alle $A \in \mathfrak{A}$ von außen regulär sind.
d) Eine Menge $A \in \mathfrak{A}$ heißt *regulär*, wenn sie von innen und außen regulär ist. Sind alle $A \in \mathfrak{A}$ regulär, so nennt man μ *regulär*.
e) Ein von innen reguläres Borel-Maß nennt man ein *Radon-Maß*.

Der Begriff „regulär" wurde (im Sinne einer Art äußerer Regularität für äußere Maße) von CARATHÉODORY [1], S. 258 geprägt und fand gleich Aufnahme in die mathematische Literatur (s. z.B. HAHN [1], S. 433, ROSENTHAL [1], S. 990 ff., SAKS [2], S. 50 f., VON NEUMANN [1], S. 103 ff.). Angeregt durch den VON NEUMANNschen Beweis der Eindeutigkeit des Haarschen Maßes (s. VON NEUMANN [5], S. 91–104) begannen A.A. MARKOFF (1903–1979)[1] [1] und A.D. ALEXANDROFF [1] mit der Untersuchung regulärer (signierter) Inhalte und Maße auf (normalen) topologischen Räumen. Die weitere Entwicklung wurde durch die Diskussion der regulären Maße im Lehrbuch von P.R. HALMOS [1] nachhaltig beeinflusst. Die Darstellung bei HALMOS stützt sich u.a. auch auf eine Vorlesung von J. v. NEUMANN [6] aus dem Jahre 1940, die erst 1999 veröffentlicht wurde. – Die obige Festlegung des Begriffs „Radon-Maß" ist das Ergebnis einer längeren Entwicklung. Wir folgen dem Vorschlag von SCHWARTZ [1], S. 12 ff. Die Definition bei FREMLIN [1], S. 210 ist formal anders, in gewissem Sinne aber inhaltlich äquivalent.

1.2 Folgerungen. Es sei μ wie in Definition 1.1.
a) Eine Menge $A \in \mathfrak{A}$ mit $\mu(A) < \infty$ ist genau dann regulär, wenn zu jedem $\varepsilon > 0$ ein kompaktes $K \subset A$ und ein offenes $U \supset A$ existieren mit $\mu(U \setminus K) < \varepsilon$.
b) Ist μ lokal-endlich, so hat jedes $K \in \mathfrak{K}$ eine offene Umgebung U mit $\mu(U) < \infty$; insbesondere ist $\mu(K) < \infty$ $(K \in \mathfrak{K})$.
c) Ist X lokal-kompakt, so ist μ lokal-endlich genau dann, wenn $\mu(K) < \infty$ für alle $K \in \mathfrak{K}$.
d) Der Raum X erfülle das erste Abzählbarkeitsaxiom. Ist jede offene Teilmenge von X von innen regulär und $\mu(K) < \infty$ $(K \in \mathfrak{K})$, so ist μ lokal-endlich.
e) Jede σ-kompakte Menge ist von innen regulär.
f) Jedes endliche Radon-Maß ist regulär.
g) Ist μ ein Radon-Maß, so ist jedes $K \in \mathfrak{K}$ von außen regulär.

Beweis. a) ist klar.
b) Ist $K \in \mathfrak{K}$, so hat jedes $x \in K$ eine offene Umgebung U_x mit $\mu(U_x) < \infty$. Da K von endlich vielen dieser U_x überdeckt wird, folgt b).
c) folgt aus b).
d) Wir schließen indirekt: Angenommen, es gibt ein $x \in X$, so dass $\mu(U) = \infty$ für alle $U \in \mathfrak{O}$ mit $x \in U$. Es sei $(V_n)_{n \in \mathbb{I}}$ eine Umgebungsbasis von x mit $V_n \in \mathfrak{O}$ und $V_n \supset V_{n+1}$ $(n \in \mathbb{N})$. Nach Voraussetzung gibt es zu jedem $n \in \mathbb{N}$ ein kompaktes $K_n \subset V_n$ mit $\mu(K_n) \geq n$ und $x \in K_n$. Die Menge $K := \bigcup_{n=1}^{\infty} K_n$ ist *kompakt*: Ist nämlich $(U_\iota)_{\iota \in I}$ eine offene Überdeckung von K, so gibt es ein $\iota_0 \in I$ mit $x \in U_{\iota_0}$ und dazu ein $N \in \mathbb{N}$ mit $V_N \subset U_{\iota_0}$. Daher ist $K_n \subset U_{\iota_0}$ für alle $n \geq N$. Die übrigen K_j $(j = 1, \ldots, N-1)$ werden von endlich vielen $U_{\iota_1}, \ldots, U_{\iota_r}$ überdeckt. Daher wird K von $U_{\iota_0}, \ldots, U_{\iota_r}$ überdeckt, d.h. K ist kompakt. Nach Konstruktion ist aber $\mu(K) = \infty$ im Widerspruch zur Voraussetzung.
e) Ist A σ-kompakt, so ist $A \in \mathfrak{B}$, und es gibt eine Folge $(K_n)_{n \geq 1}$ in $\mathfrak{K}$ mit $K_n \uparrow A$. Daher gilt $\mu(K_n) \uparrow \mu(A)$; insbesondere folgt (1.1).

---

[1]Sohn des gleichnamigen Mathematikers A.A. MARKOFF (1856–1922), nach dem die Markoffschen Prozesse und die Markoffschen Ketten benannt sind.

f) Sei $A \in \mathfrak{B}$. Dann ist A^c von innen regulär. Wegen $\mu(X) < \infty$ ist daher A von außen regulär.

g) Nach b) hat K eine offene Umgebung U mit $\mu(U) < \infty$. Da μ von innen regulär ist, existiert zu $\varepsilon > 0$ eine kompakte Menge $L \subset U \setminus K$ mit $\mu(L) \geq \mu(U \setminus K) - \varepsilon$. Nun ist $V := U \setminus L$ eine offene Umgebung von K mit

$$\mu(V) = \mu(U) - \mu(L) \leq \mu(U) - \mu(U \setminus K) + \varepsilon = \mu(K) + \varepsilon\,.$$

$\square$

Nach Folgerung 1.2, c) und d) kann man in der Definition der Radon-Maße die Forderung der lokalen Endlichkeit von μ ersetzen durch die Forderung der Endlichkeit von μ auf $\mathfrak{K}$, falls X lokal-kompakt ist oder dem ersten Abzählbarkeitsaxiom genügt. Ohne Zusatzbedingungen ist eine solche Ersetzung unzulässig (s. Beispiel 1.3, f)).

1.3 Beispiele. a) Die Borel-Maße und die Radon-Maße auf $\mathfrak{B}^p$ sind genau die Lebesgue-Stieltjesschen Maße (s. Kap. II, § 7, insbes. Aufgabe II.7.5). Die Regularität der Lebesgue-Stieltjesschen Maße wird im Folgenden in Korollar 1.11, Korollar 1.12 und in Satz 1.16 erneut bewiesen.

b) Das Zählmaß auf $\mathfrak{B}(X)$ ist genau dann lokal-endlich, wenn X diskret ist. Für diskretes X ist das Zählmaß ein reguläres Borel-Maß.

c) Ist $(\mu_\iota)_{\iota \in I}$ eine Familie von innen regulärer Maße auf $\mathfrak{A} \supset \mathfrak{B}(X)$, so ist $\mu := \sum_{\iota \in I} \mu_\iota$ von innen regulär (Beweis zur Übung). Ist also $(\mu_\iota)_{\iota \in I}$ eine Familie von Radon-Maßen auf $\mathfrak{B}(X)$ und $\mu := \sum_{\iota \in I} \mu_\iota$ lokal-endlich, so ist μ ein Radon-Maß.

d) Es seien $\mu : \mathfrak{A} \to [0, \infty]$ ein Maß, $\mathfrak{A} \supset \mathfrak{B}$, $A \in \mathfrak{A}$ und $\mu_A : \mathfrak{A} \to [0, \infty], \mu_A(B) := \mu(A \cap B)$ $(B \in \mathfrak{A})$. Ist μ lokal-endlich, so auch μ_A, und ist μ von innen regulär, so auch μ_A. Ist insbesondere μ ein Radon-Maß, so auch μ_A $(A \in \mathfrak{B})$.

e) *Ein von außen reguläres Borel-Maß braucht nicht von innen regulär zu sein:* Es sei $X = \mathbb{R}$ versehen mit der Topologie $\mathfrak{O}$, die von allen halboffenen Intervallen $[a, b[$ $(a, b \in \mathbb{R}, a < b)$ erzeugt wird. Offenbar ist $\mathfrak{O}$ echt feiner als die übliche („euklidische") Topologie $\mathfrak{T}^1$ auf $\mathbb{R}$; dennoch ist $\mathfrak{B}((X, \mathfrak{O})) = \mathfrak{B}^1$. Das Maß β^1 ist sowohl bez. $\mathfrak{T}^1$ als auch bez. $\mathfrak{O}$ ein von außen reguläres Borel-Maß, und bez. $\mathfrak{T}^1$ ist β^1 auch von innen regulär. In Bezug auf $\mathfrak{O}$ gilt zwar für alle $A \in \mathfrak{B}^1$

$$\beta^1(A) = \sup\{\beta^1(F) : F \subset A, F \in \mathfrak{C}\}\,,$$

aber β^1 ist nicht von innen regulär, denn jede bez. $\mathfrak{O}$ kompakte Teilmenge von $\mathbb{R}$ ist abzählbar (Beweis zur Übung).

f) *Ein von innen reguläres Maß braucht nicht lokal-endlich und nicht von außen regulär zu sein:* Es seien $\mathfrak{T}^1$, $\mathfrak{T}^2$ die üblichen („euklidischen") Topologien auf $\mathbb{R}^1$ bzw. $\mathbb{R}^2$, $X := \mathbb{R}^2$ und $\mathfrak{O}$ das System aller Teilmengen $U \subset X$ mit $U_x, U^y \in \mathfrak{T}^1$ für alle $x, y \in \mathbb{R}$. (Wie früher ist $U_x = \{y : (x, y) \in U\}, U^y = \{x : (x, y) \in U\}$.) Dann ist $\mathfrak{O}$ eine Topologie auf X mit $\mathfrak{O} \supset \mathfrak{T}^2$; insbesondere ist $\mathfrak{O}$ Hausdorffsch. Das System $\mathfrak{A}$ aller Teilmengen $A \subset X$ mit $A_x, A^y \in \mathfrak{B}^1$ für alle $x, y \in \mathbb{R}$ ist eine σ-Algebra mit $\mathfrak{A} \supset \mathfrak{O}$, also gilt $\mathfrak{B}(X) \subset \mathfrak{A}$. Auf $\mathfrak{A}$ definieren wir vermöge

$$\mu(A) := \sum_{x \in \mathbb{R}} \beta^1(A_x) + \sum_{y \in \mathbb{R}} \beta^1(A^y) \quad (A \in \mathfrak{A})$$

ein Maß. Ist $U \in \mathfrak{O}$ eine Umgebung von $(x, y) \in X$, so gibt es ein $\delta > 0$ mit $\{x\} \times]y - \delta, y + \delta[\subset U$, und zu jedem $t \in]y - \delta, y + \delta[$ gibt es ein $\varepsilon_t > 0$, so dass $]x - \varepsilon_t, x + \varepsilon_t[\times \{t\} \subset U$. Daher ist $\mu(U) = \infty$, d.h. jede nicht-leere $\mathfrak{O}$-offene Menge hat unendliches Maß, μ ist nicht lokal-endlich. Die Diagonale $D := \{(x, x) : x \in \mathbb{R}\}$ ist $\mathfrak{T}^2$-abgeschlossen, also auch $\mathfrak{O}$-abgeschlossen, und es ist $\mu(D) = 0$. Für jedes offene $U \supset D$ ist aber $\mu(U) = \infty$, d.h. D und damit μ ist nicht von außen regulär. (Es gibt keine nicht-leere von außen reguläre Menge $A \in \mathfrak{A}$ mit $\mu(A) < \infty$.)

Wir behaupten: Eine Menge $M \subset X$ ist kompakt (bez. $\mathfrak{O}$) genau dann, wenn es endliche Mengen $E, F \subset \mathbb{R}$ und kompakte $K(x), L(y) \subset \mathbb{R}$ $(x \in E, y \in F)$ gibt, so dass

$$M = \bigcup_{x \in E} \{x\} \times K(x) \cup \bigcup_{y \in F} L(y) \times \{y\}.$$

Begründung: Dass jede Menge der angegebenen Gestalt kompakt ist (bez. $\mathfrak{O}$), sieht man leicht. – Umgekehrt: Ist $M \subset X$ kompakt bez. $\mathfrak{O}$, so ist M kompakt bez. $\mathfrak{T}^2$, also ist $M \subset \mathbb{R}^2$ beschränkt und $\mathfrak{T}^2$-abgeschlossen. Daher sind alle Schnitte $M_x, M^y \subset \mathbb{R}$ kompakt, und wir müssen nur noch zeigen, dass M in der Vereinigung endlich vieler achsenparalleler Geraden enthalten ist. Wäre das nicht der Fall, so gäbe es eine Folge von verschiedenen Punkten $z_n \in M$ $(n \geq 1)$, so dass $A := \{z_n : n \in \mathbb{N}\}$ mit jeder achsenparallelen Geraden höchstens einen Punkt gemeinsam hat. Dasselbe gilt dann für jede Teilmenge von A. Daher ist A abgeschlossen und diskret, also als Teilmenge des Kompaktums M endlich: Widerspruch! – Es folgt: $\mathfrak{O}$ ist echt feiner als $\mathfrak{T}^2$. Für alle $M \in \mathfrak{K}$ ist offenbar $\mu(M) < \infty$, und nach c) ist μ von innen regulär. (Dieses Beispiel geht zurück auf FREMLIN [2], S. 104 f.)

g) *Ein von außen reguläres, endliches Maß auf einem metrisierbaren Raum braucht nicht von innen regulär zu sein:* Eine leichte Modifikation des Beweises von Satz III.3.10 lehrt: Es gibt eine „Bernstein-Menge" $X \subset [0, 1]$, so dass sowohl X als auch $[0, 1] \setminus X$ mit jeder überabzählbaren kompakten Menge $K \subset [0, 1]$ einen nicht-leeren Durchschnitt haben. Nach dem Argument des Beweises von Satz III.3.7 ist $X \notin \mathfrak{B}^1$ und

(1.3) $\qquad \sup\{\beta^1(K) : K \subset X, K \text{ kompakt}\}$
$\qquad = \sup\{\beta^1(L) : L \subset [0, 1] \setminus X, L \text{ kompakt}\} = 0.$

Wir zeigen:

$$\eta^1(X) = \inf\{\beta^1(U) : U \supset X, U \text{ offen in } \mathbb{R}\} = 1.$$

Zur *Begründung* sei $U \supset X, U$ offen in $\mathbb{R}$. Dann ist $[0, 1] \setminus U$ eine kompakte Teilmenge von $[0, 1] \setminus X$, also $\beta^1([0, 1] \setminus U) = 0$, d.h. $\beta^1(U) \geq \beta^1([0, 1] \cap U) = 1$.

Da die Ungleichung „≤ 1" klar ist, folgt die Behauptung. –

Wir versehen X mit der Spurtopologie $\mathfrak{T} := \mathfrak{T}^1 \mid X$; dann ist $\mathfrak{B}(X) = \mathfrak{B}^1 \mid X$. Offenbar ist $\eta := \eta^1 \mid \mathfrak{P}(X)$ ein äußeres Maß. Wir zeigen, dass alle Mengen aus $\mathfrak{B}(X)$ η-messbar sind: Dazu seien $A \in \mathfrak{T}$ und $Q \subset X$. Es gibt ein $U \in \mathfrak{T}^1$ mit $A = X \cap U$, und wir erhalten

$$\eta(Q \cap A) + \eta(Q \cap A^c) = \eta(Q \cap U) + \eta(Q \cap (\mathbb{R} \setminus U)) \leq \eta(Q) ,$$

denn U ist η^1-messbar. Folglich ist $A \in \mathfrak{A}_\eta$, also auch $\mathfrak{B}(X) \subset \mathfrak{A}_\eta$; $\mu := \eta \mid \mathfrak{B}(X)$ ist ein endliches Borel-Maß, und μ ist von außen regulär, denn für alle $A \subset X$ ist

$$\begin{aligned}
\eta(A) &\leq \inf\{\eta(V) : A \subset V, V \in \mathfrak{T}\} \\
&\leq \inf\{\eta^1(U) : A \subset U, U \text{ offen in } \mathbb{R}\} = \eta(A) .
\end{aligned}$$

Daher gilt auch für alle $A \in \mathfrak{B}(X)$:

$$\mu(A) = \sup\{\mu(F) : F \subset A, F \ \mathfrak{T}\text{-abgeschlossen}\} .$$

Aber μ ist nach (1.3) nicht von innen regulär, also kein Radon-Maß.

2. Regularitätssätze. Auf vielen wichtigen Hausdorff-Räumen ist jedes endliche Borel-Maß automatisch regulär. Den Beweisen einiger Aussagen dieses Typs legen wir folgendes Regularitätslemma zugrunde.

1.4 Regularitätslemma. *Für jedes endliche Maß μ auf einer σ-Algebra $\mathfrak{A} \supset \mathfrak{B}$ ist*

$$\mathfrak{R}_\mu := \{A \in \mathfrak{A} : A \ \mu\text{-regulär}\}$$

ein σ-Ring.

Beweis. Wir führen den Beweis in zwei Schritten.
(1) *Für alle $A, B \in \mathfrak{R}_\mu$ gilt $A \cup B, A \cap B, A \setminus B \in \mathfrak{R}_\mu$.*
Begründung: Zu jedem $\varepsilon > 0$ gibt es kompakte K, L und offene U, V, so dass $K \subset A \subset U, L \subset B \subset V$ und $\mu(U \setminus K) + \mu(V \setminus L) < \varepsilon$. Nun sind $K \cup L$ kompakt, $U \cup V$ offen, $K \cup L \subset A \cup B \subset U \cup V$ und $(U \cup V) \setminus (K \cup L) \subset (U \setminus K) \cup (V \setminus L)$, also $\mu((U \cup V) \setminus (K \cup L)) < \varepsilon$, und es folgt: $A \cup B \in \mathfrak{R}_\mu$. Wegen $(U \cap V) \setminus (K \cap L) \subset (U \setminus K) \cup (V \setminus L)$ folgt ebenso: $A \cap B \in \mathfrak{R}_\mu$. – Weiter ist $A \setminus B = A \setminus (A \cap B)$, so dass wir beim Nachweis von $A \setminus B \in \mathfrak{R}_\mu$ gleich $B \subset A$ voraussetzen können. Dann dürfen wir aber (ggf. nach den Ersetzungen $K \mapsto K \cup L, V \mapsto U \cap V$) auch gleich $L \subset K$ und $V \subset U$ annehmen und erhalten: $K \setminus V \subset A \setminus B \subset U \setminus L, K \setminus V$ ist kompakt, $U \setminus L$ offen und

$$(U \setminus L) \setminus (K \setminus V) = ((U \setminus L) \setminus K) \cup ((U \setminus L) \cap V) = (U \setminus K) \cup (V \setminus L) ,$$

also $\mu((U \setminus L) \setminus (K \setminus V)) < \varepsilon$. Daher ist auch $A \setminus B \in \mathfrak{R}_\mu$. –
(2) *Für jede Folge disjunkter Mengen $A_n \in \mathfrak{R}_\mu$ $(n \geq 1)$ gilt:* $\bigcup_{n=1}^\infty A_n \in \mathfrak{R}_\mu$.
Begründung: Zu vorgegebenem $\varepsilon > 0$ existieren $K_n \in \mathfrak{K}, U_n \in \mathfrak{O}$ mit $K_n \subset A_n \subset U_n$ und $\mu(U_n \setminus K_n) < \varepsilon \cdot 2^{-n}$ $(n \in \mathbb{N})$. Wegen $\sum_{n=1}^\infty \mu(A_n) = \mu\left(\bigcup_{n=1}^\infty A_n\right) \leq$

$\mu(X) < \infty$ und $\mu(U_n) \le \mu(A_n) + \varepsilon \cdot 2^{-n}$ $(n \in \mathbb{N})$ ist $\sum_{n=1}^{\infty} \mu(U_n) < \infty$. Daher existiert ein $N \in \mathbb{N}$, so dass $\sum_{n=N+1}^{\infty} \mu(U_n) < \varepsilon$. Nun sind $K := \bigcup_{n=1}^{N} K_n$ kompakt, $U := \bigcup_{n=1}^{\infty} U_n$ offen, $K \subset \bigcup_{n=1}^{N} A_n \subset U$ und $\mu(U \setminus K) \le \sum_{n=1}^{N} \mu(U_n \setminus K_n) + \sum_{n=N+1}^{\infty} \mu(U_n) < 2\varepsilon$. Daher ist $\bigcup_{n=1}^{\infty} A_n \in \mathfrak{R}_\mu$. –
Nach (1), (2) ist $\mathfrak{R}_\mu$ ein σ-Ring. $\qquad\qquad\qquad\qquad\qquad\qquad\qquad\qquad\square$

1.5 Regularitätssatz. *Ist $\mu : \mathfrak{B} \to [0, \infty[$ ein endliches Borel-Maß, und sind alle $V \in \mathfrak{O}$ von innen regulär, so ist μ regulär.*

Beweis. Wegen $\mathfrak{O} \subset \mathfrak{R}_\mu$ liefert das Regularitätslemma 1.4 die Behauptung. $\quad\square$

1.6 Korollar. *Ist jede offene Teilmenge von X σ-kompakt, so ist jedes endliche Borel-Maß auf X regulär.*

Beweis. Folgerung 1.2, e) und Regularitätssatz 1.5 ergeben die Behauptung. $\quad\square$

3. Moderate Borel-Maße. Im Folgenden wollen wir die Voraussetzung der Endlichkeit von μ im Regularitätssatz 1.5 und in Korollar 1.6 abschwächen. Dabei leistet der von N. BOURBAKI [5], S. 21 eingeführte Begriff des moderaten Maßes gute Dienste.

1.7 Definition. Ein Borel-Maß heißt *moderat*, wenn X die Vereinigung einer Folge *offener* Mengen endlichen Maßes ist.

1.8 Folgerungen. a) Jedes moderate Borel-Maß ist σ-endlich, und jedes von außen reguläre σ-endliche Borel-Maß ist moderat. (Dagegen braucht ein nur σ-endliches Borel-Maß nicht moderat zu sein, wie die Beispiele von BOURBAKI [5], S. 101, exercice 8 und bei GARDNER und PFEFFER [1], S. 1016 f., **12.6** oder **12.7** lehren.)
b) Ist X σ-kompakt, so ist jedes Borel-Maß auf X moderat (Folgerung 1.2, b)).
c) *Jedes Borel-Maß auf einem Hausdorff-Raum mit abzählbarer Basis ist moderat.*
Begründung: Sei $\mathfrak{V}$ eine abzählbare Basis von X. Wir zeigen: Auch $\mathfrak{V}_e := \{V \in \mathfrak{V} : \mu(V) < \infty\}$ ist eine Basis von X. Zum Beweis seien $U \in \mathfrak{O}$ und $x \in U$. Nach Voraussetzung hat x eine offene Umgebung W mit $\mu(W) < \infty$, und es gibt ein $V \in \mathfrak{V}$ mit $x \in V \subset U \cap W$. Offenbar ist $V \in \mathfrak{V}_e$, d.h. $\mathfrak{V}_e$ ist eine Basis von X. Insbesondere ist μ moderat, da $\mathfrak{V}_e$ abzählbar ist. –

1.9 Satz. *Ist μ ein moderates Borel-Maß auf $\mathfrak{B}(X)$ mit der Eigenschaft, dass jedes offene $V \subset X$ mit $\mu(V) < \infty$ von innen regulär ist, so ist μ regulär. Insbesondere ist jedes moderate Radon-Maß auf $\mathfrak{B}(X)$ regulär.*

Beweis. Es sei $(G_n)_{n \ge 1}$ eine Folge offener Mengen endlichen Maßes mit $\bigcup_{n=1}^{\infty} G_n = X$. Die Maße $\mu_n := \mu \mid \mathfrak{B}(G_n)$ $(n \in \mathbb{N})$ sind nach dem Regularitätssatz 1.5 regulär. Es seien nun $A \in \mathfrak{B}(X)$ und $A_n := A \cap G_n$ $(n \in \mathbb{N})$. Dann existiert zu jedem $\varepsilon > 0$ ein offenes U_n mit $A_n \subset U_n \subset G_n$ und $\mu(U_n \setminus A_n) = \mu_n(U_n \setminus A_n) < \varepsilon \cdot 2^{-n}$ $(n \in \mathbb{N})$. Daher ist $U := \bigcup_{n=1}^{\infty} U_n$ offen, $U \supset A$ und $\mu(U \setminus A) \le \sum_{n=1}^{\infty} \mu(U_n \setminus A_n) < \varepsilon$, folglich ist μ von außen regulär. – Weiter seien $\alpha < \mu(A)$

und $N \in \mathbb{N}$ so groß, dass $\varepsilon := \mu\left(\bigcup_{k=1}^{N} A_k\right) - \alpha > 0$. Zu jedem $j = 1, \dots, N$ existiert ein kompaktes $K_j \subset A_j$ mit $\mu(A_j \setminus K_j) = \mu_j(A_j \setminus K_j) < \varepsilon/N$. Die Menge $K := \bigcup_{j=1}^{N} K_j$ ist kompakt, und es ist $\mu\left(\bigcup_{j=1}^{N} A_j \setminus K\right) \leq \sum_{j=1}^{N} \mu(A_j \setminus K_j) < \varepsilon$, also $\mu(K) \geq \mu\left(\bigcup_{j=1}^{N} A_j\right) - \varepsilon = \alpha$. Daher ist μ auch von innen regulär. $\qquad\square$

4. Regularität von Borel-Maßen. Satz 1.9 liefert nützliche Regularitätssätze für Borel-Maße.

1.10 Satz. *Es seien X ein σ-kompakter Hausdorff-Raum und μ ein Borel-Maß auf $\mathfrak{B}(X)$ mit der Eigenschaft, dass jede offene Menge endlichen Maßes von innen regulär ist. Dann ist μ regulär und moderat.*

Beweis. Nach Folgerung 1.8, b) ist μ moderat. Daher folgt die Behauptung aus Satz 1.9. $\qquad\square$

1.11 Korollar. *Ist X ein Hausdorff-Raum, in dem jede offene Menge σ-kompakt ist, so ist jedes Borel-Maß auf $\mathfrak{B}(X)$ regulär und moderat.*

Beweis: klar nach Folgerung 1.2 e) und Satz 1.10. $\qquad\square$

1.12 Korollar. *Ist X ein lokal-kompakter Hausdorff-Raum mit abzählbarer Basis, so ist jedes Borel-Maß auf $\mathfrak{B}(X)$ regulär und moderat.*

Beweis. Es seien $(V_n)_{n \geq 1}$ eine abzählbare Basis von X und $U \subset X$ offen. Zu jedem $x \in U$ gibt es eine kompakte Umgebung $W_x \subset U$ und dazu ein $k \in \mathbb{N}$ mit $x \in V_k \subset \overline{V}_k \subset W_x$. Ersichtlich ist U gleich der Vereinigung dieser abzählbar vielen (kompakten!) $\overline{V}_k$. Daher ist jedes $U \in \mathfrak{O}$ σ-kompakt, und Korollar 1.11 impliziert die Behauptung. $\qquad\square$

1.13 Korollar. *Ist X ein σ-kompakter Hausdorff-Raum, so ist jedes Radon-Maß auf $\mathfrak{B}(X)$ regulär und moderat.*

Beweis: klar nach Satz 1.10. $\qquad\square$

1.14 Bemerkungen. a) Für endliche Borel-Maße folgt Korollar 1.12 mit gleichem Beweis unmittelbar aus Korollar 1.6.

b) Jeder lokal-kompakte Hausdorff-Raum mit abzählbarer Basis ist *polnisch* (s. Anhang A.22). Daher folgt Korollar 1.12 auch aus Satz 1.16.

c) *Ein Borel-Maß auf einem kompakten Hausdorff-Raum (ohne abzählbare Basis) braucht nicht regulär zu sein.* Ein erstes Beispiel für diese Möglichkeit geht zurück auf J. Dieudonné (1906–1992): *Un exemple d'espace normal non susceptible d'une structure d'espace complet*, C.R. Acad. Sci. Paris 209, 145–147 (1939). Dieses Beispiel findet man als Übungsaufgabe bei Halmos [1], S. 231, ex. 10 und bei Cohn [1], S. 215, ex. 7; eine ausführlichere Darstellung geben Floret [1], S. 350, A4.5, Gardner und Pfeffer [1], S. 974, **5.5.** und Schwartz [1], S. 45 und S. 120. Viele weitere Beispiele findet man bei H.L. Peterson: *Regular and irregular measures on groups and dyadic spaces,*

Pacific J. Math. 28, 173–182 (1969). Dagegen gibt es durchaus auch kompakte Hausdorff-Räume ohne abzählbare Basis (d.h. nicht metrisierbare kompakte Hausdorff-Räume), auf denen jedes Borel-Maß regulär (d.h. ein Radon-Maß) ist (s. SCHWARTZ [1], S. 120–121).

1.15 Beispiel. Es seien $D \neq \emptyset$ ein diskreter topologischer Raum und $X :=$ $D \times \mathbb{R}$ versehen mit der Produkttopologie $\mathfrak{O}$. Offenbar ist X lokal-kompakt. Ferner ist X metrisierbar: Setzt man für $x = (\alpha, s), y = (\beta, t) \in X$

$$d(x, y) := \begin{cases} |s - t| & , \text{ falls } \alpha = \beta \, , \\ 1 + |s - t| & , \text{ falls } \alpha \neq \beta \, , \end{cases}$$

so ist d eine Metrik auf X, welche die Topologie $\mathfrak{O}$ definiert. X hat eine abzählbare Basis genau dann, wenn D abzählbar ist. (Man kann X auch auffassen als die „topologische Summe" von $|D|$ Exemplaren von $\mathbb{R}$.) Die Menge $\mathfrak{A}$ aller $A \subset X$ mit $A_\alpha := \{t \in \mathbb{R} : (\alpha, t) \in A\} \in \mathfrak{B}^1$ für alle $\alpha \in D$ ist eine σ-Algebra. (Bezeichnen wir für $\alpha \in D$ mit $j_\alpha : \mathbb{R} \to X, j_\alpha(t) := (\alpha, t) \ (t \in \mathbb{R})$ die kanonische Injektion, so ist $\mathfrak{A}$ die im Sinne von Aufgabe III.5.7 gebildete Final-σ-Algebra auf X bez. $(j_\alpha)_{\alpha \in D}$.) Wegen $\mathfrak{O} \subset \mathfrak{A}$ ist offenbar $\mathfrak{B}(X) \subset \mathfrak{A}$. Ist D abzählbar, so gilt hier nach Satz III.5.10 das Gleichheitszeichen. (Für überabzählbares D ist aber $\mathfrak{B}(X) \neq \mathfrak{A}$ nach KURATOWSKI [1], S. 362, Remark (= S. 268, *Remarque* der frz. Ausg.). Diese Tatsache wurde erstmals bemerkt von E. SZPILRAJN (= E. MARCZEWSKI); s. SIERPIŃSKI [2], S. 153 (= Fundam. Math. 21, S. 112 (1933)).) Das Maß $\mu : \mathfrak{A} \to [0, \infty]$,

$$\mu(A) := \sum_{\alpha \in D} \beta^1(A_\alpha) \quad (A \in \mathfrak{A}) \, ,$$

ist lokal-endlich und von innen regulär (Beispiel 1.3, c)). Ist D abzählbar, so ist μ nach Korollar 1.12 ein reguläres Borel-Maß. Für überabzählbares D ist aber μ *nicht* von außen regulär: Die Menge $F := D \times \{0\} \subset X$ ist abgeschlossen, $\mu(F) = 0$, aber für jede offene Menge $U \supset F$ gilt $\mu(U) = \infty$.

5. Regularität von Borel-Maßen auf polnischen Räumen. Der topologische Raum X heißt *polnisch*, wenn eine die Topologie von X definierende Metrik existiert, so dass (X, d) ein *separabler vollständiger metrischer Raum* ist. Die Klasse der polnischen Räume ist erfreulich reichhaltig (s. Anhang A.22). Neben den lokal-kompakten Hausdorff-Räumen sind die polnischen Räume in der topologischen Maßtheorie von besonderer Wichtigkeit. Ein wesentlicher Grund dafür ist, dass wichtigen Konvergenzsätzen für stochastische Prozesse Maße auf polnischen (aber nicht lokal-kompakten) Räumen zugrunde liegen, wie J.V. PROCHOROV (1929–2013) in einer grundlegenden Arbeit[2] dargelegt hat.

1.16 Satz von Ulam (1939). *Jedes Borel-Maß auf einem polnischen Raum ist regulär und moderat.*

---

[2]YU. V. PROKHOROV: *Convergence of random processes and limit theorems in probability theory*, Theory Probab. Appl. 1, 157–214 (1956).

Beweis. Es sei μ ein Borel-Maß auf dem polnischen Raum X. Wir beweisen die Regularität von μ in drei Schritten.

(1) *Ist μ endlich, so ist μ regulär.*

Begründung: Nach dem Regularitätslemma 1.4 brauchen wir nur zu beweisen, dass jede abgeschlossene Menge $F \subset X$ zu $\mathfrak{R}_\mu$ gehört. Das zeigen wir zunächst für $F = X$: Dazu seien d eine die Topologie von X definierende Metrik, bez. welcher (X, d) vollständig ist, und $(x_n)_{n \geq 1}$ eine in X dichte Folge. (Wir dürfen gleich annehmen, dass $X \neq \emptyset$ ist.) Zu jedem $x \in X$ und $\rho > 0$ existiert ein $j \in \mathbb{N}$ mit $d(x, x_j) < \rho$. Daher ist $X = \bigcup_{j=1}^\infty \overline{K_\rho(x_j)}$, also

$$\mu(X) = \lim_{k \to \infty} \mu\left(\bigcup_{j=1}^k \overline{K_\rho(x_j)}\right).$$

Wählen wir $\rho = 1/n$ $(n \in \mathbb{N})$, so existiert also zu jedem $\varepsilon > 0$ ein $k_n \in \mathbb{N}$, so dass

$$\mu\left(\bigcup_{j=1}^{k_n} \overline{K_{1/n}(x_j)}\right) > \mu(X) - \varepsilon \cdot 2^{-n}.$$

Die Menge $K := \bigcap_{n=1}^\infty \bigcup_{j=1}^{k_n} \overline{K_{1/n}(x_j)}$ ist abgeschlossen, also *vollständig*. Für jedes $\delta = 2/n > 0$ $(n \in \mathbb{N})$ wird K durch die endlich vielen Mengen $\overline{K_{1/n}(x_j)}$ $(j = 1, \ldots, k_n)$ vom Durchmesser $\leq \delta$ überdeckt. Mit einem Diagonalfolgenargument folgt hieraus: Jede Folge in K hat eine Cauchy-Folge als Teilfolge. Wegen der Vollständigkeit von K heißt das: Jede Folge in K hat eine konvergente Teilfolge. Daher ist K kompakt. Nach Konstruktion ist nun

$$\mu(X \setminus K) \leq \sum_{n=1}^\infty \mu\left(X \setminus \bigcup_{j=1}^{k_n} \overline{K_{1/n}(x_j)}\right) < \varepsilon,$$

also $X \in \mathfrak{R}_\mu$. (Diese ULAMsche Konstruktion einer kompakten Teilmenge $K \subset X$ mit $\mu(K^c) < \varepsilon$ ist die wesentliche Schwierigkeit im ganzen Beweis, da *a priori* gar nicht klar ist, wie reichhaltig das System der kompakten Teilmengen eines polnischen Raums ist.)

Ist nun F eine beliebige abgeschlossene Teilmenge von X, so wählen wir zu $\varepsilon > 0$ ein $K \in \mathfrak{K}$ mit $\mu(K^c) < \varepsilon$. Dann ist $F \cap K$ eine kompakte Teilmenge von F mit $F \setminus (F \cap K) \subset K^c$, also ist $\mu(F \setminus (F \cap K)) < \varepsilon$, d.h. F ist von innen regulär. Da F eine G_δ-Menge ist (s. Aufgabe I.6.1), ist F auch von außen regulär, denn μ ist endlich. Daher ist $F \in \mathfrak{R}_\mu$. –

(2) *μ ist moderat.*

Begründung: Folgerung 1.8, c). –

(3) *Jede offene Menge G mit $\mu(G) < \infty$ ist von innen regulär.*

Begründung: G ist eine F_σ-Menge (Aufgabe I.6.1). Nach (1) ist jedes abgeschlossene $F \subset X$ mit $\mu(F) < \infty$ von innen regulär. Daher ist auch G von innen regulär (s. Aufgabe 1.2). –

Aus Satz 1.9 und (2), (3) folgt nun die Behauptung des Satzes. $\square$

Nach Beispiel 1.3, g) wird Satz 1.16 ohne die Voraussetzung der Vollständigkeit von X falsch.

Historische Notiz. Nach OXTOBY [2], S. 216 hat ULAM den Satz 1.16 nicht veröffentlicht, doch findet sich der Kern des Arguments, nämlich Schritt (1) des Beweises, im Wesentlichen in Fußnote 3 auf S. 561 bei OXTOBY und ULAM [1]. – In seiner Autobiographie *Adventures of a Mathematician* (New York: Charles Scribner's Sons 1976) berichtet S.M. ULAM (1909–1984) auf S. 84–86 über seine Zusammenarbeit mit J. OXTOBY (1910–1991).

Der Satz von ULAM gestattet eine weitgehende Verschärfung, über die wir ohne detaillierte Beweise kurz berichten: Ein Hausdorff-Raum X heißt ein *Suslin-Raum*, falls es einen *polnischen Raum* Y und eine *stetige Surjektion* $f : Y \to X$ gibt. Eine Teilmenge A eines topologischen Raums Z heißt eine *Suslin-Menge* oder eine *analytische Menge*, wenn A bez. der von Z induzierten Relativtopologie ein Suslin-Raum ist. Die Klasse der Suslin-Räume ist abgeschlossen bez. der Bildung
(i) abzählbarer topologischer Summen oder Produkte,
(ii) abzählbarer Durchschnitte und abzählbarer Vereinigungen Suslinscher Unterräume eines topologischen Raums,
(iii) Borelscher Unterräume,
(iv) stetiger Bilder (insbesondere Hausdorffscher Quotienten und Hausdorffscher Vergröberungen der Topologie).
Dagegen ist das System der Suslinschen Teilmengen eines Hausdorff-Raums nicht notwendig abgeschlossen bez. der Komplementbildung: Ist ein Hausdorff-Raum X die Vereinigung abzählbar vieler disjunkter Suslinscher Teilräume $A_n (n \geq 1)$, so sind alle $A_n \in \mathfrak{B}(X)$ (s. z.B. SCHWARTZ [1], Chapter II).

1.17 Satz von P.A. MEYER. *Jedes Borel-Maß auf einem Suslin-Raum ist regulär und moderat.*

Beweis. Parallel zum Beweis des Satzes von ULAM stützt sich die Argumentation auf drei Schritte:
(1) *Jedes endliche Borel-Maß auf einem Suslin-Raum ist regulär* (s. SCHWARTZ [1], S. 122, Theorem 10 von P.A. MEYER).
(2) *Jedes Borel-Maß auf einem Suslin-Raum ist moderat.*
Begründung: Es seien X ein Suslin-Raum, Y ein polnischer Raum und $f : Y \to X$ eine stetige Surjektion. Jedes $x \in X$ hat eine offene Umgebung U_x mit $\mu(U_x) < \infty$. Zum Beweis der Behauptung zeigen wir, dass bereits abzählbar viele Mengen U_{x_n} zur Überdeckung von X ausreichen: Sei nämlich $(V_n)_{n \geq 1}$ eine abzählbare Basis von Y und I die Menge der $n \in \mathbb{N}$, zu denen ein $x \in X$ existiert mit $f(V_n) \subset U_x$. Zu jedem $n \in I$ wählen wir ein festes $x_n \in X$ mit $f(V_n) \subset U_{x_n}$. Dann ist $(U_{x_n})_{n \in I}$ eine Überdeckung von X, denn ist $x \in X$ und $y \in f^{-1}(\{x\})$, so gibt es ein $n \in \mathbb{N}$ mit $y \in V_n \subset f^{-1}(U_x)$, und dann ist $x \in f(V_n) \subset U_{x_n}$. –
(3) *Ist μ ein Borel-Maß auf dem Suslin-Raum X, so ist jede offene Menge $G \subset X$ mit $\mu(G) < \infty$ von innen regulär.*
Begründung: Ist f wie unter (2), so ist der offene Teilraum $f^{-1}(G) \subset Y$ nach

A.22 polnisch. Daher ist G ein Suslin-Raum. Nach (1) ist das endliche Borel-Maß $\mu_G := \mu \mid \mathfrak{B}(G)$ regulär, also ist G von innen regulär. –

Aus Satz 1.9 und (2), (3) folgt nun die Behauptung des Satzes.   □

Bezüglich vertiefter Darstellungen der Theorie der Suslin-Räume verweisen wir auf folgende Literatur: BEHRENDS [1], S. 236 ff., BOURBAKI [7], Chap. IX, § 6, COHN [1], S. 261 ff., CHRISTENSEN [1], DELLACHERIE [1], DELLACHERIE und MEYER [1], Chap. III, **1.**, FREMLIN [3], Vol. 4, HAHN [2], Kapitel V, HAUSDORFF [2], HOFFMANN-JØRGENSEN [1], KURATOWSKI [1], LUSIN [1], PARTHASARATHY [1], S. 15–22, ROGERS, JAYNE u.a. [1], SAKS [2], S. 47 ff., SCHWARTZ [1], Chapter II, SRIVASTAVA [1].

Historische Notiz. Die Suslin-Räume sind benannt nach M.J. SUSLIN (1894–1919), einem der zahlreichen hochbegabten Schüler von N.N. LUSIN (1883–1950). In der einzigen zu seinen Lebzeiten veröffentlichten mathematischen Arbeit (M. SOUSLIN: *Sur une définition des ensembles mesurables B sans nombres transfinis*, C.R. Acad. Sci., Paris 164, 88–91 (1917)) zeigt SUSLIN mithilfe der Theorie der analytischen Mengen, dass stetige Bilder Borelscher Mengen nicht Borelsch zu sein brauchen. Damit korrigiert er einen Fehler von LEBESGUE und gibt einen wesentlichen Anstoß für die weitere Entwicklung der Theorie der analytischen Mengen und der sog. deskriptiven Mengenlehre. – SUSLIN starb schon 1919 während der schweren Zeiten im Gefolge der russischen Revolution an einer Typhusepidemie. Über Leben und Werk von M.J. SUSLIN unterrichten die Biographien von V.I. IGOSHIN [1], [2] sowie ein Artikel von G.G. LORENTZ [1].

6. Der Satz von LUSIN. Der Satz von LUSIN stellt eine verblüffend enge Beziehung her zwischen Borel-Messbarkeit und Stetigkeit.

1.18 Satz von Lusin (1912).[3] *Es seien X, Y Hausdorff-Räume, Y habe eine abzählbare Basis, μ sei ein σ-endliches reguläres Borel-Maß auf $\mathfrak{B}(X)$ und $f : X \to Y$. Dann sind folgende Aussagen äquivalent:*

a) *Es gibt eine Borel-messbare Funktion $g : X \to Y$ mit $f = g$ μ-f.ü.*

b) *Zu jedem offenen $U \subset X$ mit $\mu(U) < \infty$ und jedem $\delta > 0$ gibt es ein Kompaktum $K \subset U$ mit $\mu(U \setminus K) < \delta$, so dass $f \mid K$ stetig ist (bez. der Spurtopologie von X auf K).*

c) *Zu jedem $A \in \mathfrak{B}(X)$ mit $\mu(A) < \infty$ und jedem $\delta > 0$ gibt es ein Kompaktum $K \subset A$ mit $\mu(A \setminus K) < \delta$, so dass $f \mid K$ stetig ist.*

d) *Zu jedem Kompaktum $T \subset X$ und jedem $\delta > 0$ gibt es ein Kompaktum $K \subset T$ mit $\mu(T \setminus K) < \delta$, so dass $f \mid K$ stetig ist.*

Bemerkungen. a) Die Voraussetzungen bez. μ sind z.B. dann erfüllt, wenn

(i) μ ein moderates Radon-Maß ist (Satz 1.9) oder

(ii) X ein lokal-kompakter Hausdorff-Raum mit abzählbarer Basis ist und μ ein Borel-Maß (Korollar 1.12) oder

---

[3]N. LUSIN: *Sur les propriétés des fonctions mesurables*, C.R. Acad. Sci. Paris 154, 1688–1690 (1912).

(iii) X ein σ-kompakter Hausdorff-Raum ist und μ ein Radon-Maß (Korollar 1.13) oder
(iv) X ein polnischer Raum ist und μ ein Borel-Maß (Satz 1.16 von Ulam).
b) Die Implikationen a) $\Rightarrow$ b) $\iff$ c) $\iff$ d) gelten auch ohne die Voraussetzung der σ-Endlichkeit von μ.

Beweis. a) $\Rightarrow$ b): Es kann gleich $U = X, \mu(X) < \infty$ angenommen werden. Ist $(B_n)_{n \geq 1}$ eine abzählbare Basis von Y, so gibt es wegen der Regularität von μ zu jedem $n \in \mathbb{N}$ ein $K_n \in \mathfrak{K}$ und ein $V_n \in \mathfrak{O}$ mit $K_n \subset g^{-1}(B_n) \subset V_n$ und $\mu(V_n \setminus K_n) < \delta \cdot 2^{-(n+1)}$. Daher ist $V := \bigcup_{n=1}^{\infty}(V_n \setminus K_n)$ offen mit $\mu(V) < \delta/2$, und $h := g \,|\, V^c$ ist stetig, wie folgende Betrachtung lehrt: Für alle $n \in \mathbb{N}$ ist

$$V_n \cap V^c = K_n \cap V^c \subset g^{-1}(B_n) \cap V^c = h^{-1}(B_n) \subset V_n \cap V^c,$$

d.h. $h^{-1}(B_n) = V_n \cap V^c$ ist offen in V^c. Daher ist h stetig.

Es sei weiter $N \in \mathfrak{B}(X)$ eine μ-Nullmenge mit $f \,|\, N^c = g \,|\, N^c$. Wir benutzen ein weiteres Mal die Regularität von μ und wählen ein kompaktes $K \subset (V \cup N)^c$ mit $\mu((V \cup N)^c \setminus K) < \delta/2$. Dann ist

$$\mu(K^c) \leq \mu(V \cup N) + \mu((V \cup N)^c \setminus K) < \delta,$$

und $f \,|\, K = g \,|\, K = h \,|\, K$ ist wegen $K \subset V^c$ stetig.
b) $\Rightarrow$ c): Es sei $A \in \mathfrak{B}(X), \mu(A) < \infty$. Dann existieren ein offenes $U \supset A$ und ein kompaktes $K \subset A$ mit $\mu(U \setminus K) < \delta/2$. Nach b) gibt es ein Kompaktum $L \subset U$ mit $\mu(U \setminus L) < \delta/2$, so dass $f \,|\, L$ stetig ist. Nun ist $K \cap L \subset A$ ein Kompaktum mit $\mu(A \setminus (K \cap L)) \leq \mu(A \setminus K) + \mu(A \setminus L) < \delta$, und $f \,|\, K \cap L$ ist stetig.
c) $\Rightarrow$ d): klar.
d) $\Rightarrow$ c): Sind $A \in \mathfrak{B}(X), \mu(A) < \infty$ und $\delta > 0$, so existiert ein Kompaktum $T \subset A$ mit $\mu(A \setminus T) < \delta/2$. Zu T wählen wir nach d) ein Kompaktum $K \subset T$ mit $\mu(T \setminus K) < \delta/2$, so dass $f \,|\, K$ stetig ist. Dann leistet K das Verlangte.
c) $\Rightarrow$ a): Es sei $X = \bigcup_{n=1}^{\infty} A_n$ mit disjunkten $A_n \in \mathfrak{B}(X), \mu(A_n) < \infty$ ($n \in \mathbb{N}$). Zu jedem $j \in \mathbb{N}$ existiert ein Kompaktum $K_{nj} \subset A_n$ mit $\mu(A_n \setminus K_{nj}) < 1/j$, so dass $f \,|\, K_{nj}$ stetig ist. Ersichtlich ist $L := \bigcup_{n,j \in \mathbb{N}} K_{nj}$ eine σ-kompakte Menge mit $\mu(A_n \setminus L) = 0$, d.h. $N := L^c$ ist eine Borelsche Nullmenge. Ist nun $F \subset Y$ abgeschlossen, so ist $(f \,|\, L)^{-1}(F) = \bigcup_{n,j \in \mathbb{N}}(f \,|\, K_{nj})^{-1}(F)$ σ-kompakt, also Borelsch. Daher ist $f \,|\, L$ Borel-messbar. Wählen wir nun ein festes $b \in Y$ und setzen $g \,|\, L^c := b, g \,|\, L := f \,|\, L$, so ist $g : X \to Y$ eine Borel-messbare Funktion, die μ-f.ü. mit f übereinstimmt. $\square$

1.19 Korollar. *Es seien X ein lokal-kompakter Hausdorff-Raum, μ ein reguläres Borel-Maß auf $\mathfrak{B}(X)$ und $f : X \to \mathbb{K}$ eine Funktion, die μ-f.ü. mit einer Borel-messbaren Funktion übereinstimmt. Dann gibt es zu jeder offenen Menge $U \subset X$ mit $\mu(U) < \infty$ und jedem $\delta > 0$ ein $\varphi \in C_c(X)$ mit $\operatorname{Tr} \varphi \subset U$, so dass $\mu(\{x \in U : f(x) \neq \varphi(x)\}) < \delta$ und $\|\varphi\|_\infty = \|f\|_K := \sup\{|f(x)| : x \in K\}$.*

Beweis. Nach Satz 1.18 und der folgenden Bemerkung b) gibt es ein Kompaktum $K \subset U$ mit $\mu(U \setminus K) \subset \delta$, so dass $f \,|\, K$ stetig ist. Zur Konstruktion von φ

betrachten wir die Alexandroff-Kompaktifizierung $\hat{X} := X \cup \{\omega\}$ von X. $\hat{X}$ ist als kompakter Hausdorff-Raum *normal*, und das Kompaktum $K \subset \hat{X}$ ist *abgeschlossen*. Daher gibt es nach dem Fortsetzungssatz von H. TIETZE (1880–1964) (s. z.B. SCHUBERT [1], S. 83) eine stetige Funktion $g : \hat{X} \to \mathbb{K}$ mit $g \mid K = f \mid K$. Zu K und U wählen wir nach Lemma VIII.2.1 ein $h \in C_c(X)$ mit $\operatorname{Tr} h \subset U, h \mid K = 1$. Dann ist $\psi := h \cdot (g \mid X) \in C_c(X)$ und $\operatorname{Tr} \psi \subset U, \psi \mid K = f \mid K$. Setzen wir noch $\varphi(x) := \psi(x)$, falls $|\psi(x)| \leq \|f\|_K$ und $\varphi(x) := \|f\|_K \cdot \psi(x)/|\psi(x)|$, falls $|\psi(x)| > \|f\|_K$, so leistet φ das Verlangte.   □

Historische Notiz. Der „Satz von LUSIN" wurde bereits 1903 von BOREL ([4], S. 759 ff.) angedeutet und von LEBESGUE ([1], S. 336 ff.; [2], S. 141) ausgesprochen. VITALI ([1], S. 6 f. und S. 197) formulierte den Satz im Jahre 1905 unter Hinweis auf LEBESGUE wie folgt: «Se una funzione $f(x)$ è misurabile in un intervallo (a, b) di lunghezza l, esiste, per ogni numero positivo ε piccolo a piacere, un gruppo perfetto di punti di (a, b) e di misura maggiore di $l - \varepsilon$ in cui $f(x)$ è continua.»[4]

7. Kurzbiographie von N.N. LUSIN. NIKOLAI NIKOLAJEWITSCH LUSIN wurde am 9. Dezember 1883 in Irkutsk geboren, besuchte nach einem Ortswechsel der Familie das Gymnasium in Tomsk und nahm 1901 sein Studium in Moskau auf mit dem Ziel, Ingenieur zu werden. Um sich dafür die nötigen Grundlagen anzueignen, studierte er zunächst Mathematik an der Universität Moskau und war nach einem halben Jahr von diesem Fach so „verzaubert", dass er sich fortan der Mathematik zuwandte. Während der Unruhen im Revolutionsjahr 1905 wurde die Universität Moskau geschlossen, und D.F. JEGOROW riet LUSIN seine Studien in Paris fortzusetzen. Dort studierte er bis Juni 1906 und hörte Vorlesungen bei É. BOREL, J. HADAMARD und insbesondere bei H. POINCARÉ (1854–1912), dessen schöpferische Art des Vortrags ihn faszinierte. Nach Moskau zurückgekehrt, legte er Ende 1906 das Staatsexamen ab. JEGOROW war von der Selbstständigkeit und Originalität seines Schülers so angetan, dass er LUSIN veranlasste, an der Universität zu bleiben, um die Hochschullehrerlaufbahn anzustreben. Im Jahre 1910 wurde LUSIN Dozent, hielt aber zunächst keine Vorlesung, denn dank JEGOROWs hartnäckiger Anträge bekam er ein mehrjähriges Reisestipendium zur Fortsetzung seiner Studien in Göttingen und Paris. In Göttingen schrieb er seine erste Arbeit (*Über eine Potenzreihe*, Rend. Circ. Mat. Palermo 32, 386–390 (1911)), in der er eine Potenzreihe $\sum_{n=0}^{\infty} a_n z^n$ konstruiert mit $a_n \to 0$ $(n \to \infty)$, die auf der ganzen Einheitskreislinie divergiert. Die Jahre 1912–1914 verbrachte LUSIN in Paris und wurde mit führenden Fachvertretern der Theorie der reellen und komplexen Funktionen bekannt: É. BOREL, H. LEBESGUE, A. DENJOY (1884–1974) und J. HADAMARD. In diese Zeit fällt die Publikation des berühmten Satzes von LUSIN[3]. Zusammen mit dem Satz von JEGOROW (1911) markiert dies den Beginn der sog. *Moskauer Schule*[5] der reellen Analysis. Wieder in Moskau, nahm LUSIN seine Vorlesungen auf und reichte eine Monographie mit dem Titel *Integral und trigo-*

---

[4]Ist eine Funktion $f(x)$ in einem Intervall (a, b) der Länge l messbar, so existiert zu jeder beliebig kleinen positiven Zahl ε eine perfekte Teilmenge von (a, b) vom Maße größer als $l - \varepsilon$, auf welcher $f(x)$ stetig ist.

[5]Siehe z.B. B.V. TIKHOMIROV: *The phenomenon of the Moscow mathematical school.* In: Charlemagne and his Heritage, 1200 Years of Civilization and Science in Europe, Vol. 2, S. 147–162. Hrsg. P. BUTZER et al. Turnhout: Brepols 1998.

nometrische Reihe als Magisterarbeit ein. Diese Arbeit wurde mit einem Preis ausgezeichnet und auf Empfehlung der Gutachter gleich als Doktordissertation angenommen – ein ganz ungewöhnlicher Vorgang, denn der damit verbundene Doktorgrad ist wesentlich höher zu bewerten als etwa ein Doktorgrad in Deutschland. Im folgenden Jahr wurde LUSIN zum Professor ernannt. Bemerkenswert an LUSINs Dissertation sind die vielen offenen Fragen und Probleme. Viele davon wurden in der Folgezeit von seinen Schülern gelöst. Eine jedoch, die berühmte *Lusinsche Vermutung*, war 50 Jahre lang offen, bis sie von L. CARLESON im Jahre 1966 bewiesen wurde (s. die Bemerkungen nach Korollar VI.2.24). Bedauerlicherweise ist LUSINs Dissertation nicht in einer Übersetzung zugänglich.

LUSIN war ein brillanter Hochschullehrer, und er entfaltete in den Jahren 1914–1924 trotz der Beeinträchtigungen durch Revolution und Bürgerkrieg eine außerordentlich erfolgreiche Lehrtätigkeit. Die Liste der Mitglieder der Lusinschen Schule, der sog. *Lusitania*,[6] liest sich wie ein *Who's Who* der Moskauer Mathematiker der 1. Hälfte des 20. Jahrhunderts, z.B. P.S. ALEXANDROFF (1896–1982), D. JE. MENSCHOW (1892–1988), A. JA. CHINTSCHIN (1894–1959), P.S. URYSOHN (1898–1924), A.N. KOLMOGOROFF (1903–1987), NINA K. BARI (1901–1961), die erste Frau, welcher der Grad eines Doktors und Kandidaten der Wissenschaft verliehen wurde, W.I. GLIWENKO (1897–1940), L.A. LJUSTERNIK (1899–1981), L.G. SCHNIRELMAN (1905–1938),[7] P.S. NOWIKOW (1901–1975), M.A. LAWRENTJEW (1900–1980) und die etwas älteren I.I. PRIWALOW (1891–1941) und W.W. STEPANOW (1889–1950). Während der Blütezeit der *Lusitania* in der ersten Hälfte der zwanziger Jahre standen Mengenlehre, reelle Funktionen, Fourier-Reihen und Maß- und Integrationstheorie im Zentrum der Forschung. Relativ rasch ließen sich die besser zugänglichen Probleme lösen, aber die noch offenen, schwierigen (wie z.B. die Kontinuumshypothese oder die *Lusinsche Vermutung*) widerstanden intensiven Bemühungen. Sehr zu LUSINs Missfallen wandten sich daher viele Mitarbeiter erfolgreich anderen Arbeitsgebieten zu wie Zahlentheorie, Differentialgleichungen, Topologie, Funktionalanalysis, Wahrscheinlichkeitstheorie, mathematische Logik. Zwischen dem Lehrer und etlichen seiner früheren Schüler trat eine Entfremdung ein, es entwickelten sich gespannte, z.T. geradezu feindliche Beziehungen. Ein Grund dafür ist wohl auch in der Komplexität von LUSINs Persönlichkeit zu suchen, seiner Emotionalität und seinem autokratischen Führungsanspruch. Der Niedergang der *Lusitania* begann schon Mitte der zwanziger Jahre; etwa fünf Jahre später löste sich die Arbeitsgruppe auf. LUSIN konzentrierte sich während dieser Zeit auf seine Arbeiten über Mengenlehre und vollendete während eines Forschungsaufenthalts in Paris seine Monographie *Leçons sur les ensembles analytiques et leurs applications* (Paris: Gauthier-Villars 1930).

Unter bedrückenden Begleitumständen wurde LUSIN im Jahre 1927 zum korrespondierenden und 1929 zum wirklichen Mitglied der Akademie der Wissenschaften der UdSSR gewählt und mit der Leitung der Abteilung für Funktionentheorie im Steklov-Institut betraut. LUSIN geriet bald nach seiner Rückkehr aus Paris (1930) unter massiven politischen Druck, verließ

---

[6]„Lusitania" war der Name einer röm. Provinz im Südwesten der iberischen Halbinsel, etwa dem heutigen Portugal entsprechend. – Die Versenkung des brit. Passagierschiffs „Lusitania" im Jahre 1915 durch ein deutsches U-Boot war ein folgenschweres Ereignis im I. Weltkrieg.

[7]WILENKIN[8] bezeichnet SCHNIRELMAN als „einen der begabtesten Gelehrten" und fährt fort: „Es wird bestätigt, dass er den Entschluss fasste, den Gashahn in der Küche zu öffnen, nachdem er eine Vorladung in die Lubjanka [Sitz des Staatssicherheitsdienstes NKWD] und den Auftrag erhalten hatte, einen bekannten Parteifunktionär zu beschatten, in dessen Haus er verkehrte."

die Universität Moskau und wechselte vollständig zur Akademie. Im Jahr 1936, als der Stalinsche *Große Terror* wütete, wurde gegen LUSIN eine existenzbedrohende Kampagne entfacht.[8] Im Parteiorgan „Prawda" (dt. „Wahrheit") erschien eine offenbar sorgfältig geplante Serie von Artikeln wie z.B. „Über Feinde mit sowjetischer Maske", „Traditionen der Kriecherei", in denen vernichtende Vorwürfe gegen LUSIN erhoben wurden. In der Untersuchungskommission der Akademie verhielten sich LUSINs Kritiker – darunter etliche aus den Reihen seiner früheren Schüler – dem Beschuldigten gegenüber zunächst äußerst aggressiv. Jeder erwartete LUSINs Ausschluss aus der Akademie und die unvermeidliche Überweisung der Angelegenheit an die Geheimpolizei. Aber es kam ganz anders. Vermutlich auf einen Wink „von ganz oben" änderte sich in den letzten Kommissionssitzungen der Ton. In verblüffendem Gegensatz zum Tenor der gesamten Kampagne wurde LUSIN am Ende vom Präsidium der Akademie unerwartet „milde" bestraft mit einer Abmahnung, einer Amtsenthebung und Versetzung in die Abteilung für Automation und Telemechanik. Schon 1941 erhielt er sein früheres Amt in der Akademie zurück, und er kehrte 1943 auch als Professor an die Universität Moskau zurück. – LUSIN starb am 28. Februar 1950 an einem Herzanfall. In einem offiziellen Nachruf in der Regierungszeitung *Izvestija* heißt es, LUSINs Name werde „einen Ehrenplatz in der Geschichte der sowjetischen Wissenschaft" einnehmen.

Aufgaben. 1.1. Es seien $\mathfrak{A} \supset \mathfrak{B}$ eine σ-Algebra und μ ein von innen reguläres Maß auf $\mathfrak{A}$. Dann ist jedes $A \in \mathfrak{A}$, das eine offene Umgebung U mit $\mu(U) < \infty$ hat, von außen regulär.

1.2. Es sei $\mu : \mathfrak{A} \to [0, \infty]$ ein Maß, wobei $\mathfrak{A} \supset \mathfrak{B}$ eine σ-Algebra ist.
a) Ist $(A_n)_{n \geq 1}$ eine Folge von außen (bzw. innen) regulärer Mengen aus $\mathfrak{A}$, so ist $\bigcup_{n=1}^{\infty} A_n$ von außen (bzw. innen) regulär.
b) Ist $(A_n)_{n \geq 1}$ eine Folge von außen (bzw. innen) regulärer Mengen aus $\mathfrak{A}$ mit $\mu(A_n) < \infty$ $(n \in \mathbb{N})$, so ist $\bigcap_{n=1}^{\infty} A_n$ von außen (bzw. innen) regulär.

1.3. Eine Familie $\mathcal{A}(\neq \emptyset)$ von Teilmengen von X heißt *nach oben gerichtet*, wenn zu allen $A, B \in \mathcal{A}$ ein $C \in \mathcal{A}$ existiert mit $A \cup B \subset C$. Ist $\mathcal{A}$ nach oben gerichtet und $B := \bigcup_{C \in \mathcal{A}} C$, so schreiben wir $\mathcal{A} \uparrow B$. – Es sei μ ein Borel-Maß auf $\mathfrak{B}$. μ heißt *τ-stetig*, wenn für jede nach oben gerichtete Familie $\mathcal{G}(\neq \emptyset)$ offener Teilmengen von X mit $\mathcal{G} \uparrow H$ gilt

$$\sup\{\mu(G) : G \in \mathcal{G}\} = \mu(H).$$

Zeigen Sie: Ist jede offene Teilmenge von X von innen regulär, so ist μ τ-stetig.

1.4. Es seien $\mu, \nu : \mathfrak{A} \to [0, \infty]$ von innen reguläre Maße auf der σ-Algebra $\mathfrak{A} \supset \mathfrak{B}$, und für alle $K \in \mathfrak{K}$ mit $\mu(K) = 0$ sei auch $\nu(K) = 0$. Zeigen Sie: $\nu \ll \mu$.

1.5. Es seien μ, ν endliche Maße auf der σ-Algebra $\mathfrak{A} \supset \mathfrak{B}$ mit $\nu \ll \mu$. Ist μ regulär, so ist auch ν regulär.

1.6. Ein äußeres Maß $\eta : \mathfrak{P}(X) \to [0, \infty]$ heißt *von außen regulär*, wenn für alle $M \subset X$ gilt: $\eta(M) = \inf\{\eta(U) : U \supset M, U \text{ offen}\}$. Zeigen Sie: Ist η ein von außen reguläres äußeres Maß, so ist eine Menge $A \subset X$ genau dann η-messbar, wenn für alle *offenen* $U \subset X$ mit $\eta(U) < \infty$

---

[8]Siehe z.B. A.P. JUSCHKEWITSCH: *Der Fall des Akademiemitglieds* N.N. LUSIN (russ.), Vestnik Akad. Nauk SSSR 1989, H. 4, 102–113; A.E. LEVIN: *Anatomy of a public campaign: "Academian Luzin's case" in soviet political history*, Slavic Review 49, 90–108 (1990); N.JA. WILENKIN: *Formeln auf Sperrholz* (russ.), Priroda 1991, No. 6, 95–104; S. PAUL: *Die Moskauer mathematische Schule um N.N. Lusin*, Bielefeld: Kleine Verlag 1997; S.S. DEMIDOV, B.V. LEVSHIN: *The case of academian Nikolai Nikolaevich Luzin*, Providence, RI: Amer. Math. Soc. 2016; *Golden years of Moscow mathematics*, S. ZDRAVKOVSKA, P. DUREN, eds. Providence, RI: Amer. Math. Soc. 1993.

gilt:

$$\eta(U) \geq \eta(U \cap A) + \eta(U \cap A^c) \,.$$

1.7. Ist $\mu : \mathfrak{B} \to [0, \infty]$ ein Maß, so ist $\eta : \mathfrak{P}(X) \to [0, \infty]$,

$$\eta(A) := \inf\{\mu(U) : U \subset A, U \text{ offen}\} \quad (A \subset X)$$

ein von außen reguläres äußeres Maß. Ist μ endlich (oder moderat), so gilt $\mathfrak{B} \subset \mathfrak{A}_\eta$ ($= \sigma$-Algebra der η-messbaren Mengen) genau dann, wenn μ von außen regulär ist, d.h. wenn $\eta \,|\, \mathfrak{B} = \mu$ ist.

1.8. Es sei $X = \mathbb{N} \cup \{\infty\}$ die Alexandroff-Kompaktifizierung des diskreten Raums $(\mathbb{N}, \mathfrak{P}(\mathbb{N}))$. Eine Menge $A \subset \mathbb{N}$ ist genau dann kompakt, wenn sie endlich ist; zusätzlich sind alle $A \subset X$ mit $\infty \in A$ kompakt. Das Zählmaß auf X ist nicht lokal endlich und nicht von außen regulär, wohl aber von innen regulär.

1.9. $X := \mathbb{N} \cup \{\infty\}$ trage folgende Topologie: Alle Teilmengen von $\mathbb{N}$ seien offen, und eine Menge $A \subset X$ mit $\infty \in A$ heiße genau dann offen, wenn

$$\varliminf_{n \to \infty} \frac{1}{n} |A \cap \{1, \ldots, n\}| = 1 \,.$$

Dann ist X ein normaler Hausdorff-Raum, in dem jede kompakte Menge endlich ist. Das Zählmaß auf X ist nicht lokal-endlich, also kein Borel-Maß, und das Zählmaß ist von innen, aber nicht von außen regulär.

1.10. Es seien X, Y Hausdorff-Räume, $f : X \to Y$ stetig, μ ein von innen reguläres Maß auf $\mathfrak{B}(X)$ und $f(\mu)$ das Bildmaß auf $\mathfrak{B}(Y)$. Zeigen Sie: $f(\mu)$ ist von innen regulär.

§ 2.   Der Darstellungssatz von F. Riesz

> «*Étant donnée l'opération linéaire* A$[f(x)]$*, on peut déterminer la fonction à variation bornée* $\alpha(x)$ *telle que pour toute fonction continue* $f(x)$ *on ait*
> $$\mathrm{A}[f(x)] = \int_a^b f(x)\, d\alpha(x) \,.\ » \ ^9$$

(F. Riesz [2], S. 808)

1. Problemstellung. Für den ganzen § 2 unterstellen wir stillschweigend folgende

Voraussetzungen und Bezeichnungen: Es seien X ein Hausdorff-Raum, $\mathfrak{O}, \mathfrak{C}, \mathfrak{K}$ die Systeme der offenen bzw. abgeschlossenen bzw. kompakten Teilmengen und $\mathfrak{B} = \mathfrak{B}(X)$ die σ-Algebra der Borel-Mengen von X. Ferner seien $C(X)$ der Raum der stetigen Funktionen $f : X \to \mathbb{K}, C_c(X)$ der Raum der

---

^{9}Zu jedem linearen Operator A$[f(x)]$ [auf $C[a, b]$] kann man eine Funktion $\alpha(x)$ von beschränkter Variation bestimmen, so dass für jede [auf $[a, b]$] stetige Funktion $f(x)$ gilt

$$\mathrm{A}[f(x)] = \int_a^b f(x)\, d\alpha(x) \,.$$

$f \in C(X)$ mit kompaktem Träger $\operatorname{Tr} f := \overline{\{f \neq 0\}}, C_b(X)$ der Raum der beschränkten Funktionen aus $C(X)$ und $C^+(X), C_c^+(X), C_b^+(X)$ die Mengen der nicht-negativen Elemente von $C(X)$ bzw. $C_c(X)$ bzw. $C_b(X)$.

Ist μ ein Borel-Maß auf $\mathfrak{B}(X)$, so braucht eine beliebige Funktion $f \in C(X)$ natürlich nicht μ-integrierbar zu sein. Hat aber $f \in C(X)$ einen *kompakten* Träger K, so ist f Borel-messbar und $|f| \leq \|f\|_\infty \cdot \chi_K$, wobei $\mu(K) < \infty$, also gilt $f \in \mathcal{L}^1(\mu)$, d.h. $C_c(X) \subset \mathcal{L}^1(\mu)$. Daher definiert $I : C_c(X) \to \mathbb{K}$,

$$(2.1) \qquad\qquad I(f) := \int_X f \, d\mu \quad (f \in C_c(X))$$

eine *Linearform* auf $C_c(X)$, und I ist offenbar *positiv*[10] in dem Sinne, dass

$$(2.2) \qquad\qquad I(f) \geq 0 \text{ für alle } f \in C_c^+(X).$$

Diese völlig triviale Feststellung führt zu folgender höchst nicht-trivialer *Frage: Sind alle positiven Linearformen auf $C_c(X)$ von der Form (2.1) mit einem geeigneten Borel-Maß μ?* Die Antwort auf diese Frage ist keineswegs offensichtlich, sogar nicht einmal im Fall des kompakten Intervalls $X = [a,b]$, der erstmals 1909 von F. RIESZ mit überzeugendem Erfolg behandelt wurde. In der Tat konnte F. RIESZ zeigen, dass zu jeder positiven Linearform $I : C[a,b] \to \mathbb{K}$ ein Borel-Maß μ auf $\mathfrak{B}([a,b])$ existiert, so dass I im Sinne der Gl. (2.1) durch μ dargestellt wird (*Darstellungssatz von* F. RIESZ [1], S. 400–402). Eine entsprechende Existenzaussage ist für sehr weite Klassen von Hausdorff-Räumen richtig, z.B. für alle lokal-kompakten Hausdorff-Räume.

Ist die Existenzfrage positiv entschieden, so stellt sich die *Frage nach der Eindeutigkeit von μ: Wenn die positive Linearform $I : C_c(X) \to \mathbb{K}$ eine Darstellung der Form (2.1) mit einem Borel-Maß μ gestattet, ist dann μ das einzige Borel-Maß mit dieser Eigenschaft?* Die Antwort kann durchaus negativ ausfallen, und zwar aus folgendem Grund: Durch (2.1) wird das Maß μ im Wesentlichen nur auf den *kompakten* Teilmengen von X festgelegt. Dagegen ist auf der Basis von (2.1) durchaus nicht klar, welche Werte μ auf „sehr großen" (d.h. nicht σ-kompakten) offenen oder abgeschlossenen Mengen annehmen wird. In der Tat kann man Beispiele lokal-kompakter Hausdorff-Räume mit derartigen „großen" offenen oder abgeschlossenen Mengen angeben, für welche die Eindeutigkeitsfrage negativ zu beantworten ist, *wenn* man beliebige *Borel-Maße μ* zur Darstellung von I heranzieht. Da aber Gl. (2.1) das Maß μ im Wesentlichen nur auf den kompakten Teilmengen von X festlegt, liegt es nahe, nur solche Borel-Maße μ zur Darstellung von I zuzulassen, die bereits durch ihre Werte auf $\mathfrak{K}$ eindeutig festgelegt sind, und das sind gerade die *Radon-Maße*. Ein wesentliches Ziel des vorliegenden Paragraphen wird es sein zu zeigen, dass für lokal-kompakte Hausdorff-Räume X sowohl das Existenz- als auch das Eindeutigkeitsproblem positiv zu beantworten sind, wenn ausschließlich *Radon-Maße* zur Darstellung von I herangezogen werden.

---

[10]Eine inhaltlich korrekte Bezeichnung wäre „nicht-negativ", aber das klingt zu gekünstelt.

2. Fortsetzungssatz. Vorgelegt sei eine positive Linearform $I : C_c(X) \to \mathbb{K}$. Wir interessieren uns für die Frage, ob I eine Darstellung (2.1) mit einem Borel-Maß μ gestattet. Ein solches μ wird man nicht ohne Weiteres gleich auf ganz $\mathfrak{B}$ definieren können. Wir gehen daher schrittweise vor und definieren zunächst nur für $K \in \mathfrak{K}$

$$(2.3) \qquad \mu_0(K) := \inf\{I(f) : f \in C_c(X), f \geq \chi_K\}.$$

Ganz ohne weitere topologische Voraussetzungen an X sind keine interessanten Eigenschaften von μ_0 zu erwarten, denn es existieren z.B. reguläre Hausdorff-Räume, auf denen jede stetige reellwertige Funktion konstant ist (s. z.B. En-gelking [1], S. 160 f., **2.7.17**). Vom Ansatz (2.3) ist ein Erfolg zu erhoffen, wenn zu jedem $K \in \mathfrak{K}$ ein $f \in C_c(X)$ mit $f \geq \chi_K$ existiert. Dann ist aber bereits $\{f > 0\}$ eine relativ kompakte offene Umgebung von K, und eine solche existiert für alle $K \in \mathfrak{K}$ genau dann, wenn X lokal-kompakt ist. Wir werden dement-sprechend zunächst für lokal-kompakte Hausdorff-Räume einige grundlegende Eigenschaften von μ_0 feststellen. Anschließend gehen wir axiomatisch vor und beweisen allein auf der Grundlage dieser Eigenschaften von μ_0 (ohne Rückgriff auf das Funktional I) einen allgemeinen Fortsetzungssatz für Mengenfunktionen $\mu_0 : \mathfrak{K} \to [0, \infty[$, der die Fortsetzbarkeit von μ_0 zu einem von innen regulären Maß auf $\mathfrak{B}$ liefert. Dieser Fortsetzungssatz ist so allgemein gehalten, dass er in Abschnitt **4.** die Lösung unseres Darstellungsproblems auch für vollständig reguläre Räume erlauben wird. – Zur Erinnerung: Ein topologischer Raum Y heißt *vollständig regulär*, wenn zu jedem $a \in Y$ und jeder offenen Umgebung U von a eine stetige Funktion $f : Y \to [0, 1]$ existiert, so dass $f(a) = 1, f \,|\, U^c = 0$. Bekanntlich ist jeder lokal-kompakte Hausdorff-Raum vollständig regulär, denn er ist Teilraum seiner kompakten (also normalen, also vollständig regulären) Alexandroff-Kompaktifizierung.

2.1 Lemma. *Es seien X ein vollständig regulärer Hausdorff-Raum, $K \subset X$ kompakt und U eine offene Umgebung von K. Dann existiert eine stetige Funktion $\varphi : X \to [0, 1]$ mit $\varphi \,|\, K = 1, \varphi \,|\, U^c = 0$. Ist X zusätzlich lokal-kompakt, so existiert ein solches $\varphi \in C_c(X)$ mit $\mathrm{Tr}\,\varphi \subset U$.*

Beweis. Zu jedem $x \in K$ existiert ein stetiges $\varphi_x : X \to [0, 1]$ mit $\varphi_x(x) = 1, \varphi_x \,|\, U^c = 0$. Die Mengen $V_x := \{\varphi_x > \frac{1}{2}\}$ $(x \in K)$ bilden eine offene Überdeckung von K, folglich existieren endlich viele $x_1, \ldots, x_n \in K$, so dass $V_{x_1}, \ldots, V_{x_n}$ bereits ganz K überdecken. Die Funktion $\psi := \max(2\varphi_{x_1}, \ldots, 2\varphi_{x_n})$ ist stetig auf $X, \psi \,|\, K > 1, \psi \,|\, U^c = 0$. Daher leistet $\varphi := \min(\psi, 1)$ das Verlangte. – Ist X zusätzlich lokal-kompakt, so wähle man zunächst eine relativ kom-pakte offene Umgebung V von K mit $K \subset \overline{V} \subset U$ und wende die vorangehende Konstruktion an auf (K, V). $\qquad \square$

2.2 Lemma. *Es seien X ein lokal-kompakter Hausdorff-Raum, $I : C_c(X) \to \mathbb{K}$ eine positive Linearform, und μ_0 sei gemäß (2.3) definiert. Dann gilt:*
(K.1) $0 \leq \mu_0(K) \leq \mu_0(L) < \infty$ *für alle $K, L \in \mathfrak{K}$ mit $K \subset L$.*

(K.2) $\mu_0(K \cup L) \leq \mu_0(K) + \mu_0(L)$ *für alle $K, L \in \mathfrak{K}$.*

(K.3) $\mu_0(K \cup L) = \mu_0(K) + \mu_0(L)$ *für alle* $K, L \in \mathfrak{K}$ *mit* $K \cap L = \emptyset$.

(KO) *Zu jedem* $K \in \mathfrak{K}$ *und* $\varepsilon > 0$ *existiert eine offene Umgebung* U *von* K, *so dass für alle kompakten* $L \subset U$ *gilt:*

$$\mu_0(L) \leq \mu_0(K) + \varepsilon \,.$$

Beweis. **(K.1)** Nach Lemma 2.1 existiert ein $f \in C_c(X)$ mit $f \geq \chi_L$. Da I positiv ist, folgt **(K.1)**.
(K.2) Sind $f, g \in C_c(X), f \geq \chi_K, g \geq \chi_L$, so ist $f + g \in C_c(X), f + g \geq \chi_{K \cup L}$, also

$$\mu_0(K \cup L) \leq I(f + g) = I(f) + I(g) \,,$$

und die Infimumbildung bez. f, g auf der rechten Seite liefert **(K.2)**.
(K.3) Wegen **(K.2)** ist nur noch „$\geq$" zu zeigen. Dazu sei $h \in C_c(X)$ mit $h \geq \chi_{K \cup L}$. Offenbar ist $U := L^c$ eine offene Umgebung von K, und nach Lemma 2.1 existiert ein stetiges $\varphi : X \to [0, 1]$ mit $\varphi \,|\, K = 1, \varphi \,|\, U^c = \varphi \,|\, L = 0$. Nun sind $f := h\varphi, g := h(1 - \varphi) \in C_c(X), f \geq \chi_K, g \geq \chi_L, f + g = h$, und es folgt:

$$I(h) = I(f) + I(g) \geq \mu_0(K) + \mu_0(L) \,.$$

Daher ist $\mu_0(K \cup L) \geq \mu_0(K) + \mu_0(L)$.
(KO) Nach Lemma 2.1 existiert zu $K \in \mathfrak{K}$ und $\delta > 0$ ein $f \in C_c(X)$ mit $f \geq \chi_K$ und $I(f) \leq \mu_0(K) + \delta$. Offenbar ist $U := \{f > 1/(1 + \delta)\}$ eine offene Umgebung von K. Für jedes kompakte $L \subset U$ ist $(1 + \delta)f \geq \chi_L$ und daher

$$\mu_0(L) \leq (1 + \delta)I(f) \leq (1 + \delta)(\mu_0(K) + \delta) \,.$$

Wählen wir von vornherein δ so klein, dass $\delta(\mu_0(K) + \delta + 1) < \varepsilon$, so folgt **(KO)**.
□

2.3 Lemma. *Es seien* X *ein Hausdorff-Raum und* $\mu_0 : \mathfrak{K} \to [0, \infty[$ *eine Mengenfunktion mit den Eigenschaften* **(K.1)–(K.3)**, **(KO)** *aus Lemma 2.2. Dann genügt* μ_0 *folgender S t r a f f h e i t s b e d i n g u n g:*
(S) *Für alle* $K, L \in \mathfrak{K}$ *mit* $K \subset L$ *ist*

$$\mu_0(L) - \mu_0(K) = \sup\{\mu_0(C) : C \subset L \setminus K , \; C \in \mathfrak{K}\} \,.$$

Beweis. Für alle kompakten $C \subset L \setminus K$ ist $K \cup C \subset L, K \cap C = \emptyset$, also $\mu_0(K) + \mu_0(C) \leq \mu_0(L)$ (nach **(K.1)** und **(K.3)**). Daher braucht unter **(S)** nur noch „$\leq$" bewiesen zu werden. Dazu sei $\varepsilon > 0$. Dann existiert nach **(KO)** eine offene Umgebung U von K, so dass

(2.4) $\mu_0(H) \leq \mu_0(K) + \varepsilon$ für alle $H \subset U, H \in \mathfrak{K}$.

Nun ist $L \subset K^c \cup U$, und hier sind K^c, U offen. Wir zeigen zunächst: Es existieren *kompakte* Mengen $C \subset K^c, D \subset U$, so dass $C \cup D = L$. *Begründung:* Die

Mengen $L \setminus K^c = K$ und $L \setminus U$ sind disjunkte kompakte Mengen im Hausdorff-Raum (!) X, haben also disjunkte offene Umgebungen V, W:

$$K \subset V, L \setminus U \subset W, V \cap W = \emptyset.$$

Nun sind $C := L \setminus V, D := L \setminus W$ kompakt, $C \subset L \setminus K \subset K^c, D \subset U$,

$$C \cup D = (L \setminus V) \cup (L \setminus W) = L \setminus (V \cap W) = L,$$

also leisten C, D das Gewünschte.

Mit den obigen Mengen C, D ist nun $\mu_0(L) \leq \mu_0(C) + \mu_0(D)$ (wegen **(K.2)**), also folgt nach (2.4)

$$\mu_0(C) \geq \mu_0(L) - \mu_0(D) \geq \mu_0(L) - \mu_0(K) - \varepsilon.$$

$\square$

Ohne Rückgriff auf das Funktional I werden wir im folgenden Fortsetzungssatz zeigen, dass sich jede Mengenfunktion $\mu_0 : \mathfrak{K} \to [0, \infty[$ mit der Eigenschaft **(S)** zu einem von innen regulären Maß μ auf $\mathfrak{B}$ fortsetzen lässt. Gehört μ_0 gemäß (2.3) zu einer positiven Linearform $I : C_c(X) \to \mathbb{K}$, wobei X ein lokalkompakter Hausdorff-Raum ist, so werden wir in Abschnitt **3.** zeigen, dass μ die gewünschte Darstellung von I leistet. – In der Literatur gibt es verschiedene Varianten des Fortsetzungssatzes 2.4. Die älteste Version stammt wohl von G. Choquet (1915–2006) [1], S. 207 ff. und [2], S. 158 ff., insbes. S. 164 f.; s. auch Schwartz [1], S. 62, Meyer [1], S. 42 ff. und Dellacherie-Meyer [1], S. 82 ff. Choquet benutzt die Bedingung **(KO)** anstelle von **(S)**; eine etwas allgemeinere, aber ähnliche Fassung steht bei Bourbaki [1], S. 163 ff. Die folgende Formulierung des Fortsetzungssatzes mit **(S)** anstelle von **(KO)** stammt von Kisyński [1]; vgl. auch Berg-Christensen-Ressel [1]. Bezüglich neuerer Resultate verweisen wir auf Anger-Portenier [1], Pollard-Topsøe [1], Topsøe [1], [2] und König [1]–[10]. In diesen Arbeiten wird in allgemeinerem Rahmen gezeigt, dass eine Straffheitsbedingung vom Typ **(S)** im Wesentlichen notwendig und hinreichend für die Fortsetzbarkeit zu einem Maß ist.

2.4 Fortsetzungssatz. *Es seien X ein Hausdorff-Raum und $\mu_0 : \mathfrak{K} \to [0, \infty[$ eine Mengenfunktion mit der Eigenschaft* **(S)**. *Dann gestattet μ_0 genau eine Fortsetzung zu einem von innen regulären Maß $\mu : \mathfrak{B} \to [0, \infty]$, und zwar gilt für alle $A \in \mathfrak{B}$*

$$(2.5) \qquad \mu(A) = \sup\{\mu_0(K) : K \subset A, K \in \mathfrak{K}\}.$$

Beweis (nach Kisyński [1]). Wenn μ_0 überhaupt eine Fortsetzung zu einem von innen regulären Maß μ gestattet, so ist diese durch (2.5) gegeben. Damit ist die Eindeutigkeit klar und auch der Ansatz für den Existenzbeweis: Für beliebiges $A \subset X$ setzen wir

$$(2.6) \qquad \mu(A) := \sup\{\mu_0(K) : K \subset A, K \in \mathfrak{K}\}.$$

Die Eigenschaft **(S)** impliziert **(K.1)**–**(K.3)**. Nach **(K.1)** ist $\mu \,|\, \mathfrak{K} = \mu_0$, und es ist zu zeigen, dass $\mu \,|\, \mathfrak{B}$ ein Maß ist. Dabei orientieren wir uns am Beweis des Fortsetzungssatzes II.4.5, müssen jedoch beachten, dass das äußere Maß in Gl. (II.4.6) durch ein Infimum definiert wird, μ in (2.6) aber durch ein Supremum. Diese Bemerkung mag als Motivation dafür dienen, dass wir jetzt im Analogon der Messbarkeitsdefinition das Ungleichungszeichen umzukehren haben. Dementsprechend definieren wir für beliebiges $Q \subset X$

$$\mathfrak{A}_Q := \{A \subset X : \mu(Q) \leq \mu(Q \cap A) + \mu(Q \cap A^c)\}$$

und

$$\mathfrak{A} := \bigcap_{C \in \mathfrak{K}} \mathfrak{A}_C \,.$$

Zum Beweis des Satzes werden wir zeigen: $\mathfrak{A}$ ist eine σ-Algebra, $\mathfrak{A} \supset \mathfrak{B}$, und $\mu \,|\, \mathfrak{A}$ ist ein Maß.

Sei $F \subset X$ abgeschlossen und $C \in \mathfrak{K}$. Dann gilt nach **(S)**

$$
\begin{aligned}
\mu(C) - \mu(C \cap F) &= \mu_0(C) - \mu_0(C \cap F) \\
&= \sup\{\mu_0(D) : D \subset C \setminus F, D \in \mathfrak{K}\} = \mu(C \setminus F)\,,
\end{aligned}
$$

also $F \in \mathfrak{A}_C$ für alle $C \in \mathfrak{K}$, d.h. $F \in \mathfrak{A}$. Wenn wir $\mathfrak{A}$ als σ-Algebra erkannt haben, so folgt hieraus $\mathfrak{B} \subset \mathfrak{A}$.

Es bleibt zu zeigen: $\mathfrak{A}$ ist eine σ-Algebra und $\mu \,|\, \mathfrak{A}$ ein Maß. Zunächst ist $\mu(\emptyset) = 0$ (nach **(K.3)**). Weiter ist $\emptyset \in \mathfrak{A}$, und für alle $A \in \mathfrak{A}$ ist auch $A^c \in \mathfrak{A}$. Es seien weiter $A, B \subset X, A \cap B = \emptyset$. Ist $\mu(A) = \infty$ oder $\mu(B) = \infty$, so ist $\mu(A \cup B) = \infty$ (wegen (2.6)), und die Ungleichung

$$(2.7) \qquad\qquad\qquad \mu(A) + \mu(B) \leq \mu(A \cup B)$$

ist richtig. Seien nun $\mu(A), \mu(B) < \infty$ und $\varepsilon > 0$. Dann existieren $K, L \in \mathfrak{K}, K \subset A, L \subset B$ mit

$$
\begin{aligned}
\mu(A) + \mu(B) - \varepsilon &\leq \mu_0(K) + \mu_0(L) \\
&= \mu_0(K \cup L) \quad \text{(nach **(K.3)**)} \\
&\leq \mu(A \cup B)\,,
\end{aligned}
$$

und (2.7) gilt ebenfalls. Ist nun $(A_n)_{n \geq 1}$ eine Folge disjunkter Teilmengen von X, so folgt mit (2.7) induktiv für alle $n \in \mathbb{N}$

$$\sum_{k=1}^{n} \mu(A_k) \leq \mu\left(\bigcup_{k=1}^{n} A_k\right) \leq \mu\left(\bigcup_{k=1}^{\infty} A_n\right) \quad \text{(wegen (2.6))}\,,$$

und daher

$$(2.8) \qquad\qquad\qquad \sum_{k=1}^{\infty} \mu(A_k) \leq \mu\left(\bigcup_{k=1}^{\infty} A_k\right)\,.$$

Zum Abschluss des Beweises brauchen wir daher nur noch zu zeigen:

(2.9)   Für jede Folge von Mengen $E_n \in \mathfrak{A}$ $(n \in \mathbb{N})$ ist $\bigcup_{n=1}^{\infty} E_n \in \mathfrak{A}$ und

$$\mu\left(\bigcup_{n=1}^{\infty} E_n\right) \leq \sum_{n=1}^{\infty} \mu(E_n)\,.$$

Zum Beweis seien $C \in \mathfrak{K}$ und $\varepsilon > 0$. Nach Definition von $\mathfrak{A}$ und μ gibt es zu jedem $n \in \mathbb{N}$ kompakte Mengen $A_n \subset C \cap E_n$, $B_n \subset C \setminus E_n$, so dass

$$\mu_0(A_n) + \mu_0(B_n) \geq \mu_0(C) - 2^{-n}\varepsilon\,.$$

Für alle $n \in \mathbb{N}$ sind $(A_1 \cup \ldots \cup A_{n-1}) \cap A_n$ und $(B_1 \cap \ldots \cap B_{n-1}) \cup B_n$ disjunkte kompakte Teilmengen von C.[11] Daher gilt für alle $n \geq 1$:

$$
\begin{aligned}
-2^{-n}\varepsilon &\leq \mu_0(A_n) + \mu_0(B_n) - \mu_0(C) \\
&\leq \mu_0(A_n) + \mu_0(B_n) - \mu_0((A_1 \cup \ldots \cup A_{n-1}) \cap A_n) \\
&\quad - \mu_0((B_1 \cap \ldots \cap B_{n-1}) \cup B_n) \quad \text{(nach } \textbf{(K.1)}, \textbf{(K.3)}) \\
&= \mu(A_n \setminus (A_1 \cup \ldots \cup A_{n-1})) - \mu((B_1 \cap \ldots \cap B_{n-1}) \setminus B_n) \quad \text{(nach } \textbf{(S)}) \\
&= \mu_0(A_1 \cup \ldots \cup A_n) - \mu_0(A_1 \cup \ldots \cup A_{n-1}) \\
&\quad + \mu_0(B_1 \cap \ldots \cap B_n) - \mu_0(B_1 \cap \ldots \cap B_{n-1}) \quad \text{(nach } \textbf{(S)})\,.
\end{aligned}
$$

Summiert man diese Ungleichungen über $n = 1, \ldots, N$, so folgt[11]

(2.10) $$\mu_0(A_1 \cup \ldots \cup A_N) + \mu_0(B_1 \cap \ldots \cap B_N)$$

$$\geq \mu_0(C) - \sum_{n=1}^{N} 2^{-n}\varepsilon > \mu_0(C) - \varepsilon\,.$$

Nach $\textbf{(S)}$ gibt es ein $D \in \mathfrak{K}$ mit $D \subset B_1 \setminus \bigcap_{n=1}^{\infty} B_n$, so dass

(2.11) $$\mu_0(D) > \mu_0(B_1) - \mu_0\left(\bigcap_{n=1}^{\infty} B_n\right) - \varepsilon\,.$$

Da $D \cap \bigcap_{n=1}^{\infty} B_n = \emptyset$ ist und D, B_n $(n \in \mathbb{N})$ kompakt sind, ist $D \cap \bigcap_{n=1}^{N} B_n = \emptyset$ für alle $N \geq N_0$ mit geeignetem $N_0 \in \mathbb{N}$. Daher liefern $\textbf{(K.3)}$ und $\textbf{(K.1)}$ zusammen mit (2.11)

(2.12) $$\mu_0\left(\bigcap_{n=1}^{N} B_n\right) \leq \mu_0(B_1) - \mu_0(D) < \mu_0\left(\bigcap_{n=1}^{\infty} B_n\right) + \varepsilon$$

für alle $N \geq N_0$, und nach $\textbf{(K.2)}$ und (2.10), (2.12) folgt

(2.13) $$\sum_{n=1}^{N} \mu_0(A_n) + \mu_0\left(\bigcap_{n=1}^{\infty} B_n\right)$$

$$\geq \mu_0\left(\bigcup_{n=1}^{N} A_n\right) + \mu_0\left(\bigcap_{n=1}^{\infty} B_n\right) > \mu_0(C) - 2\varepsilon$$

---

[11]Für $n = 1$ ist $B_1 \cap \ldots \cap B_{n-1} = C$ zu setzen.

$(N \geq N_0)$. Wegen $A_1 \cup \ldots \cup A_N \subset C \cap \bigcup_{n=1}^{\infty} E_n, \bigcap_{n=1}^{\infty} B_n \subset C \setminus \bigcup_{n=1}^{\infty} E_n$ folgt aus (2.13), da $\varepsilon > 0$ beliebig ist:

$$(2.14) \qquad \mu \left(C \cap \bigcup_{n=1}^{\infty} E_n \right) + \mu \left(C \setminus \bigcup_{n=1}^{\infty} E_n \right) \geq \mu_0(C),$$

und wegen $A_n \subset C \cap E_n$ liefert (2.13)

$$(2.15) \qquad \sum_{n=1}^{\infty} \mu(C \cap E_n) + \mu \left(C \setminus \bigcup_{n=1}^{\infty} E_n \right) \geq \mu_0(C).$$

Aus (2.14) folgt $\bigcup_{n=1}^{\infty} E_n \in \mathfrak{A}_C$ für alle $C \in \mathfrak{K}$, d.h. $\bigcup_{n=1}^{\infty} E_n \in \mathfrak{A}$, und (2.15) ergibt

$$\mu \left(\bigcup_{n=1}^{\infty} E_n \right) = \sup \left\{ \mu_0(C) : C \subset \bigcup_{n=1}^{\infty} E_n, C \in \mathfrak{K} \right\} \leq \sum_{n=1}^{\infty} \mu(E_n).$$

Damit ist (2.9) bewiesen. □

3. Der Darstellungssatz von F. Riesz für lokal-kompakte Räume

2.5 Darstellungssatz von F. Riesz (1909).[12] *Es seien X ein lokal-kompakter Hausdorff-Raum und $I : C_c(X) \to \mathbb{K}$ eine positive Linearform. Dann existiert genau ein Radon-Maß $\mu : \mathfrak{B} \to [0, \infty]$, so dass*

$$(2.16) \qquad I(f) = \int_X f \, d\mu \quad (f \in C_c(X)),$$

und zwar ist

$$(2.17) \qquad \mu(K) = \inf\{I(f) : f \in C_c(X), f \geq \chi_K\} \ (K \in \mathfrak{K}),$$
$$(2.18) \qquad \mu(A) = \sup\{\mu(K) : K \subset A, K \in \mathfrak{K}\} \ (A \in \mathfrak{B}).$$

Beweis. Eindeutigkeit: Es sei μ ein Radon-Maß auf $\mathfrak{B}$ mit (2.16). Wir brauchen nur (2.17) zu beweisen, und da für jedes $K \in \mathfrak{K}$ und $f \in C_c(X)$ mit $f \geq \chi_K$ offenbar $I(f) \geq \mu(K)$ ist, bleibt unter (2.17) nur „$\geq$" zu zeigen. Dazu seien $K \in \mathfrak{K}, \varepsilon > 0$. Nach Folgerung 1.2, g) gibt es eine offene Umgebung U von K mit $\mu(U) \leq \mu(K) + \varepsilon$, und nach Lemma 2.1 existiert ein $f \in C_c(X)$ mit $\chi_K \leq f \leq \chi_U$. Nun folgt:

$$I(f) = \int_X f \, d\mu \leq \int_X \chi_U \, d\mu \leq \mu(K) + \varepsilon,$$

und die Eindeutigkeit ist bewiesen.

Existenz: Wir definieren μ durch (2.17), (2.18). Nach Abschnitt **2.** ist μ ein von innen reguläres Maß. Da X lokal-kompakt ist, ist μ auch lokal-endlich (Folgerung 1.2, c)), d.h. μ ist ein Radon-Maß. Es bleibt zu zeigen, dass (2.16) gilt,

---

[12] F. Riesz [1], S. 400–402 und S. 490–495.

und dabei darf gleich $f \geq 0$ angenommen werden. Wir führen den Beweis in zwei Schritten:

(1) *Für alle* $f \in C_c^+(X)$ *ist* $I(f) \geq \int_X f \, d\mu$.

Begründung: Es sei $u = \sum_{j=1}^m \alpha_j \chi_{A_j}$ $(\alpha_1, \ldots, \alpha_m > 0, A_1, \ldots, A_m \in \mathfrak{B}$ disjunkt$)$ eine nicht-negative Treppenfunktion mit $u \leq f$. Alle A_j $(j = 1, \ldots, m)$ sind im kompakten Träger von f enthalten, haben also endliches Maß. Zu vorgegebenem $0 < \varepsilon < \min(\alpha_1, \ldots, \alpha_m)$ existieren daher kompakte $K_j \subset A_j$ mit $\mu(A_j) - \varepsilon \leq \mu(K_j)$ $(j = 1, \ldots, m)$. Die disjunkten kompakten K_j haben disjunkte offene Umgebungen U_j $(j = 1, \ldots, m)$, und U_j kann gleich als Teilmenge der offenen Umgebung $\{f > \alpha_j - \varepsilon\}$ von K_j gewählt werden. Wir wählen zu jedem $j = 1, \ldots, m$ ein $\varphi_j \in C_c(X)$ mit $\chi_{K_j} \leq \varphi_j \leq \chi_{U_j}$. Dann ist

$$g := \sum_{j=1}^m (\alpha_j - \varepsilon)\varphi_j \in C_c^+(X), \; g \leq f$$

und daher

$$I(f) \geq I(g) = \sum_{j=1}^m (\alpha_j - \varepsilon)I(\varphi_j) \geq \sum_{j=1}^m (\alpha_j - \varepsilon)\mu(K_j)$$

$$\geq \sum_{j=1}^m (\alpha_j - \varepsilon)(\mu(A_j) - \varepsilon) = \int_X u \, d\mu - \varepsilon \sum_{j=1}^m (\alpha_j + \mu(A_j) - \varepsilon).$$

Damit ist $I(f) \geq \int_X u \, d\mu$, und es folgt (1). –

(2) *Für alle* $f \in C_c^+(X)$ *ist* $I(f) = \int_X f \, d\mu$.

Begründung: Ohne Einschränkung der Allgemeinheit darf $0 \leq f \leq 1$ angenommen werden. – Zu vorgegebenem $\varepsilon > 0$ existiert nach Folgerung 1.2, g) eine relativ kompakte offene Umgebung $U \supset K := \operatorname{Tr} f$ mit $\mu(U) \leq \mu(K) + \varepsilon$, und zu K, U gibt es nach Lemma 2.1 ein $\varphi \in C_c^+(X), 0 \leq \varphi \leq 1$ mit $\varphi|K = 1, \operatorname{Tr} \varphi \subset U$. Wegen $\varphi - f \in C_c^+(X)$ gilt nach (1)

$$I(\varphi) - I(f) = I(\varphi - f) \geq \int_X (\varphi - f) d\mu = \int_X \varphi \, d\mu - \int_X f \, d\mu.$$

Da hier nach Konstruktion und nach (2.17) gilt

$$0 \leq I(f) - \int_X f \, d\mu \leq I(\varphi) - \int_X \varphi \, d\mu \leq \mu(\operatorname{Tr} \varphi) - \mu(K) \leq \mu(U) - \mu(K) \leq \varepsilon,$$

folgt (2) und damit die Behauptung.   □

2.6 Korollar. *Ist X ein lokal-kompakter Hausdorff-Raum mit abzählbarer Basis, so existiert zu jeder positiven Linearform $I : C_c(X) \to \mathbb{K}$ genau ein Borel-Maß μ, so dass*

$$I(f) = \int_X f \, d\mu \quad (f \in C_c(X)).$$

Beweis. Jedes Borel-Maß auf $\mathfrak{B}$ ist regulär (Korollar 1.12), also ein Radon-Maß. Daher folgt die Behauptung aus dem Darstellungssatz von RIESZ. □

2.7 Beispiele. a) Für jedes $f \in C_c(\mathbb{R}^p)$ kann man $\int_{\mathbb{R}^p} f(x)dx$ elementar als p-fach iteriertes Riemann-Integral definieren und erhält eine positive Linearform $I : C_c(\mathbb{R}^p) \to \mathbb{K}, I(f) := \int_{\mathbb{R}^p} f(x)dx \quad (f \in C_c(\mathbb{R}^p))$. Der Darstellungssatz von RIESZ liefert dann eine von unseren früheren Entwicklungen weitgehend unabhängige Möglichkeit zur Einführung des Lebesgue-Borelschen Maßes. Dabei übernimmt der Fortsetzungssatz 2.4 die Rolle des früher benutzten Fortsetzungssatzes II.4.5. Entsprechendes gilt für die Lebesgue-Stieltjesschen Maße.
b) Ist $I : C_c(\mathbb{R}) \to \mathbb{K}$ eine positive Linearform, so existiert nach Korollar 2.6 genau ein Borel-Maß $\mu : \mathfrak{B}^1 \to [0, \infty]$, so dass

$$I(f) = \int_{\mathbb{R}} f \, d\mu \quad (f \in C_c(\mathbb{R})) \, .$$

Beschreibt man hier μ durch die (bis auf eine additive Konstante eindeutig bestimmte) rechtsseitig stetige wachsende Funktion $F : \mathbb{R} \to \mathbb{R}$, so erhält man eine Darstellung von I durch ein Lebesgue-Stieltjes-Integral:

$$I(f) = \int_{\mathbb{R}} f \, dF \quad (f \in C_c(X)) \, .$$

Hier stimmt die rechte Seite mit dem Riemann-Stieltjes-Integral $\int_{\mathbb{R}} f \, dF$ überein, und man erhält die Darstellung von I in der von F. RIESZ angegebenen Form.

Bemerkungen. Es gibt zahlreiche Varianten des Darstellungssatzes von F. RIESZ. Die ursprüngliche Version des Satzes wird von F. RIESZ für stetige Linearformen auf $C[a, b]$ ausgesprochen. J. RADON ([1], S. 1332 ff.) löst das Darstellungsproblem für stetige Linearformen auf $C(K)$, wobei $K \subset \mathbb{R}^p$ kompakt ist. Für kompakte metrische Räume wird der Satz bewiesen von S. BANACH (1937; s. S. SAKS [2], S. 320 ff., Note II) und S. SAKS [3]; die Version für kompakte Hausdorff-Räume stammt von S. KAKUTANI (1911–2004) [1]. Weitere markante Punkte der historischen Entwicklung sind die Arbeiten von A.D. ALEXANDROFF [1] und V.S. VARADARAJAN [1] und die Bücher von N. BOURBAKI [1]–[5]. Eine ausführliche Darstellung der Ergebnisse bis ca. 1970 findet man im Übersichtsartikel von J. BATT [1]; s. auch SEMADENI [1], S. 313 f. und J. GRAY [1]. Einen einheitlichen Zugang zu Darstellungssätzen vom Rieszschen Typus eröffnen D. POLLARD und F. TOPSØE [1]. Über die neueste Entwicklung unterrichten ANGER und PORTENIER [1], BOCHACHEV [2], FREMLIN [3] und KÖNIG [10].

Wir haben uns bei Darstellungen des Typs (2.16) konsequent auf Radon-Maße μ beschränkt. Viele andere Autoren (z.B. HEWITT-ROSS [1], HEWITT-STROMBERG [1], RUDIN [1]) benutzen Borel-Maße ν, die „regulär" sind in dem Sinne, dass

$$\nu(U) = \sup\{\nu(K) : K \subset U, K \in \mathfrak{K}\} \quad (U \in \mathfrak{O}),$$

und

$$\nu(A) = \inf\{\nu(U) : U \supset A, A \in \mathfrak{D}\} \quad (A \in \mathfrak{B}).$$

Dabei gilt dann für alle $B \in \mathfrak{B}$ *mit* $\nu(B) < \infty$:

$$\nu(B) = \sup\{\nu(K) : K \subset B, K \in \mathfrak{K}\},$$

aber diese Gleichung ist nicht notwendig für alle Borel-Mengen B richtig. Ist X lokal-kompakt, so ist das Existenz- und Eindeutigkeitsproblem auch dann positiv zu beantworten, wenn nur Borel-Maße ν zur Darstellung zugelassen werden, die im obigen Sinne „regulär" sind. Eine genauere Untersuchung der Beziehungen zwischen diesem „prinzipalen Darstellungsmaß" ν und dem „essentiellen Darstellungsmaß" μ (d.h. dem Radon-Maß μ aus (2.17), (2.18)) findet man bei Bauer [1], [2] und Schwartz [1]. Dabei ergibt sich: μ und ν stimmen auf $\mathfrak{K}$ und auf $\mathfrak{D}$ überein. Daher ist $\mu = \nu$, falls μ regulär ist (im Sinne von Definition 1.1, d)), also z.B., wenn μ endlich ist (Folgerung 1.2, f)) oder wenn X σ-kompakt ist (Korollar 1.13).

Auch gibt es verschiedene Möglichkeiten der Wahl der σ-Algebra, auf welcher das darstellende Maß definiert ist. Natürlich kann man $\mu \,|\, \mathfrak{B}$ vervollständigen und das vervollständigte Maß $\tilde{\mu}$ zur Darstellung verwenden. Eine ganz andere Möglichkeit besteht darin, anstelle der σ-Algebra der Borel-Mengen $\mathfrak{B}$ die kleinere σ-Algebra $\mathfrak{B}_0(X) \subset \mathfrak{B}(X)$ der *Baireschen Teilmengen* von X zu verwenden, die von den Mengen $f^{-1}(\{0\})$ ($f : X \to [0,1]$ stetig) erzeugt wird (s. z.B. Floret [1]). Über Baire-Maße informiert der ausführliche Übersichtsartikel von Wheeler [1].

2.8 Satz. *Ist X ein lokal-kompakter Hausdorff-Raum, so gilt: Eine positive Linearform $I : C_c(X) \to \mathbb{K}$ ist genau dann stetig bez. der Supremumsnorm $\| \cdot \|_\infty$ auf $C_c(X)$, wenn das I darstellende Radon-Maß μ endlich ist, und dann ist $\mu(X) = \|I\|$.*

Beweis. Ist μ endlich, so gilt nach (2.16) für alle $f \in C_c(X)$:

$$|I(f)| = |\int_X f \, d\mu| \leq \mu(X)\|f\|_\infty,$$

also ist I stetig bez. $\| \cdot \|_\infty$ und $\|I\| \leq \mu(X)$. – Sei nun umgekehrt I stetig bez. $\| \cdot \|_\infty$, also $|I(f)| \leq \|I\|\|f\|_\infty$ ($f \in C_c(X)$). Sei $K \subset X$ kompakt. Dann existiert ein $f \in C_c^+(X), 0 \leq f \leq 1$ mit $f \,|\, K = 1$. Daher gilt $\mu(K) \leq I(f) \leq \|I\|$, also $\mu(X) = \sup\{\mu(K) : K \in \mathfrak{K}\} \leq \|I\|$. $\qquad\square$

Es seien weiter X ein lokal-kompakter Hausdorff-Raum und $C_0(X)$ der Raum der stetigen Funktionen $f : X \to \mathbb{K}$, die *im Unendlichen verschwinden* in dem Sinne, dass zu jedem $\varepsilon > 0$ ein $K \in \mathfrak{K}$ existiert mit $|f \,|\, K^c| < \varepsilon$. (Bezeichnet $\hat{X} = X \cup \{\omega\}$ die Alexandroff-Kompaktifizierung von X, so ist offenbar $f \in C_0(X)$ genau dann, wenn f eine stetige Fortsetzung $\hat{f} \in C(\hat{X})$ besitzt mit $\hat{f}(\omega) = 0$.) $C_0(X)$ ist bez. der Supremumsnorm $\| \cdot \|_\infty$ ein Banach-Raum, und $C_c(X)$ liegt dicht in $C_0(X)$ bez. $\| \cdot \|_\infty$ (Lemma 2.1). Eine Linearform $I : C_0(X) \to \mathbb{K}$ heißt *positiv*, wenn $I(f) \geq 0$ für alle $f \in C_0^+(X)$, wobei $C_0^+(X) := \{f \in C_0(X) : f \geq 0\}$.

2.9 Lemma. *Ist X ein lokal-kompakter Hausdorff-Raum, so ist jede positive Linearform $I : C_0(X) \to \mathbb{K}$ stetig bez. der Supremumsnorm.*

Beweis. Ist I unstetig, so existiert zu jedem $n \in \mathbb{N}$ ein $f_n \in C_0(X)$ mit $\|f_n\|_\infty = 1$ und $|I(f_n)| \geq n^3$. Wegen $|I(f_n)| \leq I(|f_n|)$ (Aufgabe 2.5) kann gleich $f_n \in C_0^+(X)$ angenommen werden. Nun ist $\sum_{n=1}^\infty n^{-2}\|f_n\|_\infty < \infty$, also konvergiert die Reihe $\sum_{n=1}^\infty n^{-2}f_n$ gleichmäßig auf X, und es gilt $g := \sum_{n=1}^\infty n^{-2}f_n \in C_0^+(X)$. Für alle $n \in \mathbb{N}$ ist $n^{-2}f_n \leq g$, also $n \leq n^{-2}I(f_n) \leq I(g)$: Widerspruch! $\qquad \square$

2.10 Darstellungssatz von F. Riesz für $C_0(X)$. *Es seien X ein lokal-kompakter Hausdorff-Raum und $I : C_0(X) \to \mathbb{K}$ eine positive Linearform. Dann existiert genau ein Radon-Maß μ auf $\mathfrak{B}$, so dass $C_0(X) \subset \mathcal{L}^1(\mu)$ und*

$$(2.19) \qquad\qquad I(f) = \int_X f \, d\mu \quad (f \in C_0(X)).$$

Dieses Radon-Maß ist endlich und wird durch (2.17), (2.18) gegeben. Umgekehrt definiert jedes endliche Radon-Maß μ auf $\mathfrak{B}$ vermöge (2.19) eine positive Linearform $I : C_0(X) \to \mathbb{K}$.

Beweis. Zur Einschränkung $I \mid C_c(X)$ gehört genau ein Radon-Maß μ mit (2.16), und dieses ist durch (2.17), (2.18) gegeben. Nach Lemma 2.9 ist $I \mid C_c(X)$ stetig bez. $\| \cdot \|_\infty$, also ist μ nach Satz 2.8 endlich, folglich gilt $C_0(X) \subset \mathcal{L}^1(\mu)$. Nun sind I und $J : C_0(X) \to \mathbb{K}, J(f) := \int_X f \, d\mu \ (f \in C_0(X))$ zwei bez. $\|\cdot\|_\infty$ stetige Linearformen auf $C_0(X)$, die auf dem dichten Teilraum $C_c(X)$ übereinstimmen. Daher ist $I = J$, d.h. es gilt (2.19). – Die Umkehrung ist klar. $\qquad \square$

4. Der Darstellungssatz von F. Riesz für vollständig reguläre Räume. Im folgenden Abschnitt entwickeln wir zwei Versionen des Darstellungssatzes von F. Riesz für vollständig reguläre Räume. Zunächst erinnern wir daran, dass die Klasse der vollständig regulären Räume sehr reichhaltig ist, denn es gelten folgende bekannte Sachverhalte:
(i)   Beliebige Teilräume vollständig regulärer Räume sind vollständig regulär.
(ii) Beliebige Produkte vollständig regulärer Räume sind vollständig regulär.
(iii) Jeder metrisierbare topologische Raum ist vollständig regulär.
(iv) Jeder lokal-kompakte Hausdorff-Raum ist vollständig regulär.

Im Folgenden wollen wir die Überlegungen der Abschnitte **2.**, **3.** auf den Fall eines vollständig regulären Raums X übertragen. Dabei erweist sich der Raum $C_c(X)$ als Definitionsbereich für I als unzweckmäßig: Legen wir zunächst versuchsweise wieder den Ansatz (2.3) zugrunde, so ist nur dann ein Erfolg zu erhoffen, wenn zu jedem $K \in \mathfrak{K}$ ein $f \in C_c(X)$ mit $f \geq \chi_K$ existiert. Dann ist aber bereits $\{f > 0\}$ eine relativ kompakte Umgebung von K, und eine solche existiert für alle $K \in \mathfrak{K}$ genau dann, wenn X lokal-kompakt ist. Diesen Fall haben wir bereits in Abschnitt **3.** behandelt. Ist X nur vollständig regulär (aber nicht notwendig lokal-kompakt), so liegt es im Hinblick auf Lemma 2.1

nahe, den Raum $C_c(X)$ durch den Raum $C_b(X)$ aller *beschränkten* stetigen Funktionen $f : X \to \mathbb{K}$ zu ersetzen. Nun ist es durchaus nicht so, dass für jedes Radon-Maß $\mu : \mathfrak{B} \to [0, \infty]$ und jedes $f \in C_b(X)$ das Integral $\int_X f \, d\mu$ existiert; schon für $X = \mathbb{R}$ gilt das nicht. Dennoch können wir die Frage nach der Darstellbarkeit positiver Linearformen $I : C_b(X) \to \mathbb{K}$ durch Radon-Maße stellen: Vorgelegt sei eine Linearform $I : C_b(X) \to \mathbb{K}$, die *positiv* sei in dem Sinne, dass $I(f) \geq 0$ für alle $f \in C_b^+(X)$. Gesucht wird ein Radon-Maß μ, das I „darstellt" gemäß

$$(2.20) \qquad I(f) = \int_X f \, d\mu \quad (f \in C_b(X)).$$

Wenn es überhaupt ein solches *Radon-Maß* μ gibt, so lehrt eine Ersetzung von $C_c(X)$ durch $C_b(X)$ im Beweis der *Eindeutigkeitsaussage* des Darstellungssatzes von F. Riesz 2.5, dass μ eindeutig bestimmt ist und dass

$$(2.21) \qquad \mu(K) = \inf\{I(f) : f \in C_b(X), f \geq \chi_K\} \quad (K \in \mathfrak{K}).$$

Es bleibt die Frage nach der *Existenz* eines darstellenden Radon-Maßes μ für das vorgelegte I zu diskutieren. Dazu modifizieren wir gemäß (2.21) den alten Ansatz (2.3) und setzen

$$(2.22) \qquad \mu_0(K) := \inf\{I(f) : f \in C_b(X), f \geq \chi_K\} \quad (K \in \mathfrak{K}).$$

Nun ersetzen wir im Beweis von Lemma 2.2 den Raum $C_c(X)$ durch $C_b(X)$ und erkennen: μ_0 genügt den Bedingungen **(K.1)**–**(K.3)**, **(KO)** aus Lemma 2.2. Daher genügt μ_0 auch der Bedingung **(S)** aus Lemma 2.3, und der *Fortsetzungssatz* 2.4 liefert: μ_0 lässt sich zu einem von innen regulären Maß $\mu : \mathfrak{B} \to [0, \infty]$ fortsetzen:

$$(2.23) \qquad \mu(A) = \sup\{\mu_0(K) : K \subset A, K \in \mathfrak{K}\} \quad (A \in \mathfrak{B}).$$

Dieses Maß μ ist *endlich*, denn für jedes $K \in \mathfrak{K}$ ist $\mu_0(K) \leq I(\chi_X)$, also ist nach (2.23) $\mu(X) \leq I(\chi_X) < \infty$. *Ergebnis: Zu jeder positiven Linearform $I : C_b(X) \to \mathbb{K}$ gehört gemäß (2.22), (2.23) ein endliches Radon-Maß $\mu : \mathfrak{B} \to [0, \infty[$.* Von diesem Maß μ werden wir in Satz 2.12 zeigen, dass es unter einer geeigneten (notwendigen und hinreichenden) Zusatzbedingung die Linearform I darstellt im Sinne von (2.20).

2.11 Lemma. *Es seien X ein vollständig regulärer Hausdorff-Raum, $I : C_b(X) \to \mathbb{K}$ eine positive Linearform und μ das durch (2.22), (2.23) definierte endliche Radon-Maß auf $\mathfrak{B}$. Dann ist $C_b(X) \subset \mathcal{L}^1(\mu)$, und es gilt:*

$$(2.24) \qquad \int_X f \, d\mu \leq I(f) \quad (f \in C_b^+(X)).$$

Zum *Beweis* kontrolliert man die Argumente im Schritt (1) des Beweises des Darstellungssatzes von F. Riesz 2.5, beachtet, dass $A_1, \ldots, A_m$ wegen der Endlichkeit von μ alle endliches Maß haben, und ersetzt $C_c(X)$ durch $C_b(X)$. Das ergibt (2.24), also $C_b^+(X) \subset \mathcal{L}^1(\mu)$, und daher auch $C_b(X) \subset \mathcal{L}^1(\mu)$. $\qquad \square$

2.12 Darstellungssatz von F. RIESZ **für** $C_b(X)$. *Es seien* X *ein vollständig regulärer Hausdorff-Raum,* $I : C_b(X) \to \mathbb{K}$ *eine positive Linearform und* μ *das durch* (2.22), (2.23) *definierte endliche Radon-Maß. Dann ist* $C_b(X) \subset \mathcal{L}^1(\mu)$, *und folgende Aussagen sind äquivalent:*
a) *I wird durch* μ *dargestellt gemäß*

$$(2.25) \qquad\qquad I(f) = \int_X f \, d\mu \quad (f \in C_b(X)) .$$

b) $\mu(X) = I(\chi_X)$.
c) *Zu jedem* $\varepsilon > 0$ *existiert ein* $K \in \mathfrak{K}$, *so dass* $I(f) < \varepsilon$ *für alle* $f \in C_b(X)$ *mit* $0 \le f \le 1, f \,|\, K = 0$.
d) *I ist* s t r a f f *in folgendem Sinne: Ist* $(f_\alpha)_{\alpha \in D}$ *ein Netz[13] in* $C_b(X)$ *mit* $\|f_\alpha\|_\infty \le 1$ $(\alpha \in D)$, *so dass* $f_\alpha \to 0$ *gleichmäßig auf allen kompakten Teilmengen von* X, *so gilt* $I(f_\alpha) \to 0$.
Ist eine dieser Bedingungen erfüllt, so ist μ *das einzige Radon-Maß auf* $\mathfrak{B}$ *mit* (2.25).

Beweis. a) $\Rightarrow$ b): Man setze $f = \chi_X$ in (2.25).
b) $\Rightarrow$ a): Es genügt die Gl. (2.25) für $0 \le f \le 1$ zu beweisen: Nach Lemma 2.11 ist $C_b(X) \subset \mathcal{L}^1(\mu)$, und es gilt (2.24). Zum Nachweis der umgekehrten Ungleichung wenden wir (2.24) an auf $1 - f \in C_b^+(X)$ anstelle von f und erhalten

$$\mu(X) - \int_X f \, d\mu = \int_X (1 - f) \, d\mu \le I(1 - f) = I(\chi_X) - I(f) .$$

Wegen b) erhalten wir hieraus $\int_X f \, d\mu \ge I(f)$, und es folgt a).
b) $\Rightarrow$ c): Sei $\varepsilon > 0$. Dann gibt es ein $K \in \mathfrak{K}$ mit $\mu(K) > \mu(X) - \varepsilon$. Ist nun $f \in C_b(X), 0 \le f \le 1, f \,|\, K = 0$, so ist nach b) und (2.22), (2.23) $\mu(X) - I(f) = I(1 - f) \ge \mu(K) > \mu(X) - \varepsilon$, also $I(f) < \varepsilon$.
c) $\Rightarrow$ b): Nach (2.24) ist $\mu(X) \le I(\chi_X)$, so dass nur noch „$\ge$" zu zeigen ist. Dazu seien $\varepsilon > 0$ und $K \in \mathfrak{K}$ zu ε gemäß c) bestimmt. Sei nun $g \in C_b^+(X), 0 \le g \le 1, g \,|\, K = 1$, so dass $I(g) \le \mu(K) + \varepsilon$. Dann ist nach c)

$$I(\chi_X) = I(g) + I(\chi_X - g) \le \mu(K) + 2\varepsilon \le \mu(X) + 2\varepsilon .$$

Da $\varepsilon > 0$ beliebig ist, folgt die Behauptung.
a) $\Rightarrow$ d): Zu vorgegebenem $\varepsilon > 0$ gibt es ein $K \in \mathfrak{K}$ mit $\mu(K^c) < \varepsilon/2$ und dazu ein $\gamma \in D$, so dass $|f_\alpha(x)| \le \varepsilon/2(\mu(X) + 1)$ für alle $\alpha \in D$ mit $\alpha \ge \gamma$ und $x \in K$. Nach (2.25) ist daher $|I(f_\alpha)| = |\int_X f_\alpha d\mu| < \varepsilon$ für alle $\alpha \ge \gamma$.
d) $\Rightarrow$ c): Für $K \in \mathfrak{K}$ und $h \in C(X)$ setzen wir $\|h\|_K := \sup\{|h(x)| : x \in K\}$. Dann bilden die Mengen $U_{\delta, K}(f) := \{g \in C_b(X) : \|f - g\|_K < \delta\}$ $(\delta > 0, K \in \mathfrak{K})$ eine Umgebungsbasis von $f \in C_b(X)$ bez. der Topologie der kompakten Konvergenz auf $C_b(X)$. Es sei $B := \{f \in C_b(X) : \|f\|_\infty \le 1\}$ die abgeschlossene

---

[13]D.h.: D ist mit einer Ordnung „$\le$" ausgestattet, so dass zu allen $\alpha, \beta \in D$ ein $\gamma \in D$ existiert mit $\alpha \le \gamma, \beta \le \gamma$. – Die Konvergenz $f_\alpha \to 0$ gleichmäßig auf allen kompakten Teilmengen von X bedeutet: Zu jedem $\varepsilon > 0, K \in \mathfrak{K}$ gibt es ein $\gamma \in D$, so dass $|f_\alpha(x)| \le \varepsilon$ für alle $\alpha \in D$ mit $\gamma \le \alpha$ und $x \in K$.

Einheitskugel in $C_b(X)$. Dann bedeutet Bedingung d) genau, dass $I \,|\, B$ stetig ist bez. der Spurtopologie der Topologie der kompakten Konvergenz auf B (s. z.B. KELLEY [1], S. 86). Zu vorgegebenem $\varepsilon > 0$ existieren daher ein $K \in \mathfrak{K}$ und ein $\delta > 0$, so dass $|I(f)| < \varepsilon$ für alle $f \in U_{\delta,K}(0) \cap B$. Ist insbesondere $0 \leq f \leq 1$ und $f \,|\, K = 0$, so ist $f \in U_{\delta,K}(0) \cap B$ und daher $|I(f)| < \varepsilon$. –

Dass es unter der Voraussetzung der Darstellbarkeit von I nur ein darstellendes Radon-Maß gibt, haben wir schon oben (nach (2.20)) gesehen.   □

Die Äquivalenz der Aussagen a), b) des Darstellungssatzes 2.12 bedeutet: *Wird $I(\chi_X)$ durch μ dargestellt, so wird $I(f)$ für alle $f \in C_b(X)$ durch μ dargestellt gemäß* (2.25). In Aufgabe 2.7 lernen wir ein Beispiel einer positiven Linearform $I : C_b(X) \to \mathbb{K}$ kennen, die *nicht* durch das zugehörige Radon-Maß μ dargestellt wird. Aus Aufgabe 2.7 folgt: *Ein vollständig regulärer Hausdorff-Raum X ist genau dann kompakt, wenn jede positive Linearform $I : C_b(X) \to \mathbb{K}$ durch ein Radon-Maß μ darstellbar ist gemäß* (2.25). – Bedingung d) von Darstellungssatz 2.12 geht zurück auf VARADARAJAN [1]; bez. weiterer Details s. BADRIKIAN [1] und WHEELER [1].

Satz 2.12 gilt sinngemäß, wenn die positive Linearform I auf ganz $C(X)$ (X vollständig regulär) definiert ist. Zum Beweis dieser Aussage benötigen wir folgendes Lemma:

2.13 Lemma. *Sind X ein vollständig regulärer Hausdorff-Raum, $I : C(X) \to \mathbb{K}$ eine positive Linearform, $f \in C^+(X)$ und $f_n := \min(n, f)$ $(n \in \mathbb{N})$, so gibt es ein $n_0 \in \mathbb{N}$, so dass $I(f) = I(f_n)$ für alle $n \geq n_0$. Sind insbesondere $I, J : C(X) \to \mathbb{K}$ zwei positive Linearformen, die auf $C_b(X)$ übereinstimmen, so ist $I = J$.*

Beweis. Für jede Wahl reeller $\lambda_n > 0$ ist $g := \sum_{n=1}^{\infty} \lambda_n (f - f_n) \in C^+(X)$, denn die Reihe ist lokal eine endliche Summe. Aus $\sum_{n=1}^{N} \lambda_n (f - f_n) \leq g$ folgt $\sum_{n=1}^{N} \lambda_n (I(f) - I(f_n)) \leq I(g)$ für alle $N \in \mathbb{N}$. Daher konvergiert die Reihe $\sum_{n=1}^{\infty} \lambda_n (I(f) - I(f_n))$, insbesondere gilt: $\lambda_n (I(f) - I(f_n)) \to 0$ $(n \to \infty)$. Da dies für *jede* Wahl der λ_n zutrifft, gibt es ein $n_0 \in \mathbb{N}$ mit $I(f) = I(f_n)$ für alle $n \geq n_0$.   □

2.14 Darstellungssatz von F. Riesz für $C(X)$**.** *Ist X vollständig regulär, so gilt Darstellungssatz 2.12 entsprechend für positive Linearformen $I : C(X) \to \mathbb{K}$, wenn man überall $C_b(X)$ durch $C(X)$ ersetzt.*

Beweis. Zur Einschränkung $I \,|\, C_b(X)$ gehört ein endliches Radon-Maß μ gemäß (2.22), (2.23), und nach Lemma 2.11 gilt (2.24). Wir zeigen zunächst, dass sogar

$$(2.26) \qquad \int_X f \, d\mu \leq I(f) \quad (f \in C^+(X)).$$

Dazu seien $f \in C^+(X)$ und f_n, n_0 wie in Lemma 2.13. Dann ist nach (2.24)

$$\int_X f_n \, d\mu \leq I(f_n) = I(f) \quad (n \geq n_0),$$

und wegen $f_n \uparrow f$ liefert der Satz von der monotonen Konvergenz die Unglei-chung (2.26). Insbesondere folgt $C(X) \subset \mathcal{L}^1(\mu)$.

Nach Darstellungssatz 2.12 sind die Aussagen a)–d) dieses Satzes äquivalent. Zum Beweis von Darstellungssatz 2.14 brauchen wir nur noch zu zeigen, dass aus (2.25) folgt

$$(2.27) \qquad\qquad I(f) = \int_X f \, d\mu \quad (f \in C(X)).$$

Das ist aber klar nach Lemma 2.13 mit $J(f) := \int_X f \, d\mu \ (f \in C(X))$. $\qquad\square$

Bemerkung. Ist X lokal-kompakt und abzählbar kompakt, so ist $C(X) = C_b(X)$; ist X überdies nicht kompakt, so gibt es nach Aufgabe 2.7 eine positive Linearform $I : C(X) \to \mathbb{K}$, die nicht durch das zugehörige μ dargestellt wird. – Folgender Raum X hat die genannten Eigenschaften: Es seien $\beta\mathbb{N}$ die Stone-Čech-Kompaktifizierung von $\mathbb{N}$ (s. Aufgabe 2.7) und $a \in (\beta\mathbb{N}) \setminus \mathbb{N}$. Dann ist $X := (\beta\mathbb{N}) \setminus \{a\}$ lokal-kompakt und abzählbar kompakt (s. ENGELKING [1], **3.10.18**), aber X ist als dichte echte Teilmenge von $\beta\mathbb{N}$ nicht kompakt.

Wie oben bemerkt, ist ein vollständig regulärer Hausdorff-Raum X genau dann kompakt, wenn jede positive Linearform auf $C_b(X)$ durch ihr Radon-Maß dargestellt wird. Dagegen gibt es sehr wohl nicht kompakte vollständig reguläre Räume X, für welche jede positive Linearform auf $C(X)$ durch ihr Radon-Maß dargestellt wird; z.B. hat jeder σ-kompakte lokal-kompakte Hausdorff-Raum diese Eigenschaft (s. Darstellungssatz 2.19, b)).

5. Träger von Maßen. Im Hinblick auf Darstellungssatz 2.14 stellen wir die *Frage*, für welche Radon-Maße μ die Inklusion $C(X) \subset \mathcal{L}^1(\mu)$ gilt. Wir wer-den zeigen: Ist X ein σ-kompakter, lokal-kompakter Hausdorff-Raum, so gilt $C(X) \subset \mathcal{L}^1(\mu)$ genau dann, wenn μ einen *kompakten Träger* hat (Lemma 2.16). Dabei ist der *Träger* eines Radon-Maßes μ definiert als das Komplement der größten *offenen* μ-Nullmenge. Dass diese Definition sinnvoll ist, folgt aus Lem-ma 2.15.

2.15 Lemma. *Sind X ein Hausdorff-Raum, μ ein Radon-Maß auf $\mathfrak{B}$ und $(U_\iota)_{\iota \in I}$ eine (nicht notwendig abzählbare) Familie offener μ-Nullmengen, so ist $\mu(\bigcup_{\iota \in I} U_\iota) = 0$.*

Beweis. Sei $K \subset \bigcup_{\iota \in I} U_\iota$ kompakt. Dann existieren endlich viele $\iota_1, \ldots, \iota_n \in I$ mit $K \subset \bigcup_{\nu=1}^n U_{\iota_\nu}$, folglich ist $\mu(K) = 0$. Da μ von innen regulär ist, folgt $\mu(\bigcup_{\iota \in I} U_\iota) = 0$. $\qquad\square$

Nach Lemma 2.15 ist die Vereinigung V *aller offenen* μ-Nullmengen eines Radon-Maßes μ eine μ-Nullmenge, und offenbar ist V die (bez. mengentheo-retischer Inklusion) größte offene μ-Nullmenge. Das Komplement von V nennt man den *Träger von μ*:

$$\operatorname{Tr} \mu := V^c.$$

Offensichtlich ist $\operatorname{Tr} \mu$ *abgeschlossen*. Für $a \in X$ gilt $a \in \operatorname{Tr} \mu$ genau dann, wenn für jede offene Umgebung U von a gilt $\mu(U) > 0$. Sind $f, g \in C^+(X)$ (oder auch nur $f, g \in \mathcal{M}^+(X, \mathfrak{B})$) und $f \,|\, \mathrm{Tr}\,\mu = g \,|\, \mathrm{Tr}\,\mu$, so ist $f = g$ μ-f.ü. und daher

$$\int_X f \, d\mu = \int_X g \, d\mu \,.$$

Diese Gleichung gilt auch für alle $f, g \in \mathcal{L}^1(\mu)$ mit $f \,|\, \mathrm{Tr}\,\mu = g \,|\, \mathrm{Tr}\,\mu$. Ist $\mathrm{Tr}\,\mu$ kompakt, so sind alle $f \in C(X)$ μ-integrierbar. Lemma 2.16 enthält eine teilweise Umkehrung dieser Aussage.

2.16 Lemma. *Es seien X ein σ-kompakter, lokal-kompakter Hausdorff-Raum und μ ein Radon-Maß auf $\mathfrak{B}$, so dass $C(X) \subset \mathcal{L}^1(\mu)$. Dann ist $\mathrm{Tr}\,\mu$ kompakt.*

Beweis. Wir wählen eine aufsteigende Folge $(K_j)_{j\geq 1}$ in $\mathfrak{K}$ mit $K_j \uparrow X$, $K_j \subset \mathring{K}_{j+1}$ ($j \geq 1$). Angenommen, $\mathrm{Tr}\,\mu$ ist nicht kompakt. Dann gibt es eine Folge $1 \leq n_1 < n_2 < \dots$ natürlicher Zahlen und $a_j \in \mathrm{Tr}\,\mu$, so dass $a_j \in K_{n_{j+1}} \setminus K_{n_j} (j \geq 1)$. Zur Vereinfachung der Notation kann gleich angenommen werden, dass $a_j \in (\mathring{K}_{j+1} \setminus K_j) \cap \mathrm{Tr}\,\mu$. Zu a_j existiert ein $\varphi_j \in C_c^+(X)$ mit $\varphi_j(a_j) > 0$, $\mathrm{Tr}\,\varphi_j \subset \mathring{K}_{j+1} \setminus K_{j-1}$ und $\int_X \varphi_j \, d\mu > 0$ (s. Aufgabe 2.9, a)). Nach Multiplikation mit einer geeigneten positiven Konstanten kann $\int_X \varphi_j d\mu = 1$ angenommen werden. Dann ist $f := \sum_{j=1}^\infty \varphi_j \in C^+(X)$, denn die Reihe ist lokal eine endliche Summe, aber nach Konstruktion ist $f \notin \mathcal{L}^1(\mu)$ (Satz von der monotonen Konvergenz!). $\qquad\square$

2.17 Beispiel. *Ein endliches Radon-Maß μ auf einem lokal-kompakten Hausdorff-Raum X mit $C(X) \subset \mathcal{L}^1(\mu)$ braucht keinen kompakten Träger zu haben.* Als Beispiel betrachten wir den lokal-kompakten Raum $X = (\beta\mathbb{N}) \setminus \{a\}$ aus der Bemerkung nach Darstellungssatz 2.14. Für $B \in \mathfrak{B}(X)$ und $n \in \mathbb{N}$ sei $\delta_n(B) := 1$, falls $n \in B$, und $\delta_n(B) := 0$, falls $n \notin B$. Dann ist $\mu := \sum_{n=1}^\infty 2^{-n} \delta_n$ ein endliches Radon-Maß auf X (Beispiel 1.3, c)), und es ist $C(X) = C_b(X) \subset \mathcal{L}^1(\mu)$. Wegen $\mathbb{N} \subset \mathrm{Tr}\,\mu$ ist $\mathrm{Tr}\,\mu = X$, aber X ist nicht kompakt.

2.18 Lemma. *Es seien X ein σ-kompakter, lokal-kompakter Hausdorff-Raum und $I : C(X) \to \mathbb{K}$ eine positive Linearform. Dann existiert ein $T \in \mathfrak{K}$, so dass $I(f) = 0$ für alle $f \in C(X)$ mit $f \,|\, T = 0$.*

Beweis. Es seien die K_j ($j \in \mathbb{N}$) wie im Beweis von Lemma 2.16. Ist die Behauptung falsch, so gibt es zu jedem $n \in \mathbb{N}$ ein $g_n \in C^+(X)$, mit $g_n \,|\, K_n = 0$ und $I(g_n) \geq 1$. Dann ist aber $f := \sum_{n=1}^\infty g_n \in C^+(X)$, denn die Reihe ist lokal eine endliche Summe, und für jedes $N \in \mathbb{N}$ ist $f \geq \sum_{n=1}^N g_n$, also $I(f) \geq \sum_{n=1}^N I(g_n) \geq N$ für alle $N \in \mathbb{N}$: Widerspruch! $\qquad\square$

Es sei weiter X ein lokal-kompakter Hausdorff-Raum. Wir statten $C(X)$ aus mit der *Topologie der kompakten Konvergenz* $\mathfrak{T}_c$. Diese wird definiert durch die Halbnormen $\|\cdot\|_K : C(X) \to [0, \infty[$,

$$\|f\|_K := \sup\{|f(x)| : x \in K\} \quad (K \in \mathfrak{K}; f \in C(X)).$$

Die Mengen $\{g \in C(X) : \|g - f\|_K < \varepsilon\}$ ($\varepsilon > 0, K \in \mathfrak{K}$) bilden eine Umgebungsbasis von $f \in C(X)$. Eine lineare Abbildung $\varphi : C(X) \to \mathbb{K}$ ist genau dann stetig bez. der Topologie der kompakten Konvergenz, wenn ein $K \in \mathfrak{K}$ und ein $\alpha > 0$ existieren, so dass $|\varphi(f)| \leq \alpha \|f\|_K$ für alle $f \in C(X)$.

2.19 Darstellungssatz von F. RIESZ **für** $C(X)$. *Es seien X ein lokalkompakter Hausdorff-Raum und $I : C(X) \to \mathbb{K}$ eine positive Linearform.*
a) *Ist I stetig bez. der Topologie $\mathfrak{T}_c$ der kompakten Konvergenz, so existiert genau ein Radon-Maß μ auf $\mathfrak{B}$, so dass $C(X) \subset \mathcal{L}^1(\mu)$ und*

$$(2.28) \qquad\qquad I(f) = \int_X f \, d\mu \quad (f \in C(X)) .$$

Dieses Radon-Maß hat einen kompakten Träger und wird durch (2.22), (2.23) gegeben. Umgekehrt definiert jedes Radon-Maß μ auf $\mathfrak{B}$ mit kompaktem Träger vermöge (2.28) eine positive Linearform $I : C(X) \to \mathbb{K}$, die bez. $\mathfrak{T}_c$ stetig ist.
b) *Ist X zusätzlich σ-kompakt, so ist I stetig bez. $\mathfrak{T}_c$, und es gelten die Aussagen unter a).*

Beweis. a) Nach dem Darstellungssatz 2.5 gehört zu $I \,|\, C_c(X)$ genau ein Radon-Maß μ mit (2.16), und μ wird durch (2.17), (2.18) festgelegt. Offenbar stimmt μ mit dem durch (2.22), (2.23) definierten Radon-Maß überein, also gilt $C(X) \subset \mathcal{L}^1(\mu)$ (Darstellungssatz 2.14).

Ist nun I stetig bez. $\mathfrak{T}_c$, so gibt es ein $K \in \mathfrak{K}$ und ein $\alpha > 0$, so dass $|I(f)| \leq \alpha \|f\|_K$ $(f \in C(X))$. Daher erfüllt I die Bedingung c) von Darstellungssatz 2.12, und Darstellungssatz 2.14 liefert (2.28). – Wir zeigen, dass $\operatorname{Tr} \mu$ kompakt ist: Dazu seien $L \subset K^c$ ein Kompaktum und $\varphi \in C_c^+(X)$ mit $\varphi \,|\, L = 1, \operatorname{Tr} \varphi \subset K^c$ (Lemma 2.1). Gl. (2.17) liefert $\mu(L) \leq I(\varphi) \leq \alpha \|\varphi\|_K = 0$, also $\mu(L) = 0$, und (2.18) ergibt $\mu(K^c) = 0$. Daher ist $\operatorname{Tr} \mu \subset K$, also ist $\operatorname{Tr} \mu$ kompakt. –

Ist umgekehrt μ irgendein Radon-Maß mit kompaktem Träger, so ist $C(X) \subset \mathcal{L}^1(\mu)$, und (2.28) definiert eine positive Linearform $I : C(X) \to \mathbb{K}$, die stetig ist bez. $\mathfrak{T}_c$.
b) Ist X σ-kompakt, so existiert nach Lemma 2.18 ein $T \in \mathfrak{K}$, so dass $I(f) = 0$ für alle $f \in C(X)$ mit $f \,|\, T = 0$. Es seien V eine kompakte Umgebung von T und $\varphi \in C_c(X), 0 \leq \varphi \leq 1, \varphi \,|\, T = 1, \operatorname{Tr} \varphi \subset V$. Bezeichnen wir wieder das zu $I \,|\, C_c(X)$ gehörige Radon-Maß mit μ, so gilt nach Lemma 2.18 und Darstellungssatz 2.5 für alle $f \in C(X)$:

$$|I(f)| = |I(\varphi f)| = |\int_X \varphi f \, d\mu| \leq \mu(V) \|f\|_V .$$

□

Bemerkungen. a) Ohne die Voraussetzung der $\mathfrak{T}_c$-Stetigkeit von I wird Darstellungssatz 2.19 falsch, wie die Bemerkung nach Darstellungssatz 2.14 lehrt. Auch wenn die positive Linearform $I : C(X) \to \mathbb{K}$ durch das zugehörige μ dargestellt wird, braucht μ keinen kompakten Träger zu haben (Beispiel 2.17).
b) Die Voraussetzung der σ-Kompaktheit von X kann in Darstellungssatz 2.19 ersetzt werden durch die Voraussetzung der *Parakompaktheit* von X, denn jeder parakompakte lokal-kompakte Raum ist darstellbar als disjunkte Vereinigung

offener und σ-kompakter Teilräume (s. ENGELKING [1], S. 382, Theorem 5.1.27).
c) Lemma 2.16 folgt erneut aus Darstellungssatz 2.19.

2.20 Zusammenfassung. *Es sei X ein lokal-kompakter Hausdorff-Raum. Dann
entsprechen die positiven Linearformen auf*

(i) $C_c(X)$ *den Radon-Maßen auf $\mathfrak{B}$* (Darstellungssatz 2.5);

(ii) $C_0(X)$ *den endlichen Radon-Maßen auf $\mathfrak{B}$* (Darstellungssatz 2.10);

(iii) $C_b(X)$ *den Radon-Maßen auf $\mathfrak{B}(\beta X)$, wobei βX die Stone-Čech-Kompaktifizierung von X bezeichnet* (Aufgabe 2.8);

(iv) $C(X)$ *den Radon-Maßen mit kompaktem Träger, falls X σ-kompakt ist*
(Darstellungssatz 2.19).

6. Der Darstellungssatz von F. RIESZ **für stetige Linearformen auf**
$C_0(X)$**.** Die obigen Darstellungssätze gestatten die Beschreibung der Dualräume
gewisser Banach-Räume stetiger Funktionen mithilfe von Banach-Räumen regulärer signierter (bzw. komplexer) Maße. Aus Platzgründen beschränken wir
uns auf den Raum $(C_0(X), \|\cdot\|_\infty)$ (X lokal-kompakter Hausdorff-Raum). Da-
mit wird gleichzeitig der Dualraum von $(C(X), \|\cdot\|_\infty)$ für kompakte Hausdorff-
Räume X bestimmt.

Die allgemeine Einführung signierter (bzw. komplexer) Radon-Maße ist etwas diffizil (SCHWARTZ [1], S. 53 ff.). Da wir es nur mit endlichen Maßen zu tun
haben werden, wird die Definition einfacher. – Im Folgenden benötigen wir für
signierte bzw. komplexe Maße ν den Begriff der Variation $|\nu|$ von ν (s. Kap.
VII, § 1, **3.** und Aufgabe VII.1.7).

2.21 Definition. Ein signiertes oder komplexes Maß $\nu : \mathfrak{B} \to \mathbb{K}$ heißt *regulär*,
wenn zu jedem $A \in \mathfrak{B}$ und $\varepsilon > 0$ ein $K \in \mathfrak{K}$ und ein $U \in \mathfrak{O}$ existieren, so dass
$K \subset A \subset U$ und $|\nu|(U \setminus K) < \varepsilon$. Mit $\mathbf{M}_{\mathrm{reg}}(\mathfrak{B})$ bezeichnen wir die Menge der
regulären signierten (bzw. komplexen) Maße $\nu : \mathfrak{B} \to \mathbb{K}$.

2.22 Folgerungen. a) $\mathbf{M}_{\mathrm{reg}}(\mathfrak{B})$ ist ein *Banach-Raum* bez. der Norm $\|\nu\| :=
|\nu|(X)$.
b) Ist $\nu : \mathfrak{B} \to \mathbb{R}$ ein signiertes Maß, so sind folgende Aussagen äquivalent:
(i) ν ist regulär.
(ii) ν^+, ν^- sind regulär.
(iii) $|\nu|$ ist regulär.
Ist ν ein komplexes Maß, so sind äquivalent:
(i) ν ist regulär.
(ii) $\rho := \mathrm{Re}\,\nu, \sigma := \mathrm{Im}\,\nu$ sind regulär.
(iii) $\rho^+, \rho^-, \sigma^+, \sigma^-$ sind regulär.
(iv) $|\nu|$ ist regulär.

Beweis. a) Wir zeigen, dass $\mathbf{M}_{\mathrm{reg}}(\mathfrak{B})$ ein abgeschlossener Unterraum des Banach-
Raums $\mathbf{M}(\mathfrak{B})$ ist: Dazu sei $(\nu_n)_{n \geq 1}$ eine Folge in $\mathbf{M}_{\mathrm{reg}}(\mathfrak{B})$, die gegen $\nu \in \mathbf{M}(\mathfrak{B})$
konvergiert. Es seien $A \in \mathfrak{B}, \varepsilon > 0$. Dann ist $\|\nu_n - \nu\| < \varepsilon/2$ für alle hinreichend

großen n. Wir wählen ein solches n fest aus, und zu $\nu_n, A, \varepsilon/2$ (statt ε) wählen wir K, U gemäß Definition 2.21. Dann ist

$$|\nu|(U \setminus K) \leq |\nu - \nu_n|(U \setminus K) + |\nu_n|(U \setminus K) \leq \|\nu_n - \nu\| + \frac{\varepsilon}{2} < \varepsilon.$$

b) Im reellen Fall sind die Implikationen (i) $\Rightarrow$ (iii) $\Rightarrow$ (ii) $\Rightarrow$ (i) klar, im komplexen Fall schließt man (i) $\Rightarrow$ (iv) $\Rightarrow$ (ii) $\Rightarrow$ (iv) $\Rightarrow$ (iii) $\Rightarrow$ (i). – Im komplexen Fall heißt $\nu = \rho^+ - \rho^- + i(\sigma^+ - \sigma^-)$ die *Jordan-Zerlegung* von ν. $\square$

Ist ν ein signiertes Maß, so setzt man $\mathcal{L}^1(\nu) := \mathcal{L}^1(\nu^+) \cap \mathcal{L}^1(\nu^-)$ und

$$\int_X f \, d\nu = \int_X f \, d\nu^+ - \int_X f \, d\nu^- \quad (f \in \mathcal{L}^1(\nu)).$$

Für ein komplexes Maß ν sind $\rho := \mathrm{Re}\,\nu, \sigma := \mathrm{Im}\,\nu$ endliche signierte Maße, und man setzt $\mathcal{L}^1(\nu) := \mathcal{L}^1(\rho) \cap \mathcal{L}^1(\sigma)$ und

$$\int_X f \, d\nu := \int_X f \, d\rho + i \int_X f \, d\sigma \quad (f \in \mathcal{L}^1(\nu)).$$

Sei $\nu \in \mathbf{M}(\mathfrak{B})$: Dann ist $\int_X \chi_B d\nu = \nu(B)$ $(B \in \mathfrak{B})$, also ist für jede Linearkombination u der Funktionen $\chi_{B_1}, \ldots, \chi_{B_n}$ $(B_1, \ldots, B_n \in \mathfrak{B}$ disjunkt$)$

$$\left| \int_X u \, d\nu \right| \leq \int_X |u| d|\nu|.$$

Jede beschränkte messbare Funktion $f : X \to \mathbb{K}$ ist gleichmäßiger Limes von Funktionen u obigen Typs, und es folgt

$$(2.29) \qquad \left| \int_X f \, d\nu \right| \leq \int_X |f| d|\nu|;$$

speziell ist

$$(2.30) \qquad \left| \int_X f \, d\nu \right| \leq \|f\|_\infty \|\nu\|.$$

Im Folgenden legen wir einen lokal-kompakten Hausdorff-Raum X zugrunde und betrachten den Raum $C_0(X)$ der stetigen Funktionen $f : X \to \mathbb{K}$, die im Unendlichen verschwinden. Unser Ziel ist eine Beschreibung des Dualraums $C_0'(X)$ von $(C_0(X), \|\cdot\|_\infty)$.

2.23 Satz. *Es sei X ein lokal-kompakter Hausdorff-Raum. Dann ist*

$$(2.31) \qquad \begin{aligned} &\Phi : \mathbf{M}_{\mathrm{reg}}(\mathfrak{B}) \longrightarrow C_0'(X), \\ &\Phi(\nu)(f) := \int_X f \, d\nu \quad (f \in C_0(X); \nu \in \mathbf{M}_{\mathrm{reg}}(\mathfrak{B})) \end{aligned}$$

eine lineare Abbildung mit

$$(2.32) \qquad \|\Phi(\nu)\| = \|\nu\|.$$

Beweis. Nach (2.30) ist Φ sinnvoll und $\|\Phi(\nu)\| \leq \|\nu\|$. Zum Beweis der umgekehrten Ungleichung sei $\varepsilon > 0$. Dann existieren disjunkte $A_1, \dots, A_n \in \mathfrak{B}$ mit $\sum_{j=1}^n |\nu(A_j)| > \|\nu\| - \varepsilon$. Zu den A_j existieren kompakte $K_j \subset A_j$, so dass $\sum_{j=1}^n |\nu(K_j)| > \|\nu\| - 2\varepsilon$, denn ν ist regulär. Zu den (disjunkten) K_j gibt es paarweise disjunkte offene $U_j \supset K_j$ mit $|\nu|(U_j \setminus K_j) < \varepsilon/n$. Wir wählen Funktionen $\varphi_j \in C_c^+(X)$ mit $0 \leq \varphi_j \leq 1, \varphi_j \mid K_j = 1, \operatorname{Tr} \varphi_j \subset U_j$ und setzen

$$ f := \sum_{j=1}^n \frac{\overline{\nu(K_j)}}{|\nu(K_j)|} \varphi_j \,, $$

wobei die Terme mit $\nu(K_j) = 0$ wegzulassen sind. Dann ist $\|f\|_\infty \leq 1$ und

$$ \left| \int_X f \, d\nu \right| \geq \left| \sum_{j=1}^n \int_{K_j} f \, d\nu \right| - \sum_{j=1}^n \int_{U_j \setminus K_j} |f| d|\nu| $$

$$ \geq \sum_{j=1}^n |\nu(K_j)| - \varepsilon \geq \|\nu\| - 3\varepsilon \,. $$

$\square$

Nach (2.32) ist Φ *injektiv.* Zum Beweis der Surjektivität von Φ wollen wir Darstellungssatz 2.10 verwenden, und das ist möglich, wenn jedes $I \in C_0'(X)$ Linearkombination *positiver* Linearformen ist. Das ist richtig; in der Tat gilt ein Analogon des Jordanschen Zerlegungssatzes VII.1.12 für Linearformen $I \in C_0'(X)$.

2.24 Satz von der Minimalzerlegung ($\mathbb{K} = \mathbb{R}$). *Es seien X ein lokalkompakter Hausdorff-Raum und $I : C_0(X) \to \mathbb{R}$ eine stetige Linearform. Dann ist $I = I^+ - I^-$ mit positiven Linearformen $I^+, I^- : C_0(X) \to \mathbb{R}$, wobei für $f \in C_0^+(X)$ gilt*

$$ (2.33) \qquad I^+(f) = \sup\{I(h) : h \in C_0^+(X), h \leq f\} \,. $$

Diese Zerlegung von I ist minimal in folgendem Sinne: Ist $I = J - L$ mit positiven Linearformen $J, L : C_0(X) \to \mathbb{R}$, so ist $J - I^+ = L - I^-$ positiv.

Beweis. Zum Nachweis der *Minimalität* seien $I = J - L$ mit positiven Linearformen J, L und $f, h \in C_0^+(X), h \leq f$. Dann ist $J(f) \geq J(h) \geq I(h)$ für alle diese h, also $J(f) \geq I^+(f)$, d.h. $J - I^+ = L - I^-$ ist positiv.

Zum Nachweis der *Existenz* definieren wir I^+ auf $C_0^+(X)$ durch (2.33). Diese Definition ist sinnvoll, denn wegen der Stetigkeit von I ist die rechte Seite von (2.33) endlich. Wir zeigen:

$$ (2.34) \qquad I^+(f + g) = I^+(f) + I^+(g) \quad (f, g \in C_0^+(X)) \,. $$

Begründung: Da die Ungleichung „$\geq$" klar ist, bleibt „$\leq$" zu zeigen. Dazu sei $h \in C_0^+(X), h \leq f + g$. Dann sind $p := \max(h - g, 0), q := \min(h, g) \in C_0^+(X), p \leq f, q \leq g, p + q = h$, also

$$ I^+(f) + I^+(g) \geq I(p) + I(q) = I(h) \,, $$

und die Supremumsbildung bez. h ergibt $I^+(f) + I^+(g) \geq I^+(f+g)$. – Weiter ist offenbar

$$(2.35) \qquad\qquad I^+(\lambda f) = \lambda I^+(f) \quad (f \in C_0^+(X), \lambda \geq 0) \,.$$

Nach (2.34), (2.35) gestattet I^+ genau eine Fortsetzung zu einer positiven Linearform $I^+ : C_0(X) \to \mathbb{R}$ (Beweis zur Übung). Nun leisten I^+ und $I^- := I - I^+$ das Gewünschte. $\qquad\qquad\qquad\qquad\qquad\qquad\qquad\qquad\qquad\qquad\qquad\qquad\square$

Setzt man nun im Falle $\mathbb{K} = \mathbb{R}$ für $I, J \in C_0'(X)$

$$I \leq J : \Longleftrightarrow \quad J - I \text{ positiv} \,,$$

so lassen sich Überlegungen aus Kap. VII, §1, **5.** im Wesentlichen mühelos übertragen, und man erkennt: $(C_0'(X), \|\cdot\|)$ *ist ein Banach-Verband.*

Im Falle $\mathbb{K} = \mathbb{C}$ lässt sich mithilfe von Satz 2.24 die Existenz einer Minimalzerlegung wie folgt einsehen: Der Deutlichkeit halber schreiben wir $C_0(X, \mathbb{C})$, $C_0(X, \mathbb{R})$ für die $\mathbb{C}$- bzw. $\mathbb{R}$-linearen Räume der komplex- bzw. reellwertigen stetigen Funktionen f auf X, die im Unendlichen verschwinden, und $C_0'(X, \mathbb{C})$, $C_0'(X, \mathbb{R})$ für die entsprechenden Dualräume. Ist $I \in C_0'(X, \mathbb{C})$, so ist $\tilde{I} : C_0(X, \mathbb{C}) \to \mathbb{C}$,

$$\tilde{I}(f) := \overline{I(\overline{f})} \quad (f \in C_0(X, \mathbb{C}))$$

ein Element von $C_0'(X, \mathbb{C})$; $\tilde{I}$ heißt das zu I *konjugierte Element.* In Analogie zur üblichen komplexen Konjugation nennen wir

$$\mathcal{R}I := \frac{1}{2}(I + \tilde{I}) \,, \; \mathcal{I}I := \frac{1}{2i}(I - \tilde{I}) \in C_0'(X, \mathbb{C})$$

den *Real-* bzw. *Imaginärteil von I. I* heißt *reell,* falls $I = \tilde{I}$. Offenbar ist I genau dann reell, wenn $I = \mathcal{R}I$, und das gilt genau dann, wenn $\mathcal{I}I = 0$. Ferner gilt

$$I = \mathcal{R}I + i\mathcal{I}I \,, \; \tilde{I} = \mathcal{R}I - i\mathcal{I}I \,.$$

2.25 Satz von der Minimalzerlegung ($\mathbb{K} = \mathbb{C}$). *Es seien X ein lokalkompakter Hausdorff-Raum und $I \in C_0'(X, \mathbb{C})$. Dann gibt es eindeutig bestimmte positive Linearformen $J^+, J^-, L^+, L^- \in C_0'(X, \mathbb{C})$, so dass gilt:*
a) $I = J^+ - J^- + i(L^+ - L^-)$.
b) *Sind $P, Q, R, S \in C_0'(X, \mathbb{C})$ positive Linearformen mit $I = P - Q + i(R - S)$, so sind $P - J^+ = Q - J^-$ und $R - L^+ = S - L^-$ positiv.*

Beweis. Die Komponenten der Minimalzerlegungen von $\mathcal{R}I \,|\, C_0(X, \mathbb{R})$, $\mathcal{I}I \,|\, C_0(X, \mathbb{R})$ besitzen kanonische Fortsetzungen zu positiven Linearformen $J^+, J^-, L^+, L^- \in C_0'(X, \mathbb{C})$, und diese leisten das Verlangte. $\qquad\square$

2.26 Darstellungssatz von F. RIESZ **für** $C_0'(X)$. *Es sei X ein lokal-kompakter Hausdorff-Raum. Dann ist*

$$\Phi : \mathbf{M}_{\mathrm{reg}}(\mathfrak{B}) \longrightarrow C_0'(X) \,,$$
$$\Phi(\nu)(f) := \int_X f \, d\nu \quad (f \in C_0(X); \nu \in \mathbf{M}_{\mathrm{reg}}(\mathfrak{B}))$$

ein ordnungstreuer Norm-Isomorphismus:

$$\|\Phi(\nu)\| = \|\nu\|.$$

Für jedes $\nu \in \mathbf{M}_{\mathrm{reg}}(\mathfrak{B})$ entsprechen die Komponenten der Minimalzerlegung von $\Phi(\nu)$ den Komponenten der Jordan-Zerlegung von ν.

Beweis. Nach Satz 2.23 ist Φ injektiv und normerhaltend. Zum Beweis der Surjektivität von Φ sei $I \in C_0'(X)$. Dann werden die Komponenten der Minimalzerlegung von I gemäß Darstellungssatz 2.10 beschrieben durch endliche Radon-Maße, und durch Bildung einer entsprechenden Linearkombination erhält man ein $\nu \in \mathbf{M}_{\mathrm{reg}}(X)$ mit $\Phi(\nu) = I$, d.h. Φ ist surjektiv und offenbar ordnungstreu. Dass die Komponenten der Jordan-Zerlegung von ν vermöge Φ gerade den Komponenten der Minimalzerlegung von $\Phi(\nu)$ entsprechen, ist leicht zu prüfen. $\qquad\square$

7. Ein dichter Unterraum von $L^p(X)$. Ist $\mu : \mathfrak{B}(X) \to [0, \infty]$ ein Radon-Maß auf dem lokal-kompakten Hausdorff-Raum X, so wird man zur Approximation von Funktionen aus $L^p(X)$ oft stetige Funktionen bevorzugen anstelle von Treppenfunktionen (vgl. Satz VI.2.28). Eine solche Wahl ist stets möglich.

2.27 Approximationssatz. *Es seien $\mu : \mathfrak{B}(X) \to [0, \infty]$ ein Radon-Maß auf dem lokal-kompakten Hausdorff-Raum X und $0 < p < \infty$. Dann liegt $C_c(X)$ dicht in $L^p(X)$, d.h.: Zu jedem $f \in L^p(X)$ und beliebigem $\varepsilon > 0$ existiert ein $g \in C_c(X)$ mit $\|f - g\|_p < \varepsilon$.*

Beweis. Nach Satz VI.2.28 genügt der Beweis im Fall $f = \chi_A$, wobei A eine Borel-Menge mit $\mu(A) < \infty$ ist: Zunächst existiert wegen der inneren Regularität von μ zu A und $\varepsilon > 0$ eine kompakte Menge $K \subset A$ mit $\mu(A) < \mu(K) + \varepsilon$. Weiter existiert nach Folgerung 1.2, g) zu K eine offene Umgebung U mit $\mu(U) < \mu(K) + \varepsilon$. Zu K und U gibt es nach Lemma 2.1 ein $g \in C_c(X), g : X \to [0, 1]$, so dass $g|K = 1$, $\mathrm{Tr}\, g \subset U$. Daher können wir im Fall $p \geq 1$ abschätzen

$$\begin{aligned}
\|\chi_A - g\|_p &\leq \|\chi_A - \chi_K\|_p + \|\chi_K - g\|_p \\
&\leq (\mu(A \setminus K))^{1/p} + (\mu(U \setminus K))^{1/p} \\
&< 2\varepsilon^{1/p}.
\end{aligned}$$

Damit folgt die Behauptung im Fall $p \geq 1$. – Ist $0 < p < 1$, so schließt man entsprechend mit $\| \cdot \|_p^p$ anstelle von $\| \cdot \|_p$ (s. Satz VI.1.10). $\qquad\square$

2.28 Zusatz. *Es seien X ein lokal-kompakter Hausdorff-Raum und $\nu : \mathfrak{B}(X) \to [0, \infty]$ ein Borel-Maß, das „regulär" ist im Sinne der Bemerkungen im Anschluss an die Beispiele 2.7. Dann liegt $C_c(X)$ dicht in $L^p(X)$ $(0 < p < \infty)$.*

Beweis. Es sei A eine Borel-Menge mit $\nu(A) < \infty$. Wegen der „Regularität" von ν existieren zu $\varepsilon > 0$ ein $U \in \mathfrak{D}$ mit $U \supset A$ und ein $K \in \mathfrak{K}$ mit $K \subset U$, so dass $\nu(U \setminus A) < \varepsilon$ und $\nu(U \setminus K) < \varepsilon$. Zu K und U gibt es nach Lemma

2.1 ein $\varphi \in C_c(X), 0 \le \varphi \le 1$ mit $\varphi \mid K = 1, \operatorname{Tr}\varphi \subset U$, und wir erhalten für $1 \le p < \infty$:

$$\|\chi_A - \varphi\|_p \le \|\chi_A - \chi_U\|_p + \|\chi_U - \varphi\|_p$$
$$\le (\nu(U \setminus A))^{1/p} + (\nu(U \setminus K))^{1/p}$$
$$< 2\varepsilon^{1/p} .$$

Im Falle $0 < p < 1$ schließt man entsprechend mit $\|\cdot\|_p^p$ anstelle von $\|\cdot\|_p$. □

Aufgaben. 2.1. Im Beweis des Fortsetzungssatzes 2.4 gilt für alle $E \subset X$ mit $\mu(E) < \infty$:

$$\mathfrak{A}_E = \bigcap_{C \subset E, C \in \mathfrak{K}} \mathfrak{A}_C .$$

Daher ist

$$\mathfrak{A} = \bigcap_{E \subset X, \mu(E) < \infty} \mathfrak{A}_E .$$

2.2. Sind X ein kompakter Hausdorff-Raum, $\mathbb{K} = \mathbb{R}$ und $I : C(X) \to \mathbb{R}$ eine stetige Linearform mit $I(\chi_X) = \|I\|$, so ist I positiv.

2.3. Jede positive Linearform $I : C_b(X) \to \mathbb{K}$ ist stetig bez. der Supremumsnorm.

2.4. Es seien X ein lokal-kompakter Hausdorff-Raum, $I : C_c(X) \to \mathbb{K}$ eine positive Linearform, und für $K \in \mathfrak{K}$ sei

$$C_K(X) := \{f \in C_c(X) : f \mid K^c = 0\} .$$

Dann ist $I \mid C_K(X)$ stetig bez. der Supremumsnorm, aber $I : C_c(X) \to \mathbb{K}$ ist nicht notwendig stetig bez. der Supremumsnorm.

2.5. Ist V einer der Räume $C_c(X), C_0(X), C_b(X), C(X)$ und $I : V \to \mathbb{K}$ eine positive Linearform, so gilt $|I(f)| \le I(|f|)$ für alle $f \in V$.

2.6. Es seien $F : \mathbb{R} \to \mathbb{R}$ wachsend und rechtsseitig stetig, $\mu := \mu_F$ das zugehörige Lebesgue-Stieltjessche Maß auf $\mathfrak{B}^1$. Dann ist $\operatorname{Tr}\mu$ das Komplement der größten offenen Teilmenge $U \subset \mathbb{R}$, auf welcher F lokal konstant ist. (Dabei heißt F lokal konstant auf U, wenn jedes $x \in U$ eine Umgebung $V_x \subset U$ hat, auf welcher F konstant ist. Das ist genau dann der Fall, wenn F auf allen Zusammenhangskomponenten von U konstant ist.)

2.7. Jeder vollständig reguläre Hausdorff-Raum X hat eine bis auf Homöomorphie eindeutig bestimmte *Stone-Čech-Kompaktifizierung* βX (s. v. QUERENBURG [1], S. 136 ff.). Diese hat folgende Eigenschaften: X ist dichter Unterraum des kompakten Hausdorff-Raums βX, und jede stetige Abbildung $f : X \to Y$ in irgendeinen kompakten Hausdorff-Raum Y lässt sich auf genau eine Weise zu einer stetigen Abbildung $\hat{f} : \beta X \to Y$ fortsetzen. – Es seien nun X ein nicht kompakter, lokal-kompakter Hausdorff-Raum, $a \in \beta X \setminus X$ und $I : C_b(X) \to \mathbb{K}, I(f) := \hat{f}(a)$ $(f \in C_b(X))$. Dann ist $I \ne 0$ eine positive Linearform auf $C_b(X)$, aber zu I gehört im Sinne von (2.22), (2.23) das Radon-Maß $\mu = 0$. Insbesondere wird I nicht durch μ dargestellt im Sinne von (2.25).

2.8. Es seien X ein vollständig regulärer Hausdorff-Raum, βX die Stone-Čech-Kompaktifizierung von X, und für $f \in C_b(X)$ sei $\hat{f} : \beta X \to \mathbb{K}$ die eindeutig bestimmte stetige Fortsetzung von f auf βX (s. Aufgabe 2.7). Jeder positiven Linearform $I : C_b(X) \to \mathbb{K}$ entspricht vermöge $\hat{I}(h) := I(h \mid X)$ $(h \in C(\beta X))$ eine positive Linearform $\hat{I} : C(\beta X) \to \mathbb{K}$, und zu dieser Linearform $\hat{I}$ gehört nach Darstellungssatz 2.5 genau ein Radon-Maß $\hat{\mu} : \mathfrak{B}(\beta X) \to [0, \infty[$ mit

$$\hat{I}(h) = \int_{\beta X} h \, d\hat{\mu} \quad (h \in C(\beta X)).$$

Daher wird I gemäß

$$(*) \qquad I(f) = \int_{\beta X} \hat{f}\, d\hat{\mu} \quad (f \in C_b(X))$$

durch ein Radon-Maß $\hat{\mu}$ auf $\mathfrak{B}(\beta X)$ beschrieben. Umgekehrt entspricht jedem Radon-Maß $\hat{\mu}$ auf $\mathfrak{B}(\beta X)$ vermöge $(*)$ eine positive Linearform $I : C_b(X) \to \mathbb{K}$. – Es sei nun X sogar lokal-kompakt. Dann ist X eine offene Teilmenge von βX (s. z.B. ENGELKING [1], S. 221, Theorem 3.5.8). Ferner seien $I : C_b(X) \to \mathbb{K}$ eine positive Linearform und μ das nach (2.22), (2.23) zugehörige endliche Radon-Maß auf $\mathfrak{B}$. Zeigen Sie: I wird genau dann durch μ dargestellt gemäß (2.25), wenn $\hat{\mu}((\beta X) \setminus X) = 0$, und dann ist $\mu = \hat{\mu}\,|\,\mathfrak{B}(X)$.

2.9. Es seien X ein vollständig regulärer Hausdorff-Raum und μ ein Radon-Maß auf $\mathfrak{B}$.
a) Für $a \in X$ gilt $a \in \operatorname{Tr}\mu$ genau dann, wenn für alle $f \in C^+(X)$ mit $f(a) > 0$ gilt $\int_X f\, d\mu > 0$.
b) Ist $U \in \mathfrak{O}$, so gilt $\mu(U) = 0$ genau dann, wenn für alle $f \in C^+(X)$ mit $f\,|\,U^c = 0$ gilt $\int_X f\, d\mu = 0$.

2.10. In der Situation von Lemma 2.18 existiert eine kleinste kompakte Menge $T \subset X$, so dass $I(f) = 0$ für alle $f \in C(X)$ mit $f\,|\,T = 0$.

2.11. Es sei X ein Hausdorff-Raum, und für $a \in X$ sei $\delta_a(B) := 1$, falls $a \in B$, und $\delta_a(B) := 0$, falls $a \notin B$ $(B \in \mathfrak{B})$. Sind dann $a_1, \dots, a_n \in X$ paarweise verschieden und $\lambda_1, \dots, \lambda_n > 0$, so ist $\mu := \lambda_1 \delta_{a_1} + \dots + \lambda_n \delta_{a_n}$ ein Radon-Maß mit $\operatorname{Tr}\mu = \{a_1, \dots, a_n\}$. Ist umgekehrt μ ein Radon-Maß mit $\operatorname{Tr}\mu = \{a_1, \dots, a_n\}$ $(a_1, \dots, a_n$ paarweise verschieden), so gibt es $\lambda_1, \dots, \lambda_n > 0$, so dass $\mu = \lambda_1 \delta_{a_1} + \dots + \lambda_n \delta_{a_n}$.

2.12. Es seien X, Y lokal-kompakte Hausdorff-Räume und $\mu : \mathfrak{B}(X) \to [0, \infty], \nu : \mathfrak{B}(Y) \to [0, \infty]$ zwei Borel-Maße.
a) Ist $f \in C_c(X \times Y)$, so gibt es zwei relativ kompakte offene Mengen $U \subset X, V \subset Y$ mit $\operatorname{Tr}(f) \subset U \times V$, und zu jedem $\varepsilon > 0$ gibt es eine Linearkombination h von Funktionen des Typs $(x, y) \mapsto u(x)v(y)$ $(u \in C_c(X), v \in C_c(Y))$ mit $\operatorname{Tr} h \subset U \times V$ und $\|f - h\|_\infty < \varepsilon$. (Hinweis: Eine einfache Lösung gelingt durch Anwendung folgender Version des Satzes von STONE-WEIERSTRASS auf die Alexandroff-Kompaktifizierung von $X \times Y$. **Satz von** STONE-WEIERSTRASS: *Es seien Z ein kompakter Hausdorff-Raum und $\mathcal{A} \subset C(Z)$ eine Algebra, welche die Punkte von Z trennt, mit der Eigenschaft, dass aus $f \in \mathcal{A}$ folgt $\bar{f} \in \mathcal{A}$. Dann liegt $\mathcal{A}$ dicht in $C(Z)$, oder es gibt ein $z_0 \in Z$, so dass $\mathcal{A}$ dicht liegt in $\{f \in C(Z) : f(z_0) = 0\}$* (s. SEMADENI [1], S. 115).)
b) Ist $f \in C_c(X \times Y)$, so sind $f(\cdot, y) \in C_c(X)$ $(y \in Y), f(x, \cdot) \in C_c(Y)$ $(x \in X)$; die Zuordnungen $x \mapsto \int_Y f(x, y)d\nu(y), y \mapsto \int_X f(x, y)d\mu(x)$ definieren Funktionen aus $C_c(X)$ bzw. $C_c(Y)$, und es gilt:

$$\int_X \left(\int_Y f(x, y)d\nu(y) \right) d\mu(x) = \int_Y \left(\int_X f(x, y)d\mu(x) \right) d\nu(y)\,.$$

c) Definiert man die positive Linearform $I : C_c(X \times Y) \to \mathbb{K}$, indem man $I(f)$ $(f \in C_c(X \times Y))$ gleich dem Doppelintegral unter b) setzt, so gehört zu I nach dem Darstellungssatz von F. RIESZ 2.5 genau ein *Radon-Maß* $\mu \otimes \nu$ auf $\mathfrak{B}(X \times Y)$, so dass

$$I(f) = \int_{X \times Y} f\, d\mu \otimes \nu \quad (f \in C_c(X \times Y))\,.$$

(Man beachte: Das Radon-Maß $\mu \otimes \nu$ ist auch dann auf $\mathfrak{B}(X \times Y)$ definiert, wenn $\mathfrak{B}(X) \otimes \mathfrak{B}(Y) \subsetneq \mathfrak{B}(X \times Y)$.)

d) Genügen X und Y dem zweiten Abzählbarkeitsaxiom, so ist das im Sinne von Kap. V gebildete Produktmaß $\mu \otimes \nu$ ein reguläres Borel-Maß auf $\mathfrak{B}(X \times Y)$ und stimmt mit dem ebenso bezeichneten Maß aus Teil c) überein. (Hinweise: Korollar 1.12 und Satz III.5.10.)

§ 3.   Das Haarsche Maß

«On peut démontrer, en approfondissant quelque peu un résultat très connu
de A. Haar, que dans tout groupe localement bicompact il existe une mesure
invariante à gauche, et que cette mesure est unique.»[14] (A. Weil [1], S. 141)

1. Topologische Gruppen. Im ganzen folgenden § 3 legen wir folgende *Bezeichnungen* zugrunde: G sei eine multiplikativ geschriebene Gruppe mit dem Einselement e. Sind $A, B \subset G$ und $x \in G$, so setzen wir

$$AB := \{ab : a \in A, b \in B\}, \ A^{-1} := \{a^{-1} : a \in A\},$$
$$xA := \{xa : a \in A\}, \ Ax := \{ax : a \in A\}.$$

Für $a \in G$ werden die *Linkstranslation* $L(a) : G \to G$ und die *Rechtstranslation* $R(a) : G \to G$ definiert durch $L(a)x := ax, R(a)x := xa \ (x \in G)$.

3.1 Definition. G heißt eine *topologische Gruppe*, wenn G mit einer Topologie ausgestattet ist, so dass die Gruppenmultiplikation $G \times G \to G, (x, y) \mapsto xy$ und die Inversenbildung $G \to G, x \mapsto x^{-1}$ *stetig* sind. (Dabei ist $G \times G$ mit der Produkttopologie zu versehen.)

3.2 Beispiele. a) $(\mathbb{R}, +), (\mathbb{R}^n, +), (\mathbb{C}, +), (\mathbb{C}^n, +), (\mathbb{R} \backslash \{0\}, \cdot), (]0, \infty[, \cdot)$ sind abelsche topologische Gruppen. Bezeichnet $\mathbb{H}$ den Schiefkörper der Quaternionen, so ist $(\mathbb{H} \setminus \{0\}, \cdot)$ eine nicht abelsche topologische Gruppe. Alle diese Gruppen sind lokal-kompakt. Die Einheitskreislinie $S^1 \subset \mathbb{C}$ und die Einheitssphäre $S^3 \subset \mathbb{H}$ sind kompakte multiplikative topologische Gruppen.

b) Die Gruppen $\mathrm{GL}\,(n, \mathbb{R}), \mathrm{GL}\,(n, \mathbb{C})$ sind (bez. der von $\mathbb{R}^{n^2}$ bzw. $\mathbb{C}^{n^2}$ induzierten Topologie) lokal-kompakte topologische Gruppen; die Stetigkeit der Inversenbildung folgt aus der bekannten Formel $A^{-1} = (\det A)^{-1}\tilde{A}$, wobei $\tilde{A}$ die Komplementärmatrix von A bezeichnet $(\tilde{A} = ((-1)^{j+k} \det A_{jk})^t$, wobei A_{jk} aus A durch Streichen der j-ten Zeile und k-ten Spalte entsteht). Auch $\mathrm{SL}\,(n, \mathbb{R}), \mathrm{SL}\,(n, \mathbb{C})$ sind lokal-kompakte topologische Gruppen. Die orthogonalen Gruppen $\mathrm{O}(n), \mathrm{SO}(n)$ und die unitären Gruppen $\mathrm{U}(n), \mathrm{SU}(n)$ sind kompakte topologische Gruppen.

c) Die Gruppen $(\mathbb{Q}, +), (\mathbb{Q} \setminus \{0\}, \cdot), \mathrm{GL}\,(n, \mathbb{Q}), \mathrm{SL}\,(n, \mathbb{Q})$ sind (nicht lokal-kompakte) topologische Gruppen.

d) Jede Gruppe ist bez. der diskreten Topologie eine lokal-kompakte topologische Gruppe.

e) Ist $(G_\iota)_{\iota \in I}$ eine Familie topologischer Gruppen, so ist $\prod_{\iota \in I} G_\iota$ bez. der Produkttopologie eine topologische Gruppe. Versieht man z.B. die additive Gruppe $D := \mathbb{Z}/2\mathbb{Z}$ mit der diskreten Topologie, so ist die additive Gruppe $D^{\mathbb{N}}$ aller Folgen von Elementen aus D bez. der Produkttopologie eine (nicht diskrete!) topologische Gruppe. Nach dem Satz von TICHONOFF ist $D^{\mathbb{N}}$ kompakt.

---

[14]Indem man ein wohlbekanntes Resultat von A. Haar ein wenig vertieft, kann man zeigen, dass auf jeder lokal-kompakten [Hausdorffschen topologischen] Gruppe ein linksinvariantes Maß [$\neq 0$] existiert und dass dieses Maß [bis auf einen positiven Faktor] eindeutig bestimmt ist.

Im Folgenden sei stets G eine topologische Gruppe; $\mathfrak{U}$ bezeichne das System der Umgebungen von e. Wir leiten einige grundlegende Eigenschaften topologischer Gruppen her, die zum Beweis der Existenz des Haarschen Maßes benötigt werden.

3.3 Lemma. *Alle Linkstranslationen $L(a)$, alle Rechtstranslationen $R(a)$ ($a \in G$) und die Inversenbildung $j : G \to G, j(x) := x^{-1}$ ($x \in G$) sind Homöomorphismen von G in sich.*

Beweis. Die Abbildungen $L(a), R(a)$ sind als Einschränkungen der stetigen Multiplikation $G \times G \to G, (x, y) \mapsto xy$ stetig, ferner bijektiv, und die inversen Abbildungen $(L(a))^{-1} = L(a^{-1}), (R(a))^{-1} = R(a^{-1})$ sind ebenfalls stetig. Ebenso ist j stetig, bijektiv, und $j^{-1} = j$ ist stetig.   □

3.4 Lemma. a) *Ist $\mathfrak{V}$ eine Umgebungsbasis von e, so sind $\{aV : V \in \mathfrak{V}\}, \{Va : V \in \mathfrak{V}\}$ Umgebungsbasen von $a \in G$, und $\{V^{-1} : V \in \mathfrak{V}\}, \{V \cap V^{-1} : V \in \mathfrak{V}\}$ sind Umgebungsbasen von e. Insbesondere hat e eine Umgebungsbasis bestehend aus symmetrischen Mengen (d.h. aus Mengen W mit $W = W^{-1}$).*
b) *Zu jedem $U \in \mathfrak{U}$ existiert ein $V \in \mathfrak{U}$ mit $V^2 := V \cdot V \subset U$.*
c) *Sind $A, U \subset G, U$ offen, so sind AU und UA offen.*
d) *Sind $K, L \subset G$ kompakt, so ist KL kompakt.*

Beweis. a) klar nach Lemma 3.3.
b) klar wegen der Stetigkeit der Multiplikationsabbildung $G \times G \to G, (x, y) \mapsto xy$.
c) $AU = \bigcup_{a \in A} L(a)U$ und $UA = \bigcup_{a \in A} R(a)U$ sind offen nach Lemma 3.3.
d) KL ist das Bild von $K \times L \subset G \times G$ unter der stetigen Multiplikationsabbildung.   □

3.5 Lemma. *Zu jedem $U \in \mathfrak{U}$ existiert ein $V \in \mathfrak{U}$ mit $\overline{V} \subset U$. Daher ist G ein regulärer topologischer Raum.*

Beweis. Nach Lemma 3.4 existiert ein symmetrisches $V \in \mathfrak{U}$ mit $V^2 \subset U$. Ist nun $x \in \overline{V}$, so ist $(xV) \cap V \neq \emptyset$, d.h. es gibt $v, w \in V$ mit $xv = w$, also $x = wv^{-1} \in VV^{-1} = V^2 \subset U$, d.h. $\overline{V} \subset U$. Daher gilt das Regularitätsaxiom an der Stelle e, nach Lemma 3.3 also überall.   □

3.6 Lemma. *Sind $K \subset U \subset G, K$ kompakt, U offen, so existiert ein $V \in \mathfrak{U}$ mit $KV \subset U$. Ist insbesondere G lokal-kompakt, so gibt es ein abgeschlossenes und kompaktes $V \in \mathfrak{U}$ mit $KV \subset U$.*

Beweis. Zu jedem $x \in K$ existieren ein $U_x \in \mathfrak{U}$ mit $xU_x \subset U$ und dazu ein offenes $V_x \in \mathfrak{U}$ mit $V_x^2 \subset U_x$. Die offene Überdeckung $(xV_x)_{x \in K}$ von K hat eine endliche Teilüberdeckung. Daher existieren $x_1, \ldots, x_n \in K$ mit $K \subset \bigcup_{j=1}^{n} x_j V_{x_j}$. Setzen wir nun $V := \bigcap_{j=1}^{n} V_{x_j}$, so gilt $KV \subset \bigcup_{j=1}^{n} x_j V_{x_j} V \subset \bigcup_{j=1}^{n} x_j U_{x_j} \subset U$. – Ist insbesondere G lokal-kompakt, so bilden die abgeschlossenen und kompakten Umgebungen von e eine Umgebungsbasis, denn G ist regulär (KELLEY [1], S. 146).   □

Intuitiv gesprochen wird man sagen, dass sich zwei Elemente $x, y \in G$ „nah beieinander" befinden, wenn mit einer „kleinen" Umgebung $U \in \mathfrak{U}$ gilt $x^{-1}y \in U$ (bzw. $yx^{-1} \in U$). Damit können wir den Begriff der gleichmäßigen Stetigkeit[15] für Funktionen $f : G \to \mathbb{K}$ definieren.

3.7 Definition. Eine Funktion $f : G \to \mathbb{K}$ heißt *links-gleichmäßig stetig*, wenn zu jedem $\varepsilon > 0$ ein $U \in \mathfrak{U}$ existiert, so dass $|f(x) - f(y)| < \varepsilon$ für alle $x, y \in G$ mit $x^{-1}y \in U$ (d.h. $|f(x) - f(xu)| < \varepsilon$ für alle $x \in G, u \in U$). Entsprechend heißt f *rechts-gleichmäßig stetig*, wenn zu jedem $\varepsilon > 0$ ein $U \in \mathfrak{U}$ existiert, so dass $|f(x) - f(y)| < \varepsilon$ für alle $x, y \in G$ mit $yx^{-1} \in U$ (d.h. $|f(x) - f(ux)| < \varepsilon$ für alle $x \in G, u \in U$).

Eine links- (bzw. rechts-) gleichmäßig stetige Funktion braucht nicht rechts- (bzw. links-) gleichmäßig stetig zu sein (vgl. HEWITT-ROSS [1], (4.2)).

3.8 Satz. *Ist G eine topologische Gruppe, so ist jedes $f \in C_c(G)$ sowohl links- als auch rechts-gleichmäßig stetig.*

Beweis. Es seien $f \in C_c(G), \varepsilon > 0$ und $K := \mathrm{Tr}\, f$. Zu jedem $x \in K$ gibt es ein $U_x \in \mathfrak{U}$, so dass $|f(x) - f(xu)| < \varepsilon/2$ für alle $u \in U_x$, und zu U_x existiert ein offenes symmetrisches $V_x \in \mathfrak{U}$ mit $V_x^3 := (V_x^2)V_x \subset U_x$. Wegen der Kompaktheit von K existieren endlich viele $x_1, \ldots, x_n \in K$, so dass $K \subset \bigcup_{j=1}^n x_j V_{x_j}$. Wir setzen $V := \bigcap_{j=1}^n V_{x_j}$ und behaupten: Für alle $x \in G$ und $v \in V$ ist $|f(x) - f(xv)| < \varepsilon$.

Zur *Begründung* sei $x \in G$. Ist $xV \cap K = \emptyset$, so ist $f(x) = f(xv) = 0$ $(v \in V)$, und die Behauptung ist klar. Sei nun $xV \cap K \neq \emptyset$. Dann existiert ein $j \in \{1, \ldots, n\}$ mit $xV \cap x_j V_{x_j} \neq \emptyset$, also ist $x \in x_j V_{x_j} V^{-1} \subset x_j V_{x_j}^2$, d.h. $xV \subset x_j V_{x_j}^3 \subset x_j U_{x_j}$. Für alle $v \in V$ ist daher nach Wahl von U_{x_j}

$$|f(x) - f(xv)| \leq |f(x) - f(x_j)| + |f(x_j) - f(xv)| < \varepsilon.$$

Daher ist f links-gleichmäßig stetig.

Der Nachweis der rechts-gleichmäßigen Stetigkeit von f kann analog geführt werden. Man kann auch folgendermaßen schließen: Stattet man G mit der entgegengesetzten Multiplikation $x \bullet y := yx$ $(x, y \in G)$ aus und lässt die Topologie unverändert, so erhält man die zu G *entgegengesetzte topologische Gruppe* G_{opp}. Ist nun $f \in C_c(G)$, so ist $f : G_{\mathrm{opp}} \to \mathbb{K}$ nach dem oben Bewiesenen links-gleichmäßig stetig. Daher ist $f : G \to \mathbb{K}$ rechts-gleichmäßig stetig. $\square$

2. Linksinvariante Linearformen und Maße. Eine Linearform $I : C_c(G) \to \mathbb{K}$ heißt *linksinvariant*, wenn

$$I(f \circ L(y)) = I(f) \quad (f \in C_c(G), y \in G).$$

---

[15]Für ein vertieftes Studium der hier implizit vorkommenden uniformen Strukturen auf topologischen Gruppen verweisen wir auf BOURBAKI [6], chap. 3 und W. ROELCKE, S. DIEROLF: *Uniform structures on topological groups and their quotients.* New York: McGraw-Hill International Book Comp. 1981.

Entsprechend heißt ein Maß $\mu : \mathfrak{B}(G) \to [0, \infty]$ *linksinvariant*, wenn für alle $y \in G$ gilt $L(y)(\mu) = \mu$, d.h. wenn

$$\mu(yB) = \mu(B) \quad (B \in \mathfrak{B}(G), y \in G).$$

Analog werden *rechtsinvariante* Linearformen bzw. Maße definiert. Für abelsches G sind die Begriffe „linksinvariant" und „rechtsinvariant" offenbar äquivalent. Wir werden aber sehen, dass linksinvariante Linearformen bzw. Maße nicht stets rechtsinvariant zu sein brauchen (s. Beispiel 3.14, a)). Mithilfe der entgegengesetzten topologischen Gruppe G_{opp} (s.o.) lassen sich alle Aussagen über linksinvariante Linearformen bzw. Maße sofort auf rechtsinvariante übertragen (und umgekehrt), so dass wir uns auf die Diskussion des Begriffs der Linksinvarianz beschränken können. – Ist I (bzw. μ) links- *und* rechtsinvariant, so heißt I (bzw. μ) *invariant*.

3.9 Lemma. *Es sei G eine lokal-kompakte Hausdorffsche topologische Gruppe. Ist $I : C_c(G) \to \mathbb{K}$ eine linksinvariante positive Linearform, so existiert genau ein Radon-Maß $\mu : \mathfrak{B}(G) \to [0, \infty]$ mit*

$$(3.1) \qquad\qquad I(f) = \int_G f \, d\mu \quad (f \in C_c(G)),$$

und μ ist linksinvariant. Umgekehrt entspricht jedem linksinvarianten Radon-Maß $\mu : \mathfrak{B}(G) \to [0, \infty]$ vermöge (3.1) eine linksinvariante positive Linearform $I : C_c(G) \to \mathbb{K}$.

Beweis. Ist I eine linksinvariante positive Linearform auf $C_c(G)$, so existiert nach dem Darstellungssatz von F. RIESZ 2.5 genau ein Radon-Maß μ mit (3.1). Dieses μ ist linksinvariant: Es gilt nämlich nach der allgemeinen Transformationsformel V.3.1 für alle $f \in C_c(G)$ und $y \in G$:

$$I(f) = I(f \circ L(y)) = \int_G f \circ L(y) d\mu = \int_G f \, dL(y)(\mu),$$

und da $L(y)(\mu)$ ein Radon-Maß ist (Aufgabe 1.10), ist $L(y)(\mu) = \mu \quad (y \in G)$ wegen der Eindeutigkeit von μ. – Entsprechend folgt aus der allgemeinen Transformationsformel die Linksinvarianz von I, falls μ in (3.1) ein linksinvariantes Radon-Maß (oder auch nur ein linksinvariantes Borel-Maß) ist. $\qquad\square$

3.10 Beispiele. a) Das Maß β^p ist ein invariantes Radon-Maß auf $\mathfrak{B}^p$; die zugehörige invariante positive Linearform ist $I(f) = \int_{\mathbb{R}^p} f d\beta^p$ $(f \in C_c(\mathbb{R}^p))$.
b) Im Falle der multiplikativen Gruppe $\mathbb{R}^\times := \mathbb{R} \setminus \{0\}$ ist

$$I(f) := \int_{\mathbb{R}^\times} f(x) \frac{dx}{|x|} \quad (f \in C_c(\mathbb{R}^\times))$$

eine invariante positive Linearform; $|x|^{-1} \odot \beta^1 \,|\, \mathfrak{B}(\mathbb{R}^\times)$ ist das zugehörige invariante Radon-Maß. Für die multiplikative Gruppe $]0, \infty[$ ist

$$I(f) := \int_0^\infty f(x) \frac{dx}{x} \quad (f \in C_c(]0, \infty[))$$

eine invariante positive Linearform mit dem zugehörigen invarianten Radon-Maß $x^{-1} \odot \beta^1 \mid \mathfrak{B}(]0, \infty[)$. Mithilfe der Transformationsformel (V.4.5) stellt man fest, dass

$$I(f) := \int_{\mathbb{C}^\times} f(z) \frac{d\beta^2(z)}{|z|^2} \quad (f \in C_c(\mathbb{C}^\times))$$

eine invariante positive Linearform für die multiplikative Gruppe $\mathbb{C}^\times$ liefert; hierzu gehört das invariante Radon-Maß $|z|^{-2} \odot \beta^2 \mid \mathfrak{B}(\mathbb{C}^\times)$.

c) Ist G diskret, so ist jede kompakte Teilmenge von G endlich, und $C_c(G)$ enthält genau diejenigen Funktionen $f : G \to \mathbb{K}$, die außerhalb einer endlichen Teilmenge von G verschwinden. Daher definiert

$$I(f) := \sum_{x \in G} f(x) \quad (f \in C_c(G))$$

eine invariante positive Linearform; das zugehörige invariante Radon-Maß ist das Zählmaß.

d) Für die Einheitskreislinie $S^1 \subset \mathbb{C}$ liefert

$$I(f) := \frac{1}{2\pi} \int_0^{2\pi} f(e^{it}) \, dt \quad (f \in C(S^1))$$

eine positive invariante Linearform; das zugehörige invariante Radon-Maß ist gleich $\frac{1}{2\pi}$-mal dem Lebesgue-Borelschen Maß auf S^1.

e) Wir fassen die Gruppe $\mathrm{GL}(n, \mathbb{R})$ als offene Teilmenge von $\mathbb{R}^{n^2}$ auf, indem wir die Spalten $x_1, \ldots, x_n$ von $X \in \mathrm{GL}(n, \mathbb{R})$ zu einem Vektor $\begin{pmatrix} x_1 \\ \vdots \\ x_n \end{pmatrix} \in \mathbb{R}^{n^2}$ untereinanderschreiben. Dann entspricht $L(A)X$ $(A \in \mathrm{GL}(n, \mathbb{R}))$ der Vektor $\begin{pmatrix} Ax_1 \\ \vdots \\ Ax_n \end{pmatrix} \in \mathbb{R}^{n^2}$, also ist $|\det D(L(A))| = |\det A|^n$. Wir denken uns das Lebesgue-Borelsche Maß β^{n^2} im Sinne der obigen Identifikation auf $\mathrm{GL}(n, \mathbb{R})$ übertragen. Dann ist

$$I(f) := \int_{\mathrm{GL}(n,\mathbb{R})} f(X) |\det X|^{-n} d\beta^{n^2}(X) \quad (f \in C_c(\mathrm{GL}(n, \mathbb{R})))$$

nach der Transformationsformel eine positive linksinvariante Linearform. Diese ist auch rechtsinvariant, denn wie oben sieht man, dass auch $|\det D(R(A))| = |\det A|^n$ für alle $A \in \mathrm{GL}(n, \mathbb{R})$.

3. Existenz und Eindeutigkeit des Haarschen Maßes. Im ganzen Abschnitt **3.** sei G eine lokal-kompakte Hausdorffsche topologische Gruppe. Wir wollen zeigen: *Es gibt eine linksinvariante positive Linearform* $I : C_c(G) \to \mathbb{K}, I \neq 0$, *und* I *ist bis auf einen positiven Faktor eindeutig bestimmt.* Nach Lemma 3.9 ist dieser Satz äquivalent zu folgender Aussage: *Es gibt ein linksinvariantes Radon-Maß* $\mu : \mathfrak{B}(G) \to [0, \infty], \mu \neq 0$, *und* μ *ist bis auf einen* *positiven Faktor eindeutig bestimmt.* Dieses Maß μ nennt man nach seinem Entdecker A. Haar (1885–1933) das *Haarsche Maß* auf G.

Während man in konkreten Beispielen (s.o.) das Haarsche Maß oft relativ leicht angeben kann, ist durchaus nicht offensichtlich, wie man dieses Maß allgemein finden kann. Zur *Motivation* des folgenden Existenz- und Eindeutigkeitsbeweises beschreiben wir den Ansatz, den A. Haar [1], S. 579 ff. seinem Existenzbeweis zugrunde legt: Gibt es ein linksinvariantes Radon-Maß $\mu \neq 0$ auf G, so ist μ bereits durch die Werte $\mu(K)$ ($K \subset G$ kompakt) eindeutig festgelegt. Sind nun $K \subset G$ kompakt und $U \in \mathfrak{U}$, so gibt es Elemente $x_1, \ldots, x_n \in G$ mit $K \subset \bigcup_{j=1}^n x_j U$; wir bezeichnen mit $(K : U)$ die *minimale* Anzahl n von Punkten $x_1, \ldots, x_n$, die zu einer solchen Überdeckung benötigt werden. Wir wählen ein für alle Mal ein festes Kompaktum $K_0 \subset G$ mit $\overset{\circ}{K}_0 \neq \emptyset$. Dann ist $\mu(K_0) > 0$ (s. die Bemerkungen nach Satz 3.12, (iv)), und wir können gleich μ so normieren, dass $\mu(K_0) = 1$ ist. Die wesentliche Idee ist nun, eine sehr kleine Umgebung U von e zu verwenden, so dass sich die Translate $x_j U$ im Wesentlichen lückenlos aneinanderfügen. Dann wird näherungsweise gelten $\mu(K) \approx (K : U)\mu(U), 1 = \mu(K_0) \approx (K_0 : U)\mu(U)$, also $\mu(K) \approx (K : U)/(K_0 : U)$. Damit haben wir den Haarschen *Ansatz* für den Existenzbeweis: Ohne irgendetwas über die Existenz eines linksinvarianten Radon-Maßes $\mu \neq 0$ zu wissen, betrachten wir die Quotienten $\mu_U(K) := (K : U)/(K_0 : U)$ bei schrumpfendem „$U \to \{e\}$". Wenn sich dabei ein Limes einstellt, so besteht wegen der offensichtlichen Linksinvarianz $\mu_U(yK) = \mu_U(K)$ ($y \in G$) eine begründete Aussicht, das gesuchte μ zu finden. Nun besteht die wesentliche Schwierigkeit darin, dass die Existenz eines Limes von $\mu_U(K)$ für „$U \to \{e\}$" durchaus nicht leicht zu zeigen ist. Haar meistert dieses Problem, indem er G zusätzlich als metrisierbar und separabel voraussetzt. Dann kann er U eine Umgebungsbasis $(U_n)_{n \geq 1}$ von e durchlaufen lassen und erhält mit Hilfe eines Diagonalfolgenarguments eine konvergente Teilfolge, die das gewünschte μ liefert. Der folgende Existenzbeweis nach A. Weil (1906–1998) benutzt eine Variante des Ansatzes von Haar zur Konstruktion einer linksinvarianten positiven Linearform $I : C_c(G) \to \mathbb{K}, I \neq 0$. Das oben angedeutete Diagonalfolgenargument wird dabei ersetzt durch ein Kompaktheitsargument (Satz von Tichonoff). Dadurch werden Abzählbarkeitsvoraussetzungen an G entbehrlich.

3.11 Satz (A. Haar (1932), J. v. Neumann (1936), A. Weil (1936)). *Ist G eine lokal-kompakte Hausdorffsche topologische Gruppe, so gibt es eine linksinvariante positive Linearform $I : C_c(G) \to \mathbb{K}, I \neq 0$, und I ist bis auf einen positiven Faktor eindeutig bestimmt. I heißt ein linkes Haar-Integral auf $C_c(G)$.*

Beweis (nach A. Weil [2]). *Existenz:* Es seien $f, g \in C_c^+(G), g \neq 0$. Dann ist $V := \{g > \frac{1}{2}\|g\|_\infty\}$ eine nicht-leere offene Menge, folglich existieren endlich viele $x_1, \ldots, x_m \in G$ mit $\operatorname{Tr} f \subset \bigcup_{k=1}^m x_k V$, also ist $f \leq 2(\|f\|_\infty/\|g\|_\infty)\sum_{k=1}^m g \circ L(x_k^{-1})$. Daher gilt eine Ungleichung des Typs

$$(3.2) \qquad f \le \sum_{k=1}^{m} c_k\, g \circ L(x_k^{-1}) \text{ mit } x_1, \dots, x_m \in G, c_1, \dots, c_m \ge 0, m \in \mathbb{N}.$$

Für jede positive linksinvariante Linearform $J : C_c(G) \to \mathbb{K}, J \ne 0$ folgt aus (3.2): $J(f) \le \sum_{k=1}^{m} c_k J(g)$, d.h. $\sum_{k=1}^{m} c_k \ge J(f)/J(g)$. Das führt uns zur Betrachtung folgenden Ausdrucks: *Es sei* $(f : g)$ *das Infimum aller Summen* $\sum_{k=1}^{m} c_k$ *von Koeffizienten* $c_1, \dots, c_m$, *die in Ungleichungen des Typs* (3.2) *vorkommen.* Das Funktional $(f : g)$ $(f, g \in C_c^+(G), g \ne 0)$ hat folgende *Eigenschaften:*

$$(3.3) \qquad (f \circ L(y) : g) \;=\; (f : g) \quad (y \in G),$$

$$(3.4) \qquad\qquad (\lambda f : g) \;=\; \lambda(f : g) \quad (\lambda \ge 0),$$

$$(3.5) \qquad (f_1 + f_2 : g) \;\le\; (f_1 : g) + (f_2 : g) \quad (f_1, f_2 \in C_c^+(G)),$$

$$(3.6) \qquad\qquad (f : g) \;\ge\; \|f\|_\infty / \|g\|_\infty,$$

$$(3.7) \qquad\qquad (f : h) \;\le\; (f : g)(g : h) \quad (h \in C_c^+(G), h \ne 0),$$

$$(3.8) \qquad \frac{1}{(h : f)} \;\le\; \frac{(f : g)}{(h : g)} \le (f : h) \quad (f, g, h \in C_c^+(G) \setminus \{0\}).$$

Begründung: (3.3)–(3.5) sind aufgrund der Definition von $(f : g)$ evident. Zum Beweis von (3.6) gehen wir aus von (3.2) und erhalten $\|f\|_\infty \le \sum_{k=1}^{m} c_k \|g\|_\infty$, also $\sum_{k=1}^{m} c_k \ge \|f\|_\infty / \|g\|_\infty$. Damit folgt (3.6); *insbesondere ist* $(f : g) > 0$, *falls zusätzlich* $f \ne 0$ *ist.* Zur Begündung von (3.7) seien $x_1, \dots, x_m \in G$ und $c_1, \dots, c_m \ge 0$ gemäß (3.2) gewählt und entsprechend $y_1, \dots, y_n \in G, d_1, \dots, d_n \ge 0$ zu g, h, so dass $g \le \sum_{l=1}^{n} d_l h \circ L(y_l^{-1})$. Schätzt man die rechte Seite von (3.2) mithilfe der letzten Ungleichung ab, so folgt: $f \le \sum_{k=1}^{m} \sum_{l=1}^{n} c_k d_l h \circ L((x_k y_l)^{-1})$, also $(f : h) \le \sum_{k=1}^{m} c_k \sum_{l=1}^{n} d_l$, und die Infimumbildung auf der rechten Seite liefert (3.7). (3.8) folgt sogleich aus (3.7). Dabei ist zu beachten, dass die Nenner positiv sind, da $f, g, h \ne 0$. –

Die weitere Beweisidee ist nun, den Träger von g auf den Punkt e schrumpfen zu lassen. Um dabei $(f : g)$ unter Kontrolle zu halten, liegt im Hinblick auf (3.8) folgende Quotientenbildung nahe: Wir wählen für den Rest des Beweises eine feste Vergleichsfunktion $f_0 \in C_c^+(G), f_0 \ne 0$ und bilden

$$I_g(f) := \frac{(f : g)}{(f_0 : g)} \quad (f, g \in C_c^+(G), g \ne 0).$$

(Die Wahl der Funktion f_0 wird am Ende des Existenzbeweises bewirken, dass die Linearform I der Normierungsbedingung $I(f_0) = 1$ genügt.) Die Gln. (3.3)–(3.5) ergeben nun:

$$(3.9) \qquad I_g(f \circ L(y)) \;=\; I_g(f) \quad (y \in G),$$

$$(3.10) \qquad\qquad I_g(\lambda f) \;=\; \lambda I_g(f) \quad (\lambda \ge 0),$$

$$(3.11) \qquad I_g(f_1 + f_2) \;\le\; I_g(f_1) + I_g(f_2) \quad (f_1, f_2 \in C_c^+(G)),$$

und (3.8) liefert

$$(3.12) \qquad I_g(f) \in \left[\frac{1}{(f_0 : f)}, (f : f_0) \right] \quad (f \ne 0).$$

Wir fassen $I_g(f)$ als Näherungswert für das zu konstruierende $I(f)$ auf und stellen fest: Die Eigenschaften (3.9), (3.10) sind bereits passend, aber (3.11) ist zum Beweis der angestrebten Additivität von I unzureichend. Daher beweisen wir eine Ungleichung in umgekehrter Richtung:

(3.13) *Zu allen $f_1, f_2 \in C_c^+(G)$ und $\varepsilon > 0$ gibt es ein $V \in \mathfrak{U}$, so dass*

$$I_g(f_1) + I_g(f_2) \leq I_g(f_1 + f_2) + \varepsilon$$

für alle $g \in C_c^+(G), g \neq 0$ mit $\operatorname{Tr} g \subset V$.

Begründung: Zu $K := \operatorname{Tr}(f_1 + f_2)$ wählen wir ein $h \in C_c^+(G)$ mit $h \,|\, K = 1$ und setzen $F := f_1 + f_2 + \delta h$, wobei $\delta > 0$ so klein sei, dass $2\delta(h : f_0) < \varepsilon/2$. Für $j = 1, 2$ setzen wir $\varphi_j(x) := f_j(x)/F(x)$, falls $x \in \{F > 0\}$, und $\varphi_j(x) := 0$, falls $x \in K^c$. Dann sind φ_1, φ_2 wohldefiniert, da $K \subset \{F > 0\}$ und $\varphi_1(x) = \varphi_2(x) = 0$ für alle $x \in \{F > 0\} \cap K^c$. Ferner sind die Funktionen φ_1, φ_2 stetig, da sie auf den offenen Mengen $\{F > 0\}$ und K^c stetig sind. Daher gilt: $\varphi_1, \varphi_2 \in C_c^+(G), 0 \leq \varphi_1 + \varphi_2 \leq 1$ und $F\varphi_j = f_j$ $(j = 1, 2)$. Die Funktionen φ_1, φ_2 sind nach Satz 3.8 links-gleichmäßig stetig. Wählen wir also $0 < \eta < \frac{1}{2}$ so klein, dass $2\eta(f_1 + f_2 : f_0) < \varepsilon/2$, so existiert ein $V \in \mathfrak{U}$, so dass $|\varphi_j(x) - \varphi_j(xv)| < \eta$ für alle $x \in G, v \in V, j = 1, 2$.

Es seien nun $g \in C_c^+(G), g \neq 0, \operatorname{Tr} g \subset V$ und $x_1, \ldots, x_m \in G, c_1, \ldots, c_m \geq 0$, so dass (vgl. (3.2))

$$(3.14) \qquad F \leq \sum_{k=1}^m c_k g \circ L(x_k^{-1}) \,.$$

Ist hier $g \circ L(x_k^{-1})(x) \neq 0$, so gilt $x \in x_k V$, und für diese x ist $\varphi_j(x) \leq \varphi_j(x_k) + \eta$ $(j = 1, 2)$, also

$$f_j(x) = \varphi_j(x)F(x) \leq \sum_{k=1}^m c_k(\varphi_j(x_k) + \eta)g(x_k^{-1}x) \quad (x \in G; j = 1, 2) \,.$$

Eine Addition der hieraus resultierenden Ungleichungen für $(f_1 : g), (f_2 : g)$ führt unter Berücksichtigung von $\varphi_1 + \varphi_2 \leq 1$ auf

$$(f_1 : g) + (f_2 : g) \leq \sum_{k=1}^m c_k(\varphi_1(x_k) + \varphi_2(x_k) + 2\eta) \leq \sum_{k=1}^m c_k(1 + 2\eta) \,.$$

Wegen (3.14) und (3.10), (3.11) können wir daher schließen:

$$(f_1 : g) + (f_2 : g) \leq (F : g)(1 + 2\eta) \leq ((f_1 + f_2 : g) + \delta(h : g))(1 + 2\eta) \,,$$
$$I_g(f_1) + I_g(f_2) \leq (I_g(f_1 + f_2) + \delta I_g(h))(1 + 2\eta) \,.$$

Hier ist nach (3.12) und der Wahl von δ, η

$$2\eta I_g(f_1 + f_2) \leq 2\eta(f_1 + f_2 : f_0) < \varepsilon/2 \,,$$
$$\delta I_g(h)(1 + 2\eta) \leq 2\delta(h : f_0) < \varepsilon/2 \,,$$

und (3.13) ist bewiesen. –

Zum *Abschluss des Existenzbeweises* betrachten wir den Produktraum $X :=$ $\prod_f \left[\frac{1}{(f_0:f)}, (f:f_0)\right]$, wobei die Produktbildung über alle $f \in C_c^+(G), f \neq 0$ erstreckt wird. Nach dem Satz von Tichonoff (1906–1993) ist X bez. der Produkttopologie *kompakt*, und nach (3.12) ist $I_g \in X$ für alle $g \in C_c^+(X), g \neq 0$. Der oben angedeutete Prozess des „Zusammenziehens" des Trägers von g auf den Punkt e lässt sich nun mithilfe eines Kompaktheitsarguments folgendermaßen streng fassen: Für $V \in \mathfrak{U}$ sei $F(V)$ der Abschluss der Menge $\{I_g : g \in C_c^+(G), g \neq 0, \operatorname{Tr} g \subset V\}$ in X. Sind $V_1, \ldots, V_n \in \mathfrak{U}$, so ist $F(V_1) \cap \ldots \cap F(V_n) = F(V_1 \cap \ldots \cap V_n)$, also hat das System der Mengen $F(V)$ $(V \in \mathfrak{U})$ die endliche Durchschnittseigenschaft. Wegen der Kompaktheit von X ist daher der Durchschnitt der Mengen $F(V)$ $(V \in \mathfrak{U})$ nicht leer; sei $I \in F(V)$ für alle $V \in \mathfrak{U}$. Nach Definition der Produkttopologie gibt es zu allen $f_1, \ldots, f_n \in C_c^+(G) \setminus \{0\}, n \in \mathbb{N}, \varepsilon > 0$ und $V \in \mathfrak{U}$ ein $g \in C_c^+(G), g \neq 0$ mit $\operatorname{Tr} g \subset V$, so dass

$$|I(f_j) - I_g(f_j)| < \varepsilon \quad \text{für alle } j = 1, \ldots, n.$$

Aus dieser Approximationseigenschaft und (3.9)–(3.13) erhellt, dass $I : C_c^+(G) \setminus \{0\} \to\,]0, \infty[$ folgende Eigenschaften hat $(f, f_1, f_2 \in C_c^+(G) \setminus \{0\})$:

$$(3.15) \qquad\qquad I(f \circ L(y)) \;=\; I(f) \quad (y \in G),$$

$$(3.16) \qquad\qquad\quad I(\lambda f) \;=\; \lambda I(f) \quad (\lambda > 0),$$

$$(3.17) \qquad\qquad I(f_1 + f_2) \;=\; I(f_1) + I(f_2),$$

$$(3.18) \qquad\qquad \frac{1}{(f_0 : f)} \;\leq\; I(f) \leq (f : f_0).$$

Daher gestattet I eine kanonische Fortsetzung zu einer linksinvarianten positiven Linearform $I : C_c(G) \to \mathbb{K}$, und nach (3.18) ist $I \neq 0$. (Wegen (3.6) und der Definition von $(f_0 : f_0)$ ist $(f_0 : f_0) = 1$; folglich ist $I(f_0) = 1$ nach (3.18).) Damit ist der Existenzbeweis beendet. –

Eindeutigkeit: Es seien $J : C_c(G) \to \mathbb{K}$ ein linkes Haar-Integral und $f, g \in C_c^+(G), g \neq 0$. Aus (3.2) folgt $J(f) \leq \sum_{k=1}^m c_k J(g)$, also

$$(3.19) \qquad\qquad\qquad J(f) \leq (f : g) J(g).$$

Hier ist notwendig $J(g) \neq 0$, denn sonst wäre nach (3.19) $J(f) = 0$ für alle $f \in C_c^+(G)$, d.h. $J = 0$: Widerspruch!

Es seien weiter $f \in C_c^+(G), \varepsilon > 0$. Dann existiert ein $U \in \mathfrak{U}$, so dass $|f(x) - f(y)| < \varepsilon$ für alle $x, y \in G$ mit $x^{-1}y \in U$, denn f ist links-gleichmäßig stetig (Satz 3.8). Es sei ferner $g \in C_c^+(G), g \neq 0$ mit $\operatorname{Tr} g \subset U$, so dass g *symmetrisch* ist in dem Sinne, dass $g(x) = g(x^{-1})$ $(x \in G)$. Für festes $x \in G$ betrachten wir die Funktion $G \to \mathbb{R}, y \mapsto f(y)g(y^{-1}x)$. Wir bezeichnen diese Funktion im Folgenden kurz mit $f(y)g(y^{-1}x)$, wobei y die „freie" Variable und x ein „festes" Element von G bedeuten. Für $y^{-1}x \notin U$ ist $g(y^{-1}x) = 0$, und für $y^{-1}x \in U$ ist $f(y) \geq f(x) - \varepsilon$. Daher ist wegen der Symmetrie von g

$$J(f(y)g(y^{-1}x)) \;\geq\; (f(x) - \varepsilon)J(g(y^{-1}x))$$
$$= \; (f(x) - \varepsilon)J(g(x^{-1}y)) = (f(x) - \varepsilon)J(g),$$

denn J ist linksinvariant, also

$$(3.20) \qquad f(x) - \varepsilon \le J(f(y)g(y^{-1}x))/J(g) \quad (x \in G)\,.$$

Die Funktion g ist rechts-gleichmäßig stetig. Zu vorgegebenem $\eta > 0$ gibt es daher ein offenes $W \in \mathfrak{U}$ mit $|g(y) - g(z)| < \eta$ für alle $y, z \in G$ mit $yz^{-1} \in W$. Zur Menge $K := \mathrm{Tr}\,(f + f_0)$ existieren endlich viele $y_1, \ldots, y_n \in G$ und $\varphi_1, \ldots, \varphi_n \in C_c^+(G)$ mit $\sum_{k=1}^n \varphi_k \,|\, K = 1$ und $\mathrm{Tr}\,\varphi_k \subset y_k W \quad (k = 1, \ldots, n)$ (Partition der Eins).[16] Auf der rechten Seite von (3.20) ist nun

$$(3.21) \qquad J(f(y)g(y^{-1}x)) = \sum_{k=1}^n J(f(y)\varphi_k(y)g(y^{-1}x))\,,$$

und hier ist $\varphi_k(y) = 0$, falls $y \notin y_k W$, und für $y \in y_k W$ ist $y_k^{-1}x \in Wy^{-1}x$, also $g(y^{-1}x) \le g(y_k^{-1}x) + \eta$. Setzen wir nun $\gamma_k := J(f\varphi_k)/J(g)$, so ist $\sum_{k=1}^n \gamma_k = J(f)/J(g)$, und (3.20), (3.21) liefern:

$$f(x) \le \varepsilon + \sum_{k=1}^n \gamma_k(g(y_k^{-1}x) + \eta) = \varepsilon + \eta J(f)/J(g) + \sum_{k=1}^n \gamma_k g(y_k^{-1}x)\,.$$

Wir wählen oben $\eta > 0$ gleich so klein, dass $\eta J(f)/J(g) < \varepsilon$, und zusätzlich wählen wir ein $h \in C_c^+(G)$ mit $h \,|\, K = 1$. Dann folgt

$$f(x) \le 2\varepsilon h(x) + \sum_{k=1}^n \gamma_k g(y_k^{-1}x) \quad (x \in G)$$

und mithin

$$(3.22) \qquad (f : g) \le 2\varepsilon(h : g) + \sum_{k=1}^n \gamma_k = 2\varepsilon(h : g) + J(f)/J(g)\,.$$

Hier dividieren wir durch $(f_0 : g)$ und erhalten nach (3.8) und (3.19)

$$(3.23) \qquad I_g(f) = \frac{(f : g)}{(f_0 : g)} \le 2\varepsilon \frac{(h : g)}{(f_0 : g)} + \frac{J(f)}{(f_0 : g)J(g)} \le 2\varepsilon(h : f_0) + \frac{J(f)}{J(f_0)}\,.$$

Wählen wir nun gleich zu Beginn des Eindeutigkeitsnachweises die Umgebung U so klein, dass auch $|f_0(x) - f_0(y)| < \varepsilon$ für alle $x, y \in G$ mit $x^{-1}y \in U$, so gilt (3.22) auch mit f_0 anstelle von f, und es folgt mit (3.19)

$$(3.24) \qquad I_g(f) = \frac{(f : g)}{(f_0 : g)} \ge \frac{J(f)}{2\varepsilon(h : g)J(g) + J(f_0)}\,.$$

Hier ist der Term $(h : g)J(g)$ im Nenner von (3.24) nach oben abzuschätzen. Dazu wählen wir ein $h^* \in C_c^+(G)$ mit $h^* \,|\, K = 1$, setzen $\varepsilon^* := (4(h^* : h))^{-1}$ und

---

[16]*Begründung:* Wir wählen ein relativ kompaktes offenes $V \in \mathfrak{U}$ mit $\overline{V} \subset W$. Dann gibt es endlich viele $y_1, \ldots, y_n \in G$ mit $K \subset \sum_{k=1}^n y_k V$ und dazu $\psi_1, \ldots, \psi_n \in C_c^+(G)$ mit $\psi_k \,|\, y_k \overline{V} = 1$, $\mathrm{Tr}\,\psi_k \subset y_k W$. Wir setzen $\psi := \sum_{k=1}^n \psi_k$ und wählen zusätzlich ein $\chi \in C_c^+(G), 0 \le \chi \le 1$ mit $\chi \,|\, K = 1$. Setzen wir nun $\varphi_k(x) := \min(\chi(x), \psi(x))\psi_k(x)/\psi(x)$, falls $\psi(x) > 0$, und $\varphi_k(x) := 0$, falls $\psi(x) = 0$, so sind $\varphi_1, \ldots, \varphi_n$ stetig (!) und leisten das Verlangte.

wählen U von Anfang an so klein, dass zusätzlich $|h(x) - h(y)| < \varepsilon^*$ für alle $x, y \in G$ mit $x^{-1}y \in U$. Dann gilt (3.22) auch für h, h^*, ε^* anstelle von f, h, ε, und zwar für alle symmetrischen $g \in C_c^+(G), g \neq 0$ mit $\mathrm{Tr}\, g \subset U$; d.h.

$$
\begin{aligned}
(h : g) &\leq 2\varepsilon^*(h^* : g) + J(h)/J(g) \\
&\leq \tfrac{1}{2}\frac{(h^* : g)}{(h^* : h)} + J(h)/J(g) \leq \tfrac{1}{2}(h : g) + J(h)/J(g) \,;
\end{aligned}
$$

beim letzten Schritt wird (3.7) benutzt. Insgesamt ist $(h : g)J(g) \leq 2J(h)$, und (3.24) liefert

$$
(3.25) \qquad\qquad I_g(f) \geq \frac{J(f)}{4\varepsilon J(h) + J(f_0)} \,.
$$

Nach (3.23), (3.25) gibt es zu jedem $\delta > 0$ eine Umgebung $V \in \mathfrak{U}$, so dass $|I_g(f) - J(f)/J(f_0)| < \delta$ für alle symmetrischen $g \in C_c^+(G), g \neq 0$ mit $\mathrm{Tr}\, g \subset V$. Daher ist $J(f)/J(f_0)$ eindeutig bestimmt. $\qquad\qquad\square$

Der obige kunstvolle, aber technisch diffizile Beweis der Eindeutigkeit eines linken Haarschen Maßes (nach A. WEIL [2]) zeichnet sich dadurch aus, dass nur sehr elementare Hilfsmittel verwendet werden und dass am Ende die *Konvergenz der Quotienten $I_g(f)$ gegen ein linkes Haar-Integral quantitativ nachgewiesen wird.* Wesentlich kürzere Eindeutigkeitsbeweise (mithilfe des Satzes von FUBINI) findet man z.B. bei BOURBAKI [4], FLORET [1], 13.5.3, LOOMIS [1] und RUDIN [2].

Wendet man Satz 3.11 auf die zu G entgegengesetzte Gruppe G_{opp} an, so folgt: *Es gibt eine nicht-triviale rechtsinvariante positive Linearform J : $C_c(G) \to \mathbb{K}$ und J ist bis auf einen positiven Faktor eindeutig bestimmt; J heißt ein rechtes Haar-Integral auf $C_c(G)$.* – Im Anschluss an (3.19) haben wir gesehen: *Ist $I : C_c(G) \to \mathbb{K}$ ein linkes (oder rechtes) Haar-Integral, so ist $I(f) > 0$ für alle $f \in C_c^+(G), f \neq 0$.*

3.12 Satz (A. HAAR (1932), J. v. NEUMANN (1936), A. WEIL (1936)). *Ist G eine lokal-kompakte Hausdorffsche topologische Gruppe, so gibt es ein linksinvariantes Radon-Maß $\mu : \mathfrak{B}(G) \to [0, \infty], \mu \neq 0$, und μ ist bis auf einen positiven Faktor eindeutig bestimmt; μ heißt ein linkes Haar-Maß auf G.*

Beweis. Die Behauptung folgt sofort aus Satz 3.11 und Lemma 3.9. $\qquad\square$

Durch Anwendung von Satz 3.12 auf die Gruppe G_{opp} folgen wieder *Existenz und Eindeutigkeit (bis auf einen positiven Faktor) eines nicht-trivialen rechtsinvarianten Radon-Maßes $\nu : \mathfrak{B}(G) \to [0, \infty]$; ν heißt ein rechtes Haar-Maß auf G.* – Ist μ ein linkes Haar-Maß auf G, so hat μ folgende Eigenschaften:

(i) $\mu(aB) = \mu(B) \quad (a \in G, B \in \mathfrak{B}(G))$;

(ii) $\mu(K) < \infty$ für alle kompakten $K \subset G$;

(iii) $\mu(B) = \sup\{\mu(K) : K \subset B, K \text{ kompakt}\}\ (B \in \mathfrak{B}(G))$;

(iv) $\mu(U) > 0$ für jede offene Menge $U \subset G, U \neq \emptyset$;

(v) $0 < \mu(U) < \infty$ für jede relativ kompakte offene Menge $U \subset G, U \neq \emptyset$.

Begründung: (i)–(iii) sind klar, da μ ein linksinvariantes Radon-Maß ist. Zum Beweis von (iv) nehmen wir an, es sei $U \neq \emptyset$ offen, $\mu(U) = 0$. Ist $K \subset G$ kompakt, so existieren endlich viele $x_1, \ldots, x_n \in G$ mit $K \subset \bigcup_{j=1}^n x_j U$, folglich ist $\mu(K) = 0$. Da μ von innen regulär ist, folgt $\mu = 0$: Widerspruch, denn als linkes Haar-Maß ist $\mu \neq 0$. – (v) folgt aus (ii) und (iv). □

Für ein rechtes Haar-Maß ν ist (i) zu ersetzen durch
(i′) $\nu(Ba) = \nu(B)$ $(a \in G, B \in \mathfrak{B}(G))$;
die übrigen Bedingungen (ii)–(v) gelten entsprechend mit ν statt μ.

Ist $f : G \to \mathbb{K}$ eine Funktion, so setzen wir $f^\star : G \to \mathbb{K}, f^\star(x) := f(x^{-1})$ $(x \in G)$. Dann ist $(f \circ L(a))^\star = f^\star \circ R(a^{-1}), (f \circ R(a))^\star = f^\star \circ L(a^{-1})$ $(a \in G)$.

3.13 Satz. *Es sei G eine lokal-kompakte Hausdorffsche topologische Gruppe.*
a) *Ist $I : C_c(G) \to \mathbb{K}$ ein linkes (bzw. rechtes) Haar-Integral, so ist $I^\star : C_c(G) \to \mathbb{K}, I^\star(f) := I(f^\star)$ $(f \in C_c(G))$ ein rechtes (bzw. linkes) Haar-Integral.*
b) *Ist $\mu : \mathfrak{B}(G) \to [0, \infty]$ ein linkes (bzw. rechtes) Haar-Maß, so ist $\mu^\star : \mathfrak{B}(G) \to [0, \infty], \mu^\star(B) := \mu(B^{-1})$ $(B \in \mathfrak{B}(G))$ ein rechtes (bzw. linkes) Haar-Maß.*
c) *Gehört μ zu I im Sinne von Lemma 3.9, so gehört $\mu^\star$ zu $I^\star$.*

Den einfachen *Beweis* überlassen wir dem Leser (vgl. Aufgabe 3.14). Dabei ist zu beachten: Die Abbildung $f \mapsto f^\star$ ist ein Isomorphismus von $C_c(G)$ auf sich, und die Abbildung $B \mapsto B^{-1}$ ist eine Bijektion von $\mathfrak{B}(G)$ auf sich. –

3.14 Beispiele. a) Die Menge aller Matrizen $A = \begin{pmatrix} x & y \\ 0 & 1 \end{pmatrix}$ $(x, y \in \mathbb{R}, x \neq 0)$ bildet eine abgeschlossene Untergruppe H von $\mathrm{GL}\,(2, \mathbb{R})$. Beschreiben wir die Elemente $A \in H$ durch die entsprechenden Zahlenpaare $(x, y) \in \mathbb{R}^\times \times \mathbb{R}$ $(\mathbb{R}^\times := \mathbb{R} \setminus \{0\})$, so erhalten wir die lokal-kompakte Hausdorffsche topologische Gruppe $G = \mathbb{R}^\times \times \mathbb{R}$ mit der Multiplikation $(x, y)(u, v) = (xu, xv + y)$, dem Einselement $(1, 0)$ und der Inversenbildung $(x, y)^{-1} = (x^{-1}, -x^{-1}y)$. (Algebraisch ist G das sog. *semidirekte Produkt* der multiplikativen Gruppe $\mathbb{R}^\times$, deren Elemente via Multiplikation als Automorphismen auf der additiven Gruppe $(\mathbb{R}, +)$ operieren, mit der additiven Gruppe $\mathbb{R}$. Man kann G auch auffassen als die Gruppe der bijektiven affinen Abbildungen $(a, b) : \mathbb{R} \to \mathbb{R}, t \mapsto at + b$ $(a, b \in \mathbb{R}, a \neq 0)$.) Offenbar ist

$$I(f) := \int_G \frac{f(x, y)}{x^2} d\beta^2(x, y) \quad (f \in C_c(G))$$

ein linkes Haar-Integral auf $C_c(G)$, denn für $(a, b) \in G$ ist $|\det DL(a, b)| = a^2$, und die Transformationsformel ergibt die Linksinvarianz. Nach Satz 3.13 definiert $I^\star(f) := I(f^\star)$ $(f \in C_c(G))$ ein rechtes Haar-Integral auf $C_c(G)$. Da die Transformation $t(x, y) := (x^{-1}, -x^{-1}y)$ die Funktionaldeterminante $(\det Dt)(x, y) = x^{-3}$ hat, ergibt die Transformationsformel

$$I^\star(f) = \int_G \frac{f(x^{-1}, -x^{-1}y)}{x^2} d\beta^2(x, y) = \int_G \frac{f(x, y)}{|x|} d\beta^2(x, y) \,.$$

(Die Rechtsinvarianz von $I^\star$ lässt sich auch an der letzten Integraldarstellung leicht mithilfe der Transformationsformel nachprüfen.) $I^\star$ ist offenbar *kein* positives Vielfaches von I, d.h. *I ist nicht rechtsinvariant.* G ist wohl das einfachste Beispiel einer lokal-kompakten Hausdorffschen topologischen Gruppe, für welche die linken und die rechten Haar-Integrale wesentlich verschieden sind. Auffälligerweise besitzt die Gruppe $\mathrm{GL}\,(2, \mathbb{R})$ ein invariantes Haar-Integral (Beispiel 3.10, e)), die abgeschlossene Untergruppe $H \subset \mathrm{GL}\,(2, \mathbb{R})$ aber nicht.

b) Es sei $\mathbb{H}^\times$ die (nicht abelsche) multiplikative Gruppe der von null verschiedenen Quaternionen $x = \alpha + \beta i + \gamma j + \delta k$ $(\alpha, \beta, \gamma, \delta \in \mathbb{R}, i^2 = j^2 = k^2 = -1, ij = -ji = k, jk = -kj = i, ki = -ik = j)$, versehen mit der von $\mathbb{R}^4$ induzierten Topologie. Für $x \in \mathbb{H}$ sei $N(x) := \alpha^2 + \beta^2 + \gamma^2 + \delta^2$ die *Norm* von x. Bekanntlich ist $N(xy) = N(x)N(y)$ $(x, y \in \mathbb{H})$. Für $a \in \mathbb{H}^\times$ ist $|\det DL(a)| = (N(a))^2$. Daher ist

$$I(f) := \int_{\mathbb{H}^\times} \frac{f(x)}{(N(x))^2} d\beta^4(x) \quad (f \in C_c(\mathbb{H}^\times))$$

ein linkes Haar-Integral auf $C_c(\mathbb{H}^\times)$, und I ist wegen $|\det DR(a)| = (N(a))^2$ $(a \in \mathbb{H}^\times)$ auch rechtsinvariant.

Historische Anmerkungen. Die Invarianzeigenschaften der Haarschen Maße auf $\mathbb{R}^p, \mathbb{R}^\times, S^1$ und auf endlichen Gruppen sind seit Langem wohlbekannt, aber erst mit der allgemeinen Akzeptanz des Gruppenbegriffs wird der strukturelle Begriff der Linksinvarianz klar. Das kommt erstmals 1897 in einer fundamentalen Arbeit von A. HURWITZ (1859–1919) zum Ausdruck, in der HURWITZ Haarsche Integrale für die orthogonale Gruppe $\mathrm{SO}(n)$ und die unitäre Gruppe $\mathrm{SU}(n)$ bestimmt und für die Erzeugung von Invarianten durch Integration nutzbar macht. Zusätzlich betont HURWITZ *„die allgemeine Anwendbarkeit des Prinzipes, die Invarianten einer kontinuierlichen Gruppe durch Integration zu erzeugen"*, d.h. er weist auf die Existenz eines Haarschen Maßes für jede Lie-Gruppe hin. Erst von 1924 an wird der Wert dieser Untersuchungen in den Arbeiten von I. SCHUR (1875–1941) und H. WEYL über die Darstellungstheorie kompakter Lie-Gruppen deutlich (Orthogonalitäts- und Vollständigkeitssatz für die Charaktere irreduzibler Darstellungen, explizite Bestimmung der Charaktere). Diese Untersuchungen gipfeln in dem berühmten *Satz von* F. PETER (1899–1949) *und* H. WEYL; dieser ist ein vollkommenes Analogon des aus der Darstellungstheorie der endlichen Gruppen bekannten Satzes von der Zerlegung der regulären Darstellung in ihre irreduziblen Komponenten (s. H. WEYL, *Gesammelte Abhandlungen*, Bd. II, III).

Mit der Begründung der allgemeinen Theorie der topologischen Gruppen durch O. SCHREIER (1901–1929) und F. LEJA[17] wird die allgemeine Frage nach der Existenz linksinvarianter Maße auf topologischen Gruppen aufgeworfen. Dabei muss man sich vergegenwärtigen, dass sich in den zwanziger Jahren des 20. Jahrhunderts die angemessenen allgemeinen Begriffe in Topologie und Maßtheorie noch *in statu nascendi* befinden. In dieser Situation ist der Beweis

---

[17]O. SCHREIER: *Abstrakte kontinuierliche Gruppen*, Abh. Math. Sem. Univ. Hamburg 4, 15–32 (1925); F. LEJA: *Sur la notion du groupe abstrait topologique*, Fund. Math. 9, 37–44 (1927).

der Existenz eines linksinvarianten Maßes auf jeder lokal-kompakten Hausdorffschen Gruppe mit abzählbarer Basis[18] durch A. HAAR ein aufsehenerregendes
Ereignis für die Fachwelt (s. z.B. A. WEIL [1], S. 534). HAAR veröffentlicht
seinen Satz zuerst 1932 aus Anlass seiner Wahl zum korr. Mitglied der Ungarischen Akademie der Wissenschaften auf Ungarisch (HAAR [1], S. 579–599) und
im folgenden Jahr auf Deutsch in den Ann. of Math. (2) 34, 147–169 (1933)
(HAAR [1], S. 600–622). Die Beweismethode von HAAR haben wir oben bereits
angedeutet; hierzu schreiben SEGAL und KUNZE [1], S. 188: "... either a great
deal of optimism, or genius, is required to expect that a countably additive
measure could really be obtained in this way. Haar supplied the genius, and the
remarkable affinity between the theory of groups and integration shown by this
result is indeed one of the authentic natural wonders of mathematics." HAAR
selbst eröffnet den Reigen eindrucksvoller Anwendungen seines Satzes mit einer
Ausdehnung der Theorie von PETER-WEYL auf beliebige kompakte topologische Gruppen mit abzählbarer Basis. Eine weitere spektakuläre Anwendung ist
die positive Lösung des berühmten fünften Hilbertschen Problems für kompakte Gruppen durch J. VON NEUMANN 1933 ([3], S. 366–386). Dabei geht es um
Folgendes: In seinem berühmten Vortrag *Mathematische Probleme* formuliert
D. HILBERT auf dem Internationalen Mathematiker-Kongress zu Paris 1900 als
fünftes Problem die Frage, *„inwieweit der Liesche Begriff der kontinuierlichen
Transformationsgruppe auch ohne Annahme der Differenzierbarkeit der Funktionen unserer Untersuchung zugänglich ist"*. Auf topologische Gruppen speziali-
lisiert ist dies die Frage, ob bei einer lokal euklidischen topologischen Gruppe
aus der Stetigkeit der Gruppenoperationen bereits folgt, dass die Gruppenoperationen lokal in geeigneten Koordinatensystemen durch reell-analytische Funktionen beschrieben werden können, d.h., dass die Gruppe eine Lie-Gruppe ist.
Die vollständige Lösung dieses Problems erstreckt sich über einen längeren Zeit-
raum: Nach V. NEUMANNs Behandlung der kompakten Gruppen gelingt L.S.
PONTRJAGIN 1934 die Lösung für abelsche lokal-kompakte Gruppen, und erst
1952 erhalten A. GLEASON (1921–2008), D. MONTGOMERY (1909–1992) und
L. ZIPPIN (1905–1995) die endgültige Lösung des Problems für beliebige lokal-
kompakte Gruppen (s. MONTGOMERY-ZIPPIN [1]).

Schon 1933 führt S. BANACH das Haarsche Maß in die Lehrbuchliteratur ein,
und zwar in einem Anhang im Buch von S. SAKS ([1], S. 264–272; [2], S. 314–
319, erneut abgedruckt in BANACH [1], S. 239–245). Dabei kombiniert BANACH
den Beweisansatz von HAAR mit der Theorie der sog. *Banach-Limiten*, aber er
beschränkt sich nicht auf den Fall lokal-kompakter topologischer Gruppen mit
abzählbarer Basis, sondern er geht gleich axiomatisch vor und zeigt die Existenz
eines invarianten Maßes auf lokal-kompakten metrisierbaren separablen topologischen Räumen, für deren Teilmengen ein geeigneter Begriff von *Kongruenz*
erklärt ist.

---

[18]Die Metrisierbarkeit Hausdorffscher topologischer Gruppen mit abzählbarer Umgebungsbasis von e wurde 1936 fast gleichzeitig und unabhängig gezeigt von GARRETT BIRKHOFF
(1911–1996), S. KAKUTANI (1911–2004) und L.S. PONTRJAGIN (1908–1988) (s. A. WEIL
[1], S. 537).

Für eine wirksame Nutzung des Haarschen Maßes ist nicht nur seine Existenz, sondern ganz wesentlich auch seine *Eindeutigkeit* maßgeblich. Diese wird für kompakte Gruppen 1934 bewiesen von J. VON NEUMANN ([3], S. 445–453); der Beweis für beliebige lokal-kompakte Gruppen (mit abzählbarer Basis) erfordert ganz andere Methoden und gelingt V. NEUMANN erst 1936 ([5], S. 91–104). Gleichzeitig beweist A. WEIL die Existenz und Eindeutigkeit des Haarschen Maßes für beliebige lokal-kompakte Hausdorffsche topologische Gruppen ohne irgendwelche Abzählbarkeitsvoraussetzungen (s. WEIL [1], S. 132, S. 141 f. und [2]). WEIL gewinnt auch eine Bedingung für die Existenz eines relativ invarianten Maßes auf einem homogenen Raum, und er zeigt, dass die Existenz eines „vernünftigen" linksinvarianten Maßes in gewissem Sinne für die lokal-kompakten Gruppen charakteristisch ist ([2], S. 140 ff.). Dieses Ergebnis wird auf bemerkenswerte Weise abgerundet durch J.C. OXTOBY [2], der zeigt: Ist G eine überabzählbare vollständig metrisierbare topologische Gruppe, so existiert ein linksinvariantes Maß $\mu : \mathfrak{B}(G) \to [0, \infty]$, das nicht nur die Werte 0 und ∞ annimmt, und μ ist genau dann lokal-endlich, wenn G lokal-kompakt ist. Auch S. KAKUTANI [2], [3] macht darauf aufmerksam, dass die Konstruktion von HAAR auf alle lokal-kompakten Hausdorffschen Gruppen ausgedehnt werden kann, und er beweist die Eindeutigkeit des Haarschen Maßes. Der konstruktive Existenz- und Eindeutigkeitsbeweis für das Haarsche Maß von H. CARTAN (1904–2008) [1] ist dadurch ausgezeichnet, dass er keinen Gebrauch vom Auswahlaxiom der Mengenlehre macht; s. auch ALFSEN [1]. Für eine ausführliche Darstellung der Theorie des Haar-Maßes und seiner Anwendungen auf die harmonische Analyse auf Gruppen verweisen wir auf BOURBAKI [4], DIESTELSPALSBURY [1], HEWITT-ROSS [1], LOOMIS [1], NACHBIN [1], REITER [1], RUDIN [2], SCHEMPP-DRESELER [1] und WEIL [2].

4. Anwendungen des Haar-Maßes. Im ganzen Abschnitt **4.** seien G eine lokal-kompakte Hausdorffsche topologische Gruppe, I ein linksinvariantes Haar-Integral auf $C_c(G)$ und μ das zugehörige Haar-Maß auf $\mathfrak{B}(G)$.

3.15 Satz. a) *G ist diskret genau dann, wenn $\mu(\{e\}) > 0$.*
b) *G ist kompakt genau dann, wenn $\mu(G) < \infty$.*

Beweis. a) Ist G diskret, so ist μ ein positives Vielfaches des Zählmaßes, also $\mu(\{e\}) > 0$. – Ist umgekehrt $\mu(\{e\}) = \alpha > 0$, so ist $\mu(\{a\}) = \alpha$ für alle $a \in G$ wegen der Linksinvarianz von μ. Daher ist jede kompakte Teilmenge $K \subset G$ endlich, denn $\mu(K) < \infty$. Da G Hausdorffsch und lokal-kompakt ist, ist also G diskret.
b) Für kompaktes G ist natürlich $\mu(G) < \infty$. – Umgekehrt: Seien $\mu(G) < \infty$ und V eine kompakte Umgebung von e. Sind $x_1, \ldots, x_n \in G$, so dass $x_j V \cap x_k V = \emptyset$ für $j \neq k$, so ist $n\mu(V) = \mu(x_1 V \cup \ldots \cup x_n V) \leq \mu(G)$, also $n \leq \mu(G)/\mu(V)$. Wir können daher ein maximales $n \in \mathbb{N}$ wählen, zu dem $x_1, \ldots, x_n \in G$ existieren, so dass $x_j V \cap x_k V = \emptyset$ $(j \neq k)$. Ist dann $x \in G$, so existiert ein $k \in \{1, \ldots, n\}$ mit $xV \cap x_k V \neq \emptyset$. Daher liegt x in einer der kompakten Mengen $x_1 V V^{-1}, \ldots, x_n V V^{-1}$, folglich ist G kompakt. $\qquad \square$

Für kompaktes G kann man also das Haar-Maß von G *normieren* zu $\mu(G) = 1$, und dann ist μ eindeutig bestimmt. –

Für $a \in G$ ist $I_a : C_c(G) \to \mathbb{K}, I_a(f) := I(f \circ R(a))$ $(f \in C_c(G))$ eine nicht-triviale linksinvariante positive Linearform, denn für alle $x \in G$ ist $I_a(f \circ L(x)) = I((f \circ L(x)) \circ R(a)) = I((f \circ R(a)) \circ L(x)) = I(f \circ R(a)) = I_a(f)$. Da I bis auf einen positiven Faktor eindeutig bestimmt ist, gibt es ein $\Delta(a) > 0$, so dass

(3.26) $$I(f \circ R(a)) = \Delta(a)I(f) \quad (f \in C_c(G), a \in G).$$

Die Funktion $\Delta : G \to]0, \infty[, a \mapsto \Delta(a)$ heißt die *modulare Funktion* von G. Da I bis auf einen positiven Faktor eindeutig bestimmt ist, hängt Δ nur von G ab, nicht aber von der speziellen Auswahl von I. Ist $\Delta = 1$, so heißt G *unimodular*. Offenbar ist $\Delta = 1$ genau dann, wenn I invariant ist. Insbesondere ist jede abelsche (lokal-kompakte Hausdorffsche topologische) und jede diskrete Gruppe unimodular.

Bezeichnet μ_a das Haar-Maß zu I_a, so gilt nach (2.17) für jedes Kompaktum $K \subset G$:

$$\begin{aligned} \mu_a(K) &= \inf\{I_a(f) : f \in C_c(G), f \geq \chi_K\} = \Delta(a)\mu(K) \\ &= \inf\{I(f \circ R(a)) : f \in C_c(G), f \geq \chi_K\} \\ &= \inf\{I(g) : g \in C_c(G), g \geq \chi_{Ka^{-1}}\} \\ &= \mu(Ka^{-1}) = (R(a)(\mu))(K), \end{aligned}$$

und daher folgt nach (2.18) und Aufgabe 1.10:

(3.27) $$(R(a)(\mu))(B) = \mu(Ba^{-1}) = \Delta(a)\mu(B) \quad (a \in G, B \in \mathfrak{B}(G)).$$

3.16 Satz. *Jede kompakte Hausdorffsche topologische Gruppe ist unimodular.*

Beweis: klar nach (3.26) mit $f = 1$ (oder (3.27) mit $B = G$). $\qquad \square$

3.17 Satz. *Die modulare Funktion* $\Delta : G \to]0, \infty[$ *ist ein stetiger Homomorphismus von G in die multiplikative Gruppe* $]0, \infty[$.

Beweis. Wir wählen ein $f \in C_c^+(G)$ mit $I(f) = 1$. Dann liefert (3.26) für alle $x, y \in G$:

$$\Delta(xy) = I(f \circ R(xy)) = I((f \circ R(x)) \circ R(y)) = \Delta(y)I(f \circ R(x)) = \Delta(x)\Delta(y).$$

Es seien weiter K eine kompakte Umgebung von $\operatorname{Tr} f$ und $\varepsilon > 0$. Dann gibt es eine kompakte Umgebung V von e, so dass $|f(x) - f(xv)| < \varepsilon$ für alle $x \in G, v \in V$ und $(\operatorname{Tr} f) \cdot V \subset K$ (Lemma 3.6). Daher ist für alle $v \in V$

$$|1 - \Delta(v)| = \left| \int_G (f(x) - f(xv))d\mu(x) \right| \leq \varepsilon \mu(K),$$

denn der Integrand verschwindet auf K^c. Die Funktion Δ ist also an der Stelle e stetig, und wegen der Homomorphie und Positivität überall. $\qquad \square$

Der Kern

$$N := \{x \in G : \Delta(x) = 1\}$$

des Homomorphismus Δ ist ein abgeschlossener Normalteiler von G. Nach den Bemerkungen zu Anfang des folgenden Abschnitts **5.** ist daher die Faktorgruppe G/N eine lokal-kompakte Hausdorffsche topologische Gruppe. Da Δ auf den Nebenklassen xN ($x \in G$) konstant ist, ist die Abbildung $\varphi : G/N \to (]0, \infty[, \cdot)$,

$$\varphi(xN) := \Delta(x) \quad (x \in G)$$

sinnvoll definiert, und φ ist ein Homomorphismus. Ferner ist φ stetig, denn die Komposition mit der Quotientenabbildung $q : G \to G/N$ liefert die stetige Funktion $\varphi \circ q = \Delta$. Offenbar ist φ injektiv, denn der Kern von φ enthält nur das neutrale Element N von G/N. Ergebnis: $\varphi : G/N \to \Delta(G) \subset \mathbb{R}$ *ist ein Isomorphismus von G/N auf die multiplikatative Untergruppe $\Delta(G) \subset]0, \infty[$ von $\mathbb{R}$. Insbesondere ist G/N abelsch.* (Die zuletzt genannte Eigenschaft von G/N ist auch unmittelbar klar, denn für alle $x, y \in G$ ist $x^{-1}y^{-1}xy \in N$.)

3.18 Satz. *Für das rechtsinvariante Haar-Integral $I^\star$ aus Satz 3.13 gilt*

(3.28) $$I^\star(f) = I(\Delta f) \quad (f \in C_c(G)),$$

und für das entsprechende rechtsinvariante Haar-Maß $\mu^\star$:

(3.29) $$\mu^\star(A) = \Delta \odot \mu(A) \quad (A \in \mathfrak{B}(G)).$$

Beweis. Die nicht-triviale positive Linearform $f \mapsto I(\Delta f)$ ($f \in C_c(G)$) ist rechtsinvariant, denn $I(\Delta \cdot (f \circ R(a))) = \Delta(a)^{-1}I((\Delta f) \circ R(a)) = I(\Delta f)$ nach (3.26). Daher gibt es ein $\alpha > 0$, so dass $I^\star(f) = \alpha I(\Delta f)$ ($f \in C_c(G)$). Es folgt weiter: $I(\Delta f) = I^\star((\Delta f)^\star) = I^\star(\Delta^{-1}f^\star) = \alpha I(f^\star) = \alpha I^\star(f)$, also $\alpha^2 = 1$, d.h. $\alpha = 1$, denn $\alpha > 0$. –

Wir zeigen (3.29) zunächst für kompaktes $K \subset G$: Es seien L eine kompakte Umgebung von $K, \varepsilon > 0$ und $M := \max \Delta \,|\, L$. Dann gibt es ein $f \in C_c(G)$, so dass $0 \leq f \leq 1, f \,|\, K = 1, \mathrm{Tr}\, f \subset L$ und $0 \leq I(f) - \mu(K) < \varepsilon/M$. Daher ist

$$0 \leq I(\Delta f) - \Delta \odot \mu(K) = \int_G \Delta f \, d\mu - \Delta \odot \mu(K)$$
$$= \int_{L \setminus K} \Delta f \, d\mu \leq M(I(f) - \mu(K)) < \varepsilon,$$

und wegen (3.28) und (2.17) folgt: $\mu^\star(K) = \Delta \odot \mu(K)$.

Es sei weiter $A \in \mathfrak{B}(G)$. Für kompaktes $K \subset A$ ist $\mu^\star(K) = \Delta \odot \mu(K) \leq \Delta \odot \mu(A)$, und die innere Regularität von $\mu^\star$ ergibt: $\mu^\star(A) \leq \Delta \odot \mu(A)$. Zum Beweis der umgekehrten Ungleichung sei $0 < \alpha < \Delta \odot \mu(A)$. Dann gibt es eine Treppenfunktion $u, 0 \leq u = \sum_{j=1}^n c_j \chi_{A_j} \leq \Delta \chi_A$ mit disjunkten $A_1, \ldots, A_n \in \mathfrak{B}(G)$ und $c_1, \ldots, c_n > 0$, so dass $\int_G u \, d\mu > \alpha$. Wegen der inneren Regularität von μ kann gleich angenommen werden, dass $A_1, \ldots, A_n$ kompakt sind, und mit $K := \bigcup_{j=1}^n A_j$ gilt dann: $\mu^\star(K) = \Delta \odot \mu(K) \geq \int_G u \, d\mu > \alpha$. Daher ist $\mu^\star(A) \geq \Delta \odot \mu(A)$.   □

Gl. (3.27) liefert in Verbindung mit der allgemeinen Transformationsformel

V.3.1

$$(3.30) \qquad \int_G f(xa)\,d\mu(x) = \Delta(a)\int_G f(x)\,d\mu(x) \quad (a \in G),$$

während (3.29) impliziert

$$(3.31) \qquad \int_G f(x^{-1})\Delta(x)\,d\mu(x) = \int_G f(x)\,d\mu(x).$$

Diese Gleichungen gelten für alle messbaren $f \geq 0$ und für alle $f \in \mathcal{L}^1(\mu)$. Die Linksinvarianz von μ bedeutet dagegen:

$$(3.32) \qquad \int_G f(ax)\,d\mu(x) = \int_G f(x)\,d\mu(x) \quad (a \in G).$$

Ist insbesondere G *unimodular*, so folgt für die genannten f und alle $a \in G$:

$$(3.33) \qquad \int_G f(ax)\,d\mu(x) = \int_G f(xa)\,d\mu(x) = \int_G f(x^{-1})\,d\mu(x) = \int_G f\,d\mu.$$

5. Invariante und relativ invariante Maße auf Restklassenräumen.
Für den ganzen Abschnitt **5.** vereinbaren wir folgende **Voraussetzungen und Bezeichnungen**: Es seien G eine lokal-kompakte Hausdorffsche topologische Gruppe mit neutralem Element e, $L_G(s), R_G(s)$ die Links- bzw. Rechtstranslation um $s \in G$, I_G ein linkes Haar-Integral auf $C_c(G)$, μ_G das zugehörige linke Haar-Maß und Δ_G die modulare Funktion von G. Ferner sei H eine abgeschlossene Untergruppe von G. Dann ist auch H eine lokal-kompakte Hausdorffsche topologische Gruppe, und die Daten $L_H(t), R_H(t)$ $(t \in H)$, I_H, μ_H, Δ_H sind sinnvoll.

Wir versehen die Menge G/H aller *Linksrestklassen* sH $(s \in G)$ mit der *Quotiententopologie*; das ist die feinste Topologie auf G/H, welche die Quotientenabbildung $q : G \to G/H, q(s) := sH$ $(s \in G)$ stetig macht. Eine Menge $M \subset G/H$ ist genau dann offen, wenn $q^{-1}(M)$ offen ist in G. Dann ist eine Abbildung $f : G/H \to Y$ in irgendeinen topologischen Raum Y genau dann stetig, wenn $f \circ q : G \to Y$ stetig ist. Die Quotientenabbildung q ist auch *offen*, denn für offenes $U \subset G$ ist $q^{-1}(q(U)) = UH$ offen in G (Lemma 3.4, c)), d.h. $q(U)$ ist offen in G/H. Wir zeigen: G/H ist *Hausdorffsch. Begründung:* Für jedes $a \in G$ ist aH abgeschlossen in G, also $(aH)^c$ offen in G, also $\{aH\}^c$ offen in G/H, folglich $\{aH\}$ abgeschlossen in G/H. Sind nun $a, b \in G, aH \neq bH$, so existiert eine offene symmetrische Umgebung V von e mit $bH \notin q(V^2 a)$. Dann sind $q(Va), q(Vb)$ disjunkte offene Umgebungen von aH bzw. bH. – Da q kompakte Umgebungen von $a \in G$ auf kompakte Umgebungen von $aH \in G/H$ abbildet, *ist G/H ein lokal-kompakter Hausdorff-Raum.*

3.19 Lemma. *Zu jedem Kompaktum $L \subset G/H$ gibt es ein Kompaktum $K \subset G$ mit $q(K) = L$.*

Beweis. Es sei V eine relativ kompakte offene Umgebung von e. Dann existieren endlich viele $s_1, \ldots, s_n \in G$, so dass $L \subset q(Vs_1) \cup \ldots \cup q(Vs_n) = q(Vs_1 \cup \ldots \cup Vs_n)$. Daher ist $K := (\overline{V}s_1 \cup \ldots \cup \overline{V}s_n) \cap q^{-1}(L)$ eine kompakte Teilmenge von

G mit $q(K) = L$. $\square$

Für jedes $s \in G$ ist die *Linkstranslation* $L(s) : G/H \to G/H, L(s)(aH) :=$ saH $(a \in G)$ stetig, denn $L(s) \circ q = q \circ L_G(s)$. Da $L(s^{-1})$ stetig ist und zu $L(s)$ invers, ist $L(s)$ ein *Homöomorphismus*.

3.20 Lemma. *Für jedes* $f \in C_c(G), s \in G$ *definiert die Zuordnung* $t \mapsto$ $f(st)$ $(t \in H)$ *ein Element von* $C_c(H)$, *und* $f_H : G \to \mathbb{K}$,

$$(3.34) \qquad f_H(s) := \int_H f(st)\, d\mu_H(t) \quad (s \in G)$$

ist eine stetige Funktion mit

$$(3.35) \qquad f_H(su) = f_H(s) \quad (s \in G, u \in H).$$

Daher definiert f_H *eine stetige Funktion* $f^\flat : G/H \to \mathbb{K}$ *mit* $f^\flat \circ q = f_H$, *und* $f^\flat$ *hat einen kompakten Träger. Die lineare Abbildung* $C_c(G) \to C_c(G/H), f \mapsto f^\flat$ *ist surjektiv, und es gilt:*

$$(3.36) \qquad (f \circ L_G(u))^\flat \;=\; f^\flat \circ L(u) \quad (u \in G),$$
$$(3.37) \qquad (f \circ R_G(u))^\flat \;=\; \Delta_H(u) f^\flat \quad (u \in H).$$

Beweis. Für $s \in G$ ist $\varphi_s : H \to \mathbb{K}$, $\varphi_s(t) := f(st)$ $(t \in H)$ stetig und hat wegen $\{\varphi_s \neq 0\} \subset (s^{-1}\mathrm{Tr}\, f) \cap H$ einen kompakten Träger. Daher ist f_H sinnvoll, und wegen der Linksinvarianz von μ_H bez. H gilt (3.35). Zum Nachweis der Stetigkeit von f_H wählen wir eine kompakte Umgebung L von $K := \mathrm{Tr}\, f$ und ein $\varepsilon > 0$. Wegen der rechts-gleichmäßigen Stetigkeit von f und Lemma 3.6 (angewandt auf G_{opp}) gibt es eine symmetrische Umgebung V von e, so dass $VK \subset L$ und $|f(s) - f(vs)| < \varepsilon$ für alle $s \in G, v \in V$. Daher ist für alle $s \in G, v \in V$

$$|f_H(s) - f_H(vs)| \leq \int_H |f(st) - f(vst)|\, d\mu_H(t) \leq \varepsilon \mu_H((s^{-1}L) \cap H),$$

d.h. f_H ist stetig, also ist auch $f^\flat$ stetig. Ist nun $f^\flat(sH) \neq 0$ $(s \in G)$, so gibt es ein $t \in H$ mit $f(st) \neq 0$. Dann ist $st \in K$, also $sH \in q(K)$. Daher ist $\mathrm{Tr}\, f^\flat \subset q(K)$, d.h. $\mathrm{Tr}\, f^\flat$ ist *kompakt*, denn $q(K)$ ist kompakt. Damit haben wir eine lineare Abbildung $C_c(G) \to C_c(G/H), f \mapsto f^\flat$ konstruiert. Wir zeigen: Diese Abbildung ist *surjektiv*. Zum Beweis sei $F \in C_c(G/H), F \neq 0$. Nach Lemma 3.19 gibt es ein Kompaktum $K \subset G$ mit $q(K) = \mathrm{Tr}\, F =: L$. Wir wählen ein Kompaktum $C \subset H$ mit $\mu_H(C) > 0$. Dann ist auch $q(KC) = L$. Wir wählen weiter ein $g \in C_c^+(G)$ mit $g \mid KC = 1$. Dann ist

$$g^\flat(sH) = \int_H g(st)\, d\mu_H(t) \geq \mu_H(C) > 0, \text{ falls } s \in K,$$

denn für $s \in K$ und $t \in C$ ist $g(st) = 1$. Nach Konstruktion ist also $g^\flat(sH) > 0$ für alle $sH \in L$. Definieren wir nun $f(s) := g(s)F(sH)/g^\flat(sH)$, falls $sH \in L$, und $f(s) := 0$, falls $sH \notin L$, so ist $f \in C_c(G)$ und $f^\flat = F$. Damit ist die behauptete Surjektivität bewiesen.

Nach (3.34) ist weiter für alle $u \in G$

$$(f \circ L_G(u))^\flat(sH) = \int_H f(ust) d\mu_H(t) = (f^\flat \circ L(u))(sH),$$

und es folgt (3.36). Für $u \in H$ gilt nach (3.30):

$$(f \circ R_G(u))^\flat(sH) = \int_H f(stu) d\mu_H(u) = \Delta_H(u) f^\flat(sH),$$

und es folgt (3.37). $\square$

Eine nicht-triviale Linearform $I : C_c(G/H) \to \mathbb{K}$ heißt *relativ invariant*, wenn eine Funktion $\Delta : G \to \mathbb{K}$ existiert, so dass

(3.38) $I(f \circ L(s)) = \Delta(s) I(f) \quad (f \in C_c(G/H), s \in G)$,

und dann heißt Δ die *modulare Funktion* von I. Ist $I \neq 0$ eine positive relativ invariante Linearform, so ist $\Delta : G \to]0, \infty[$ ein stetiger Homomorphismus. (Zum Beweis macht man sich klar, dass sich die Beweise der Sätze 3.17 und 3.8 in offensichtlicher Weise übertragen lassen.) Ist $\Delta = 1$, so heißt I *invariant*.

3.21 Satz von A. Weil (1936).[19] *Ist* $\Delta : G \to]0, \infty[$ *ein stetiger Homomorphismus, so existiert eine nicht-triviale positive relativ invariante Linearform* $I : C_c(G/H) \to \mathbb{K}$ *mit modularer Funktion* Δ *genau dann, wenn*

(3.39) $\Delta_H(t) = \Delta(t) \Delta_G(t) \quad (t \in H)$,

und dann ist I *bis auf einen positiven Faktor eindeutig bestimmt.*

Beweis. Wir zeigen zunächst die Notwendigkeit der Bedingung (3.39) und nehmen an, $I : C_c(G/H) \to \mathbb{K}$ sei eine nicht-triviale positive relativ invariante Linearform mit modularer Funktion Δ. Dann ist $J : C_c(G) \to \mathbb{K}, J(f) := I((\Delta f)^\flat) \quad (f \in C_c(G))$ ein *linkes Haar-Integral* auf $C_c(G)$, denn J ist nach Lemma 3.20 eine *nicht-triviale* positive Linearform, und nach (3.36) gilt für alle $s \in G$:

$$\begin{aligned} J(f \circ L_G(s)) &= I((\Delta(f \circ L_G(s)))^\flat) = \Delta^{-1}(s) I(((\Delta f) \circ L_G(s))^\flat) \\ &= \Delta^{-1}(s) I((\Delta f)^\flat \circ L(s)) = I((\Delta f)^\flat) = J(f). \end{aligned}$$

Nach (3.26) ist daher

(3.40) $J(f \circ R_G(s)) = \Delta_G(s) J(f) \quad (s \in G, f \in C_c(G))$.

Andererseits ist für alle $s \in G, u \in H, f \in C_c(G)$ nach (3.34) und (3.30)

$$(\Delta(f \circ R_G(u)))_H(s) = \int_H \Delta(st) f(stu) \, d\mu_H(t)$$
$$= \Delta^{-1}(u) \int_H (\Delta f)(stu) \, d\mu_H(t) = \Delta^{-1}(u) \Delta_H(u) (\Delta f)_H(s),$$

---

[19]WEIL [1], S. 132 und [2], S. 45.

und das liefert

(3.41) $\qquad J(f \circ R_G(u)) = \Delta^{-1}(u)\Delta_H(u)J(f) \quad (u \in H)\,.$

Aus (3.40), (3.41) folgt als notwendige Bedingung (3.39).

Es sei nun umgekehrt (3.39) erfüllt. Wir betrachten die Linearform $\Phi :$ $C_c(G) \to \mathbb{K},$

$$\Phi(f) := \int_G \Delta^{-1}f\,d\mu_G \quad (f \in C_c(G))$$

und stellen fest: $\Phi \neq 0$ ist eine positive Linearform mit

$$
\begin{aligned}
(3.42) \qquad \Phi(f \circ L_G(s)) &= \int_G \Delta^{-1}(f \circ L_G(s))\,d\mu_G \\
&= \Delta(s)\int_G (\Delta^{-1}f) \circ L_G(s)\,d\mu_G = \Delta(s)\Phi(f)\,,
\end{aligned}
$$

denn μ_G ist linksinvariant bez. G. Wir wollen nun die gesuchte Linearform I mithilfe des folgenden Diagramms einführen, in dem „$^\flat$" die Surjektion aus Lemma 3.20 bezeichnet:

$$
\begin{array}{ccc}
C_c(G) & \xrightarrow{\;\flat\;} & C_c(G/H) \\
{\scriptstyle\Phi}\searrow & & \swarrow{\scriptstyle I} \\
& \mathbb{K} &
\end{array}
$$

Offenbar existiert genau dann eine lineare Abbildung I, die dieses Diagramm kommutativ macht, wenn der Kern der linearen Abbildung „$^\flat$" im Kern von Φ enthalten ist. Wir zeigen daher folgende Zwischenbehauptung: *Ist $f \in C_c(G)$ und $f^\flat = 0$, so ist $\Phi(f) = 0$.*

Zur *Begründung* seien $f \in C_c(G)$ und $f^\flat = 0$, d.h.

$$\int_H f(st)d\mu_H(t) = 0 \quad (s \in G)\,.$$

Nach (3.31) bedeutet dies:

$$\int_H f(st^{-1})\Delta_H(t)d\mu_H(t) = 0 \quad (s \in G)\,.$$

Für alle $g \in C_c(G)$ ist daher

$$\int_G g(s)\Delta^{-1}(s)\left(\int_H f(st^{-1})\Delta_H(t)d\mu_H(t)\right)d\mu_G(s) = 0\,.$$

Hier dürfen wir nach Aufgabe 2.13 die Reihenfolge der Integrationen vertauschen:

$$\int_H \Delta_H(t)\left(\int_G g(s)\Delta^{-1}(s)f(st^{-1})d\mu_G(s)\right)d\mu_H(t) = 0\,.$$

Im inneren Integral führen wir die Substitution $s \mapsto st$ durch und erhalten wegen (3.30) und der *Voraussetzung* (3.39):

$$\int_H \left(\int_G g(st)\Delta^{-1}(s)f(s)\,d\mu_G(s) \right) d\mu_H(t) = 0\,,$$

und eine nochmalige Vertauschung der Integrationsreihenfolge ergibt

(3.43) $$\int_G \left(\int_H g(st)d\mu_H(t) \right) f(s)\Delta^{-1}(s)d\mu_G(s) = 0\,.$$

Diese Gleichung gilt für alle $g \in C_c(G)$. Nun wählen wir ein spezielles g: Da G/H ein lokal-kompakter Hausdorff-Raum ist, gibt es ein $\tilde{g} \in C_c(G/H)$ mit $\tilde{g} \,|\, q(\operatorname{Tr} f) = 1$, und zu $\tilde{g}$ gibt es nach Lemma 3.20 ein $g \in C_c(G)$ mit $g^\flat = \tilde{g}$. Für dieses g gilt nach Konstruktion

$$\int_H g(st)d\mu_H(t) = 1 \quad (s \in \operatorname{Tr} f)\,,$$

und aus (3.43) folgt:

$$\int_G f(s)\Delta^{-1}(s)d\mu_G(s) = 0\,,$$

d.h. $\Phi(f) = 0$. Damit ist die obige Zwischenbehauptung bewiesen. –

Es gibt also eine Linearform $I : C_c(G/H) \to \mathbb{K}$, die das obige Diagramm kommutativ macht, und zwar ist

(3.44) $$I(f^\flat) = \Phi(f) \quad (f \in C_c(G))\,.$$

Nach Lemma 3.20 ist I nicht-trivial und positiv, und wegen (3.42) ist

$$I(f^\flat \circ L(s)) = I((f \circ L_G(s))^\flat) = \Phi(f \circ L_G(s)) = \Delta(s)\Phi(f) = \Delta(s)I(f^\flat)\,,$$

d.h. I ist relativ invariant mit modularer Funktion Δ. Gl. (3.39) ist also hinreichend für die Existenz einer Linearform I mit den genannten Eigenschaften. –

Zum Beweis der *Eindeutigkeitsaussage* seien I_1, I_2 zwei nicht-triviale positive relativ invariante Linearformen auf $C_c(G/H)$ und $J_1, J_2 : C_c(G) \to \mathbb{K}$, $J_k(f) := I_k((\Delta f)^\flat)$ $(f \in C_c(G), k = 1,2)$. Wir haben oben bereits gesehen, dass J_1, J_2 linke Haar-Integrale auf $C_c(G)$ sind. Daher gibt es ein $\alpha > 0$ mit $J_1 = \alpha J_2$. Für alle $f \in C_c(G)$ ist also $I_1(f^\flat) = J_1(\Delta^{-1}f) = \alpha J_2(\Delta^{-1}f) = \alpha I_2(f^\flat)$, und die Surjektivität der Abbildung „$\flat$" ergibt das Gewünschte. $\square$

Es gelte (3.39) und $I : C_c(G/H) \to \mathbb{K}$ sei eine nicht-triviale positive relativ invariante Linearform. Dann existiert nach dem Darstellungssatz von F. RIESZ 2.5 genau ein Radon-Maß $\mu : \mathfrak{B}(G/H) \to [0, \infty]$ mit

(3.45) $$I(f) = \int_{G/H} f\,d\mu \quad (f \in C_c(G/H))\,.$$

Wegen der allgemeinen Transformationsformel V.3.1 ist für alle $a \in G$

$$\Delta(a)I(f) = I(f \circ L(a)) = \int_{G/H} f \circ L(a)d\mu = \int_{G/H} f d(L(a)(\mu)),$$

und da auch $L(a)(\mu)$ ein Radon-Maß ist, ist μ *relativ invariant* in dem Sinne, dass $L(a)(\mu) = \Delta(a)\mu$ für alle $a \in G$. Umgekehrt entspricht jedem relativ invarianten Radon-Maß μ gemäß (3.45) eine nicht-triviale positive relativ invariante Linearform I. Beschreiben wir I durch μ, so ist (3.44) gleich der

3.22 Formel von A. Weil (1936). *Es sei* $\Delta : G \to]0,\infty[$ *ein stetiger Homomorphismus, und es gelte* (3.39). *Dann existiert bis auf einen positiven Faktor genau ein nicht-triviales relativ invariantes Radon-Maß* $\mu : \mathfrak{B}(G/H) \to [0,\infty]$, *und bei geeigneter Normierung von* μ *gilt die* W e i l s c h e   F o r m e l

$$(3.46) \qquad \int_{G/H} \left(\int_H f(st)d\mu_H(t) \right) d\mu(sH) = \int_G \Delta^{-1} f \, d\mu_G \quad (f \in C_c(G)),$$

wobei das innere Integral über H *als Element von* $C_c(G/H)$ *aufzufassen ist.*

3.23 Korollar. *Es seien* H *ein abgeschlossener Normalteiler von* G *und* $\mu_{G/H}$ *ein linkes Haar-Maß auf* G/H. *Gibt man zwei der linken Haar-Maße* $\mu_G, \mu_H,$ $\mu_{G/H}$ *vor, so gibt es genau eine Fixierung des dritten, so dass die* W e i l - s c h e   F o r m e l

$$\int_{G/H} \left(\int_H f(st)d\mu_H(t) \right) d\mu_{G/H}(sH) = \int_G f \, d\mu_G \quad (f \in C_c(G))$$

gilt. Ferner ist $\Delta_G \,|\, H = \Delta_H$; *ist insbesondere* G *unimodular, so ist auch* H *unimodular.*

Beweis. $\mu_{G/H}$ ist ein nicht-triviales linksinvariantes Radon-Maß auf G/H, also existiert ein nicht-triviales Radon-Maß μ obigen Typs mit $\Delta = 1$. Nach (3.39) ist $\Delta_G \,|\, H = \Delta_H$. Ferner ist μ nach Satz 3.21 ein positives Vielfaches von $\mu_{G/H}$, und (3.46) ergibt die Behauptung. □

3.24 Korollar. *Eine nicht-triviale positive invariante Linearform* $I : C_c(G/H)$ $\to \mathbb{K}$ *existiert genau dann, wenn* $\Delta_H = \Delta_G \,|\, H$, *und dann ist* I *bis auf einen positiven Faktor eindeutig bestimmt.*

Beweis: klar nach Satz 3.21. □

3.25 Korollar. *Ist* G *unimodular, so existiert eine nicht-triviale positive invariante Linearform* $I : C_c(G/H) \to \mathbb{K}$ *genau dann, wenn auch* H *unimodular ist, und dann ist* I *bis auf einen positiven Faktor eindeutig bestimmt.*

Beweis: klar nach Satz 3.21. □

3.26 Korollar. *Ist* G *kompakt, so existiert eine und bis auf einen positiven Faktor genau eine nicht-triviale positive invariante Linearform* $I : C_c(G/H) \to$ $\mathbb{K}$.

Beweis. Als abgeschlossene Untergruppe von G ist auch H kompakt, und nach Satz 3.16 sind G und H unimodular. Daher liefert Korollar 3.25 die Behauptung.

$\square$

Für die *Existenzaussage* von Korollar 3.26 gibt es folgenden einfachen *zweiten Beweis*: Es seien G kompakt und $f \in C(G/H)$. Dann definiert die Zuordnung $s \mapsto f(sH)$ $(s \in G)$ ein Element von $C(G)$, und $I(f) := \int_G f(sH)d\mu_G(s)$ $(f \in C(G/H))$ leistet das Verlangte.

$\square$

Bemerkung. I. SEGAL (*Invariant measures on locally compact spaces*, J. Indian Math. Soc. 13, 105–130 (1949)) beweist einen Existenz- und Eindeutigkeitssatz für positive invariante Linearformen auf $C_c(X)$, wobei X ein lokal-kompakter uniformer Raum ist, auf dem eine gleichmäßig gleichstetige Gruppe von uniformen Isomorphismen operiert. Dieses Resultat findet man auch bei SEGAL-KUNZE [1], S. 187; s. auch FEDERER, S. 121 ff. – Man kann die Frage nach der Existenz eines invarianten Maßes auf G/H auch unmittelbar mit der Beweismethode des Satzes 3.11 behandeln; das geschieht bei J. PONCET: *Une classe d'espaces homogènes possédant une mesure invariante*, C.R. Acad. Sci. Paris 238, 553–554 (1954).

Beispiel 3.27: *Haar-Integral auf* SL $(2, \mathbb{R})$. Die Matrizen $M = \begin{pmatrix} a & b \\ c & d \end{pmatrix}$ der Gruppe $G := \mathrm{SL}\,(2, \mathbb{R})$ operieren auf der oberen Halbebene $\mathbb{H} := \{z = x + iy : x, y \in \mathbb{R}, y > 0\}$ vermöge $z \mapsto M(z) := (az + b)/cz + d)$, denn für $z = x + iy \in \mathbb{H}$ ist Im $M(z) = y/|cz + d|^2 > 0$, d.h. $M(z) \in \mathbb{H}$. Für alle $M, N \in G, z \in \mathbb{H}$ ist $(MN)(z) = M(N(z))$.[20] Ist $z = x + iy \in \mathbb{H}$, so setzen wir

$$P_z := \begin{pmatrix} \sqrt{y} & x/\sqrt{y} \\ 0 & 1/\sqrt{y} \end{pmatrix} \in G \,.$$

Dann ist $P_z(i) = z$. Daher operiert G transitiv auf $\mathbb{H}$, d.h. zu allen $z, w \in \mathbb{H}$ gibt es ein $M \in G$ mit $M(z) = w$; z.B. leistet $M := P_w P_z^{-1}$ das Verlangte. Die Fixgruppe des Punktes i in G ist die Gruppe $K := \mathrm{SO}(2)$ der Matrizen $K_\varphi := \begin{pmatrix} \cos \varphi & -\sin \varphi \\ \sin \varphi & \cos \varphi \end{pmatrix}$ $(\varphi \in \mathbb{R})$. Ist nun $M \in G$ und $z := M(i)$, so ist $P_z^{-1} M \in K$, d.h. es ist $M = P_z K_\varphi$ mit $z \in \mathbb{H}, \varphi \in \mathbb{R}$. Jedes $M \in G$ hat genau eine Darstellung dieser Form mit $z \in \mathbb{H}$ und $K_\varphi \in K$. Offenbar ist nun die Abbildung $\Phi : G/K \to \mathbb{H}, \Phi(MK) := M(i)$ $(M \in G)$ bijektiv mit der Umkehrabbildung $\Phi^{-1} : \mathbb{H} \to G/K, \Phi^{-1}(z) = P_z K$. Bezeichnet $q : G \to G/K$ die kanonische Quotientenabbildung, so ist $\Phi \circ q$ stetig, d.h. Φ ist stetig, und man stellt fest: Φ ist ein Homöomorphismus, der mit den Operationen von G auf $\mathbb{H}$ bzw. auf G/K vertauschbar ist. Daher können wir $\mathbb{H}$ als ein Modell von G/K ansehen.

Auf $\mathbb{H}$ ist das Maß mit der Dichte y^{-2} bez. $\beta^2 \mid \mathfrak{B}(\mathbb{H})$ invariant bez. der Operation von G, denn die Funktionaldeterminante der Transformation $z \mapsto$

---

[20]Bekanntlich sind die Abbildungen des Typs $z \mapsto M(z)$ mit $M \in G$ genau die konformen Abbildungen von $\mathbb{H}$ auf sich; s. z.B. R. REMMERT: *Funktionentheorie I*, 4. Aufl. Berlin–Heidelberg–New York: Springer-Verlag 1995, S. 213.

$M(z)$ $(M = \begin{pmatrix} a & b \\ c & d \end{pmatrix} \in G)$ ist gleich $|M'(z)|^2 = |cz + d|^{-4}$. Ferner definiert die Zuordnung $K_\varphi \mapsto e^{i\varphi}$ einen topologischen Isomorphismus von K auf S^1, und das Haarsche Maß auf S^1 ist wohlbekannt (Beispiel 3.10, d)). Wenn wir nun wissen, dass G *unimodular* ist, so liefert die Weilsche Formel folgendes *Haar-Integral* I *auf* $SL(2, \mathbb{R})$:

$$I(f) := \frac{1}{2\pi} \int_{\mathbb{H}} \int_0^{2\pi} f(P_{x+iy} K_\varphi) d\varphi \frac{dx\,dy}{y^2} \quad (f \in C_c(SL(2, \mathbb{R})).$$

In der Tat ist G unimodular, denn G ist ein abgeschlossener Normalteiler der unimodularen Gruppe $GL(2, \mathbb{R})$ (Beispiel 3.10, e)) und daher nach Korollar 3.23 unimodular. Wir können uns auch leicht von der Linksinvarianz von I überzeugen: Für $M \in G, z \in \mathbb{H}$ ist $MP_z(i) = M(z) = P_{M(z)}(i)$, also $MP_z K = P_{M(z)} K$. Das innere Integral in der Definition von I kann als stetige Funktion mit kompaktem Träger auf $G/K \cong \mathbb{H}$ aufgefasst werden, und das bei der äußeren Integration verwendete Maß auf $\mathbb{H}$ ist G-invariant. Daher ist I linksinvariant bez. G. (Vgl. auch Aufgabe 3.15). –

Zahlreiche weitere Beispiele und Aufgaben findet man bei BOURBAKI [4], chap. 7, DIEUDONNÉ [1], HEWITT-ROSS [1], NACHBIN [1] und SCHEMPP-DRE-SELER [1].

6. Kurzbiographie von A. HAAR. ALFRED HAAR wurde am 11. Oktober 1885 in Budapest geboren. Nach dem Besuch des Gymnasiums studierte er zunächst Chemie in seiner Heimatstadt, wechselte aber nach einem ersten Preis beim mathematischen Landeswettbe-werb für Abiturienten zum Studium der Mathematik, Physik und Astronomie. Ab 1905 stu-dierte HAAR in Göttingen, wo er im Jahre 1909 promoviert wurde mit einer Dissertation *„Zur Theorie der orthogonalen Funktionensysteme"*, in der HAAR die später nach ihm be-nannten orthogonalen Funktionensysteme einführt, die „dadurch ausgezeichnet sind, dass die in bezug auf diese Systeme gebildeten *Fourier-Reihen jeder stetigen Funktion konvergieren und die Funktion darstellen"* (HAAR [1], S. 47–87). Referent der Dissertation war D. HIL-BERT. Schon wenige Monate nach der Promotion habilitierte sich HAAR in Göttingen (1909) und wurde 1912 als Nachfolger von L. FEJÉR (1880–1959) an die Universität Klausenburg (jetzt Cluj-Napoca, Rumänien) berufen. Der zweite mathematische Lehrstuhl war dort ab 1912 besetzt mit F. RIESZ. Nach dem Ersten Weltkrieg fiel Siebenbürgen an Rumänien; die ungarischen Professoren der Universität Klausenburg mussten die Stadt verlassen. Ab 1920 konnten HAAR und RIESZ ihr erfolgreiches Wirken unter schwierigen äußeren Bedingungen an der neu gegründeten Universität Szeged fortsetzen und das spätere Bolyai-Institut zu einem mathematischen Zentrum von internationalem Rang entwickeln. Eine wichtige Rolle spielte dabei die Gründung der angesehenen Zeitschrift *Acta Scientiarum Mathematicarum* durch HAAR und RIESZ im Jahre 1922.

Die wichtigsten wissenschaftlichen Arbeiten von HAAR sind orthogonalen Funktionensys-temen, partiellen Differentialgleichungen, Variationsrechnung, Approximationstheorie und to-pologischen Gruppen gewidmet. In der Theorie der orthogonalen Funktionensysteme spielt das *Haarsche Orthonormalsystem* eine ausgezeichnete Rolle. Die Variationsrechnung verdankt HAAR das *Haarsche Lemma*, welches er zur Lösung des Plateauschen Problems der Theorie der Minimalflächen einsetzt. In der Approximationstheorie garantiert die *Haarsche Bedingung* die Existenz und Eindeutigkeit bester approximierender Polynome. Die Haarschen Arbeiten über topologische Gruppen beschäftigen sich hauptsächlich mit der Theorie der Charaktere endlicher und unendlicher Gruppen. Die wohl originellste mathematische Leistung von HAAR ist sein Beweis der Existenz des *Haarschen Maßes*, das ein schlagkräftiges Hilfsmittel zur Untersuchung lokal-kompakter Hausdorffscher topologischer Gruppen bildet und eine Ausdehnung der Fourier-Analysis auf beliebige lokal-kompakte abelsche Gruppen ermöglicht (abstrakte harmonische Analyse). Im Nachruf der Redaktion der *Acta Sci. Math.* heißt es: „Er beabsichtigte vor kurzem, jene Methoden, die er in den letzten Jahren über Gruppencharaktere und ... den Maßbegriff auf Gruppenmannigfaltigkeiten entwickelt hat, auf verschiedene Fragen der Algebra, Topologie, Analysis und Zahlentheorie anzuwenden." – HAAR starb am 16. März 1933 inmitten einer produktiven Schaffensphase an einem Krebsleiden.

Aufgaben. Im Folgenden seien stets G eine lokal-kompakte Hausdorffsche topologische Gruppe, I ein linkes Haar-Integral auf G, μ das zugehörige Haar-Maß und Δ die modulare Funktion von G, soweit nichts anderes gesagt wird.

3.1. Es seien $A, B \in \mathfrak{B}(G)$ und $\mu(A) = \mu(B) = 0$. Ist dann $\mu(AB) = 0$?

3.2. Für $\varphi \in C^+(G)$ ist $I_\varphi : C_c(G) \to \mathbb{K}, I_\varphi(f) := I(\varphi f)$ $(f \in C_c(G))$ genau dann ein linkes Haar-Integral, wenn φ konstant und positiv ist. Wann ist I_φ ein rechtes Haar-Integral?

3.3. Ist H eine offene Untergruppe von G, so ist $I \,|\, C_c(H)$ ein linkes Haar-Integral auf H. H ist unimodular genau dann, wenn $\Delta \,|\, H = 1$ ist.

3.4. Es sei $H \subset \mathrm{SL}\,(3, \mathbb{R})$ die multiplikative Gruppe der Matrizen

$$A = \begin{pmatrix} 1 & x & z \\ 0 & 1 & y \\ 0 & 0 & 1 \end{pmatrix} \quad (x, y, z \in \mathbb{R}).$$

Beschreibt man die Elemente $A \in H$ durch die entsprechenden Vektoren $(x, y, z) \in \mathbb{R}^3$, so erhält man eine multiplikative Gruppe G mit der Multiplikation $(x, y, z)(u, v, w) = (x + u, y + v, xv + z + w)$, und $I(f) := \int_G f \, d\beta^3$ $(f \in C_c(G))$ ist ein linkes Haar-Integral auf G. Ist I auch rechtsinvariant?

3.5. Es sei $G \subset \mathrm{GL}\,(n, \mathbb{R})$ die Gruppe der oberen Dreiecksmatrizen

$$X = \begin{pmatrix} x_{11} & x_{12} & x_{13} & \ldots & x_{1n} \\ 0 & x_{22} & x_{23} & \ldots & x_{2n} \\ 0 & 0 & x_{33} & \ldots & x_{3n} \\ \vdots & \vdots & \vdots & \ddots & \vdots \\ 0 & 0 & 0 & \ldots & x_{nn} \end{pmatrix}.$$

Fasst man G als offene Teilmenge des $\mathbb{R}^{n(n+1)/2}$ auf, so ist

$$I_l(f) = \int_G \frac{f(X)}{|x_{11}^n x_{22}^{n-1} \cdot \ldots \cdot x_{nn}|} d\beta^{n(n+1)/2}(X) \quad (f \in C_c(G))$$

ein linkes und

$$I_r(f) = \int_G \frac{f(X)}{|x_{11} x_{22}^2 \cdot \ldots \cdot x_{nn}^n|} d\beta^{n(n+1)/2}(X) \quad (f \in C_c(G))$$

ein rechtes Haar-Integral auf G. Welches ist die modulare Funktion von G?

3.6. Die Elemente $g \in \mathrm{SO}(3)$ lassen sich (bis auf eine Nullmenge) mithilfe der Eulerschen Winkel parametrisieren in der Form

$$g = g_\varphi h_\psi g_\vartheta \quad (0 \leq \varphi < 2\pi, 0 \leq \psi \leq \pi, 0 \leq \vartheta < 2\pi),$$

wobei

$$g_\varphi = \begin{pmatrix} \cos\varphi & -\sin\varphi & 0 \\ \sin\varphi & \cos\varphi & 0 \\ 0 & 0 & 1 \end{pmatrix}, \ h_\psi = \begin{pmatrix} 1 & 0 & 0 \\ 0 & \cos\psi & -\sin\psi \\ 0 & \sin\psi & \cos\psi \end{pmatrix}.$$

Dann ist

$$I(f) = \frac{1}{8\pi^2} \int_0^{2\pi} \int_0^\pi \int_0^{2\pi} f(g_\varphi h_\psi g_\vartheta) \sin\psi \, d\varphi \, d\psi \, d\vartheta \quad (f \in C(\mathrm{SO}(3)))$$

das durch $I(1) = 1$ normierte Haar-Integral auf $\mathrm{SO}(3)$ (M.A. NEUMARK: *Lineare Darstellungen der Lorentzgruppe*. Berlin: Deutscher Verlag der Wissenschaften 1963, S. 22 ff. oder SCHEMPP-DRESELER [1], S. 170 f.).

3.7. Es sei $\mathbb{Q}_d^\times$ die multiplikative Gruppe $\mathbb{Q}^\times$ mit der diskreten Topologie, und $G := \mathbb{Q}_d^\times \times \mathbb{R}$ sei mit der Produkttopologie und der Multiplikation $(a,b)(x,y) := (ax, ay+b)$ $(a,x \in \mathbb{Q}^\times, b, y \in \mathbb{R})$ ausgestattet (vgl. Beispiel 3.14, a)). Bestimmen Sie ein linkes Haar-Integral auf $C_c(G)$ und die modulare Funktion von G.

3.8. Bestimmen Sie ein Haar-Integral und ein Haar-Maß für die additive Gruppe $\mathbb{R} \times \mathbb{R}_d$, wobei $\mathbb{R}_d$ die mit der diskreten Topologie versehene Gruppe $(\mathbb{R}, +)$ bezeichne.

3.9. Die Menge $\Gamma := G \times \mathbb{R}$ ist bez. der Produkttopologie und der Multiplikation $(x,t)(y,u) := (xy, t + \Delta(x)^{-1}u)$ $(x, y \in G, t, u \in \mathbb{R})$ eine lokal-kompakte Hausdorffsche topologische Gruppe. Bestimmen Sie ein linkes Haar-Integral auf $C_c(\Gamma)$ und zeigen Sie: Γ ist unimodular; G ist isomorph zu einer abgeschlossenen Untergruppe von Γ. Ändert man jedoch die Multiplikation in Γ, indem man Δ^{-1} durch Δ ersetzt, so ist die neue Gruppe *nicht* unimodular, falls G nicht unimodular ist.

3.10. Es seien G, H lokal-kompakte Hausdorffsche topologische Gruppen und μ, ν linke Haar-Maße auf G bzw. H. Dann ist das im Sinne von Aufgabe 2.13 gebildete Radon-Maß $\mu \otimes \nu$ ein linkes Haar-Maß auf $G \times H$. Wie lässt sich die modulare Funktion von $G \times H$ durch die modularen Funktionen von G und H ausdrücken?

3.11. a) Existiert eine kompakte Umgebung V von e, die unter allen inneren Automorphismen $x \mapsto axa^{-1}$ $(a \in G)$ von G invariant ist, so ist G unimodular.

b) Gibt es einen kompakten und offenen Normalteiler in G, so ist G unimodular.

3.12. G ist unimodular genau dann, wenn $I = I^\star$.

3.13. Die Gruppe G aus Beispiel 3.14, a) hat folgende Eigenschaft: Es gibt eine Borel-Menge von endlichem linkem Haar-Maß, welche unendliches rechtes Haar-Maß hat.

3.14. Es seien H eine lokal-kompakte Hausdorffsche topologische Gruppe und $\varphi : G \to H$ ein topologischer Isomorphismus.

a) $I_\varphi : C_c(H) \to \mathbb{K}, I_\varphi(g) := I(g \circ \varphi)$ $(g \in C_c(H))$ ist ein linkes Haar-Integral auf $C_c(H)$ mit zugehörigem linkem Haar-Maß $\mu_\varphi = \varphi(\mu)$. Für die modulare Funktion Δ_H von H gilt: $\Delta_H = \Delta \circ \varphi^{-1}$. Im Spezialfall $\varphi : G \to G_{\mathrm{opp}}, \varphi(x) := x^{-1}$ $(x \in G)$ erhält man Satz 3.13.

b) Ist insbesondere $G = H$, so gibt es ein $m(\varphi) > 0$, so dass $I_\varphi = m(\varphi)I, \mu_\varphi = m(\varphi)\mu$, und es gilt: $\Delta \circ \varphi = \Delta$. Bezeichnet Γ die Gruppe der topologischen Automorphismen $\varphi : G \to G$, so ist $m : \Gamma \to]0, \infty[$ ein Homomorphismus. Ist G kompakt oder diskret, so ist $m = 1$.

c) Bezeichnet $\varphi_a : G \to G, \varphi_a(x) := a^{-1}xa$ $(x \in G)$ den zu $a \in G$ gehörigen inneren Automorphismus, so ist $m(\varphi_a) = \Delta(a)$.

d) Im Falle $G = (\mathbb{R}^p, +)$ ist $m(\varphi) = |\det \varphi|^{-1}$ für alle $\varphi \in \mathrm{GL}\,(\mathbb{R}^p)$.

3.15. Jeder stetige Homomorphismus $h : \mathrm{SL}\,(2, \mathbb{R}) \to]0, \infty[$ ist konstant gleich 1. Insbesondere ist $\mathrm{SL}\,(2, \mathbb{R})$ unimodular. (Hinweise: Nach Beispiel 3.27 hat jedes $M \in \mathrm{SL}\,(2, \mathbb{R})$ eine Darstellung der Form $M = U_\alpha D_\lambda K_\varphi$ mit $U_\alpha = \left(\begin{smallmatrix} 1 & \alpha \\ 0 & 1 \end{smallmatrix} \right), D_\lambda = \left(\begin{smallmatrix} \lambda^{1/2} & 0 \\ 0 & \lambda^{-1/2} \end{smallmatrix} \right), K_\varphi = \left(\begin{smallmatrix} \cos \varphi & -\sin \varphi \\ \sin \varphi & \cos \varphi \end{smallmatrix} \right) (\alpha \in \mathbb{R}, \lambda > 0, \varphi \in \mathbb{R})$. Zunächst ist $h(K_\varphi) = 1$ ($\varphi \in \mathbb{R}$). Weiter ist $U_{\alpha+\beta} = U_\alpha U_\beta$, also gibt es ein $a > 0$ mit $h(U_\alpha) = a^\alpha$. Wegen $D_\lambda U_\alpha D_{\lambda^{-1}} = U_{\alpha\lambda}$ ist $a = 1$. Analog gibt es wegen $D_\lambda D_\mu = D_{\lambda\mu} (\lambda, \mu > 0)$ ein $b \in \mathbb{R}$ mit $h(D_\lambda) = \lambda^b (\lambda > 0)$, und wegen $T D_\lambda T^{-1} = D_{\lambda^{-1}} (T := \left(\begin{smallmatrix} 0 & -1 \\ 1 & 0 \end{smallmatrix} \right))$ ist $b = 0$.)

§ 4. Schwache Konvergenz und schwache Kompaktheit

"... we show how a distance $L(\mu_1, \mu_2)$ can be introduced between two measures μ_1 and μ_2 ... such that convergence in the sense of this distance is equivalent to weak convergence. The set of finite measures in $\mathfrak{R}$ together with the distance L constitutes a complete separable metric space $\mathfrak{D}(\mathfrak{R})$ ... For the compactness of the set $\mathfrak{N} \subset \mathfrak{D}(\mathfrak{R})$ it is necessary and sufficient that the following two conditions should be simultaneously fulfilled:
1. $\sup_{\mu \in \mathfrak{N}} \mu(\mathfrak{R}) < \infty$.
2. For any $\varepsilon > 0$ there exists a compact K_ε such that for every measure $\mu \in \mathfrak{N}$

$$\mu(\mathfrak{R} - K_\varepsilon) \leq \varepsilon .$$ "

(Yu.V. PROKHOROV[2], S. 158)

Im Folgenden untersuchen wir die Konvergenz von Folgen und die Kompaktheit von Mengen von endlichen Maßen auf topologischen Räumen. Dieses Thema ist außerordentlich vielschichtig: Man kann an den zugrunde liegenden topologischen Raum verschiedenartige Forderungen stellen, unterschiedliche σ-Algebren bieten sich als Definitionsbereiche für die betrachteten Maße an, verschiedene Klassen stetiger Funktionen können als Testfunktionen dienen, und verschiedene Regularitätsbegriffe kommen in Betracht. Das ergibt eine reiche Palette an fein abgestuften Sätzen, die wir hier nur beispielhaft behandeln können, über die aber BOGACHEV [1], [2] ausführlich berichtet. Um einige zentrale Sätze möglichst einprägsam aussprechen zu können, verabreden wir – *soweit nicht ausdrücklich etwas anderes gesagt wird* – für den ganzen § 4 folgende

Voraussetzungen und Bezeichnungen: Es seien (X, d) ein metrischer Raum und $\mathfrak{B} = \mathfrak{B}(X)$ die σ-Algebra der Borelschen Teilmengen von X. Ferner seien $C(X)$ der Raum der stetigen Funktionen $f : X \to \mathbb{K}, C_b(X)$ der Raum der beschränkten Funktionen aus $C(X)$ und $C_c(X)$ der Raum der stetigen Funktionen $f : X \to \mathbb{K}$ mit kompaktem Träger. Für $f \in C_b(X)$ sei

$$\|f\|_\infty := \sup\{|f(x)| : x \in X\} .$$

Mit $\mathbf{M}^+(\mathfrak{B})$ bezeichnen wir die Menge der e n d l i c h e n Maße $\mu : \mathfrak{B} \to$ $[0, \infty[$, und für $\mu \in \mathbf{M}^+(\mathfrak{B})$ sei

$$\|\mu\| := \mu(X) \ .$$

Fundamental ist im Folgenden der Begriff der *schwachen Konvergenz*: Eine Folge von Maßen $\mu_n \in \mathbf{M}^+(\mathfrak{B})$ heißt schwach konvergent gegen $\mu \in \mathbf{M}^+(\mathfrak{B})$, wenn für alle $f \in C_b(X)$ gilt:

$$\lim_{n \to \infty} \int_X f \, d\mu_n = \int_X f \, d\mu \ .$$

Im *Portmanteau-Theorem* wird dieser Begriff charakterisiert mithilfe des Konvergenzverhaltens der Folgen $(\mu_n(M))_{n \geq 1}$ ($M \subset X$ abgeschlossen bzw. offen bzw. Borelsch). Die schwache Konvergenz von Folgen von endlichen Maßen auf $\mathbb{R}$ lässt sich über das Konvergenzverhalten der entsprechenden Folgen von Verteilungsfunktionen charakterisieren und führt zum klassischen *Konvergenzsatz von* HELLY-BRAY. Der berühmte *Auswahlsatz von* HELLY wirft allgemein die Frage auf, unter welchen Bedingungen eine Folge oder Menge von Maßen aus $\mathbf{M}^+(\mathfrak{B})$ eine schwach konvergente Teilfolge hat (Analogon des Satzes von BOLZANO-WEIERSTRASS). Für polnische Räume X gibt der Satz von PROCHOROV hierauf eine abschließende Antwort: *Eine Menge* $\mathcal{M} \subset \mathbf{M}^+(\mathfrak{B})$ *ist relativ folgenkompakt genau dann, wenn sie straff und beschränkt ist.* Die *Prochorov-Metrik* ermöglicht es schließlich, die schwache Konvergenz auch als Konvergenz bezüglich einer Metrik auf $\mathbf{M}^+(\mathfrak{B})$ aufzufassen. Ist X ein polnischer Raum, so ist $\mathbf{M}^+(\mathfrak{B})$ bezüglich der Prochorov-Metrik ein polnischer Raum.

1. Eine Regularitätseigenschaft endlicher Maße auf metrischen Räumen.

4.1 Satz. *Ist μ ein endliches Maß auf $\mathfrak{B}$ (X metrischer Raum), so ist jedes $B \in \mathfrak{B}$ in folgendem Sinne abgeschlossen-regulär: Zu jedem $\varepsilon > 0$ gibt es eine offene Menge $U \supset B$ und eine abgeschlossene Menge $A \subset B$ mit $\mu(U \setminus A) < \varepsilon$.*

Beweis. Analog zum Beweis des Regularitätslemmas 1.4 betrachten wir das System $\mathfrak{R}$ aller abgeschlossen-regulären Borel-Mengen $B \subset X$ und zeigen zunächst: $\mathfrak{R}$ *ist eine σ-Algebra*: Offenbar ist $\emptyset \in \mathfrak{R}$. Sind nun $B \in \mathfrak{B}, \varepsilon > 0$ und $U \supset B \supset A$, U offen, A abgeschlossen, $\mu(U \setminus A) < \varepsilon$, so gilt $U^c \subset B^c \subset A^c$, U^c ist abgeschlossen, A^c offen, $U \setminus A = A^c \setminus U^c$, also $\mu(A^c \setminus U^c) < \varepsilon$. Daher ist $\mathfrak{R}$ abgeschlossen bez. der Komplementbildung. Sind weiter $(B_n)_{n \geq 1}$ eine Folge von Mengen aus $\mathfrak{R}$ und $\varepsilon > 0$, so gibt es zu jedem $n \in \mathbb{N}$ ein offenes $U_n \supset B_n$ und ein abgeschlossenes $A_n \subset B_n$ mit $\mu(U_n \setminus A_n) < \varepsilon \cdot 2^{-n-1}$. Dann ist $U := \bigcup_{n=1}^\infty U_n$ eine offene Obermenge von $B := \bigcup_{n=1}^\infty B_n, C := \bigcup_{n=1}^\infty A_n$ ist eine F_σ-Teilmenge von B, und es gilt $\mu(U \setminus C) < \varepsilon/2$. Da μ endlich ist, gibt es ein $N \in \mathbb{N}$, so dass für die abgeschlossene Menge $A := \bigcup_{n=1}^N A_n$ gilt $\mu(C \setminus A) < \varepsilon/2$, und es folgt: $\mu(U \setminus A) < \varepsilon$. Daher ist $B \in \mathfrak{R}$, und $\mathfrak{R}$ ist als σ-Algebra erkannt.

Zum Abschluss des Beweises zeigen wir: $\mathfrak{R}$ *enthält alle offenen Teilmengen von* X: Ist $G \subset X$ offen, so ist G eine F_σ-Menge (Aufgabe I.6.1), d.h., es gibt eine wachsende Folge abgeschlossener Mengen $F_n \subset X$ $(n \in \mathbb{N})$ mit $F_n \uparrow G$. Ist weiter $\varepsilon > 0$, so gibt es wegen der Endlichkeit von μ ein $N \in \mathbb{N}$ mit $\mu(G \setminus F_N) < \varepsilon$, und $U := G, A := F_N$ leisten das Gewünschte. $\square$

4.2 Definition. Ein Maß $\mu \in \mathbf{M}^+(\mathfrak{B})$ heißt *straff* (engl. *tight*), wenn zu jedem $\varepsilon > 0$ ein Kompaktum $K \subset X$ existiert mit $\mu(K^c) < \varepsilon$.

4.3 Korollar. *Ist in der Situation des Satzes 4.1 das Maß μ straff, so ist μ regulär, d.h. μ ist ein Radon-Maß.*

Beweis. Es seien $B \in \mathfrak{B}$ und $\varepsilon > 0$. Dann gibt es ein offenes $U \supset B$ und ein abgeschlossenes $A \subset B$ mit $\mu(U \setminus A) < \varepsilon/2$, und nach Voraussetzung gibt es ein Kompaktum $K \subset X$ mit $\mu(K^c) < \varepsilon/2$. Daher ist $\mu(U \setminus (A \cap K)) < \varepsilon$. $\square$

Ist nun X sogar ein polnischer Raum (d.h. ein vollständig metrisierbarer Raum mit abzählbarer Basis, s. Anhang **A.22**), so haben wir im ersten Beweisschritt des Satzes 1.16 von ULAM gerade gezeigt, dass jedes $\mu \in \mathbf{M}^+(\mathfrak{B})$ *straff* ist. Zusammen mit diesem wichtigen Beweisschritt, den wir im Folgenden noch zweimal benutzen werden, liefern die obigen Argumente für endliche Maße auf polnischen Räumen gerade die Regularitätsaussage des Satzes von Ulam.

2. Schwache und vage Konvergenz von Folgen von Maßen. Es seien $\mu, \mu_n (n \in \mathbb{N})$ endliche Maße auf der σ-Algebra $\mathfrak{A}$ über der Menge X. Wollen wir den Begriff der Konvergenz „$\mu_n \to \mu$" definieren, so drängt sich zunächst der folgende Versuch einer Definition auf: $(\mu_n)_{n \geq 1}$ konvergiert gegen μ, wenn für alle $A \in \mathfrak{A}$ gilt:

$$(4.1) \qquad \lim_{n \to \infty} \mu_n(A) = \mu(A) .$$

Dieser Versuch ist aber zu verwerfen, denn dieser Konvergenzbegriff ist für viele Zwecke (namentlich in der Wahrscheinlichkeitstheorie) zu restriktiv, wie das folgende Beispiel zeigt.

4.4 Beispiel. Auf $(\mathbb{R}, \mathfrak{B}^1)$ betrachten wir die Maße $\mu_n(B) := \chi_B \left(\frac{1}{n} \right), \mu(B) := \chi_B(0)$ $(B \in \mathfrak{B}^1, n \in \mathbb{N})$. Intuitiv erscheint es als durchaus naheliegend, dass die Folge der Massenverteilungen μ_n, bei welchen eine Einheitsmasse im Punkt $\frac{1}{n}$ platziert ist, für $n \to \infty$ gegen die Massenverteilung μ mit der Einheitsmasse im Nullpunkt konvergiert. Diese intuitive Vorstellung widerspricht aber (4.1), denn für $A =]-\infty, 0], A = \{0\}, A =]0, \infty[$ ist (4.1) offenbar nicht erfüllt. – Betrachten wir die Massenverteilung, bei der in den Punkten k/n $(1 \leq k \leq n)$ jeweils die Masse $\frac{1}{n}$ platziert ist (d.h. $\mu_n(B) := \frac{1}{n} \sum_{k=1}^n \chi_B \left(\frac{k}{n} \right)$ für $B \in \mathfrak{B}^1, n \in \mathbb{N}$), so ist plausibel, dass $(\mu_n)_{n \geq 1}$ gegen $\chi_{[0,1]} \odot \beta^1$ konvergiert. Es ist aber z.B. $\mu_n([0,1] \setminus \mathbb{Q}) = 0$, während $\beta^1([0,1] \setminus \mathbb{Q}) = 1$ ist, so dass auch hier die Bedingung (4.1) verletzt ist.

Um zu einer geeigneten Abschwächung von (4.1) zu gelangen, die den intuitiven Vorstellungen des Beispiels 4.4 gerecht wird, beachten wir: (4.1) ist äquivalent zu der Forderung: Für jedes $f \in \mathcal{L}^\infty(X, \mathfrak{A}, \mu)$ gilt

(4.2) $$\lim_{n \to \infty} \int_X f \, d\mu_n = \int_X f \, d\mu \; .$$

(Der Beweis der Implikation „(4.1) $\Rightarrow$ (4.2)" genügt für den Fall $f \geq 0$, und dann liefert eine Approximation durch Treppenfunktionen das Gewünschte.) Wenn wir nun im Falle eines *topologischen Raums* X die Bedingung (4.2) nur für spezielle Klassen stetiger Funktionen fordern, so erhalten wir als interessante Konvergenzbegriffe die *schwache Konvergenz* und die *vage Konvergenz*.

4.5 Definition. Es seien X ein metrischer Raum und $\mu_n, \mu \in \mathbf{M}^+(\mathfrak{B})$ $(n \in \mathbb{N})$. Dann heißt $(\mu_n)_{n \geq 1}$ *schwach konvergent* gegen μ, wenn für alle $f \in C_b(X)$ gilt

(4.3) $$\lim_{n \to \infty} \int_X f \, d\mu_n = \int_X f \, d\mu \; ;$$

Schreibweise: $\mu_n \overset{w}{\to} \mu$.

Der Buchstabe „w" bedeutet hier „weakly". – Offenbar existieren die Integrale unter (4.3), denn die Integranden sind messbar und beschränkt, und die Maße sind alle endlich. Die in Beispiel 4.4 angegebenen Folgen $(\mu_n)_{n \geq 1}$ konvergieren schwach gegen das jeweilige μ.

Unter den Gegebenheiten der Definition 4.5 betrachten wir das signierte Maß $\mu_n - \mu$, bezeichnen seine Variation mit $|\mu_n - \mu|$ (s. Abschnitt VII.1.3) und seine Totalvariation mit

$$\|\mu_n - \mu\| = |\mu_n - \mu|(X)$$

(s. Abschnitt VII.1.5). Dann gilt nach Aufgabe VII.2.12 für alle $f \in C_b(X)$

$$\left| \int_X f \, d\mu_n - \int_X f \, d\mu \right| \leq \int_X |f| \, d|\mu_n - \mu|$$
$$\leq \|f\|_\infty \|\mu_n - \mu\| \; ,$$

d.h.: *Aus der „starken Konvergenz"* $\|\mu_n - \mu\| \to 0$ $(n \to \infty)$ *folgt die „schwache Konvergenz"* $\mu_n \overset{w}{\to} \mu$.

Zur schwachen Konvergenz von Folgen endlicher Maße gehört eine natürliche Topologie auf $\mathbf{M}^+(\mathfrak{B})$, die sog. *schwache Topologie*. Diese wird definiert als die gröbste Topologie auf $\mathbf{M}^+(\mathfrak{B})$, bezüglich welcher alle Abbildungen

$$\mathbf{M}^+(\mathfrak{B}) \ni \mu \longmapsto \int_X f \, d\mu \quad (f \in C_b(X))$$

stetig sind. Eine Umgebungsbasis von $\mu_0 \in \mathbf{M}^+(\mathfrak{B})$ bez. der schwachen Topologie wird gebildet vom System aller Mengen $U_{f_1,\ldots,f_n;\varepsilon}(\mu_0) := \{\mu \in \mathbf{M}^+(\mathfrak{B}) : |\int_X f_j \, d\mu - \int_X f_j \, d\mu_0| < \varepsilon$ für alle $j = 1, \ldots, n\}$, wobei $f_1, \ldots, f_n \in C_b(X), n \in \mathbb{N}, \varepsilon > 0$. Die schwache Topologie ist Hausdorffsch, denn nach dem folgenden

Satz 4.6 gibt es zu verschiedenen Maßen $\mu, \nu \in \mathbf{M}^+(\mathfrak{B})$ ein $f \in C_b(X)$ mit $\varepsilon = \frac{1}{2}|\int_X f \, d\mu - \int_X f \, d\nu| > 0$, und dann ist $U_{f;\varepsilon}(\mu) \cap U_{f;\varepsilon}(\nu) = \emptyset$. *Insbesondere ist der Limes einer schwach konvergenten Folge endlicher Maße eindeutig bestimmt.*

4.6 Satz. *Sind μ, ν zwei endliche Borel-Maße auf dem metrischen Raum X, so dass*

$$\int_X f \, d\mu = \int_X f \, d\nu$$

für alle gleichmäßig stetigen Funktionen $f \in C_b(X)$, so gilt $\mu = \nu$.

Beweis. Für $\emptyset \neq A \subset X$ und $x \in X$ bezeichnen wir mit

$$d(x, A) := \inf\{d(x, y) : y \in A\}$$

den *Abstand* des Punktes x von A. Dann gilt für alle $x, y \in X$

(*) $$|d(x, A) - d(y, A)| \leq d(x, y) \, ,$$

d.h.: $d(\cdot, A)$ ist gleichmäßig stetig auf X.

Es seien nun $U \subset X$ offen, $n \in \mathbb{N}$ und

$$f_n(x) := \min(1, nd(x, U^c)) \quad (x \in X) \, ,$$

falls $U \neq X$, und $f_n := 1$, falls $U = X$. Dann ist $f_n \in C_b(X)$, und da für alle $a, b \in \mathbb{R}$ gilt

$$|\min(1, a) - \min(1, b)| \leq |a - b| \, ,$$

ist f_n nach (*) gleichmäßig stetig auf X. Ferner gilt $f_n \leq f_{n+1}$, $f_n \uparrow \chi_U$, also (monotone Konvergenz)

$$\mu(U) = \lim_{n \to \infty} \int_X f_n \, d\mu = \lim_{n \to \infty} \int_X f_n \, d\nu = \nu(U) \, .$$

Daher stimmen μ und ν auf allen offenen Teilmengen von X überein, also auch auf allen abgeschlossenen Mengen, denn μ und ν sind endlich und $\mu(X) = \nu(X)$. Nach Satz 4.1 folgt nun die Behauptung. $\square$

Für lokal-kompakte Hausdorff-Räume X bietet sich folgende Variante der Definition 4.5 an:

4.7 Definition. Sind X ein lokal-kompakter Hausdorff-Raum und $\mu, \mu_n (n \in \mathbb{N})$ Radon-Maße auf $\mathfrak{B}(X)$, so heißt $(\mu_n)_{n \geq 1}$ *vage konvergent* gegen μ, wenn für alle $f \in C_c(X)$ gilt

$$\lim_{n \to \infty} \int_X f \, d\mu_n = \int_X f \, d\mu \, .$$

Dieser Begriff wird von BOURBAKI [1] und BAUER [1], [2] eingehend untersucht. Die vage Konvergenz wird beschrieben durch die *vage Topologie* auf der Menge der Radon-Maße; dieses ist die gröbste Topologie, bez. welcher alle Abbildungen

$$\mu \longmapsto \int_X f \, d\mu \quad (f \in C_c(X))$$

stetig sind. Eine Umgebungsbasis des Radon-Maßes μ_0 bez. der vagen Topologie wird gebildet vom System aller Mengen von Radon-Maßen μ mit

$$\left| \int_X f_j \, d\mu - \int_X f_j \, d\mu_0 \right| < \varepsilon \quad \text{für alle } j = 1, \dots, n \,,$$

wobei $f_1, \dots, f_n \in C_c(X), n \in \mathbb{N}, \varepsilon > 0$. – Nach dem Darstellungssatz 2.5 von F. Riesz ist der Limes einer vage konvergenten Folge von Radon-Maßen eindeutig bestimmt.

Zwischen vager und schwacher Konvergenz von Folgen endlicher Maße besteht z.B. im Falle $(X, \mathfrak{B}) = (\mathbb{R}, \mathfrak{B}^1)$ ein wesentlicher Unterschied: Gilt $\mu_n \xrightarrow{w} \mu$, so kann man in (4.3) $f = 1$ wählen und erhält: $\mu_n(X) \to \mu(X)$ $(n \to \infty)$, d.h., „es geht keine Masse verloren". Wählen wir dagegen $\mu_n(B) := \chi_B(n)$ $(B \in \mathfrak{B}^1, n \in \mathbb{N})$, so konvergiert die Folge $(\mu_n)_{n \geq 1}$ vage gegen $\mu = 0$, aber es ist $\mu_n(\mathbb{R}) = 1$ $(n \in \mathbb{N})$, während $\mu(\mathbb{R}) = 0$ ist, d.h., in diesem Beispiel „geht bei der vagen Konvergenz von $(\mu_n)_{n \geq 1}$ gegen μ sämtliche Masse verloren". Im Folgenden werden wir uns bevorzugt mit schwacher Konvergenz von endlichen Maßen auf metrischen Räumen beschäftigen; die vage Konvergenz kommt namentlich in Abschnitt 4 zum Zuge.

Der Begriff der schwachen Konvergenz hängt folgendermaßen mit den in Kapitel VI studierten Konvergenzbegriffen zusammen:

4.8 Satz. *Es seien $(Y, \mathfrak{C}, \nu)$ ein endlicher Maßraum und $f_n, f : Y \to \mathbb{R}$ $(n \in \mathbb{N})$ messbare Funktionen mit $f_n \to f$ n.M. Ferner seien $\mu_n := f_n(\nu), \mu := f(\nu)$ die zugehörigen Bildmaße auf $\mathfrak{B}^1$. Dann gilt*

$$(4.4) \qquad\qquad\qquad\qquad \mu_n \xrightarrow{w} \mu \,.$$

Insbesondere gilt (4.4), falls $f_n \to f$ ν-f.ü.

Dieser Satz gilt sinngemäß auch für messbare Funktionen $f_n, f : Y \to X$ mit Werten in einem separablen (!) metrischen Raum. Zum Beweis verwendet man Aufgabe VI.4.5 zusammen mit der Schlussweise des folgenden Beweises (s. Aufgabe 4.1).

Beweis von Satz 4.8. Es seien $g \in C_b(\mathbb{R})$ und $(f_{n_k})_{k \geq 1}$ eine Teilfolge von $(f_n)_{n \geq 1}$. Nach Satz VI.4.13 gibt es eine Teilfolge $(f_{n_{k_l}})_{l \geq 1}$, die ν-f.ü. gegen f konvergiert. Nun konvergiert $(g \circ f_{n_{k_l}})_{l \geq 1}$ ν-f.ü. gegen $g \circ f$, g ist beschränkt, und ν ist endlich. Daher liefert der Satz von der majorisierten Konvergenz zusammen mit der allgemeinen Transformationsformel V.3.1 für $l \to \infty$:

$$\int_{\mathbb{R}} g \, d\mu_{n_{k_l}} = \int_Y g \circ f_{n_{k_l}} \, d\nu \to \int_Y g \circ f \, d\nu = \int_{\mathbb{R}} g \, d\mu \,,$$

d.h. $\mu_{n_{k_l}} \overset{w}{\to} \mu$. Wir haben damit gezeigt: Jede Teilfolge von $(\mu_n)_{n\geq 1}$ hat eine schwach gegen μ konvergente Teilfolge. Hieraus folgt aber die schwache Konvergenz $\mu_n \overset{w}{\to} \mu$, denn wäre $(\mu_n)_{n\geq 1}$ nicht schwach konvergent gegen μ, so gäbe es ein $g \in C_b(\mathbb{R})$, ein $\varepsilon > 0$ und eine Teilfolge $(\mu_{n_k})_{k\geq 1}$ von μ, so dass

$$(4.5) \qquad \left| \int_{\mathbb{R}} g \, d\mu_{n_k} - \int_{\mathbb{R}} g \, d\mu \right| \geq \varepsilon$$

für alle $k \in \mathbb{N}$. Nach dem oben Bewiesenen hat aber $(\mu_{n_k})_{k\geq 1}$ eine schwach gegen μ konvergente Teilfolge im Widerspruch zu (4.5). Es folgt: $\mu_n \overset{w}{\to} \mu$. – Die zweite Behauptung folgt aus Satz VI.4.5. $\qquad \square$

Ist in der Situation des Satzes 4.8 das Maß ν ein *Wahrscheinlichkeitsmaß* (d.h. $\nu(Y) = 1$), so nennt man eine messbare Funktion $f : Y \to \mathbb{R}$ eine (reellwertige) *Zufallsgröße* und das Bildmaß $f(\nu)$ die *Verteilung* von f. Statt von „Konvergenz nach Maß" spricht man dann von „*Konvergenz nach Wahrscheinlichkeit*" und anstelle von schwacher Konvergenz spricht man von *Verteilungskonvergenz*. Im Sinne dieser Terminologie besagt Satz 4.8: *Jede nach Wahrscheinlichkeit konvergente Folge von Zufallsgrößen ist verteilungskonvergent* (mit gleichem Limes).

3. Das Portmanteau-Theorem. Es seien X ein metrischer Raum, $\mu_n, \mu \in \mathbf{M}^+(\mathfrak{B})$ $(n \in \mathbb{N})$, und es gelte $\mu_n \overset{w}{\to} \mu$. Wählen wir in (4.3) speziell $f = 1$, so folgt

$$\lim_{n \to \infty} \mu_n(X) = \mu(X) \,.$$

Andererseits wissen wir aus Beispiel 4.4, dass die Gl. $\lim_{n\to\infty} \mu_n(B) = \mu(B)$ nicht uneingeschränkt für alle Borel-Mengen $B \subset X$ richtig sein kann. Die genauere Analyse lehrt, dass hier das Verhalten von μ auf dem Rande von B entscheidend ist.

4.9 Definition. Ist μ ein Borel-Maß auf dem topologischen Raum X, so heißt eine Menge $B \in \mathfrak{B}(X)$ *μ-randlos*, wenn der Rand $\partial B := \overline{B} \setminus \overset{\circ}{B}$ eine μ-Nullmenge ist.

Das folgende sog. *Portmanteau-Theorem*[21] gibt nun eine Reihe von Bedingungen an, die zur schwachen Konvergenz $\mu_n \overset{w}{\to} \mu$ äquivalent sind. Dieses Theorem lässt sich bis in die Anfänge der topologischen Maßtheorie zurückverfolgen (s. A.D. ALEXANDROFF [1]).

4.10 Portmanteau-Theorem. *Es seien X ein metrischer Raum und $\mu_n, \mu \in \mathbf{M}^+(\mathfrak{B})$ $(n \in \mathbb{N})$. Dann sind folgende Aussagen äquivalent:*

---

[21]Das engl. Wort *portmanteau* bezeichnet einen Lederkoffer oder Mantelsack zum Transport von Kleidung auf Reisen. Im übertragenen Sinn bedeutet *Portmanteau-Theorem* hier einen Satz, der Hilfsmittel enthält, die man zum Weiterkommen braucht. – In der zweiten Aufl. des Klassikers BILLINGSLEY [2] wird in diesem Zusammenhang eine berüchtigte Arbeit von JEAN-PIERRE PORTMANTEAU zitiert. Neuere historische Forschungen sollen ergeben haben, dass es sich hierbei um einen Abkömmling des weit verzweigten frz. Adelshauses der *Portemanteau de Bourbaki* handelt.

a) $\mu_n \xrightarrow{w} \mu$.

b) *Für jede gleichmäßig stetige, beschränkte Funktion* $f : X \to \mathbb{R}$ *gilt*

$$\lim_{n\to\infty} \int_X f \, d\mu_n = \int_X f \, d\mu \ .$$

c) *Es ist* $\lim_{n\to\infty} \mu_n(X) = \mu(X)$, *und für jede abgeschlossene Menge* $A \subset X$ *gilt*

$$\overline{\lim_{n\to\infty}} \ \mu_n(A) \leq \mu(A) \ .$$

d) *Es ist* $\lim_{n\to\infty} \mu_n(X) = \mu(X)$, *und für jede offene Menge* $U \subset X$ *gilt*

$$\underline{\lim_{n\to\infty}} \ \mu_n(U) \geq \mu(U) \ .$$

e) *Für jede* μ-*randlose Borel-Menge* $B \subset X$ *gilt*

$$\lim_{n\to\infty} \mu_n(B) = \mu(B) \ .$$

Beweis. a) $\Rightarrow$ b): trivial.

b) $\Rightarrow$ c): Wählt man in b) $f = 1$, so folgt zunächst: $\mu_n(X) \to \mu(X)$. Sei $A \subset X$ abgeschlossen: Für $A = \emptyset$ ist nichts zu tun. Sei $A \neq \emptyset$ und $\varepsilon > 0$. Die Menge

$$U_m := \left\{ x \in X : d(x, A) < \frac{1}{m} \right\} \quad (m \in \mathbb{N})$$

ist eine offene Obermenge von A und $U_m \downarrow A$, denn A ist abgeschlossen. Wir wählen $k \in \mathbb{N}$ so groß, dass $\mu(U_k) < \mu(A) + \varepsilon$. Die Funktion $f : X \to \mathbb{R}, f(x) := \max(1 - kd(x, A), 0) \quad (x \in X)$ ist offenbar beschränkt und gleichmäßig stetig, denn für alle $x, y \in X$ ist $|d(x, A) - d(y, A)| \leq d(x, y)$. Nach Voraussetzung gilt daher

$$\lim_{n\to\infty} \int_X f \, d\mu_n = \int_X f \, d\mu \ ,$$

und wegen $\chi_A \leq f \leq \chi_{U_k}$ resultiert

$$\overline{\lim_{n\to\infty}} \ \mu_n(A) \ \leq \ \lim_{n\to\infty} \int_X f \, d\mu_n = \int_X f \, d\mu$$
$$\leq \ \mu(U_k) \leq \mu(A) + \varepsilon \ .$$

Da dies für alle $\varepsilon > 0$ gilt, folgt Aussage c).

c) $\Longleftrightarrow$ d): klar (Komplementbildung).

d) $\Rightarrow$ e): Mit d) gilt auch c). Sei $B \in \mathfrak{B}, \mu(\partial B) = 0$. Dann ist $\mu(\mathring{B}) = \mu(B) = \mu(\overline{B})$, also folgt aus d) und c):

$$\mu(B) \ = \ \mu(\mathring{B}) \ \leq \ \underline{\lim_{n\to\infty}} \ \mu_n(\mathring{B}) \ \leq \ \underline{\lim_{n\to\infty}} \ \mu_n(B)$$
$$\leq \ \overline{\lim_{n\to\infty}} \ \mu_n(B) \ \leq \ \overline{\lim_{n\to\infty}} \ \mu_n(\overline{B}) \ \leq \ \mu(\overline{B}) = \mu(B) \ ,$$

und Aussage e) ist bewiesen.

e) $\Rightarrow$ a): Nach e) gilt zunächst $\mu_n(X) \to \mu(X)$, denn $\partial X = \emptyset$; insbesondere ist die Folge $(\mu_n(X))_{n \geq 1}$ beschränkt. Wegen der Linearität des Integrals und $\mu_n(X) \to \mu(X)$ können wir zum Beweis von a) gleich annehmen: $f \in C_b(X), 0 < f < M$ $(M > 0)$. Nach Aufgabe V.1.12 ist dann

$$\int_X f \, d\mu = \int_0^M \mu(\{f > t\}) \, dt \,,$$

und Entsprechendes gilt für μ_n statt μ. Wegen der Stetigkeit von f ist[22] $\partial\{f > t\} \subset \{f = t\}$, und zufolge der Endlichkeit von μ gibt es eine abzählbare Menge $C \subset \mathbb{R}$, so dass $\mu(\{f = t\}) = 0$ für alle $t \in \mathbb{R} \setminus C$. Daher ist $\{f > t\}$ für alle $t \in \mathbb{R} \setminus C$ eine μ-randlose Menge, und nach e) folgt mithilfe des Satzes von der majorisierten Konvergenz für $n \to \infty$

$$\int_X f \, d\mu_n = \int_0^M \mu_n(\{f > t\}) \, dt$$

$$\to \int_0^M \mu(\{f > t\}) \, dt = \int_X f \, d\mu \,.$$

$\square$

Im Portmanteau-Theorem ist unter c) und d) die Bedingung „$\mu_n(X) \to \mu(X)$" nicht entbehrlich, denn die übrigen Bedingungen unter c) bleiben z.B. richtig, wenn man unter die Folge $(\mu_n)_{n \geq 1}$ unendlich oft das Maß 0 „mischt", aber dabei bleibt a) nicht notwendig richtig. – Die Aufgaben 4.6, 4.7 enthalten Ergänzungen zum Portmanteau-Theorem.

4. Schwache Konvergenz von Verteilungsfunktionen und die Sätze von HELLY-BRAY und HELLY. Jedem Wahrscheinlichkeitsmaß $\mu : \mathfrak{B}^1 \to [0, 1]$ haben wir in Abschnitt II.5.3 seine *Verteilungsfunktion* $F : \mathbb{R} \to \mathbb{R}$,

(4.6) $$F(x) := \mu(] - \infty, x]) \quad (x \in \mathbb{R})$$

zugeordnet. Allgemeiner definieren wir jetzt für jedes *endliche* Maß $\mu : \mathfrak{B}^1 \to [0, \infty[$ eine *Verteilungsfunktion F* vermöge (4.6), und wir nennen auch alle Funktionen $F + c$ $(c \in \mathbb{R})$ *Verteilungsfunktionen von μ* (vgl. Korollar II.2.3). Ohne a priori ein Maß vorgegeben zu haben, verstehen wir im Folgenden unter einer *Verteilungsfunktion* jede *wachsende, rechtsseitig stetige, beschränkte* Funktion $F : \mathbb{R} \to \mathbb{R}$; jedes solche F definiert vermöge

$$\mu(]a, b]) := F(b) - F(a) \quad (a < b)$$

ein endliches Maß $\mu : \mathfrak{B}^1 \to [0, \infty[$. Ist F eine Verteilungsfunktion, so setzen wir

(4.7) $$\|F\| := \lim_{x \to \infty} (F(x) - F(-x)) \,.$$

---

[22]Die Inklusion kann echt sein (z.B. im Fall eines diskreten Raums).

Wie in Abschnitt II.2.2 nennen wir zwei Verteilungsfunktionen $F, G : \mathbb{R} \to \mathbb{R}$ *äquivalent*, wenn $F - G$ konstant ist, und bezeichnen mit $[F]$ die Äquivalenzklasse von F. Dann gilt wie in Abschnitt II.5.3: *Die Zuordnung $\mu \mapsto [F]$ definiert eine Bijektion zwischen der Menge der endlichen Maße auf $\mathfrak{B}^1$ und der Menge der Äquivalenzklassen von Verteilungsfunktionen $F : \mathbb{R} \to \mathbb{R}$; dabei gilt*

$$(4.8) \qquad\qquad \|\mu\| = \|F\| \ .$$

4.11 Definition. Die Folge der Verteilungsfunktionen $F_n : \mathbb{R} \to \mathbb{R}$ $(n \in \mathbb{N})$ heißt *vage konvergent* gegen die Verteilungsfunktion $F : \mathbb{R} \to \mathbb{R}$, falls *für alle Stetigkeitspunkte $x \in \mathbb{R}$ von F gilt:*

$$\lim_{n \to \infty} F_n(x) = F(x) \ .$$

Gilt zusätzlich $\|F_n\| \to \|F\|$ $(n \to \infty)$, so heißt $(F_n)_{n \geq 1}$ *schwach konvergent* gegen F; *Schreibweise:* $F_n \overset{w}{\to} F$.

Der Limes jeder vage konvergenten Folge $(F_n)_{n \geq 1}$ von Verteilungsfunktionen ist eindeutig bestimmt: Sind nämlich F, G Verteilungsfunktionen und konvergiert $(F_n)_{n \geq 1}$ vage gegen F und gegen G, so ist $F(x) = G(x)$ für alle $x \in \mathbb{R}$, in denen F und G beide stetig sind. Da F und G als monotone Funktionen je höchstens abzählbar viele Unstetigkeitsstellen haben, ist die Menge der gemeinsamen Stetigkeitspunkte von F und G dicht in $\mathbb{R}$, und die rechtsseitige Stetigkeit von F und G impliziert $F = G$.

Aus der vagen Konvergenz der Verteilungsfunktionen F_n gegen die Verteilungsfunktion F folgt nicht notwendig $\|F_n\| \to \|F\|$: Ist z.B. F_0 irgendeine nicht konstante Verteilungsfunktion und $F_n(x) := F_0(x + n)$ $(x \in \mathbb{R}, n \in \mathbb{N})$, so konvergiert $(F_n)_{n \geq 1}$ vage gegen die konstante Verteilungsfunktion $F := \lim_{t \to \infty} F_0(t)$, aber es ist $\|F_n\| = \|F_0\| > 0$ und $\|F\| = 0$. Bei der vagen Konvergenz von Verteilungsfunktionen kann also (ähnlich wie bei der vagen Konvergenz von Maßen) „Masse verloren gehen".

4.12 Satz. *Es seien μ_n $(n \in \mathbb{N})$, μ endliche Maße auf $\mathfrak{B}^1$ mit zugehörigen Verteilungsfunktionen $F_n, F : \mathbb{R} \to \mathbb{R}$. Dann sind folgende Aussagen äquivalent:*
a) $\mu_n \overset{w}{\to} \mu$.
b) *Mit geeigneten Konstanten $c_n \in \mathbb{R}$ $(n \in \mathbb{N})$ gilt $F_n - c_n \overset{w}{\to} F$ $(n \to \infty)$.*

Beweis. a) $\Rightarrow$ b): Ohne Beschränkung der Allgemeinheit können wir annehmen, dass F_n, F gemäß (4.6) festgelegt sind. Aus $\mu_n \overset{w}{\to} \mu$ folgt zunächst $\|\mu_n\| \to \|\mu\|$, und mit (4.8) ergibt sich $\|F_n\| \to \|F\|$. Aus $\mu_n \overset{w}{\to} \mu$ folgt ferner die vage Konvergenz von $(F_n)_{n \geq 1}$ gegen F mithilfe der Implikation „a) $\Rightarrow$ e)" des Portmanteau-Theorems. Dabei ist zu beachten, dass das Intervall $]-\infty, x]$ genau dann μ-randlos ist, wenn x ein Stetigkeitspunkt von F ist, denn nach Beispiel II.4.7 ist $\mu(\{x\}) = F(x) - F(x - 0)$.
b) $\Rightarrow$ a): Wir zeigen, dass Aussage d) des Portmanteau-Theorems erfüllt ist. Zunächst gilt: $\mu_n(X) = \|F_n\| \to \|F\| = \mu(X)$. Sei ferner $U \subset \mathbb{R}$ offen. Ist

$U = \emptyset$, so ist nichts zu tun; sei $U \neq \emptyset$ und $\varepsilon > 0$. Dann ist U eine abzählbare Vereinigung disjunkter, nicht-leerer, offener Intervalle $I_j \subset \mathbb{R}$ $(j \geq 1)$, und es gibt ein $N \in \mathbb{N}$ mit

$$\mu \left(\bigcup_{j=1}^{N} I_j \right) > \mu(U) - \frac{\varepsilon}{2} \,.$$

Zu jedem $j = 1, \ldots, N$ können wir ein Intervall der Form $]a_j, b_j] \subset I_j$ $(a_j < b_j)$ wählen mit

$$\mu(]a_j, b_j]) > \mu(I_j) - \varepsilon \cdot 2^{-j-1} \,.$$

(Das folgt aus der Beziehung $\mu(]\alpha, \beta[) = F(\beta - 0) - F(\alpha)$ (s. Beispiel II.4.7) und der rechtsseitigen Stetigkeit von F.) Dabei können wir zusätzlich die a_j, b_j $(j = 1, \ldots, N)$ als Stetigkeitspunkte von F wählen. Dann folgt:

$$\begin{aligned}
\varliminf_{n \to \infty} \mu_n(U) &\geq \varliminf_{n \to \infty} \mu_n \left(\bigcup_{j=1}^{N}]a_j, b_j] \right) \\
&= \lim_{n \to \infty} \sum_{j=1}^{N} (F_n(b_j) - F_n(a_j)) = \sum_{j=1}^{N} (F(b_j) - F(a_j)) \\
&= \mu \left(\bigcup_{j=1}^{N}]a_j, b_j] \right) > \mu(U) - \varepsilon \,,
\end{aligned}$$

d.h. es ist $\varliminf_{n \to \infty} \mu_n(U) \geq \mu(U)$. Die Implikation „d) $\Rightarrow$ a)" des Portmanteau-Theorems ergibt nun die Behauptung. $\qquad \square$

4.13 Satz von HELLY-BRAY. *Konvergiert die Folge der Verteilungsfunktionen $F_n : \mathbb{R} \to \mathbb{R}$ schwach gegen die Verteilungsfunktion $F : \mathbb{R} \to \mathbb{R}$, so gilt für jedes $g \in C_b(\mathbb{R})$:*

$$\lim_{n \to \infty} \int_{\mathbb{R}} g \, dF_n = \int_{\mathbb{R}} g \, dF \,.$$

Beweis. Nach Satz 4.12 konvergiert die Folge der endlichen Maße $\mu_n : \mathfrak{B}^1 \to [0, \infty[$, die den F_n entsprechen, schwach gegen das endliche Maß $\mu : \mathfrak{B}^1 \to [0, \infty[$, das zu F gehört. $\qquad \square$

4.14 Satz von HELLY-BRAY. *Konvergiert die Folge der Verteilungsfunktionen $F_n : \mathbb{R} \to \mathbb{R}$ vage gegen die Verteilungsfunktion $F : \mathbb{R} \to \mathbb{R}$, so gilt für jedes $g \in C_c(\mathbb{R})$:*

$$\lim_{n \to \infty} \int_{\mathbb{R}} g \, dF_n = \int_{\mathbb{R}} g \, dF \,.$$

Beweis. Es sei $g \in C_c(\mathbb{R})$. Wir wählen Stetigkeitspunkte a, b von F mit $\operatorname{Tr} g \subset$

$[a + 1, b - 1]$ und setzen für $x \in \mathbb{R}, n \in \mathbb{N}$:

$$G_n(x) := \begin{cases} F_n(a) & \text{für} \quad x \leq a\,, \\ F_n(x) & \text{für} \quad a \leq x \leq b\,, \\ F_n(b) & \text{für} \quad x \geq b\,, \end{cases}$$

$$G(x) := \begin{cases} F(a) & \text{für} \quad x \leq a\,, \\ F(x) & \text{für} \quad a \leq x \leq b\,, \\ F(b) & \text{für} \quad x \geq b\,. \end{cases}$$

Dann sind G_n, G Verteilungsfunktionen mit $G_n \overset{w}{\to} G$, denn für alle Stetigkeitspunkte $x \in \mathbb{R}$ von G gilt $\lim_{n \to \infty} G_n(x) = G(x)$, und zusätzlich gilt $\|G_n\| = F_n(b) - F_n(a) \to F(b) - F(a) = \|G\|$ $(n \to \infty)$. Nach Satz 4.13 folgt daher

$$\lim_{n \to \infty} \int_{\mathbb{R}} g\, dG_n = \int_{\mathbb{R}} g\, dG\,.$$

Wegen $\operatorname{Tr} g \subset [a + 1, b - 1]$ ist aber

$$\int_{\mathbb{R}} g\, dG_n = \int_{\mathbb{R}} g\, dF_n\,, \quad \int_{\mathbb{R}} g\, dG = \int_{\mathbb{R}} g\, dF\,,$$

und es folgt die Behauptung. $\qquad\qquad\qquad\qquad\qquad\qquad\qquad\qquad\qquad \square$

4.15 Satz. *Sind $F, F_n : \mathbb{R} \to \mathbb{R}$ $(n \in \mathbb{N})$ Verteilungsfunktionen, so sind folgende Aussagen äquivalent:*
a) *Es gibt Konstanten $c_n \in \mathbb{R}$, so dass $(F_n - c_n)_{n \geq 1}$ vage gegen F konvergiert.*
b) *Für jedes $g \in C_c(\mathbb{R})$ gilt*

$$\lim_{n \to \infty} \int_{\mathbb{R}} g\, dF_n = \int_{\mathbb{R}} g\, dF\,.$$

Beweis. a) $\Rightarrow$ b): Satz 4.14 von HELLY-BRAY.
b) $\Rightarrow$ a): Es seien $a, b \in \mathbb{R}$ Stetigkeitspunkte von $F, a < b, \varepsilon > 0, a + \varepsilon < b - \varepsilon$, und ε sei so gewählt, dass auch $a \pm \varepsilon, b \pm \varepsilon$ Stetigkeitspunkte sind von F. Ferner sei $g_\varepsilon \in C_c(\mathbb{R})$ definiert durch

$$g_\varepsilon(x) := \begin{cases} 0 & \text{für} \quad x \notin [a, b]\,, \\ \varepsilon^{-1}(x - a) & \text{für} \quad a \leq x \leq a + \varepsilon\,, \\ 1 & \text{für} \quad a + \varepsilon \leq x \leq b - \varepsilon\,, \\ \varepsilon^{-1}(b - x) & \text{für} \quad b - \varepsilon \leq x \leq b\,. \end{cases}$$

Dann ist wegen Voraussetzung b)

$$F(b - \varepsilon) - F(a + \varepsilon) \leq \int_{\mathbb{R}} g_\varepsilon\, dF$$

$$= \lim_{n \to \infty} \int_{\mathbb{R}} g_\varepsilon\, dF_n \leq \varliminf_{n \to \infty} (F_n(b) - F_n(a))\,.$$

Lässt man hier ε eine Nullfolge von Werten ε_k durchlaufen, so dass alle Punkte $a + \varepsilon_k, b - \varepsilon_k$ Stetigkeitspunkte sind von F, so erhalten wir

$$F(b) - F(a) \leq \varliminf_{n \to \infty} (F_n(b) - F_n(a)) .$$

Wenden wir die gleiche Schlussweise an auf die Funktion $h_\varepsilon \in C_c(\mathbb{R})$,

$$h_\varepsilon(x) := \begin{cases} 0 & \text{für} \quad x \notin [a - \varepsilon, b + \varepsilon] , \\ \varepsilon^{-1}(x - (a - \varepsilon)) & \text{für} \quad a - \varepsilon \leq x \leq a , \\ 1 & \text{für} \quad a \leq x \leq b , \\ \varepsilon^{-1}(b + \varepsilon - x) & \text{für} \quad b \leq x \leq b + \varepsilon , \end{cases}$$

so folgt

$$\begin{aligned} \varlimsup_{n \to \infty} (F_n(b) - F_n(a)) &\leq \lim_{n \to \infty} \int_{\mathbb{R}} h_\varepsilon \, dF_n \\ &= \int_{\mathbb{R}} h_\varepsilon \, dF \leq F(b + \varepsilon) - F(a - \varepsilon) , \end{aligned}$$

also:

$$\varlimsup_{n \to \infty} (F_n(b) - F_n(a)) \leq F(b) - F(a) .$$

Damit haben wir gezeigt: Für alle Stetigkeitspunkte $a, b \in \mathbb{R}$ von F gilt

$$\lim_{n \to \infty} (F_n(b) - F_n(a)) = F(b) - F(a) .$$

(Hier brauchen wir die Voraussetzung $a < b$ nicht mehr.) Wählen wir nun irgendeinen Stetigkeitspunkt a_0 von F und setzen $c_n := F_n(a_0) - F(a_0)$, so besagt die letzte Gleichung: Für alle Stetigkeitspunkte $x \in \mathbb{R}$ von F gilt

$$\lim_{n \to \infty} (F_n(x) - c_n) = F(x) ,$$

und das war gerade zu zeigen. $\qquad\square$

Die Sätze 4.12 und 4.15 lehren, dass die schwache bzw. vage Konvergenz der (ggf. um geeignete Konstanten abgeänderten) Verteilungsfunktionen gerade der schwachen bzw. vagen Konvergenz der zugehörigen Maße entspricht.

4.16 Auswahlsatz von HELLY (1912). a) *Jede gleichmäßig beschränkte Folge von Verteilungsfunktionen $F_n : \mathbb{R} \to \mathbb{R}$ hat eine vage konvergente Teilfolge.*
b) *Jede beschränkte Folge $(\mu_n)_{n \geq 1}$ von Maßen auf $\mathfrak{B}^1$ hat eine vage konvergente Teilfolge.*

Beweis. a) Die Folge $(F_n)_{n \geq 1}$ heißt gleichmäßig beschränkt, wenn es ein $M > 0$ gibt, so dass $|F_n(x)| \leq M$ für alle $x \in \mathbb{R}, n \in \mathbb{N}$. Wir beweisen die Behauptung mithilfe des Cantorschen Diagonalverfahrens. Dazu sei $(r_j)_{j \geq 1}$ eine Abzählung von $\mathbb{Q}$. Die Folge $(F_n(r_1))_{n \geq 1}$ ist beschränkt, hat also nach dem Satz von BOLZANO-WEIERSTRASS eine konvergente Teilfolge $(F_{1n}(r_1))_{n \geq 1}$. Nun ist die

Folge $(F_{1n}(r_2))_{n\geq 1}$ beschränkt, hat also eine konvergente Teilfolge $(F_{2n}(r_2))_{n\geq 1}$, usw. Die k-te Teilfolge $(F_{kn}(r_k))_{n\geq 1}$ konvergiert, und da (F_{kn}) eine Teilfolge aller zuvor gewählten Teilfolgen $(F_{jn})_{n\geq 1}$ $(j = 1, \ldots, k-1)$ ist, konvergiert $(F_{kn}(r_j))_{n\geq 1}$ für alle $j = 1, \ldots, k$. Nehmen wir nun aus dem Schema der F_{kn} die „Diagonalfolge" der $(F_{nn})_{n\geq 1}$, so ist $(F_{nn}(r_j))_{n\geq j}$ eine Teilfolge von $(F_{jn}(r_j))_{n\geq 1}$, also konvergiert $(F_{nn}(r_j))_{n\geq 1}$ für jedes $j \in \mathbb{N}$.

Wir gehen zur üblichen Notation für Teilfolgen über und stellen fest: Es gibt eine Teilfolge $(F_{n_k})_{k\geq 1}$ von $(F_n)_{n\geq 1}$ und eine Funktion $G : \mathbb{Q} \to \mathbb{R}$, so dass

$$\lim_{k\to\infty} F_{n_k}(r) = G(r) \quad \text{für alle } r \in \mathbb{Q} \,.$$

Offenbar ist die Funktion $G : \mathbb{Q} \to \mathbb{R}$ wachsend. Setzen wir nun für $x \in \mathbb{R}$

$$F(x) := \inf\{G(r) : r \in \mathbb{Q}, r > x\} \,,$$

so ist F rechtsseitig stetig, wachsend und beschränkt, d.h. F ist eine Verteilungsfunktion. Zum Abschluss des Beweises zeigen wir: $(F_{n_k})_{k\geq 1}$ konvergiert vage gegen F. Dazu seien $x \in \mathbb{R}$ ein Stetigkeitspunkt von F und $\varepsilon > 0$. Dann gibt es ein $\delta > 0$, so dass

$$F(x) - \varepsilon < F(y) \leq F(z) < F(x) + \varepsilon$$

für alle y, z mit $x - \delta < y < x < z < x + \delta$. Zu y, z gibt es $s, t \in \mathbb{Q}$ mit $y < s < x < z < t < x + \delta$, so dass

$$F(x) - \varepsilon < F(y) \leq G(s) \leq G(t) < F(x) + \varepsilon \,.$$

Wegen der Monotonie der F_{n_k} folgt hieraus:

$$F(x) - \varepsilon \; < \; \lim_{k\to\infty} F_{n_k}(s) \leq \varliminf_{k\to\infty} F_{n_k}(x)$$
$$\leq \; \varlimsup_{k\to\infty} F_{n_k}(x) \leq \lim_{k\to\infty} F_{n_k}(t) < F(x) + \varepsilon \,.$$

Da hier $\varepsilon > 0$ frei wählbar ist, erhalten wir: $\lim_{k\to\infty} F_{n_k}(x) = F(x)$.

b) Die Folge $(\mu_n)_{n\geq 1}$ heißt beschränkt, wenn die Folge $(\|\mu_n\|)_{n\geq 1}$ beschränkt ist. Ordnen wir μ_n gemäß (4.6) seine Verteilungsfunktion F_n zu, so ist die Folge $(F_n)_{n\geq 1}$ gleichmäßig beschränkt, hat also nach a) eine Teilfolge $(F_{n_k})_{k\geq 1}$, die vage gegen eine Verteilungsfunktion F konvergiert. Nach dem Satz 4.14 von HELLY-BRAY konvergiert dann $(\mu_{n_k})_{k\geq 1}$ vage gegen das zur Verteilungsfunktion F gehörige Maß μ. $\square$

Bemerkungen, historische Notizen. Der Satz 4.13 von HELLY-BRAY gilt auch bei Integration über ein kompaktes Intervall $[a, b]$, falls nur die Folge der rechtsseitig stetigen wachsenden Funktionen $F_n : [a, b] \to \mathbb{R}$ an allen Stetigkeitspunkten von F gegen die rechtsseitig stetige wachsende Funktion $F : [a, b] \to \mathbb{R}$ konvergiert *und* F in a und b stetig ist (s. LOÈVE [1]). Ferner gelten die Sätze von HELLY und HELLY-BRAY sinngemäß auch für Funktionen F_n von gleichmäßig beschränkter Variation (s. NATANSON [1]). – BRAY (1889–1978) (s. [1]) veröffentlicht seine Ergebnisse über Stieltjessche Integrale 1919 offenbar ohne zu wissen, dass HELLY (1884–1943) die Sätze 4.13, 4.14 und den wichtigen Auswahlsatz 4.16 schon 1912 als technische Hilfsmittel in einer Arbeit (s. HELLY [1]) entwickelte, die im Keim grundlegende Prinzipien der Funktionalanalysis enthält (Satz von BANACH-STEINHAUS, Satz von HAHN-BANACH). Eine Würdigung des dornenreichen Lebensweges und der wissenschaftlichen Leistungen von EDUARD HELLY findet man im Artikel von P.L. BUTZER et al.: EDUARD HELLY (1884–1943). Jahresber. Dtsch. Math.-Ver. 82, 128–151 (1980). Die Sätze von HELLY-BRAY und HELLY spielen insbesondere in der Wahrscheinlichkeitstheorie (in der Theorie der sog. charakteristischen Funktionen, der Fourier-Transformierten von Wahrscheinlichkeitsmaßen) eine bedeutende Rolle.

Der Begriff der schwachen Konvergenz von (signierten) Maßen wird implizit im Jahre 1911 eingeführt von F. RIESZ ([2], S. 798–827) in einer Arbeit, die sich mit dem Beweis und mit Anwendungen des Darstellungssatzes von F. RIESZ für stetige Linearformen auf $C[a, b]$ durch Stieltjessche Integrale (d.h. signierte Maße auf $[a, b]$) beschäftigt. Dort werden auf S. 814 Linearformen des Typs $f \mapsto \int_a^b f(x) \, d\alpha_m(x)$ betrachtet, wobei die Totalvariationen der Funktionen $\alpha_m (m \geq 1)$ gleichmäßig beschränkt sind. RIESZ zeigt dann mithilfe des Cantorschen Diagonalverfahrens, dass die Folge $(\alpha_m)_{m \geq 1}$ eine schwach konvergente Teilfolge hat. Damit beweist RIESZ de facto den Auswahlsatz von HELLY, aber er spricht den Satz nicht als selbstständiges Resultat aus, da seine Untersuchung andere Ziele verfolgt.

Auf der Grundlage des Satzes von HELLY könnten wir nun die schwach relativ folgenkompakten Teilfolgen von $\mathbf{M}^+(\mathfrak{B}^1)$ charakterisieren, doch stellen wir das zurück, da wir im nächsten Abschnitt mit dem Satz von PROCHOROV[2] ein wesentlich allgemeineres Resultat kennenlernen werden. Auch im Beweis des Satzes von PROCHOROV spielt das Cantorsche Diagonalverfahren eine tragende Rolle.

5. Der Satz von PROCHOROV[2]. Im ganzen Abschnitt 5 seien (X, d) ein metrischer Raum und $\mathfrak{B} = \mathfrak{B}(X)$.

4.17 Definition. Eine Menge $\mathcal{M} \subset \mathbf{M}^+(\mathfrak{B})$ heißt *(schwach) relativ folgenkompakt*, wenn jede Folge von Elementen aus $\mathcal{M}$ eine schwach konvergente Teilfolge besitzt, d.h. wenn zu jeder Folge von Elementen $\mu_n \in \mathcal{M}$ $(n \geq 1)$ eine Teilfolge $(\mu_{n_k})_{k \geq 1}$ und ein $\mu \in \mathbf{M}^+(\mathfrak{B})$ existieren mit $\mu_{n_k} \xrightarrow{w} \mu$.

Offenbar ist jede relativ folgenkompakte Menge $\mathcal{M} \subset \mathbf{M}^+(\mathfrak{B})$ *beschränkt* in dem Sinne, dass $\{\|\mu\| : \mu \in \mathcal{M}\}$ beschränkt ist.

Im Satz von PROCHOROV werden die relativ folgenkompakten Teilmengen von $\mathbf{M}^+(\mathfrak{B})$ mithilfe des Begriffs der *Straffheit* charakterisiert.

4.18 Definition. Eine Menge $\mathcal{M} \subset \mathbf{M}^+(\mathfrak{B})$ (X metrischer Raum) heißt *(gleichmäßig) straff*, wenn zu jedem $\varepsilon > 0$ ein Kompaktum $K \subset X$ existiert, so dass $\mu(K^c) < \varepsilon$ für alle $\mu \in \mathcal{M}$. Eine Folge $(\mu_n)_{n \geq 1}$ von Elementen aus $\mathbf{M}^+(\mathfrak{B})$ heißt *(gleichmäßig) straff*, wenn die Menge $\{\mu_n : n \in \mathbb{N}\}$ straff ist.

4.19 Beispiel. Es seien $(X, \mathfrak{B}) := (\mathbb{R}, \mathfrak{B}^1)$ und $\mu_a(B) := \chi_B(a)$ $(a \in \mathbb{R}, B \in \mathfrak{B}^1)$. Dann ist die Menge $\{\mu_n : n \in \mathbb{N}\}$ nicht straff, aber $\{\mu_{\frac{1}{n}} : n \in \mathbb{N}\}$ ist straff. Für beliebiges $A \subset \mathbb{R}$ gilt: $\{\mu_a : a \in A\}$ ist straff genau dann, wenn A beschränkt ist.

Eine straffe Menge $\mathcal{M} \subset \mathbf{M}^+(\mathfrak{B})$ braucht nicht beschränkt zu sein. (Beispiel: Man nehme auf $\mathbb{R}$ ein Borel-Maß $\mu \neq 0$ mit kompaktem Träger und setze $\mathcal{M} := \{\alpha\mu : \alpha > 0\}$.)

4.20 Satz (PROCHOROV[2] 1956). *Ist X ein polnischer Raum (d.h. ein vollständig metrisierbarer Raum mit abzählbarer Basis), so ist jede relativ folgenkompakte Menge $\mathcal{M} \subset \mathbf{M}^+(\mathfrak{B})$ straff und beschränkt.*

Da trivialerweise jede einelementige Teilmenge von $\mathbf{M}^+(\mathfrak{B})$ relativ folgenkompakt ist, erweist sich der Satz 1.16 von ULAM im Fall eines endlichen Maßes μ als Spezialfall von Satz 4.20. In der Tat wiederholt das wesentliche Argument im Beweis des Satzes 4.20 gerade die Schlussweise des schwierigsten Schrittes im Beweis des Satzes 1.16 von ULAM.

Beweis von Satz 4.20. Oben wurde bereits bemerkt, dass jede relativ folgenkompakte Menge $\mathcal{M} \subset \mathbf{M}^+(\mathfrak{B})$ beschränkt ist. – Zum Nachweis der Straffheit zeigen wir zunächst:

(A)   *Ist $(U_k)_{k \geq 1}$ eine wachsende Folge offener Teilmengen von X mit $\bigcup_{k \geq 1} U_k = X$, so gibt es zu jedem $\varepsilon > 0$ ein $m \in \mathbb{N}$, so dass $\mu(U_m^c) < \varepsilon$ für alle $\mu \in \mathcal{M}$.*

Begründung: Wäre die Aussage (A) falsch, so gäbe es eine solche Folge $(U_k)_{k \geq 1}$ und ein $\varepsilon > 0$ mit der Eigenschaft, dass man zu jedem $k \in \mathbb{N}$ ein $\mu_k \in \mathcal{M}$ finden könnte mit $\mu_k(U_k^c) \geq \varepsilon$. Die Folge $(\mu_k)_{k \geq 1}$ hätte nach Voraussetzung eine schwach konvergente Teilfolge. Wegen der Monotonie der Folge $(U_k)_{k \geq 1}$ dürften wir gleich ohne Beschränkung der Allgemeinheit annehmen, dass bereits die ursprüngliche Folge $(\mu_k)_{k \geq 1}$ schwach konvergiert: $\mu_k \overset{w}{\to} \mu$. Nach dem Portmanteau-Theorem könnten wir dann schließen: Für alle $k \in \mathbb{N}$ ist

$$\mu(U_k^c) \geq \varlimsup_{n \to \infty} \mu_n(U_k^c) \geq \varlimsup_{n \to \infty} \mu_n(U_n^c) \geq \varepsilon \,.$$

Da aber μ endlich ist und $U_k^c \downarrow \emptyset$, erhalten wir einen Widerspruch, und (A) ist bewiesen. –

Zum Beweis der Straffheit von $\mathcal{M}$ sei nun $\varepsilon > 0$. Wir wählen eine in X dichte Folge $(x_j)_{j \geq 1}$ und setzen bei festem $n \in \mathbb{N}$

$$U_{nk} := \bigcup_{j=1}^{k} K_{\frac{1}{n}}(x_j) \quad (k \in \mathbb{N}) \,.$$

Dann konvergiert die Folge $(U_{nk})_{k \geq 1}$ wachsend gegen X, und nach (A) gibt es zu jedem $n \in \mathbb{N}$ ein $k_n \in \mathbb{N}$, so dass

$$\mu(U_{nk_n}^c) < \varepsilon \cdot 2^{-n} \quad \text{für alle } \mu \in \mathcal{M}, n \in \mathbb{N} \,;$$

a fortiori ist also

$$\mu((\overline{U}_{nk_n})^c) < \varepsilon \cdot 2^{-n} \quad \text{für alle } \mu \in \mathcal{M}, n \in \mathbb{N}.$$

Die gleichen Argumente wie im Beweis des Satzes 1.16 von ULAM lehren nun: $K := \bigcap_{n=1}^{\infty} \overline{U}_{nk_n}$ ist kompakt und $\mu(K^c) < \varepsilon$ für alle $\mu \in \mathcal{M}$. Daher ist $\mathcal{M}$ straff. □

4.21 Korollar. *Jede schwach konvergente Folge von Maßen $\mu_n \in \mathbf{M}^+(\mathfrak{B}^p)$ ($n \geq$ 1) ist straff (und beschränkt).*

Beweis. Ist $(\mu_n)_{n\geq 1}$ schwach konvergent, so ist $\mathcal{M} := \{\mu_n : n \in \mathbb{N}\}$ relativ folgenkompakt, und Satz 4.20 liefert die Behauptung. □

In Satz 4.20 gilt auch die umgekehrte Implikation, und zwar für beliebige metrische Räume. Das ist die beweistechnisch „schwierigere Hälfte" des Satzes 4.23 von PROCHOROV, während Satz 4.20 als die „einfachere Hälfte" anzusehen ist. Bei Anwendungen des Satzes von PROCHOROV kommt meist die folgende „schwierigere Hälfte" zum Zuge:

4.22 Satz (PROCHOROV[2] 1956). *Ist X ein metrischer Raum, so ist jede straffe und beschränkte Menge $\mathcal{M} \subset \mathbf{M}^+(\mathfrak{B})$ relativ folgenkompakt.*

Beweis (nach BILLINGSLEY [3] und [2], second ed.). Es sei $(\mu_n)_{n\geq 1}$ eine Folge von Elementen aus $\mathcal{M}$. Zur Konstruktion einer schwach konvergenten Teilfolge von $(\mu_n)_{n\geq 1}$ benutzen wir folgenden
Ansatz: Da $(\mu_n)_{n\geq 1}$ straff ist, gibt es eine wachsende Folge kompakter Mengen $K_m \subset X$ ($m \in \mathbb{N}$), so dass

$$(4.9) \qquad \mu_n(K_m^c) < \frac{1}{m} \quad \text{für alle } m, n \in \mathbb{N}.$$

Jedes K_m ($m \in \mathbb{N}$) ist ein kompakter metrischer Raum, also separabel, folglich ist auch $L := \bigcup_{m=1}^{\infty} K_m$ ein separabler Teilraum von X. (Man beachte hier, dass X nicht σ-kompakt zu sein braucht; aber: Das Komplement der σ-kompakten Menge L ist eine μ_n-Nullmenge für alle $n \in \mathbb{N}$.) Wir wählen eine abzählbare dichte Menge $D \subset L$ und betrachten die (abzählbare) Menge $\mathfrak{K}$ aller Kugeln $K_r(a) \subset X$ ($r \in \mathbb{Q}, r > 0, a \in D$). Ist nun $U \subset X$ offen und $x \in U \cap L$, so wählen wir ein $\varepsilon > 0$ mit $K_\varepsilon(x) \subset U$, danach ein $a \in D$ mit $d(x, a) < \varepsilon/2$ und ein $r \in \mathbb{Q}$ mit $d(x, a) < r < \varepsilon/2$. Dann gilt für die Kugel $B := K_r(a) \in \mathfrak{K} : x \in B \subset \overline{B} \subset K_\varepsilon(x) \subset U$. Mit $\mathcal{D}$ bezeichnen wir die Menge aller endlichen Vereinigungen von Durchschnitten des Typs $\overline{B} \cap K_m (B \in \mathfrak{K}, m \in \mathbb{N})$ einschließlich der leeren Vereinigung $\emptyset$. Die Menge $\mathcal{D}$ ist abzählbar, und alle Mengen aus $\mathcal{D}$ sind kompakt. Für jedes $m \in \mathbb{N}$ ist $\mathfrak{K}$ eine offene Überdeckung von K_m, also gibt es eine endliche Teilüberdeckung $B_1, \ldots, B_r \in \mathfrak{K}$ von K_m. Trivialerweise bilden dann auch die Mengen $\overline{B}_1 \cap K_m, \ldots, \overline{B}_r \cap K_m \in \mathcal{D}$ eine Überdeckung von K_m, und da $\mathcal{D}$ abgeschlossen ist bez. der Bildung endlicher Vereinigungen, erhalten wir: $K_m \in \mathcal{D}$ für alle $m \in \mathbb{N}$.

Wie im Beweis des Auswahlsatzes 4.16 von HELLY benutzen wir nun das

Cantorsche Diagonalverfahren und wählen eine Teilfolge $(\mu_{n_k})_{k\geq 1}$ von (μ_n), so dass der Limes

$$(4.10) \qquad\qquad \nu(D) := \lim_{k\to\infty} \mu_{n_k}(D)$$

für alle $D \in \mathcal{D}$ existiert. (Die Konstruktion verläuft hier wie folgt: Sei $(D_j)_{j\geq 1}$ eine Abzählung von $\mathcal{D}$. Die Folge $(\mu_n(D_1))_{n\geq 1}$ ist nach Voraussetzung beschränkt (!), hat also eine konvergente Teilfolge $(\mu_{1k}(D_1))_{k\geq 1}$. Ebenso ist $(\mu_{1k}(D_2))_{k\geq 1}$ beschränkt, hat also eine konvergente Teilfolge $(\mu_{2k}(D_2))_{k\geq 1}$, usw. Die Folge $(\mu_{lk}(D_j))_{k\geq 1}$ konvergiert nach Konstruktion für alle $j = 1,\dots,l$. Daher konvergiert die Diagonalfolge $(\mu_{kk}(D_j))_{k\geq 1}$ für alle $j \in \mathbb{N}$, denn $(\mu_{kk}(D_j)_{k\geq j}$ ist Teilfolge der konvergenten Folge $(\mu_{jk}(D_j))_{k\geq 1}$. – Wir kehren zur üblichen Bezeichnung für Teilfolgen zurück und bezeichnen die Diagonalfolge mit $(\mu_{n_k})_{k\geq 1}$.)

Das wesentliche Ziel des folgenden Beweises ist nun die Konstruktion eines Maßes μ auf $\mathfrak{B}(X)$, so dass für alle offenen $U \subset X$ gilt:

$$(4.11) \qquad\qquad \mu(U) = \sup\{\nu(D) : D \in \mathcal{D}, D \subset U\}\,.$$

Wenn wir ein solches μ konstruiert haben, können wir den Beweis folgendermaßen rasch zu Ende führen: Sei $U \subset X$ offen. Für jedes $D \in \mathcal{D}, D \subset U$ ist

$$\nu(D) = \lim_{k\to\infty} \mu_{n_k}(D) \leq \varliminf_{k\to\infty} \mu_{n_k}(U)\,,$$

also nach (4.11)

$$(4.12) \qquad\qquad \mu(U) \leq \varliminf_{k\to\infty} \mu_{n_k}(U)\,.$$

Insbesondere ist μ endlich, denn $\mathcal{M}$ ist nach Voraussetzung beschränkt. Ferner gilt wegen $K_m \in \mathcal{D}$ $(m \in \mathbb{N})$ folgende Ungleichungskette:

$$\begin{aligned}
\mu(X) &= \sup_{D\in\mathcal{D}} \nu(D) \geq \sup_{m\in\mathbb{N}} \nu(K_m)\\
&= \sup_{m\in\mathbb{N}} \left(\lim_{k\to\infty} \mu_{n_k}(K_m)\right)\\
&\geq \sup_{m\in\mathbb{N}} \left(\varlimsup_{k\to\infty} \mu_{n_k}(X) - \frac{1}{m}\right)\\
&= \varlimsup_{k\to\infty} \mu_{n_k}(X)\,.
\end{aligned}$$

Zusammen mit (4.12) ergibt sich $\mu(X) = \lim_{k\to\infty} \mu_{n_k}(X)$, und wegen (4.12) liefert das Portmanteau-Theorem die schwache Konvergenz $\mu_{n_k} \xrightarrow{w} \mu$. Damit bleibt nur noch ein Maß μ auf $\mathfrak{B}(X)$ zu konstruieren mit (4.11).

Zur Konstruktion eines solchen μ gehen wir ähnlich vor wie im Beweis des Fortsetzungssatzes 2.4 und bemerken vorab folgende triviale Eigenschaften von ν: Für alle $D_1, D_2 \in \mathcal{D}$ gilt

$$(4.13) \qquad \nu(D_1) \leq \nu(D_2)\,, \text{ falls } D_1 \subset D_2\,,$$
$$(4.14) \qquad \nu(D_1 \cup D_2) \leq \nu(D_1) + \nu(D_2)\,,$$
$$(4.15) \qquad \nu(D_1 \cup D_2) = \nu(D_1) + \nu(D_2)\,, \text{ falls } D_1 \cap D_2 = \emptyset\,;$$

ferner ist $\nu(\emptyset) = 0$. Für offenes $U \subset X$ setzen wir nun zunächst

(4.16) $$\rho(U) := \sup\{\nu(D) : D \subset U, D \in \mathcal{D}\} \,,$$

und anschließend für beliebiges $M \subset X$

(4.17) $$\eta(M) := \inf\{\rho(U) : M \subset U, U \text{ offen}\} \,.$$

Zur Konstruktion des gesuchten μ werden wir zeigen:

(A) *η ist ein äußeres Maß, und jede abgeschlossene Menge $A \subset X$ ist η- messbar.*

Mithilfe von (A) ist die Konstruktion von μ rasch zu erledigen: Nach (A) gilt $\mathfrak{B}(X) \subset \mathfrak{A}_\eta$ ($= \sigma$-Algebra der η-messbaren Mengen), $\mu := \eta \,|\, \mathfrak{B}(X)$ ist also ein Maß, und für jedes offene $U \subset X$ folgt (4.11) aus (4.13), (4.16), (4.17). Es bleibt nur noch (A) zu zeigen. Das geschieht in fünf Schritten.

(1) *Sind $A \subset U \subset X$, A abgeschlossen, U offen, und gibt es ein $D \in \mathcal{D}$ mit $A \subset D$, so existiert ein $E \in \mathcal{D}$ mit $A \subset E \subset U$.*

Begründung: Zu D gibt es ein $m \in \mathbb{N}$ mit $D \subset K_m$. Als abgeschlossene Teilmenge des Kompaktums D ist A kompakt. Weiter ist $A \subset U \cap L$, denn $D \subset L$. Zufolge einer Bemerkung im Ansatz gibt es daher zu jedem $x \in A$ ein $B_x \in \mathfrak{K}$ mit $x \in B_x \subset \overline{B}_x \subset U$. Die Familie $(B_x)_{x \in A}$ ist eine offene Überdeckung von A, folglich gibt es eine endliche Teilüberdeckung $B_{x_1}, \ldots, B_{x_r}$ $(x_1, \ldots, x_r \in A)$, und die Menge $E := \bigcup_{j=1}^r \overline{B}_{x_j} \cap K_m \in \mathcal{D}$ leistet das Verlangte. –

(2) *Für alle offenen $U, V \subset X$ ist*

$$\rho(U \cup V) \le \rho(U) + \rho(V) \,.$$

Begründung: Ist $U = X$ oder $V = X$, so ist die Behauptung offenbar richtig. Sei nun $U^c \ne \emptyset \ne V^c$ und $D \subset U \cup V, D \in \mathcal{D}$. Wir betrachten die abgeschlossenen Mengen

$$\begin{aligned} A &:= \{x \in D : d(x, U^c) \ge d(x, V^c)\} \,, \\ B &:= \{x \in D : d(x, U^c) \le d(x, V^c)\} \,. \end{aligned}$$

Offenbar ist $A \subset U$, denn gäbe es ein $x \in A \setminus U$, so wäre $x \in V$, also $d(x, U^c) = 0 < d(x, V^c)$, denn V^c ist abgeschlossen, und dann wäre $x \notin A$: Widerspruch! Also ist $A \subset U$ und entsprechend $B \subset V$. Nach Schritt (1) gibt es wegen $A \subset D$ ein $E \in \mathcal{D}$ mit $A \subset E \subset U$. Entsprechend gibt es ein $F \in \mathcal{D}$ mit $B \subset F \subset V$, und es gilt $D = A \cup B \subset E \cup F$. Daher folgt aus (4.13), (4.14):

$$\nu(D) \le \nu(E \cup F) \le \nu(E) + \nu(F) \le \rho(U) + \rho(V) \,,$$

und die Supremumsbildung über alle $D \subset U \cup V, D \in \mathcal{D}$ liefert (2). –

(3) *Für alle offenen $U_n \subset X$ $(n \in \mathbb{N})$ gilt*

$$\rho \left(\bigcup_{n=1}^{\infty} U_n \right) \le \sum_{n=1}^{\infty} \rho(U_n) \, .$$

Begründung: Ist $D \in \mathcal{D}, D \subset \bigcup_{n=1}^{\infty} U_n$, so gibt es wegen der Kompaktheit von D ein $p \in \mathbb{N}$, so dass $D \subset \bigcup_{n=1}^{p} U_n$, und mit einer trivialen Induktion unter (2) folgt

$$\nu(D) \le \rho \left(\bigcup_{n=1}^{p} U_n \right) \le \sum_{n=1}^{p} \rho(U_n) \le \sum_{n=1}^{\infty} \rho(U_n) \, .$$

Da $D \in \mathcal{D}, D \subset \bigcup_{n=1}^{\infty} U_n$ beliebig ist, resultiert (3). –

(4) *η ist ein äußeres Maß.*

Begründung: Da $\nu(\emptyset) = 0$ und da η monoton ist, brauchen wir nur noch die abzählbare Subadditivität von η zu zeigen. Dazu seien $M_n \subset X$ $(n \in \mathbb{N})$ und $\varepsilon > 0$. Dann gibt es offene $U_n \supset M_n$ mit $\rho(U_n) \le \eta(M_n) + \varepsilon \cdot 2^{-n}$ $(n \in \mathbb{N})$, und wir können mit (3) abschätzen:

$$\eta \left(\bigcup_{n=1}^{\infty} M_n \right) \le \rho \left(\bigcup_{n=1}^{\infty} U_n \right) \le \sum_{n=1}^{\infty} \rho(U_n) \le \sum_{n=1}^{\infty} \eta(M_n) + \varepsilon \, .$$

Dies gilt für alle $\varepsilon > 0$, also folgt (4). –

(5) *Jedes abgeschlossene $A \subset X$ ist η-messbar.*

Begründung: Wir müssen zeigen, dass für alle $Q \subset X$ gilt

(4.18) $\eta(Q) \ge \eta(Q \cap A) + \eta(Q \cap A^c) \, .$

Das zeigen wir zunächst für den Fall einer *offenen* Menge $Q = U \subset X$: Dazu sei $\varepsilon > 0$. Wir wählen ein $D \subset U \cap A^c$ $(= \text{offen}\ (!))$, $D \in \mathcal{D}$ mit $\nu(D) \ge \rho(U \cap A^c) - \varepsilon$. Weiter wählen wir ein $E \subset U \cap D^c$ $(= \text{offen}\ (!))$, $E \in \mathcal{D}$ mit $\nu(E) \ge \rho(U \cap D^c) - \varepsilon$. Da D, E disjunkte Mengen aus $\mathcal{D}$ sind mit $D \cup E \subset U$, folgern wir aus (4.15), (4.13), (4.17) wegen $U \cap D^c \supset U \cap A$:

$$
\begin{aligned}
\rho(U) \ &\ge\ \nu(D \cup E) = \nu(D) + \nu(E) \\
&\ge\ \rho(U \cap A^c) + \rho(U \cap D^c) - 2\varepsilon \\
&\ge\ \eta(U \cap A) + \rho(U \cap A^c) - 2\varepsilon \, .
\end{aligned}
$$

Da hier $\varepsilon > 0$ beliebig klein sein darf, gilt (4.18) für offenes $Q = U$.

Ist nun $Q \subset X$ beliebig, so wählen wir zu $\varepsilon > 0$ ein offenes $U \supset Q$ mit $\eta(Q) \ge \eta(U) - \varepsilon$ und erhalten nach dem soeben Bewiesenen

$$
\begin{aligned}
\eta(Q) \ &\ge\ \eta(U) - \varepsilon \ge \eta(U \cap A) + \eta(U \cap A^c) - \varepsilon \\
&\ge\ \eta(Q \cap A) + \eta(Q \cap A^c) - \varepsilon \, ,
\end{aligned}
$$

und es folgt die Behauptung (5). – $\qquad\qquad$ □

4.23 Satz von PROCHOROV[2] **(1956).** *Ist X ein polnischer Raum, so ist eine Menge $\mathcal{M} \subset \mathbf{M}^+(\mathfrak{B})$ genau dann relativ folgenkompakt, wenn sie straff und beschränkt ist.*

Beweis. Satz 4.20 und Satz 4.22. $\qquad\qquad$ □

Da insbesondere der Raum $\mathbb{R}^p$ polnisch ist, liefert der Satz von PROCHOROV folgende Ergänzung zum Auswahlsatz von HELLY.

4.24 Korollar. *Ist $\mu_n \in \mathbf{M}^+(\mathfrak{B}^p)$ $(n \geq 1)$, so gilt: Die Folge $(\mu_n)_{n \geq 1}$ ist genau dann straff und beschränkt, wenn jede Teilfolge von $(\mu_n)_{n \geq 1}$ eine schwach konvergente Teilfolge hat.*

Beweis. Ist $(\mu_n)_{n \geq 1}$ straff und beschränkt, so hat jede Teilfolge von $(\mu_n)_{n \geq 1}$ nach Satz 4.22 eine schwach konvergente Teilfolge. Umgekehrt: Erfüllt $(\mu_n)_{n \geq 1}$ die angegebene Teilfolgenbedingung, so ist $\mathcal{M} := \{\mu_n : n \in \mathbb{N}\}$ relativ folgenkompakt. Daher ist $\mathcal{M}$ und damit $(\mu_n)_{n \geq 1}$ nach Satz 4.20 straff und beschränkt.
$\qquad\qquad$ □

Mithilfe von Satz 4.12 lässt sich die Aussage des Satzes 4.24 auch in Termen von Verteilungsfunktionen formulieren.

6. Die Laplace-Transformation. Ist μ ein endliches Borel-Maß auf $[0, \infty[$, so heißt $L : [0, \infty[\to \mathbb{R}$,

$$L(s) := \int_0^\infty e^{-sx}\, d\mu(x) \quad (s \geq 0)$$

die (einseitige) *Laplace-Transformierte* von μ. Offenbar ist L wohldefiniert, stetig und beschränkt, denn für $s \geq 0$ ist

$$0 \leq L(s) \leq L(0) = \|\mu\| \, ;$$

ferner gilt nach Satz IV.5.6

$$\lim_{s \to \infty} L(s) = \mu(\{0\}) \, .$$

Die Funktion L ist monoton fallend, und L ist gleichmäßig stetig auf $[0, \infty[$, denn für $0 \leq s \leq t$ gilt

$$\begin{aligned}
0 \; \leq \; L(s) - L(t) &= \int_0^\infty e^{-sx}(1 - e^{-(t-s)x})\, d\mu(x) \\
&\leq \int_0^\infty (1 - e^{-(t-s)x})\, d\mu(x) = L(0) - L(t-s) \, ,
\end{aligned}$$

und die Stetigkeit von L in 0 impliziert die gleichmäßige Stetigkeit. Auf $]0, \infty[$ ist L nach Satz IV.5.7 beliebig oft differenzierbar mit

$$L^{(k)}(s) = (-1)^k \int_0^\infty x^k e^{-sx}\, d\mu(x) \quad (s > 0; k \geq 0, k \in \mathbb{Z}) \, .$$

Speziell ist $L''(s) \geq 0$ für $s > 0$, d.h. L ist *konvex*.

Eine auf einem Intervall $I \subset \mathbb{R}$ erklärte Funktion $F : I \to]0, \infty[$ heißt bekanntlich *logarithmisch konvex*, falls $\log F$ konvex ist, d.h. wenn

$$F(\lambda x + (1 - \lambda)y) \leq F(x)^\lambda F(y)^{1-\lambda}$$

für alle $x, y \in I, 0 < \lambda < 1$. Nach Gl. (VI.1.6) ist *jede logarithmisch konvexe Funktion konvex.* Wir zeigen: Ist $\mu \neq 0$ *ein endliches Borel-Maß auf* $[0, \infty[$, *so ist die Laplace-Transformierte L von μ logarithmisch konvex.* Zum *Beweis* seien $s, t \geq 0$ und $0 < \lambda < 1$. Wir wenden die Höldersche Ungleichung an mit $p := \lambda^{-1}, q := (1 - \lambda)^{-1}$ $(p, q > 1, p^{-1} + q^{-1} = 1)$ und erhalten

$$\begin{aligned}
L(\lambda s + (1 - \lambda)t) &= \int_0^\infty e^{-\lambda sx} e^{-(1-\lambda)tx} \, d\mu(x) \\
&\leq \left(\int_0^\infty e^{-sx} \, d\mu(x) \right)^\lambda \left(\int_0^\infty e^{-tx} \, d\mu(x) \right)^{1-\lambda} \\
&= L(s)^\lambda L(t)^{1-\lambda} \, .
\end{aligned}$$

$\square$

4.25 Lemma. *Sind μ_n $(n \in \mathbb{N})$ und μ endliche Borel-Maße auf $[0, \infty[$ mit zugehörigen Laplace-Transformierten L_n $(n \in \mathbb{N})$ bzw. L und gilt $\mu_n \overset{w}{\to} \mu$, so gilt $L_n(s) \xrightarrow[n \to \infty]{} L(s)$.*

Beweis: Definition 4.5. $\square$

Lemma 4.25 gestattet folgende verschärfte Umkehrung, zu deren Beweis wir den Satz 4.22 von Prochorov heranziehen werden.

4.26 Satz. *Es seien μ_n $(n \in \mathbb{N})$ endliche Borel-Maße auf $[0, \infty[$ mit zugehörigen Laplace-Transformierten L_n $(n \in \mathbb{N})$, und es gebe eine in 0 stetige Funktion $L : [0, \infty[\to \mathbb{R}$ mit $\lim_{n \to \infty} L_n(s) = L(s)$ $(s \geq 0)$. Dann gibt es ein endliches Borel-Maß μ auf $[0, \infty[$ mit $\mu_n \overset{w}{\to} \mu$, so dass L die Laplace-Transformierte von μ ist. (Insbesondere ist L auf $[0, \infty[$ stetig.)*

Beweis. Wir zeigen zunächst, dass $(\mu_n)_{n \geq 1}$ straff ist. Zum Beweis benutzen wir die elementare Identität

$$\frac{1}{r} \int_0^r (1 - e^{-s/r}) \, ds = \frac{1}{e} \quad (r > 0)$$

und erhalten nach dem Satz von Fubini

$$
\begin{aligned}
(4.19) \quad \frac{1}{r} \int_0^r (L_n(0) - L_n(s)) \, ds &= \frac{1}{r} \int_0^r \left(\int_0^\infty (1 - e^{-sx}) \, d\mu_n(x) \right) ds \\
&= \int_0^\infty \left(\frac{1}{r} \int_0^r (1 - e^{-sx}) \, ds \right) d\mu_n(x) \\
&\geq \int_{r^{-1}}^\infty \left(\frac{1}{r} \int_0^r (1 - e^{-s/r}) \, ds \right) d\mu_n(x) = \frac{1}{e} \mu_n([r^{-1}, \infty[) \, .
\end{aligned}
$$

Die Funktion L ist als punktweiser Limes stetiger Funktionen Borel-messbar, ferner nach Voraussetzung stetig in 0, also in einem Intervall $[0, b]$ beschränkt ($b > 0$ geeignet). Zu jedem $\varepsilon > 0$ gibt es daher ein $r \in \,]0, b]$, so dass

$$(4.20) \qquad \frac{1}{r} \int_0^r (L(0) - L(s))\, ds < \frac{\varepsilon}{e} \, .$$

Nun gilt $L_n(0) - L_n(s) \to L(0) - L(s)$ $(n \to \infty)$, und diese Konvergenz wird auf $[0, b]$ majorisiert durch eine geeignete Konstante, denn $0 \leq L_n(s) \leq L_n(0)$ $(0 \leq s \leq b)$ und $L_n(0) \to L(0)$ $(n \to \infty)$. Nach dem Satz von der majorisierten Konvergenz gibt es daher zu jedem $\varepsilon > 0$ ein $n_0 \in \mathbb{N}$, so dass für r gemäß (4.20) und alle $n \geq n_0$ gilt

$$\frac{1}{r} \int_0^r (L_n(0) - L_n(s))\, ds < \frac{\varepsilon}{e} \, .$$

Nach (4.19) ist nun $\mu_n([r^{-1}, \infty[) < \varepsilon$ für alle $n \geq n_0$, und wählen wir $a > r^{-1}$ hinreichend groß, um auch noch $\mu_1, \ldots, \mu_{n_0-1}$ zu erfassen, so können wir schließen: Zu jedem $\varepsilon > 0$ gibt es ein $a > 0$, so dass $\mu_n([0, a]^c) < \varepsilon$ für alle $n \in \mathbb{N}$. Daher ist $(\mu_n)_{n \geq 1}$ *straff* und wegen $\|\mu_n\| = L_n(0) \to L(0)$ auch *beschränkt*. Nach Satz 4.22 gibt es ein endliches Borel-Maß μ auf $[0, \infty[$ und eine Teilfolge $\mu_{n_k} \xrightarrow{w} \mu$ $(k \to \infty)$.

Wir zeigen, dass bereits die „ganze" Folge $(\mu_n)_{n \geq 1}$ schwach gegen μ konvergiert: Dazu seien $f \in C_b([0, \infty[)$ und $M > 0$ so beschaffen, dass $\|f\|_\infty \leq M$. Ferner sei M gleich so groß gewählt, dass auch $\|\mu\| \leq M$ und $\|\mu_n\| \leq M$ für alle $n \in \mathbb{N}$. Sei nun $\varepsilon > 0$ und $\delta := \varepsilon/(4M + 1)$. Da $(\mu_n)_{n \geq 1}$ straff ist, gibt es ein $a > 0$, so dass $\mu([0, a]^c) < \delta$ und $\mu_n([0, a]^c) < \delta$ für alle $n \in \mathbb{N}$. Zu a wählen wir ein $h \in C_c([0, \infty[)$ mit $h \,|\, [0, a + 1] = 1, 0 \leq h \leq 1$ und approximieren die Funktion $h \cdot f \in C_c([0, \infty[)$ durch eine Linearkombination der Funktionen $e_s : [0, \infty[\to \mathbb{R}, e_s(x) := e^{-sx}$ $(x \geq 0; s > 0)$: Offenbar bilden die Linearkombinationen der Funktionen e_s $(s > 0)$ mit komplexen Koeffizienten eine Unteralgebra $\mathcal{A}$ der $\mathbb{C}$-Algebra $C_0([0, \infty[)$ der stetigen Funktionen auf $[0, \infty[$, die im Unendlichen verschwinden, und $\mathcal{A}$ hat folgende Eigenschaften:
(i) Für alle $f \in \mathcal{A}$ ist $\overline{f} \in \mathcal{A}$.
(ii) $\mathcal{A}$ trennt die Punkte von $[0, \infty[$.
(iii) Zu jedem $x \geq 0$ gibt es ein $f \in \mathcal{A}$ mit $f(x) \neq 0$.
Nach einem Korollar zum Satz von Stone-Weierstrass (s. z.B. Semadeni [1], S. 116, **7.3.9.**) liegt $\mathcal{A}$ daher dicht in $C_0([0, \infty[)$ bez. der Supremumsnorm, d.h.: Es gibt eine Linearkombination g der Funktionen e_s $(s > 0)$ (mit reellen Koeffizienten), so dass $\|hf - g\|_\infty < \delta$. Nun ist für alle $n \in \mathbb{N}$

$$\left| \int_0^\infty f\, d\mu_n - \int_0^\infty g\, d\mu_n \right|$$
$$\leq \left| \int_0^\infty (f - hf)\, d\mu_n \right| + \left| \int_0^\infty (hf - g)\, d\mu_n \right|$$
$$\leq \|f(1 - h)\|_\infty \mu_n([a + 1, \infty[) + \|hf - g\|_\infty \|\mu_n\|$$
$$\leq 2M\delta \, ,$$

und die gleiche Abschätzung gilt für μ anstelle von μ_n. Daher ist für alle $n \in \mathbb{N}$

$$(4.21) \quad \left| \int_0^\infty f \, d\mu_n - \int_0^\infty f \, d\mu \right|$$

$$\leq \left| \int_0^\infty (f - g) \, d\mu_n \right| + \left| \int_0^\infty g \, d\mu_n - \int_0^\infty g \, d\mu \right| + \left| \int_0^\infty (g - f) \, d\mu \right|$$

$$\leq 4M\delta + \left| \int_0^\infty g \, d\mu_n - \int_0^\infty g \, d\mu \right| .$$

Da g eine Linearkombination der Funktionen e_s $(s > 0)$ ist und da $L_n(s) \to L(s) = \int_0^\infty e^{-sx} \, d\mu(x)$ $(s \geq 0)$ konvergiert, gibt es ein $n_1 \in \mathbb{N}$, so dass für alle $n \geq n_1$ der letzte Term auf der rechten Seite von (4.21) kleiner ausfällt als δ. Nach Wahl von δ ist daher die linke Seite von (4.21) für alle $n \geq n_1$ kleiner als $(4M + 1)\delta = \varepsilon$, und es folgt: $\mu_n \overset{w}{\to} \mu$. $\square$

4.27 Korollar. *Die Laplace-Transformation, die jedem endlichen Borel-Maß μ auf $[0, \infty[$ seine Laplace-Transformierte L zuordnet $(L(s) = \int_0^\infty e^{-sx} \, d\mu(x)$ für $s \geq 0)$, ist injektiv.*

Beweis. Es seien μ, ν endliche Borel-Maße auf $[0, \infty[$ mit gleicher Laplace-Transformierter L. Wir setzen $\mu_n := \mu$ für gerades $n \in \mathbb{N}$ und $\mu_n := \nu$ für ungerades $n \in \mathbb{N}$. Die der Folge $(\mu_n)_{n \geq 1}$ entsprechende Folge von Laplace-Transformierten ist konstant gleich L und L ist in 0 stetig. Nach Satz 4.26 gibt es daher ein endliches Borel-Maß ρ auf $[0, \infty[$ mit $\mu_n \overset{w}{\to} \rho$. Da $(\mu_n)_{n \geq 1}$ aber eine schwach gegen μ und eine schwach gegen ν konvergente Teilfolge hat und der schwache Limes eindeutig bestimmt ist, folgt $\mu = \rho = \nu$. $\square$

7. Die Prochorov-Metrik. Im folgenden Abschnitt werden wir u.a. zeigen: Ist X ein separabler metrischer Raum, so gibt es eine natürliche Metrik δ auf $\mathbf{M}^+(\mathfrak{B})$, die sog. *Prochorov-Metrik*, so dass die schwache Konvergenz $\mu_n \overset{w}{\to} \mu$ äquivalent ist zur Konvergenz bez. der Metrik δ (d.h. $\delta(\mu_n, \mu) \to 0$; s. Satz 4.35). Der Raum $(\mathbf{M}^+(\mathfrak{B}), \delta)$ ist ein polnischer Raum, falls X ein polnischer Raum ist (Satz 4.38). – *Im Weiteren seien stets (X, d) ein metrischer Raum und $\mathfrak{B} = \mathfrak{B}(X)$. Für $A \subset X$ und $\varepsilon > 0$ setzen wir $A^\varepsilon := \emptyset$, falls $A = \emptyset$ und*

$$A^\varepsilon := \{x \in X : \text{es gibt ein } y \in A \text{ mit } d(x, y) < \varepsilon\}$$
$$= \{x \in X : d(x, A) < \varepsilon\} .$$

4.28 Definition. Für $\mu, \nu \in \mathbf{M}^+(\mathfrak{B})$ sei

$$\delta(\mu, \nu) := \inf\{\varepsilon > 0 : \mu(A) \leq \nu(A^\varepsilon) + \varepsilon \text{ und } \nu(A) \leq \mu(A^\varepsilon) + \varepsilon \text{ für alle } A \in \mathfrak{B}\} .$$

Im Hinblick auf Satz 4.29 heißt δ die *Prochorov-Metrik*.

4.29 Satz (PROCHOROV[2] 1956). *$(\mathbf{M}^+(\mathfrak{B}), \delta)$ ist ein metrischer Raum.*

Beweis. Offenbar gilt $\delta(\mu, \mu) = 0$ und $\delta(\mu, \nu) = \delta(\nu, \mu)$ $(\mu, \nu \in \mathbf{M}^+(\mathfrak{B}))$. – Es seien weiter $\mu, \nu \in \mathbf{M}^+(\mathfrak{B})$ und $\delta(\mu, \nu) = 0$. Für jede abgeschlossene

Menge $A \subset X$ ist dann $\mu(A) \leq \nu(A^{1/n}) + \frac{1}{n}$ $(n \in \mathbb{N})$. Für $n \to \infty$ gilt $A^{1/n} \downarrow A$ (A ist abgeschlossen!), und es folgt $\mu(A) \leq \nu(A)$. Da die Definition von δ symmetrisch ist in μ, ν, folgt $\mu(A) = \nu(A)$ für alle abgeschlossenen $A \subset X$. Insbesondere ist $\mu(X) = \nu(X)$, und durch Komplementbildung ergibt sich $\mu(U) = \nu(U)$ für alle offenen $U \subset X$. Satz 4.1 liefert nun $\mu = \nu$. – Zum Nachweis der Dreiecksungleichung für δ seien $\mu, \nu, \rho \in \mathbf{M}^+(\mathfrak{B}), \varepsilon > 0, \eta > 0$ und $\delta(\mu, \nu) < \varepsilon, \delta(\nu, \rho) < \eta$. Dann gilt für alle $A \in \mathfrak{B}$

$$
\begin{aligned}
\mu(A) &\leq \nu(A^\varepsilon) + \varepsilon \\
&\leq \rho((A^\varepsilon)^\eta) + \varepsilon + \eta \\
&\leq \rho(A^{\varepsilon+\eta}) + \varepsilon + \eta \,,
\end{aligned}
$$

und aus Symmetriegründen ist auch

$$
\rho(A) \leq \mu(A^{\varepsilon+\eta}) + \varepsilon + \eta \,,
$$

also $\delta(\mu, \rho) \leq \varepsilon + \eta$. Die Infimumbildung bez. ε und η liefert nun die Dreiecksungleichung

$$
\delta(\mu, \rho) \leq \delta(\mu, \nu) + \delta(\nu, \rho) \,.
$$

$\square$

4.30 Lemma. *Es seien* $\mu, \nu \in \mathbf{M}^+(\mathfrak{B}), \varepsilon > 0$ *und*

(4.22) $$\mu(B) \leq \nu(B^\varepsilon) + \varepsilon$$

für alle $B \in \mathfrak{B}$. *Dann gilt für alle* $C \in \mathfrak{B}$

$$
\nu(C) \leq \mu(C^\varepsilon) + \varepsilon + \|\nu\| - \|\mu\| \,.
$$

Beweis. Für beliebige $B, C \subset X$ gilt:

(4.23) $$B \subset (C^\varepsilon)^c \iff C \subset (B^\varepsilon)^c \,.$$

Begründung: Die Inklusion $B \subset (C^\varepsilon)^c$ ist gleichbedeutend mit „$x \notin C^\varepsilon$ für alle $x \in B$", und das ist gleichbedeutend mit „$d(x, y) \geq \varepsilon$ für alle $x \in B, y \in C$". Die letzte Bedingung ist symmetrisch in B, C, also folgt (4.23). –

Es seien nun $C \in \mathfrak{B}, \varepsilon > 0$, und für alle $B \in \mathfrak{B}$ gelte (4.22). Wir wählen speziell $B = (C^\varepsilon)^c$ und erhalten wegen (4.23)

$$
\begin{aligned}
\mu(C^\varepsilon) &= \|\mu\| - \mu((C^\varepsilon)^c) = \|\mu\| - \mu(B) \\
&\geq \|\mu\| - \nu(B^\varepsilon) - \varepsilon \\
&= \|\mu\| - \|\nu\| + \nu((B^\varepsilon)^c) - \varepsilon \\
&\geq \nu(C) + \|\mu\| - \|\nu\| - \varepsilon \,.
\end{aligned}
$$

Damit ist die Behauptung bewiesen. $\square$

4.31 Korollar. *Sind* $\mu, \nu \in \mathbf{M}^+(\mathfrak{B})$ *und* $\|\mu\| = \|\nu\|$, *so gilt*

$$(4.24) \qquad \begin{aligned} \delta(\mu, \nu) &= \inf\{\varepsilon > 0 : \mu(A) \le \nu(A^\varepsilon) + \varepsilon \text{ für alle } A \in \mathfrak{B}\} \\ &= \inf\{\varepsilon > 0 : \nu(A) \le \mu(A^\varepsilon) + \varepsilon \text{ für alle } A \in \mathfrak{B}\} \,. \end{aligned}$$

Beweis. Definition 4.28 und Lemma 4.30. $\qquad\qquad\qquad\qquad\qquad\qquad\qquad\qquad$ □

4.32 Beispiel. Für $a \in X$ und $B \in \mathfrak{B}$ sei $\mu_a(B) := \chi_B(a)$ (Einheitsmasse in a). Dann gilt für alle $a, b \in X$:

$$(4.25) \qquad\qquad\qquad \delta(\mu_a, \mu_b) = \min(1, d(a, b)) \,.$$

Beweis. Nach (4.24) ist

$$\delta(\mu_a, \mu_b) = \inf\{\varepsilon > 0 : \chi_A(a) \le \chi_{A^\varepsilon}(b) + \varepsilon \text{ für alle } A \in \mathfrak{B}\} \,.$$

Für beliebiges $A \in \mathfrak{B}$ ist $\chi_A(a) \le 1$, daher ist zunächst $\delta(\mu_a, \mu_b) \le 1$. Ist weiter $\varepsilon > d(a, b)$, so gilt für jedes $A \in \mathfrak{B}$

$$(4.26) \qquad\qquad\qquad \chi_A(a) \le \chi_{A^\varepsilon}(b) + \varepsilon \,,$$

denn für $a \notin A$ ist diese Ungleichung trivialerweise richtig, und für $a \in A$ ist $b \in A^\varepsilon$, und (4.26) ist ebenfalls richtig. Damit haben wir gezeigt: Für alle $a, b \in X$ ist

$$(4.27) \qquad\qquad\qquad \delta(\mu_a, \mu_b) \le \min(1, d(a, b)) \,.$$

Umgekehrt: Ist $d(a, b) \ge 1$ und $0 < \varepsilon < 1$, $A := \{a\}$, so ist $b \notin A^\varepsilon$ und (4.26) ist verletzt, d.h., es gilt

$$(4.28) \qquad\qquad\qquad \delta(\mu_a, \mu_b) \ge \min(1, d(a, b)) \,.$$

Ist hingegen $d(a, b) < 1$, so wählen wir wieder $A = \{a\}$, und für $0 < \varepsilon \le d(a, b)$ ist $b \notin A^\varepsilon$, Ungleichung (4.26) ist verletzt, d.h. (4.28) gilt auch in diesem Fall. Aus (4.27), (4.28) folgt nun (4.25). $\qquad\qquad\qquad\qquad\qquad\qquad\qquad\qquad$ □

Offenbar ist $\min(1, d)$ eine Metrik auf X, die dieselbe Topologie definiert wie d. Beispiel 4.32 liefert folgendes

4.33 Korollar. *Die Abbildung* $X \ni a \mapsto \mu_a \in \mathbf{M}^+(\mathfrak{B})$ $(\mu_a(B) := \chi_B(a)$ *für* $a \in X, B \in \mathfrak{B})$ *definiert eine isometrische Injektion von* $(X, \min(1, d))$ *in* $(\mathbf{M}^+(\mathfrak{B}), \delta)$.

4.34 Satz. *Sind* $\mu, \mu_n \in \mathbf{M}^+(\mathfrak{B})$ $(n \in \mathbb{N})$ *und gilt* $\delta(\mu_n, \mu) \to 0$ $(n \to \infty)$, *so folgt:* $\mu_n \xrightarrow{w} \mu$.

Beweis. Wir wählen eine monotone Nullfolge $(\varepsilon_n)_{n \ge 1}$ positiver reeller Zahlen mit $\delta(\mu_n, \mu) < \varepsilon_n$ $(n \ge 1)$. Für alle $A \in \mathfrak{B}$ gilt dann

$$(4.29) \qquad\qquad\qquad \mu_n(A) \le \mu(A^{\varepsilon_n}) + \varepsilon_n \quad (n \in \mathbb{N}) \,.$$

Ist speziell $A \subset X$ abgeschlossen, so gilt $A^{\varepsilon_n} \downarrow A$, und (4.29) liefert für $n \to \infty$:

$$\varlimsup_{n \to \infty} \mu_n(A) \leq \varlimsup_{n \to \infty} (\mu(A^{\varepsilon_n}) + \varepsilon_n) = \mu(A) \ ;$$

speziell ist $\varlimsup_{n \to \infty} \mu_n(X) \leq \mu(X)$. – Ungleichung (4.29) gilt entsprechend bei Vertauschung der Rollen von μ und μ_n, und das bedeutet für $A = X$

$$\mu(X) \leq \mu_n(X) + \varepsilon_n \ ,$$

also

$$\mu(X) \leq \varliminf_{n \to \infty} \mu_n(X) \ .$$

Insgesamt haben wir damit gezeigt: Für jedes abgeschlossene $A \subset X$ ist $\varlimsup_{n \to \infty} \mu_n(A) \leq \mu(A)$, und es gilt $\mu(X) = \lim_{n \to \infty} \mu_n(X)$. Das Portmanteau-Theorem liefert nun die Behauptung. □

Für separable metrische Räume gilt in Satz 4.34 auch die umgekehrte Implikation:

4.35 Satz (PROCHOROV[2] 1956). *Sind X ein separabler metrischer Raum und $\mu, \mu_n \in \mathbf{M}^+(\mathfrak{B})$ ($n \in \mathbb{N}$), so gilt für $n \to \infty$:*

$$\mu_n \xrightarrow{w} \mu \iff \delta(\mu_n, \mu) \longrightarrow 0 \ .$$

Beweis. $\Leftarrow$: Satz 4.34.

$\Rightarrow$: Es seien $(x_j)_{j \geq 1}$ eine in X dichte Folge und $\varepsilon > 0$. Die Mengen $B_1 := K_{\varepsilon/2}(x_1), B_2 := K_{\varepsilon/2}(x_2) \setminus B_1, \ldots, B_{n+1} := K_{\varepsilon/2}(x_{n+1}) \setminus (B_1 \cup \ldots \cup B_n)$ $(n \geq 1)$ sind paarweise disjunkt, haben alle höchstens den Durchmesser ε, und es ist $X = \bigcup_{n=1}^{\infty} B_n$. Wir wählen ein $k \in \mathbb{N}$ mit $\mu(\bigcup_{j>k} B_j) < \varepsilon$ und bezeichnen mit $\mathfrak{V}$ das endliche System der offenen Mengen $(B_{j_1} \cup \ldots \cup B_{j_m})^\varepsilon$, wobei $1 \leq j_1 < j_2 < \ldots < j_m \leq k$. Nach Voraussetzung ist $\varliminf_{n \to \infty} \mu_n(U) \geq \mu(U)$ für jede offene Menge $U \subset X$ (Portmanteau-Theorem). Da $\mathfrak{V}$ endlich ist, gibt es also ein $n_0 \in \mathbb{N}$, so dass $\mu_n(V) > \mu(V) - \varepsilon$ für alle $n \geq n_0$ und alle $V \in \mathfrak{V}$. Ist nun $A \in \mathfrak{B}$, so seien $B_{j_1}, \ldots, B_{j_m}$ $(1 \leq j_1 < j_2 < \ldots < j_m \leq k)$ diejenigen unter den Mengen $B_1, \ldots, B_k$, die mit A einen nicht-leeren Durchschnitt haben, und $V := (B_{j_1} \cup \ldots \cup B_{j_m})^\varepsilon$. Dann ist $V \subset A^{2\varepsilon}$, und für alle $n \geq n_0$ gilt:

$$\begin{aligned} \mu(A) &\leq \mu(V) + \mu\left(\bigcup_{j>k} B_j\right) \leq \mu(V) + \varepsilon \\ &\leq \mu_n(V) + 2\varepsilon \leq \mu_n(A^{2\varepsilon}) + 2\varepsilon \ . \end{aligned}$$

Nach Lemma 4.30 folgt hieraus für alle $n \geq n_0$ und alle $B \in \mathfrak{B}$

$$\mu_n(B) \leq \mu(B^{2\varepsilon}) + 2\varepsilon + \|\mu_n\| - \|\mu\| \ .$$

Wegen $\mu_n \overset{w}{\to} \mu$ gilt aber $\|\mu_n\| \to \|\mu\|$, und durch hinreichend große Wahl von n_0 können wir zusätzlich erreichen, dass $\|\mu_n\| - \|\mu\| \leq \varepsilon$ für alle $n \geq n_0$. Insgesamt ergibt das für alle $A \in \mathfrak{B}$ und alle $n \geq n_0$ die Ungleichungen

$$\mu(A) \leq \mu_n(A^{3\varepsilon}) + 3\varepsilon \ , \ \mu_n(A) \leq \mu(A^{3\varepsilon}) + 3\varepsilon \ ,$$

d.h. für alle $n \geq n_0$ ist $\delta(\mu_n, \mu) \leq 3\varepsilon$. $\qquad\qquad\qquad\qquad\qquad\square$

4.36 Korollar. *Ist (X, d) ein separabler metrischer Raum, so ist eine Menge $\mathcal{M} \subset \mathbf{M}^+(\mathfrak{B})$ genau dann relativ folgenkompakt (im Sinne der Definition 4.17), wenn $\mathcal{M}$ als Teilmenge des metrischen Raums $(\mathbf{M}^+(\mathfrak{B}), \delta)$ relativ kompakt ist.*

Beweis. Bekanntlich ist ein metrischer Raum R genau dann kompakt, wenn jede Folge von Elementen aus R eine konvergente Teilfolge hat. Die Behauptung folgt daher aus Satz 4.35, denn nach Satz 4.35 ist $\mathcal{M}$ genau dann relativ folgenkompakt, wenn jede Folge von Elementen aus $\mathcal{M}$ eine bez. der Prochorov-Metrik δ konvergente Teilfolge hat, und das ist genau dann der Fall, wenn jede Folge von Elementen aus $\overline{\mathcal{M}}$ (Abschluss von $\mathcal{M}$ in $(Mf^+(\mathfrak{B}), \delta)$) eine konvergente Teilfolge hat. $\qquad\qquad\square$

4.37 Satz. *Der metrische Raum (X, d) ist genau dann separabel, wenn $(\mathbf{M}^+(\mathfrak{B}), \delta)$ separabel ist.*

Beweis. Da jeder Unterraum eines separablen metrischen Raums separabel ist, folgt die Separabilität von (X, d) aus der von $(\mathbf{M}^+(\mathfrak{B}), \delta)$ (Korollar 4.33). – Es sei nun umgekehrt (X, d) separabel, und $\varepsilon > 0$ und die Folge $(B_j)_{j \geq 1}$ seien wie im Beweis von Satz 4.35. Für $a \in X$ sei $\mu_a(B) := \chi_B(a)$ $(B \in \mathfrak{B})$. Wir lassen die leeren Mengen unter den B_j weg und nehmen (nach eventueller Umindizierung) gleich an, dass $B_j \neq \emptyset$ für $j \geq 1$. Für jedes $j \geq 1$ wählen wir ein $a_j \in B_j$ und setzen

$$\mathcal{M}_\varepsilon := \left\{ \sum_{j=1}^n r_j \mu_{a_j} : n \in \mathbb{N}, r_j \in \mathbb{Q}, r_j \geq 0 \quad \text{für } j = 1, \dots, n \right\} .$$

Offenbar ist $\mathcal{M}_\varepsilon$ abzählbar. Wir zeigen: *Zu jedem $\mu \in \mathbf{M}^+(\mathfrak{B})$ gibt es ein $\nu \in \mathcal{M}_\varepsilon$ mit $\delta(\mu, \nu) \leq 3\varepsilon$.* Begründung: Zunächst wählen wir $k \in \mathbb{N}$ so groß, dass $\mu\left(\bigcup_{j > k} B_j \right) < \varepsilon$. Für $j = 1, \dots, k$ wählen wir weiter $r_j \in \mathbb{Q}, r_j \geq 0$, so dass $\sum_{j=1}^k |\mu(B_j) - r_j| < \varepsilon$. Sodann setzen wir $\nu := \sum_{j=1}^k r_j \mu_{a_j}$ und behaupten: ν leistet das Verlangte. Zum Beweise seien $A \in \mathfrak{B}$ und $I := \{j \in \mathbb{N} : j \leq k, A \cap B_j \neq \emptyset\}$. Nach Wahl von k ist dann

$$\begin{aligned}
\mu(A) &\leq \mu\left(\bigcup_{j \in I} B_j \right) + \varepsilon = \sum_{j \in I} \mu(B_j) + \varepsilon \\
&\leq \sum_{j \in I} r_j + 2\varepsilon = \nu\left(\bigcup_{j \in I} B_j \right) + 2\varepsilon \\
&\leq \nu(A^{2\varepsilon}) + 2\varepsilon \ ,
\end{aligned}$$

und da dies für alle $A \in \mathfrak{B}$ gilt, liefert Lemma 4.30

$$\nu(A) \le \mu(A^{2\varepsilon}) + 2\varepsilon + \|\nu\| - \|\mu\| .$$

Hier ist

$$\|\nu\| - \|\mu\| = \sum_{j=1}^{k} r_j - \sum_{j \ge 1} \mu(B_j) < \varepsilon ,$$

also ist $\delta(\mu, \nu) < 3\varepsilon$. Damit ist die Zwischenbehauptung bewiesen. – Setzen wir nun $\varepsilon = 1/q$ $(q \in \mathbb{N})$ und bilden $\mathcal{M} := \bigcup_{q=1}^{\infty} \mathcal{M}_{1/q}$, so ist $\mathcal{M}$ abzählbar und dicht in $(\mathbf{M}^+(\mathfrak{B}), \delta)$. $\square$

4.38 Satz (PROCHOROV[2] 1956). (X, d) *ist ein polnischer Raum genau dann, wenn* $(\mathbf{M}^+(\mathfrak{B}), \delta)$ *ein polnischer Raum ist.*

Beweis. Es sei zunächst (X, d) ein polnischer Raum. Nach Satz 4.37 ist nur noch zu zeigen, dass $(\mathbf{M}^+(\mathfrak{B}), \delta)$ *vollständig* ist. Dazu sei $(\mu_n)_{n \ge 1}$ eine Cauchy-Folge bez. der Prochorov-Metrik δ. Wir werden zeigen, dass $(\mu_n)_{n \ge 1}$ *straff* ist und *beschränkt.* Wenn das bewiesen ist, können wir den Beweis wie folgt abschließen: Nach Satz 4.22 hat $(\mu_n)_{n \ge 1}$ eine schwach konvergente Teilfolge. Diese Teilfolge konvergiert nach Satz 4.35 auch bezüglich der Metrik δ. Eine Cauchy-Folge in einem metrischen Raum, die eine konvergente Teilfolge hat, ist aber selbst konvergent, und die Vollständigkeit ist bewiesen.

Zum Beweis der Straffheit von $(\mu_n)_{n \ge 1}$ seien $\varepsilon > 0, \rho > 0$ und $0 < \eta < \frac{1}{3} \min(\varepsilon, \rho)$. Dann gibt es ein $m_0 \in \mathbb{N}$, so dass $\delta(\mu_m, \mu_{m_0}) < \eta$ für alle $m \ge m_0$. Bezeichnen wir mit $(x_j)_{j \ge 1}$ wieder eine in X dichte Folge, so gibt es ein $k \in \mathbb{N}$, so dass für alle $m = 1, \ldots, m_0$ gilt

$$(4.30) \qquad \mu_m \left(\left(\bigcup_{j=1}^{k} K_\eta(x_j) \right)^c \right) < \eta .$$

Für alle $m \ge m_0$ gilt dann nach Konstruktion

$$(4.31) \qquad \mu_m \left(\bigcup_{j=1}^{k} K_{2\eta}(x_j) \right) \ge \mu_m \left(\left(\bigcup_{j=1}^{k} K_\eta(x_j) \right)^\eta \right)$$

$$\ge \mu_{m_0} \left(\bigcup_{j=1}^{k} K_\eta(x_j) \right) - \eta$$

$$\ge \mu_{m_0}(X) - 2\eta \quad \text{(nach (4.30))}$$

$$\ge \mu_m(X) - 3\eta ,$$

denn wegen $m \ge m_0$ ist $\delta(\mu_m, \mu_{m_0}) < \eta$, also

$$(4.32) \qquad \mu_m(X) \le \mu_{m_0}(X) + \eta .$$

Zusammen ergibt sich aus (4.30), (4.31): Für *alle* $m \ge 1$ ist

$$\mu_m \left(\left(\bigcup_{j=1}^{k} K_\rho(x_j) \right)^c \right) < \varepsilon .$$

Dies wenden wir an mit $\varepsilon \cdot 2^{-n}$ anstelle von ε, wählen $\rho = \frac{1}{n}$ $(n \in \mathbb{N})$ und können folgern: Zu jedem $n \in \mathbb{N}$ gibt es ein $k_n \in \mathbb{N}$, so dass

$$\mu_m \left(\left(\bigcup_{j=1}^{k_n} K_{\frac{1}{n}}(x_j) \right)^c \right) < \varepsilon \cdot 2^{-n}$$

für alle $m \in \mathbb{N}$. Wie im Beweis des Satzes 1.16 von ULAM folgt nun die Straffheit von $(\mu_m)_{m \geq 1}$. – Die Beschränktheit ist klar nach (4.32).

Sei nun umgekehrt $(\mathbf{M}^+(\mathfrak{B}), \delta)$ ein polnischer Raum. Dann ist (X, d) separabel (Satz 4.37), und nach Korollar 4.33 ist nur noch zu zeigen, dass das Bild von X unter der Einbettung $X \ni a \mapsto \mu_a \in \mathbf{M}^+(\mathfrak{B})$ abgeschlossen ist. Wegen der Separabilität von X sind in $\mathbf{M}^+(\mathfrak{B})$ schwache Konvergenz und Konvergenz bez. der Prochorov-Metrik gleichbedeutend (Satz 4.35). Daher genügt es zum Nachweis der Abgeschlossenheit des Bildes von X, wenn wir zeigen: *Ist $(a_n)_{n \geq 1}$ eine Folge von Elementen aus X, und gibt es ein $\mu \in \mathbf{M}^+(\mathfrak{B})$ mit $\mu_{a_n} \overset{w}{\to} \mu$, so gibt es ein $a \in X$ mit $\mu = \mu_a$.* Begründung: Die Mengen $A_k := \overline{\{a_m : m \geq k\}}$ $(k \geq 1)$ bilden eine fallende Folge abgeschlossener Mengen mit $A_k \downarrow A := \bigcap_{n=1}^{\infty} A_n$. Nach dem Portmanteau-Theorem ist für alle $k \in \mathbb{N}$

$$1 = \overline{\lim}_{n \to \infty} \mu_{a_n}(A_k) \leq \mu(A_k) \leq \mu(X) = 1 ,$$

also

$$\mu(A_k) = \mu(A) = \mu(X) = 1 .$$

Wir zeigen weiter, dass A genau ein Element enthält: Angenommen, es gibt $a, b \in A$ mit $a \neq b$. Wir wählen $0 < \varepsilon < \frac{1}{3} d(a, b)$ und setzen $f(x) := \max(1 - \varepsilon^{-1} d(x, K_\varepsilon(a)), 0)$ $(x \in X)$; dann ist $f \in C_b(X)$ und $f \mid K_\varepsilon(a) = 1, f \mid K_\varepsilon(b) = 0$. Nach Definition von A gibt es Teilfolgen $(a_{n_k})_{k \geq 1}, (a_{m_k})_{k \geq 1}$ mit $a_{n_k} \to a, a_{n_k} \in K_\varepsilon(a)$ $(k \in \mathbb{N}), a_{m_k} \to b, a_{m_k} \in K_\varepsilon(b)$ $(k \in \mathbb{N})$. Daher gilt

$$\int_X f \, d\mu_{a_{n_k}} = 1 , \quad \int_X f \, d\mu_{a_{m_k}} = 0 \quad (k \in \mathbb{N}) .$$

Dies widerspricht offenbar der Konvergenz

$$\int_X f \, d\mu_{a_n} \longrightarrow \int_X f \, d\mu \quad (n \to \infty) .$$

Die Menge A enthält also höchstens ein Element, und da A wegen $\mu(A) = 1$ nicht leer ist, gibt es ein $a \in X$ mit $A = \{a\}$. Wegen $\mu(A) = \mu(X) = 1$ folgt nun: $\mu = \mu_a$.   □

Aufgaben. 4.1. Es seien $(Y, \mathfrak{C}, \nu)$ ein endlicher Maßraum, (X, d) ein separabler (!) metrischer Raum und $f, f_n : Y \to X$ $(n \in \mathbb{N})$ messbare Funktionen mit $f_n \to f$ n.M. (s. Aufgabe VI.4.5). Ferner seien $\mu := f(\nu), \mu_n := f_n(\nu)$ die zugehörigen Bildmaße. Dann gilt: $\mu_n \overset{w}{\to} \mu$. Insbesondere gilt $\mu_n \overset{w}{\to} \mu$, falls $f_n \to f$ ν-f.ü.

4.2. Sind $(Y, \mathfrak{C}, \nu)$ ein endlicher Maßraum, (X, d) ein metrischer Raum, $f_n : Y \to X$ $(n \in \mathbb{N})$ messbar, $\mu_n := f_n(\nu)$ $(n \in \mathbb{N})$ und $a \in X, \mu_a(B) := \chi_B(a)$ $(B \in \mathfrak{B})$ und gilt $\mu_n \overset{w}{\to} \mu_a$, so gilt $f_n \to a$ n.M. (Warum ist hier – im Gegensatz zu Aufgabe 4.1 – der Begriff der Konvergenz $f_n \to a$ n.M. auch ohne die Voraussetzung der Separabilität von (X, d) sinnvoll?)

4.3. Es seien μ, μ_n ($n \in \mathbb{N}$) endliche Maße auf der σ-Algebra $\mathfrak{A}$ über der Menge X. Dann sind folgende Aussagen äquivalent:
a) Für alle $A \in \mathfrak{A}$ gilt $\lim_{n\to\infty} \mu_n(A) = \mu(A)$.
b) Für alle $f \in \mathfrak{L}^\infty(X, \mathfrak{A}, \mu)$ gilt

$$\lim_{n\to\infty} \int_X f \, d\mu_n = \int_X f \, d\mu \, .$$

4.4. Es seien X ein lokal-kompakter Hausdorff-Raum und μ, μ_n ($n \in \mathbb{N}$) endliche Radon-Maße auf $\mathfrak{B}(X)$. Die Folge $(\mu_n)_{n\geq 1}$ heiße schwach konvergent gegen μ (kurz: $\mu_n \xrightarrow{w} \mu$), wenn für alle $f \in C_b(X)$ die Gl. (4.3) gilt. Zeigen Sie:
a) Der Limes einer schwach konvergenten Folge endlicher Radon-Maße ist eindeutig bestimmt.
b) Die Folge $(\mu_n)_{n\geq 1}$ konvergiert genau dann schwach gegen μ, wenn $(\mu_n)_{n\geq 1}$ vage gegen μ konvergiert und $\lim_{n\to\infty} \mu_n(X) = \mu(X)$ ist.

4.5. Ist μ ein Borel-Maß auf dem topologischen Raum X, so bilden die μ-randlosen Teilmengen von X eine Algebra, aber nicht notwendig eine σ-Algebra.

4.6. Es seien X ein metrischer Raum und $\mu, \mu_n \in \mathbf{M}^+(\mathfrak{B})$ ($n \in \mathbb{N}$). Dann sind folgende Aussagen a)–d) äquivalent:
a) $\mu_n \xrightarrow{w} \mu$.
b) Für jede μ-randlose abgeschlossene Menge $A \subset X$ ist $\lim_{n\to\infty} \mu_n(A) = \mu(A)$.
c) Für jede μ-randlose offene Menge $U \subset X$ ist $\lim_{n\to\infty} \mu_n(U) = \mu(U)$.
d) Für jede offene Menge $U \subset X$ ist $\underline{\lim}_{n\to\infty} \mu_n(U) \geq \mu(U)$, und für jede abgeschlossene Menge $A \subset X$ ist $\overline{\lim}_{n\to\infty} \mu_n(A) \leq \mu(A)$.

4.7. Ist (X, d) ein metrischer Raum, so heißt eine Funktion $f : X \to \mathbb{R}$ *Lipschitz-stetig* genau dann, wenn es eine Konstante $C \geq 0$ gibt, so dass für alle $x, y \in X$ gilt: $|f(x) - f(y)| \leq C d(x, y)$. Sind weiter $\mu, \mu_n \in \mathbf{M}^+(\mathfrak{B})$ ($n \in \mathbb{N}$), so sind folgende Aussagen äquivalent:
a) $\mu_n \xrightarrow{w} \mu$.
b) Für jede gleichmäßig stetige Funktion $f \in C_b(X)$ gilt $\lim_{n\to\infty} \int_X f \, d\mu_n = \int_X f \, d\mu$.
c) Für jede Lipschitz-stetige Funktion $f \in C_b(X)$ gilt $\lim_{n\to\infty} \int_X f \, d\mu_n = \int_X f \, d\mu$.

4.8. Sind (X, d) ein metrischer Raum und $\mu, \nu \in \mathbf{M}^+(\mathfrak{B})$, so sind folgende Aussagen äquivalent:
a) $\mu = \nu$.
b) Für jede gleichmäßig stetige Funktion $f \in C_b(X)$ ist $\int_X f \, d\mu = \int_X f \, d\nu$.
c) Für jede Lipschitz-stetige Funktion $f \in C_b(X)$ ist $\int_X f \, d\mu = \int_X f \, d\nu$.

4.9. Es sei $(F_n)_{n\geq 1}$ eine gleichmäßig beschränkte Folge von Verteilungsfunktionen auf $\mathbb{R}$, und es gebe eine abzählbare Menge $C \subset \mathbb{R}$ und eine Funktion $G : \mathbb{R} \setminus C \to \mathbb{R}$, so dass $F_n(x) \to G(x)$ ($n \to \infty$) für alle $x \in \mathbb{R} \setminus C$. Dann gibt es eine Verteilungsfunktion $F : \mathbb{R} \to \mathbb{R}$, so dass $(F_n)_{n\geq 1}$ vage gegen F konvergiert.

4.10. Ist (X, d) ein polnischer Raum, so ist jede schwach konvergente Folge von Maßen aus $\mathbf{M}^+(\mathfrak{B})$ straff und beschränkt.

4.11. Es seien X, Y metrische Räume, $f : X \to Y$ stetig und $\mu, \mu_n \in \mathbf{M}^+(\mathfrak{B})$ ($n \in \mathbb{N}$) mit $\mu_n \xrightarrow{w} \mu$. Dann gilt $f(\mu_n) \xrightarrow{w} f(\mu)$.

4.12. Eine Folge $(\mu_n)_{n\geq 1}$ endlicher Borel-Maße auf $[0, \infty[$ ist straff genau dann, wenn es eine monoton wachsende Funktion $f : [0, \infty[\to [0, \infty[$ gibt mit $f(x) \to \infty$ ($x \to \infty$) und $\sup_{n\in\mathbb{N}} \int_0^\infty f \, d\mu_n < \infty$.

4.13. Es seien (X, d) ein metrischer Raum und für $\mu, \mu_n \in \mathbf{M}^+(\mathfrak{B})$ $(n \in \mathbb{N})$ gelte $\mu_n \xrightarrow{w} \mu$. Dann gilt für jede nicht-negative stetige Funktion $f : X \to [0, \infty[$:

$$\varliminf_{n \to \infty} \int_X f \, d\mu_n \geq \int_X f \, d\mu \; .$$

(Hinweis: Für jedes $n \in \mathbb{N}$ ist $\min(f, n) \in C_b(X)$ und $\min(f, n) \uparrow f$.)

4.14. Es seien $(Y, \mathfrak{C}, \nu)$ ein endlicher Maßraum, (X, d) ein separabler (!) metrischer Raum, $f, g : Y \to X$ zwei messbare Abbildungen und $f(\nu), g(\nu)$ die zugehörigen Bildmaße auf $\mathfrak{B}(X)$. Ferner bezeichne ρ die Halbmetrik aus Aufgabe VI.4.5, d.h.

$$\rho(f, g) = \inf\{\varepsilon \geq 0 : \nu(\{d(f, g) > \varepsilon\}) \leq \varepsilon\} \; .$$

Dann besteht zwischen ρ und der Prochorov-Metrik δ folgende Beziehung:

$$\delta(f(\nu), g(\nu)) \leq \rho(f, g) \; .$$

Anhang A

Topologische Räume

Im Folgenden stellen wir ohne Beweise einige Begriffe und Sachverhalte aus der Topologie zusammen. Bei Bedarf sind die Lehrbücher von BOURBAKI [6], [7], DUGUNDJI [1], ENGELKING [1], KELLEY [1], V. QUERENBURG [1] und SCHUBERT [1] zuverlässige Ratgeber.

A.1. Ein *topologischer Raum* $(X, \mathfrak{O})$ ist eine Menge X versehen mit einem System $\mathfrak{O}$ von Teilmengen von X, so dass folgende Axiome erfüllt sind:

(O.1) Jede Vereinigung von Mengen aus $\mathfrak{O}$ gehört zu $\mathfrak{O}$; $\emptyset \in \mathfrak{O}$.

(O.2) Jeder *endliche* Durchschnitt von Mengen aus $\mathfrak{O}$ gehört zu $\mathfrak{O}$; $X \in \mathfrak{O}$.

Die Elemente $x \in X$ heißen *Punkte*, die Elemente von $\mathfrak{O}$ heißen die *offenen Mengen* von X, und $\mathfrak{O}$ heißt die *Topologie* von X. Speziell ist $\mathfrak{P}(X)$ eine Topologie auf X, die sog. *diskrete Topologie*. Ist (X, d) ein metrischer (oder halbmetrischer) Raum und $\mathfrak{O}$ das System aller Mengen $V \subset X$ mit der Eigenschaft, dass zu jedem $a \in V$ ein $\varepsilon > 0$ existiert mit $K_\varepsilon(a) \subset V$, so ist $\mathfrak{O}$ eine Topologie auf X. In diesem Sinne ist jeder (halb-)metrische Raum ein topologischer Raum. – Im Folgenden sei stets $(X, \mathfrak{O})$ ein topologischer Raum, soweit nichts anderes gesagt ist.

A.2. Sind $a \in X, V \subset X$, so heißt V eine *Umgebung von* a, wenn es ein $U \in \mathfrak{O}$ gibt mit $a \in U \subset V$; $\mathfrak{U}(a) := \{V \subset X : V$ Umgebung von $a\}$ heißt der *Umgebungsfilter* von a. X heißt *separiert* oder ein *Hausdorff-Raum*, wenn zu allen $a, b \in X, a \neq b$ Umgebungen U von a, V von b existieren mit $U \cap V = \emptyset$ (*Hausdorffsches Trennungsaxiom*). Jeder metrische Raum ist ein Hausdorff-Raum. – Sind $A, V \subset X$, so heißt V eine *Umgebung von* A, wenn ein $U \in \mathfrak{O}$ existiert mit $A \subset U \subset V$. (Man beachte: Bei dieser Terminologie brauchen die Umgebungen keine offenen Mengen zu sein.)

A.3. Eine Menge $\mathfrak{B} \subset \mathfrak{O}$ heißt eine *Basis von* $\mathfrak{O}$, wenn jedes $A \in \mathfrak{O}$ Vereinigung (nicht notwendig abzählbar vieler) Mengen aus $\mathfrak{B}$ ist. Eine Menge $\mathfrak{V} \subset \mathfrak{U}(a)$ heißt eine *Umgebungsbasis von* a, wenn zu jedem $U \in \mathfrak{U}(a)$ ein

© Springer-Verlag GmbH Deutschland, ein Teil von Springer Nature 2018
J. Elstrodt, *Maß- und Integrationstheorie*,
https://doi.org/10.1007/978-3-662-57939-8_9

$V \in \mathfrak{V}$ existiert mit $V \subset U$. Zum Beispiel bilden die Mengen $K_\varepsilon(a)$ $(\varepsilon > 0)$ eine Umgebungsbasis von a im (halb-)metrischen Raum (X, d), und die Mengen $K_\varepsilon(a)$ $(a \in X, \varepsilon > 0)$ bilden eine Basis der Topologie von (X, d). – Der Raum $(X, \mathfrak{O})$ genügt dem *ersten Abzählbarkeitsaxiom*, wenn jedes $a \in X$ eine abzählbare Umgebungsbasis hat. Jeder (halb-)metrische Raum genügt dem ersten Abzählbarkeitsaxiom. – $(X, \mathfrak{O})$ erfüllt das *zweite Abzählbarkeitsaxiom*, wenn $\mathfrak{O}$ eine abzählbare Basis hat.

A.4. Eine Menge $A \subset X$ heißt *abgeschlossen*, wenn A^c offen ist. Jeder Durchschnitt abgeschlossener Mengen ist abgeschlossen; X ist abgeschlossen. Jede endliche Vereinigung abgeschlossener Mengen ist abgeschlossen; $\emptyset$ ist abgeschlossen. Zu jedem $A \subset X$ gibt es eine bez. mengentheoretischer Inklusion kleinste abgeschlossene Menge F mit $F \supset A$, nämlich den Durchschnitt aller abgeschlossenen Teilmengen von X, die A umfassen. Diese Menge F heißt die *abgeschlossene Hülle* von A und wird mit $\overline{A}$ bezeichnet. Die Punkte $b \in \overline{A}$ heißen die *Berührungspunkte* von A. Es gilt $b \in \overline{A}$ genau dann, wenn $U \cap A \neq \emptyset$ für alle $U \in \mathfrak{U}(b)$. Ist sogar $U \cap (A \setminus \{b\}) \neq \emptyset$ für alle $U \in \mathfrak{U}(b)$, so heißt b ein *Häufungspunkt* von A. – Sind $A, B \subset X$, so heißt A *dicht in* B, falls $B \subset \overline{A}$. X heißt *separabel*, wenn X eine *abzählbare* dichte Teilmenge hat. Jeder topologische Raum, der dem zweiten Abzählbarkeitsaxiom genügt, ist separabel. Jeder separable (halb-)metrische Raum genügt dem zweiten Abzählbarkeitsaxiom.

A.5. Zu jedem $A \subset X$ gibt es eine größte offene Teilmenge $U \subset A$, nämlich die Vereinigung aller offenen Teilmengen von A. Diese Menge U heißt der *offene Kern* von A und wird mit $\overset{\circ}{A}$ bezeichnet. Die Punkte $x \in \overset{\circ}{A}$ heißen *innere Punkte* von A. Es gilt $(\overset{\circ}{A})^c = \overline{A^c}$.

A.6. Ist $Y \subset X$, so ist $\mathfrak{O} \,|\, Y := \{U \cap Y : U \in \mathfrak{O}\}$ eine Topologie auf Y, die *Spurtopologie* oder *Relativtopologie* von $\mathfrak{O}$ auf Y. $(Y, \mathfrak{O} \,|\, Y)$ heißt ein *Teilraum* von $(X, \mathfrak{O})$.

A.7. Sind X, Y topologische Räume und $f : X \to Y$ eine Abbildung, so heißt f *stetig in* $a \in X$, falls zu jeder Umgebung V von $f(a)$ eine Umgebung U von a existiert, so dass $f(U) \subset V$. Die Abbildung $f : X \to Y$ heißt *stetig*, wenn sie in jedem Punkt $a \in X$ stetig ist. Kompositionen stetiger Abbildungen sind stetig. Eine Abbildung $f : X \to Y$ ist genau dann stetig, wenn $f^{-1}(V)$ offen ist in X für jede offene Menge $V \subset Y$. $f : X \to Y$ heißt eine *topologische Abbildung* oder ein *Homöomorphismus*, wenn f bijektiv ist und wenn $f : X \to Y$ und $f^{-1} : Y \to X$ beide stetig sind. Existiert ein Homöomorphismus $f : X \to Y$, so heißen X und Y *homöomorph*.

A.8. Sind $\mathfrak{S}$ und $\mathfrak{T}$ zwei Topologien auf der gleichen Menge X, so heißt $\mathfrak{S}$ *feiner* als $\mathfrak{T}$ (und $\mathfrak{T}$ *gröber* als $\mathfrak{S}$), falls $\mathfrak{T} \subset \mathfrak{S}$.

A.9. Sind $(X, \mathfrak{S}), (Y, \mathfrak{T})$ topologische Räume, so gibt es eine gröbste Topologie $\mathfrak{O}$ auf $X \times Y$, welche die kanonischen Projektionen $\mathrm{pr}_X : X \times Y \to X, (x, y) \mapsto x$ und $\mathrm{pr}_Y : X \times Y \to Y, (x, y) \mapsto y$ stetig macht; $\mathfrak{O}$ heißt die *Produkttopologie* von $\mathfrak{S}$ und $\mathfrak{T}$ und $(X \times Y, \mathfrak{O})$ das *topologische Produkt* von $(X, \mathfrak{S})$ und $(Y, \mathfrak{T})$. Die Mengen $U \times V$ ($U \in \mathfrak{S}, V \in \mathfrak{T}$) bilden eine *Basis* von $\mathfrak{O}$. Eine Abbildung $g : (Z, \mathfrak{R}) \to (X \times Y, \mathfrak{O})$ ist genau dann stetig, wenn $\mathrm{pr}_X \circ g$ und $\mathrm{pr}_Y \circ g$ stetig sind. Entsprechendes gilt für Produkte *endlich vieler* topologischer Räume.

A.10. Ein System $\mathfrak{U}$ offener Teilmengen von X heißt eine *offene Überdeckung* von $A \subset X$, falls $A \subset \bigcup_{U \in \mathfrak{U}} U$. Eine Teilmenge $\mathfrak{T}$ der Überdeckung $\mathfrak{U}$ von A heißt eine *Teilüberdeckung*, falls $\mathfrak{T}$ eine Überdeckung von A ist. X heißt *kompakt*, wenn *jede* offene Überdeckung von X eine *endliche Teilüberdeckung* hat. Eine Menge $A \subset X$ heißt *kompakt*, wenn der Teilraum $(A, \mathfrak{O} \,|\, A)$ kompakt ist, und A heißt *relativ kompakt*, wenn $\overline{A}$ kompakt ist. (Viele Autoren verlangen von einem kompakten topologischen Raum zusätzlich, dass das Hausdorffsche Trennungsaxiom erfüllt ist, und nennen die im obigen Sinne kompakten Räume „quasikompakt".) Jede abgeschlossene Teilmenge eines kompakten Raums ist kompakt. Jede kompakte Teilmenge eines Hausdorff-Raums ist abgeschlossen.

A.11. Eine Familie $\mathfrak{F}$ von Teilmengen von X hat die *endliche Durchschnittseigenschaft*, wenn jeder endliche Durchschnitt von Mengen aus $\mathfrak{F}$ nicht-leer ist. X ist kompakt genau dann, wenn für jede Familie $\mathfrak{F}$ *abgeschlossener* Teilmengen von X, welche die *endliche* Durchschnittseigenschaft hat, der Durchschnitt *aller* Mengen aus $\mathfrak{F}$ nicht-leer ist.

A.12. Es sei $f : X \to Y$ eine Abbildung von X in den topologischen Raum Y. Ist f stetig und $K \subset X$ kompakt, so ist $f(K)$ eine kompakte Teilmenge von Y. – f heißt *offen* (bzw. *abgeschlossen*), wenn für jede offene (bzw. abgeschlossene) Menge $A \subset X$ die Bildmenge $f(A)$ offen (bzw. abgeschlossen) in Y ist. Ist X *kompakt*, so ist jede stetige Abbildung $f : X \to Y$ in einen Hausdorff-Raum Y *abgeschlossen*. Daher ist jede stetige bijektive Abbildung eines kompakten Raums X auf einen Hausdorff-Raum Y ein *Homöomorphismus*.

A.13. Eine Folge $(x_n)_{n \geq 1}$ in X heißt *konvergent gegen* $a \in X$, wenn zu jedem $U \in \mathfrak{U}(a)$ ein $n_0 \in \mathbb{N}$ existiert, so dass $x_n \in U$ für *alle* $n \geq n_0$. Der Punkt $a \in X$ heißt ein *Häufungswert* von $(x_n)_{n \geq 1}$, wenn es zu jeder Umgebung U von a *unendlich viele* $n \in \mathbb{N}$ gibt mit $x_n \in U$.

A.14. X heißt *abzählbar kompakt*, wenn jede *abzählbare* offene Überdeckung von X eine endliche Teilüberdeckung hat. X ist abzählbar kompakt genau dann, wenn jede Folge in X einen Häufungswert hat. Ist (X, d) eine halbmetrischer Raum, so sind folgende Aussagen äquivalent: (i) X ist kompakt. (ii) X ist abzählbar kompakt. (iii) Jede Folge in X hat eine konvergente Teilfolge. – Jede stetige Funktion auf einem abzählbar kompakten Raum ist beschränkt und nimmt ihr Maximum und ihr Minimum an.

A.15. Es seien I eine Indexmenge und $((X_\iota, \mathfrak{O}_\iota))_{\iota \in I}$ eine Familie topologischer Räume. Das *cartesische Produkt* $X := \prod_{\iota \in I} X_\iota$ ist definiert als Menge aller Abbildungen $x : I \to \bigcup_{\iota \in I} X_\iota$, so dass $x_\iota := x(\iota) \in X_\iota$ für alle $\iota \in I$; Schreibweise: $x = (x_\iota)_{\iota \in I}$. Sind alle $X_\iota \neq \emptyset$ ($\iota \in I$), so ist $X \neq \emptyset$ (Auswahlaxiom). Das System aller Mengen der Form $\prod_{\iota \in I} U_\iota$, zu denen eine *endliche* Menge $E \subset I$ existiert, so dass $U_\iota \in \mathfrak{O}_\iota$ für alle $\iota \in E$ und $U_\iota = X_\iota$ für alle $\iota \in I \setminus E$, bildet die *Basis* einer Topologie $\mathfrak{O}$ auf X, der *Produkttopologie* der $\mathfrak{O}_\iota$ $(\iota \in I)$. Dieses ist die gröbste Topologie auf X, die alle Projektionen $\mathrm{pr}_\kappa : X \to X_\kappa, \mathrm{pr}_\kappa((x_\iota)_{\iota \in I}) := x_\kappa$ $(\kappa \in I)$ stetig macht. Alle pr_κ $(\kappa \in I)$ sind offene Abbildungen. **Satz von Tichonoff** (1935): *Sind alle $(X_\iota, \mathfrak{O}_\iota)$ $(\iota \in I)$ kompakt, so ist $(X, \mathfrak{O})$ kompakt.*

A.16. X heißt *regulär*, wenn für jedes $a \in X$ die abgeschlossenen Umgebungen von a eine Umgebungsbasis von a bilden. X heißt *vollständig regulär*, wenn es zu jedem $a \in X$ und jeder abgeschlossenen Menge $F \subset X$ mit $a \notin F$ eine stetige Funktion $f : X \to [0,1]$ gibt mit $f(a) = 0, f \mid F = 1$. X heißt *normal*, wenn es zu je zwei abgeschlossenen Mengen $A, B \subset X$ mit $A \cap B = \emptyset$ Umgebungen U von A und V von B gibt mit $U \cap V = \emptyset$. Jeder vollständig reguläre Raum ist regulär. *Jeder kompakte Hausdorff-Raum ist normal.* Jeder (halb-)metrische Raum ist normal und vollständig regulär.

A.17. X heißt *lokal-kompakt*, wenn jedes $a \in X$ eine kompakte Umgebung hat. (Viele Autoren verlangen von einem lokal-kompakten Raum zusätzlich, dass das Hausdorffsche Trennungsaxiom erfüllt ist; wir folgen hier KELLEY [1] mit der Terminologie.) Ist X lokal-kompakt und Hausdorffsch oder regulär, so bilden für jedes $a \in X$ die abgeschlossenen *und* kompakten Umgebungen von a eine Umgebungsbasis. Insbesondere ist jeder lokal-kompakte Hausdorff-Raum regulär.

A.18. Es seien X ein Hausdorff-Raum, $\omega \notin X, \hat{X} := X \cup \{\omega\}$ und $\hat{\mathfrak{O}} := \mathfrak{O} \cup \{\hat{X} \setminus K : K \subset X \text{ kompakt}\}$. Dann ist $(\hat{X}, \hat{\mathfrak{O}})$ ein kompakter topologischer Raum, und $(X, \mathfrak{O})$ ist ein Teilraum von $(\hat{X}, \hat{\mathfrak{O}})$. Ist X nicht kompakt, so ist X ein offener dichter Teilraum von $\hat{X}$. $\hat{X}$ ist Hausdorffsch genau dann, wenn X ein lokal-kompakter Hausdorff-Raum ist. $(\hat{X}, \hat{\mathfrak{O}})$ heißt die *Alexandroff-Kompaktifizierung* von $(X, \mathfrak{O})$.

A.19. Es sei X ein lokal-kompakter Hausdorff-Raum. X heißt σ-*kompakt* oder *abzählbar im Unendlichen*, wenn X darstellbar ist als abzählbare Vereinigung kompakter Mengen. Folgende Aussagen sind äquivalent: (i) X ist σ-kompakt. (ii) $\omega \in \hat{X}$ hat eine abzählbare Umgebungsbasis. (iii) Es gibt eine Folge offener relativ kompakter Mengen $U_n \subset X (n \in \mathbb{N})$ mit $\overline{U}_n \subset U_{n+1} (n \in \mathbb{N})$ und $\bigcup_{n=1}^{\infty} U_n = X$.

A.20. Urysohnsches Lemma. *X ist normal genau dann, wenn es zu je zwei disjunkten abgeschlossenen Mengen $A, B \subset X$ eine stetige Funktion $f : X \to [0,1]$ gibt mit $f \mid A = 0, f \mid B = 1$.* Insbesondere ist jeder normale Hausdorff-Raum vollständig regulär. Es folgt: *Jeder lokal-kompakte Hausdorff-Raum ist vollständig regulär*, denn er ist Teilraum seiner kompakten, also normalen, also vollständig regulären Alexandroff-Kompaktifizierung, und jeder Teilraum eines vollständig regulären Raums ist vollständig regulär.

A.21. Metrisationssätze. Ist X ein Hausdorff-Raum mit abzählbarer Basis, so sind folgende Aussagen äquivalent: (i) X ist vollständig regulär. (ii) X ist regulär. (iii) X ist normal. (iv) X ist metrisierbar. *Ein kompakter Hausdorff-Raum ist genau dann metrisierbar, wenn er eine abzählbare Basis hat.* Ist X ein lokal-kompakter Hausdorff-Raum, so sind folgende Aussagen äquivalent: (i) X hat eine abzählbare Basis. (ii) $\hat{X}$ ist metrisierbar. (iii) X ist metrisierbar und σ-kompakt.

A.22. X heißt *vollständig metrisierbar*, wenn es eine Metrik d auf X gibt, welche die Topologie von X definiert, so dass (X, d) ein *vollständiger* metrischer Raum ist. (Warnung: Ist (X, d) ein vollständiger metrischer Raum, so kann es durchaus eine andere Metrik d' auf X geben, welche ebenfalls die auf X vorhandene Topologie definiert, so dass (X, d') unvollständig ist.) Ein vollständig metrisierbarer Raum mit abzählbarer Basis heißt ein *polnischer Raum*. (Ein metrischer Raum hat genau dann eine abzählbare Basis, wenn er separabel ist.) Jeder separable Banach-Raum ist polnisch; insbesondere ist $\mathbb{R}^n$ ein polnischer Raum. Jeder kompakte metrisierbare Raum ist polnisch, d.h. jeder kompakte Hausdorff-Raum mit abzählbarer Basis ist polnisch. Jeder abgeschlossene und jeder offene Unterraum eines polnischen Raums ist polnisch. Das Produkt höchstens abzählbar vieler polnischer Räume ist polnisch. Jeder lokal-kompakte Hausdorff-Raum X mit abzählbarer Basis ist polnisch, denn er ist offener Teilraum des kompakten metrisierbaren (also polnischen) Raums $\hat{X}$. – *Ein Teilraum A eines polnischen Raums X ist genau dann polnisch, wenn A eine G_δ-Menge in X ist.* Daher ist z.B. $\mathbb{R} \setminus \mathbb{Q}$ polnisch. *Literatur:* BOURBAKI [7], chap. 9, § 6, COHN [1], S. 251 ff., ENGELKING [1], **4.3.**, v. QUERENBURG [1], S. 148 ff., SCHUBERT [1], S. 131 f.

Anhang B

Transfinite Induktion

Es sei M eine *überabzählbare* Menge. Nach dem *Wohlordnungssatz* (s. Kap. III, § 3, **4.**) existiert eine Wohlordnung „$\leq$" auf M. Wir dürfen im Folgenden gleich annehmen, dass M ein größtes Element η hat; sonst vergrößern wir M um ein weiteres Element η mit der Maßgabe $x \leq \eta$ für alle $x \in M$ und nennen die neue Menge wieder M. Für $\alpha \in M$ sei $M_\alpha := \{\beta \in M : \beta < \alpha\}$.

Die Menge $C := \{\alpha \in M : M_\alpha \text{ ist überabzählbar}\}$ enthält nach Voraussetzung das Element η, d.h. $C \neq \emptyset$, und da „$\leq$" eine Wohlordnung ist, existiert ein *kleinstes* Element $\Omega \in C$. Die Menge $I := M_\Omega$ hat nun folgende Eigenschaften:

(i) I ist wohlgeordnet und überabzählbar.

(ii) Für jedes $\alpha \in I$ ist M_α abzählbar.

Man kann zeigen, dass I durch die Eigenschaften (i), (ii) bis auf eine ordnungstreue Bijektion eindeutig bestimmt ist. I ist ein Modell der Menge der *abzählbaren Ordinalzahlen*; Ω ist die *kleinste überabzählbare Ordinalzahl*. I hat kein größtes Element, denn wäre $\alpha \in I$ größtes Element, so wäre ja $I = M_\alpha \cup \{\alpha\}$ abzählbar: Widerspruch. Für jedes $\alpha \in I$ ist also die Menge $\{\beta \in I : \beta > \alpha\}$ nicht-leer und hat daher ein eindeutig bestimmtes kleinstes Element. Dieses heißt der *Nachfolger* von α und wird mit $\alpha + 1$ bezeichnet; α heißt der *Vorgänger* von $\alpha + 1$ (und ist eindeutig bestimmt als größtes Element der Menge $\{\beta : \beta < \alpha + 1\}$). Das kleinste Element von I nennen wir 0, sein Nachfolger $0 + 1$ heiße 1, und so fortschreitend $1 + 1 = 2, 2 + 1 = 3, \ldots$ können wir annehmen, dass $\omega := \mathbb{N} \cup \{0\} \subset I$. Wegen $\omega \underset{\neq}{\subset} I$ gibt es ein kleinstes Element von I, das größer ist als alle Elemente von ω. Dieses Element bezeichnen wir mit ω, seinen Nachfolger mit $\omega + 1$, danach kommen $\omega + 2, \omega + 3, \ldots, \omega 2, \omega 2 + 1, \omega 2 + 2, \ldots, \omega 3, \ldots, \omega 4, \ldots, \omega 5, \ldots, \omega^2, \omega^2 + 1, \ldots, \omega^2 + \omega, \ldots, \omega^3, \ldots, \omega^4, \ldots, \omega^\omega$. (Hier ist ω^ω ein Name für eine wohldefinierte Ordinalzahl, nicht die Menge aller Abbildungen von ω in sich.) Alle oben genannten Elemente beschreiben wohldefinierte Ordnungstypen abzählbarer wohlgeordneter Mengen, aber es sind natürlich bei Weitem noch nicht alle, denn auf ω^ω folgen $\omega^\omega + 1, \ldots, \omega^\omega + \omega, \ldots, \omega^\omega + \omega^2, \ldots, \omega^{(\omega^\omega)}, \ldots$ Die geniale Idee GEORG CANTORs bei der Einführung der Ordinalzahlen besteht darin, mit

© Springer-Verlag GmbH Deutschland, ein Teil von Springer Nature 2018
J. Elstrodt, *Maß- und Integrationstheorie*,
https://doi.org/10.1007/978-3-662-57939-8_10

dem Zählen einfach nicht aufzuhören. Eine Ordinalzahl kann einen Vorgänger haben (wie z.B. 1, 2, $\omega + 1$) oder auch nicht (wie z.B. 0, ω, $\omega 2$). Eine von 0 verschiedene Ordinalzahl ohne Vorgänger heißt eine *Limeszahl*.

Anders als in $\mathbb{N}$ kommt man in I in abzählbar vielen Schritten nicht „bis zum Ende", denn es gilt: *Zu jeder Folge $(\alpha_n)_{n \geq 1}$ in I gibt es ein $\beta \in I$ mit $\beta > \alpha_n$ für alle $n \in \mathbb{N}$. Begründung:* Die Menge $\bigcup_{n \geq 1} M_{\alpha_n}$ ist als abzählbare Vereinigung abzählbarer Mengen abzählbar. Daher gibt es ein $\gamma \in I \setminus \bigcup_{n \geq 1} M_{\alpha_n}$, und $\beta := \gamma + 1$ leistet das Verlangte. –

Das von den natürlichen Zahlen her bekannte *Prinzip der vollständigen Induktion* gestattet eine naheliegende Ausdehnung auf Ordinalzahlen. Speziell für die Menge I besagt das

Prinzip der transfiniten Induktion: *Es sei $E(\alpha)$ eine Aussage, die für alle $\alpha \in I$ sinnvoll ist, und es gelte:*
(i) *$E(0)$ ist richtig.*
(ii) *Aus $E(\alpha)$ folgt $E(\alpha + 1)$ $(\alpha \in I)$.*
(iii) *Ist γ eine Limeszahl, und gilt $E(\alpha)$ für alle $\alpha < \gamma$, so gilt auch $E(\gamma)$.*
Dann gilt $E(\alpha)$ für alle $\alpha \in I$.

Beweis. Ist die Menge der $\alpha \in I$, für welche $E(\alpha)$ falsch ist, nicht leer, so enthält sie ein kleinstes Element γ. Wegen (i) ist $\gamma > 0$, und nach (ii) hat γ keinen Vorgänger, ist also eine Limeszahl. Da aber $E(\alpha)$ für alle $\alpha < \gamma$ richtig ist, ergibt sich ein Widerspruch zu (iii). □

Das Prinzip der transfiniten Induktion gilt sinngemäß für jede wohlgeordnete Menge, nicht nur für die Menge I. Ähnlich wie man im Bereich der natürlichen Zahlen *induktiv* definieren kann, besteht auch in wohlgeordneten Mengen wie z.B. I die Möglichkeit der *Definition durch transfinite Induktion*, von der wir in Kap. I, § 4 und in Kap. III, § 3 Gebrauch machen. *Literatur:* DUDLEY [1], **A.3**, HAHN [2], Kap. I, § 7, HALMOS [2], HEWITT-STROMBERG [1], sect. 4; s. auch die Beiträge von THIELE in EICHHORN-THIELE [1] und von KOEPKE in BRIESKORN [1], DEISER [1].

Literaturverzeichnis

ABRAHAM, R.; MARSDEN, J.E.; RATIU, T.: [1] *Manifolds, tensor analysis, and applications.* Second ed. Berlin–Heidelberg–New York: Springer-Verlag 1988.

ALEXANDROFF, A.D.: [1] *Additive set-functions in abstract spaces, I–III.* Mat. Sbornik, Nov. Ser., 8 (50), 307–348 (1940); 9 (51), 563–628 (1941); 13 (55), 169–238 (1943).

ALFSEN, E.M.: [1] *A simplified constructive proof of the existence and uniqueness of Haar measure.* Math. Scand. 12, 106–116 (1963).

ANGER, B.; PORTENIER, C.: [1] *Radon integrals. An abstract approach to integration and Riesz representation through function cones.* Basel–Boston–Berlin: Birkhäuser 1992.

BADRIKIAN, A.: [1] *Séminaire sur les fonctions aléatoires linéaires et les mesures cylindriques.* Lect. Notes Math. 139. Berlin–Heidelberg–New York: Springer-Verlag 1970.

BANACH, S.: [1], [2] *Œuvres, Vol. I, II.* Warszawa: PWN–Éditions Scientifiques de Pologne 1967, 1979.

BATT, J.: [1] *Die Verallgemeinerungen des Darstellungssatzes von F. Riesz und ihre Anwendungen.* Jahresber. Dtsch. Math.-Ver. 74, 147–181 (1973).

BAUER, H.: [1] *Maß- und Integrationstheorie.* Berlin–New York: W. de Gruyter & Co. 1990, 2. Aufl. 1992.

[2] *Maße auf topologischen Räumen.* Kurs der Fernuniversität–Gesamthochschule Hagen. Hagen 1984.

BEHRENDS, E.: [1] *Maß- und Integrationstheorie.* Berlin–Heidelberg–New York: Springer-Verlag 1987.

BERBERIAN, S.K.: [1] *Measure and integration.* New York: The Macmillan Comp.; London: Collier-Macmillan 1965.

BERG, C.; CHRISTENSEN, J.P.R.; RESSEL, P.: [1] *Harmonic analysis on semigroups.* Berlin–Heidelberg–New York: Springer-Verlag 1984.

BILLINGSLEY, P.: [1] *Probability and measure.* New York etc.: J. Wiley & Sons, second ed. 1986, third ed. 1995.

[2] *Convergence of probability measures.* New York etc.: J. Wiley & Sons, first ed. 1968, second ed. 1999.

[3] *Weak convergence of measures: Applications in probability.* Philadelphia, PA: Society for Industrial and Applied Mathematics 1971.

BOGACHEV, V.I.: [1] *Measures on topological spaces.* J. Math. Sci. 91, No. 4, 3033–3156 (1998). (Translated from Itogi Nauki Tekh., Ser. Sovr. Mat. Prilozh. 36 (1996).)

[2] *Measure theory, Vol. 1, 2.* Berlin etc.: Springer-Verlag 2007.

BOREL, É.: [1] *Leçons sur la théorie des fonctions.* Paris: Gauthier-Villars, 1. Aufl. 1898, 2. Aufl. 1914, 3. Aufl. 1928, 4. Aufl. 1950.

[2] *Leçons sur les fonctions de variables réelles.* Paris: Gauthier-Villars, 1. Aufl. 1905, 2. Aufl. 1928.

[3], [4] *Œuvres de Émile Borel, Tome I, II.* Paris: Éditions du Centre National de la Recherche Scientifique 1972.

BOURBAKI, N.: [1] *Intégration, chap. I–IV.* Deuxième éd. Paris: Hermann 1965.

[2] *Intégration, chap. V.* Deuxième éd. Paris: Hermann 1967.

[3] *Intégration, chap. VI.* Paris: Hermann 1959.

[4] *Intégration, chap. VII–VIII.* Paris: Hermann 1963.

© Springer-Verlag GmbH Deutschland, ein Teil von Springer Nature 2018
J. Elstrodt, *Maß- und Integrationstheorie*,
https://doi.org/10.1007/978-3-662-57939-8

[5] *Intégration, chap. IX*. Paris: Hermann 1969.

[6] *General topology, Chapters 1–4*. 2nd printing. Berlin–Heidelberg–New York: Springer-Verlag 1989.

[7] *General topology, Chapters 5–10*. 2nd printing. Berlin–Heidelberg–New York: Springer-Verlag 1989.

[8] *Elemente der Mathematikgeschichte*. Göttingen: Vandenhoeck & Ruprecht 1971.

BRAY, H.E.: [1] *Elementary properties of the Stieltjes integral*. Ann. Math., II. Ser. 20, 177–186 (1919).

BRIESKORN, E. (Hrsg.): [1] *Felix Hausdorff zum Gedächtnis. Band I: Aspekte seines Werkes*. Braunschweig–Wiesbaden: Vieweg 1996.

BRUCKNER, A.M.; THOMSON, B.S.: [1] *Real variable contributions of G.C. Young and W.H. Young*. Expo. Math. 19, 337–358 (2001).

BULIRSCH, R.: [1] *Constantin Carathéodory, Leben und Werk*. Sitzungsber., Bayer. Akad. Wiss., Math.-Naturwiss. Kl., Jahrgang 1998–2000, 27–59 (2000).

CANTOR, G.: [1] *Gesammelte Abhandlungen mathematischen und philosophischen Inhalts*. Berlin: Springer-Verlag 1932; Nachdruck 1980.

CARATHÉODORY, C.: [1] *Vorlesungen über reelle Funktionen*. Leipzig–Berlin: B.G. Teubner, 1. Aufl. 1917, 2. Aufl. 1927. Nachdruck: New York: Chelsea Publ. Comp.

[2] *Gesammelte mathematische Schriften, Bd. IV*. München: C.H. Beck 1956.

CARTAN, H.: [1] *Sur la mesure de Haar*. C.R. Acad. Sci. Paris 211, 759–762 (1940); *Œuvres, Vol. III*, S. 1020–1022. Berlin–Heidelberg–New York: Springer-Verlag 1979.

CAVALIERI, B.: [1] *Exercitationes geometricae sex*. Bononiae: Typis Iacobi Montij 1647. Nachdruck: Rom: Edizioni Cremonese 1980.

CHOQUET, G.: [1] *Theory of capacities*. Ann. Inst. Fourier 5, 131–295 (1955).

[2] *Lectures on analysis, Vol. I–III*. Reading, Mass.: W.A. Benjamin, Inc. 1969.

CHRISTENSEN, J.P.R.: [1] *Topology and the Borel structure*. Amsterdam etc.: North-Holland Publ. Comp. 1974.

COHN, D.L.: [1] *Measure theory*. Boston–Basel–Stuttgart: Birkhäuser 1980. Second ed. 2013.

COMFORT, W.W.; NEGREPONTIS, S.: [1] *The theory of ultrafilters*. Berlin–Heidelberg–New York: Springer-Verlag 1974.

COURRÈGE, P.: [1] *Théorie de la mesure*. Les cours de Sorbonne. Paris: Centre de Documentation Universitaire, deuxième éd. 1965.

DEISER, O.: [1] *Kennen Sie ω_1?* Mitt. Dtsch. Math.-Ver. 2001, No. 1, 17–21.

DELLACHERIE, C.: [1] *Ensembles analytiques, capacités, mesures de Hausdorff*. Lect. Notes Math. 295. Berlin–Heidelberg–New York: Springer-Verlag 1972.

DELLACHERIE, C.; MEYER, P.-A.: [1] *Probabilités et potentiel. Chap. I–IV*. Paris: Hermann 1975.

DESCOMBES, R.: [1] *Intégration*. Paris: Hermann 1972.

DIESTEL, J.; SPALSBURY, A.: [1] *The joys of Haar measure*. Providence, RI: Amer. Math. Soc. 2013.

DIEUDONNÉ, J.: [1] *Grundzüge der modernen Analysis, Bd. 2*. 2. Aufl. Braunschweig: F. Vieweg & Sohn 1987; Berlin: Deutscher Verlag der Wissenschaften 1987.

[2] *Geschichte der Mathematik 1700–1900*. Braunschweig: F. Vieweg & Sohn 1985; Berlin: Deutscher Verlag der Wissenschaften 1985.

DIRICHLET, P.G. LEJEUNE: [1] *Werke, Bd. I*. Berlin: G. Reimer 1889.

[2] *Vorlesungen über die Lehre von den einfachen und den mehrfachen bestimmten Integralen*. Braunschweig: F. Vieweg & Sohn 1904.

DOOB, J.L.: [1] *Stochastic processes*. New York etc.: J. Wiley & Sons 1953.

[2] *Measure theory*. Berlin–Heidelberg–New York: Springer-Verlag 1993.

DOUGHERTY, R.; FOREMAN, M.: [1] *Banach-Tarski decompositions using sets with the property of Baire*. J. Am. Math. Soc. 7, 75–124 (1994).

DUDLEY, R.M.: [1] *Real analysis and probability*. Pacific Grove, Calif.: Wadsworth & Brooks/Cole 1989.

DUGUNDJI, J.: [1] *Topology*. Boston: Allyn & Bacon 1966.

DUNFORD, N.; SCHWARTZ, J.T.: [1] *Linear operators. Part I: General theory*. Second printing. New York–London: Interscience Publishers 1964.

EDGAR, G.: [1] *Integral, probability, and fractal measures.* Berlin–Heidelberg–New York: Springer-Verlag 1998.

EICHHORN, E.; THIELE, E.-J. (Hrsg.): [1] *Vorlesungen zum Gedenken an Felix Hausdorff.* Berlin: Heldermann-Verlag 1994.

ENGELKING, R.: [1] *General topology.* Warszawa: PWN–Polish Scientific Publishers 1977.

EVANS, C.; GARIEPY, R.F.: [1] *Measure theory and fine properties of functions.* Boca Raton–Ann Arbor–London: CRC Press 1992.

FATOU, P.: [1] *Séries trigonométriques et séries de Taylor.* Acta Math. 30, 335–400 (1906).

FEDERER, H.: [1] *Geometric measure theory.* Berlin–Heidelberg–New York: Springer-Verlag 1969.

FLORET, K.: [1] *Maß- und Integrationstheorie.* Stuttgart: B.G. Teubner 1981.

FRÉCHET, M.: [1] *Sur l'intégrale d'une fonctionnelle étendue à un ensemble abstrait.* Bull. Soc. Math. France 43, 249–265 (1915).

[2] *Des familles et fonctions additives d'ensembles abstraits.* Fundam. Math. 4, 329–365 (1923). *Suite,* ibid. 5, 206–251 (1924).

FREMLIN, D.H.: [1] *Topological Riesz spaces and measure theory.* Cambridge: Cambridge University Press 1974.

[2] *Topological measure spaces: two counter-examples.* Math. Proc. Camb. Philos. Soc. 78, 95–106 (1975).

[3] *Measure Theory, Vol. 1–4.* Colchester: Torres Fremlin 2003–2006.

GARDNER, R.J.: [1] *The regularity of Borel measures.* In: *Measure Theory Oberwolfach* 1981. Lect. Notes Math. 945, 42–100. Berlin–Heidelberg–New York: Springer-Verlag 1982.

GARDNER, R.J.; PFEFFER, W.F.: [1] *Borel measures.* In: *Handbook of set-theoretic topology,* chapter 22, 961–1043. Ed. by K. KUNEN and J.E. VAUGHAN. Amsterdam etc.: North-Holland Publ. Comp. 1984.

GEORGE, C.: [1] *Exercises in integration.* Berlin–Heidelberg–New York: Springer-Verlag 1984.

GEORGIADOU, M.: *Constantin Carathéodory. Mathematics and politics in turbulent times.* Berlin–Heidelberg–New York: Springer-Verlag 2004.

GIUSTI, E.: [1] *Bonaventura Cavalieri and the theory of indivisibles.* (Beilage zu B. CAVALIERI [1].) Rom: Edizioni Cremonese 1980.

GRABOWSKI, L.; MATHÉ, A.; PIKHURKO, O.: [1] *Measurable circle squaring.* Ann. Math., II. Ser., 185, 671–710 (2017).

GRAY, J.: *The shaping of the Riesz representation theorem.* Arch. Hist. Exact Sci. 31, 127–187 (1984).

HAAR, A.: [1] *Gesammelte Arbeiten.* Budapest: Akadémiai Kiadó 1959.

HADWIGER, H.: [1] *Vorlesungen über Inhalt, Oberfläche und Isoperimetrie.* Berlin: Springer-Verlag 1957.

HAHN, H.: [1] *Theorie der reellen Funktionen, Bd. I.* Berlin: J. Springer 1921.

[2] *Reelle Funktionen. Erster Teil: Punktfunktionen.* Leipzig: Akademische Verlagsges. 1932. Nachdruck: New York: Chelsea Publ. Comp. 1948.

[3] *Über die Multiplikation total-additiver Mengenfunktionen.* Ann. Sc. Norm. Super. Pisa, Ser. 2, Bd. 2, 429–452 (1933).

HAHN, H.; ROSENTHAL, A.: [1] *Set functions.* Albuquerque, New Mexico: The University of New Mexico Press 1948.

HALMOS, P.R.: [1] *Measure theory.* Princeton, NJ etc.: D. van Nostrand Comp., Inc. 1950. Nachdruck: Berlin–Heidelberg–New York: Springer-Verlag 1976.

[2] *Naive Mengenlehre.* Göttingen: Vandenhoeck & Ruprecht, 3. Aufl. 1972.

HAUSDORFF, F.: [1] *Grundzüge der Mengenlehre.* Leipzig: Veit & Comp. 1914. Nachdruck: New York: Chelsea Publ. Comp. 1949.

[2] *Mengenlehre.* Dritte Aufl. Berlin–Leipzig: W. de Gruyter & Co. 1935.

[3] *Gesammelte Werke. Bd. IV: Analysis, Algebra und Zahlentheorie.* Berlin–Heidelberg–New York: Springer-Verlag 2001.

HAWKINS, T.: *Lebesgue's theory of integration. Its origins and development.* Madison–Milwaukee–London: The University of Wisconsin Press 1970. Nachdruck: New York: Chelsea Publ.

Comp.

HELLY, E.: [1] *Über lineare Funktionaloperationen.* Sitzungsber. der Kaiserl. Akad. der Wiss. in Wien, Math.-naturwiss. Kl. 121, 265–297 (1912).

HEWITT, E.; ROSS, K.A.: [1] *Abstract harmonic analysis, Vol. I.* Berlin–Heidelberg–New York: Springer-Verlag 1963, second ed. 1979.

HEWITT, E.; STROMBERG, K.: [1] *Real and abstract analysis.* Berlin–Heidelberg–New York: Springer-Verlag 1965.

HOFFMANN-JØRGENSEN, J.: [1] *The theory of analytic spaces.* Aarhus: Aarhus Universitet, Matematisk Institut 1970.

HOPF, E.: [1] *Ergodentheorie.* Berlin: Springer-Verlag 1937. Nachdruck: New York: Chelsea Publ. Comp.

IGOSHIN, V.I.: [1] *M. Ya. Suslin, 1894–1919 (russ.).* Moskau: Nauka–Fizmatlit. 1996.

[2] *A short biography of Mikhail Yakovlevich Suslin.* Russian Math. Surveys 51, No. 3, 371–383 (1996).

JACOBS, K.: [1] *Measure and integral.* New York etc.: Academic Press 1978.

JEAN, R.: [1] *Mesure et intégration.* Montréal: Les Presses de l'Université du Québec 1975.

KAHANE, J.-P.; LEMARIÉ-RIEUSSET, P.G.: [1] *Séries de Fourier et ondelettes.* Paris: Cassini 1998.

KAKUTANI, S.: [1] *Concrete representations of abstract (M)-spaces. (A characterization of the space of continuous functions.)* Ann. Math., II. Ser., 42, 994–1024 (1941).

[2] *On the uniqueness of Haar's measure.* Proc. Imp. Acad. Tokyo 14, 27–31 (1938).

[3] *A proof of the uniqueness of Haar's measure.* Ann. Math., II. Ser., 49, 225–226 (1948).

KALLENBERG, O.: [1] *Foundations of modern probability.* Berlin–Heidelberg–New York: Springer-Verlag, first ed. 1997, second ed. 2002.

KAMKE, E.: [1] *Das Lebesgue-Stieltjes-Integral.* Leipzig: B.G. Teubner 1956.

KELETI, T.; PREISS, D.: [1] *The balls do not generate all Borel sets using complements and countable disjoint unions.* Math. Proc. Camb. Philos. Soc. 128, 539–547 (2000).

KELLEY, J.L.: [1] *General topology.* Princeton, NJ etc.: D. van Nostrand Comp., Inc. 1955. Nachdruck: Berlin–Heidelberg–New York: Springer-Verlag 1975.

KHARAZISHVILI, A.B.: [1] *Strange functions in real analysis.* New York–Basel: M. Dekker, Inc. 2000; second ed. London: Chapman & Hall, Boca Raton: CRC Press 2006.

KISYŃSKI, J.: [1] *On the generation of tight measures.* Studia Math. 30, 141–151 (1968).

KOECHER, M.: [1] *Lineare Algebra und analytische Geometrie.* Berlin–Heidelberg–New York: Springer-Verlag 1983, 2. Aufl. 1985, 3. Aufl. 1992, 4. Aufl. 1997.

KOLMOGOROFF, A.N.: [1] *Grundbegriffe der Wahrscheinlichkeitsrechnung.* Berlin: Springer-Verlag 1933.

KÖLZOW, D.: [1] *Differentiation von Maßen.* Lect. Notes Math. 65. Berlin–Heidelberg–New York: Springer-Verlag 1968.

KÖNIG, H.: [1] *On the basic extension theorem in measure theory.* Math. Z. 190, 83–94 (1985).

[2] *New constructions related to inner and outer regularity of set functions.* In: *Topology, Measure, and Fractals,* S. 137–146. Hrsg. C. BANDT, J. FLACHSMEYER, H. HAASE. Berlin: Akademie-Verlag 1992.

[3] *The Daniell-Stone-Riesz representation theorem.* In: *Operator theory in function spaces and Banach lattices,* 191–222. Basel–Boston: Birkhäuser 1995.

[4] *Measure and integration. An advanced course in basic procedures and applications.* Berlin–Heidelberg–New York: Springer-Verlag 1997. Korr. Nachdruck 2009.

[5] *Measure and integration: Mutual generation of outer and inner premeasures.* Ann. Univ. Sarav., Ser. Math. 9, No. 2, 99–122 (1998).

[6] *Measure and integration: Integral representations of isotone functionals.* Ann. Univ. Sarav., Ser. Math. 9, No. 2, 123–153 (1998).

[7] *Measure and integration: Comparison of old and new procedures.* Arch. Math. 72, 192–205 (1999).

[8] *New versions of the Radon-Nikodým theorem.* Arch. Math. 86, 251–260 (2006).

[9] *New version of the Daniell-Stone-Riesz representation theorem.* Positivity 12, 105–118 (2008).

[10] *Measure and integration. Publications 1997–2011.* Basel–Heidelberg–New York: Birkhäuser 2012.

KURATOWSKI, K.: [1] *Topology, Vol. I.* New York etc.: Academic Press 1966. (Franz. Original: *Topologie, Vol. I.* Quatrième éd. Warszawa: PWN 1958.)

LACZKOVICH, M.: [1] *Paradoxes in measure theory.* In: *Handbook of measure theory,* chapter 3, 83–123. Ed. by E. Pap. Amsterdam etc.: Elsevier 2002.

[2] *Decomposition of sets with small boundary.* J. London Math. Soc. (2) 46, 58–64 (1992).

LEBESGUE, H.: [1]–[5] *Œuvres scientifiques, Vol. 1–5.* Genf: L'Enseignement Mathématique, Institut de Mathématiques, Université de Genève 1972.

[6] *Leçons sur l'intégration et la recherche des fonctions primitives.* Deuxième éd. Paris: Gauthier-Villars 1928. Nachdruck: New York: Chelsea Publ. Comp. 1973.

[7] *Message d'un mathématicien:* HENRI LEBESGUE *pour la centenaire de sa naissance.* Introduction et extraits choisis par L. FÉLIX. Paris: Librairie A. Blanchard 1974.

[8] *Leçons sur les séries trigonométriques.* Paris: Gauthier-Villars 1906.

[9] *Lettres d'Henri Lebesgue à Émile Borel.* Postface de BERNARD BRU et PIERRE DUGAC. Cah. Sémin. Hist. Math. 12, 1–512 (1991).

LOÈVE, M.: [1] *Probability theory.* Third ed. Princeton, NJ etc.: D. van Nostrand Comp., Inc. 1963. Fourth ed. in 2 volumes. Berlin–Heidelberg–New York: Springer-Verlag 1977, 1978.

LOOMIS, L.H.: [1] *An introduction to abstract harmonic analysis.* Princeton, NJ etc.: D. van Nostrand Comp., Inc. 1953.

LORENTZ, G.G.: [1] *Who discovered analytic sets?* Math. Intell. 23, 28–32 (2001).

LUKACS, E.: [1] *Characteristic functions.* London: Charles Griffin & Comp., first ed. 1960, second ed. 1970.

LUSIN, N.: [1] *Leçons sur les ensembles analytiques.* Paris: Gauthier-Villars 1930. Nachdruck: New York: Chelsea Publ. Comp.

MARBO, C.: [1] *A travers deux siècles, souvenirs et rencontres (1883–1967).* Paris: Éditions Bernard Grasset 1968.

MARKOFF, A.A.: [1] *On mean values and exterior densities.* Mat. Sbornik, Nov. Ser., 4 (46), 165–191 (1938).

MARKS, A.S.; UNGER, S.T.: [1] *Borel circle squaring.* Ann. Math., II. Ser., 186, 581–605 (2017).

MARLE, C.-M.: [1] *Mesures et probabilités.* Paris: Hermann 1974.

MATTILA, P.: [1] *Geometry of sets and measures in Euclidean spaces.* Cambridge etc.: Cambridge University Press 1995.

MATTNER, L.: [1] *Product measurability, parameter integrals, and a Fubini counterexample.* Enseign. Math., II. Ser. 45, 271–299 (1999).

[2] *Complex differentiation under the integral.* Nieuw. Arch. Wisk., IV. Ser. 5/2, No. 2, 32–35 (2001).

MAYRHOFER, K.: [1] *Inhalt und Maß.* Wien: Springer-Verlag 1952.

MEDVEDEV, F.A.: [1] *Scenes from the history of real functions.* Basel–Boston–Berlin: Birkhäuser 1991.

MEYER, P.-A.: [1] *Probability and potentials.* Waltham, Mass. etc.: Blaisdell Publ. Comp. 1966.

MILNOR, J.: [1] *Fubini foiled: Katok's paradoxical example in measure theory.* Math. Intell. 19, No. 2, 30–32 (1997).

MONTGOMERY, D.; ZIPPIN, L.: [1] *Topological transformation groups.* New York–London: Interscience Publishers 1955. Nachdruck: Huntington, NY: R.E. Krieger Publ. Comp. 1974.

MOORE, G.H.: [1] *Zermelo's axiom of choice: Its origins, development, and influence.* Berlin–Heidelberg–New York: Springer-Verlag 1982.

NACHBIN, L.: [1] *The Haar integral.* Princeton, NJ etc.: D. van Nostrand Comp., Inc. 1965.

NARASIMHAN, R.: [1] *Analysis on real and complex manifolds.* Paris: Masson & Cie.; Amsterdam: North-Holland Publ. Comp. 1973.

NATANSON, I.P.: [1] *Theorie der Funktionen einer reellen Veränderlichen.* Berlin: Akademie-Verlag, 4. Aufl. 1975.

NEUMANN, J. VON: [1] *Functional operators, Vol. I: Measures and integrals.* Princeton, NJ:

Princeton University Press 1950.

[2]–[5] *Collected Works, Vol. I, II, III, IV.* Oxford–London–New York–Paris: Pergamon Press 1961.

[6] *Invariant measures.* Providence, RI: American Mathematical Society 1999.

NEVEU, J.: [1] *Mathematische Grundlagen der Wahrscheinlichkeitstheorie.* München–Wien: R. Oldenbourg Verlag 1969.

NIKODÝM, O.: [1] *Sur une généralisation des intégrales de M.J. Radon.* Fundam. Math. 15, 131–179 (1930).

OXTOBY, J.C.: [1] *Measure and category.* Berlin–Heidelberg–New York: Springer-Verlag 1980.

[2] *Invariant measures in groups which are not locally compact.* Trans. Am. Math. Soc. 60, 215–237 (1946).

OXTOBY, J.C.; ULAM, S.M.: [1] *On the existence of a measure invariant under a transformation.* Ann. Math., II. Ser., 40, 560–566 (1939).

PARTHASARATHY, K.R.: [1] *Probability measures on metric spaces.* New York–London: Academic Press 1967.

PEANO, G.: [1] *Applicazioni geometriche del calcolo infinitesimale.* Torino 1887.

PFEFFER, W.F.: [1] *Integrals and measures.* New York–Basel: M. Dekker, Inc. 1977.

PIER, J.-P.: [1] *Intégration et mesure 1900–1950.* In: *Development of mathematics 1900–1950.* Ed. by J.-P. PIER. Basel–Boston: Birkhäuser 1994.

[2] *Histoire de l'intégration. Vingt-cinq siècles de mathématiques.* Paris: Masson 1996.

[3] *Mathematical analysis during the 20th century.* Oxford–New York: Oxford University Press 2001.

POLLARD, D.; TOPSØE, F.: [1] *A unified approach to Riesz type representation theorems.* Studia Math. 54, 173–190 (1975).

QUERENBURG, B. V.: [1] *Mengentheoretische Topologie.* Berlin–Heidelberg–New York: Springer-Verlag 1973, 2. Aufl. 1979.

RADON, J.: [1] *Theorie und Anwendungen der absolut additiven Mengenfunktionen.* Sitzungsber. der Kaiserl. Akad. der Wiss. in Wien, Math.-naturwiss. Kl. 122, 1295–1438 (1913). (Auch in: J. RADON: *Gesammelte Abhandlungen, Vol. 1, 2.* Basel–Boston: Birkhäuser 1987.)

RAO, M.M.: [1] *Measure theory and integration.* Second ed. Boca Raton (FL): CRC Press 2004.

REITER, H.: [1] *Classical harmonic analysis and locally compact groups.* Oxford: Oxford University Press 1968. Second ed. 2000.

RHAM, G. DE: [1] *Variétés différentiables.* Paris: Hermann 1960. Troisième édition 1973. (Englische Ausg.: *Differentiable manifolds.* Berlin–Heidelberg–New York–Tokyo: Springer-Verlag 1984.)

RIEMANN, B.: [1] *Gesammelte mathematische Werke und wissenschaftlicher Nachlaß.* 2. Aufl. Leipzig: B.G. Teubner 1892. *Nachträge,* herausgeg. von M. NOETHER und W. WIRTINGER. Leipzig: B.G. Teubner 1902. Nachdruck: Berlin–Heidelberg–New York: Springer-Verlag 1989.

RIESZ, F.: [1], [2] *Gesammelte Arbeiten, Bd. I, II.* Budapest: Verlag der Ungarischen Akademie der Wissenschaften 1960.

RIESZ, F.; SZ.-NAGY, B.: [1] *Vorlesungen über Funktionalanalysis.* Berlin: Deutscher Verlag der Wissenschaften 1956.

ROGERS, C.A.: [1] *Hausdorff measures.* Cambridge etc.: Cambridge University Press 1970.

ROGERS, C.A.; JAYNE, J., u.a.: [1] *Analytic sets.* New York–London: Academic Press 1980.

ROOIJ, A.C.M. VAN; SCHIKHOF, W.H.: [1] *A second course on real functions.* Cambridge etc.: Cambridge University Press 1982.

ROSENTHAL, A.: [1] *Neuere Untersuchungen über Funktionen reeller Veränderlichen.* Nach den Referaten von L. ZORETTI, P. MONTEL und M. FRÉCHET bearbeitet von A. ROSENTHAL. Encyklopädie der Mathematischen Wissenschaften II, 3, Art. II C 9. Leipzig–Berlin: B.G. Teubner 1924.

RUDIN, W.: [1] *Real and complex analysis.* Third ed. New York etc.: McGraw-Hill Book Comp. 1987.

[2] *Fourier analysis on groups.* New York–London: Interscience Publishers 1962.

SAGAN, H.: [1] *Space-filling curves.* Berlin–Heidelberg–New York: Springer-Verlag 1994.

SAKS, S.: [1] *Théorie de l'intégrale.* Warszawa 1933.

[2] *Theory of the integral.* Second ed. Warszawa 1937. Nachdrucke: New York: Hafner Publ. Comp.; New York: Dover Publications 1964.

[3] *Integration in abstract metric spaces.* Duke Math. J. 4, 408–411 (1938).

SCHEMPP, W.; DRESELER, B.: [1] *Einführung in die harmonische Analyse.* Stuttgart: B.G. Teubner 1980.

SCHUBERT, H.: [1] *Topologie.* Stuttgart: B.G. Teubner 1964, 4. Aufl. 1975.

SCHWARTZ, L.: [1] *Radon measures on arbitrary topological spaces and cylindrical measures.* London: Oxford University Press 1973.

SEGAL, I.E.; KUNZE, R.A.: [1] *Integrals and operators.* Second ed. Berlin–Heidelberg–New York: Springer-Verlag 1978.

SEMADENI, Z.: [1] *Banach spaces of continuous functions.* Warszawa: PWN–Polish Scientific Publishers 1971.

SHILOV, G.E.; GUREVICH, B.L.: [1] *Integral, measure and derivative: A unified approach.* Englewood Cliffs, NJ: Prentice-Hall 1966. Nachdruck: New York: Dover Publications 1977.

SHORTT, R.M.; BHASKARA RAO, K.P.S.: [1] *Borel spaces II.* (Dissertationes Math., Nr. 372.) Warszawa: Polska Akademia Nauk, Institut Matematyczny 1998.

SIERPIŃSKI, W.: [1], [2] *Œuvres choisis, Tome II, III.* Warszawa: PWN–Éditions Scientifiques de Pologne 1975, 1976.

SOLOVAY, R.M.: [1] *A model of set theory in which every set of reals is Lebesgue measurable.* Ann. Math., II. Ser., 92, 1–56 (1970).

SRIVASTAVA, S.M.: [1] *A course on Borel sets.* Berlin–Heidelberg–New York: Springer 1998.

STROMBERG, K.: [1] *An introduction to classical real analysis.* Belmont, Calif.: Wadsworth, Inc. 1981.

[2] *Probability for analysts.* New York–London: Chapman & Hall 1994.

SZABÓ, L.: [1] *A simple proof for the Jordan measurability of convex sets.* Elem. Math. 52, 84–86 (1997).

TAYLOR, A.E.: [1] *General theory of functions and integration.* Waltham, Mass.: Blaisdell Publ. Comp. 1966. Nachdruck: New York: Dover Publications 1985.

TAYLOR, S.J.: [1] *Introduction to measure and integration.* London: Cambridge University Press 1973.

TOMKOWICZ, G.; WAGON, S.: [1] *The Banach-Tarski paradox.* Cambridge: Cambridge University Press 2016.

TOPSØE, F.: [1] *Topology and measure.* Lect. Notes Math. 133. Berlin–Heidelberg–New York: Springer-Verlag 1970.

[2] *On construction of measures.* In: *Proceedings of the conference "Topology and measure",* Zinnowitz, DDR, Oct. 21–25, 1974, Part 2, S. 343–381. Hrsg. J. FLACHSMEYER, Z. FROLIK, E. TERPE. Wiss. Beiträge Ernst-Moritz-Arndt-Universität Greifswald 1978.

ULAM, S.: [1] *Sets, numbers, and universes.* Selected works. Cambridge, Mass.–London: MIT Press 1974.

VALLÉE POUSSIN, C. DE LA: [1] *Intégrales de Lebesgue, fonctions d'ensemble, classes de Baire.* Paris: Gauthier-Villars 1916.

VARADARAJAN, V.S.: [1] *Measures in topological spaces.* Amer. Math. Soc. Transl., Ser. 2, 48, 161–228 (1965).

VITALI, G.: [1] *Opere sull'analisi reale e complessa. Carteggio.* Rom: Edizioni Cremonese 1984.

WAGON, S.: [1] *Circle-squaring in the twentieth century.* Math. Intell. 3, Nr. 4, 176–181 (1981).

[2] *The Banach-Tarski paradox.* Cambridge etc.: Cambridge University Press 1985. Second ed. 1993.

WEIL, A.: [1] *Œuvres scientifiques, Vol. I* (1926–1951). Corrected second printing. Berlin–Heidelberg–New York: Springer-Verlag 1980.

[2] *L'intégration dans les groupes topologiques et ses applications.* Paris: Hermann 1940.

Deuxième éd. 1953.

WHEEDEN, R.L.; ZYGMUND, A.: [1] *Measure and integral. An introduction to real analysis.* New York–Basel: M. Dekker, Inc. 1977.

WHEELER, R.F.: [1] *A survey of Baire measures and strict topologies.* Expo. Math. 2, 97–190 (1983).

WIDOM, H.: [1] *Lectures on measure and integration.* New York etc.: van Nostrand Reinhold Comp. 1969.

YOSIDA, K.: [1] *Functional analysis.* Fourth ed. Berlin–Heidelberg–New York: Springer-Verlag 1974.

YOUNG, G.C.; YOUNG, W.H.: [1] *Selected papers.* (Hrsg. S.D. CHATTERJI, H. WEFEL-SCHEID.) Lausanne: Presses Polytechniques et Universitaires Romandes 2000.

YOUNG, W.H.: [1] *On the new theory of integration.* Proc. Royal Soc., Ser. A., 88, 170–178 (1913).

ZAANEN, A.C.: [1] *An introduction to the theory of integration.* Amsterdam: North-Holland Publ. Comp. 1961.

[2] *Integration.* Amsterdam: North-Holland Publ. Comp. 1967.

Namenverzeichnis

Kursive Seitenzahlen verweisen auf Kurzbiographien.

© Springer-Verlag GmbH Deutschland, ein Teil von Springer Nature 2018
J. Elstrodt, *Maß- und Integrationstheorie*,
https://doi.org/10.1007/978-3-662-57939-8

Symbolverzeichnis

© Springer-Verlag GmbH Deutschland, ein Teil von Springer Nature 2018
J. Elstrodt, *Maß- und Integrationstheorie*,
https://doi.org/10.1007/978-3-662-57939-8

Sachverzeichnis

© Springer-Verlag GmbH Deutschland, ein Teil von Springer Nature 2018
J. Elstrodt, *Maß- und Integrationstheorie*,
https://doi.org/10.1007/978-3-662-57939-8

Printed in the United States
By Bookmasters